KB251407

생각을 / 명쾌하게 해 줄 / 수학 개념서

생명수

공통수학 I

문제편

목차

선행을 몇 번 반복해도, 틀렸던 문제를 몇 번씩이고 다시 풀어도, 공부 시간의 절반 이상을 수학에만 맹렬히 투자했음에도 결국, 나는 재능이 없는 것일까 울먹이며 수학책을 찢어버렸던, 중학교 3학년 그때의 겨울이 아직도 생생합니다. 그때 포기했더라면 이 책이 세상에 나오지 못했겠지만, 반드시 수학을 극한으로 잘하게 되어서 학생들이 내가 겪은 좌절감을 다시는 겪지 않도록, 수학 학습의 패러다임을 바꾸는 책을 쓰고야 말겠다는 집념 하나가 이 책으로 하여금 여러분들과 저를 이 순간에 만나게 해주었습니다.

어쩌면 꾸준한 공부로 잘 다져진 저의 수학 실력이 저의 입시를 성공적으로 마무리하는 데에 가장 큰 힘이 되지 않았나 싶기도 합니다. 수학 실력이 뒷받침되니 고등학교의 각종 수행평가에 더 큰 힘을 쏟을 수 있게 되었고, 국어, 역사, 과학, 사회 등 타 과목의 방대한 분량의 시험 범위까지 전부 커버할 수 있었습니다. 수능 공부에 있어서도 '수학은 1등급 받을 수 있다'는 자신감이 수험 생활의 불안과 긴장을 덜어주어 편안히 수능까지도 잘 마무리할 수 있게 되었습니다. 이렇듯 학습 초반의 '깨질 듯한 고통'에도 포기하지 않고 올바른 길을 찾으려 노력했던 수학 공부 시간들이 모여 고등학생 시절 저의 든든한 보험이 되어주었습니다.

그래서 수학 학습에 대하여 제가 내린 결론은, '처음에는 엄청난 고통이 따를지라도, 그것을 잘 이겨냈을 때의 보상은 생각보다 더 달콤했다'는 것입니다. 수학뿐 아니라 어떤 과목이든지 간에 그 과목을 처음 공부할 때가 가장 재미없고 고통스럽습니다. 그리고 이는, 여러분들이 나중에 성인이 되어서 그 어떤 일을 하여도 마찬가지일 것입니다. 하지만 저는 여러분들에게 "이렇게 해도 될지, 안 될지 잘 모르겠지만, 힘들어도 일단 해봐"와 같은 무책임한 말은 하고 싶지 않습니다. 대신 이 책을 통해

"조금 힘들긴 하겠지만, 이렇게 하면 무조건 돼."

라는 말을 전하고 싶습니다. 수학 공부를 하면서도, 이렇게 하는 것이 맞는 건지 끊임없이 의심하며 불안에 떨던 학생은 중학교 3학년의 저 하나였으면 충분합니다. 제가 수학 공부를 하면서 겪었던 수많은 시행착오들을 바탕으로 공통수학1을 공부해 나가는 최적의 길을 생각하며 책을 집필하였습니다. 길은 제가 잘 닦아 두었습니다. 이제 그 길을 끝까지 걸어갈지 결정하는 것은 여러분의 몫입니다.

저는 항상 여러분을 응원합니다. 건투를 빕니다.

1. 개념별 최적의 학습 방향을 고려한 설명 구조

수학에는 〈스스로 생각하고 이해〉해야 하는 개념과 〈암기〉가 중요한 개념이 섞여 있습니다.

〈스스로 생각하고 이해〉해야 하는 개념의 경우 (**생각 | 이해**)•••(암기 | 적용)와 같이 표시해두고
실제로 어떻게 이해하고 설명할 수 있어야 하는지를 자세히 제시하였습니다.

〈암기〉가 중요한 개념의 경우 (생각 | 이해)•••(**암기 | 적용**)와 같이 표시하였으며
복잡한 증명은 〈부록〉으로 빼두고, 문제로의 적용과 활용에 집중할 수 있도록 구성하였습니다.

〈스스로 생각하고 이해〉하는 것이 중요한 개념

5. 부등식 · 5-2 이차부등식

04 이차부등식이 항상 성립할 조건

① 이차부등식이 항상 성립할 조건 – 범위 제한이 없는 경우

(**생각 | 이해**)•••(암기 | 적용)

이차부등식이 항상 성립하도록 만들기 위해서는
문제에서 원하는 상황을 그래프로 표현하고, 그래프를 통해 조건식을 스스로 이끌어내야 한다.

> 이차부등식 $ax^2 + bx + c \geq 0$이 항상 성립하도록 조건식을 끌어내 보자.

우선 주어진 부등식을 그래프의 관점에서 해석하자.
이차부등식 $ax^2 + bx + c \geq 0$이 항상 성립하도록 만들기 위해서는

? 생각 Point

$y = ax^2 + bx + c$의 그래프가 x축과 만나거나(=) 그보다 위쪽에만(>) 있어야 한다.

---

1 이 상황을 그래프로 표현하면 다음과 같다.

이차함수 $y = ax^2 + bx + c$의 그래프가

상황 ① x축과 만나거나(=)
그보다 위쪽에만(>) 있는 경우

$y = ax^2 + bx + c$

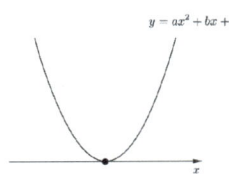

상황 ② x축보다 위쪽에만(>) 있는 경우

$y = ax^2 + bx + c$

2 최고차항 계수의 부호를 고려하자.

위 그림처럼 그래프가 그려지려면, 이차함수의 최고차항의 계수가 양수여야 한다. → $a > 0$
(만약 $a < 0$이면, 이차함수의 그래프가 x축보다 아래쪽에 있는 부분이 반드시 생기게 된다.)

❺ 곱셈 공식의 변형

〈생각 | 이해〉••〈암기 | 적용〉

문자의 합 또는 차 또는 곱이 주어질 때, 아래와 같은 곱셈 공식의 변형 공식을 이용하면 여러가지 식의 값을 편리하게 구할 수 있다.

● 곱셈 공식의 변형

① $a^2 + b^2 = (a+b)^2 - 2ab = (a-b)^2 + 2ab$

② $(a+b)^2 = (a-b)^2 + 4ab$
  $(a-b)^2 = (a+b)^2 - 4ab$

③ $a^3 + b^3 = (a+b)^3 - 3ab(a+b)$
  $a^3 - b^3 = (a-b)^3 + 3ab(a-b)$

④ $a^2 + b^2 + c^2 = (a+b+c)^2 - 2(ab+bc+ca)$

⑤ $a^2 + b^2 + c^2 - ab - bc - ca = \dfrac{1}{2}\{(a-b)^2 + (b-c)^2 + (c-a)^2\}$

  $a^2 + b^2 + c^2 + ab + bc + ca = \dfrac{1}{2}\{(a+b)^2 + (b+c)^2 + (c+a)^2\}$

⑥ $a^3 + b^3 + c^3 = (a+b+c)(a^2+b^2+c^2-ab-bc-ca) + 3abc$
  $= \dfrac{1}{2}(a+b+c)\{(a-b)^2 + (b-c)^2 + (c-a)^2\} + 3abc$

◉ 참고

위의 곱셈 공식들을 증명하는 과정은 [부록]에 첨부해 두었다.

Tip 머릿속으로 전개할 수 있는 부분은 전개하고, 원래의 식과 같도록 만들기

다음과 같은 공식은

① $a^2 + b^2 = (a+b)^2 - 2ab = (a-b)^2 + 2ab$

② $(a+b)^2 = (a-b)^2 + 4ab$ / $(a-b)^2 = (a+b)^2 - 4ab$

좌변을 우변으로 변형할 때 우변에 $(a+b)^2$ 또는 $(a-b)^2$를 먼저 써두고,
전개할 수 있는 부분은 머릿속으로 전개한 후,
좌변과 우변의 ab의 계수가 같도록 만든다고 생각하여 적용할 수 있다.

가령, $(a-b)^2$을 $(a+b)^2$이 포함된 식으로 변형할 때
먼저 $(a-b)^2 = (a+b)^2 \cdots$ 라고 먼저 생각한 후,
좌변과 우변을 머릿속에서 전개해 보았을 때 좌변에 $-2ab$, 우변에 $+2ab$가 포함되므로,
좌변과 우변의 ab의 계수가 같으려면 우변에 $-4ab$가 필요함을 생각할 수 있다.

2. 복잡하게 짜여진 개념들을 모두 풀어서 서술

결국 문제를 풀 때 수식이 아닌, 우리말로 생각해야 합니다. 이에 따라 개념을 공부한 후, 그것을 문제에 적용하기 위해서는 '수식'으로 짜여진 개념을 '우리말'로 해석하여 받아들이는 과정을 거쳐야 하는데, 개념 설명이 수식을 통한 설명 방식에만 치중되어 있으면 수학적 언어에 익숙치 않은 학생들은 개념 공부를 분명 하였음에도 문제를 풀 때 머리가 하얘지게 됩니다.

이러한 문제를 해결하기 위해 '수식'으로 짜여진 복잡한 개념을 '우리말'로 해석하여 정리하였습니다.

자연수의 약수의 개수 구하는 법

– 복잡한 수식으로 짜여진 '**자연수의 약수의 개수 구하는 법**'과 관련된 개념

> 자연수 N이 $N = p^a q^b r^c$ (p, q, r는 서로 다른 소수, a, b, c는 자연수)의 꼴로 소인수분해될 때,
> N의 약수의 개수는 (p^a의 약수의 개수)$\times$(q^b의 약수의 개수)$\times$(r^c의 약수의 개수)

– 우리말로 해석하여 순화

2 **약수의 개수 구하는 법**

> ● **약수의 개수 구하는 법**
>
> [단계 1] 주어진 수를 **소인수분해**한다.
> [단계 2] 각 소인수 거듭제곱의 약수 중에서 하나씩을 택하는 방식으로 주어진 숫자의
> **약수를 모두 만들 수 있음**을 이용한다.

★ **예제 07**

48의 약수의 개수를 구해보자.

풀이

[단계 1] 48을 소인수분해하면 $48 = 2^4 \times 3$

[단계 2] 2^4의 약수($1, 2^1, 2^2, 2^3, 2^4$)와 3의 약수($1, 3$)에서 하나씩을 택하여
아래의 빈칸에 넣기만 하면 48의 약수를 모두 만들 수 있음을 이용한다.

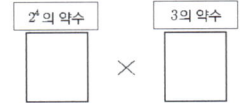

2^4의 약수 중 하나를 택하는 경우의 수는 5

이때, 2^4의 약수 중 무엇을 택하더라도, 바로 잇달아 3의 약수 중 하나를 택할 수 있다.

➜ 2^4의 약수 중 하나를 택하는 모든 경우, 바로 뒤에 잇다를 상황이 동일하다.

➜ 3의 약수 중 하나를 택하는 경우의 수인 2를 **곱해야 한다.**

➜ 5×2

따라서 48의 약수의 개수는 10

3. 개념을 보고 반드시 해야 하는 생각을 [생각 Point]로 정리

개념을 공부하고, 그것을 문제에 적용하기 위해서는 그 개념을

'어떠한 상황에서, 어떠한 사고 과정을 바탕으로 어떻게 이용할 것인지'

까지 정리하고 학습해야 합니다. 즉, 개념 학습을 넘어서 그 개념을 보고 반드시 해야 하는 생각들을
[생각 Point]로 정리하였습니다.

❷ 대진표 작성하기

4개의 축구팀 A, B, C, D가 참가한 축구 대항전의 대진표가 아래와 같은 상황에서

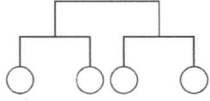

대진표를 작성하는 경우의 수를 구해야 할 때는 다음의 2가지를 고려해야 한다.

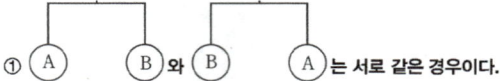

① (A)   (B) 와 (B)   (A) 는 서로 같은 경우이다.

　　즉, 대결구도가 A vs B인 경우와 대결구도가 B vs A인 경우는 서로 같은 경우이다.

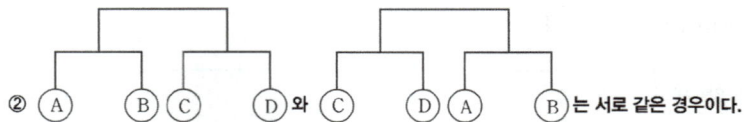

② (A) (B)(C) (D) 와 (C) (D)(A) (B) 는 서로 같은 경우이다.

　　즉, 대결구도가 A vs B이고 C vs D인 경우와 대결구도가 C vs D이고 A vs B인 경우는 서로 같은 경우이다.

이 2가지 사항을 모두 고려하여 대진표를 작성하는 경우의 수를 세기 위해서는

> **❼ 생각 Point**
>
> "대진표의 빈칸에 팀을 배치한다"라고 생각하는 것이 아닌,
> **"서로 다른 대결구도를 만드는 경우의 수를 센다"**라고 생각한다.

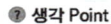

4. 초기 학습자가 공통수학1에서 학습해야 할 모든 것을 수록

시간이 지남에 따라 내신과 모의고사 문제의 난이도는 점점 올라가고 있습니다. 따라서 문제에서 자주 등장하는 조건들과 그에 대한 해법을 배운 개념과 연결지어 정리해두는, 이른바 실전 개념의 학습이 필수적이게 되었습니다. 생명수는 이러한 경향을 적극 반영하여 [생각 넓히기], [더 알아보기] 부분을 통해 교과서적인 개념뿐 아닌, 빈출되는 발상, 수능까지 알아야 할 실전 개념, 특정 조건을 보고 할 수 있는 생각들(행동강령)까지 모두 정리하였습니다. 또한, [주의] 부분을 통해 학습 초기에 발생할 수 있는 실수 등을 추가로 설명하여 이 교재로 공통수학1의 모든 것을 습득할 수 있도록 구성하였습니다.

생각 넓히기 계승이 가지는 의미

서로 다른 n개에서 n개를 택하여 나열하는 경우의 수를 기호로 $_nP_n$으로 나타낼 수 있고,
$_nP_n = n \times (n-1) \times (n-2) \times \cdots 3 \times 2 \times 1$이다. 그런데 이는 $n!$의 값과 완전히 같다.
따라서 $n!$은 다음과 같은 의미를 가진다.

> **생각 Point**
>
> $n!$: 서로 다른 n개를 나열하는 경우의 수

이 내용은 문제에 다음과 같이 활용할 수 있다.

> **생각 Point**
>
> ① 서로 다른 n개를 나열하는 경우의 수는 $n!$이다.
> ② 나열할 대상의 개수와 남은 자리의 개수가 같으면 팩토리얼을 쓴다.

더 알아보기 행렬의 곱셈에서 교환법칙이 성립함을 알려주는 상황

행렬의 곱셈은 일반적으로 교환법칙이 성립하지 않지만, 문제에 아래와 같은 상황이 제시된다면, 행렬의 곱셈에서 교환법칙이 성립하게 된다.

> ① $AB = BA$
> ② 행렬에 관한 식이 다항식처럼 전개되거나 인수분해된다.
> ③ $\square A + \triangle B = E$ (단, □, △에는 실수만 들어올 수 있다.)

설명

· ②에 대한 설명

행렬에 관한 식이 다항식처럼 전개되거나 인수분해된다는 것은 곧 $AB = BA$임을 의미한다.
예를 들어, $(A+B)^2 = A^2 + 2AB + B^2$이면

$$(좌변) = (A+B)^2 = (A+B)(A+B) = A^2 + AB + BA + B^2$$

으로 변형할 수 있고,

$$(우변) = A^2 + 2AB + B^2$$

이므로,

$$(좌변) = (우변) \Longrightarrow A^2 + AB + BA + B^2 = A^2 + 2AB + B^2 \;\rightarrow\; \boxed{AB = BA}$$

가 성립하게 된다.

· ③에 대한 설명

$\square A + \triangle B = E$라는 것은 곧 $AB = BA$임을 의미한다.
예를 들어, $A + B = E$이면 $B = E - A$이고, 이를 AB에 대입해보면

$$\boxed{AB} = A(E-A) = AE - A^2$$

이다. 그런데,

$$\underline{AE - A^2} = EA - A^2 = (E-A)A$$ 로 인수분해할 수 있고, $(E-A)A = \boxed{BA}$이다.

즉, $A + B = E$이면 $\boxed{AB} = \boxed{BA}$가 성립함을 알 수 있다.

! 주의 !

판별식의 부호를 결정하는 기준은 이차함수와 x축의 **위치관계가 아닌**,
이차함수와 x축의 **교점의 개수**임을 확실히 하자.

5. 단순 답 맞추기 해설이 아닌, 생각의 흐름과 근거까지 서술한 해설

어떤 조건을 어떻게 해석하였는지, 문제 풀이 설계는 어떤 과정을 거쳐 어떻게 하였는지, 어떤 생각을 기반으로 식을 작성하게 되었는지 등의 사고 흐름과 그 근거를 모두 서술하였습니다.

생각 3 | 판별식이 0 이상임을 이용하자.

$$D=(y+2)^2-4(y^2-2y+4) \geq 0$$

이제 $y=2$를 원래의
$x^2+(y+2)x+(y^2-2y+4)=0$에 대입하고
계산하면 $x=-2$뿐임을 알 수 있다.

➔ (구하는 값)$=x+y=(-2)+2=0$

답 0

490.

구하는 값 $x+y$의 값 ➔ $x,\ y$의 값을 구하자.

조건 정리 ① $4x^2+4xy+3y^2-4x-6y+3=0$
② $x,\ y$는 실수

설계 구해야 하는 미지수가 2개이지만 관계식이 1개인 상황이므로 주어진 방정식은 부정방정식이다. 여기서 x, y에 실수 조건이 있다는 사실에 집중하여 먼저 주어진 방정식을 $\square^2+\triangle^2=0$ 꼴로 변형할 수 있는지 판단해보자.

생각 1 | 주어진 방정식을 $\square^2+\triangle^2=0$꼴로 변형할 수 있는지 판단해보자.

일차항으로 만들 수 있는 완전제곱식을 떠올려보자.
방정식 $4x^2\boxed{+4xy}+3y^2\boxed{-4x}\boxed{-6y}+3=0$에 포함된 일차항은 $+4xy,\ -4x,\ -6y$이다.
• $+4xy$로 만들 수 있는 완전제곱식을 떠올려보면,
$4x^2\boxed{+4xy}+y^2=(2x+y)^2$ 또는
$x^2\boxed{+4xy}+4y^2=(x+2y)^2$
• $-4x$로 만들 수 있는 완전제곱식을 떠올려보면,
$x^2\boxed{-4x}+4=(x-2)^2$ 또는 $4x^2\boxed{-4x}+1=(2x-1)^2$
• $-6y$로 만들 수 있는 완전제곱식을 떠올려보면,
$3y^2\boxed{-6y}+3=3(y-1)^2$ 또는 $y^2\boxed{-6y}+9=(y-3)^2$

그런데, 이들을 적절히 조합하여도 주어진 방정식을 $\square^2+\triangle^2=0$꼴로 변형하기 힘들다.
➔ [방법 2]를 이용하자.

[방법 2] $\square^2+\triangle^2=0$꼴로 변형할 수 없을 때는 x에 대한 이차방정식 $\bigcirc x^2+\square x+\triangle=0$꼴로 변형 후, 판별식 $D \geq 0$임을 이용한다.

생각 2 | 주어진 방정식을 x에 대한 이차방정식으로 변형하자.

이때, y는 상수 취급하면 된다.
$4x^2+4xy+3y^2-4x-6y+3=0$
➔ $4\boxed{x^2}+(4y-4)\boxed{x}+(3y^2-6y+3)=0$

생각 3 | 판별식이 0 이상임을 이용하자.

$$\frac{D}{4}=(2y-2)^2-4(3y^2-6y+3) \geq 0$$

➔ $8y^2-16y+8 \leq 0$ ➔ $y^2-2y+1 \leq 0$
➔ $(y-1)^2 \leq 0$ ➔ $y=1$

이제 $y=1$을 원래의
$4x^2+(4y-4)x+(3y^2-6y+3)=0$에 대입하고
계산하면 $x=0$뿐임을 알 수 있다.
➔ (구하는 값)$=x+y=0+1=1$

답 1

491.

구하는 값 $\alpha\beta$의 최솟값

조건 정리 연립방정식 $\begin{cases} x+y=2 \\ x^2+3xy-4y^2=-24 \end{cases}$ 의 해가
$x=\alpha,\ y=\beta$

설계 주어진 연립방정식을 풀자.

$\boxed{x=2-y}$를 $x^2+3xy-4y^2=-24$에 대입하면,
($y=2-x$를 대입해도 되지만, $y=2-x$를 대입한다고 하면
$-4y^2$의 계산이 복잡해진다.)

$x^2+3xy-4y^2=-24$
➔ $(2-y)^2+3(2-y)y-4y^2=-24$
➔ $(2-y)\underbrace{\{(2-y)+3y\}}_{=2y+2}-4y^2+24=0$
➔ $-6y^2+2y+28=0$
➔ $\underbrace{3y^2-y-14}_{(3y-7)(y+2)}=0$
➔ $y=\dfrac{7}{3}$ 또는 -2

• $y=\dfrac{7}{3}$을 다시 $\boxed{x=2-y}$에 대입하면 ➔ $x=-\dfrac{1}{3}$
• $y=-2$를 다시 $\boxed{x=2-y}$에 대입하면 ➔ $x=4$

즉, 주어진 연립방정식의 해는
$\begin{cases} x=-\dfrac{1}{3} \\ y=\dfrac{7}{3} \end{cases}$ 또는 $\begin{cases} x=4 \\ y=-2 \end{cases}$ ➔ $\begin{cases} \alpha=-\dfrac{1}{3} \\ \beta=\dfrac{7}{3} \end{cases}$ 또는 $\begin{cases} \alpha=4 \\ \beta=-2 \end{cases}$

즉, ($\alpha\beta$의 최솟값)$=4\times(-2)=-8$

답 -8

6. 개념 설명과 해설에 필요한 그래프 이미지를 아낌없이 수록

말 그대로, 개념 설명과 해설에 필요한 그래프 이미지를 아낌없이 수록하였습니다.

생각 2 원하는 상황을 반영하는 '목표 그래프'를 그리자.

이차함수 $f(x) = x^2 - 2kx + 4k$ 의 x절편이 모두 3보다 큰 상황을 반영하도록
목표 그래프를 그리면 다음과 같다.

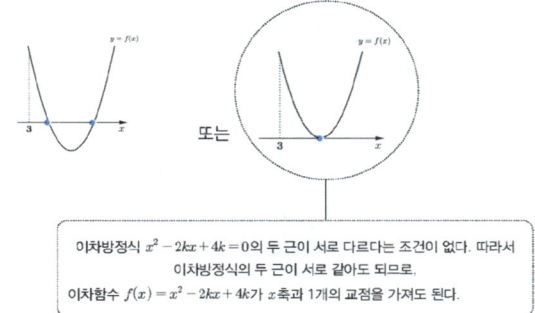

이차방정식 $x^2 - 2kx + 4k = 0$의 두 근이 서로 다르다는 조건이 없다. 따라서
이차방정식의 두 근이 서로 같아도 되므로,
이차함수 $f(x) = x^2 - 2kx + 4k$가 x축과 1개의 교점을 가져도 된다.

생각 3 '목표 그래프'가 반드시 그려지도록 조건식을 작성하자.

① **경계에서의 함숫값**을 고려한다.
이차함수 $f(x)$의 x절편은 모두 3을 경계로 오른쪽에 있어야하므로
경계가 되는 지점은 $x = 3$이다.
목표 그래프가 그려지려면 $f(x)$의 $x = 3$에서의 함숫값이 x축보다 위에 있어야 하므로,

$$f(3) > 0$$

이어야 한다.

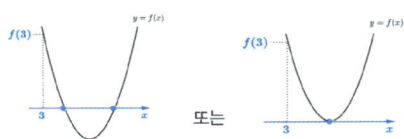

다음과 같이 $f(3)$이 x축보다 위에 있지만,
이차함수 $f(x)$와 x축의 교점이 없어서
목표 그래프에서 벗어나는 상황이 생길 수 있다.

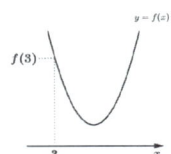

따라서 두 번째 조건식인
판별식
을 통해 위와 같은 상황이 나타나지 않도록 해야 한다.

② **판별식**을 고려한다.
위와 같은 상황을 배제하기 위해서는 다음과 같이
이차함수 $f(x)$가 x축과 교점을 2개 또는 1개 가지도록 만들면 된다.

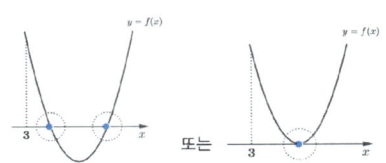

따라서 이차함수 $f(x)$와 x축이 포함된 방정식인
$$x^2 - 2kx + 4k = 0$$의 서로 다른 실근이 2개 또는 1개
여야 한다. ➜ 판별식 $D \geq 0$이어야 한다.

1

1-1

다항식
다항식의 계산

01 다항식의 연산

⓪ 다항식에서 사용하는 용어 정리

0-1 다항식의 용어

생각 | 이해 • • 암기 | 적용

① **항** : 덧셈(+)이나 뺄셈(−)으로 구분되는 각각의 부분식으로서, 수 또는 문자의 곱으로만 이루어진 식

  [예] $x^2 - 3x + 2$에서 x^2, $-3x$, 2는 모두 항이다.

② <u>**상수항** : 기준 변수를 포함하지 않는 항(또는 항들의 합)</u> ★

  [예] x에 대한 식으로 볼 때, $x^2 - 3x + 2$에서 2는 상수항이다.

    y에 대한 식으로 볼 때, $x^2 + 2x + 3y$에서 $x^2 + 2x$ 전체가 상수항이다.

③ **A의 계수** : A를 포함한 항에서 A에 곱해져 있는 수나 수식

  [예] $x^2 - 3x + 2$에서 x의 계수는 -3, x^2의 계수는 1이다.

④ **단항식** : 한 개의 항으로만 이루어진 식

  [예] $x^2 - 3x + 2$, $4y$, 3에서 $4y$와 3은 단항식이다.

⑤ **다항식** : 단항식이거나 두 개 이상의 항의 합으로 이루어진 식

  [예] $x^2 - 3x + 2$, $4y$, 3은 모두 다항식이다.

⑥ **항의 차수** : 항에서 기준 변수가 곱해진 횟수

  → 고1 과정에서는 항의 차수를 읽을 때 기준 변수의 지수를 보면 된다.

  [예] x^2에서 x의 차수는 2이고, $x^3 y^5$에서 y의 차수는 5이다.

    $x^2 y^2$에서 x의 차수는 2, y의 차수는 2, x와 y의 총차수는 4이다.

⑦ **A에 대한 n차항** : 기준 변수 A의 차수가 n인 항

  [예] $3x^2$는 x의 차수가 2이므로 x에 대한 이차항이다.

⑧ **A에 대한 최고차항** : 기준 변수 A의 차수가 가장 높은 항

  [예] 다항식 $x^3 + 2x^2 - 3xy + y^5$에서 x에 대한 최고차항은 x^3, y에 대한 최고차항은 y^5이다.

⑨ **A에 대한 n차식** : 기준 변수 A에 대한 최고차항의 차수가 n인 다항식

  [예] 다항식 $x^3 + 2x^2 - 3xy + y^5$은 x에 대한 최고차항의 차수가 3이므로, x에 대한 삼차식이다.

⑩ **동류항** : 곱해진 문자와 문자 각각의 차수가 모두 같은 항들

  [예] $3\boxed{x^2 y^2}$, $2\boxed{x^2 y^2}$, $-\boxed{x^2 y^2}$은 곱해진 문자와 문자 각각의 차수가 모두 같으므로 모두 동류항이다.

? 생각 Point

어떤 다항식을 **A에 대한 식**으로 본다는 것은 <u>기준 변수를 A로 본다</u>는 의미이다. 즉,
A를 제외한 모든 문자들은 상수 취급한다는 의미이다.

설명

예를 들어,

1) 다항식 $x^2z - xy^2 + 2z^3 + xyz$을 x**에 대한 식**으로 본다는 것은

x를 제외한 모든 문자들은 상수로 취급한다는 의미이므로

x를 포함하지 않은 부분인 $2z^3$은 상수항이 된다.

2) 다항식 $x^2z - xy^2 + 2z^3 + xyz$을 y**에 대한 식**으로 본다는 것은

y를 제외한 모든 문자들은 상수로 취급한다는 의미이므로

y를 포함하지 않은 부분인 $x^2z + 2z^3$은 상수항이 된다.

3) 다항식 $x^2z - xy^2 + 2z^3 + xyz$을 z**에 대한 식**으로 본다는 것은

z를 제외한 모든 문자들은 상수로 취급한다는 의미이므로

z를 포함하지 않은 부분인 $-xy^2$은 상수항이 된다.

! 주의 !

상수항은 숫자만으로 이루어진 항이 아니다. 상수항은 다항식의 기준 변수를 무엇으로
볼 것인지에 따라 문자가 포함된 식이 될 수도 있다.

① A에 대한 **내림차순**으로 정리한다

→ 다항식을 A의 차수가 높은 항부터 낮은 항의 순서로 나타낸다.

② A에 대한 **오름차순**으로 정리한다

→ 다항식을 A의 차수가 낮은 항부터 높은 항의 순서로 나타낸다.

설명

다항식 $3x^2 + 3xy + y^2 - 2x + y + 1$을

1) x에 대한 내림차순으로 정리해보면 → $3x^2 + (3y - 2)x + (y^2 + y + 1)$

2) x에 대한 오름차순으로 정리해보면 → $(y^2 + y + 1) + (3y - 2)x + 3x^2$

3) y에 대한 내림차순으로 정리해보면 → $y^2 + (3x + 1)y + (3x^2 - 2x + 1)$

4) y에 대한 오름차순으로 정리해보면 → $(3x^2 - 2x + 1) + (3x + 1)y + y^2$

참고 1

다항식을 A에 대한 내림차순 또는 오름차순으로 정리할 때,

A를 제외한 문자의 순서는 쓰고 싶은 대로 써도 상관없다.

가령, 다항식 $y^2 - 2x + y + 1$을 x에 대한 내림차순으로 정리할 때,

$-2x + \underline{(y^2 + y + 1)}$으로 정리해도 되고, $-2x + \underline{(1 + y + y^2)}$으로 정리해도 된다.

참고 2

문제에서 주어진 다항식이 특정 문자에 대한 다항식이라는 언급이 없으면

그 다항식은 **포함된 문자 모두에 대한 식**으로 간주한다.

가령, 특정 문자에 대한 다항식이라는 언급이 없을 때

다항식 $x^2 + 2x + 1$은 x에 대한 다항식으로 간주하고,

다항식 $x^2 y^2 - 4x + 4y$는 x, y 모두에 대한 다항식으로 간주한다.

유제
001

다음 중 다항식 $x^3 + y^3 - 2x^2y + xy^3 + 2x + 3y - 6$에 대한 설명으로 옳은 것을 모두 고르시오.

ㄱ. 항은 모두 7개이다.

ㄴ. x에 대한 삼차식이다.

ㄷ. y에 대한 삼차식이다.

ㄹ. x에 대한 식으로 볼 때, x의 계수는 2이다.

ㅁ. x, y에 대한 사차식이다.

ㅂ. x에 대한 식으로 볼 때, 상수항은 $y^3 + 3y - 6$이다.

ㅅ. y에 대한 식으로 볼 때, 상수항은 -6이다.

ㅇ. x에 대한 내림차순으로 정리하면 $x^3 - 2yx^2 + (y^3 + 2)x + y^3 + 3y - 6$이다.

ㅈ. y에 대한 오름차순으로 정리하면 $x^3 + 2x - 6 + (3 - 2x^2)y + (x + 1)y^3$이다.

① 다항식의 덧셈과 뺄셈

생각 | 이해 ••• 암기 | 적용

다항식의 덧셈과 뺄셈은 다음과 같은 순서로 계산한다.

[단계 1] 괄호가 있으면 괄호를 먼저 푼다.
[단계 2] 동류항끼리 모아서 간단히 정리한다.

> **설명**

괄호가 있으면 다음과 같이 괄호를 푼다.
(1) ( ) 앞의 부호가 +이면 ( ) 안의 부호를 **그대로** 써서 전개한다.
 ➜ $A + (B - C) = A + B - C$
(2) ( ) 앞의 부호가 −이면 ( ) 안의 부호를 반대로 써서 전개한다.
 ➜ $A - (B - C) = A - B + C$

또, 다항식의 덧셈에서는 수의 덧셈에서와 같이 아래와 같은 성질이 성립한다.

> ● **다항식의 덧셈에 대한 성질**
>
> 세 다항식 A, B, C에 대하여
> ① 교환법칙 : $A + B = B + A$
> ② 결합법칙 : $(A + B) + C = A + (B + C)$

생각 넓히기 · 뺄셈을 덧셈으로 바꾸어 생각하기

$A - B = A + (-B)$와 같이

> ⓘ **생각 Point**
>
> **뺄셈을 할 때는 부호를 바꾼 것을 더한다고 생각할 수 있다.**

> **설명**

가령, 다항식 $x^2 - 2ax + x - a^2 + 2a + 1$을 x에 대한 내림차순으로 간단히 정리할 때

$$x^2 - (2a - 1)x - a^2 + 2a + 1$$로 정리할 수도 있고,

$$\underline{x^2 + (-2a + 1)x + (-a^2 + 2a + 1)}$$으로 정리할 수도 있다.

더 알아보기 **덧셈에 대한 교환법칙과 결합법칙의 적용**

계산 과정에서 덧셈에 대한 교환법칙과 결합법칙은 다음과 같이 적용된다.

? 생각 Point

더하고 싶은 것끼리 먼저 더해도 된다.

설명

가령, $\dfrac{1}{2}x + \dfrac{2}{3}x + \dfrac{3}{2}x + \dfrac{1}{3}x$를 계산할 때 항들을 차례대로 더한다고 생각한다면

아래와 같이 일일이 통분을 해야하는 번거로움이 있는 반면,

$$\dfrac{1}{2}x + \dfrac{2}{3}x + \dfrac{3}{2}x + \dfrac{1}{3}x = \dfrac{3}{6}x + \dfrac{4}{6}x + \dfrac{9}{6}x + \dfrac{2}{6}x = \dfrac{18}{6}x = 3x$$

아래와 같이 더하는 순서를 바꿔서 분모가 같은 것끼리 먼저 더하면 통분의 과정 없이 간단히 계산할 수 있다.
(더하는 것끼리 같은 색으로 표시하였다.)

$$\dfrac{1}{2}x + \dfrac{2}{3}x + \dfrac{3}{2}x + \dfrac{1}{3}x = 2x + x = 3x$$

! 주의!

일반적으로 **뺄셈에 대한** 교환법칙과 결합법칙은 성립하지 않는다.
즉, $A - B \neq B - A$이고 $(A - B) - C \neq A - (B - C)$이다.

★ **예제 01**

두 다항식 $A = x^3 + x^2 + 1$, $B = -4x^3 + 2x^2 - 1$에 대하여 $(A + 2B) - 2(A - B)$를
계산해보자.

풀이

구하는 값인 $(A + 2B) - 2(A - B)$를 먼저 간단히 정리하자.

$$(A + 2B) - 2(A - B) = A + 2B - 2A + 2B = -A + 4B$$

이제 A, B의 자리에 주어진 다항식을 대입해서 계산해주면

$$\begin{aligned} -A + 4B &= -(x^3 + x^2 + 1) + 4(-4x^3 + 2x^2 - 1) \\ &= (-x^3 - x^2 - 1) + (-16x^3 + 8x^2 - 4) \\ &= -17x^3 + 7x^2 - 5 \end{aligned}$$

유제 002

두 다항식 $A = 2x^2 - xy + y^2$, $B = x^2 - 3xy + 3y^2$에 대하여 $4A - 3(A + B)$의를 간단히 하시오.

유제 003

두 다항식 $A = 2x^2 - 2x - 1$, $B = 5x + 1$에 대하여 $X - 2A = B$를 만족시키는 다항식 X를 구하시오.

유제 004

두 다항식 $A = 2x^3 + x^2 - 2x - 1$, $B = -x^2 + 4x + 1$에 대하여 $A + 2X = B$를 만족시키는 다항식 X를 구하시오.

❷ 다항식의 곱셈

2-0 거듭제곱

생각 | 이해 ●●● 암기 | 적용

a^2, a^3, a^4, $\cdots$, a^n을 통틀어 a의 거듭제곱이라고 한다.

또, a^n에서 a를 밑이라 하고, 밑을 곱한 횟수를 나타내는 n을 지수라고 한다.

$$a^n = (a를\ n번\ 곱한\ 것) = \underbrace{a \times a \times \cdots \times a}_{n개}$$

2-1 지수법칙

생각 | 이해 ●●● 암기 | 적용

중학생 때 배운 지수법칙은 다음과 같다.

● **지수법칙**

m, n이 자연수일 때

① $a^m \times a^n = a^{m+n}$: 밑이 같은 거듭제곱끼리의 곱은 지수끼리 더한다.

  $a^{m+n} = a^m \times a^n$: 지수의 합은 거듭제곱끼리의 곱으로 분리할 수 있다.

② $a^m \div a^n = \dfrac{a^m}{a^n} = \begin{cases} m > n이면 & a^{m-n} \\ m = n이면 & 1 \\ m < n이면 & \dfrac{1}{a^{n-m}} \end{cases}$

③ $(a^m)^n = a^{mn}$

④ $(ab)^n = a^n b^n$: 지수를 밑 각각에 분배할 수 있다.

⑤ $\left(\dfrac{a}{b}\right)^n = \dfrac{a^n}{b^n}$: 지수를 분모, 분자에 분배할 수 있다.

Tip $a^m \div a^n$ 과 관련된 지수법칙

$a^m \div a^n$과 관련된 지수법칙은 $a^m \div a^n = \dfrac{a^m}{a^n}$**으로 변형**한 후, 지수의 합은 거듭제곱의

곱으로 분리할 수 있음을 이용하여 약분한다고 생각하면 편하게 계산할 수 있다.

설명

예를 들어 $a^7 \div a^{10}$의 경우, $\dfrac{a^7}{a^{10}}$으로 변형한 후,

$\dfrac{a^7}{a^{10}} = \dfrac{a^7}{a^{7+3}} = \dfrac{a^7}{a^7 \times a^3} = \dfrac{1}{a^3}$ 과 같이 계산할 수 있다.

→ **지수의 합은 거듭제곱의 곱으로 분리할 수 있다.**

• **지수법칙의 적용 예시**

① → $\underline{3x^2 \times x^3 = 3x^{2+3} = 3x^5}$
밑이 같은 거듭제곱의 곱은 지수끼리 더한다.

② → $a^7 \div a^2 = \dfrac{a^7}{a^2} = \dfrac{a^{2+5}}{a^2} = \dfrac{a^2 \times a^5}{a^2} = a^5$
→ **지수의 합은 거듭제곱의 곱으로 분리할 수 있다.**

③, ④, ⑤ → $\underline{\left(-\dfrac{2}{3}ab^2\right)^2 = \left(-\dfrac{2}{3}\right)^2 a^2 (b^2)^2}$ ← **지수를 밑 각각에 분배할 수 있다.**

$\qquad\qquad = \left(-\dfrac{2}{3}\right)^2 a^2 b^4$ ← $(a^m)^n = a^{mn}$ **사용**

$\qquad\qquad = \dfrac{2^2}{3^2} a^2 b^4$ **지수를 분모, 분자에 분배할 수 있다.**

$\qquad\qquad = \dfrac{4}{9} a^2 b^4$

⚠ 주의!

지수법칙 중에서 $a^m \times a^n = a^{m+n}$와 $(a^m)^n = a^{mn}$는 특히나 혼동하지 않도록 주의하여 $a^2 \times a^3 = a^6$으로 답하는 등의 실수는 하지 않도록 한다. $a^2 \times a^3 = a^5$이다.

다항식의 곱셈

다항식의 곱셈은 분배법칙과 지수법칙을 이용하여 식을 전개한 다음
동류항끼리 모아서 간단히 정리한다.

예를 들어, 다항식 $(2x-1)(x^2+x+3)$을 전개하여 정리하면 다음과 같다.

$$(2x-1)(x^2+x+3) = 2x^3 + 2x^2 + 6x - x^2 - x - 3$$
$$= 2x^3 + x^2 + 5x - 3$$

다항식의 곱셈에 대한 성질

다항식의 곱셈에 대하여 다음과 같은 성질이 성립한다.

● **다항식의 곱셈에 대한 성질**

세 다항식 A, B, C에 대하여
① 교환법칙 : $AB = BA$
② 결합법칙 : $(AB)C = A(BC)$
③ 분배법칙 : $A(B+C) = AB + AC$

더 알아보기 **곱셈에 대한 교환법칙과 결합법칙의 적용**

계산 과정에서 곱셈에 대한 교환법칙과 결합법칙은 다음과 같이 적용된다.

? 생각 Point

곱하고 싶은 것끼리 먼저 곱해도 된다.

생각 넓히기 **필요한 항만을 전개하기**

다항식의 곱셈에서 필요한 항만을 전개하여 다룰 수 있다.

예를 들어, $(x^2-2x-1)(x^3-x^2+3x+2)$에서 x의 계수만을 구해야 한다면, 이를 모두 전개하여 x의 계수를 구할 수도 있지만, 아래와 같이 x가 나올 수 있는 항만을 전개하여

$$(x^2\underline{-2x}\,\underline{-1})(x^3-x^2\underline{+3x}\,\underline{+2})$$

x의 계수가 -7임을 쉽게 알 수 있다.

유제 005

다항식 $(2x^3 - x^2 + x + 2)(x^2 - 2x + 5)$의 전개식에서 x^2의 계수를 구하시오.

유제 006

다항식 $(x^3 + 3ax^2 + 3a^2x)(x^2 - x - 1)$의 전개식에서 x^2의 계수가 -6일 때, 양수 a의 값을 구하시오.

유제 007
난이도 UP

다항식 $(x - 2x^2 + 3x^3 - 4x^4 + \cdots + 99x^{99} - 100x^{100})^2$의 전개식에서 x^4의 계수를 구하시오.

02 곱셈 공식

다항식의 곱셈은 분배법칙을 이용하여 전개할 수 있지만, 지금부터 살펴볼 특수한 형태의 다항식들은 곱셈 공식을 이용하여 계산하는 것이 유리하다.

1 중학생 때 배운 곱셈 공식

생각 | 이해 ▸•◂ 암기 | 적용

● **중학생 때 배운 곱셈 공식**

① $(a+b)^2 = a^2 + 2ab + b^2$
   $(a-b)^2 = a^2 - 2ab + b^2$
② $(a+b)(a-b) = a^2 - b^2$ ➔ 편의상 합차제곱차 공식이라고 부르기로 한다.
③ $(x+a)(x+b) = x^2 + (a+b)x + ab$
④ $(ax+b)(cx+d) = acx^2 + (ad+bc)x + bd$

※ 참고

위의 곱셈 공식들을 증명하는 과정은 [**부록**]에 첨부해 두었다.

태도 1 | 뺄셈을 덧셈으로 바꾸어 생각할 수 있다.

설명

곱셈공식 ①의 $(a+b)^2 = a^2 + 2ab + b^2$과 $(a-b)^2 = a^2 - 2ab + b^2$은 사실상 같은 공식이다.
$(a-b)^2$의 경우, 뺄셈을 덧셈으로 바꾸어 $(a+(-b))^2$으로 생각하면,
$(a+b)^2 = a^2 + 2ab + b^2$임을 이용하여

$$(a+(-b))^2 = a^2 + 2a(-b) + (-b)^2 = a^2 - 2ab + b^2$$

과 같이 계산할 수 있다.

따라서 $(a-b)^2$을 전개해야 할 때는 뺄셈을 덧셈으로 바꾸어 $(a+(-b))^2$으로 변형한 후,
공식 $(a+b)^2 = a^2 + 2ab + b^2$을 적용하여 전개할 수 있다.

태도 2 | 특정 식을 한 덩어리로 인식할 수 있다.

설명

가령, $(2x-y+3)(2x-y-3)$을 전개할 때 모든 항을 일일이 전개할 수도 있지만,
$2x-y$를 한 덩어리로 인식하여 다음과 같이 계산할 수도 있다.

$$(\underbrace{2x-y}_{a} \underbrace{+3}_{b})(\underbrace{2x-y}_{a} \underbrace{-3}_{b}) = (2x-y)^2 - 3^2$$

합차제곱차 공식
$(a+b)(a-b) = a^2 - b^2$ 적용

★ **예제 02**

다음 식을 전개해보자.

① $(x-y)^2$

② $(2x-y)^2$

③ $(2a+3b)(2a-3b)$

④ $(x-1)(x+3)$

⑤ $(3p-4q)^2$

⑥ $(3x+y-1)^2$

⑦ $(a+2b-1)(a-2b+1)$

⑧ $(x-n+1)(x+n+2)$

풀이

① $(x-y)^2 = (x+(-y))^2$
$$= x^2 + 2x(-y) + (-y)^2 = x^2 - 2xy + y^2$$

② $(2x-y)^2 = (2x+(-y))^2$
$$= (2x)^2 + 2 \times 2x(-y) + (-y)^2 = 4x^2 - 4xy + y^2$$

③ $(2a+3b)(2a-3b) = (2a)^2 - (3b)^2 = 4a^2 - 9b^2$

④ $(x-1)(x+3) = (x+(-1))(x+3) = x^2 + (-1+3)x + (-1) \times 3 = x^2 + 2x - 3$

⑤ $(3p-4q)^2 = (3p+(-4q))^2$
$$= (3p)^2 + 2(3p)(-4q) + (-4q)^2 = 9p^2 - 24pq + 16q^2$$

⑥ $(3x+y-1)^2 = (3x+(y-1))^2$
$$= (3x)^2 + 2(3x)(y-1) + (y-1)^2 = 9x^2 + (6xy - 6x) + (y^2 - 2y + 1)$$

⑦ $(a+2b-1)(a-2b+1) = (a+(2b-1))(a-(2b-1))$
$$= a^2 - (2b-1)^2 = a^2 - (4b^2 - 4b + 1) = a^2 - 4b^2 + 4b - 1$$

⑧ $(x-n+1)(x+n+2) = (x+(-n+1))(x+(n+2))$
$$= x^2 + ((-n+1)+(n+2))x + (-n+1)(n+2)$$
$$= x^2 + 3x - n^2 - n + 2$$

❷ New 곱셈 공식

● **New 곱셈 공식**

① $(a+b)^3 = a^3 + 3a^2b + 3ab^2 + b^3$

   $(a-b)^3 = a^3 - 3a^2b + 3ab^2 - b^3$

② $(a+b)(a^2 - ab + b^2) = a^3 + b^3$

   $(a-b)(a^2 + ab + b^2) = a^3 - b^3$

③ $(a+b+c)^2 = a^2 + b^2 + c^2 + 2ab + 2bc + 2ca$

④ $(x+a)(x+b)(x+c) = x^3 + (a+b+c)x^2 + (ab+bc+ca)x + abc$

   $(x-a)(x-b)(x-c) = x^3 - (a+b+c)x^2 + (ab+bc+ca)x - abc$

⑤ $(a^2 + ab + b^2)(a^2 - ab + b^2) = a^4 + a^2b^2 + b^4$

⑥ $(a+b+c)(a^2 + b^2 + c^2 - ab - bc - ca) = a^3 + b^3 + c^3 - 3abc$

※ **참고**

위의 곱셈 공식들을 증명하는 과정은 **[부록]**에 첨부해 두었다.

유제
008

곱셈 공식을 이용하여 다음 식을 전개하시오.

(1) $(x+1)(x+2)(x+3)$

(2) $(x-2)(x-4)(x-5)$

(3) $(x+1)(x-2)(x-5)$

(4) $(x+2y+z)^2$

(5) $(x-2y-2z)^2$

(6) $(x-2y+3z)^2$

(7) $(x-1)^3$

(8) $(3x+1)^3$

(9) $(2x-1)^3$

(10) $(2x+3y)^3$

(11) $(x-2y)^3$

(12) $(x+1)(x^2-x+1)$

(13) $(3x-2)(9x^2+6x+4)$

(14) $(x-2)(x^2+2x+4)$

(15) $(a-2b)(a^2+2ab+4b^2)$

(16) $(x-2y+3)(x^2+4y^2+9+2xy+6y-3x)$

(17) $(x+y-z)(x^2+y^2+z^2-xy+yz+zx)$

(18) $(x-2y+3z)(x^2+4y^2+9z^2+2xy+6yz-3zx)$

(19) $(a^2-a+1)(a^2+a+1)$

(20) $(a^2+4ab+16b^2)(a^2-4ab+16b^2)$

(21) $(x^2-1)(x^2+x+1)(x^2-x+1)$

(22) $(x-y)(x+y)(x^2+y^2)(x^4+y^4)$

(23) $(x+1)(x-1)(x^4+x^2+1)$

(24) $(x-y)^3(x+y)^3$

유제 009

다항식 $(2a - b)^3(2a + b)^3$의 전개식에서 a^2b^4의 계수를 구하시오.

유제 010

$(x + 2y - 2)^2 = 10$을 만족시키는 x, y에 대하여 $x^2 + 4y^2 + 4xy - 4x - 8y$의 값을 구하시오.

3 곱셈 공식을 이용한 큰 수의 계산

곱셈 공식을 이용하면 특수한 형태의 큰 수의 계산을 쉽게 할 수 있다.
큰 수의 계산에서는

> **? 생각 Point**
>
> 곱셈 공식을 쓸 수 있도록 적절한 수를 문자로 치환한다.

더 알아보기 $(\Box + \triangle)(\Box^2 + \triangle^2)(\Box^4 + \triangle^4)(\Box^8 + \triangle^8)$꼴의 식을 전개하는 패턴

$(\Box + \triangle)(\Box^2 + \triangle^2)(\Box^4 + \triangle^4)(\Box^8 + \triangle^8)$꼴의 식은

> **$(\Box - \triangle)$을 곱하면**

$(\Box - \triangle)(\Box + \triangle) \quad (\Box^2 + \triangle^2) \quad (\Box^4 + \triangle^4) \quad (\Box^8 + \triangle^8)$

$= (\Box^2 - \triangle^2)$

$= (\Box^4 - \triangle^4)$

$= (\Box^8 - \triangle^8)$

$= (\Box^{16} - \triangle^{16})$ 으로 간단히 정리된다는 패턴이 있다.

★ **예제 03**

다음 물음에 답하시오.
(1) $(2+1)(2^2+1)(2^4+1)(2^8+1)$을 간단히 해보자.
(2) $101 \times (10000 - 100 + 1)$의 값을 구해보자.

풀이

(1) **주어진 식에 $(2-1)$을 곱하면**

$$(주어진 식) = \underline{(2-1)}(2+1)(2^2+1)(2^4+1)(2^8+1)$$
$$= (2^2-1)(2^2+1)(2^4+1)(2^8+1)$$
$$= (2^4-1)(2^4+1)(2^8+1)$$
$$= (2^8-1)(2^8+1) = 2^{16}-1$$

(2) **$100 = x$로 치환하면**

$$(주어진 식) = (x+1)(x^2-x+1) = x^3+1$$
이때 $x = 100$이므로, $x^3 + 1 = 100^3 + 1 = 1000001$

❹ 반복되는 부분이 있는 다항식 전개하기

생각 | 이해 •• 암기 | 적용

> **❓ 생각 Point**
>
> 반복되는 부분이 있으면 한 문자로 치환한다.

설명

예를 들어 $(x^2 - 2x - 1)(x^2 - 2x + 6)$은 일일이 전개할 수도 있지만,

반복되는 $x^2 - 2x$를 X로 치환하여

$$(X - 1)(X + 6) = X^2 + 5X - 6$$과 같이 전개한 후,

아래와 같이 X를 다시 $x^2 - 2x$으로 바꾸어주는 과정을 거쳐 전개할 수도 있다.

$$X^2 + 5X - 6 = (x^2 - 2x)^2 + 5(x^2 - 2x) - 6$$
$$= (x^4 - 4x^3 + 4x^2) + (5x^2 - 10x) - 6 = x^4 - 4x^3 + 9x^2 - 10x - 6$$

더 알아보기 $(x + \square)(x + \triangle)(x + \bigcirc)(x + \star)$ 꼴의 식을 전개하는 패턴

$(x + \square)(x + \triangle)(x + \bigcirc)(x + \star)$의 꼴의 식은

> **❓ 생각 Point**
>
> **반복되는 부분이 생기도록 두 개씩 짝을 지어서** 전개한 후 반복되는 부분을 치환한다.

Tip 괄호 안의 상수항의 합이 같도록 두 개씩 짝을 지으면 반복되는 부분이 생긴다.

설명

예를 들어, $(x + 1)(x + 2)(x - 3)(x - 4)$을 전개할 때는 반복되는 부분이 생기도록 두 개씩 짝을 지어 전개한다.
괄호 안의 상수항의 합이 같도록 두 개씩 짝을 지어보자.

$$\underbrace{(x + 1)(x - 3)}_{1 - 3} \quad = \quad \underbrace{(x + 2)(x - 4)}_{2 - 4}$$

짝지은 두 개씩을 전개해보면,

$$\{(x + 1)(x - 3)\}\{(x + 2)(x - 4)\} = (\underline{x^2 - 2x} - 3)(\underline{x^2 - 2x} - 8)$$

여기서 $x^2 - 2x$가 반복되므로 $x^2 - 2x = X$로 치환하자.

$$\rightarrow (X - 3)(X - 8) = X^2 - 11X + 24$$

이제 X를 다시 $x^2 - 2x$으로 바꾸면,

$$X^2 - 11X + 24 = (x^2 - 2x)^2 - 11(x^2 - 2x) + 24$$
$$= (x^4 - 4x^3 + 4x^2) + (-11x^2 + 22x) + 24 = x^4 - 4x^3 - 7x^2 + 22x + 24$$

다음 식을 전개해보자.

(1) $(x^2 - x + 1)(x^2 - x - 5)$

(2) $(x-1)(x-3)(x+5)(x+7)$

풀이

(1) $x^2 - x$가 반복되므로 $x^2 - x = X$로 치환하자.

$$\rightarrow (x^2 - x + 1)(x^2 - x - 5) = (X + 1)(X - 5) = X^2 - 4X - 5$$

이제 X를 다시 $x^2 - x$로 바꾸어주면,

$$X^2 - 4X - 5 = (x^2 - x)^2 - 4(x^2 - x) - 5$$
$$= (x^4 - 2x^3 + x^2) + (-4x^2 + 4x) - 5$$
$$= x^4 - 2x^3 - 3x^2 + 4x - 5$$

(2) **반복되는 부분이 생기도록 두 개씩 짝을 지어 전개하자.**

이때, 상수항의 합이 같도록 두 개씩 짝을 지어보면 다음과 같다.

$$\underbrace{(x-1)(x+5)}_{-1+5} \quad = \quad \underbrace{(x-3)(x+7)}_{-3+7}$$

이제 짝지은 두 개씩을 전개해보면,

$$\{(x-1)(x+5)\}\{(x-3)(x+7)\} = (\underline{x^2 + 4x} - 5)(\underline{x^2 + 4x} - 21)$$

여기서 $x^2 + 4x$가 반복되므로, $x^2 + 4x = X$로 치환하자.

$$\rightarrow (X - 5)(X - 21) = X^2 - 26X + 105$$

이제 X를 다시 $x^2 + 4x$으로 바꾸어주면,

$$X^2 - 26X + 105 = (x^2 + 4x)^2 - 26(x^2 + 4x) + 105$$
$$= (x^4 + 8x^3 + 16x^2) + (-26x^2 - 104x) + 105$$
$$= x^4 + 8x^3 - 10x^2 - 104x + 105$$

$(3+1)(3^2+1)(3^4+1)(3^8+1)$을 간단히 하시오.

다음 식을 전개하시오.

(1) $(2x^2 - x + 1)(2x^2 - x - 2)$

(2) $(x^2 - 3x + 1)(x^2 - x + 1)$

(3) $(x + y - z)(x - y + z)$

(4) $(x^2 + 2x - 1)(2x^2 - 2x + 1)$

(5) $(x - 2)(x - 3)(x + 4)(x + 5)$

(6) $(x - 1)(x - 2)(x - 3)(x - 4)$

(7) $x(x - 1)(x - 2)(x - 3)$

$2016 \times 2019 \times 2022 = 2019^3 - 9a$가 성립할 때, 상수 a의 값을 구하시오.

$\dfrac{2022 \times (2023^2 + 2024)}{2024 \times 2023 + 1}$의 값을 구하시오.

5 곱셈 공식의 변형

문자의 합 또는 차 또는 곱이 주어질 때, 아래와 같은 곱셈 공식의 변형 공식을 이용하면 여러가지 식의 값을 편리하게 구할 수 있다.

● **곱셈 공식의 변형**

① $a^2 + b^2 = (a+b)^2 - 2ab = (a-b)^2 + 2ab$

② $(a+b)^2 = (a-b)^2 + 4ab$

  $(a-b)^2 = (a+b)^2 - 4ab$

③ $a^3 + b^3 = (a+b)^3 - 3ab(a+b)$

  $a^3 - b^3 = (a-b)^3 + 3ab(a-b)$

④ $a^2 + b^2 + c^2 = (a+b+c)^2 - 2(ab+bc+ca)$

⑤ $a^2 + b^2 + c^2 - ab - bc - ca = \dfrac{1}{2}\{(a-b)^2 + (b-c)^2 + (c-a)^2\}$

  $a^2 + b^2 + c^2 + ab + bc + ca = \dfrac{1}{2}\{(a+b)^2 + (b+c)^2 + (c+a)^2\}$

⑥ $a^3 + b^3 + c^3 = (a+b+c)(a^2+b^2+c^2-ab-bc-ca) + 3abc$

  $= \dfrac{1}{2}(a+b+c)\{(a-b)^2 + (b-c)^2 + (c-a)^2\} + 3abc$

❇ **참고**

위의 곱셈 공식들을 증명하는 과정은 **[부록]**에 첨부해 두었다.

Tip 머릿속으로 전개할 수 있는 부분은 전개하고, 원래의 식과 같도록 만들기

다음과 같은 공식은

① $a^2 + b^2 = (a+b)^2 - 2ab = (a-b)^2 + 2ab$

② $(a+b)^2 = (a-b)^2 + 4ab$ / $(a-b)^2 = (a+b)^2 - 4ab$

좌변을 우변으로 변형할 때 우변에 $(a+b)^2$ 또는 $(a-b)^2$를 먼저 써두고,

전개할 수 있는 부분은 머릿속으로 전개한 후,

좌변과 우변의 ab의 계수가 같도록 만든다고 생각하여 적용할 수 있다.

가령, $(a-b)^2$을 $(a+b)^2$이 포함된 식으로 변형할 때

먼저 $(a-b)^2 = (a+b)^2 \cdots$ 라고 먼저 생각한 후,

좌변과 우변을 머릿속에서 전개해 보았을 때 좌변에 $-2ab$, 우변에 $+2ab$가 포함되므로,

좌변과 우변의 ab의 계수가 같으려면 우변에 $-4ab$가 필요함을 생각할 수 있다.

아래에 제시된 공식들은 출제 빈도가 매우 높다.

- $a^2 + b^2 = (a+b)^2 - 2ab$
- $(a-b)^2 = (a+b)^2 - 4ab$
- $a^3 + b^3 = (a+b)^3 - 3ab(a+b)$

이 공식들은 $a+b$의 값과 ab의 값을 알면 좌변의 값을 알 수 있다는 공통점이 있다.

> **? 생각 Point**
>
> 문제에서 구하는 값이 $a^2 + b^2$ 또는 $a - b$ 또는 $a^3 + b^3$인 경우는
> $a+b$의 값과 ab의 값을 구한 후, 위의 공식들을 통해 그 값을 구할 수 있다.

유제 015

$a+b=4$, $a^2+b^2=12$일 때, 다음 식의 값을 구하시오.

(1) a^3+b^3

(2) $|a-b|$

(3) a^4+b^4

유제 016

$x-y=4$, $xy=3$일 때, 다음 식의 값을 구하시오. (단, $x>0$, $y>0$)

(1) x^2+y^2

(2) $(x+y)^2$

(3) x^3-y^3

(4) x^3+y^3

유제 017

세 실수 x, y, z에 대하여 $x+2y+2z=8$, $xy+2yz+zx=10$일 때, $x^2+4y^2+4z^2$의 값을 구하시오.

유제 018

$a-b=4$, $a-c=3$일 때, $a^2+b^2+c^2-ab-bc-ca$의 값을 구하시오.

유제 019 기본 기출문제

$x + y = \sqrt{2}$, $xy = -2$일 때, $\dfrac{x^2}{y} + \dfrac{y^2}{x}$의 값을 구하시오.

유제 020

세 실수 x, y, z에 대하여 $x + y + z = 6$, $xy + yz + zx = 12$일 때, $(x+y)^2 + (y+z)^2 + (z+x)^2$의 값을 구하시오.

유제 021

세 양수 a, b, c에 대하여 $a^3 + b^3 + c^3 = 3abc$, $ab + bc + ca = 10$일 때, $a^2 + b^2 + c^2$의 값을 구하시오.

6 x와 $\dfrac{1}{x}$이 포함된 곱셈 공식과 그 변형

● x와 $\dfrac{1}{x}$이 포함된 곱셈 공식과 그 변형

• 곱셈 공식

① $\left(x+\dfrac{1}{x}\right)^2 = x^2 + \dfrac{1}{x^2} + 2$

$\left(x-\dfrac{1}{x}\right)^2 = x^2 + \dfrac{1}{x^2} - 2$

② $\left(x+\dfrac{1}{x}\right)^3 = x^3 + 3x + \dfrac{3}{x} + \dfrac{1}{x^3}$

$\left(x-\dfrac{1}{x}\right)^3 = x^3 - 3x + \dfrac{3}{x} - \dfrac{1}{x^3}$

• 곱셈 공식의 변형

① $x^2 + \dfrac{1}{x^2} = \left(x+\dfrac{1}{x}\right)^2 - 2 = \left(x-\dfrac{1}{x}\right)^2 + 2$

② $\left(x+\dfrac{1}{x}\right)^2 = \left(x-\dfrac{1}{x}\right)^2 + 4$

$\left(x-\dfrac{1}{x}\right)^2 = \left(x+\dfrac{1}{x}\right)^2 - 4$

③ $x^3 + \dfrac{1}{x^3} = \left(x+\dfrac{1}{x}\right)^3 - 3\left(x+\dfrac{1}{x}\right)$

$x^3 - \dfrac{1}{x^3} = \left(x-\dfrac{1}{x}\right)^3 + 3\left(x-\dfrac{1}{x}\right)$

❊ 참고

위의 곱셈 공식들을 증명하는 과정은 [**부록**]에 첨부해 두었다.

Tip 위의 공식들은 새로운 것이 아니다.

위의 공식들은 앞에서 배웠던 곱셈 공식들과 그 변형 공식들에서

a의 자리에 x를, b의 자리에 $\dfrac{1}{x}$을 대입한 것과 같다.

이차방정식이 조건으로 제시되었을 때 얻을 수 있는 관계식

문제의 조건으로 이차방정식이 제시되었을 때

> **? 생각 Point**
>
> **이차방정식의 양변을 x로 나누면**
>
> $x + \dfrac{1}{x}$ 또는 $x - \dfrac{1}{x}$ 의 값을 얻을 수 있는 경우가 있다.

설명

예를 들어, 이차방정식 $x^2 - 3x - 1 = 0$의 양변을 x로 나누면

$$x^2 - 3x - 1 = 0 \ \blacktriangleright \ x - 3 - \frac{1}{x} = 0 \ \blacktriangleright \ x - \frac{1}{x} = 3$$

유제 022

$x + \dfrac{1}{x} = 4$일 때, 다음 식의 값을 구하시오. (단, $x > 1$)

(1) $x^2 + \dfrac{1}{x^2}$

(2) $x^3 + \dfrac{1}{x^3}$

(3) $x - \dfrac{1}{x}$

유제 023

$x^2 - 5x + 1 = 0$일 때, $x^3 + \dfrac{1}{x^3}$의 값을 구하시오.

유제
024

$x^2 + \dfrac{1}{x^2} = 2$ 일 때, $x^3 + \dfrac{1}{x^3}$ 의 값을 구하시오. (단, $x > 0$)

유제
025

난이도 UP

$x^2 - 4x + 1 = 0$ 일 때, $x^3 - 4x^2 + 3 - \dfrac{4}{x^2} + \dfrac{1}{x^3}$ 의 값을 구하시오.

03 인수분해

0 인수분해 관련 용어 정리

생각 | 이해 ● ● 암기 | 적용

▶ '인수분해'란 ?

하나의 다항식을 둘 이상의 다항식의 곱만으로 나타내는 것을 **인수분해**라고 한다.

▶ '인수'란 ?

인수분해 결과, 곱을 이루는 각각의 다항식을 원래 다항식의 **인수**라고 한다.

예) 다항식 $2x^2 - 6x + 4$는 $2(x^2 - 3x + 2) = 2(x - 1)(x - 2)$로 인수분해 가능하다.

이때, 2, $x - 1$, $x - 2$는 모두 다항식 $2x^2 - 6x + 4$의 인수이다.

※ 참고

일반적으로 인수분해는 다항식의 전개 과정을 거꾸로 한 것이라고 생각하면 된다.

1 중학생 때 배운 인수분해 공식

생각 | 이해 ● ● 암기 | 적용

● 중학생 때 배운 인수분해 공식

① $ma + mb = m(a + b)$

② $a^2 + 2ab + b^2 = (a + b)^2$

  $a^2 - 2ab + b^2 = (a - b)^2$

③ $a^2 - b^2 = (a + b)(a - b)$

④ $x^2 + (a + b)x + ab = (x + a)(x + b)$

  $x^2 - (a + b)x + ab = (x - a)(x - b)$

Tip 식에 공통인수가 있으면, 우선 공통인수로 식을 묶어내는 것이 좋다.

[설명]

가령, 다항식 $f(x)$에 대하여 $xf(x) - f(x)$는 $f(x)$를 공통된 인수로 가지므로

f(x)로 식을 묶어서

$xf(x) - f(x) = f(x)(x-1)$와 같이 정리해두는 것이 좋다.

생각 넓히기 인수분해 공식 $x^2 + (a+b)x + ab = (x+a)(x+b)$,

$$x^2 - (a+b)x + ab = (x-a)(x-b)\text{의 중요한 특징}$$

두 공식의 좌변인 $x^2 + (a+b)x + ab$과 $x^2 - (a+b)x + ab$의 구조를 분석해보면
아래 그림과 같이 상수항이 2개의 식으로 인수분해된 상황에서, 상수항의 두 인수를 더한 값이 x의 계수에 포함되어
있음을 알 수 있다.

이러한 특징으로부터 다음과 같은 결론을 도출할 수 있다.

> **❓ 생각 Point**
>
> 주어진 식을 $x^2 \pm (\ )x + (\ )(\ )$꼴로 정리했을 때
> 상수항의 두 인수를 더한 값이 x의 계수에 포함되어 있다면
>
> 인수분해 공식
> • $x^2 + (a+b)x + ab = (x+a)(x+b)$
> • $x^2 - (a+b)x + ab = (x-a)(x-b)$
> 을 사용하여 인수분해할 수 있다.

다음 식을 인수분해하시오.

(1) $2xy^2 - 4xy$

(2) $(2x+y)^2 - 4x - 2y$

(3) $x^2 + 4xy + 4y^2$

(4) $x^2 - 2x + 1$

(5) $ax + ay + 3x + 3y$

(6) $4x^2 + 4xy + y^2$

(7) $x^2 + x - 2$

(8) $x^2 + 3x + 2$

(9) $2x^2 + x - 1$

(10) $4x^2 + 12xy + 9y^2$

(11) $x^2 - 4x + 4$

(12) $4a^2 - 9b^2$

(13) $9x^2 - 12xy + 4y^2$

(14) $2x^2 + 16x + 32$

(15) $(2x-1)^2 - 9y^4$

(16) $3ax^3 + 12ax^2 + 12ax$

(17) $x^2 - (2n+1)x + n^2 + n$

(18) $x^2 - (2k+1)x + k^2 + k - 2$

(19) $x^2 + ax + 3x + 3a$

(20) $x^2 - mx - x + m$

(21) $(2x-1)^2 - (x+1)^2$

(22) $x^2 - 6xy + 9y^2 - a^2$

(23) $2x(2x+y) + y(2x+y) - 4$

(24) $a^4 - b^4$

인수분해는 다항식의 전개 과정을 거꾸로 생각한 것이므로 앞에서 배운 곱셈 공식으로부터
아래와 같은 인수분해 공식을 얻을 수 있다.

● **New 인수분해 공식**

① $a^3 + 3a^2b + 3ab^2 + b^3 = (a+b)^3$

　$a^3 - 3a^2b + 3ab^2 - b^3 = (a-b)^3$

② $a^3 + b^3 = (a+b)(a^2 - ab + b^2)$

　$a^3 - b^3 = (a-b)(a^2 + ab + b^2)$

③ $a^2 + b^2 + c^2 + 2ab + 2bc + 2ca = (a+b+c)^2$

④ $x^3 + (a+b+c)x^2 + (ab+bc+ca)x + abc = (x+a)(x+b)(x+c)$

　$x^3 - (a+b+c)x^2 + (ab+bc+ca)x - abc = (x-a)(x-b)(x-c)$

⑤ $a^4 + a^2b^2 + b^4 = (a^2 + ab + b^2)(a^2 - ab + b^2)$

⑥ $a^3 + b^3 + c^3 - 3abc = (a+b+c)(a^2 + b^2 + c^2 - ab - bc - ca)$

$$= (a+b+c)\frac{1}{2}\{(a-b)^2 + (b-c)^2 + (c-a)^2\}$$

Tip 아래의 제시된 전개식을 인수분해할 때는

　① 박스 표시한 부분을 이용하여 먼저 인수분해식을 대략적으로 적고,

　② 대략 적은 인수분해식을 전개했을 때 원래의 식과 같은지 비교하는 것이 좋다.

- $\boxed{a^3} + 3a^2b + 3ab^2 + \boxed{b^3}$
- $\boxed{a^3} - 3a^2b + 3ab^2 - \boxed{b^3}$
- $\boxed{a^2} + \boxed{b^2} + \boxed{c^2} + 2ab + 2bc + 2ca$
- $\boxed{a^4} + a^2b^2 + \boxed{b^4}$
- $\boxed{a^3} + \boxed{b^3} + \boxed{c^3} - 3abc$

예시 전개식 $x^2 + y^2 + 4z^2 - 2xy - 4yz + 4zx$을 인수분해 해보자.

박스 표시한 부분을 이용하여 인수분해식을 대략 적어보면

$$\boxed{x^2} + \boxed{y^2} + \boxed{4z^2} - 2xy - 4yz + 4zx \;➔\; (x + y + 2z)^2$$

이고, 이를 전개했을 때 원래 식의 $-2xy - 4yz + 4zx$가 나오도록 하려면 인수분해된 식을 다음과 같이 수정하면
된다.

$$(x\boxed{+}y + 2z)^2 \;➔\; (x\boxed{-}y + 2z)^2$$

전개식 $x^2 + y^2 + 4z^2 - 2xy - 4yz + 4zx$을 한번에 $(x - y + 2z)^2$으로 인수분해하는 것은 현실적으로 힘들 수 있다.
따라서 인수분해의 대략적인 틀을 먼저 잡아둔 다음, 구체적인 부분을 수정하는 과정을 거치는 것이 복잡한 전개식을
인수분해하는 현실적인 방법이다.

다음 식을 인수분해하시오.

(1) $x^3 - 8y^3$

(2) $8a^3 - 8b^3$

(3) $x^3 + 9x^2 + 27x + 27$

(4) $8a^3 - 12a^2b + 6ab^2 - b^3$

(5) $4x^2 + y^2 + z^2 + 4xy + 2yz + 4zx$

(6) $x^2 + y^2 + 4z^2 - 2xy - 4yz + 4zx$

(7) $x^4 + x^2 + 1$

(8) $16x^4 + 4x^2y^2 + y^4$

(9) $a^3 + b^3 + 1 - 3ab$

(10) $x^3 + y^3 - 8z^3 + 6xyz$

(11) $(a+1)^3 - 8$

(12) $2ax^4 - 2ax$

(13) $(x+y)^3 + (x-y)^3$

(14) $a^4 - a^3$

(15) $x^6 - y^6$

❸ 공통부분이 있는 다항식 인수분해하기

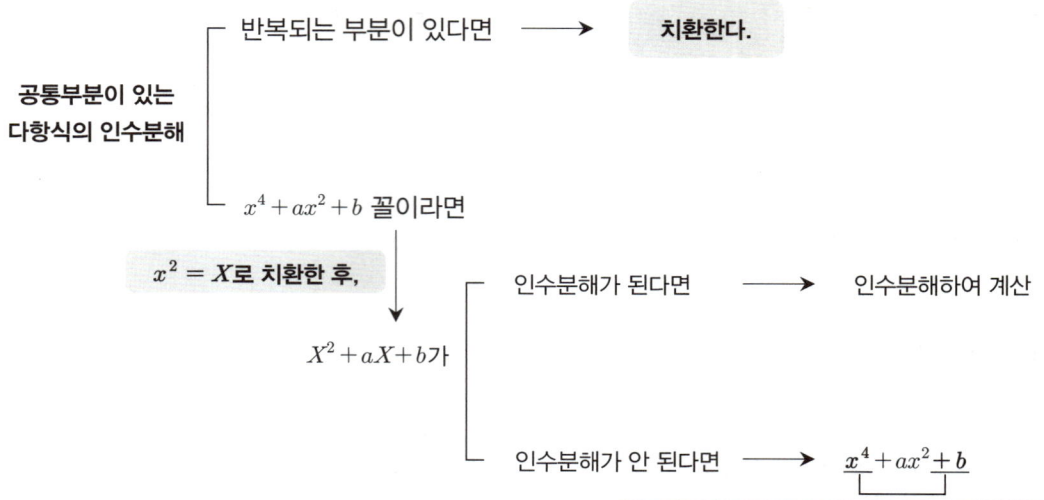

공통부분이 있는
다항식의 인수분해 ─ 반복되는 부분이 있다면 ⟶ **치환한다.**

─ $x^4 + ax^2 + b$ 꼴이라면

$x^2 = X$로 **치환한 후,**

$X^2 + aX + b$가 ─ 인수분해가 된다면 ⟶ 인수분해하여 계산

─ 인수분해가 안 된다면 ⟶ $\underline{x^4 + ax^2 + b}$

x^4과 $+b$를 포함하는 완전제곱식을 만들었을 때,
합차제곱차 공식을 이용하여 인수분해 가능한지 점검한다.

설명

· 반복되는 부분이 있는 경우 ➜ 반복되는 부분은 치환한다.

예시 1 $(x^2 - 5x)(x^2 - 5x + 13) + 42$를 인수분해 해보자.

$x^2 - 5x$가 반복되므로 $x^2 - 5x = t$로 치환하면,

$$(x^2 - 5x)(x^2 - 5x + 13) + 42 = t(t + 13) + 42 = (t + 6)(t + 7)$$

이제 t의 자리에 $x^2 - 5x$를 다시 대입하면,

$$(t + 6)(t + 7) = (x^2 - 5x + 6)(x^2 - 5x + 7) = (x - 2)(x - 3)(x^2 - 5x + 7)$$

· $x^4 + ax^2 + b$꼴을 $\underline{x^2 = X}$로 치환했을 때 인수분해가 가능한 경우

예시 2 $x^4 - 5x^2 + 4$을 인수분해 해보자.

$x^2 = X$로 치환하면,

$$x^4 - 5x^2 + 4 = \underline{X^2 - 5X + 4} = (X - 1)(X - 4)$$

이제 X의 자리에 $x^2 - 5x$를 다시 대입하면,

$$(X - 1)(X - 4) = (x^2 - 5x - 1)(x^2 - 5x - 4)$$

• $x^4 + ax^2 + b$꼴을 $\underline{x^2 = X}$로 치환했을 때 인수분해가 불가능한 경우

예시 3 $x^4 - 6x^2 + 1$을 인수분해 해보자.

$x^2 = X$로 치환하면,

$x^4 - 6x^2 + 1$ ➔ $\underline{X^2 - 6X + 1}$ ..... 더 이상 인수분해가 불가능하다.

그렇다면, 아래와 같이 치환 전의 식으로 돌아왔을 때

$$\underset{\underline{\qquad\qquad}}{x^4 - 6x^2 + 1}$$

x^4과 $+1$을 포함하는 **완전제곱식**을 만들면
합차 제곱차 공식을 이용하여 인수분해가 가능할 것이다.

x^4과 $+1$를 포함하는 완전제곱식으로

$x^4 + 2x^2 + 1 = (x^2 + 1)^2$을 떠올릴 수 있다. 이를 중심으로 식을 조작하자.

$$x^4 - 6x^2 + 1 = (x^4 + 2x^2 + 1) - 8x^2 = \boxed{(x^2 + 1)^2 - (2\sqrt{2}\,x)^2} = (x^2 + 1 + 2\sqrt{2}\,x)(x^2 + 1 - 2\sqrt{2}\,x)$$

[보충 설명]

$(x^4 + 2x^2 + 1)$을 먼저 만든 후, 원래의 식과 x^2의 계수를 똑같이

만들기 위해 $-8x^2$을 추가한 것이다.

[보충 설명]

합차제곱차 공식을 이용한 것이다.

참고로, x^4과 $+1$를 포함하는 완전제곱식으로

$x^4 - 2x^2 + 1 = (x^2 - 1)^2$을 떠올려

$$\begin{aligned} x^4 - 6x^2 + 1 &= (x^4 - 2x^2 + 1) - 4x^2 \\ &= (x^2 - 1)^2 - (2x)^2 \\ &= (x^2 + 2x - 1)(x^2 - 2x - 1) \end{aligned}$$

과 같이 인수분해해도 상관없다.

다음 식을 인수분해하시오.

(1) $(x^2 + x - 1)(x^2 + x + 2) - 4$

(7) $x^4 - 7x^2 + 6$

(2) $(x^2 + 2x)^2 - 2x^2 - 4x + 1$

(8) $x^4 + 5x^2 + 9$

(3) $(x + 1)(x - 2)(x + 3)(x - 4) + 16$

(9) $x^4 - 11x^2 + 1$

(4) $(x^2 + x)^2 - 13(x^2 + x) + 36$

(10) $2x^4 + x^2 - 1$

(5) $4x^4 + (1 - 3x + x^2)(1 - 3x - 3x^2)$

(11) $x^4 + 4$

(6) $x(x + 2)(x + 4)(x + 6) - 9$

(12) $x^4 - 8x^2y^2 + 4y^4$

❹ 인수분해 공식을 바로 적용할 수 없는 경우

적용할 인수분해 공식이 떠오르지 않는다면 아래의 3가지 방법 중 하나를 택하여 주어진 식을 인수분해하도록 한다.

방법 1 항을 2개씩 묶어서 □( )+△( )꼴로 만들 수 있는지 판단한다.

└── **똑같은 식** ──┘

→ 항이 4개인 경우에 적용되는 경우가 많다.

방법 2 완전제곱꼴로 만들 수 있는 부분이 있는지 판단한다.

방법 3 인수분해 공식

- $x^2 + (a+b)x + ab = (x+a)(x+b)$
- $x^2 - (a+b)x + ab = (x-a)(x-b)$를 사용할 수 있는지 판단한다.

예시 1 $x^3 - xy - y^2z + x^2z$를 인수분해 해보자.

주어진 식의 공통인수를 아래와 같이 본다면

$$\boxed{x}^3 - \boxed{x}y^2 - y^2\boxed{z} + x^2\boxed{z}$$

주어진 식을 □$(x^2 - y^2)$+△$(x^2 - y^2)$ 꼴로 만들 수 있다.

이에 따라 주어진 식을 $x(x^2 - y^2) + z(x^2 - y^2)$

$$= (x+z)(x^2 - y^2) = (x+z)(x+y)(x-y)로 인수분해할 수 있다.$$

예시 2 $x^2 + y^2 - 2xy - x + y - 2$를 인수분해 해보자.

주어진 식은 항이 많으므로 **방법 1**을 적용하기 힘들다.

따라서 **방법 2**를 적용할 수 있는지 검토해보자.

주어진 식에서 다음과 같은 부분을 완전제곱식으로 만들 수 있다.

$$\boxed{x^2 + y^2 - 2xy} - x + y - 2$$

따라서, (주어진 식)$= (x-y)^2 - x + y - 2 = (x-y)^2 - (x-y) - 2$

여기서 $x-y$가 반복되므로 $x-y = X$로 치환하면, $X^2 - X - 2 = (X-2)(X+1)$이고,
X를 다시 $x-y$로 바꿔주면 $(X-2)(X+1) = (x-y-2)(x-y+1)$임을 알 수 있다.

참고로, **방법 3**을 적용하여 인수분해할 수도 있다.

인수분해 공식 • $x^2 + (a+b)x + ab = (x+a)(x+b)$

• $x^2 - (a+b)x + ab = (x-a)(x-b)$을 사용할 수 있는지 판단하기 위해

주어진 식을 $x^2 \pm ( )x + ( )( )$ 꼴로 정리해보자.

$x^2 + y^2 - 2xy - x + y - 2 = x^2 + (-2y-1)x + (y^2 + y - 2)$

$$= x^2 - \boxed{(2y+1)}x + (y+2)(y-1) = \{x - (y+2)\}\{x - (y-1)\}$$
$$= (x-y-2)(x-y+1)$$

⊕

유제
029

다음 식을 인수분해하시오.

(1) $a^4 - b^2c^2 + a^2c^2 - b^4$

(2) $x^2 + y^2 - 4z^2 - 2xy$

(3) $4ab + c^2 - a^2 - 4b^2$

(4) $x^3 - 2x^2y + 2x - 4y$

(5) $x^2 + y^2 + 2xy - 1$

(6) $9x^2 - y^2 - 6x + 1$

(7) $x^2 + y^2 - 2xy - 3x + 3y - 4$

(8) $x^2 - 3y^2 - 2xy + 4x - 4y + 4$

(9) $4xy + 9 - 4x^2 - y^2$

(10) $x^2 + y^2 - 2xy - x + y$

유제 030

$\dfrac{2025^3 + 1}{2025^2 - 2025 + 1}$의 값을 구하시오.

유제 031

기본 기출문제

1이 아닌 두 자연수 a, $b\,(a < b)$에 대하여 $11^4 - 6^4 = a \times b \times 157$로 나타낼 때, $a + b$의 값을 구하시오.

유제 032

난이도 UP

2 이상의 네 자연수 a, b, c, d에 대하여
$(8^2 + 2 \times 8)^2 - 18 \times (8^2 + 2 \times 8) + 45 = a \times b \times c \times d$ 일 때,
$a + b + c + d$의 값을 구하시오.

▶ 중학생 때 배운 곱셈 공식의 증명

① $(a+b)^2 = a^2 + 2ab + b^2$

증명 | 좌변을 전개 후 정리하면 우변과 같다. ■

$(a-b)^2 = a^2 - 2ab + b^2$

증명 | 앞서 증명한 $(a+b)^2 = a^2 + 2ab + b^2$에서 b대신 $-b$를 대입하면 성립한다. ■

② $(a+b)(a-b) = a^2 - b^2$

증명 | 좌변을 전개 후 정리하면 우변과 같다. ■

③ $(x+a)(x+b) = x^2 + (a+b)x + ab$

증명 | 좌변을 전개 후 정리하면 우변과 같다. ■

④ $(ax+b)(cx+d) = acx^2 + (ad+bc)x + bd$

증명 | 좌변을 전개 후 정리하면 우변과 같다. ■

▶ New 곱셈 공식의 증명

① $(a+b)^3 = a^3 + 3a^2b + 3ab^2 + b^3$

증명 | $(a+b)^3 = (a+b)^2(a+b) = (a^2 + 2ab + b^2)(a+b) = a^3 + 3a^2b + 3ab^2 + b^3$

$(a-b)^3 = a^3 - 3a^2b + 3ab^2 - b^3$

증명 | 앞서 증명한 $(a+b)^3 = a^3 + 3a^2b + 3ab^2 + b^3$에서 b대신 $-b$를 대입하면 성립한다. ■

② $(a+b)(a^2 - ab + b^2) = a^3 + b^3$

증명 | 좌변을 전개 후 정리하면 우변과 같다. ■

$(a-b)(a^2 + ab + b^2) = a^3 - b^3$

증명 | 앞서 증명한 $(a+b)(a^2 - ab + b^2) = a^3 + b^3$에서 b대신 $-b$를 대입하면 성립한다. ■

③ $(a+b+c)^2 = a^2 + b^2 + c^2 + 2ab + 2bc + 2ca$

증명 | $(a+b+c)^2 = \{(a+b)+c\}^2 = (a+b)^2 + 2(a+b)c + c^2 = a^2 + b^2 + c^2 + 2ab + 2bc + 2ca$ ■

④ $(x+a)(x+b)(x+c) = x^3 + (a+b+c)x^2 + (ab+bc+ca)x + abc$

증명 | $(x+a)(x+b)(x+c) = \{(x^2 + (a+b)x + ab)(x+c)\}$을 모두 전개 후 정리하면 우변과 같다. ■

$(x-a)(x-b)(x-c) = x^3 - (a+b+c)x^2 + (ab+bc+ca)x - abc$

증명 | 앞서 증명한 $(x+a)(x+b)(x+c) = \{(x^2 + (a+b)x + ab)(x+c)\}$에서
a, b, c 대신 $-a, -b, -c$를 대입하면 성립한다. ■

⑤ $(a^2 + ab + b^2)(a^2 - ab + b^2) = a^4 + a^2b^2 + b^4$

증명 | $(a^2 + ab + b^2)(a^2 - ab + b^2) = (a^2 + b^2 + ab)(a^2 + b^2 - ab) = (a^2 + b^2)^2 - (ab)^2$을 모두 전개 후
정리하면 우변과 같다. ■

⑥ $(a+b+c)(a^2 + b^2 + c^2 - ab - bc - ca) = a^3 + b^3 + c^3 - 3abc$

증명 | 좌변을 전개 후 정리하면 우변과 같다. ■

▶ **곱셈 공식의 변형의 증명**

① $a^2 + b^2 = (a+b)^2 - 2ab = (a-b)^2 + 2ab$

    증명 | $(a+b)^2 = a^2 + 2ab + b^2$의 양변에 $-2ab$ → $a^2 + b^2 = (a+b)^2 - 2ab$

             $(a-b)^2 = a^2 - 2ab + b^2$의 양변에 $+2ab$ → $a^2 + b^2 = (a-b)^2 + 2ab$

② $(a+b)^2 = (a-b)^2 + 4ab$

    증명 | $(a+b)^2 = a^2 + 2ab + b^2 = (a^2 - 2ab + b^2) + 4ab = (a-b)^2 + 4ab$

$(a-b)^2 = (a+b)^2 - 4ab$

    증명 | 앞서 증명한 $(a+b)^2 = (a-b)^2 + 4ab$에서 b대신 $-b$를 대입하면 성립한다.

③ $a^3 + b^3 = (a+b)^3 - 3ab(a+b)$

    증명 | $(a+b)^3 = a^3 + 3a^2b + 3ab^2 + b^3 = a^3 + 3ab(a+b) + b^3$

        → $(a+b)^3 = a^3 + 3ab(a+b) + b^3$의 양변에 $-3ab(a+b)$

        → $a^3 + b^3 = (a+b)^3 - 3ab(a+b)$

$a^3 - b^3 = (a-b)^3 + 3ab(a-b)$

    증명 | 앞서 증명한 $a^3 + b^3 = (a+b)^3 - 3ab(a+b)$에서 b대신 $-b$를 대입하면 성립한다.

④ $a^2 + b^2 + c^2 = (a+b+c)^2 - 2(ab+bc+ca)$

    증명 | $(a+b+c)^2 = a^2 + b^2 + c^2 + 2ab + 2bc + 2ca$의 양변에 $-2(ab+bc+ca)$

        → $a^2 + b^2 + c^2 = (a+b+c)^2 - 2(ab+bc+ca)$

⑤ $a^2 + b^2 + c^2 - ab - bc - ca = \dfrac{1}{2}\{(a-b)^2 + (b-c)^2 + (c-a)^2\}$

    증명 | $a^2 + b^2 + c^2 - ab - bc - ca = \dfrac{1}{2}(2a^2 + 2b^2 + 2c^2 - 2ab - 2bc - 2ca)$

                                         $= \dfrac{1}{2}\{(a^2 - 2ab + b^2) + (b^2 - 2bc + c^2) + (c^2 - 2ca + a^2)\}$

                                         $= \dfrac{1}{2}\{(a-b)^2 + (b-c)^2 + (c-a)^2\}$

$a^2 + b^2 + c^2 + ab + bc + ca = \dfrac{1}{2}\{(a+b)^2 + (b+c)^2 + (c+a)^2\}$

    증명 | $a^2 + b^2 + c^2 + ab + bc + ca = \dfrac{1}{2}\underbrace{(2a^2 + 2b^2 + 2c^2 + 2ab + 2bc + 2ca)}_{= (a+b)^2 + (b+c)^2 + (c+a)^2}$

⑥ $a^3 + b^3 + c^3 = (a+b+c)(a^2 + b^2 + c^2 - ab - bc - ca) + 3abc$

                  $= \dfrac{1}{2}(a+b+c)\{(a-b)^2 + (b-c)^2 + (c-a)^2\} + 3abc$

    증명 | $(a+b+c)(a^2 + b^2 + c^2 - ab - bc - ca) = a^3 + b^3 + c^3 - 3abc$의 양변에 $+3abc$

        → $a^3 + b^3 + c^3 = (a+b+c)(a^2 + b^2 + c^2 - ab - bc - ca) + 3abc$

        이때 $a^2 + b^2 + c^2 - ab - bc - ca = \dfrac{1}{2}\{(a-b)^2 + (b-c)^2 + (c-a)^2\}$이므로

        $a^3 + b^3 + c^3 = (a+b+c)(a^2 + b^2 + c^2 - ab - bc - ca) + 3abc$

                       $= \dfrac{1}{2}(a+b+c)\{(a-b)^2 + (b-c)^2 + (c-a)^2\} + 3abc$

▶ x 와 $\dfrac{1}{x}$ 이 포함된 곱셈 공식과 그 변형

• 곱셈 공식

① $\left(x+\dfrac{1}{x}\right)^2 = x^2 + \dfrac{1}{x^2} + 2$

　　증명 | $(a+b)^2 = a^2 + 2ab + b^2$ 의 a 와 b 자리에 각각 x 와 $\dfrac{1}{x}$ 을 대입하면 성립한다.

　　$\left(x-\dfrac{1}{x}\right)^2 = x^2 + \dfrac{1}{x^2} - 2$

　　증명 | $(a-b)^2 = a^2 - 2ab + b^2$ 의 a 와 b 자리에 각각 x 와 $\dfrac{1}{x}$ 을 대입하면 성립한다.

② $\left(x+\dfrac{1}{x}\right)^3 = x^3 + 3x + \dfrac{3}{x} + \dfrac{1}{x^3}$

　　증명 | $(a+b)^3 = a^3 + 3a^2b + 3ab^2 + b^3$ 의 a 와 b 자리에 각각 x 와 $\dfrac{1}{x}$ 을 대입하면 성립한다.

　　$\left(x-\dfrac{1}{x}\right)^3 = x^3 - 3x + \dfrac{3}{x} - \dfrac{1}{x^3}$

　　증명 | $(a-b)^3 = a^3 - 3a^2b + 3ab^2 - b^3$ 의 a 와 b 자리에 각각 x 와 $\dfrac{1}{x}$ 을 대입하면 성립한다.

• 곱셈 공식의 변형

① $x^2 + \dfrac{1}{x^2} = \left(x+\dfrac{1}{x}\right)^2 - 2 = \left(x-\dfrac{1}{x}\right)^2 + 2$

　　증명 | $a^2 + b^2 = (a+b)^2 - 2ab = (a-b)^2 + 2ab$ 의 a 와 b 자리에 각각 x 와 $\dfrac{1}{x}$ 을 대입하면 성립한다. ∎

② $\left(x+\dfrac{1}{x}\right)^2 = \left(x-\dfrac{1}{x}\right)^2 + 4$

　　증명 | $(a+b)^2 = (a-b)^2 + 4ab$ 의 a 와 b 자리에 각각 x 와 $\dfrac{1}{x}$ 을 대입하면 성립한다.

　　$\left(x-\dfrac{1}{x}\right)^2 = \left(x+\dfrac{1}{x}\right)^2 - 4$

　　증명 | $(a-b)^2 = (a+b)^2 - 4ab$ 의 a 와 b 자리에 각각 x 와 $\dfrac{1}{x}$ 을 대입하면 성립한다.

③ $x^3 + \dfrac{1}{x^3} = \left(x+\dfrac{1}{x}\right)^3 - 3\left(x+\dfrac{1}{x}\right)$

　　증명 | $a^3 + b^3 = (a+b)^3 - 3ab(a+b)$ 의 a 와 b 자리에 각각 x 와 $\dfrac{1}{x}$ 을 대입하면 성립한다.

　　$x^3 - \dfrac{1}{x^3} = \left(x-\dfrac{1}{x}\right)^3 + 3\left(x-\dfrac{1}{x}\right)$

　　증명 | $a^3 - b^3 = (a-b)^3 + 3ab(a-b)$ 의 a 와 b 자리에 각각 x 와 $\dfrac{1}{x}$ 을 대입하면 성립한다.

1

1-2

다항식
다항식의 나눗셈과 항등식

01 다항식의 나눗셈

1 다항식의 세로방향 나눗셈

생각 | 이해 ••• 암기 | 적용

다항식을 다항식으로 나누었을 때의 몫과 나머지는 자연수끼리의 나눗셈처럼 세로로 계산할 수 있다.
지금부터 그 방법에 대해 알아보자.

$x^4 + 2x^3 + 11x - 4$를 $x^2 + 2x + 3$으로 나누었을 때의 몫과 나머지는 다음과 같은 과정을 거쳐 계산할 수 있다.

우선, 자연수의 나눗셈을 세로 방향으로 할 때처럼 아래와 같이 표시해둔다.

$$x^2 + 2x + 3 \,\Big)\! \overline{\; x^4 + 2x^3 \;\bigcirc\; + 11x - 4 \;} \quad \longrightarrow \; \text{전체식}$$

나누는 식

이차항이 없으니 비워둔다.

[단계 1] 나누는 식의 최고차항에 무엇을 곱해야

전체식의 최고차항이 나올 수 있는지 생각하고 아래와 같이 표시한다.

$$x^2 + 2x + 3 \,\Big)\! \overline{\; x^4 + 2x^3 \quad + 11x - 4 \;} \overset{\displaystyle x^2}{} \longleftarrow$$

나누는 식인 $\boxed{x^2 + 2x + 3}$의 최고차항 x^2에
x^2을 곱해야 전체식의 최고차항인 x^4가 나올 수 있다.

[단계 2] 방금 쓴 값과 나누는 식을 곱한 결과를 아래와 같이 적는다.

$$x^2 + 2x + 3 \,\Big)\! \overline{\; x^4 + 2x^3 \quad + 11x - 4 \;} \overset{\displaystyle x^2}{}$$
$$x^4 + 2x^3 + 3x^2 \longleftarrow$$

$(x^2 + 2x + 3) \times \underline{x^2}$

나누는 식   방금 쓴 값

[단계 3] 위쪽 식에서 아래쪽 식을 뺀 결과를 아래와 같이 적는다.

$$x^2 + 2x + 3 \,\Big)\! \overline{\; x^4 + 2x^3 \quad + 11x - 4 \;} \overset{\displaystyle x^2}{}$$
$$\underline{x^4 + 2x^3 + 3x^2} \qquad \downarrow (-)$$
$$- 3x^2 + 11x - 4 \longleftarrow$$

$(x^4 + 2x^3 + 11x - 4) - (x^4 + 2x^3 + 3x^2)$

위쪽 식   아래쪽 식

[단계 4] 나누는 식보다 차수가 낮아질 때까지 [단계 1] ~ [단계 3]의 과정을 반복한다.

$$
\begin{array}{r}
x^2 \qquad\quad -3 \quad\longleftarrow\ \text{몫}\\[2pt]
x^2+2x+3\,\overline{\smash{\big)}\,x^4+2x^3\quad\ +11x-4}\\[2pt]
\underline{x^4+2x^3+3x^2}\\[2pt]
-3x^2+11x-4\\[2pt]
\underline{-3x^2-6x-9}\\[2pt]
17x\ +5
\end{array}
$$

$(-3x^2+11x-4)-(-3x^2-6x-9)$ 위쪽 식 아래쪽 식

나머지

➔ 나누는 식보다 차수가 낮다.

이 과정을 통해 $x^4+2x^3+11x-4$를 x^2+2x+3으로 나누었을 때의 몫은 x^2-3, 나머지는 $17x+5$임을 알 수 있으므로, 전체식 $x^4+2x^3+11x-4$를 다음과 같이 나타낼 수 있다.

$$
\underbrace{x^4+2x^3+11x-4}_{\text{전체식}} = \underbrace{(x^2+2x+3)}_{\text{나누는 식}}\ \underbrace{(x^2-3)}_{\text{몫}}+\underbrace{(17x+5)}_{\text{나머지}}
$$

이를 바탕으로 다항식의 나눗셈에 대한 핵심 내용을 정리하면 다음과 같다.

● **다항식의 나눗셈**

① 다항식끼리의 나눗셈을 세로로 계산할 수 있다.
② 다항식끼리의 나눗셈 결과를
   (전체식)= (나누는 식)(몫)+ (나머지)의 꼴로 나타낼 수 있다.
③ **(나머지의 차수)< (나누는 식의 차수)**
   ➔ 나머지의 차수는 나누는 식의 차수보다 낮아야 한다. ★
④ (전체식)을 (나누는 식)으로 나눈 결과 **나머지가 0일 때,**
   (전체식)은 (나누는 식)으로 **나누어떨어진다**고 한다.

생각 넓히기 다항식의 나눗셈과 관련된 표현 다루기

다항식 $f(x)$를 다항식 $g(x)$로 나눈 몫이 $Q(x)$, 나머지가 $R(x)$라는 표현이 제시되었을 때,

$$
\underbrace{f(x)}_{\text{전체식}} = \underbrace{g(x)}_{\text{나누는 식}}\ \underbrace{Q(x)}_{\text{몫}}+\underbrace{R(x)}_{\text{나머지}}
$$

의 꼴로 나타낼 수 있다.

동시에,

나머지 $R(x)$의 차수가 나누는 식인 $g(x)$의 차수보다 낮아야 한다

는 점까지 생각할 수 있다.

예를 들어, 나누는 식인 $g(x)$가 이차식이라면 나머지 $R(x)$는 일차식이거나 상수여야 한다.

유제 033

다항식 $x^4 + 2x^3 - x - 3$을 $x^2 + 2x - 1$로 나누었을 때의 몫과 나머지를 각각 $Q(x)$, $R(x)$라 하자. $Q(2) + R(1)$의 값을 구하시오.

유제 034

두 다항식 $P(x) = 2x^3 - x + 10$, $Q(x) = x^2 + x - 1$에 대하여 다항식 $P(x) + 4x$를 다항식 $Q(x)$로 나눈 나머지를 구하시오.

유제 035

다항식 $2x^3 + x^2 - x - 7$을 $x - 1$로 나눈 몫을 $Q(x)$라 할 때, $Q(1)$의 값을 구하시오.

유제 036

다항식 $2x^3 + ax + b$를 다항식 $x^2 - x + 2$로 나눈 나머지가 $x + 1$일 때, $a + b$의 값을 구하시오.

유제 037

다항식 $x^3 - x^2 + ax^2 + b$가 다항식 $x^2 - 3x + 2$로 나누어떨어질 때, 상수 a, b에 대하여 $3(b - a)$의 값을 구하시오.

유제 038

$x^4 + x^3 - 2x^2 + 2x + 2$를 다항식 A로 나눈 몫과 나머지가 각각 $x^2 - 3$, $5x + 5$일 때, 다항식 A를 구하시오.

유제 039

다항식 $f(x)$를 $2x - 1$로 나누었을 때의 몫이 $x + 1$이고, 나머지가 -1일 때, $f(x)$를 $2x + 3$으로 나누었을 때의 몫과 나머지를 구하시오.

다항식A를 다항식B로 <u>완전히</u> 나누었다는 것은 다항식A를 아래와 같이 정리하였을 때

$$(\text{다항식A}) = (\text{다항식B})(\quad) + (\ \bigstar\ )$$

$(\ \bigstar\ )$ 부분의 식이 '나머지'라는 말이고, 이는 곧

$(\ \bigstar\ )$ **부분의 식의 차수가 나누는 식인 다항식B의 차수보다 낮다**

는 것을 의미한다.

그런데 문제에서는 다음과 같이 $(\ \bigstar\ )$ 부분의 식의 차수가 나누는 식이 있는 부분의 차수보다 <u>낮지 않은</u> 경우가 출제될 수도 있다.

두 다항식 $f(x)$, $g(x)$에 대하여
$$f(x) = \underbrace{(x^2 - x + 2)}_{\text{나누는 식이 있는 부분}} g(x) + (x^3 - 2x^2 + x + 3)$$

이는 다항식 $f(x)$가 $x^2 - x + 2$로 <u>완전히 나누어지지 않았음</u>을 나타낸다.
$(x^3 - 2x^2 + x + 3)$은 나누는 식인 $x^2 - x + 2$보다 차수가 높으므로, 다항식 $f(x)$를 $x^2 - x + 2$로 나눈 나머지라고 할 수 없기 때문이다.

여기서, 다항식 $f(x)$를 $x^2 - x + 2$로 나눈 나머지를 구하고 싶다면, 아직 $x^2 - x + 2$로 완전히 나누어지지 않은 부분인 $(x^3 - 2x^2 + x + 3)$을 $x^2 - x + 2$로 마저 나누어주면 된다.

$$
\begin{array}{r}
x - 1 \\
x^2 - x + 2 \overline{\smash{)}\,x^3 - 2x^2 + x + 3} \\
\underline{x^3 - x^2 + 2x} \\
-x^2 - x + 3 \\
\underline{-x^2 + x - 2} \\
-2x + 5
\end{array}
$$

즉, $(x^3 - 2x^2 + x + 3) = (x^2 - x + 2)(x - 1) + (-2x + 5)$이다. 따라서
$$
\begin{aligned}
f(x) &= (x^2 - x + 2)\,g(x) + \boxed{(x^3 - 2x^2 + x + 3)} \\
&= (x^2 - x + 2)\,g(x) + \boxed{(x^2 - x + 2)(x - 1) + (-2x + 5)} \quad\searrow\ (x^2 - x + 2)\text{로 식을 묶었다.}\\
&= (x^2 - x + 2)\{g(x) + (x - 1)\} + (-2x + 5)\text{이고,}
\end{aligned}
$$

$(-2x + 5)$는 나누는 식인 $x^2 - x + 2$보다 차수가 낮으므로
다항식 $f(x)$를 $x^2 - x + 2$으로 나눈 나머지라 할 수 있다.

지금까지의 내용을 정리하면 다음과 같다.

● 완전히 나누어지지 않은 다항식

다항식A를 다항식B로 나눈다고 할 때,

$$(\text{다항식A}) = (\text{다항식B})(\quad) + (\quad ★ \quad) \text{에서}$$

(★) 부분의 식의 차수가 다항식B의 차수보다 <u>낮지 않으면</u>
다항식A는 다항식B로 완전히 나누어지지 않은 것이므로,
(★) 부분의 식을 다항식B로 마저 나누어야 한다.

유제 040

다항식 $P(x)$를 $x-2$로 나누었을 때의 나머지가 11이고, $(x-2)^2$으로 나누었을 때의 나머지가 $9x+a$일 때, 상수 a의 값을 구하시오.

유제 041
난이도 UP

다항식 $P(x)$를 $x+3$으로 나누었을 때의 몫을 $Q(x)$, 나머지를 R이라 할 때, $(x+1)P(x)$를 $x+3$으로 나누었을 때의 몫과 나머지를 차례대로 나열한 것은?

① $(x+1)Q(x),\ R$ ② $(x+1)Q(x),\ \ R$

③ $(x+1)Q(x)+R,\ -R$ ④ $(x+1)Q(x)+R,\ -2R$

⑤ $(x+1)Q(x)-R,\ -2R$

유제 042

다항식 $f(x)$를 $x - \dfrac{1}{2}$으로 나누었을 때의 몫을 $g(x)$, 나머지를 R이라 할 때,

$xf(x)$를 $2x - 1$로 나누었을 때의 몫과 나머지를 차례대로 나열한 것은?

① $\dfrac{1}{2}xg(x) + R,\ 2R$　　　　　② $\dfrac{1}{2}xg(x) + R,\ 2R$

③ $\dfrac{1}{2}xg(x) + 2R,\ 2R$　　　　④ $\dfrac{1}{2}xg(x) + \dfrac{R}{2},\ -\dfrac{R}{2}$

⑤ $\dfrac{1}{2}xg(x) + \dfrac{R}{2},\ \dfrac{R}{2}$

유제 043
난이도 UP

다항식 $f(x)$를 $x^2 + 1$로 나누었을 때의 나머지가 $2x + 1$일 때,

다항식 $\{f(x)\}^2$을 $x^2 + 1$로 나누었을 때의 나머지를 구하시오.

3 조립제법

> ▶ '조립제법'이란 ?
> 어떤 다항식을 <u>일차식으로 나눌 때,</u> <u>직접 나눗셈을 하지 않고도</u>
> 계수만을 이용하여 몫과 나머지를 편하게 구하는 방법을 **조립제법**이라 한다.

조립제법의 방법에 대해 알아보기 위해

$x^3 + 2x - 6$을 $x - 2$로 나누었을 때의 몫과 나머지를 조립제법을 이용하여 구해보자.

[단계 1] 전체식을 내림차순으로 정리하고, 계수를 차례로 적는다.

이때, 계수가 0인 항은 비워두는 것이 아니라, 그 자리에 0을 적는다.

[단계 2] (나누는 식)=0이 되는 값, 즉 $x - 2 = 0$인 x의 값 2를 맨 왼쪽에 적는다.

$x - 2 = 0$인 x의 값 ⟵ 2 | 1　　0　　2　　-6 ⟵ 전체식 $x^3 + 0x^2 + 2x - 6$의 계수

[단계 3] 전체식의 최고차항의 계수 1을 맨 아래쪽에 내려 적는다.

2 | 1　　0　　2　　-6

1

[단계 4] 아래와 같은 계산 과정을 거친다.

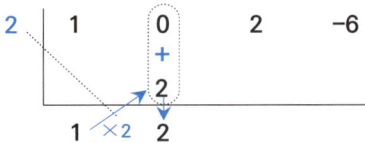

[단계 5] [단계 4]의 과정을 계속 반복한다. 그 결과, 맨 아래쪽에 적힌 수 중

맨 오른쪽에 있는 수가 나머지이고, 그 수를 제외한 수들이 몫의 계수이다.

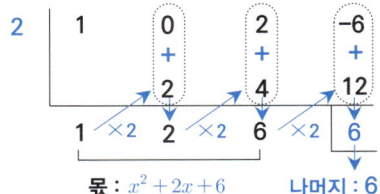

몫 : $x^2 + 2x + 6$　　나머지 : 6

즉, $x^3 + 2x - 6 = (x - 2)(x^2 + 2x + 6) + 6$

! 주의!

조립제법을 사용할 때 특히나 신경써야 할 내용들을 정리해 보자.

① 조립제법은 일차식으로 나눌 때만 쓸 수 있다. (즉, 이차식으로 나눌 때는 쓸 수 없다.)
② 계수가 0인 항을 빠뜨리지 않도록 주의한다. 즉, 계수가 0일 때 0을 쓴다.
③ 조립제법을 쓰면 **나누는 일차식의 일차항 계수가 1로 바뀐다.**

설명

예를 들어, $x^3 - 3x + 1$을 $x^2 + 3x + 2$로 나눌 때는 나누는 식이 일차식이 아니므로 조립제법을 쓸 수 없고, $x^3 - 3x + 1$을 $2x - 1$로 나눌 때는 나누는 식이 일차식이므로 조립제법을 쓸 수 있다.

특히, $x^3 - 3x + 1$을 일차항 계수가 1이 아닌 일차식 $2x - 1$로 나누었을 때의
몫과 나머지를 구하기 위해 조립제법을 사용한다면, 아래와 같이 나누는 일차식 $2x - 1$의 일차항 계수가 1로 바뀌어 구하고자 하는 몫이 바로 도출되지 않는다.

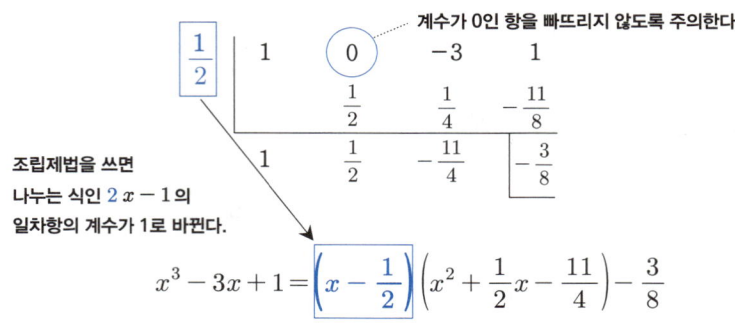

따라서 조립제법을 사용한 후, 다음과 같이 원래의 나누는 식인 $2x - 1$이 되도록 식을 조작하는 과정을 추가로 거쳐야 한다.

$$
\begin{aligned}
x^3 - 3x + 1 &= \left(x - \frac{1}{2}\right)\left(x^2 + \frac{1}{2}x - \frac{11}{4}\right) - \frac{3}{8} \\
&= (2x - 1) \times \boxed{\frac{1}{2}\left(x^2 + \frac{1}{2}x - \frac{11}{4}\right)} - \frac{3}{8} \\
&= (2x - 1)\boxed{\left(\frac{1}{2}x^2 + \frac{1}{4}x - \frac{11}{8}\right)} - \frac{3}{8}
\end{aligned}
$$

즉, $x^3 - 3x + 1$을 $2x - 1$로 나누었을 때의 몫은 $\frac{1}{2}x^2 + \frac{1}{4}x - \frac{11}{8}$이고, 나머지는 $-\frac{3}{8}$이다.

❓ 생각 Point

나누는 식이 일차식이면 조립제법을 쓰고,
나누는 식이 이차 이상의 식이면 직접 나누는 것이 좋다.

유제
044

다음 나눗셈의 몫과 나머지를 구하시오.

(1) $(x^4 + 4x^3 + x - 5) \div (x - 1)$

(2) $(-2x^3 + 3x^2 + x - 1) \div (-x + 1)$

(3) $(3x^3 - x^2 + x + 1) \div (2x + 1)$

(4) $(x^3 + x + 1) \div (x^2 + 1)$

유제
045

x에 대한 다항식 $x^3 + 2x^2 + ax - 5$가 $x - 1$로 나누어떨어질 때의
몫을 $Q(x)$라 하자. $Q(1)$의 값을 구하시오.

02 항등식

1 항등식과 방정식의 차이

생각 | 이해 ● ● 암기 | 적용

▶ **'A에 대한 방정식'이란 ?**
문자 A의 자리에 특정한 값을 대입했을 때만 성립하는 등식을 **A에 대한 방정식**이라고 한다.

▶ **'A에 대한 항등식'이란 ?**
문자 A의 자리에 그 어떤 값을 대입해도 항상 성립하는 등식을 **A에 대한 항등식**이라고 한다.

Tip 방정식과 항등식의 차이에 대한 직관적 이해

주어진 등식의 좌변과 우변을 각각 간단히 정리했을 때,
양변의 식이 같으면 항등식, 양변의 식이 다르면 방정식이다.

설명

예를 들어, 등식 $(x+1)^2 = x^2 + 2x + 1$은 좌변을 전개했을 때, 양변의 식이 같아지므로 x에 대한 항등식이다.
반면, 등식 $x^2 + 2x + 1 = 0$은 양변의 식이 다르므로 x에 대한 방정식이다.

더 알아보기 주어진 등식이 A에 대한 항등식임을 나타내는 다양한 표현들

다음과 같은 표현을 통해 주어진 등식이 A에 대한 항등식임을 알 수 있다.

① A의 값에 관계없이 주어진 등식이 항상 성립한다.
② 모든 A에 대하여 주어진 등식이 성립한다.
③ 임의의 A에 대하여 주어진 등식이 성립한다.

❷ 항등식이 되기 위한 조건

주어진 등식이 항등식이 되기 위해서는 다음과 같은 조건을 만족시켜야 한다.

> ● **항등식이 되기 위한 조건**
>
> 주어진 등식이 A에 대한 항등식이 되려면
> **주어진 등식을 (A에 대한 식)= 0꼴로 정리했을 때,**
> **A□꼴을 포함한 항들의 계수가 모두 0이 되어야 한다.**

> **※ 참고**
>
> A에 대한 식이 되도록 하려면, A□를 공통인수로 간주하고 식을 정리하면 된다.
> 가령, $k^2x - kx + x + ky - k^2 + 1$을 k에 대한 식이 되도록 하려면 $k^□$를 공통인수로 보고
> $$(x-1)k^2 + (-x+y)k + (x+1)$$과 같이 식을 정리하면 된다.

설명

예시 등식 $ax^2 + bx + c = Ax^2 + Bx + C$가 x에 대한 항등식이 되도록 만들어보자.

주어진 등식을 (x에 대한 식)= 0꼴로 정리해보면 다음과 같고,
$$(a-A)x^2 + (b-B)x + (c-C) = 0$$
이 등식에서 $x^□$꼴을 포함한 항들의 계수가 모두 0이 되어야하므로,
$$a-A = 0\text{이고 } b-B = 0\text{이어야 한다.}$$
자연스레 $c-C = 0$이어야 한다. 즉, $a = A$, $b = B$, $c = C$여야 한다.

$a = A$, $b = B$, $c = C$일 때 주어진 등식이 정말 항등식이 되는지 검토해보자.
$a = A$, $b = B$, $c = C$를 원래의 등식 $(a-A)x^2 + (b-B)x + (c-C) = 0$에 대입해보면
$$0 \times x^2 + 0 \times x + 0 = 0\text{이 되고,}$$
이 등식의 x의 자리에 그 어떤 수를 대입하더라도,
좌변과 우변이 항상 0으로 같아져서 성립하게 된다.
즉, $a = A$, $b = B$, $c = C$일 때 주어진 등식은 x에 대한 항등식이 된다.

★ **예제 01**

> 등식 $(k+1)x + 2ky - k + 1 = 0$이 k의 값에 관계없이 항상 성립하도록 하는 실수
> x, y의 값을 구해보자.

풀이

주어진 등식이 k의 값에 관계없이 항상 성립해야 하므로,

주어진 등식을 k에 대한 항등식으로 만들자.

생각 1 주어진 등식을 (k에 대한 식)=0꼴로 정리하자.

(등식의 좌변)$= (k+1)x + 2ky - k + 1 = (x + 2y - 1)k + (x+1)$이므로,

주어진 등식을 $(x + 2y - 1)k + (x + 1) \boxed{= 0}$으로 정리할 수 있다.

생각 2 $k^{\square}$꼴을 포함한 항들의 계수를 모두 0으로 만들자.

$k^{\square}$꼴을 포함한 항의 계수가 모두 0이 되어야하므로

$$\underbrace{\boxed{(x + 2y - 1)}}_{=\,0이어야\ 한다.}k + \boxed{(x + 1)} = 0$$

➜ 자연스레 $\underbrace{\boxed{x + 1}}_{x\,=\,-\,1} = 0$이어야 한다.

이어서, $x = -1$을 $x + 2y - 1 = 0$에 대입하면 $y = 1$이어야 함을 알 수 있다.

$\therefore\ x = -1,\ y = 1$

❸ 항등식의 특징을 바탕으로 미지수의 값 결정하기

생각 | 이해 ● ● ● 암기 | 적용

좌변과 우변을 각각 정리하였을 때 양변의 식이 같아지는 항등식의 특징을 바탕으로

> ❓ **생각 Point**
>
> 양변의 동류항의 계수를 비교하여

미지수의 값을 결정할 수도 있고,

문자 A에 대한 항등식의 경우, **문자 A의 자리에 그 어떤 값을 대입해도 항상 성립한다**는 특징을 바탕으로

> ❓ **생각 Point**
>
> A의 자리에 적당한 값을 대입하여

미지수의 값을 결정할 수도 있다.

Tip **항등식에 대입할 적절한 값을 정하는 기준**

문자 A에 대한 항등식에서, A의 자리에는 대입했을 때 식이 간단해지는 값을 대입하는 것이 좋다.

> **예시 1** 등식 $2x^2 + ax + 1 = bx^2 + c$가 x에 대한 항등식일 때, 상수 a, b, c의 값을 구해보자.

양변의 동류항의 계수를 비교하면 ➜ $b = 2$, $a = 0$, $c = 1$임을 알 수 있다.

> **예시 2** 등식 $x^2 + 2x - 1 = a(x-1)^2 + b(x-1) + c$가 x에 대한 항등식일 때, 상수 a, b, c의 값을 구해보자.

$x = 1$을 대입하면 우변이 간단해지므로,
등식의 양변에 $x = 1$을 **대입**해보면 ➜ $2 = c$임을 알 수 있다.

또, $x = 2$를 대입하면 우변이 간단해지므로,
등식의 양변에 $x = 2$를 **대입**해보면 ➜ $7 = a + b + 2$ ➜ $a + b = 5$임을 알 수 있다.

마지막으로, 양변의 x^2의 **계수를 비교**하면 ➜ $a = 1$임을 알 수 있다.
구한 $a = 1$을 $a + b = 5$에 대입하면, $b = 4$

즉, $a = 1$, $b = 4$, $c = 2$

> ❋ **참고**
>
> 양변의 동류항의 계수를 비교하여 미지수의 값을 정하는 방법을 **계수비교법**이라 하고,
> 문자에 적당한 수를 대입하여 미지수의 값을 정하는 방법을 **수치대입법**이라고 한다.

항등식 조건이 제시되었을 때 할 수 있는 행동 정리

문제에서 A에 대한 항등식이 제시되었을 때 다음을 고려해보자.

① **주어진 등식을 (A에 대한 식)= 0꼴로 정리했을 때,**

　$A^{\square}$꼴을 포함한 항들의 계수가 모두 0이 되어야 함을 이용할 수 있다.

② 양변의 동류항의 **계수를 비교**할 수 있다.

③ A의 자리에 적당한 값을 **대입**할 수 있다.

유제
046

다음 중 x에 대한 항등식인 것만을 있는 대로 고르시오.

───── [보기] ─────

ㄱ. $2x + 3 = 0$

ㄴ. $x^2 - 3x + 2 = 0$

ㄷ. $2x + 1 = 4x + 3$

ㄹ. $(x - 1)^3 = x^3 - 3x^2 + 3x - 1$

ㅁ. $(x + 1)^2 + (x + 1) = (x + 1)(x + 2)$

ㅂ. $(x + 2)^2 - (x - 3)^2 = 10x - 5$

유제 047

다음 등식이 x에 대한 항등식일 때, 상수 a, b, c의 값을 구하시오.

(1) $(a+1)x^2 + (b-2)x + 2c = 3x^2 - 4x + 4$

(2) $(x-1)(x^2 + ax + b) = x^3 + cx^2 + 3x + 1$

(3) $3x^2 - 5x - 1 = a(x+1)(x-2) + b(x+1) + c(x-2)$

(4) $ax^2 + 2x^2 + ax - bx + c + 1 = 0$

(5) $x^2 - 5x - 2 = ax(x-1) + bx(x+2) + c(x+2)(x-1)$

유제 048

다항식 $f(x)$에 대하여 등식

$$x(x^2 - 2)f(x) = x^4 + ax^2 + b - 2$$

가 x의 값에 관계없이 항상 성립할 때, 상수 a, b에 대하여 $b - a$의 값을 구하시오.

유제 049

등식 $(2k-1)x - (k+1)y + 5k - 1 = 0$이 k의 값에 관계없이 항상 성립할 때, $x + y$의 값을 구하시오.

모든 실수 x, y에 대하여 등식 $(x-2y)a+(2x+y)b+3x-y=0$이 성립할 때,
상수 a, b의 값을 구하시오.

등식 $2x^3-x+1=a(x-1)^3+b(x-1)^2+c(x-1)+d$가 x에 대한 항등식일 때,
상수 a, b, c, d에 대하여 $abcd$의 값을 구하시오.

다항식 x^3+ax^2+b를 x^2+x-1로 나누었을 때의 나머지가 2일 때,
상수 a, b에 대하여 ab의 값을 구하시오.

유제 053

다항식 $x^3 + ax + b$가 $x^2 + 2x - 1$로 나누어떨어질 때, 상수 a, b에 대하여 $a + b$의 값을 구하시오.

유제 054

난이도 UP

$x - y = 1$을 만족시키는 모든 실수 x, y에 대하여 등식

$$ax^2 + bx + xy + c - 2 = 0$$

이 항상 성립하도록 하는 상수 a, b, c에 대하여 $a + b + c$의 값을 구하시오.

03 나머지정리와 인수정리

1 나머지정리

생각 | 이해 ── 암기 | 적용

나머지정리를 사용하면 나눗셈의 몫을 구하지 않고도 나머지에 관한 정보를 얻을 수 있다.
나머지정리가 무엇인지 알아보자.

다항식 $P(x)$를 일차식 $x-a$로 나누었을 때의 몫을 $Q(x)$라 하고,
나머지는 나누는 식인 $x-a$보다 차수가 낮아야하므로, 나머지를 상수 R이라 하면

$$P(x) = (x-a)Q(x) + R$$

으로 나타낼 수 있다.
이때 이 등식은 x에 대한 항등식이므로, x의 자리에 적당한 값을 대입해도 성립한다.

$x = a$를 대입했을 때 우변이 간단해지므로, 위 등식의 양변에 $x = a$를 대입해보면
우변에서 몫 $Q(x)$는 소거되고 나머지 R만 남는 것을 확인할 수 있다. 따라서

$$\boxed{P(a) = R}$$

이다.

이와 같이 다항식을 일차식으로 나누었을 때의 나머지를
몫을 구하지 않고도 구할 수 있는 방법을 **나머지정리**라 한다.

> ● **나머지정리**
>
> 다항식 $P(x)$를 일차식 $x-a$로 나누었을 때의 나머지를 R이라 하면
>
> $$P(a) = R$$

예시 1 $x^3 + x^2 - 3x + 4$를 일차식 $x-1$로 나누었을 때의 나머지를 구해보자.

$x^3 + x^2 - 3x + 4$를 일차식 $x-1$로 나누었을 때의 몫을 $Q(x)$라 두고,
나머지는 나누는 식인 $x-1$보다 차수가 낮아야하므로, 나머지를 상수 R이라 하면

$$x^3 + x^2 - 3x + 4 = (x-1)Q(x) + R$$

과 같이 나타낼 수 있다.
이때 $x = 1$을 대입하면 우변이 간단해지므로, 등식의 양변에 $x = 1$을 대입하면

$$3 = R$$

즉, 구하는 나머지는 3임을 쉽게 알 수 있다.

나머지정리는 다음과 같이 확장하여 활용하는 경우가 많다.

> **? 생각 Point**
>
> **(전체식) = (나누는 식)(몫) + (나머지) 꼴로 식을 정리했을 때**
> **(나누는 식) = 0 이 되는 값을 양변에 대입하면**
> **(몫)이 소거되면서 나머지에 관한 정보를 얻을 수 있다.**

예시 2 $x^3 + 2x^2 - x + 5$를 일차식 $2x + 1$로 나누었을 때의 나머지를 구해보자.

Tip 문제에서 다항식끼리의 나눗셈과 관련된 표현이 제시되면 먼저
(전체식) = (나누는 식)(몫) + (나머지) 꼴로 식을 정리하는 것이 좋다.

먼저 (전체식) = (나누는 식)(몫) + (나머지) 꼴로 식을 정리하면,

$$x^3 + 2x^2 - x + 5 = (2x + 1)\underline{Q(x)} + \underline{R}$$

몫   나머지는 나누는 식인 $2x + 1$보다
차수가 낮아야하므로 상수 R로 표시하였다.

여기서 $x = -\dfrac{1}{2}$을 대입하면 우변에서 몫인 $Q(x)$가 소거되므로

등식의 양변에 $x = -\dfrac{1}{2}$을 대입하면 ➡ $-\dfrac{1}{8} + \dfrac{1}{2} + \dfrac{1}{2} + 5 = R$ ➡ $R = \dfrac{47}{8}$

예시 3 $2x^3 + x^2 - 2x + 4$를 이차식 $x^2 + x - 2$로 나누었을 때의 나머지를 구해보자.

$x^2 + x - 2 = (x + 2)(x - 1)$로 인수분해할 수 있고,
(전체식) = (나누는 식)(몫) + (나머지) 꼴로 식을 정리하면

$$2x^3 + x^2 - 2x + 4 = (x + 2)(x - 1)\underline{Q(x)} + \underline{(ax + b)}$$

몫   나머지는 나누는 식 $x^2 + x - 2$보다
차수가 낮아야하므로 일차식 $ax + b$로 표시하였다.

여기서 $x = -2$와 $x = 1$을 대입하면 우변에서 몫인 $Q(x)$가 소거되므로
등식의 양변에 $x = -2$를 대입하면 ➡ $-16 + 4 + 4 + 4 = -2a + b$ ➡ $-2a + b = -4$
등식의 양변에 $x = 1$을 대입하면 ➡ $2 + 1 - 2 + 4 = a + b$ ➡ $a + b = 5$

얻은 두 식 $-2a + b = -4$, $a + b = 5$를 연립하면 $a = 3$, $b = 2$임을 알 수 있다.
즉, 구하는 나머지는 $3x + 2$

다항식 $P(x) = 2x^3 - x^2 + 2x + 3$을 다음 일차식으로 나누었을 때의 나머지를 구하시오.

(1) $x - 1$

(2) $x + 2$

(3) $2x - 1$

다항식 $P(x) = 2x^3 - x^2 + ax + 1$이 다음 일차식으로 나누어떨어지도록 하는 상수 a의 값을 구하시오.

(1) $x + 1$

(2) $x - 2$

(3) $2x + 1$

유제 057

다항식 $P(x)$를 $x-1$로 나누었을 때의 나머지가 2이고, 다항식 $Q(x)$를 $x-1$로 나누었을 때의 나머지가 -3일 때, 다항식 $P(x)-Q(x)$를 $x-1$로 나누었을 때의 나머지를 구하시오.

유제 058

다항식 $f(x)$를 $x-2$로 나누었을 때의 몫이 $g(x)$, 나머지가 3이고, $g(x)$를 $x+1$로 나누었을 때의 나머지가 -1이다. 이때, $f(x)$를 $x+1$로 나누었을 때의 나머지를 구하시오.

유제 059

다항식 x^3+ax^2-x+b을 $x-1$로 나누었을 때의 나머지가 2이고, $x+2$로 나누었을 때의 나머지가 5일 때, 상수 a, b에 대하여 $a+b$의 값을 구하시오.

다항식 $x^4 + ax^3 + 3x - 1$을 $x - 1$로 나누었을 때의 나머지와 $x + 1$로 나누었을 때의 나머지가 같을 때, 상수 a의 값을 구하시오.

다항식 $P(x)$를 $x^2 - 6x + 5$로 나누었을 때의 나머지가 $5x - 2$일 때, 다항식 $(x + 1)P(6x - 2)$를 $2x - 1$로 나누었을 때의 나머지를 구하시오.

다항식 $f(x) = x^3 + ax + b$에 대하여 $f(x + 2026)$을 $x + 2025$로 나누었을 때의 나머지가 2이고, $f(x + 2025)$을 $x + 2025$로 나누었을 때의 나머지가 -3이다. 이때, 상수 a, b에 대하여 $a - b$의 값을 구하시오.

다항식 $x^{20} - x^{15} + 1$을 $x - 1$로 나누었을 때의 몫을 $Q(x)$라 할 때, $Q(x)$를 $x + 1$로 나누었을 때의 나머지를 구하시오.

두 다항식 $f(x)$, $g(x)$에 대하여 $f(x) + g(x)$를 $x - 2$로 나누었을 때의 나머지가 1이고, $2f(x) - g(x)$를 $x - 2$로 나누었을 때의 나머지가 5일 때, 다항식 $f(x)g(x)$를 $x - 2$로 나누었을 때의 나머지를 구하시오.

2 인수정리

생각 | 이해 •• 암기 | 적용

● 인수정리

다항식 $P(x)$에 대하여

$P(a)=0$이면 $P(x)$는 $x-a$를 인수로 가진다.

참고

하나의 다항식을 두 개 이상의 다항식의 곱으로 나타낼 때
곱을 이루는 각각의 다항식을 처음 다항식의 인수라고 한다.
예를 들어, $P(x)=(x-1)(x-2)$이면 $x-1$과 $x-2$는 모두 $P(x)$의 인수이다.

더 알아보기 다항식 $P(x)$가 $x-a$를 인수로 가진다는 것의 의미

다항식 $P(x)$가 $x-a$를 인수로 가진다는 것은 다음과 같이 이해할 수 있다.

$P(x)=(x-a)\boxed{}$ 와 같이 표현된다.

생각 넓히기 다항식의 나눗셈과 인수정리의 연관성

다항식의 나눗셈과 인수정리의 개념을 연결하여 다음과 같이 생각을 이어갈 수 있다.
다항식 $P(x)$에 대하여

① $P(x)$를 $x-a$로 나누었을 때의 나머지가 0이다.
② $P(x)$가 $x-a$로 나누어떨어진다.
③ $P(x)$가 $x-a$를 인수로 갖는다.

↓

$P(x)=(x-a)\boxed{}$ 와 같이 표현된다.

↓

$P(a)=0$이다.

유제 065

다항식 $2x^3 + ax^2 + bx - 6$이 $x - 2$와 $x + 1$을 인수로 가질 때, 상수 a, b에 대하여 ab의 값을 구하시오.

유제 066

다항식 $x^4 - 3x^3 + ax + b$가 $x^3 - 1$을 인수로 가질 때, 상수 a, b에 대하여 $a + b$의 값을 구하시오.

유제
067

다항식 $x^3 + ax + b$가 $x^2 + x - 2$로 나누어떨어질 때, 이 다항식을 $x + 1$로 나누었을 때의 나머지를 구하시오. (단, a, b는 상수이다.)

유제
068

이차식 $P(x)$에 대하여 $P(x+2)$를 $2x + 4$로 나누었을 때의 나머지가 -4이고, $P(x) - x^2$은 $x^2 - 3x + 2$로 나누어떨어진다. 이때 $P(4)$의 값을 구하시오.

③ 이차식으로 나누었을 때의 나머지 구하기

❓ 생각 Point

나머지의 차수는 나누는 식의 차수보다 낮아야 한다.
따라서, 나누는 식이 이차식이면
나머지는 일차식 또는 상수이므로 $ax+b$ 로 둘 수 있다.

★ **예제 02**

다항식 $f(x)$ 를 $x+3$ 으로 나누었을 때의 나머지가 -4 이고, $x-2$ 로 나누었을 때의
나머지가 1일 때, $f(x)$ 를 $(x+3)(x-2)$ 로 나누었을 때의 나머지를 구해보자.

풀이

생각 1 (전체식)=(나누는 식)(몫)+(나머지)의 꼴로 나타내어 조건을 정리하자.

$f(x)$ 를 $x+3$ 으로 나누었을 때의 나머지가 -4 이므로

$$f(x)=(x+3)\underline{Q(x)}-4$$
➔ $f(x)$ 를 $x+3$ 으로
나누었을 때의 몫

이고, 양변에 $x=-3$ 을 대입해보면 $f(-3)=-4$ 임을 알 수 있다.

또, $f(x)$ 를 $x-2$ 로 나누었을 때의 나머지가 1이므로

$$f(x)=(x-2)\underline{A(x)}+1$$
➔ $f(x)$ 를 $x-2$ 로
나누었을 때의 몫

이고, 양변에 $x=2$ 을 대입해보면 $f(2)=1$ 임을 알 수 있다.

생각 2 나머지의 차수는 나누는 식의 차수보다 낮아야 함을 이용하자.

나머지의 차수는 나누는 식의 차수보다 낮아야 한다.

따라서 $f(x)$ 를 이차식 $(x+3)(x-2)$ 로 나누었을 때의 나머지는
일차식 또는 상수여야하므로 $ax+b$ 로 둘 수 있다.

$$➔ \quad f(x)=(x+3)(x-2)\underline{B(x)}+\boxed{ax+b}$$
➔ $f(x)$ 를 $(x+3)(x-2)$ 로
나누었을 때의 몫

생각 3 $f(-3)=-4$, $f(2)=1$ 임을 이용하여 a, b 의 값을 구하자.

$f(x)=(x+3)(x-2)B(x)+\boxed{ax+b}$ 에

$x=-3$ 대입 ➔ $f(-3)=-3a+b=-4$ / $x=2$ 대입 ➔ $f(2)=2a+b=1$

구한 두 식을 연립하면 $a=1$, $b=-1$ ➔ 구하는 나머지는 $\boxed{ax+b}=x-1$

다항식 $f(x)$를 $x+1$로 나누었을 때의 나머지가 1이고, $x-3$으로 나누었을 때의 나머지가 -7이다. $f(x)$를 x^2-2x-3으로 나누었을 때의 나머지를 $R(x)$라 할 때, $R(-3)$의 값을 구하시오.

다항식 $f(x)$를 $x-2$로 나누었을 때의 나머지가 1이고, $x+2$로 나누었을 때의 나머지가 -2일 때, 다항식 $(x^2+2x-2)f(x)$를 x^2-4로 나누었을 때의 나머지를 구하시오.

다항식 $f(x)$에 대하여 $f(x)-2$가 x^2-4x+3으로 나누어떨어질 때, $f(2x+5)$를 x^2+3x+2로 나누었을 때의 나머지를 구하시오.

❹ ★ 고난도 출제 패턴 – 삼차식으로 나누었을 때의 나머지 구하기

생각 | 이해 ● ● ○ 암기 | 적용

삼차식으로 나누었을 때의 나머지를 구할 때는 다음의 3가지 아이디어를 활용한다.

아이디어 1

나머지의 차수는 나누는 식의 차수보다 낮아야 한다.

따라서, 나누는 식이 삼차식이면

나머지는 이차식 또는 일차식 또는 상수이므로 $\boxed{ax^2 + bx + c}$ 로 둘 수 있다.

[보충 설명]

"나머지가 일차식이거나 상수일 수도 있는데, 왜 이차식 $ax^2 + bx + c$ 로 두는 건가요?"

식의 형태만 보고 $ax^2 + bx + c$ 를 이차식으로 단정지으면 안 된다.

$ax^2 + bx + c$ 는 a, b, c 의 값에 따라 일차식 또는 상수가 될 수도 있기 때문이다.

- $a \neq 0$ 이면 $ax^2 + bx + c$ 는 이차식이 맞지만,
- $a = 0$, $b \neq 0$ 이면 $ax^2 + bx + c = bx + c$ 이므로, 일차식이 되고,
- $a = b = 0$ 이면 $ax^2 + bx + c = c$ 이므로, 상수가 된다.

따라서 나머지를 $ax^2 + bx + c$ 로 두면 나머지가 이차식이 되거나 일차식이 되거나 상수가 되는 상황을 모두 포괄할 수 있다.

아이디어 2

나누는 식을 다른 것으로 바꾸어 생각하면, **완전히 나누어지지 않은 다항식**을 만들 수 있다.

설명

예를 들어, 다항식 $f(x)$ 가 다음과 같다고 하자.
$$f(x) = (x-1)(x-2)(x-3)Q(x) + (ax^2 + bx + c) \ (\text{단}, \ a \neq 0)$$
이때, 아래와 같이 $f(x)$ 를 $\boxed{(x-1)(x-2)(x-3)}$ 으로 나눈 것으로 간주하면
$$f(x) = \boxed{(x-1)(x-2)(x-3)}Q(x) + (ax^2 + bx + c)$$
$(ax^2 + bx + c)$ 는 나누는 식인 $\boxed{(x-1)(x-2)(x-3)}$ 보다 차수가 낮으므로,
$$f(x) \text{를} \boxed{(x-1)(x-2)(x-3)} \text{으로 나누었을 때의 나머지이다.}$$

하지만, 아래와 같이 $f(x)$ 를 $\boxed{(x-1)(x-2)}$ 로 나누는 것으로 간주하면
$$f(x) = \boxed{(x-1)(x-2)}(x-3)Q(x) + (ax^2 + bx + c)$$
$(ax^2 + bx + c)$ 는 나누는 식인 $\boxed{(x-1)(x-2)}$ 보다 차수가 낮지 않으므로
$$f(x) \text{를} \boxed{(x-1)(x-2)} \text{로 나누었을 때의 나머지라고 할 수 없다.}$$

따라서 $f(x)$ 는 $\boxed{(x-1)(x-2)}$ 로 완전히 나누어지지 않은 다항식이 되므로,

아직 $\boxed{(x-1)(x-2)}$ 로 완전히 나누어지지 않은 부분인 $(ax^2 + bx + c)$ 를 $\boxed{(x-1)(x-2)}$ 로 마저 나누어야 한다.

$ax^2 + bx + c$를 이차식으로 나누었을 때의 나머지를 알면 미지수를 줄일 수 있다.

설명

예를 들어, $ax^2 + bx + c$를 이차식 $(x+1)(x-2)$로 나누었을 때의 나머지가 $3x+1$일 때,

이 조건을 (전체식) = (나누는 식)(몫) + (나머지)의 꼴로 표현해보면

$$ax^2 + bx + c = (x+1)(x-2)(\text{몫}) + (3x+1)\text{이다.}$$

이때, 이 등식에서 양변의 x^2의 계수가 같아야하므로, (몫) = a일 수밖에 없다.

$$\text{즉, } ax^2 + bx + c = (x+1)(x-2)\boxed{a} + (3x+1)\text{로 나타낼 수 있다.}$$

$ax^2 + bx + c$를 $(x+1)(x-2)$로
나누었을 때의 몫

그 결과, 구해야 할 미지수가 2개 줄었음을 알 수 있다.

$$\boxed{a}x^2 + \boxed{b}x + \boxed{c} = (x+1)(x-2)\boxed{a} + (3x+1)$$

미지수 3개 $\longrightarrow$ 미지수 1개

★ **예제 03**

다항식 $f(x)$를 $(x-2)^2$으로 나누었을 때의 나머지가 $2x-1$이고, $x+3$으로 나누었을 때의 나머지가 18이다. $f(x)$를 $(x-2)^2(x+3)$으로 나누었을 때의 나머지를 구해보자.

풀이

생각 1 (전체식)=(나누는 식)(몫)+(나머지)의 꼴로 나타내자.

$f(x)$를 $x+3$으로 나누었을 때의 나머지가 18이므로, $f(x)=(x+3)A(x)+18$
이고, 양변에 $x=-3$을 대입해보면 $f(-3)=18$임을 알 수 있다.

생각 2 나머지의 차수는 나누는 식의 차수보다 낮아야 함을 이용하자.

나머지의 차수는 나누는 식의 차수보다 낮아야 한다.

따라서 $f(x)$를 삼차식 $(x-2)^2(x+3)$로 나누었을 때의 나머지는
이차식 또는 일차식 또는 상수여야하므로 $\boxed{ax^2+bx+c}$로 둘 수 있다.
$$\Rightarrow\ f(x)=(x-2)^2(x+3)B(x)+\boxed{ax^2+bx+c}$$

생각 3 $f(x)$를 $(x-2)^2$으로 나누었을 때의 나머지가 $2x-1$임을 이용하자.

$f(x)=(x-2)^2(x+3)B(x)+\left(ax^2+bx+c\right)$에서
나누는 식을 $(x-2)^2(x+3)$이 아닌, $\boxed{(x-2)^2}$으로 간주하면 아래와 같고,
$$f(x)=\boxed{(x-2)^2}(x+3)B(x)+\left(ax^2+bx+c\right)$$
$a\neq 0$이면 $\left(ax^2+bx+c\right)$는 나누는 식인 $\boxed{(x-2)^2}$보다 차수가 낮지 않으므로,
$\left(ax^2+bx+c\right)$는 $f(x)$를 $\boxed{(x-2)^2}$으로 나누었을 때의 나머지라고 할 수 없다.

따라서 $\left(ax^2+bx+c\right)$를 $\boxed{(x-2)^2}$으로 마저 나누어야한다.

이때, $f(x)$를 $(x-2)^2$으로 나누었을 때의 나머지가 $2x-1$이 되려면
$\left(ax^2+bx+c\right)$**를** $\boxed{(x-2)^2}$**으로 마저 나누었을 때의 나머지가** $2x-1$**이 되어야 한다.**
$$\Rightarrow\ \left(ax^2+bx+c\right)=\boxed{(x-2)^2}(\text{몫})+(2x-1)$$
이때, 이 등식에서 양변의 x^2의 계수가 같아야하므로, (몫)$=a$일 수밖에 없다.
$$\Rightarrow\ \left(ax^2+bx+c\right)=\boxed{(x-2)^2}a+(2x-1)$$

생각 4 쓰지 않은 조건 $f(-3)=18$을 이용하자.

$\left(ax^2+bx+c\right)=(x-2)^2a+(2x-1)$이므로,
$$f(x)=(x-2)^2(x+3)B(x)+\left(ax^2+bx+c\right)$$
$$=(x-2)^2(x+3)B(x)+\left[(x-2)^2a+(2x-1)\right]$$
양변에 $x=-3$ 대입 $\Rightarrow\ f(-3)=25a-7=18\ \Rightarrow\ a=1$
즉, 구하는 나머지는 $(x-2)^2a+(2x-1)=(x-2)^2+(2x-1)=x^2-2x+3$

유제
072
난이도 UP

다항식 $f(x)$를 $(x-1)^2$으로 나누었을 때의 나머지가 $3x+4$이고, $x+2$로 나누었을 때의 나머지가 16이다. $f(x)$를 $(x-1)^2(x+2)$로 나누었을 때의 나머지를 구하시오.

유제
073
난이도 UP

다항식 $f(x)$를 x^2-1로 나누었을 때의 나머지가 5이고, $x-2$로 나누었을 때의 나머지가 -1일 때, $f(x)$를 $(x^2-1)(x-2)$로 나누었을 때의 나머지를 구하시오.

유제
074
난이도 UP

다항식 $f(x)$를 x^2으로 나누었을 때의 나머지가 $2x+1$이고, $x-1$로 나누었을 때의 나머지가 6이다. $f(x)$를 $x^2(x-1)$로 나누었을 때의 나머지를 $R(x)$이라 할 때, $R(-1)$의 값을 구하시오.

⑤ 큰 자연수끼리의 나눗셈에서 나머지 구하기

큰 자연수끼리의 나눗셈에서 나머지를 구할 때는

> **❓ 생각 Point**
>
> 큰 수를 x로 치환하여 나머지를 구한다.
> 이때, 나머지가 음수로 나오면
> **몫 부분에서 1을 빼내어 나머지를 양수로 보정**한다.

> **예시** 99^9를 100으로 나누었을 때의 나머지를 구해보자.

$99 = x$로 치환하여 (전체식)=(나누는 식)(몫)+ (나머지)의 꼴로 나타내면 다음과 같다.

$$x^9 = (x+1)\,Q\,(x) + \boxed{a}$$

> 나머지의 차수는 나누는 식인
> 일차식 $x+1$보다 낮아야하므로
> 상수 a로 두었다.

등식의 양변에 $x = -1$을 대입하면 ➔ $(-1)^9 = a$ ➔ $a = -1$

따라서 $x^9 = (x+1)\,Q\,(x) - 1$ 이고, 이 식에서 x를 다시 99로 바꾸어보면

$$99^9 = 100 \underset{\text{몫 부분}}{\underline{Q\,(99)}} - 1$$

그런데, **자연수끼리의 나눗셈에서 나머지는 음수가 될 수 없으므로 몫 부분에서 1을 빼내어 나머지를 양수로 보정하자.**

$$
\begin{aligned}
99^9 &= 100\boxed{Q(99)} - 1 \\
&= 100\boxed{(Q(99) - 1 + 1)} - 1 \\
&= 100(Q(99) - 1) + 100 - 1 \\
&= 100(Q(99) - 1) + \boxed{99}
\end{aligned}
$$

즉, 구하는 나머지는 99임을 알 수 있다.

유제
075

30^{30}을 29로 나누었을 때의 나머지를 구하시오.

유제
076

55^{97}을 56으로 나누었을 때의 나머지를 구하시오.

유제
077

$19^{19} + 19^{17} - 1$을 20으로 나누었을 때의 나머지를 구하시오.

❻ 삼차 이상의 다항식을 조립제법을 이용하여 인수분해하기

생각 | 이해 ● ● ● 암기 | 적용

삼차 이상의 다항식이 인수분해 공식을 적용하거나 치환하는 방법으로는 인수분해할 수 없을 때, 다음과 같은
순서로 조립제법을 이용하면 인수분해 가능할 수도 있다.

[단계 1] 대입했을 때 주어진 다항식이 0이 되는 값 찾기
[단계 2] 그 값을 바탕으로 조립제법 이용하기

더 알아보기 대입했을 때 주어진 다항식이 0이 되는 값을 체계적으로 찾는 법

주어진 다항식의 최고차항의 계수와 상수항이 정수인 경우,
대입했을 때 주어진 다항식이 0이 되는 값은

$$\pm \frac{|\text{상수항}|\text{의 약수}}{|\text{최고차항의 계수}|\text{의 약수}}$$

중에서 찾을 수 있다. 이를 유리근 정리라고 한다.

예시 삼차식 $2x^3 + x^2 - 2x - 1$을 조립제법을 이용하여 인수분해 해보자.

[단계 1] 대입했을 때 $2x^3 + x^2 - 2x - 1$이 0이 되는 값을 찾아보자.

대입했을 때 $2x^3 + x^2 - 2x - 1$이 0이 되는 값은

$$\pm \frac{|\text{상수항}|\text{의 약수}}{|\text{최고차항의 계수}|\text{의 약수}} = \pm \frac{1\text{의 약수}}{2\text{의 약수}} = \pm \frac{1}{1\text{또는}2} = -1 \text{ 또는 } 1 \text{ 또는 } -\frac{1}{2} \text{ 또는 } \frac{1}{2}$$

중에서 찾을 수 있다.

여기서 주어진 삼차식에 $x = -1$을 대입하면 $2x^3 + x^2 - 2x - 1 = -2 + 1 + 2 - 1 = \boxed{0}$ 이므로

$$x = -1 \text{을 바탕으로 조립제법을 사용할 수 있다.}$$

[단계 2] $x = \boxed{-1}$을 바탕으로 조립제법 사용하기

$$
\begin{array}{r|rrrr}
-1 & 2 & 1 & -2 & -1 \\
   &   & -2 & 1 & 1 \\
\hline
   & 2 & -1 & -1 & 0 \\
\end{array}
$$

즉, $2x^3 + x^2 - 2x - 1 = (x+1)(2x^2 - x - 1)$
$$= (x+1)(2x+1)(x-1)$$

다음 식을 인수분해하시오.

(1) $x^3 - 6x^2 + 11x - 6$

(2) $x^3 + 2x^2 - 5x - 6$

(3) $2x^3 + x^2 - 5x + 2$

(4) $2x^3 + x^2 + x - 1$

(5) $x^4 - 3x^3 + x^2 + 3x - 2$

(6) $2x^4 + x^3 + 4x^2 - 4x - 3$

유제 079

$x^3 + ax + 3 = (x+1)(x^2 + bx + c)$가 x에 대한 항등식일 때, 상수 a, b, c에 대하여 $a+b+c$의 값을 구하시오.

1 다항식의 나눗셈과 관련된 문제에서 할 수 있는 생각 정리

① **(전체식)＝(나누는 식)(몫)＋(나머지)의 꼴로 식 정리**

➔ 이를 바탕으로 제시된 조건을 정리하고, 풀이의 방향성을 정할 수 있다.

② **직접 나누기**

➔ 그 어떤 다항식의 몫과 나머지라도 구할 수 있는 일반적인 방법이다.

③ **조립제법** ⎯ • 일차식으로 나누었을 때의 몫과 나머지를 빠르게 구할 수 있다.
⎯ • 삼차 이상의 식을 인수분해할 때 쓸 수 있다.

④ **나머지정리**

➔ 나누는 식이 0이 되는 값을 대입하여 나머지만을 빠르게 구할 수 있다.

⑤ **나머지의 차수는 나누는 식의 차수보다 낮아야 한다.** ★

➔ 이를 이용하여 나머지를 미지수를 포함한 구체적인 식으로 둘 수 있다.

예) R, $ax+b$, ax^2+bx+c

⑥ **(전체식)＝(나누는 식)(   )＋(★)의 꼴**에서

(★) 부분의 식의 차수가 나누는 식의 차수보다 낮지 않을 때

➔ (★) 부분의 식은 나누는 식으로 완전히 나누어지지 않은 것이다.

➔ (★) 부분의 식을, 나누는 식으로 마저 나누어야 한다.

⑦ **나누는 식을 다른 것으로 바꾸어 생각하기**

➔ 삼차식으로 나눌 때의 나머지를 구할 때

나머지 ax^2+bx+c에 포함된 미지수의 개수를 줄일 수 있다.

2 항등식이 제시되었을 때 할 수 있는 생각 정리

문제에서 A에 대한 항등식이 제시되었을 때,

① 주어진 등식이 A에 대한 항등식이 되려면

주어진 등식을 (A에 대한 식)＝0 꼴로 정리했을 때

A$^\square$ 꼴을 포함한 항들의 계수가 모두 0이 되어야 함을 이용할 수 있다. ★

② 양변의 동류항의 **계수를 비교**할 수 있다.

③ A의 자리에 적당한 값을 **대입**할 수 있다.

문제 080

세 다항식

$$A = 2x^2 + 3x - 3, \ B = x^2 + 3, \ C = -x^2 + 2x - 5$$

에 대하여 $A(C-B) + 2AB$를 간단히 하시오.

문제 081

$x + y = 3$, $xy = -2$일 때, $(x-1)^3 + (y-1)^3$의 값을 구하시오.

문제 082

$a = 31$, $b + c = 17$일 때, $a^2 + b^2 + c^2 - 2ab + 2bc - 2ca$의 값을 구하시오.

문제 083

등식

$$x^3 + ax^2 - 4x + b = x(x^2 - 4) - 1$$

이 x에 대한 항등식이 되도록 하는 상수 a, b의 값을 구하시오.

문제 084

다항식 $P(x) = x^3 - 3x^2 + ax - 1$이 두 다항식 $x + 1$과 $Q(x)$의 곱으로 인수분해될 때, $Q(-1)$의 값을 구하시오.

문제 085

다항식 $(x-2)(x^2 + 5x - 4)(x+2)$의 전개식에서 x^3의 계수와 x^2의 계수의 합을 구하시오.

문제
086

다항식 $f(x) = x^4 - 2x^3 + ax + b$를 $(x+1)^2$으로 나눈 나머지가 3일 때,
상수 a, b의 값을 구하시오.

문제
087

다항식 $P(x) = x^3 - 3x^2 + ax + b$는 $x + 1$로 나누었을 때의 나머지가 -5이고,
$x - 4$로 나누어떨어질 때, $a + b$의 값을 구하시오. (단, a, b는 상수이다.)

문제
088

$x = 5 - \sqrt{3}$, $y = 5 + \sqrt{3}$일 때, $x^3 + y^3$의 값을 구하시오.

문제
089

다음 그림과 같은 직육면체의 대각선 AB의 길이가 $2\sqrt{3}$ 이고, 겉넓이가 24일 때, 이 직육면체의 모든 모서리의 길이의 합을 구하시오.

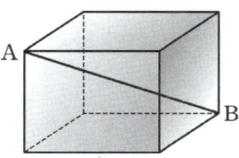

문제
090

99^3을 98로 나누었을 때의 몫과 나머지를 구하시오.

문제
091

실수 x가 $x^2 - 3x + 1 = 0$을 만족시킬 때, $x^3 - x - \dfrac{1}{x} + \dfrac{1}{x^3}$ 의 값을 구하시오.

문제 092

$\dfrac{\sqrt{98 \times (10200 + 4)(10^6 + 8) + 64}}{10^4}$ 의 값을 구하시오.

문제 093

다항식 $f(x)$를 $x^2 - 1$로 나누었을 때의 나머지가 $-x + 5$이고, $x^2 - 9$로 나누었을 때의 나머지가 $3x$이다. $f(x)$를 $x^2 - 2x - 3$으로 나누었을 때의 나머지를 구하시오.

문제 094

다항식 $8x^3 - 2x^2 + x + 3$을 $2x - 1$로 나누었을 때의 몫을 $A(x)$, 나머지를 B라 하고, $x - \dfrac{1}{2}$로 나누었을 때의 몫을 $C(x)$, 나머지를 D라고 할 때, $A(1) + C(1) + B + D$의 값을 구하시오.

문제 095

다항식 $P(x) = 3x^3 + 2x^2 + ax - 1$을 $x - 1$로 나누었을 때의 몫이 $Q(x)$이고, 나머지가 6이다. $Q(x)$를 $x - 2$로 나누었을 때의 나머지를 구하시오. (단, a는 실수)

문제 096

다항식 $P(x)$에 대하여

$$P(x) = \frac{1}{41}(x^3 - 4x^2 + 7x - 6)$$

일 때, $P(12)$의 값을 구하시오.

문제 097

$2x - y = 1$을 만족시키는 모든 실수 x, y에 대하여 등식

$$ax^2 + y^2 - 2x + by + c = 0$$

이 성립할 때, 상수 a, b, c에 대하여 $a + b + c$의 값을 구하시오.

문제 098

다항식 $f(x)$를 $2x+1$로 나누었을 때의 몫을 $Q(x)$, 나머지를 R이라고 하자. $f(x)$를 $x+\dfrac{1}{2}$로 나누었을 때의 몫과 나머지를 차례대로 구한 것은?

① $\dfrac{1}{2}Q(x)$, $\dfrac{R}{2}$
② $\dfrac{1}{2}Q(x)$, R
③ $Q(x)$, R

④ $2Q(x)$, R
⑤ $2Q(x)$, $2R$

문제 099

$x^2 - 4x + 1 = 0$일 때, $\dfrac{x^6 + 1}{x^3}$의 값을 구하시오.

문제
100

다항식 $P(x)$는 $x-2$로 나누어떨어지고, $(x+1)^2$으로 나누었을 때의
나머지가 $3x-4$이다. $P(x)$를 x^2-x-2로 나누었을 때의 나머지를 구하시오.

문제
101

삼각형 ABC의 세 변의 길이 a, b, c에 대하여 등식

$$a^3 + a^2c - ac^2 - ab^2 + b^2c - c^3 = 0$$

이 성립하도록 하는 삼각형 ABC는 어떤 삼각형인지 말하시오.

문제 102

다항식 $x^{15}(x^2 + ax + b)$를 $(x-2)^2$으로 나누었을 때의 나머지가
$2^{15}(x-2)$이다. 이때, 실수 a, b의 값을 구하시오.

문제 103

$x^2 + y^2 = 10$, $xy = 4$일 때, $x^5 + y^5$의 값을 구하시오. (단, $x + y > 0$)

문제 104

다항식 $(x^3 - 2x^2 + 5x + 2)^3(3x - 2)^2$을 전개했을 때,
상수항을 포함한 모든 계수들의 합을 구하시오.

문제 105

$x^2 + x + 1 = 0$일 때, $x^4 - 2x^3 - 2x^2 - 3x + 5$의 값을 구하시오.

문제 106

모든 실수 x에 대하여 등식

$$(5x^2 + 7x - 15)^2 = ax^4 + bx^3 + cx^2 + dx + e$$

가 성립할 때, $a - b + c - d$의 값을 구하시오.

문제 107

실수 a_0, a_1, ..., a_{10}에 대하여 등식

$$(2x^2 + x + 1)^5 = a_0 + a_1 x + a_2 x^2 + \cdots + a_{10} x^{10}$$

이 x에 대한 항등식일 때, $a_1 + a_3 + a_5 + a_7 + a_9$의 값을 구하시오.

문제 108

그림과 같이 가로의 길이가 $n+1$, 세로의 길이가 $n+3$, 높이가 $n-1$인 직육면체 모양의 수조에 물이 가득 차 있다. 수조의 물을 밑면의 넓이가 1, 높이가 $n+2$인 직육면체 모양의 용기 여러 개에 가득 채워서 나누어 담으려고 한다. 수조의 물을 모두 **빼기** 위해서는 최소한 몇 개의 용기가 필요한지 구하시오.

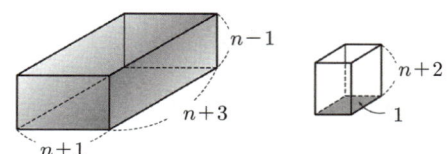

문제 109

최고차항의 계수가 음수인 다항식 $f(x)$가 모든 실수 x에 대하여

$$\{f(x)\}^2 = 4f(x) + x^4 - 4x^3 + 4x^2 - 4$$

를 만족시킬 때, $f(x)$를 구하시오.

문제
110

2008
고1 9월 7번

상수가 아닌 두 다항식 $f(x)$, $g(x)$에 대하여 $f(x)$를 $g(x)$로 나눈 몫을 $Q(x)$,
나머지를 $R(x)$라 할 때, [보기]에서 옳은 것만을 있는 대로 고르시오.
(단, $f(x)$의 차수는 $g(x)$의 차수보다 작지 않다.)

───── [보기] ─────

ㄱ. $f(x) - R(x)$는 $g(x)$로 나누어떨어진다.

ㄴ. $f(x) + g(x)$를 $g(x)$로 나눈 나머지는 $R(x)$이다.

ㄷ. $f(x)$를 $Q(x)$로 나눈 나머지는 $R(x)$이다.

문제
111

2014
고1 11월 24번

두 다항식 $f(x)$, $g(x)$에 대하여 $f(x) + g(x)$를 $x - 3$으로 나누었을 때의 나머지가 8이고,
$f(x)g(x)$를 $x - 3$으로 나누었을 때의 나머지가 6이다.
$\{f(x)\}^2 + \{g(x)\}^2$을 $x - 3$으로 나누었을 때의 나머지를 구하시오.

문제
112

2020
고1 6월 15번

두 다항식 $f(x)$, $g(x)$가 모든 실수 x에 대하여 다음 조건을 만족시킬 때,
$g(x)$를 $x-4$로 나눈 나머지를 구하시오.

(가) $g(x) = x^2 f(x)$

(나) $g(x) + (3x^2 + 4x)f(x) = x^3 + ax^2 + 2x + b$

문제
113

2021
고1 6월 25번

x, y에 대한 이차식 $x^2 + kxy - 3y^2 + x + 11y - 6$이 x, y에 대한 두 일차식의 곱으로
인수분해 되도록 하는 자연수 k의 값을 구하시오.

문제
114

2020
고1 6월 7번

다항식 $f(x)$를 $x^2 + 1$로 나눈 나머지가 $x + 1$이다. $\{f(x)\}^2$을 $x^2 + 1$로 나눈
나머지가 $R(x)$일 때, $R(3)$의 값을 구하시오.

2

복소수

01 복소수

0 중학생 때 배웠던 수의 체계

생각 | 이해 ● ● 암기 | 적용

중학생 때 배운 수의 체계는 다음과 같다.

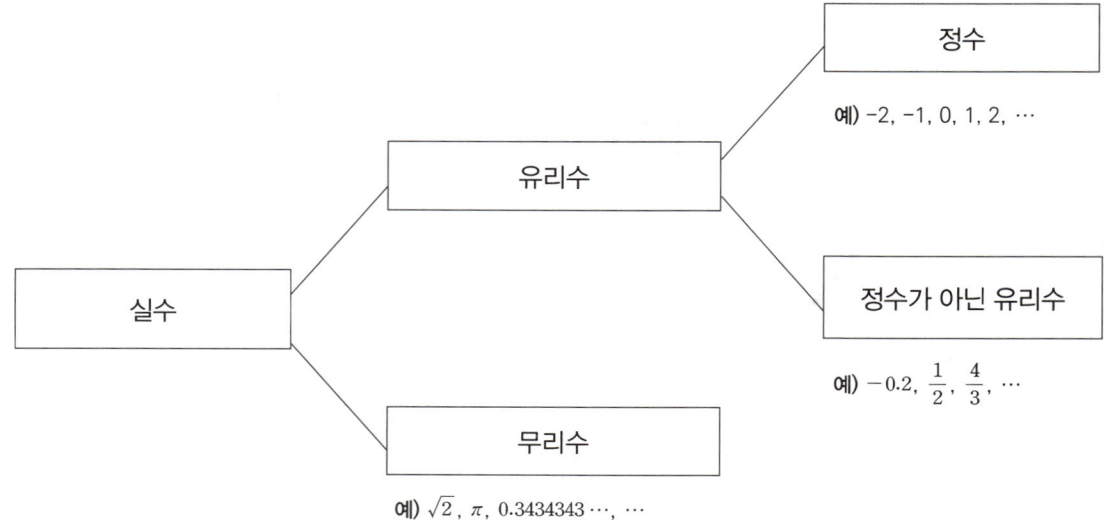

예) -2, -1, 0, 1, 2, $\cdots$

예) -0.2, $\dfrac{1}{2}$, $\dfrac{4}{3}$, $\cdots$

예) $\sqrt{2}$, π, $0.3434343\cdots$, $\cdots$

이제 기존의 수의 체계를 다음과 같이 확장할 것이다.

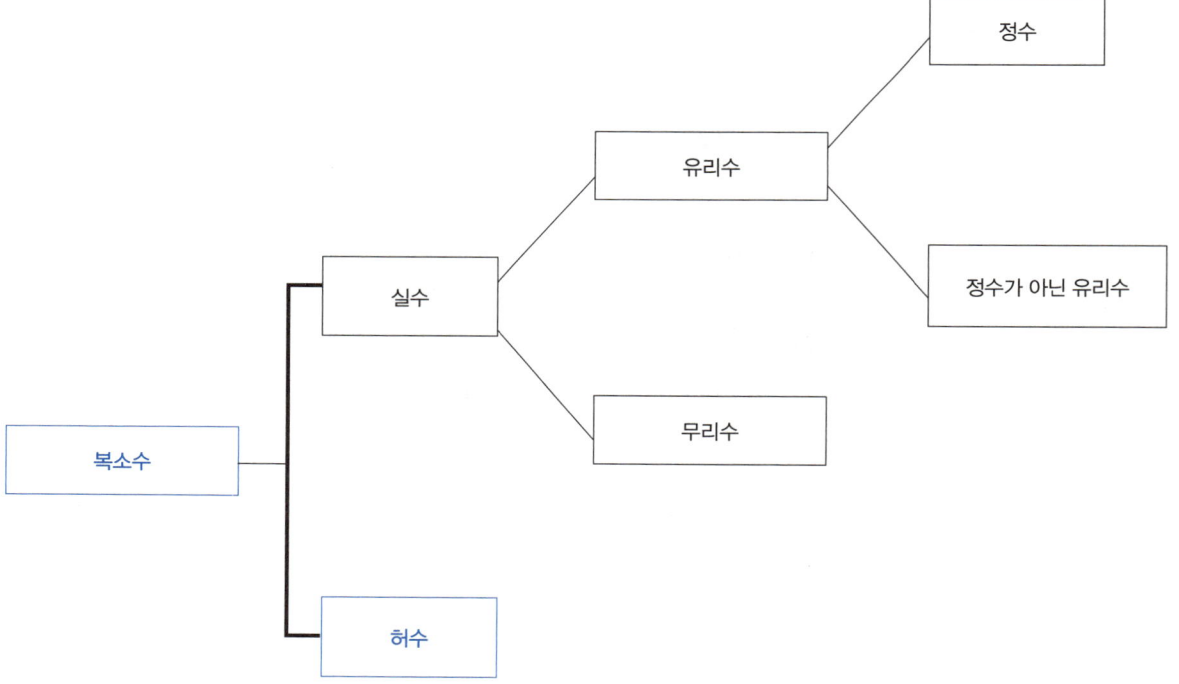

❶ 수 체계의 확장

생각 | 이해 ●●● 암기 | 적용

1-1 허수단위 i

제곱하여 -1이 되는 수를 i로 나타내고, 허수단위라 부른다.

즉, $i^2 = -1$이고, $i^2 = -1$이 성립하므로 $i = \sqrt{-1}$ 이다.

> 허수단위 i
> $i = \sqrt{-1}$
> $i^2 = -1$

설명

$\sqrt{-2} = \sqrt{2 \times (-1)} = \sqrt{2}\sqrt{-1} = \sqrt{2}\,i$이다.

1-2 수 체계의 확장 : '실수'에서 '복소수'로

임의의 두 실수 a, b에 대하여 $a + bi$꼴로 나타내어지는 수를 **복소수**라 하고, a를 **실수부분**, b를 허수부분이라고 한다. 이때, **허수부분** b가 0이 아닌 복소수를 **허수**라고 하며, 허수 중 실수부분 a가 0이어서 bi꼴로 표시되는 허수를 **순허수**라고 한다.

또한, 허수 부분 b가 0이면 $a + bi = a$가 되므로 실수도 복소수에 포함된다.

> **※ 참고**
>
> 앞으로의 개념 설명에서 복소수 $a + bi$의 a와 b가 실수라는 조건은 편의상 생략하겠다.

> **⚠ 주의!**
>
> $a + bi$의 허수부분은 i에 곱해진 b를 말하는 것이지, bi전체를 말하는 것이 아니다.

설명

- $1 - 2i$는 실수부분이 1, 허수부분이 -2이다.
- -1은 $-1 + 0i$와 같으므로 실수부분이 -1, 허수부분이 0이다.
- $2i$는 $0 + 2i$와 같으므로 실수부분이 0, 허수부분이 2이다.

▶ **실수, 허수, 순허수의 의미는 다음과 같이 직관적으로 이해할 수 있다.**

① $\square i$꼴을 포함하면 **허수**이다.

② 반대로, $\square i$꼴을 포함하지 않으면 **실수**이다.

③ $\square i$꼴만을 포함하면 **순허수**이다.

(단, $\square$에는 0이 아닌 실수만 들어갈 수 있다.)

설명

- $1+i$는 $\square i$꼴을 포함하므로 허수이다. 그런데 $\square i$꼴만을 포함하는 것은 아니므로 순허수는 아니다.
  (실수부분인 1도 존재한다.)
- -2는 $\square i$꼴을 포함하지 않으므로 실수이다.
- $-\sqrt{3}\,i$는 $\square i$꼴을 포함하므로 허수이면서, $\square i$꼴만을 포함하므로 순허수이다.

▶ **복소수와 허수는 같은 용어가 아니다.**

복소수 $a+bi$는 b(허수부분)의 값에 따라 실수일 수도 있고 허수일 수도 있다.

$a+bi$에서 b(허수부분)$=0$이면 $a+bi=a$(실수)이고, b(허수부분)$\neq 0$이면 $a+bi$는 허수이다.

b(허수부분)$\neq 0$이어서 $\square i$꼴을 포함하는 복소수를 허수라고 부르는 것이다.

이를 간단히 그림으로 나타내면 다음과 같다.

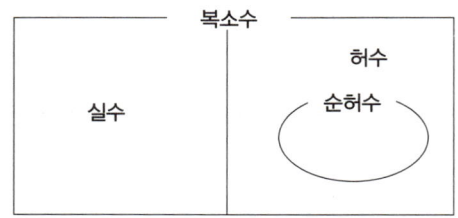

▶ **허수의 대소는 정의하지 않는다.**

수직선에는 실수만 나타낼 수 있다. 즉, 허수는 수직선에 나타낼 수 없으므로

허수와 허수의 대소 / 허수와 실수의 대소는 정의하지 않는다.

설명

$-2i < 2i,\ 3i < 99i,\ -100i < 0$이라고 할 수 없다.

▶ '켤레복소수'란 ?
어떤 복소수의 허수부분의 부호만을 바꾼 것을 그 복소수의 **켤레복소수**라고 한다.

설명

복소수 $a+bi$의 켤레복소수는 $a-bi$이고, 기호로 $\overline{a+bi}$로 나타낸다.
즉, $\overline{a+bi}=a-bi$이고 $\overline{a-bi}=a+bi$이므로 $a+bi$와 $a-bi$는 서로 켤레복소수이다.

❋ 참고

$$\overline{a+bi} \text{는 } 'a+bi \text{ bar'라고 읽는다.}$$

생각 넓히기 켤레복소수 기호(⁻)의 직관적인 이해

어떤 복소수 위에 바(bar)가 붙어있다면

허수부분의 부호만을 바꾼 것

이라고 이해할 수 있다.

설명

① $1+i$와 $1-i$는 허수부분의 부호만 반대이므로 서로 켤레복소수이다.
② $\sqrt{3}\,i$와 $-\sqrt{3}\,i$는 허수부분의 부호만 반대이므로 서로 켤레복소수이다.
③ 3은 허수부분이 0이고, 0은 부호를 바꾸어도 0이므로 3의 켤레복소수는 3이다.

유제
115

아래 [보기]에서 옳은 것을 모두 고르시오. (단, $i=\sqrt{-1}$)

———— [보기] ————

ㄱ. $1+2i$는 허수이면서 순허수이다.

ㄴ. 0의 켤레복소수는 0이다.

ㄷ. $3-2i$의 실수부분은 3이고, 허수부분은 $-2i$이다.

ㄹ. $i<0$이다.

ㅁ. $\overline{-3}=3$

ㅂ. $\overline{3i}=-3i$

ㅅ. $\overline{2+i}=-2-i$

ㅇ. -1의 실수부분은 -1이고 허수부분은 존재하지 않는다.

02 복소수의 사칙연산

생각 | 이해 ━ • • ━ 암기 | 적용

복소수끼리 사칙연산을 할 때는

> **❓ 생각 Point**
>
> 실수부분은 실수부분끼리, 허수부분은 허수부분끼리 계산한다.

❶ 복소수가 서로 같을 조건

두 복소수 $a+bi$와 $c+di$가 $a+bi = c+di$이면 $a = c$이고 $b = d$이다.

➜ 두 복소수가 서로 같으려면 실수부분끼리 같고, 허수부분끼리 같으면 된다.

설명

a, b가 실수일 때, $(a-3)+2i = 4-bi$이면 $a-3 = 4$, $2 = -b$이므로 $a = 7$, $b = -2$이다.

❷ 복소수의 덧셈과 뺄셈

① 덧셈 : $(a+bi)+(c+di) = (a+c)+(b+d)i$
② 뺄셈 : $(a+bi)-(c+di) = (a-c)+(b-d)i$

  ➜ 실수부분은 실수부분끼리, 허수부분은 허수부분끼리 계산한다.

설명

$(1+2i)-(2-3i) = (1-2)+(2+3)i = -1+5i$

❸ 복소수의 곱셈

$(a+bi)(c+di) = (ac-bd)+(ad+bc)i$

➜ i를 문자처럼 생각하고 곱셈공식을 이용하여 전개 후 $i^2 = -1$로 바꾸어 계산한다.

설명

$(1+\sqrt{3}\,i)(2-2\sqrt{3}\,i) = 2-6i^2+2\sqrt{3}\,i-2\sqrt{3}\,i = 8$

복소수의 곱셈을 전개할 때 전개의 순서를 아래와 같이 하면 편하다.

[단계 1] 실수부분이 나오는 것부터 모두 전개 : $(1 + \sqrt{3}\,i)(2 - 2\sqrt{3}\,i)$

$$2 \quad + \quad 6$$

[단계 2] 허수부분이 나오는 것 모두 전개 : $(1 + \sqrt{3}\,i)(2 - 2\sqrt{3}\,i)$

$$-2\sqrt{3}\,i \ + \ 2\sqrt{3}\,i$$

> **! 주의 !**
>
> 아래와 같은 켤레복소수끼리의 곱은
> 곱셈공식 $(a - b)(a + b) = a^2 - b^2$과 혼동하지 않도록 주의한다.
> $$(a - bi)(a + bi) = a^2 - (bi)^2 = a^2 - b^2 i^2 = a^2 + b^2$$

❹ 분모의 실수화

$\dfrac{1}{1+i}$과 같이 분모에 i가 포함된 분수는 실수부분과 허수부분을 알 수 없으므로 이대로는 다른 복소수와 사칙연산을 할 수 없다. 이러한 계산상의 제약을 없애기 위해서는 식을 변형하여 분모에 i가 포함되지 않도록 만들어야 한다. 즉, **분모를 실수화해야 한다.** 분모를 실수화하는 방법은 다음과 같다.

> **? 생각 Point**
>
> 분모의 켤레복소수를 분모와 분자에 모두 곱해준다.
> 만약 분모가 순허수일 때는 분모와 분자에 각각 i를 곱하는 것이 편하다.

설명

① $\dfrac{1+i}{1-i} = \dfrac{(1+i)(1+i)}{(1-i)(1+i)}$: 분모의 켤레복소수 $1+i$를 분모와 분자에 모두 곱해준다.

$$= \dfrac{2i}{2} = i$$

② $\dfrac{5}{2i} = \dfrac{5i}{2i^2}$: 분모가 순허수일 때는 분모와 분자에 각각 i를 곱하면 편하다.

$$= -\dfrac{5i}{2}$$

참고로, 이 과정은 중학생 때 배웠던 분모의 유리화 과정과 거의 유사하다. 따라서 분모의 유리화 과정을 떠올리며 분모를 실수화하는 과정을 연습하면 금방 감을 잡을 수 있다.

유제 116

$z = 2 - 3i$일 때, $z + \bar{z}$의 값을 구하시오. (단, $i = \sqrt{-1}$이고, $\bar{z}$는 z의 켤레복소수이다.)

유제 117

$(3 + ai)(2 - i) = 10 + bi$를 만족시키는 두 실수 a, b에 대하여 $a + b$의 값을 구하시오. (단, $i = \sqrt{-1}$이다.)

유제 118

두 복소수 $a = \dfrac{1-i}{1+i}, b = \dfrac{1+i}{1-i}$에 대하여 $a + b$의 값을 구하시오. (단, $i = \sqrt{-1}$)

유제 119

복소수 $z = 2 + \sqrt{2}\,i$에 대하여 $z^2 - 4z$의 값을 구하시오. (단, $i = \sqrt{-1}$)

기본 기출문제

$x = 2 + 3i, y = 2 - 3i$일 때, $x^3 + x^2y - xy^2 - y^3$의 값을 구하시오. (단, $i = \sqrt{-1}$)

$a = 2 + i, b = 2 - i$일 때, $a^4 + a^2b^2 + b^4$의 값을 구하시오. (단, $i = \sqrt{-1}$ 이다.)

0이 아닌 복소수 z와 그 켤레복소수 $\bar{z}$에 대하여 $\dfrac{2z - \bar{z}}{z\bar{z}} = \dfrac{1 - i}{3}$가 성립할 때, 복소수 z를 구하시오. (단, $\bar{z}$는 z의 켤레복소수이다.)

❸ 복소수 z의 실수부분과 허수부분에 대한 조건을 제시하는 방식

생각 | 이해 ●●◁ 암기 | 적용

복소수 z는 $z = a + bi = (실수부분) + (허수부분)i$로 표현되므로, 복소수는 크게 실수부분과 허수부분으로 분리해서 생각할 수 있다. 이와 같이 실수부분, 허수부분으로 분리되는 복소수의 특징을 이용하여, 출제자는 복소수의 실수부분 혹은 허수부분에 특정한 조건을 붙이기도 한다.

출제자가 복소수의 실수부분 혹은 허수부분에 대한 조건을 제시하는 방식은 크게 2가지이다.

방식 1 복소수와 그 켤레복소수의 관계식을 제시한다.

설명

출제자는

$$'복소수\ z는\ \overline{z} = -z를\ 만족시킨다.'$$

$$'복소수\ z가\ z\overline{z} + \frac{\overline{z}}{z} = 8을\ 만족시킨다.'$$

와 같이 어떤 복소수 z와 그 켤레복소수 $\overline{z}$의 관계식을 제시하는 방식으로 복소수의 실수부분 혹은 허수부분에 대한 조건을 제시하곤 한다. 이러한 경우는

> **❓ 생각 Point**
>
> 복소수를 $z = a + bi$로 두고
> 주어진 관계식에 이를 직접 대입하여
> 실수부분 혹은 허수부분에 대한 조건을 그때그때 끌어내면 된다.

예를 들어, 복소수 z가 $\overline{z} = z$를 만족시킨다는 조건은 아래와 같이 활용하면 된다.

$z = a + bi$로 두고, 주어진 관계식 $\overline{z} = z$에 이를 직접 대입하면

$$a - bi = a + bi \ \Rightarrow \ b = (허수부분) = 0$$

즉, 복소수 z가 $\overline{z} = z$를 만족시킨다는 조건은 z의 허수부분이 0임을 알려주는 조건이다.

유제
123

기본 기출문제

복소수 $z = x^2 - (5 - i)x + 4 - 2i$에 대하여

$$\overline{z} = -z$$

를 만족시키는 모든 실수 x의 값의 합을 구하시오.
(단, $i = \sqrt{-1}$이고, $\overline{z}$는 z의 켤레복소수이다.)

방식 2 주어진 복소수 z로 만든 수의 종류를 제한시킨다.

설명

복소수 z에 대하여

$$\text{'} z^2 \text{이 실수이다.' / '} z^2 \text{이 순허수이다.' / '} \frac{1}{z^2+1} \text{이 실수이다'}$$

와 같이 복소수 z로 만든 수의 종류가 실수 또는 순허수 또는 허수 등으로 제한되었을 때도

> **❓ 생각 Point**
>
> 복소수를 $z = a + bi$로 두고
> 주어진 관계식에 이를 직접 대입하여
> 실수부분 혹은 허수부분에 대한 조건을 그때그때 끌어내면 된다.

예를 들어, 복소수 z에 대하여 z^2이 실수라는 조건은 다음과 같이 활용하면 된다.

$z = a + bi$로 두고, 주어진 식 z^2에 이를 직접 대입하면

$$z^2 = (a+bi)^2 = (a^2 - b^2) + 2abi$$

이고, 이 값이 실수여야 하므로

$$(\text{허수부분}) = 2ab = 0 \text{이어야 한다.}$$

즉,

$$ab = 0 \;\blacktriangleright\; a = 0 \text{ 또는 } b = 0 \;\blacktriangleright\; z\text{의 실수부분 또는 허수부분이 } 0$$

이어야 함을 알 수 있다.

더 알아보기   제곱하면 음의 실수일 때

어떤 복소수를 제곱하면 음의 실수가 된다는 조건이 제시되었을 때, 그 복소수를 $a + bi$로 두고 제곱하여 계산하는 것보다는 제곱했을 때 음의 실수가 되는 수의 특징을 생각해보는 것이 좋다. 예를 들어, $3i$정도를 떠올려보면 $(3i)^2 = -9$ ➔ $3i$를 제곱하면 음의 실수이고,

$3i$는 순허수라는 특징이 있다.

> **❓ 생각 Point**
>
> 어떤 복소수를 제곱하면 음의 실수가 된다는 조건은
> 제곱하기 전 복소수가 순허수라는 조건으로 바꾸어 생각할 수 있다.

유제 124

복소수 $(2+3i)(2-xi)$를 제곱해서 순허수가 되도록 하는 모든 실수 x의 값의 곱을 구하시오. (단, $i = \sqrt{-1}$)

유제 125

실수 x에 대하여 $2(-6+i)+(1-i)x$를 제곱하면 음의 실수일 때, x의 값을 구하시오.

유제 126

복소수 $z=a+bi\,(a>0, b>0)$에 대하여 $z^2+\overline{z}=0$이 성립할 때, 복소수 z를 구하시오. (단, $\overline{z}$는 z의 켤레복소수이다.)

유제 127

기본 기출문제

5 이하의 두 자연수 m, n에 대하여 복소수 z를 $z=(m-n)+(m+n-4)i$라 하자. z^2이 실수가 되도록 하는 m, n의 모든 순서쌍 (m, n)의 개수를 구하시오. (단, $i=\sqrt{-1}$)

유제 128

기본 기출문제

복소수 $z=a+bi\,(a, b$는 0이 아닌 실수$)$에 대하여 z^2-z가 실수일 때, [보기]에서 옳은 것만을 있는 대로 고르시오. (단, $i=\sqrt{-1}$이고, $\overline{z}$는 z의 켤레복소수이다.)

--- [보기] ---

ㄱ. $\overline{z^2-z}$는 실수이다.

ㄴ. $z+\overline{z}=1$

ㄷ. $z\overline{z}>\dfrac{1}{4}$

03 켤레복소수의 성질

생각 | 이해 ●● 암기 | 적용

● **켤레복소수의 성질**

두 복소수 z_1, z_2에 대하여

① $\overline{(\overline{z_1})} = z_1$

② $\overline{z_1 + z_2} = \overline{z_1} + \overline{z_2}$

③ $\overline{z_1 - z_2} = \overline{z_1} - \overline{z_2}$

④ $\overline{z_1 z_2} = \overline{z_1}\, \overline{z_2}$

②~⑤ : 바($\overline{}$)는 분리할 수도 있고 합칠 수도 있다.

⑤ $\overline{\left(\dfrac{z_1}{z_2}\right)} = \dfrac{\overline{z_1}}{\overline{z_2}}$

⑥ $\overline{(z^n)} = (\overline{z})^n$: 거듭제곱의 바($\overline{}$)는 바($\overline{}$)의 거듭제곱과 같다.

※ **참고**

위의 공식들을 증명하는 과정은 [**부록**]에 첨부해 두었다.

설명

두 복소수 $z_1 = -1 + 2i$, $z_2 = 4 - 3i$에 대하여 $(z_1 + z_2)(\overline{z_1} + \overline{z_2})$의 값을 구할 때

$\overline{z_1}$, $\overline{z_2}$를 구하여 풀 수도 있지만, 켤레복소수의 성질을 이용하여 다음과 같이 풀 수도 있다.

$$(z_1 + z_2)(\overline{z_1} + \overline{z_2}) = (z_1 + z_2)\overline{(z_1 + z_2)} \text{로 변형} \rightarrow (3 - i)\overline{(3 - i)} = (3 - i)(3 + i) = 10$$

생각 넓히기 바($\overline{}$)의 분배

켤레복소수의 여러 가지 성질을 동시에 활용하는 문제의 경우, $\overline{2(\alpha + \overline{\beta}) - 5\alpha\overline{\beta}}$와 같이 복잡한 덩어리에 바($\overline{}$)를 씌운 복소수가 제시되는 경우가 많다. 이러한 경우에는

❓ 생각 Point

덩어리에 씌워진 바($\overline{}$)는 덩어리 안에 있는 각각에 모두 분배할 수 있다.

라고 생각한 뒤, $\overline{2(\alpha + \overline{\beta}) - 5\alpha\overline{\beta}} = 2(\overline{\alpha} + \beta) - 5\overline{\alpha}\beta$로 변형한 후 계산하면 된다.

등식의 양변에 바($^{-}$)를 취해도 된다. 예를 들어, $\overline{\alpha} = \dfrac{1}{\beta}$ 의 양변에 동시에 바($^{-}$)를 취하면

$$\overline{\overline{\alpha}} = \overline{\left(\dfrac{1}{\beta}\right)} \quad \rightarrow \quad \alpha = \dfrac{1}{\overline{\beta}}$$

유제 129

$\overline{2(z-\overline{z}) - 4z\overline{z}} = -20 - 4i$ 를 만족시키는 복소수 z에 대하여 $z\overline{z}$의 값을 구하시오.
(단, $i = \sqrt{-1}$ 이고, $\overline{z}$는 z의 켤레복소수이다.)

유제 130

$\alpha = 1 + 2i$, $\beta = 3 - 4i$일 때, $\alpha\overline{\alpha} + \overline{\alpha}\beta + \alpha\overline{\beta} + \beta\overline{\beta}$의 값을 구하시오.
(단, $\overline{\alpha}$, $\overline{\beta}$는 각각 α, β의 켤레복소수이다.)

유제 131

두 복소수 α, β에 대하여 $\alpha + \overline{\beta} = 4$, $\alpha\overline{\beta} = -2i$일 때,
$\dfrac{1}{\alpha} + \dfrac{1}{\beta}$의 값을 구하시오. (단, $\overline{\alpha}$, $\overline{\beta}$는 각각 α, β의 켤레복소수이다.)

유제 132

두 복소수 α, β에 대하여 $\overline{\alpha + \beta} = 2 - i$, $\overline{\alpha^2} - \overline{\beta^2} = -5 + 10i$일 때, $\alpha\overline{\alpha}\beta\overline{\beta}$의
값을 구하시오. (단, $\overline{\alpha}$, $\overline{\beta}$, $\overline{\alpha^2}$, $\overline{\beta^2}$는 각각 α, β, α^2, β^2의 켤레복소수이다.)

04 허수의 거듭제곱의 순환 성질

생각 | 이해 ●●< 암기 | 적용

i는 계속 거듭제곱했을 때 그 값이 순환한다는 특징을 가진다.

$i^{(자연수)}$의 값을 차례대로 나열해보면

$$i^1 = i,\ i^2 = -1,\ i^3 = -i,\ i^4 = 1\ /\ i^5 = i^4 i = i,\ i^6 = i^4 i^2 = i^2 = -1,\ \cdots$$

이처럼 $i^{(자연수)}$는 $i \to -1 \to -i \to 1$이 차례로 반복되며 값이 순환한다는 것을 알 수 있다.

❶ $i^{(큰\,자연수)}$를 $i^{(간단한\,자연수)}$로 변형하기

$i^4 = 1$임을 이용하여 $i^{(큰\,자연수)}$를 $i^{(간단한자연수)}$로 변형할 수 있다.

설명

예를 들어, i^{2026}은 $i^4 = 1$임을 이용하여

$$i^{2026} = \left(i^4\right)^{506} \times i^2 = i^2$$

$\to$ $i^4 = 1$임을 이용하기 위하여

i^4가 최대한 드러나도록 식을 정리한 것

과 같이 간단히 변형할 수 있다.

이처럼

> ❓ 생각 Point
>
> $i^{(큰\,자연수)}$의 경우, i^4가 최대한 드러나도록 식을 조작하면
> $i^{(간단한자연수)}$로 변형하여 계산할 수 있다.

② 허수의 거듭제곱의 합

$i + i^2 + i^3 + \cdots + i^{150}$과 같이 허수의 거듭제곱의 합을 계산해야 할 때
i의 순환 성질을 이용하면 허수의 거듭제곱의 합을 일일이 계산하지 않고도

> **? 생각 Point**
>
> ① $i^4 = 1$임을 이용하여 반복되는 부분을 찾고,
> ② 그 부분이 총 몇 번 반복되는지

를 파악함으로써 그 합을 간단히 할 수 있다.

예시 $i + i^2 + i^3 + \cdots + i^{150}$을 간단히 해보자.

생각 1 $i^4 = 1$임을 이용하여 반복되는 부분을 찾자.

더하는 값들을 차례대로 간단히 해보면 다음과 같으므로,

$$i^1 = i \qquad\qquad i^2 = -1 \qquad\qquad i^3 = -i \qquad\qquad i^4 = 1$$
$$i^5 = i^4 i = i \qquad i^6 = i^4 i^2 = -1 \qquad i^7 = i^4 i^3 = -i \qquad \cdots$$

차례대로 4개씩을 더하면 $i - 1 - i + 1$이 계속 반복되어 더해질 것임을 예상할 수 있다.

생각 2 차례대로 4개씩을 더한 부분이 몇 번 반복될지 생각하자.

$i + i^2 + i^3 + \cdots + i^{150}$에는 더하는 값들이 총 $\boxed{150}$개 있다. 이때 $\boxed{150} = 4 \times 37 + 2$이므로,
차례대로 4개씩을 더한 부분이 37번 반복되고, 제일 끝 2개가 남는다는 사실을 알 수 있다.
즉, $i + i^2 + i^3 + \cdots + i^{150} = 37\underbrace{(i - 1 - i + 1)}_{= 0} + i^{149} + i^{150}$

$$= i^{149} + i^{150} = (i^4)^{37} i + (i^4)^{37} i^2 = i + i^2 = i - 1$$

★ **예제 01**

다음을 간단히 해보자.

(1) $i + i^2 + i^3 + i^4 + \cdots + i^{101}$

(2) $1 - \dfrac{1}{i} + \dfrac{1}{i^2} - \dfrac{1}{i^3} + \cdots - \dfrac{1}{i^{49}} + \dfrac{1}{i^{50}}$

풀이

(1)

생각 1 $i^4 = 1$임을 활용하여 반복되는 부분을 찾자.

더하는 값들을 차례대로 간단히 해보면 다음과 같으므로,

$$i^1 = i \qquad i^2 = -1 \qquad i^3 = -i \qquad i^4 = 1$$
$$i^5 = i^4 i = i \qquad i^6 = i^4 i^2 = -1 \qquad i^7 = i^4 i^3 = -i \qquad \cdots$$

차례대로 4개씩을 더하면 $i - 1 - i + 1$ **이 반복되어 더해질 것임을** 예상할 수 있다.

생각 2 차례대로 4개씩을 더한 부분이 몇 번 반복될지 생각하자.

$i + i^2 + i^3 + i^4 + \cdots + i^{101}$에는 더하는 값이 $\boxed{101}$개 있다. 이때 $\boxed{101} = 4 \times 25 + 1$이므로,

차례대로 4개씩을 더한 부분이 25번 반복되고, 제일 끝 1개가 남는다는 사실을 알 수 있다.

즉, (주어진 식) $= 25\underbrace{(i - 1 - i + 1)}_{= 0} + i^{101} = i^{101} = (i^4)^{25} i = i$

(2)

생각 1 $i^4 = 1$임을 활용하여 반복되는 부분을 찾자.

더하는 값들을 차례대로 간단히 해보면 다음과 같으므로,

$$1 \qquad -\frac{1}{i} = -\frac{i}{i^2} = i \qquad \frac{1}{i^2} = -1 \qquad -\frac{1}{i^3} = \frac{1}{i} = \frac{i}{i^2} = -i$$
$$\frac{1}{i^4} = 1 \qquad -\frac{1}{i^5} = -\frac{1}{i} = i \qquad \frac{1}{i^6} = \frac{1}{i^2} = -1 \qquad -\frac{1}{i^7} = -\frac{1}{i^3} = -i$$

차례대로 4개씩을 더하면 $1 + i - 1 - i$ **가 반복되어 더해질 것임을** 예상할 수 있다.

생각 2 차례대로 4개씩을 더한 부분이 몇 번 반복될지 생각하자.

$1 - \dfrac{1}{i} + \dfrac{1}{i^2} - \dfrac{1}{i^3} + \cdots - \dfrac{1}{i^{49}} + \dfrac{1}{i^{50}}$에는 더하는 값이 $\boxed{51}$개 있다. 이때 $\boxed{51} = 4 \times 12 + 3$이므로

차례대로 4개씩을 더한 부분이 12번 반복되고, 제일 끝 3개가 남는다는 사실을 알 수 있다.

즉, (주어진 식) $= 12\underbrace{(1 + i - 1 - i)}_{= 0} + \dfrac{1}{i^{48}} - \dfrac{1}{i^{49}} + \dfrac{1}{i^{50}}$

$$= \frac{1}{i^{48}} - \frac{1}{i^{49}} + \frac{1}{i^{50}} = \frac{1}{(i^4)^{12}} - \frac{1}{(i^4)^{12}i} + \frac{1}{(i^4)^{12}i^2} = 1 - \frac{1}{i} + \frac{1}{i^2} = i$$

유제 133

$i + i^2 + i^3 + \cdots + i^{2025}$을 간단히 하면?

① $-i$ ② -1 ③ 0 ④ 1 ⑤ i

유제 134

$1 - \dfrac{1}{i} + \dfrac{1}{i^2} - \dfrac{1}{i^3} + \cdots - \dfrac{1}{i^{99}} + \dfrac{1}{i^{100}}$ 의 값을 구하시오. (단, $i = \sqrt{-1}$)

3 (허수)$^{(큰 자연수)}$의 계산

(허수)$^{(큰 자연수)}$는 $(허수)^1$, $(허수)^2$, $(허수)^3$, $(허수)^4$, $\cdots$ 를 차례로 계산하며

> **❓ 생각 Point**
>
> 첫 번째로 얻은 **실수** 혹은 **순허수**를 기준으로 계산한다.

실수 혹은 순허수의 경우, 지수가 큰 자연수인 경우에도 계산하기 쉽기 때문이다.

★ 예제 02

$z = 1 + i$에 대하여 z^{20}을 간단히 해보자.

풀이

생각 1 z^{20}을 일일이 계산하는 것은 너무 힘드니 z^2을 먼저 계산해보자.

$$z^2 = (1+i)^2 = 2i \;➔\; z^2 \text{이 } 2i \text{로 순허수이다.}$$

따라서 z^2을 기준으로 구하는 값을 정리하여 계산하는 것이 편할 것이다.

생각 2 z^2을 기준으로 구하는 값을 정리하여 계산하자.

$$
\begin{aligned}
z^{20} &= (z^2)^{10} \\
&= (2i)^{10} \\
&= 2^{10} i^{10} \\
&= -1024
\end{aligned}
$$

$z = \dfrac{\sqrt{3}+i}{2}$ 일 때, z^{101}을 간단히 해보자.

풀이

생각 1 **순허수 혹은 실수가 나올 때까지 $z^{(\text{자연수})}$를 차례대로 계산해보자.**

$$z^2 = \left(\frac{\sqrt{3}+i}{2}\right)^2 = \frac{(\sqrt{3}+i)^2}{2^2}$$

$$= \frac{2+2\sqrt{3}\,i}{4} = \frac{1+\sqrt{3}\,i}{2} \quad \blacktriangleright \quad z^2 = \frac{1+\sqrt{3}\,i}{2}$$

z^3을 계산할 때 $\left(\dfrac{\sqrt{3}+i}{2}\right)^3$을 새로 계산할 필요는 없다.

방금 z^2을 계산했으니 이를 활용하자.

$$z^3 = z^2 z^1 = \left(\frac{1+\sqrt{3}\,i}{2}\right)\left(\frac{\sqrt{3}+i}{2}\right) = \frac{4i}{4} = i \quad \blacktriangleright \quad z^3 = i \quad \blacktriangleright \quad \text{순허수가 나왔다.}$$

이제 z^3을 기준으로 구하는 값을 간단히 하자.

생각 2 **z^3을 기준으로 구하는 값을 간단히 하자.**

$$z^{101} = (z^3)^{33} \times z^2$$

$$= i^{33} \times z^2 = i^1 \times z^2 = i \times \left(\frac{1+\sqrt{3}\,i}{2}\right) = \frac{-\sqrt{3}+i}{2}$$

유제 135

$(1+i)^6 + (1-i)^6$을 간단히 하면?

① -16　　　② $-16i$　　　③ 0　　　④ $16i$　　　⑤ 16

유제 136

$\left(\dfrac{1+i}{1-i}\right)^{50} + \left(\dfrac{1-i}{1+i}\right)^{50}$ 을 간단히 하면?

① -2 ② $-2i$ ③ 0 ④ $2i$ ⑤ 2

유제 137

$z = \dfrac{-1+\sqrt{3}\,i}{2}$ 일 때, $z^{99} + z^{101}$의 값은? (단, $i = \sqrt{-1}$)

① -1 ② 0 ③ 1

④ $\dfrac{-1+\sqrt{3}\,i}{2}$ ⑤ $\dfrac{1-\sqrt{3}\,i}{2}$

유제 138

기본 기출문제

복소수 $z = \dfrac{1+i}{\sqrt{2}\,i}$ 에 대하여 $z^n = 1$이 되도록 하는 자연수 n의 최솟값을 구하시오.

(단, $i = \sqrt{-1}$ 이다.)

두 복소수 $\alpha = \dfrac{\sqrt{2}}{1+i}$, $\beta = \dfrac{-1+\sqrt{3}\,i}{2}$ 에 대하여

$\alpha^n = \beta^n$을 만족시키는 자연수 n의 최솟값을 구하시오. (단, $i = \sqrt{-1}$)

100 이하의 자연수 n에 대하여

$$(1-i)^{2n} = 2^n i$$

를 만족시키는 모든 n의 개수를 구하시오. (단, $i = \sqrt{-1}$ 이다.)

05 음수의 제곱근

Review | 제곱근

□의 제곱근 : 제곱하여 □가 되는 수

예) 2의 제곱근 = 제곱하여 2가 되는 수 = $\pm\sqrt{2}$

❶ 음수의 제곱근

생각 | 이해 ● ● 암기 | 적용

다음과 같은 질문을 떠올려보자.

질문① : 허수 i를 사용하여 $\sqrt{-2}$는 어떻게 표기할 수 있을까?

질문② : -2의 제곱근은 무엇일까? 즉, 제곱했을 때 -2가 나오는 수는 무엇일까?

2의 제곱근, 즉 제곱했을 때 2가 나오는 수를 루트를 사용하여 $\pm\sqrt{2}$로 나타낼 수 있는 것처럼

-2의 제곱근 또한 루트를 사용하여 $\pm\sqrt{-2}$로 나타낼 수 있다.

이때 $\sqrt{-2}$는 i를 활용하여 $\sqrt{-2}=\sqrt{2\times(-1)}=\sqrt{2}\sqrt{-1}=\sqrt{2}\,i$와 같이 표기할 수 있다.

(➜ 질문①에 대한 답)

즉, -2의 제곱근은 $\pm\sqrt{-2}=\pm\sqrt{2}\,i$이다. **(➜ 질문②에 대한 답)**

실제로 $\sqrt{2}\,i$와 $-\sqrt{2}\,i$를 각각 제곱해보면

$$(\sqrt{2}\,i)^2=(\sqrt{2})^2i^2=-2,\quad (-\sqrt{2}\,i)^2=(-1)^2(\sqrt{2}\,i)^2=-2$$

이므로 $\pm\sqrt{2}\,i$가 -2의 제곱근임을 확인할 수 있다. 지금까지의 내용을 정리하면 다음과 같다.

● 음수의 제곱근

① $\sqrt{-\square}=\sqrt{\square}\,i$: 루트 안 $(-)$는 i로 바꿀 수 있다.

② $-\square$의 제곱근은 $\pm\sqrt{-\square}=\pm\sqrt{\square}\,i$이다.

(단, □에는 양수만 들어갈 수 있다.)

Tip1 **− □ 의 제곱근을 구하는 방법**

− □ 의 제곱근을 곧바로 $\pm\sqrt{\square}\,i$ 라고 적는 것이 힘들다면,

− □ 의 제곱근을 먼저 $\pm\sqrt{-\square}$ 라고 생각한 다음 $\pm\sqrt{\square}\,i$ 로 변형하는 것이 편할 수 있다.

설명

− 16의 제곱근은 $\pm\sqrt{-16}=\pm\sqrt{16}\,i=\pm4i$ 이다.

Tip2 $\sqrt{-\square}$ 는 $\sqrt{\square}\,i$ 로 바꾸어 다루는 것이 좋다.

설명

① $\sqrt{-9}=\sqrt{9}\,i=3i$

② $\sqrt{-2}+\sqrt{-8}=\sqrt{2}\,i+2\sqrt{2}\,i=3\sqrt{2}\,i$

③ $\sqrt{-2}\,\sqrt{-8}=\sqrt{2}\,i\sqrt{8}\,i=\sqrt{16}\,i^2=-4$

④ $\dfrac{\sqrt{3}}{\sqrt{-9}}=\dfrac{\sqrt{3}}{3i}=\dfrac{\sqrt{3}\,i}{3i^2}=-\dfrac{\sqrt{3}\,i}{3}$

③ 음수의 제곱근에 대한 계산성질

생각 | 이해 ● ● 암기 | 적용

중학생 때 배운 제곱근의 성질은 다음과 같다.

<u>□, △ 가 양수일 때</u>

$$\sqrt{\square}\,\sqrt{\triangle}=\sqrt{\square\triangle}\,,\quad \dfrac{\sqrt{\triangle}}{\sqrt{\square}}=\sqrt{\dfrac{\triangle}{\square}}$$

밑줄 친 부분에서 알 수 있듯, 이 성질은 루트 안에 음수가 포함되면 성립하지 않을 수도 있다.

실제로 □ 와 △ 가 모두 음수일 때는 $\sqrt{\square}\,\sqrt{\triangle}\neq\sqrt{\square\triangle}$ 이고,

분모의 □ 는 음수, 분자의 △ 는 양수일 때는 $\dfrac{\sqrt{\triangle}}{\sqrt{\square}}\neq\sqrt{\dfrac{\triangle}{\square}}$ 이다.

그 이유가 무엇인지 아래의 계산 과정을 통해 알아보자.

① $\sqrt{-2}\,\sqrt{-8}=\sqrt{2}\,i\sqrt{8}\,i=\sqrt{16}\,i^2=-4$ **[옳은 계산]**

② $\dfrac{\sqrt{3}}{\sqrt{-9}}=\dfrac{\sqrt{3}}{3i}=\dfrac{\sqrt{3}\,i}{3i^2}=-\dfrac{\sqrt{3}\,i}{3}$ **[옳은 계산]**

$\sqrt{-2}\,\sqrt{-8}$ 에 $\sqrt{\square}\,\sqrt{\triangle}=\sqrt{\square\triangle}$ 을 적용하면 $\underbrace{\sqrt{-2}\,\sqrt{-8}=\sqrt{(-2)\times(-8)}}_{\sqrt{\square}\,\sqrt{\triangle}=\sqrt{\square\triangle}\ 적용}=\sqrt{16}=4$ 이고,

이는 ①의 결과인 − 4와 다르므로 틀린 계산이다. ①처럼 $\sqrt{-\square}$ 를 먼저 $\sqrt{\square}\,i$ 로 변형하는 과정을 거치는 것이 옳은 계산이다.

$\dfrac{\sqrt{3}}{\sqrt{-9}}$ 에 $\dfrac{\sqrt{\triangle}}{\sqrt{\square}}=\sqrt{\dfrac{\triangle}{\square}}$ 을 적용하면 $\underbrace{\dfrac{\sqrt{3}}{\sqrt{-9}}=\sqrt{-\dfrac{3}{9}}}_{\frac{\sqrt{\triangle}}{\sqrt{\square}}=\sqrt{\frac{\triangle}{\square}}\ 적용}=\sqrt{-\dfrac{1}{3}}=\sqrt{\dfrac{1}{3}}\,i=\dfrac{\sqrt{3}\,i}{3}$ 이고,

이는 ②의 결과인 $-\dfrac{\sqrt{3}\,i}{3}$ 와 다르므로 틀린 계산이다. ②처럼 $\sqrt{-\square}$ 를 먼저 $\sqrt{\square}\,i$ 로 변형하는 과정을 거치는 것이 옳은 계산이다.

이처럼, 루트 안에 음수가 포함된 경우는 다음의 계산 성질을 활용해야 한다.

● **음수의 제곱근에 대한 계산성질**

① $\square < 0$ 이고 $\triangle < 0$ 일 때, $\sqrt{\square}\ \sqrt{\triangle}=\boxed{-}\sqrt{\square\triangle}$

② $\square < 0$ 이고 $\triangle > 0$ 일 때, $\dfrac{\sqrt{\triangle}}{\sqrt{\square}}=\boxed{-}\sqrt{\dfrac{\triangle}{\square}}$

　이 2가지 경우가 아니라면,

　$\sqrt{\square}\ \sqrt{\triangle}=\sqrt{\square\triangle}\ ,\ \dfrac{\sqrt{\triangle}}{\sqrt{\square}}=\sqrt{\dfrac{\triangle}{\square}}$ 를 항상 적용할 수 있다.

★ **예제 04**

① $a < 0,\ b < 0$ 일 때, $\dfrac{\sqrt{a}}{\sqrt{b}}=\sqrt{\dfrac{a}{b}}$ 인지, $\dfrac{\sqrt{a}}{\sqrt{b}}=-\sqrt{\dfrac{a}{b}}$ 인지 판단해보자.

② $a < 0,\ b > 0$ 일 때, $\sqrt{a}\ \sqrt{b}=\sqrt{ab}$ 인지, $\sqrt{a}\ \sqrt{b}=-\sqrt{ab}$ 인지 판단해보자.

풀이

- $\square < 0$ 이고 $\triangle < 0$ 일 때, $\sqrt{\square}\ \sqrt{\triangle}=\boxed{-}\sqrt{\square\triangle}$
- $\square < 0$ 이고 $\triangle > 0$ 일 때, $\dfrac{\sqrt{\triangle}}{\sqrt{\square}}=\boxed{-}\sqrt{\dfrac{\triangle}{\square}}$

이 2가지 경우가 아니라면

$$\sqrt{\square}\ \sqrt{\triangle}=\sqrt{\square\triangle}\ ,\ \dfrac{\sqrt{\triangle}}{\sqrt{\square}}=\sqrt{\dfrac{\triangle}{\square}}\ 를\ 항상\ 적용할\ 수\ 있으므로,$$

① $a < 0,\ b < 0$ 일 때, $\dfrac{\sqrt{a}}{\sqrt{b}}=\sqrt{\dfrac{a}{b}}$ 이다.

② $a < 0,\ b > 0$ 일 때, $\sqrt{a}\ \sqrt{b}=\sqrt{ab}$ 이다.

음수의 제곱근에 대한 계산 성질을 적재적소에 적용하기 위해서는
다음과 같은 문제 풀이 태도를 정립해 두는 것이 좋다.

? 생각 Point

2개의 루트를 1개의 루트로 합칠 때
루트 안의 식의 부호까지 꼼꼼히 살핀다.

유제 141

다음 중 옳은 것은?

① $\sqrt{-3}\,\sqrt{-7} = \sqrt{21}$

② $\dfrac{\sqrt{3}}{\sqrt{-7}} = \sqrt{-\dfrac{3}{7}}$

③ $\dfrac{\sqrt{-3}}{\sqrt{-7}} = -\sqrt{\dfrac{3}{7}}$

④ $\dfrac{\sqrt{-3}}{\sqrt{7}} = -\sqrt{\dfrac{3}{7}}$

⑤ $\sqrt{3}\,\sqrt{-7} = \sqrt{-21}$

유제 142

$\sqrt{-4}\,\sqrt{9} + \sqrt{-3}\,\sqrt{-12} + \dfrac{\sqrt{-12}}{\sqrt{-3}} + \dfrac{\sqrt{20}}{\sqrt{-5}} = a + bi$ 일 때,

실수 a, b에 대하여 $a + b$의 값을 구하시오.

유제 143

난이도 UP

두 실수 a, b에 대하여 $a + b = -3$, $ab = 9$일 때, $(\sqrt{a} - \sqrt{b})^2$의 값을 구하시오.

④ $\sqrt{a}\,\sqrt{b}=-\sqrt{ab}$ 또는 $\dfrac{\sqrt{a}}{\sqrt{b}}=-\sqrt{\dfrac{a}{b}}$ 를 만족할 실수 a, b의 조건

생각 | 이해 ●●● 암기 | 적용

두 실수 a, b가 $\sqrt{a}\,\sqrt{b}=-\sqrt{ab}$ 또는 $\dfrac{\sqrt{a}}{\sqrt{b}}=-\sqrt{\dfrac{a}{b}}$ 을 만족시킨다는 조건은

루트 안의 식이 가질 수 있는 값의 범위를 간접적으로 제시하는 조건이다.

> **? 생각 Point**
>
> 두 실수 a, b가 $\sqrt{a}\,\sqrt{b}=-\sqrt{ab}$ 또는 $\dfrac{\sqrt{a}}{\sqrt{b}}=-\sqrt{\dfrac{a}{b}}$ 을 만족시킨다는 조건이 제시되면
>
> 음수의 제곱근에 대한 계산성질에 더해,
>
> $a=0$ 또는 $b=0$인 특수한 경우만 추가로 고려하면 된다.

★ **예제 05**

① 두 실수 a, b가 $\sqrt{a}\,\sqrt{b}=-\sqrt{ab}$ 을 만족시킬 때, a와 b의 범위를 구해보자.

② 두 실수 a, b가 $\dfrac{\sqrt{a}}{\sqrt{b}}=-\sqrt{\dfrac{a}{b}}$ 을 만족시킬 때, a와 b의 범위를 구해보자.

풀이

①)

생각 1 $\sqrt{a}\,\sqrt{b}=-\sqrt{ab}$ 이기 위한 조건을 생각하자.

음수의 제곱근에 대한 계산성질에 의해, $a<0$, $b<0$이면 $\sqrt{a}\,\sqrt{b}=-\sqrt{ab}$ 를 만족시킨다.

생각 2 추가로 $a=0$ 또는 $b=0$인 특수한 경우를 생각해보자.

$a=0$이면 (좌변)=(우변)=0이므로 $\sqrt{a}\,\sqrt{b}=-\sqrt{ab}$ 를 만족시킬 수 있다.

이는 $b=0$인 경우도 마찬가지이다.

따라서 a와 b는 모두 0이 될 수 있다.

$$\therefore\ \underline{a<0\ \text{또는}\ a=0},\ \underline{b<0\ \text{또는}\ b=0} \rightarrow a\le 0,\ b\le 0$$

②)

생각 1 $\dfrac{\sqrt{a}}{\sqrt{b}}=-\sqrt{\dfrac{a}{b}}$ 이기 위한 조건을 생각하자.

음수의 제곱근에 대한 계산성질에 의해, $a>0$, $b<0$이면 $\dfrac{\sqrt{a}}{\sqrt{b}}=-\sqrt{\dfrac{a}{b}}$ 를 만족시킨다.

생각 2 추가로 $a=0$ 또는 $b=0$인 특수한 경우를 생각해보자.

$a=0$이면 (좌변)=(우변)=0이므로 $\dfrac{\sqrt{a}}{\sqrt{b}}=-\sqrt{\dfrac{a}{b}}$ 를 만족시킬 수 있다.

하지만, 분모는 0이 될 수 없으므로 $b\ne 0$이다.

$$\therefore\ \underline{a>0\ \text{또는}\ a=0},\ b<0 \rightarrow a\ge 0,\ b<0$$

유제 144

0이 아닌 두 실수 x, y에 대하여 $\sqrt{x}\sqrt{y} = -\sqrt{xy}$ 일 때, 다음 중 $\dfrac{\sqrt{-y}}{\sqrt{x}}$ 와 같은 것을 고르면?

① $\sqrt{\dfrac{y}{x}}$ ② $\sqrt{-\dfrac{y}{x}}$ ③ $-\sqrt{\dfrac{y}{x}}$

④ $-\sqrt{-\dfrac{y}{x}}$ ⑤ $\dfrac{\sqrt{y}}{\sqrt{x}}$

유제 145

두 실수 x, y가

$$\frac{\sqrt{y}}{\sqrt{x}} = -\sqrt{\frac{y}{x}}, \quad x^2 + x + (y+3)i = 2 + 15i$$

를 만족시킨다. $x + y$의 값을 구하시오. (단, $i = \sqrt{-1}$)

유제 146

$\sqrt{1-x}\sqrt{x-5} = -\sqrt{(1-x)(x-5)}$ 와 $\dfrac{\sqrt{x-1}}{\sqrt{x-7}} = -\sqrt{\dfrac{x-1}{x-7}}$ 를 동시에 만족시키는 모든 정수 x의 값의 합을 구하시오.

문제 147

두 복소수 $\alpha = 5 - 2i$, $\beta = 3 + i$에 대하여 $\alpha\overline{\alpha} - \overline{\alpha}\beta - \alpha\overline{\beta} + \beta\overline{\beta}$의 값을 구하시오.

문제 148

복소수 z와 그 켤레복소수 $\overline{z}$가 $2iz + \overline{z} = -2 + 2i$를 만족시킬 때, $z\overline{z}$의 값을 구하시오.

문제 149

$i + 2i^2 + 3i^3 + 4i^4 + \cdots + 10i^{10}$을 간단히 하시오.

문제 150

$\sqrt{-5}\,\sqrt{-20}+\dfrac{2\sqrt{5}}{\sqrt{-10}}+\sqrt{-8}=a+bi$ (a, b는 실수)일 때, a^2+b^2의 값을 구하시오.

문제 151

두 복소수 $\alpha=\dfrac{2+3i}{\sqrt{3}\,i}$, $\beta=\dfrac{2-3i}{\sqrt{3}\,i}$ 에 대하여 $\alpha^2+\alpha\beta+\beta^2$의 값을 구하시오.

문제 152

$a^2i+(1-i)a-6i-1$이 양의 실수일 때, 실수 a의 값을 구하시오.

문제 153

복소수 $z = 1 + i$에 대하여 $\left(\dfrac{1}{z} - \dfrac{1}{z}\right)^4$의 값을 구하시오.

문제 154

$(2+i)^2 z + (z - \overline{z} + 3)i - 6 = 0$을 만족시키는 복소수 z에 대하여 $\dfrac{1}{z\,\overline{z}}$의 값을 구하시오.
(단, $\overline{z}$는 z의 켤레복소수이다.)

문제 155

등식 $2z - \sqrt{3} + i = 0$을 만족시키는 복소수 z에 대하여
$1 + 2z^3 + 4z^6 + 6z^9 + 8z^{12}$의 값을 구하시오.

문제 156

$z = \dfrac{1+i}{\sqrt{2}}$ 일 때, $z + z^2 + z^3 + \cdots + z^{49} + z^{50} + z^{51} + z^{52}$을 간단히 하시오.

문제 157

복소수 $z = (a^2 - a - 12) + (a^2 + 3a)i$에 대하여 z^2이 음의 실수일 때, 실수 a의 값을 구하시오.

문제 158

2018
고1 6월 13번

5 이하의 두 자연수 a, b에 대하여 복소수 z를 $z = a + bi$라 할 때, $\dfrac{\overline{z}}{z}$의 실수부분이 0이 되게 하는 모든 복소수 z의 개수는?

(단, $i = \sqrt{-1}$이고, $\overline{z}$는 z의 켤레복소수이다.)

① 1   ② 2   ③ 3

④ 4   ⑤ 5

문제 159

2013
고1 9월 7번

두 복소수 α, β에 대하여 $\alpha\overline{\beta} = 1$, $\alpha + \dfrac{1}{\alpha} = 2i$일 때,

$\overline{\beta} + \dfrac{1}{\beta}$의 값은? (단, $i = \sqrt{-1}$이고, $\overline{\alpha}, \overline{\beta}$는 각각 α, β의 켤레복소수이다.)

① -2 ② 2 ③ $-2i$

④ i ⑤ $2i$

문제 160

2021 고1 9월 20번

복소수 $z=\frac{-1+\sqrt{3}i}{2}$에 대하여 [보기]에서 옳은 것만을 있는 대로 고른 것은? (단, $i=\sqrt{-1}$)

[보기]

ㄱ. $z^3=1$

ㄴ. $z^4+z^5=-1$

ㄷ. $z^n+z^{2n}+z^{3n}+z^{4n}+z^{5n}=-1$을 만족시키는 100 이하의 모든 자연수 n의 개수는 66이다.

① ㄱ ② ㄴ ③ ㄱ, ㄴ

④ ㄱ, ㄷ ⑤ ㄱ, ㄴ, ㄷ

문제 161

2023 고2 3월 17번

이 문항은 나중에 이차방정식 파트를 공부한 후 도전해보자!

다음 조건을 만족시키는 허수 z가 존재하도록 하는 두 정수 m, n에 대하여 $m+n$의 최솟값은? (단, $\overline{z}$는 z의 켤레복소수이다.)

(가) $z^2+mz+n=0$

(나) $z+\overline{z}=8$

① 3 ② 5 ③ 7

④ 9 ⑤ 11

복소수 $z = \dfrac{i-1}{\sqrt{2}}$ 에 대하여

$$z^n + (z + \sqrt{2})^n = 0$$

을 만족시키는 25 이하의 자연수 n의 개수를 구하시오. (단, $i = \sqrt{-1}$)

$\left(\dfrac{\sqrt{2}}{1+i} \right)^n + \left(\dfrac{\sqrt{3}+i}{2} \right)^n = 2$ 를 만족시키는

자연수 n의 최솟값을 구하시오. (단, $i = \sqrt{-1}$)

▶ **켤레복소수의 성질**

$z_1 = a + bi$, $z_2 = c + di$라 하자.

① $\overline{(\overline{z_1})} = z_1$

  증명 | $\overline{(\overline{z_1})} = \overline{(\overline{a+bi})} = \overline{(a-bi)} = a + bi = z_1$

② $\overline{z_1 + z_2} = \overline{z_1} + \overline{z_2}$

  증명 | $\overline{z_1 + z_2} = \overline{(a+bi) + (c+di)} = \overline{(a+c) + (b+d)i}$

$$= (a+c) - (b+d)i = (a-bi) + (c-di) = \overline{z_1} + \overline{z_2}$$

③ $\overline{z_1 - z_2} = \overline{z_1} - \overline{z_2}$

  증명 | $\overline{z_1 - z_2} = \overline{(a+bi) - (c+di)} = \overline{(a-c) + (b-d)i}$

$$= (a-c) - (b-d)i = (a-bi) - (c-di) = \overline{z_1} - \overline{z_2}$$

④ $\overline{z_1 z_2} = \overline{z_1}\,\overline{z_2}$

  증명 | $\overline{z_1 z_2} = \overline{(a+bi)(c+di)} = \overline{(ac-bd) + (ad+bc)i}$

$$= (ac-bd) - (ad+bc)i = ac - (ad+bc)i - bd = (a-bi)(c-di) = \overline{z_1}\,\overline{z_2}$$

⑤ $\overline{\left(\dfrac{z_1}{z_2}\right)} = \dfrac{\overline{z_1}}{\overline{z_2}}$

  증명 | (좌변) $= \overline{\left(\dfrac{z_1}{z_2}\right)} = \overline{\left(\dfrac{a+bi}{c+di}\right)} = \overline{\left\{\dfrac{(a+bi)(c-di)}{(c+di)(c-di)}\right\}} = \overline{\left\{\dfrac{(ac+bd) + (bc-ad)i}{c^2 + d^2}\right\}}$

$$= \dfrac{(ac+bd) - (bc-ad)i}{c^2 + d^2}$$

  (우변) $= \dfrac{\overline{z_1}}{\overline{z_2}} = \dfrac{\overline{a+bi}}{\overline{c+di}} = \dfrac{a-bi}{c-di} = \dfrac{(a-bi)(c+di)}{(c-di)(c+di)} = \dfrac{(ac+bd) - (bc-ad)i}{c^2 + d^2}$

  즉, (좌변)=(우변)이다.

⑥ $\overline{(z^n)} = (\overline{z})^n$

  증명 | $z = a + bi$라 하고, 먼저 $n = 2$일 때 $\overline{(z^2)} = (\overline{z})^2$이 성립함을 보이자.

$$\text{(좌변)} = \overline{(z^2)} = \overline{(a+bi)^2} = \overline{(a^2 - b^2) + 2abi} = (a^2 - b^2) - 2abi$$

$$\text{(우변)} = (\overline{z})^2 = (\overline{a+bi})^2 = (a-bi)^2 = (a^2 - b^2) - 2abi$$

  즉, (좌변)=(우변)이므로 $\overline{(z^2)} = (\overline{z})^2 = \overline{z} \times \overline{z} \to \overline{(z^2)} = \overline{z} \times \overline{z}$이 성립한다.

  $n = 3$이면 위 내용에 의해

$$\overline{(z^3)} = \overline{z^2 z} = \overline{z^2} \times \overline{z} = \overline{z} \times \overline{z} \times \overline{z} = (\overline{z})^3 \to \overline{(z^3)} = (\overline{z})^3$$이 성립한다.

  이러한 과정을 계속 반복하면 일반적으로

$$\overline{z^n} = \overline{z^{n-1} z} = \overline{z^{n-1}} \times \overline{z} = \cdots = \underbrace{\overline{z} \times \overline{z} \times \overline{z} \times \cdots \times \overline{z}}_{n\text{개}} = (\overline{z})^n \to \overline{(z^n)} = (\overline{z})^n$$이 성립한다.

3

이차방정식

01 이차방정식의 이해

❶ 이차방정식의 근을 구하는 방법

생각 | 이해 ● ● 암기 | 적용

- 이차방정식이 인수분해가 된다면 ➔ **인수분해**
- 이차방정식이 인수분해가 힘들다면 ➔ **근의 공식**

을 이용하여 근을 구한다.

❷ 이차방정식의 근의 종류

생각 | 이해 ● ● 암기 | 적용

아래에 제시된 이차방정식의 근을 구해보자.

$$(1)\ x^2 - 5x + 4 = 0 \qquad (2)\ x^2 - 4x + 4 = 0 \qquad (3)\ x^2 - 2x + 3 = 0$$

(1)은 $x^2 - 5x + 4 = (x-1)(x-4) = 0$으로 인수분해 가능하다.
➔ $x = 1$ 또는 $x = 4$가 근임을 알 수 있다.
이때, 근으로 도출된 1과 4는 **서로 다르고**, **실수**이다.
따라서 $x = 1$ 또는 $x = 4$ 꼴의 근을 **서로 다른 두 실근**이라고 한다.

(2)는 $x^2 - 4x + 4 = (x-2)^2 = 0$으로 인수분해 가능하다.
➔ $x = 2$를 중근으로 가짐을 알 수 있다.
이때, 비록 도출된 근이 $x = 2$뿐일지라도, 이차방정식의 근이 하나인 것은 아니라는 점을
주의해야 한다. 근은 두 개인데 그 두 개의 근이 서로 같으니 $x = 2$ 또는 $x = 2$라고 표기하지 않고, 편의상 $x = 2$
하나만 쓰는 것임을 정확히 알아두자.
정리하면, $x^2 - 4x + 4 = 0$처럼
완전제곱식으로 인수분해될 수 있는 이차방정식은 **중근(=서로 같은 두 근)**을 가진다고 한다.

(3)은 인수분해가 힘들다. 따라서 근의 공식을 써보면
$$x = 1 + \sqrt{2}\,i \text{ 또는 } x = 1 - \sqrt{2}\,i \text{을 근으로 가짐을 알 수 있다.}$$
이때, 근으로 도출된 $1 + \sqrt{2}\,i$과 $1 - \sqrt{2}\,i$는 **서로 다르고**, **허수**이다. 따라서
$$x = 1 + \sqrt{2}\,i \text{ 또는 } x = 1 - \sqrt{2}\,i \text{꼴의 근을 } \textbf{서로 다른 두 허근}\text{이라고 한다.}$$
또한, 이 두 근은 허수이므로 실수가 아니다. 따라서
두 허근을 갖는 이차방정식은 **실근을 갖지 않는다**고 표현하기도 한다.

! 주의!

이차방정식이 실근을 갖는다는 표현과 서로 다른 두 실근을 갖는다는 표현은
같은 의미가 아니다.
이차방정식이 실근을 갖는다는 것은 그 두 실근이 서로 다를 수도 있고,
서로 같을 수도 있다는 뜻이다. 즉, 실근을 갖는다는 표현이 서로 다른 두 실근을
갖는다는 표현보다 더 포괄적인 표현이다.

③ 이차방정식의 켤레근

생각 | 이해 ●●● 암기 | 적용

아래에 제시된 이차방정식의 근을 구해보자.

$$(1)\ x^2 - 4x - 1 = 0 \qquad (2)\ x^2 - 2\sqrt{2}\,x + 5 = 0$$

(1)의 경우, 이차방정식을 이루는 각 **항의 계수가 모두 유리수**임을 확인할 수 있고,
근의 공식을 써보면 $x = 2 + \sqrt{5}$ 또는 $x = 2 - \sqrt{5}$ 를 근으로 가짐을 알 수 있다.
이 두 근은 **루트부분의 부호만 서로 반대**이다.

(2)의 경우, 이차방정식을 이루는 각 **항의 계수가 모두 실수**임을 확인할 수 있고,
근의 공식을 써보면 $x = \sqrt{2} + \sqrt{3}\,i$ 또는 $x = \sqrt{2} - \sqrt{3}\,i$ 를 근으로 가짐을 알 수 있다.
이 두 근은 **허수부분의 부호만 서로 반대**이다.

이처럼
- 계수가 모두 유리수인 이차방정식에서 두 근이 무리수일 경우
  그 두 근은 루트부분의 부호만 반대인 모양이다.

- 계수가 모두 실수인 이차방정식에서 두 근이 허수일 경우
  그 두 근은 허수부분의 부호만 반대인 모양이다.

즉, 무리근과 허근은 각각 켤레로 존재한다.

이 내용을 활용하면 문제에서 아래와 같은 조건이 제시되었을 때

유리수 k에 대하여 이차방정식 $2x^2 - 4x + k = 0$의 한 근이 $1 + \sqrt{2}$ 이고, …

다른 한 근은 $1 - \sqrt{2}$ 이라고 바로 써낼 수 있다. 정리하면,

? 생각 Point

- **계수가 모두 유리수**인 이차방정식의 두 무리근,
- **계수가 모두 실수**인 이차방정식의 두 허근은 각각
  켤레로 존재한다.

! 주의!

① 이차방정식의 계수에 허수가 있으면 허근은 켤레로 존재하지 않을 수도 있다.
② 이차방정식의 계수에 무리수가 있으면 무리근은 켤레로 존재하지 않을 수도 있다.

[설명]

- 이차방정식 $x^2 - (1 + 2i)x + 2i = 0$은 x의 계수와 상수항에 허수가 있다.

이 방정식의 근을 구해보면

$$x^2 - (1 + 2i)x + 2i = (x - 1)(x - 2i) = 0 \rightarrow x = 1 \text{ 또는 } x = 2i$$

이처럼, 이차방정식의 계수에 허수가 있으면 허근은 켤레로 존재하지 않을 수도 있다.

- 이차방정식 $x^2 - (1 + \sqrt{2})x + \sqrt{2} = 0$은 x의 계수와 상수항에 무리수가 있다.

이 방정식의 근을 구해보면

$$x^2 - (1 + \sqrt{2})x + \sqrt{2} = (x - 1)(x - \sqrt{2}) = 0 \rightarrow x = 1 \text{ 또는 } x = \sqrt{2}$$

이처럼, 이차방정식의 계수에 무리수가 있으면 무리근은 켤레로 존재하지 않을 수도 있다.

❹ 이차방정식의 근의 종류에 관한 정확한 이해

① 근과 실근은 다른 표현이다. 같은 표현으로 혼동하지 않도록 주의하자.
   근은 실근과 허근을 모두 포함하는 개념이다.

② 이차방정식의 근은 실근과 허근을 합하여 **항상 2개**이다.
   특히나 이차방정식이 중근을 가질 때, 근은 1개가 아니라 서로 같은 2개인 것에 주의하자.

③ **계수가 모두 실수인 이차방정식의 허근은 켤레로 존재하므로**, 계수가 모두 실수인 이차방정식의 두 근이 실근
   하나, 허근 하나인 경우는 없다.
   또, 두 허근이 서로 같은 경우도 없다.

5 근을 바탕으로 이차방정식의 인수분해식 작성하기 생각 | 이해 ●●● 암기 | 적용

? 생각 Point

최고차항의 계수가 $\boxed{m}$인 이차방정식 $f(x) = 0$의 두 근이 α, β이면
$$f(x) = \boxed{m}(x - \alpha)(x - \beta)로 나타낼 수 있다.$$

설명

최고차항의 계수가 2인 이차방정식 $f(x) = 0$의 두 근이 -1, 2이면
$$f(x) = 2(x + 1)(x - 2)로 나타낼 수 있다.$$

! 주의 !

이차방정식의 최고차항의 계수가 따로 주어져 있지 않다면 미지수로 두어야 한다.

생각 넓히기 이차방정식의 한 근이 제시되었을 때 할 수 있는 생각들 생각 | 이해 ●●● 암기 | 적용

① 근을 이차방정식에 대입할 수 있다.

② 근에 $\sqrt{}$ (루트)나 허수 i가 포함되어 있다면

- 계수가 모두 유리수인 이차방정식의 무리근
- 계수가 모두 실수인 이차방정식의 허근

은 각각 켤레로 존재함을 활용할 수 있다.

아래의 [보기]에서 옳은 것을 모두 고르시오. (단, 계수가 모두 실수인 이차방정식만을 고려한다.)

유제 164

```
─── [보기] ───

ㄱ. 이차방정식 x² − 2x + 1 = 0의 근은 1개이다.
```

ㄱ. 이차방정식 $x^2 - 2x + 1 = 0$의 근은 1개이다.

ㄴ. 이차방정식 $x^2 - 8x + 7 = 0$은 서로 다른 두 실근을 가진다.

ㄷ. 이차방정식 $x^2 - 4x + 5 = 0$은 서로 다른 두 허근을 가진다.

ㄹ. 서로 같은 두 실근을 가지는 이차방정식이 존재한다.

ㅁ. 서로 같은 두 허근을 가지는 이차방정식이 존재한다.

ㅂ. 이차방정식의 한 근이 실근이면 나머지 한 근은 반드시 실근이다.

ㅅ. 이차방정식의 한 근이 허근이면 나머지 한 근은 반드시 허근이다.

ㅇ. 이차방정식이 근을 가지면, 그 근은 실근이다.

ㅈ. 이차방정식 $f(x) = 0$의 두 근이 -1과 1이면
$f(x) = (x + 1)(x - 1)$이다.

유제 165

x에 대한 이차방정식 $x^2 + (a-1)x - 5a = 0$의 한 근이 -5이고,

x에 대한 이차방정식 $kx^2 - 7x + k + 1 = 0$의 한 근이 a일 때,

상수 a, k에 대하여 ak의 값을 구하시오.

유제 166

이차방정식 $x^2 + ax + b = 0$의 한 근이 $1 - \sqrt{2}$일 때, ab의 값을 구하시오.

(단, a와 b는 유리수이다.)

유제 167

난이도 UP

이차방정식 $x^2 + 2x - 1 = 0$의 양수인 근을 a라 할 때,

$(a^2 + 3a)(a^2 + 2a + 2)$의 값을 구하시오.

❻ 이차방정식을 통해 $\square + \dfrac{1}{\square}$ 꼴의 값 구하기

? 생각 Point

이차방정식의 한 근이 조건으로 제시되었을 때, 구하는 값에

$$\square + \dfrac{1}{\square}$$

꼴이 포함되어 있다면
① 제시된 근을 이차방정식에 대입하고
② 양변을 그 근으로 나누어 보자.

유제 168 이차방정식 $x^2 + 3x - 1 = 0$의 한 근을 α라 할 때, $\alpha^2 + \dfrac{1}{\alpha^2}$의 값을 구하시오.

유제 169 이차방정식 $x^2 - 4x + 1 = 0$의 한 근을 α라 할 때, $\alpha^3 + \dfrac{1}{\alpha^3}$의 값을 구하시오.

유제 170 이차방정식 $x^2 - \sqrt{5}\,x - 1 = 0$의 한 근을 α라 할 때, $\alpha^2 - \dfrac{1}{\alpha^2}$의 값을 구하시오. (단, $\alpha > 0$)

7 두 근을 바탕으로 이차방정식의 전개식 작성하기 ◁생각 | 이해▷ • • ◁암기 | 적용▷

두 근이 α, β인 이차방정식은

$$m(x - \alpha)(x - \beta) = 0 \;\rightarrow\; (x - \alpha)(x - \beta) = 0$$

으로 인수분해되고, 이를 전개하면

$$x^2 - (\alpha + \beta)x + \alpha\beta = 0$$

이므로, 두 근이 α, β인 이차방정식은

$$x^2 - (\alpha + \beta)x + \alpha\beta = 0$$

으로 표현된다. 이 사실은 아래와 같은 형태로 바꾸어 하나의 발상처럼 활용할 수 있다.

> **? 생각 Point**
>
> 특정한 두 수를 근으로 하는 이차방정식을
>
> $$x^2 - (\text{두 수의 합})x + (\text{두 수의 곱}) = 0$$
>
> 과 같이 나타낼 수 있다.

★ **예제 01**

복소수 $z = 2 + \sqrt{2}\,i$에 대하여 $z^2 - 4z$의 값을 구해보자. (단, $i = \sqrt{-1}$)

풀이

생각 1 주어진 수 z를 이차방정식의 한 근으로 해석하자.

$z = 2 + \sqrt{2}\,i$ ➡ 이차방정식의 한 근

생각 2 두 수 z, $\bar{z}$를 근으로 하는 이차방정식을 작성하자.

두 수 z, $\bar{z}$를 근으로 하는 이차방정식을 작성하면

$$x^2 - (z + \bar{z})x + z\bar{z} = 0$$

이 식에 $z = 2 + \sqrt{2}\,i$, $\bar{z} = 2 - \sqrt{2}\,i$를 대입하고 정리하면 ➡ $x^2 - 4x + 6 = 0$

생각 3 근을 이차방정식에 대입해도 성립함을 이용하자.

z는 이차방정식 $x^2 - 4x + 6 = 0$의 근이므로, $x^2 - 4x + 6 = 0$에 대입해도 성립한다. 즉,

$$z^2 - 4z + 6 = 0$$

생각 4 얻은 식을 이용하여 구하는 값을 간단하게 변형할 수 있다.

$z^2 - 4z + 6 = 0$이므로, $\therefore\; z^2 - 4z = -6$

유제 171

이차방정식 $x^2 - 2x - 1 = 0$의 두 근을 α, β라 할 때,

$\dfrac{1}{\alpha}, \dfrac{1}{\beta}$을 두 근으로 하고 최고차항의 계수가 1인 이차방정식을

$f(x) = 0$이라고 하자. $f(1)$의 값을 구하시오.

유제 172

이차방정식 $2x^2 + 4x - 3 = 0$의 두 근을 α, β라고 할 때,

두 수 $\alpha^2 - 1, \beta^2 - 1$을 근으로 하고 이차항의 계수가 4인 이차방정식을

$f(x) = 0$이라고 하자. $f(-1)$의 값을 구하시오.

유제 173

$z + \bar{z} = 2, z\bar{z} = 50$을 만족시키는 복소수 z를 모두 구하시오.
(단, $\bar{z}$는 z의 켤레복소수이다.)

유제 174

기본 기출문제
난이도 UP

복소수 z에 대하여 $z + \bar{z} = -1, z\bar{z} = 1$일 때,

$\dfrac{\bar{z}}{z^5} + \dfrac{(\bar{z})^2}{z^4} + \dfrac{(\bar{z})^3}{z^3} + \dfrac{(\bar{z})^4}{z^2} + \dfrac{(\bar{z})^5}{z}$의 값을 구하시오.

(단, $\bar{z}$는 z의 켤레복소수이다.)

02 이차방정식의 판별식

계수가 모두 실수인 이차방정식의 근의 종류는

① 서로 다른 두 실근   ② 중근(=서로 같은 두 실근)   ③ 서로 다른 두 허근

중 하나이다. 여기서 다음과 같은 질문을 던져보자.

"이차방정식의 근을 직접 구하지 않고도, 근의 종류만 빠르게 알 수 있는 방법은 없을까?"

판별식은 이러한 질문에 대한 좋은 해답이 된다.

판별식을 구체적으로 배우기 전에 판별식을 어떤 상황에서 활용해야 하는지 정리해 보자.

1 판별식의 할용 상황

> **? 생각 Point**
>
> 이차방정식의 근을 직접 구하지 않고 근의 종류만 빠르게 알고 싶을 때
> 판별식을 이용한다.

설명

앞으로 풀게 될 문항 중 하나의 발문을 미리 살펴보자.

Q. x에 대한 이차방정식 $x^2 - 2(k+2)x + k^2 + k + 7 = 0$이 <u>허근을 갖도록 하는</u> k값의 범위는?

주어진 이차방정식이 허근을 갖도록 해야 하므로

<u>근을 직접 구할 필요 없이 근의 종류만 빠르게 결정하면 된다.</u>

따라서 판별식을 활용해야 함을 알 수 있다.

2 판별식

> ● **판별식**
>
> 이차방정식 $ax^2 + bx + c = 0$의 판별식을 $D = b^2 - 4ac$라 할 때, 이 이차방정식은
> ① $D > 0$이면 서로 다른 두 실근을 갖는다.
> ② $D = 0$이면 중근(=서로 같은 두 실근)을 갖는다.
> ③ $D < 0$이면 서로 다른 두 허근을 갖는다. (=실근을 갖지 않는다.)
>
> (단, a, b, c는 실수)

설명

판별식은 근의 공식으로부터 유도된다.

이차방정식 $ax^2 + bx + c = 0$(a, b, c는 실수)의 근을 근의 공식을 통해 구하면

$$x = \frac{-b \pm \sqrt{b^2 - 4ac}}{2a} \;\to\; x = \frac{-b + \sqrt{b^2 - 4ac}}{2a} \;\text{또는}\; x = \frac{-b - \sqrt{b^2 - 4ac}}{2a}$$

여기서 루트 안의 $\boxed{b^2 - 4ac}$의 부호에 따른 근의 종류를 관찰해보자.

- $\boxed{b^2 - 4ac} > 0$ 이면, 두 근은 $x = \dfrac{-b + \sqrt{\boxed{\text{양수}(+)}}}{2a}$ 또는 $x = \dfrac{-b - \sqrt{\boxed{\text{양수}(+)}}}{2a}$ 이므로

  이차방정식 $ax^2 + bx + c = 0$은 **서로 다른 두 실근**을 가지게 된다.

- $\boxed{b^2 - 4ac} = 0$ 이면, 두 근은 $x = \dfrac{-b \pm \sqrt{\boxed{0}}}{2a} = \dfrac{-b}{2a}$ 이므로

  이차방정식 $ax^2 + bx + c = 0$은 **중근(=서로 같은 두 실근)**을 가지게 된다.

- $\boxed{b^2 - 4ac} < 0$ 이면, 두 근은 $x = \dfrac{-b + \sqrt{\boxed{\text{음수}(-)}}}{2a}$ 또는 $x = \dfrac{-b - \sqrt{\boxed{\text{음수}(-)}}}{2a}$ 이므로

  이차방정식 $ax^2 + bx + c = 0$은 **서로 다른 두 허근**을 가지게 된다.

이처럼 근의 공식에서

$\boxed{b^2 - 4ac}$**의 값이 양수$(+)$인지, 0인지, 음수$(-)$인지에 따라 이차방정식의 근의 종류가 결정됨**

을 알 수 있다.

이때, 루트 안의 식인 $\boxed{b^2 - 4ac}$를 이차방정식의 판별식으로 정의하고, 기호로 D라고 쓴다.

즉, 판별식 $D = \boxed{b^2 - 4ac}$으로 정의한다.

교과서에는 다음과 같은 내용이 서술되어 있다.

「이차방정식 $ax^2 + 2b'x + c = 0$의 판별식을 D라 하면

$$D = (2b')^2 - 4ac = 4\{(b')^2 - ac\}$$이므로

$\dfrac{D}{4} = (b')^2 - ac$의 값의 부호에 따라 근의 종류를 판별할 수 있다.」

미지수로 어렵게 짜인 이 수식의 핵심을 문제에 적용하기 편하도록 정리하면 다음과 같다.

? 생각 Point

이차방정식의 일차항의 계수가 짝수일 때는 판별식 D를

$$\frac{D}{4} = (일차항\ 계수의\ 절반)^2 - ac$$

로 대체하여 사용할 수 있다.

설명

예시 이차방정식 $x^2 - 4x + 6 = 0$의 근의 종류를 판별해보자.

이차방정식의 일차항의 계수가 -4로 짝수이므로 판별식을

$$\frac{D}{4} = (일차항\ 계수의\ 절반)^2 - ac$$

로 대체하여 사용하자.

일차항 계수인 -4의 절반은 $\boxed{-2}$이므로 ➔ 판별식 $\dfrac{D}{4} = (\boxed{-2})^2 - 1 \times 6 = -2$

이때, 판별식 $\dfrac{D}{4} = -2 \boxed{< 0}$이므로, 이차방정식 $x^2 - 4x + 6 = 0$은 서로 다른 두 허근을 가진다.

이차방정식의 일차항의 계수가 짝수일 때, 판별식을 $\dfrac{D}{4} = (일차항\ 계수의\ 절반)^2 - ac$로 대체하여 사용하면

계산량이 크게 줄어들기 때문에

? 생각 Point

판별식을 적용하기 전, 일차항의 계수가 짝수인지 확인해보자.

유제
175

x에 대한 이차방정식 $x^2 - 2(k+2)x + k^2 + k + 7 = 0$이 허근을 갖도록 하는 k의 범위를 구하시오.

유제
176
기본 기출문제

x에 대한 이차방정식 $x^2 + 2(k-2)x + k^2 - 24 = 0$이 서로 다른 두 실근을 갖도록 하는 모든 자연수 k의 개수를 구하시오.

유제
177
난이도 UP

x에 대한 이차방정식 $x^2 - 2(m+a)x + m^2 - 2m + 2b - 11 = 0$이 실수 m의 값에 관계없이 항상 중근을 가질 때, 실수 a, b에 대하여 $a+b$의 값을 구하시오.

생각 넓히기 이차식이 완전제곱식이 되기 위한 조건

생각 Point

이차식 $f(x)$가 완전제곱식이 되려면 이차방정식 $f(x)=0$의

(판별식)$=0$

이면 된다.

설명

이차식 $f(x)$가 완전제곱식이 된다는 것은, 이차방정식 $f(x)=0$이 중근을 갖는다는 뜻이다. 따라서 그 판별식이 0이면 충분하다.

유제 178

x에 대한 이차식 $x^2+2(k-3)x+k^2-k-1$이 완전제곱식으로 인수분해가 되도록 하는 실수 k의 값을 구하시오.

유제 179

x에 대한 이차식 $x^2+2(a+2)x+a^2-b+15$이 완전제곱식이 되도록 하는 자연수 a, b의 순서쌍 (a, b)의 개수를 구하시오.

유제 180
기본 기출문제
난이도 UP

모든 실수 x에 대하여 다항식 $P(x)$가

$$\{P(x)+2\}^2=(x-a)(x-2a)+4$$

를 만족시킬 때, 모든 $P(1)$의 값의 합은? (단, a는 실수이다.)

① -9　② -8　③ -7
④ -6　⑤ -5

이차방정식이 **서로 다른 두 실근을 갖도록 하려면** (판별식)> 0이면 되지만,

이차방정식이 **실근을 갖도록 하려면,** 이차방정식이

- 서로 <u>다른</u> 두 실근을 가져도 되고 ➜ **(판별식)**> 0이어도 되고
- 서로 <u>같은</u> 두 실근을 가져도 되므로 ➜ **(판별식)**$= 0$이어도 되므로,

(판별식)≥ 0

이면 된다. 정리하면,

> **❓ 생각 Point**
>
> 이차방정식이
> ① 서로 다른 두 실근을 가지려면 ➜ **(판별식)**> 0이면 된다.
> ② 실근을 가지려면 ➜ **(판별식)**≥ 0이면 된다.

유제 181 이차방정식 $x^2 - 2x + 2k - 5 = 0$이 실근을 갖도록 하는 실수 k의 최댓값을 구하시오.

유제 182 x에 대한 이차방정식 $x^2 + 4x + k = 0$이 서로 다른 두 실근을 갖도록 하는 모든 자연수 k의 값의 합을 구하시오.

03 근과 계수의 관계

1 근과 계수의 관계

생각 | 이해 ● ● 암기 | 적용

근과 계수의 관계를 활용하면 인수분해가 힘들어 두 근을 직접 구하기 어려운 이차방정식의
두 근의 합과 곱에 대한 정보를 쉽게 얻을 수 있다.

> **● 근과 계수의 관계**
>
> 이차방정식 $ax^2 + bx + c = 0$의 두 근을 α, β라 하면
> $$\alpha + \beta = (두 근의 합) = -\frac{b}{a}, \quad \alpha\beta = (두 근의 곱) = \frac{c}{a}$$

증명 이차방정식 $ax^2 + bx + c = 0$의 두 근이 α, β이면
$$ax^2 + bx + c = a(x - \alpha)(x - \beta)$$
로 표현할 수 있음을 이용한다.
그다음, 우변을 모두 전개한 뒤, 양변의 계수를 비교하면 증명이 끝난다.

2 근과 계수의 관계의 활용 상황

생각 | 이해 ● ● 암기 | 적용

앞서 말한 것처럼, 근과 계수의 관계를 활용하면 인수분해가 힘들어 두 근을 직접 구하기
어려운 이차방정식의 두 근의 합과 곱에 대한 정보를 쉽게 얻을 수 있다. 따라서 근과 계수의 관계는 다음의 상황에
사용할 것을 고려해본다.

> ① 이차방정식에 미지수가 포함되어 있을 때
> ② 이차방정식에 미지수는 없으나, 인수분해 자체가 어려울 때

설명

이차방정식 $x^2 - 4x + 2 = 0$은 미지수는 포함하지 않으나, 인수분해 자체가 어렵다.
➔ 이 방정식의 두 근을 α, β라 두고 근과 계수의 관계를 적용하여
$$\alpha + \beta = 4, \ \alpha\beta = 2$$
임을 미리 파악해 두는 것이 좋다.

> **⚠ 주의!**
>
> 이차방정식에 미지수가 포함되어 있다고 해서 반드시 인수분해가 불가능한 것은 아니다.
> $x^2 - (a+3)x + 3a = 0$은 $x^2 - (a+3)x + 3a = (x-a)(x-3) = 0$으로 인수분해 가능하다.

근과 계수의 관계와 곱셈 공식의 변형

이차방정식의 근과 계수의 관계에서 두 근 α, β의 합$(\alpha+\beta)$과 곱$(\alpha\beta)$을 알 수 있으므로 곱셈공식의 변형을 이용하면 $\alpha^2+\beta^2$, $\alpha^3+\beta^3$, $(\alpha-\beta)^2$ 등의 값을 구할 수 있다.

Review │ 곱셈공식의 변형

문제에서 자주 묻는 값을 박스 표시해보면 다음과 같다.

- $\boxed{\alpha^2+\beta^2} = (\alpha+\beta)^2 - 2\alpha\beta$
- $\boxed{\alpha^3+\beta^3} = (\alpha+\beta)^3 - 3\alpha\beta(\alpha+\beta)$
- $\boxed{(\alpha-\beta)^2} = (\alpha+\beta)^2 - 4\alpha\beta$

★ **예제 02**

이차방정식 $2x^2+x-5=0$의 두 근을 α, β라 할 때, $|\alpha-\beta|$의 값을 구해보자.

풀이

생각 1 근과 계수 관계의 활용 상황임을 인식하자.

주어진 이차방정식은 인수분해가 어렵다. ➔ 근과 계수의 관계를 적용하자.
근과 계수의 관계를 적용하면,

$$\alpha+\beta=-\frac{1}{2}, \ \alpha\beta=-\frac{5}{2}$$

생각 2 알고 있는 값인 $\alpha+\beta$와 $\alpha\beta$를 이용하여

구하는 값인 $\boxed{|\alpha-\beta|}$와 비슷한 모양을 만들 수 있는 공식을 떠올리자.

공식 $\boxed{(\alpha-\beta)^2} = (\alpha+\beta)^2 - 4\alpha\beta$를 사용하면 되겠다.

$\alpha+\beta=-\dfrac{1}{2}$, $\alpha\beta=-\dfrac{5}{2}$를 대입해서 계산해보면,

$$(\alpha-\beta)^2 = \frac{41}{4}$$

$(\alpha-\beta)^2 = \dfrac{41}{4}$의 양변에 루트를 취하면,

$$\alpha-\beta=\pm\frac{\sqrt{41}}{2}$$

즉, $|\alpha-\beta| = \dfrac{\sqrt{41}}{2}$

유제 183

이차방정식 $3x^2 - 6x + 1 = 0$의 두 근을 α, β라 할 때, $\alpha^3 + \beta^3$의 값을 구하시오.

유제 184

기본 기출문제

x에 대한 이차방정식 $x^2 + ax - 4 = 0$의 두 근이 $-4, b$일 때, 두 상수 a, b에 대하여 $a - b$의 값을 구하시오.

유제 185

기본 기출문제

이차방정식 $2x^2 - 4x + k = 0$의 서로 다른 두 실근 α, β가 $\alpha^3 + \beta^3 = 7$을 만족시킬 때, 상수 k에 대하여 $30k$의 값을 구하시오.

유제 **186** 이차방정식 $x^2 - (k+1)x + k + 4 = 0$의 두 근의 차가 1일 때, 모든 실수 k의 값의 합을 구하시오.

유제 **187**
기본 기출문제

이차방정식 $x^2 - 6x + 11 = 0$의 서로 다른 두 허근을 α, β라 할 때, $11\left(\dfrac{\overline{\alpha}}{\alpha} + \dfrac{\overline{\beta}}{\beta}\right)$의 값을 구하시오. (단, $\overline{\alpha}$, $\overline{\beta}$는 각각 α, β의 켤레복소수이다.)

유제 **188** 이차방정식 $x^2 - 12x + a = 0$의 두 근의 비가 $1 : 2$일 때, 상수 a의 값을 구하시오.

유제 **189**
기본 기출문제
난이도 UP

이차방정식 $x^2 + x - 1 = 0$의 서로 다른 두 근을 α, β라 하자.
다항식 $P(x) = 2x^2 - 3x$에 대하여 $\beta P(\alpha) + \alpha P(\beta)$의 값은?

① 5   ② 6   ③ 7
④ 8   ⑤ 9

3 근과 계수의 관계의 적용 – 구하는 값이 낯선 경우 1 〔생각 | 이해〕•••〔암기 | 적용〕

문제에서 묻는 값을 구할 수 있는 공식이 마땅히 떠오르지 않을 때를 대비하여
아래의 내용을 하나의 발상으로 기억해두면 좋다.

> **⑦ 생각 Point**
>
> $(구하는 값)^2$을 먼저 구한 뒤, 마지막에 루트를 씌울 수도 있다.

★ **예제 03**

이차방정식 $x^2 - 5x + 1 = 0$의 두 실근을 α, β라 할 때, $\left| \sqrt{\alpha} + \sqrt{\beta} \right|$의 값을 구해보자.

풀이

구하는 값인 $\sqrt{\alpha} + \sqrt{\beta}$를 **제곱한 값을 먼저 구한 뒤,**
마지막에 루트를 씌우는 방식을 시도해보자.

우선 근과 계수의 관계를 적용하면 ➔ $\alpha + \beta = 5$, $\alpha\beta = 1$

생각 1 $\left(\sqrt{\alpha} + \sqrt{\beta} \right)^2$을 **전개해보자.**

$$\left(\sqrt{\alpha} + \sqrt{\beta} \right)^2 = \alpha + 2\sqrt{\alpha}\sqrt{\beta} + \beta$$

여기서 만약 $\alpha < 0$, $\beta < 0$이면 $\sqrt{\alpha}\sqrt{\beta} = -\sqrt{\alpha\beta}$일 수도 있음에 주의해야 한다.
➔ 식을 더 변형하기 전에 α, β의 부호를 먼저 따져야 한다.

생각 2 α, β의 **부호를 따지자.**

$\alpha + \beta = 5$, $\alpha\beta = 1$ ➔ α, β는 둘의 합도 양수, 둘의 곱도 양수이다.

       ➔ 두 실수의 합/곱이 양수이면 그 두 실수는 모두 양수일 수밖에 없다.

       ➔ $\alpha > 0$, $\beta > 0$이다.

$$\begin{aligned}
\left(\sqrt{\alpha} + \sqrt{\beta} \right)^2 &= \alpha + 2\sqrt{\alpha}\sqrt{\beta} + \beta \\
&= (\alpha + \beta) + 2\sqrt{\alpha\beta} \\
&= 5 + 2 \\
&= 7
\end{aligned}$$

$\left(\sqrt{\alpha} + \sqrt{\beta} \right)^2 = 7$의 양변에 루트를 취하면 ➔ $\sqrt{\alpha} + \sqrt{\beta} = \pm\sqrt{7}$

                                              ➔ $\left| \sqrt{\alpha} + \sqrt{\beta} \right| = \sqrt{7}$

$\therefore \left| \sqrt{\alpha} + \sqrt{\beta} \right| = \sqrt{7}$

④ 근과 계수의 관계의 적용 – 구하는 값이 낯선 경우 2 〔생각 | 이해〕 • • 〔암기 | 적용〕

아래의 **예제 04**와 같이 구하는 값이 복잡한 경우는

> **❓ 생각 Point**
>
> **이차방정식에 두 근을 대입**하여 얻은 식으로 구하는 값을 간단하게 변형할 수 있다.

★ 예제 04

이차방정식 $x^2 + 2x - 4 = 0$의 두 근을 α, β라 할 때,

$\dfrac{1}{\underbrace{\alpha^2 + 3\alpha - 4}_{\text{구하는 값이 복잡하다.}}} + \dfrac{1}{\beta^2 + 3\beta - 4}$ 의 값을 구해보자.

풀이

생각 1 **근과 계수 관계의 활용 상황임을 인식하자.**

주어진 이차방정식은 인수분해가 어렵다. ➔ 근과 계수의 관계를 적용하자.
근과 계수의 관계를 적용하면 ➔ $\alpha + \beta = -2$, $\alpha\beta = -4$

생각 2 **구하는 값이 복잡하니 간단하게 만들자.**

이차방정식에 두 근 α와 β를 대입하여 얻은 식으로 구하는 값을 간단하게 변형해보자.
이차방정식 $x^2 + 2x - 4 = 0$에 α, β를 각각 대입하면,

$$\alpha^2 + 2\alpha - 4 = 0, \quad \beta^2 + 2\beta - 4 = 0$$

이제 얻은 두 식과 구하는 값을 비슷하게 만드는 방향으로 식을 변형하자.

$$\alpha^2 + 2\alpha - 4 = 0$$의 양변에 α를 더하고, $\beta^2 + 2\beta - 4 = 0$의 양변에 β를 더하면
구하는 값의 분모와 똑같은 모양이 나온다.

$\alpha^2 + 2\alpha - 4 = 0$의 양변에 α를 더하고, $\beta^2 + 2\beta - 4 = 0$의 양변에 β를 더하면,

$$\underbrace{\alpha^2 + 3\alpha - 4}_{\text{구하는 값의 분모}} = \alpha, \quad \underbrace{\beta^2 + 3\beta - 4}_{\text{구하는 값의 분모}} = \beta$$

즉, (구하는 값)$= \dfrac{1}{\alpha^2 + 3\alpha - 4} + \dfrac{1}{\beta^2 + 3\beta - 4} = \dfrac{1}{\alpha} + \dfrac{1}{\beta}$

$$= \dfrac{\alpha + \beta}{\alpha\beta} = \dfrac{-2}{-4} = \dfrac{1}{2}$$

유제
190

이차방정식 $x^2 - 5x + 1 = 0$의 두 실근을 α, β라 할 때,
$|\sqrt{\alpha} - \sqrt{\beta}|$의 값을 구하시오.

유제
191

기본 기출문제

x에 대한 이차방정식 $x^2 - 3x + k = 0$의 두 근을 α, β라 할 때,
$\dfrac{1}{\alpha^2 - \alpha + k} + \dfrac{1}{\beta^2 - \beta + k} = \dfrac{1}{4}$을 만족시키는 실수 k의 값을 구하시오.

유제
192

이차방정식 $x^2 - 4x + 7 = 0$의 두 근을 α, β라 할 때, $\alpha^2 + 4\beta$의 값을 구하시오.

04 방정식과 관련된 조건 다루기

❶ 방정식 $f(x) = 0$의 근과 방정식 $f(\Box x + \triangle) = 0$의 근 사이의 관계

생각 | 이해 ● ● 암기 | 적용

방정식 $f(x) = 0$의 두 근이 α, β라는 것은

$$\alpha, \beta \text{를 방정식 } f(x) = 0 \text{에 대입했을 때 성립한다}$$

는 의미이므로, $f(\alpha) = 0$, $f(\beta) = 0$임을 알 수 있다.

여기서 $f(\alpha) = 0$, $f(\beta) = 0$을 다음과 같이 해석해보자.

> ❓ **생각 Point**
>
> $$f(\quad) = 0 \text{이 되도록 하려면 괄호}(\quad) \text{ 안이 } \alpha \text{ 또는 } \beta \text{가 되어야 한다.}$$

이를 이용하여 방정식 $f(\Box x + \triangle) = 0$의 근을 다음과 같이 쉽게 구할 수 있다.

$f(\Box x + \triangle) = 0$이 되도록 하려면

$$f(\Box x + \triangle) = 0 \text{의 괄호 }(\quad) \text{ 안이 } \alpha \text{ 또는 } \beta \text{가 되어야 하므로,}$$

$\Box x + \triangle = \alpha$ 또는 $\Box x + \triangle = \beta$이어야 한다. ➜ $x = \dfrac{\alpha - \triangle}{\Box}$ 또는 $x = \dfrac{\beta - \triangle}{\Box}$

즉, $x = \dfrac{\alpha - \triangle}{\Box}$ 또는 $x = \dfrac{\beta - \triangle}{\Box}$가 방정식 $f(\Box x + \triangle) = 0$의 근이다.

★ **예제** **05**

이차방정식 $f(x) = 0$의 두 근을 α, β라 하면 $\alpha + \beta = 6$이다.
이때, 방정식 $f(2x - 1) = 0$의 두 근의 합을 구해보자.

풀이

방정식 $f(x) = 0$의 두 근이 α, β이므로 $f(\alpha) = 0$, $f(\beta) = 0$임을 알 수 있다. 다시 말해,

$$f(\ \ \ ) = 0\text{이 되도록 하려면 괄호}(\ \ \ )\text{ 안이 } \alpha \text{ 또는 } \beta\text{가 되어야 한다.}$$

따라서 $f(2x - 1) = 0$이 되도록 하려면

$f(2x - 1) = 0$의 괄호 안이 α 또는 β가 되도록 만들어야 하므로,

$2x - 1 = \alpha$ 또는 $2x - 1 = \beta$이어야 함을 알 수 있다.

즉, $2x - 1 = \alpha$ 또는 $2x - 1 = \beta$ ➜ $x = \dfrac{\alpha + 1}{2}$ 또는 $x = \dfrac{\beta + 1}{2}$

즉, 방정식 $f(2x - 1) = 0$의 두 근은 $x = \dfrac{\alpha + 1}{2}$ 또는 $x = \dfrac{\beta + 1}{2}$ 이므로

방정식 $f(2x - 1) = 0$의 두 근의 합은 $\dfrac{\alpha + 1}{2} + \dfrac{\beta + 1}{2} = \dfrac{(\alpha + \beta) + 2}{2} = \dfrac{6 + 2}{2} = 4$

유제 193

이차방정식 $f(x) = 0$의 두 근 α, β에 대하여 $\alpha + \beta = 4$, $\alpha\beta = 6$일 때,
이차방정식 $f(3x - 2) = 0$의 두 근의 곱을 구하시오.

유제 194

x에 대한 이차방정식 $f(x) = 0$의 두 근의 합이 16일 때,
x에 대한 이차방정식 $f(2020 - 8x) = 0$의 두 근의 합을 구하시오.

기본 기출문제

② $f(상수_1) = 상수_2$꼴의 조건을 방정식의 관점에서 다루기

생각 | 이해 〉• • 〈 암기 | 적용

> ※ **참고**
> 일반적으로, 방정식의 근과 관련된 문자인 x를 제외한 나머지 문자는 모두 상수 취급한다.

$f(상수_1) = 상수_2$꼴은 구체적으로 **예제05**와 **예제06**에서 밑줄 친 부분의 조건과 같은 모양이라고 생각하면 된다. 이러한 꼴의 조건을 다루는 방법을 알아보자.

예를 들어, 두 등식 $f(-1) + 1 = 0$, $f(1) + 1 = 0$은
다음과 같이 방정식의 관점에서 해석하여 다룰 수 있다.

'방정식 $f(x) + 1 = 0$의 두 근이 -1과 1이다.'

이와 같이 해석하기 위해서는 다음과 같이 생각해보면 된다.

> ? **생각 Point**
> "두 등식 $f(-1) + 1 = 0$, $f(1) + 1 = 0$의 모양을 비교했을 때,
> **고정된 부분**과 **변하는 부분**이 각각 무엇일까?"

두 등식 $f(-1) + 1 = 0$, $f(1) + 1 = 0$의 모양을 비교했을 때, 고정된 부분은 검은색으로,
변하는 부분은 파란색으로 표시해보면 다음과 같다.

$$f(-1) + 1 = 0, \quad f(1) + 1 = 0$$

여기서 변하는 부분인 -1과 1만을 x로 바꾼 것이 바로 -1과 1을 근으로 갖는 방정식이다.

$$f(-1) + 1 = 0, \ f(1) + 1 = 0 \ \rightarrow \ 방정식 \ f(x) + 1 = 0의 두 근이 -1, 1이다.$$

최고차항의 계수가 1인 이차식 $f(x)$가 $\underline{f(-1)=f(1)=-1}$을 만족시킬 때, $f(x)$를 구해보자.

풀이

생각 1 **조건 $f(-1)=f(1)=-1$을 (좌변)$=0$ 꼴로 바꾸자.**

$f(-1)=f(1)=-1$을 (좌변)$=0$ 꼴로 바꾸어보면

$$f(-1)+1=0,\ f(1)+1=0$$

생각 2 **얻은 두 등식 $f(-1)+1=0$, $f(1)+1=0$의 의미를 해석하자.**

두 등식 $f(-1)+1=0$, $f(1)+1=0$을 다음과 같이 해석해서 다루자.

$$f(-1)+1=0,\ f(1)+1=0\ \Rightarrow\ \text{방정식}\ f(x)+1=0\text{의 두 근이}\ -1, 1\text{이다.}$$

이때, $f(x)$는 최고차항의 계수가 1인 이차식이므로

$$f(x)+1\text{도 최고차항의 계수가 }1\text{인 이차식이다.}$$

따라서 아래와 같이 인수분해할 수 있다.

$$\text{최고차항의 계수가 }1\text{인 이차방정식 }f(x)+1=0\text{의 두 근이 }-1, 1\text{이다.}$$
$$\Rightarrow\ f(x)+1=(x+1)(x-1)$$

$$\therefore\ f(x)=(x+1)(x-1)-1$$

이차식 $f(x) = x^2 + 4x$에 대하여 $\underline{f(\alpha) = f(\beta) = 1}$일 때, $\alpha^2 + \beta^2$의 값을 구해보자.

풀이

생각 1 조건 $f(\alpha) = f(\beta) = 1$을 (좌변)$= 0$ 꼴로 바꾸자.

$f(\alpha) = f(\beta) = 1$을 (좌변)$= 0$ 꼴로 바꾸어보면

$$f(\alpha) - 1 = 0, \ f(\beta) - 1 = 0$$

생각 2 얻은 두 등식 $f(\alpha) - 1 = 0$, $f(\beta) - 1 = 0$의 의미를 해석하자.

두 등식 $f(\alpha) - 1 = 0$, $f(\beta) - 1 = 0$을 다음과 같이 해석해서 다루자.

$$f(\alpha) - 1 = 0, \ f(\beta) - 1 = 0 \ \rightarrow \ \text{방정식 } f(x) - 1 = 0\text{의 두 근이 } \alpha, \beta \text{이다.}$$

이때, $f(x) = x^2 + 4x$이므로 $f(x) - 1 = x^2 + 4x - 1$이다. 따라서

방정식 $\boxed{f(x) - 1} = 0$의 두 근이 α, β이다. $\rightarrow$ 방정식 $\boxed{x^2 + 4x - 1} = 0$의 두 근이 α, β이다.

생각 3 근과 계수 관계의 활용 상황임을 인식하자.

방정식 $x^2 + 4x - 1 = 0$은 직접 인수분해하기 힘들다.

따라서 근과 계수의 관계를 적용하면,

$$\alpha + \beta = -4, \ \alpha\beta = -1$$

$$\therefore \ \alpha^2 + \beta^2 = (\alpha + \beta)^2 - 2\alpha\beta = 18$$

---

① 주의!

문제에서 $f(\square) = f(\triangle) = $ (상수)꼴로 주어지지 않고 단순히 $f(\square) = f(\triangle)$라고만 주어졌을 때

$f(\square) = f(\triangle) \boxed{= 0}$이라고 단정짓지 않도록 주의하자.

이때는 미지수를 도입하여 $f(\square) = f(\triangle) \boxed{= k}$ (k는 상수)로 두고 문제를 풀도록 한다.

유제 195

최고차항의 계수가 1인 이차식 $f(x)$가 $f(-3) = f(5)$를 만족시킨다. $f(-4) = 10$일 때, $f(-2)$의 값을 구하시오.

유제 196

이차방정식 $x^2 + x - 4 = 0$의 두 근을 α, β라 할 때, $f(\alpha) = f(\beta) = \alpha\beta$, $f(0) = 8$을 만족시키는 이차식 $f(x)$에 대하여 $f(-1)$의 값을 구하시오.

유제 197

x에 대한 이차방정식 $x^2 - x + 3 = 0$의 두 근을 α, β라 할 때, 최고차항의 계수가 1인 이차식 $f(x)$가 $f(\alpha) = \beta$, $f(\beta) = \alpha$를 만족시킨다. 이때, $f(1)$의 값을 구하시오.

문제 198

이차방정식 $x^2 - 4x + a - 2 = 0$이 실근을 갖도록 하는 실수 a의 값의 범위를 구하시오.

문제 199

이차방정식 $ax^2 - 2(a+1)x + a + 1 = 0$이 실근을 갖지 않도록 하는 정수 a의 최댓값을 구하시오.

문제 200

이차방정식 $2x^2 - 11x + k = 0$의 두 실근의 차가 $\dfrac{5}{2}$일 때, 실수 k의 값을 구하시오.

문제
201

이차방정식 $x^2 - 3x + m = 0$의 두 근이 α, β이고, 이차방정식 $x^2 - nx + 6 = 0$의 두 근이 $\alpha + \beta$, $\alpha\beta$일 때, 실수 m, n의 값을 구하시오.

문제
202

이차방정식 $x^2 + abx + a - b = 0$의 한 근이 $2 + i$일 때, 실수 a, b에 대하여 $(a + b)^2$의 값을 구하시오.

문제
203

이차방정식 $x^2 - 3x + 4 = 0$의 두 근을 α, β라고 할 때,

두 수 $\dfrac{1}{\alpha^2 - \alpha + 2}$, $\dfrac{1}{\beta^2 - \beta + 2}$ 을 근으로 하고 x^2의 계수가 8인

이차방정식을 구하시오.

문제 204

x에 대한 이차방정식 $x^2 - 2(a-k)x + k^2 - 4k + b = 0$이 실수 k의 값에 관계없이 항상 중근을 갖도록 하는 실수 a, b의 값을 구하시오.

문제 205

이차방정식 $x^2 - 4x - k = 0$의 두 근을 α, β라 하면 $\alpha^2 + \beta^2 = 20$이다.
이때, 실수 k의 값을 구하시오.

문제 206

이차방정식 $2x^2 - x + 5 = 0$의 두 근을 α, β라고 할 때, $\alpha + \beta$와 $\alpha\beta$를 두 근으로 하고 x^2의 계수가 4인 이차방정식을 구하시오.

문제 207

세 양수 a, b, c에 대하여 x에 대한 이차방정식

$$(c-a)x^2 - 2bx + a + c = 0$$

이 완전제곱식으로 인수분해될 때, a, b, c를 세 변의 길이로 하는 삼각형은 어떤 삼각형인지 구하시오.

문제 208

x에 대한 이차방정식 $x^2 - 6mx + 3m = 0$의 두 근의 차가 2가 되도록 하는 모든 실수 m의 값의 합을 구하시오.

문제 209

다음은 원준이와 정윤이가 이차방정식 $x^2 + ax + b = 0$을 풀고 난 후 나눈 대화이다.
이 대화를 참고하여 이차방정식 $x^2 + ax + b = 0$의 근을 구하시오.

> 원준 : 나는 x의 계수를 잘못 보고 풀었더니 두 근이
> $2 - i$, $2 + i$가 나왔어.

> 정윤 : 나는 상수항을 잘못 보고 풀었더니 두 근이
> $3 - 2\sqrt{2}$, $3 + 2\sqrt{2}$가 나왔어.

문제 210

현우는 다음 조건을 모두 만족시키는 직사각형 모양으로 색종이를 자르려고 한다.

> • 색종이의 둘레의 길이는 12 cm이다.
> • 색종이의 넓이는 10 cm²이다.

다음 [보기] 중 옳은 것만을 모두 고르시오.

— [보기] —

ㄱ. 조건을 만족하는 색종이의 가로의 길이를 a cm, 세로의 길이를 b cm라고 할 때,
$a + b = 6$, $ab = 10$이어야 한다.

ㄴ. 현우는 조건을 만족시키는 직사각형 모양으로 색종이를 자를 수 없다.

ㄷ. 자르려는 색종이의 넓이를 9 cm²보다 크도록 하면 조건을 만족하는 직사각형
모양으로 색종이를 자를 수 있는 경우가 존재한다.

문제 211
2023
고1 9월 25번

x에 대한 이차방정식 $x^2 - px + p + 19 = 0$이 서로 다른 두 허근을 갖는다.
한 허근의 허수부분이 2일 때, 양의 실수 p의 값을 구하시오.

문제 212
2019
고1 11월 18번

등식 $(p + 2qi)^2 = -16i$를 만족시키는 두 실수 p, q는 x에 대한 이차방정식
$x^2 + ax + b = 0$의 두 실근이다. 두 상수 a, b에 대하여 $a^2 + b^2$의 값을 구하시오.

문제 213
2021
고1 6월 28번

x에 대한 이차방정식 $x^2 + 2ax - b = 0$의 두 근을 α, β라 할 때,
$|\alpha - \beta| < 12$를 만족시키는 두 자연수 a, b의 모든 순서쌍 (a, b)의 개수를 구하시오.

x에 대한 이차방정식 $x^2 - px + p + 3 = 0$이 허근 α를 가질 때,
α^3이 실수가 되도록 하는 모든 실수 p의 값의 곱을 구하시오.

① -2 ② -3 ③ -4
④ -5 ⑤ -6

이차항의 계수가 1인 이차식 $f(x)$는 다음 조건을 만족시킨다.

(가) 이차방정식 $f(x) = 0$의 두 근의 곱은 7이다.
(나) 이차방정식 $x^2 - 3x + 1 = 0$의 두 근 α, β에 대하여 $f(\alpha) + f(\beta) = 3$이다.

$f(7)$의 값을 구하시오.

4

이차함수

01 이차함수의 이해

⓪ 중학생 때 배웠던 이차함수의 특징

생각 | 이해 ••• 암기 | 적용

특징 1 이차함수의 개형

[최고차항의 계수가 양수일 때]

꼭짓점

[최고차항의 계수가 음수일 때]

꼭짓점

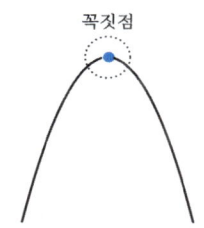

특징 2 이차함수의 꼭짓점의 좌표

이차함수를 $y = a(x - \square)^2 + \triangle$꼴로 변형했을 때, $(\square, \triangle)$가 이차함수의 꼭짓점의 좌표이다.

특징 3 이차함수의 그래프를 그리는 법

이차함수의 그래프는 다음과 같은 방법으로 그리면 된다고 배운 바 있다.

$$y = ax^2 + bx + c\text{꼴} \rightarrow y = a(x - \square)^2 + \triangle \text{꼴로 변형 후,}$$
꼭짓점의 좌표가 $(\square, \triangle)$임을 이용하여 이차함수의 그래프 그리기

예시 1 $y = 2x^2 + 4x + 3$의 그래프를 그려보자.

생각 1 $y = a(x - \square)^2 + \triangle$ 꼴로 변형하여 꼭짓점의 좌표를 구하자.

$$\begin{aligned} y = 2x^2 + 4x + 3 &= 2(x^2 + 2x + 1 - 1) + 3 \quad \rightarrow \text{꼭짓점의 좌표는 } (-1, 1) \\ &= 2(x^2 + 2x + 1) - 2 + 3 \\ &= 2(x + 1)^2 + 1 \end{aligned}$$

생각 2 구한 꼭짓점의 좌표를 이용하여 그래프를 그리자.

이차함수의 꼭짓점의 좌표가 $(-1, 1)$이고, 최고차항의 계수가 양수이므로
그래프를 그리면 다음과 같다.

$$y = 2(x + 1)^2 + 1$$

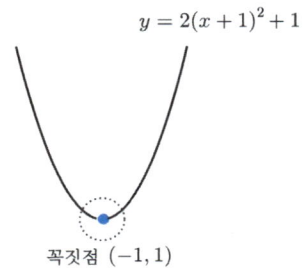

꼭짓점 $(-1, 1)$

① 이차함수 식의 분석

생각 | 이해 ••• 암기 | 적용

이차함수 $y = ax^2 + bx + c$에서 a와 b의 역할에 대해 알아보자.

① a는 단독으로 부호에 따라 <u>이차함수의 개형을 결정</u>한다.

- $a > 0$ ➡ 그래프가 아래로 볼록
- $a < 0$ ➡ 그래프가 위로 볼록

② a와 b는 이차함수의 <u>대칭축의 x좌표</u>를 결정한다.

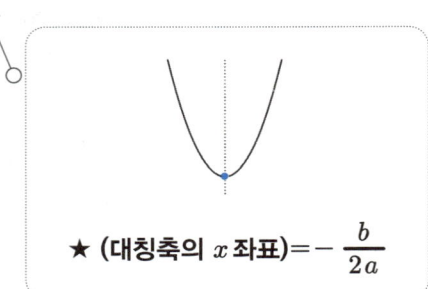

★ (대칭축의 x좌표)$= -\dfrac{b}{2a}$

② x절편을 바탕으로 이차함수의 식을 작성하는 방법

생각 | 이해 ••• 암기 | 적용

이차함수 $f(x) = ax^2 + bx + c$(설명의 편의를 위해 $a > 0$이라고 가정하자)에 대하여

① $y = f(x)$의 그래프가 아래와 같이 x축과 서로 다른 두 점 $(m, 0)$, $(n, 0)$에서 만난다면

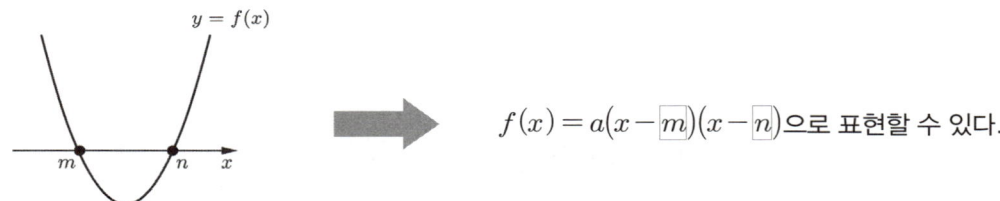

$f(x) = a\big(x - \boxed{m}\big)\big(x - \boxed{n}\big)$으로 표현할 수 있다.

② $y = f(x)$의 그래프가 아래와 같이 x축과 $(m, 0)$에서 접한다면

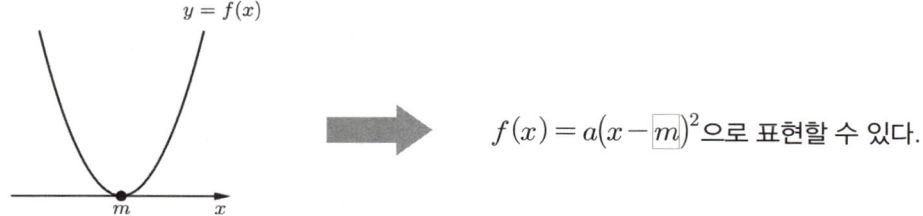

$f(x) = a\big(x - \boxed{m}\big)^2$으로 표현할 수 있다.

❸ 이차함수의 그래프를 그리는 방법

생각 | 이해 ● ● ◁ 암기 | 적용

이차함수를 그려야 할 때는 주어진 상황에 따라 그리는 방법을 달리 하는 것이 좋다.

상황 1 이차함수의 식이 인수분해가 되는 경우

[단계 1] 이차함수의 식 인수분해 ➔ x 절편 찾기

[단계 2] • 최고차항의 부호를 고려하여 개형 결정 후,

  • x 절편을 바탕으로 그래프 그리기

예시 2 이차함수 $y = x^2 + 6x + 8$의 그래프를 그려보자.

이차함수 식이 인수분해가 되므로,

생각 1 이차함수의 식을 인수분해해서 x 절편을 찾자.

$$y = x^2 + 6x + 8 = (x+4)(x+2) \quad ➔ \quad x \text{절편은} -4, -2$$

생각 2 최고차항의 부호를 고려하여 개형 결정 후, x 절편을 바탕으로 그래프를 그리자.

최고차항의 부호가 양수이므로 그래프는 다음과 같이 아래로 볼록한 모양으로 그려진다.

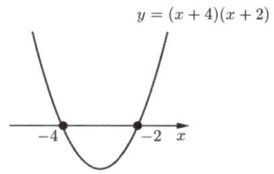

Tip 함수의 그래프를 그릴 때, y 축은 필요한 경우에만 표시하는 것이 좋다.

상황 2 이차함수의 식이 인수분해가 되지 않는 경우

[단계 1] 최고차항의 부호를 고려하여 개형 결정

[단계 2] (대칭축의 x 좌표)$= -\dfrac{b}{2a}$ 임을 이용하여 대칭축까지만 표시

예시 3 이차함수 $y = x^2 + 6x + 3$의 그래프를 그려보자.

이차함수의 식이 인수분해가 되지 않으므로,

생각 1 최고차항의 부호를 고려하여 개형을 결정하자.

최고차항의 부호가 양수이므로 그래프는 아래로 볼록한 모양으로 그려진다. ➔

생각 2 (대칭축의 x 좌표)$= -\dfrac{b}{2a}$ 임을 이용하여 대칭축까지만 표시하자.

공식을 통해 대칭축을 구해주면 대칭축은 $x = -\dfrac{6}{2 \times 1} = -3$ 이므로 ➔

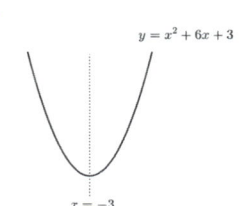

이차함수의 꼭짓점의 좌표를 $y = a(x - \square)^2 + \triangle$ 꼴로 변형하여 구할 수도 있지만,

> **? 생각 Point**
> - 대칭축을 구하는 공식을 통해 꼭짓점의 x좌표를 구하고,
> - 구한 x좌표를 함수에 대입하여 y좌표를 얻는 방식

으로 구하는 것이 더 편한 경우가 많다.

> **예시 4** 이차함수 $y = x^2 - 4x + 1$의 꼭짓점의 좌표를 구해보자.

(대칭축의 x좌표)$= -\dfrac{b}{2a}$ 임을 이용하면 $y = x^2 - 4x + 1$의 꼭짓점의 x좌표는 2임을 알 수 있고,

$x = 2$를 주어진 함수에 대입하면 ➜ $2^2 - 4 \times 2 + 1 = -3$이 꼭짓점의 y좌표이므로

∴ 꼭짓점의 좌표는 $(2, -3)$

유제 216

다음 이차함수의 그래프를 그리시오.

(1) $y = x^2 + 3x + 2$

(2) $y = x^2 + 6x + 8$

(3) $y = x^2 - 4x + 4$

(4) $y = x^2 + 5x + 7$

(5) $y = \dfrac{5}{2}x^2 + x + 1$

(6) $y = -x^2 - 2x - 1$

(7) $y = -3x^2 + x$

(8) $y = -x^2 - x + 1$

④ 이차함수의 대칭성

생각 | 이해 •••◁ 암기 | 적용

이차함수를 다룰 때는 대칭축을 기준으로 한 선대칭의 성질을 잘 적용하는 것이 중요하다.

> **? 생각 Point**
>
> **이차함수의 대칭성 : 이차함수는 대칭축을 기준으로 좌우 대칭이다.**

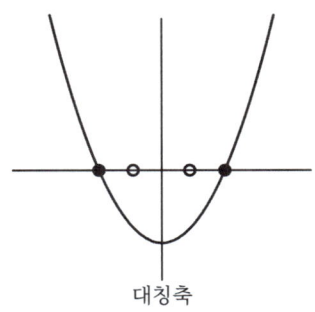

대칭축

이러한 대칭성을 이용하면 이차함수를 다룰 때의 계산량을 대폭 줄일 수 있다.

예시 5 이차함수 $y = (x-2)(x-4)$의 최솟값을 구해보자.

$y = (x-2)(x-4)$의 그래프를 그려보면 다음과 같다.

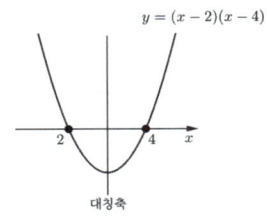

그림을 통해 구하려는 최솟값은 이차함수의 꼭짓점에서 도출된다는 것을 확인할 수 있다.
이차함수의 꼭짓점의 좌표를 구할 때

$$y = (x-2)(x-4) \text{를 } y = a(x - \square)^2 + \triangle \text{ 꼴로 변형}$$

하는 방식을 이용할 수도 있지만,
식을 변형하기 전에 잠시 이차함수의 대칭성을 생각해보면

대칭축은 두 x절편인 2와 4의 정중앙인 $x = 3$에 있음

을 알 수 있다. ➔ 이차함수가 $x = 3$에서 최솟값을 가짐을 파악할 수 있다.

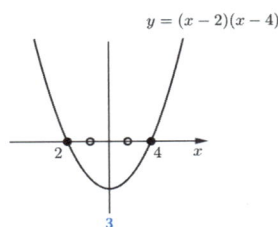

마무리로 함수에 $x = 3$을 대입하고 계산하면 최솟값을 구할 수 있다.

유제 217

이차함수 $f(x) = 2x^2 - 4x + 1$이 직선 $y = 1$과 두 점 $(0, 1)$, $(k, 1)$에서 만날 때, 상수 k의 값을 구하시오.

유제 218

최고차항의 계수가 3인 이차함수 $y = f(x)$의 꼭짓점의 좌표가 $(1, a)$이고 $y = f(x)$의 그래프가 x축과 만나는 두 점 사이의 거리가 4가 되도록 하는 상수 a의 값을 구하시오.

유제 219

이차함수 $y = x^2 - 2ax + 8$이 x축과 두 점 A, B에서 만날 때, $\overline{\mathrm{AB}} = 2$가 되도록 하는 양수 a의 값을 구하시오.

유제 220

함수 $y = x^2 - 2kx$의 최솟값이 -4일 때, 양수 k의 값을 구하시오.

유제 221

이차함수 $f(x) = ax^2 + bx + c$가 다음 조건을 모두 만족시킬 때, $a + b + c$의 값을 구하시오. (단, a, b, c는 상수이다.)

> (가) $f(-2) = f(4) = 0$
> (나) 함수 $f(x)$의 최솟값은 -3이다.

유제 222

난이도 UP

이차함수 $f(x)$가 다음 조건을 만족시킬 때, $f(4)$의 값을 구하시오.

> (가) $f(x) = a(x+1)(x-b)$ (단, $b > -1$)
> (나) $x = 1$일 때, 최솟값 -8을 가진다.

02 이차방정식과 이차함수의 관계

1 방정식과 함수를 호환하는 규칙

생각 | 이해 ● ● 암기 | 적용

방정식과 함수를 서로 호환할 때 적용하는 규칙은 다음의 두 가지이다.

• 두 함수의 교점의 좌표
• 두 함수의 교점 개수

규칙 1 두 함수의 교점에 대한 정보를 알고 싶을 때는, 두 함수를 등호(=)로 엮어야 한다.

규칙 2 (두 함수가 포함된 방정식의 실근)=(두 함수의 교점의 x좌표)

예시 1 두 함수 $y = x + 1$, $y = -x - 5$의 교점의 좌표를 구해보자.

생각 1 두 함수의 교점에 대한 정보를 알아야 하므로 두 함수를 등호로 엮자.

두 함수 $y = \boxed{x + 1}$, $y = \boxed{-x - 5}$를 등호로 엮으면 ➔ $\boxed{x + 1} = \boxed{-x - 5}$

생각 2 작성한 방정식을 그래프의 관점에서 해석하자.

두 함수 $y = \boxed{x + 1}$, $y = \boxed{-x - 5}$가 포함된 방정식 $\boxed{x + 1} = \boxed{-x - 5}$의 실근은

두 함수 $y = \boxed{x + 1}$, $y = \boxed{-x - 5}$의 교점의 x좌표와 같다.

따라서 방정식 $\boxed{x + 1} = \boxed{-x - 5}$의 실근인 $x = -3$이 두 함수의 교점의 x좌표가 된다.

생각 3 교점의 x좌표를 구했으니 교점의 y좌표를 구하자.

구한 교점의 x좌표 -3을 두 함수 중 하나에 대입하면 교점의 y좌표를 얻을 수 있다.

∴ 주어진 두 함수의 교점의 좌표는 $(-3, -2)$

예시 2 두 함수 $y = x + 1$, $y = ax$의 교점의 x좌표가 -2일 때, a의 값을 구해보자.

생각 1 두 함수의 교점에 대한 정보를 이용해야 하므로 두 함수를 등호로 엮자.

두 함수 $y = \boxed{x + 1}$, $y = \boxed{ax}$를 등호로 엮으면 ➔ $\boxed{x + 1} = \boxed{ax}$

생각 2 작성한 방정식을 그래프의 관점에서 해석하자.

두 함수 $y = \boxed{x + 1}$, $y = \boxed{ax}$의 교점의 x좌표인 -2는

두 함수가 포함된 방정식 $\boxed{x + 1} = \boxed{ax}$의 실근과 같으므로,

방정식 $\boxed{x + 1} = \boxed{ax}$에 $x = -2$를 대입하면 성립한다.

대입하여 계산하면 ➔ $a = \dfrac{1}{2}$

생각 넓히기 (방정식 $f(x)=0$의 실근)=(함수 $y=f(x)$의 x절편)

방정식 $\boxed{f(x)}=\boxed{0}$은 두 함수 $y=\boxed{f(x)}$와 $y=\boxed{0}$이 포함된 방정식이라고 해석할 수 있다.

이때, $y=\boxed{0}$은 x축과 같으므로

(방정식 $f(x)=0$의 실근)=(함수 $y=f(x)$의 x절편)

이라고 해석할 수 있다.

$$\text{방정식 } f(x) = \underbrace{\boxed{\;0\;}}_{x\text{축}}$$

유제 223

아래에 제시된 두 함수의 교점의 좌표를 구하시오.

(1) $y=2x+1,\ y=x+7$

(2) $y=x^2+3x+2,\ x$축

(3) $y=x^2+4x,\ y=-4$

(4) $y=x^2-2x+1,\ y=-x^2+8x-11$

유제 224

두 함수 $y = mx - 6, y = 3mx - 2$의 교점의 x좌표가 1일 때, 상수 m의 값을 구하시오.

유제 225

두 이차함수 $y = f(x), y = g(x)$의 그래프가 다음 그림과 같을 때, 방정식 $f(x) - g(x) = 0$의 모든 실근의 합을 구하시오.

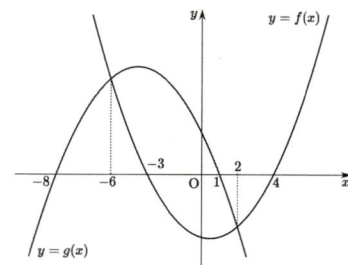

유제 226

이차함수 $y = ax^2 + bx + c$의 그래프와 직선 $y = mx + n$이 만나는 두 점의 x좌표가 각각 $-1, 2$일 때, 방정식 $ax^2 + (b-m)x + c - n = 0$의 모든 실근의 곱을 구하시오. (단, a, b, c, m, n은 상수이다.)

유제 227

이차함수 $y = x^2 - 2$의 그래프와 직선 $y = mx$의 두 교점의 x좌표의 차가 4일 때, 양수 m의 값을 구하시오.

유제 228

이차함수 $y = 2x^2 - 3x + 1$의 그래프와 직선 $y = ax + b$의 두 교점의 x좌표가 각각 $-2, 3$일 때, 상수 a, b에 대하여 $a + b$의 값을 구하시오.

유제 229

기본 기출문제
난이도 UP

양수 a에 대하여 두 함수 $f(x) = x^2$과 $g(x) = ax + 2a^2$의 그래프가 만나는 두 점을 각각 A, B라 하고, 직선 $y = g(x)$가 x축과 만나는 점을 C, y축과 만나는 점을 D, 점 A에서 x축에 내린 수선의 발을 E라 하자. 삼각형 COD의 넓이를 S_1, 사각형 OEAD의 넓이를 S_2라 할 때, $S_2 = kS_1$을 만족시키는 실수 k의 값을 구하시오.
(단, O는 원점이고, 두 점 A, B는 각각 제1사분면과 제2사분면 위에 있다.)

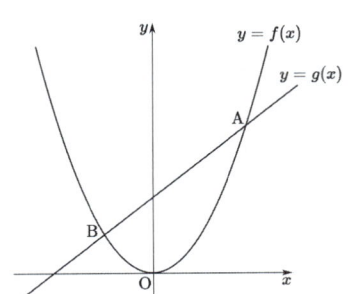

03 이차함수와 직선의 교점 개수

① 일차함수
② x축, x축에 평행한 직선

> ⊛ **참고**
>
> 이차함수와 직선이 가질 수 있는 교점의 개수는 아래의 그림과 같이 2개 또는 1개 또는 0개이다.
>
>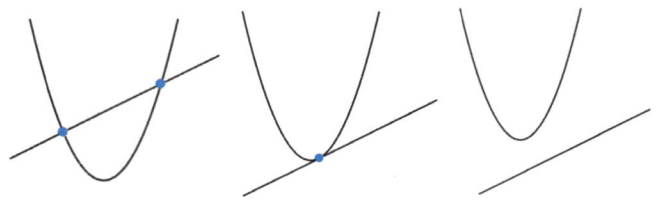

❶ 방정식의 관점에서 두 함수의 교점 개수 구하기

> ❓ **생각 Point**
>
> (두 함수의 교점 개수) = (두 함수가 포함된 **방정식**의 <u>서로 다른</u> 실근의 개수)

설명

두 함수가 포함된 방정식의 서로 다른 실근 하나마다 두 함수의 교점 하나가 대응되므로,
두 함수의 교점의 개수는 두 함수가 포함된 방정식의 서로 다른 실근의 개수와 같다.

> ⊛ **참고**
>
> '서로 다른'을 강조하는 이유는 개념을 정확하게 이해하기 위함이다.
> 만약 '서로 다른'을 빼고, **두 함수가 포함된 방정식의 실근 개수**라고 서술해버리면
> 두 함수가 포함된 방정식이 이차방정식일 때, 실근의 개수는
> 0개('허근을 가질 때')이거나
> 2개('서로 다른 두 실근을 가질 때' 혹은 '서로 같은 두 실근을 가질 때')
> 만 가능한데, 이는 두 함수의 **교점 개수가 1개인 상황을 포함하지 못한다.**

② 판별식의 재해석

생각 | 이해 •• 암기 | 적용

결국 이차함수와 직선의 교점의 개수를 구할 때 중요한 것은, 이차함수와 직선이 포함된 방정식의 서로 다른 실근의 개수이다. 이차방정식의 판별식 D를 이차방정식의 서로 다른 실근의 개수를 구하기 편리한 방식으로 재해석해보자.

기존 해석 이차방정식의 근의 종류를 결정하기 편한 해석

① $D > 0$이면 서로 다른 두 실근을 갖는다.

② $D = 0$이면 중근(=서로 같은 두 실근)을 갖는다.

③ $D < 0$이면 서로 다른 두 허근을 갖는다.

(=실근을 갖지 않는다.)

재해석 이차방정식의 <u>서로 다른 실근의 개수</u>를 결정하기 편한 해석

① $D > 0$이면 <u>서로 다른</u> 2개의 실근을 갖는다.

② $D = 0$이면 <u>서로 다른</u> 1개의 실근을 갖는다.

③ $D < 0$이면 <u>서로 다른</u> 0개의 실근을 갖는다.

예시 두 함수 $y = x^2 - 3x$, $y = x - 2$의 교점의 개수를 구해보자.

생각 1 두 함수 $y = \boxed{x^2 - 3x}$, $y = \boxed{x - 2}$가 포함된 방정식을 세우자.

두 함수가 포함된 방정식 : $\boxed{x^2 - 3x} = \boxed{x - 2}$

생각 2 (교점 개수) = (방정식의 서로 다른 실근의 개수)임을 이용하자.

방정식 $\boxed{x^2 - 3x} = \boxed{x - 2}$을 정리한 $x^2 - 4x + 2 = 0$의 판별식 $\dfrac{D}{4} = 2^2 - 1 \times 2 \boxed{>} 0$이므로,

방정식 $x^2 - 4x + 2 = 0$은 서로 다른 **2개**의 실근을 가진다.

따라서 두 함수 $y = x^2 - 3x$, $y = x - 2$의 교점은 **2개**이다.

이차함수 $y = x^2 + 4x + a$의 그래프가 x축과 접할 때, 상수 a의 값을 구해보자.

풀이

생각 1 문제에 제시된 상황을 해석하여 풀이의 방향성을 잡자.

이차함수와 x축이 접한다는 것은 이차함수와 x축의 교점이 1개라는 말과 같다.

➔ 두 함수가 포함된 방정식의 <u>서로 다른 실근이 1개가 되도록</u> 만들면 된다.

생각 2 $y = x^2 + 4x + a$와 x축 포함된 방정식을 세우자.

$y = \boxed{x^2 + 4x + a}$과 x축($y = \boxed{0}$)이 포함된 방정식을 세우면

$$\boxed{x^2 + 4x + a} = \boxed{0}$$

이 방정식의 서로 다른 실근이 1개가 되려면

(판별식)$= 0$

이면 된다. 계산하면 ➔ $\dfrac{D}{4} = 2^2 - a = 0$ ➔ $a = 4$

생각 넓히기 이차함수와 직선의 교점 개수를 유연하게 구하기

이차함수와 직선의 교점 개수를 구할 때 반드시 판별식을 이용해야 하는 것은 아니다.
이차함수와 직선의 교점 개수를 구할 때 중요한 것은 이차함수와 직선의 식이 포함된
이차방정식의 **서로 다른 실근의 개수**를 구하는 것
이므로, 이차방정식이 인수분해가 된다면 인수분해하여 서로 다른 실근의 개수를 알 수도 있다.

▶ **이차함수와 직선의 교점 개수를 구하는 방법을 정리해보자.**

두 함수가 포함된 방정식 작성

 방정식을 정리했을 때

인수분해가 된다면 ➔ 인수분해하여 <u>서로 다른 실근 개수</u> 관찰

인수분해가 되지 않는다면 ➔ 판별식 이용

유제
230

제시된 두 함수의 교점의 개수를 구하고, 두 그래프의 위치관계가 잘 나타나도록
그래프를 그리시오.

(1) $y = x^2 + 5x - 1$, x축

(2) $y = -3x^2 - 2x + 5$, x축

(3) $y = x^2 - 3x + 1$, $y = x - 3$

(4) $y = -x^2 + 3x$, $y = x + 5$

유제
231

이차함수 $y = x^2 - 3x + k$의 그래프와 x축이 서로 다른 두 점에서 만나도록
실수 k의 값의 범위를 구하시오.

유제
232

이차함수 $y = -2x^2 + ax + 1$의 그래프와 직선 $y = 2x + 3$이 한 점에서
만나도록 하는 실수 a의 값의 합을 구하시오.

판별식의 활용 상황 정리

다음과 같은 상황에 판별식을 사용하면 된다.

① 이차방정식의 <u>근의 종류</u>를 결정해야 할 때

➜ 서로 다른 두 실근, 중근, 서로 다른 두 허근(=실근을 갖지 않는다.)

② 이차함수와 <u>직선</u>의 교점 개수를 결정해야 할 때

➜ x축, x축에 평행한 직선, 일차함수

유제 233

x에 대한 이차식 $x^2 + 2(a+2)x + a^2 - b + 15$이 완전제곱식이 되도록 하는 자연수 a, b의 순서쌍 (a, b)의 개수를 구하시오.

유제 234

x에 대한 이차방정식 $x^2 + 2(k-2)x + k^2 - 24 = 0$이 서로 다른 두 실근을 갖도록 하는 모든 자연수 k의 개수를 구하시오.

유제 235

이차함수 $y = x^2 - (2k+1)x + k^2 + 2k - 1$의 그래프와 x축이 적어도 한 점에서 만나도록 하는 실수 k의 최댓값을 구하시오.

유제 236

기본 기출문제

직선 $y = x + k$가 이차함수 $y = x^2 - 2x + 4$의 그래프와 만나고, 이차함수 $y = x^2 - 5x + 15$의 그래프와 만나지 않도록 하는 모든 정수 k의 개수를 구하시오.

유제 237

x에 대한 이차함수 $y = x^2 + 2(a+k)x + k^2 + 6k + b$의 그래프가 실수 k의 값에 관계없이 항상 x축에 접할 때, 실수 a, b에 대하여 ab의 값을 구하시오.

유제 238

난이도 UP

5 이하의 두 자연수 a, b에 대하여 이차함수 $y = x^2 + 2ax + 5b$의 그래프가 x축과 서로 다른 두 점에서 만나도록 하는 a, b의 순서쌍 (a, b)의 개수를 구하시오.

04 교점을 통한 함수식의 작성

생각 | 이해 ●●● 암기 | 적용

❶ 이차함수 $y = f(x)$와 x축의 교점을 바탕으로 $f(x)$의 식을 작성하는 법

① 최고차항의 계수가 a인 이차함수 $y = f(x)$와 x축이
서로 다른 두 점 $(m, 0)$, $(n, 0)$에서 만난다면,

[단계 1] 그래프를 직접 그리고

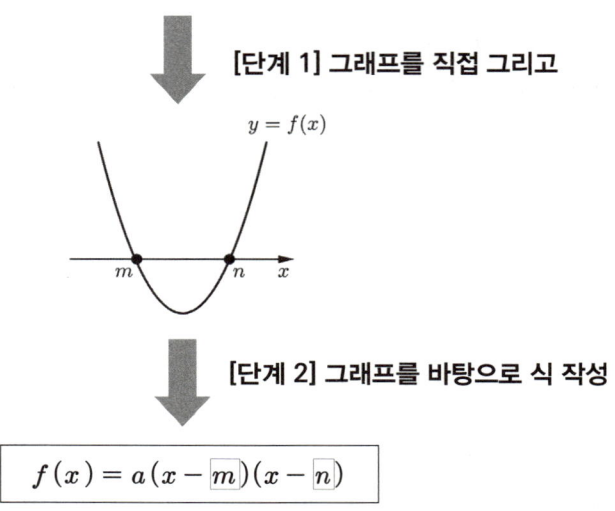

[단계 2] 그래프를 바탕으로 식 작성

$$f(x) = a(x - \boxed{m})(x - \boxed{n})$$

② 최고차항의 계수가 a인 이차함수 $y = f(x)$와 x축이
$(m, 0)$에서 접한다면,

[단계 1] 그래프를 직접 그리고

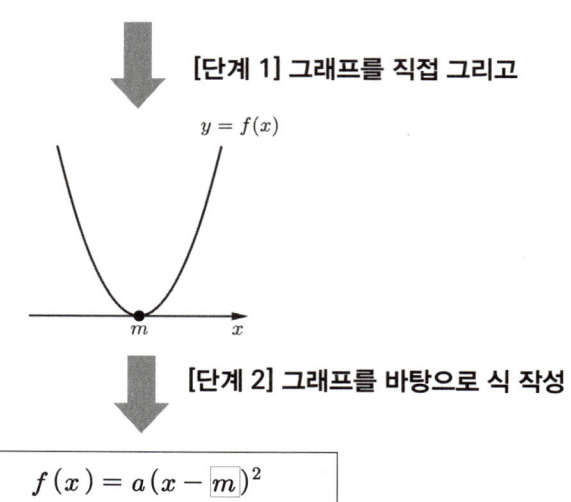

[단계 2] 그래프를 바탕으로 식 작성

$$f(x) = a(x - \boxed{m})^2$$

더 알아보기 방정식 $f(x) - g(x) = 0$의 실근

두 함수 $y = \boxed{f(x)}$, $y = \boxed{g(x)}$가 포함된 방정식은

$$\boxed{f(x)} = \boxed{g(x)} \;\Rightarrow\; f(x) - g(x) = 0$$

이다. 따라서 $y = f(x)$와 $y = g(x)$의 교점의 x좌표는

두 함수가 포함된 방정식을 정리한 $f(x) - g(x) = 0$의 실근과 같다.

즉, 다음이 성립한다.

> **? 생각 Point**
>
> $(y = f(x)$와 $y = g(x)$의 교점의 x좌표$)$ = (방정식 $f(x) - g(x) = 0$의 실근)

❷ 이차함수 $y = f(x)$와 $y = k$의 교점을 바탕으로 $f(x)$의 식을 작성하는 법

이차함수 $y = f(x)$와 $y = k$의 교점의 x좌표는

방정식 $f(x) - k = 0$의 실근과 같으므로

① 최고차항의 계수가 a인 이차함수 $y = f(x)$와 $y = k$의

<u>교점의 x좌표가 m, n</u>이라면,

[단계 1] 그래프를 직접 그리고

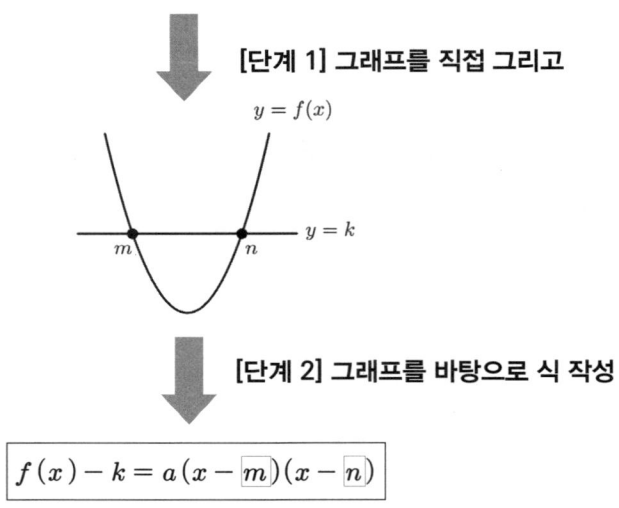

[단계 2] 그래프를 바탕으로 식 작성

$$f(x) - k = a(x - \boxed{m})(x - \boxed{n})$$

② 최고차항의 계수가 a인 이차함수 $y = f(x)$와 $y = k$의

<u>접점의 x좌표가 m</u>이라면,

[단계 1] 그래프를 직접 그리고

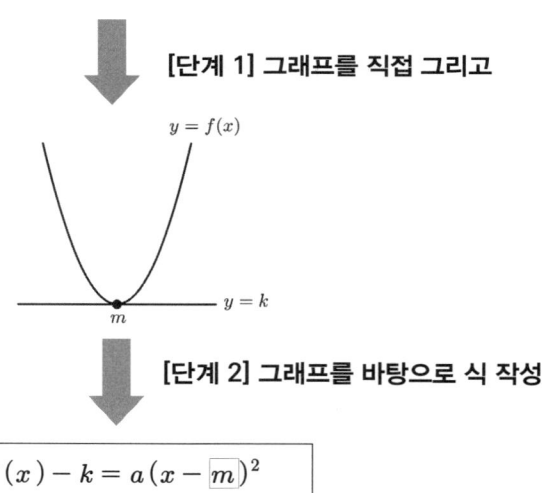

[단계 2] 그래프를 바탕으로 식 작성

$$f(x) - k = a(x - \boxed{m})^2$$

❸ 이차함수 $y = f(x)$와 $y = ax + b$의 교점을 바탕으로 $f(x)$의 식을 작성하는 법

이차함수 $y = f(x)$와 $y = ax + b$의 교점의 x좌표는

방정식 $f(x) - (ax + b) = 0$의 실근과 같으므로

① 최고차항의 계수가 k인 이차함수 $y = f(x)$와 $y = ax + b$의
<u>교점의 x좌표가 m, n</u>이라면,

[단계 1] 그래프를 직접 그리고

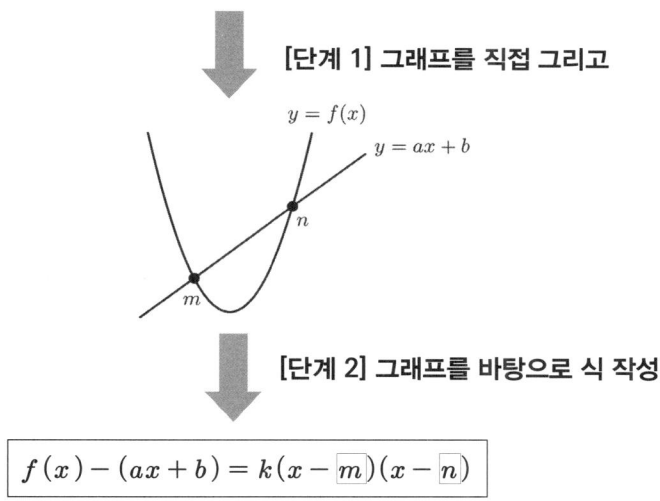

[단계 2] 그래프를 바탕으로 식 작성

$$f(x) - (ax + b) = k(x - \boxed{m})(x - \boxed{n})$$

② 최고차항의 계수가 k인 이차함수 $y = f(x)$와 $y = ax + b$의
<u>접점의 x좌표가 m</u>이라면,

[단계 1] 그래프를 직접 그리고

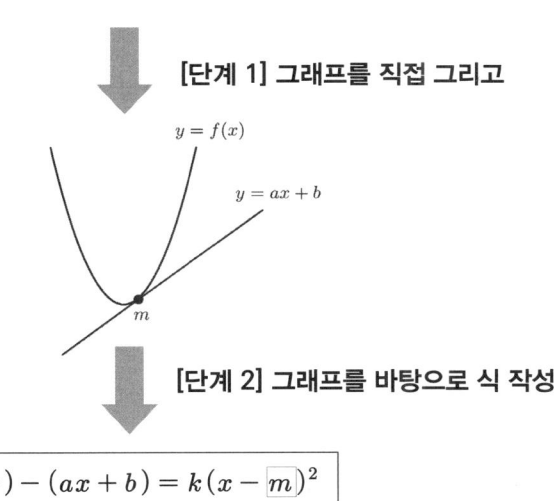

[단계 2] 그래프를 바탕으로 식 작성

$$f(x) - (ax + b) = k(x - \boxed{m})^2$$

예시 1 최고차항의 계수가 2인 이차함수 $y = f(x)$의 그래프가 x축과 $(5, 0)$에서 접할 때, $f(x)$의 식을 구해보자.

[단계 1] 그래프를 직접 그리고

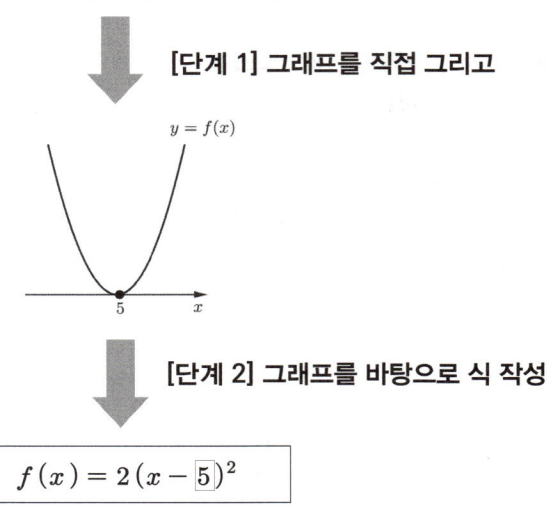

[단계 2] 그래프를 바탕으로 식 작성

$$f(x) = 2(x - \boxed{5})^2$$

예시 2 최고차항의 계수가 -1인 이차함수 $y = f(x)$의 그래프가 직선 $y = 2x + 1$과 두 점 $(1, 3)$, $(2, 5)$에서 만날 때, $f(x)$의 식을 구해보자.

[단계 1] 그래프를 직접 그리고

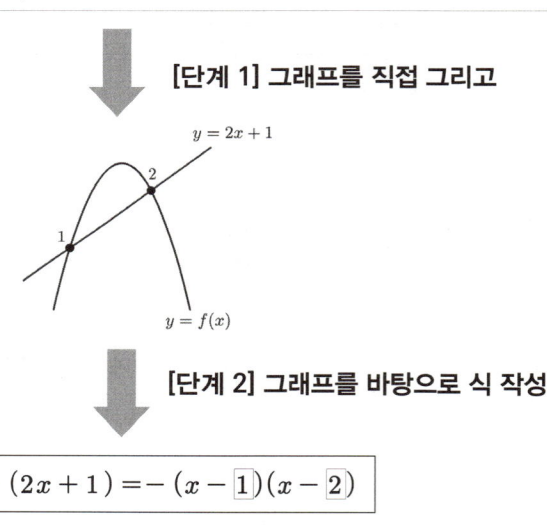

[단계 2] 그래프를 바탕으로 식 작성

$$f(x) - (2x + 1) = -(x - \boxed{1})(x - \boxed{2})$$

즉, $f(x) = -(x - 1)(x - 2) + (2x + 1)$

① 주의 !

이차함수의 최고차항의 계수가 문제의 조건으로 따로 주어져 있지 않을 때, **이차함수의 최고차항의 계수가 1이라고 단정하지 않도록 주의**한다. 이차함수의 최고차항의 계수를 모를 때는 미지수로 두어야 한다.

다음 물음에 답하시오.

(1) 최고차항의 계수가 1인 이차함수 $y = f(x)$가 x축과 $(1, 0)$에서 접하는 상황을
그래프로 표현하고, $f(x)$의 식을 구하시오.

(2) 최고차항의 계수가 -2인 이차함수 $y = f(x)$가 x축과 두 점 $(-1, 0)$과 $(2, 0)$에서
만나는 상황을 그래프로 표현하고, $f(x)$의 식을 구하시오.

(3) 최고차항의 계수가 1인 이차함수 $y = g(x)$가 두 점 $(1, 3)$과 $(2, 3)$을 지날 때의
상황을 그래프로 표현하고, $g(x)$의 식을 구하시오.

(4) 최고차항의 계수가 $-\dfrac{1}{2}$인 이차함수 $y = f(x)$가 $y = -x + 1$과 x좌표가 -1인
한 점에서 만나는 상황을 그래프로 표현하고, $f(x)$의 식을 구하시오.

(5) 최고차항의 계수가 -2인 이차함수 $y = f(x)$가 직선 $y = 3x$와 만나는 두 점의 x좌표가
-1 또는 2인 상황을 그래프로 표현하고, $f(x)$의 식을 구하시오.

유제
240

이차함수 $y = x^2 + ax + b$의 그래프가 x축과 두 점 $(-3, 0)$, $(2, 0)$에서 만날 때,
실수 a, b의 값을 구하시오.

유제
241

이차함수 $y = x^2 + (a+1)x + b - 1$의 그래프가 직선 $y = 2x - 1$과 점 $(1, 1)$에서 접할 때,
실수 a, b의 값을 구하시오.

유제 242

이차방정식 $x^2 - 2x - 1 = 0$의 두 근을 α, β라 할 때, 최고차항의 계수가 1인
이차함수 $y = f(x)$의 그래프가 두 점 $(\alpha, 3), (\beta, 3)$을 지난다.
이때, $f(1)$의 값을 구하시오.

유제 243

이차함수 $y = -x^2 + x$의 그래프와 직선 $y = 3x + a$가 적어도 한 점에서
만나도록 하는 실수 a의 값의 범위를 구하시오.

유제 244

난이도 UP

자연수 a에 대하여 이차함수 $y = x^2 - 4ax + 5a^2$의 그래프와 직선
$y = -2x + k + 1$이 만나지 않도록 하는 모든 자연수 k의 개수를 $f(a)$라 하자.
이때, $f(1) + f(3)$의 값을 구하시오.

05 차의 함수의 그래프

두 함수 $y = f(x)$, $y = g(x)$에 대하여 함수 $y = f(x) - g(x)$의 그래프는 원래의 두 함수 $y = f(x)$, $y = g(x)$의 그래프와 어떤 관계가 있는지 알아보자.

Review |

? 생각 Point

$(y = f(x)$와 $y = g(x)$의 교점의 x좌표)=(방정식 $f(x) - g(x) = 0$의 실근)

밑줄 친 부분을 그래프의 관점에서 다음과 같이 해석할 수 있다.

$$(\text{방정식}\ \underbrace{f(x) - g(x)}_{y = f(x) - g(x)} = \underbrace{\boxed{0}}_{x축}\ \text{의 실근})$$

"함수 $y = f(x) - g(x)$와 x축의 교점의 x좌표"

즉, $(y = f(x)$와 $y = g(x)$의 교점의 x좌표)$=$(방정식 $f(x) - g(x) = 0$의 실근)
$=$"함수 $y = f(x) - g(x)$의 x절편"

이므로, 밑줄 친 부분을 생략하면 다음과 같은 결론을 얻을 수 있다.

? 생각 Point

$(y = f(x)$와 $y = g(x)$의 교점의 x좌표)=(함수 $y = f(x) - g(x)$의 x절편)

이 결론을 바탕으로 다음 장에 그려져 있는 그래프를 이해해보자.

① $f(x)$가 이차함수이고, $g(x)$가 일차함수일 때, 함수 $y = f(x) - g(x)$의 그래프를 그려보면

⚠ 주의!

이차함수 $y = f(x) - g(x)$의 축은 처음 주어진 이차함수의 축과 일반적으로 같지 않다.

두 점에서 만나는 경우	한 점에서 만나는 경우
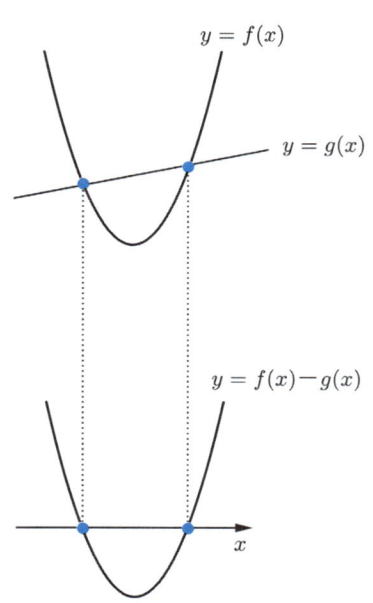	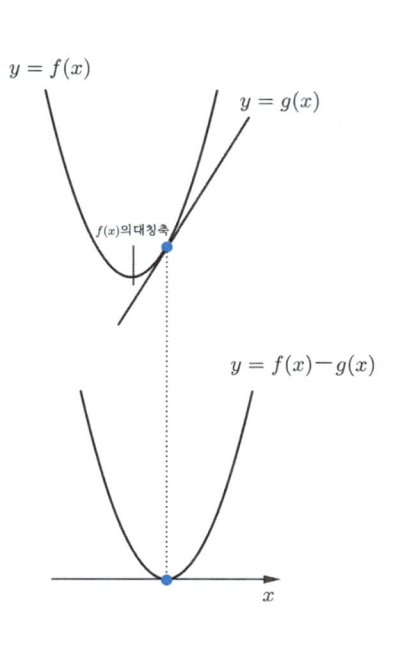

함수만 바뀌고,
교점의 x좌표는
그대로 유지된다.

② $f(x)$, $g(x)$가 최고차항의 계수가 서로 다른 두 이차함수일 때, 함수 $y = f(x) - g(x)$의 그래프를 그려보면

두 점에서 만나는 경우	한 점에서 만나는 경우
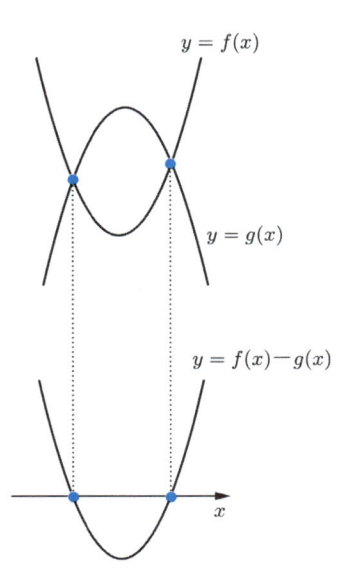	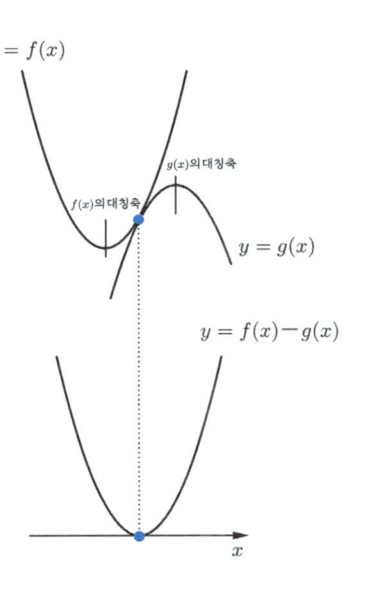

함수만 바뀌고,
교점의 x좌표는
그대로 유지된다.

유제 245

그림과 같이 최고차항의 계수가 각각 -1, 1인 두 이차함수 $f(x)$, $g(x)$가
서로 다른 두 점에서 만나고, 그 두 점의 x좌표가 각각 -1과 2일 때,
$y = f(x) - g(x)$의 그래프를 그리고, $f(1) - g(1)$의 값을 구하시오.

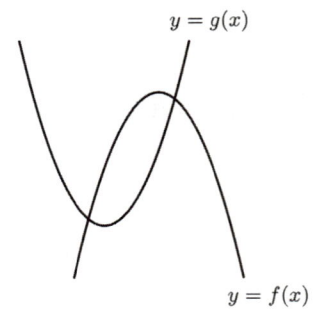

$y = g(x)$

$y = f(x)$

유제 246

난이도 UP

이차함수 $f(x)$와 일차함수 $g(x)$가 다음 조건을 만족시킬 때,
$f(-1) - g(-1)$의 값을 구하시오.

(가) 두 함수 $y = f(x)$, $y = g(x)$의 그래프는 x좌표가 1인 점에서 접한다.
(나) 이차식 $f(x)$와 일차식 $g(x)$를 $x - 2$로 나누었을 때의 나머지는 각각 5, 2이다.

06 이차함수의 최대·최소

⓪ 변수의 범위가 제한된 함수의 그래프 그리기 〔생각 | 이해〕• •〔암기 | 적용〕

$y = x^2 - 6x + 7 \boxed{(x > 1)}$ 은 변수인 x의 범위가 $x > 1$로 제한되어 있는 함수이다.
이는 함수의 그래프를 $x > 1$의 범위에서만 정의한다는 말과 같으므로, 좌표평면에서
x좌표가 1보다 큰 쪽에 있는 부분에서만 $y = x^2 - 6x + 7$의 그래프를 그리면 된다.
실제로 함수 $y = x^2 - 6x + 7 \, (x > 1)$의 그래프는 다음과 같이 그려진다.

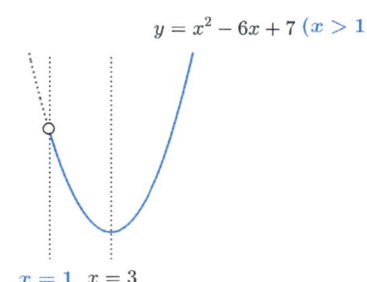

이처럼 변수의 범위가 제한된 함수의 그래프는 다음과 같은 순서로 그리면 된다.

[단계 1] 우선 제한된 범위를 신경쓰지 말고, 그래프 전체를 그린다.
[단계 2] 제한된 범위에 해당하는 부분만 따로 표시한다.

예시 1 함수 $y = 2x^2 - 4x + 1 \, (0 < x \leq 4)$의 그래프를 그려보자.

변수의 범위가 $0 < x \leq 4$로 제한되어 있다.

[단계 1] 우선 함수 $y = 2x^2 - 4x + 1$의 그래프 전체를 그리자.

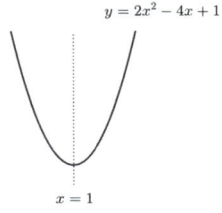

[단계 2] 이제 제한된 범위 $0 < x \leq 4$에 해당하는 부분만 따로 표시하자.

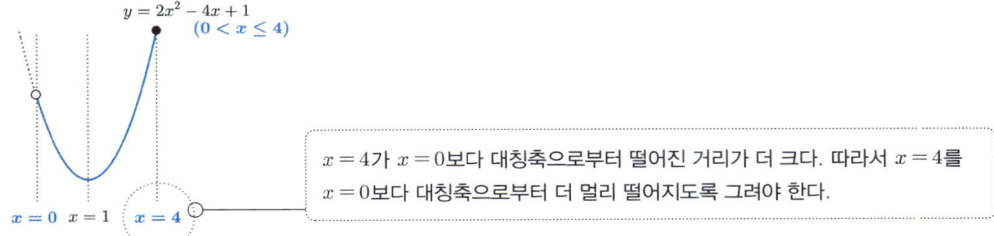

$x = 4$가 $x = 0$보다 대칭축으로부터 떨어진 거리가 더 크다. 따라서 $x = 4$를 $x = 0$보다 대칭축으로부터 더 멀리 떨어지도록 그려야 한다.

1 이차함수의 최대·최소 | x의 범위에 제한이 없는 경우 생각 | 이해 ● ● 암기 | 적용

이차함수의 꼭짓점에 집중한다. 이때, 이차함수의 식을 $y = a(x - \square)^2 + \triangle$ 꼴로 고치는 것보다는 **대칭축의**

방정식 $\left(x = -\dfrac{b}{2a}\right)$을 이용하여 문제를 해결하는 것이 좋다.

예시 2 이차함수 $y = -x^2 + 4x + 2$의 최댓값을 구해보자.

대칭축의 방정식을 이용하면 이차함수의 대칭축은 $x = 2$임을 알 수 있고,
x의 범위에 제한이 없으므로, 이차함수의 그래프를 다음과 같이 그릴 수 있다.

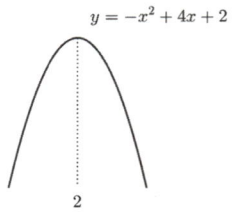

$$y = -x^2 + 4x + 2$$

즉, $y = -x^2 + 4x + 2$은 $x = 2$일 때 최댓값을 가진다.
함수에 $x = 2$를 대입하면 최댓값은 6임을 알 수 있다.

---

2 이차함수의 최대·최소 | x의 범위가 제한된 경우 생각 | 이해 ● ● 암기 | 적용

[단계 1] 대칭축의 방정식 $\left(x = -\dfrac{b}{2a}\right)$을 이용하여 대칭축을 찾고

[단계 2] 제한된 범위의 양 끝이 각각 대칭축으로부터 얼마나 멀리 떨어져 있는지 비교하면서 그래프를 그린다.

예시 3 $y = x^2 + 6x + 3 \,(\boxed{-4} \leq x \leq \boxed{0})$이 최대 또는 최소가 될 때의 x좌표를 구해보자.

[단계 1] 대칭축을 찾자.
대칭축의 방정식을 이용하면 주어진 이차함수의 대칭축은 $x = -3$임을 알 수 있다.
[단계 2] 제한된 범위의 양 끝이 각각 대칭축으로부터 얼마나 멀리 떨어져 있는지 비교하자.
대칭축인 $x = -3$이 $x = -4$와 떨어진 거리는 1이고, $x = 0$과 떨어진 거리는 3이므로,

$$x = 0을 \ x = -4보다 \ 대칭축에서 \ 멀리 \ 떨어지도록 \ 그려야 \ 한다.$$

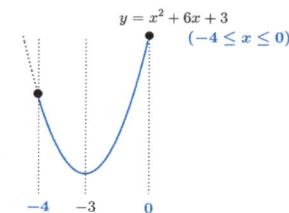

$$y = x^2 + 6x + 3$$
$$(-4 \leq x \leq 0)$$

그래프를 통해 이차함수가 $x = 0$에서 최댓값을,

$$x = -3에서 \ 최솟값을 \ 가짐을 \ 알 \ 수 \ 있다.$$

❸ 특정 부분을 치환했더니 이차함수의 꼴로 바뀐 경우　생각 | 이해・・암기 | 적용

반복되는 부분을 문자 t로 치환했을 때, 주어진 함수가 이차함수의 꼴로 바뀌는 경우가 많다. 이때, 반복되는 부분을 치환했다면 **치환한 문자의 범위까지 구해야 함**에 주의한다.

치환한 문자의 범위를 구할 때는 아래의 과정을 밟으면 된다.

[단계 1] 치환된 식의 그래프를 그린다.

[단계 2] 그래프의 y값이 정의되는 범위가 치환한 문자의 범위이다.

> ★ **예제 02**
>
> 함수 $y = (x^2 - 4x)^2 - 2(x^2 - 4x) + 3 \, (x \geq 2)$의 최솟값을 구해보자.

풀이

$$x^2 - 4x = t \text{로 치환하는 것에서 끝나면 안 된다. } t\text{의 범위까지 구하자.}$$

생각 1 치환한 문자 t의 범위를 구하자.

$x \geq 2$의 범위에서 치환된 식 $x^2 - 4x$의 그래프를 그려보면 다음과 같다.

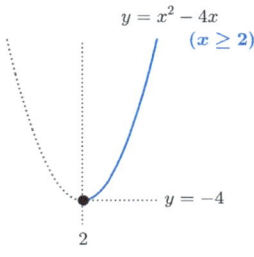

이 그래프의 y값이 정의되는 범위가 치환한 문자 t의 범위이다.

그래프의 y값이 $y \geq -4$에서 정의되므로 치환한 문자 t의 범위 또한 $t \geq -4$이다.

생각 2 치환한 함수의 최솟값을 구하자.

$$y = (x^2 - 4x)^2 - 2(x^2 - 4x) + 3 \, (x \geq 2) \; \rightarrow \; y = t^2 - 2t + 3 \, (t \geq -4)$$

다음과 같이 $y = t^2 - 2t + 3 \, (t \geq -4)$ 의 그래프를 그려보면

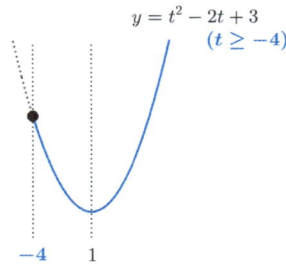

$t = 1$에서 최솟값을 가짐을 알 수 있다.

$t = 1$을 $y = t^2 - 2t + 3$에 대입하고 계산하면 ➔ 구하는 최솟값은 2

유제 247

이차함수 $y = 2x^2 + 4x + a$가 $x = b$에서 최솟값 5를 가질 때, $a + b$의 값을 구하시오.

유제 248

$-2 \leq x \leq 3$에서 이차함수 $y = -2x^2 + 8x + a$의 최솟값이 3일 때, 실수 a의 값을 구하시오.

유제 249

$-1 \leq x \leq 2$에서 함수 $y = (x^2 - 2x)^2 - 4(x^2 - 2x) + 2$의 최댓값을 M, 최솟값을 m이라 할 때, $M + m$의 값을 구하시오.

유제
250

기본 기출문제
난이도 UP

직선 $y = -x + a$가 이차함수 $y = x^2 + bx + 3$의 그래프에 접하도록 하는 a의 최댓값을 구하시오. (단, a, b는 실수이다.)

유제
251

난이도 UP

$-a \leq x \leq a$에서 이차함수 $f(x) = -2x^2 + ax + 5$의 최댓값과 최솟값의 합이 -13이다. 양수 a의 값을 구하시오.

07 두 문자로 이루어진 식의 최대·최소

생각 | 이해 ● ● 암기 | 적용

❶ 두 문자로 이루어진 식의 최대·최소 1 – 관계식의 이용

문제에서 두 문자로 이루어진 식의 최대 · 최소를 구하는 값으로 제시하는 경우는

> ❓ 생각 Point
>
> **구하는 값을 하나의 문자로 통일**하는 것이 핵심이다.

구하는 값을 하나의 문자로 통일시킬 때는 문제의 조건으로부터

두 문자 사이의 관계식

을 찾아 이용할 수 있다.

★ **예제 03**

실수 a, b에 대하여 $-3 \leq a \leq 1$이고 $a - b = 4$일 때, ab의 최댓값과 최솟값을 구해보자.

풀이

두 개의 문자로 이루어진 ab의 최대와 최소를 바로 구하기는 어렵다.

→ 구하는 값을 하나의 문자로 통일하자.

이때, a, b 사이의 관계식으로 주어진 $a - b = 4$을 활용하면 되겠다.

생각 1 구하는 값을 a로 통일할지, b로 통일할지 결정하자.

어느 문자로 식을 통일했을 때 이후에 계산이 더 수월해지는지 예측해보면 좋다.

구하는 값을 a로 통일하는 경우,

조건 $-3 \leq a \leq 1$을 바로 사용할 수가 있으므로

a를 중심으로 구하는 값을 통일하는 것이 좋겠다.

생각 2 구하는 값 ab를 a로 통일하자.

$a - b = 4$ ➜ $b = a - 4$ 이므로, $ab = a(a - 4)$

$-3 \leq a \leq 1$의 범위에서 $a(a - 4)$의 그래프를 그리면 다음과 같고,

그래프를 통해 $a(a - 4)$는 $a = -3$일 때 최댓값을,

$a = 1$일 때 최솟값을 가짐을 알 수 있다.

각각을 함수에 대입하고 계산하면 ➜ 최댓값은 21, 최솟값은 -3

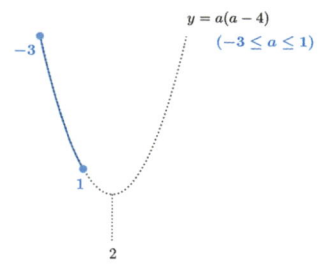

$y = a(a - 4)$
$(-3 \leq a \leq 1)$

유제
252

실수 x, y에 대하여 $1 \le y \le 6$이고 $x - y = -2$일 때, $x^2 + y^2 - 8y$의
최댓값을 M, 최솟값을 m이라 하자. $M - m$의 값을 구하시오.

유제
253
기본 기출문제
난이도 UP

두 실수 a, b에 대하여 복소수 $z = a + 2bi$가 $z^2 + (\overline{z})^2 = 0$을 만족시킬 때,
$6a + 12b^2 + 11$의 최솟값을 구하시오. (단, $i = \sqrt{-1}$이고, $\overline{z}$는 z의 켤레복소수이다.)

유제
254
기본 기출문제
난이도 UP

직선 $y = -\dfrac{1}{4}x + 1$이 y축과 만나는 점을 A, x축과 만나는 점을 B라 하자.

점 P (a, b)가 점 A에서 직선 $y = -\dfrac{1}{4}x + 1$을 따라 점 B까지 움직일 때,

$a^2 + 8b$의 최솟값을 구하시오.

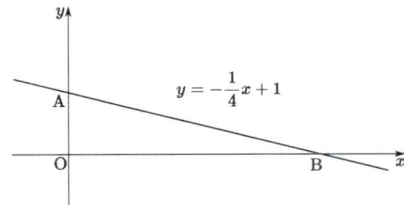

❷ 두 문자로 이루어진 식의 최대·최소 2 - 완전제곱식의 이용

두 개의 문자로 이루어진 식을 하나의 문자로 통일하기 위해 사용할 수 있는 관계식이 없는 경우도 출제된다. 이러한 경우는 다음의 성질을 이용해야 한다.

> **❓ 생각 Point**
>
> $(실수)^2 \geq 0$: **실수를 제곱하면 항상 0 이상**이다.

이 성질을 이용하기 위해서는 주어진 식을 $(실수)^2$의 꼴로 최대한 정리해야 한다.
즉, 식 변형의 목적이 주어진 식을 완전제곱식의 꼴로 최대한 정리하는 것이어야 한다.

★ **예제 04**

x, y가 실수일 때, $x^2 - 2x + y^2 + 6y + 16$의 최솟값을 구해보자.

풀이

두 문자로 이루어진 식의 최솟값을 구하기 위해 구하는 값을 하나의 문자로 통일하려고 보니,
두 문자 x, y 사이의 관계식으로 주어진 것이 없다. 그렇다면

$$(실수)^2 \geq 0$$

임을 이용해보자. 이를 이용하려면

> **주어진 식을 완전제곱식의 꼴로 최대한 정리**해야 한다.

생각 **주어진 식 $x^2 - 2x + y^2 + 6y + 16$을 완전제곱식의 꼴로 최대한 정리하자.**

$$\boxed{x^2 - 2x} + \boxed{y^2 + 6y} + 16 = \boxed{(x^2 - 2x + 1)} + \boxed{(y^2 + 6y + 9)} + 6$$
$$= (x-1)^2 + (y+3)^2 + 6$$

이때, $(실수)^2 \boxed{\geq} 0$이므로,

$$(x-1)^2 \boxed{\geq} 0 이고 (y+3)^2 \boxed{\geq} 0$$

이다. 즉, $(x-1)^2$과 $(y+3)^2$의 최솟값이 모두 0이므로,

$$\underset{최솟값 : 0}{\underline{(x-1)^2}} + \underset{최솟값 : 0}{\underline{(y+3)^2}} + 6의 최솟값은 6이다.$$

유제 255

실수 x, y에 대하여 $x = a, y = b$일 때,
$x^2 + y^2 - 6x - 2y + 15$이 최솟값 c를 가진다. 이때, abc의 값을 구하시오. (단, a, b, c는 상수)

유제 256

실수 a, b에 대하여
$a^2 - 2ab + 2b^2 - 8b + k + 5$의 최솟값이 10일 때, 상수 k의 값을 구하시오.

문제 257

이차함수 $y = -x^2 + ax + 6$의 그래프와 x축이 서로 다른 두 점 A$(3, 0)$, B$(b, 0)$에서 만날 때, 실수 a, b의 값을 구하시오.

문제 258

두 이차함수 $y = -\dfrac{1}{2}x^2 - 2x + a$, $y = \dfrac{1}{2}x^2 - 6x + 3$의 그래프가 서로 다른 두 점에서 만나고, 두 교점 중 한 교점의 x좌표가 -1이다. 이때 다른 교점의 x좌표를 구하시오. (단, a는 실수)

문제 259

두 이차함수 $y = x^2 - 3x$, $y = -x^2 - 5x + b$의 그래프가 직선 $y = x + a$에 동시에 접할 때, 상수 a, b의 값을 구하시오.

문제 260

이차함수 $y = x^2 - 4x - 2k + 2$의 그래프와 x축이 만나는 두 점 사이의 거리가 $4\sqrt{2}$일 때, 실수 k의 값을 구하시오.

문제 261

음수 m에 대하여 이차함수 $y = x^2 + 2x - 1$의 그래프와 직선 $y = mx - 5$가 한 점에서 만날 때, 두 함수의 교점의 좌표를 구하시오.

문제 262

원점과 $(3, 0)$을 지나는 이차함수 $y = -\dfrac{1}{3}x^2 + ax + b$의 그래프와 직선 $y = mx$가 원점에서 접할 때, 실수 a, b, m의 값을 구하시오.

문제 263

이차함수 $y = x^2 + ax + 2$의 그래프와 직선 $y = -3x + b$가 서로 다른 두 점에서 만나고, 두 교점 중 한 교점의 x좌표가 $3 + \sqrt{2}$ 이다. 이때, 유리수 a, b의 값을 구하시오.

문제 264

$-1 \leq x \leq 3$일 때, 두 이차함수 $y = 2x^2 - 4x + 1$, $y = x^2 - 8x + k$의 최솟값이 서로 같다. 이때 실수 k의 값을 구하시오.

문제 265

이차함수 $y = x^2 - 2kx + 8a$의 그래프와 직선 $y = 4bx - k^2 - 8k$가 실수 k의 값에 관계없이 항상 한 점에서 만날 때, 실수 a, b의 값을 구하시오.

문제 266

이차함수 $y = -2x^2 + 3x + 5$의 그래프와 직선 $y = -x + a$가 만나도록 하는 실수 a의 최댓값을 구하시오.

문제 267

$0 \leq x \leq a$에서 이차함수 $y = x^2 + 2x - 5$의 최댓값과 최솟값의 합이 5일 때, 양수 a의 값을 구하시오.

문제 268

기울기가 3이고 이차함수 $y = x^2 - 3x + 4$의 그래프에 접하는 직선의 y절편을 구하시오.

문제 269

어느 가게에서 알사탕 한 개의 가격이 50원일 때, 하루에 270개씩 팔린다고 한다.
이 알사탕 한 개의 가격을 x원 올리면 판매량은 $3x$개 줄어든다고 할 때,
알사탕의 하루 총 판매 금액이 최대가 되도록 하는 알사탕 한 개의 가격을 구하시오.

문제 270

$0 \leq x \leq 3$일 때, 이차함수 $y = ax^2 - 4ax + b - 3$의 최댓값이 3이고 최솟값이
-1이다. 실수 a, b의 값을 구하시오. (단, $a < 0$)

문제 271

이차함수 $y = x^2 + 2x + m$의 그래프와 직선 $y = nx - 5$의 두 교점의 x좌표의 합이 4이고 곱이 2일 때, 실수 m, n의 값을 구하시오.

문제 272

다음 그림과 같이 직사각형 ABCD의 꼭짓점 A, D는 이차함수 $y = -x^2 + 4$의 그래프 위에 있고, 꼭짓점 B, C는 x축 위에 있다. 직사각형 ABCD의 둘레의 길이의 최댓값을 구하시오. (단, 점 D의 x좌표는 0보다 크고, 2보다 작다.)

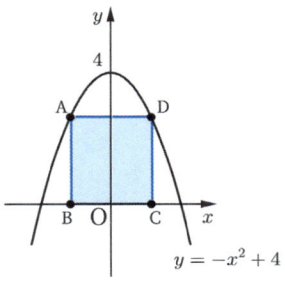

문제 273

다음 그림과 같이 직각삼각형 ABC의 빗변 AC 위의 한 점 D에서 두 변 AB, EC에 내린 수선의 발을 각각 E, F라고 할 때, 직사각형 EBFD의 넓이의 최댓값을 구하시오.

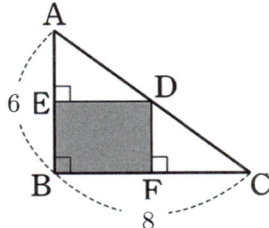

$-2 \le x \le a$에서 이차함수 $y = -x^2 + 4x + 2$의 최댓값이 5이고 최솟값이 b일 때, $a - b$의 값을 구하시오.

이차함수 $y = -x^2 + ax - 2a + 1$의 그래프는 a의 값에 관계없이 항상 점 P를 지난다. 이 이차함수의 그래프가 직선 $y = 2x + b$와 점 P에서 접할 때, 실수 a, b의 값을 구하시오.

문제 276

2022
고1 9월 18번

함수 $f(x) = x^2 + 4x - 3k^2 - 12k + 40$의 그래프와 x축이 만나는 점의 개수와,

함수 $g(x) = x^2 - 12x + 3k^2 - 36k + 96$의 그래프와 x축이 만나는 점의 개수가

서로 같도록 하는 모든 정수 k의 개수를 구하시오.

문제 277

2021
고1 6월 26번

이차함수 $f(x) = ax^2 + bx + 5$가 다음 조건을 만족시킬 때, $f(-2)$의 값을 구하시오.

(가) a, b는 음의 정수이다.

(나) $1 \le x \le 2$일 때, 이차함수 $f(x)$의 최댓값은 3이다.

문제
278

2019
고1 9월 17번

양수 a에 대하여 $0 \le x \le a$에서 이차함수

$$f(x) = x^2 - 8x + a + 6$$

의 최솟값이 0이 되도록 하는 모든 a의 값의 합을 구하시오.

문제
279

2020
고1 11월 27번

좌표평면에서 $y = t$가 두 이차함수 $y = \dfrac{1}{2}x^2 + 3$, $y = -\dfrac{1}{2}x^2 + x + 5$의

그래프와 만날 때, 만나는 서로 다른 점의 개수가 3인 모든 실수 t의 값의 합을 구하시오.

문제
280

2020
고1 6월 28번

두 양수 p, q에 대하여 이차함수 $f(x) = -x^2 + px - q$가 다음 조건을 만족시킬 때, $p^2 + q^2$의 값을 구하시오.

(가) $y = f(x)$의 그래프는 x축과 접한다.
(나) $-p \le x \le p$에서 $f(x)$의 최솟값은 -54이다.

5

5-1

부등식
일차부등식

01 부등식의 성질

1 부등식의 기본성질

생각 | 이해 ● ● 암기 | 적용

> 성질 ① $a < b$이고 $b < c$이면 $a < c$이다.
> 성질 ② 부등식의 양변에 같은 수를 더하거나 뺄 때는 부등호 방향이 변하지 않는다.
> 성질 ③ 부등식의 양변에 음수를 곱하는 경우, 부등호의 방향이 바뀐다.

설명

성질 ①에 대한 설명

▶ 1 < 2이고 2 < 3이므로 1 < 3이라 할 수 있다.

성질 ②에 대한 설명

▶ $x < y$일 때, 다음과 같이 양변에 1을 더하거나 빼도 부등호의 방향은 유지된다.

$$x + 1 < y + 1 \qquad x - 1 < y - 1$$

성질 ③에 대한 설명

▶ $x < y$일 때, 다음과 같이 양변에 음수 -1을 곱하는 경우, 부등호의 방향이 바뀐다.

$$-x > -y$$

하지만, 다음과 같이 양수 2를 곱하는 경우는 부등호의 방향이 유지된다.

$$2x < 2y$$

❷ 부등식의 양변에 역수를 취하는 경우

생각 | 이해 • • 암기 | 적용

부등식의 양변에 역수를 취했을 때 부등호의 방향에 어떤 변화가 생기는지 알아보자.

> **1** 부등식 양변의 부호가 다르다면 ➜ 역수를 취해도 부등호 방향은 바뀌지 않는다.
>
> $$-2 < 5 \xrightarrow{\quad \text{역수를 취해도} \quad} -\frac{1}{2} < \frac{1}{5}$$
>
> 부등식 양변의 부호가 다르다면   부등호 방향은 바뀌지 않는다.
>
> **2** 부등식 양변의 부호가 같다면 ➜ 역수를 취했을 때 부등호 방향이 바뀐다.
>
> $$-7 \leq -3 \xrightarrow{\quad \text{역수를 취했을 때} \quad} -\frac{1}{7} \geq -\frac{1}{3}$$
>
> 부등식 양변의 부호가 같다면   부등호 방향이 바뀐다.

❸ 부등식의 사칙연산

생각 | 이해 • • 암기 | 적용

> 두 미지수 a와 b의 범위가 $-1 \leq a < 5$, $3 \leq b \leq 6$일 때,
> $a+b$, $a-b$, ab의 값의 범위는 각각 어떻게 구할 수 있을까?

부등식끼리도 사칙연산이 가능하다. 부등식의 사칙연산에서는 두 개의 미지수 □와 △의 범위가
(상수) < □ < (상수), (상수) < △ < (상수)꼴로 주어졌을 때, 두 미지수를 더하거나(□ + △)
빼거나(□ − △) 곱한(□△) 값의 범위를 어떻게 작성할지 판단한다.

> ● **부등식 사칙연산의 두 단계**
>
> **[단계 1] 부등식의 경계에 적힐 값 구하기**
> ➜ 사칙연산 결과 나올 수 있는 최솟값과 최댓값을 구한다.
>
> **[단계 2] 등호 포함 여부 결정하기**
> ➜ 경계에 해당하는 값이 '실제로' 나올 수 있는 값인지를 판단하여
> 부등호의 등호 포함 여부를 결정한다.

설명

예시 1 $-1 \leq a < 5$, $3 \leq b \leq 6$일 때, $a+b$의 값의 범위를 구해보자.

[단계 1] 부등식의 경계에 적힐 값 구하기

? 생각 Point

두 값을 더했을 때 최소가 되려면 ➜ 최솟값끼리 더하면 된다.
반대로, 두 값을 더했을 때 최대가 되려면 ➜ 최댓값끼리 더하면 된다.

$-1 \leq a < 5$, $3 \leq b \leq 6$이므로 $a+b$의 최솟값은 $-1+3 = 2$이고,
최댓값은 (거의) $5+6 = 11$이다. 이를 바탕으로 $a+b$의 범위를 대략 써보면

➜ $2 < a+b < 11 \cdots (\bigstar)$

[단계 2] 등호 포함 여부 결정하기

방금 작성한 범위인 $2 < a+b < 11$에서

① $-1 \leq a < 5$, $3 \leq b \leq 6$ ➜ $a=-1$, $b=3$일 때, $a+b=2$ ➜ 2는 '실제로' 나올 수 있는 값이다.

② $-1 \leq a < 5$, $3 \leq b \leq 6$ ➜ a의 값이 5일 수 없으므로 $a+b$는 11이 될 수 없다.

①, ②의 결과를 종합하면

$(\bigstar) : 2 < a+b < 11$ ➜ $\therefore \ 2 \leq a+b < 11$

예시 2 $-1 \leq a < 5$, $3 \leq b \leq 6$일 때, $a-b$의 값의 범위를 구해보자.

? 생각 Point

$a-b$는 $a+(-b)$으로 바꾸어 생각할 수 있다.
➜ a와 $-b$를 더한 값의 범위를 구하자.

[단계 1] 부등식의 경계에 적힐 값 구하기

$-1 \leq a < 5$, $-6 \leq -b \leq -3$이므로
$a+(-b)$의 최솟값은 $-1+(-6)=-7$이고, 최댓값은 (거의) $5+(-3) = 2$이다.
이를 바탕으로 $a+(-b)$의 범위를 대략 써보면 ➜ $-7 < a+(-b) < 2 \cdots (\bigstar)$

[단계 2] 등호 포함 여부 결정하기

방금 작성한 범위인 $-7 < a+(-b) < 2$에서

① $-1 \leq a < 5$, $-6 \leq -b \leq -3$ ➜ $a=-1$, $-b=-6$일 때, $a+(-b)=-7$

➜ -7은 '실제로' 나올 수 있는 값이다.

② $-1 \leq a < 5$, $-6 \leq -b \leq -3$ ➜ a의 값이 5일 수 없으므로 $a+(-b)$는 2가 될 수 없다.

①, ②의 결과를 종합하면

$(\bigstar) : -7 < a+(-b) < 2$ ➜ $\therefore \ -7 \leq a+(-b) < 2$

예시 3 $-1 \leq a < 5$, $3 \leq b \leq 6$일 때, ab의 값의 범위를 구해보자.

[단계 1] 부등식의 경계에 적힐 값 구하기

a와 b 각각의 양 끝 경계의 값을 하나씩 택하여 적절히 조합하면

$a = -1$, $b = 6$일 때, ab는 최솟값 -6을 가지고,

$a = $ (거의) 5, $b = 6$일 때, ab의 최댓값은 거의 30에 가까움을 알 수 있다.

이를 바탕으로 ab의 범위를 대략 써보면 ➜ $-6 < ab < 30$ ⋯ (★)

[단계 2] 등호 포함 여부 결정하기

방금 작성한 범위인 $-6 < ab < 30$에서

① $-1 \leq a < 5$, $3 \leq b \leq 6$ ➜ $a = -1$, $b = 6$일 때, $ab = -6$ ➜ -6은 '실제로' 나올 수 있는 값이다.

② $-1 \leq a < 5$, $3 \leq b \leq 6$ ➜ a의 값이 5일 수 없으므로 ab는 30이 될 수 없다.

①, ②의 결과를 종합하면

$$(\bigstar) : -6 < ab < 30 \quad \text{➜} \quad \therefore \ -6 \leq ab < 30$$

유제 281

$1 \leq x < 4$, $4 \leq y \leq 10$일 때, 다음 물음에 답하시오.

(1) $\dfrac{1}{x}$, $\dfrac{1}{y}$의 대소를 비교하시오.

(2) $2x - 3y$의 값의 범위를 구하시오.

(3) $x + y$의 값의 범위를 구하시오.

(4) $(x-2)(y-6)$의 값의 범위를 구하시오.

02 일차부등식의 풀이

생각 | 이해 ●● 암기 | 적용

일차부등식은 다음과 같은 방법으로 푸는 것을 기본으로 한다.

> ● **일차부등식의 일반적인 해법**
>
> [단계 1] 변수(x)를 포함하는 항은 좌변으로, 나머지는 우변으로 이항하여 정리한다.
> [단계 2] x의 계수의 부호를 확인한다.
> [단계 3] x의 계수로 양변을 나눈다.
> ★ 이때, x의 계수의 부호가 음수면 부등호의 방향을 바꾼다.

설명

예시 일차부등식 $3x + 4 > 5x - 2$의 해를 구해보자.

[단계 1] 변수(x)를 포함하는 항은 좌변으로, 나머지는 우변으로 이항하여 정리하자.

$3x + 4 > 5x - 2$ ➜ $3x - 5x > -2 - 4$ ➜ $-2x > -6$

[단계 2] x의 계수의 부호를 확인하자.

$$\underbrace{-2}_{\text{음수}}\, x > -6$$

[단계 3] x의 계수로 양변을 나누자. 이때, x의 계수의 부호가 음수이니 부등호 방향을 바꾸자.

$-2x > -6$ ➜ $\dfrac{-2x}{-2} < \dfrac{-6}{-2}$ ➜ $x < 3$

> **⚠ 주의!**
>
> $\square x > \triangle$ 와 같이 x의 계수가 미지수인 부등식의 해를 구할 때
>
> 임의로 $\square > 0$이라는 조건을 추가하여 $\square x > \triangle$ ➜ $x > \dfrac{\triangle}{\square}$ 이라고 단정하지 않도록
>
> 주의하자. 만약 $\square < 0$일 때는 $\square x > \triangle$ ➜ $x < \dfrac{\triangle}{\square}$ 와 같이 변형해야 한다.

유제 282

일차부등식 $\dfrac{x-4}{6} - \dfrac{x-1}{4} > x+1$ 의 해를 구하시오.

유제 283

x에 대한 일차부등식 $(1+a)x < 2a$의 해가 $x > 3$일 때, 부등식 $ax < 9$의 해를 구하시오.

유제 284

x에 대한 일차부등식 $-2\left(\dfrac{x-2a}{6}+3\right) \leq \dfrac{6a-x}{9}-8$의 해를 구하시오.

03 특수한 해를 가지는 일차부등식의 풀이

일차부등식의 해가 없거나 해가 모든 실수인 경우, 그 일차부등식은 특수한 해를 가진다고 표현한다. 특수한 해를 가지는 일차부등식의 해법에 대하여 알아보자.

❶ 일차부등식 $\Box x > \triangle$ 의 해가 모든 실수이기 위한 조건 〔생각 | 이해〕••〔암기 | 적용〕

부등식 $\Box x > \triangle$ 의 해가 모든 실수라는 표현은 아래와 같이 해석할 수 있다.

> 부등식 $\Box x > \triangle$ 의 해가 모든 실수이다.
> → x에 아무 값이나 대입해도 항상 좌변($\Box x$)이 우변($\triangle$)보다 크다.

이 해석을 통해 $\Box x > \triangle$ 의 해가 모든 실수가 되려면 다음과 같은 조건이 필요함을 알 수 있다.

> **❓ 생각 Point**
>
> 주어진 부등식이 $\boxed{0 \times x > (음수)}$ 의 형태가 되어야 한다.

그러기 위해서는,

> **[단계 1] (x의 계수)=0이어서 좌변이 항상 0이 되도록 만들어야 한다.**
> 부등식 $\Box x > \triangle$ 에서 $\Box = 0$이면, 좌변은 $0 \times x$가 되므로
> x에 아무 값이나 대입해도 항상 0이 된다.
>
> **[단계 1] 좌변이 항상 0일 때, 우변에는 어떤 조건이 필요할지 생각한다.**
> $\Box = 0$임을 통해 x에 아무 값이나 대입해도 부등식의 좌변이 항상 0이 되도록 만들었다.
> 여기서 항상 0인 좌변이 우변보다 크도록 하려면, 우변이 음수이기만 하면 된다. 즉,
> $$\triangle < 0$$이어야 한다.
>
> 위와 같은 사고 과정을 거쳐 부등식 $\Box x > \triangle$ 의 해가 모든 실수가 되기 위해서는
> $$\therefore ① \Box = 0 이고, ② \triangle < 0 이어야 함을 알 수 있다.$$

★ 예제 01

> x에 대한 부등식 $4ax + a \geq bx + 2b$의 해가 모든 실수가 되도록 하는 실수 a, b에 대하여
> $a + b + 2$의 최댓값을 구해보자.

풀이

생각 1 부등식의 좌변은 $\square x$꼴로, 우변은 $\triangle$ 꼴로 정리하자.

$$4ax + a \geq bx + 2b \;\rightarrow\; (4a - b)x \geq 2b - a$$

생각 2 부등식의 해가 모든 실수라는 표현의 의미를 해석하자.

부등식 $(4a - b)x \geq 2b - a$의 해가 모든 실수이다.

→ x에 아무 값이나 대입해도 항상 좌변 $(4a - b)x$이 우변 $2b - a$보다 크거나 같다.

생각 3 부등식의 해가 모든 실수가 되기 위한 조건들을 생각하자.

x에 아무 값이나 대입해도 좌변 $(4a - b)x$이 우변 $2b - a$보다 크거나 같도록 하려면 어떤 조건들이 필요할지 생각하자.

[단계 1] (x의 계수)$= 0$ 이어서 좌변이 항상 0이 되도록 만들어야 한다.

부등식 $\underbrace{(4a - b)}_{=\,0}x \geq 2b - a \;\rightarrow\; 4a = b$이면, 좌변은 $0 \times x$가 되므로

x에 아무 값이나 대입해도 항상 0이 된다.

[단계 1] 좌변이 항상 0일 때, 우변에는 어떤 조건이 필요할지 생각한다.

항상 0인 좌변이 우변보다 크거나 같도록 하려면, 우변이 0이거나 음수이면 된다. 즉,

$$2b - a \leq 0$$이어야 한다.

지금까지의 내용을 종합하면 부등식 $(4a - b)x \geq 2b - a$의 해가 모든 실수가 되기 위해서는

① $4a = b$이고, ② $2b - a \leq 0$이어야 한다는 점을 알 수 있다.

이제 구한 조건식들을 정리하자. $4a = b$이므로 $2b - a = 7a \leq 0 \;\rightarrow\; a \leq 0$

생각 4 구한 두 조건식 $4a = b$, $a \leq 0$을 바탕으로 $a + b + 2$의 최댓값을 구하자.

$4a = b$이므로 $a + \underbrace{\boxed{b}}_{=\,4a} + 2 = 5a + 2$이고,

$a \leq 0$이므로 $\underbrace{\boxed{5a}}_{\leq\,0} + 2 \leq 2$이다. 따라서 구하는 최댓값은 2이다.

답 : 2

유제 285 부등식 $ax + 2 \leq bx - a - b$의 해가 모든 실수일 때,
부등식 $2ax + 3b > bx + 3a$의 해를 구하시오. (단, a, b는 상수)

유제 286 음의 정수 a, b에 대하여 x에 대한 부등식

$$(3a - b)x + 2a < b + 2$$

의 해가 모든 실수일 때, ab의 값을 구하시오.

❷ 부등식 $\square x > \triangle$ 의 해가 없기 위한 조건

생각 | 이해 ••• 암기 | 적용

부등식 $\square x > \triangle$ 의 해가 없다는 표현은 아래와 같이 해석할 수 있다.

> 부등식 $\square x > \triangle$ 의 해가 없다.
> ➔ x에 그 어떤 값을 대입해도 좌변($\square x$)이 우변($\triangle$)보다 <u>크지 않다.</u>
> ➔ x에 아무 값이나 대입해도 좌변($\square x$)이 우변($\triangle$)보다 <u>작거나 같다.</u>

이 해석을 통해 $\square x > \triangle$ 의 해가 없으려면 다음과 같은 조건이 필요함을 알 수 있다.

❓ 생각 Point

주어진 부등식이 $\boxed{0 \times x > [\text{0 또는 양수}]}$ 의 형태가 되어야 한다.

그러기 위해서는,

> **[단계 1] (x의 계수)=0이어서 좌변이 항상 0이 되도록 만들어야 한다.**
> 부등식 $\square x > \triangle$ 에서 $\square = 0$이면, 좌변은 $0 \times x$가 되므로
> x에 아무 값이나 대입해도 항상 0이 된다.
>
> **[단계 2] 좌변이 항상 0일 때, 우변에는 어떤 조건이 필요할지 생각한다.**
> $\square = 0$임을 통해 x에 아무 값이나 대입해도 부등식의 좌변이 항상 0이 되도록 만들었다.
> 여기서 항상 0인 좌변이 우변보다 작거나 같도록 하려면, 우변이 0 또는 양수이면 된다. 즉,
> $$\triangle \geq 0 \text{이어야 한다.}$$
>
> 위와 같은 사고 과정을 거쳐 부등식 $\square x > \triangle$ 의 해가 없도록 하기 위해서는
> $$\therefore \ ① \ \square = 0 \text{이고}, \ ② \ \triangle \geq 0 \text{이어야 함을 알 수 있다.}$$

★ 예제 02

부등식 $4ax + a \geq bx + 2b$의 해가 없을 때, 부등식 $bx + b > 5ax + 2a$의 해를 구해보자.
(단, a, b는 상수이다.)

풀이

생각 1 부등식의 좌변은 $\square x$꼴로, 우변은 $\triangle$ 꼴로 정리하자.

$$4ax + a \geq bx + 2b \ ➔ \ (4a - b)x \geq 2b - a$$

부등식의 해가 없다는 표현의 의미를 해석하자.

$$부등식\ (4a-b)x \geq 2b-a의 해가 없다.$$
➜ x에 그 어떤 값을 대입해도 좌변 $(4a-b)x$이 우변 $2b-a$보다 <u>크거나 같지 않다.</u>
➜ x에 아무 값이나 대입해도 좌변 $(4a-b)x$이 우변 $2b-a$보다 <u>작다.</u>

생각 3 부등식의 해가 없도록 하기 위해 필요한 조건들을 생각하자.
x에 아무 값이나 대입해도 좌변 $(4a-b)x$가 우변 $2b-a$보다 작도록 하려면 어떤 조건들이 필요할지 생각하자.
[단계 1] (x의 계수)=0이어서 좌변이 항상 0이 되도록 만들어야 한다.
부등식 $\underset{=0}{(4a-b)}x \geq 2b-a$ ➜ $4a=b$이면 좌변이 $0 \times x$이 되므로

x의 자리에 아무 값이나 대입해도 항상 0이 된다.

[단계 1] 좌변이 항상 0일 때, 우변에는 어떤 조건이 필요할지 생각한다.
항상 0인 좌변이 우변보다 작도록 하려면, 우변이 양수이기만 하면 된다. 즉,
$$2b-a > 0이어야 한다.$$

지금까지의 내용을 종합하면 부등식 $(4a-b)x \geq 2b-a$의 해가 없도록 하기 위해서는
① $4a=b$이고, ② $2b-a > 0$이어야 한다는 점을 알 수 있다.
이제 구한 조건식들을 정리하자. $4a=b$이므로 $2b-a=7a>0$ ➜ $a>0$

생각 4 구한 두 조건식 $4a=b$, $a>0$을 바탕으로 부등식 $bx+b>5ax+2a$의 해를 구하자.

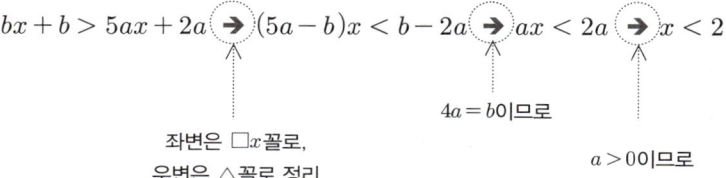

$$bx+b>5ax+2a \rightarrow (5a-b)x<b-2a \rightarrow ax<2a \rightarrow x<2$$

좌변은 $\square x$꼴로,
우변은 $\triangle$꼴로 정리

$4a=b$이므로

$a>0$이므로

답 : $x<2$

종합 정리 일차부등식의 해가 없거나 모든 실수이도록 만들기 위한 사고의 흐름

[단계 1] 부등식이 특수한 해를 갖기 위한 조건을 간단히 <u>해석</u>한다.

[단계 2] (x의 계수)=0 ➜ 좌변이 항상 0이 되도록 만든다.

[단계 3] 좌변이 항상 0일 때, 우변에는 어떤 조건이 필요할지 생각한다.

유제 287

부등식 $ax - 2b \leq bx - a$의 해가 존재하지 않을 때, 부등식 $(a-3b)x + a > 5b$의 해를 구하시오. (단, a, b는 상수이다.)

유제 288

상수 a, b에 대하여 부등식 $a(x+6) - 5 \leq 2bx + a$의 해가 없을 때, 부등식 $(b-a)x + 1 < a - bx$의 해를 구하시오.

04 연립일차부등식

1 연립일차부등식의 해법

생각 | 이해 ● ● 암기 | 적용

연립일차부등식을 푼다는 것은,
제시된 2개의 일차부등식을 동시에 만족하는 해를 구하는 것이므로 다음과 같이 푼다.

> **? 생각 Point**
>
> 제시된 2개의 부등식의 해의 [공통범위] 를 구한다.

설명

> **예시** 연립부등식 $\begin{cases} 5x - 2 > 3x + 4 \\ 4x - 3 \leq 3x + 2 \end{cases}$ 의 해를 구해보자.

각각의 부등식을 정리하면,

$$5x - 2 > 3x + 4 \ \blacktriangleright\ x > 3$$
$$4x - 3 \leq 3x + 2 \ \blacktriangleright\ x \leq 5$$

도출한 해를 수직선에 나타내면,

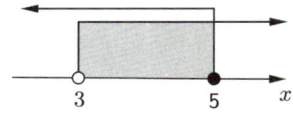

따라서 두 부등식의 해의 공통 범위는 $3 < x \leq 5$임을 알 수 있다.

∴ 연립부등식의 해는 $3 < x \leq 5$

② A < B < C 꼴인 부등식의 풀이

? 생각 Point

A < B < C 꼴의 부등식은 연립부등식 $\begin{cases} A < B \\ B < C \end{cases}$ 로 바꿔서 푼다.

설명

부등식 A < B < C 에서 세 부등식 A < B, B < C, A < C를 얻을 수 있다.

여기서 A < B와 B < C가 성립하면, A < C는 자동으로 성립하므로

∴ A < B와 B < C만 고려하면 충분하다.

예를 들어, 부등식 $7x - 3 < 2x + 2 \le 10x + 18$ 를 풀 때는 두 부등식 $7x - 3 < 2x + 2$와 $2x + 2 \le 10x + 18$ 로 나누어 각각 정리한 후, 두 부등식의 해의 공통범위를 구하면 된다.

> **! 주의 !**
>
> 부등식 A < B < C은 연립부등식 $\begin{cases} A < B \\ B < C \end{cases}$ 로만 바꿔서 풀 수 있다.
>
> 다시 말해, 부등식 A < B < C을 연립부등식 $\begin{cases} A < B \\ A < C \end{cases}$ 또는 $\begin{cases} A < C \\ B < C \end{cases}$ 로 바꾸어 풀면 부등식의 해가 올바르게 도출되지 않을 수 있다.
>
> **왜 그런 것일까?**
>
> 연립부등식 $\begin{cases} A < B \\ A < C \end{cases}$ 에서 $\boxed{A} < B$와 $\boxed{A} < C$를 만족한다고 해서 B < C 일 것이라는 보장을 할 수 없기 때문이다. 예를 들어, $\boxed{0} < 2$, $\boxed{0} < -1$이라고 해서 $2 < -1$이라고 할 수 없다는 점을 생각해 볼 수 있다.
>
> 연립부등식 $\begin{cases} A < C \\ B < C \end{cases}$ 도 비슷한 이유로 $A < \boxed{C}$와 $B < \boxed{C}$를 만족한다고 해서 A < B일 것이라는 보장을 할 수 없다. 예를 들어, $0 < \boxed{10}$, $-100 < \boxed{10}$이라고 해서 $0 < -100$ 이라고 할 수 없다는 점을 생각해 볼 수 있다.

예시 부등식 $x + 2 < 3x - 2 \le 2x + 2$의 해를 구해보자.

제시된 부등식을 연립부등식 $\begin{cases} x + 2 < 3x - 2 \\ 3x - 2 \le 2x + 2 \end{cases}$ 로 바꾸고, 부등식을 정리한 뒤,

두 부등식의 해의 공통 범위를 구하면 $2 < x \le 4$임을 알 수 있다.

∴ 연립부등식의 해는 $2 < x \le 4$

유제 289

부등식 $7x - 3 < 2x + 2 \leq 10x + 18$의 해를 구하시오.

유제 290

기본 기출문제

x에 대한 연립부등식

$$\begin{cases} x - 1 > 8 \\ 2x - 16 \leq x + a \end{cases}$$

의 해가 $b < x \leq 28$일 때, 두 상수 a, b에 대하여 $a + b$의 값을 구하시오.

유제 291

난이도 UP

상수 a, b, c에 대하여 $x + 2a < 3x - 5b \leq 2x - 3c$의 해가 $a < x \leq 6$일 때, 부등식 $(a - 4)x - a < 2x + 3c \leq (b + 1)x + abc$의 해를 구하시오.

05 특수한 해를 갖는 연립일차부등식

❶ 연립일차부등식의 해가 없는 경우

> **❓ 생각 Point**
>
> 연립일차부등식의 해가 없다는 것은
> 두 일차부등식의 해를 수직선 위에 나타냈을 때 │ 공통영역이 없다 │ 는 뜻이다.

연립일차부등식 $\begin{cases} 부등식\ A \\ 부등식\ B \end{cases}$ 에 대하여

연립된 두 부등식의 해를 각각 구해서 수직선 위에 나타내었을 때, 공통영역이 없는 상황은 아래의 3가지이다.

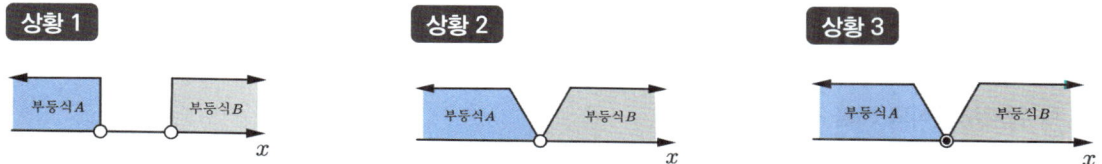

❷ 연립일차부등식의 해가 유일한 경우

> **❓ 생각 Point**
>
> 연립일차부등식의 해가 유일하다는 것은 두 일차부등식의 해를 수직선 위에 나타냈을 때
> **공통영역이 딱 하나의 점밖에 없다** 는 뜻이다.

연립일차부등식 $\begin{cases} 부등식\ A \\ 부등식\ B \end{cases}$ 에 대하여

연립된 두 부등식의 해를 각각 구해서 수직선 위에 나타내었을 때, 공통영역이 딱 하나의 점밖에 없는 상황은 아래의
한 가지뿐이다.

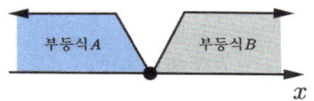

★ **예제 03**

아래에 제시된 연립일차부등식의 해를 구해보자.

(1) $\begin{cases} 2x - 1 < x \\ x - 3 > 0 \end{cases}$　　　　(2) $\begin{cases} 2x - 3 < x \\ x - 3 > 0 \end{cases}$　　　　(3) $\begin{cases} 2x - 3 < x \\ x - 3 \geq 0 \end{cases}$

풀이

(1)에서, 연립된 두 일차부등식의 해를 각각 구해보면

$\begin{cases} 2x - 1 < x \;\rightarrow\; x < 1 \\ x - 3 > 0 \;\;\;\rightarrow\; x > 3 \end{cases}$ 이고, $x < 1$과 $x > 3$을 수직선에 나타내면 다음과 같다.

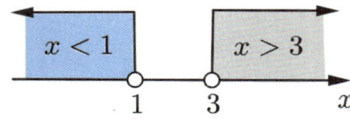

결론적으로 공통된 영역이 존재하지 않으므로 해가 없다.

(2)에서, 연립된 두 일차부등식의 해를 각각 구해보면

$\begin{cases} 2x - 3 < x \;\rightarrow\; x < 3 \\ x - 3 > 0 \;\;\;\rightarrow\; x > 3 \end{cases}$ 이고, $x < 3$과 $x > 3$을 수직선에 나타내면 다음과 같다.

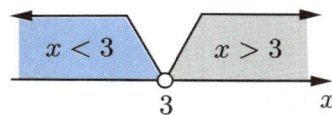

결론적으로 $x = 3$마저 공통되지 않아서 공통된 영역이 존재하지 않으므로 해가 없다.

(3)에서, 연립된 두 일차부등식의 해를 각각 구해보면

$\begin{cases} 2x - 3 < x \;\rightarrow\; x < 3 \\ x - 3 \geq 0 \;\;\;\rightarrow\; x \geq 3 \end{cases}$ 이고, $x < 3$과 $x \geq 3$을 수직선에 나타내면 다음과 같다.

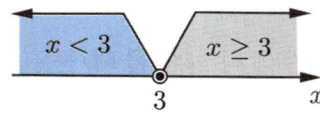

결론적으로 $x = 3$마저 공통되지 않아서 공통된 영역이 존재하지 않으므로 해가 없다.

답 : (1) 해가 없다.　　　(2) 해가 없다.　　　(3) 해가 없다.

연립부등식 $\begin{cases} 2x - 3 \leq x \\ x - 3 \geq 0 \end{cases}$ 의 해를 구해보자.

풀이

연립된 두 일차부등식의 해를 구해보면 $\begin{cases} 2x - 3 \leq x \ \rightarrow \ x \leq 3 \\ x - 3 \geq 0 \ \rightarrow \ x \geq 3 \end{cases}$ 이고,

$x \leq 3$과 $x \geq 3$을 수직선에 나타내면 다음과 같다.

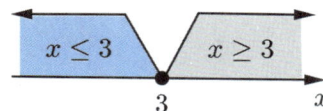

결론적으로 $x \leq 3$과 $x \geq 3$의 공통범위는 $x = 3$으로 단 하나만이 유일하게 존재한다.

답 : $x = 3$

유제 292 부등식 $7x + 5 \leq 6x - 5 \leq 8x + 15$의 해를 구하시오.

유제 293 연립부등식 $\begin{cases} 3(x - 1) < 2x - 2 \\ x + 1 > \dfrac{2}{3}x + 4 \end{cases}$ 의 해를 구하시오.

유제 294 연립부등식 $\begin{cases} \dfrac{x}{4} \geq 1 + \dfrac{x - 1}{2} \\ x > 0.8x - 0.4 \end{cases}$ 의 해를 구하시오.

유제 295

두 상수 a, b에 대하여 $a < b$이고, $a - 2b = 3$일 때, 부등식 $2ax - b < (2b+a)x + b - a \leq ax - 3$의 해를 구하시오.

유제 296

$x + y = 1$을 만족하는 두 실수 x, y가 연립부등식

$$\begin{cases} 5x - 1 \geq 3x + 3 \\ x + 5 \geq 5x + 3y \end{cases}$$

를 만족시킬 때, $x - y$의 값을 구하시오.

유제 297

난이도 UP

x에 대한 연립부등식

$$\begin{cases} \dfrac{3x-2}{2} \leq x + 1 \\ \dfrac{4x-k}{5} < \dfrac{3x+k}{3} - 2 \end{cases}$$

가 해를 갖지 않도록 하는 실수 k의 최댓값을 구하시오.

06 연립일차부등식의 활용

생각 | 이해 ●●● 암기 | 적용

문장형 형태로 쓰인 조건을 바탕으로 직접 미지수를 설정하고 식을 만들어야 하는 연립일차부등식의 활용 문제가 출제된다. 이러한 활용 문제는 아래와 같은 순서로 풀면 된다.

> [단계 1] 구하는 값을 미지수(x)로 설정한다.
>
> [단계 2] 문제 조건을 미지수(x)와 관련된 부등식들로 표현한다.
>
> [단계 3] 연립일차부등식을 풀어 답을 구한다.

★ 예제 05

부피가 동일한 구형의 쇠구슬이 여러개 있고, 4L 비커에 2L만 물이 채워져 있다.
이 비커에 쇠구슬 5개를 넣으면 수면의 위치는 3.50L 눈금보다는 위에 있고, 3.75L 눈금브다는 아래에 있다고 한다. 이때 쇠구슬 한 개가 증가시킬 수 있는 수면의 눈금의 범위를 구해보자.

풀이

생각 1 구하는 값을 미지수(x)로 설정하자.

문제에서 쇠구슬 한 개가 증가시킬 수 있는 눈금을 물었으니, 이를 미지수 x로 설정하자.

➔ (쇠구슬 한 개가 증가시킬 수 있는 눈금) $= x(L)$

생각 2 주어진 조건을 미지수(x)와 관련된 부등식들로 표현하자.

쇠구슬 5개를 물에 넣었을 때의 눈금은 $(2+5x)$L가 된다.

이 눈금 $(2+5x)$L가 3.50L보다는 크고, 3.75L보다는 작아야 하므로

$3.50 < 2+5x < 3.75$이어야 한다.

생각 3 구한 연립일차부등식을 풀자.

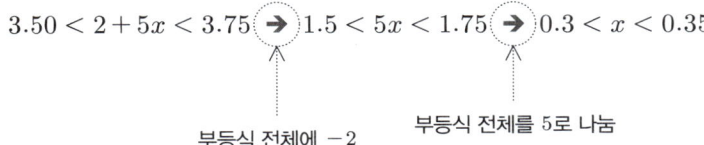

$3.50 < 2+5x < 3.75 \ \Rightarrow\ 1.5 < 5x < 1.75 \ \Rightarrow\ 0.3 < x < 0.35$

부등식 전체에 -2 부등식 전체를 5로 나눔

답 : 쇠구슬 한 개는 0.3L보다 크고 0.35L보다 작은 정도로 수면의 눈금을 증가시킬 수 있다.

$$A\%\text{의 소금물 } B(g)$$

소금물에 포함된 소금의 양을 알려주는 부분

→ **소금물 $B(g)$ 중 $A\%$는 소금**이라는 뜻이다.

(소금물의 양)＝(소금의 양)＋(물의 양)

설명

예를 들어, [5%의 소금물 $500\,g$]이라는 표현을 보았을 때 다음과 같은 해석이 가능하다.

① **소금물 $500\,g$ 중 5%는 소금이다.**

→ 소금의 양이 $500\,(g) \times \dfrac{5}{100} = 25\,(g)$임을 알 수 있다.

② **(소금물의 양)＝(소금의 양)＋(물의 양)이므로 소금의 양과 물의 양을 더했을 때 $500\,g$이다.**

이때, 소금의 양이 $25\,g$이므로 물의 양은 $475\,g$임을 알 수 있다.

★ **예제 06**

> 7%의 소금물과 12%의 소금물을 섞어서 8% 이상 10% 이하의 소금물 500g을 만들려고
> 할 때, 섞어야 하는 7%의 소금물의 양의 범위를 구해보자.

풀이

생각 1 **구하는 값을 미지수(x)로 설정하자.**

문제에서 7%의 소금물의 양의 범위를 물었으니, 이를 미지수 x로 설정하자.

➜ (7%의 소금물의 양)$= x$

생각 2 **조건을 미지수(x)와 관련된 부등식들로 표현하자.**

만들고자 하는 총 소금물의 양이 500g이고, 7%의 소금물은 $x(g)$ 있으므로 12%의 소금물이 $500 - x(g)$ 있어야
함을 알 수 있다. 각각의 소금물에 녹아있는 소금의 양을 계산해보면

7%의 소금물 $x(g)$ ➜ 소금물 $x(g)$ 중 7%는 소금이다. ➜ 소금의 양은 $x \times \dfrac{7}{100} = \dfrac{7x}{100}(g)$

같은 방식으로 계산하면 12%의 소금물 $500 - x(g)$에 들어있는 소금의 양은 $\dfrac{12(500 - x)}{100}(g)$

따라서 7%와 12%의 두 소금물을 섞은 소금물 500g 안에는

총 $\dfrac{7x}{100} + \dfrac{12(500 - x)}{100}(g)$의 소금이 녹아있게 된다. ⋯ ㉠

이때, 이 소금물 500g의 농도가 8% 이상 10% 이하이어야 하므로
이 500g의 소금물 안에는 40g 이상, 50g 이하의 소금이 존재해야 한다. ⋯ ㉡

㉠과 ㉡의 사실로부터 부등식을 세워보면 $40 \le \dfrac{7x}{100} + \dfrac{12(500 - x)}{100} \le 50$

생각 3 **구한 연립일차부등식을 풀자.**

$40 \le \dfrac{7x}{100} + \dfrac{12(500 - x)}{100} \le 50$

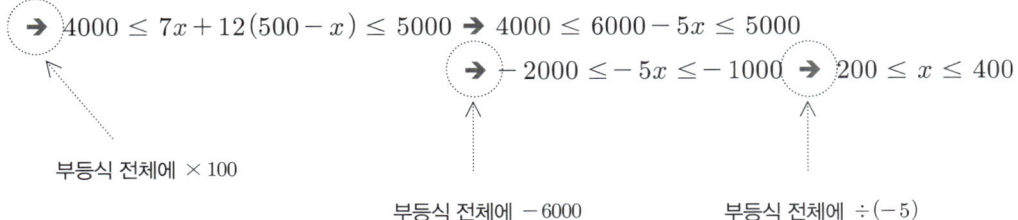

➜ $4000 \le 7x + 12(500 - x) \le 5000$ ➜ $4000 \le 6000 - 5x \le 5000$

➜ $-2000 \le -5x \le -1000$ ➜ $200 \le x \le 400$

부등식 전체에 $\times 100$

부등식 전체에 -6000

부등식 전체에 $\div (-5)$

즉, 섞어야 하는 7%의 소금물의 양은 $200\,g$ 이상 $400\,g$ 이하임을 알 수 있다.

답 : $200\,g$ 이상 $400\,g$ 이하

유제 298

6%의 소금물 300g에 16%의 소금물을 넣어서 9% 이상 11% 이하의 소금물을 만들려고 한다. 이때, 넣어야 하는 16%의 소금물의 양의 범위를 구하시오.

유제 299

연속하는 세 짝수의 합이 30보다 크고 42보다 작을 때, 세 짝수 중 가장 작은 수를 구하시오.

유제 300

건우가 1부터 100까지의 숫자가 적힌 카드 중 3으로 나누었을 때의 나머지가 1인 카드들을 모아 크기가 작은 것부터 일렬로 나열하였다. 건우가 이 숫자들 중 연속한 3개의 숫자를 뽑아 모두 더했더니, 그 합이 57보다 크고 75보다 작았을 때, 건우가 뽑은 세 개의 카드에 적힌 수 중에서 가장 작은 수를 구하시오.

유제 301

난이도 UP

소풍을 간 아이들이 긴 야외 의자에 앉으려고 한다. 한 야외 의자에 6명씩 앉으면 4명의 아이들이 앉지 못하고, 8명씩 앉으면 야외 의자가 1개 남는다고 한다. 가능한 야외 의자의 개수를 모두 구하시오.

5

5-2

부등식
이차부등식

01 부등식의 해석

부등식과 관련하여 다음의 두 가지 사실을 기억하자.

> **1** 방정식에 방향과 관련된 정보(그래프의 위, 아래)를 추가한 것이 부등식이다.
>
> **2** 부등식을 풀 때 그래프의 관점에서 해석할 수 있다.

이를 바탕으로 부등식 $f(x) > g(x)$의 해를 다음과 같이 해석할 수 있다.

> **❓ 생각 Point**
>
> 부등식 $f(x)\ \boxed{>}\ g(x)$의 해
>
> ➡ $f(x)$의 그래프가 $g(x)$의 그래프보다 $\boxed{\text{위쪽에 있도록 하는}}$ x의 범위

예시 $y = f(x)$와 $y = g(x)$의 그래프가 아래와 같을 때, 부등식 $f(x) > g(x)$의 해를 구해보자.

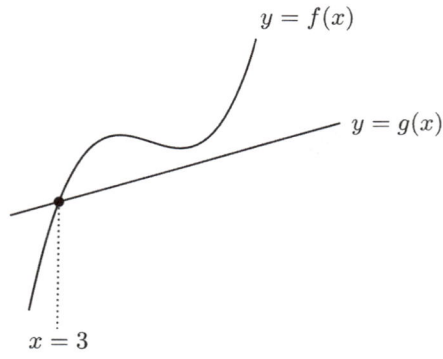

부등식 $f(x) > g(x)$의 해는

➡ $f(x)$의 그래프가 $g(x)$의 그래프보다 <u>위쪽에 있도록 하는</u> x의 범위

라고 해석할 수 있다.

$x = 3$의 오른쪽 부분에서 $f(x)$의 그래프가 $g(x)$의 그래프보다 위쪽에 있으므로

부등식 $f(x) > g(x)$의 해는 $x > 3$이다.

$y = f(x)$와 $y = g(x)$의 그래프가 아래와 같을 때, 부등식 $f(x) \leq g(x)$의 해를 구해보자.

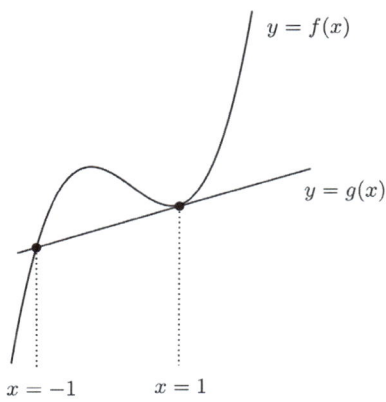

풀이

❓ 생각 Point

$$f(x) \leq g(x)\text{의 해}$$
$$\rightarrow f(x) < g(x) \text{ 또는 } f(x) = g(x)\text{의 해}$$

생각 1 부등식 $f(x) < g(x)$의 해를 구하자.

부등식 $f(x) < g(x)$의 해는

→ $f(x)$의 그래프가 $g(x)$의 그래프보다 <u>아래쪽에 있도록 하는</u> x의 범위

라고 해석할 수 있다.

$x = -1$의 왼쪽 부분에서 $f(x)$의 그래프가 $g(x)$의 그래프보다 아래쪽에 있으므로 부등식

$$f(x) < g(x)\text{의 해는 } x < -1\text{이다.}$$

생각 2 방정식 $f(x) = g(x)$의 해를 구하자.

방정식 $f(x) = g(x)$의 해는 두 함수 $f(x)$와 $g(x)$가 <u>만나도록 하는</u> x값을 의미하므로

$$x = -1 \text{ 또는 } x = 1\text{이다.}$$

$\therefore \ f(x) \leq g(x)$의 해 → $f(x) < g(x)$ 또는 $f(x) = g(x)$의 해

→ <u>$(x < -1)$</u> 또는 <u>$(x = -1$ 또는 $x = 1)$</u>

→ <u>$x \leq -1$</u> 또는 $x = 1$

답 : $x \leq -1$ 또는 $x = 1$

유제 302

함수 $y = f(x)$와 $y = g(x)$의 그래프가 아래와 같을 때, 다음을 구하시오.

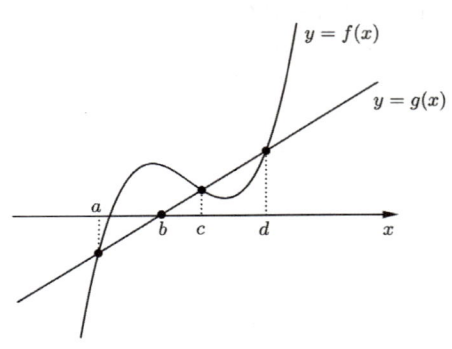

(1) 부등식 $f(x) > g(x)$의 해

(2) 부등식 $f(x) \leq g(x)$의 해

(3) 부등식 $g(x) > 0$의 해

유제 303

이차함수 $y = ax^2 + bx + c$와 직선 $y = mx + n$의 그래프가 아래의 그림과 같을 때, 부등식 $ax^2 + bx + c \geq mx + n$의 해를 구하시오. (단, a, b, c, m, n은 상수이다.)

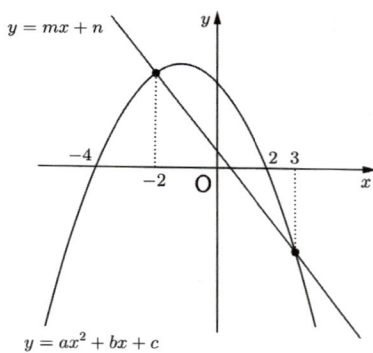

02 이차부등식의 풀이

생각 | 이해 ● ● 암기 | 적용

❶ 일반적인 이차부등식의 해법

01▶ 부등식의 해석 에서 학습했던 핵심 내용을 떠올리며 이차부등식을 풀면 된다.

> **1** 방정식에 방향과 관련된 정보(그래프의 위, 아래)를 추가한 것이 부등식이다.
>
> **2** 부등식을 풀 때 그래프의 관점에서 해석할 수 있다.

> **예시 1** 이차부등식 $x^2 + x - 2 > 0$의 해를 구해보자.

생각 1 **주어진 부등식을 그래프의 관점에서 해석하자.**

$$x^2 + x - 2 > 0의 해 \rightarrow y = x^2 + x - 2가 \ x축보다 위쪽에 있도록 하는 x의 범위$$

생각 2 $y = x^2 + x - 2$가 x축보다 위쪽에 있도록 하는 x의 범위를 구하자.

$y = x^2 + x - 2$의 그래프와 x축을 그리자.

$y = x^2 + x - 2 = (x+2)(x-1)$이므로 그래프를 다음과 같이 그릴 수 있다.

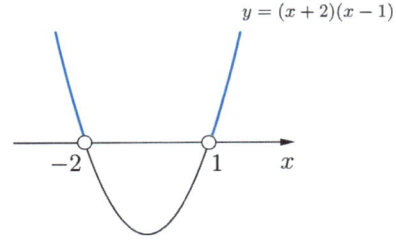

이때, $y = x^2 + x - 2$가 x축보다 위쪽에 있는 부분은 파란색 부분과 같으므로
주어진 부등식의 해는 $x < -2$ 또는 $x > 1$이다.

예시 2 이차부등식 $x^2 - 8x + 16 \leq 0$의 해를 구해보자.

생각 1 주어진 부등식을 그래프의 관점에서 해석하자.

$x^2 - 8x + 16 \leq 0$의 해 ➔ $y = x^2 - 8x + 16$이 x축과 만나거나(=)

그보다 아래쪽에 있도록 하는(<) x의 범위

생각 2 $y = x^2 - 8x + 16$이 x축과 만나거나(=) 그보다 아래쪽에 있도록 하는(<) x의 범위를 구하자.

$y = x^2 - 8x + 16$의 그래프와 x축을 그리자.

$y = x^2 - 8x + 16 = (x - 4)^2$이므로 그래프를 다음과 같이 그릴 수 있다.

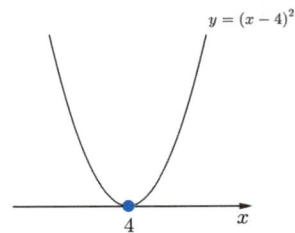

그래프를 통해 $y = x^2 - 8x + 16$의 그래프는 $x = 4$일 때 x축과 만나고,

x축보다 아래쪽에 있는 부분은 없음을 알 수 있다. 따라서 주어진 부등식의 해는 $x = 4$이다.

예시 3 이차부등식 $x^2 - 6x + 10 > 0$의 해를 구해보자.

생각 1 주어진 부등식을 그래프의 관점에서 해석하자.

$x^2 - 6x + 10 > 0$의 해 ➔ $y = x^2 - 6x + 10$이 x축보다 위쪽에 있도록 하는 x의 범위

생각 2 $y = x^2 - 6x + 10$이 x축보다 위쪽에 있도록 하는 x의 범위를 구하자.

$y = x^2 - 6x + 10$의 대칭축은 $x = -\dfrac{-6}{2} = 3$이고, 대칭축 $x = 3$을 함수에 대입하면 꼭짓점의 y좌표가 1임을 알

수 있다. ➔ 꼭짓점 $= (3, 1)$

구한 꼭짓점의 좌표를 바탕으로 그래프를 그리면 다음과 같고,

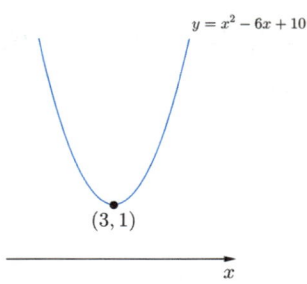

그래프를 관찰하면 $y = x^2 - 6x + 10$은 항상 x축보다 위쪽에 있음을 알 수 있다.

따라서 주어진 부등식의 해는 '모든 실수'이다.

다음 이차부등식을 푸시오.

(1) $3x^2 - x - 2 > 0$

(4) $2x - 1 \leq x^2$

(2) $x^2 + 5x - 6 \leq 0$

(5) $-9x^2 + 6x - 1 > 0$

(3) $x^2 - 4x > -4$

(6) $4x - 10 < x^2$

이차방정식 $x^2 + (k-1)x + k + 2 = 0$이 서로 다른 두 실근을 갖도록 하는 실수 k의 값의 범위를 구하시오.

실수 a, b에 대하여 이차부등식 $x^2 + ax + b < 0$의 해가 $-1 < x < 4$일 때, $a + b$의 값을 구하시오.

$$\text{부등식 } f(x) \begin{matrix} > \\ < \\ \geq \\ \leq \end{matrix} 0$$

의 해의 경계는 부등식의 부등호를 등호(=)로 바꾼 방정식 $f(x) = 0$의 실근과 같다.

예를 들어, 이차부등식 $x^2 - ax + b \leq 0$의 해가 $1 \leq x \leq 2$일 때, 해의 경계는 1과 2이고,

이는 방정식 $x^2 - ax + b = 0$의 실근과 같다. 즉,

부등식 $x^2 - ax + b \leq 0$의 해가 $1 \leq x \leq 2$ ➜ 방정식 $x^2 - ax + b = 0$의 실근이 1 또는 2

이를 이용하면 미지수 a, b의 값을 근과 계수의 관계를 활용하여 쉽게 구할 수 있다.

이차방정식 $x^2 - ax + b = 0$에 근과 계수의 관계를 적용하면 ➜ $a = 1 + 2 = 3$, $b = 1 \times 2 = 2$

이처럼

❓ 생각 Point

부등식의 해의 경계가 주어진다면, 이를 방정식의 실근으로 바꾸어 다룰 수 있다.

유제
307

기본 기출문제

이차부등식 $x^2 - 7x + 12 \geq 0$의 해가 $x \leq \alpha$ 또는 $x \geq \beta$일 때, $\beta - \alpha$의 값을 구하시오.

유제
308

기본 기출문제

이차부등식 $x^2 - 8x + a \leq 0$의 해가 $b \leq x \leq 6$일 때, $a + b$의 값을 구하시오.
(단, a, b는 상수이다.)

유제
309

이차부등식 $ax^2 + bx + c > 0$의 해가 $-1 < x < 2$일 때, 이차부등식
$cx^2 - ax - b < 0$의 해는 $\alpha < x < \beta$이다. 이때, $\alpha + \beta + \alpha\beta$의 값을 구하시오.
(단, a, b, c는 상수이다.)

유제
310

이차함수 $y = ax^2 - bx + a^2 + 3a$의 그래프가 직선 $y = 5x - a$보다 위쪽에 있는
x의 값의 범위가 $-6 < x < 1$일 때, 실수 a, b에 대하여 $a + b$의 값을 구하시오.

유제
311

기본 기출문제

이차다항식 $P(x)$가 다음 조건을 만족시킬 때, $P(-1)$의 값을 구하시오.

> (가) 부등식 $P(x) \geq -2x - 3$의 해는 $0 \leq x \leq 1$이다.
> (나) 방정식 $P(x) = -3x - 2$는 중근을 가진다.

❷ 인수분해된 이차부등식의 해 작성법

> **❓ 생각 Point**
>
> 인수분해된 이차부등식의 해는 그래프 없이도 바로 구할 수 있다.

> **1** 이차부등식 $(x-1)(x-2) < 0$의 해는 $1 < x < 2$이다.
> → 부등호가 $<$ 일 때, 이차부등식의 해는 $\square < x < \triangle$ 꼴이다.
>
> **2** 이차부등식 $(x-1)(x-2) > 0$의 해는 $x > 2$ 또는 $x < 1$이다.
> → 부등호가 $>$ 일 때, 이차부등식의 해는 큰 것보다는 크고,
>   작은 것보다는 작은 꼴이다.

이는 그래프를 그려보면 쉽게 증명할 수 있으며, 부등호에 등호($\geq$ / $\leq$)가 포함되어도 성립한다.

> **⚠ 주의!**
>
> 위의 내용은 이차부등식의 최고차항의 계수가 음수일 때는 성립하지 않는다.
> 즉, 위의 내용을 적용하려면 우선 이차부등식의 최고차항의 계수를 양수로 만들어야 한다.

예시 이차부등식 $(-x+1)(x+3) \leq 0$의 해를 구해보자.

생각 1 최고차항의 계수가 음수이니 양수로 만들자.

$(-x+1)(x+3) \leq 0 \rightarrow \underline{-(x-1)(x+3) \leq 0} \rightarrow (x-1)(x+3) \geq 0$

즉, 구하는 해는 $x \geq 1$ 또는 $x \leq -3$ (**큰 것보다 크고, 작은 것보다 작다.**)

3 $x^2 < k^2$ 또는 $x^2 > k^2$ 꼴인 이차부등식의 해 작성법 〔생각 | 이해〕••〈암기 | 적용〉

---

k가 양수일 때, 다음이 성립한다.

1 $x^2 < k^2$ ➜ $-k < x < k$

➜ 부등호가 < 일 때, 이차부등식의 해는 $-\square < x < \square$ 꼴이다.

2 $x^2 > k^2$ ➜ $x > k$ 또는 $x < -k$

➜ 부등호가 > 일 때, 이차부등식의 해는 큰 것보다는 크고,

작은 것보다는 작은 꼴이다.

이는 그래프를 그려보면 쉽게 증명할 수 있으며 부등호에 등호($\geq$ / $\leq$)가 포함되어도 성립한다.

예시 다음 이차부등식의 해를 구해보자.

(1) $x^2 \leq 9$ (2) $-2x^2 \leq -8$ (3) $x^2 > 2$

---

(1) $x^2 \leq 9$ ➜ $x^2 \leq 3^2$ ➜ $\therefore\ -3 \leq x \leq 3$

(2) $-2x^2 \leq -8$ ➜ $x^2 \geq 4$ ➜ $x^2 \geq 2^2$

➜ $\therefore\ x \geq 2$ 또는 $x \leq -2$ (큰 것보다 크고, 작은 것보다 작다.)

(3) $x^2 > 2$ ➜ $x^2 > (\sqrt{2})^2$

➜ $\therefore\ x > \sqrt{2}$ 또는 $x < -\sqrt{2}$ (큰 것보다 크고, 작은 것보다 작다.)

03 특수한 해를 가지는 이차부등식

1 실수를 제곱한 값의 범위

생각 | 이해 ━ ● ● ━ 암기 | 적용

실수는 크게 음수, 0, 양수로 나눌 수 있다. 이때,

① $(음수)^2=(양수)$ ② $0^2=0$ ③ $(양수)^2=(양수)$

가 성립하므로

$$(실수)^2 \geq 0$$

이다.

2 특수한 해를 가지는 이차부등식

생각 | 이해 ━ ● ● ━ 암기 | 적용

$(실수)^2 \geq 0$임을 이용하면 다음과 같은 사실을 유도할 수 있다.

> □가 실수일 때,
>
> **1** 부등식 $\square^2 \geq 0$을 만족시키는 □의 값은 ➡ 모든 실수가 된다.
>
> **2** 부등식 $\square^2 > 0$을 만족시키는 □의 값은 ➡ $\square \neq 0$인 모든 실수가 된다.
>
> **3** 부등식 $\square^2 \leq 0$을 만족시키는 □의 값은 ➡ 0뿐이다.
>
> **4** 부등식 $\square^2 < 0$을 만족시키는 □의 값은 ➡ 존재하지 않는다.

설명

1 에 대한 설명

▶ □가 실수이므로 $\square^2$은 항상 0 이상의 값을 가진다.

따라서 부등식 $\square^2 \geq 0$의 □의 자리에 그 어떤 실수를 대입하더라도 항상 성립한다.

➡ 부등식 $\square^2 \geq 0$을 만족시키는 □의 값은 모든 실수가 된다.

2 에 대한 설명

▶ 부등식 $\square^2 > 0$의 □의 자리에 0을 제외한 그 어떤 실수를 대입하더라도 항상 성립한다.

➡ 부등식 $\square^2 > 0$을 만족시키는 □의 값은 $\square \neq 0$인 모든 실수가 된다.

3 에 대한 설명

▶ □가 실수이므로 $\square^2$은 항상 0 이상의 값을 가진다.

따라서 부등식 $\square^2 \leq 0$의 □의 자리에 0을 대입하면 성립하지만,

0이 아닌 실수를 대입했을 때는 $\square^2$이 항상 양수가 되므로 성립하지 않는다.

➡ 부등식 $\square^2 \leq 0$을 만족시키는 □의 값은 0뿐이다.

▶ □가 실수이므로 $□^2$은 항상 0 이상의 값을 가진다.

따라서 부등식 $□^2 < 0$의 □의 자리에 그 어떤 실수를 대입해도 $□^2$은 음수일 수 없다.

➔ 부등식 $□^2 < 0$을 만족시키는 □의 값은 존재하지 않는다.

유제
312

실수 x에 대하여 아래에 제시된 이차부등식을 푸시오.

(1) $(x+2)(x+5) > 0$

(2) $(x-4)(x+1) < 0$

(3) $(x-1)(-x-9) \geq 0$

(4) $-x^2 > -9$

(5) $x^2 \geq 5$

(6) $x^2 > 4$

(7) $x^2 > 0$

(8) $(x+1)^2 \leq 0$

(9) $(2x-3)^2 < 0$

(10) $(3x+3)^2 \geq 0$

(11) $9x^2 - 6x + 1 \leq 0$

(12) $(2x^2 - 5x + 1)^2 \geq 0$

04 이차부등식이 항상 성립할 조건

1 이차부등식이 항상 성립할 조건 – 범위 제한이 없는 경우

생각 | 이해 ● ● 암기 | 적용

이차부등식이 항상 성립하도록 만들기 위해서는
문제에서 원하는 상황을 그래프로 표현하고, 그래프를 통해 조건식을 스스로 이끌어내야 한다.

> 이차부등식 $ax^2 + bx + c \geq 0$이 항상 성립하도록 조건식을 끌어내 보자.

우선 주어진 부등식을 그래프의 관점에서 해석하자.
이차부등식 $ax^2 + bx + c \geq 0$이 항상 성립하도록 만들기 위해서는

> **? 생각 Point**
>
> $y = ax^2 + bx + c$의 그래프가 x축과 만나거나($=$) 그보다 위쪽에만($>$) 있어야 한다.

1 이 상황을 그래프로 표현하면 다음과 같다.

이차함수 $y = ax^2 + bx + c$의 그래프가

상황 ① x축과 만나거나($=$)
그보다 위쪽에만($>$) 있는 경우

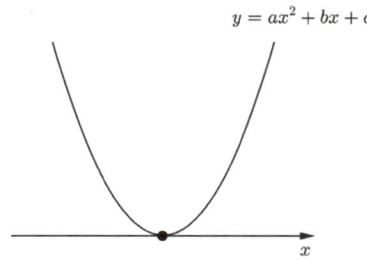

상황 ② x축보다 위쪽에만($>$) 있는 경우

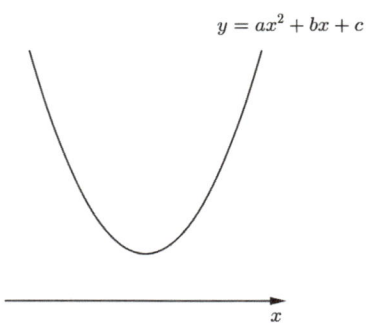

2 최고차항 계수의 부호를 고려하자.

위 그림처럼 그래프가 그려지려면, 이차함수의 최고차항의 계수가 양수여야 한다. ➔ $\boxed{a > 0}$
(만약 $a < 0$이면, 이차함수의 그래프가 x축보다 아래쪽에 있는 부분이 반드시 생기게 된다.)

3 **판별식을 이용하자.**

위 그림처럼 그래프가 그려지려면, 이차함수와 x축의 **교점이 1개이거나, 0개여야** 한다.

즉, 주어진 이차함수와 x축이 포함된

이차방정식 $ax^2 + bx + c = 0$의 서로 다른 실근이 1개이거나 0개여야 하므로

이차방정식 $ax^2 + bx + c = 0$의 판별식이 $[D = 0$ 이거나 $D < 0]$ ➔ $\boxed{D \le 0}$ 이어야 한다.

마지막으로 위에서 구한 부등식들을 간단히 정리하고, 공통범위를 구해주면 된다.

정리하면, 이차부등식이 항상 성립하도록 만들기 위해서는 다음의 세 단계를 밟으면 된다.

● **이차부등식이 항상 성립하도록 만들기 위한 3단계 [범위 제한이 없는 경우]**

[단계 1] 문제에서 원하는 상황을 그래프로 표현하기
[단계 2] 최고차항 계수의 부호 고려하기
[단계 3] 교점 개수를 바탕으로 판별식 이용하기

❋ **참고**

다음의 표현은 모두 같은 의미이다.
① 이차부등식이 모든 실수 x에 대하여 성립한다.
② 이차부등식이 실수 x의 값에 관계없이 성립한다.
③ 이차부등식이 항상 성립한다.

❗ **주의 !**

판별식의 부호를 결정하는 기준은 이차함수와 x축의 **위치관계가 아닌**,
이차함수와 x축의 **교점의 개수**임을 확실히 하자.

? 생각 Point

판별식의 부호를 결정하는 기준은 위치관계가 아닌, 교점의 개수이다.

아래와 같이 이차함수 $f(x)$를 x축보다 위쪽에 떠있도록 만들어야 하는 상황이라고 가정하자.

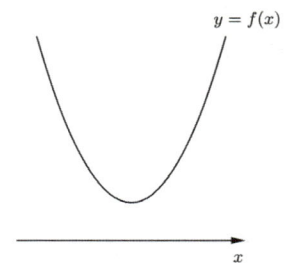

$y = f(x)$

x

잘못된 생각

이차함수 $f(x)$의 그래프가 위와 같이 그려지려면

이차함수 $f(x)$가 x축보다 위에 떠 있어야 하므로 판별식 $D > 0$ ➔ [X]

이처럼 이차함수와 x축의 위치관계를 바탕으로 판별식의 부호를 결정하는 것이 아니라,
다음과 같이 이차함수와 x축의 교점의 개수를 바탕으로 판별식의 부호를 결정해야 한다.

올바른 생각

이차함수 $f(x)$가 x축보다 위쪽에 떠 있어야 하므로

이차함수 $f(x)$와 x축의 **교점이 0개여야 한다.**

따라서 방정식 $f(x) = 0$의 서로 다른 실근이 0개여야 하므로 판별식 $D < 0$이어야 한다.

★ **예제 02**

이차부등식 $x^2 + kx + k + 3 > 0$이 모든 실수 x에 대하여 성립하도록 하는 실수 k의 값의
범위를 구해보자.

풀이

생각 1 문제에서 원하는 상황을 그래프로 표현하자.

이차부등식 $x^2 + kx + k + 3 > 0$이 항상 성립하도록 만들기 위해서는

> **❓ 생각 Point**
>
> $y = x^2 + kx + k + 3$의 그래프는 x축보다 위쪽에만 있어야 한다.

즉, 그래프가 아래와 같이 그려져야 한다.

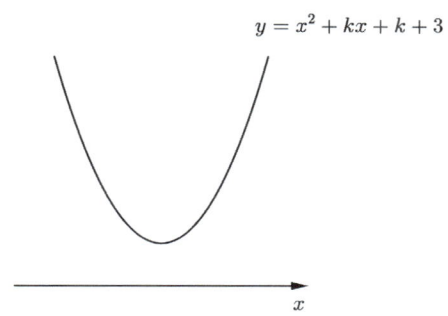

$$y = x^2 + kx + k + 3$$

생각 2 이차함수의 개형을 따져 최고차항의 부호를 결정하자.

최고차항의 계수가 1이므로 최고차항의 부호는 양수임이 결정되어 있다.

생각 3 판별식을 이용하자.

그래프가 위와 같이 그려지려면 이차함수와 x축의 **교점이 0개**여야 한다.

즉, 이차함수와 x축이 포함된 방정식인 $x^2 + kx + k + 3 = 0$의
서로 다른 실근이 0개이어야 하므로 판별식 $D < 0$이어야 한다.

$D < 0$ ➔ $D = k^2 - 4(k+3) < 0$ ➔ $k^2 - 4k - 12 < 0$ ➔ $(k+2)(k-6) < 0$ ➔ $-2 < k < 6$

답 : $-2 < k < 6$

유제 313

이차부등식 $x^2 + (k+1)x + k \geq 0$이 모든 실수 x에 대하여 성립하도록 하는 실수 k의 값의 범위 또는 값을 구하시오.

유제 314

이차부등식 $ax^2 + ax - 1 < 0$의 해가 모든 실수일 때, 실수 a의 값의 범위를 구하시오.

유제 315

난이도 UP

모든 실수 x에 대하여 $\sqrt{k(x^2 + kx + k + 3)}$ 이 실수가 되도록 하는 정수 k의 개수를 구하시오.

② 이차부등식이 항상 성립할 조건 – 범위 제한이 있는 경우 생각 | 이해 ● ● 암기 | 적용

변수의 범위 제한이 없는 경우, 이차부등식이 항상 성립하도록 만들 때 판별식을 이용하였지만,

변수의 범위가 제한된 경우는 판별식을 이용할 수 없다.

제한된 범위에서 이차부등식이 항상 성립하도록 해야 하는 경우는 아래의 해법을 따른다.

> ● **이차부등식이 항상 성립하도록 만들기 위한 3단계 [범위 제한이 있는 경우]**
>
> [단계 1] 그리기 편한 2개의 그래프의 식이 드러나도록 부등식을 조작하기
> [단계 2] 문제에 제시된 조건을 그래프의 관점에서 해석하기
> [단계 3] 제한된 범위를 고려하여 문제의 조건을 만족시키도록 그래프 그리기

★ **예제 03**

> $0 \leq x \leq 4$에서 이차부등식 $x^2 \geq 4x + a^2 - 8$가 항상 성립할 때, 실수 a값의 범위를 구해보자.

풀이

생각 1 그리기 편한 2개의 그래프 식이 드러나도록 부등식을 조작하자.

Tip 우변에는 상수만 오도록 식을 조작하는 것이 좋다.

$$x^2 \geq 4x + a^2 - 8 \rightarrow x^2 - 4x \geq a^2 - 8$$

생각 2 문제에 제시된 조건을 그래프의 관점에서 해석하자.

제한된 범위 $0 \leq x \leq 4$에서 이차부등식 $x^2 - 4x \geq a^2 - 8$이 항상 성립해야 한다.

→ **해석 :** $0 \leq x \leq 4$에서 $y = x^2 - 4x$의 그래프는

$y = a^2 - 8$과 만나거나($=$) 그보다 위쪽에만($>$) 있어야 한다.

생각 3 제한된 범위를 고려하여 문제에 제시된 조건을 만족시키도록 그래프를 그리자.

Tip 이때 확실한 그래프를 먼저 그리는 것이 좋다.

$y = a^2 - 8$보다 $y = x^2 - 4x$의 그래프가 더 확실하므로 먼저 그려두자.
(일단 제한된 범위 $0 \leq x \leq 4$는 신경 쓰지 말고 그리자.)

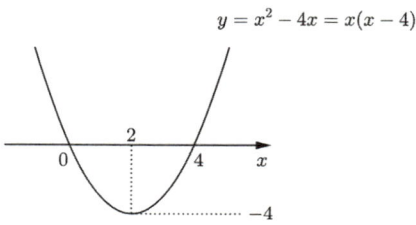

이때, $0 \leq x \leq 4$에 있는 부분의 그래프가 $y = a^2 - 8$과 만나거나 그보다 위쪽에만

있으려면, 아래 그림과 같이 $y = a^2 - 8$이 $y = -4$와 겹치거나 그보다 아래쪽에 있어야 하므로

$a^2 - 8 \leq -4$이어야 함을 알 수 있다. → $\therefore -2 \leq a \leq 2$

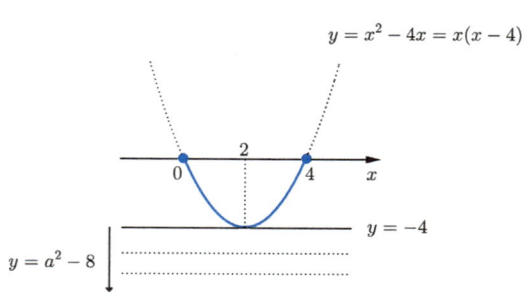

답 : $-2 \leq a \leq 2$

유제 316

$2 \le x \le 5$에서 이차부등식 $-x^2 + 2x + 2k \ge 0$이 항상 성립할 때, 정수 k의 최솟값을 구하시오.

유제 317
기본 기출문제

$3 \le x \le 5$인 실수 x에 대하여 부등식

$$x^2 - 4x - 4k + 3 \le 0$$

이 항상 성립하도록 하는 실수 k의 최솟값을 구하시오.

유제 318

이차부등식 $2x^2 - x - 1 \le 0$을 만족시키는 모든 실수 x에 대하여 이차부등식 $-x^2 + 2x - 3 \le x^2 - 6x + k$가 성립할 때, 실수 k의 범위를 구하시오.

유제 319
기본 기출문제

$-1 \le x \le 1$에서 이차부등식 $x^2 - 2x + 3 \le -x^2 + k$가 항상 성립할 때, 실수 k의 최솟값을 구하시오.

05 특정 조건을 만족시키는 이차부등식

생각 | 이해 ● ● 암기 | 적용

이차부등식이 '해를 갖는다', '해가 없다', '해가 오직 1개뿐이다' 등등 이차부등식의 해가 특정 조건을 만족시키도록 만들기 위해서는

> **❓ 생각 Point**
>
> 문제의 상황을 그래프의 관점에서 해석하고,
> **해석한 상황을 그래프로 표현**해야 한다.

예시 이차부등식 $2x^2 + x - a < 0$이 해를 갖도록 조건식을 써보자.

생각 1 문제의 상황을 그래프 관점에서 해석하자.

'이차부등식 $2x^2 + x - a < 0$이 해를 갖도록'

➔ **해석** : $y = 2x^2 + x - a$가 x축보다 아래쪽에 있는 부분이 존재하도록

생각 2 해석한 상황을 그래프로 표현하자.

$y = 2x^2 + x - a$가 x축보다 아래쪽에 있는 부분이 존재하도록 그래프를 그리면,

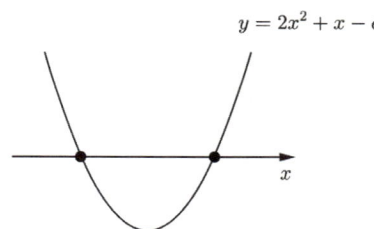

즉, 함수 $y = 2x^2 + x - a$가 x축보다 아래쪽에 있는 부분이 존재하도록 만들기 위해서는 주어진 이차함수와 x축이 **교점 2개를 가져야** 함을 알 수 있다.

➔ 이차방정식 $2x^2 + x - a = 0$의 판별식 $D > 0$이어야 한다.

이차부등식의 해가 특정 조건을 만족시키도록 하는 그래프 상황

이차부등식이 '항상 성립한다', '해가 없다', '해를 갖는다' 등등 이차부등식의 해가 특정 조건을 만족시키도록 하는
그래프의 상황은

① **이차함수의 개형**
② **이차함수와 x 축의 교점의 개수**

에 따라 다음의 6가지로 분류할 수 있다.

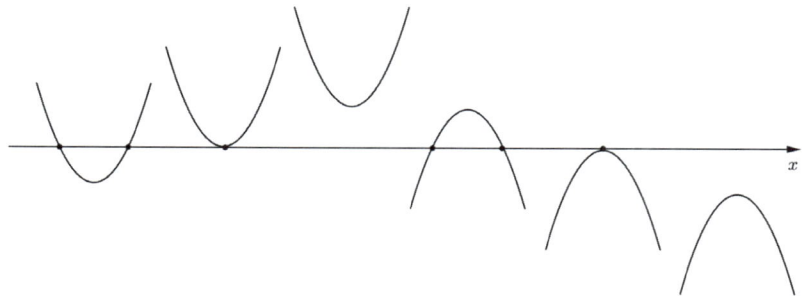

이차부등식의 해가 특정 조건을 만족시키도록 하는 그래프의 상황은 위의 6가지 내에서만 나오도록 출제된다.
따라서

> **❓ 생각 Point**
> 위의 6가지 개형을 모두 그려두고, 문제의 조건을 만족시키는 상황을 찾을 수도 있다.

★ **예제** **04**

이차부등식 $-x^2 + 2(a+3)x + 4(a+3) > 0$의 해가 <u>존재하지 않도록</u> 하는 실수 a의 값의
범위를 구해보자.

풀이

생각 1 문제의 상황을 그래프 관점에서 해석하자.

'이차부등식 $-x^2 + 2(a+3)x + 4(a+3) > 0$의 해가 존재하지 않도록'

➜ **해석 :** $y = -x^2 + 2(a+3)x + 4(a+3)$이 x축보다 위쪽에 있는 부분이 없도록

생각 2 해석한 상황을 그래프로 표현하자.

$y = -x^2 + 2(a+3)x + 4(a+3)$이 x축보다 위쪽에 있는 부분이 없도록 하는 상황을 찾아보자.

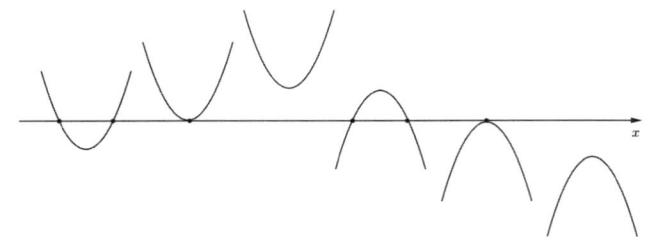

이 중에서 최고차항의 계수가 음수이면서 x축보다 위쪽에 있는 부분이 없도록 하는 그래프는 아래의 두 가지이다.

이차함수의 그래프가

상황 ① x축과 만나거나(=)
    그보다 아래쪽(<)에만 있는 경우

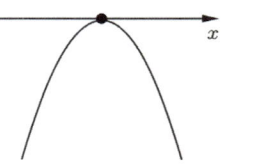

상황 ② x축의 아래쪽(<)에만 있는 경우

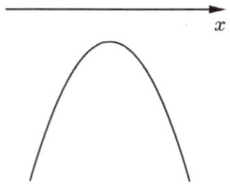

즉, $y = -x^2 + 2(a+3)x + 4(a+3)$이 x축보다 위쪽에 있는 부분이 없도록 만들기 위해서는
해당 이차함수와 x축의 **교점이 1개 또는 0개**여야 함을 알 수 있다.

➜ 이차방정식 $-x^2 + 2(a+3)x + 4(a+3) = 0$의 **서로 다른 실근이 1개 또는 0개**여야 한다.

➜ 판별식 $D \le 0$이어야 한다. 계산하면,

$\dfrac{D}{4} = (a+3)^2 - (-1)4(a+3) = (a+3)^2 + 4(a+3) = (a+3)(a+7) \le 0$ ➜ $\therefore$ $-7 \le a \le -3$

답 : $-7 \le a \le -3$

유제 320 이차부등식 $4x^2 - 2(k+1)x + 1 \leq 0$이 해를 갖도록 하는 실수 k의 범위를 구하시오.

유제 321 이차부등식 $(a+2)x^2 - 6x + a + 2 \geq 0$의 해가 오직 한 개 존재할 때, 실수 a의 값을 구하시오.

유제 322 이차함수 $f(x) = x^2 - 2ax + 9a$에 대하여 이차부등식 $f(x) < 0$을 만족시키는 해가 없도록 하는 정수 a의 개수를 구하시오.

기본 기출문제

유제 323 이차부등식 $ax^2 + 2x + a > 0$이 해를 갖도록 하는 실수 a의 범위를 구하시오.

유제 324 부등식 $kx^2 - 2kx - 4 > 0$의 해가 존재하지 않도록 하는 실수 k의 범위를 구하시오.

난이도 UP

더 알아보기 이차부등식과 부등식의 차이

생각 | 이해 ●●● 암기 | 적용

> **❓ 생각 Point**
>
> 주어진 부등식이 이차부등식인지, 그냥 부등식인지 구분해야 함에 주의한다.

유제 323 ➜ $ax^2 + 2x + a > 0$이 이차부등식이어야 하므로

이차항 계수가 0이 아니어야 한다. 즉, $a \neq 0$이어야 한다.

만약 $a = 0$이면 $ax^2 + 2x + a > 0$ ➜ $2x > 0$이므로 부등식 $ax^2 + 2x + a > 0$이 이차부등식이 아닌 일차부등식이 되어 조건에 모순이기 때문이다.

유제 324 ➜ $kx^2 - 2kx - 4 > 0$이 이차부등식이라는 조건이 없다.

따라서 이차항 계수인 k가 0인 경우까지 고려해야 한다.

문제 325

x에 대한 이차방정식 $x^2 - 2mx + m + 6 = 0$이 허근을 갖지 않도록 하는 실수 m의 값의 범위를 구하시오.

문제 326

이차함수 $y = x^2 + 2kx - 3k$의 그래프와 직선 $y = 4x - 6$이 교점을 가지지 않도록 하는 실수 k의 값의 범위를 구하시오.

문제 327

모든 실수 x에 대하여 이차부등식

$$x^2 - 2ax + a + 6 > 0$$

이 항상 성립하도록 하는 정수 a의 개수를 구하시오.

문제 328

x에 대한 이차부등식 $x^2 - 2kx - k^2 - 3k + 2 < 0$의 해가 존재하지 않도록 하는 실수 k의 값의 범위를 구하시오.

문제 329

어떤 자동차의 속력이 a km/h일 때 연비 b km/L는

$$b = -0.003a^2 + 0.48a + 2.3$$

으로 나타낼 수 있다고 한다. 연비가 20.3 km/L 이상이 되도록 하는
자동차의 최소 속력을 구하시오.

문제 330

이차부등식 $ax^2 + x + b > 0$의 해가 $-1 < x < 2$일 때, 실수 a, b의 값을 구하시오.

문제 331

이차부등식 $x^2 + 2kx \leq 16 - 8k$의 해가 단 한 개 존재하도록 하는 실수 k의 값을 구하시오.

문제 332

높이가 2 cm이고, 한 밑면의 둘레의 길이가 20 cm로 일정한 직육면체가 있다.
이 직육면체의 부피가 50 cm^3 이상일 때, 직육면체의 가로의 길이를 구하시오.

문제 333

세 변의 길이가 각각 a, $a+2$, $a+4$인 삼각형이 둔각삼각형이 되도록 하는 a의 값의 범위를 구하시오.

문제 334

실수 a, b에 대하여 이차부등식 $x^2 + (1-a)x + b - 7 < 0$의 해가 $-3 < x < 3$ 일 때, 이차부등식 $bx^2 + ax + 1 \leq 0$의 해를 구하시오.

문제 335

$1 \leq x \leq 5$인 모든 실수 x에 대하여 이차부등식 $x^2 - 4x + 6 < 2k$가 항상 성립하도록 하는 실수 k의 값의 범위를 구하시오.

문제 336

한 종류의 커피만 판매하는 어느 카페에서 커피의 가격을 x%만큼 올리면
커피의 판매량은 $0.5x$%만큼 줄어든다고 한다. 이 카페의 매출이 8%이상 늘어나도록 할 때,
x의 최댓값을 구하시오.

문제 337

이차방정식 $x^2 - 2(a+k)x - a^2 + 2a + 3 = 0$이 실수 k의 값에 관계없이 항상
실근을 갖도록 하는 실수 a의 값의 범위를 구하시오.

문제 338

2010
고1 11월 19번

이차항의 계수가 음수인 이차함수 $y = f(x)$의 그래프와 직선 $y = x + 1$이 두 점에서 만나고, 그 교점의 y좌표가 각각 3과 8이다. 이때 이차부등식 $f(x) - x - 1 > 0$을 만족시키는 모든 정수 x의 값의 합을 구하시오.

문제 339

2020
고1 9월 14번

자연수 a, b에 대하여 이차함수 $f(x) = a(x - 2)(x - b)$가 다음 조건을 만족시킬 때, $f(4)$의 값을 구하시오.

(가) $f(0) = 6$
(나) x의 값의 범위가 $x > 2$일 때, $f(x) > 0$이다.

문제 340

2007
고1 9월 7번

이차부등식 $ax^2 + bx + c \geq 0$의 해가 $x = 2$ 뿐일 때, 옳은 내용을 [보기]에서 모두 고른 것은?

[보기]

ㄱ. $a < 0$

ㄴ. $b^2 - 4ac = 0$

ㄷ. $a + b + c < 0$

① ㄱ   ② ㄱ, ㄴ   ③ ㄱ, ㄷ

④ ㄴ, ㄷ   ⑤ ㄱ, ㄴ, ㄷ

문제 341

x^2의 계수가 1인 이차함수 $y = f(x)$와 x^2의 계수가 -1인 이차함수 $y = g(x)$의 그래프의 교점의 좌표가 $(-1, k)$, $(5, k)$이다. 부등식 $f(x) < g(0) + 2$의 해가 $\alpha < x < \beta$일 때, $\alpha + \beta$의 값을 구하시오.

문제
342

2009
고1 11월 14번

그림은 두 점 $(-1, 0)$, $(2, 0)$을 지나는 이차함수 $y = f(x)$의 그래프를 나타낸 것이다.

부등식 $f\left(\dfrac{x+k}{2}\right) \leq 0$의 해가 $-3 \leq x \leq 3$일 때, 상수 k의 값을 구하시오.

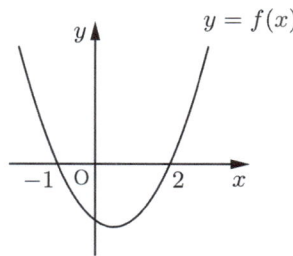

문제
343

2018
고2 3월 가형 21번

다음 조건을 만족시키는 이차함수 $f(x)$에 대하여 $f(3)$의 최댓값을 M, 최솟값을 m이라 할 때, $M - m$의 값은?

(가) 부등식 $f\left(\dfrac{1-x}{4}\right) \leq 0$의 해가 $-7 \leq x \leq 9$이다.

(나) 모든 실수 x에 대하여 부등식 $f(x) \geq 2x - \dfrac{13}{3}$이 성립한다.

① $\dfrac{7}{4}$ ② $\dfrac{11}{6}$ ③ $\dfrac{23}{12}$

④ 2 ⑤ $\dfrac{25}{12}$

5

5-3

부등식
절댓값 기호를 포함한 방/부등식

01 절댓값의 기본 성질

❶ 절댓값을 푸는 법

생각 | 이해 ● ● 암기 | 적용

● **절댓값을 푸는 법**

$|\square|$에 대하여

$\square \geq 0$이면 **[절댓값 내부가 0 이상이면]** ➜ $|\square| = \square$ **[절댓값을 벗겨도 부호가 그대로]**

$\square < 0$이면 **[절댓값 내부가 음수이면]** ➜ $|\square| = -\square$ **[절댓값을 벗기면 부호가 반대로]**

설명

절댓값 기호와 관련된 구체적인 예시를 몇 개 살펴보자.

(1) $|3| = 3$ (2) $|0| = 0$ (0의 절댓값은 0이다.) (3) $|-2| = 2$

$|3| = 3$과 $|0| = 0$과 같이 절댓값 내부가 0 이상일 때는 절댓값을 벗겨도 부호가 그대로이고,
$|-2| = 2$와 같이 절댓값 내부가 음수일 때는 절댓값을 벗기면 부호가 반대가 됨을 알 수 있다.

❷ 절댓값과 관련된 계산 성질

> **1** $\sqrt{\square^2} = |\square|$ ➔ 제곱의 루트는 절댓값으로 변형할 수 있다.
>
> **2** $|\square|^2 = \square^2$ ➔ 절댓값을 제곱하면 절댓값이 없어진다.
>
> **3** $|\square||\triangle| = |\square\triangle|$ ➔ 곱셈에서 절댓값은 합치고 분리할 수 있다.
>
> **4** $|-\square| = |\square|$ ➔ 절댓값 내부에 -1을 곱해도 된다.
>
> **5** $|\square| \geq 0$ ➔ 절댓값을 씌우면 항상 0 이상이다.

설명

1 의 적용 예시 ▶ $\sqrt{x^2} = |x|, \ \sqrt{x^2 - 4x + 4} = \sqrt{(x-2)^2} = |x-2|$

2, **3** 의 적용 예시 ▶ $(|a| + |b|)^2 = |a|^2 + 2|a||b| + |b|^2 = a^2 + 2|ab| + b^2$

4 의 적용 예시 ▶ $|-x-2| = |-(-x-2)| = |x+2|$

> **❋ 참고**
>
> **4** $|-\square| = |\square|$ 의 증명
>
> $|-\square| = |(-1)\square| = |-1||\square| = |\square|$. ∎

> **❗ 주의!**
>
> **1** 제곱에 루트가 씌워진 값을 변형할 때는 절댓값을 씌워야 한다.
>
> 가령, $\sqrt{x^2}$ 의 값을 절댓값을 씌우지 않고 단순히 x라고 변형하지 않도록 주의한다.
> 일반적으로 $\sqrt{x^2} \neq x$이다.
>
> **2** $\sqrt{\square^2}$ 과 $(\sqrt{\square})^2$을 혼동하지 않도록 주의한다.
>
> $\sqrt{\square^2} = |\square|$이고, $(\sqrt{\square})^2 = \square$이다.

임의의 실수에 절댓값을 씌우면 항상 0 이상이다.

즉, □의 값이 무엇이던 상관없이 항상 |□| ≥ 0이다. 이는 반대로 말해서

> **❓ 생각 Point**
>
> 절댓값을 씌웠을 때 음수가 되는 수는 존재하지 않음

을 의미한다.

부등식 |□| ≤ 0을 만족시키기 위해서는 |□|가 0이거나 음수여야 하는데, 절댓값을 씌웠을 때 음수가 되는 수는
존재하지 않으므로 부등식 |□| ≤ 0을 만족시키기 위해서는 |□| = 0이어야만
한다. 즉,

$$\therefore \text{ 부등식 } |\square| \leq 0 \text{을 만족시키는 } \square \text{의 값은 0뿐이다.}$$

Tip □² 꼴의 식을 다루는 계산 팁   생각 | 이해 ●●● 암기 | 적용

절댓값과 관련된 아래의 계산 성질과 유사하게

$$|-\square| = |\square| \quad \blacktriangleright \text{ 절댓값 안쪽에 } -1\text{을 곱해도 된다.}$$

□² 꼴의 식도 다음과 같이 다룰 수 있다.

$$(-\square)^2 = \square^2 \quad \blacktriangleright \text{ 제곱식 안쪽에 } -1\text{을 곱해도 된다.}$$

이 결론은 아래에 제시된 증명 과정과 함께 기억하는 것이 좋다.

> **※ 참고**
>
> $$(-\square)^2 = \square^2 \text{의 증명}$$
> $$\blacktriangleright (-\square)^2 = \{(-1)\square\}^2 = (-1)^2\square^2 = \square^2 \; \blacksquare$$

이를 활용하면 $(-k-1)^2$, $(1-x)^2$, $(-a+1)^2$과 같이 다루기 불편한 제곱식을
아래와 같은 과정을 거쳐 다루기 편한 형태로 변형할 수 있다.

$$(-k-1)^2 = \{(-1)(k+1)\}^2 = (-1)^2(k+1)^2 = (k+1)^2$$
$$(1-x)^2 = \{(-1)(x-1)\}^2 = (-1)^2(x-1)^2 = (x-1)^2$$
$$(-a+1)^2 = \{(-1)(a-1)\}^2 = (-1)^2(a-1)^2 = (a-1)^2$$

다음 중 옳은 것을 모두 고르시오.

ㄱ. $\sqrt{(x-1)^2} - (x-1) = 0$

ㄴ. $(\sqrt{x^2 - 4x + 4})^2 = |x-2|$

ㄷ. $ab < 0$일 때, $(|a| + |b|)^2 = a^2 - 2ab + b^2$

ㄹ. $x > 1$일 때, $(x-1)|f(x)| = |(x-1)f(x)|$

ㅁ. $|2-a| = |a-2|$

ㅂ. $|x| + |y| = 0$을 만족시키는 실수 x, y의 순서쌍 (x, y)의 개수는 1이다.

ㅅ. 모든 실수 x에 대하여 $x^2 + |x| \geq 0$이다.

02 1개의 절댓값 기호를 포함한 방정식

❶ 방정식의 근의 역할을 하는 문자가 절댓값 외부에도 있는 경우

생각 | 이해 ••• 암기 | 적용

방정식의 근의 역할을 하는 문자가 절댓값 외부에도 <u>있는</u> 경우에는

> **절댓값 안의 식이 0 이상인 경우와 음수인 경우로 Case를 나누어 푼다.**

설명

예시 1 방정식 $|x+1| = x^2 - 5$를 풀어보자.

방정식의 근의 역할을 하는 문자 x가 절댓값 외부인 $x^2 - 5$에도 포함되어 있다.

→ 절댓값 안의 식인 $x+1$의 부호가 0 이상인 경우와 음수인 경우로 Case를 나누자.

(i) $\underset{x \geq -1}{\underline{x+1 \geq 0}}$ 일 때 **(절댓값 안의 식이 0 이상일 때)**

$$|x+1| = x^2 - 5 \ \rightarrow \ x+1 = x^2 - 5 \text{ (절댓값을 벗겨도 부호가 그대로)}$$

이제 $x+1 = x^2 - 5$의 근을 구해보면,

$$x+1 = x^2 - 5 \ \rightarrow \ \underset{=(x-3)(x+2)}{\underline{x^2 - x - 6 = 0}} \ \rightarrow \ \underset{x \geq -1\text{에 포함 X}}{\underline{x = -2}} \quad \text{또는} \ \boxed{x = 3}$$

이때, $x = -2$는 가정한 범위인 $x \geq -1$에 포함되지 않으므로 제외해야 한다.

(ii) $\underset{x < -1}{\underline{x+1 < 0}}$ 일 때 **(절댓값 안의 식이 음수일 때)**

$$|x+1| = x^2 - 5 \ \rightarrow \ -(x+1) = x^2 - 5 \text{ (절댓값을 벗기면 부호가 반대)}$$

이제 $\underset{x^2 + x - 4 = 0}{\underline{-(x+1) = x^2 - 5}}$의 근을 구하자. 인수분해가 어려우므로 근의 공식을 써보면,

$$\underset{x < -1\text{에 포함 X}}{\underline{x = \frac{-1 + \sqrt{17}}{2}}} \quad \text{또는} \ \boxed{x = \frac{-1 - \sqrt{17}}{2}}$$

이때, $x = \dfrac{-1 + \sqrt{17}}{2}$는 가정한 범위인 $x < -1$에 포함되지 않으므로 제외해야 한다.

(i), (ii)의 결론을 종합하면, 구하는 해는

$$\therefore \ x = 3 \ \text{또는} \ x = \frac{-1 - \sqrt{17}}{2}$$

> [단계 1] 절댓값 안의 식이 0 이상인 경우와 음수인 경우로 Case 분류하기
> [단계 2] 구한 값들 중 가정한 범위에 포함되지 않는 값은 제외하기

② 방정식의 근의 역할을 하는 문자가 절댓값 외부에 없는 경우

생각 | 이해 ● ● 암기 | 적용

근의 역할을 하는 문자가 절댓값 외부에 없는 경우에는 아래와 같이 절댓값을 벗겨서 다룬다.

> △가 음수가 아닐 때,
> $|\square| = \triangle$ ➜ $\square = \triangle$ 또는 $\square = -\triangle$

설명

구체적인 예시를 몇개 살펴보면 이러한 결과가 나타나는 이유를 이해할 수 있다.

예를 들어, $|a| = 6$을 만족시키는 a의 값은 6 또는 -6임을 알 수 있고, 위의 결론은 이를 일반화시킨 것이다.

예

① $\boxed{|k-1| = 2}$ 이면 $k - 1 = 2$ 또는 $k - 1 = -2$

➜ 근의 역할을 하는 문자가 k 이고, k 가 절댓값 외부에 없다.

② $\boxed{|x^2 + x + 6| = 1}$ 이면 $x^2 + x + 6 = 1$ 또는 $x^2 + x + 6 = -1$

➜ 근의 역할을 하는 문자가 x 이고, x 가 절댓값 외부에 없다.

③ 다음 등식이 x 에 대한 방정식일 때,

$\boxed{|x^2 - x| = m^2 + 2m + 2}$ 이면 $x^2 - x = m^2 + 2m + 2$ 또는 $x^2 - x = -(m^2 + 2m + 2)$

➜ 근의 역할을 하는 문자가 x 이고, x 가 절댓값 외부에 없다.

> **⊙ 주의!**
> 위 결론은 방정식의 근의 역할을 하는 문자가 절댓값 외부에 없는 경우에만 사용할 수 있다.

만약 방정식의 근의 역할을 하는 문자가 절댓값 외부에 있는 경우에 위의 결론을 사용하면

어떠한 문제가 발생하는지 p291의 **예시 1**을 통해 알아보자.

잘못된 풀이

방정식 $|x+1| = x^2 - 5$에서 근의 역할을 하는 문자 x가 절댓값 외부의 $x^2 - 5$에 있음에도 불구하고,
위의 결론을 사용하여 이 방정식의 근을 구해보면

$$|x+1| = x^2 - 5 \rightarrow x+1 = x^2 - 5 \text{ 또는 } x+1 = -(x^2 - 5) \quad \rightarrow \boxed{\text{잘못된 부분}}$$

$$\rightarrow x^2 - x - 6 = 0 \text{ 또는 } x^2 + x - 4 = 0$$

즉, $x = -2$ 또는 $x = 3$ 또는 $x = \dfrac{-1+\sqrt{17}}{2}$ 또는 $x = \dfrac{-1-\sqrt{17}}{2}$ 이 근으로 도출되는데,

이는 **예시 1**의 답과 다르다.

→ 근의 역할을 하는 문자가 절댓값 외부에도 있는 경우는

    $|\square| = \triangle$꼴의 식을 $\square = \triangle$ 또는 $\square = -\triangle$ 와 같이 변형할 수 없다.

③ $|\square| = |\triangle|$ 꼴의 방정식   생각 | 이해 ● ● 암기 | 적용

$|\square| = |\triangle|$꼴의 방정식은 항상 아래와 같이 변형하여 다룰 수 있다.

$$|\square| = |\triangle| \;\Rightarrow\; \square = \triangle \text{ 또는 } \square = -\triangle$$

예시 2 등식 $|a-5| = |a-7|$을 만족시키는 a의 값을 구해보자.

$|a-5| = |a-7| \;\Rightarrow\; a-5 = a-7$ 또는 $a-5 = -(a-7)$

이때, $a-5 = a-7$을 만족시키는 a의 값은 존재하지 않으므로

$a-5 = -(a-7) \;\Rightarrow\; \therefore\; a = 6$

유제 345 방정식 $x^2 + 2|x| - 3 = 0$의 해를 구하시오.

유제 346 방정식 $|x+1|^2 - 2|x+1| - 3 = 0$의 모든 근의 합을 구하시오.

유제 347 x에 대한 방정식 $|x^2 + ax - 1| = 4$의 한 근이 -1일 때, -1을 제외한 모든 근의 곱을 구하시오.

유제 348 x에 대한 방정식 $|2x^2 - (a+1)x - 1| = 1$의 한 근이 a이도록 하는 모든 실수 a의 값의 합을 구하시오.

유제 349 방정식 $\sqrt{(x-1)^2} = x^2 - 3$의 근을 모두 구하시오.

03 1개의 절댓값 기호를 포함한 부등식

❶ 부등식의 근의 역할을 하는 문자가 절댓값 외부에도 있는 경우

생각 | 이해 ● ● 암기 | 적용

근의 역할을 하는 문자가 절댓값 외부에도 있는 경우에는

> **절댓값 안의 식이 0 이상인 경우와 음수인 경우로 Case를 나누어 푼다.**

예시 1 부등식 $3x^2 \geq 2|x-1| + 3$의 해를 구해보자.

해당 부등식의 근의 역할을 하는 문자는 x이고, x가 절댓값 외부인 $3x^2$에도 포함되어 있으므로
절댓값 안의 식이 0 이상인 경우와 음수인 경우로 Case를 나누어 부등식의 해를 구하자.

생각 1 절댓값 안의 식이 0 이상인 경우와 음수인 경우로 Case를 분류하자.

절댓값 안의 식이 $x-1$이므로

(i) $\underset{x \geq 1}{\underline{x-1 \geq 0}}$ 일 때 **(절댓값 안의 식이 0 이상일 때)**

$$3x^2 \geq 2|x-1| + 3 \;\Rightarrow\; 3x^2 \geq 2(x-1) + 3 \text{ (절댓값을 벗겨도 부호가 그대로)}$$

이제 $3x^2 \geq 2(x-1) + 3$의 근을 구해보면

$$\underset{3x^2 - 2x - 1 \geq 0}{\underline{3x^2 \geq 2(x-1) + 3}} \;\Rightarrow\; (3x+1)(x-1) \geq 0 \;\Rightarrow\; x \leq -\frac{1}{3} \text{ 또는 } x \geq 1$$

생각 2 구한 범위와 가정한 범위의 공통범위를 구하자.

구한 범위 : $x \leq -\dfrac{1}{3}$ 또는 $x \geq 1$과

가정한 범위 : $x \geq 1$의 공통범위를 구하면 ➜ $\boxed{x \geq 1}$이다.

(ii) $\underset{x < 1}{\underline{x-1 < 0}}$ 일 때 **(절댓값 안의 식이 음수일 때)**

$$3x^2 \geq 2|x-1| + 3 \;\Rightarrow\; 3x^2 \geq -2(x-1) + 3 \text{ (절댓값을 벗기면 부호가 반대)}$$

이제 $3x^2 \geq -2(x-1) + 3$의 근을 구해보면

$$\underset{3x^2 + 2x - 5 \geq 0}{\underline{3x^2 \geq -2(x-1) + 3}} \;\Rightarrow\; (3x+5)(x-1) \geq 0 \;\Rightarrow\; x \leq -\frac{5}{3} \text{ 또는 } x \geq 1$$

생각 3 구한 범위와 가정한 범위의 공통범위를 구하자.

구한 범위 : $x \leq -\dfrac{5}{3}$ 또는 $x \geq 1$과

가정한 범위 : $x < 1$의 공통범위를 구하면 ➜ $\boxed{x \leq -\dfrac{5}{3}}$이다.

(i), (ii)의 결론을 종합하면, 구하는 해는 $\therefore\ x \geq 1$ 또는 $x \leq -\dfrac{5}{3}$

문제의 상황을 한 번에 관찰하기 어려울 때는 미지수의 값에 따라 문제의 상황이 어떻게
바뀔지 예측해보고, 문제의 상황이 달라지도록 하는 미지수의 값을 경계로 미지수의 범위를
여러 개로 나누어 문제를 풀어나가는 것이 좋다.

절댓값이 포함된 방정식과 부등식을 풀 때, 절댓값 안의 식이 0 이상일 때와 음수일 때로 Case를 나누는 이유도
절댓값 안의 식이 0 이상인지 혹은 음수인지에 따라 절댓값을 풀 때 부호가 그대로 유지될지, 부호가 반대로
바뀔지가 결정되어 문제의 상황이 달라지기 때문이다.

여기서 Case를 분류할 때 지켜야 하는 중요한 원칙이 있다. 바로 Case를 분류할 때는
각각의 Case가 겹치지 않도록 분류해야 한다는 점이다.
절댓값을 포함한 방정식과 부등식을 풀면서 Case를 분류했던 과정을 떠올려보면

부등식 $3x^2 \geq 2|x-1|+3$의 해를 구하는 과정에서

$$\text{(i) } \underset{x \geq 1}{\underline{x-1 \geq 0}} \text{ 일 때 (절댓값 안의 식이 0 이상일 때)}$$

$$\text{(ii) } \underset{x < 1}{\underline{x-1 < 0}} \text{ 일 때 (절댓값 안의 식이 음수일 때)}$$

와 같이 Case를 분류했었는데, 이때도 (i)와 (ii)에서 가정한 x의 범위가 서로 겹치지 않았다.

> ❓ **생각 Point**
>
> Case를 분류할 때는 각각의 Case가 겹치지 않도록 분류해야 한다.

② 부등식의 근의 역할을 하는 문자가 절댓값 외부에 없는 경우

생각 | 이해 • • 암기 | 적용

근의 역할을 하는 문자가 절댓값 외부에 <u>없는</u> 경우에는 아래와 같이 절댓값을 벗길 수 있다.

> △가 양수일 때,
>
> $$|\square| < \triangle \ \rightarrow \ -\triangle < \square < \triangle$$
> $$|\square| > \triangle \ \rightarrow \ \square > \triangle \ \text{또는} \ \square < -\triangle$$

이 결과는 부등호에 등호가 포함되어도(부등호가 $\geq$ 혹은 $\leq$ 이어도) 성립한다.
위의 결과의 증명은 [부록]에 첨부해 두었다.

예

① $\boxed{|x-1| < 3}$ $\rightarrow$ $-3 < x-1 < 3$

　　→ **부등식의 근의 역할을 하는 문자가 x 이고, x 가 절댓값 외부에 없다.**

② $\boxed{|x^2+x| \geq 1}$ $\rightarrow$ $x^2+x \geq 1$ 또는 $x^2+x \leq -1$

　　→ **부등식의 근의 역할을 하는 문자가 x 이고, x 가 절댓값 외부에 없다.**

③ $\boxed{|a^2-a+1| \geq 2}$ $\rightarrow$ $a^2-a+1 \geq 2$ 또는 $a^2-a+1 \leq -2$

　　→ **부등식의 근의 역할을 하는 문자가 a 이고, a 가 절댓값 외부에 없다.**

> **⚠ 주의 !**
>
> 위 결론은 부등식의 근의 역할을 하는 문자가 절댓값 외부에 없는 경우에만 사용할 수 있다.
> 만약 부등식의 근의 역할을 하는 문자가 절댓값 외부에 있는 경우에 위의 결론을 사용하면
> 부등식의 해가 올바로 도출되지 않을 수 있다.

유제 350 부등식 $|x^2 - 2| > 4$의 해를 구하시오.

유제 351 부등식 $|x^2 - 13x| \leq 30$을 만족시키는 정수 x의 개수를 구하시오.

유제 352 부등식 $|3x - 1| \leq x + 5$의 해가 $\alpha \leq x \leq \beta$일 때, $\beta - \alpha$의 값을 구하시오.

유제 353 부등식 $x > |3x + 1| - 7$을 만족시키는 모든 정수 x의 값의 합을 구하시오.

기본 기출문제

유제 354 부등식 $||x + 1| - 3| \leq 5$를 만족시키는 정수 x의 개수를 구하시오.

유제 355 난이도 UP

x에 대한 부등식 $|3x-2|-2 \geq k^2-3k$이 항상 성립하도록 하는 실수 k의 값의 범위를 구하시오.

유제 356 난이도 UP

x에 대한 부등식 $|x+k| \leq k^2-3k$이 오직 한 개의 해를 가지도록 하는 k의 값을 구하시오. (단, $k \neq 0$)

유제 357 난이도 UP

부등식 $|x+1| \leq a-5$의 해가 존재하지 않도록 하는 정수 a의 최댓값을 구하시오.

04 절댓값 기호를 2개 포함한 식 다루기

1 식의 관점에서 절댓값 2개를 다루기

생각 | 이해 ▸•• 암기 | 적용

앞으로 다루게 될 식은 다음과 같은 꼴이다.

$$|\Box| \pm |\triangle|$$

이처럼 절댓값이 2개 포함된 식의 절댓값을 벗길 때는 다음과 같이 Case를 분류한다.

> **Case 1** 절댓값의 내부가 모두 0 이상일 때
>
> **Case 2** 절댓값의 내부가 모두 음수일 때
>
> **Case 3** 절댓값 하나는 내부가 0 이상, 나머지 하나는 내부가 음수일 때

예시 식 $|x+2| + |x-1|$ 의 절댓값을 벗겨보자.

두 절댓값의 내부는 각각 $x+2$, $x-1$이다. 이 둘의 범위를 바탕으로 Case를 분류해보자.

Case 1 절댓값의 내부가 모두 0 이상일 때

➜ $x \geq -2$이고 $x \geq 1$일 때 ➜ $x \geq 1$일 때 ($x \geq -2$와 $x \geq 1$의 공통범위)

절댓값 내부가 0 이상이면 절댓값을 벗길 때 부호가 그대로 유지되므로

$$x \geq 1 일 때 ➜ \underbrace{|x+2| + |x-1|}_{=(x+2)+(x-1)} = 2x+1$$

Case 2 절댓값의 내부가 모두 음수일 때

➜ $x < -2$이고 $x < 1$일 때 ➜ $x < -2$일 때 ($x < -2$와 $x < 1$의 공통범위)

절댓값 내부가 음수이면 절댓값을 벗길 때 부호가 반대로 바뀌므로

$$x < -2 일 때 ➜ \underbrace{|x+2| + |x-1|}_{=-(x+2)-(x-1)} = -2x-1$$

Case 3 절댓값 하나는 내부가 0 이상, 나머지 하나는 내부가 음수일 때

두 절댓값 중 하나의 내부는 0 이상, 나머지 하나의 내부는 음수일 때는

Case 1 과 **Case 2** 에서 구했던 $\boxed{x \geq 1과 \ x < -2의 \ 사이 \ 범위인 \ -2 \leq x < 1}$ 일 때이다.

··· 보충설명

즉, $\begin{matrix} \overset{x<1}{\underline{x-1<0}} \\ \underset{x+2 \geq 0}{\underline{-2 \leq x}} \end{matrix}$ 이면 $x+2 \geq 0$이고, $x-1 < 0$이다. 따라서

$$-2 \leq x < 1 일 때 ➜ \underbrace{|x+2| + |x-1|}_{=(x+2)-(x-1)} = 3$$

Case 1 , Case 2 , Case 3 의 결과를 정리해보면

① $x \geq 1$일 때 ➜ $|x+2|+|x-1|=2x+1$
② $x < -2$일 때 ➜ $|x+2|+|x-1|=-2x-1$
③ $-2 \leq x < 1$일 때 ➜ $|x+2|+|x-1|=3$

보충설명

$x \geq 1$과 $x < -2$의 사이 범위를 생각할 때는 수직선을 떠올려보면 된다.
수직선에 $x \geq 1$과 $x < -2$를 나타내보면 아래와 같고,

위의 수직선에서 색칠된 부분의 사이 범위를 떠올려보면 아래와 같다.

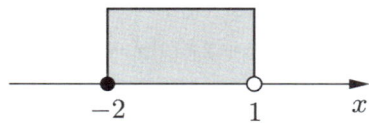

이처럼 $x \geq 1$과 $x < -2$가 나타내는 범위를 수직선에 표시해보고, 그 사이 범위를 생각하면
$x \geq 1$과 $x < -2$의 사이 범위가 $-2 \leq x < 1$임을 쉽게 파악할 수 있다.

② 절댓값 2개가 포함된 식의 그래프 그리기

생각 | 이해 • • 암기 | 적용

구체적인 예시를 통해 절댓값 2개가 포함된 식의 그래프를 그리는 법을 알아보자.

예시 $y = |x+2| + |x-1|$ 의 그래프를 그려보자.

[단계 1] 절댓값을 모두 벗겨 식 정리하기

(i) 절댓값의 내부가 모두 0 이상일 때 : $x+2 \geq 0$이고 $x-1 \geq 0$일 때 ➔ $x \geq 1$일 때

$$\underbrace{|x+2| + |x-1|}_{= (x+2) + (x-1)} = 2x+1$$

(ii) 절댓값의 내부가 모두 음수일 때 : $x+2 < 0$이고 $x-1 < 0$일 때 ➔ $x < -2$일 때

$$\underbrace{|x+2| + |x-1|}_{= -(x+2) - (x-1)} = -2x-1$$

(iii) 절댓값 중 하나는 내부가 0 이상, 나머지 하나는 내부가 음수일 때 : $-2 \leq x < 1$일 때

$$\underbrace{|x+2| + |x-1|}_{= (x+2) - (x-1)} = 3$$

이제 (i), (ii), (iii)의 결과를 모두 종합하여 절댓값을 벗긴 함수의 식을 구하면,

$$y = |x+2| + |x-1| =$$

① $x \geq 1$일 때 ➔ $2x+1$
② $x < -2$일 때 ➔ $-2x-1$
③ $-2 \leq x < 1$일 때 ➔ 3

[단계 2] 정리한 함수의 식을 바탕으로 그래프 그리기

그래프를 그릴 때는 함수의 식이 바뀌는 경계의 좌표를 먼저 표시하는 것이 좋다.
함수의 식이 바뀌는 경계는 $x = -2$와 $x = 1$일 때이므로 이를 $y = |x+2| + |x-1|$에 대입하여 함수의 식이
바뀌는 경계의 좌표를 구하면 $(-2, 3)$, $(1, 3)$이다.

이제

① $\underset{x = -2의 왼쪽}{\underline{x < -2}}$ 에는 $y = -2x-1$을,

② $\underset{x = -2와 -1의 사이}{\underline{-2 \leq x < 1}}$ 에는 $y = 3$을,

③ $\underset{x = 1의 오른쪽}{\underline{x \geq 1}}$ 에는 $y = 2x+1$을 그리면 된다.

① 함수식이 바뀌는 경계의 좌표를 먼저 찍기   **② 함수식을 바탕으로 그래프 완성하기**

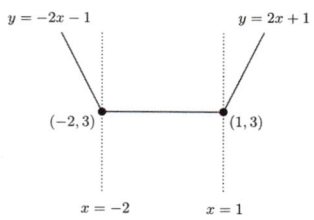

$y = |$일차식$_1| \pm |$일차식$_2|$ 꼴의 함수의 그래프는 크게 아래의 6가지 개형 중 하나로 그려진다.

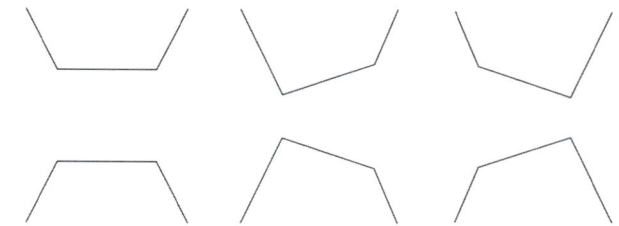

→ 절댓값이 2개 포함된 $y = |$일차식$_1| \pm |$일차식$_2|$ 꼴의 함수는 중간에 끊기는 부분이 없다.
이를 이용하면 $y = |$일차식$_1| \pm |$일차식$_2|$ 꼴의 함수를 다음과 같이 그릴 수 있다.

[단계 1] 절댓값 내부가 모두 양수일 때의 함수식과 모두 음수일 때의 함수식을 구한다.
[단계 2] 이 둘을 그래프로 그린 후, 끊긴 지점을 연결한다.

예시 부등식 $|x+1|+|x-2|<9$의 해를 그래프를 이용하여 구해보자.

? 생각 Point

부등식 $|x+1|+|x-2|<9$의 해

➔ **해석 :** $y=|x+1|+|x-2|$가 직선 $y=9$보다 아래쪽에 있도록 하는 x의 범위

생각 1 $y=|x+1|+|x-2|$의 그래프를 그리자.

[단계 1] 절댓값 내부가 모두 양수일 때의 함수식과 모두 음수일 때의 함수식을 구하자.

절댓값의 내부가 모두 양수일 때 ➔ $x+1>0$이고 $x-2>0$일 때 ➔ $x>2$일 때

즉, $x>2$일 때, $\underbrace{|x+1|+|x-2|}_{=(x+1)+(x-2)}=2x-1$

절댓값의 내부가 모두 음수일 때 ➔ $x+1<0$이고 $x-2<0$일 때 ➔ $x<-1$일 때

즉, $x<-1$일 때, $\underbrace{|x+1|+|x-2|}_{=-(x+1)-(x-2)}=-2x+1$

[단계 2] 이 둘을 그래프로 그린 후, 끊긴 지점을 연결한다.

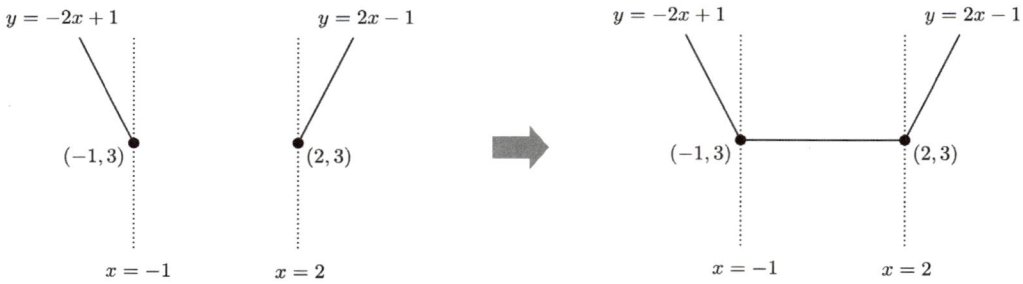

생각 2 $y=|x+1|+|x-2|$가 $y=9$보다 아래쪽에 있도록 하는 x의 범위를 구하자.

아래와 같이 직선 $y=9$를 그렸을 때,

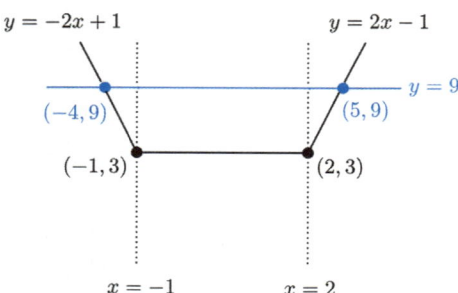

$-4<x<5$에서 $y=|x+1|+|x-2|$가 직선 $y=9$보다 아래쪽에 있다.

$\therefore\ -4<x<5$

유제
358

기본 기출문제

부등식 $|x+1|+|x-2|<5$를 만족시키는 정수 x의 개수를 구하시오.

유제
359

부등식 $\sqrt{x^2+4x+4}+|x-1|<2x+3$의 해를 구하시오.

유제
360

부등식 $|x+3|-|2x-4|\geq-5$를 만족시키는 x의 최댓값과 최솟값의 곱을 구하시오.

유제
361

기본 기출문제

수직선 위의 두 점 $A(3)$, $B(7)$에 대하여 점 $P(x)$가 $\overline{AP}+\overline{BP}\leq8$을 만족시킬 때, 선분 OP의 길이의 최댓값과 최솟값의 합을 구하시오. (단, O는 원점이다.)

5

5-4

부등식
연립이차부등식

01 연립이차부등식의 풀이

1 연립이차부등식의 기본적 해법

▶ '연립이차부등식'이란?

연립된 두 개의 부등식 중 이차부등식이 포함된 연립부등식을 **연립이차부등식**이라 한다.

연립이차부등식을 푸는 기본적인 방향성은 연립일차부등식을 풀 때와 거의 유사하다.

> **? 생각 Point**
>
> 제시된 2개의 부등식의 해의 $\boxed{공통범위}$ 를 구한다.

설명

예시 1 연립이차부등식 $\begin{cases} x^2 - 8x + 15 > 0 \\ x + 6 \geq 2x - 4 \end{cases}$ 의 해를 구해보자.

각각의 부등식을 정리하면,

$x^2 - 8x + 15 > 0$ ➔ $(x-3)(x-5) > 0$ ➔ $x > 5$ 또는 $x < 3$ ⋯ ㉠

$x + 6 \geq 2x - 4$ ➔ $x \leq 10$ ⋯ ㉡

도출한 해를 수직선에 나타내고, 두 부등식의 해의 공통범위를 색칠해보면 아래와 같다.

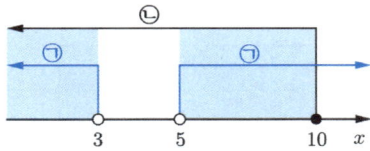

그림에 따라 두 부등식의 해의 공통 범위는 $x < 3$ 또는 $5 < x \leq 10$이므로

∴ 구하는 연립이차부등식의 해는 $x < 3$ 또는 $5 < x \leq 10$

❷ 이차부등식의 특수한 해를 수직선 위에 나타내기

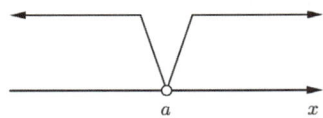

1 **이차부등식 $(x-a)^2 > 0$의 해** ➔ $x \neq a$인 모든 실수

'$x \neq a$인 모든 실수'는'$x > a$ 또는 $x < a$'와 같은 표현이므로 수직선 위에 아래와
같이 표현한다.

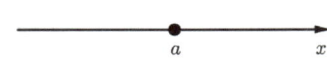

2 **이차부등식 $(x-a)^2 \leq 0$의 해** ➔ $x = a$

'$x = a$'는 아래와 같이 수직선 위에 하나의 점으로 표현한다.

설명

예시 2   연립이차부등식 $\begin{cases} x^2 - 6x + 9 > 0 \\ x+1 \leq -3x + 21 \end{cases}$ 의 해를 구해보자.

각각의 부등식을 정리하면,

$x^2 - 6x + 9 > 0$ ➔ $(x-3)^2 > 0$ ➔ $x \neq 3$인 모든 실수 ➔ $x > 3$ 또는 $x < 3$ ··· ㉠

$x + 1 \leq -3x + 21$ ➔ $x \leq 5$ ··· ㉡

도출한 해를 수직선에 나타내고, 두 부등식의 해의 공통범위를 색칠해보면 아래와 같다.

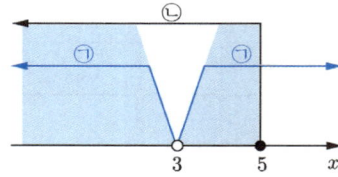

그림에 따라 두 부등식의 해의 공통 범위는 $x < 3$ 또는 $3 < x \leq 5$이므로

∴ 구하는 연립이차부등식의 해는 $x < 3$ 또는 $3 < x \leq 5$

유제
362

기본 기출문제

연립부등식 $\begin{cases} x^2 - 5x \le 0 \\ x - 1 \ge 2 \end{cases}$ 의 해가 $\alpha \le x \le \beta$일 때, $\alpha^2 + \beta^2$의 값을 구하시오.

유제
363

연립이차부등식 $\begin{cases} 2x^2 + 15x - 50 \le 0 \\ -x^2 + x + 56 < 0 \end{cases}$ 의 해를 구하시오.

유제
364

연립부등식 $\begin{cases} |x - 1| \le 2 \\ x^2 - 10x + 16 < 0 \end{cases}$ 의 해가 $\alpha < x \le \beta$일 때, $\alpha + \beta$의 값을 구하시오.

유제
365

연립부등식 $\begin{cases} |2x + 1| > 5 \\ x^2 - 9 \le 0 \end{cases}$ 을 만족하는 정수 x의 개수를 구하시오.

유제 366 부등식 $2x^2 - 3x - 8 \leq x^2 + 5x + 1 < 3x^2 - 9x + 21$을 만족시키는 모든 자연수 x의 값의 합을 구하시오.

유제 367 연립부등식 $\begin{cases} -x^2 + 5 > 4x \\ x^2 + x - 6 < 0 \end{cases}$ 의 해가 이차부등식 $ax^2 + bx + 9 > 0$의 해와

같을 때, 실수 a, b에 대하여 ab의 값을 구하시오.

유제 368 연립부등식 $\begin{cases} x^2 - 2|x| - 3 \leq 0 \\ x^2 + 5x + 6 > 0 \end{cases}$ 을 만족시키는 모든 정수 x의 값의 합을 구하시오.

유제 369 연립부등식 $\begin{cases} x^2 - 4x - 12 \leq 0 \\ x^2 - 4x + 4 > 0 \end{cases}$ 을 만족시키는 모든 정수 x의 개수를 구하시오.

기본 기출문제

유제 370

연립부등식 $\begin{cases} x^2 - 8x + 16 \leq 0 \\ x^2 - 2x + 8 \geq 0 \end{cases}$ 의 해를 구하시오.

유제 371

연립부등식 $\begin{cases} x^2 - 4x + 3 < 0 \\ x^2 - 2x + 1 \leq 0 \end{cases}$ 의 해를 구하시오.

유제 372

연립부등식 $\begin{cases} x^2 - 2x + 1 \leq 0 \\ x^2 - 10x + 25 > 0 \end{cases}$ 의 해를 구하시오.

02 고난도 출제 패턴 ★ − 연립이차부등식의 추론

연립이차부등식의 해가 특정 조건을 만족시키기 위한 조건식을 스스로 작성해야 하는 고난도 추론 문항이 출제된다.

① 연립부등식의 해가 없는 상황

연립부등식 $\begin{cases} 부등식\ A \\ 부등식\ B \end{cases}$ 에 대하여

연립된 두 부등식의 해를 각각 구해서 수직선 위에 나타내었을 때, 공통영역이 없는 상황은 아래의 3가지이다.

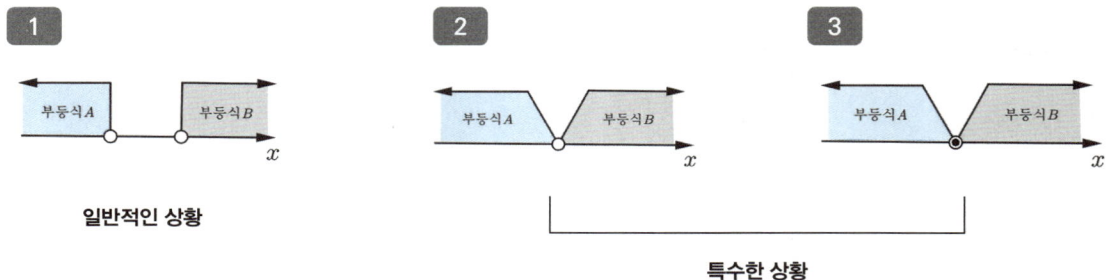

일반적인 상황   특수한 상황

예시 1 연립부등식 $\begin{cases} x > 6 \\ x \le a \end{cases}$ 이 해를 갖지 않도록 하는 a의 범위를 구해보자.

$x > 6 \cdots$ ㉠ 이 나타내는 범위를 수직선 위에 나타내면 다음과 같다.

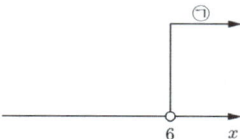

연립부등식이 해가 없도록 하려면, $x \le a \cdots$ ㉡ 을 수직선 위에 마저 표시했을 때
㉠이 나타내는 범위와의 공통영역이 없어야 하므로, **일반적인 상황에서** ㉡이 나타내는 범위는 다음과 같이 그려져야
한다.

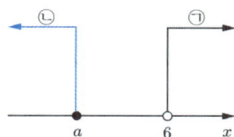

이로부터, 일반적으로 $a < 6$이어야 함을 알 수 있다.

이번에는 특수한 상황을 검토해보자.

만약, ㉡이 나타내는 범위가 특수하게 다음과 같이 그려져도

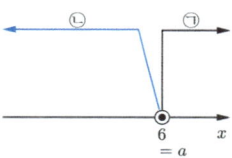

㉠이 나타내는 범위와 공통영역이 없게 되므로, 특수하게 $a = 6$이어도 된다는 점을 알 수 있다.

만약 $a > 6$이면, ㉡이 나타내는 범위가 다음과 같이 그려지게 되고,

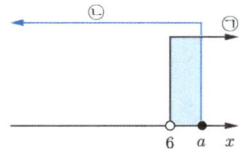

㉠이 나타내는 범위와 파란색 공통영역이 생기게 되므로, $a > 6$이면 문제의 조건에 모순이다.

$\therefore$ $a < 6$**(일반적인 상황)** 또는 $a = 6$**(특수한 상황)** $\rightarrow$ $a \le 6$

❷ 연립이차부등식이 특수한 해를 갖도록 만들어야 하는 경우

생각 | 이해 ● ● 암기 | 적용

상황 1 **연립이차부등식의 해가 없도록 만들어야 하는 상황**

? 생각 Point

연립부등식의 해가 없다.

➜ 두 부등식의 해의 공통부분이 없다.

➜ 두 부등식의 해를 각각 수직선 위에 나타내었을 때, 겹치는 부분이 없다.

연립이차부등식의 해가 없도록 만들어야 할 때는
두 부등식의 해를 수직선 위에 표시했을 때, 겹치는 부분이 없도록
조건식을 작성하면 된다.

상황 2 **연립이차부등식의 해가 모든 실수이도록 만들어야 하는 상황**

? 생각 Point

연립부등식의 해가 모든 실수이다.

➜ 제시된 두 부등식의 해의 공통부분이 모든 실수이다.

두 부등식의 해의 공통부분이 모든 실수이려면
제시된 두 부등식 각각이 모든 실수 x에 대하여 성립해야 한다.

이를 간단한 도식으로 나타내면,

연립부등식의 해가 모든 실수 ⟺ 두 부등식의 공통범위가 모든 실수

$$\Longleftrightarrow \ \text{연립부등식에서} \begin{cases} \text{부등식 } A \to \boxed{\text{해 가 모 든 실 수}} \\ \text{부등식 } B \to \boxed{\text{해 가 모 든 실 수}} \end{cases}$$

x에 대한 연립부등식

$$\begin{cases} |x-5| < 1 \\ x^2 - 4ax + 3a^2 > 0 \end{cases}$$

이 해를 갖지 않도록 하는 자연수 a의 개수를 구해보자.

풀이

? 생각 Point

연립부등식이 해를 갖지 않으려면 제시된 두 부등식의 해를 수직선 위에 표시했을 때 공통범위가 없도록 만들어야 한다.

생각 1 제시된 두 부등식의 해를 각각 구하자.

$|x-5| < 1$ ➔ $-1 < x-5 < 1$ ➔ $4 < x < 6$

$x^2 - 4ax + 3a^2 = (x-a)(x-3a) > 0$ ➔ a가 자연수이므로 $x > 3a$ 또는 $x < a$

여기서 확실한 해인 $4 < x < 6$를 먼저 수직선 위에 **검정색 선**으로 표시해보자.

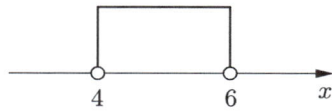

생각 2 표시한 영역과 공통부분이 없도록 하는 **일반적인 상황**을 검토해보자.

표시한 영역과 공통부분이 없도록 하는 **일반적인 상황**이 되려면 '$x > 3a$ 또는 $x < a$'가 나타내는 범위는 수직선에 아래와 같이 표현되어야 한다.

('$x > 3a$ 또는 $x < a$'를 나타내는 부분은 **파란색 선**으로 표시하겠다.)

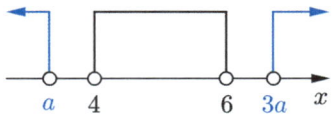

이로부터 $a < 4$이고 $6 < 3a$ $\cdots$ (★) 이어야 한다는 점을 알 수 있다.

생각 3 표시한 영역과 공통부분이 없도록 하는 **특수한 상황**을 검토해보자.

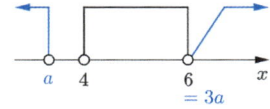 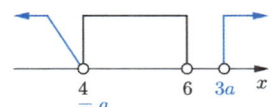

이로부터 $a = 4$ 또는 $6 = 3a$이어도 된다는 점을 알 수 있다.

➔ (★) : $a \boxed{<} 4$이고 $6 \boxed{<} 3a$ ➔ $a \boxed{\le} 4$이고 $6 \boxed{\le} 3a$ ➔ ∴ $2 \le a \le 4$

답 : 3개

★ **예제 02**

x에 대한 연립이차부등식

$$\begin{cases} 2x^2 - 4ax + 2a^2 + 3a - 6 \geq 0 \\ x^2 - 2(a+1)x + a^2 + 11 > 0 \end{cases}$$

이 항상 성립하도록 하는 a의 값의 범위를 구해보자.

풀이

? 생각 Point

연립부등식이 항상 성립하려면
제시된 두 부등식 각각이 모든 실수 x에 대하여 항상 성립해야 한다.

생각 1 이차부등식 $2x^2 - 4ax + 2a^2 + 3a - 6 \geq 0$이 항상 성립하도록 만들자.

　　해석 ➜ 좌변의 이차함수의 그래프 전체 : x축과 만나거나 그보다 위쪽에만 있어야 한다.

즉, 이차함수의 그래프가 다음과 같이 그려지면 된다.

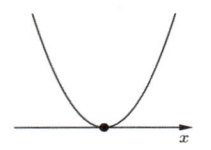 　　또는　　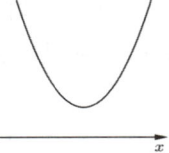

➜ 이차함수와 x축의 교점의 개수가 1 또는 0이어야 한다.

➜ 이차방정식 $2x^2 - 4ax + 2a^2 + 3a - 6 = 0$의 (판별식) ≤ 0

➜ $\dfrac{D}{4} = 4a^2 - 2(2a^2 + 3a - 6) \leq 0$ ➜ $a \geq 2$ ⋯ ㉠

생각 2 이차부등식 $x^2 - 2(a+1)x + a^2 + 11 > 0$이 항상 성립하도록 만들자.

　　해석 ➜ 좌변의 이차함수의 그래프 전체 : x축보다 위쪽에만 있어야 한다.

즉, 이차함수의 그래프가 다음과 같이 그려지면 된다.

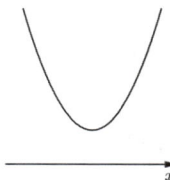

➜ 이차함수와 x축의 교점의 개수가 0이어야 한다.

➜ 이차방정식 $x^2 - 2(a+1)x + a^2 + 11 = 0$의 (판별식) < 0

➜ $\dfrac{D}{4} = (a+1)^2 - (a^2 + 11) < 0$ ➜ $a < 5$ ⋯ ㉡

　　　　　㉠, ㉡의 공통범위를 구하면 ➜ ∴ $2 \leq a < 5$

답 : $2 \leq a < 5$

유제
373

연립부등식 $\begin{cases} x^2 - 8x - 9 > 0 \\ x^2 - 2kx + k^2 - 1 \leq 0 \end{cases}$ 이 해를 갖지 않도록 하는 정수 k의 개수를 구하시오.

유제
374

연립부등식 $\begin{cases} 3|x - 1| \leq k \\ x^2 + 7x + 10 \leq 0 \end{cases}$ 이 해를 갖지 않도록 하는 자연수 k의 개수를 구하시오.

유제
375

연립이차부등식 $\begin{cases} x^2 + 4x - 21 \leq 0 \\ x^2 - 5kx - 6k^2 > 0 \end{cases}$ 의 해가 존재하도록 하는 양의 정수 k의 개수를 구하시오.

기본 기출문제

유제 376

모든 실수 x에 대하여 부등식 $-x^2 + 1 \leq 2x + a < x^2 + 4x + 7$이 항상 성립하도록 하는 모든 정수 a의 값의 합을 구하시오.

유제 377

기본 기출문제

두 다항식 $f(x) = 2x^2 + 5x + 2$, $g(x) = (a-1)x + b$가 있다. 모든 실수 x에 대하여 부등식 $x - 2 \leq g(x) \leq f(x)$가 항상 성립하도록 하는 실수 b의 값의 범위는 $\alpha \leq b \leq \beta$이다. $\beta - \alpha$의 값을 구하시오.

❷ 연립이차부등식의 해의 정보를 이용하는 법

생각 | 이해 ● ● 암기 | 적용

연립이차부등식의 해에 대한 정보를 다루기 위해 필요한 태도에 대해 알아보자.

★ **예제 03**

연립부등식 $\begin{cases} x^2 - 3x - 18 < 0 \\ x^2 - (k+1)x + k > 0 \end{cases}$ 의 해가 $1 < x < 6$일 때, k의 값의 범위를 구해보자.

풀이

연립부등식의 해가 $1 < x < 6$라는 정보가 제시되어 있다. 이를 꼼꼼히 활용하자.

생각 1 확실한 정보부터 모두 파악하고, 수직선에 표시 가능한 것들은 모두 표시하자.

구할 수 있는 부등식의 해는 우선 모두 구하자.

$x^2 - 3x - 18 = (x + 3)(x - 6) < 0$ ➜ $-3 < x < 6$ (이는 수직선에 **검정색** 선으로 표시하겠다.)

$x^2 - (k+1)x + k = (x-1)(x-k) > 0$ ➜ k의 값을 몰라서 정확한 해를 구할 수 없다. 하지만, 부등식 $(x-1)(x-k) > 0$을 통해 다음의 두 가지 사실은 확실히 알 수 있다.

① 일반적으로, 해를 수직선 위에 나타내었을 때의 모양이 ⎯⎯○⎯⎯○⎯→ x 일 것이다.

② 해의 경계 중 하나가 1이다. 따라서 수직선에 ⎯⎯○⎯→ x 와 같이 나타낼 수 있다.

  (부등식 $(x-1)(x-k) > 0$의 해는 수직선에 **파란색 선**으로 표시하겠다.)

추가로, 주어진 연립부등식의 해 $1 < x < 6$도 수직선에 표시해야 한다.
(연립부등식의 해 $1 < x < 6$는 수직선에 회색 영역으로 표시하겠다.)
지금까지 얻은 정보들을 수직선 위에 모두 표시해보자.

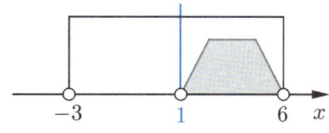

연립부등식의 해는 제시된 두 부등식의 해의 공통범위임을 이용하자.

1 제시된 두 부등식의 해 모두는 연립부등식의 해를 포함해야 한다.

➔ 파란색 선이 아래와 같이 뻗어나가야 파란색 선이 회색 영역을 포함할 수 있다.

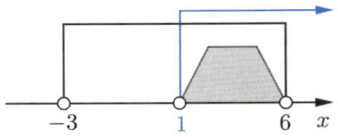

2 표시된 연립부등식의 해를 제외하고는 두 부등식의 해의 공통부분이 없어야 한다.

➔ 아직 표시하지 않은 $(x-1)(x-k) > 0$의 해 $x < k$는 수직선 위에 표시했을 때
　아래와 같은 부분에 있어야 한다.

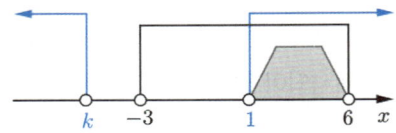

이로부터 **일반적인 상황**에서 $k < -3$ ⋯ (★)이어야 함을 알 수 있다.

마지막으로, **특수한 상황**인 $k = -3$일 때도 문제의 조건을 만족시키는지 살펴보자.

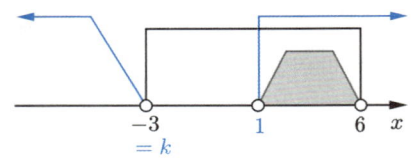

그림을 보았을 때, $k = -3$일 때도 파란색 선과 검정색 선의 공통부분이 회색 영역 그대로 유지된다.

$$➔ (★) : k \boxed{<} -3 \quad ➔ \quad k \boxed{\le} -3$$

답 : $k \le -3$

예제의 풀이로부터 연립이차부등식의 해에 대한 정보를 다루는 태도에 대해 정리해보자.

태도 1 | 확실한 정보부터 파악한다. 그 중 수직선에 표시 가능한 것들은 모두 표시한다.

확실한 정보라고 간주할 수 있는 것들은 다음과 같다.

1 조건으로 제시된 연립부등식의 해

설명 방금의 예제에서는 $1 < x < 6$이 연립부등식의 해로 주어져 있었다.

2 해를 확실히 구할 수 있는 부등식

설명 연립부등식 $\begin{cases} x^2 - 3x - 18 < 0 \\ x^2 - (k+1)x + k > 0 \end{cases}$ 에서 $x^2 - 3x - 18 < 0$의 해는 확실히 구할 수 있으므로 해를 구한

후 수직선에 우선 표기했었다.

3 해를 수직선에 나타내었을 때의 모양

설명 부등식 $x^2 - (k+1)x + k > 0$의 해를 정확히 알 수는 없지만, 해를 수직선 위에 나타내었을 때의 모양이
일반적으로 아래와 같음은 알 수 있었다.

4 해의 경계

설명 부등식 $x^2 - (k+1)x + k > 0$ ➔ $(x-1)(x-k) > 0$의 해의 경계 중 하나가 1이다.
따라서 수직선에 다음과 같이 나타낼 수 있었다.

태도 2 | 연립부등식의 해는 두 부등식의 해의 공통범위임을 떠올려 다음과 같이 생각한다.

연립부등식의 해는 두 부등식의 해의 공통범위이다.
➔ 제시된 두 부등식의 해를 수직선에 표시했을 때,

1 두 부등식의 해 모두는 연립부등식의 해를 포함해야 하고,

2 연립부등식의 해를 제외하고는 두 부등식의 해의 공통부분이 없어야 한다.

연립부등식 $\begin{cases} x^2 - 3x - 4 < 0 \\ x^2 - (k+3)x + 3k < 0 \end{cases}$ 의 해가 $-1 < x < 3$일 때, 실수 k의 최댓값을 구하시오.

부등식 $2x^2 + x < 4x - 1 \leq 2x + a - 1$의 해가 $\frac{1}{2} < x < 1$이 되도록 하는 실수 a의 최솟값을 구하시오.

연립부등식 $\begin{cases} x^2 + ax - b \geq 0 \\ x^2 + bx + c \leq 0 \end{cases}$ 의 해가 $-4 \leq x \leq -1$ 또는 $x = 2$일 때, abc의 값을 구하시오. (단, a, b, c는 상수이다.)

생각 넓히기 $x = a$는 두 부등식 $x \geq a$과 $x \leq a$의 공통범위로 바꾸어 생각할 수 있다.

연립부등식 $\begin{cases} x^2 + x - 6 > 0 \\ |x - a| \leq 1 \end{cases}$ 이 해를 갖기 위한 실수 a의 값의 범위를 구하시오.

유제
382

기본 기출문제

x에 대한 연립부등식

$$\begin{cases} x^2 - 11x + 24 < 0 \\ x^2 - 2kx + k^2 - 9 > 0 \end{cases}$$

의 해가 $\alpha < x < \beta$일 때, $\beta - \alpha = 2$를 만족시키는 모든 실수 k의 값의 합을 구하시오.

유제
383

기본 기출문제
난이도 UP

$a < 0$일 때, x에 대한 연립부등식

$$\begin{cases} (x - a)^2 < a^2 \\ x^2 + a < (a + 1)x \end{cases}$$

의 해가 $b < x < b + 1$이다. $a + b$의 값을 구하시오. (단, a, b는 상수이다.)

3 부등식을 만족시키는 정수가 n개가 되도록 만들기 ⟨생각 | 이해⟩ • • ⟨암기 | 적용⟩

> ● **부등식을 만족시키는 정수가 n개가 되도록 만들기**
>
> **[단계 1]** 확실한 것부터 모두 수직선에 표시한다.
> **[단계 2]** 마지막으로 포함될 수 있는 정수와 처음으로 포함되지 못하는 정수를 찾는다.
> **[단계 3]** [단계 2]에서 찾은 2개의 정수 사이에 미지수가 위치하면 된다.
>   이를 바탕으로 미지수의 범위를 대략 작성한다.
> **[단계 4]** 경계값이 포함될지 판단한다.

★ **예제** 04

연립부등식 $\begin{cases} 5(x+1) > 7x-3 \\ 6x+2 > 5x+k \end{cases}$ 를 만족시키는 정수인 해가 2개일 때, 실수 k의 값의 범위를 구해보자.

풀이

$$\begin{cases} 5(x+1) > 7x-3 \;\;\rightarrow\;\; x < 4 \\ 6x+2 > 5x+k \;\;\;\;\rightarrow\;\; x > k-2 \end{cases}$$

[단계 1] 확실한 것부터 모두 수직선에 표시한다.

$x < 4$가 확실하므로, 수직선에 우선 표시하자.

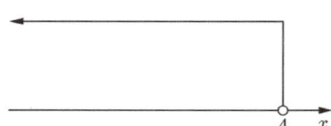

[단계 2] 마지막으로 포함될 수 있는 정수와 처음으로 포함되지 못하는 정수를 찾는다.

아래의 그림에서 알 수 있듯이

         마지막으로 포함될 수 있는 정수는 2, 처음으로 포함되지 못하는 정수는 1이다.

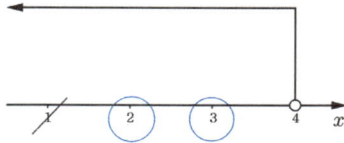

[단계 3] [단계 2]에서 찾은 2개의 정수 사이에 미지수가 위치하면 된다.
         이를 바탕으로 미지수의 범위를 대략 작성한다.

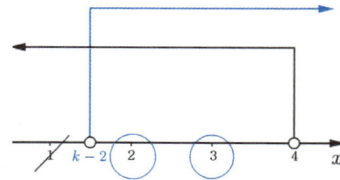

미지수 $k-2$의 범위를 대략 작성하면 ➜ $1 < k-2 < 2$ ⋯ (★)

[단계 4] 경계값이 포함될지 판단한다.

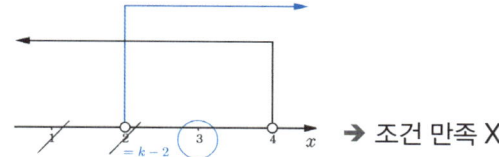 → 조건 만족 X

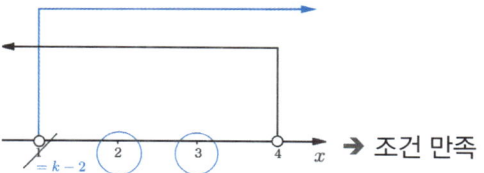 → 조건 만족

즉, ($\bigstar$) : $1 < k - 2 < 2$ → $1 \leq k - 2 < 2$

답 : $3 \leq k < 4$

더 알아보기 **어떤 두 정수 사이에 포함된 정수의 개수를 세는 법**

> **1** (정수$_1$) $< x <$ (정수$_2$)를 만족시키는 정수 x의 개수
>   → (정수$_2$)$-$(정수$_1$)$- 1$: **부등식의 오른쪽에서 왼쪽을 빼고 1을 더 뺀다.**
>
> **2** (정수$_1$) $\leq x <$ (정수$_2$) / (정수$_1$) $< x \leq$ (정수$_2$)를 만족시키는 정수 x의 개수
>   → (정수$_2$)$-$(정수$_1$) : **부등식의 오른쪽에서 왼쪽을 뺀다.**
>
> **3** (정수$_1$) $\leq x \leq$ (정수$_2$)를 만족시키는 정수 x의 개수
>   → (정수$_2$)$-$(정수$_1$)$+ 1$: **부등식의 오른쪽에서 왼쪽을 빼고 1을 더한다.**

예시 부등식 $-a + 6 \leq x \leq a + 8$를 만족시키는 정수 x의 개수가 9가 되도록 하는 자연수
    a의 값을 구해보자.

? 생각 Point

  a가 자연수이므로 부등식의 양 끝 경계인 $-a + 6$, $a + 8$은 정수이다.

$-a + 6 \leq x \leq a + 8$를 만족시키는 정수 x의 개수

→ (정수$_2$)$-$(정수$_1$)$+ 1$: **부등식의 오른쪽에서 왼쪽을 빼고 1을 더한다.**

→ $(a + 8) - (-a + 6) + 1 = 2a + 3$

즉, $2a + 3 = 9$ → $\therefore \ a = 3$

유제
384

연립부등식 $\begin{cases} 4x - 8 < 2x \\ x > a \end{cases}$ 를 만족시키는 정수 x가 1개뿐일 때, 실수 a의 값의 범위를 구하시오.

유제
385

부등식 $3x - 7 < x + 1 \leq 2x + k$를 만족시키는 정수 x가 3개일 때, 실수 k의 값의 범위를 구하시오.

유제
386

연립부등식 $\begin{cases} x^2 - 8x + 12 \leq 0 \\ x^2 - (a+1)x + a \leq 0 \end{cases}$ 을 만족시키는 정수 x가 3개일 때, 실수 a의 값의 범위를 구하시오.

유제
387

두 부등식 $x^2 - 5x + 4 > 0$, $x^2 - (a+3)x + 3a < 0$을 동시에 만족시키는 정수 x의 값이 5와 6뿐일 때, 실수 a의 값의 범위를 구하시오.

기본 기출문제

연립부등식

$$\begin{cases} |x - k| \leq 5 \\ x^2 - x - 12 > 0 \end{cases}$$

을 만족시키는 모든 정수 x의 값의 합이 7이 되도록 하는 정수 k의 값을 구하시오.

기본 기출문제

x에 대한 연립이차부등식

$$\begin{cases} x^2 - 10x + 21 \leq 0 \\ x^2 - 2(n-1)x + n^2 - 2n \geq 0 \end{cases}$$

을 만족시키는 정수 x의 개수가 4가 되도록 하는 모든 자연수 n의 값의 합을 구하시오.

문제 390

연립부등식 $\begin{cases} x^2 - 3x + 2 > 0 \\ |x-1| \leq 2 \end{cases}$ 의 해를 구하시오.

문제 391

연립이차부등식 $2x + 1 \leq x^2 - 2x + 5 \leq 2x^2 - 8x + 14$의 해를 구하시오.

문제 392

부등식 $|2x| + 2|x-2| \leq 8$의 해를 구하시오.

문제 393

어느 회사에서 다음 조건을 모두 만족시키는 직사각형 모양의 창문 A와 창문 B를 만들려고 한다. 창문 A의 가로의 길이를 a m라고 할 때, a의 값의 범위를 구하시오.

> (가) 창문 A의 가로의 길이와 창문 B의 세로의 길이는 같다.
> (나) 창문 A의 세로의 길이는 가로의 길이의 2배이고,
>   창문 B의 가로의 길이는 세로의 길이보다 2 m 더 길다.
> (다) 두 창문 A, B의 둘레의 길이의 합은 54 m 이하이고, 넓이의 합은 16 m^2 이상이다.

문제 394

연립부등식 $\begin{cases} x^2 + ax + b < 0 \\ x^2 + cx + d \geq 0 \end{cases}$ 의 해가 $-1 < x \leq 2$ 또는 $3 \leq x < 5$가 되도록

하는 상수 a, b, c, d의 값을 구하시오.

문제 395

연립부등식 $\begin{cases} 0.3(x+2) > 0.2x + 0.7 \\ \dfrac{x}{3} < \dfrac{a-1}{6} \end{cases}$ 을 만족시키는 정수 x의 개수가 3이 되도록 하는

실수 a의 값의 범위를 구하시오.

문제 396

x에 대한 연립부등식

$$\begin{cases} x^2 + (a+6)x + 6a < 0 \\ x^2 - (a-2)x - 2a < 0 \end{cases}$$

의 해가 존재하지 않도록 하는 자연수 a의 최솟값을 구하시오.

문제 397

부등식 $3x + 5 < 2x + a < 4x - 1$의 해가 존재하도록 하는 실수 a의 값의 범위를 구하시오.

문제 398

직선 $y = 2x - 1$이 이차함수 $y = x^2 + 3x + k - 2$의 그래프와는 서로 다른 두 점에서 만나고, 이차함수 $y = x^2 + x + 3k + 10$의 그래프와는 만나지 않을 때, 정수 k의 개수를 구하시오.

문제 399

연립이차부등식 $\begin{cases} x^2 + (2 - k)x - 2k \leq 0 \\ x^2 - 6x + 5 > 0 \end{cases}$ 의 해가 $-2 \leq x < 1$이 되도록 하는 실수 k의 값의 범위를 구하시오.

문제 400

2014
고1 9월 16번

연립이차부등식 $\begin{cases} x^2 + 4x - 21 \leq 0 \\ x^2 - 5kx - 6k^2 > 0 \end{cases}$ 의 해가 존재하도록 하는 양의 정수 k의 거수를 구하시오.

문제 401

양의 실수 k에 대하여 이차함수 $f(x) = x^2 + kx + k$의 그래프의 꼭짓점을 A라 하고, 이 그래프의 y절편을 B라 하자. 직선 $y = g(x)$가 두 점 A, B를 지날 때, 부등식 $f(x) - g(x) < 0$을 만족시키는 정수 x가 3개가 되도록 하는 k의 값의 범위를 구하시오.

문제 402

2023
고2 3월 14번

x에 대한 연립부등식

$$\begin{cases} x^2 + 3x - 10 < 0 \\ ax \geq a^2 \end{cases}$$

을 만족시키는 정수 x의 개수가 4가 되도록 하는 정수 a의 값은?

① -2 ② -1 ③ 0

④ 1 ⑤ 2

문제 403

x에 대한 이차부등식 $ax^2 + bx + 3 \geq 0$의 해가 부등식 $|2x + 2| + |3 - 2x| \leq 5$의 해와 같을 때, 이차부등식 $bx^2 + ax + 1 \leq 0$의 해를 구하시오.

문제 404

2016
고1 6월 21번

모든 실수 x에 대하여 부등식

$$-x^2 + 3x + 2 \leq mx + n \leq x^2 - x + 4$$

가 성립할 때, $m^2 + n^2$의 값을 구하시오. (단, m, n은 상수이다.)

△가 양수일 때

① $|\square| < \triangle$ ➜ $-\triangle < \square < \triangle$

　증명ㅣ

　　(i) $\square \geq 0$일 때

　　　$|\square| < \triangle$ ➜ $|\square| = \square < \triangle$ ➜ $0 \leq \square < \triangle$ ⋯ (*)

　　(ii) $\square < 0$일 때

　　　$|\square| < \triangle$ ➜ $|\square| = -\square < \triangle$ ➜ $\square > -\triangle$ ➜ $-\triangle < \square < 0$ ⋯ (**)

　　(*), (**)에 의해

　　　$|\square| < \triangle$ ➜ $-\triangle < \square < \triangle$

② $|\square| > \triangle$ ➜ $\square > \triangle$ 또는 $\square < -\triangle$

　증명ㅣ

　　(i) $\square \geq 0$일 때

　　　$|\square| > \triangle$ ➜ $|\square| = \square > \triangle$ ➜ $\square > \triangle$ ⋯ (*)

　　(ii) $\square < 0$일 때

　　　$|\square| > \triangle$ ➜ $|\square| = -\square > \triangle$ ➜ $\square < -\triangle$ ⋯ (**)

　　(*), (**)에 의해

　　　$|\square| > \triangle$ ➜ $\square > \triangle$ 또는 $\square < -\triangle$

6

이차방정식과
이차함수의 추론

01 이차방정식의 근의 부호

생각 | 이해 ● ● ● 암기 | 적용

이차방정식의 근의 부호를 결정해야 한다면, 다음 2가지를 고려해야 한다.

> ? **생각 Point**
> ① **판별식**
> ② **근과 계수의 관계 적용** ➜ 두 근의 합과 곱의 부호 결정

❶ 이차방정식의 두 근이 모두 양수인 경우

이차방정식의 두 근이 모두 양수일 조건은 다음과 같이 생각하여 다룬다.

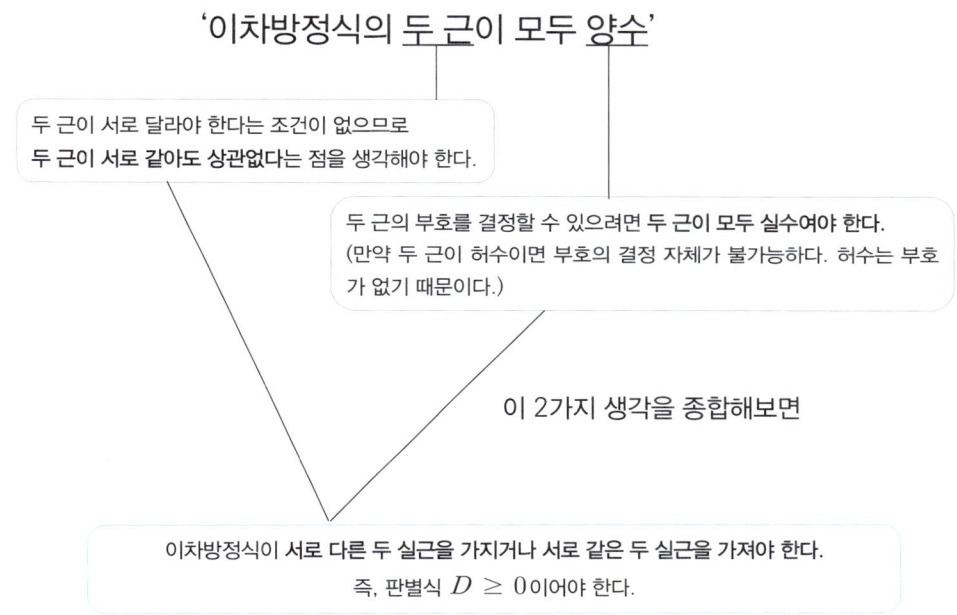

‘이차방정식의 두 근이 모두 양수’

두 근이 서로 달라야 한다는 조건이 없으므로
두 근이 서로 **같아도 상관없다**는 점을 생각해야 한다.

두 근의 부호를 결정할 수 있으려면 두 근이 모두 **실수여야** 한다.
(만약 두 근이 허수이면 부호의 결정 자체가 불가능하다. 허수는 부호
가 없기 때문이다.)

이 2가지 생각을 종합해보면

이차방정식이 서로 다른 두 실근을 가지거나 서로 같은 두 실근을 가져야 한다.
즉, 판별식 $D \geq 0$이어야 한다.

이와 같은 생각을 바탕으로 판별식 $D \geq 0$임을 이용했다는 것은
이차방정식의 두 근이 부호를 가질 수 있는 환경을 만든 것이다.

이제 두 근이 양수임을 이용해야 하는데, 이때 활용하는 개념이 **근과 계수의 관계**이다. 이차방정식의 두 근을 α, β라고 하자. 그러면 근과 계수의 관계를 이용하여 다음과 같은 조건식을 작성할 수 있다.

이차방정식의 두 근이 양수이면,

양수와 양수를 더하면 양수이고,
양수와 양수를 곱해도 양수이다.

- **두 실근의 합이 양수**이다. ➜ $\alpha + \beta > 0$
- **두 실근의 곱도 양수**이다. ➜ $\alpha\beta > 0$

❷ 이차방정식의 두 근이 모두 음수일 때

이차방정식의 두 근이 모두 음수일 조건은 다음과 같이 생각하여 다룬다.

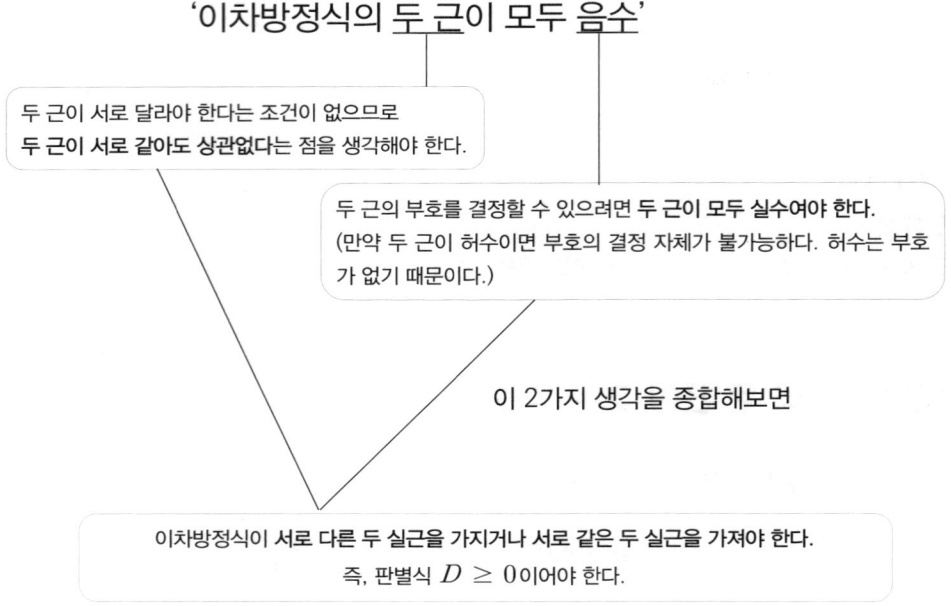

'이차방정식의 두 근이 모두 음수'

두 근이 서로 달라야 한다는 조건이 없으므로
두 근이 서로 같아도 상관없다는 점을 생각해야 한다.

두 근의 부호를 결정할 수 있으려면 **두 근이 모두 실수여야 한다.**
(만약 두 근이 허수이면 부호의 결정 자체가 불가능하다. 허수는 부호
가 없기 때문이다.)

이 2가지 생각을 종합해보면

이차방정식이 서로 다른 두 실근을 가지거나 서로 같은 두 실근을 가져야 한다.
즉, 판별식 $D \geq 0$이어야 한다.

이와 같은 생각을 바탕으로 판별식 $D \geq 0$임을 이용했다는 것은

이차방정식의 두 근이 부호를 가질 수 있는 환경을 만든 것이다.

이제 두 근이 음수임을 이용해야 하는데, 이때 활용하는 개념이 **근과 계수의 관계**이다. 이차방정식의 두 근을 α,
β라고 하자. 그러면 근과 계수의 관계를 이용하여 다음과 같은 조건식을 작성할 수 있다.

이차방정식의 두 근이 음수이면,
- **두 실근의 합이 음수이다.** ➔ $\alpha + \beta < 0$
- **두 실근의 곱은 양수이다.** ➔ $\alpha\beta > 0$

음수와 음수를 더하면 음수이고,
음수와 음수를 곱하면 양수이다.

★ **예제** 01

x에 대한 이차방정식 $x^2 - 2(k-3)x + (k+3) = 0$의 두 근이 모두 음수이도록 하는
실수 k의 값의 범위를 구해보자.

풀이

생각 1 판별식을 활용하여 이차방정식의 두 근이 부호를 가질 수 있는 환경을 만들자.

두 근의 부호를 결정할 수 있어야 하고, 두 근이 서로 달라야 한다는 조건이 없으므로 주어진 이차방정식이

- 서로 다른 두 실근을 가지거나 ➜ $D > 0$이거나
- 서로 같은 두 실근을 가져야 한다. ➜ $D = 0$이어야 한다.

➜ 판별식 $D \geq 0$이어야 한다.

➜ $\dfrac{D}{4} = \underbrace{(k-3)^2 - (k+3)}_{k^2 - 7k + 6} \geq 0$

➜ $k \geq 6$ 또는 $k \leq 1$

생각 2 근과 계수의 관계를 적용하여 ➜ 두 실근의 합과 곱의 부호를 결정하자.

이차방정식의 두 근의 부호가 음수임을 이용하자.

- 두 실근의 합은 음수와 음수를 더한 것이니 음수이다. ➜ $2(k-3) < 0$
- 두 실근의 곱은 음수와 음수를 곱한 것이니 양수이다. ➜ $k+3 > 0$

(이차방정식 $x^2 - 2(k-3)x + (k+3) = 0$에서 근과 계수의 관계 적용)

마무리로 구한 세 부등식

- $k \geq 6$ 또는 $k \leq 1$
- $2(k-3) < 0$
- $k+3 > 0$

의 공통범위를 구해주면 ➜ $\therefore \ -3 < k \leq 1$

답 : $-3 < k \leq 1$

❸ 이차방정식의 두 근의 부호가 서로 다를 때

이차방정식의 두 근의 부호가 서로 다르다는 조건은 아래와 같이 생각하여 다룬다.

생각 1 **근과 계수의 관계를 활용**하여 이차방정식의 두 근의 부호가 서로 다름을 이용하자. 이차방정식의 두 근을 α, β라고 할 때

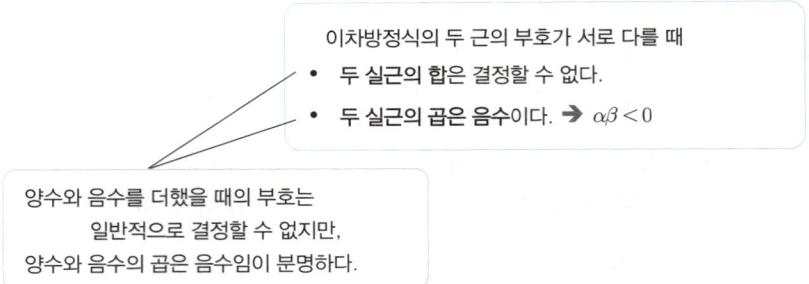

이차방정식의 두 근의 부호가 서로 다를 때
• 두 실근의 합은 결정할 수 없다.
• 두 실근의 곱은 음수이다. ➔ $\alpha\beta < 0$

양수와 음수를 더했을 때의 부호는
일반적으로 결정할 수 없지만,
양수와 음수의 곱은 음수임이 분명하다.

생각 2 두 근의 부호가 서로 다르다는 조건을 통해 (두 근의 곱) < 0임을 확정하면
판별식 $D > 0$임이 자동으로 보장된다. ➔ **판별식을 쓸 필요가 없다.**

더 알아보기 **(두 근의 곱)< 0 이면 판별식 $D > 0$임이 보장된다.**

이차방정식의 두 근의 부호가 서로 다르다는 조건을 통해 (두 근의 곱)< 0임을 확정하면 판별식 $D > 0$임은 자동으로 보장된다. 그 이유에 대해 살펴보자.

이차방정식 $ax^2 + bx + c = 0$(a, b, c는 실수)의 두 근을 α, β라 할 때, 이 두 근의 곱이 음수라고 하자. 즉, $\alpha\beta = \dfrac{c}{a} < 0$이라 하자.

이때, $\dfrac{c}{a} < 0$에서 a와 c의 부호가 서로 반대라는 것을 알 수 있으므로 $ac < 0$이다.

이제 판별식을 살펴보자. $D = \boxed{b^2} - 4ac$에서 $\boxed{b^2} \geq 0$이다. (b는 실수이고, (실수)$^2 \geq 0$이기 때문이다.)
또한 $ac < 0$이므로 $\boxed{-4ac} > 0$이다.
정리하면,

$$\boxed{b^2} \geq 0 이고 \boxed{-4ac} > 0 이므로 ➔ D = \boxed{b^2} - 4ac > 0 이다.$$

이차방정식의 두 근의 곱이 음수

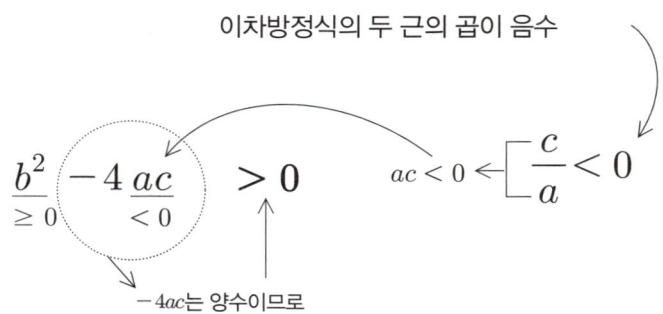

유제
405

이차방정식 $x^2 + (k+3)x + (k+6) = 0$의 두 근이 모두 양수가 되도록 하는
실수 k의 최댓값을 구하시오.

유제
406

x에 대한 이차방정식 $x^2 - 2(k-3)x + (k+3) = 0$의 두 근의 부호가 서로
다르도록 하는 실수 k의 값의 범위를 구하시오.

유제
407

난이도 UP

x에 대한 이차방정식 $x^2 - (k^2 - 4k + 3)x - 3k + 5 = 0$의 두 근의 부호가 서로
다르고 음수인 근의 절댓값이 양수인 근보다 크도록 하는 실수 k의 값의 범위를 구하시오.

④ 두 함수의 교점의 x좌표의 부호를 결정해야 하는 상황

두 함수의 교점의 x좌표의 부호를 결정해야 할 때, 주어진 그래프의 상황을 방정식의 관점에서 해석하면 주어진 상황이

이차방정식의 근의 부호를 결정하는 상황

으로 바뀌게 된다. 이후에는 **판별식**과 **근과 계수의 관계**를 적절히 활용하면 된다.

★ **예제 02**

> 이차함수 $f(x) = x^2 + ax + b$의 그래프와 x축이 두 교점을 가지고,
> <u>그 두 교점의 x좌표가 모두 양수이도록</u> 만들어보자.
> 즉, 이차함수 $f(x)$의 그래프가 다음과 같이 그려지도록 만들어보자.

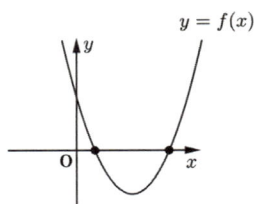

풀이

이차함수 $f(x) = x^2 + ax + b$와 x축이 포함된 방정식을 세워보면 ➔ $x^2 + ax + b = 0$

이때, (방정식 $\underbrace{x^2 + ax + b}_{f(x)} = 0$의 실근)=(이차함수 $f(x)$의 x절편) 임을 이용하자.

생각 1 이차함수 $f(x)$와 x축이 두 교점을 가져야 함을 이용하자.

이차함수 $f(x)$와 x축이 두 교점을 가져야 하므로

방정식 $x^2 + ax + b = 0$이 서로 다른 두 실근을 가져야 한다.

➔ 판별식 $D > 0$이어야 한다.

➔ $D = a^2 - 4b \boxed{> 0}$

생각 2 두 교점의 x좌표가 모두 양수이도록 만들기 위한 조건을 생각하자.

이차함수 $f(x)$의 두 x절편이 모두 양수여야 하므로

방정식 $x^2 + ax + b = 0$의 실근이 모두 양수여야 한다.

> 이차방정식의 근의 부호를 결정하는 상황으로 바뀌었다.
> ➔ 판별식은 이미 썼으므로 **근과 계수의 관계**를 이용하자.

- (두 근의 합)> 0 ➔ $-a > 0$ ➔ $a < 0$
- (두 근의 곱)> 0 ➔ $b > 0$

정리하면, 이차함수 $f(x) = x^2 + ax + b$의 그래프와 x축이 두 교점을 가지고, 그 두 교점의 x좌표가 양수가 되도록 하려면

$\therefore \ a^2 - 4b > 0, \ a < 0, \ b > 0$이어야 한다.

★ **예제 03**

양수 m에 대하여 이차함수 $y = x^2 + 3mx + (3-2m)$과 직선 $y = mx$가

<u>제1사분면과 제3사분면에서 만나도록</u> 만들어보자.

즉, 주어진 이차함수의 그래프와 직선이 다음과 같이 그려지도록 만들어보자.

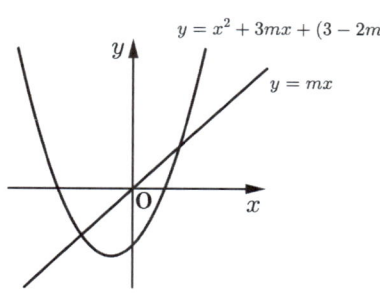

풀이

이차함수 $y = x^2 + 3mx + (3-2m)$과 직선 $y = mx$가 포함된 방정식을 세워보면

$$x^2 + 3mx + (3-2m) = mx \quad \blacktriangleright \quad x^2 + 2mx + (3-2m) = 0$$

이때, (이 방정식의 실근)=(이차함수와 직선의 교점의 x좌표) 임을 이용하자.

생각 1 두 교점이 제1사분면과 제3사분면에 있기 위한 조건을 생각하자.

이차함수와 직선의 두 교점이 제1사분면과 제3사분면에 있으려면

두 교점의 x좌표의 부호가 반대여야 하므로,

방정식 $x^2 + 2mx + (3-2m) = 0$의 두 실근의 부호가 서로 반대여야 한다.

$$(두\ 근의\ 곱) < 0 \ \blacktriangleright \ 3-2m < 0 \ \blacktriangleright \ m > \frac{3}{2}$$

이어야 한다.

> 이차방정식의 근의 부호를 결정하는 상황으로 바뀌었다.

이때 (두 근의 곱) < 0이면

$$x^2 + 2mx + (3-2m) = 0의\ 판별식\ D > 0$$

임이 자동으로 보장된다. 즉, 이 이차방정식이 서로 다른 두 실근을 가짐이 보장된다. 따라서 $m > \frac{3}{2}$이면 주어진 이차함수와 직선이 두 교점을 자동으로 갖게 된다.

정리하면, 이차함수 $y = x^2 + 3mx + (3-2m)$과 직선 $y = mx$가 제1사분면과 제3사분면에서 만나도록 하려면

$$\therefore \ m > \frac{3}{2}이어야\ 한다.$$

두 이차함수 $f(x) = x^2 + ax + b$, $g(x) = -x^2 + cx + d$에 대하여 그림과 같이
함수 $y = f(x)$의 그래프는 x축에 접하고, 두 함수 $y = f(x)$와 $y = g(x)$의
그래프는 제1사분면과 제2사분면에서 만난다. [보기]에서 옳은 것만을 있는 대로 고른 것은?

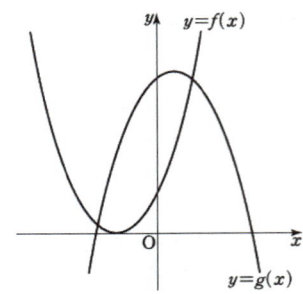

---- [보기] -------------------------------------

ㄱ. $a^2 - 4b = 0$

ㄴ. $a^2 - 4d < 0$

ㄷ. $(a-c)^2 - 8(b-d) > 0$

----

① ㄱ   ② ㄱ, ㄴ   ③ ㄱ, ㄷ

④ ㄴ, ㄷ   ⑤ ㄱ, ㄴ, ㄷ

02 근의 분리

▶ '근의 분리'란 ?
이차방정식의 실근과 어떤 상수와의 대소 관계가 주어져 있는 것을

근의 분리의 상황

이라고 한다.

근의 분리의 상황을 대략적으로 정리해 보면 다음과 같다.

상황 1. 이차방정식의 두 근이 모두 p보다 크다.
상황 2. 이차방정식의 두 근이 모두 p보다 작다.
상황 3. 이차방정식의 두 근 사이에 p가 있다.   (단, p는 상수)

위와 같은 상황이 되도록 조건식을 써야한다면

문제의 상황을 그래프의 관점에서 해석

하여, 원하는 상황을 반영하는

'목표 그래프'를 그려두고,

'목표 그래프'가 <u>반드시</u> 그려지도록

다음의 세 가지 조건을 고려하여 식을 작성

하면 된다.

> ① 경계에서의 함숫값
> ② 판별식
> ③ 대칭축의 위치

이때, 위의 세 가지 조건식을 차례대로 하나씩 쓸 때마다

다음과 같은 생각의 과정을 거치도록 한다.

"방금까지 쓴 조건식들만 모두 만족시키면 <u>반드시</u> '목표 그래프'가 그려지나?"

방금까지 작성한 모든 조건식을 만족시키지만
'목표 그래프'에서 벗어나는 경우가 있는지 검토한다.

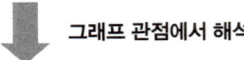 **예시 1** x에 대한 이차방정식 $x^2 - 2kx + 4k = 0$의 두 근이 모두 3보다 클 때,

실수 k의 값의 범위를 구해보자.

생각 1 문제의 상황을 그래프의 관점에서 해석하자.

이차방정식 $\underbrace{x^2 - 2kx + 4k}_{f(x) = x^2 - 2kx + 4k} = \underbrace{0}_{x축}$ 의 두 근이 모두 3보다 크다.

⬇ **그래프 관점에서 해석**

이차함수 $f(x) = x^2 - 2kx + 4k$의 x절편이 모두 3보다 크다.

생각 2 원하는 상황을 반영하는 '목표 그래프'를 그리자.

이차함수 $f(x) = x^2 - 2kx + 4k$ 의 x절편이 모두 3보다 큰 상황을 반영하도록
목표 그래프를 그리면 다음과 같다.

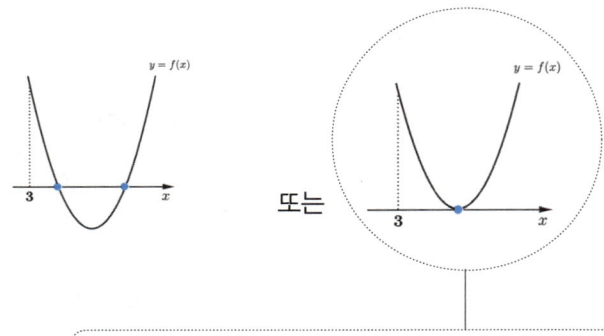

또는

> 이차방정식 $x^2 - 2kx + 4k = 0$의 두 근이 서로 다르다는 조건이 없다. 따라서
> 이차방정식의 두 근이 서로 같아도 되므로,
> 이차함수 $f(x) = x^2 - 2kx + 4k$가 x축과 1개의 교점을 가져도 된다.

생각 3 '목표 그래프'가 반드시 그려지도록 조건식을 작성하자.

① **경계에서의 함숫값**을 고려한다.
이차함수 $f(x)$의 x절편은 모두 3을 경계로 오른쪽에 있어야하므로

경계가 되는 지점은 $x = 3$이다.

목표 그래프가 그려지려면 $f(x)$의 $x = 3$에서의 함숫값이 x축보다 위에 있어야 하므로,

$$\boxed{f(3) > 0}$$

이어야 한다.

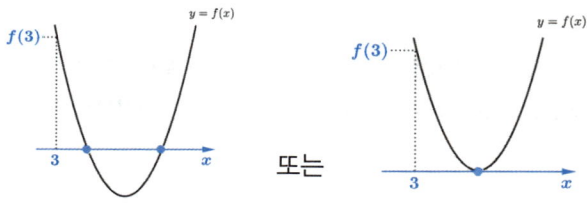

또는

"$f(3) > 0$이기만 하면 <u>반드시</u> **목표 그래프**가 그려지나?"

즉, "$f(3)$이 x축보다 위에 있기만 하면, 반드시 **목표 그래프**가 그려지나?"

➔ $f(3)$이 x축보다 위에 있지만, **목표 그래프**에서 벗어나는 경우가 있는지 검토하자.

다음과 같이 $f(3)$이 x축보다 위에 있지만,

이차함수 $f(x)$와 x축의 교점이 없어서

목표 그래프에서 벗어나는 상황이 생길 수 있다.

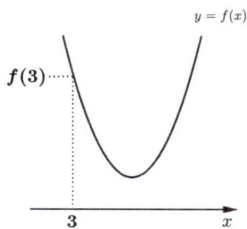

따라서 두 번째 조건식인

판별식

을 통해 위와 같은 상황이 나타나지 않도록 해야 한다.

② **판별식**을 고려한다.

위와 같은 상황을 배제하기 위해서는 다음과 같이

이차함수 $f(x)$가 x축과 교점을 2개 또는 1개 가지도록 만들면 된다.

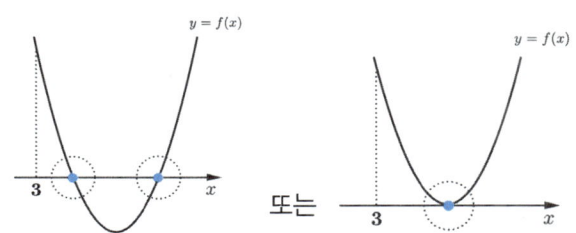

따라서 이차함수 $f(x)$와 x축이 포함된 방정식인

$x^2 - 2kx + 4k = 0$의 서로 다른 실근이 2개 또는 1개

여야 한다. ➔ 판별식 $\boxed{D \geq 0}$이어야 한다.

"$f(3) > 0$이고 $D \geq 0$이기만 하면 <u>반드시</u> **목표 그래프**가 그려지나?"

즉, "$f(3)$이 x축보다 위에 있으면서 $f(x)$가 x축과 교점을 2개 또는 1개 가지기만 하면

반드시 **목표 그래프**가 그려지나?"

➔ $f(3)$이 x축보다 위에 있으면서, $f(x)$와 x축의 교점이 2개 또는 1개이지만,

목표 그래프에서 벗어나는 경우가 있는지 검토하자.

다음과 같이

$$x = 3\text{이 } f(x)\text{의 두 } x\text{절편보다 오른쪽에 있어서}$$

목표 그래프에서 벗어나는 상황이 생길 수 있다.

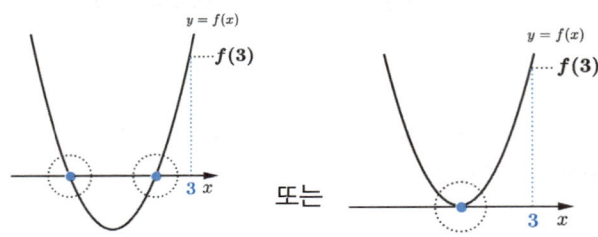

따라서 세 번째 조건식인

대칭축의 위치

를 고려하여 위와 같은 상황이 나타나지 않도록 해야 한다.

③ **대칭축의 위치**를 고려한다.

$f(x) = x^2 - 2kx + 4k$ 의 대칭축 $x = k$가 $x = 3$보다 오른쪽에 있으면 방금과 같이
$x = 3$이 $f(x)$의 두 x절편보다 오른쪽에 있는 상황이 나오지 않도록 할 수 있다.

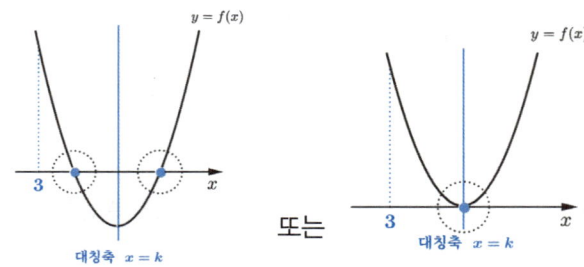

따라서 대칭축 $x = k$가 $x = 3$보다 오른쪽에 있어야 하므로, $\boxed{k > 3}$이어야 한다.

생각 4 얻은 조건들의 공통범위를 구하자.

$f(3) > 0$, $D \geq 0$, $k > 3$의 <u>공통범위</u>를 계산하면

- $f(3) = 9 - 2k > 0$ ➔ $\boxed{k < \dfrac{9}{2}}$

- $\dfrac{D}{4} = k^2 - 4k = k(k-4) \geq 0$ ➔ $\boxed{k \geq 4}$ 또는 $\boxed{k \leq 0}$

- $\boxed{k > 3}$

수직선을 그려서 공통범위를 구하면
$4 \leq k < \dfrac{9}{2}$임을 알 수 있다.

답 : $4 \leq k < \dfrac{9}{2}$

이차방정식의 근과 어떤 상수의 대소관계를 다루는 패턴

이차방정식의 근과 어떤 상수의 대소관계가 조건으로 제시되면
아래와 같은 단계를 거쳐 문제를 풀도록 한다.

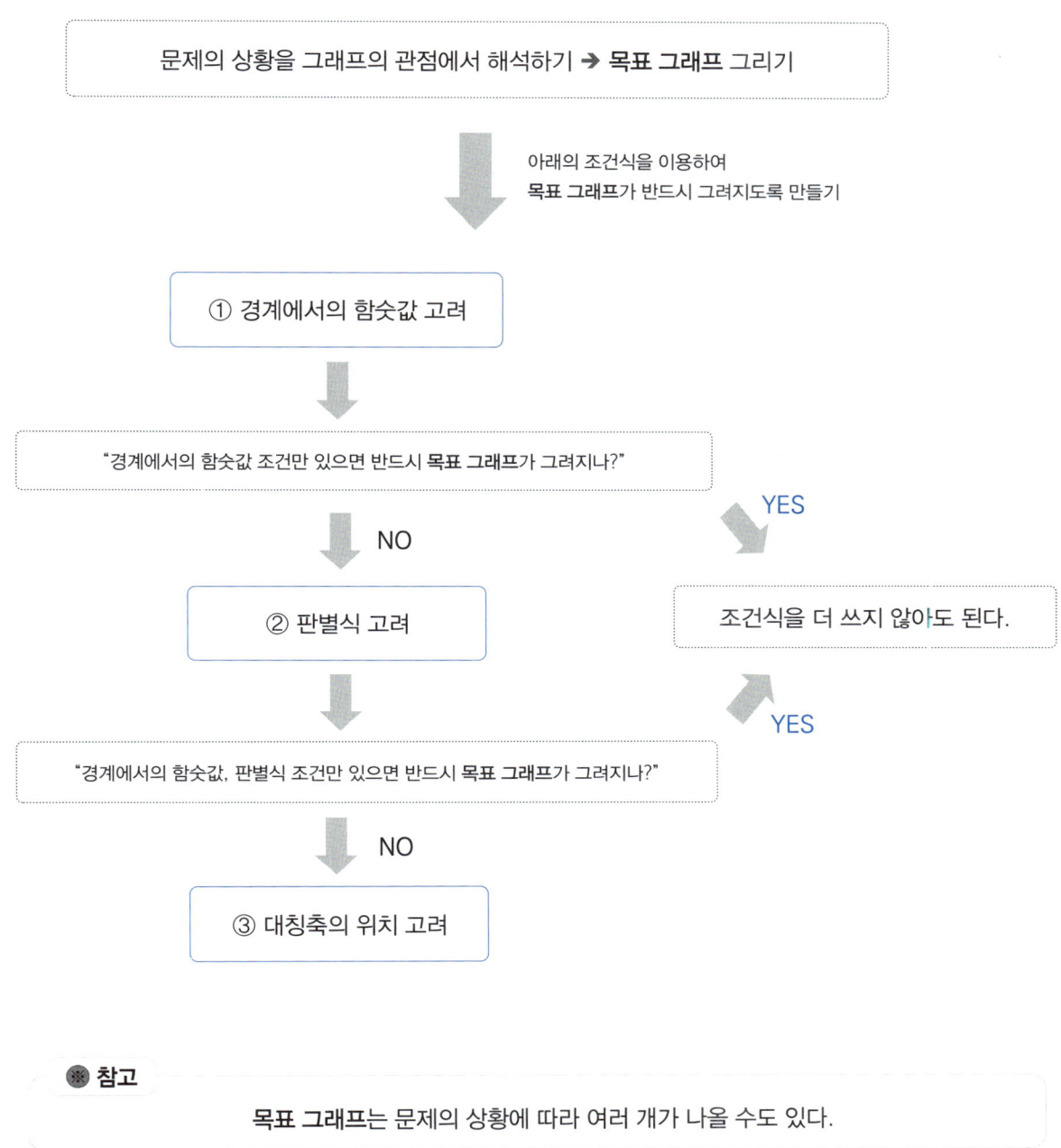

❀ **참고**

목표 그래프는 문제의 상황에 따라 여러 개가 나올 수도 있다.

예시 2 x에 대한 이차방정식 $x^2 - 2kx + 4k = 0$의 두 근 사이에 3이 있을 때,

실수 k의 범위를 구해보자.

생각 1 문제의 상황을 그래프의 관점에서 해석하자.

이차방정식 $\underbrace{x^2 - 2kx + 4k}_{f(x) = x^2 - 2kx + 4k} = \underbrace{0}_{x축}$ 의 두 근 사이에 3이 있다.

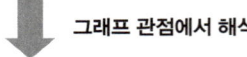

그래프 관점에서 해석

이차함수 $f(x) = x^2 - 2kx + 4k$의 두 x절편 사이에 3이 있다.

생각 2 원하는 상황을 반영하는 '목표 그래프'를 그리자.

이차함수 $f(x) = x^2 - 2kx + 4k$의 두 x절편 사이에 3이 있는 상황을 반영하도록
목표 그래프를 그리면 다음과 같다.

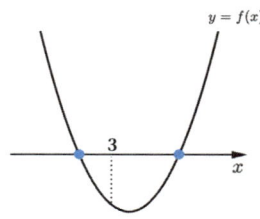

생각 3 '목표 그래프'가 반드시 그려지도록 조건식을 작성하자.

① **경계에서의 함숫값**을 고려한다.

경계가 되는 지점은 $x = 3$이다. 목표 그래프가 그려지려면 아래와 같이 $f(x)$의 $x = 3$에서의 함숫값이 x축보다 아래에 있어야 하므로,

$$\boxed{f(3) < 0}$$

이어야 한다.

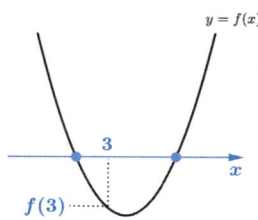

조건식을 차례대로 하나씩 쓸 때마다 해야 하는 생각

"$f(3) < 0$이기만 하면 <u>반드시</u> **목표 그래프**가 그려지나?"

즉, "$f(3)$이 x축보다 아래에 있기만 하면, 반드시 **목표 그래프**가 그려지나?"

➔ $f(3)$이 x축보다 아래에 있지만, **목표 그래프**에서 벗어나는 경우가 있는지 검토하자.

$f(3)$이 x축보다 아래에 있기만 하면 그래프가 반드시 다음과 같이 그려질 수밖에 없고,

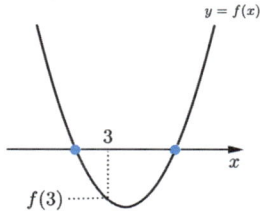

이는 **목표 그래프**와 정확히 일치한다.

따라서 더 이상 조건식을 쓸 필요 없이 $f(3) < 0$만 풀어서 정리해주면 된다.

$$f(3) < 0 \ ➔ \ 9 - 2k < 0 \ ➔ \ k > \frac{9}{2}$$

답 : $k > \dfrac{9}{2}$

유제
409

x에 대한 이차방정식 $x^2 + 2ax + 3a + 4 = 0$의 두 근이 모두 -1보다 작을 때, 실수 a의 값의 범위를 구하시오.

유제
410

x에 대한 이차방정식 $x^2 + 2ax - a^2 + 7 = 0$의 두 근 사이에 -1이 있을 때, 실수 a의 값의 범위를 구하시오.

유제
411

x에 대한 이차방정식 $x^2 + 2(k-1)x - k + 3 = 0$의 두 근이 모두 이차방정식 $x^2 - 3x = 0$의 두 근 사이에 있을 때, 실수 k의 값의 범위를 구하시오.

유제
412

난이도 UP

x에 대한 이차방정식 $x^2 + ax - 8 = 0$의 두 근 중에서 한 근만이 이차방정식 $x^2 - 5x + 6 = 0$의 두 근 사이에 있도록 하는 실수 a의 값의 범위를 구하시오.

03 고난도 추론 – 근의 분리의 적용

생각 | 이해 ● ● 암기 | 적용

이차함수가 제한된 범위의 x좌표에서 제한된 범위의 함숫값만을 가지도록 만들어야

할 때는, 마치 근의 분리의 상황을 다루듯이 종합 정리 의 틀을 그대로 적용한다.

문제 413

2023
고3 9월 13번 변형

이차함수 $f(x) = x^2 + 2ax - 2a + 1$이 다음 조건을 만족시키도록 하는

실수 a의 값의 범위를 구하시오.

> $x \geq 0$인 모든 실수 x에 대하여 $f(x) \geq 0$이다.

문제 414

2023
고3 9월 13번 변형

이차함수 $f(x) = -x^2 - 2ax - b$가 아래의 조건을 만족시킨다.

> (가) $f(-1) = 0$
> (나) $-1 \leq x \leq 0$인 모든 실수 x에 대하여 $f(x) \geq 0$이다.

실수 a의 범위를 구하시오.

7

7-1

여러가지 방정식
고차방정식

01 삼차방정식과 사차방정식의 풀이

❶ 삼차식의 인수분해 공식

① $a^3 + b^3 = (a+b)(a^2 - ab + b^2)$

③ $a^3 + 3a^2b + 3ab^2 + b^3 = (a+b)^3$

② $a^3 - b^3 = (a-b)(a^2 + ab + b^2)$

④ $a^3 - 3a^2b + 3ab^2 - b^3 = (a-b)^3$

❷ 삼차방정식의 풀이

생각 | 이해 •• 암기 | 적용

삼차방정식은 다음과 같은 방법으로 푼다.

삼차방정식 ┬ 인수분해 공식을 활용할 수 있다면 ⟹ ① 인수분해 공식

└ 인수분해 공식을 활용할 수 없다면 ⟹ ② 조립제법

❸ 사차방정식의 풀이

생각 | 이해 •• 암기 | 적용

사차방정식은 다음과 같은 방법으로 푼다.

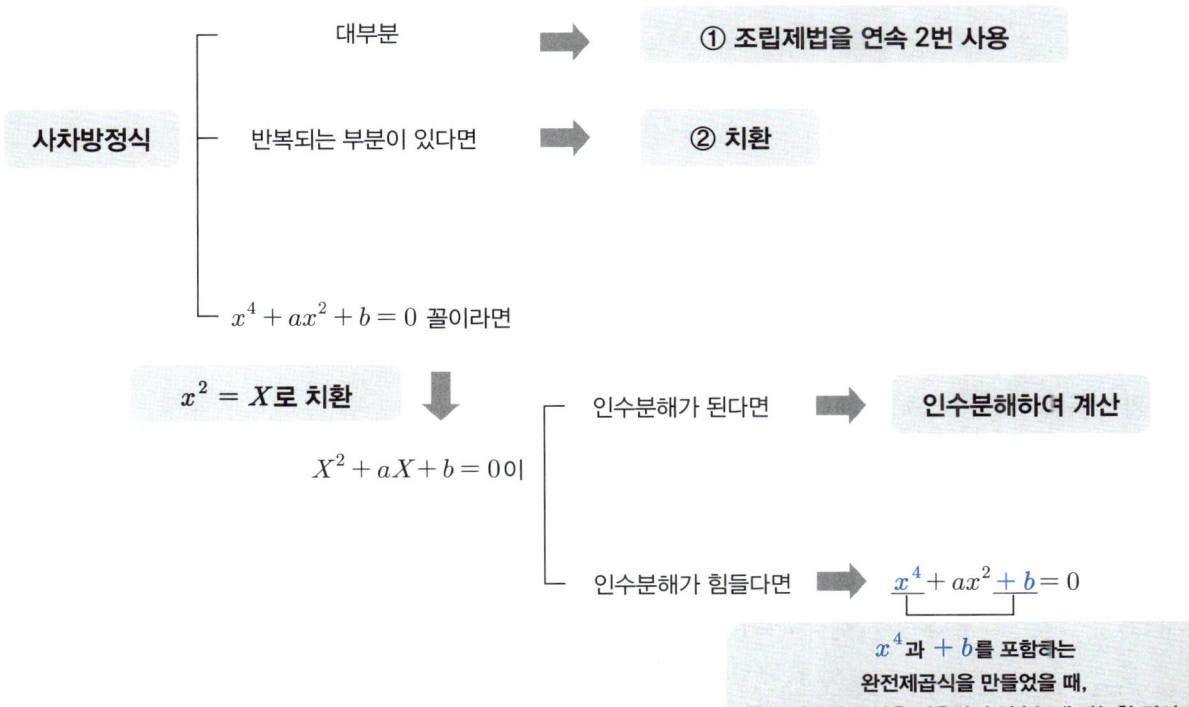

사차방정식 ┬ 대부분 ⟹ ① 조립제법을 연속 2번 사용

├ 반복되는 부분이 있다면 ⟹ ② 치환

└ $x^4 + ax^2 + b = 0$ 꼴이라면

$x^2 = X$로 치환 ⟱

$X^2 + aX + b = 0$이 ┬ 인수분해가 된다면 ⟹ 인수분해하여 계산

└ 인수분해가 힘들다면 ⟹ $\underline{x^4 + ax^2 + b} = 0$

x^4과 $+ b$를 포함하는 완전제곱식을 만들었을 때, 합차 제곱차 공식을 이용하여 인수분해 가능할 것이다.

설명

1 **대부분의 사차방정식의 경우 → 조립제법을 연속 2번 사용한다.**

예시 1 사차방정식 $x^4 + 4x^3 + 6x^2 + 4x - 15 = 0$을 풀어보자.

$x = 1$을 대입했을 때 좌변이 0이 되므로 이를 바탕으로 조립제법을 써보면 아래와 같고,

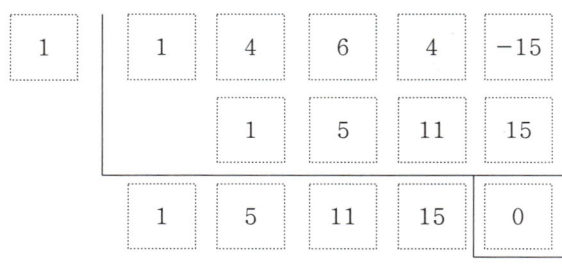

$$x^4 + 4x^3 + 6x^2 + 4x - 15$$
$$= (x-1)(x^3 + 5x^2 + 11x + 15)$$

$(x^3 + 5x^2 + 11x + 15)$을 조립제법을 한 번 더 사용하여 인수분해하자.
$(x^3 + 5x^2 + 11x + 15)$에 $x = -3$을 대입하면 0이 되므로

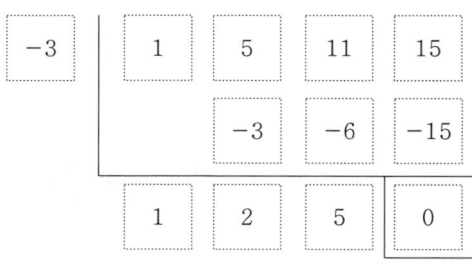

$$(x^3 + 5x^2 + 11x + 15)$$
$$= (x+3)(x^2 + 2x + 5)$$

즉, $x^4 + 4x^3 + 6x^2 + 4x - 15 = (x-1)(x+3)(x^2 + 2x + 5)$로 인수분해할 수 있고,
이를 바탕으로 사차방정식의 근도 모두 구할 수 있다.

2 **반복되는 부분이 있는 사차방정식의 경우 → 반복되는 부분은 치환한다.**

예시 2 사차방정식 $(x^2 - 5x)(x^2 - 5x + 13) + 42 = 0$을 풀어보자.

$x^2 - 5x$가 반복되므로 $x^2 - 5x = t$로 치환하면,
$(x^2 - 5x)(x^2 - 5x + 13) + 42 = 0$ ➜ $t(t+13) + 42 = 0$ ➜ $(t+6)(t+7) = 0$
즉, $t = -7$ 또는 $t = -6$이다. 여기서 $x^2 - 5x = t$임을 다시 떠올려보면,

$t = -7 \Rightarrow x^2 - 5x = -7$ ➜ $x^2 - 5x + 7 = 0$ ➜ $x = \dfrac{5 \pm \sqrt{3}\, i}{2}$

$t = -6 \Rightarrow x^2 - 5x = -6$ ➜ $x^2 - 5x + 6 = 0$ ➜ $(x-2)(x-3) = 0$ ➜ $x = 2$ 또는 $x = 3$

$\therefore \ x = 2$ 또는 $x = 3$ 또는 $x = \dfrac{5 \pm \sqrt{3}\, i}{2}$

3 $x^4 + ax^2 + b = 0$꼴의 사차방정식을 $x^2 = X$로 치환했을 때 인수분해가 가능한 경우

예시 3 사차방정식 $x^4 - 5x^2 + 4 = 0$을 풀어보자.

$x^2 = X$로 치환하면,

$x^4 - 5x^2 + 4 = 0$ ➡ $X^2 - 5X + 4 = 0$ ➡ $(X-1)(X-4) = 0$ ➡ $X = 1$ 또는 $X = 4$

여기서 $x^2 = X$임을 다시 떠올려보면,

$X = 1$ ➡ $x^2 = 1$ ➡ $x = \pm 1$

$X = 4$ ➡ $x^2 = 4$ ➡ $x = \pm 2$ $\therefore x = \pm 1$ 또는 $x = \pm 2$

4 $x^4 + ax^2 + b = 0$꼴의 사차방정식을 $x^2 = X$로 치환했을 때 인수분해가 힘든 경우

예시 4 사차방정식 $x^4 - 6x^2 + 1 = 0$을 풀어보자.

$x^2 = X$로 치환하면,

$x^4 - 6x^2 + 1 = 0$ ➡ $X^2 - 6X + 1 = 0$ ➡ 더 이상 인수분해가 힘들다.

그렇다면, 아래와 같이 치환 전의 식으로 돌아왔을 때

$$\underline{x^4} - 6x^2 \underline{+1} = 0$$

> ❓ **생각 Point**
>
> x^4과 $+1$을 포함하는 완전제곱식을 만들면
> 합차 제곱차 공식을 이용하여 인수분해가 가능할 것이다.

x^4과 $+1$를 포함하는 완전제곱식으로

$x^4 + 2x^2 + 1 = (x^2+1)^2$을 떠올릴 수 있다. 이를 중심으로 식을 조작하자.

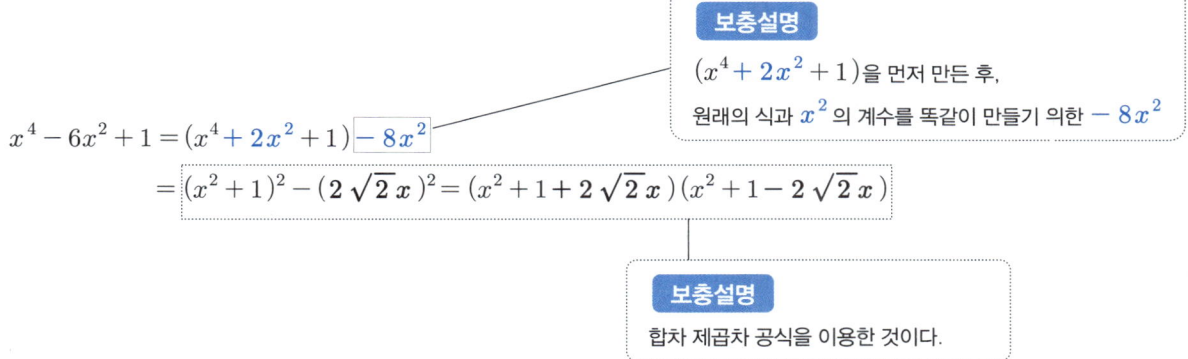

보충설명
$(x^4 + 2x^2 + 1)$을 먼저 만든 후,
원래의 식과 x^2의 계수를 똑같이 만들기 의한 $-8x^2$

$x^4 - 6x^2 + 1 = (x^4 + 2x^2 + 1)\boxed{-8x^2}$

$= (x^2+1)^2 - (2\sqrt{2}\,x)^2 = (x^2 + 1 + 2\sqrt{2}\,x)(x^2 + 1 - 2\sqrt{2}\,x)$

보충설명
합차 제곱차 공식을 이용한 것이다.

즉, $x^2 + 2\sqrt{2}\,x + 1 = 0$ 또는 $x^2 - 2\sqrt{2}\,x + 1 = 0$이므로

근의 공식을 이용하면 사차방정식의 근을 모두 구할 수 있다.

참고로, x^4과 $+1$를 포함하는 완전제곱식으로

$x^4 - 2x^2 + 1 = (x^2 - 1)^2$을 떠올려 계산해도 결과는 같다.

❸ 계수가 대칭인 사차방정식의 풀이

다음과 같이 내림차순으로 정리했을 때 계수가 대칭인 사차방정식의 해법은 따로 기억해 두도록 한다.

$$x^4 + 5x^3 - 4x^2 + 5x + 1 = 0$$

$$\rightarrow 1\,x^4 + 5\,x^3 - 4\,x^2 + 5\,x + 1 = 0$$

내림차순으로 정리했을 때 계수가 대칭인 사차방정식은 다음과 같이 푼다.

> **[단계 1]** 양변을 x^2으로 나눈다.
>
> **[단계 2]** $x + \dfrac{1}{x} = X$로 치환한다.

예시 사차방정식 $x^4 + 5x^3 - 4x^2 + 5x + 1 = 0$을 풀어보자.

사차방정식의 계수가 대칭임을 알아차렸다면

[단계 1] 양변을 x^2으로 나누자.

$$x^4 + 5x^3 - 4x^2 + 5x + 1 = 0 \ \rightarrow \ x^2 + 5x - 4 + \frac{5}{x} + \frac{1}{x^2} = 0$$

$$\rightarrow \left(x^2 + \frac{1}{x^2} \right) + \left(5x + \frac{5}{x} \right) - 4 = 0$$

$$\rightarrow \left(x + \frac{1}{x} \right)^2 - 2 + 5\left(x + \frac{1}{x} \right) - 4 = 0 \ \rightarrow \ \left(x + \frac{1}{x} \right)^2 + 5\left(x + \frac{1}{x} \right) - 6 = 0$$

[단계 2] $x + \dfrac{1}{x} = X$로 치환하자.

$$\left(x + \frac{1}{x} \right)^2 + 5\left(x + \frac{1}{x} \right) - 6 = 0 \ \rightarrow \ X^2 + 5X - 6 = 0 \ \rightarrow \ (X+6)(X-1) = 0 \ \rightarrow \ X = -6 \ \text{또는} \ X = 1$$

여기서 $x + \dfrac{1}{x} = X$임을 다시 떠올려보면,

$$X = -6 \ \rightarrow \ x + \frac{1}{x} = -6 \ \rightarrow \ x^2 + 6x + 1 = 0 \ \rightarrow \ x = -3 \pm 2\sqrt{2}$$

$$X = 1 \ \rightarrow \ x + \frac{1}{x} = 1 \ \rightarrow \ x^2 - x + 1 = 0 \ \rightarrow \ x = \frac{1 \pm \sqrt{3}\,i}{2}$$

$$\therefore \ x = -3 \pm 2\sqrt{2} \ \text{또는} \ x = \frac{1 \pm \sqrt{3}\,i}{2}$$

다음 방정식의 근을 모두 구하시오.

(1) $x^3 + 8 = 0$

(6) $x^3 - 2x^2 - 2x + 1 = 0$

(2) $x^3 + 5x^2 + 4x = 0$

(7) $x^3 - 2x^2 - 5x + 6 = 0$

(3) $x^2 - 3x^2 + 3x - 1 = 0$

(8) $x^4 - 6x^3 + 9x^2 + 4x - 12 = 0$

(4) $x^3 + 6x^2 + 12x + 8 = 0$

(9) $x^4 - x^3 - x^2 - x - 2 = 0$

(5) $2x^3 - x^2 + 2x - 1 = 0$

(10) $x^4 + x^3 - x^2 - 7x - 6 = 0$

방정식 $(x^2 + 2x)^2 - (x^2 + 2x) = 0$을 푸시오.

유제 417

x에 대한 삼차방정식 $x^3 + x^2 + kx - 3 = 0$의 한 근이 -1일 때, 나머지 두 근을 구하시오.

유제 418

사차방정식 $x^4 - 6x^2 + 1 = 0$의 모든 근의 곱을 구하시오.

유제 419

사차방정식 $x^4 + 6x^3 - 5x^2 + 6x + 1 = 0$의 모든 근의 합을 구하시오.

유제
420
기본 기출문제

삼차방정식

$$x^3 + (k+1)x^2 + (4k-3)x + k + 7 = 0$$

은 서로 다른 세 실근 1, α, β를 갖는다. $|\alpha - \beta|$의 값을 구하시오.
(단, k는 상수이다.)

유제
421
기본 기출문제

x에 대한 사차방정식 $x^4 - x^3 + ax^2 + x + 6 = 0$의 한 근이 -2일 때,
네 실근 중 가장 큰 것을 b라 하자. $a + b$의 값을 구하시오.
(단, a는 상수이다.)

유제
422

사차식 $x^4 + ax^2 + b$가 이차식 $(x-1)(x+\sqrt{2})$로 나누어떨어질 때,
사차방정식 $x^4 + ax^2 + b = 0$의 네 근의 곱을 구하시오.

02 삼차방정식의 특징

생각 | 이해 ● ● 암기 | 적용

❶ 삼차방정식의 근과 계수의 관계

● **삼차방정식의 근과 계수의 관계**

삼차방정식 $ax^3 + bx^2 + cx + d = 0$의 세 근을 α, β, γ라 하면

① $\alpha + \beta + \gamma = $(세 근의 합)$= -\dfrac{b}{a}$

② $\alpha\beta + \beta\gamma + \gamma\alpha = $(두 근의 곱의 합)$= \dfrac{c}{a}$

③ $\alpha\beta\gamma = $(세 근의 곱)$= -\dfrac{d}{a}$

❀ 참고

삼차방정식 $ax^3 + bx^2 + cx + d = 0$의 세 근을 α, β, γ라 하면
$ax^3 + bx^2 + cx + d = a(x - \alpha)(x - \beta)(x - \gamma)$이다. 우변의 식을 전개하고
양변을 계수 비교하면 삼차방정식의 근과 계수의 관계를 증명할 수 있다.

설명

삼차방정식 $x^3 - 2x^2 + 5x - 1 = 0$의 세 근을 α, β, γ라 하면
삼차방정식의 근과 계수의 관계에 의하여

$\alpha + \beta + \gamma = -\dfrac{-2}{1} = 2$, $\alpha\beta + \beta\gamma + \gamma\alpha = \dfrac{5}{1} = 5$, $\alpha\beta\gamma = -\dfrac{-1}{1} = 1$임을 알 수 있다.

❷ 세 수를 근으로 하는 삼차방정식 만들기

● 세 수를 근으로 하는 삼차방정식 만들기

α, β, γ를 근으로 하고 x^3의 계수가 m인 삼차방정식은
$m(x-\alpha)(x-\beta)(x-\gamma)=0$이므로, 좌변을 전개하여 정리하면

$m\{x^3-(\alpha+\beta+\gamma)x^2+(\alpha\beta+\beta\gamma+\gamma\alpha)x-\alpha\beta\gamma\}=0$
➔ **(최고차항 계수)**×$\{x^3-$**(세 근의 합)**x^2+**(두 근의 곱의 합)**$x-$**(세 근의 곱)**$\}=0$

설명

-1, 1, 2를 세 근으로 하고, 최고차항의 계수가 1인 삼차방정식은
$x^3-\{(-1)+1+2\}x^2+\{(-1)(1)+(1)(2)+(2)(-1)\}x-(-1)(1)(2)=0$
➔ $x^3-2x^2-x+2=0$

❸ 삼차방정식의 켤레근

이차방정식에서와 마찬가지로 삼차방정식에서도 다음과 같은 성질이 성립한다.

● 삼차방정식의 켤레근

1 계수가 모두 실수인 삼차방정식의 허근과

2 계수가 모두 유리수인 삼차방정식의 무리근은 **켤레로 존재한다.**

⚠ 주의!

① 삼차방정식의 계수에 허수가 있으면 허근은 켤레로 존재하지 않을 수 있다.
② 삼차방정식의 계수에 무리수가 있으면 무리근은 켤레로 존재하지 않을 수 있다.

★ **예제** **01**

삼차방정식 $x^3 - 3x^2 + ax + 5 = 0$의 한 근이 $2 - i$일 때, 실수 a의 값을 구해보자.

풀이

삼차방정식의 계수가 모두 실수이므로(허수인 계수가 없으므로)
삼차방정식의 허근은 켤레로 존재한다.

➜ 한 근이 $2 - i$이므로, 나머지 두 근을 $2 + i$, k라 둘 수 있다.

여기서 삼차방정식의 근과 계수의 관계를 적용하면
(세 근의 합)$= (2 - i) + (2 + i) + k = 3$ ➜ $k = -1$
즉, 삼차방정식의 세 근은 $2 - i$, $2 + i$, -1이다.

한 번 더 삼차방정식의 근과 계수의 관계를 적용하면
$(2 - i)(2 + i) + (2 + i)(-1) + (2 - i)(-1) = a$ ➜ $\therefore\ a = 1$

답 : $a = 1$

삼차방정식 $x^3 - 2x^2 + 3x - 3 = 0$의 세 근을 α, β, γ라 할 때, $\alpha - 2$, $\beta - 2$, $\gamma - 2$를 세 근으로 하고 x^3의 계수가 3인 삼차방정식을 구해보자.

풀이

생각 1 $x^3 - 2x^2 + 3x - 3 = 0$에서 근과 계수의 관계를 적용하자.

$x^3 - 2x^2 + 3x - 3 = 0$의 세 근이 α, β, γ이므로 근과 계수의 관계를 적용하면,

(세 근의 합)$= \alpha + \beta + \gamma = -\dfrac{-2}{1} = 2$

(두 근의 곱의 합)$= \alpha\beta + \beta\gamma + \gamma\alpha = \dfrac{3}{1} = 3$

(세 근의 곱)$= \alpha\beta\gamma = -\dfrac{-3}{1} = 3$

생각 2 $\alpha - 2$, $\beta - 2$, $\gamma - 2$를 세 근으로 하고, x^3의 계수가 3인 삼차방정식을 작성하자.

(세 근의 합)$= (\alpha - 2) + (\beta - 2) + (\gamma - 2) = (\alpha + \beta + \gamma) - 6 = 2 - 6 = -4$

(두 근의 곱의 합)
$$
\begin{aligned}
&= (\alpha - 2)(\beta - 2) + (\beta - 2)(\gamma - 2) + (\gamma - 2)(\alpha - 2) \\
&= [\alpha\beta - 2(\alpha + \beta) + 4] + [\beta\gamma - 2(\beta + \gamma) + 4] + [\gamma\alpha - 2(\gamma + \alpha) + 4] \\
&= (\alpha\beta + \beta\gamma + \gamma\alpha) - 4(\alpha + \beta + \gamma) + 12 \\
&= 3 - 4(2) + 12 = 7
\end{aligned}
$$

(세 근의 곱)
$$
\begin{aligned}
&= (\alpha - 2)(\beta - 2)(\gamma - 2) \\
&= (-1)(2 - \alpha)(-1)(2 - \beta)(-1)(2 - \gamma) \\
&= -(2 - \alpha)(2 - \beta)(2 - \gamma) \\
&= -[2^3 - (\alpha + \beta + \gamma)2^2 + (\alpha\beta + \beta\gamma + \gamma\alpha)2 - \alpha\beta\gamma] \\
&= -[8 - (2)2^2 + (3)2 - 3] \\
&= -3
\end{aligned}
$$

정리하면, 구하는 삼차방정식의

(세 근의 합)$= -4$, **(두 근의 곱의 합)**$= 7$, **(세 근의 곱)**$= -3$

이므로, $\alpha - 2$, $\beta - 2$, $\gamma - 2$를 세 근으로 하고, x^3의 계수가 3인 삼차방정식은

$$3 \times \{x^3 - \textbf{(세 근의 합)}x^2 + \textbf{(두 근의 곱의 합)}x - \textbf{(세 근의 곱)}\} = 0$$

$$\rightarrow 3 \times \{x^3 - (-4)x^2 + (7)x - (-3)\} = 0$$

$$\rightarrow 3x^3 + 12x^2 + 21x + 9 = 0$$

답 : $3x^3 + 12x^2 + 21x + 9 = 0$

삼차방정식 $x^3 - 2x^2 - 6x + 4 = 0$의 세 근을 α, β, γ라 할 때, 다음 식의 값을 구하시오.

유제
423

(1) $\dfrac{1}{\alpha} + \dfrac{1}{\beta} + \dfrac{1}{\gamma}$

(4) $\alpha^3 + \beta^3 + \gamma^3$

(2) $\dfrac{1}{\alpha\beta} + \dfrac{1}{\beta\gamma} + \dfrac{1}{\gamma\alpha}$

(5) $(\alpha+1)(\beta+1)(\gamma+1)$

(3) $\alpha^2 + \beta^2 + \gamma^2$

(6) $(\alpha+\beta)(\beta+\gamma)(\gamma+\alpha)$

유제
424

삼차방정식 $x^3 + 7x^2 + 2x - 3 = 0$의 세 근 α, β, γ에 대하여
$(1+\alpha)(1+\beta)(1+\gamma)$의 값을 구하시오.

유제 425
기본 기출문제

계수가 실수인 x에 대한 삼차방정식 $x^3 + ax^2 + bx - 8 = 0$의 한 근이 $1 - \sqrt{3}\,i$일 때, $a + b$의 값을 구하시오. (단, $i = \sqrt{-1}$)

유제 426

삼차방정식 $x^3 + 2x^2 + x - 1 = 0$의 세 근을 α, β, γ라 할 때, $\dfrac{1}{\alpha}$, $\dfrac{1}{\beta}$, $\dfrac{1}{\gamma}$을 세 근으로 하고 x^3의 계수가 1인 삼차방정식을 $P(x) = 0$이라 하자. $P(3)$의 값을 구하시오.

유제 427
난이도 UP

x^3의 계수가 1인 삼차식 $P(x)$에 대하여
$$P(1) = P(3) = P(5) = -2$$
이 성립할 때, $P(2)$의 값을 구하시오.

03 고난도 출제 패턴 ★ − 삼/사차방정식의 근의 종류

① 삼차방정식의 근의 종류

생각 | 이해 ── 암기 | 적용

삼차방정식을 일차방정식과 이차방정식으로 나누었을 때,

일차방정식에서는 반드시 실근 1개가 나온다.

설명

(삼차식)$= 0$ → (일차식)(이차식)$= 0$ → ┃(일차식)$= 0$┃ 또는 (이차식)$= 0$
　　　　　　　인수분해

　　　　　　　　　　　　↓

　　　　　　　반드시 실근 1개

② 삼차방정식의 근의 종류와 관련된 조건 다루기

1 삼차방정식의 서로 다른 실근의 개수가 2가 되도록 해야 한다면

→ 삼차방정식의 세 실근이

$x =$ □ 또는 $x =$ □ 또는 $x =$ △의 꼴이 되도록 하면 된다.

→ $x =$ □(중근)

이때, □ $=$ △이면
삼차방정식의 서로 다른 실근의 개수가 1이 되므로
□ $\neq$ △이어야 한다는 조건까지 생각해야 한다.

2 삼차방정식이 서로 다른 세 실근을 갖도록 해야 한다면

→ 삼차방정식의 세 실근이

$x =$ □ 또는 $x =$ △ 또는 $x =$ ☆의 꼴이 되도록 하면 된다.

이때, □, △, ☆ 중 서로 같은 것이 있으면
삼차방정식의 서로 다른 실근의 개수가 3이 될 수 없으므로
□, △, ☆가 모두 다른 값이어야 한다는 조건까지 생각해야 한다.

생각 넓히기　삼차방정식은 일차방정식과 이차방정식으로 나누어 다룬다.

앞으로 다루게 될 삼차방정식은 대부분 일차방정식과 이차방정식으로 나누어진다.

이러한 특징은 삼차방정식의 근의 종류를 다룰 때의 기준이 되므로

❓ 생각 Point

삼차방정식은 일차방정식과 이차방정식으로 나누어 다루도록 한다.

★ **예제 03**

삼차방정식

$$x^3 - 5x^2 + (a+4)x - a = 0$$

의 서로 다른 실근의 개수가 2가 되도록 하는 모든 실수 a의 값의 합을 구해보자.

풀이

주어진 삼차방정식을 (일차식)(이차식)= 0의 꼴로 먼저 인수분해하자.

$x^3 - 5x^2 + (a+4)x - a = 0$의 좌변에 $x = 1$을 대입하면 0이 되므로 조립제법을 써서 인수분해하면,

$$x^3 - 5x^2 + (a+4)x - a = (x-1)(x^2 - 4x + a) = 0 \;\rightarrow\; x = 1 \text{ 또는 } x^2 - 4x + a = 0$$

따라서 $x = 1$과 이차방정식 $x^2 - 4x + a = 0$의 두 근이 주어진 삼차방정식의 세 근이다.

이때, 주어진 삼차방정식의 서로 다른 실근의 개수가 2가 되려면, 세 실근이

① $x = 1$ 또는 $x = 1$ 또는 $x = \square$ 꼴이거나

② $x = 1$ 또는 $x = \square$ 또는 $x = \square$ 꼴이어야 한다.

이때, $\square = 1$이면 삼차방정식의 서로 다른 실근의 개수가 1이 되므로

$\square \neq 1$이어야 한다는 조건까지 생각해야 함을 잊지 말자.

Case 1 세 실근이 $x = 1$ 또는 $x = 1$ 또는 $x = \square$ 꼴이려면

이차방정식 $x^2 - 4x + a = 0$의 두 근이 $x = 1$ 또는 $x = \square$ 꼴이어야 한다.

즉, $x = 1$을 대입했을 때 이차방정식이 성립해야하므로, $1 - 4 + a = 0 \;\rightarrow\; a = 3$

$a = 3$을 이차방정식에 대입하면 $x^2 - 4x + 3 = 0 \;\rightarrow\; x = 1$ 또는 $x = 3$

즉, $a = 3$일 때 $\square = 3$이므로 $\square \neq 1$이어야 한다는 조건도 만족시킨다.

➜ $a = 3$은 조건을 만족시킨다.

Case 2 세 실근이 $x = 1$ 또는 $x = \square$ 또는 $x = \square$ 꼴이려면

이차방정식 $x^2 - 4x + a = 0$의 두 근이 $x = \square$ 또는 $x = \square$ 꼴이어야 한다.

즉, 이차방정식 $x^2 - 4x + a = 0$이 중근을 가져야 하므로, (판별식)= 0이어야 한다.

$$(\text{판별식}) = 0 \;\rightarrow\; \frac{D}{4} = 4 - a = 0 \;\rightarrow\; a = 4 \text{이고},$$

$a = 4$를 이차방정식에 대입하면 $x^2 - 4x + 4 = 0 \;\rightarrow\; x = 2$ 또는 $x = 2$

즉, $a = 4$일 때 $\square = 2$이므로, $\square \neq 1$이어야 한다는 조건도 만족시킨다.

➜ $a = 4$는 문제의 조건을 만족시킨다.

즉, 구하는 모든 a의 값은 3과 4이다.

답 : $3 + 4 = 7$

유제
428
기본 기출문제

x에 대한 삼차방정식 $x^3 + 5x^2 + (a-6)x - a = 0$의 서로 다른 실근의 개수가 2가 되도록 하는 모든 실수 a의 값의 합을 구하시오.

유제
429
기본 기출문제

x에 대한 방정식 $x^3 + (8-a)x^2 + (a^2 - 8a)x - a^3 = 0$이 서로 다른 세 실근을 갖기 위한 정수 a의 개수를 구하시오.

유제
430
기본 기출문제

x에 대한 삼차방정식

$$(x-a)\{x^2 + (1-3a)x + 4\} = 0$$

이 서로 다른 세 실근 1, α, β를 가질 때, $\alpha\beta$의 값을 구하시오. (단, a는 상수이다.)

❸ 사차방정식의 근의 종류와 관련된 조건 다루기

1 사차방정식이 실근과 허근을 모두 갖도록 해야 한다면

➜ 사차방정식을 2개의 이차방정식으로 나누었을 때
   하나의 이차방정식은 실근을 갖도록 만들고,
   다른 하나의 이차방정식은 허근을 갖도록 만들면 된다.

2 사차방정식의 모든 근이 실수가 되도록 해야 한다면

➜ 사차방정식을 2개의 이차방정식으로 나누었을 때
   2개의 이차방정식이 모두 실근을 갖도록 만들면 된다.

3 사차방정식의 서로 다른 실근의 개수가 3이 되도록 해야 한다면

➜ 사차방정식의 네 실근이

$x = \square$ 또는 $x = \square$ 또는 $x = \triangle$ 또는 $x = \star$의 꼴이 되도록 만들면 된다.

➜ $x = \square$ (중근)

이때, $\square$, $\triangle$, $\star$ 중 서로 같은 것이 있으면
사차방정식의 서로 다른 실근의 개수가 3이 될 수 없으므로
$\square$, $\triangle$, $\star$가 모두 다른 값이어야 한다는 조건까지 생각해야 한다.

생각 넓히기 **사차방정식은 2개의 이차방정식으로 나누어 다룬다.**

앞으로 다룰 사차방정식은 대부분 2개의 이차방정식으로 나누어진다.
이러한 특징은 사차방정식의 근의 종류를 다룰 때의 기준이 되므로

❓ 생각 Point

사차방정식은 2개의 이차방정식으로 나누어 다루도록 한다.

설명

(사차식)=0 ➜ (이차식1)(이차식2)= 0 ➜ (이차식1)= 0 또는 (이차식2)= 0
  인수분해

유제 431

x에 대한 사차방정식 $x^4 - (2a-3)x^2 + a^2 - 3a - 10 = 0$이 실근과 허근을 모두 갖도록 하는 정수 a의 개수를 구하시오.

유제 432

기본 기출문제

사차방정식 $(x^2 + kx + 2)(x^2 + kx + 6) + 3 = 0$이 실근과 허근을 모두 갖도록 하는 자연수 k의 값을 구하시오

유제 433

기본 기출문제

x에 대한 사차방정식

$$x^4 + (2a+1)x^3 + (3a+2)x^2 + (a+2)x = 0$$

의 서로 다른 실근의 개수가 3이 되도록 하는 모든 실수 a의 값의 곱을 구하시오.

❹ 삼/사차방정식의 허근이 미지수로 제시되는 경우

삼차방정식 또는 사차방정식의 허근이 미지수로 제시되면

> **❓ 생각 Point**
>
> 이 허근을 근으로 갖는 이차방정식을 찾아 활용할 수 있다.

설명

예를 들어, 삼차방정식 $x^3 + x - 2 = 0$의 서로 다른 두 허근이 α, β일 때,

$x^3 + x - 2 = 0$의 좌변에 $x = 1$을 대입하면 0이 되므로

$x = 1$을 이용하여 조립제법을 사용하면 다음과 같이 인수분해할 수 있다.

$x^3 + x - 2 = 0$ ➔ $(x-1)(x^2 + x + 2) = 0$ ➔ $\underline{x - 1 = 0}$ 또는 $\underline{x^2 + x + 2 = 0}$

실근 1개 삼차방정식의 서로 다른 두 허근 α, β는
이 이차방정식에서 나올 수밖에 없다.

⬇

**이차방정식 $x^2 + x + 2 = 0$의
서로 다른 두 허근이 α, β이다.**

 이를 이용하면

① **근과 계수의 관계 활용 가능**

② **α, β를 이 이차방정식에 대입 가능**

예제 04

삼차방정식 $x^3 + x^2 + x - 3 = 0$의 두 허근을 각각 α, β라 할 때, $\alpha\overline{\alpha} + \beta\overline{\beta}$의 값을 구해보자.
(단, $\overline{\alpha}$, $\overline{\beta}$는 각각 α, β의 켤레복소수이다.)

풀이

주어진 삼차방정식의 계수가 모두 실수이므로

삼차방정식의 두 허근 α, β는 서로 켤레 관계이다. 즉, $\beta = \overline{\alpha}$이다.

따라서 구하는 값인 $\alpha\overline{\alpha} + \beta\overline{\beta}$을 $\alpha\overline{\alpha} + \overline{\alpha}\alpha = 2\alpha\overline{\alpha}$로 변형할 수 있다.

즉, $\alpha\overline{\alpha}$의 값만 구하면 된다.

우선, $x^3 + x^2 + x - 3 = 0$의 좌변에 $x = 1$을 대입하면 0이 되므로

이를 이용하여 조립제법을 적용하면,

$x^3 + x^2 + x - 3 = 0$ ➜ $(x-1)(x^2 + 2x + 3) = 0$ ➜ $x = 1$ 또는 $x^2 + 2x + 3 = 0$

여기서 $x = 1$은 실근이므로, 삼차방정식의 두 허근 α, $\beta(= \overline{\alpha})$는

이차방정식 $x^2 + 2x + 3 = 0$에서 나올 수밖에 없음을 알 수 있다.

즉, 이차방정식 $x^2 + 2x + 3 = 0$의 서로 다른 두 허근이 α, $\overline{\alpha}$이다.

이때, 구해야 하는 값은 $\alpha\overline{\alpha}$이고,

이는 이차방정식 $x^2 + 2x + 3 = 0$의 두 근 α, $\overline{\alpha}$의 곱이므로

근과 계수의 관계를 적용하면 $\alpha\overline{\alpha} = 3$임을 알 수 있다.

$\therefore$ (구하는 값)$= 2\alpha\overline{\alpha} = 6$

삼차방정식 $x^3 + x - 2 = 0$의 서로 다른 두 허근을 α, β라 할 때, $\dfrac{\beta}{\alpha} + \dfrac{\alpha}{\beta}$의 값을 구하시오.

삼차방정식 $x^3 + x^2 + x - 3 = 0$의 두 허근을 각각 z_1, z_2라 할 때, $z_1 \overline{z_1} + z_2 \overline{z_2}$의 값을 구하시오. (단, $\overline{z_1}$, $\overline{z_2}$는 각각 z_1, z_2의 켤레복소수이다.)

삼차방정식 $2x^3 + x^2 + 2x + 3 = 0$의 한 허근을 α라 할 때, $4\alpha^2 - 2\alpha + 7$의 값을 구하시오.

x에 대한 삼차방정식

$$x^3 - (2a+1)x^2 + (a+1)^2 x - (a^2+1) = 0$$

의 서로 다른 두 허근을 α, β라 하자. $\alpha + \beta = 8$일 때, $\alpha\beta$의 값을 구하시오.
(단, a는 실수이다.)

사차방정식 $(x^2 + x - 1)(x^2 + x + 3) - 5 = 0$의 서로 다른 두 허근을 α, β라 할 때,
$\alpha\overline{\alpha} + \beta\overline{\beta}$의 값을 구하시오. (단, $\overline{\alpha}$, $\overline{\beta}$는 각각 α, β의 켤레복소수이다.)

04 삼차방정식 $x^3 = 1 / x^3 = -1$의 허근 $\textcircled{w}$ '오메가'라고 읽는다.

생각 | 이해 •• 암기 | 적용

● **삼차방정식 $x^3 = 1$의 허근 w**

삼차방정식 $x^3 = 1$의 한 허근을 w라 하면

① $w^3 = 1$, $\overline{w}^3 = 1$
② $w + \overline{w} = -1$, $w\overline{w} = 1$
③ $w^2 + w + 1 = 0$, $\overline{w}^2 + \overline{w} + 1 = 0$

→ 출제 비중이 높으므로
우선 구해두고 시작하는 것이 좋다.

④ $w^2 = \dfrac{1}{w}$, $\overline{w}^2 = \dfrac{1}{\overline{w}}$

⑤ $w + \dfrac{1}{w} = -1$, $\overline{w} + \dfrac{1}{\overline{w}} = -1$

⑥ $\overline{w} = \dfrac{1}{w}$

→ 필요하다고 생각될 때
구하는 것이 좋다.

생각 넓히기 삼차방정식의 허근 w와 관련된 관계식들을 유도하는 법

[단계 1] 삼차방정식 $x^3 = 1$의 한 허근이 w이면 **다른 한 허근은 $\overline{w}$이다.**

(계수가 실수인 삼차방정식의 허근은 켤레로 존재하므로)

[단계 2] w, $\overline{w}$는 삼차방정식 $x^3 = 1$의 두 근이므로 **대입할 수 있다.**

➔ $w^3 = 1$, $\overline{w}^3 = 1$

[단계 3] $x^3 = 1$을 인수분해하여 **두 허근 w, $\overline{w}$이 나오는 이차방정식을 찾는다.**

$x^3 = 1 ➔ x^3 - 1 = 0 ➔ (x-1)(x^2 + x + 1) = 0 \to \underset{\text{실근 1개}}{\underline{x - 1 = 0}}$ 또는 $\underline{x^2 + x + 1 = 0}$

 삼차방정식의 서로 다른 두 허근 w, $\overline{w}$는
이 이차방정식에서 나올 수밖에 없다.

[단계 4] 근과 계수의 관계를 활용한다.

➔ (두 근의 합) $= w + \overline{w} = -1$
(두 근의 곱) $= w\overline{w} = 1$

 이차방정식 $x^2 + x + 1 = 0$의
서로 다른 두 허근이 w, $\overline{w}$이다.

[단계 5] w, $\overline{w}$는 이차방정식
$x^2 + x + 1 = 0$의 두 근이므로,
대입할 수 있다.

➔ $w^2 + w + 1 = 0$, $\overline{w}^2 + \overline{w} + 1 = 0$

이를 이용하여

[단계 6] 도출한 관계식의 양변을 w 또는 $\overline{w}$로 **나누자.**

$w^3 = 1 ➔ w^2 = \dfrac{1}{w}$

$w\overline{w} = 1 ➔ \overline{w} = \dfrac{1}{w}$

$w^2 + w + 1 = 0 ➔ w + 1 + \dfrac{1}{w} = 0 ➔ w + \dfrac{1}{w} = -1$

$\overline{w}^2 + \overline{w} + 1 = 0 ➔ \overline{w} + 1 + \dfrac{1}{\overline{w}} = 0 ➔ \overline{w} + \dfrac{1}{\overline{w}} = -1$

필요하다면,

삼차방정식 $x^3 = -1$의 한 근이 w로 주어졌을 때도 방금과 같은 과정을 똑같이 밟아 관계식을 유도하여 사용하면 된다. 아래에 있는 관계식들도 스스로 유도하고 확인해보자.

● **삼차방정식 $x^3 = -1$의 허근 w**

삼차방정식 $x^3 = -1$의 한 허근을 w라 하면

① $w^3 = -1$, $\overline{w}^3 = -1$

② $w + \overline{w} = 1$, $w\overline{w} = 1$

③ $w^2 - w + 1 = 0$, $\overline{w}^2 - \overline{w} + 1 = 0$

출제 비중이 높으므로
우선 구해두고 시작하는 것이 좋다.

④ $w^2 = -\dfrac{1}{w}$, $\overline{w}^2 = -\dfrac{1}{\overline{w}}$

⑤ $w + \dfrac{1}{w} = 1$, $\overline{w} + \dfrac{1}{\overline{w}} = 1$

⑥ $\overline{w} = \dfrac{1}{w}$

필요하다고 생각될 때
구하는 것이 좋다.

★ **예제 05**

삼차방정식 $x^3 = 1$의 한 허근을 w라 할 때, 다음 식의 값을 구해보자.

① $(w+1)(\overline{w}+1)$　　② $w^{101} + w^{100} + 1$　　③ $w + \dfrac{1}{w}$

④ $w^2 + \dfrac{1}{w^2}$　　　⑤ $1 + w + w^2 + \cdots + w^{30}$　　⑥ $\dfrac{w}{\overline{w}+1} + \dfrac{\overline{w}}{w+1}$

풀이

삼차방정식 $x^3 = 1$의 한 허근이 w이므로 다른 한 허근은 $\overline{w}$이다.

w, $\overline{w}$는 삼차방정식 $x^3 = 1$의 두 근이므로 대입할 수 있다. ➜ $w^3 = 1$, $\overline{w}^3 = 1$

$x^3 = 1$을 인수분해하여 두 허근 w, $\overline{w}$이 나오는 이차방정식을 찾으면

$x^3 = 1$ ➜ $(x-1)(x^2 + x + 1) = 0$

➜ **이차방정식 $x^2 + x + 1 = 0$의 서로 다른 두 허근이 w, $\overline{w}$이다.**

➜ 1. 근과 계수의 관계를 활용하면 ➜ $w + \overline{w} = -1$, $w\overline{w} = 1$

　　2. w, $\overline{w}$를 $x^2 + x + 1 = 0$에 대입하면 ➜ $w^2 + w + 1 = 0$, $\overline{w}^2 + \overline{w} + 1 = 0$

지금까지 얻은 관계식들을 정리하고, 본격적으로 문제 풀이를 시작하자.

얻은 관계식 : $w^3 = 1$, $\overline{w}^3 = 1$, $w + \overline{w} = -1$, $w\overline{w} = 1$, $w^2 + w + 1 = 0$, $\overline{w}^2 + \overline{w} + 1 = 0$

① $(w+1)(\overline{w}+1)=w\overline{w}+(w+\overline{w})+1=1-1+1=1$

② $w^{101}+w^{100}+1=\left(w^3\right)^{33}w^2+\left(w^3\right)^{33}w+1=w^2+w+1=0$

③ $w+\dfrac{1}{w}$ ➔ 이 식은 $w^2+w+1=0$의 양변을 w로 나누면 얻을 수 있을 듯하다.

$w^2+w+1=0$의 양변을 w로 나누면 ➔ $w+1+\dfrac{1}{w}=0$ ➔ $w+\dfrac{1}{w}=-1$

④ $w^2+\dfrac{1}{w^2}$ ➔ 이 식에서 $\dfrac{1}{w^2}$을 간단히 하자.

$w^3=1$의 양변을 w^2으로 나누면 $\dfrac{1}{w^2}$을 만들 수 있다.

$w^3=1$의 양변을 w^2으로 나누면 ➔ $w=\dfrac{1}{w^2}$

즉, 구하는 값을 $w^2+\dfrac{1}{w^2}=w^2+w$로 변형할 수 있고,

w^2+w는 $w^2+w+1=0$에서 그 값을 얻을 수 있다. $\qquad \therefore \ w^2+w=-1$

⑤ $1+w+w^2+\cdots+w^{30}$ ➔ 알고 있는 값인 w^2+w+1이 보인다.

따라서 w^2+w+1이 최대한 드러나도록 식을 조작해보자.

$1+w+w^2+\cdots+w^{30}=(1+w+w^2)+w^3(1+w+w^2)+w^6(1+w+w^2)+\cdots$

| 식의 끝 부분이 뭘까? |

식의 끝 부분에 적힐 값을 찾기 위해서 파란색 부분의 규칙성을 살펴보면

$w^{(3의\ 배수)}$의 규칙성을 가짐을 알 수 있으므로

식의 끝 부분은 $w^{27}(1+w+w^2)+w^{30}$일 것이다.

➔ $1+w+w^2+\cdots+w^{30}$

$=(1+w+w^2)+w^3(1+w+w^2)+w^6(1+w+w^2)+\cdots +w^{27}(1+w+w^2)+w^{30}$

$=w^{30}=\left(w^3\right)^{10}=1$

⑥ $\dfrac{w}{\overline{w}+1}+\dfrac{\overline{w}}{w+1}$ ➔ 통분해보자.

$\dfrac{w}{\overline{w}+1}+\dfrac{\overline{w}}{w+1}=\dfrac{w(w+1)+\overline{w}(\overline{w}+1)}{(\overline{w}+1)(w+1)}=\dfrac{(w^2+w)+(\overline{w}^2+\overline{w})}{w\overline{w}+(w+\overline{w})+1}=\dfrac{-1-1}{1-1+1}=-2$

유제 439

삼차방정식 $x^3=-1$의 한 허근을 w라 할 때, 옳은 내용을 [보기]에서 모두 고르시오.

[보기]

ㄱ. $w^2-w+1=0$

ㄴ. $w+\overline{w}=w\overline{w}=1$

ㄷ. $w^3+(\overline{w})^3=w^2+(\overline{w})^2$

유제 440

방정식 $x^3=-1$의 한 허근을 w라 할 때, $w^{2026}+\dfrac{1}{w^{2026}}$의 값을 구하시오.

유제 441

기본 기출문제

삼차방정식 $x^3=1$의 한 허근을 w라 할 때,

$\dfrac{1}{w+1}+\dfrac{1}{w^2+1}+\dfrac{1}{w^3+1}+\cdots+\dfrac{1}{w^{30}+1}$의 값을 구하시오.

유제 442

삼차방정식 $x^3 + 1 = 0$의 한 허근을 w라 할 때, $\dfrac{w^2}{w-1} + \dfrac{w-1}{w^2}$ 을 간단히 하면?

① -2 ② $-w$ ③ 0

④ w ⑤ 2

유제 443

난이도 UP

삼차방정식 $x^3 - 1 = 0$의 한 허근을 w라 할 때,

$$(w+1)^n = \left(-\frac{\overline{w}}{w + \overline{w}} \right)^n$$

을 만족시키는 100 이하의 자연수 n의 개수를 구하시오.
(단, $\overline{w}$는 w의 켤레복소수이다.)

문제 444

다음 방정식을 푸시오.

(1) $x^3 = -1$

(2) $x^4 - 4x^2 - 5 = 0$

(3) $x^3 - 9x = 0$

(4) $(x^2 - 2x)(x^2 - 2x - 1) = 2$

문제 445

삼차방정식 $x^3 - 5x^2 + ax - 6 = 0$의 한 근이 2일 때, 나머지 두 근의 합을 구하시오.

문제 446

삼차방정식 $x^3 + x^2 + 2x - 4 = 0$의 두 허근을 α, β라 할 때, $\alpha^2 + \beta^2$의 값을 구하시오.

문제 447

방정식 $x^3 + px^2 + qx - 4 = 0$의 한 근이 $-i$일 때, 실수 p, q의 값을 구하시오.

문제 448

사차방정식 $x^4 - 9x^2 + 16 = 0$의 모든 실근의 곱을 구하시오.

문제 449

삼차방정식 $x^3 = 1$의 한 허근을 w라 할 때,

$$\frac{\overline{w}^2}{w+1} + \frac{w^2}{\overline{w}+1}$$

의 값을 구하시오. (단, $\overline{w}$는 w의 켤레복소수이다.)

문제 450

삼차방정식 $x^3 = 1$의 한 허근을 w라 할 때,

$$w^{100} + \frac{1}{w^{100}} + \frac{1}{1-\overline{w}} + \frac{1}{1-w}$$

의 값을 구하시오. (단, $\overline{w}$는 w의 켤레복소수이다.)

문제 451

밑면의 반지름의 길이와 높이가 같은 원기둥 모양의 그릇에 50π m^{3}의 물을 부었더니 그릇의 위에서부터 3 m 떨어진 수면까지 물이 채워졌다.
이때 그릇의 밑면의 넓이를 구하시오. (단, 그릇의 두께는 생각하지 않는다.)

문제 452

삼차방정식 $x^3 + px^2 + qx - 4 = 0$의 한 근이 -1이고 나머지 두 근의 제곱의 합이 12일 때, 실수 p, q에 대하여 pq의 값을 구하시오.
(단, p와 q는 음수이다.)

문제 453

방정식 $x^3 + 1 = 0$의 한 허근을 w라 할 때,

$$\frac{1}{1 - w^{13}} + \frac{1}{1 + w^{14}} + \frac{1}{1 - w^{15}}$$

의 값을 구하시오.

문제 454

삼차방정식 $2x^3 + (k+2)x^2 + 2kx + k = 0$이 한 실근과 두 허근을 갖도록 하는 정수 k의 개수를 구하시오.

문제 455

방정식 $x^3 - 1 = 0$의 한 허근을 w라 할 때, 이차방정식 $x^2 - ax + b = 0$의 한 허근이 $3w$가 되도록 하는 실수 a, b에 대하여 ab의 값을 구하시오.

문제 456

가로의 길이가 16 cm, 세로의 길이가 a cm인 직사각형 모양의 종이가 있다. 이 종이로 다음 그림과 같이 네 귀퉁이에서 한 변의 길이가 x cm인 정사각형을 잘라 내고, 남은 부분을 접어서 뚜껑이 없는 직육면체 모양의 상자를 만들려고 한다. 상자의 부피가 128 cm^{3}이 되도록 하는 모든 x의 값이 4, α, β일 때, $\alpha^2 + \beta^2$의 값을 구하시오.
(단, 종이의 두께는 고려하지 않는다.)

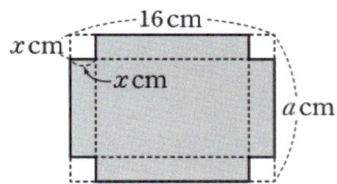

문제 457

사차방정식 $x^4 - 3x^2 + 9 = 0$의 네 근을 a, b, c, d라 할 때,
$\dfrac{1}{a} + \dfrac{1}{b} + \dfrac{1}{c} + \dfrac{1}{d}$ 의 값을 구하시오.

문제 458

다항식 $x^7 + 5x + 2$를 다항식 $x^2 + x + 1$로 나누었을 때의 나머지를 다음을 이용하여 구하시오.

방정식 $x^3 = 1$의 한 허근을 w라 하면 $w^2 + w + 1 = 0$이다.

문제 459

정수 a에 대하여 삼차방정식 $x^3 - ax^2 + ax - 1 = 0$이 서로 다른 두 허근을 가질 때,
두 허근을 α, β라 하자. $\alpha^2 + \beta^2$의 최댓값과 최솟값의 합을 구하시오.

문제 460

2013
고1 11월 19번

방정식 $(x^2 - 4x + 3)(x^2 - 6x + 8) = 120$의 한 허근을 w라 할 때,
$w^2 - 5w$의 값을 구하시오.

문제 461

2011
고1 9월 19번

삼차방정식 $x^3 + ax^2 + bx + c = 0$의 세 근을 α, β, γ라 하자.
$\dfrac{1}{\alpha\beta}$, $\dfrac{1}{\beta\gamma}$, $\dfrac{1}{\gamma\alpha}$ 을 세 근으로 하는 삼차방정식을 $x^3 - 2x^2 + 3x - 1 = 0$이라 할 때,
$a^2 + b^2 + c^2$ 의 값을 구하시오. (단, a, b, c는 상수이다.)

문제 462

2023
고1 11월 27번

삼차방정식 $x^3 - 3x^2 + 4x - 2 = 0$의 한 허근을 w라 할 때, $\{w(\overline{w} - 1)\}^n = 256$
을 만족시키는 자연수 n의 값을 구하시오. (단, $\overline{w}$는 w의 켤레복소수이다.)

세 실수 a, b, c에 대하여 삼차다항식

$$P(x) = x^3 + ax^2 + bx + c$$

가 다음 조건을 만족시킨다.

(가) x에 대한 삼차방정식 $P(x) = 0$은 한 실근과 서로 다른 두 허근을 갖고, 서로 다른 두 허근의 곱은 5이다.

(나) x에 대한 삼차방정식 $P(3x - 1) = 0$은 한 근 0과 서로 다른 두 허근을 갖고, 서로 다른 두 허근의 합은 2이다.

$a + b + c$의 값을 구하시오.

x에 대한 사차방정식 $x^4 - 9x^2 + k - 10 = 0$의 모든 근이 실수가 되도록 하는 자연수 k의 개수를 구하시오.

7

7-2

여러가지 방정식
연립이차방정식

01 연립이차방정식의 다양한 해법

생각 | 이해 ● ● 암기 | 적용

▶ '연립이차방정식'이란?

$\begin{cases} (일차방정식) \\ (이차방정식) \end{cases}$ 또는 $\begin{cases} (이차방정식) \\ (이차방정식) \end{cases}$ 꼴의 연립방정식을 **연립이차방정식**이라 한다.

연립이차방정식을 풀 때는 아래의 4가지 방법 중 가능한 것을 하나 택하여 푼다.

방법 1 두 방정식을 더하거나 빼서 한 문자로 정리하기 ┐

방법 2 일차식이 있다면, 다른 방정식에 대입하여 한 문자로 정리하기

방법 3 인수분해 가능한 이차방정식은 인수분해하기

방법 4 반복되는 부분은 한 덩어리로 보기 ┘

→ 식 하나 얻기 → 얻은 식을 연립된 두 방정식 중 하나에 대입

설명

방법 1 에 대한 예시)

예시 1 연립이차방정식 $\begin{cases} x - 2y = 1 \\ 2x - y^2 = 6 \end{cases}$ 의 해를 구해보자.

방법 1 사용 : 두 방정식을 더하거나 빼서 한 문자로 정리하기

$x - 2y = 1$의 양변에 2를 곱한 $2x - 4y = 2$에서 $2x - y^2 = 6$을 빼면 문자 x를 없앨 수 있다.

$$(-) \begin{array}{|l} 2x - 4y = 2 \\ 2x - y^2 = 6 \\ \hline -4y - (-y^2) = 2 - 6 \end{array}$$

➡ $y^2 - 4y + 4 = 0$

➡ $(y-2)^2 = 0$ ➡ $y = 2$

얻은 식 $y = 2$를 연립된 두 방정식 중 하나에 대입하기

이제 $y = 2$를 연립된 두 방정식 $x - 2y = 1$ 또는 $2x - y^2 = 6$ 중 하나에 대입하면 x의 값도 얻을 수 있다. 이때 $y = 2$를 $2x - y^2 = 6$에 대입하는 것보다 $x - 2y = 1$에 대입하는 것이 계산상 편리하므로

$$x - 2y = 1 \text{에 } y = 2 \text{ 대입 } ➡ x = 5$$

즉, 주어진 연립이차방정식의 해는 $\begin{cases} x = 5 \\ y = 2 \end{cases}$

방법 2 에 대한 예시)

> **예시 2** 연립이차방정식 $\begin{cases} x-y-1=0 \\ x^2-xy+2y=4 \end{cases}$ 의 해를 구해보자.

방법 2 **사용 : 일차식이 있다면, 다른 방정식에 대입하여 한 문자로 정리하기**

일차식 $x-y-1=0$이 있으므로 이를 다른 방정식 $x^2-xy+2y=4$에 대입하여 한 문자로 정리하자. 이때 $x-y-1=0$을 어떤 문자를 중심으로 정리해야 이후의 계산이 편리할지 생각해보는 것이 좋다.

만약 $x-y-1=0$을 $x=\cdots$ 꼴로 정리한다면, 방정식 $x^2-xy+2y=4$에 x^2이 있으므로 어떤 식의 제곱을 계산해야 한다. 하지만 $x-y-1=0$을 $y=\cdots$ 꼴로 정리하여
방정식 $x^2-xy+2y=4$에 대입한다면, 어떤 식의 제곱을 계산할 필요가 없다.
따라서 $x-y-1=0$은 문자 y를 중심으로 정리하는 것이 좋다.

$$x-y-1=0 \;\blacktriangleright\; y=x-1 \;\blacktriangleright\; \text{방정식 } x^2-xy+2y=4 \text{에 대입} \;\blacktriangleright\; x=2$$

얻은 식 $x=2$를 연립된 두 방정식 중 하나에 대입하기

이제 $x=2$를 연립된 두 방정식 $x-y-1=0$ 또는 $x^2-xy+2y=4$ 중 하나에 대입해주면 y의 값도 얻을 수 있다. 이때 $x=2$를 $x^2-xy+2y=4$에 대입하는 것보다는 $x-y-1=0$에 대입하는 것이 계산상 편리하므로

$$x-y-1=0 \text{에 } x=2 \text{ 대입} \;\blacktriangleright\; y=1$$

즉, 주어진 연립이차방정식의 해는 $\begin{cases} x=2 \\ y=1 \end{cases}$

방법 3 에 대한 예시)

예시 3 연립이차방정식 $\begin{cases} x^2 - 3xy + 2y^2 = 0 \\ x^2 - y^2 = 9 \end{cases}$ 의 해를 구해보자.

방법 3 **사용 : 인수분해 가능한 이차방정식은 인수분해하기**

이차방정식 $x^2 - 3xy + 2y^2 = 0$은 인수분해 가능하므로 인수분해하자.

$$x^2 - 3xy + 2y^2 = 0 \ ➔ \ (x-y)(x-2y) = 0 \ ➔ \ x = y \ \text{또는} \ x = 2y$$

얻은 식 $x = y$ 또는 $x = 2y$를 연립된 두 방정식 중 하나에 대입하기

$x = y$ 또는 $x = 2y$를 $x^2 - y^2 = 9$에 각각 대입하자.

$$x^2 - y^2 = 9 \text{에 } x = y \text{ 대입} \ ➔ \ 0 = 9 \text{이므로 모순}$$
$$x^2 - y^2 = 9 \text{에 } x = 2y \text{ 대입} \ ➔ \ y^2 = 3 \ ➔ \ y = \sqrt{3} \ \text{또는} - \sqrt{3}$$

여기서 $y = \sqrt{3}$ 또는 $-\sqrt{3}$ 을 다시 식 $x = 2y$에 대입하면 x의 값도 얻을 수 있다.

$$y = \sqrt{3} \ ➔ \ x = 2y \text{에 대입} \ ➔ \ x = 2\sqrt{3}$$
$$y = -\sqrt{3} \ ➔ \ x = 2y \text{에 대입} \ ➔ \ x = -2\sqrt{3}$$

즉, 주어진 연립이차방정식의 해는 $\begin{cases} x = 2\sqrt{3} \\ y = \sqrt{3} \end{cases}$ 또는 $\begin{cases} x = -2\sqrt{3} \\ y = -\sqrt{3} \end{cases}$

방법 4 에 대한 예시)

> **예시 4** 연립이차방정식 $\begin{cases} x+y+xy=8 \\ 2x+2y-xy=4 \end{cases}$ 의 해를 구해보자.

방법 4 사용 : 반복되는 부분은 한 덩어리로 보기

$\begin{cases} x+y+xy=8 \\ 2x+2y-xy=4 \end{cases}$ ➔ $\begin{cases} \boxed{(x+y)} + \boxed{xy} = 8 \\ 2\boxed{(x+y)} - \boxed{xy} = 4 \end{cases}$ 이므로 $x+y$와 xy가 반복된다.

이 둘을 각각 한 덩어리로 인식하자. 이때 $\begin{cases} (x+y)+xy=8 \\ 2(x+y)-xy=4 \end{cases}$ 의 두 방정식을 더하면

xy를 소거할 수 있으므로 두 방정식을 더하자.

$$
(+) \left| \begin{array}{l} (x+y)+xy=8 \\ 2(x+y)-xy=4 \\ \hline 3(x+y)=12 \end{array} \right.
$$

$$
➔ x+y=4
$$

얻은 식 $x+y=4$를 연립된 두 방정식 중 하나에 대입하기

$x+y=4$를 연립된 두 방정식 $(x+y)+xy=8$ 또는 $2(x+y)-xy=4$ 중 하나에 대입하자. 이때 $x+y=4$를
$2(x+y)-xy=4$에 대입하는 것보다는 $(x+y)+xy=8$에 대입하는 것이 계산상 편리하므로

$$(x+y)+xy=8\text{에 } x+y=4 \text{ 대입} ➔ xy=4$$

두 수 x, y의 합 $x+y=4$와 곱 $xy=4$를 얻었으므로

두 수 x, y를 이차방정식 $x^2-4x+4=0$의 두 근으로 해석하자.

$x^2-4x+4=0$는 중근 $x=2$를 가지므로 $x=y=2$임을 알 수 있다.

즉, 주어진 연립이차방정식의 해는 $\begin{cases} x=2 \\ y=2 \end{cases}$

생각 넓히기 **앞서 언급한 방법들이 적용되지 않는 연립이차방정식의 해법**

앞서 언급한 4가지 방법들이 모두 적용되지 않는 특수한 연립이차방정식은

> ❓ **생각 Point**
>
> **상수항을 소거**

하는 방향으로 식을 변형하다보면 풀리는 경우가 많다.

유제 465 연립이차방정식 $\begin{cases} x + 2y = 6 \\ x^2 + y^2 = 8 \end{cases}$ 의 해를 구하시오.

유제 466 연립이차방정식 $\begin{cases} x + 4y = 15 \\ x^2 + 2xy + y = -3 \end{cases}$ 의 해를 구하시오.

유제 467 연립이차방정식 $\begin{cases} x^2 - y^2 + 4x - 3y = 8 \\ x^2 - y^2 = 3 \end{cases}$ 의 해를 구하시오.

유제
468

연립이차방정식 $\begin{cases} 4x^2 - 4xy + y^2 = 0 \\ x^2 + y^2 = 40 \end{cases}$ 의 해를 $x = a$, $y = b$라 할 때, ab의 값을 구하시오.

유제
469

연립이차방정식 $\begin{cases} x^2 + xy - y^2 + x + y = 8 \\ 2x^2 + 2xy - 2y^2 + x + y = 13 \end{cases}$ 의 해를 구하시오.

유제
470

연립이차방정식 $\begin{cases} x + y + 4xy = 3 \\ -(x+y) + x^2 y^2 = -7 \end{cases}$ 를 만족시키는 x, y에 대하여

$|x - y|$의 값을 구하시오.

유제 471
기본 기출문제

연립방정식 $\begin{cases} x^2 - y^2 = 6 \\ (x+y)^2 - 2(x+y) = 3 \end{cases}$ 을 만족시키는 양수 x, y에 대하여
$20xy$의 값을 구하시오.

유제 472

연립방정식 $\begin{cases} 2x^2 + y^2 = 9 \\ x^2 + 7xy - 3y^2 = 15 \end{cases}$ 의 해를 구하시오.

유제 473
기본 기출문제

연립방정식 $\begin{cases} x^2 - 3xy + 2y^2 = 0 \\ x^2 - y^2 = 9 \end{cases}$ 의 해를

$\begin{cases} x = \alpha_1 \\ y = \beta_1 \end{cases}$ 또는 $\begin{cases} x = \alpha_2 \\ y = \beta_2 \end{cases}$

라 하자. $\alpha_1 < \alpha_2$일 때, $\beta_1 - \beta_2$의 값은?

① $-2\sqrt{3}$　　　　　② $-2\sqrt{2}$　　　　　③ $2\sqrt{2}$
④ $2\sqrt{3}$　　　　　⑤ 4

02 연립이차방정식의 해의 종류를 결정하는 요인

생각 | 이해 ··· 암기 | 적용

$\begin{cases} (일차방정식) \\ (이차방정식) \end{cases}$ 꼴의 연립이차방정식에 대하여

'해가 오직 한 쌍만 존재하도록'

혹은

'실근을 갖도록'

혹은

'서로 다른 두 실근을 갖도록' 만들어야 하는 문항이 출제된다.

이러한 문항을 풀기 위해서는 $\begin{cases} (일차방정식) \\ (이차방정식) \end{cases}$ 꼴의 연립이차방정식의 해의 종류를 결정하는 요인이 무엇인지 알아야 한다.

아래에 제시된 연립이차부등식의 해를 구해보자.

(1) $\begin{cases} 2x + y = 1 \\ x^2 - 2y = -6 \end{cases}$ **(2)** $\begin{cases} x - y = 3 \\ x^2 - xy - y^2 = -1 \end{cases}$ **(3)** $\begin{cases} x + y = 1 \\ x^2 - 2y^2 = 6 \end{cases}$

풀이

(1)의 경우, $\begin{cases} 2x + y = 1 \quad \rightarrow \quad y = 1 - 2x \\ x^2 - 2y = -6 \end{cases}$ 이고,

$y = 1 - 2x$ 를 $x^2 - 2y = -6$ 에 대입하면 ➔ $\boxed{x^2 + 4x + 4 = 0}$ ➔ $x = -2$ 이다.

도출된 $x = -2$ 를 다시 $y = 1 - 2x$ 에 대입하면, $y = 5$ 이므로 **(1)**의 해는 $\begin{cases} x = -2 \\ y = 5 \end{cases}$ 이다.

즉, 연립방정식 **(1)**은 <u>한 쌍의 실근을 해로 가짐</u>을 알 수 있다.

(2)의 경우, $\begin{cases} x - y = 3 \quad \rightarrow \quad y = x - 3 \\ x^2 - xy - y^2 = -1 \end{cases}$ 이고,

$y = x - 3$ 을 $x^2 - xy - y^2 = -1$ 에 대입하면 ➔ $\boxed{x^2 - 9x + 8 = 0}$ ➔ $x = 1$ 또는 8 이다.

도출된 $x = 1$ 또는 8 을 다시 $y = x - 3$ 에 대입하면,

$x = 1$ 일 때 $y = -2$ 이고, $x = 8$ 일 때 $y = 5$ 이므로 **(2)**의 해는 $\begin{cases} x = 1 \\ y = -2 \end{cases}$ 또는 $\begin{cases} x = 8 \\ y = 5 \end{cases}$ 이다.

즉, 연립방정식 **(2)**는 <u>두 쌍의 실근을 해로 가짐</u>을 알 수 있다.

(3)의 경우, $\begin{cases} x + y = 1 \quad \rightarrow \quad x = 1 - y \\ x^2 - 2y^2 = 6 \end{cases}$ 이고,

$x = 1 - y$ 을 $x^2 - 2y^2 = 6$ 에 대입하면 ➔ $\boxed{y^2 + 2y + 5 = 0}$ ➔ $y = -1 \pm 2i$ 이다.

도출된 $y = -1 + 2i$ 또는 $-1 - 2i$ 을 다시 $x = 1 - y$ 에 대입하면,

$y = -1 + 2i$ 일 때 $x = 2 - 2i$ 이고, $y = -1 - 2i$ 일 때 $x = 2 + 2i$ 이므로

(3)의 해는 $\begin{cases} x = 2 - 2i \\ y = -1 + 2i \end{cases}$ 또는 $\begin{cases} x = 2 + 2i \\ y = -1 - 2i \end{cases}$ 이다.

즉, 연립방정식 (3)은 **두 쌍의 허근을 해로 가짐**을 알 수 있다.

여기서

연립방정식 (1)이 **한 쌍의 실근**을 해로 가지게 된 근본적인 이유는 한 문자로 정리된 이차방정식 $\boxed{x^2 + 4x + 4 = 0}$ 이 **서로 다른 1개의 실근**을 가지기 때문이다.

연립방정식 (2)가 **두 쌍의 실근**을 해로 가지게 된 근본적인 이유는 한 문자로 정리된 이차방정식 $\boxed{x^2 - 9x + 8 = 0}$ 이 **서로 다른 2개의 실근**을 가지기 때문이다.

연립방정식 (3)이 **두 쌍의 허근**을 해로 가지게 된 근본적인 이유는 한 문자로 정리된 이차방정식 $\boxed{y^2 + 2y + 5 = 0}$ 이 **서로 다른 2개의 허근**을 가지기 때문이다.

이로부터

> **❓ 생각 Point**
>
> $\begin{cases} (\text{일차방정식}) \\ (\text{이차방정식}) \end{cases}$ 꼴의 연립이차부등식의 해의 형태를 결정하는 요인
>
> → **한 문자로 정리된 이차방정식의 근의 종류**

라는 사실을 알 수 있다.

설명

예를 들어, $\begin{cases} (\text{일차방정식}) \\ (\text{이차방정식}) \end{cases}$ 꼴의 연립이차방정식이 오직 한 쌍의 실근을 갖도록 하려면,

한 문자로 정리된 이차방정식이 서로 다른 1개의 실근을 가지면 된다.

즉, 한 문자로 정리된 이차방정식의 판별식이 $D = 0$이면 된다.

유제
474

기본 기출문제

x, y에 대한 연립방정식

$$\begin{cases} 2x + y = 1 \\ x^2 - ky = -6 \end{cases}$$

이 오직 한 쌍의 해를 갖도록 하는 양수 k의 값을 구하시오.

유제
475

기본 기출문제

x, y에 대한 연립방정식

$$\begin{cases} 2x - y = 5 \\ x^2 - 2y = k \end{cases}$$

가 오직 한 쌍의 해 $x = \alpha$, $y = \beta$를 가질 때, $\alpha + \beta + k$의 값을 구하시오.
(단, k는 상수이다.)

유제
476

기본 기출문제

x, y에 대한 연립방정식

$$\begin{cases} x - y = 3 \\ x^2 - xy - y^2 = k \end{cases}$$

의 해를 $\begin{cases} x = \alpha \\ y = \alpha - 3 \end{cases}$ 또는 $\begin{cases} x = \beta \\ y = \beta - 3 \end{cases}$ 라 하자. α, β가 서로 다른 두 실수가 되도록 하는 자연수 k의 최댓값을 구하시오.

유제 477
연립방정식 $\begin{cases} x - y = 4 \\ x^2 + xy = -k \end{cases}$ 가 허근을 갖도록 하는 정수 k의 최솟값을 구하시오.

유제 478
난이도 UP

연립방정식 $\begin{cases} xy = a^2 - 12 \\ x + y = 2a - 4 \end{cases}$ 가 실근을 갖도록 하는 자연수 a의 개수를 구하시오.

03 두 연립방정식의 공통해의 특징

생각 | 이해 • ─ 암기 | 적용

두 연립방정식의 공통해의 특징과 관련된 문항이 출제될 수 있다.

두 연립방정식의 공통해의 특징에 대하여 알아보자.

두 연립방정식 $\begin{cases} x^2 + 2y^2 = 9 \\ x - y = -1 \end{cases}$ 과 $\begin{cases} 2x + 3y = 8 \\ x^2 - 3y^2 = -11 \end{cases}$ 의 공통해는 $\begin{cases} x = 1 \\ y = 2 \end{cases}$ 이다.

아래의 두 문항에 답해보자.

(1) 공통해를 제시된 4개의 방정식에 대입해도 모두 성립하는지 확인해보자.

(2) 제시된 4개의 방정식들 중 임의의 2개를 연립했을 때, 공통해가 도출되는지 확인해보자.

풀이

문항 **(1)**의 경우, 연립방정식의 공통해 $\begin{cases} x = 1 \\ y = 2 \end{cases}$ 을 제시된 4개의 방정식에 직접 대입해보면 모두 성립함을 알 수 있다.

➔ **연립방정식의 공통해는 제시된 모든 방정식의 해임을 알 수 있다.**

문항 **(2)**의 경우, 예를 들어 아래의 파란색 표시된 방정식 2개를 연립해보자.

$$\begin{cases} x^2 + 2y^2 = 9 \\ x - y = -1 \end{cases} \quad , \quad \begin{cases} 2x + 3y = 8 \\ x^2 - 3y^2 = -11 \end{cases}$$

연립

$$\begin{cases} x - y = -1 \\ x^2 - 3y^2 = -11 \end{cases}$$

$\begin{cases} x - y = -1 \\ x^2 - 3y^2 = -11 \end{cases}$ 의 해를 구해보자.

$x = y - 1$을 $x^2 - 3y^2 = -11$에 대입

➔ $(y-1)^2 - 3y^2 = -11$ ➔ $2y^2 + 2y - 12 = 0$ ➔ $2(y-2)(y+3) = 0$

즉, $y = 2$ 또는 -3

이제 $y = 2$ 또는 -3을 두 방정식 $x - y = -1$ 또는 $x^2 - 3y^2 = -11$ 중 하나에 대입하자. 계산의 편의상 $x - y = -1$에 대입하는 것이 좋겠다.

$y = 2$ 또는 -3을 $x - y = -1$에 대입하면,

$y = 2$일 때 $x = 1$이고, $y = -3$일 때 $x = -4$이므로 $\begin{cases} x - y = -1 \\ x^2 - 3y^2 = -11 \end{cases}$ 의 해는

$\begin{cases} x = 1 \\ y = 2 \end{cases}$ 또는 $\begin{cases} x = -4 \\ y = -3 \end{cases}$ 이다.

즉, **제시된 4개의 방정식들 중 임의의 2개를 택하여 연립하면 반드시 공통해가 도출된다.**

이로부터 두 연립방정식의 공통해의 특징을 정리해보면 다음과 같다.

> ● **두 연립방정식의 공통해의 특징**
>
> 1 제시된 모든 방정식의 해이다.
>
> 2 제시된 방정식들 중 임의의 2개를 연립하면 반드시 공통해가 도출된다.

설명

두 연립방정식 $\begin{cases} 3x+y=a \\ 2x+2y=1 \end{cases}$, $\begin{cases} x^2-y^2=-1 \\ x-y=b \end{cases}$ 이 공통해를 가질 때, 이 공통해를 어떻게 구할지 설계해보면 다음과 같다.

설계

제시된 방정식들 중 임의의 2개를 연립하여 구한 해에 반드시 공통해가 포함되므로,
미지수가 없어서 계산하기 편한 두 방정식인 $2x+2y=1$과 $x^2-y^2=-1$을 연립하여 공통해가 될 수 있는 후보를 찾는 것이 우선이다.

유제
479

기본 기출문제

x, y에 대한 두 연립방정식

$$\begin{cases} 3x+y=a \\ 2x+2y=1 \end{cases}, \begin{cases} x^2-y^2=-1 \\ x-y=b \end{cases}$$

의 해가 일치할 때, 두 상수 a, b에 대하여 ab의 값을 구하시오.

유제
480

x, y에 대한 두 연립방정식

$$\begin{cases} 2x+ay=8 \\ x^2-3y^2+11=0 \end{cases}, \begin{cases} y=x+1 \\ x^2+by^2-9=0 \end{cases}$$

이 공통인 해를 가질 때, 정수 a, b에 대하여 ab의 값을 구하시오.

7

7-3

여러가지 방정식
부정방정식

00 부정방정식의 의미

▶ '부정방정식'이란?
해를 하나로 정할 수 없는 방정식을 **부정방정식**이라고 한다.

> 不   定   : 정할 수 없는
> 아닐 부 정할 정

미지수 n 개의 값을 결정하기 위해서는 n 개의 관계식이 필요하다.

가령 미지수가 2개인 경우, 두 미지수의 값을 결정하려면 2개의 관계식이 필요하다.
그러나 구해야 할 미지수가 2개인데 주어진 관계식이 1개뿐이라면, 일반적으로 두 미지수의 값을 하나로 정할 수 없으므로, 그 관계식은 부정방정식이 된다.

지금부터 살펴볼 문항은 구해야 할 미지수가 2개이지만 주어진 관계식이 1개뿐이어서, 미지수의 값을 구할 수 없는 것처럼 보이지만, 문제에 제시된 정수/자연수 조건이 부족한 관계식을 일부 보완하여 미지수의 값을 구할 수 있도록 설계되어 있다.

01 정수/자연수 조건의 역할

방정식 $(x+1)(y+1) = 1$을 생각해보자.

별다른 추가 조건이 없다면, 방정식 $(x+1)(y+1) = 1$을 만족시키는 x, y의 값은 하나로 결정할 수 없다. 구해야 하는 미지수가 2개이지만, 주어진 관계식이 1개뿐이기 때문이다. 즉, x, y의 값을 구하는데 필요한 관계식 1개가 부족한 상황이다.

이때, 'x, y가 모두 정수'라는 조건을 추가해보자.

그러면 $(x+1)$, $(y+1)$도 정수이므로,

$(x+1)$, $(y+1)$은 아래와 같이 곱해서 1 이 되는 두 정수임을 알 수 있다.

$(x+1)$	$(y+1)$
1	1
-1	-1

이를 x, y에 대해 정리하면,

x	y
0	0
-2	-2

즉, 방정식 $(x+1)(y+1) = 1$을 만족시키는 정수 x, y의 값은 $\begin{cases} x = 0 \\ y = 0 \end{cases}$ 또는 $\begin{cases} x = -2 \\ y = -2 \end{cases}$ 이다.

이처럼 미지수에 부여된 정수/자연수 조건은 부족한 관계식 1개의 역할을 일부 대신할 수 있다. 다시 말해,

> ❓ 생각 Point
>
> **정수/자연수 조건**이 제시되면, 주어진 미지수의 값을 모두 구하기 위한 **관계식이
> 1개 부족해도**, 미지수에 적당한 정수/자연수를 대입하여 미지수의 값을 구할 수 있다.

네 변의 길이는 서로 다른 자연수이고, $\overline{AB} = 9$, $\overline{CD} = 7$, $\angle BAD = \angle BCD = 90\degree$ 인 사각형 ABCD가 있다. 대각선 BD의 길이를 a라 할 때, a^2의 값을 구하시오.

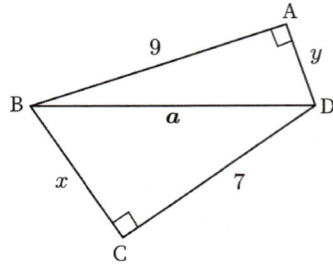

두 자연수 a, b $(a < b)$와 모든 실수 x에 대하여 등식

$$(x^2 - x)(x^2 - x + 3) + k(x^2 - x) + 8 = (x^2 - x + a)(x^2 - x + b)$$

를 만족시키는 모든 상수 k의 값의 합을 구하시오.

02 두 미지수의 합과 곱이 포함된 부정방정식 다루기

생각 | 이해 •·•< 암기 | 적용

두 미지수의 합과 곱이 포함된 부정방정식은

> ❓ **생각 Point**
>
> $$(일차식) \times (일차식) = (정수) 꼴로 변형하여 다룬다.$$

$(일차식) \times (일차식) = (정수)$꼴이 미지수에 부여된 정수/자연수 조건을 쓰기에 편한 형태이기 때문이다.

설명

> **예시** 방정식 $xy + x + y - 2 = 0$을 $(일차식) \times (일차식) = (정수)$꼴로 변형해보자.

Step 1) 두 미지수의 곱을 이용하여 식을 묶기

두 미지수의 곱 xy를 이용하여 식을 묶으면,

$$xy + x + y - 2 = 0 \;\; \Rightarrow \;\; x(y+1) + y - 2 = 0$$

Step 2) 드러난 일차식 덩어리를 그대로 한 번 더 적기

$$x(y+1) \qquad (y+1) \qquad = 0$$

Step 3) 원래의 식과 계수 비교하기

이때, ① 문자의 계수를 먼저 맞추고 ➜ ② 상수항을 맞춘다.

$$xy + x + y - 2 = 0 \quad \xleftarrow{\text{계수 비교}} \quad x(y+1) \quad (y+1) = 0$$

원래의 식에서
y의 계수가 $+1$이므로

$$x(y+1) + 1(y+1) = 0$$

원래의 식에서
상수항이 -2이므로

$$x(y+1) + 1(y+1) - 3 = 0$$

이제 얻은 식 $x(y+1) + (y+1) - 3 = 0$을 정리하면 ➜ $(x+1)(y+1) = 3$

유제 483

x, y에 대한 방정식 $xy+x+y-1=0$을 만족시키는 정수 x, y를 순서쌍 (x, y)로 나타낼 때, 순서쌍 (x, y)를 모두 구하시오.

유제 484

두 정수 x, y가 방정식

$$xy+y+2x-2=0$$

을 만족시킬 때, $x+y$의 최댓값을 구하시오.

유제 485

자연수 n과 두 정수 x, y에 대하여 방정식

$$3x-xy-y+3+n=0$$

을 만족시키는 모든 순서쌍 (x, y)의 개수를 $f(n)$이라 할 때, $f(1)+f(4)$의 값을 구하시오.

03 이차방정식의 두 근에 부여된 정수 조건 다루기

생각 | 이해 >─ • •─< 암기 | 적용

이차방정식의 두 근이 모두 정수라는 조건이 제시되면

> ❓ **생각 Point**
> **근과 계수의 관계를 적용**하고 ➔ 이를 통해 **얻은 두 식을 연립**하여 부정방정식을 제작한다.

★ **예제 01**

이차방정식 $x^2 - (m-3)x + (m-2) = 0$의 두 근이 모두 정수일 때, 가능한 상수 m의 값을 모두 구해보자.

풀이

생각 1 근과 계수의 관계를 사용하자.

이차방정식 $x^2 - (m-3)x + (m-2) = 0$의 두 근을 α, β라 하자.
이때, 문제의 조건에 따라 α와 β는 모두 정수임을 인식하자.

근과 계수의 관계를 적용하면 ➔ $\boxed{\alpha + \beta = m - 3}$, $\boxed{\alpha\beta = m - 2}$

생각 2 얻은 두 식을 연립하여 부정방정식을 제작하자.

두 식 $\alpha + \beta = m - 3$과 $\alpha\beta = m - 2$을 빼면 **m을 소거할 수 있으므로** 두 식을 빼자.

$$
(-) \left|
\begin{array}{l}
\alpha + \beta = m - 3 \\
\alpha\beta = m - 2 \\
\hline
\alpha + \beta - \alpha\beta = -1
\end{array}
\right.
$$
➔ $\alpha + \beta - \alpha\beta + 1 = 0$

얻은 $\alpha + \beta - \alpha\beta + 1 = 0$은 두 미지수 α, β의 합과 곱이 포함된 부정방정식이므로
(일차식) × (일차식) = (정수)꼴로 변형해야 한다.

생각 3 방정식 $\alpha + \beta - \alpha\beta + 1 = 0$을 (일차식) $\times$ (일차식) $=$ (정수)꼴로 변형하자.

Step 1) 두 미지수의 곱을 이용하여 식을 묶기

두 미지수의 곱 $\alpha\beta$를 이용하여 식을 묶으면

$$\alpha + \boxed{\beta - \alpha\beta} + 1 = 0 \;\Rightarrow\; \alpha + \boxed{\beta(1-\alpha)} + 1 = 0$$

Step 2) 드러난 일차식 덩어리를 그대로 한 번 더 적기 $\;\Rightarrow\; \beta\boxed{(1-\alpha)} \quad \boxed{(1-\alpha)} \; = 0$

Step 3) 원래의 식과 계수 비교하기

이때, ① 문자의 계수를 먼저 맞추고 ➜ ② 상수항을 맞춘다.

$$\alpha + \beta(1-\alpha) + 1 = 0 \quad \xleftarrow{\text{계수 비교}} \quad \beta(1-\alpha) \quad (1-\alpha) \; = 0$$

원래의 식에서 α의 계수가 $+1$이므로

$$\beta(1-\alpha) - 1(1-\alpha) \; = 0$$

원래의 식에서 상수항이 $+1$이므로

$$\beta(1-\alpha) - 1(1-\alpha) + 2 \; = 0$$

즉, $\beta(1-\alpha) - (1-\alpha) + 2 = 0 \;\Rightarrow\; (\beta-1)(1-\alpha) = -2$로 변형할 수 있다.

생각 4 α, β에 적당한 정수를 대입하여 답을 낼 수 있음을 인식하자.

α, β가 정수이므로 $(\beta-1)$, $(1-\alpha)$도 정수이다.

따라서 $(\beta-1)$, $(1-\alpha)$는 아래와 같이, 곱해서 -2가 되는 두 정수임을 알 수 있다.

$(\beta-1)$	$(1-\alpha)$		β	α
1	-2		2	3
-2	1		-1	0
-1	2	$\Rightarrow$	0	-1
2	-1		3	2

즉, 방정식 $(\beta-1)(1-\alpha) = -2$을 만족시키는 모든 정수 α, β의 쌍은

$$\begin{cases} \alpha = 3 \\ \beta = 2 \end{cases} \text{ 또는 } \begin{cases} \alpha = 0 \\ \beta = -1 \end{cases} \text{ 또는 } \begin{cases} \alpha = -1 \\ \beta = 0 \end{cases} \text{ 또는 } \begin{cases} \alpha = 2 \\ \beta = 3 \end{cases} \text{ 이다.}$$

여기서 $\alpha + \beta = m - 3$, $\alpha\beta = m - 2$임을 떠올려보면,

$\begin{cases} \alpha = 3 \\ \beta = 2 \end{cases}$ 또는 $\begin{cases} \alpha = 2 \\ \beta = 3 \end{cases}$ 인 경우, $\alpha + \beta = 5$, $\alpha\beta = 6$이므로 $m = 8$이고

$\begin{cases} \alpha = -1 \\ \beta = 0 \end{cases}$ 또는 $\begin{cases} \alpha = 0 \\ \beta = -1 \end{cases}$ 인 경우, $\alpha + \beta = -1$, $\alpha\beta = 0$이므로 $m = 2$이다.

$\therefore$ 가능한 m의 값은 2와 8이다.

이차방정식 $x^2 - (m+5)x - m - 1 = 0$의 두 근이 모두 정수가 되도록 하는
모든 실수 m의 값의 곱을 구하시오.

04 미지수에 실수 조건이 부여된 부정방정식

생각 | 이해 ●●● 암기 | 적용

Review |

□가 실수이면 $\square^2 \geq 0$이다. ➔ 실수의 제곱은 항상 0 이상이다.

미지수에 실수 조건이 부여된 부정방정식의 경우, 비록 미지수의 값을 모두 구하기 위한
관계식이 하나 부족할지라도, 아래에 제시된 실수의 성질을 이용하면 원하는 미지수의
값을 모두 구할 수 있는 경우가 있다.

> **● 항상 성립하는 실수의 성질**
>
> ○, □, △가 모두 실수일 때,
>
> ① $\square^2 + \triangle^2 = 0$이면 ➔ $\square = 0$이고, $\triangle = 0$일 수밖에 없다.
> **[이유]** □, △가 실수이므로 $\square^2$, $\triangle^2$은 항상 0 이상의 값을 가진다.
> 0 이상인 두 값을 더했을 때 0이 되려면, 두 값이 모두 0일 수밖에 없다.
>
> ② x가 실수이면 x에 대한 이차방정식 $\bigcirc x^2 + \square x + \triangle = 0$은 실근을 가진다.
> ➔ 판별식 $D \geq 0$이다.
>
> ③ 부등식 $\square^2 \leq 0$을 만족시키는 □의 값은 0뿐이다.
> **[이유]** $(실수)^2$은 항상 0 이상의 값을 가진다.
> 따라서 □가 실수이면 항상 $\square^2 \geq 0$이므로,
> $\square^2 \geq 0$이면서 $\square^2 \leq 0$인 □의 값은 0뿐이다.

미지수에 실수 조건이 부여된 부정방정식을 풀기 위해서는 이 성질들을 활용해야 하는데,
이러한 실수의 성질들 중 어떤 것을 이용할지 결정할 때는 다음의 기준을 따른다.

> □, △가 실수일 때, 주어진 부정방정식을
>
> • $\square^2 + \triangle^2 = 0$**꼴로 변형할 수 있다면**,
> $\square^2 + \triangle^2 = 0$ ➔ $\square = 0$, $\triangle = 0$임을 활용한다. … **[방법 1]**
>
> • $\square^2 + \triangle^2 = 0$**꼴로 변형할 수 없다면**,
> x에 대한 이차방정식 $\bigcirc x^2 + \square x + \triangle = 0$꼴로 변형한 후,
> 판별식 $D \geq 0$임을 이용한다. … **[방법 2]**

─ ★ 예제 02 ──────────────────────────

실수 x, y에 대하여 방정식 $4x^2 + 2y^2 - 4xy + 2y + 1 = 0$을 만족시키는 x, y의 값을 구해보자.

────────────────────────────────────

풀이

구해야 하는 미지수가 2개이지만 관계식이 1개인 상황이므로

주어진 방정식은 부정방정식이다.

여기서 미지수 x, y에 실수 조건이 있다는 사실에 집중하여, 먼저

주어진 방정식을 $\square^2 + \triangle^2 = 0$꼴로 변형할 수 있는지 판단해보자.

생각 1 **주어진 방정식을 $\square^2 + \triangle^2 = 0$꼴로 변형할 수 있는지 판단해보자.**

Tip

주어진 방정식을 $\square^2 + \triangle^2 = 0$꼴로 변형할 수 있는지 없는지 판단할 때는
방정식에 포함된 **일차항으로 만들 수 있는 완전제곱식**을 먼저 떠올려보는 것이 좋다.

주어진 방정식을 y에 대한 방정식으로 간주했을 때 방정식에 포함된 일차항은 $-4xy$, $+2y$이다.
먼저 $-4xy$로 만들 수 있는 완전제곱식을 떠올려보면

$$4x^2 - \boldsymbol{4xy} + y^2 = (2x - y)^2 \text{ 또는 } x^2 - \boldsymbol{4xy} + 4y^2 = (x - 2y)^2$$

정도가 있고, $+2y$로 만들 수 있는 완전제곱식을 떠올려보면

$$y^2 + \boldsymbol{2y} + 1 = (y + 1)^2$$

정도가 있다.
이를 바탕으로 생각해본다면

$$4x^2 + 2y^2 - 4xy + 2y + 1 = (4x^2 - 4xy + y^2) + (y^2 + 2y + 1) = (2x - y)^2 + (y + 1)^2$$

로 변형할 수 있음을 파악할 수 있다.

즉, $4x^2 + 2y^2 - 4xy + 2y + 1 = 0$ ➔ $(2x - y)^2 + (y + 1)^2 = 0$ ➔ $2x = y$이고 $y = -1$이므로

$\begin{cases} x = -\dfrac{1}{2} \\ y = -1 \end{cases}$ 이 주어진 방정식의 해임을 알 수 있다.

★ **예제 03**

> 실수 x, y에 대하여 방정식 $3x^2 + 2xy + y^2 - 8y + 24 = 0$을 만족시키는 x, y의 값을 구해보자.

풀이

구해야 하는 미지수가 2개이지만 관계식이 1개인 상황이므로

주어진 방정식은 부정방정식이다.

여기서 미지수 x, y에 실수 조건이 있다는 사실에 집중하여, 먼저

주어진 방정식을 $\square^2 + \triangle^2 = 0$꼴로 변형할 수 있는지 판단해보자.

생각 1 **주어진 방정식을 $\square^2 + \triangle^2 = 0$꼴로 변형할 수 있는지 판단해보자.**

주어진 방정식을 y에 대한 방정식으로 간주했을 때 방정식에 포함된 일차항은 $+2xy$, $-8y$이다.

먼저 $+2xy$로 만들 수 있는 완전제곱식을 떠올려보면

$$x^2 + 2xy + y^2 = (x+y)^2$$

정도가 있고, $-8y$로 만들 수 있는 완전제곱식을 떠올려보면

$$y^2 - 8y + 16 = (y-4)^2 \text{ 또는 } 2y^2 - 8y + 8 = 2(y^2 - 4y + 4) = 2(y-2)^2$$

정도가 있다.

여기서, 주어진 방정식의 $x^2 + 2xy + y^2$을 $(x+y)^2$으로 변형할 것이라고 계획한다면

$$3x^2 + 2xy + y^2 - 8y + 24 = 0 \; \blacktriangleright \; (x^2 + 2xy + y^2) + (2x^2 - 8y + 24) = 0\text{이 되어}$$

주어진 방정식을 $\square^2 + \triangle^2 = 0$꼴로 만들 수 없다.

따라서 주어진 방정식을 x에 대한 이차방정식으로 변형하자.

생각 2 **주어진 방정식을 x에 대한 이차방정식으로 변형하자.**

이때, y는 상수 취급하면 된다.

$$3x^2 + 2xy + y^2 - 8y + 24 = 0 \; \blacktriangleright \; 3x^2 + (2y)x + (y^2 - 8y + 24) = 0$$

생각 3 **판별식이 0 이상임을 이용하자.**

$$\frac{D}{4} = y^2 - 3(y^2 - 8y + 24) \geq 0 \; \blacktriangleright \; 2y^2 - 24y + 72 \leq 0 \; \blacktriangleright \; y^2 - 12y + 36 \leq 0 \; \blacktriangleright \; \boxed{(y-6)^2} \leq 0$$

$\square$가 실수일 때, 부등식 $\square^2 \leq 0$을 만족시키는 $\square$의 값은 0뿐이므로

$$\boxed{y-6} = 0\text{임을 알 수 있다.} \; \blacktriangleright \; y = 6$$

이제 $y = 6$을 원래의 방정식 $3x^2 + (2y)x + (y^2 - 8y + 24) = 0$에 대입하고 계산하면 $x = -2$임을 알 수 있다.

즉, 주어진 방정식의 해는 $\begin{cases} x = -2 \\ y = 6 \end{cases}$ 이다.

실수 a, b에 대하여 방정식 $4a^2 + 2b^2 - 4a + 4b + 3 = 0$이 성립할 때, $2(a-b)$의 값을 구하시오.

실수 x, y에 대하여 방정식 $2x^2 + 5y^2 + 4xy + 4x - 2y + 5 = 0$을 만족시키는 x, y의 값을 구하시오.

실수 x, y가 방정식 $x^2 + xy + y^2 + 2x - 2y + 4 = 0$을 만족시킬 때, $x + y$의 값을 구하시오.

방정식 $4x^2 + 4xy + 3y^2 - 4x - 6y + 3 = 0$을 만족시키는 실수 x, y에 대하여 $x + y$의 값을 구하시오.

문제 491

연립이차방정식 $\begin{cases} x+y=2 \\ x^2+3xy-4y^2=-24 \end{cases}$ 의 해를 $x=\alpha$, $y=\beta$라고 할 때,

$\alpha\beta$의 최솟값을 구하시오.

문제 492

연립이차방정식 $\begin{cases} x-y=a \\ x^2+xy+y^2=b \end{cases}$ 의 한 근이 $\begin{cases} x=2 \\ y=-4 \end{cases}$ 일 때,

나머지 한 근을 구하시오.

문제 493

길이가 160인 나무 막대기를 잘라서 한 변의 길이가 각각 x, $y(x<y)$인 두 개의 정사각형을 만들었다. 이 두 정사각형의 넓이의 합이 850일 때, x의 값을 구하시오.

문제 494

연립이차방정식 $\begin{cases} x - y = 4 \\ 3x^2 + y^2 = k \end{cases}$ 가 오직 한 쌍의 해를 가질 때, 실수 k의 값을 구하시오.

문제 495

어떤 두 원의 둘레의 길이의 합과 그 두 원의 넓이의 차가 모두 16π일 때,
두 원 중 큰 원의 반지름의 길이를 구하시오.

문제 496

두 연립방정식 $\begin{cases} x - y = -2 \\ 3x^2 - y^2 = a \end{cases}$, $\begin{cases} 2x - y = b \\ 3x + y^2 = 12 \end{cases}$ 의 해가 같을 때, 실수 a, b의 값을 구하시오. (단, $x > 0$, $y > 0$)

문제 497

연립방정식 $\begin{cases} a+b-ab=1 \\ a+b+ab=9 \end{cases}$ 를 만족시키는 정수 a, b의 순서쌍 (a, b)를 모두 구하시오.

문제 498

가로와 세로의 길이가 모두 자연수인 직사각형의 둘레의 길이를 A, 넓이를 B라 하면, $B-A=4$가 성립한다. 이때 가능한 직사각형의 가로와 세로의 길이를 모두 구하시오.

문제 499

2019
고1 6월 18번

한 변의 길이가 a인 정사각형 ABCD와 한 변의 길이가 b인 정사각형 EFGH가 있다.
그림과 같이 네 점 A, E, B, F가 한 직선 위에 있고 $\overline{EB} = 1$, $\overline{AF} = 5$가 되도록
두 정사각형을 겹치게 놓았을 때, 선분 CD와 선분 HE의 교점을 I라 하자. 직사각형 EBCI의
넓이가 정사각형 EFGH의 넓이의 $\frac{1}{4}$일 때, b의 값은? (단, $1 < a < b < 5$)

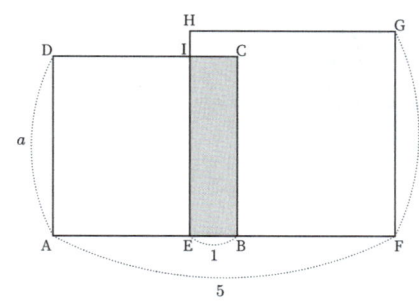

① $-2 + \sqrt{26}$
② $-2 + 3\sqrt{3}$
③ $-2 + 2\sqrt{7}$
④ $-2 + \sqrt{29}$
⑤ $-2 + \sqrt{30}$

문제 500

2014
고1 11월 27번

x, y에 대한 연립방정식

$$\begin{cases} xy + 3(x+y) = 0 \\ xy - 3(x+y) = k - 9 \end{cases}$$

를 만족시키는 실수인 x, y가 존재하도록 하는 100 이하의 자연수 k의 개수를 구하시오.

8

8-1

경우의 수
합과 곱의 법칙

01 수형도와 Case 분류

⓪ 경우의 수를 배우는 이유

주어진 조건을 만족시키는 경우의 수는 일일이 세는 것이 기본이다.
아래의 경우의 수 문항을 일일이 세는 방식으로 풀어보자.

> ★ **예제 01**
>
> 그림과 같이 세 면이 막혀 있는 주차장에 A, B, C, D 네 대의 차량이
> 주차되어 있다. 주차된 네 대의 차량이 한 번에 한 대씩 빠져나오려고
> 할 때, 차량이 빠져나오는 순서를 정하는 경우의 수를 세보자.
> (단, 모든 차량은 주차 구역 내에서 직진만 한다.)
>
>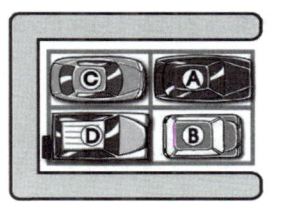

풀이 1 경우의 수 일일이 세기

차량을 주차장에서 빠져나오는 순서에 따라 아래와 같이 표기해보겠다.

$$\text{(첫 번째 차량)} \rightarrow \text{(두 번째 차량)} \rightarrow \text{(세 번째 차량)} \rightarrow \text{(네 번째 차량)}$$

경우의 수를 일일이 세주면,

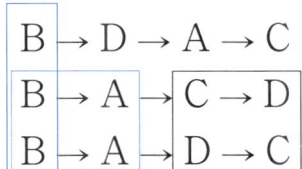

즉, 구하는 경우의 수는 6임을 알 수 있다.

이처럼 경우의 수를 일일이 셀 수도 있지만, 이러한 풀이에는 2가지 문제점이 있다.

문제 1) 반복되는 부분을 효율적으로 다루지 못한다.

박스 표시된 부분처럼 구조가 반복되는 부분까지 계속 반복해서 적어야 한다.

문제 2) 각각의 경우를 생각할 때마다 각 경우의 시작부터 생각해야 한다.

두 경우 A → B → C → D / A → B → D → C 에서는 C와 D의 순서가 다른 것이 중요한 것인데, 그 앞에
A와 B가 똑같은 순서로 나오는 상황까지 생각해야 한다.

수형도와 Case 분류의 논리를 활용하면 이러한 문제점을 해결할 수 있다.

① 수형도와 Case 분류

▶ '수형도'란?
사건이 일어나는 모든 경우를 나뭇가지 모양으로 나타낸 것을 **수형도**라고 한다.

수형도와 Case 분류는 경우의 수를 효율적으로 셀 수 있도록 해주는 유용한 도구들이다.
예제 01을 통해 Case를 분류와 수형도에 대하여 알아보자.

풀이 2 **Case 분류와 수형도를 활용한 풀이**
차량A 또는 차량B 가 무조건 주차장에서 먼저 나와야 한다.
따라서 차량A 가 먼저 나오는 경우와 차량B 가 먼저 나오는 경우로 **Case**를 **분류**하고, **수형도**를 **활용**하여 각
Case의 경우의 수를 세자.

Case 1 **차량A 가 먼저 나오는 경우**

주차장에서 나오는 순서▶   첫 번째   두 번째   세 번째   네 번째

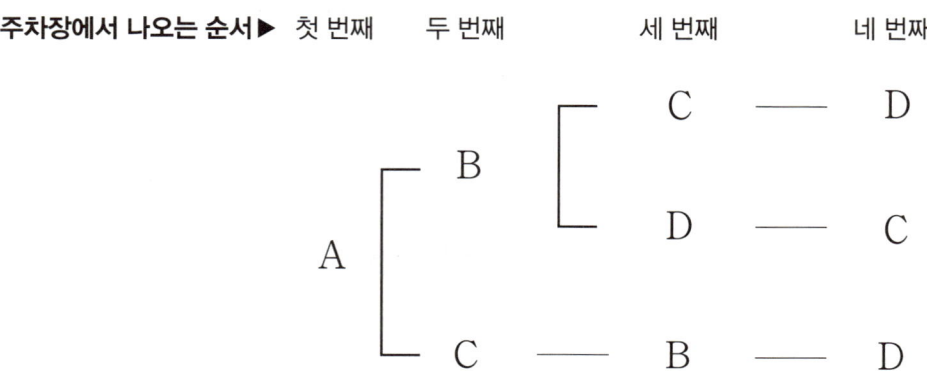

수형도로부터 A 가 먼저 나오는 경우의 수는 3가지임을 알 수 있다.

Case 2 **차량B 가 먼저 나오는 경우**
차량B가 먼저 나오는 경우는 차량A 가 먼저 나오는 경우와 수형도를 이루는 알파벳의 구체적인 구성은 다르지만,
수형도의 구조는 차량A 가 먼저 나오는 경우와 완전히 같을 것이라고 예상할 수 있다.

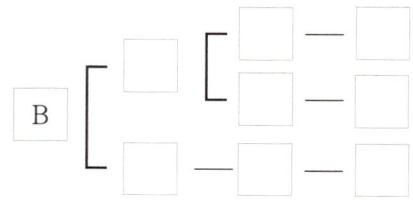

즉, Case 2 의 경우의 수를 세는 구조는 Case 1 과 같다고 예상할 수 있다. 경우의 수를 세는 구조가 반복되는 부분끼리는 경우의 수가 같을 수밖에 없으므로,

아래와 같이 **'곱셈'**을 활용하여 Case 1 과 Case 2 의 경우의 수를 한 번에 셀 수 있다.

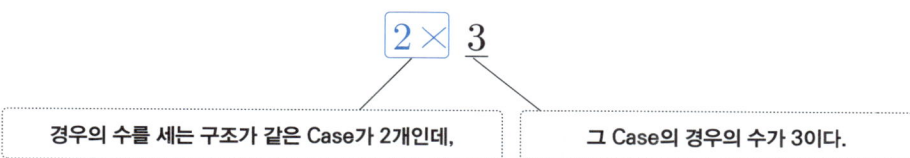

경우의 수를 세는 구조가 같은 Case가 2개인데, | 그 Case의 경우의 수가 3이다.

계산하면, 구하는 경우의 수는 6임을 알 수 있다.

생각 넓히기 **경우의 수를 세는 구조가 반복되는 부분들을 활용하기**

경우의 수를 세는 구조가 반복되는 부분들끼리는 그 경우의 수도 같을 수밖에 없다.
이를 이용하여 경우의 수를 세는 구조가 반복되는 부분들끼리는 각 부분들의 경우의 수를 모두 구할 필요 없이,

> **?** 생각 Point
>
> **한 부분의 경우의 수만 구하고, 반복되는 개수만큼 곱한다.**

생각 넓히기 **Case 분류의 기준**

> **?** 생각 Point
>
> Case 분류는 **특별한 조건이 걸린 부분**을 기준으로 하는 것이 좋다.

★ 예제 02

장미 4송이, 카네이션 2송이, 백합 4송이가 있다. 이 중 1송이를 골라 꽃병 A 에 꽂고,
이 꽃과는 다른 종류의 꽃들 중 꽃병 B 에 꽂을 꽃 5송이를 고르는 경우의 수를 구해보자.
(단, 같은 종류의 꽃은 서로 구분하지 않는다.)

풀이

> **?** 생각 Point
>
> 특별한 조건을 중심으로 Case를 분류해보자.

제시된 조건 중 특별한 조건이 걸린 부분은 '꽃병 A'이다. 꽃병 A 에 들어갈 수 있는 꽃은 1송이뿐이고, 꽃병 A 에 넣을 꽃의 종류가 정해져야, 꽃병 B 에 넣을 꽃의 종류도 결정되기 때문이다. 따라서 '꽃병 A'에 넣을 꽃의 종류에 따라 Case를 분류해보자.

Case 1 **꽃병 A 에 장미 1송이를 넣는 경우**

꽃병 A에 장미 1송이를 넣으면, 꽃병 B에는 장미를 꽂을 수 없다.

즉, 카네이션 2송이와 백합 4송이 중 5송이를 고르는 경우의 수를 세면 된다.

경우의 수를 세보면 아래와 같으므로,

카네이션	백합
1송이	**4송이(Max)**
2송이(Max)	3송이

Case 1 의 경우의 수는 2이다.

Case 2 **꽃병 A 에 카네이션 1송이를 넣는 경우**

꽃병 A에 카네이션 1송이를 넣으면, 꽃병 B에는 카네이션을 꽂을 수 없다.

즉, 장미 4송이와 백합 4송이 중 5송이를 고르는 경우의 수를 세면 된다.

경우의 수를 세보면 다음과 같으므로,

장미	백합
1송이	**4송이(Max)**
2송이	3송이
3송이	2송이
4송이(Max)	1송이

Case 2 의 경우의 수는 4이다.

Case 3 **꽃병 A 에 백합 1송이를 넣는 경우**

꽃병 A에 백합 1송이를 넣으면, 꽃병 B에는 백합를 꽂을 수 없다.

즉, 장미 4송이와 카네이션 2송이 중 5송이를 고르는 경우의 수를 세면 된다.

이때, **경우의 수를 세는 구조가** Case 1 **의 카네이션 2송이와 백합 4송이 중 5송이를 고르는 구조와 완전히 같다는 것을 느꼈다면,** 별 다른 계산 없이 Case 3 의 경우의 수가 Case 1 과 같은 2임을 알 수 있다.

이제 모든 Case의 경우의 수를 더해주면, 구하는 경우의 수는 $2 + 4 + 2 = 8$

유제 501

숫자 1, 2, 3을 전부 또는 일부 사용하여 같은 숫자가 이웃하지 않도록 네 자리 자연수를 만든다. 이때 천의 자리 숫자와 일의 자리 숫자가 같은 경우의 수를 구하시오.

유제 502

다음 조건을 모두 만족하는 네 자리 자연수의 개수를 구하시오.

> (가) 각 자리의 숫자는 1 또는 2이다.
> (나) 같은 숫자는 연속해서 2번까지 나올 수 있다.

02 합의 법칙과 곱의 법칙

▶ '사건'이란 ?

특정 조건을 만족시키는 모든 경우의 모임을 **사건**이라고 한다.

예)

① [주사위를 던질 때 짝수의 눈이 나오는 모든 경우]를 [주사위를 던질 때 짝수의 눈이 나오는 사건]이라고
한다. 이 사건을 A라 하면, 사건 A가 일어나는 경우의 수는 주사위의 눈이 2 또는 4 또는 6이 나오는
경우의 수인 3이다.

② [서로 다른 동전 2개를 동시에 던질 때 앞면이 하나만 나오는 모든 경우]를 [서로 다른 동전 2개를 동시에
던질 때 앞면이 하나만 나오는 사건]이라고 한다. 이 사건을 B라 하면, 사건 B가 일어나는 경우의 수는
(앞, 뒤), (뒤, 앞)의 2이다.

1 합의 법칙

> ● **합의 법칙**
>
> 두 사건 A, B가 동시에 일어나지 않을 때,
> 사건 A가 일어나는 경우의 수가 m, 사건 B가 일어나는 경우의 수가 n이면
> 사건 A 또는 사건 B가 일어나는 경우의 수는 $m+n$이다.

생각 넓히기 합의 법칙의 전제의 함의

합의 법칙의 전제인 **"두 사건 A, B가 동시에 일어나지 않을 때"**에 담긴 함의는
만약 사건 A와 사건 B가 동시에 일어나는 경우가 있다면, 즉 사건 A와 사건 B에 중복되는 경우가 있다면,
사건 A 또는 사건 B가 일어나는 경우의 수를 구할 때
각 사건이 일어나는 경우의 수를 더하기만 해서는 안 된다는 것이다.

> ? **생각 Point**
>
> 두 사건의 경우의 수를 더할 때 중복되는 경우가 있다면,
> 그 경우의 수만큼 빼주어야 한다.

★ **예제 03**

주사위 1개를 던질 때, 짝수의 눈이 나오거나 5의 배수의 눈이 나오는 경우의 수를 구해보자.

풀이

Case를 분류하자.

Case 1 **짝수의 눈이 나오는 경우** : 짝수의 눈이 나오는 경우는 2, 4, 6의 3가지

Case 2 **5의 배수의 눈이 나오는 경우** : 5의 배수의 눈이 나오는 경우는 5의 1가지

짝수의 눈이 나오는 경우와 5의 배수의 눈이 나오는 경우 중 **중복되는 경우는 없으므로,**
합의 법칙에 의해 구하는 경우의 수는 $3+1=4$

★ **예제 04**

서로 다른 주사위 2개를 동시에 던질 때, 나오는 눈의 수의 합이 4의 배수이거나 6의 배수가 되는 경우의 수를 구해보자.

풀이

? 생각 Point
두 눈의 수의 합이 4의 배수인 경우와 **6의 배수인 경우**로 Case를 분류하여 생각하자.

Case 1 **두 눈의 수의 합이 4의 배수인 경우**

두 눈의 수의 합이 4의 배수가 되려면, 두 눈의 수의 합이 4이거나 8이거나 12여야 한다.
한 주사위 눈의 수가 a이고, 다른 주사위 눈의 수가 b인 경우를 순서쌍 (a, b)로 나타내면,

① 두 눈의 수의 합이 4인 경우 : $(1, 3)$, $(2, 2)$, $(3, 1)$ ➔ 3가지
② 두 눈의 수의 합이 8인 경우 : $(2, 6)$, $(3, 5)$, $(4, 4)$, $(5, 3)$, $(6, 2)$ ➔ 5가지
③ 두 눈의 수의 합이 12인 경우 : $(6, 6)$ ➔ 1가지

눈의 수의 합이 4이거나 8이거나 12인 경우 중 **중복되는 경우는 없으므로,**
합의 법칙에 의해 **Case 1** 의 경우의 수는 $3+5+1=9$

두 눈의 수의 합이 6의 배수가 되려면, 두 눈의 수의 합이 6이거나 12여야 한다.

① 두 눈의 수의 합이 6인 경우 : $(1, 5)$, $(2, 4)$, $(3, 3)$, $(4, 2)$, $(5, 1)$ ➜ 5가지

② 두 눈의 수의 합이 12인 경우 : 이미 **Case 1** 에서 $(6, 6)$의 1가지임을 구했었다.

두 눈의 수의 합이 6이거나 12인 경우 중 **중복되는 경우는 없으므로**,
합의 법칙에 의해 **Case 2** 의 경우의 수는 $5 + 1 = 6$

마지막으로 **Case 1** 과 **Case 2** 의 경우의 수를 더하려고 보니,
중복되는 경우 $(6, 6)$이 존재한다. 따라서 이 1가지 경우는 빼주어야 한다.

∴ 구하는 경우의 수는 $9 + 6 - 1 = 14$

유제
503

서로 다른 두 개의 주사위를 동시에 던질 때, 나오는 눈의 수의 합이
3의 배수가 되거나 4의 배수가 되는 경우의 수를 구하시오.

유제
504

1부터 4까지의 자연수가 각각 하나씩 적힌 4개의 카드가 들어있는 주머니가 있다.
이 주머니에서 카드를 한 장씩 총 두 번 꺼낼 때, 꺼낸 카드에 적힌 두 수의 곱이 2 또는 4가 되는
경우의 수를 구하시오. (단, 꺼낸 카드는 다시 넣는다.)

부등식 $2x + y < 7$을 만족시키는 음이 아닌 정수 x, y의 순서쌍 (x, y)의 개수를 구하시오.

서로 다른 두 개의 주사위 A, B를 동시에 던져서 나온 눈의 수를 각각
a, b라 할 때, 부등식 $-2 < a - b < 2$를 만족시키는 모든 순서쌍 (a, b)의
개수를 구하시오.

2 곱의 법칙

> ● **곱의 법칙**
>
> 두 사건 A, B에 대하여
> 사건 A가 일어나는 경우의 수가 m이고,
> <u>그 각각에 대하여</u> 사건 B가 일어나는 경우의 수가 n이면
> 사건 A와 사건 B가 잇달아 일어나는 경우의 수는 $m \times n$이다.

★ **예제 05**

원준이의 옷장에는 티셔츠, 반팔, 후드티, 청바지, 반바지가 각각 1벌씩 있다.
원준이가 옷장에 있는 옷 중 입을 상의와 하의를 1벌씩 선택하는 경우의 수를 구해보자.

풀이

입을 상의와 하의를 선택하는 경우의 수는 각각 3가지, 2가지이다.
원준이가 티셔츠를 선택하면, 잇달아 선택할 수 있는 하의가 2가지이고,
이는 원준이가 반팔이나 후드티를 선택하는 경우도 마찬가지이다.

즉, 상의를 선택하는 경우의 수가 3이고, **상의를 선택하는 각각의 경우에 대하여** 하의를 선택하는 경우의 수가
2이므로, 원준이가 상의를 선택하고 잇달아 하의를 선택하는 경우의 수는 <u>곱의 법칙에 의하여</u> $3 \times 2 = 6$

생각 넓히기 언제 '곱셈'을 하면 될까?

① 특정 상황에서 일어날 수 있는 모든 경우의 바로 뒤에 잇다를 상황(경우의 수)가 같을 때 곱셈을 한다.
★ 만약, 특정 상황에서 일어날 수 있는 경우들 중 바로 뒤에 잇다를 상황(경우의 수)가 서로 다른 것들이 있다면
  Case를 분류하고, 각 Case의 경우의 수를 구한 후 더해야 한다.

② 경우의 수를 세는 구조가 반복되는 부분이 있으면 한 부분의 경우의 수만 구하고, 구조가 반복되는 부분의
  개수만큼 곱한다.

예제 06

숫자 0, 1, 2, 3, 4, 5 중에서 서로 다른 세 개의 숫자를 사용하여 만들 수 있는
세 자리의 자연수 중 5의 배수의 개수를 구해보자.

풀이

❓ 생각 Point

> **자연수가 5의 배수가 되려면 일의 자리가 0 또는 5이면 된다.**

그렇다면, 일의 자리가 0일 때와 일의 자리가 5일 때 밑줄친 백의 자리의 숫자를 정하는 상황이 같을지 다를지 생각해보자.

> **[보충 설명]** "왜 십의 자리보다 백의 자리를 먼저 생각하는 건가요?"
> 백의 자리 숫자가 0이 되면 세 자리의 자연수가 될 수 없으므로 문제의
> 조건에 모순이다. 즉, 백의 자리에는 0이 들어올 수 없는 제한이 걸려있는
> 것이다. 경우의 수를 계산할 때는 '제한이 많이 걸린' 조건일수록 먼저
> 보는 것이 좋다. 따라서 제한이 없는 십의 자리보다는 제한이 걸린 백의
> 자리를 먼저 고려하는 것이다.

일의 자리가 0일 때, 백의 자리는 방금 쓴 0을 제외한 1, 2, 3, 4, 5가 될 수 있다.

일의 자리가 5일 때, 백의 자리는 0과 방금 쓴 5를 제외한 1, 2, 3, 4가 될 수 있다.

일의 자리가 0일 때와 일의 자리가 5일 때는 바로 뒤에 잇다를 상황이 다르다.
➜ **Case를 분류해야 한다.**

Case 1 일의 자리가 5일 때

		5

백의 자리에는 5와 0을 제외한 1, 2, 3, 4의 4가지 숫자가 들어갈 수 있다.
➜ 백의 자리를 채우는 경우의 수는 4이다.

여기서 백의 자리를 채우는 모든 상황을 생각해보자. 백의 자리에 숫자 1, 2, 3, 4 중 어떤 숫자를 넣더라도, 십의
자리에는 일의 자리와 백의 자리에 쓴 것을 제외한 수라면 모두 들어올 수 있다.
➜ **백의 자리를 채우는 모든 경우, 바로 뒤에 잇다를 상황이 같다.**
➜ **곱셈을 해야한다.**

➜ $4 \times$ □

예를 들어, 백의 자리에 2를 넣었다고 하자.

$$\boxed{2} \qquad \boxed{} \qquad \boxed{5}$$

그러면 십의 자리에는 이미 쓴 수들을 제외한 0, 1, 3, 4의 4가지가 들어갈 수 있다.

→ 십의 자리를 채우는 경우의 수는 4이다. 따라서 `Case 1` 의 경우의 수는

$$4 \times \boxed{4} = 16$$

`Case 2` **일의 자리가 0일 때**

$$\boxed{} \qquad \boxed{} \qquad \boxed{0}$$

백의 자리에는 0을 제외한 1, 2, 3, 4, 5의 5가지 숫자가 들어갈 수 있다.

→ 백의 자리를 채우는 경우의 수는 5이다.

여기서 백의 자리를 채우는 모든 상황을 생각해보자. 백의 자리에 숫자 1, 2, 3, 4, 5 중 어떤 숫자를 넣더라도, 십의 자리에는 일의 자리와 백의 자리에 쓴 것을 제외한 수라면 모두 들어올 수 있다.

→ **백의 자리를 채우는 모든 경우, 바로 뒤에 잇다를 상황이 같다.**

→ 곱셈을 해야한다.

$$\rightarrow 5 \times \boxed{}$$

예를 들어, 백의 자리에 1을 넣었다고 하자.

$$\boxed{1} \qquad \boxed{} \qquad \boxed{0}$$

그러면 십의 자리에는 이미 쓴 수들을 제외한 2, 3, 4, 5의 4가지 숫자가 들어갈 수 있다.

→ 십의 자리를 채우는 경우의 수는 4이다. 따라서 `Case 2` 의 경우의 수는

$$5 \times \boxed{4} = 20$$

`Case 1` 과 `Case 2` 의 경우 중 중복되는 부분은 없으므로, 구하는 경우의 수는

$$16 \boxed{+} 20 = 36$$

유제 507 십의 자리의 숫자가 6의 양의 약수인 두 자리 자연수 중 홀수인 것의 개수를 구하시오.

유제 508 어느 고등학교에서 수학, 국어, 영어 방과 후 수업이 각각 4개, 3개, 2개가 개설되었다. 이 고등학교에서 서로 다른 과목 2개의 수업을 신청하는 경우의 수를 구하시오. (단, 모든 방과 후 수업의 수강 시간은 서로 겹치지 않는다.)

유제 509 $(x+y+z)(p+q)(a+b)^2$를 전개할 때, 생기는 항의 개수를 구하시오.

유제
510

0, 1, 2, 3, 4, 5를 한 번씩만 사용하여 만들 수 있는 네 자리 자연수 중에서
일의 자리 수와 백의 자리 수가 모두 홀수인 자연수의 개수를 구하시오.

유제
511

그림과 같이 연결된 도로망이 있다. 이 도로망을 따라 A 지점에서 출발하여
C 지점과 D 지점을 모두 지나 B 지점까지 가는 경우의 수를 구하시오.
(단, 한 번 지난 도로는 다시 지나갈 수 없다.)

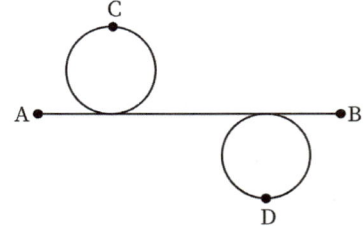

03 약수의 개수

생각 | 이해 • • • 암기 | 적용

⊛ 참고

① 2, 3, 5 등을 나타내는 소수는 0.1, 0.23 등을 나타내는 소수와 읽는 방식이 다르다.

2, 3, 5 등을 나타내는 소수는 [소쑤]라고 읽는다.

② 소인수란 주어진 자연수를 나누어 떨어뜨리는 약수 중에서 소수인 약수를 말한다.

예를 들어, $54 = 2 \times 3^2$으로 소인수분해했을 때, 2와 3을 54의 소인수라고 한다.

1 소수의 거듭제곱의 약수(의 개수) 구하기

2^3의 약수 ➔ $1, 2^1, 2^2, 2^3$ ➔ 약수는 $\boxed{3}+1$ 개이다.

3^2의 약수 ➔ $1, 3^1, 3^2$ ➔ 약수는 $\boxed{2}+1$ 개이다.

5^3의 약수 ➔ $1, 5^1, 5^2, 5^3$ ➔ 약수는 $\boxed{3}+1$ 개이다.

이로부터 $(\text{소수})^n$의 약수의 개수는 $\boxed{n}+1$임을 알 수 있다.

생각 넓히기 | 약수 구하는 법

? 생각 Point

어떤 수의 약수는

① 그 수를 소인수분해하고,

② 각 소인수 거듭제곱의 약수 중 하나씩을 택한 후,

③ 택한 수들을 곱하여 얻을 수 있다.

설명

예를 들어, 54를 소인수분해하면 $54 = 2 \times 3^3$이므로

54의 약수는 2의 약수(1, 2) 중 하나, 3^3의 약수($1, 3^1, 3^2, 3^3$) 중 하나를 택하여

곱한 결과이다.

가령, 2의 약수 중 1을 택하고, 3^3의 약수 중 3^2을 택하여 곱하면 $1 \times 3^2 = 9$이고,

9는 54의 약수이다.

❷ 약수의 개수 구하는 법

> ● **약수의 개수 구하는 법**
>
> **[단계 1]** 주어진 수를 **소인수분해**한다.
> **[단계 2]** 각 소인수 거듭제곱의 약수 중에서 하나씩을 택하는 방식으로 주어진 숫자의
> **약수를 모두 만들 수 있음**을 이용한다.

★ **예제 07**

48의 약수의 개수를 구해보자.

풀이

[단계 1] 48을 소인수분해하면 $48 = 2^4 \times 3$

[단계 2] 2^4의 약수(1, 2^1, 2^2, 2^3, 2^4)와 3의 약수(1, 3)에서 하나씩을 택하여
 아래의 빈칸에 넣기만 하면 48의 약수를 모두 만들 수 있음을 이용한다.

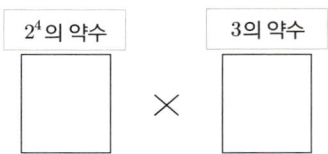

2^4의 약수 중 하나를 택하는 경우의 수는 5

이때, 2^4의 약수 중 무엇을 택하더라도, 바로 잇달아 3의 약수 중 하나를 택할 수 있다.

➡ 2^4의 약수 중 하나를 택하는 모든 경우, 바로 뒤에 잇다를 상황이 동일하다.

➡ 3의 약수 중 하나를 택하는 경우의 수인 2를 **곱해야 한다.**

$$\text{➡ } 5 \boxed{\times 2}$$

따라서 48의 약수의 개수는 10

유제 512

84의 양의 약수의 개수를 a, 242의 양의 약수의 개수를 b라 할 때, $a+b$의 값을 구하시오.

유제 513

540과 720의 공약수의 개수를 구하시오.

유제 514

360의 양의 약수 중 짝수의 개수 m, 5의 배수의 개수를 n이라 할 때, $m+n$의 값을 구하시오.

유제
515

18^n의 양의 약수의 개수가 45일 때, 자연수 n의 값을 구하시오.

유제
516

100원짜리 동전 2개, 500원짜리 동전 2개, 1000원짜리 지폐 3장이 있다.

이들을 일부 또는 전부 사용하여 지불하는 경우의 수를 구하시오.

(단, 0원을 지불하는 경우는 제외하고, 같은 금액을 지불하더라도 사용한 지폐가 다르면 서로 다른 경우로 간주한다.)

04 약수의 총합

생각 | 이해 •••< 암기 | 적용

● **약수의 총합을 구하는 법**

[단계 1] 주어진 수를 소인수분해한다.
[단계 2] 각 소인수 거듭제곱의 약수의 합을 모두 곱한다.

예제 08

36의 양의 약수의 총합을 구해보자.

풀이

[단계 1] 36을 소인수분해하면 $36 = 2^2 \times 3^2$
[단계 2] 각 소인수 거듭제곱의 약수의 합을 모두 곱한다.

2^2의 약수를 모두 더하면 $1 + 2^1 + 2^2 = 7$
3^2의 약수를 모두 더하면 $1 + 3^1 + 3^2 = 13$
각각의 값을 곱하면 $7 \times 13 = 91$

즉, 36의 양의 약수의 총합은 91

참고

실제로 36의 약수를 직접 구해서 모두 더해보면 91임을 확인할 수 있다.

유제 517 360의 양의 약수의 총합을 구하시오.

유제 518 $(1+2+2^2+\cdots+2^6)(1+3)(1+5)$는 자연수 m의 양의 약수의 총합이다. m의 값을 구하시오.

8

8-2

경우의 수
순열

01 순열과 계승

❶ 순열의 상황

생각 | 이해 ●—●─ 암기 | 적용

순열은 어떤 집단의 구성요소들을 <u>순서를 고려하여</u> 나열하는 것을 말한다.

> **[보충 설명]** 나열할 때 순서를 고려한다는 것이 무슨 뜻인가요?"
>
> 예를 들어, 알파벳 a, b, c 중 2개를 택한 후, <u>순서를 고려하여</u> 나열한다고 할 때, 순서를 고려한다는 것은 ab로 나열하는 경우와 ba로 나열하는 경우를 서로 다른 경우로 본다는 것이다.

생각 넓히기 | 순열을 다루는 기본 태도

순서를 고려하여 나열하는 상황을 다룰 때는 다음과 같은 태도가 필요하다.

① 조건을 이미지화하여 간단하게 정리한다.

② **빈칸을 그리자** : 문제 상황에 맞게 필요한 개수만큼 빈칸을 그리고, 각 빈칸에 들어갈 수 있는 경우의 수를 생각한다.

③ 각 빈칸에 들어갈 수 있는 경우의 수를 계산식에 적을 때마다 구체적인 예시를 든다.

★ **예제 01**

5명의 사람 A, B, C, D, E 중에서 3명을 택하여 일렬로 세우는 경우의 수를 구해보자.

풀이

빈칸을 그리자

3명을 일렬로 세워야하니 3개의 빈칸을 만들자.

빈칸 1   빈칸 2   빈칸 3
□   □   □

빈칸 1에는 A, B, C, D, E 5명 중 1명이 들어올 수 있다.
➜ 빈칸 1을 채우는 경우의 수는 5

$\times$ 빈칸 1에 그 어떤 사람이 들어오더라도, 잇달아
빈칸 2에 들어올 사람을 정하는 상황이 같을 것임을
예상할 수 있으므로 곱셈을 쓴 것이다.

▶ 식을 하나 적을 때마다 구체적 예시를 들자.

예를 들어, 아래와 같이 빈칸 1에 A가 들어왔다고 하자.

빈칸 1	빈칸 2	빈칸 3
A		

잇달아, 빈칸 2에는 A를 제외한 B, C, D, E 4명 중 1명이 들어올 수 있다.

➜ 빈칸 2를 채우는 경우의 수는 4

$5 \times 4 \times$ 빈칸 2에 그 어떤 사람이 들어오더라도, 잇달아
빈칸 3에 들어올 사람을 정하는 상황이 같을 것임을
예상할 수 있으므로 곱셈을 쓴 것이다.

▶ 식을 하나 적을 때마다 구체적 예시를 들자.

예를 들어, 아래와 같이 빈칸 2에 C가 들어왔다고 하자.

빈칸 1	빈칸 2	빈칸 3
A	C	

잇달아, 빈칸 3에는 A, C를 제외한 B, D, E 3명 중 1명이 들어올 수 있다.

➜ 빈칸 3을 채우는 경우의 수는 3

$$5 \times 4 \times 3$$

즉, 구하는 경우의 수는 $5 \times 4 \times 3 = 60$ 이다.

❷ 순열의 기호

예제 01의 상황을 포괄적으로

서로 다른 5개에서 3개를 택하여 나열하는 상황

이라고 표현할 수 있으므로, 예제 01의 풀이는 서로 다른 5개에서 3개를 택하여 일렬로 나열하는 경우의 수가
$5 \times 4 \times 3$임을 계산한 것과 같다. 그런데 $5 \times 4 \times 3$은 5부터 시작해서 1씩 작아지는 수를 3개 곱한 것과 같으므로
아래와 같은 규칙성이 존재함을 알 수 있다.

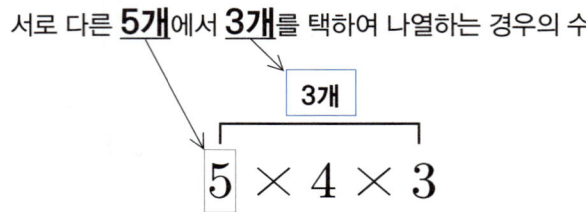

이를 이용하면, 서로 다른 6개에서 4개를 택하여 일렬로 나열하는 경우의 수도 아래와 같이 계산됨을 예상할 수
있다.

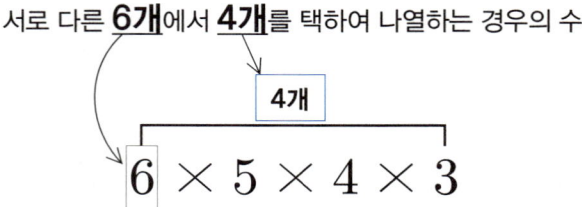

이러한 방식으로 순열의 상황에 대한 계산구조를 일반화시켜보면 아래와 같다.

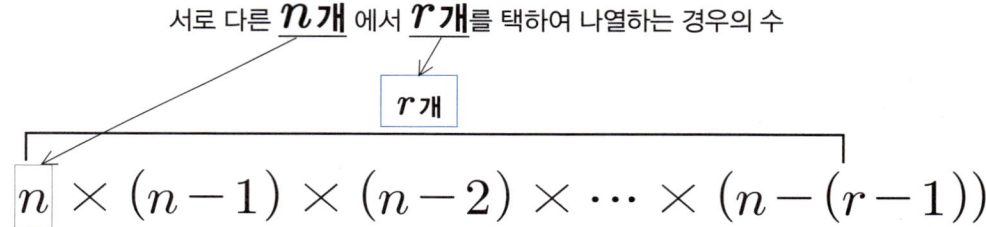

이와 같이 서로 다른 n개에서 r개를 택하여 나열하는 경우의 수를 기호로

$$_n\mathrm{P}_r$$

과 같이 나타낸다. 지금까지의 내용을 정리하면 다음과 같다.

● 순열의 기호

서로 다른 n개에서 r개를 택하여 나열하는 경우의 수는
$$_n\mathrm{P}_r = n \times (n-1) \times (n-2) \times \cdots \times (n-r+1) \ (\text{단, } n \geq r)$$

[보충 설명] "이런 조건은 왜 붙었나요? 중요한 조건인가요?"

$n < r$인 상황의 구체적인 예시를 한 번 생각해보자.

만약 $n = 2$, $r = 3$이면 $_2\mathrm{P}_3$이 되고, 이 기호의 의미를 해석해보면

서로 다른 2개에서 3개를 택하여 일렬로 나열하는 경우의 수

이다. 그런데 서로 다른 2개 중에서 3개를 택하는 것은 불가능하다. $n < r$이면 이러한 모순적인 상황이 발생하므로, 이러한 경우는 배제하기 위해 $n \geq r$이라는 조건이 붙은 것일 뿐이다.

❊ 참고

① $_n\mathrm{P}_r$에서 P는 '순열'이라는 뜻을 가진 'Permutation'의 첫 글자이다.
② $_n\mathrm{P}_r$은 [엔 피 알]이라고 읽으면 된다. $_4\mathrm{P}_2$는 [사 피 이]라고 읽으면 된다.

생각 넓히기 **순열의 기호의 핵심**

$$_n\mathrm{P}_r \quad \Rightarrow \quad n\text{부터 시작해서 1씩 작아지는 수를 } r\text{개 곱한다.}$$

서로 다른 것의 개수 ⌐ n │ r └ 택하는 것의 개수

★ **예제 02**

다음 순열의 값을 계산해보자.

① $_4\mathrm{P}_2$ ② $_6\mathrm{P}_3$ ③ $_3\mathrm{P}_3$

풀이

① $_4\mathrm{P}_2$: 4부터 시작해서 1씩 작아지는 수를 2개 곱한다. ➔ $4 \times 3 = 12$

② $_6\mathrm{P}_3$: 6부터 시작해서 1씩 작아지는 수를 3개 곱한다. ➔ $6 \times 5 \times 4 = 120$

③ $_3\mathrm{P}_3$: 3부터 시작해서 1씩 작아지는 수를 3개 곱한다. ➔ $3 \times 2 \times 1 = 6$

순열의 기호가 나오면 그 값을 계산할 수는 있어야 한다. 하지만 순열의 상황을 꼭 순열의 기호를 사용하여 계산할 필요는 없다. 오히려 순열의 상황을 다룰 때는 **p440 예제 01**의 풀이와 같이 계산해야 다양한 순열의 상황을 유연하게 다룰 수 있다.

3 계승

생각 | 이해 • • 암기 | 적용

> ● **계승**
>
> n부터 1까지의 자연수를 차례로 모두 곱한 것을 **n의 계승**이라 하고, 기호로 $n!$로 나타낸다. 즉
>
> $$n! = n \times (n-1) \times (n-2) \times \cdots \times 3 \times 2 \times 1$$

> ✹ **참고**
>
> $n!$에서 !은 [팩토리얼]이라고 읽는다.

★ **예제 03**

다음 계승의 값을 계산해보자.

① $3!$ ② $2! \times 5!$ ③ $4! \times 3!$

풀이

① $3! = 3 \times 2 \times 1 = 6$

② $2! \times 5! = (2 \times 1) \times (5 \times 4 \times 3 \times 2 \times 1) = 240$

③ $4! \times 3! = (4 \times 3 \times 2 \times 1) \times (3 \times 2 \times 1) = 144$

생각 넓히기 계승이 가지는 의미

서로 다른 n개에서 n개를 택하여 나열하는 경우의 수를 기호로 ${}_n\mathrm{P}_n$으로 나타낼 수 있고,
${}_n\mathrm{P}_n = n\times(n-1)\times(n-2)\times\cdots 3\times2\times1$이다. 그런데 이는 $n!$의 값과 완전히 같다.
따라서 $n!$은 다음과 같은 의미를 가진다.

생각 Point

$n!$: 서로 다른 n개를 나열하는 경우의 수

이 내용은 문제에 다음과 같이 활용할 수 있다.

생각 Point

① 서로 다른 n개를 나열하는 경우의 수는 $n!$이다.
② 나열할 대상의 개수와 남은 자리의 개수가 같으면 팩토리얼을 쓴다.

★ 예제 04

4명의 사람을 일렬로 줄 세우는 경우의 수를 구해보자.

풀이

빈칸을 그리자

4명을 일렬로 세워야하니 4개의 빈칸을 만들자.

빈칸 1	빈칸 2	빈칸 3	빈칸 4

이때, 나열할 대상의 개수도 4개, 남은 자리의 개수도 4개이므로,
구하는 경우의 수는 $4! = 4\times3\times2\times1 = 24$

유제 519

다음 등식을 만족시키는 자연수 n의 값을 구하시오.

(1) $_n\mathrm{P}_2 = 12$

(2) $_n\mathrm{P}_5 = 30_n\mathrm{P}_3$

유제 520

NUMBER에 있는 6개의 문자 중에서 4개를 택하여 일렬로 나열하는 경우의 수를 구하시오.

유제 521

6명의 학생을 1교시에 2명, 2교시에 4명으로 나누어 한 사람씩 순서대로 상담하려고 한다. 이때 상담 순서를 정하는 경우의 수를 구하시오.

유제
522

남자 3명과 여자 4명이 한 줄로 설 때, 남자가 양 끝에 서는 경우의 수를 구하시오.

유제
523

어느 체육대회에서 이어달리기 선수로 남학생 2명과 여학생 3명이 뽑혔다. 이 5명의 학생이 여학생, 남학생, 여학생, 남학생, 여학생 순서로 달려야 할 때, 달리는 순서를 정하는 방법의 수를 구하시오.

유제
524

1, 2, 3, 4, 5를 한 번씩만 사용하여 만들 수 있는 다섯 자리 자연수 중에서 일의 자리 수와 백의 자리 수가 모두 짝수인 자연수의 개수를 구하시오.

02 순열의 여러가지 상황에 대한 해법

서로 다른 n개 중 r개를 순서를 고려하여 나열하는 상황에 조건이 추가되면 그 상황을 단순히 기호 $_n\mathrm{P}_r$을 사용하여 나타낼 수 없는 경우가 대부분이다. 이때는 01 ▶ 순열과 계승 단원의 생각 넓히기 순열을 다루는 기본 태도의 내용을 적용하도록 한다.

Review | 순열을 다루는 기본 태도

순서를 고려하여 나열하는 상황을 다룰 때는 다음과 같은 태도가 필요하다.

① 조건을 이미지화하여 간단하게 정리한다.
② 빈칸을 그리자 : 문제 상황에 맞게 필요한 개수만큼 빈칸을 그리고,
　　　　　　　　　 각 빈칸에 들어갈 수 있는 경우의 수를 생각한다.
③ 각 빈칸에 들어갈 수 있는 경우의 수를 식에 적을 때마다 구체적인 예시를 든다.

1 특정 조건을 만족시키는 자연수의 개수를 세는 태도

태도 1 | 조건이 많은 부분을 먼저 고려한다.

특정 조건을 만족시키는 자연수의 개수를 구할 때 꼭 맨 앞자리부터 고려할 필요는 없다. 조건이 많은 자리일수록 먼저 고려하는 것이 좋다.

태도 2 | 맨 앞자리에는 0이 올 수 없음을 인식한다.

문제를 읽을 때, 사용 가능한 숫자 중에서 0이 있는지 없는지 잘 살펴야 한다.

더 알아보기 자연수가 □의 배수가 되기 위한 조건

자연수가
① 2의 배수(짝수)가 되려면 ➜ 맨 끝 자리 숫자가 짝수이면 된다.
② 3의 배수가 되려면 ➜ 모든 자리의 숫자의 합이 3의 배수이면 된다.
③ 4의 배수가 되려면 ➜ 끝 두 자리가 00 또는 4의 배수이면 된다.
④ 5의 배수가 되려면 ➜ 맨 끝 자리의 숫자가 0 또는 5이면 된다.

생각 넓히기 조건이 많은 부분을 먼저 고려하자.

경우의 수 문항을 풀 때는 조건이 많은 부분일수록 먼저 고려하는 것이 좋다.

숫자 0, 1, 2, 3, 4 중에서 서로 다른 네 개의 숫자를 사용하여 만들 수 있는
네 자리의 자연수 중 4의 배수의 개수를 구해보자.

풀이

빈칸을 그리자

네 자리의 자연수를 만들어야하니 4개의 빈칸을 만들자.

빈칸 1   빈칸 2   빈칸 3   빈칸 4

☐ ☐ ☐ ☐

❓ 생각 Point

어떤 자연수가 4의 배수가 되려면 끝 두 자리가 00 또는 4의 배수이면 된다.
⟹ 끝 두 자리로 가능한 것들은 04, 12, 20, 24, 32, 40이다.

빈칸 3과 빈칸 4를 채울 수 있는 후보들을 만들었다. 이제 빈칸 1과 빈칸 2 중
빈칸 1 부터 고려하는 것이 좋을 듯하다.
빈칸 2와 달리, 빈칸 1에는 **0이 올 수 없다**는 조건이 포함되어 있기 때문이다.
즉, 빈칸 1이 빈칸 2보다 조건이 많은 부분이므로 먼저 생각하는 것이 좋다.

빈칸 1에는 0이 올 수 없다는 조건을 생각해봤을 때, 끝 두 자리로 가능한 것들 중에서
0을 포함한 04, 20, 40일 때와 **0을 포함하지 않은** 12, 24, 32일 때를 구분하여 생각할 수 있어야 한다.
끝 두 자리가 **0을 포함하는지, 0을 포함하지 않는지**에 따라 빈칸 1을 채우는 상황이 달라질 것이라고 예상하고,
Case를 분류하자.

> **[보충 설명]** "이렇게 구분할 수 있었던 근거는 무엇인가요?"
> 끝 두 자리가 04, 20, 40일 때는 빈칸 1에 올 수 없는 0을 이미
> 사용한 경우고, 끝 두 자리가 12, 24, 32일 때는 빈칸 1에 올 수
> 없는 0을 사용하지 않은 경우임을 생각하여 이렇게 구분할 수 있었다.

Case 1 **끝 두 자리가 04, 20, 40일 때 (끝 두 자리에 0이 포함되어 있을 때)**

끝 두 자리에는 04, 20, 40의 3가지 중 하나가 들어올 수 있다.
➜ 끝 두 자리를 채우는 경우의 수는 3

$3 \times$ ☐

> 끝 두 자리에 04, 20, 40 중 그 어떤 숫자가
> 들어오더라도, 잇달아 빈칸 1을 채우는 상황이
> 같을 것임을 예상할 수 있으므로 곱셈을 쓴 것이다.

▶ **식을 하나 적을 때마다 구체적 예시를 들자.**

예를 들어, 끝 두 자리에 04가 들어왔다고 하자.

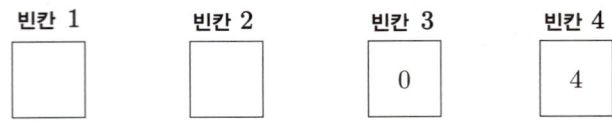

잇달아, 빈칸 1에는 사용한 숫자를 제외한 1, 2, 3 중 하나가 들어올 수 있다.

➜ 빈칸 1을 채우는 경우의 수는 3

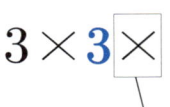

> 빈칸 1에 그 어떤 숫자가 들어오더라도, 바로 잇달아 빈칸 2에 들어올 숫자를 정하는 상황이 같을 것임을 예상할 수 있으므로 곱셈을 쓴 것이다.

▶ **식을 하나 적을 때마다 구체적 예시를 들자.**

예를 들어, 빈칸 1에 1이 들어왔다고 하자.

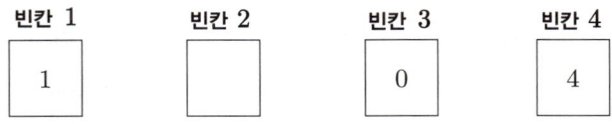

잇달아, 빈칸 2에는 사용한 숫자를 제외한 2, 3 중 하나가 들어올 수 있다.

➜ 빈칸 2를 채우는 경우의 수는 2

$$3 \times 3 \times 2$$

즉, Case 1 의 경우의 수는 $3 \times 3 \times 2 = 18$이다.

`Case 2` **끝 두 자리가 12, 24, 32일 때 (끝 두 자리에 0이 포함되어 있지 않을 때)**

끝 두 자리에는 12, 24, 32의 3가지 중 하나가 들어올 수 있다.

➔ 끝 두 자리를 채우는 경우의 수는 3

> 끝 두 자리에 12, 24, 32 중 그 어떤 숫자가
> 들어오더라도, 바로 잇달아 빈칸 1을 채우는
> 상황이 같을 것임을 예상할 수 있으므로
> 곱셈을 쓴 것이다.

▶ **식을 하나 적을 때마다 구체적 예시를 들자.**

예를 들어, 끝 두 자리에 24가 들어왔다고 하자.

빈칸 1	빈칸 2	빈칸 3	빈칸 4
		2	4

잇달아, 빈칸 1에는 사용한 숫자와 0을 제외한 1, 3 중 하나가 들어올 수 있다.

➔ 빈칸 1을 채우는 경우의 수는 2

> 빈칸 1에 그 어떤 숫자가 들어오더라도, 바로 잇달아
> 빈칸 2에 들어올 숫자를 정하는 상황이 같을 것임을
> 예상할 수 있으므로 곱셈을 쓴 것이다.

▶ **식을 하나 적을 때마다 구체적 예시를 들자.**

예를 들어, 빈칸 1에 3이 들어왔다고 하자.

빈칸 1	빈칸 2	빈칸 3	빈칸 4
3		2	4

잇달아, 빈칸 2에는 사용한 숫자를 제외한 0, 1 중 하나가 들어올 수 있다.

➔ 빈칸 2를 채우는 경우의 수는 2

즉, `Case 2` 의 경우의 수는 12이다.

마무리로 `Case 1` 과 `Case 2` 의 경우의 수를 더하면,

$$\therefore \text{구하는 경우의 수는 } 18 + 12 = 30$$

유제 525

5개의 숫자 0, 1, 2, 3, 4를 한 번씩만 사용하여 만든 자연수 중에서 다음 조건을 만족시키는 수의 개수를 구하시오.

(1) 5개의 숫자를 모두 사용하여 만든 다섯 자리의 자연수

(2) 4개의 숫자를 택하여 만든 네 자리의 자연수

(3) 4개의 숫자를 택하여 만든 3100보다 큰 자연수

(4) 3개의 숫자를 택하여 만든 자연수 중 5의 배수

(5) 3개의 숫자를 택하여 만든 자연수 중 짝수

(6) 4개의 숫자를 택하여 만든 자연수 중 4의 배수

(7) 3개의 숫자를 택하여 만든 자연수 중 3의 배수

❷ 자연수끼리의 합/곱이 짝수 또는 홀수이기 위한 조건 〔생각 | 이해〕 ● ● 〔암기 | 적용〕

덧셈(＋)

① 짝수끼리의 합은 반드시 짝수이다.   **[예]** $2 + 4 + 2 + 6 = 14$

② 홀수를 홀수 개수로 더하면 홀수이다.   **[예]** $1 + 3 + 5 + 7 + 9 = 25$

③ 홀수를 짝수 개수로 더하면 짝수이다.   **[예]** $(3 + 7) + 2 = 12$

> **? 생각 Point**
>
> ▶ 자연수끼리의 합이 짝수이려면 → 더한 수 중 홀수가 짝수개 있어야 한다.
> ▶ 자연수끼리의 합이 홀수이려면 → 더한 수 중 홀수가 홀수개 있어야 한다.

곱셈(×)

① 곱하는 자연수 중 짝수가 하나라도 있으면 곱의 결과는 짝수이다.   **[예]** $3 \times 5 \times 2 = 30$

② 홀수끼리의 곱은 홀수이다. ★   **[예]** $3 \times 5 \times 7 \times 1 = 105$

> **? 생각 Point**
>
> ▶ 자연수끼리의 곱이 짝수이려면 → 곱한 수 중 짝수가 적어도 1개 있어야 한다.
> ▶ 자연수끼리의 곱이 홀수이려면 → **곱한 수가 모두 홀수여야 한다. ★**

특히, 자연수끼리의 곱이 짝수인 경우보다 곱이 홀수인 경우가 다루기 간단하므로,

> **? 생각 Point**
>
> **곱이 짝수인 경우**는 **여사건을 이용**하여
> **곱이 홀수인 경우로 바꾸어** 생각한다.

★ **예제** 05

서로 다른 3개의 주사위를 동시에 던질 때, 나오는 모든 눈의 수의 곱이 짝수인
경우의 수를 구해보자.

풀이

제시된 조건을 그대로 다룬다고 생각했을 때, 풀이의 대략적인 흐름을 생각해보자.

3개의 눈의 수의 곱이 짝수이려면, 나오는 3개의 숫자 중 적어도 하나가 짝수이면 된다.

이 생각을 조금 더 구체화해보자.

나오는 3개의 숫자 중 적어도 하나가 짝수이려면

(I) 짝수 1개, 홀수 2개 이거나 **(II) 짝수 2개, 홀수 1개** 이거나 **(III) 짝수 3개**여야 한다.

즉, 제시된 조건을 그대로 생각한다면, 이 3가지 Case의 경우의 수를 구해야 한다.

이번에는 여사건을 생각해보자.

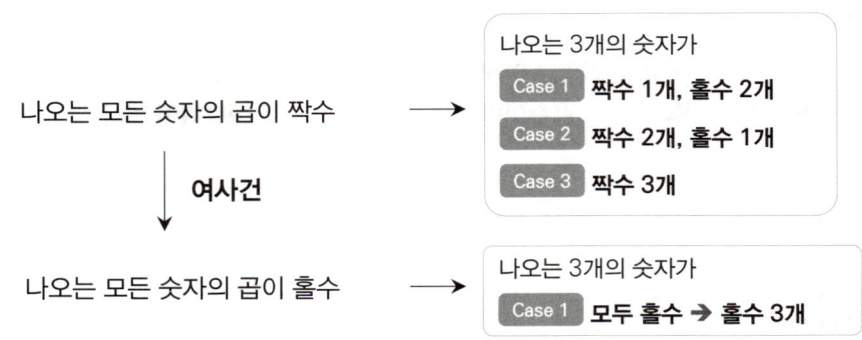

곱이 짝수인 경우를 생각했을 때는 3가지의 Case를 고려해야하지만,

그 여사건인 곱이 홀수인 경우를 생각했을 때는 1가지의 Case만 고려하면 되므로,

여사건을 활용하는 것으로 풀이의 방향성을 확정하는 것이 좋겠다.

이제 풀이를 시작하자.

서로 다른 3개의 주사위를 각각 A, B, C라 하고, 3개의 빈칸을 만들자.

빈칸 1	빈칸 2	빈칸 3
□	□	□
A의 숫자	B의 숫자	C의 숫자

생각 1 **전체의 경우의 수를 구하자.**

빈칸 1에 들어갈 수 있는 숫자는 1~6의 6가지 ➔ $6\times$

잇달아, 빈칸 2에 들어갈 수 있는 숫자도 1~6의 6가지 ➔ $6\times6\times$

잇달아, 빈칸 3에 들어갈 수 있는 숫자도 1~6의 6가지 ➔ $6\times6\times6$

즉, 구하는 전체 경우의 수는 $6\times6\times6=216$

생각 2 **나오는 모든 숫자의 곱이 홀수인 경우의 수(여사건의 경우의 수)를 구하자.**

나오는 모든 숫자의 곱이 홀수이려면 나오는 3개의 숫자가 모두 홀수여야 한다.

➔ 3개의 빈칸에 모두 홀수만 들어가는 경우의 수를 구하면 된다.

빈칸 1에 들어갈 수 있는 숫자는 1, 3, 5의 3가지 ➔ $3\times$

잇달아, 빈칸 2에 들어갈 수 있는 숫자도 1, 3, 5의 3가지 ➔ $3\times3\times$

잇달아, 빈칸 3에 들어갈 수 있는 숫자도 1, 3, 5의 3가지 ➔ $3\times3\times3$

즉, 구하는 여사건의 경우의 수는 $3\times3\times3=27$

따라서 **(구하는 경우의 수)＝(전체 경우의 수)－(여사건의 경우의 수)**
$$=216-27=189$$

유제 526 서로 다른 주사위 3개를 동시에 던졌을 때, 나오는 세 눈의 수의 합이 홀수인 경우의 수를 구하시오.

유제 527 서로 다른 주사위 3개를 동시에 던져서 나오는 눈의 수를 각각 a, b, c라 할 때, $a+bc$의 값이 짝수가 되는 경우의 수를 구하시오.

유제 528 주머니 속에 1부터 10까지의 자연수가 각각 하나씩 적힌 카드가 10장 들어있다.
이 주머니 속에서 카드를 한 장씩 총 세 번 뽑으려고 한다.
첫 번째 뽑은 카드에 적혀 있는 수를 a, 두 번째 뽑은 카드에 적혀 있는 수를 b,
세 번째 뽑은 카드에 적혀 있는 수를 c라 할 때, $ab+ac$의 값이 짝수가 되는 경우의 수를 구하시오. (단, 한 번 뽑은 카드는 주머니 속에 다시 넣지 않는다.)

❸ 이웃해야 하는 경우

[단계 1] 이웃해야 하는 것끼리 한 덩어리로 묶는다.

[단계 2] 만든 덩어리와 나머지 요소들을 나열한다.

[단계 3] 만든 덩어리 내에서도 순서를 바꿔 나열할 수 있음을 고려한다.

★ **예제. 06**

남자 3명, 여자 2명을 모두 일렬로 세울 때, 남자끼리 이웃하는 경우의 수를 구해보자.

풀이

[단계 1] 남자 3명을 한 덩어리로 묶어 1명처럼 간주하자.

빈칸을 그리자 여자 2명과 만든 덩어리 1개를 나열해야하니 3개의 빈칸을 만들자.

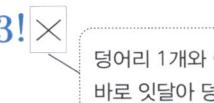

[단계 2] 만든 덩어리와 나머지 여자 2명을 나열한다.

덩어리 1개와 여자 2명을 나열하는 경우의 수

➜ 3명을 3개의 빈칸에 배치하는 경우의 수와 같으므로, 3!

$$3! \times$$

> 덩어리 1개와 여자 2명을 그 어떤 순서로 나열하더라도,
> 바로 잇달아 덩어리 내에서 순서를 바꿔 나열하는 상황이
> 같을 것임을 예상할 수 있으므로 곱셈을 쓴 것이다.

▶ **식을 하나 적을 때마다 구체적 예시를 들자.**

예를 들어, 덩어리 1개와 여자 2명을 아래와 같이 배치했다고 하자.

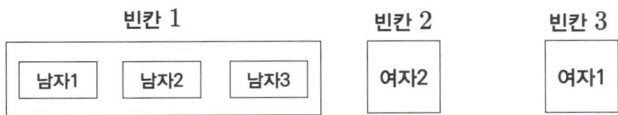

[단계 3] 만든 덩어리 내에서도 순서를 바꿔 나열할 수 있음을 고려한다.

덩어리 내에서 남자 3명끼리 순서를 바꾸는 경우의 수

➜ 남자 3명을 3개의 빈칸에 나열하는 경우의 수와 같으므로, 3!

$$3! \times 3!$$

즉, 구하는 경우의 수는 $3! \times 3! = 6 \times 6 = 36$

남자 3명, 여자 2명을 모두 일렬로 세울 때, 남자끼리 이웃하고 여자끼리 이웃하는 경우의 수를 구해보자.

풀이

[단계 1] 남자 3명을 한 덩어리로 묶고, 여자 2명을 한 덩어리로 묶자.

빈칸을 그리자 만든 덩어리 2개를 일렬로 나열해야하니 2개의 빈칸을 만들자.

[단계 2] 만든 덩어리 2개를 나열한다.

만든 덩어리 2개를 2개의 빈칸에 나열하는 경우의 수는 2!

$$2! \times$$ 만든 덩어리 2개를 그 어떤 순서로 나열하더라도, 바로 잇달아 각각의 덩어리 내에서 순서를 바꿔 나열하는 상황이 같을 것임을 예상할 수 있으므로 곱셈을 쓴 것이다.

▶ **식을 하나 적을 때마다 구체적 예시를 들자.**

예를 들어, 덩어리 2개를 아래와 같이 배치했다고 하자.

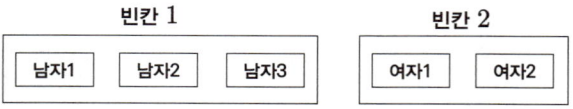

[단계 3] 만든 덩어리 내에서도 순서를 바꿔 나열할 수 있음을 고려한다.

• 남자 3명끼리 순서를 바꾸는 경우의 수
  ➜ 남자 3명을 3개의 빈칸에 배치하는 경우의 수와 같으므로, 3!

• 여자 2명끼리 순서를 바꾸는 경우의 수
  ➜ 여자 2명을 2개의 빈칸에 배치하는 경우의 수와 같으므로, 2!

남자 3명으로 이루어진 덩어리 내에서 순서를 어떻게 바꾸던, 바로 잇달아 여자 2명으로 이루어진 덩어리 내에서 순서를 바꾸는 상황이 같음을 예상할 수 있으므로 곱셈을 쓴 것이다.

즉, 구하는 경우의 수는 $2! \times 3! \times 2! = 2 \times 6 \times 2 = 24$

유제 529

여학생 2명과 남학생 4명이 일렬로 줄을 설 때, 여학생 2명이 이웃하여 서게 되는 경우의 수를 구하시오.

유제 530

1학년 학생 2명, 2학년 학생 3명, 3학년 학생 2명을 일렬로 세울 때, 1학년은 1학년끼리, 2학년은 2학년끼리 이웃하게 세우는 경우의 수를 구하시오.

유제 531

6개의 문자 f, r, i, e, n, d를 모두 일렬로 나열할 때, 모음끼리 서로 이웃하게 되는 경우의 수를 구하시오.

유제 532

5개의 문자 A, B, C, D, E를 일렬로 나열할 때, B와 C가 이웃하거나, C와 D가 이웃하게 나열하는 경우의 수를 구하시오.

유제 533

기본 기출문제

다음 그림의 빈칸에 6장의 사진 A, B, C, D, E, F를 하나씩 배치하여 사진의 한 면을 완성할 때, A와 B가 이웃하는 경우의 수를 구하시오. (단, 옆으로 이웃하는 경우만 이웃하는 것으로 한다.)

A, B, C, D, E 5명이 3인용 소파에 3명, 2인용 소파에 2명으로 나누어 앉으려고 한다.
이때 A와 B가 같은 소파에 이웃하여 앉는 방법의 수를 구하시오.

할아버지, 할머니, 아버지, 어머니, 아들, 딸로 구성된 가족이 있다. 이 가족 6명이 그림과 같은
6개의 좌석에 모두 앉을 때, 할아버지, 할머니가 같은 열에 이웃하여 앉고, 아버지, 어머니도
같은 열에 이웃하여 앉는 경우의 수를 구하시오.

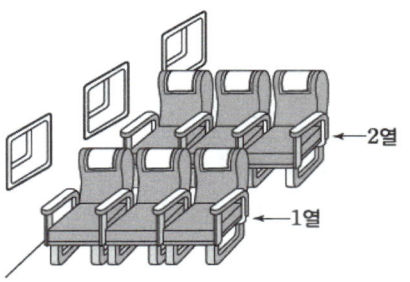

4 이웃하지 않아야 하는 경우

생각 | 이해 ••< 암기 | 적용

[단계 1] 이웃하지 않아야 하는 것들을 <u>제외한</u> 나머지를 우선 나열한 후

[단계 2] 나열된 것들의 양 끝과 사이사이에 이웃하지 않아야 하는 것들을 배치한다.

★ 예제 08

남자 3명, 여자 4명을 모두 일렬로 세울 때, 남자끼리 이웃하지 않는 경우의 수를 구해보자.

풀이

[단계 1] 이웃하지 않아야 하는 남자 3명을 <u>제외한</u> 여자 4명을 우선 나열하자.

빈칸을 그리자 여자 4명을 일렬로 세워야하니 4개의 빈칸을 만들자.

(왼쪽부터 빈칸 1~4라 하자.)

☐ ☐ ☐ ☐

여자 4명을 4개의 빈칸에 배치하는 경우의 수는 4!이다.

$4! \times$

> 여자 4명을 그 어떤 순서로 나열하더라도,
> 바로 잇달아, 나열된 여자 4명의 양 끝과 사이사이에
> 이웃하지 않아야 하는 남자 3명을 배치하는 상황은
> 같을 것임을 예상할 수 있으므로 곱셈을 하였다.

▶ **식을 하나 적을 때마다 구체적 예시를 들자.**

예를 들어, 여자 4명을 아래와 같이 배치했다고 하자.

여2   여1   여4   여3

[단계 2] 나열된 것들의 양 끝과 사이사이에 이웃하지 않아야 하는 남자 3명을 배치하자.

여자 4명의 양 끝과 사이사이를 기호 ∨ 를 사용하여 표시해보면 아래와 같고,

∨ 여2 ∨ 여1 ∨ 여4 ∨ 여3 ∨

5개의 ∨ 중 3곳에 남자 3명을 배치하면 남자끼리 이웃하지 않도록 배열할 수 있다.

3명의 남자를 각각 남자1, 남자2, 남자3이라 하자.

우선 남자1이 ∨ 표시된 5개의 자리 중 들어갈 한 곳을 선택하는 경우의 수는 5이다.

$$4! \times 5 \times$$

남자1이 ∨ 표시된 자리 중 아무 자리에 들어가더라도, 바로 잇달아 남자2를 배치하는 상황은 같을 것임을 예상할 수 있으므로 곱셈을 하였다.

▶ **식을 하나 적을 때마다 구체적 예시를 들자.**

예를 들어, 남자1을 아래와 같은 자리에 배치했다고 하자.

∨ | **여2** | **남**1 | **여1** | ∨ | **여4** | ∨ | **여3** | ∨

잇달아, 남자2는 ∨ 표시된 4개의 자리 중 한 곳에 들어갈 수 있다.

→ 남자2를 배치하는 경우의 수는 4

$$4! \times 5 \times 4 \times$$

남자2가 ∨ 표시된 4개의 자리 중 아무 자리 에 들어가더라도, 바로 잇달아 남자3을 배치하는 상황은 같을 것임을 예상할 수 있으므로 곱셈을 하였다.

▶ **식을 하나 적을 때마다 구체적 예시를 들자.**

예를 들어, 남자2를 아래와 같은 자리에 배치했다고 하자.

∨ | **여2** | **남**1 | **여1** | ∨ | **여4** | **남**2 | **여3** | ∨

잇달아, 남자3은 ∨ 표시된 3개의 자리 중 한 곳에 들어갈 수 있다.

→ 남자3를 배치하는 경우의 수는 3

$$4! \times 5 \times 4 \times 3$$

즉, 구하는 경우의 수는 $4! \times (5 \times 4 \times 3) = 24 \times 60 = 1440$

가령, 남자 3명을 4개의 빈칸에 배치하는 경우의 수를 구하는 상황에서

(왼쪽부터 빈칸 1~4라 하자.)

각 남자의 입장에서 빈칸을 선택한다고 생각하고 계산할 것인지,
반대로 각 빈칸의 입장에서 남자를 선택한다고 생각하고 계산할 것인지를 선택해야 한다. 이러한 두 입장 중 하나를 택할 때는 일반적으로,

> **❓ 생각 Point**
> **수가 적은 쪽**의 입장에서 **수가 많은 쪽**을 택한다고 생각하는 것이 편하다.

현 상황에서는 남자의 수가 빈칸의 수보다 적으므로,

남자의 입장에서 빈칸을 택한다

고 생각하는 것이 편하다. 남자 3명을 각각 남자1, 남자2, 남자3이라 하면

남자1이 4개의 빈칸 중 들어갈 한 곳을 선택하는 경우의 수는 4 ➔ $\boxed{4\times}$

예를 들어, 남자1이 빈칸 2에 들어갔다고 하면

	남1		
	남1		

잇달아, 남자2는 남은 3개의 빈칸 중 한 곳에 들어갈 수 있다.
⟹ 남자2가 들어갈 빈칸을 선택하는 경우의 수는 3 ➔ $4\times\boxed{3\times}$

예를 들어, 남자2가 빈칸 4에 들어갔다고 하면

	남1		남2
	남1		남2

잇달아, 남자3은 남은 2개의 빈칸 중 한 곳에 들어갈 수 있다.
➔ 남자3이 들어갈 빈칸을 선택하는 경우의 수는 2 ➔ $4\times3\times\boxed{2}$

따라서 남자 3명을 4개의 빈칸에 나열하는 경우의 수는 $4\times3\times2=24$임을 알 수 있다.

가령, 남자 3명을 4개의 빈칸에 배치하는 경우의 수를 구하는 상황에서

(왼쪽부터 빈칸 1~4라 하자.)

수가 더 많은 빈칸의 입장에서 남자를 택한다고 생각한다면, 경우의 수를 어떻게 세야할까?

수가 많은 쪽의 입장에서 **수가 적은 쪽**을 택한다고 생각하려면
수가 많은 쪽 중에서 **선택권이 없는 것들이 무엇인지에 따라 Case를 분류**해야 한다.

현재의 상황에서는 남자 1명 당 빈칸 한 자리에 들어갈 수 있으므로, 남자 3명을 모두 배치했을 때, 비어있는 빈칸이 반드시 1개 생긴다. 비어있는 빈칸은 남자를 선택할 수 없으므로, **선택권이 없는 빈칸을 무엇으로 할지에 따라 우선 Case를 나누어야 한다.**

Case 1 빈칸 1 이 선택권이 없는 경우

빈칸 2는 3명의 남자 중 한 명을 택할 수 있다. ➔ $3 \times$
예를 들어, 빈칸 2가 남자2를 선택했다고 하자.

잇달아, 빈칸 3은 남은 남자 2명 중 1명을 선택할 수 있다.
➔ 빈칸 3이 남자를 택하는 경우의 수는 2 ➔ $3 \times 2 \times$

예를 들어, 빈칸 3이 남자1을 선택했다고 하자.

잇달아, 빈칸 4는 남은 남자 1명 중 1명을 선택할 수 있다.
➔ 빈칸 4가 남자를 택하는 경우의 수는 1 ➔ $3 \times 2 \times 1$

즉, **Case 1** 의 경우의 수는 6이다.

이후 빈칸 2, 3, 4 각각이 선택권이 없는 경우도 **Case 1** 과 경우의 수를 세는 구조가 동일할 것임을 예상할 수 있으므로,
구하는 경우의 수는 $4 \times 6 = 24$

> 빈칸 1~4가 선택권이 없는 경우 모두에서 경우의 수를 세는
> 구조가 반복된다. ➔ 구조가 반복되는 부분의 개수가 4이다.

유제 536

남학생 2명과 여학생 3명을 일렬로 세울 때, 남학생끼리 이웃하지 않는 경우의 수를 구하시오.

유제 537

friend에 있는 6개의 문자를 일렬로 나열할 때, 모음끼리 이웃하지 않게 나열하는 경우의 수를 구하시오.

유제 538

기본 기출문제

숫자 1, 2, 3, 4, 5가 하나씩 적혀 있는 5장의 카드가 있다. 이 5장의 카드를 모두 일렬로 나열할 때, 짝수가 적혀 있는 카드끼리 서로 이웃하지 않도록 나열하는 경우의 수를 구하시오.

6명의 학생 A, B, C, D, E, F를 일렬로 세울 때, A를 맨 앞에 세우고 B는 A와
이웃하지 않게 세우는 경우의 수를 구하시오.

유제
540

7개의 숫자 1, 2, 3, 4, 5, 6, 7을 일렬로 나열할 때 1, 2는 이웃하고,
3, 4, 5는 이웃하지 않게 나열하는 경우의 수를 구하시오.

❺ 여사건의 활용

> ▶ '여사건'이란 ?
> 사건 A 가 일어나지 <u>않는</u> 사건을, 사건 A의 **여사건**이라고 한다.

주어진 조건을 그대로 다루기에는 고려해야 할 Case가 많거나 복잡하다는 생각이 들면, 아래와 같이 여사건을 이용하여 경우의 수를 계산하는 방향을 생각해보자.

> **(구하는 경우의 수)=(전체 경우의 수)−(여사건의 경우의 수)**

여사건이 더 단순하면 여사건을 이용하고, 여사건이 더 복잡하면 주어진 조건을 그대로 적용하여 경우의 수를 계산하면 된다.

> ❗ **주의 !**
> 여사건의 경우의 수를 전체 경우의 수에서 빼지 않고 그대로 답으로 착각하는 경우가
> 생기지 않도록 주의한다.

생각 넓히기   여사건을 이용하면 편리한 상황들

무조건 그렇다는 것은 아니지만, 일반적으로 문제에서
> **'적어도'/ '또는'/ '~하지 않는'**

과 같은 표현이 제시되면 여사건을 적용하는 것이 유리한 경우가 많다.

더 알아보기   셋 이상 이웃하지 않는 경우의 여사건

셋 이상 이웃하지 않는 경우는 여사건을 생각하면 원래보다 더 복잡해지는 경우가 많다. 예를 들어, A, B, C가 이웃하지 않는 경우의 여사건은
> **A, B, C가 모두 이웃하는 경우만 있는 것이 아니다.**

A, B만 이웃하거나 B, C만 이웃하거나 A, C만 이웃하는 경우도 있다.
특히, 셋 이상이 이웃하지 않는 경우의 여사건을
> **셋 이상이 모두 이웃하는 경우로 보는 것은 잘못된 것임**을 명확히 해두자.

이렇듯, 셋 이상이 이웃하지 않는 경우는 여사건을 적용하면 복잡해지는 경우가 많으므로, 이웃하지 않아야 하는 것들은 이미 배치해둔 것들의 **양 끝 또는 사이사이에 배치하는 방법을 사용**하도록 한다.

water에 있는 5개의 알파벳을 일렬로 나열할 때, 적어도 한쪽 끝에 모음이 오도록 나열하는 경우의 수를 구해보자.

풀이

'적어도'라는 표현이 있다. → 여사건이 유리한지 판단해보자.

적어도 한쪽 끝에 모음이 오려면, 주어진 문자들을 일렬로 나열했을 때

양 끝이 '모음/모음' 이거나 '자음/모음' 이거나 '모음/자음'이어야 한다.

여기서, 적어도 한쪽 끝에 모음이 오는 경우의 여사건을 생각해보면,

양 끝이 '자음/자음'인 경우 한 가지뿐임을 알 수 있다.

→ 여사건을 이용하여 계산하는 것이 더 편하겠다.

빈칸을 그리자 알파벳 5개를 일렬로 나열해야하니, 5개의 빈칸을 만들자.

(왼쪽부터 빈칸 1~5라 하자.)

① 전체 경우의 수 구하기

전체 경우의 수는
water에 있는 5개의 문자를 5개의 빈칸에 일렬로 나열하는 경우의 수이므로 5!

② 양 끝이 '자음/자음'인 경우의 수 구하기 (여사건의 경우의 수 구하기)

양 끝 2개의 빈칸이 모두 자음이어야 한다는 조건이 있으므로,
먼저 양 끝 2개의 빈칸에 자음을 넣는 경우의 수를 구하고, 이후 나머지 빈칸을 고려하자.

양 끝 빈칸은 2개이고, 주어진 자음은 w, t, r의 3개이다.
→ 고려해야 할 빈칸의 개수가 자음의 개수보다 적다.
→ 빈칸이 자음을 선택한다고 생각하자.

빈칸 1은 w, t, r의 3개의 자음 중 하나를 선택할 수 있다.
→ 빈칸 1이 자음을 선택하는 경우의 수는 3 → $3\times$

▶ 식을 하나 적을 때마다 구체적 예시를 들자.

예를 들어, 빈칸 1이 자음 w를 택했다고 하자.

w				

잇달아, 빈칸 5는 남은 2개의 자음 t, r 중 하나를 선택할 수 있다.

➔ 빈칸 5가 자음을 선택하는 경우의 수는 2 ➔ $3 \times 2 \times$

▶ 식을 하나 적을 때마다 구체적 예시를 들자.

예를 들어, 빈칸 5가 자음 t를 택했다고 하자.

잇달아, 남은 3개의 빈칸에 남은 3개의 알파벳 a, e, r을 배치하는 경우의 수는 3!

➔ $3 \times 2 \times 3!$

따라서 양 끝이 '자음/자음'인 경우의 수는 $3 \times 2 \times 3! = 36$ 이다.

즉, 구하는 경우의 수는 (전체 경우의 수) − (여사건의 경우의 수)

$$= 5! - 36 = 120 - 36 = 84$$

남학생 3명, 여학생 5명 중에서 회장 1명, 부회장 1명을 뽑을 때, 다음을 구하시오.

(1) 모든 경우의 수

(2) 회장, 부회장 모두 남학생을 뽑는 경우의 수

(3) 회장, 부회장 중에서 적어도 한 명은 여학생을 뽑는 경우의 수

1, 2, 3, 4, 5의 5개의 숫자를 일렬로 나열할 때, 1, 2, 3 중에서 적어도 2개가 이웃하도록 나열하는 경우의 수를 구하시오.

부모님과 자녀 4명을 포함하여 총 6명의 가족이 일렬로 배치된 6개의 의자에 앉을 때, 부모님 사이에 자녀 4명 중 적어도 한 명이 앉게 되는 경우의 수를 구하시오.

6 특정 형태로 시작되는 것이 몇 개인지 구하기

다음과 같은 상황에서

> **? 생각 Point**
>
> 특정 형태로 시작하는 것이 몇 개인지 구하는 방식

을 통해 경우의 수를 효율적으로 구할 수 있다.

상황 1 알파벳을 사전식으로 배열하여 특정 배열이 몇 번째로 오는지 구하기

상황 2 만들 수 있는 자연수 중 □보다 큰 것(혹은 작은 것)의 개수 구하기

상황 3 만들 수 있는 자연수를 크기 순으로 나열했을 때, □번째로 오는 수 구하기

> ▶ '사전식 배열'이란?
>
> 예를 들어, 알파벳 A, B, C, D를 사전식으로 배열하면 다음과 같다.
>
> $$ABCD \rightarrow ABDC \rightarrow ACBD \rightarrow ACDB \rightarrow ADBC \rightarrow ADCB$$
> $$\rightarrow BACD \rightarrow BADC \rightarrow BCAD \rightarrow BCDA \rightarrow BDAC \rightarrow BDCA$$
> $$\rightarrow CABD \rightarrow CADB \rightarrow CBAD \rightarrow CBDA \rightarrow CDAB \rightarrow CDBA$$
> $$\rightarrow DABC \rightarrow DACB \rightarrow DBAC \rightarrow DBCA \rightarrow DCAB \rightarrow DCBA$$

> **★ 예제 10**
>
> 5개의 알파벳 A, B, C, D, E를 한 번씩만 사용하여 사전식으로 배열할 때,
> CBDAE는 몇 번째에 오는지 구해보자.

풀이

빈칸을 그리자 알파벳 5개를 일렬로 배열해야하니, 5개의 빈칸을 만들자.

(왼쪽부터 빈칸 1~5라 하자.)

① **A로 시작하는 배열이 몇 개인지 생각해보자.**

A				

❓ 생각 Point

A로 시작하는 배열의 개수는 남은 4개의 빈칸에 남은 4개의 알파벳 B, C, D, E를 배치하는 경우의 수와 같을 수밖에 없다.

남은 빈칸이 4개이고, 배치할 알파벳도 4개이다.
➔ 4개의 빈칸에 4개의 알파벳 B, C, D, E를 배치하는 경우의 수는 4! = 24

즉, A로 시작하는 배열은 24개이다 ➔ 25번째에서 B로 시작하는 배열이 처음 나온다.

② **B로 시작하는 배열이 몇 개인지 생각해보자.**

B				

이때, B로 시작하는 배열의 개수를 세는 구조가 A로 시작하는 배열의 개수를 세는 구조와 완전히 같음을 예상할 수 있다. ➔ B로 시작하는 배열도 24개임을 알 수 있다.

좀 더 범위를 좁혀서

③ **CA로 시작하는 배열이 몇 개인지 구해보자.**

C	A			

CA로 시작하는 배열의 개수는
남은 3개의 빈칸에 남은 3개의 알파벳 B, D, E를 배치하는 경우의 수와 같다.
➔ 남은 빈칸이 3개이고, 배치할 알파벳도 3개이다.
➔ 3개의 빈칸에 3개의 알파벳 B, D, E를 배치하는 경우의 수는 3! = 6

즉, CA로 시작하는 배열은 6개이다.

A로 시작하는 배열이 24개,
B로 시작하는 배열도 24개,
CA로 시작하는 배열은 6개

총 54개 ➔ 55번째에서 CB로 시작하는 배열이 처음 나온다.

④ **이제 CB로 시작되는 배열을 하나씩 나열하여 CBDAE가 몇 번째로 오는지 구해보자.**

55번째 : CB ADE   56번째 : CB AED   57번째 : CB DAE

즉, CBDAE는 57번째에 등장한다.

4개의 숫자 1, 2, 3, 4를 한 번씩만 사용하여 네 자리 자연수를 만들 때, 3200보다 큰 자연수의 개수를 구해보자.

풀이

빈칸을 그리자 네 자리의 자연수를 만들어야하므로, 4개의 빈칸을 그리자.

(왼쪽부터 빈칸 1~4라 하자.)

만든 네 자리 자연수가 3200보다 크려면,

32□□ 이거나 34□□ 이거나 4□□□ 꼴이어야 한다. 이에 따라 Case를 분류하자.

Case 1 **자연수가 32□□꼴인 경우**

3	2		

❓ 생각 Point

32□□꼴인 자연수의 개수는 남은 2개의 빈칸에 남은 2개의 숫자 1, 4를 배치하는 경우의 수와 같을 수밖에 없다.

남은 2개의 빈칸에 남은 2개의 숫자 1, 4를 배치하는 경우의 수는 2! $= 2 \times 1 = 2$

Case 2 **자연수가 34□□꼴인 경우**

3	4		

이때, 경우의 수를 세는 구조가 **Case 1** 과 동일할 것임을 예상할 수 있으므로,

Case 2 의 경우의 수는 **Case 1** 과 같은 2가지이다.

Case 3 **자연수가 4□□□꼴인 경우**

4			

4□□□꼴인 자연수의 개수는 남은 3개의 빈칸에 남은 3개의 숫자 1, 2, 3을 배치하는 경우의 수와 같다.

→ **Case 3** 의 경우의 수는 3! $= 3 \times 2 \times 1 = 6$

즉, 구하는 경우의 수는 **Case 1** , **Case 2** , **Case 3** 에서 $2 + 2 + 6 = 10$

★ 예제 12

5개의 숫자 0, 1, 2, 3, 4를 한 번씩만 사용하여 만든 다섯 자리 자연수를 크기가 작은 수부터 차례대로 나열할 때, 52번째 오는 수를 구하시오.

풀이

빈칸을 그리자 다섯 자리의 자연수를 만들어야하므로, 5개의 빈칸을 만들자.

(왼쪽부터 빈칸 1~5라 하자.)

① 1□□□□꼴인 수가 몇 개인지 생각해보자.

1				

❓ 생각 Point

1□□□□꼴인 자연수의 개수는 남은 4개의 빈칸에 남은 4개의 숫자 0, 2, 3, 4를 배치하는 경우의 수와 같을 수밖에 없다.

남은 4개의 빈칸에 남은 4개의 숫자 0, 2, 3, 4를 배치하는 경우의 수는 4! = 24

② 2□□□□꼴인 수가 몇 개인지 생각해보자.

2				

이때, 2□□□□꼴인 수의 개수를 세는 구조가 1□□□□꼴인 수의 개수를 세는 구조와 동일할 것임을 예상할 수 있다. ➔ 2□□□□꼴인 수의 개수는 1□□□□꼴인 수의 개수와 동일한 24

1□□□□꼴인 수가 24개,
2□□□□꼴인 수도 24개   총 48개 ➔ 49번째에서 3□□□□꼴인 수가 처음으로 등장한다.

③ 이제 3□□□□꼴인 수를 작은 수부터 하나씩 나열하여 52번째로 오는 수를 구해보자.

49번째 : 30124   50번째 : 30142   51번째 : 30214   52번째 : 30241

즉, 52번째에 오는 수는 30241이다.

유제 544

PENCIL의 6개의 문자를 한 번씩만 사용하여 사전식으로 배열할 때,
IECLPN은 몇 번째에 오는지 구하시오.

유제 545

5개의 숫자 0, 1, 2, 3, 4를 한 번씩만 사용하여 다섯 자리 자연수를 만들 때,
31000보다 큰 자연수의 개수를 구하시오.

유제 546

5개의 숫자 1, 2, 3, 4, 5를 한 번씩만 사용하여 만든 다섯 자리 자연수를 크기가 큰 수부터
차례대로 나열할 때, 75번째에 오는 수를 구하시오.

유제 547

6개의 숫자 0, 1, 2, 3, 4, 5를 한 번씩만 사용하여 만든 자연수를 크기가 작은 수부터 차례로 나열할 때, 50번째에 오는 수를 구하시오.

유제 548

6개의 숫자 1, 2, 3, 4, 5, 6에서 서로 다른 네 개를 사용하여 만든 네 자리 자연수 중 4400보다 큰 자연수의 개수를 구하시오.

⑦ 여러 개의 영역에 색칠하기

여러 영역에 색칠하는 경우의 수를 구할 때는 다음과 같은 태도를 지니는 것이 중요하다.

태도 1 | 색칠되지 않은 인접한 부분이 많은 영역부터 색칠한다.

설명

어떤 영역에 색칠되지 않은 인접한 부분이 많다는 것은, 그 영역에 걸려있는 조건이 많다는 뜻이다.
경우의 수를 구할 때는 조건이 많이 걸린 부분부터 우선 생각하는 것이 중요하므로
색칠되지 않은 인접한 부분이 많은 영역부터 색칠하는 것이 좋다.

예를 들어, 문제에서 주어진 영역들이 다음과 같다면

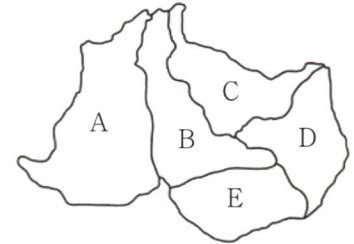

첫 번째로 B 를, 두 번째로 D 를 칠하는 것이 좋다.

[보충 설명]
  B를 색칠했을 때,
  ■ A는 색칠되지 않은 인접한 영역이 0개, C, E 는 1개이고,
  ■ D는 색칠되지 않은 인접한 영역이 2개이기 때문이다.

태도 2 | 한 영역에 칠할 수 있는 색들을 생각하는 것보다는

  그 영역에 칠할 수 없는 색들을 생각한다.

설명

예를 들어, 위의 영역들을 빨간색, 파란색, 노란색을 사용하여 모두 칠할 때, 인접한 곳에는 다른 색을 칠해야 한다고
하자. 만약 B 에 빨간색을 칠했다고 했을 때, 잇달아 D에 칠할 수 있는 색을 생각하는 과정에서

  "파란색, 노란색 중 하나를 칠할 수 있다."

라고 생각하는 것보다는

  "빨간색을 제외한 색깔들 중 하나를 칠할 수 있다."

라고 생각하는 것이 좋다.

서로 다른 네 가지 색을 이용하여 아래의 A, B, C, D, E의 영역을 모두 칠하고자 한다.
같은 색을 여러 번 사용할 수 있으나 인접한 영역에는 서로 다른 색을 칠할 때, 다섯
개의 영역을 칠할 수 있는 모든 경우의 수를 구해보자. (단, 한 영역에는 한 가지 색만을 칠한다.)

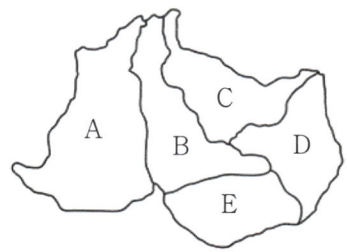

풀이

서로 다른 네 가지의 색을 a, b, c, d라 하고,
인접한 영역에는 서로 다른 색을 칠해야 함을 인식하자.

색칠되지 않은 인접한 영역이 가장 많은 B 부터 색칠해보자.

B 에는 a, b, c, d의 4가지 색깔 중 하나를 칠할 수 있으므로, B 를 칠하는 경우의 수는 4

➜ 4 ✕

▶ 식을 하나 적을 때마다 구체적 예시를 들자.

예를 들어, B에 색깔 a를 칠했다고 하자.

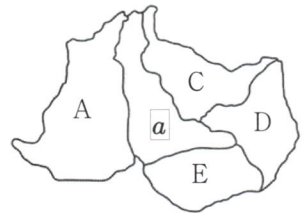

잇달아, 색칠되지 않은 인접한 영역이 가장 많은 D 를 칠해보자.

D 에는 a를 제외한 색깔들 중 하나를 칠할 수 있으므로, D 를 칠하는 경우의 수는 3

➜ 4 ✕ 3 ✕

▶ **식을 하나 적을 때마다 구체적 예시를 들자.**

예를 들어, D에 색깔 b를 칠했다고 하자.

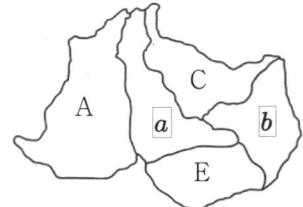

아직 색칠되지 않은 영역 A, C, E는 모두 색칠되지 않은 인접한 영역이 없으므로,
D에 색을 칠한 다음에는 남은 A, C, E 중 아무 영역부터 칠해도 상관없다.

D에 잇달아, A부터 칠한다고 생각해보면,
A에는 a를 제외한 색 중 하나를 칠할 수 있으므로, A를 칠하는 경우의 수는 3

➔ $4 \times 3 \times 3 \boxed{\times}$

▶ **식을 하나 적을 때마다 구체적 예시를 들자.**

예를 들어, A에 색깔 b를 칠했다고 하자.

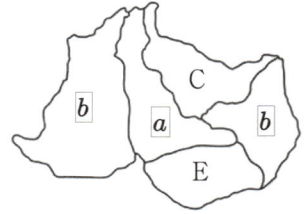

A에 잇달아, C에는 a와 b를 제외한 색깔들 중 하나를 칠할 수 있으므로,
C를 칠하는 경우의 수는 2

➔ $4 \times 3 \times 3 \times 2 \boxed{\times}$

▶ **식을 하나 적을 때마다 구체적 예시를 들자.**

예를 들어, C에 색깔 d를 칠했다고 하자.

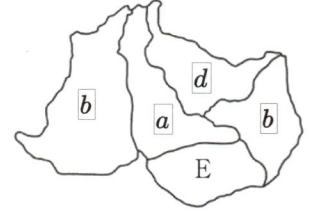

C에 잇달아, E에는 a와 b를 제외한 색깔들 중 하나를 칠할 수 있으므로,
E를 칠하는 경우의 수는 2

➔ $4 \times 3 \times 3 \times 2 \times 2$

따라서 구하는 경우의 수는 $4 \times 3 \times 3 \times 2 \times 2 = 144$

아래 그림의 4개의 영역을 빨간색, 주황색, 노란색, 파란색의 4가지 색으로 색칠하려고 한다.
A, B, C, D 영역에 같은 색을 중복하여 사용해도 좋으나 인접한 영역은 서로 다른 색으로 칠할 때,
칠하는 경우의 수를 구하시오. (단, 각 영역에는 한 가지 색만 칠한다.)

A	B	C
D		

아래 그림의 A, B, C, D 4개의 영역을 서로 다른 5가지 색으로 칠하려고 한다. 같은 색을 여러 번
사용해도 좋으나 인접한 영역은 서로 다른 색을 칠할 때, 칠하는 방법의 수를 구하시오.

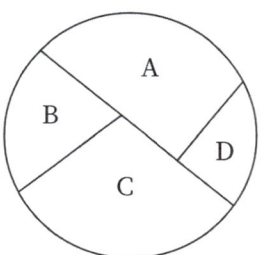

유제 551

난이도 UP

아래 그림과 같이 어느 영토를 4개의 영역 A, B, C, D로 나누어 서로 다른 5가지 색으로 칠하려고 한다. 같은 색을 중복하여 사용해도 좋으나 인접한 영역은 서로 다른 색으로 칠할 때, 칠하는 방법의 수를 구하시오. (단, 각 영역에는 한 가지 색으로만 칠하고, 한 점만 공유하는 두 영역은 인접하지 않는 것으로 본다.)

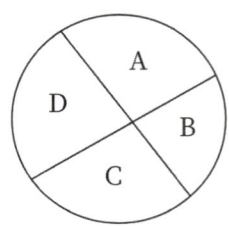

유제 552

난이도 UP

아래 그림과 같이 어느 마을을 5개의 영역으로 나누어 놓은 지도를 서로 다른 4가지 색으로 칠하려고 한다. A, B, C, D, E의 영역에 같은 색을 중복하여 사용해도 좋으나, 인접한 영역은 서로 다른 색으로 칠할 때, 칠하는 경우의 수를 구하시오. (단, 각 영역에는 한 가지 색만 칠하고, 한 점만 공유하는 두 영역은 인접하지 않는 것으로 본다.)

문제 553

서로 다른 두 개의 주사위를 동시에 던져서 나오는 눈의 수의 차가 0이거나 4의 약수가 되는 경우의 수를 구하시오.

문제 554

두 자연수 a, b에 대하여 부등식 $3 \leq a+b \leq 4$를 만족시키는 순서쌍 (a, b)의 개수를 구하시오.

문제 555

1부터 6까지의 자연수가 각각 하나씩 적힌 여섯 장의 카드를 일렬로 나열할 때, 3의 배수가 적혀 있는 카드끼리 이웃하고, 5의 약수가 적혀 있는 카드끼리 이웃하는 경우의 수를 구하시오.

문제 556

bakery에 있는 6개의 문자를 모두 사용하여 일렬로 나열할 때,
모음이 양 끝에 오는 경우의 수를 m, 모음끼리 서로 이웃하는 경우의 수를
n이라 하자. $m+n$의 값을 구하시오.

문제 557

부모님과 자녀 3명이 일렬로 출렁다리를 건너려고 할 때, 부모님과 자녀가 교대로 서는 경우의
수를 구하시오.

문제 558

5개의 숫자 0, 1, 2, 3, 4 중에서 서로 다른 4개의 숫자를 사용하여 만들 수 있는 네 자리의
자연수 중 4의 배수의 개수를 구하시오.

문제 559

$3a + 2b + c = 11$을 만족시키는 자연수 a, b, c의 순서쌍 (a, b, c)의 개수를 구하시오.

문제 560

다음 그림과 같이 네 지점 A, B, C, D를 연결하는 도로망이 있다. A지점에서 출발하여 D지점으로 가는 경우의 수를 구하시오. (단, 각 지점은 한 번만 지날 수 있다.)

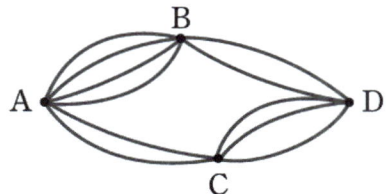

문제 561

$_nP_4 + 32 \times {}_{n-1}P_2 = 9 \times {}_nP_3$을 만족시키는 모든 자연수 n의 값의 곱을 구하시오.

문제 562

100원짜리 동전 2개, 500원짜리 동전 3개, 1000원짜리 지폐 3장이 있다.
이들을 일부 혹은 전부를 사용하여 지불하는 경우의 수를 구하시오.
(단, 0원을 지불하는 경우는 제외하고, 같은 금액을 지불하더라도 사용한 지폐가 다르면 서로 다른 경우로 본다.)

문제 563

6개의 문자 L, O, V, E, I, N을 모두 사용하여 일렬로 나열할 때,
모음끼리 이웃하고 L, V는 이웃하지 않도록 나열하는 경우의 수를 구하시오.

문제 564

720과 1008의 공약수의 개수를 구하시오.

문제 565

앞좌석이 2개, 뒷자석이 4개 있는 승용차에 부모님을 포함한 가족 5명이 탈 때, 다음을 구하시오.

(1) 부모님이 앞좌석에 앉고 나머지 가족은 뒷자석에 앉는 경우의 수

(2) 부모님 중에서 한 사람은 운전석에 앉고 나머지 가족은 모두 뒷자석에 앉는 경우의 수

문제 566

5개의 숫자 0, 2, 4, 6, 8 중에서 서로 다른 4개를 택하여 만든 네 자리의 자연수를 작은 것부터 순서대로 나열할 때, 35번째의 수를 구하시오.

문제 567

다영이와 아현이를 포함한 학생 6명 중에서 4명의 계주를 선발하여 이어달리기의 순서를 정하려고 한다. 다영이와 아현이 중에서 한 사람만 선발하여 이어달리기의 순서를 정하는 경우의 수를 구하시오.

부산역과 김천(구미)역 사이를 운행하는 고속철도에는 정착역이 7개 있다.
고속철도의 출발역과 도착역이 표기된 승차권을 발행하는 경우의 수를 구하시오.
(단, 출발역과 도착역은 서로 다르다.)

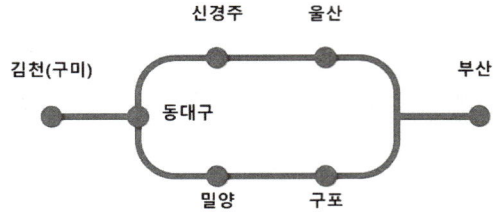

문제 569

1부터 6까지의 자연수가 각각 하나씩 적힌 6장의 카드를 모두 일렬로 나열할 때,
서로 이웃하는 두 카드에 적힌 수를 곱하여 만들어지는 5개의 수가 모두 짝수인 경우의 수를
구하시오.

문제 570

그림과 같이 여섯 칸으로 나누어진 직사각형의 각 칸에 6개의 수 1, 2, 4, 6, 8, 9를 한 개씩
써 넣으려고 한다. 각 가로줄에 있는 세 수의 합이 서로 같은 경우의 수를 구하시오.

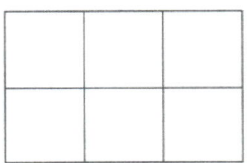

문제 571

다음과 같이 의자 7개가 일렬로 놓여 있다. 두 사람이 서로 다른 의자에 앉을 때, 이웃한 의자에
앉지 않는 경우의 수를 구하시오. (단, 의자끼리는 서로 구별되지 않는다.)

문제 572

2004
고3 가형 4월 27번

운전기사가 별도로 정해진 8인승 승합차에 탁구부 감독 1명은 조수석에 앉기로 하고, 4명의
탁구선수가 타려고 한다. 4명의 선수가 A, B, C, D, E, F의 6개의 좌석 중에 임의로 한 좌석씩
앉는 방법의 수를 구하시오.

문제 573

2004
고3 가형 3월 25번

'3.6.9게임'은 참가자들이 돌아가며 자연수를 1부터 차례로 말하되 3, 6, 9가 들어가 있는 수는
말하지 않는 게임이다. 예를 들면 3, 13, 60, 396, 462, 900 등은 말하지 않아야 한다.
'3.6.9게임'을 할 때, 1부터 999까지의 자연수 중 말하지 않아야 하는 수의 개수를 구하시오.

문제
574

2009
고3 나형 6월 25번

그림과 같은 모양의 종이에 서로 다른 3가지 색을 사용하여 색칠하려고 한다.
이웃한 사다리꼴에는 서로 다른 색을 칠하고, 맨 위의 사다리꼴과 맨 아래의 사다리꼴에는 서로
다른 색을 칠한다. 5개의 사다리꼴에 색을 칠하는 방법의 수를 구하시오.

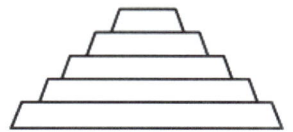

문제
575

2011
고2 3월 29번

그림과 같이 의자 6개가 나란히 설치되어 있다. 여학생 2명과 남학생 3명이 모두 의자에 앉을 때,
여학생이 이웃하지 않게 앉는 경우의 수를 구하시오.
(단, 두 학생 사이에 빈 의자가 있는 경우는 이웃하지 않는 것으로 한다.)

문제 576

2023
고2 3월 12번

1학년 학생 2명과 2학년 학생 4명이 있다. 이 6명의 학생이 일렬로 나열된 6개의 의자에 다음 조건을 만족시키도록 모두 앉는 경우의 수를 구하시오.

(가) 1학년 학생끼리는 이웃하지 않는다.
(나) 양 끝에 있는 의자에는 모두 2학년 학생이 앉는다.

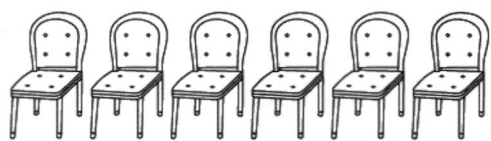

문제 577

2019
고2 나형 3월 28번

어느 관광지에서 7명의 관광객 A, B, C, D, E, F, G가 마차를 타려고 한다.
그림과 같이 이 마차에는 4개의 2인용 의자가 있고, 마부는 가장 앞에 있는 2인용 의자의 오른쪽 좌석에 앉는다. 7명의 관광객이 다음 조건을 만족시키도록 비어있는 7개의 좌석에 앉는 경우의 수를 구하시오.

(가) A와 B는 같은 2인용 의자에 이웃하여 앉는다.
(나) C와 D는 같은 2인용 의자에 이웃하여 앉지 않는다.

8

8-3

경우의 수
조합

01 조합

Review | $r!$의 의미
① 서로 다른 r개를 나열하는 경우의 수 **[예]** a, b, c를 일렬로 나열하는 경우의 수 : 3!
② 서로 다른 r개를 r개의 자리에 배치하는 경우의 수

Tip **선택한다 = 손바닥에 올려둔다.**
'알파벳 a, b, c 중 2개를 선택하는 경우'는 아래와 같이
'알파벳 a, b, c 중 2개를 손바닥에 올려두는 경우'와 같다고 생각하면 편하다.

1 조합의 의미

3개의 알파벳 a, b, c 중 2개를 선택하는 경우의 수는 아래와 같은 3가지이다.

  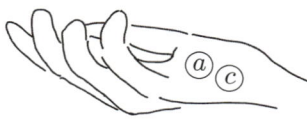

이처럼 **서로 다른 3개 중 2개를 선택하는 경우의 수**를 기호로 $_3\text{C}_2$로 나타내고,
$_3\text{C}_2$를 **서로 다른 3개에서 2개를 택하는 조합의 수**라고 한다.

2 조합의 계산법

조합의 계산법을 이해하기 위해 먼저, 3개의 알파벳 a, b, c 중 2개를 택하여 일렬로 나열하는 경우의 수인 $_3\text{P}_2$를 조합 기호를 사용하여 나타내보자.

① 3개의 알파벳 a, b, c 중 2개를 택하는 경우의 수는 $_3\text{C}_2$이다. → $_3\text{C}_2\times$

▶ **예를 들어,** 아래와 같이 b, c를 선택했다고 하자.

② 잇달아, 선택한 b, c를 일렬로 나열하는 경우의 수는 $2!$이다.　➡ ${}_3\mathrm{C}_2 \times 2!$

즉, ${}_3\mathrm{P}_2 = {}_3\mathrm{C}_2 \times 2!$이고, 양변을 $2!$로 나누어주면, ${}_3\mathrm{C}_2 = \dfrac{{}_3\mathrm{P}_2}{2!}$임을 알 수 있다.

이제 지금까지의 내용을 일반화하여 조합의 계산법을 알아보자.

서로 다른 n개 중에서 r개를 택하여 나열하는 경우의 수인

$${}_n\mathrm{P}_r \text{을 조합 기호를 사용하여 나타내보면,}$$

① 서로 다른 n개에서 r개를 택하는 경우의 수는 ${}_n\mathrm{C}_r$ 이다.　➡ ${}_n\mathrm{C}_r \times$

▶ **예를 들어,** 아래와 같이 r개의 □, ◇, △, $\cdots$, ☆를 선택했다고 하자.

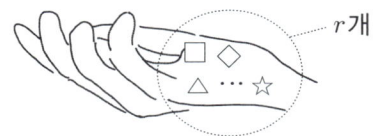

② 잇달아, 선택한 r개의 □, ◇, △, $\cdots$, ☆를 일렬로 나열하는 경우의 수는 $r!$이다.

$$\text{➡}\quad {}_n\mathrm{C}_r \times r!$$

즉, ${}_n\mathrm{P}_r = {}_n\mathrm{C}_r \times r!$이고 양변을 $r!$로 나누어주면, ${}_n\mathrm{C}_r = \dfrac{{}_n\mathrm{P}_r}{r!}$임을 알 수 있다.

지금까지의 내용을 정리하면 다음과 같다.

● **조합의 의미와 계산법**

서로 다른 n개에서 r개를 선택하는 경우의 수는

$${}_n\mathrm{C}_r = \frac{{}_n\mathrm{P}_r}{r!} = \frac{(n\text{부터 시작하여 1씩 작아지는 수를 } r\text{개 곱하기})}{r!}$$

$$(\text{단, } 0 \le r \le n)$$

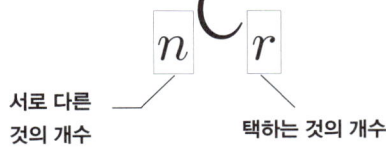

서로 다른
것의 개수　　　택하는 것의 개수

[보충 설명] "이 조건은 왜 있는거죠? 중요한 조건인가요?"

서로 다른 3개에서 -1개를 택하는 경우의 수는 계산할 수 없으므로, 택하는 개수인 r은 음수일 수 없다. 따라서 $0 \le r$이어야 한다. 또, 서로 다른 2개에서 3개를 택할 수는 없으므로, 택하는 개수인 r이 서로 다른 것 전체의 개수 n보다 크면 안 된다. 따라서 $r \le n$이어야 한다. 이 조건을 신경써서 암기할 필요는 없다.

✸ **참고**

　① ${}_n\mathrm{C}_r$에서 C 는 '조합'을 뜻하는 'Combination'의 첫 글자를 딴 것이다.

　② ${}_n\mathrm{C}_r$에서 C 는 [씨]라고 읽으면 된다. 예를 들어, ${}_3\mathrm{C}_2$는 [삼 씨 이]라고 읽으면 된다.

❸ 특수한 조합의 수

> ● **특수한 조합의 수**
>
> ① $_nC_0 = 1$: 서로 다른 n개에서 아무것도 택하지 않는 경우의 수는 1가지뿐이다.
> ② $_nC_n = 1$: 서로 다른 n개에서 n개 전부를 택하는 경우의 수는 1가지뿐이다.
> ③ $_nC_1 = n$: 서로 다른 n개에서 1개를 택하는 경우의 수는 n이다.

설명

① $_{20}C_0 = 1$: 서로 다른 20개에서 아무것도 택하지 않는 경우의 수는,

아무것도 택하지 않는 1가지뿐이다.

② $_5C_5 = 1$: 서로 다른 5개에서 5개를 모두 택하는 경우의 수는,

5개를 모두 택하는 1가지뿐이다.

③ 3개의 문자 A, B, C에서 1개의 문자를 택하는 경우의 수는,

A를 택하거나 B를 택하거나 C를 택하는 3가지이다. ➔ $_3C_1 = 3$

생각 넓히기

> **? 생각 Point**
>
> 조건 A를 만족시키는 것을 r개 뽑고 싶다면,
조건 A를 만족시키는 전체 중 r개를 선택하면 된다.

설명

예를 들어, 남자 5명과 여자 4명 중 여자 2명을 뽑고 싶다면, 전체의 여자 4명 중 2명을 선택하면 된다. 즉, 남자 5명과 여자 4명 중 여자 2명을 뽑는 경우의 수는 전체 여자 4명 중 2명을 택하는 경우의 수인 $_4C_2$이다.

예제 01

다음 조합의 수를 계산해보자.

① $_5C_3$　　　　② $_4C_2$　　　　③ $_7C_3$　　　　④ $_3C_1$

⑤ $_9C_2$　　　　⑥ $_8C_3$　　　　⑦ $_7C_2$　　　　⑧ $_2C_2$

풀이

① $_5C_3 = \dfrac{5부터\ 시작해서\ 1씩\ 작아지는\ 수를\ 3개\ 곱하기}{3!} = \dfrac{5\times4\times3}{3!} = 10$

② $_4C_2 = \dfrac{4부터\ 시작해서\ 1씩\ 작아지는\ 수를\ 2개\ 곱하기}{2!} = \dfrac{4\times3}{2!} = 6$

③ $_7C_3 = \dfrac{7부터\ 시작해서\ 1씩\ 작아지는\ 수를\ 3개\ 곱하기}{3!} = \dfrac{7\times6\times5}{3!} = 35$

④ $_3C_1 = 3$ (서로 다른 3개에서 1개를 택하는 경우의 수)

⑤ $_9C_2 = \dfrac{9부터\ 시작해서\ 1씩\ 작아지는\ 수를\ 2개\ 곱하기}{2!} = \dfrac{9\times8}{2!} = 36$

⑥ $_8C_3 = \dfrac{8부터\ 시작해서\ 1씩\ 작아지는\ 수를\ 3개\ 곱하기}{3!} = \dfrac{8\times7\times6}{3!} = 56$

⑦ $_7C_2 = \dfrac{7부터\ 시작해서\ 1씩\ 작아지는\ 수를\ 2개\ 곱하기}{2!} = \dfrac{7\times6}{2!} = 21$

⑧ $_2C_2 = 1$ (서로 다른 2개에서 2개 모두를 택하는 경우의 수는 1가지뿐)

판사 5명과 변호사 7명 중에서 3명을 뽑을 때, 3명의 직업이 모두 같은 경우의 수를 구해보자.

풀이

이 문제에서 **가장 특별한 조건**은 **뽑은 3명의 직업이 모두 같아야 한다는 조건**이다.

→ 이 조건을 중심으로 Case를 분류할 생각을 해보자.

뽑은 3명의 직업이 모두 같으려면,

뽑은 3명의 직업이 모두 판사이거나 **뽑은 3명의 직업이 모두 변호사**가 되어야 한다.

Case 1 **뽑은 3명의 직업이 모두 판사인 경우**

직업이 판사인 3명을 뽑고 싶은 상황이다. → **전체 판사 5명 중 3명을 뽑으면 된다.**

전체 판사 5명 중 3명을 뽑는 경우의 수는 $_5C_3 = \dfrac{5 \times 4 \times 3}{3!} = 10$

Case 2 **뽑은 3명의 직업이 모두 변호사인 경우**

직업이 변호사인 3명을 뽑고 싶은 상황이다. → **전체 변호사 7명 중 3명을 뽑으면 된다.**

전체 변호사 7명 중 3명을 뽑는 경우의 수는 $_7C_3 = \dfrac{7 \times 6 \times 5}{3!} = 35$

Case 1 과 **Case 2** 에 따라 구하는 경우의 수는 $10 + 35 = 45$

❗ 주의!

$_nC_r$에서 n은 서로 다른 것의 개수임에 주의한다.

조합의 계산기호 $_nC_r$은 서로 다른 것들 중에서 선택하는 상황에서만 사용할 수 있다.

서로 같은 것이 포함된 것들 중에서 선택하는 상황에 대한 내용은 다음 챕터에서 공부한다.

유제 578

서로 다른 6개의 과목 중에서 서로 다른 3개를 선택하는 경우의 수를 구하시오.

유제 579

서로 다른 연필 n자루와 서로 다른 지우개 5개 중에서 연필 2자루와 지우개 2개를 택하는 경우의 수가 280일 때, n의 값을 구하시오.

유제 580

기본 기출문제

어느 학교 동아리 회원은 1학년이 6명, 2학년이 4명이다. 이 동아리에서 7명을 뽑을 때, 1학년에서 4명, 2학년에서 3명을 뽑는 경우의 수를 구하시오.

유제 581

1에서 10까지의 자연수 중에서 서로 다른 두 수를 임의로 선택할 때, 선택된 두 수의 합이 홀수가 되는 경우의 수를 구하시오.

1부터 8까지의 자연수가 각각 하나씩 적혀 있는 8장의 카드 중에서 동시에 5장의 카드를 선택하려고 한다. 선택한 카드에 적혀 있는 수의 합이 짝수인 경우의 수를 구하시오.

1부터 9까지의 자연수가 각각 하나씩 적힌 9장의 카드가 있다. 이 9장의 카드들 중 3장의 카드를 선택할 때, 택한 카드에 적힌 세 수의 곱이 짝수가 되는 경우의 수를 구하시오.

서로 다른 5개의 교실에 학생이 각각 3명씩 있다. 이 15명의 학생들 중에서 3명을 뽑을 때, 뽑힌 3명이 모두 다른 교실의 학생인 경우의 수를 구하시오.

4 고난도 출제 패턴 ★ – 서로 같은 것이 있는 여러 개 중에서 선택하기

서로 같은 것이 있는 여러 개 중에서 몇 개를 선택하는 경우의 수를 구할 때는

> **? 생각 Point**
>
> **서로 같은 것을 선택하는 개수에 따라 Case를 분류**한다.

예시 6개의 알파벳 a, a, a, b, c, d 중에서 3개를 택하는 경우의 수를 구해보자.

풀이

$_6C_3$이라고 답하면 안 된다. 알파벳 중 서로 같은 3개의 a가 포함되어 있기 때문이다.

★ a를 선택하는 개수에 따라 Case를 분류하자.

Case 1 a를 선택하지 않는 경우

a를 선택하지 않을 것이므로, a를 제외한 b, c, d 중 3개를 택하는 경우의 수를 구하면 된다. 아래와 같이 b, c, d 중 3개를 택하는 경우의 수는 1가지이다.

Case 2 a를 1개 선택하는 경우

알파벳 3개를 택해야 하는데 이미 a를 1개 선택했으므로, a를 제외한 알파벳 b, c, d 중 남은 2개를 더 택하면 된다. 3개의 알파벳 b, c, d 중 2개를 택하는 경우의 수는 $_3C_2 = 3$

Case 3 a를 2개 선택하는 경우

알파벳 3개를 택해야 하는데 이미 a를 2개 선택했으므로, a를 제외한 알파벳 b, c, d 중 남은 1개를 더 택하면 된다. 3개의 알파벳 b, c, d 중 1개를 택하는 경우의 수는 $_3C_1 = 3$

Case 4 a를 3개 선택하는 경우

3개의 알파벳을 모두 a로 선택하는 경우의 수는 아래와 같이 1가지이다.

Case 1 ~ **Case 4** 의 경우의 수들을 모두 더하면, 구하는 경우의 수는 $1 + 3 + 3 + 1 = 8$

유제 585

주머니 속에 숫자 1, 1, 2, 3, 4가 하나씩 적힌 카드 5장이 있다.
주머니에서 카드 3장을 뽑는 경우의 수를 구하시오.

유제 586

난이도 UP

흰 공 3개와 검은 공, 노란 공, 파란 공이 각각 1개씩 총 6개의 공이 들어있는 주머니 A에서
동시에 3개의 공을 뽑고, 숫자 1, 1, 1, 2, 3이 각각 하나씩 적힌 5장의 카드가 들어있는 주머니
B에서 뽑은 카드에 적혀 있는 수의 합이 3의 배수인 경우의 수를 구하시오.
(단, 흰 공끼리와 숫자 1이 적힌 카드끼리는 서로 구별되지 않는다.)

❺ 자연수들의 합이 □의 배수가 되기 위한 조건

합이 3의 배수가 되는 자연수들의 조합을 몇 개 생각해보고, 다음과 같은 의문을 가져보자.

- $3+6+9=18$ ➜ 3, 6, 9의 합은 3의 배수이다.
  의문A : "3, 6, 9의 합이 왜 3의 배수가 될 수 있었을까?"

- $1+2+4+5=12$ ➜ 1, 2, 4, 5의 합은 3의 배수이다.
  의문B : "1, 2, 4, 5의 합이 왜 3의 배수가 될 수 있었을까?"

의문A에 대한 해답은 3, 6, 9를 3으로 나눈 나머지에서 찾을 수 있다.

합이 <u>3</u>의 배수인 수들	3	6	9
<u>3</u>으로 나눈 나머지	0	0	0

$$0+0+0 \qquad = \qquad \underline{0}$$

3으로 나누었을 때의 **나머지의 합**이 **0**이다.

즉, 3, 6, 9의 합이 3의 배수가 될 수 있었던 이유는,
각각을 3으로 나누었을 때의 나머지의 합이 0이기 때문이다.

의문B에 대한 해답도 **의문A**와 비슷하게 1, 2, 4, 5를 3으로 나눈 나머지에서 찾을 수 있다.

더해서 <u>3</u>의 배수인 수들	1	2	4	5
<u>3</u>으로 나눈 나머지	1	2	1	2

$$1+2+1+2 \qquad = \qquad \underline{6}$$

3으로 나누었을 때의 **나머지의 합**이 **3의 배수**이다.

즉, 1, 2, 4, 5의 합이 3의 배수가 될 수 있었던 이유는,
각각을 3으로 나누었을 때의 나머지의 합이 3의 배수이기 때문이다.

의문A와 **의문B**에 대한 해답을 통해 <u>자연수들의 합이 □의 배수가 되기 위한 조건</u>을 다음과 같이 정리할 수 있다.

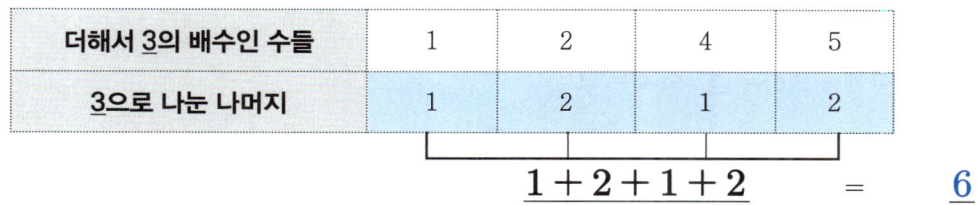

> ❓ **생각 Point**
>
> 자연수들의 합이 □의 배수가 되려면
> □로 나누었을 때의 **나머지끼리의 합이 0**이거나 **□의 배수**가 되어야 한다.

1부터 20까지의 홀수 중에서 서로 다른 두 수를 임의로 선택할 때, 선택한 두 수의
합이 3의 배수인 경우의 수를 구해보자.

풀이

선택한 두 수의 합이 3의 배수이려면,
선택한 두 수를 3으로 나누었을 때의 **나머지끼리의 합이 0 또는 3의 배수**가 되어야 한다.
➔ 1부터 20까지의 홀수를, 3으로 나누었을 때의 나머지가 무엇인지에 따라 분류해보자.

1부터 20까지의 홀수 중
3으로 나누었을 때 나머지가 0인 수는 ➔ 3, 9, 15의 3개이다.
3으로 나누었을 때 나머지가 1인 수는 ➔ 1, 7, 13, 19의 4개이다.
3으로 나누었을 때 나머지가 2인 수는 ➔ 5, 11, 17의 3개이다.

두 수를 택했을 때, 3으로 나누었을 때의 나머지끼리의 합이 0 또는 3의 배수가 되려면
3으로 나누었을 때의 나머지가 0인 두 수

를 택하거나
3으로 나누었을 때의 나머지가 1인 수 한 개와 나머지가 2인 수 한 개

를 택하는 방법밖에 없다. 이 두 경우로 Case를 분류하자.

Case 1 3으로 나누었을 때의 나머지가 0인 두 수를 택하는 경우
즉, 3, 9, 15 중 두 개를 택하는 경우의 수는 $_3C_2$

$$\rightarrow {}_3C_2 \boxed{+}$$

Case 2 3으로 나누었을 때의 나머지가 1인 수 한 개와 나머지가 2인 수 한 개를 택하는 경우
3으로 나누었을 때 나머지가 1인 수 1, 7, 13, 19 중 한 개를 택하는 경우의 수는 $_4C_1$
잇달아, 3으로 나누었을 때 나머지가 2인 수 5, 11, 17 중 한 개를 택하는 경우의 수는 $_3C_1$

$$\rightarrow {}_3C_2 + ({}_4C_1 \boxed{\times} {}_3C_1)$$

Case 1 , **Case 2** 에 따라, 구하는 경우의 수는 $_3C_2 + ({}_4C_1 \times {}_3C_1) = 15$

유제 587

1부터 15까지의 홀수 중에서 서로 다른 두 수를 택할 때, 택한 두 수의 합이
4의 배수가 되는 경우의 수를 구하시오.

유제 588

11부터 30까지의 홀수 중에서 서로 다른 두 수를 택할 때, 택한 두 수의 합이
3의 배수가 되는 경우의 수를 구하시오.

유제 589

1부터 20까지의 짝수 중 서로 다른 세 개의 수를 택할 때, 택한 수들의 합이
3의 배수가 되는 경우의 수를 구하시오.

6 선택하지 않을 것을 고르기

4개의 알파벳 a, b, c, d 중에서 3개를 선택하는 경우의 수를 $_4C_3$으로 계산했다는 것은,

4개의 알파벳 a, b, c, d 중 선택해야 할 개수인 3개만큼을 **직접** 택한 것이다.

이 경우에 대해 자세히 생각해보자.

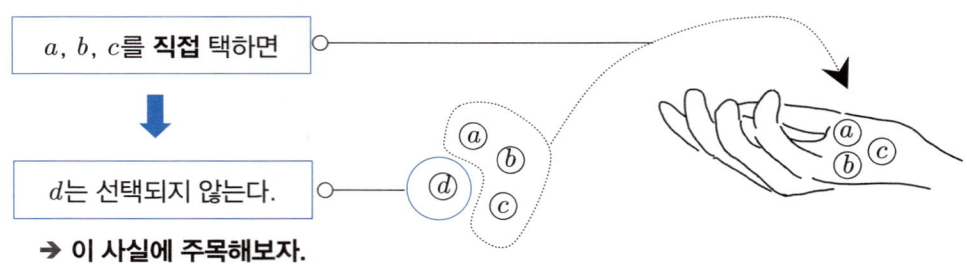

a, b, c를 **직접** 택했을 때, **d는 반드시 선택되지 않는다**는 사실을 이용하면, 아래와 같이 선택하지 않을 d를 택함으로써 알파벳 a, b, c를 **간접적으로** 택할 수도 있다.

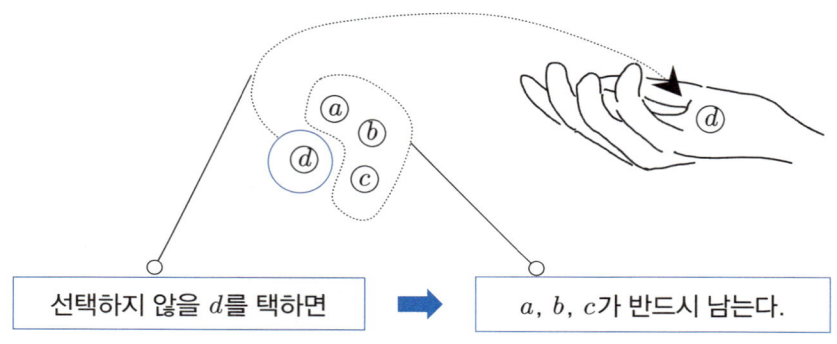

지금까지 살펴본 내용을 바탕으로

4개의 알파벳 a, b, c, d 중 선택해야 할 개수인 3개만큼을 직접 택한 것과

4개의 알파벳 a, b, c, d 중 선택하지 않을 개수인 1개만큼을 택한 것을 비교해보자.

4개의 알파벳 a, b, c, d 중 3개를 선택하는 경우의 수를 구할 때는

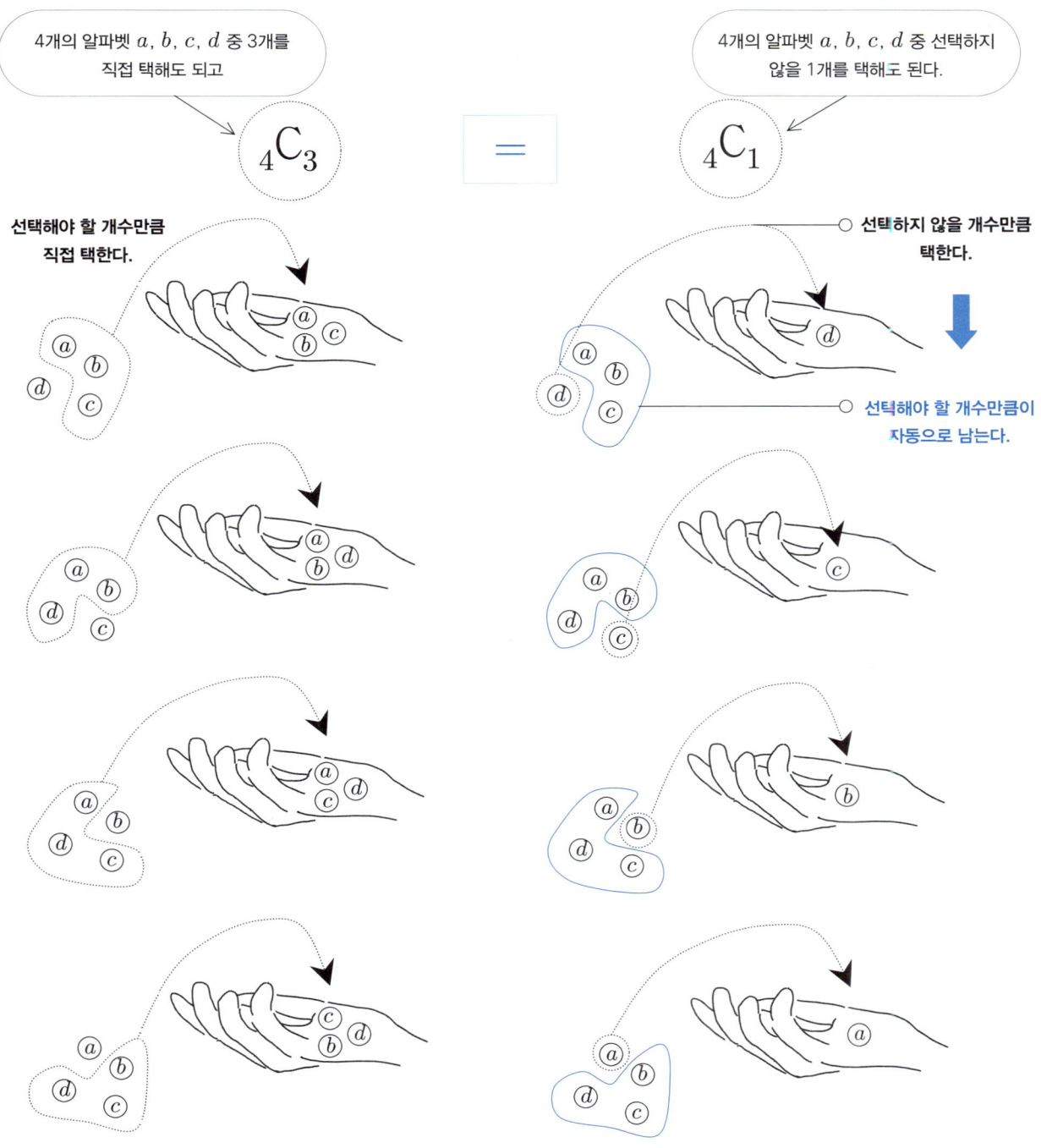

방금까지의 내용을 일반화시켜서 서로 다른 n개에서 r개를 택하는 상황을 생각해보자.

서로 다른 n개에서 r개를 선택하는 경우의 수는 $_n\mathrm{C}_r$이다.

그런데 이는 서로 다른 n개에서 택하지 않을 $n-r$개를 선택하는 경우의 수 $_n\mathrm{C}_{n-r}$과 같다.

즉, $\boxed{_n\mathrm{C}_r = {_n\mathrm{C}_{n-r}}}$이다.

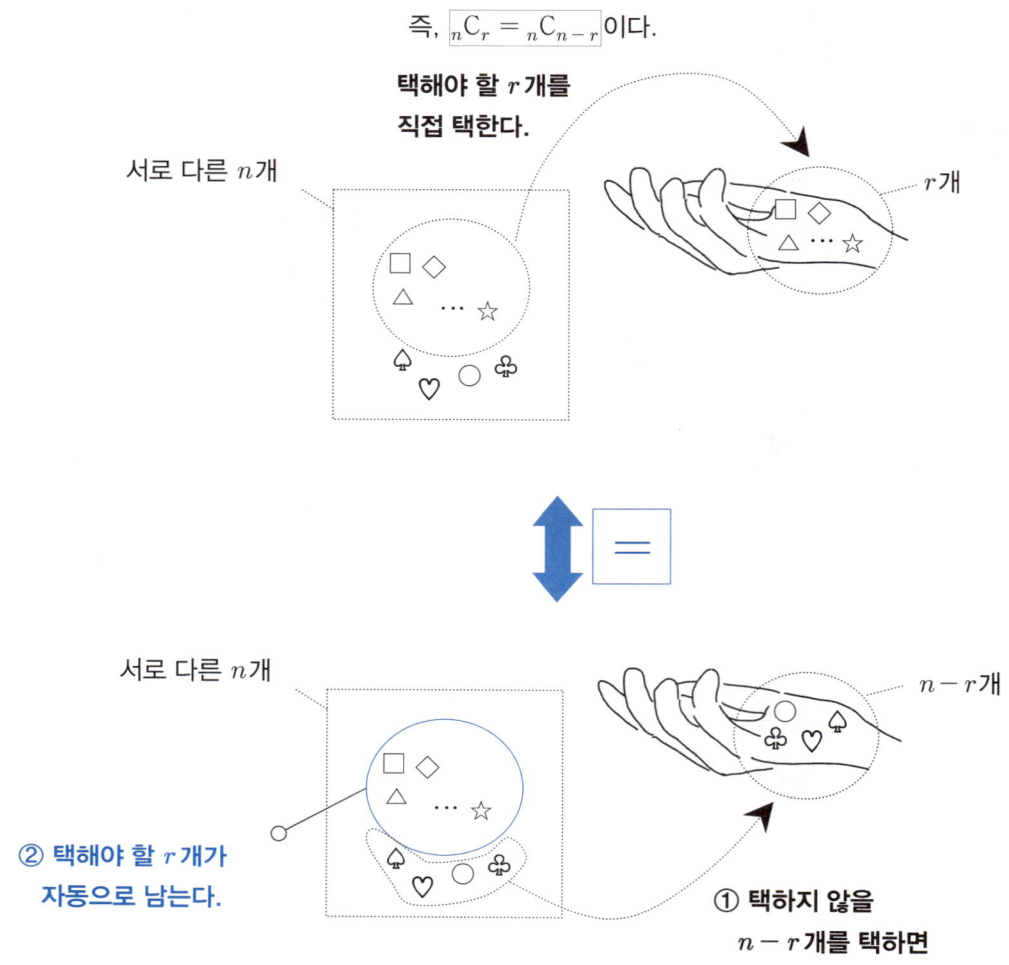

지금까지의 내용을 정리하면 다음과 같다.

● 선택하지 않을 것을 고르기

서로 다른 n개에서 r개를 택하는 상황에서,

$$_n\mathrm{C}_r = {}_n\mathrm{C}_{n-r}$$

서로 다른 n개에서 r개를
직접 선택해도 되고,

서로 다른 n개에서
선택하지 않을 $n-r$개를 택해도 된다.

생각 넓히기   선택하지 않을 것 정하기

? 생각 Point

선택해야 할 것의 개수가 많으면,
선택하지 않을 것의 개수로 바꾸어 생각할 수 있다.

설명

예를 들어, 서로 다른 20개에서 18개를 택하는 경우의 수 $_{20}\mathrm{C}_{18}$은 그대로 계산하기 복잡하다. 선택해야 할 것의 개수가 18개로 많은 편이기 때문이다.

이러한 상황에서는 생각의 방향을 바꿔서

서로 다른 20개에서 18개를 직접 택한다

고 생각하는 것보다는

택하지 않을 2개를 택하면, 선택해야 할 18개가 자동으로 택해진다

고 생각하여

$$_{20}\mathrm{C}_{18} = {}_{20}\mathrm{C}_2$$

$$= \frac{20 \times 19}{2!} = 190$$

와 같이 계산하는 것이 더 효율적이다.

유제
590

등식 $_{10}C_8 + {}_{10}C_1 = {}_{n+2}C_n$을 만족시키는 자연수 n의 값을 구하시오.

유제
591

서로 다른 10개의 연필 중에서 6개를 고르는 방법의 수를 구하시오.

7 순열과 조합의 관계

생각 | 이해 ● ● 암기 | 적용

4개의 알파벳 A, B, C, D 중 3개를 일렬로 나열하는 경우의 수 $_4P_3$은

① 4개의 알파벳 A, B, C, D 중 3개를 택하는 경우의 수 $_4C_3$과
② 택한 3개의 알파벳을 일렬로 나열하는 경우의 수 3!

으로 나누어 생각할 수 있다. 이를 도식화하여 나타내면 아래와 같다.

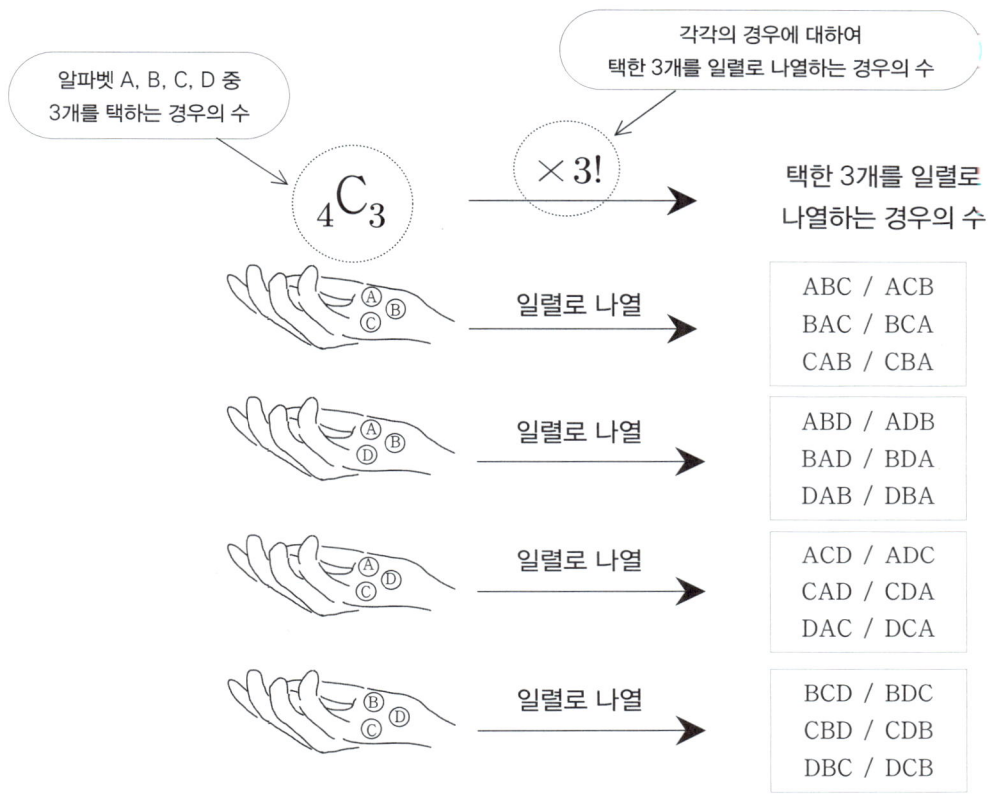

방금까지의 내용을 일반화하여 순열과 조합의 관계를 다음과 같이 정리할 수 있다.

● **순열과 조합의 관계**

서로 다른 n개 중 r개를 택하여 나열하는 경우의 수는
① 서로 다른 n개 중 r개를 택($_nC_r$)하고
② 택한 r개를 일렬로 나열($r!$)하여 다음과 같이 계산할 수 있다.

$$_nC_r \times r!$$

생각 넓히기 서로 다른 n개 중 r개를 나열하는 경우의 수를 구하는 2가지 방법

예를 들어, 5개의 알파벳 a, b, c, d, e 중 서로 다른 3개를 나열하는 경우의 수는 다음의 2가지 방법으로 구할 수 있다.

방법 1 빈칸을 만들어 구하기

3개의 알파벳을 나열해야 하므로, 3개의 빈칸을 그리자.

빈칸1	빈칸2	빈칸3

주어진 알파벳은 a, b, c, d, e의 5개이고, 빈칸은 3개이므로,
수가 더 적은 빈칸 각각의 입장에서 남은 알파벳 중 하나를 선택한다고 생각하자.

빈칸1이 5개의 알파벳 a, b, c, d, e 중 하나를 선택하는 경우의 수는 5이다.

➔ $5\times$

예를 들어, c가 들어왔다고 하자.

빈칸1	빈칸2	빈칸3
c		

잇달아, 빈칸2가 이미 쓴 c를 제외한
남은 4개의 알파벳 a, b, d, e 중 하나를 선택하는 경우의 수는 4이다.

➔ $5\times4\times$

예를 들어, a가 들어왔다고 하자.

빈칸1	빈칸2	빈칸3
c	a	

잇달아, 빈칸3이 이미 쓴 c, a를 제외한
남은 3개의 알파벳 b, d, e 중 하나를 선택하는 경우의 수는 3이다.

➔ $5\times4\times3$

즉, 구하는 경우의 수는 $5\times4\times3=60$

방법 2 **선택 후 나열하기**

① 알파벳 a, b, c, d, e의 5개 중 나열할 3개를 **선택하는 경우의 수**는 $_5C_3$이다.

$$\rightarrow \ _5C_3 \boxed{\times}$$

예를 들어, 아래와 같이 a, c, d를 택했다고 하자.

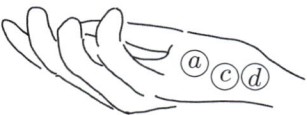

② 택한 a, c, d를 **나열하는 경우의 수**는 3!이다.

$$\rightarrow \ _5C_3 \times 3!$$

즉, 구하는 경우의 수는 $_5C_3 \times 3! = {_5C_2} \times 3! = \dfrac{5 \times 4}{2!} \times 6 = 60$

유제 592 6명의 사람 중에서 4명을 뽑아 일렬로 세우는 경우의 수를 구하시오.

유제 593 1부터 9까지의 자연수 중에서 서로 다른 세 개의 수를 뽑아 만들 수 있는 세 자리 자연수의 개수를 구하시오.

유제 594 여학생 5명과 남학생 3명 중에서 여학생 3명과 남학생 2명을 뽑아 일렬로 세우려고 한다. 이때, 여학생, 여학생, 여학생, 남학생, 남학생 순으로 줄 세우는 경우의 수를 구하시오.

8 순서 부여와 순서 무시

8-1 순서 부여

4개의 알파벳 A, B, C, D 중 3개를 일렬로 나열하는 경우의 수를 구하는 과정 중 일부를 아래와 같이 이해해 볼 수 있다.

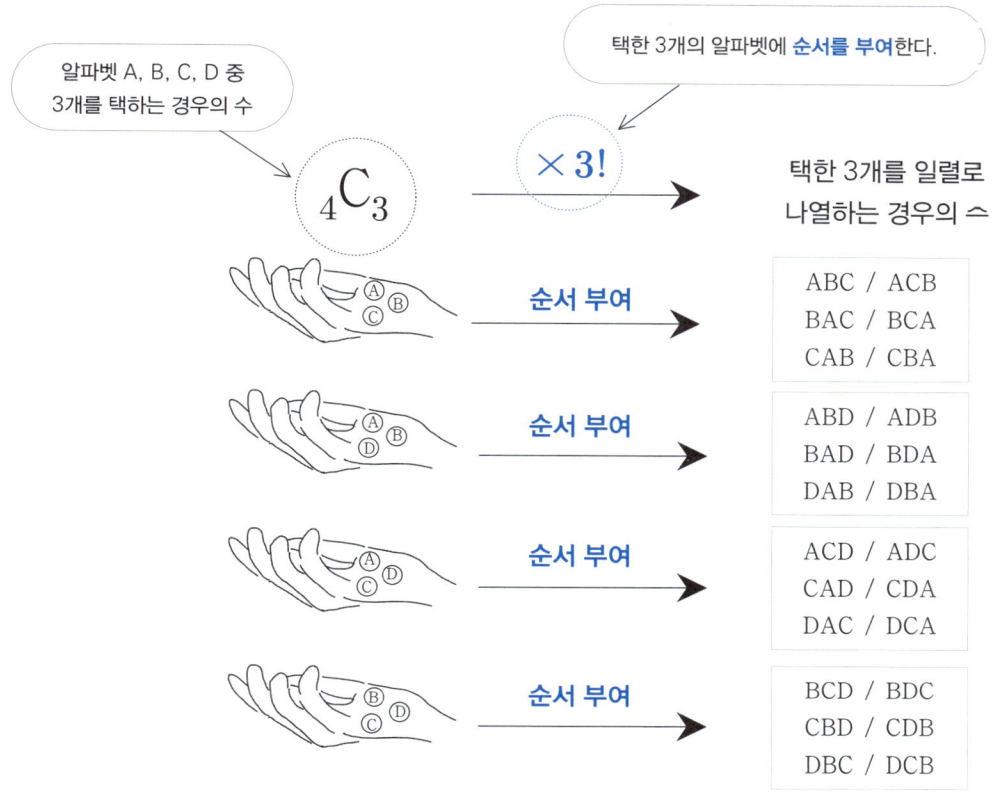

이 과정에서 $\times 3!$ 가 가지는 의미에 주목해보자.

$\times 3!$ 의 의미 : 서로 다른 3개에 순서를 부여한다.

이를 일반화시키면 $\times r!$ 이 가지는 의미도 다음과 같이 이해할 수 있다.

> **? 생각 Point**
>
>
>
> **$\times r!$ 의 의미 : 서로 다른 r 개에 순서를 부여한다.**
>
>

이번에는 4개의 알파벳 A, B, C, D 중 3개를 택하는 경우의 수의 계산 과정을 살펴보자.

4개의 알파벳 A, B, C, D 중 3개를 택하는 경우의 수는 $_4C_3 = \dfrac{_4P_3}{3!} = {}_4P_3 \times \dfrac{1}{3!}$ 이다.

이 식의 의미를 더 자세히 살펴보자.

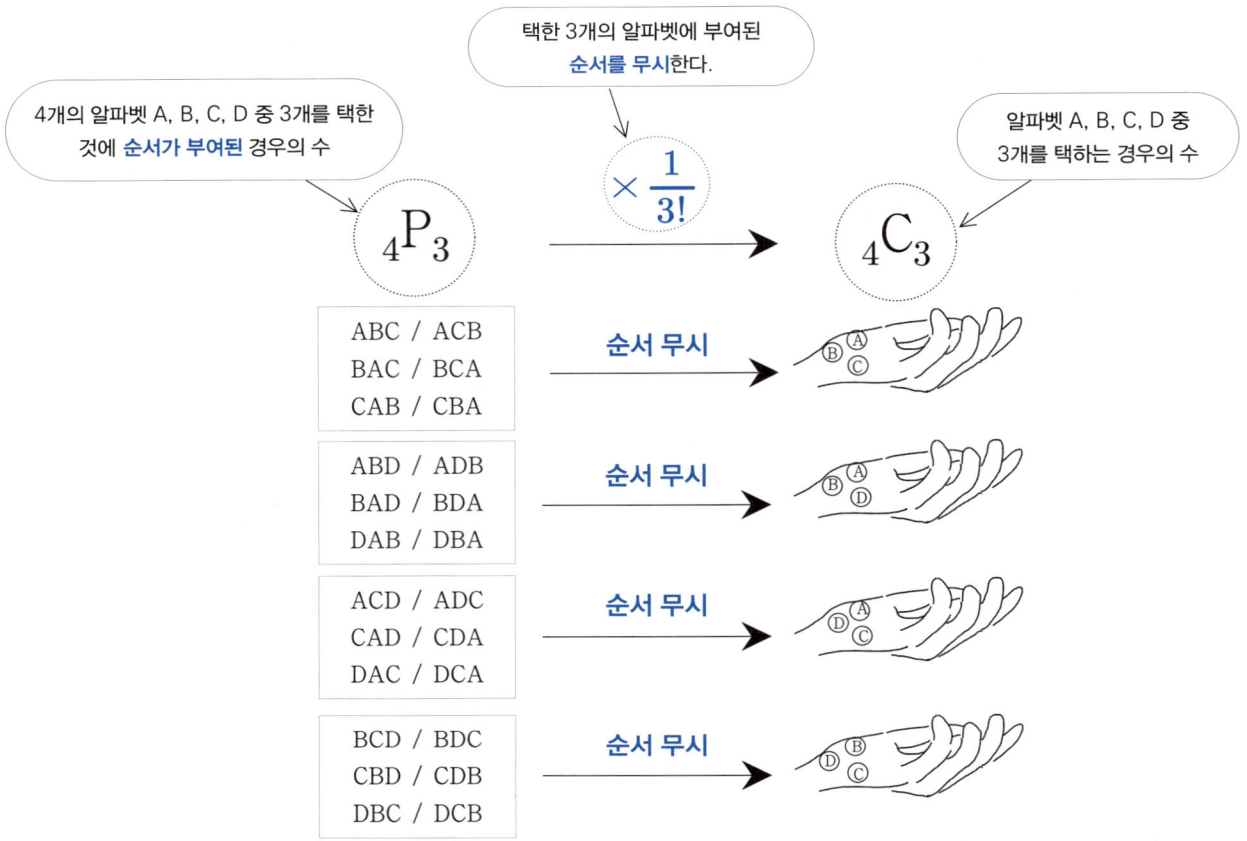

택한 3개의 알파벳에 부여된 **순서를 무시한다.**

4개의 알파벳 A, B, C, D 중 3개를 택한 것에 **순서가 부여된** 경우의 수

알파벳 A, B, C, D 중 3개를 택하는 경우의 수

$_4P_3 \qquad \times \dfrac{1}{3!} \qquad _4C_3$

ABC / ACB BAC / BCA CAB / CBA	순서 무시
ABD / ADB BAD / BDA DAB / DBA	순서 무시
ACD / ADC CAD / CDA DAC / DCA	순서 무시
BCD / BDC CBD / CDB DBC / DCB	순서 무시

이 과정에서 $\times \dfrac{1}{3!}$ 이 가지는 의미에 주목해보자.

$\times \dfrac{1}{3!}$ 의 의미 : 서로 다른 **3개**에 부여된 순서를 무시한다.

이를 일반화시키면 $\times \dfrac{1}{r!}$ 이 가지는 의미를 다음과 같이 이해할 수 있다.

> **? 생각 Point**
>
> $\times \dfrac{1}{r!}$ 의 의미 : 서로 다른 r 개에 부여된 순서를 무시한다.

지금까지의 내용을 정리하면 다음과 같다.

● 순서 부여와 순서 무시

① 서로 다른 r개에 순서를 부여하고 싶다면, $\times\, r!$을 쓴다.

② 서로 다른 r개에 부여된 순서를 무시하고 싶다면, $\times\, \dfrac{1}{r!}$을 쓴다.

Tip

서로 다른 r개에 부여된 순서를 무시한다는 것은

일렬로 나열된 r개를 손바닥에 올려둔 상태로 만든다는 것

과 같은 뜻이라고 생각하면 좋다.

★ 예제 04

다음에 답해보자.

(1) 8명의 사람 중에서 3명을 뽑는 경우의 수는 $_8C_3$이다.

8명의 사람 중에서 3명을 뽑아 줄 세우는 경우의 수를 구해보자.

(2) 6명의 사람 중에서 3명을 뽑아 줄 세우는 경우의 수는 $_6P_3$이다.

6명의 사람 중에서 3명을 뽑는 경우의 수를 구해보자.

풀이

(1)에 대한 풀이)

뽑은 3명을 줄 세운다는 것은 **뽑은 3명에 순서를 부여한다**는 말과 같으므로,

8명의 사람 중에서 3명을 뽑는 경우의 수인 $_8C_3$에 $\times\, 3!$을 하면 된다.

즉, 구하는 경우의 수는 $_8C_3 \times 3! = \dfrac{8 \times 7 \times 6}{3!} \times 3! = 336$

(2)에 대한 풀이)

$_6P_3$은 6명의 사람 중에서 3명을 뽑은 후, 순서를 부여한 경우의 수와 같으므로

뽑은 3명에 부여된 순서를 무시하면 6명의 사람 중에서 3명을 뽑기만 한 경우의 수를

구할 수 있다. 따라서 3명을 뽑은 후, 순서를 부여한 경우의 수인 $_6P_3$에 $\times\, \dfrac{1}{3!}$을 하면 된다.

즉, 구하는 경우의 수는 $_6P_3 \times \dfrac{1}{3!} = (6 \times 5 \times 4) \times \dfrac{1}{6} = 20$

9 잇달아 선택하기

조합을 이용하여 잇달아 선택해야 하는 상황이 출제된다. 이때, 같은 집단에서 같은 개수로 잇달아 선택하는지, 같은 집단에서 다른 개수로 잇달아 선택하는지, 아니면 서로 다른 집단에서 잇달아 선택하는지에 따라 조합을 활용한 계산 과정이 약간 달라진다.

Tip $_nC_r$ 의 의미 정리

① 서로 다른 n개 중 r개를 손바닥에 올려두는 경우의 수
② 서로 다른 n개 중 r를 뽑아 **한 덩어리**로 만드는 경우의 수 ★

설명

예를 들어, 알파벳 a, b, c 중 2개를 선택하는 경우의 수 $_3C_2$는 아래와 같이

알파벳 a, b, c 중 2개를 뽑아 한 덩어리로 만드는 경우의 수와 같다.

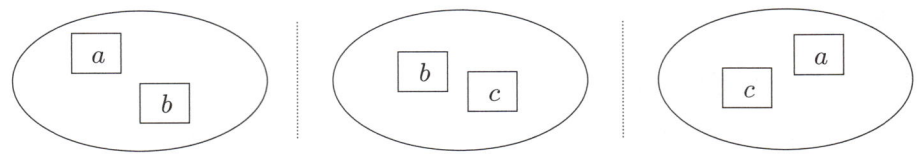

상황 1 **같은 집단에서 다른 개수로 잇달아 선택하는 상황**

설명

예를 들어, 남자 4명을 3명, 1명으로 나누는 경우의 수를 구해보자.
이때, 4명의 남자를 각각 남자1~남자4라고 하자.

① **먼저 남자 4명을 3명, 1명으로 나누는 경우의 수를 일일이 세보자.**

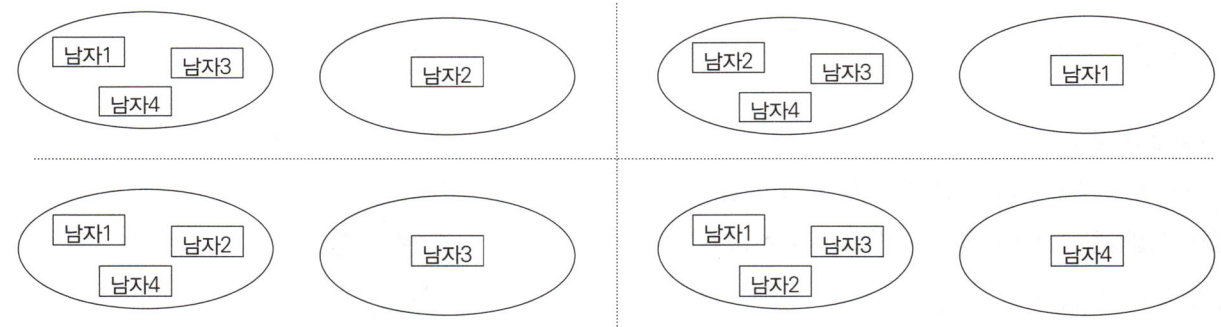

일일이 세보니, 구하는 경우의 수는 4임을 알 수 있다.

② 이번에는 남자 4명을 3명, 1명으로 나누는 경우의 수를 조합을 이용하여 구해보자.

남자 4명 중 3명을 선택하여 한 덩어리로 만드는 경우의 수는 $_4C_3 \implies$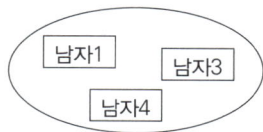

예를 들어, 남자1, 남자3, 남자4를 한 덩어리로 만들었다고 하자.

잇달아, 남자1, 남자3, 남자4를 제외한

남은 남자2를 나머지 덩어리로 만드는 경우의 수는 $_1C_1$

$$\implies {}_4C_3 \times {}_1C_1 = 4$$

이때, 일일이 센 경우의 수와 조합을 이용하여 구한 경우의 수가 같으므로, 다음과 같은 결론을 내릴 수 있다.

조합을 통해 잇달아 선택할 때,

    한 덩어리는 남자들로 이루어진 집단에서   **3명**을 선택하여 만든 것이었고,
나머지 덩어리는 남자들로 이루어진 집단에서 남은 **1명**을 잇달아 택하여 만든 것이었다.

❓ 생각 Point

같은 집단에서 다른 개수로 잇달아 선택하여
덩어리를 만들면 **중복되는 경우가 생기지 않는다.**

상황 2   같은 집단에서 같은 개수로 잇달아 선택하는 상황

설명

예를 들어, 남자 4명을 2명, 2명으로 나누는 경우의 수를 구해보자.
이때, 4명의 남자를 각각 남자1~남자4라고 하자.

① 먼저 남자 4명을 2명, 2명으로 나누는 경우의 수를 일일이 세보자.

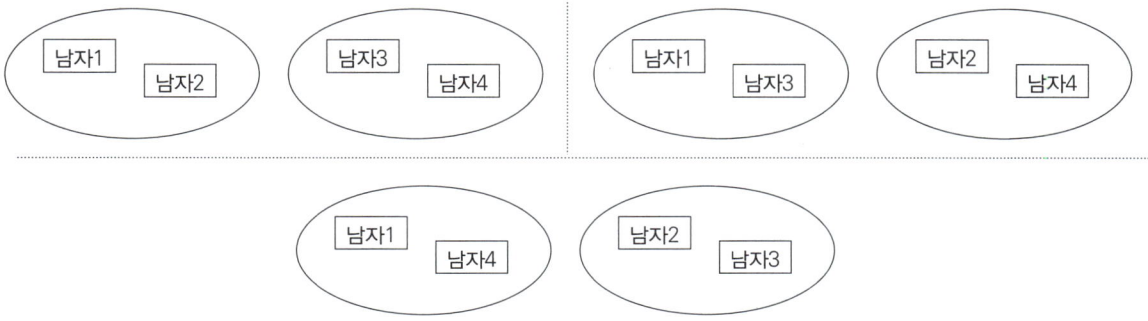

일일이 세보니, 구하는 경우의 수는 3임을 알 수 있다.

② 이번에는 남자 4명을 2명, 2명으로 나누는 경우의 수를 조합을 사용하여 구해보자.

남자 4명 중 2명을 선택하여 한 덩어리로 만드는 경우의 수는 $_4C_2$ ➔ $_4C_2 \times$

예를 들어, 남자1, 남자3을 한 덩어리로 만들었다고 하자.

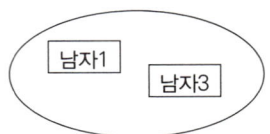

잇달아, 남자1, 남자3을 제외한

남은 남자 2명 중 2명을 선택하여 나머지 덩어리로 만드는 경우의 수는 $_2C_2$

$$➔ \quad _4C_2 \times _2C_2 = 6$$

그런데 이는 일일이 세었을 때 도출된 경우의 수인 3과는 다르다.

즉, 다음과 같은 결론을 내릴 수 있다.

조합을 통해 잇달아 선택할 때,

     한 덩어리는 | 남자들로 이루어진 집단에서 | 2명을 | 선택하여 만든 것이었고,
     나머지 덩어리는 | 남자들로 이루어진 집단에서 남은 | 2명을 | 잇달아 택하여 만든 것이었다.

> **❓ 생각 Point**
>
> <u>같은 집단에서 같은 개수로 잇달아 선택하여</u>
> 덩어리를 만들면 **중복되는 경우가 생긴다.**

이제 중복되는 경우가 왜 발생한 것인지 살펴보자.

남자 4명을 2명, 2명으로 나누는 경우의 수를, 조합을 통해 $_4C_2 \times _2C_2$로 계산했다는 것은

남자 4명 중 2명을 택하여 한 덩어리를 만들고,

남은 2명을 나머지 덩어리로 만드는 경우의 수

를 세었다는 뜻이다.

그렇다면, 이 경우들을 모두 나열하여 어디서 중복이 발생했는지 확인해보자.

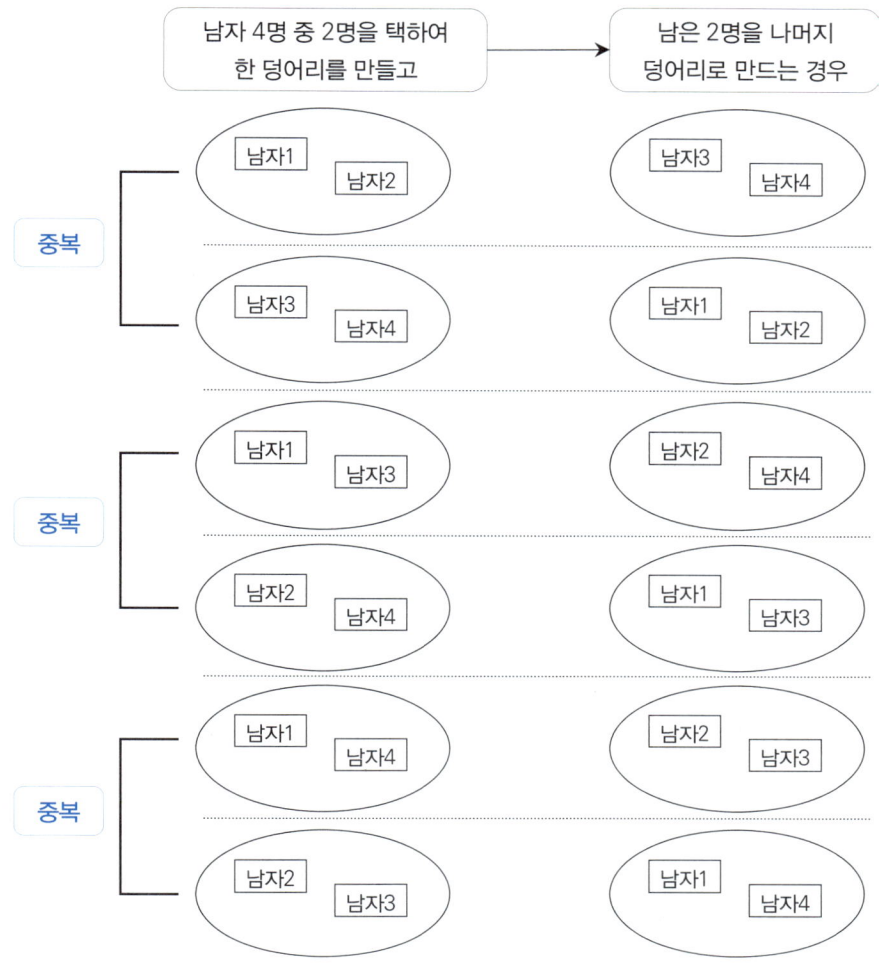

사실상 같은 경우들이 서로 다른 것으로 세어졌기 때문에 중복이 발생하였다.

그렇다면, **사실상 같은 경우들이 서로 다른 것으로 세어진 이유는 무엇일까?**

중복으로 세어진 상황 하나를 집중해서 살펴보자.

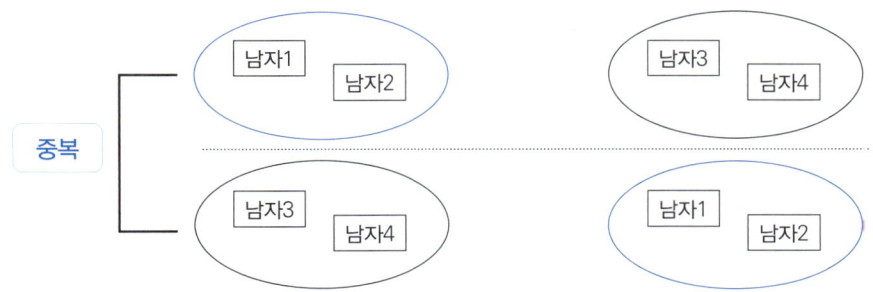

위의 두 경우가 사실상 같은 경우이지만, 서로 다른 것으로 세어진 이유는

만들어진 두 덩어리에 순서가 부여되었기 때문이다.

즉, 덩어리 2개를 만들기만 하기 위하여 $_4C_2 \times _2C_2$라는 계산식을 적었더니,

두 덩어리를 만든 후, 자동으로 두 덩어리를 일렬로 나열한 경우의 수가 세어진 것이다.

따라서 $_4C_2 \times _2C_2$로 계산했을 때 **두 덩어리에 자동으로 부여된 순서를 무시해야 하므로**

마지막 계산과정에 $\times \dfrac{1}{2!}$ 를 **추가**해야 한다.

지금까지의 내용의 핵심을 도식화하여 정리하면 다음과 같다.

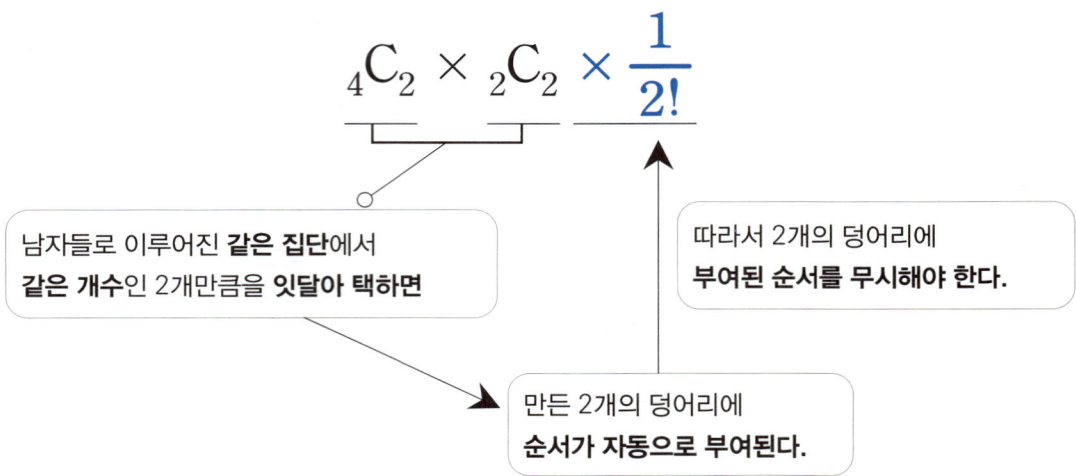

〈남자 4명을 2명, 2명으로 나누는 경우의 수를 조합을 사용하여 구하는 과정〉

$$_4C_2 \times {}_2C_2 \times \frac{1}{2!}$$

남자들로 이루어진 **같은 집단**에서
같은 개수인 2개만큼을 **잇달아 택**하면

따라서 2개의 덩어리에
부여된 순서를 무시해야 한다.

만든 2개의 덩어리에
순서가 자동으로 부여된다.

즉, 조합을 통해 **같은 집단**에서 **같은 개수**로 **잇달아 선택**하여 r개의 덩어리를 만들면, 그 r개의 덩어리들에 **순서가 부여되는 과정이 자동으로 추가**되므로, 만든 r개의 덩어리들에 **부여된 순서를 무시하는 작업**까지 추가로 거쳐야 한다.

상황 2 는 잇달아 선택하는 상황에서 가장 중요한 내용이므로, 핵심 내용을 다시 한 번 정리해보자.

❓ 생각 Point

같은 집단에서 같은 개수로 잇달아 선택하여 만든 덩어리들의 조합 중에는
반드시 중복되는 경우가 있다.

▶ **중복되는 경우가 발생하는 이유** : 만든 덩어리들에 자동으로 순서가 부여되므로
▶ **중복을 없애는 방법** : 만든 덩어리가 r개라면,

$\times \dfrac{1}{r!}$ 을 하여 r개의 **덩어리들에 부여된 순서를 무시**하면 된다.

상황 3 서로 <u>다른</u> 집단에서 각각 잇달아 선택하는 상황

❓ 생각 Point

▶ 서로 다른 집단에서 같은 개수로 잇달아 선택하는 상황과
▶ 서로 다른 집단에서 다른 개수로 잇달아 선택하는 상황 모두
중복되는 경우는 없다.

설명

▶ **서로 다른 집단에서 같은 개수로 잇달아 선택하는 상황의 예시**

예시 1 남자 2명과 여자 3명 중 남자 2명과 여자 2명을 뽑는 경우의 수를 구해보자.

남자 2명을 남자1, 남자2라 하고, 여자 3명을 여자1~여자3이라 하자.

① 경우의 수를 일일이 세보자.

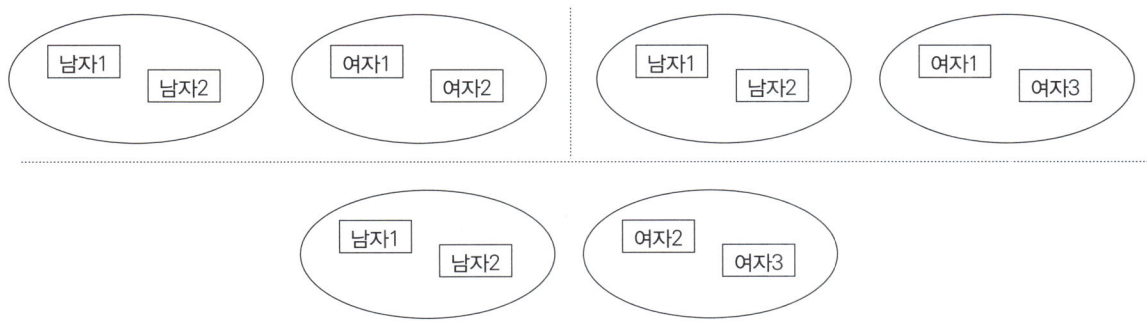

일일이 세보니, 구하는 경우의 수는 3임을 알 수 있다.

② 조합을 사용하여 경우의 수를 구해보자.

남자 2명 중 2명을 뽑는 경우의 수는 1가지 뿐이다. ➔ $1 \times$ (편의상 뽑은 남자1, 남자2를 한 덩어리로 생각하자)

잇달아, 여자 3명 중 2명을 뽑는 경우의 수는 $_3C_2$ ➔ $1 \times {}_3C_2 = 3$ (편의상 뽑은 여자 2명을 한 덩어리로 생각하자)

이는 일일이 센 경우의 수와 같으므로, 다음과 같은 결론을 내릴 수 있다.

조합을 통해 잇달아 선택할 때,

한 덩어리는 남자들로 이루어진 집단에서 2명을 선택하여 만든 것이었고,
나머지 덩어리는 여자들로 이루어진 집단에서 2명을 잇달아 택하여 만든 것이었다.

> **❓ 생각 Point**
>
> <u>서로 다른 집단에서 같은 개수로 잇달아 선택하여</u>
> **덩어리를 만들면 중복되는 경우가 생기지 않는다.**

▶ <u>서로 다른 집단에서 다른 개수로</u> 잇달아 선택하는 상황의 예시

예시 2 남자 2명과 여자 3명 중 남자 2명과 여자 1명을 뽑는 경우의 수를 구해보자.

남자 2명을 남자1, 남자2라 하고, 여자 3명을 여자1~여자3이라 하자.

① 경우의 수를 일일이 세보자.

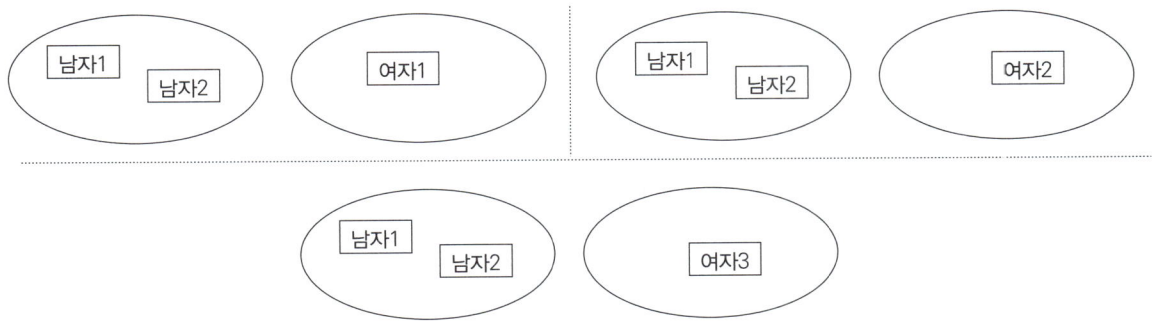

일일이 세보니, 구하는 경우의 수는 3임을 알 수 있다.

② 조합을 사용하여 경우의 수를 구해보자.

남자 2명 중 2명을 뽑는 경우의 수는 1가지 뿐이다. ➔ $1\times$

(편의상 뽑은 남자1, 남자2를 한 덩어리로 생각하자)

잇달아, 여자 3명 중 1명을 뽑는 경우의 수는 $_3C_1$ ➔ $1\times {_3C_1}=3$

(편의상 뽑은 여자 1명을 한 덩어리로 생각하자)

이는 일일이 센 경우의 수와 같으므로, 다음과 같은 결론을 내릴 수 있다.

조합을 통해 잇달아 선택할 때,

    한 덩어리는 │남자들로 이루어진 집단│에서 │2명을│ 선택하여 만든 것이었고,
  나머지 덩어리는 │여자들로 이루어진 집단│에서 │1명을│ 잇달아 택하여 만든 것이었다.

> **❓ 생각 Point**
>
> <u>서로 다른 집단에서 다른 개수로 잇달아 선택하여</u>
> 덩어리를 만들면 중복되는 경우가 생기지 않는다.

지금까지 살펴본 내용을 총정리하면 다음과 같다.

> ● **잇달아 선택하기**
>
> ① **같은 집단**에서 **다른 개수**로 잇달아 선택하여 만든 r개의 덩어리끼리는 중복되는 경우가 없다. ➔ 조합만으로 편하게 계산해도 된다.
>
> ② **같은 집단**에서 **같은 개수**로 잇달아 선택하여 만든 r개의 덩어리끼리는 자동으로 순서가 부여되므로 중복되는 경우가 생긴다.
>   ➔ $\times \dfrac{1}{r!}$ 을 하여 r개의 덩어리에 **부여된 순서를 무시**해야 한다. ★
>
> ③ **서로 다른 집단**에서 잇달아 선택하여 만든 r개의 덩어리끼리는 중복되는 경우가 없다.
>   ➔ 조합만으로 편하게 계산해도 된다.

6명의 관광객을 2명, 2명, 2명으로 나누는 경우의 수를 구해보자.

풀이

아래와 같이 관광객이 2명씩 포함된 3개의 덩어리를 만드는 경우의 수를 구하면 된다.

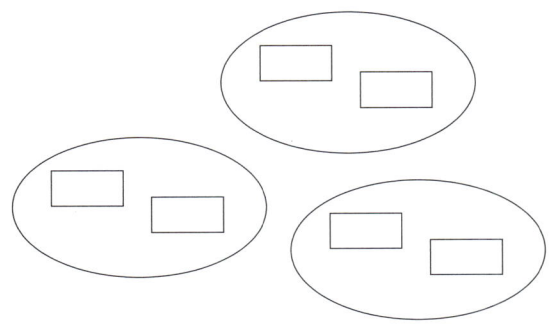

① 관광객 6명 중 2명을 택하여 한 덩어리로 만드는 경우의 수는 $_6C_2$ ➔ $_6C_2 \times$ ☐

② 잇달아, 남은 관광객 4명 중 2명을 택하여 한 덩어리로 만드는 경우의 수는 $_4C_2$

➔ $_6C_2 \times _4C_2 \times$ ☐

이때, 계산식을 적으면서

"관광객들로 이루어진 <u>같은 집단</u>에서 <u>같은 개수</u>인 2개만큼을 잇달아 택하고 있구나"

와 같이 생각할 수 있어야 한다.

③ 잇달아, 남은 관광객 2명 중 2명을 택하여 한 덩어리로 만드는 경우의 수는 $_2C_2$

➔ $_6C_2 \times _4C_2 \times _2C_2$

여기서 계산을 끝내면 안 된다. 지금까지 만든 3개의 덩어리는 관광객들로 이루어진

<u>같은 집단</u>에서 <u>같은 개수</u>인 2개만큼을 잇달아 선택하여 만든 것들

이라는 점을 인식해야 한다. 따라서 만든 3개의 덩어리에 자동으로 순서가 부여되었을

것이므로, $\times \dfrac{1}{3!}$을 **하여** 3개의 덩어리에 **부여된 순서를 무시**해야 한다.

➔ $_6C_2 \times _4C_2 \times _2C_2 \times \dfrac{1}{3!}$

즉, 구하는 경우의 수는 $_6C_2 \times _4C_2 \times _2C_2 \times \dfrac{1}{3!} = \dfrac{6 \times 5}{2!} \times \dfrac{4 \times 3}{2!} \times 1 \times \dfrac{1}{6} = 15$

유제 595 남자 9명과 여자 5명 중에서 남자 3명, 여자 3명을 뽑는 경우의 수를 구하시오.

유제 596 서로 다른 6개의 연필을 3개씩 두 묶음으로 나누는 경우의 수를 m, 서로 다른 6개의 연필을 2개, 4개의 두 묶음으로 나누는 경우의 수를 n이라 할 때, $m+n$의 값을 구하시오.

유제 597 남학생 6명을 3명씩 두 개의 조로 나누고, 여학생 7명을 2명, 2명, 3명의 세 개의 조로 나누는 경우의 수를 구하시오.

유제
598

서로 다른 수학책 7권과 서로 다른 국어책 3권을 5권씩 두 묶음으로 나누려고 한다.
이때 각 묶음에 적어도 한 권의 국어책이 포함되도록 나누는 방법의 수를 구하시으.

유제
599

어느 회사에 속해 있는 5명의 사원을 3개의 팀으로 나누는 경우의 수를 구하시오.
(단, 각각의 팀에는 사원이 적어도 1명 포함되어야 한다.)

02 조합의 활용 상황 정리

① 분할과 분배의 상황

1-1 분할과 분배란?

생각 | 이해 ● ● 암기 | 적용

분할과 분배의 의미는 다음과 같다.

분할 : 서로 다른 n개를 몇 개의 덩어리로 나누는 것
분배 : 여러 개로 분할된 덩어리들을 서로 다른 몇 개의 자리에 배치하는 것

분할과 분배의 과정을 직관적으로 이해할 수 있도록 이미지화하여 나타내보면 다음과 같다.

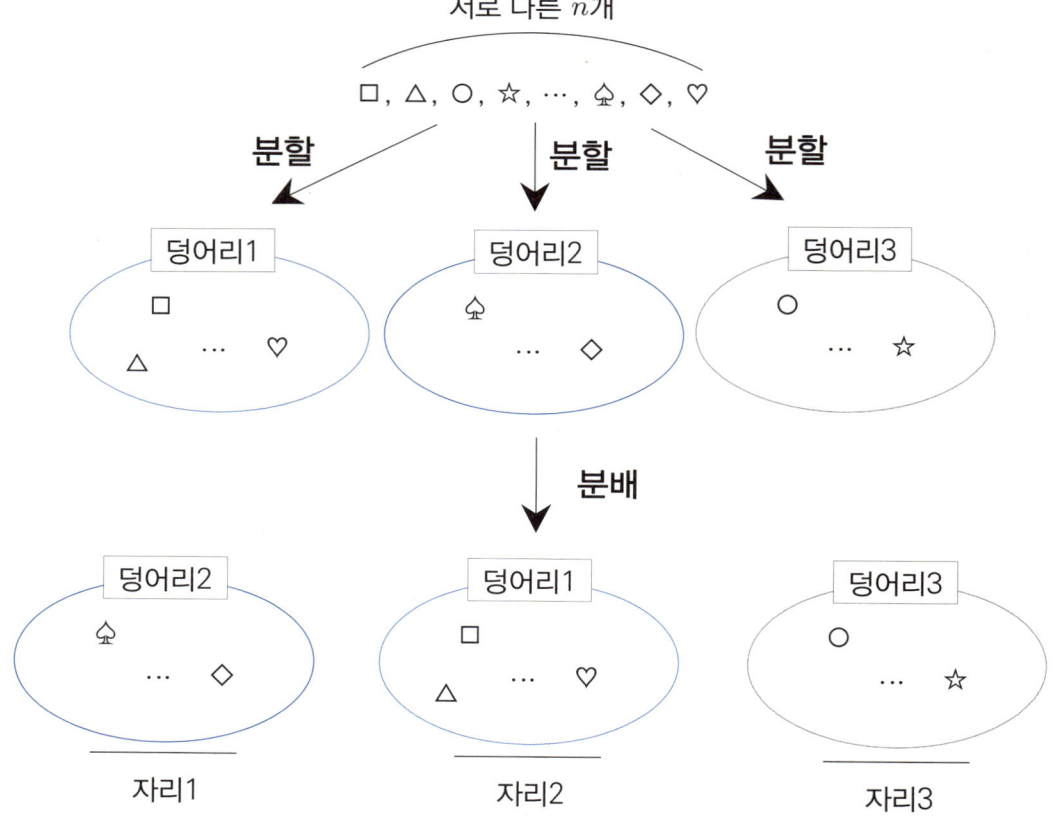

① 분할의 방법

서로 다른 n개를 여러 개의 덩어리로 분할할 때는

조합을 활용하여 **덩어리로 만들 요소들을 잇달아 선택하는 방법**을 활용한다.

이때, 같은 집단에서 같은 개수로 잇달아 선택하여 만든 r개의 덩어리에는 자동으로 순서가 부여되므로, $\times \dfrac{1}{r!}$ 을

하여 r개의 덩어리에 부여된 순서를 무시하는 과정을 거쳐야 함에 특히 신경써야 한다.

② 분배의 방법

분할의 결과로 만들어진 r개의 덩어리를 서로 다른 몇 개의 자리에 배치할 때는

■ **덩어리의 개수**와 **자리의 개수**가 <u>같으면</u>
  ➜ 서로 다른 r개를 r개의 자리에 배치하는 경우의 수는 $r!$임을 이용한다.

■ **덩어리의 개수**와 **자리의 개수**가 <u>다르면</u>
  ➜ "개수가 더 적은 것 각각의 입장에서 개수가 더 많은 것 중 하나를 택한다."
     라고 생각하며 분배한다.

생각 넓히기 **분할과 분배의 과정의 구분**

> **? 생각 Point**
>
> 분할 후 분배한다.

설명

예를 들어, 5명의 학생을 2명, 2명, 1명으로 나누어 과학실, 음악실, 미술실을 청소하도록 하는 경우의 수를 구할 때,

1) 5명의 학생을 2명, 2명, 1명의 덩어리 3개로 나누는 분할의 과정을 먼저 생각한 후에

2) 만들어진 3개의 덩어리를 과학실, 음악실, 미술실에 분배하는 과정을 생각하자.

5명의 학생을 2명, 2명, 1명으로 나누어 과학실, 음악실, 미술실을 청소하도록 하는 경우의 수를 구해보자.

풀이

5명의 학생을 각각 학생1~학생5라 하자.

① 먼저 5명의 학생을 2명, 2명, 1명의 덩어리 3개로 분할하자.

5명의 학생 중 2명을 뽑아 한 덩어리로 만드는 경우의 수는 $_5C_2$ ➜ $_5C_2 \boxtimes$

잇달아, 남은 3명의 학생 중 2명을 뽑아 한 덩어리로 만드는 경우의 수는 $_3C_2$

$$\rightarrow\ _5C_2 \times _3C_2 \boxtimes$$

잇달아, 남은 1명의 학생 중 1명을 뽑아 한 덩어리로 만드는 경우의 수는 $_1C_1$

$$\rightarrow\ _5C_2 \times _3C_2 \times _1C_1$$

이때, 학생으로 이루어진 같은 집단에서 같은 수인 2명만큼을 잇달아 선택하여 만든 2개의 덩어리에 자동으로 순서가 부여되었을 것이다.

➜ 이 2개의 덩어리에 부여된 순서를 무시하기 위해 $\times \dfrac{1}{2!}$ 을 해야 한다.

$$\rightarrow\ _5C_2 \times _3C_2 \times _1C_1 \times \dfrac{1}{2!}$$

즉, 5명의 학생을 2명, 2명, 1명으로 분할하는 경우의 수는 $_5C_2 \times _3C_2 \times _1C_1 \times \dfrac{1}{2!}$

▶ 분할의 과정이 끝났으니, 구체적인 예시를 들자.

예를 들어, 5명의 학생을 아래와 같은 3개의 덩어리로 분할했다고 하자.

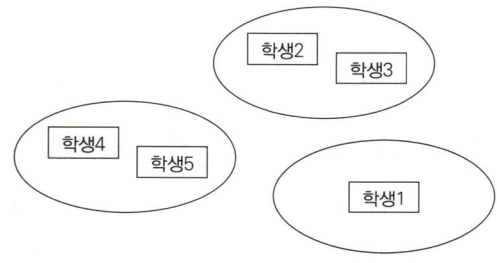

② 분할의 결과 만들어진 3개의 덩어리를 분배하자.

3개의 덩어리들이 들어갈 자리인 과학실, 음악실, 미술실을 빈칸을 활용하여 나타내자.

잇달아, 만든 3개의 덩어리를 과학실, 음악실, 미술실에 분배하는 경우의 수는 3!

$$\rightarrow\ \left(_5C_2 \times _3C_2 \times _1C_1 \times \dfrac{1}{2!} \right) \times 3!\ \rightarrow\ \text{계산하면, 구하는 경우의 수는 } 90$$

유제 600

6명의 학생이 2명씩 짝을 이루어 서로 다른 3종류의 컴퓨터 게임을 하는 경우의 수를 구하시오.

유제 601

7명의 관광객이 2명, 2명, 3명으로 팀을 나누어 서로 다른 네 곳의 관광지 중에서 세 곳을 선택하여 관광하는 경우의 수를 구하시오.

유제 602

서로 다른 종류의 초콜릿 9개를 3개씩 세 묶음으로 나누어 3명의 아이에게 나누어 주는 경우의 수를 구하시오.

유제 603

5층짜리 건물의 1층에서 7명이 승강기를 함께 탄 후, 5층까지 올라가는 동안 3개의 층에서 각각 2명, 2명, 3명이 내리는 경우의 수를 구하시오. (단, 승강기에 새로 타는 사람은 없다.)

유제 604

해외에 5개의 지사를 가진 회사에서 5명의 사원을 3개의 팀으로 나누어 5개의 지사 중 3개의 지사로 파견하는 경우의 수를 구하시오.

② 대진표 작성하기

4개의 축구팀 A, B, C, D가 참가한 축구 대항전의 대진표가 아래와 같은 상황에서

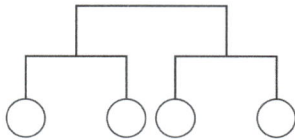

대진표를 작성하는 경우의 수를 구해야 할 때는 다음의 2가지를 고려해야 한다.

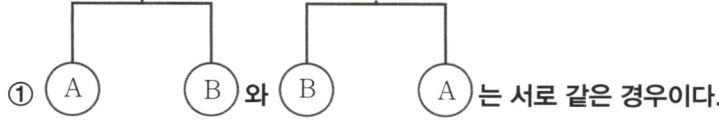

① ⓐ A   ⓑ B 와 ⓑ B   ⓐ A 는 서로 같은 경우이다.

　즉, 대결구도가 A vs B인 경우와 대결구도가 B vs A인 경우는 서로 같은 경우이다.

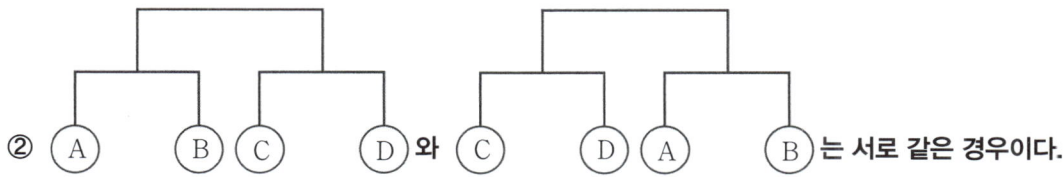

② ⓐ A   ⓑ B ⓒ C   ⓓ D 와 ⓒ C   ⓓ D ⓐ A   ⓑ B 는 서로 같은 경우이다.

　즉, 대결구도가 A vs B이고 C vs D인 경우와 대결구도가 C vs D이고 A vs B인 경우는 서로 같은 경우이다.

이 2가지 사항을 모두 고려하여 대진표를 작성하는 경우의 수를 세기 위해서는

> **❓ 생각 Point**
>
> "대진표의 빈칸에 팀을 배치한다"라고 생각하는 것이 아닌,
> **"서로 다른 대결구도를 만드는 경우의 수를 센다"**라고 생각한다.

서로 다른 대결구도를 만드는 경우의 수는 다음과 같이 구할 수 있다.

[단계 1] 주어진 대진표를 여러 개의 덩어리로 바꾸어 생각한다.

설명

예를 들어, 6개의 팀이 있고, 주어진 대진표가 다음과 같다면,

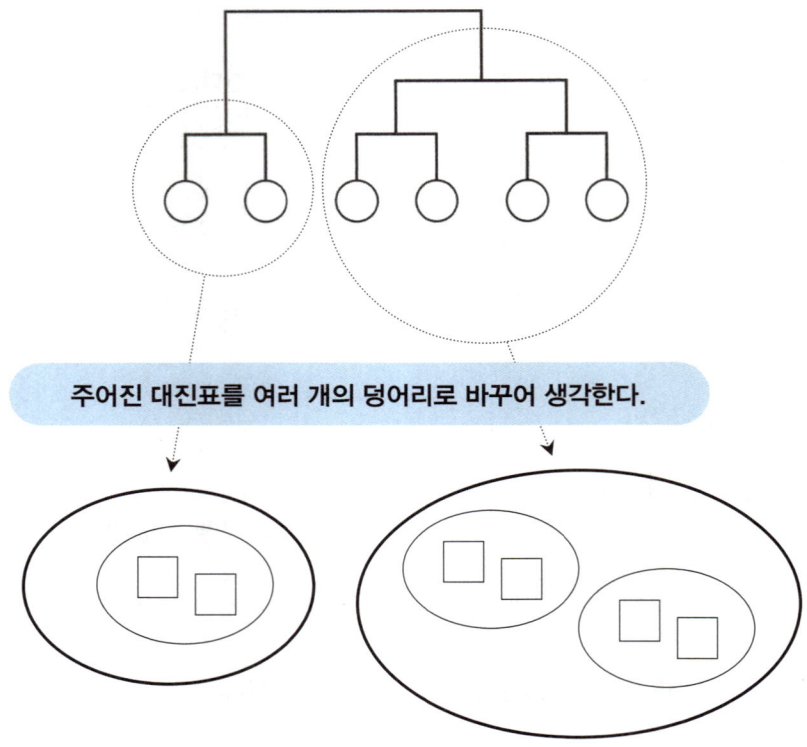

[단계 2] 만든 모양의 덩어리들이 만들어지도록 주어진 팀들을 분할하는 경우의 수를 구한다.

설명

위와 같은 모양의 덩어리들이 만들어지도록 6개의 팀을 분할하려면,

① 먼저 6개의 팀을 2개씩 묶어 3개의 덩어리로 만들고,

② 만든 3개의 덩어리를 1개 / 2개로 나누어 큰 덩어리 2개를 만들면 된다.

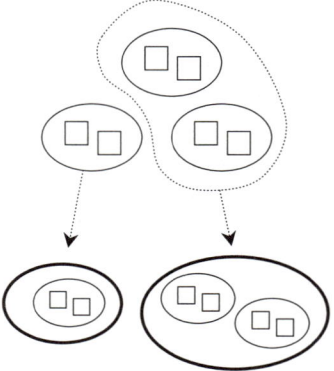

A, B, C, D, E, F의 6개의 팀이 참가한 축구 대항전의 대진표가 아래 그림과 같을 때, 대진표를 작성하는 경우의 수를 구해보자.

풀이

? 생각 Point

"대진표의 빈칸에 팀을 배치한다"라고 생각하지 말고,
"서로 다른 대결구도를 만드는 경우의 수를 센다"라고 생각하자.

[단계 1] 주어진 대진표를 여러 개의 덩어리로 바꾸어 생각하자.

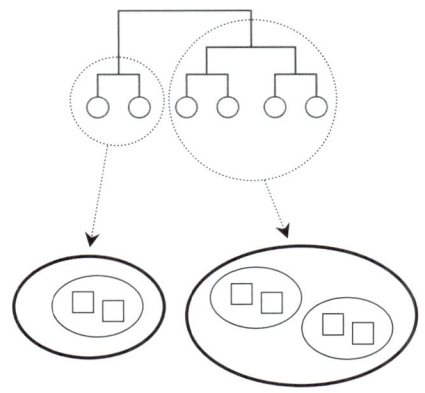

[단계 2] 방금 만든 모양의 덩어리들이 만들어지도록 주어진 팀들을 분할하는 경우의 수를 구하자.

위와 같은 모양의 덩어리들이 만들어지도록 6개의 팀을 분할하려면,

① **먼저 6개의 팀을 2개씩 묶어 3개의 덩어리로 만들고,**

② **만든 3개의 덩어리를 1개와 2개로 나누어 큰 덩어리 2개로 만들면 된다.**

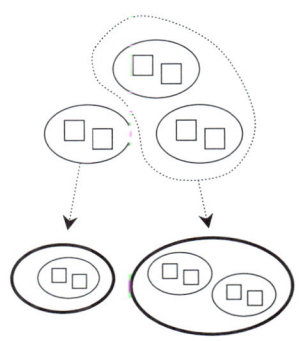

① 먼저 6개의 팀을 2개씩 묶어 3개의 덩어리로 만들어보자.

6개의 팀 중 2개를 택하여 한 덩어리로 만드는 경우의 수는 $_6C_2$ ➔ $_6C_2 \times$

잇달아, 남은 4개의 팀 중 2개를 택하여 한 덩어리로 만드는 경우의 수는 $_4C_2$

$$\text{➔ } _6C_2 \times _4C_2 \times$$

잇달아, 남은 2개의 팀 중 2개를 택하여 한 덩어리로 만드는 경우의 수는 $_2C_2$

$$\text{➔ } _6C_2 \times _4C_2 \times _2C_2$$

이때, 6개의 팀들로 이루어진 **같은 집단**에서 **같은 2개만큼**을 잇달아 선택하여 3개의 덩어리를 만들었으므로, 3개의 덩어리에 자동으로 순서가 부여되었을 것이다.

$\Longrightarrow$ 3개의 덩어리에 부여된 순서를 무시하기 위해 $\times \dfrac{1}{3!}$ 을 해야 한다.

$$\text{➔ } _6C_2 \times _4C_2 \times _2C_2 \times \frac{1}{3!}$$

예를 들어, 아래와 같은 3개의 덩어리가 만들어졌다고 하자.

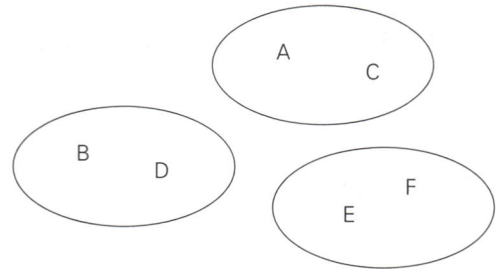

② 이제 만든 3개의 덩어리를 1개와 2개로 나누어 큰 덩어리 2개를 만들자.

3개의 덩어리를 만든 것에 잇달아,

3개의 덩어리 중 1개를 택하여 큰 덩어리로 만드는 경우의 수는 $_3C_1$

잇달아, 남은 2개의 덩어리 중 2개를 택하여 큰 덩어리로 만드는 경우의 수는 $_2C_2$

$$\text{➔ } \left(_6C_2 \times _4C_2 \times _2C_2 \times \frac{1}{3!} \right) \times (_3C_1 \times _2C_2)$$

동일한 크기의 덩어리들로 이루어진 **같은 집단**에서 **다른 개수**로 잇달아 택한 것이므로,
만든 2개의 큰 덩어리에는 순서가 부여되지 않는다.

$$\text{➔ 순서를 무시하는 작업은 하지 않는다.}$$

이렇게 계산을 마무리하면 3개의 덩어리를 아래와 같이 1개와 2개로 나누어
큰 덩어리 2개로 만드는 경우의 수를 빠짐없이 구한 것이다.

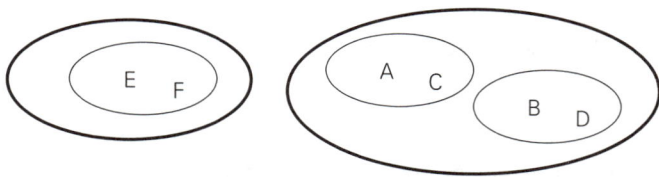

즉, 구하는 경우의 수는 $\left(_6C_2 \times _4C_2 \times _2C_2 \times \dfrac{1}{3!} \right) \times (_3C_1 \times _2C_2) = 45$

4개의 팀이 아래와 같이 토너먼트 방식으로 시합을 할 때, 대진표를 작성하는
경우의 수를 구하시오.

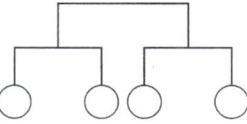

8명의 바둑 선수가 참가한 바둑 대회의 대진표가 아래 그림과 같을 때,
대진표를 작성하는 방법의 수를 구하시오.

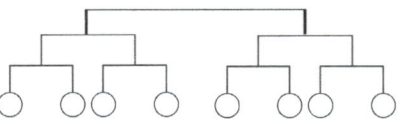

유제 607

요리 대회에 참가한 6명이 아래 그림과 같은 토너먼트 방식으로 요리 대결을 할 때,
대진표를 작성하는 경우의 수를 구하시오.

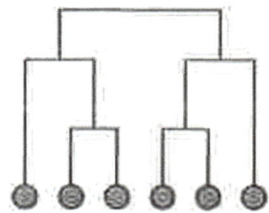

유제 608

7명의 선수가 참가한 복싱 대회에서 다음 그림과 같이 토너먼트 방식으로 대진표를 작성하는
경우의 수를 구하시오.

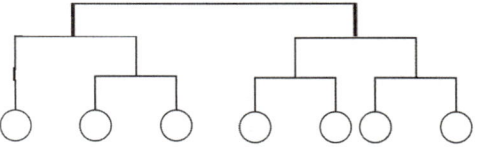

③ 특정한 것을 포함하거나 포함하지 않는 상황

3-1 특정한 것이 포함되어야 하는 경우의 수

생각 | 이해 • • 암기 | 적용

? 생각 Point

특정한 것은 **이미 뽑았다고 생각**하고 나머지에서 필요한 것을 뽑는다.

★ **예제 08**

원준이와 정윤이를 포함한 8명의 학생 중에서 5명을 뽑을 때, 원준이와 정윤이가 반드시 프함되는 경우의 수를 구해보자.

풀이

원준이와 정윤이를 이미 뽑았다고 생각하고 나머지에서 필요한 것을 뽑자.

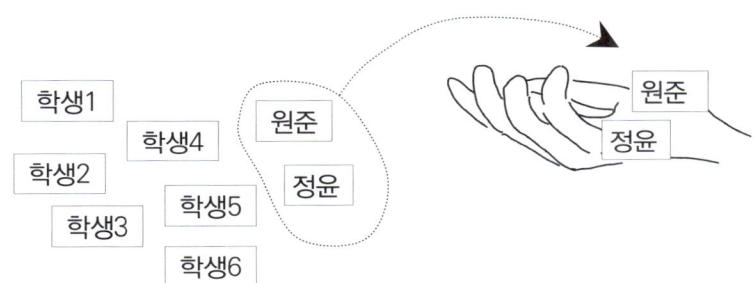

원준이와 정윤이를 이미 뽑았다. 따라서,
① 남은 학생은 6명이고
② 이미 2명(원준이, 정윤이)을 뽑았으므로, 3명만 더 뽑으면 된다.

남은 학생 6명 중 나머지 3명을 뽑는 경우의 수는 $_6C_3$

즉, 구하는 경우의 수는 $_6C_3 = 20$

? 생각 Point

특정한 것이 **애초에 없었다고 생각**하고 나머지에서 필요한 것을 뽑는다.

★ **예제 09**

원준이와 정윤이를 포함한 8명의 학생 중에서 5명을 뽑을 때, 원준이와 정윤이가 포함되지 않는 경우의 수를 구해보자.

풀이

원준이와 정윤이를 애초에 없었다고 생각하고 나머지에서 필요한 것을 뽑자.

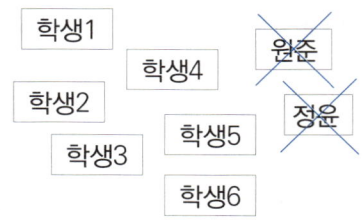

원준이와 정윤이를 제외하고 남은 6명의 학생 중 5명을 뽑으면
원준이와 정윤이는 포함될 수 없다.

남은 6명의 학생 중 5명을 뽑는 경우의 수는 $_6C_5$

즉, 구하는 경우의 수는 $_6C_5 = {_6}C_1 = 6$

? **생각 Point**

특정 집단에서 적어도 하나를 포함하여 뽑아야 할 때는
이 특정 집단에서는 하나도 뽑지 않는 여사건을 이용하는 것이 편리한 경우가 많다.

★ **예제** 10

남자 6명과 여자 4명 중에서 3명을 뽑을 때, 여자가 적어도 1명은 포함되는 경우의 수를 구해보자.

풀이

여자를 적어도 1명 포함하여 뽑아야하므로,
여자를 아예 포함하지 않고 3명을 뽑는 여사건을 이용해보자.

① 전체 경우의 수를 구하자.

전체 경우의 수는 남자 6명과 여자 4명의 총 10명 중 3명을 뽑는 경우의 수이므로, $_{10}C_3$

② 여사건의 경우의 수를 구하자.

여자가 적어도 1명 포함되도록 3명을 뽑는다.

여사건

여자가 1명도 포함되지 않도록 3명을 뽑는다.
$=$
남자만 3명을 뽑는다.

남자만 3명을 뽑는 경우의 수는, 전체 남자 6명 중 3명을 뽑는 경우의 수인 $_6C_3$이다.

즉, 구하는 경우의 수는
(전체 경우의 수)$-$(여사건의 경우의 수)$=_{10}C_3 - _6C_3 = 120 - 20 = 100$

전체의 나열이 아닌, 일부를 뽑은 후 나열해야 할 때는

> ① 일부를 뽑고,
> ② 뽑은 일부를 나열

하는 과정을 구분하는 것이 중요하다.

★ **예제 11**

아버지와 어머니를 포함한 6명의 가족 중에서 4명을 뽑아 일렬로 세울 때, 아버지와 어머니가 모두 포함되는 경우의 수를 구해보자.

6명의 가족을 모두 나열하는 것이 아니라,
6명 중 일부인 4명을 뽑은 후 나열해야 하는 상황이다.

> ① 6명 중 아버지와 어머니를 포함한 4명을 뽑고,
> ② 뽑은 4명을 나열

하는 과정을 구분하여 계산하자.

① 6명 중 아버지와 어머니를 포함한 4명을 뽑자.

아버지와 어머니를 이미 뽑았다고 생각하고 나머지에서 필요한 것을 뽑자.

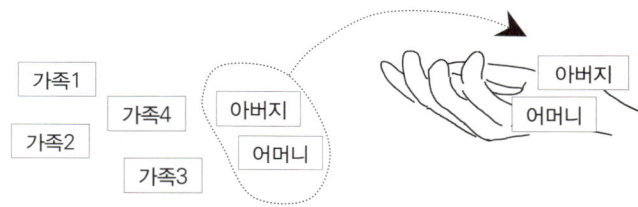

아버지와 어머니를 이미 뽑았다. 따라서,
• 남은 가족은 4명이고
• 이미 2명(아버지, 어머니)을 뽑았으므로, 2명만 더 뽑으면 된다.

남은 가족 4명 중 나머지 2명을 뽑는 경우의 수는 $_4C_2$ ➔ $_4C_2 \times \boxed{}$

예를 들어, 아버지, 어머니, 가족2, 가족4를 뽑았다고 하자.

② 뽑은 4명을 일렬로 나열하자.

뽑은 4명을 일렬로 나열하는 경우의 수는 $4!$ ➔ $_4C_2 \times 4!$

즉, 구하는 경우의 수는 $_4C_2 \times 4! = 6 \times 24 = 144$

유제
609

MYIDEA에 있는 6개의 알파벳 중 4개를 뽑을 때, D, E, A가 반드시 포함되는 경우의 수를 구하시오.

유제
610

빨간색 꽃 3송이, 파란색 꽃 5송이 중에서 3송이를 고를 때, 빨간색 꽃이 적어도 1송이 포함되도록 고르는 경우의 수를 구하시오. (단, 모든 꽃의 종류는 서로 다르다.)

 **유제 611**

A와 B를 포함한 7명 중에서 4명을 뽑아 일렬로 세우려고 한다.
A는 포함되고 B는 포함되지 않도록 뽑아 일렬로 세우는 방법의 수를 구하시오.

 **유제 612**

선생님 4명과 학생 8명 중에서 3명을 뽑을 때, 선생님과 학생이 적어도 1명씩 포함되는
경우의 수를 구하시오.

 **유제 613**

현우와 정무를 포함한 6명의 학생 중에서 5명을 뽑아 일렬로 세울 때, 현우와 정무가 모두
포함되고, 이 둘이 서로 이웃하여 서는 경우의 수를 구하시오.

4 순서가 정해진 배열

생각 | 이해 ●● 암기 | 적용

생각 Point

서로 다른 r개를 **정해진 순서**대로 배열하는 경우의 수는 1이다.

설명

- 1, 5, 9를 크기가 작은 수부터 차례대로 나열하는 경우의 수는 1 → 5 → 9의 순서로 나열하는 경우 1가지뿐이다.

- 키가 각각 180cm, 170cm, 160cm인 학생 A, B, C를 키가 큰 사람부터 순서대로 줄 세우는 방법의 수는 A → B → C의 순서로 줄 세우는 경우 1가지뿐이다.

이 내용을 이용하면

생각 Point

서로 다른 n개 중에서 r개를 택한 후, **정해진 순서**대로 배열하는 경우의 수는

$${}_nC_r \times 1$$

임을 알 수 있다.

1부터 6까지의 서로 다른 자연수 a, b, c에 대하여

$$a \times 10^2 + b \times 10 + c$$

로 나타내어지는 세 자리의 자연수 abc 중에서 $a < b < c$를 만족시키는 모든 자연수의 개수를 구해보자.

풀이

세 자리의 자연수 abc가 $a < b < c$를 만족킨다는 말은,

백의 자리 숫자 $<$ 십의 자리 숫자 $<$ 일의 자리 숫자

라는 말과 같다.

즉, 1부터 6까지의 서로 다른 자연수 3개를 뽑았을 때,
뽑은 3개의 자연수를 크기가 작은 수부터 나열하는 경우의 수를 구하면 된다.

① **1부터 6까지의 자연수 중 서로 다른 3개를 뽑는 경우의 수는 $_6C_3$** ➜ $_6C_3 \times \boxed{}$

예를 들어, 뽑은 3개의 자연수가 다음과 같다고 하자.

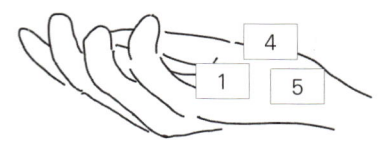

② **뽑은 3개의 자연수를 크기가 작은 수부터 나열하는 경우의 수는 1이다.**

예를 들어, 뽑은 1, 4, 5를 크기가 작은 수부터 나열하는 경우의 수는 1 → 4 → 5의 1가지뿐이다.

➜ $_6C_3 \times 1$

즉, 구하는 경우의 수는 $_6C_3 \times 1 = 20$

유제 614

1부터 10까지의 숫자 중 서로 다른 3개를 뽑아 크기가 큰 것부터 차례대로 나열하는 경우의 수를 구하시오.

유제 615

6명의 학생 중 3명을 뽑아 키가 큰 학생부터 차례대로 줄 세우는 경우의 수를 구하시오. (단, 6명의 학생의 키는 모두 다르다.)

유제 616

$a < b < c < 10$인 자연수 a, b, c에 대하여 백의 자리의 수, 십의 자리의 수, 일의 자리의 수가 각각 a, b, c인 세 자리의 자연수를 만드는 경우의 수를 구하시오.

유제 617

난이도 UP

$c \leq b < a < 7$을 만족시키는 자연수 a, b, c의 모든 순서쌍 (a, b, c)의 개수를 구하시오.

5 서로 같은 것을 서로 다른 것에 배치하는 상황

생각 | 이해 ᐳ•••ᐸ 암기 | 적용

> **❓ 생각 Point**
>
> 서로 다른 것을 → 서로 다른 자리에 배치할 때는 **순열**을 이용한다.
> 서로 같은 것을 → 서로 다른 자리에 배치할 때는 **조합**을 이용한다.

생각 넓히기 나누어 주는 상황 다루기

집단A의 요소를 집단B에 나누어 주는 상황은

집단A의 요소를 집단B라는 자리에 배치하는 상황

으로 바꾸어 생각하면 편하다.

설명

예1) 서로 다른 3개의 사탕을 3명의 학생 A, B, C에게 1개씩 나누어 주는 경우의 수는,

아래와 같이 서로 다른 3개의 사탕을 서로 다른 3개의 자리에 1개씩 배치하는 상황으로 바꾸어 생각할 수 있고,

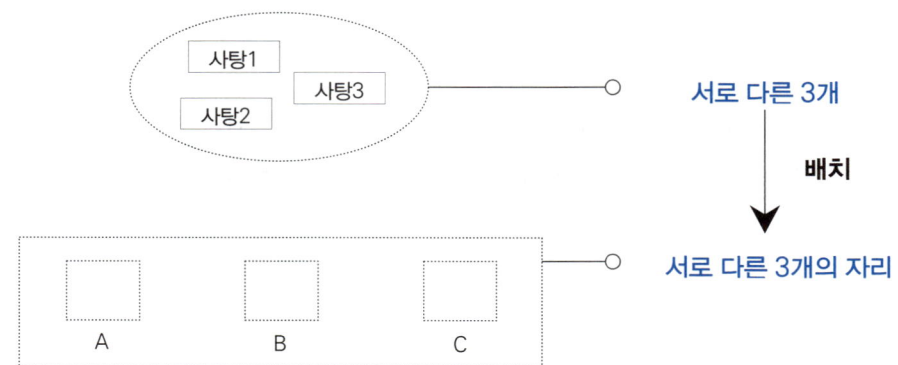

서로 다른 3개의 사탕을 서로 다른 3개의 자리에 배치하는 경우의 수는 $3 \times 2 \times 1 (_3P_3)$이다.

이처럼, **서로 다른 것을** ⇨ **서로 다른 자리**에 배치할 때는 **순열**을 이용한다.

예2) <u>서로 같은</u> 2개의 초콜릿을 <u>3명의</u> 학생 A, B, C 중 2명을 골라 1개씩 나누어 주는 경우의 수는,
아래와 같이 서로 같은 2개의 초콜릿을 서로 다른 3개의 자리에 배치하는 상황으로 바꾸어 생각할 수 있다.

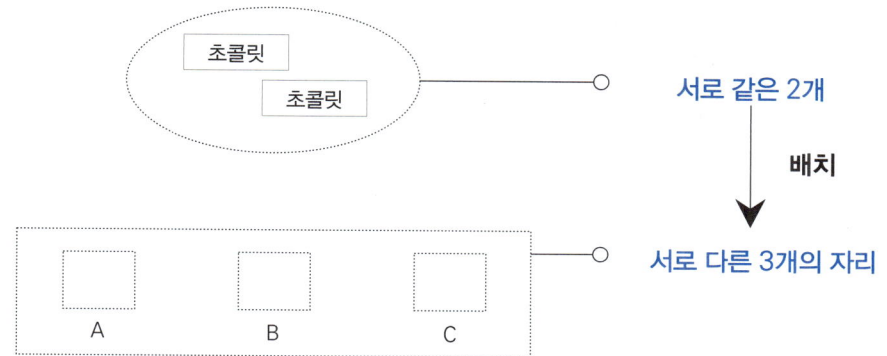

여기서 <u>서로 같은</u> 것을 <u>서로 다른</u> 자리에 배치할 때 쓰이는 발상을 하나 정리해두자.

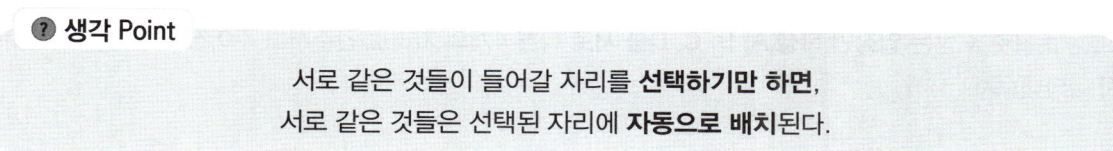

이는 서로 같은 것들이 들어갈 자리가 선택되었을 때,
서로 같은 것들을 선택된 자리에 배치하는 경우의 수가 1이기 때문이다.

현재의 상황에서는 서로 같은 초콜릿 2개를 서로 다른 3개의 자리 중 2개를 골라 1개씩 배치해야하는 상황이므로,
서로 다른 3개의 자리 중 초콜릿 1개씩이 들어갈 2개의 자리를 택하기만 하면 된다. (잇달아, 택한 두 자리에 같은
초콜릿을 1개씩 배치하는 경우의 수는 1이므로)

따라서 구하는 경우의 수는 $_3C_2\,(\times 1)$이다.
이처럼, **서로 같은 것을 ⇨ 서로 다른 자리에 배치**할 때는 **조합**을 이용한다.

서로 다른 종류의 사탕 3개와 같은 종류의 초콜릿 2개를 4명의 학생 A, B, C, D에게 남김없이
나누어 주려고 한다. 아무것도 받지 못하는 학생이 없도록 사탕과 초콜릿을 나누어 주는 경우의 수를
구해보자. (단, 각 학생은 초콜릿만 받거나 사탕만 받는다.)

Tip

서로 다른 것과 서로 같은 것이 모두 제시되었다면,

서로 같은 것을 중심으로 Case를 분류하는 것이 좋다.

풀이

사탕 또는 초콜릿을 받는 입장인 **학생 A, B, C, D를 서로 다른 4개의 자리로 간주**하고 주어진 상황을 도식화하여
간단히 나타내보자.

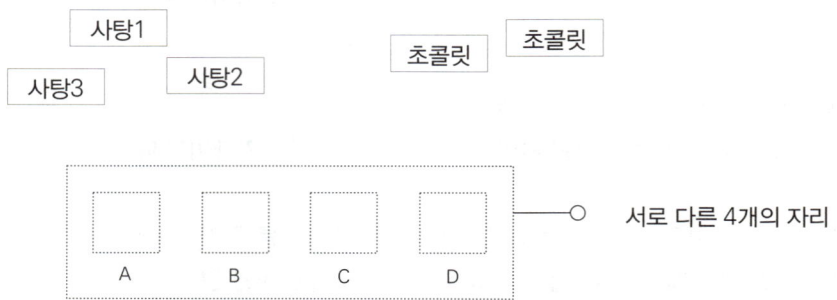

이제 **서로 같은 2개의 초콜릿을 나누어 주는 상황을 중심으로 Case를 분류**하자.
① 초콜릿을 1명의 학생에게 2개 모두 줄 수도 있겠고,
② 초콜릿을 2명의 학생에게 1개씩 나누어 줄 수도 있겠다.

Case 1 **초콜릿을 1명의 학생에게 2개 모두 주는 경우**

4명의 학생 중 초콜릿 2개를 모두 받을 학생 1명을 선택하는 경우의 수는 $_4C_1 \implies _4C_1 \times \boxed{}$

예를 들어, B에게 초콜릿 2개를 모두 주었다고 하자.

이때, 아무것도 받지 못하는 학생이 없어야 하므로
잇달아, 서로 다른 사탕 3개를 서로 다른 3개의 자리(A, C, D)에 1개씩 배치해야 한다.
이 경우의 수는 3! $\implies _4C_1 \times 3!$

즉, **Case 1** 의 경우의 수는 $_4C_1 \times 3! = 4 \times 6 = 24$

Case 2 초콜릿을 2명의 학생에게 1개씩 나누어 주는 경우

<u>서로 같은</u> 2개의 초콜릿을 <u>서로 다른</u> 4개의 자리 중 2개에 1개씩 배치하는 상황이다.

$$\Longrightarrow \textbf{조합을 활용하자.}$$

4개의 자리 중 초콜릿이 들어갈 2개의 자리를 택하기만 하면

선택한 2개의 자리에 초콜릿이 1개씩 자동으로 배치된다.

4개의 자리 중 초콜릿이 들어갈 2개의 자리를 택하는 경우의 수는 $_4C_2$ $\Longrightarrow$ $_4C_2\times$

예를 들어, A와 B에게 초콜릿을 1개씩 주었다고 하자.

이때, 아무것도 받지 못하는 학생이 없어야 하므로,

서로 다른 사탕 3개를 2개와 1개로 나누어, 남은 2개의 자리에 배치해야한다.

잇달아, 서로 다른 사탕 3개 중 2개를 택하여 한 덩어리로 만드는 경우의 수는 $_3C_2$

잇달아, 남은 1개의 사탕 중 1개를 택하여 한 덩어리로 만드는 경우의 수는 $_1C_1$

$$\Longrightarrow {}_4C_2 \times \boxed{{}_3C_2 \times {}_1C_1 \times}$$

예를 들어, 아래와 같은 2개의 덩어리를 만들었다고 하자.

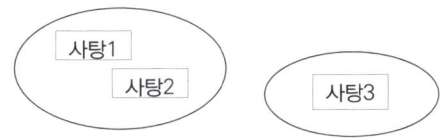

이제, 만든 2개의 <u>서로 다른</u> 덩어리를 남은 2개의 <u>서로 다른</u> 자리(C, D)에 배치해야 한다.

이 경우의 수는 2! $\Longrightarrow {}_4C_2 \times {}_3C_2 \times {}_1C_1 \times$ **2!**

즉, **Case 2** 의 경우의 수는 $_4C_2 \times {}_3C_2 \times {}_1C_1 \times 2! = 36$

Case 1 과 **Case 2** 에 따라 구하는 경우의 수는 $24 + 36 = 60$

5명의 학생 중 3명에게 같은 종류의 샤프 3개를 1개씩 나누어 주는 방법의 수를 구하시오.

9개의 숫자 0, 0, 0, 1, 1, 1, 1, 1, 1을 0끼리는 어느 것도 이웃하지 않도록 일렬로 나열하여 만들 수 있는 아홉 자리의 자연수의 개수를 구하시오.

6 조합의 도형 활용

직선의 개수 세기

두 개의 점을 이어서 만들 수 있는 직선의 개수를 셀 때는

> **? 생각 Point**
>
> 2개의 점을 택하는 각각의 경우마다 1개의 직선을 만들 수 있음을 이용한다.

> **❗ 주의!**
>
> 만약 **3개 이상의 점**이 한 직선 위에 있을 수 있다면
> 중복되는 직선이 생기므로, 이를 제외해야 한다.

설명

아래와 같은 6개의 점이 있고, **3개 이상의 점이 한 직선 위에 있는 경우가 없을 때,**

다음과 같이 6개의 점 중 2개의 점을 택하는 각각의 경우마다 1개의 직선을 만들 수 있고,

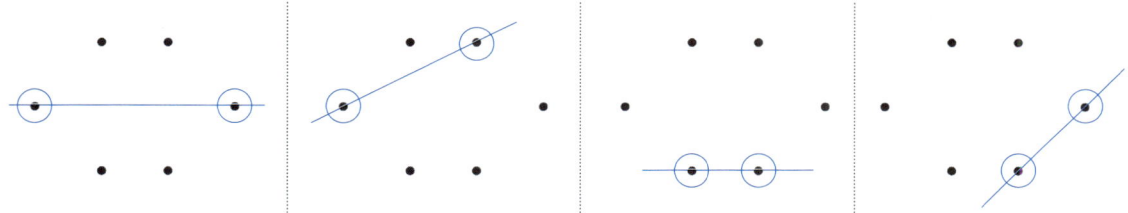

6개의 점 중 2개를 택하는 각각의 경우마다 만들 수 있는 직선이 중복되지 않으므로,
위의 6개의 점으로 만들 수 있는 직선의 개수는

6개의 점 중 2개를 택하는 경우의 수인 $_6C_2$와 같다.

하지만 6개의 점이 아래와 같은 모양으로 있다면,

다음과 같이 **3개 이상의 점이 한 직선 위에 있는 경우가 생긴다.**

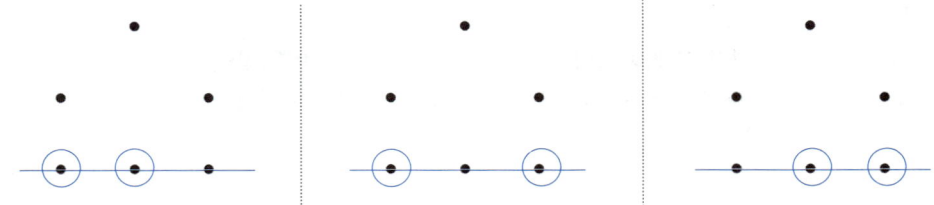

따라서 이 6개의 점으로 만들 수 있는 직선의 개수를 구할 때는

6개의 점 중 2개를 택하는 경우의 수인 $_6C_2$만 계산하면 안 된다.

한 직선 위에 있을 수 있는 3개의 점 중 2개를 택하여 만든 직선끼리는 아래와 같이
서로 중복되기 때문이다.

이러한 중복을 제거하려면

① 우선, 한 직선 위에 있는

　3개의 점 중 2개를 택하여 만든 **직선의 개수 $_3C_2$ 만큼을 모두 제외**하고

② 한 직선 위에 있는 3개의 점으로 만들 수 있는

　실제 직선의 개수인 1만큼을 추가하면 된다.

즉, 6개의 점이 아래와 같은 모양으로 있을 때,

이들 6개의 점으로 만들 수 있는 직선의 개수는 $_6C_2 - {_3C_2} + 1 = 13$이다.

그림과 같이 6개의 점이 가로, 세로 같은 간격으로 놓여 있을 때, 이들 점을 이어서 만들 수 있는 서로 다른 직선의 개수를 구해보자.

풀이

아래와 같이 3개의 점이 한 직선 위에 있는 경우가 생길 수 있으므로, 중복된 직선을 없애야 한다는 점을 인식하고 풀이를 시작하자.

6개의 점 중 2개를 택하여 직선을 만드는 경우의 수는 $_6C_2$

이제 $_6C_2$에 포함된 중복을 제거해보자.

① 다음의 3개의 점 중 2개를 택하여 만든 **직선의 개수인** $_3C_2$만큼을 **모두 제외**하고, $\Rightarrow _6C_2 - {\color{blue}_3C_2}$

같은 방식으로 다음의 3개의 점 중 2개를 택하여 만든 **직선의 개수인** $_3C_2$만큼도 **모두 제외**하자. $\Rightarrow _6C_2 - _3C_2 - {\color{blue}_3C_2}$

② 이제 다음과 같이, 각각의 직선 위에 있는 3개의 점으로 만들 수 있는 **실제 직선의 개수인 2를** 더해주면 된다. $\Rightarrow _6C_2 - _3C_2 - _3C_2 {\color{blue}+\ 2}$

즉, 구하는 직선의 개수는 $_6C_2 - _3C_2 - _3C_2 + 2 = 11$

유제 **620**

아래 그림과 같이 평행한 두 직선 위에 9개의 점이 있다. 이들 점을 이어서 만들 수 있는 서로 다른 직선의 개수를 모두 구하시오.

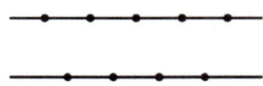

유제 **621**

기본 기출문제

그림과 같이 삼각형 위에 7개의 점이 있다. 이 중 두 점을 연결하여 만들 수 있는 직선의 개수를 모두 구하시오.

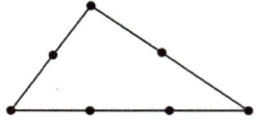

유제 **622**

기본 기출문제

그림과 같이 사각형 ABCD의 꼭짓점과 변 위에 10개의 점이 있다. 이 중에서 2개의 점을 이어서 만들 수 있는 직선의 개수를 구하시오.

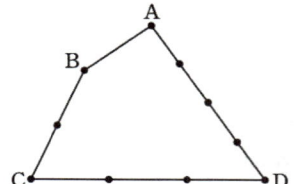

6-2 n각형의 대각선 개수 세기

n각형의 대각선의 개수를 구할 때는

 **생각 Point**

n개의 꼭짓점 중 2개를 택하여 직선을 만드는 경우의 수 $_nC_2$에서
대각선이 아닌 이웃하는 두 꼭짓점을 택하는 경우의 수,
즉 변의 개수인 n만큼을 뺀다.

★ **예제 15**

육각형의 대각선의 개수를 구해보자.

풀이

머릿속에 육각형을 떠올려보자.

육각형의 6개의 꼭짓점 중 2개를 택하여 직선을 만드는 경우의 수는 $_6C_2$

이때 6개의 꼭짓점 중 2개를 택하여 직선을 만들면,
그 중에는 구하려는 대각선도 포함되어 있을 것이고, 육각형의 변도 포함되어 있을 것이다.

구하고자 하는 것은 오직 대각선의 개수이므로,
$_6C_2$에서 6개의 꼭짓점 중 2개를 택하여 만든 육각형의 변의 개수 6만큼을 빼야 한다.

즉, 구하는 대각선의 개수는 $_6C_2 - 6 = 9$

주어진 점들로 만들 수 있는 삼각형의 개수를 구할 때는

> **? 생각 Point**
>
> 주어진 점들 중 3개의 점을 택했을 때
> 삼각형을 만들 수 있는 3개의 점이 택해질 수도 있고,
> 직선이 되는(삼각형을 만들 수 없는) 3개의 점이 택해질 수도 있다는 점을 이용한다.

★ 예제 16

아래의 그림과 같이 반원 위에 7개의 점이 있을 때, 반원 위의 점들 중 세 점을 꼭짓점으로 하는 삼각형의 개수를 구해보자.

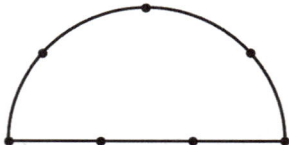

풀이

반원 위의 7개의 점 중 3개의 점을 택하는 경우의 수는 $_7C_3$

이때, 반원 위의 7개의 점들 중 3개를 택하면
삼각형을 만들 수 있는 3개의 점이 택해질 수도 있고,
직선이 되는(삼각형을 만들 수 없는) 3개의 점이 택해질 수도 있다.

구하고자 하는 것은 오직 만들 수 있는 삼각형의 개수이므로,
$_7C_3$에서 직선이 되는(삼각형을 만들 수 없는) 3개의 점이 택해진 경우의 수를 빼야한다.

아래에 표시된 4개의 점 중 3개를 택하면 직선이 되므로,

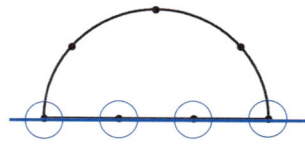

이 4개의 점 중 3개를 택하는 경우의 수인 $_4C_3$만큼을 빼야 한다.

즉, 구하는 삼각형의 개수는 $_7C_3 - _4C_3 = 31$

주어진 직선들로 만들 수 있는 평행사변형의 개수를 구할 때는

> **? 생각 Point**
>
> 평행한 가로 직선 2개와 평행한 세로 직선 2개를 택하면
> 반드시 평행사변형 1개를 만들 수 있음을 이용한다.

설명

아래와 같이 서로 평행한 3개의 가로 직선과 서로 평행한 3개의 세로 직선이 있을 때

평형한 가로 직선 2개와 평행한 세로 직선 2개를 택하기만 하면 반드시 평행사변형 1개가 만들어짐을 아래와 같이 확인할 수 있다.

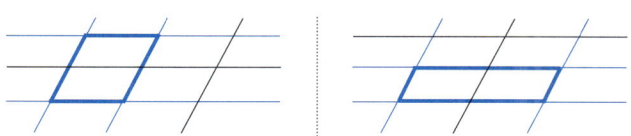

★ 예제 17

아래의 그림과 같이 3개의 평행선과 4개의 평행선이 서로 만날 때, 이 평행선으로 만들 수 있는 평행사변형의 개수를 구해보자.

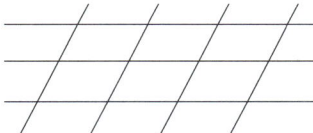

풀이

평행한 가로 직선 2개와 평행한 세로 직선 2개를 택하면
반드시 평행사변형 1개를 만들 수 있음을 이용한다.

평행한 가로 직선 3개 중 2개를 택하는 경우의 수는 $_3C_2$

평행한 세로 직선 4개 중 2개를 택하는 경우의 수는 $_4C_2$

즉, 구하는 평행사변형의 개수는 $_3C_2 \times _4C_2 = 18$

일반적으로 정사각형이나 마름모의 개수는 조합을 이용하여 세기 힘들다.
만들 수 있는 정사각형이나 마름모의 개수를 묻는 문항의 경우,
그 개수를 일일이 세라는 것이 출제 의도인 경우가 많다.

유제 623

대각선이 35개인 n각형의 꼭짓점의 개수를 구하시오.

유제 624

아래와 같이 8개의 점이 가로, 세로 같은 간격으로 놓여 있을 때, 이들 점을 이어서 만들 수 있는 삼각형의 개수를 구하시오.

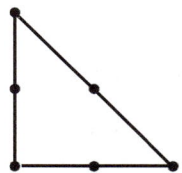

유제 625

아래 그림과 같이 직각삼각형 위에 6개의 점이 있다. 이들 점을 이어서 만들 수 있는 직선의 개수를 m, 6개의 점 중 세 점을 꼭짓점으로 하는 삼각형의 개수를 n이라 하자.
$m + n$의 값을 구하시오.

아래 그림은 같은 모양의 정사각형 12개를 이어붙여 만든 도형이다. 이 도형의 선을 변으로 하는 사각형 중에서 정사각형이 아닌 직사각형의 개수를 구하시오.

삼각형 ABC에서, 꼭짓점 A와 선분 BC 위의 네 점을 연결하는 4개의 선분을 그리고, 선분 AB 위의 세 점과 선분 AC 위의 세 점을 연결하는 3개의 선분을 그려 그림과 같은 도형을 만들었다. 이 도형의 선들로 만들 수 있는 삼각형의 개수를 구하시오.

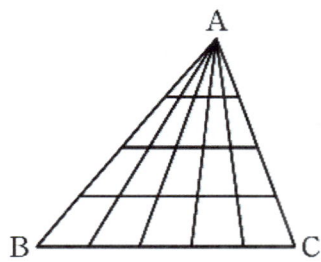

원 위의 n개의 점 중에서 3개를 택하면 이 3개의 점은 한 직선 위에 있을 수 없다.
따라서

> **? 생각 Point**
>
> 원 위의 n개의 점 중에서 3개를 택하면 이 3개의 점을 꼭짓점으로 하는
> 삼각형을 반드시 1개 만들 수 있다.

원에 내접하는 삼각형의 개수를 셀 때는 원에 내접하는 삼각형 중에서도
1) 직각삼각형, 2) 둔각삼각형, 3) 예각삼각형 각각의 개수를 구분하여 셀 수 있어야 한다.

① 원에 내접하는 직각삼각형의 개수를 세는 방법

> **? 생각 Point**
>
> **반원의 원주각의 크기는 $90°$ 이므로,**
> 지름의 양 끝 두 점과 원 위의 다른 한 점을 꼭짓점으로 하면
> **직각삼각형을 만들 수 있음**을 이용한다.

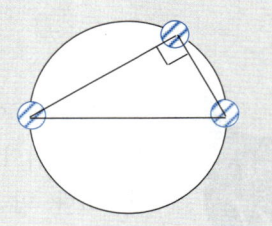

[단계 1] 만들 수 있는 지름의 개수를 센다.
[단계 2] 하나의 지름에서 만들 수 있는 직각삼각형의 개수를 센다.

예시 아래 그림과 같이 원 위에 원주를 4등분한 4개의 점이 있다.

이들 중 3개의 점을 꼭짓점으로 하는 직각삼각형의 개수를 구해보자.

[단계 1] 만들 수 있는 지름의 개수를 센다.

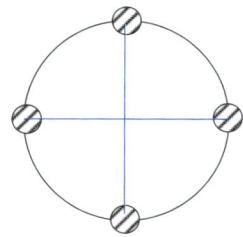

⇨ 만들 수 있는 지름은 2개이다. ⇨ 2×

[단계 2] 하나의 지름에서 만들 수 있는 직각삼각형의 개수를 센다.

예를 들어, 다음과 같은 지름을 만들었다고 하자.

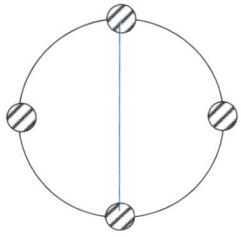

이 지름으로 만들 수 있는 직각삼각형의 개수는 아래와 같이 2개임을 알 수 있다.

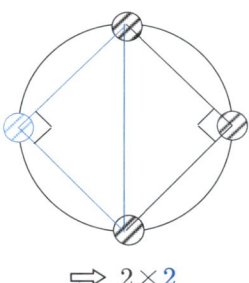

⇨ 2×2

즉, 원에 내접하는 직각삼각형의 개수는 $2 \times 2 = 4$

② 원에 내접하는 둔각삼각형의 개수를 세는 방법

아래 그림과 같이 원주를 8등분하는 8개의 점이 찍혀있는 원을 통해
원에 내접하는 둔각삼각형의 개수를 체계적으로 세는 방법을 알아보자.

[단계 1] 반원 하나를 정해서 지름의 양 끝 점 중 하나는 O표시, 다른 하나는 X표시한다.

이때, **O표시**를 한 점은 **둔각삼각형의 꼭짓점 1개를 미리 선택한 것**이고,
X표시를 한 점은 **둔각삼각형의 꼭짓점이 될 수 없는 점**이라고 생각한다.

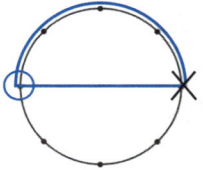

[단계 2] 반원 위에서 O, X표시한 두 점을 제외하고 남은 점들 중 둔각삼각형의 꼭짓점이 될 2개를 더 택하면
둔각삼각형을 만들 수 있다.

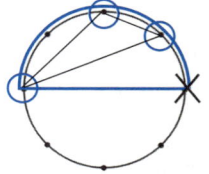

이 반원에서 O표시한 점을 꼭짓점으로 포함하는 둔각삼각형의 개수는
O, X표시한 두 점을 제외한 남은 3개의 점들 중 2개를 택하는 경우의 수인 $_3C_2$와 같다.

[단계 3] 반원을 그대로 시계방향으로 한 칸씩 돌려가면서 [단계 2]의 과정을 몇 번 반복할 수 있는지 구한다.

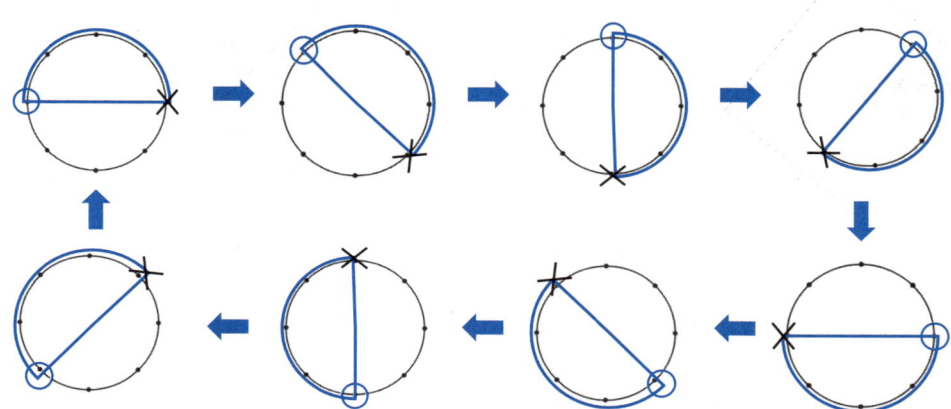

이 이미지를 머릿속으로 생각해본다면,

[단계 2]의 과정을 8번 반복할 수 있다는 사실을 알 수 있으므로,
이 원에 내접하는 둔각삼각형의 개수는 $_3C_2 \times 8$ 임을 알 수 있다.

③ 원에 내접하는 예각삼각형의 개수를 세는 방법
원에 내접하는 예각삼각형의 개수는

> **? 생각 Point**
>
> (모든 삼각형의 개수) − (직각삼각형의 개수) − (둔각삼각형의 개수)

로 구하도록 한다.

유제 628 그림과 같이 원주를 8등분한 8개의 점이 위에 있는 원이 있다. 이 8개의 점 중 3개의 점을 꼭짓점으로 하는 예각삼각형의 개수를 구하시오.

순열 기호 또는 조합 기호를 포함한 등식의 증명 과정 중 일부에 빈칸을 뚫어두고,
그 빈칸에 들어갈 수식을 구하는 문항이 출제된다. 이때, 빈칸 주변의 계산 과정을
이해하기 위해서는 다음 등식이 성립함을 알아두어야 한다.

● 순열 기호 또는 조합 기호를 포함한 등식의 증명

① $_n\mathrm{P}_r = \dfrac{n!}{(n-r)!}$ ⑤ $_n\mathrm{C}_r = \boxed{\dfrac{_n\mathrm{P}_r}{r!}} = \dfrac{n!}{\boxed{(n-r)!}\,r!}$

② $_n\mathrm{P}_n = n!$

경우의 수 계산보다는
등식의 증명에 쓰인다.

③ $_n\mathrm{P}_0 = 1$

④ $0! = 1$ ⇨ 0!을 1로 정의하기로 약속하였다.

Tip **공식 암기 팁**

①번 공식 $_n\mathrm{P}_r = \dfrac{n!}{(n-r)!}$ 은 $_{\text{왼쪽}}\mathrm{P}_{\text{오른쪽}} = \dfrac{(\text{왼쪽})!}{(\text{왼쪽} - \text{오른쪽})!}$ 으로 바꾸어 기억하는 것이 좋다.

⑤번 공식 $_n\mathrm{C}_r = \dfrac{_n\mathrm{P}_r}{r!} = \dfrac{n!}{(n-r)!\,r!}$ 은 원래 알고 있던 등식 $_n\mathrm{C}_r = \dfrac{_n\mathrm{P}_r}{r!} =$ 을 먼저 떠올린 후, 여기에

$_n\mathrm{P}_r = \dfrac{n!}{(n-r)!}$ 을 대입하여 그때그때 유도해서 사용하는 것이 좋다.

❋ 참고

(①~③의 증명)

- **①에 대한 증명 :** $_n\mathrm{P}_r = n(n-1)(n-2) \times \cdots \times (n-r+1)$

  $= \dfrac{n(n-1)(n-2) \times \cdots \times (n-r+1)\,\boxed{(n-r)(n-r-1) \times \cdots \times 2 \times 1}}{\boxed{(n-r)(n-r-1) \times \cdots \times 2 \times 1}}$

  $= \dfrac{n!}{(n-r)!}$

  분자를 $n!$ 로 만들기 위해서
  분모, 분자에 동시에 이 부분을 곱한 것이다.

- **②에 대한 증명 :** $_n\mathrm{P}_n = n(n-1)(n-2) \times \cdots \times 3 \times 2 \times 1$

  $= (n$부터 1씩 작아지는 수를 차례대로 곱한 것$)$

  $= n!$

- **③에 대한 증명 :** $_n\mathrm{P}_r = \dfrac{n!}{(n-r)!}$ 에 $r = 0$을 대입하면

  $_n\mathrm{P}_0 = \dfrac{n!}{n!} = 1$, 즉 $_n\mathrm{P}_0 = 1$

유제629와 같이 순열 기호 또는 조합 기호가 포함된 등식의 증명 과정 중 일부에 뚫려진 빈칸을 채워야 하는 문항이 출제된다.

이러한 유형의 문제를 풀 때는 등호(=)를 기준으로 좌변에서 우변으로 넘어갈 때

1) 변하지 않은 부분과 **2) 변한 부분**

을 잘 파악해야 빈칸에 들어갈 수식을 수월하게 찾을 수 있다.

설명

$$n \times \frac{(n-1)!}{(r-1)!\{(n-1)-(r-1)\}!} = \frac{\boxed{?}}{(r-1)!(n-r)!}$$ 에서 $\boxed{?}$ 에 들어갈 식을 찾기 위해

등호를 기준으로 **변하지 않은 부분**을 **검은색**으로, **변한 부분**을 **파란색**으로 표시해보면 다음과 같다.

$$n \times \frac{(n-1)!}{(r-1)!\{(n-1)-(r-1)\}!} = \frac{\boxed{?}}{(r-1)!(n-r)!}$$

사실상 같은 부분이다.

이를 토대로 $\underbrace{n \times (n-1)!}_{=\,n!} = \boxed{?} \implies \boxed{?} = n!$ 임을 알 수 있다.

유제 629

다음은 $1 \leq r \leq n-1$ 일 때, 등식 $_n\mathrm{C}_r = {}_{n-1}\mathrm{C}_r + {}_{n-1}\mathrm{C}_{r-1}$ 이 성립함을 증명하는 과정이다. (가), (나), (다)에 들어갈 알맞은 식을 구하시오.

증명

$$
\begin{aligned}
{}_{n-1}\mathrm{C}_r + {}_{n-1}\mathrm{C}_{r-1} &= \frac{(n-1)!}{r!(n-r-1)!} + \frac{(n-1)!}{(r-1)! \times \boxed{(가)}} \\
&= \frac{(n-1)! \times (n-r)}{r!\{(n-r-1)! \times (n-r)\}} + \frac{r \times (n-1)!}{\{r \times (r-1)!\} \times \boxed{(가)}} \\
&= \frac{\boxed{(나)} \times (n-1)!}{r! \times \boxed{(가)}} \\
&= \frac{\boxed{(다)}}{r! \times \boxed{(가)}} = {}_n\mathrm{C}_r \\
\therefore \ {}_n\mathrm{C}_r &= {}_{n-1}\mathrm{C}_r + {}_{n-1}\mathrm{C}_{r-1}
\end{aligned}
$$

문제
630

남학생 7명과 여학생 5명으로 구성된 유물 탐구 동아리에서 박물관을 방문할 6명의 학생을 뽑을 때, 남학생 4명과 여학생 2명을 뽑는 경우의 수를 구하시오.

문제
631

1부터 20까지의 자연수 중에서 서로 다른 세 수를 택할 때, 세 수의 합이 짝수가 되는 경우의 수를 구하시오.

문제
632

어느 마트의 과일 판매 코너에서 과일 3종류와 채소 5종류를 판매하고 있다.
이때 과일 또는 채소 중에서 3종류를 사는 경우의 수를 구하시오.

문제
633

사과, 포도, 망고를 포함한 과일 8종류 중에서 5종류를 택할 때,
망고는 포함하지 않고 사과와 포도는 모두 포함하는 경우의 수를 구하시오.

문제
634

아래 그림과 같이 원 위에 서로 다른 9개의 점이 있을 때, 4개의 점을 연결하여 만들 수 있는
사각형의 개수를 구하시오.

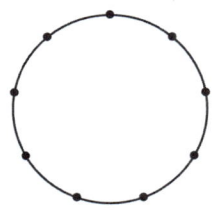

문제
635

진우와 지민이를 포함한 육상 선수 6명 중에서 3명을 선발하여 계주 순서를 정하려고 한다.
진우와 지민이 중에서는 한 사람만 선발하여 계주 순서를 정하는 경우의 수를 구하시오.

문제 636

남학생 6명과 여학생 3명이 있는 동아리에서 3명을 뽑아 하나의 조를 구성할 때, 조에 적어도 한 명의 여학생이 포함되는 경우의 수를 구하시오.

문제 637

아래 그림과 같이 원주에 8개의 점이 같은 간격으로 놓여 있다. 이 중 3개의 점을 택하여 만들 수 있는 직각삼각형의 개수를 구하시오.

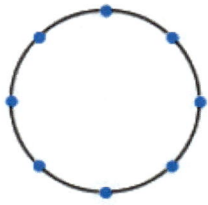

문제 638

주머니에 1부터 10까지의 숫자가 각각 하나씩 적혀 있는 10개의 공이 있다.
주머니에서 3개의 공을 동시에 꺼낼 때, 4가 적혀 있는 공을 포함하는 경우의 수를 a,
짝수가 적혀 있는 공 2개와 홀수가 적혀 있는 공 1개를 꺼내는 경우의 수를 b라고 할 때,
$a+b$의 값을 구하시오.

문제 639

아래 그림과 같이 평행사변형 위에 10개의 점이 있다. 이 중에서 2개의 점을 연결하여 만들 수 있는 직선의 개수를 구하시오.

문제 640

에너지드링크 5종류와 커피 4종류 중에서 서로 다른 음료 3잔을 구매하려고 할 때, 에너지드링크와 커피를 적어도 1종류씩 포함하여 구매하는 경우의 수를 구하시오.

문제 641

서로 다른 3개의 주머니에 1, 2, 3, 4, 5의 숫자가 하나씩 적힌 5장의 카드가 각각 들어있다. 각 주머니에서 카드를 1장씩 꺼낼 때, 꺼낸 카드에 적힌 수의 합이 3 또는 5인 경우의 수를 구하시오.

문제 642

어느 학교 축제에서 한식·중식 요리 동아리 학생들이 한식 체험 3가지, 중식 체험 4가지를 준비하였다. 이 동아리의 체험 부스에서 한식 체험 2가지, 중식 체험 2가지를 골라 순서를 정하여 체험하는 경우의 수를 구하시오.

문제 643

어느 지역에서 열린 피구 대회에 참가한 n개의 팀이 서로 다른 팀과 모두 한 번씩 경기를 하였더니 총 28번 경기를 하였다. 이때 n의 값을 구하시오.

문제 644

동하, 준민, 영석이가 3종류의 과자 A, B, C 중에서 하나씩 고를 때,
A를 고른 사람이 1명이고, B 또는 C를 고른 사람이 2명인 경우의 수를 구하시오.
(단, 세 종류의 과자는 충분히 많다.)

문제 645

열람실에 8개의 똑같은 의자가 일렬로 배치되어 있을 때, 학생 3명 중에서 어느 2명도 이웃하지
않게 앉는 방법의 수를 구하시오.

문제 646

도, 미, 솔, 시 중에서 서로 다른 3개의 음을 택하여 4분음표 2개와 2분음표 1개로 구성된
4분의 4박자 악보 한 마디를 만들려고 한다. 만들 수 있는 서로 다른 마디의 개수를 구하시오.
(단, 한 옥타브 내에서 생각한다.)

문제 647

합이 10이 되는 8개의 자연수를 일렬로 나열하는 경우의 수를 구하시오.

문제 648

다음 그림과 같이 4개의 돌을 놓아 만든 돌다리가 있다. 한 번에 한 칸 또는 두 칸을 건널 수 있다고 할 때, 출발 지점에서 도착 지점까지 가는 방법의 수를 구하시오.

문제 649

서로 다른 5개의 인형을 모양이 다른 두 상자에 모두 나누어 담으려고 한다.
각 상자에는 인형을 최대 4개까지만 담을 수 있을 때, 두 상자에 인형을 나누어 담는 방법의 수를 구하시오.

문제 650

2007
고3 나형 9월 24번

수련회에 참가한 여학생 5명과 남학생 6명을 4개의 방에 배정하려고 한다.
여학생은 1호실에 3명, 2호설에 2명을 배정하고, 남학생은 3호실과 4호실에 각각 3명씩
배정하는 방법의 수를 구하시오.

문제 651

2007
고3 나형 6월 30번

남학생 2명과 여학생 2명이 함께 놀이공원에 가서 어느 놀이기구를 타려고 한다.
이 놀이기구는 그림과 같이 한 줄에 2개의 의자가 있고 모두 5줄로 되어 있다.
남학생 1명과 여학생 1명이 짝을 지어 2명씩 같은 줄에 앉을 때,
4명이 모두 놀이기구의 의자에 앉는 방법의 수를 구하시오.

문제
652

2007
고3 나형 6월 30번

서로 다른 네 종류의 인형이 각각 2개씩 있다. 이 8개의 인형 중에서 5개를 선택하는 경우의 수를 구하시오. (단, 같은 종류의 인형끼리는 서로 구별하지 않는다.)

문제
653

2020
고2 3월 29번

서로 다른 종류의 꽃 4송이와 같은 종류의 초콜릿 2개를 5명의 학생에게 남김없이 나누어 주려고 한다. 아무것도 받지 못하는 학생이 없도록 꽃과 초콜릿을 나누어 주는 경우의 수를 구하시오.

그림은 평행사변형의 각 변을 4등분하여 얻은 도형이다. 이 도형의 선들로 만들 수 있는 평행사변형 중에서 색칠한 부분을 포함하는 평행사변형의 개수를 구하시오.

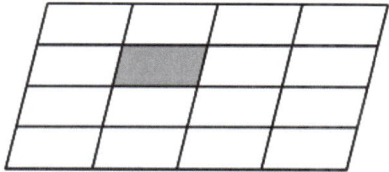

1부터 9까지의 서로 다른 자연수 a, b, c, d, e에 대하여

$$a \times 10^4 + b \times 10^3 + c \times 10^2 + d \times 10 + e$$

로 나타내어지는 다섯 자리의 자연수 $abcde$ 중에서 5의 배수이고

$$a > b > c, \ c < d < e$$

를 만족시키는 모든 자연수의 개수를 구하시오.

9

행렬

01 행렬과 그 연산

1 행렬의 뜻

생각 | 이해 • • • 암기 | 적용

▶ '행렬'이란 ?

몇 개의 수나 문자를 직사각형 모양으로 배열하고 괄호로 묶어 놓은 것을 **행렬**이라 한다.

▶ '성분'이란 ?

행렬을 이루는 각각의 수나 문자를 **성분**이라 한다.

▶ '행'이란 ?

행렬에서 가로줄을 **행**이라 하고, 위에서부터 차례대로 제1행, 제2행, ⋯ 이라고 한다.

▶ '열'이란 ?

행렬에서 세로줄을 **열**이라 하고, 왼쪽에서부터 차례대로 제1열, 제2열, ⋯ 이라고 한다.

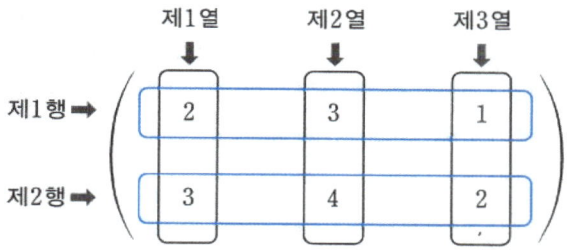

▶ '$m \times n$ 행렬'이란 ?

m개의 행과 n개의 열로 이루어진 행렬을 $m \times n$ **행렬**이라 한다.

▶ '정사각행렬'이란 ?

행과 열의 개수가 같은 행렬을 **정사각행렬**이라 한다.

▶ 'n차 정사각행렬'이란 ?

행과 열의 개수가 모두 n개인 행렬을 n**차 정사각행렬**이라 한다.

▶ '행렬의 (i, j) 성분'이란 ?

행렬의 제i행과 제j열이 만나는 위치에 있는 성분을 행렬의 (i, j) **성분**이라 하고
기호로 a_{ij}로 나타낸다.

설명

- '$m \times n$ 행렬'의 예시

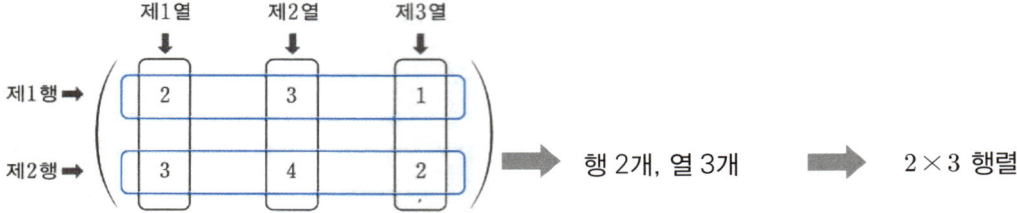

- 'n차 정사각행렬'의 예시

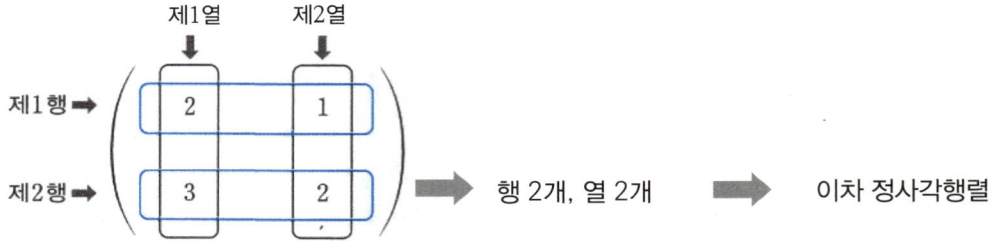

- '행렬의 (i, j) 성분'의 예시

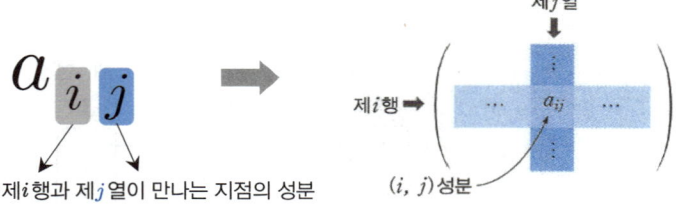

가령, 행렬 $A = \begin{pmatrix} 2 & 3 \\ -1 & 0 \end{pmatrix}$에 대하여, $a_{12} = 3$, $a_{22} = 0$이다.

> 🌐 참고
>
> 행렬은 보통 알파벳의 대문자 A, B, C, $\cdots$를 써서 나타내고,
>
> 행렬의 성분은 보통 알파벳의 소문자 a, b, c, $\cdots$를 써서 나타낸다.
>
> 예를 들어, 행렬 $A = \begin{pmatrix} a & b \\ c & d \end{pmatrix}$와 같이 나타낸다.

이차 정사각행렬 A의 (i, j) 성분 a_{ij}를

$$a_{ij} = 2i + j \ (i = 1, \ 2, \ j = 1, \ 2)$$

라 할 때, 행렬 A를 구해보자.

풀이

$a_{ij} = 2i + j$은 다음과 같이 해석할 수 있다.

❓ 생각 Point

제i행과 제j열이 만나는 지점의 성분은 $2i + j$이다.

① **제1행의 성분을 모두 구해보자.**

제1행과 제j열이 만나는 지점의 성분은 $2 + j$이므로

제1행과 제1열이 만나는 지점의 성분은 $2 + 1 = 3$

제1행과 제2열이 만나는 지점의 성분은 $2 + 2 = 4$

$$\Longrightarrow A = \begin{pmatrix} 3 & 4 \end{pmatrix}$$

② **제2행의 성분을 모두 구해보자.**

제2행과 제j열이 만나는 지점의 성분은 $4 + j$이므로

제2행과 제1열이 만나는 지점의 성분은 $4 + 1 = 5$

제2행과 제2열이 만나는 지점의 성분은 $4 + 2 = 6$

$$\Longrightarrow A = \begin{pmatrix} 3 & 4 \\ 5 & 6 \end{pmatrix}$$

이차 정사각행렬 A의 (i, j) 성분 a_{ij}를

$$a_{ij} = 2i + 3j - 1 \ (i = 1, \ 2, \ j = 1, \ 2)$$

라 할 때, 행렬 A를 구하시오.

이차 정사각행렬 A의 (i, j) 성분 a_{ij}를

$$a_{ij} = (\text{다항식 } x^3 + 2x + 1 \text{을 } x - (i - j) \text{로 나눈 나머지})$$

라 정의할 때, 행렬 A의 모든 성분의 합을 구하시오. (단, $i = 1, \ 2, \ j = 1, \ 2$)

❷ 두 행렬이 서로 같을 조건

생각 | 이해 • • 암기 | 적용

▶ '두 행렬 A, B가 같은 꼴'이라는 표현의 의미는?

행렬 A, B에서 두 행렬의 행과 열의 개수가 각각 같을 때, **두 행렬 A, B는 같은 꼴**이라고 한다.

> ● **두 행렬이 서로 같을 조건**
>
> 행렬 A, B가 같은 꼴이고, 대응하는 성분끼리 모두 같을 때,
> 행렬 A, B는 서로 같다고 하며 기호로 $A = B$와 같이 나타낸다.

설명

예를 들어, 두 이차 정사각행렬 A, B가 $A = \begin{pmatrix} a & b \\ c & d \end{pmatrix}$, $B = \begin{pmatrix} 1 & 2 \\ 3 & 4 \end{pmatrix}$일 때

$$A = B 이면 \implies a = 1, b = 2, c = 3, d = 4 이다.$$

★ **예제 02**

두 행렬 $A = \begin{pmatrix} xy + 1 & -1 \\ 4 - xy & y - 2 \end{pmatrix}$, $B = \begin{pmatrix} x + y & -1 \\ xy & 1 - x \end{pmatrix}$에 대하여 $A = B$일 때,

$x^3 + y^3$의 값을 구하시오.

풀이

$x^3 + y^3$을 구할 때 공식

$$x^3 + y^3 = (x + y)^3 - 3xy(x + y)$$

를 이용할 수 있음을 염두해두자.

두 행렬의 대응하는 성분이 서로 같아야 하므로,

- $4 - xy = xy \implies xy = 2$
- $y - 2 = 1 - x \implies x + y = 3$

즉, $x^3 + y^3 = (x + y)^3 - 3xy(x + y) = 27 - 18 = 9$

두 행렬 $A = \begin{pmatrix} 5 & 3 \\ -b & 10 \end{pmatrix}$, $B = \begin{pmatrix} -5 & 3 \\ a-15 & 2a \end{pmatrix}$에 대하여 $A = B$가 성립할 때,

두 실수 a, b의 합 $a+b$의 값을 구하시오.

실수 a, b에 대하여 $\begin{pmatrix} a+b & -1 \\ 2 & 1 \end{pmatrix} = \begin{pmatrix} 4 & -1 \\ ab & 1 \end{pmatrix}$일 때, $a^3 + b^3$의 값을 구하시오.

❸ 행렬의 덧셈과 뺄셈

3-1 행렬의 덧셈과 뺄셈

생각 | 이해 ● ● 암기 | 적용

● 행렬의 덧셈과 뺄셈

• 행렬의 덧셈

두 행렬 A, B가 서로 같은 꼴일 때,

$A + B$는 행렬 A와 행렬 B의 대응하는 성분의 합을 각 성분으로 하는 행렬을 의미한다.

$\Rightarrow A = \begin{pmatrix} a_{11} & a_{12} \\ a_{21} & a_{22} \end{pmatrix}$, $B = \begin{pmatrix} b_{11} & b_{12} \\ b_{21} & b_{22} \end{pmatrix}$일 때, $A + B = \begin{pmatrix} a_{11} + b_{11} & a_{12} + b_{12} \\ a_{21} + b_{21} & a_{22} + b_{22} \end{pmatrix}$

• 행렬의 뺄셈

두 행렬 A, B가 서로 같은 꼴일 때,

$A - B$는 행렬 A의 각 성분에서 그에 대응하는 행렬 B의 각 성분을 뺀 행렬을 의미한다.

$\Rightarrow A = \begin{pmatrix} a_{11} & a_{12} \\ a_{21} & a_{22} \end{pmatrix}$, $B = \begin{pmatrix} b_{11} & b_{12} \\ b_{21} & b_{22} \end{pmatrix}$일 때, $A - B = \begin{pmatrix} a_{11} - b_{11} & a_{12} - b_{12} \\ a_{21} - b_{21} & a_{22} - b_{22} \end{pmatrix}$

설명

예를 들어, $A = \begin{pmatrix} 1 & 2 \\ 3 & -2 \end{pmatrix}$, $B = \begin{pmatrix} 2 & -1 \\ 1 & 3 \end{pmatrix}$일 때

$$A + B = \begin{pmatrix} 1+2 & 2+(-1) \\ 3+1 & -2+3 \end{pmatrix} = \begin{pmatrix} 3 & 1 \\ 4 & 1 \end{pmatrix}, \quad A - B = \begin{pmatrix} 1-2 & 2-(-1) \\ 3-1 & -2-3 \end{pmatrix} = \begin{pmatrix} -1 & 3 \\ 2 & -5 \end{pmatrix}$$

❋ 참고

같은 꼴이 아닌 두 행렬의 덧셈과 뺄셈은 정의하지 않는다.

다음과 같이 행렬의 덧셈에서도 수의 덧셈에서와 같이 교환법칙과 결합법칙이 성립한다.

> **● 행렬의 덧셈에 대한 성질**
>
> 같은 꼴의 세 행렬 A, B, C의 덧셈에서
> ① 교환법칙 성립 : $A + B = B + A$
> ② 결합법칙 성립 : $(A + B) + C = A + (B + C)$

생각 넓히기 **행렬의 덧셈에 대한 교환법칙과 결합법칙의 적용**

행렬의 덧셈에서 교환법칙과 결합법칙은 다음과 같이 적용된다.

> **? 생각 Point**
>
> ① 더하고 싶은 행렬끼리 먼저 더해도 상관없다.
> ② 행렬의 등식에서도 수처럼 이항하여 계산할 수 있다.

설명

예를 들어, 두 행렬 $A = \begin{pmatrix} -1 & 2 \\ 0 & -2 \end{pmatrix}$, $B = \begin{pmatrix} 2 & -2 \\ 1 & 3 \end{pmatrix}$에 대하여

$$2B + X = A + B \text{를 만족시키는 행렬 } X$$

를 구할 때, 좌변에 있는 $2B$를 우변으로 이항할 수 있으므로,

$$X = A + B - 2B = A - B = \begin{pmatrix} -1 & 2 \\ 0 & -2 \end{pmatrix} - \begin{pmatrix} 2 & -2 \\ 1 & 3 \end{pmatrix} = \begin{pmatrix} -1-2 & 2-(-2) \\ 0-1 & -2-3 \end{pmatrix} = \begin{pmatrix} -3 & 4 \\ -1 & -5 \end{pmatrix}$$

4 영행렬

> ● 영행렬
>
> 모든 성분이 0인 행렬을 영행렬이라 하며, 기호로 O로 나타낸다.
> 특히, 행렬 A와 영행렬 O가 같은 꼴이면
> $$A + O = O + A = A$$
> 가 성립한다.

설명

예를 들어, $(0 \quad 0)$, $\begin{pmatrix} 0 & 0 \\ 0 & 0 \end{pmatrix}$, $\begin{pmatrix} 0 & 0 & 0 \\ 0 & 0 & 0 \\ 0 & 0 & 0 \end{pmatrix}$, $\cdots$ 은 모두 영행렬이다.

영행렬은 행렬의 꼴에 따라 하나씩 있으나,
혼동할 염려가 없을 때는 모두 기호 O로 나타낸다.

5 행렬의 실수배

5-1 행렬의 실수배

> ● 행렬의 실수배
>
> 실수 k에 대하여, kA는 행렬 A의 각 성분에 실수 k를 곱한 것을
> 각 성분으로 하는 행렬을 의미한다.
> $$\Rightarrow A = \begin{pmatrix} a_{11} & a_{12} \\ a_{21} & a_{22} \end{pmatrix} \text{일 때, } kA = \begin{pmatrix} ka_{11} & ka_{12} \\ ka_{21} & ka_{22} \end{pmatrix}$$

> ❉ 참고
>
> ① 행렬 $-A$는 $(-1)A$로 생각하여 A의 각 성분에 -1을 곱하여 구하면 된다.
> ② 행렬 A와 같은 꼴인 영행렬 O에 대하여 $A - A = O$

설명

예를 들어, $A = \begin{pmatrix} 2a & 3 \\ -1 & a+b \end{pmatrix}$일 때,
$$-2A = \begin{pmatrix} (-2) \times 2a & (-2) \times 3 \\ (-2) \times (-1) & (-2)(a+b) \end{pmatrix} = \begin{pmatrix} -4a & -6 \\ 2 & -2a-2b \end{pmatrix}$$

$A - B$를 $A + (-B)$로 바꾸어 계산하기

설명

행렬 $A - B$를 구할 때, $A - B$ 그대로 계산한다는 것은

　　　　　행렬 A의 각 성분에서 그에 대응하는 행렬 B의 각 성분을 빼겠다

는 뜻이고, $A - B$를 $A + (-B)$로 바꾸어 계산한다는 것은

　　　　　B의 각 성분의 부호를 모두 바꾼 행렬을 A와 더하겠다

는 뜻이다.

예를 들어, 두 행렬 $A = \begin{pmatrix} 1 & 3 \\ 3 & -2 \end{pmatrix}$, $B = \begin{pmatrix} 0 & 1 \\ -2 & -3 \end{pmatrix}$에 대하여 행렬 $A - B$를

- $A - B$ 그대로 계산하면 $\Rightarrow A - \boxed{B} = \begin{pmatrix} 1 & 3 \\ 3 & -2 \end{pmatrix} \boxed{-} \boxed{\begin{pmatrix} 0 & 1 \\ -2 & -3 \end{pmatrix}}$

$$= \begin{pmatrix} 1-0 & 3-1 \\ 3-(-2) & -2-(-3) \end{pmatrix} = \begin{pmatrix} 1 & 2 \\ 5 & 1 \end{pmatrix}$$

- $A + (-B)$로 바꾸어 계산하면 $\Rightarrow A - B = A + \boxed{(-B)} = \begin{pmatrix} 1 & 3 \\ 3 & -2 \end{pmatrix} \boxed{+} \boxed{\begin{pmatrix} 0 & -1 \\ 2 & 3 \end{pmatrix}}$

$$= \begin{pmatrix} 1+0 & 3+(-1) \\ 3+2 & -2+3 \end{pmatrix} = \begin{pmatrix} 1 & 2 \\ 5 & 1 \end{pmatrix}$$

5-2 　행렬의 실수배에 대한 성질

생각 | 이해 ●●● 암기 | 적용

행렬의 실수배에 대하여 다음이 성립한다.

● **행렬의 실수배에 대한 성질**

두 행렬 A, B가 같은 꼴이고, k, l이 실수일 때

① $(kl)A = k(lA) = l(kA)$: 행렬에 실수를 곱하는 위치와 순서는 중요하지 않다.

② $kA + lA = (k+l)A$: 같은 행렬끼리의 덧셈은 다항식에서의 동류항처럼 계산할 수 있다.

③ $k(A+B) = kA + kB$: 곱해진 실수를 각각의 행렬에 분배할 수 있다.

설명

예를 들어, 두 행렬 $A = \begin{pmatrix} -1 & 3 \\ 0 & -4 \end{pmatrix}$, $B = \begin{pmatrix} 2 & -1 \\ -2 & 3 \end{pmatrix}$에 대하여

$$3A - 2(A - 2B) = 3A - 2A + 4B = (3-2)A + 4B = A + 4B$$

$$= \begin{pmatrix} -1 & 3 \\ 0 & -4 \end{pmatrix} + \begin{pmatrix} 8 & -4 \\ -8 & 12 \end{pmatrix} = \begin{pmatrix} 7 & -1 \\ -8 & 8 \end{pmatrix}$$

실수 k, l과 행렬 A, B에 대하여

행렬 $kA + lB$의 모든 성분의 합

을 구할 때는 행렬 $kA + lB$을 직접 계산한 다음 모든 성분의 합을 구할 수도 있지만,

> **❓ 생각 Point**
>
> 행렬 A와 B의 모든 성분의 합을 각각 구한 후,
그 결과에 각각 k배, l배를 한 것을 더하여 구할 수도 있다.

설명

예를 들어, 두 행렬 $A = \begin{pmatrix} -1 & 5 \\ -2 & 1 \end{pmatrix}$, $B = \begin{pmatrix} 2 & -2 \\ -1 & 3 \end{pmatrix}$에 대하여

$3A - 2B$의 모든 성분의 합

을 구할 때는 아래와 같이 행렬 $3A - 2B$를 직접 계산한 다음,

$$3A - 2B = 3A + (-2B) = 3\begin{pmatrix} -1 & 5 \\ -2 & 1 \end{pmatrix} + (-2)\begin{pmatrix} 2 & -2 \\ -1 & 3 \end{pmatrix}$$

$$= \begin{pmatrix} -3 & 15 \\ -6 & 3 \end{pmatrix} + \begin{pmatrix} -4 & 4 \\ 2 & -6 \end{pmatrix} = \begin{pmatrix} -7 & 19 \\ -4 & -3 \end{pmatrix}$$

$\begin{pmatrix} -7 & 19 \\ -4 & -3 \end{pmatrix}$의 모든 성분을 더하여

$$(-7) + 19 + (-4) + (-3) = 5$$

와 같이 계산할 수도 있지만,

- ($3A$의 모든 성분의 합) $= 3 \times (A$의 모든 성분의 합)
- ($-2B$의 모든 성분의 합) $= (-2) \times (B$의 모든 성분의 합)

임을 이용하여

$A = \begin{pmatrix} -1 & 5 \\ -2 & 1 \end{pmatrix}$의 모든 성분의 합 $= 3 \Rightarrow (3A$의 모든 성분의 합) $= 3 \times 3 = 9$

$B = \begin{pmatrix} 2 & -2 \\ -1 & 3 \end{pmatrix}$의 모든 성분의 합 $= 2 \Rightarrow (-2B$의 모든 성분의 합) $= (-2) \times 2 = -4$

($3A - 2B$의 모든 성분의 합)

$= (3A$의 모든 성분의 합)$+ (-2B$의 모든 성분의 합)

$= 9 + (-4) = 5$

와 같이 계산하는 것이 실전에서는 더 유리할 수 있다.

★ **예제 03**

두 이차 정사각행렬 A, B에 대하여

$$2A + B = \begin{pmatrix} -7 & -9 \\ -2 & 5 \end{pmatrix}, \quad A - B = \begin{pmatrix} -2 & -3 \\ 2 & 1 \end{pmatrix}$$

일 때, $A + 3B$의 모든 성분의 합을 구해보자.

풀이

생각 1 행렬 A, B를 구하자.

$2A + B$와 $A - B$를 더하면 행렬 B가 소거되므로, 둘을 더하면

$$\underbrace{(2A + B) + (A - B)}_{= 3A} = \begin{pmatrix} -7 & -9 \\ -2 & 5 \end{pmatrix} + \begin{pmatrix} -2 & -3 \\ 2 & 1 \end{pmatrix} = \begin{pmatrix} -9 & -12 \\ 0 & 6 \end{pmatrix}$$

즉, $3A = \begin{pmatrix} -9 & -12 \\ 0 & 6 \end{pmatrix} \Rightarrow A = \dfrac{1}{3}\begin{pmatrix} -9 & -12 \\ 0 & 6 \end{pmatrix} = \begin{pmatrix} -3 & -4 \\ 0 & 2 \end{pmatrix}$

$A - B = \begin{pmatrix} -2 & -3 \\ 2 & 1 \end{pmatrix} \Rightarrow B = A - \begin{pmatrix} -2 & -3 \\ 2 & 1 \end{pmatrix}$ 이고, 구한 $A = \begin{pmatrix} -3 & -4 \\ 0 & 2 \end{pmatrix}$를 대입하면

$$B = \begin{pmatrix} -3 & -4 \\ 0 & 2 \end{pmatrix} \boxed{-} \begin{pmatrix} -2 & -3 \\ 2 & 1 \end{pmatrix}$$

$$= \begin{pmatrix} -3 & -4 \\ 0 & 2 \end{pmatrix} \boxed{+} \begin{pmatrix} 2 & 3 \\ -2 & -1 \end{pmatrix} = \begin{pmatrix} -1 & -1 \\ -2 & 1 \end{pmatrix}$$

생각 2 $A + 3B$의 모든 성분의 합을 구하자.

($A + 3B$의 모든 성분의 합)

$\qquad$ = (A의 모든 성분의 합) + ($3B$의 모든 성분의 합)

임을 이용하자.

$A = \begin{pmatrix} -3 & -4 \\ 0 & 2 \end{pmatrix}$의 모든 성분의 합 $= -5$

$B = \begin{pmatrix} -1 & -1 \\ -2 & 1 \end{pmatrix}$의 모든 성분의 합 $= \boxed{-3} \Rightarrow$ ($3B$의 모든 성분의 합) $= 3 \times \boxed{(-3)} = -9$

즉, ($A + 3B$의 모든 성분의 합)

$\qquad$ = (A의 모든 성분의 합) + ($3B$의 모든 성분의 합) $= -5 + (-9) = -14$

유제 660

두 행렬 $A = \begin{pmatrix} 3 & 1 \\ 1 & -2 \end{pmatrix}$, $B = \begin{pmatrix} -1 & -2 \\ 2 & -1 \end{pmatrix}$에 대하여 다음을 구하시오.

(1) $2A + 2B$

(2) $4A - 3B$

(3) $3A + 5B$

(4) $2(A - 2B) - (A - B)$

유제 661

두 행렬 $A = \begin{pmatrix} 1 & -1 \\ 1 & -2 \end{pmatrix}$, $B = \begin{pmatrix} 2 & 0 \\ 1 & 2 \end{pmatrix}$에 대하여 행렬 $3A + 2B$의 모든 성분의 합을 구하시오.

유제 662

등식 $\begin{pmatrix} 1 & a \\ 3 & 6 \end{pmatrix} + \begin{pmatrix} 3 & 1 \\ 5 & 2b \end{pmatrix} = \begin{pmatrix} 4 & 6 \\ 8 & -2 \end{pmatrix}$을 만족하는 상수 a, b에 대하여 $a + b$의 값을 구하시오.

유제 663

두 행렬 A, B에 대하여 $A = \begin{pmatrix} 1 & 2 \\ -2 & 0 \end{pmatrix}$, $A - 2B = \begin{pmatrix} -1 & 0 \\ 1 & 2 \end{pmatrix}$ 일 때,

행렬 $A - 4B$의 모든 성분의 합을 구하시오.

유제 664

기본 기출문제

이차 정사각행렬 A, B가

$$A + 2B = \begin{pmatrix} 5 & 13 \\ 2 & 10 \end{pmatrix}, \ 2A + B = \begin{pmatrix} 4 & 11 \\ 1 & 11 \end{pmatrix}$$

을 만족시킬 때, 행렬 $A + B$의 모든 성분의 합을 구하시오.

유제 665

두 행렬 A, B에 대하여

$$A + 2B = \begin{pmatrix} -5 & 10 \\ 15 & 5 \end{pmatrix}, \ A - B = \begin{pmatrix} 25 & 10 \\ 0 & -10 \end{pmatrix}$$

이 성립할 때, 행렬 $3A + B$의 모든 성분의 합을 구하시오.

유제
666
기본 기출문제

두 행렬 $A = \begin{pmatrix} 1 & -4 \\ -5 & 2 \end{pmatrix}$, $B = \begin{pmatrix} 1 & 2 \\ 3 & 4 \end{pmatrix}$에 대하여

$A + \dfrac{1}{2}X = 3B$를 만족시키는 행렬 X의 2행 1열의 성분을 구하시오.

유제
667
기본 기출문제

행렬 $A = \begin{pmatrix} 2 & -1 \\ 5 & -4 \end{pmatrix}$, $B = \begin{pmatrix} 1 & 2 \\ 3 & -1 \end{pmatrix}$, $C = \begin{pmatrix} 3 & -4 \\ 7 & -7 \end{pmatrix}$에 대하여

$xA + yB = C$를 만족하는 상수 x, y의 합을 구하시오.

02 행렬의 곱셈

1 행렬의 곱을 구하는 방법

두 행렬 $A = \begin{pmatrix} a & b \\ c & d \end{pmatrix}$, $B = \begin{pmatrix} x & y \\ p & q \end{pmatrix}$에 대하여

행렬 A와 행렬 B의 곱 $AB = \begin{pmatrix} a & b \\ c & d \end{pmatrix}\begin{pmatrix} x & y \\ p & q \end{pmatrix}$는 다음의 과정을 거쳐 계산할 수 있다.

[단계 1] 행렬 A의 **제1행**과 행렬 B의 **제1열**의 성분들을 **차례대로 각각 곱하여 더하면**
AB의 **제1행과 제1열이 만나는 지점의 성분**이 된다.

$$AB = \begin{pmatrix} a & b \\ c & d \end{pmatrix}\begin{pmatrix} x & y \\ p & q \end{pmatrix}$$
$$= \begin{pmatrix} ax + bp & \\ & \end{pmatrix}$$

[단계 2] 행렬 A의 **제1행**과 행렬 B의 **제2열**의 성분들을 **차례대로 각각 곱하여 더하면**
AB의 **제1행과 제2열이 만나는 지점의 성분**이 된다.

$$AB = \begin{pmatrix} a & b \\ c & d \end{pmatrix}\begin{pmatrix} x & y \\ p & q \end{pmatrix}$$
$$= \begin{pmatrix} ax + bp & ay + bq \end{pmatrix}$$

[단계 3] 행렬 A의 **제2행**과 행렬 B의 **제1열**의 성분들을 **차례대로 각각 곱하여 더하면**
AB의 **제2행과 제1열이 만나는 지점의 성분**이 된다.

$$AB = \begin{pmatrix} a & b \\ c & d \end{pmatrix}\begin{pmatrix} x & y \\ p & q \end{pmatrix}$$
$$= \begin{pmatrix} ax + bp & ay + bq \\ cx + dp & \end{pmatrix}$$

[단계 4] 행렬 A의 **제2행**과 행렬 B의 **제2열**의 성분들을 **차례대로 각각 곱하여 더하면**
AB의 **제2행과 제2열이 만나는 지점의 성분**이 된다.

$$AB = \begin{pmatrix} a & b \\ c & d \end{pmatrix}\begin{pmatrix} x & y \\ p & q \end{pmatrix}$$
$$= \begin{pmatrix} ax + bp & ay + bq \\ cx + dp & cy + dq \end{pmatrix}$$

일반적으로, 행렬 A의 열의 개수와 행렬 B의 행의 개수가 같을 때 $\Longrightarrow$ **행렬곱이 정의될 조건**
행렬 A의 제i행과 행렬 B의 제j열의 성분들을 차례대로 각각 곱하여 더한 것을
(i, j)성분으로 하는 행렬을 A와 B의 곱이라 하고, 기호로 AB와 같이 나타낸다.

$$\text{제2행}\ \begin{pmatrix} a & b \\ c & d \end{pmatrix}\begin{pmatrix} x & y \\ p & q \end{pmatrix} = \begin{pmatrix} cx+dp & \\ & \end{pmatrix}$$

제1열

(2, 1) 성분

이때, 행렬 A가 $m \times n$ 행렬, 행렬 B가 $n \times l$ 행렬이면 행렬 AB는 $m \times l$ 행렬이 된다.

$$(m \times n \ \text{행렬}) \times (n \times l \ \text{행렬}) \Longrightarrow (m \times l \ \text{행렬})$$

> ⊛ **참고**
>
> 행렬 A의 열의 개수와 행렬 B의 행의 개수가 같지 않을 때,
> 두 행렬의 곱 AB는 정의하지 않는다.

더 알아보기

이차 정사각행렬 A와 같은 꼴의 영행렬 O에 대하여 다음이 성립한다.
$$AO = OA = O$$

★ **예제 04**

두 행렬 $A = \begin{pmatrix} 2 & 1 \\ 1 & 1 \end{pmatrix}$, $B = \begin{pmatrix} 1 & 2 \\ -1 & 0 \end{pmatrix}$에 대하여 행렬 AB를 구해보자.

풀이

$$AB = \begin{pmatrix} 2 & 1 \\ 1 & 1 \end{pmatrix} \begin{pmatrix} 1 & 2 \\ -1 & 0 \end{pmatrix}$$
$$= \begin{pmatrix} 2 \times 1 + 1 \times (-1) & \\ & \end{pmatrix}$$

➡

$$AB = \begin{pmatrix} 2 & 1 \\ 1 & 1 \end{pmatrix} \begin{pmatrix} 1 & 2 \\ -1 & 0 \end{pmatrix}$$
$$= \begin{pmatrix} 1 & 2 \times 2 + 1 \times 0 \\ & \end{pmatrix}$$

$$AB = \begin{pmatrix} 2 & 1 \\ 1 & 1 \end{pmatrix} \begin{pmatrix} 1 & 2 \\ -1 & 0 \end{pmatrix}$$
$$= \begin{pmatrix} 1 & 4 \\ 1 \times 1 + 1 \times (-1) & \end{pmatrix}$$

➡

$$AB = \begin{pmatrix} 2 & 1 \\ 1 & 1 \end{pmatrix} \begin{pmatrix} 1 & 2 \\ -1 & 0 \end{pmatrix}$$
$$= \begin{pmatrix} 1 & 4 \\ 0 & 1 \times 2 + 1 \times 0 \end{pmatrix}$$

$$\therefore AB = \begin{pmatrix} 1 & 4 \\ 0 & 2 \end{pmatrix}$$

다음을 계산하시오.

유제 668

(1) $(1 \quad 3)\begin{pmatrix} -1 \\ 2 \end{pmatrix}$

(2) $(-3 \quad 2)\begin{pmatrix} 2 \\ 1 \end{pmatrix}$

(3) $(1 \quad -1)\begin{pmatrix} 4 & 5 \\ 2 & -3 \end{pmatrix}$

(4) $(-2 \quad -1)\begin{pmatrix} -1 & 2 \\ 5 & 1 \end{pmatrix}$

(5) $\begin{pmatrix} 2 \\ -1 \end{pmatrix}(-2 \quad 1)$

(6) $\begin{pmatrix} 5 \\ -3 \end{pmatrix}(-3 \quad 4)$

(7) $\begin{pmatrix} 2 & 1 \\ 1 & -2 \end{pmatrix}\begin{pmatrix} 3 \\ -2 \end{pmatrix}$

(8) $\begin{pmatrix} 0 & 3 \\ -1 & -2 \end{pmatrix}\begin{pmatrix} 4 \\ 5 \end{pmatrix}$

(9) $\begin{pmatrix} 2 & 1 \\ 4 & -2 \end{pmatrix}\begin{pmatrix} 3 & 0 \\ -1 & -2 \end{pmatrix}$

(10) $\begin{pmatrix} -1 & 1 \\ 0 & 2 \end{pmatrix}\begin{pmatrix} 3 & -2 \\ 1 & -2 \end{pmatrix}$

(11) $\begin{pmatrix} 3 & 3 \\ 1 & -1 \end{pmatrix}\begin{pmatrix} 0 & 0 \\ 5 & -2 \end{pmatrix}$

(12) $\begin{pmatrix} 2 & 3 \\ -1 & 0 \end{pmatrix}\begin{pmatrix} 2 & 1 \\ 1 & 0 \end{pmatrix}$

유제 669

$\begin{pmatrix} x & y \\ 1 & 1 \end{pmatrix}\begin{pmatrix} y \\ x \end{pmatrix} = \begin{pmatrix} 8 \\ 4 \end{pmatrix}$ 일 때, $x^3 + y^3$의 값을 구하시오.

❷ 행렬의 곱셈에 대한 성질

두 행렬 $A = \begin{pmatrix} 2 & 3 \\ 1 & -1 \end{pmatrix}$, $B = \begin{pmatrix} 0 & 2 \\ 1 & -3 \end{pmatrix}$ 에 대하여

            (1) 행렬 AB (2) 행렬 BA

를 직접 구해보자.

(1) $AB = \begin{pmatrix} 2 & 3 \\ 1 & -1 \end{pmatrix}\begin{pmatrix} 0 & 2 \\ 1 & -3 \end{pmatrix} = \begin{pmatrix} 3 & -5 \\ -1 & 5 \end{pmatrix}$

(2) $BA = \begin{pmatrix} 0 & 2 \\ 1 & -3 \end{pmatrix}\begin{pmatrix} 2 & 3 \\ 1 & -1 \end{pmatrix} = \begin{pmatrix} 2 & -2 \\ -1 & 6 \end{pmatrix}$

즉, $AB = \begin{pmatrix} 3 & -5 \\ -1 & 5 \end{pmatrix}$, $BA = \begin{pmatrix} 2 & -2 \\ -1 & 6 \end{pmatrix} \Longrightarrow \boxed{AB \neq BA}$ 이므로

행렬의 곱셈에서는 다항식과 달리, 일반적으로 교환법칙이 성립하지 않음

을 알 수 있다.

그러나, 합과 곱이 정의되는 세 행렬 A, B, C에 대하여 결합법칙과 분배법칙은 성립한다.

● 행렬의 곱셈에 대한 성질

합과 곱이 정의되는 세 행렬 A, B, C에 대하여
① 일반적으로 $AB \neq BA$ ★
    $\Longrightarrow$ 다항식과 달리, 행렬의 곱셈에서는 일반적으로 교환법칙이 성립하지 않는다.
② $A(BC) = (AB)C \Longrightarrow$ 행렬의 곱셈에서 결합법칙이 성립한다.
③ $A(B+C) = AB + AC$
    $(B+C)A = BA + CA \Longrightarrow$ 행렬의 곱셈에서 분배법칙이 성립한다.

생각 넓히기   행렬끼리의 연산에서 분배법칙을 적용할 때 고려해야 할 점

다항식과 달리, 행렬의 곱셈에서는 일반적으로 교환법칙이 성립하지 않으므로

> **❓ 생각 Point**
>
> 분배법칙을 적용하여 행렬을 분배할 때는
> **분배할 행렬이 곱해진 위치까지 고려해야 한다.**

설명

$A(B+C)$는 분배할 행렬 A가 $(B+C)$의 왼쪽에 곱해져 있으므로,

$$A(B+C) = AB + AC$$

와 같이 행렬 A가 다른 행렬의 왼쪽에 곱해지도록 분배해야 한다.

비슷하게, $(B+C)A$는 분배할 행렬 A가 $(B+C)$의 오른쪽에 곱해져 있으므로,

$$(B+C)A = BA + CA$$

와 같이 행렬 A가 다른 행렬의 오른쪽에 곱해지도록 분배해야 한다.

설명

예를 들어, $AB + AC$는 행렬 A가 모두 B와 C의 왼쪽에 곱해져 있으므로

$$AB + AC = A(B + C)$$

와 같이 왼쪽에 공통으로 곱해진 행렬 A를 중심으로 주어진 행렬을 인수분해할 수 있다.

이처럼

? 생각 Point

같은 위치에 곱해진 같은 행렬이 있다면
그 행렬을 중심으로 인수분해할 수 있다.

! 주의 !

다른 위치에 곱해진 같은 행렬로는 인수분해할 수 없다.

설명

일반적으로, 행렬 $AB + CA$는 $A(B + C)$ 또는 $(B + C)A$와 같이 인수분해할 수 없다.

★ **예제 05**

세 행렬 $A = \begin{pmatrix} 1 & 3 \\ 2 & -2 \end{pmatrix}$, $B = \begin{pmatrix} 1 & 0 \\ 0 & -2 \end{pmatrix}$, $C = \begin{pmatrix} 2 & 0 \\ 3 & -1 \end{pmatrix}$에 대하여

행렬 $ABC - CBC$를 구해보자.

풀이

생각 1 같은 위치에 곱해진 같은 행렬을 중심으로 인수분해하자.

$$ABC - CBC = (A - C)BC$$

생각 2 계산을 마무리하자.

$$A - C = \begin{pmatrix} 1 & 3 \\ 2 & -2 \end{pmatrix} - \begin{pmatrix} 2 & 0 \\ 3 & -1 \end{pmatrix} = \begin{pmatrix} -1 & 3 \\ -1 & -1 \end{pmatrix}$$

$$BC = \begin{pmatrix} 1 & 0 \\ 0 & -2 \end{pmatrix}\begin{pmatrix} 2 & 0 \\ 3 & -1 \end{pmatrix} = \begin{pmatrix} 2 & 0 \\ -6 & 2 \end{pmatrix}$$

$$\Rightarrow \therefore (A - C)BC = \begin{pmatrix} -1 & 3 \\ -1 & -1 \end{pmatrix}\begin{pmatrix} 2 & 0 \\ -6 & 2 \end{pmatrix} = \begin{pmatrix} -20 & 6 \\ 4 & -2 \end{pmatrix}$$

유제
670

세 행렬 $A = \begin{pmatrix} 1 & 2 \\ 2 & -3 \end{pmatrix}$, $B = \begin{pmatrix} 3 & 0 \\ 2 & -2 \end{pmatrix}$, $C = \begin{pmatrix} 2 \\ 1 \end{pmatrix}$에 대하여

행렬 $AC + BC$를 구하시오.

유제
671

두 행렬 $A = \begin{pmatrix} 2 & 1 \\ 6 & -3 \end{pmatrix}$, $B = \begin{pmatrix} 3 & -2 \\ -6 & 4 \end{pmatrix}$에 대하여 행렬 $AB - BA$를 구하시오.

세 행렬

$$A = \begin{pmatrix} 1 & 1 \\ 2 & -2 \end{pmatrix}, B = \begin{pmatrix} 1 & 0 \\ -1 & -2 \end{pmatrix}, C = \begin{pmatrix} 1 & 2 \\ 4 & -1 \end{pmatrix}$$

에 대하여 행렬 $C(A+B) - (A+C)B$의 $(2, 1)$ 성분을 구하시오.

세 행렬 $A = \begin{pmatrix} 1 & 4 \\ 2 & 1 \end{pmatrix}, B = \begin{pmatrix} 3 & 2 \\ 0 & 0 \end{pmatrix}, C = \begin{pmatrix} 2 \\ 2 \end{pmatrix}$에 대하여

행렬 $AC - BC$의 모든 성분의 합을 구하시오.

03 실수의 연산과는 다른 행렬의 연산

생각 | 이해 ● ● ● 암기 | 적용

실수의 곱셈에서는
① $ab = 0$이면 $a = 0$ 또는 $b = 0$이다.
➜ 곱이 0이면 곱하는 수 중
적어도 하나는 반드시 0이다.

그러나

행렬의 곱셈에서는
① $AB = O$이지만 $A \neq O$ 이고 $B \neq O$인 경우가 있다.
➜ 곱이 영행렬이어도 곱하는 행렬 중
영행렬이 없을 수도 있다.

② $a \neq 0$ 이고 $b \neq 0$이면 $ab \neq 0$이다.
➜ 0이 아닌 것들을 곱하면
반드시 0이 아니다.

그러나

② $A \neq O$ 이고 $B \neq O$ 이지만 $AB = O$인 경우가 있다.
➜ 영행렬이 아닌 행렬들을 곱해도
영행렬이 될 수 있다.

설명

예를 들어, $A = \begin{pmatrix} 1 & -1 \\ 3 & -3 \end{pmatrix}$, $B = \begin{pmatrix} 2 & 1 \\ 2 & 1 \end{pmatrix}$일 때,

$$AB = \begin{pmatrix} 1 & -1 \\ 3 & -3 \end{pmatrix}\begin{pmatrix} 2 & 1 \\ 2 & 1 \end{pmatrix} = \begin{pmatrix} 0 & 0 \\ 0 & 0 \end{pmatrix} = O$$

이다. 즉, 곱이 영행렬이어도 곱하는 행렬 중 영행렬이 없을 수도 있고,
반대로, 영행렬이 아닌 행렬들을 곱해도 영행렬이 될 수 있다.

세 이차 정사각행렬 A, B, C에 대하여

다음 중 옳은 것을 모두 골라보자. (단, O는 2×2인 영행렬이다.)

> ㄱ. $A = O$이면 $AB = BA = O$이다.
>
> ㄴ. $AB = AC$ 이고 $A \neq O$이면 $B = C$이다.
>
> ㄷ. $AB = AC$ 이고 $B \neq C$이면 $A = O$이다.

풀이

ㄱ. $A = O$이면 $AB = OB = O$, $BA = BO = O$이므로

ㄱ은 <u>참</u>이다.

ㄴ. 가정한 부분의 등식 $AB = AC$를

$$AB = AC \;\Rightarrow\; AB - AC = O \;\Rightarrow\; A(B - C) = O$$

과 같이 변형할 수 있다. 즉,

$A(B - C) = O$ 이고 $A \neq O$일 때, 반드시 $B = C$가 성립하는지 확인하면 된다.

영행렬이 아닌 행렬들을 곱해도 영행렬이 될 수 있으므로,

가정의 $A(B - C) = O$은 $A \neq O$ 이고 $B - C \neq O (\Rightarrow B \neq C)$인 상황도 포함한다.

따라서 <u>ㄴ은 거짓</u>이다.

ㄷ. 가정한 부분의 등식 $AB = AC$를

$$AB = AC \;\Rightarrow\; AB - AC = O \;\Rightarrow\; A(B - C) = O$$

과 같이 변형할 수 있다. 즉,

$A(B - C) = O$ 이고 $B \neq C$일 때, 반드시 $A = O$가 성립하는지 확인하면 된다.

영행렬이 아닌 행렬들을 곱해도 영행렬이 될 수 있으므로,

가정의 $A(B - C) = O$은 $A \neq O$ 이고 $\underset{B \neq C}{\underline{B - C \neq O}}$인 상황도 포함한다.

따라서 <u>ㄷ은 거짓</u>이다.

04 행렬의 거듭제곱

1 행렬의 거듭제곱

생각 | 이해 ● ● 암기 | 적용

정사각행렬 A에 대하여 행렬의 거듭제곱을 정의할 수 있다.

> ● **행렬의 거듭제곱**
>
> $$\overset{m개}{① A^m = \text{행렬 } A\text{를 } m\text{번 곱한 것} = \overbrace{AAA\cdots A}}$$
>
> ② $A^{m+n} = A^m A^n$
>
> ③ $(A^m)^n = A^{mn}$
>
> ④ $(kA)^n = k^n A^n$ (k는 실수)
>
> (단, A는 정사각행렬이고 m, n은 자연수)

설명

예를 들어, $A = \begin{pmatrix} 1 & 1 \\ 2 & -1 \end{pmatrix}$일 때

$$A^2 = AA = \begin{pmatrix} 1 & 1 \\ 2 & -1 \end{pmatrix}\begin{pmatrix} 1 & 1 \\ 2 & -1 \end{pmatrix} = \begin{pmatrix} 3 & 0 \\ 0 & 3 \end{pmatrix}$$

$$A^3 = A^2 A = \begin{pmatrix} 3 & 0 \\ 0 & 3 \end{pmatrix}\begin{pmatrix} 1 & 1 \\ 2 & -1 \end{pmatrix} = \begin{pmatrix} 3 & 3 \\ 6 & -3 \end{pmatrix}$$

참고로 $A^3 = A^1 A^2$으로 계산해도 상관없다.

> **⚠ 주의!**
>
> 일반적으로 행렬의 곱셈에서는 교환법칙이 성립하지 않으므로, 즉 $AB \neq BA$이므로
> 두 정사각행렬 A, B에 대하여
>
> $(AB)^n = A^n B^n$ **이라고 단정할 수 없다**
>
> 는 점에 주의한다.
>
> 예를 들어,
> $(AB)^2 = AB$를 2번 곱한 것 $= ABAB$
> $(AB)^3 = AB$를 3번 곱한 것 $= ABABAB$
> 와 같이 나타내야 한다.

> **❋ 참고**
>
> 행렬의 거듭제곱은 정사각행렬에 대해서만 정의된다.

❷ 행렬의 곱에 관한 식의 전개

다항식의 곱셈에서는 분배법칙을 이용하여 전개하고, 교환법칙을 이용하여 동류항끼리 모아서 정리할 수 있었지만,

> **❓ 생각 Point**
>
> **행렬의 곱셈에서는 일반적으로 교환법칙이 성립하지 않으므로,**
> 행렬의 곱에 관한 식은 다항식처럼 전개하지 않도록 각별히 신경써야 한다.

설명

예를 들어, 두 이차 정사각행렬 A, B에 대하여

- $(A+B)^2$은 다음과 같이 전개해야 한다.

$$(A+B)^2 = (A+B)(A+B) = A^2 + AB + BA + B^2$$

- $(A+2B)(A-B)$는 다음과 같이 전개해야 한다.

$$(A+2B)(A-B) = A^2 - AB + 2BA - 2B^2$$

생각 넓히기 **행렬의 곱에 관한 식을 다항식처럼 다룰 수 있을 조건**

두 이차 정사각행렬 A, B에 대하여 $AB = BA$임이 확인되었으면
행렬의 곱에 관한 식을 다항식처럼 다룰 수 있다.

설명

행렬의 곱에 관한 식을 다항식처럼 다루지 못하는 이유는
일반적으로 행렬의 곱셈에서 교환법칙이 성립하지 않기 때문이다.
즉, 일반적으로 $AB \neq BA$이기 때문이다. 하지만 이는 반대로
$AB = BA$이면 행렬의 곱에 관한 식을 다항식처럼 다룰 수 있다
는 말과 같다.

예를 들어, 두 이차 정사각행렬 A, B에 대하여 $AB = BA$이면
$$(A-B)^2 = A^2 - 2AB + B^2, \quad 4A^2 - B^2 = (2A+B)(2A-B)$$
등과 같이 행렬의 곱에 관한 식을 다항식처럼 전개하거나 인수분해할 수 있다.

이 내용은 문제를 풀 때 활용하기 편하도록 다음과 같이 정리할 수 있다.

> **❓ 생각 Point**
>
> ① $AB = BA$임이 확인되었으면
> 행렬의 곱에 관한 식을 다항식처럼 전개하고 인수분해할 수 있다.
>
> ② 행렬의 곱에 관한 식이 다항식처럼 전개되거나 인수분해되었다는 것은
> $AB = BA$가 성립함을 의미한다.

유제 674

두 행렬 A, B에 대하여 $A = \begin{pmatrix} 1 & 1 \\ 0 & 2 \end{pmatrix}$, $A + B = \begin{pmatrix} 2 & 1 \\ 3 & 2 \end{pmatrix}$일 때, $AB + A^2$의 모든 성분의 합을 구하시오.

유제 675

두 행렬 X, Y에 대하여 $X = \begin{pmatrix} 1 & 2 \\ 3 & 1 \end{pmatrix}$, $Y - X = \begin{pmatrix} 3 & 1 \\ 0 & 0 \end{pmatrix}$일 때, 행렬 $YX - X^2$을 구하시오.

유제 676

두 행렬 $A = \begin{pmatrix} 1 & 2 \\ 3 & 4 \end{pmatrix}$, $B = \begin{pmatrix} 3 & -1 \\ 5 & 4 \end{pmatrix}$에 대하여 행렬 $A^2 - 2B$의 (2, 2) 성분을 구하시오.

유제
677

두 행렬 $A = \begin{pmatrix} 4 & 2 \\ 1 & 0 \end{pmatrix}$, $B = \begin{pmatrix} 0 & -1 \\ 2 & 3 \end{pmatrix}$에 대하여 행렬 $(A-B)^2$의 모든 성분의 합을 구하시오.

유제
678

행렬 A, B에 대하여

$$A + B = \begin{pmatrix} -1 & 1 \\ -2 & 0 \end{pmatrix}, \quad A - B = \begin{pmatrix} 3 & -1 \\ 2 & 2 \end{pmatrix}$$

일 때, 행렬 $A^2 - B^2$의 모든 성분의 합을 구하시오.

유제
679

행렬 $A = \begin{pmatrix} -1 & x \\ x & 1 \end{pmatrix}$에 대하여 $A^2 = \begin{pmatrix} 5 & 0 \\ 0 & 5 \end{pmatrix}$일 때, x^2의 값을 구하시오.
(단, x는 실수이다.)

유제 680

행렬 $X = \begin{pmatrix} -1 & k \\ 0 & -1 \end{pmatrix}$에 대하여 행렬 X^3의 모든 성분의 합이 22일 때, 실수 k의 값을 구하시오.

유제 681

이차방정식 $x^2 + 3x - 2 = 0$의 두 근을 α, β라 할 때, 행렬 $A = \begin{pmatrix} \alpha & 1 \\ -1 & \beta \end{pmatrix}$에 대하여 행렬 A^2의 모든 성분의 합을 구하시오.

05 단위행렬 E

1 단위행렬 E

생각 | 이해 ● ● ● 암기 | 적용

정사각행렬 중, 대각선 성분은 모두 1, 나머지 성분은 모두 0인 행렬을 **단위행렬**이라 하고 기호로 E와 같이 나타낸다. 즉, 2×2 단위행렬은 $E = \begin{pmatrix} 1 & 0 \\ 0 & 1 \end{pmatrix}$이다.

단위행렬 E는 숫자 1과 유사하게 다음과 같은 특징을 가진다.

● **단위행렬 E**

정사각행렬 A와 같은 꼴인 단위행렬 E, 자연수 n에 대하여

① $AE = EA = A$: 이는 마치 $a \times 1 = 1 \times a = a$와 같이 계산하는 것과 비슷하다.

② $E^n = E$: 이는 마치 $1^n = 1$과 같이 계산하는 것과 비슷하다.

③ $(kE)^n = k^n E^n = k^n E$ (단, k는 실수)

설명

• 이차 정사각행렬 A와 단위행렬 E에 대하여

$$AE = EA = A \text{가 성립하는지 확인해보자.}$$

두 행렬 $A = \begin{pmatrix} a & b \\ c & d \end{pmatrix}$, $E = \begin{pmatrix} 1 & 0 \\ 0 & 1 \end{pmatrix}$에 대하여

$$AE = \begin{pmatrix} a & b \\ c & d \end{pmatrix} \begin{pmatrix} 1 & 0 \\ 0 & 1 \end{pmatrix} = \begin{pmatrix} a & b \\ c & d \end{pmatrix} = A$$

$$EA = \begin{pmatrix} 1 & 0 \\ 0 & 1 \end{pmatrix} \begin{pmatrix} a & b \\ c & d \end{pmatrix} = \begin{pmatrix} a & b \\ c & d \end{pmatrix} = A$$

즉, $AE = EA = A$가 성립한다.

• $(-2E)^4 = (-2)^4 E^4 = 16E$

? 생각 Point

- $\begin{pmatrix} k & 0 \\ 0 & k \end{pmatrix}$꼴의 행렬은 단위행렬 E를 활용하여 표현해두자.
- $E = E^{\boxed{2}}$, $A = A\boxed{E}$와 같이 변형할 수도 있다.

설명

$\begin{pmatrix} k & 0 \\ 0 & k \end{pmatrix}$꼴의 행렬은

$$\begin{pmatrix} k & 0 \\ 0 & k \end{pmatrix} = k\begin{pmatrix} 1 & 0 \\ 0 & 1 \end{pmatrix} = kE$$

와 같이 변형하여 단위행렬 E의 특징을 함께 활용하는 것이 좋다.

❷ 단위행렬을 포함한 식의 전개

생각 | 이해 ┅•• 암기 | 적용

정사각행렬 A와 같은 꼴인 단위행렬 E에 대하여

$$AE = EA = A$$

가 성립함을 떠올려보자. 여기서 $AE = EA$가 성립한다는 것은

단위행렬 E와 정사각행렬의 곱셈에서는 교환법칙이 성립한다

는 말과 같다. 즉,

? 생각 Point

단위행렬 E와 정사각행렬의 곱에 관한 식은
다항식처럼 전개하고 인수분해할 수 있다.

설명

예를 들어, 단위행렬 E와 이차 정사각행렬 A에 대하여
$(2A - 3E)(A + 2E)$는 다음과 같이 다항식처럼 전개할 수 있다.

$$(2A - 3E)(A + 2E) = 2A^2 + AE - 6E^2 = 2A^2 + A - 6E$$

또, $A^2 - 2A + E$는 다음과 같이 다항식처럼 인수분해할 수 있다.

$$A^2 - 2A + E = A^2 - 2AE + E^2 = (A - E)^2$$

06 행렬에 관한 등식을 다룰 때 주의해야 하는 점 ★

생각 | 이해 ••• 암기 | 적용

① 일반적으로 행렬의 곱셈은 교환법칙이 성립하지 않는다. ➜ 일반적으로 $AB \neq BA$ 이다.

예) $(A - B)(A + B) = A^2 - B^2$ [틀린 계산]

$(A - B)(A + B) = A^2 + \boldsymbol{AB - BA} - B^2$ [옳은 계산]

② 행렬의 곱셈에서 분배법칙을 적용하거나 행렬에 관한 식을 인수분해할 때
<u>행렬이 곱해진 위치까지 고려해야 한다.</u>

예) $(B + C)A = AB + AC$ [틀린 계산] $A^2 + BA = A(A + B)$ [틀린 계산]

$(B + C)\boldsymbol{A} = B\boldsymbol{A} + C\boldsymbol{A}$ [옳은 계산] $A^2 + BA = (A + B)\boldsymbol{A}$ [옳은 계산]

③ 행렬에 관한 등식의 양변에, 곱이 정의되는 같은 행렬을 곱할 수 있다.
이때 같은 행렬을 양변의 <u>같은 위치에</u> 곱해야 한다.

예) $B = C$ ➜ "양변에 행렬 A를 곱하자." ➜ $AB = CA$ [틀린 계산]

$B = C$ ➜ "양변에 행렬 A를 <u>같은 위치에</u> 곱하자." ➜ $A\boldsymbol{B} = A\boldsymbol{C}$ 또는 $\boldsymbol{B}A = \boldsymbol{C}A$ [옳은 계산]

④ 일반적으로 $(AB)^2 = A^2 B^2$이 아니다. $(AB)^2 = ABAB$이다.

⑤ 행렬에 관한 식을 인수분해할 때, (행렬＋실수) 꼴이 나오도록 변형할 수 <u>없다.</u>

예) $A^2 - 2A = A(A - \boxed{2})$ [틀린 계산]

$A^2 - 2A = A^2 - 2A\boldsymbol{E} = A(A - 2\boldsymbol{E})$ [옳은 계산]

생각 | 이해 ••• 암기 | 적용

❓ 생각 Point

행렬에 관한 등식의 양변을 제곱해도 상관없다.

설명

예를 들어, 행렬에 관한 등식 $A + B = AB$의 양변을 제곱하여

$$(A + B)^2 = (AB)^2 \rightarrow A^2 + AB + BA + B^2 = ABAB$$

와 같이 변형해도 상관없다. 등식 $A + B = AB$의 양변을 제곱했다는 것은 아래와 같이 $A + B = AB$의 양변의 같은 위치에 행렬 $A + B$를 곱한 것과 같기 때문이다.

$$(A + B)(A + B) = (A + B)AB \rightarrow (A + B)^2 = AB\,AB \rightarrow (A + B)^2 = (AB)^2$$

더 알아보기 **행렬의 곱셈에서 교환법칙이 성립함을 알려주는 상황**

행렬의 곱셈은 일반적으로 교환법칙이 성립하지 않지만, 문제에 아래와 같은 상황이 제시된다면, 행렬의 곱셈에서 교환법칙이 성립하게 된다.

① $AB = BA$
② 행렬에 관한 식이 다항식처럼 전개되거나 인수분해된다.
③ $\square A + \triangle B = E$ (단, □, △에는 실수만 들어올 수 있다.)

설명

• ②에 대한 설명

행렬에 관한 식이 다항식처럼 전개되거나 인수분해된다는 것은 곧 $AB = BA$임을 의미한다.

예를 들어, $(A + B)^2 = A^2 + 2AB + B^2$이면

$$(좌변) = (A + B)^2 = (A + B)(A + B) = A^2 + AB + BA + B^2$$

으로 변형할 수 있고,

$$(우변) = A^2 + 2AB + B^2$$

이므로,

$$(좌변) = (우변) \Longrightarrow A^2 + AB + BA + B^2 = A^2 + 2AB + B^2 \rightarrow \boxed{AB = BA}$$

가 성립하게 된다.

• ③에 대한 설명

$\square A + \triangle B = E$ 라는 것은 곧 $AB = BA$임을 의미한다.

예를 들어, $A + B = E$이면 $B = E - A$이고, 이를 AB에 대입해보면

$$\boxed{AB} = A(E - A) = \underline{AE - A^2}$$

이다. 그런데,

$$\underline{AE - A^2} = EA - A^2 = (E - A)A로 인수분해할 수 있고, (E - A)A = \boxed{BA}이다.$$

즉, $A + B = E$이면 $\boxed{AB} = \boxed{BA}$가 성립함을 알 수 있다.

두 행렬 $A = \begin{pmatrix} 1 & 0 \\ 3 & -2 \end{pmatrix}$, $B = \begin{pmatrix} 0 & 1 \\ 2 & 0 \end{pmatrix}$에 대하여 행렬 $2A - AB$를 구해보자.

풀이

생각 1 같은 위치에 공통으로 곱해진 행렬을 중심으로 인수분해하자.

$$2A - AB = 2A\,E - A\,B = A\,(2E - B)$$

생각 2 계산을 마무리하자.

- $A = \begin{pmatrix} 1 & 0 \\ 3 & -2 \end{pmatrix}$

- $2E - B = 2\begin{pmatrix} 1 & 0 \\ 0 & 1 \end{pmatrix} - \begin{pmatrix} 0 & 1 \\ 2 & 0 \end{pmatrix} = \begin{pmatrix} 2 & -1 \\ -2 & 2 \end{pmatrix}$

$$\rightarrow A(2E - B) = \begin{pmatrix} 1 & 0 \\ 3 & -2 \end{pmatrix}\begin{pmatrix} 2 & -1 \\ -2 & 2 \end{pmatrix} = \begin{pmatrix} 2 & -1 \\ 10 & -7 \end{pmatrix}$$

★ **예제 08**

두 실수 a, b에 대하여 두 행렬 X, Y를

$$X = \begin{pmatrix} -2 & 2 \\ a & -1 \end{pmatrix}, \quad Y = \begin{pmatrix} -1 & b \\ 3 & 0 \end{pmatrix}$$

이라 하자. $(X + Y)(X - Y) = X^2 - Y^2$일 때, a, b의 값을 구해보자.

풀이

생각 1 조건 $(X + Y)(X - Y) = X^2 - Y^2$의 의미를 생각하자.

조건 $(X + Y)(X - Y) = X^2 - Y^2$을 보고

"$(X + Y)(X - Y)$가 마치 다항식처럼 전개되었네 ?"

라고 생각할 수 있어야 한다.

이렇게 두 행렬 X, Y에 관한 식이 다항식처럼 전개되었다는 것은

두 행렬 X, Y의 곱셈에서 교환법칙이 성립한다는 의미이다.

즉, $XY = YX$가 성립한다는 의미이다.

생각 2 $XY = YX$임을 이용하자.

- $XY = \begin{pmatrix} -2 & 2 \\ a & -1 \end{pmatrix}\begin{pmatrix} -1 & b \\ 3 & 0 \end{pmatrix} = \begin{pmatrix} 8 & -2b \\ -a-3 & ab \end{pmatrix}$

- $YX = \begin{pmatrix} -1 & b \\ 3 & 0 \end{pmatrix}\begin{pmatrix} -2 & 2 \\ a & -1 \end{pmatrix} = \begin{pmatrix} 2+ab & -b-2 \\ -6 & 6 \end{pmatrix}$ 이므로,

$$XY = YX \rightarrow \begin{pmatrix} 8 & -2b \\ -a-3 & ab \end{pmatrix} = \begin{pmatrix} 2+ab & -b-2 \\ -6 & 6 \end{pmatrix} \rightarrow ab = 6,\ b = 2 \rightarrow \therefore\ a = 3,\ b = 2$$

유제
682

행렬 $A = \begin{pmatrix} -2 & 0 \\ 1 & -1 \end{pmatrix}$에 대하여 행렬 $A^2 - A$의 모든 성분의 합을 구하시오.

유제
683

두 이차 정사각행렬 $X = \begin{pmatrix} 0 & a \\ 2b & -3 \end{pmatrix}$, $Y = \begin{pmatrix} 1 & 0 \\ 2 & 0 \end{pmatrix}$이

$(X - Y)^2 = X^2 - 2XY + Y^2$을 만족시킬 때, $a + b$의 값을 구하시오.

(단, a, b는 실수이다.)

유제
684

두 실수 x, y에 대하여 행렬 $X = \begin{pmatrix} -1 & x \\ y & 2 \end{pmatrix}$가 $X^2 = X$이고

$x^2 + y^2 = 5$일 때, $(x + y)^2$의 값을 구하시오.

유제
685

두 행렬 A, B에 대하여 $A + B = \begin{pmatrix} 1 & -1 \\ -2 & 3 \end{pmatrix}$, $A - B = \begin{pmatrix} -3 & 1 \\ 2 & -5 \end{pmatrix}$일 때,

행렬 $A^2 - AB$를 구하시오.

유제
686

행렬 $X = \begin{pmatrix} 2 & -1 \\ 3 & -2 \end{pmatrix}$에 대하여 행렬 $X^3 + X^2$의 모든 성분의 합을 구하시오.

유제
687

두 이차 정사각행렬 $A = \begin{pmatrix} 3 & 1 \\ -1 & -2 \end{pmatrix}$, $B = \begin{pmatrix} -2 & -1 \\ 1 & 3 \end{pmatrix}$에 대하여

행렬 $(A + B)^2$의 모든 성분의 합을 구하시오.

유제 688

이차 정사각행렬 A, B에 대하여

$A - B = \begin{pmatrix} -3 & -1 \\ -1 & 2 \end{pmatrix}$, $AB + BA = \begin{pmatrix} 2 & -1 \\ 3 & 1 \end{pmatrix}$ 가 성립할 때,

행렬 $A^2 + B^2$의 모든 성분의 합을 구하시오.

유제 689

행렬 $A = \begin{pmatrix} 0 & -2 \\ -2 & 0 \end{pmatrix}$에 대하여 $A^3 = kA$일 때, 실수 k의 값을 구하시오.

07 행렬에 관한 문항의 출제 패턴 정리

1 거듭제곱 지수가 매우 큰 행렬이 등장하는 경우

구하는 행렬이 A^8, A^{50}, A^{100} 등과 같으면 원하는 행렬이 나올 때까지 거듭제곱을 하나씩 계산하기에는 너무 번거롭다. 따라서, 구하는 행렬을 얻기 위해 일일이 거듭제곱을 계산하기 어려운 문항의 경우, 일반적으로 다음의 두 가지 패턴 중 하나로 해결할 가능성이 높다.

패턴 1 행렬을 거듭제곱하다 보면, 각 성분이 일정한 규칙을 따라 변한다.

설명

행렬 $A = \begin{pmatrix} 1 & 2 \\ 0 & 1 \end{pmatrix}$의 경우, 아래와 같이 계속 거듭제곱하다 보면

$$A^1 = \begin{pmatrix} 1 & \boxed{2} \\ 0 & 1 \end{pmatrix}$$

$$A^2 = \begin{pmatrix} 1 & 2 \\ 0 & 1 \end{pmatrix}\begin{pmatrix} 1 & 2 \\ 0 & 1 \end{pmatrix} = \begin{pmatrix} 1 & \boxed{4} \\ 0 & 1 \end{pmatrix}$$

$$A^3 = A^2 A^1 = \begin{pmatrix} 1 & 4 \\ 0 & 1 \end{pmatrix}\begin{pmatrix} 1 & 2 \\ 0 & 1 \end{pmatrix} = \begin{pmatrix} 1 & \boxed{6} \\ 0 & 1 \end{pmatrix}, \cdots$$

행렬 A를 하나씩 거듭제곱할 때마다

$(1, 2)$ 성분은 2씩 증가하고, 나머지 성분들은 변하지 않는 규칙성

이 있음을 파악할 수 있다.

패턴 2 행렬을 거듭제곱하다 보면, 단위행렬 E를 포함하는 형태로 나타낼 수 있다.

설명

행렬 $A = \begin{pmatrix} 1 & -2 \\ 1 & -1 \end{pmatrix}$의 경우, 아래와 같이 계속 거듭제곱하다 보면

$$A^1 = \begin{pmatrix} 1 & -2 \\ 1 & -1 \end{pmatrix}$$

$$A^2 = \begin{pmatrix} 1 & -2 \\ 1 & -1 \end{pmatrix}\begin{pmatrix} 1 & -2 \\ 1 & -1 \end{pmatrix} = \begin{pmatrix} -1 & 0 \\ 0 & -1 \end{pmatrix} = \boxed{-E}$$

단위행렬 E를 포함하는 형태로 나타낼 수 있음을 파악할 수 있다.

추가로, $A^2 = -E$의 양변을 제곱해보면

$$(A^2)^2 = (-E)^2 \ \blacktriangleright \ A^4 = E$$

임을 알 수 있고, $A^4 = E$임을 이용하면 A^{100}처럼 일일이 거듭제곱하기 힘든 행렬을

$$A^{100} = (\boxed{A^4})^{25} = \boxed{E}^{25} = E$$

와 같이 간단히 변형하여 다룰 수 있다.

★ **예제 09**

행렬 $A = \begin{pmatrix} 1 & 2 \\ 0 & 1 \end{pmatrix}$에 대하여 행렬 A^{50}의 모든 성분의 합을 구해보자.

풀이

행렬 A^{50}은 거듭제곱 지수가 50으로 매우 크므로

$$A^{50}\text{을 일일이 계산하는 것은 현실적으로 어렵다.}$$

따라서 **행렬을 거듭제곱하다 보면**

- **행렬의 각 성분이 규칙적으로 변하거나**
- **단위행렬 E를 포함하는 형태로 표현될 것**

임을 예상하고 A^2, A^3, A^4 정도만 직접 계산해보자.

생각 1 A^2, A^3, A^4 **정도만 직접 계산해보자.**

$$A^1 = \begin{pmatrix} 1 & \boxed{2} \\ 0 & 1 \end{pmatrix}$$

$$A^2 = \begin{pmatrix} 1 & 2 \\ 0 & 1 \end{pmatrix}\begin{pmatrix} 1 & 2 \\ 0 & 1 \end{pmatrix} = \begin{pmatrix} 1 & \boxed{4} \\ 0 & 1 \end{pmatrix}$$

$$A^3 = A^2 A^1 = \begin{pmatrix} 1 & 4 \\ 0 & 1 \end{pmatrix}\begin{pmatrix} 1 & 2 \\ 0 & 1 \end{pmatrix} = \begin{pmatrix} 1 & \boxed{6} \\ 0 & 1 \end{pmatrix}$$

$$A^4 = (A^2)^2 = \begin{pmatrix} 1 & 4 \\ 0 & 1 \end{pmatrix}\begin{pmatrix} 1 & 4 \\ 0 & 1 \end{pmatrix} = \begin{pmatrix} 1 & \boxed{8} \\ 0 & 1 \end{pmatrix}$$

즉, 행렬 A를 하나씩 거듭제곱할 때마다

$$(1, 2)\text{ 성분은 2씩 증가하고 나머지 성분들은 변하지 않는 규칙성}$$

이 있음을 파악할 수 있다.

생각 2 **파악한 규칙성을 체계화하여 A^{50}을 계산하자.**

파악한 규칙성은 아래와 같이 체계화할 수 있다.

$$A^{\boxed{1}} = \begin{pmatrix} 1 & 2 \\ 0 & 1 \end{pmatrix} = \begin{pmatrix} 1 & 2\boxed{\times 1} \\ 0 & 1 \end{pmatrix}$$

$$A^{\boxed{2}} = \begin{pmatrix} 1 & 4 \\ 0 & 1 \end{pmatrix} = \begin{pmatrix} 1 & 2\boxed{\times 2} \\ 0 & 1 \end{pmatrix}$$

$$A^{\boxed{3}} = \begin{pmatrix} 1 & 6 \\ 0 & 1 \end{pmatrix} = \begin{pmatrix} 1 & 2\boxed{\times 3} \\ 0 & 1 \end{pmatrix}$$

$$A^{\boxed{4}} = \begin{pmatrix} 1 & 8 \\ 0 & 1 \end{pmatrix} = \begin{pmatrix} 1 & 2\boxed{\times 4} \\ 0 & 1 \end{pmatrix}$$

$$\rightarrow A^{\boxed{n}} = \begin{pmatrix} 1 & 2\boxed{\times n} \\ 0 & 1 \end{pmatrix}$$

즉, $A^{\boxed{50}} = \begin{pmatrix} 1 & 2\boxed{\times 50} \\ 0 & 1 \end{pmatrix} = \begin{pmatrix} 1 & 100 \\ 0 & 1 \end{pmatrix}$ → $\therefore$ A^{50}의 모든 성분의 합은 102

★ **예제** 10

행렬 A가 $A = \begin{pmatrix} 1 & -2 \\ 1 & -1 \end{pmatrix}$일 때, 행렬 A^{100}을 구해보자.

풀이

행렬 A^{100}은 거듭제곱 지수가 100으로 매우 크므로

$$A^{100}$$을 일일이 계산하는 것은 현실적으로 힘들다.

따라서 **행렬을 거듭제곱하다보면**

- **행렬의 각 성분이 규칙적으로 변하거나**
- **단위행렬 E를 포함하는 형태로 표현될 것**

임을 예상하고 A^2, A^3, A^4 정도만 직접 계산해보자.

생각 1 A^2, A^3, A^4 **정도만 직접 계산해보자.**

$$A^1 = \begin{pmatrix} 1 & -2 \\ 1 & -1 \end{pmatrix}$$

$$A^2 = \begin{pmatrix} 1 & -2 \\ 1 & -1 \end{pmatrix}\begin{pmatrix} 1 & -2 \\ 1 & -1 \end{pmatrix} = \begin{pmatrix} -1 & 0 \\ 0 & -1 \end{pmatrix} = \boxed{-E}$$

A^2이 단위행렬 E를 포함하는 형태로 표현되었으니 굳이 A^3나 A^4를 계산하지 말고

$$A^2 = -E$$임을 활용하자.

$A^2 = -E$의 양변을 제곱해보면

$$(A^2)^2 = (-E)^2 \rightarrow A^4 = E$$

임을 알 수 있고, 이를 활용하면 A^{100}을 간단히 할 수 있다.

생각 2 $A^4 = E$**를 활용하여** A^{100}**을 간단히 하자.**

$$A^{100} = (\boxed{A^4})^{25} = \boxed{E}^{25} = E$$

$$\therefore \quad A^{100} = E = \begin{pmatrix} 1 & 0 \\ 0 & 1 \end{pmatrix}$$

유제 690 행렬 $X = \begin{pmatrix} 1 & 0 \\ 3 & 1 \end{pmatrix}$에 대하여 X^{10}의 모든 성분의 합을 구하시오.

유제 691 행렬 $A = \begin{pmatrix} 1 & 2 \\ 1 & -1 \end{pmatrix}$일 때, 행렬 A^7의 모든 성분의 합을 구하시오.

유제 692 행렬 $A = \begin{pmatrix} 2 & -1 \\ 5 & -2 \end{pmatrix}$에 대하여 행렬 A^{2025}를 구하시오.

유제 693

행렬 $A = \begin{pmatrix} -2 & 3 \\ -1 & 2 \end{pmatrix}$에 대하여 등식 $A^{1004} \begin{pmatrix} x \\ y \end{pmatrix} = \begin{pmatrix} 2 \\ 5 \end{pmatrix}$이 성립할 때,

두 실수 x, y의 합 $x+y$의 값을 구하시오.

유제 694

행렬 $A = \begin{pmatrix} 0 & 1 \\ -1 & 2 \end{pmatrix}$에 대하여 행렬 A^n의 제2행의 두 성분의 차가 27이

되도록 하는 자연수 n의 값을 구하시오.

유제 695

행렬 $A = \begin{pmatrix} 2 & 5 \\ -1 & -2 \end{pmatrix}$에 대하여 행렬 $A + A^5 + A^9 + A^{13}$의 모든 성분의 합을 구하시오.

유제 696

행렬 $A = \begin{pmatrix} 1 & 0 \\ 2 & 1 \end{pmatrix}$에 대하여 A^n의 모든 성분의 합이 52일 때, 자연수 n의 값을 구하시오.

유제 697

행렬 $X = \begin{pmatrix} 3 & 5 \\ -2 & -3 \end{pmatrix}$에 대하여 $X + X^2 + X^3 + X^4 + X^5 + X^6$을 계산하시오.

유제 698

두 행렬 $A = \begin{pmatrix} 1 & -1 \\ 0 & 1 \end{pmatrix}$, $B = \begin{pmatrix} 1 & -7 \\ 0 & -1 \end{pmatrix}$에 대하여 $A^{100}B$의 모든 성분의 합을 구하시오.

기본 기출문제

유제 699

행렬 $A = \begin{pmatrix} 2 & 3 \\ -1 & -1 \end{pmatrix}$에 대하여 행렬 $A + A^2 + A^3 + \cdots + A^{100}$을 구하시오.

유제 700

기본 기출문제

행렬 $A = \begin{pmatrix} 1 & -2 \\ -1 & 2 \end{pmatrix}$에 대하여 $A + A^2 + A^3 + A^4 + A^5 = kA$일 때,

상수 k의 값을 구하시오.

② 행렬의 관계식들을 활용하여 구하는 행렬을 간단하게 변형하기

생각 | 이해 ● ● 암기 | 적용

> **※ 참고**
>
> 공식적인 수학적 용어는 아니지만, $A^2 - A + E = O$와 같은 식을 편의상
> **행렬에 관한 이차식**이라고 부르겠다.

2-1 빈출되는 행렬에 관한 식

① **행렬에 관한 이차식**

예) $A^2 - A + E = O$, $B^2 + 2B = O$

② **두 행렬의 합과 곱에 관한 식**

예) $A + B = E$, $AB = O$ / $A + B = -E$, $AB = E$

③ **곱행렬의 거듭제곱**

예) $(AB)^2$, $(ABA)^2$

(단, A, B는 모두 이차 정사각행렬, O는 영행렬, E는 단위행렬)

2-2 행렬에 관한 식을 다루는 패턴

① **행렬에 관한 이차식을 다루는 패턴**

패턴 1 $A^2 = \sim$ 꼴로 변형하여 행렬의 거듭제곱을 간단하게 변형할 때 사용한다.

설명

예를 들어, 행렬 A에 대해 $A^2 - A + E = O$가 성립할 때, 이를 이용하여 행렬 $A^3 + A^2$을 다음과 같이 간단하게 변형할 수 있다.

$$A^2 - A + E = O \ \Rightarrow \ A^2 = A - E \text{와 같이 변형한다면,}$$

$$A^3 + A^2 = A^2 A + A^2 = (A - E)A + (A - E) = A^2 - E = (A - E) - E = A - 2E$$

즉, $A^3 + A^2 = A - 2E$로 간단하게 변형할 수 있다.

패턴 2 $A^2 = \sim$ 꼴로 변형하여 거듭제곱 지수가 매우 큰 행렬을 단위행렬 E를 포함한 형태로 표현할 때 사용한다.

설명

예를 들어, 행렬 A에 대해 $A^2 - A + E = O$가 성립할 때, 이를 이용하여 A^{2025}와 같이 거듭제곱 지수가 매우 큰 행렬을 다음과 같이 간단하게 변형할 수 있다.

$$A^2 - A + E = O \ \Rightarrow \ A^2 = A - E \text{와 같이 변형할 수 있고,}$$

이를 통해 A^3을 구해보면

$$A^2 = A - E \text{의 양변에} \times A \ \Rightarrow \ A^3 = \underbrace{A(A - E)}_{= A^2 - A} \ \Rightarrow \ A^3 = \underbrace{(A - E) - A}_{= -E}$$

즉, $A^3 = -E$ ➔ $A^6 = E$ 이므로,

행렬 A^{2025}을 $A^{2025} = (\boxed{A^6})^{337} A^3 = EA^3 = A^3 = -E$ 와 같이 간단하게 변형할 수 있다.

② 두 행렬의 합과 곱에 관한 식을 다루는 패턴

패턴 두 행렬의 합과 곱에 관한 식을 이용하여

(1) $AB = BA$, (2) 행렬에 관한 이차식

을 만든 후, 이를 이용하여 식을 변형한다.

설명

예를 들어, 두 이차 정사각행렬 A, B가 $\underbrace{A + B}_{\text{두 행렬의 합}} = -E$, $\underbrace{AB}_{\text{두 행렬의 곱}} = E$를 만족시킬 때,

두 행렬 A, B의 합과 곱에 관한 두 식을 각각 다음과 같이 변형하여 다룰 수 있다.

- $A + B = -E$ ➔ $-A - B = E$ ➔ $AB = BA$
- $A + B = -E$ ➔ $B = -A - E$로 변형 후 $AB = E$에 대입 ➔ $A(-A-E) = E$ ➔ $\underline{A^2 = -A - E}$

같은 과정을 거쳐 $\underline{B^2 = -B - E}$임도 알 수 있다.

이때, $\underline{AB = BA}$를 통해서는

행렬에 곱에 관한 식을 다항식처럼 전개하고 인수분해할 수 있음

을 떠올리면 되고,

행렬에 관한 이차식인 $\underline{A^2 = -A - E}$, $\underline{B^2 = -B - E}$은

- 행렬의 거듭제곱을 간단하게 변형하거나
- 주어진 행렬을 단위행렬 E를 포함한 형태로 표현

할 때 사용하면 된다.

③ 곱행렬의 거듭제곱을 다루는 패턴

패턴 $(AB)^2$, $(ABA)^2$과 같은 곱행렬의 거듭제곱은

$(AB)^2 = A\,BA\,B$

$(ABA)^2 = AB\,AA\,BA$

와 같이 풀어 쓰고, 파란 부분을 중심으로 식을 변형한다.

설명

예를 들어, 행렬 A, B에 대하여 $A^2 = E$, $B^2 = B$일 때, $\underbrace{(ABA)^2}_{\text{곱행렬의 거듭제곱}}$ 을 간단히 해보자.

$$(ABA)^2 = AB\,AA\,BA = AB\,A^2\,BA = AB\,E\,BA = A\,BB\,A = A\,B^2\,A = ABA$$

즉, $(ABA)^2 = ABA$로 변형할 수 있다.

④ 행렬에 관한 식을 변형하는 기본적인 방향성

패턴 주어진 조건과 구하는 행렬의 모양을 비슷하게 만들겠다는 목표 를 가지고 행렬에 관한 식을 변형하기

> **예시** 두 이차 정사각행렬 A, B에 대하여 $A^2 + A = E$, $AB = 2E$일 때, B^2을 A와
>
> E을 포함한 형태로 나타내보자.

행렬에 관한 이차식 $A^2 + A = E$이 등장했으니

$$A^2 + A = E \;\blacktriangleright\; A^2 = E - A$$

로 변형하여 • **행렬의 거듭제곱을 간단하게 변형할 때 사용**하거나

            • **주어진 행렬을 단위행렬 E를 포함한 형태로 나타낼 때 사용**

할 수 있겠다. 하지만 구하는 행렬 B^2을 간단히 할 때는 $A^2 = E - A$을 이용할 수 없으니,

조건 $A^2 + A = E$, $AB = 2E$와 구하는 행렬 B^2의 모양을 비슷하게 만들겠다는 목표

를 가지고 식을 변형해보자.

조건 $A^2 + A = E$, $AB = 2E$에 구하는 행렬인 B^2과 비슷한 모양이 최대한 드러나도록 식을 변형하는 방법은 다음의 두 가지 정도가 있겠다.

방법 1 $AB = 2E$의 양변을 제곱해본다.

$$AB = 2E \text{의 양변을 제곱} \;\blacktriangleright\; (AB)^2 = (2E)^2 \;\blacktriangleright\; ABAB = 4E$$

이때, $ABAB = 4E$로는 더 이상 할 수 있는 것이 없으니 다른 방법을 고려하자.

방법 2 $A^2 + A = E$의 양변에 B를 곱한다.

이때, 조건식 $AB = 2E$도 함께 사용할 수 있도록 양변의 <u>오른쪽에</u> B를 곱하자.

$A^2 + A = E$의 양변의 오른쪽에 B를 곱하면,

$$(A^2 + A)\textcolor{blue}{B} = E\textcolor{blue}{B} \;\blacktriangleright\; A^2B + AB = B \;\blacktriangleright\; AAB + AB = B$$

이제 예상대로 $AB = 2E$를 대입할 수 있다.

$$A\underbrace{AB}_{=2E} + \underbrace{AB}_{=2E} = B \;\blacktriangleright\; 2A + 2E = B$$

즉, $B^2 = (2A + 2E)^2 = 4A^2 + 8A + 4E$으로 변형할 수 있고,

이 식은 행렬에 관한 이차식 $A^2 = E - A$를 이용하여 더 간단히 변형할 수 있다.

$$4A^2 + 8A + 4E = 4(E - A) + 8A + 4E = 4A + 8E$$

$$\therefore \; B^2 = 4A + 8E$$

Tip 행렬에 관한 등식의 **양변의 같은 위치에 적절한 행렬을 곱하면**

주어진 조건과 구하는 행렬의 모양을 비슷하게 만들 수 있는 경우가 많다.

★ **예제 11**

두 이차 정사각행렬 A, B가 $A + B = E$, $AB = E$를 만족시킬 때, 행렬 $A^{100} + B^{100}$을 구해보자. (단, E는 단위행렬이다.)

풀이

생각 1 $A + B = E$, $AB = E$를 활용하여

$$(1)\ AB = BA,\ (2)\ 행렬에\ 관한\ 이차식$$

을 만들자.

(1) $AB = BA$ 만들기

$$A + B = E$$이므로 $\underline{AB = BA}$임을 알 수 있다.

이를 통해 A, B의 곱셈에 관한 식을 다항식처럼 전개하고 인수분해할 수 있음을 인식하자.

(2) 행렬에 관한 이차식 만들기

$A + B = E$ ➔ $B = E - A$로 변형 후 $AB = E$에 대입하면,

$$A(E - A) = E ➔ \underline{A^2 = A - E}$$

같은 과정을 거쳐 $\underline{B^2 = B - E}$임도 알 수 있다.

생각 2 구하는 행렬의 거듭제곱 지수가 매우 크니 행렬 A, B를 단위행렬 E를 포함한 형태로 나타내자.

$A^2 = A - E$를 중심으로, 행렬 A의 거듭제곱을 차례로 구해보면

$$A^3 = A^2 A = (A - E)A = A^2 - A = (A - E) - A = \boxed{-E}$$

즉, $A^3 = -E$ ➔ $A^6 = E$이므로,

$$A^6 = E$$를 중심으로 A^{100}을 간단히 하자.

$$A^{100} = (\boxed{A^6})^{16} A^4 = (E)^{16} A^4 = A^4 = A^3 A = (-E)A = -A$$

즉, $A^{100} = -A$로 간단히 변형할 수 있고,

B^{100}도 같은 과정을 거쳐 $B^{100} = -B$로 간단히 변형할 수 있다.

$$\therefore\ A^{100} + B^{100} = -A - B = -(A + B) = -E$$

유제 701

두 이차 정사각행렬 A, B가 $A + B = E$, $AB = O$를 만족할 때,
행렬 $A^{10} + B^{10}$을 간단히 하시오. (단, E는 단위행렬, O는 영행렬이다.)

유제 702

두 이차 정사각행렬 A, B가

$$A + B = E, \ (A - E)(B - E) = E$$

를 만족시킬 때, $A^{30} + B^{30}$의 모든 성분의 합을 구하시오.
(단, E는 단위행렬이다.)

유제 703

이차 정사각행렬 A는 모든 성분의 합이 10이고
$A^2 + A^3 = -2A - 2E$를 만족시킨다. 행렬 $A^4 + A^5$의 모든 성분의 합을 구하시오.
(단, E는 단위행렬이다.)

유제 704

영행렬이 아닌 두 이차 정사각행렬 A, B가

$$A^2 - A = -E, \ B^2 = -2B$$

을 만족시킬 때, $A^7 B^7 = kAB$이 성립하도록 하는 실수 k의 값을 구하시오.
(단, E는 단위행렬이고, O는 영행렬이다.)

유제 705

단위행렬의 실수배가 아닌 이차 정사각행렬 X에 대하여
$(X+E)^2 = 3X + 2E$가 성립하면 $(E-X)^3 = aX + bE$이다.
두 실수 a, b에 대하여 $a+b$의 값을 구하시오. (단, E는 단위행렬이다.)

유제
706

영행렬이 아닌 두 이차 정사각행렬 A, B에 대하여
$A + B = E$, $AB = O$일 때, 행렬 X를 $X = 2A - B$라 하면
$X^3 = aA + bB$이다. 실수 a, b에 대하여 $10a + b$의 값을 구하시오.
(단, E는 단위행렬이고, O는 영행렬이다.)

유제
707

기본 기출문제
난이도 UP

이차 정사각행렬 A와 B에 대하여 옳은 것만을 [보기]에서 있는 대로 고르시오.
(단, O는 영행렬이고, E는 단위행렬이다.)

————— [보기] —————

ㄱ. $(A + B)^2 = (A - B)^2$이면 $AB = O$이다.

ㄴ. $A^2 = E$, $B^2 = B$이면 $(ABA)^2 = ABA$이다.

ㄷ. $A(A + E) = E$, $AB = -E$이면 $B^2 = A + 2E$이다.

❸ $A\begin{pmatrix}\square\\\triangle\end{pmatrix}$꼴의 조건 다루기

생각 | 이해 ● ● 암기 | 적용

패턴 1 주어진 조건과 구하는 행렬의 모양을 비슷하게 만들겠다는 목표
를 가지고 행렬에 관한 식을 변형하기

Tip 행렬에 관한 등식에서 **양변의 같은 위치에 적절한 행렬을 곱하면**
조건과 구하는 행렬의 모양을 비슷하게 만들 수 있는 경우가 많다.

★ **예제 12**

두 이차 정사각행렬 A, B가

$$AB + A = E, \quad AB\begin{pmatrix}2\\3\end{pmatrix} = \begin{pmatrix}0\\3\end{pmatrix}$$

을 만족시킬 때, $(B+E)\begin{pmatrix}x\\y\end{pmatrix} = B\begin{pmatrix}2\\3\end{pmatrix}$을 만족시키는 두 실수 x, y의 값을 구해보자.

풀이

생각 1 주어진 조건과 구하는 행렬의 모양을 비슷하게 만드는 방법에 대해 고민하자.

주어진 조건 : $AB + A = E$, $AB\begin{pmatrix}2\\3\end{pmatrix} = \begin{pmatrix}0\\3\end{pmatrix}$과 **구하는 행렬 :** $(B+E)\begin{pmatrix}x\\y\end{pmatrix} = B\begin{pmatrix}2\\3\end{pmatrix}$

의 모양을 비슷하게 만들기 위한 방법에 대해 고민하다보면 아래와 같은 공통된 부분이 눈에 들어올 것이다.

주어진 조건 : $AB + A = E$, $A\boxed{B\begin{pmatrix}2\\3\end{pmatrix}} = \begin{pmatrix}0\\3\end{pmatrix}$

구하는 행렬 : $(B+E)\begin{pmatrix}x\\y\end{pmatrix} = \boxed{B\begin{pmatrix}2\\3\end{pmatrix}}$

이때,

$(B+E)\begin{pmatrix}x\\y\end{pmatrix} = \boxed{B\begin{pmatrix}2\\3\end{pmatrix}}$의 양변의 왼쪽에 A를 곱하면 $A\boxed{B\begin{pmatrix}2\\3\end{pmatrix}} = \begin{pmatrix}0\\3\end{pmatrix}$을 대입할 수 있음

을 생각할 수 있다.

생각 2 생각한 대로 시도해보자.

$(B+E)\begin{pmatrix}x\\y\end{pmatrix} = B\begin{pmatrix}2\\3\end{pmatrix}$의 양변의 왼쪽에 행렬 A를 곱하자. ➔ $A(B+E)\begin{pmatrix}x\\y\end{pmatrix} = AB\begin{pmatrix}2\\3\end{pmatrix}$

이제 좌변은 마저 전개하고, 우변에는 $AB\begin{pmatrix}2\\3\end{pmatrix} = \begin{pmatrix}0\\3\end{pmatrix}$을 대입해보자.

$\underset{=AB+A}{\underline{A(B+E)}}\begin{pmatrix}x\\y\end{pmatrix} = \underset{=\begin{pmatrix}0\\3\end{pmatrix}}{\underline{A B\begin{pmatrix}2\\3\end{pmatrix}}}$ ➔ $\underset{=E}{\underline{(AB+A)}}\begin{pmatrix}x\\y\end{pmatrix} = \begin{pmatrix}0\\3\end{pmatrix}$ ➔ $\begin{pmatrix}x\\y\end{pmatrix} = \begin{pmatrix}0\\3\end{pmatrix}$

주어진 조건과 구하는 행렬의 모양을 비슷하게 만들다보니, $x = 0$, $y = 3$임을 알게 되었다.

패턴 2 이차 정사각행렬 A에 대하여 $A\begin{pmatrix}1\\2\end{pmatrix}=\begin{pmatrix}4\\1\end{pmatrix}$, $A\begin{pmatrix}3\\-1\end{pmatrix}=\begin{pmatrix}-3\\-1\end{pmatrix}$일 때,

$$A\begin{pmatrix}x\\y\end{pmatrix}=\begin{pmatrix}-2\\-1\end{pmatrix}$$을 만족하는 실수 x, y의 값 구하기

[단계 1] 조건으로 주어진 등식의 양변에 각각 미지수 곱하기

$A\begin{pmatrix}1\\2\end{pmatrix}=\begin{pmatrix}4\\1\end{pmatrix}$의 양변에 a를 곱하면 ➜ $A\begin{pmatrix}a\\2a\end{pmatrix}=\begin{pmatrix}4a\\a\end{pmatrix}$

$A\begin{pmatrix}3\\-1\end{pmatrix}=\begin{pmatrix}-3\\-1\end{pmatrix}$의 양변에 b를 곱하면 ➜ $A\begin{pmatrix}3b\\-b\end{pmatrix}=\begin{pmatrix}-3b\\-b\end{pmatrix}$

[단계 2] 만든 두 등식을 더하기

두 등식 $A\begin{pmatrix}a\\2a\end{pmatrix}=\begin{pmatrix}4a\\a\end{pmatrix}$, $A\begin{pmatrix}3b\\-b\end{pmatrix}=\begin{pmatrix}-3b\\-b\end{pmatrix}$에서 좌변은 좌변끼리 우변은 우변끼리 더하면

$$A\begin{pmatrix}a\\2a\end{pmatrix}+A\begin{pmatrix}3b\\-b\end{pmatrix}=\begin{pmatrix}4a\\a\end{pmatrix}+\begin{pmatrix}-3b\\-b\end{pmatrix} ➜ A\begin{pmatrix}a+3b\\2a-b\end{pmatrix}=\begin{pmatrix}4a-3b\\a-b\end{pmatrix}$$

[단계 3] 만든 등식을 구하는 행렬과 비슷한 모양이 되도록 만들기

두 조건을 연립하여 만든 등식 $A\begin{pmatrix}a+3b\\2a-b\end{pmatrix}=\begin{pmatrix}4a-3b\\a-b\end{pmatrix}$을 구하는 행렬인 $A\begin{pmatrix}x\\y\end{pmatrix}=\begin{pmatrix}-2\\-1\end{pmatrix}$과 비슷한 모양이

되도록 만들기 위해서는 먼저

두 등식의 **우변**끼리 같도록 만들어야 한다.

즉, $\begin{pmatrix}4a-3b\\a-b\end{pmatrix}=\begin{pmatrix}-2\\-1\end{pmatrix} \implies 4a-3b=-2, a-b=-1$ ➜ $a=1, b=2$

마무리로 $a=1, b=2$를 $A\begin{pmatrix}a+3b\\2a-b\end{pmatrix}=\begin{pmatrix}4a-3b\\a-b\end{pmatrix}$에 대입하면 ➜ $A\underbrace{\begin{pmatrix}7\\0\end{pmatrix}}_{=\begin{pmatrix}x\\y\end{pmatrix}}=\begin{pmatrix}-2\\-1\end{pmatrix}$

$\therefore\ x=7, y=0$

패턴 3 $A\begin{pmatrix} 1 \\ 2 \end{pmatrix} = \begin{pmatrix} 4 \\ 1 \end{pmatrix}$, $A\begin{pmatrix} 3 \\ -1 \end{pmatrix} = \begin{pmatrix} -3 \\ -1 \end{pmatrix}$를 만족시키는 이차 정사각행렬 A를 구해야 할 때는

$$A = \begin{pmatrix} a & b \\ c & d \end{pmatrix}$$로 두고 **연립방정식을 푼다.**

설명

$A = \begin{pmatrix} a & b \\ c & d \end{pmatrix}$로 두고 주어진 두 등식에 대입해보면

$A\begin{pmatrix} 1 \\ 2 \end{pmatrix} = \begin{pmatrix} 4 \\ 1 \end{pmatrix}$ ➡ $\begin{pmatrix} a & b \\ c & d \end{pmatrix}\begin{pmatrix} 1 \\ 2 \end{pmatrix} = \begin{pmatrix} 4 \\ 1 \end{pmatrix}$ ➡ $\begin{pmatrix} a+2b \\ c+2d \end{pmatrix} = \begin{pmatrix} 4 \\ 1 \end{pmatrix}$ ➡ $a+2b=4$ $c+2d=1$

$A\begin{pmatrix} 3 \\ -1 \end{pmatrix} = \begin{pmatrix} -3 \\ -1 \end{pmatrix}$ ➡ $\begin{pmatrix} a & b \\ c & d \end{pmatrix}\begin{pmatrix} 3 \\ -1 \end{pmatrix} = \begin{pmatrix} -3 \\ -1 \end{pmatrix}$ ➡ $\begin{pmatrix} 3a-b \\ 3c-d \end{pmatrix} = \begin{pmatrix} -3 \\ -1 \end{pmatrix}$

➡ $3a-b=-3$, $3c-d=-1$

$a+2b=4$, $3a-b=-3$을 연립하면 ➡ $a=-\dfrac{2}{7}$, $b=\dfrac{15}{7}$

$c+2d=1$, $3c-d=-1$을 연립하면 ➡ $c=-\dfrac{1}{7}$, $d=\dfrac{4}{7}$

$\therefore\ A = \begin{pmatrix} -\dfrac{2}{7} & \dfrac{15}{7} \\ -\dfrac{1}{7} & \dfrac{4}{7} \end{pmatrix}$

이차 정사각행렬 A에 대하여 $A\begin{pmatrix} a \\ b \end{pmatrix}=\begin{pmatrix} 2 \\ 1 \end{pmatrix}$, $A\begin{pmatrix} c \\ d \end{pmatrix}=\begin{pmatrix} -3 \\ -2 \end{pmatrix}$일 때,

행렬 $A\begin{pmatrix} a+2c \\ b+2d \end{pmatrix}$를 구하시오.

기본 기출문제

이차 정사각행렬 A에 대하여 $A\begin{pmatrix} 1 \\ 0 \end{pmatrix}=\begin{pmatrix} 2 \\ 3 \end{pmatrix}$, $A\begin{pmatrix} 0 \\ 1 \end{pmatrix}=\begin{pmatrix} -1 \\ 2 \end{pmatrix}$이다.

$A\begin{pmatrix} 1 \\ 2 \end{pmatrix}=\begin{pmatrix} p \\ q \end{pmatrix}$일 때, $p+q$의 값을 구하시오.

유제
710

기본 기출문제

이차 정사각행렬 A가

$$A^2-A+E=O,\ A\begin{pmatrix} 1 \\ 2 \end{pmatrix}=\begin{pmatrix} 2 \\ 0 \end{pmatrix}$$

을 만족시킬 때, $A\begin{pmatrix} 2 \\ 0 \end{pmatrix}=\begin{pmatrix} p \\ q \end{pmatrix}$를 만족시키는 두 실수 p, q의 값을 구하시오.

유제 711

이차 정사각행렬 A에 대하여 $A\begin{pmatrix} 3a \\ 0 \end{pmatrix} = \begin{pmatrix} -6 \\ 3 \end{pmatrix}$, $A\begin{pmatrix} 0 \\ 4b \end{pmatrix} = \begin{pmatrix} -4 \\ 12 \end{pmatrix}$가 성립할 때,

행렬 $A\begin{pmatrix} a \\ b \end{pmatrix}$를 구하시오.

유제 712

이차 정사각행렬 A에 대하여 $(A - E)^2 = O$, $A\begin{pmatrix} 3 \\ 2 \end{pmatrix} = \begin{pmatrix} 2 \\ 3 \end{pmatrix}$을 만족할 때,

행렬 $A^2\begin{pmatrix} 3 \\ 2 \end{pmatrix}$를 구하시오. (단, O는 영행렬이고, E는 단위행렬이다.)

유제 713

이차 정사각행렬 A에 대하여 $A\begin{pmatrix} 3a \\ 2b \end{pmatrix} = \begin{pmatrix} 5 \\ 7 \end{pmatrix}$, $A\begin{pmatrix} a \\ 2b \end{pmatrix} = \begin{pmatrix} -1 \\ -3 \end{pmatrix}$일 때,

행렬 $A\begin{pmatrix} a \\ b \end{pmatrix}$를 구하시오.

유제 714

이차 정사각행렬 A에 대하여

$$A\begin{pmatrix} 0 \\ 1 \end{pmatrix} = \begin{pmatrix} 2 \\ 1 \end{pmatrix}, \ A\begin{pmatrix} 2 \\ 1 \end{pmatrix} = \begin{pmatrix} 4 \\ 3 \end{pmatrix}$$

일 때, 행렬 A의 모든 성분의 합을 구하시오.

유제 715

이차 정사각행렬 A가

$$A^2 + 2A = E, \ A\begin{pmatrix} 2 \\ -2 \end{pmatrix} = \begin{pmatrix} 3 \\ 5 \end{pmatrix}$$

를 만족시킬 때, $(A + 2E)\begin{pmatrix} x \\ y \end{pmatrix} = \begin{pmatrix} 4 \\ -4 \end{pmatrix}$을 만족시키는 실수 x, y의 값을 구하시오.
(단, E는 단위행렬이다.)

4 곱행렬의 성분의 의미 해석하기

생각 | 이해 ••◦ 암기 | 적용

Review | 곱행렬을 이루는 두 행렬의 역할

곱행렬 AB에서 **왼쪽**에 곱해진 행렬 A는 곱행렬 AB의 성분이 위치할 **행**을,

오른쪽에 곱해진 행렬 B는 곱행렬 AB의 성분이 위치할 **열**을 결정한다.

$$\begin{matrix} & A & B & AB \\ \text{제1행} & \begin{pmatrix} a & b \\ c & d \end{pmatrix} & \begin{pmatrix} x & y \\ p & q \end{pmatrix} & = \begin{pmatrix} ay+bq \end{pmatrix} \end{matrix} \quad (1, 2) \text{ 성분}$$

제2열

패턴 1 행렬의 특정 성분이 무엇을 나타내는지 묻는 경우에는

그 성분을 직접 구한 후 ➔ 값이 의미하는 내용을 파악한다.

★ 예제 13

표는 어느 고등학교의 방과 후 학교에 개설된 발명반과 요리반 강좌에 대한 A, B반 학생들의 수강 인원 및 비용을 나타낸 것이다.

(단위 : 명)

강좌\반	발명반	요리반
A	a	b
B	c	d

(단위 : 원)

비용\강좌	수강료	재료비
발명반	e	f
요리반	g	h

위의 표를 각각 행렬 $P = \begin{pmatrix} a & b \\ c & d \end{pmatrix}$, $Q = \begin{pmatrix} e & f \\ g & h \end{pmatrix}$로 나타낼 때,

두 행렬의 곱 PQ의 (1, 2) 성분이 무엇을 나타내는지 구해보자.

풀이

생각 1 PQ의 (1, 2) 성분을 직접 구하자.

$PQ = \begin{pmatrix} a & b \\ c & d \end{pmatrix} \begin{pmatrix} e & f \\ g & h \end{pmatrix}$를 모두 계산하지 말고, 필요한 (1, 2) 성분만 구하자.

➔ P의 제1행과 Q의 제2열을 바탕으로 PQ의 (1, 2) 성분만을 구하면 $af + bh$이다.

생각 2 구한 $af + bh$가 의미하는 내용을 파악하자.

$af + bh$는 발명반과 요리반을 수강하는 A반 학생들의 재료비 총합을 나타낸다.

패턴 2 **특정한 값이 어떤 행렬의 어떤 성분인지를 묻는 경우에는**

값을 식으로 나타낸 후 ➜ 그 값이 어떤 곱행렬의 어떤 성분의 값인지 파악한다.

★ **예제 14**

〈표1〉은 두 식당 P, Q에서 판매하는 자장면과 짬뽕의 가격이고, 〈표2〉는 은주의 가족과 선희의 가족이 주문하려고 하는 자장면과 짬뽕의 수이다.

〈표1〉
(단위 : 원)

메뉴 / 식당	자장면	짬뽕
P	3500	4000
Q	3000	4500

〈표2〉
(단위 : 그릇)

가족 / 메뉴	은주	선희
자장면	6	3
짬뽕	4	5

〈표1〉과 〈표2〉를 각각 행렬

$$A = \begin{pmatrix} 3500 & 4000 \\ 3000 & 4500 \end{pmatrix}, \ B = \begin{pmatrix} 6 & 3 \\ 4 & 5 \end{pmatrix}$$

로 나타낸다. 이때, 선희의 가족이 P 식당에 주문할 경우에 지불해야 할 금액을 나타낸 것을 골라보자.

① 행렬 AB의 (1, 2) 성분
② 행렬 AB의 (2, 1) 성분
③ 행렬 BA의 (2, 2) 성분

풀이

생각 1 선희의 가족이 P 식당에 주문할 경우에 지불해야 할 금액을 식으로 나타내자.

구하는 금액은 주어진 표의 아래와 같은 부분을 통해 알 수 있다.

〈표1〉
(단위 : 원)

메뉴 / 식당	자장면	짬뽕
P	3500	4000
Q	3000	4500

〈표2〉
(단위 : 그릇)

가족 / 메뉴	은주	선희
자장면	6	3
짬뽕	4	5

선희의 가족이 P 식당에 주문할 경우에 지불해야 할 금액은 $3 \times 3500 + 5 \times 4000$이다.

생각 2 $3 \times 3500 + 5 \times 4000$이 어떤 곱행렬의 어떤 성분의 값인지 생각한다.

$3 \times 3500 + 5 \times 4000$은 〈표1〉의 1행과 〈표2〉의 2열을 바탕으로 만들어졌으므로,
곱행렬 AB의 제1행과 제2열이 만나는 (1, 2) 성분에서 해당 값이 도출될 것이다.
답 : ①

유제
716
기본 기출문제

어느 고등학교 A와 B에서는 체육활동으로 테니스와 배드민턴을 배우고 있다. 두 학교 A, B의 1학년과 2학년의 학생 수는 〈표1〉과 같다. 두 학교 모두 〈표2〉와 같이 1학년 학생의 70%는 테니스를, 30%는 배드민턴을 배우고, 2학년 학생의 60%는 테니스를, 40%는 배드민턴을 배운다고 한다.

(단위 : 명)

학교\학년	A	B
1학년	300	200
2학년	250	150

< 표1 >

(단위 : %)

학년\활동	1학년	2학년
테니스	70	60
배드민턴	30	40

< 표2 >

〈표1〉과 〈표2〉를 각각 행렬 $P = \begin{pmatrix} 300 & 200 \\ 250 & 150 \end{pmatrix}$, $Q = \begin{pmatrix} 0.7 & 0.6 \\ 0.3 & 0.4 \end{pmatrix}$로 나타낼 때,

A 학교에서 배드민턴을 배우는 학생 수를 나타낸 것은?

① PQ의 $(1, 2)$ 성분   ② PQ의 $(2, 1)$ 성분
③ QP의 $(1, 2)$ 성분   ④ QP의 $(2, 1)$ 성분
⑤ QP의 $(2, 2)$ 성분

유제
717
기본 기출문제

다음 표는 어떤 전자 회사의 '갑', '을' 두 공장에서 만들어진 제품 A와 B의 작년도 생산량이다.

공장\제품	A	B
갑	20	30
을	25	15

올해 '갑' 공장에서는 작년에 비하여 두 제품 모두 생산량을 40% 증가시킬 계획이고, '을' 공장에서는 제품 A, B의 생산량을 각각 30%, 20% 증가시킬 계획이다. 행렬 P, Q를

$$P = \begin{pmatrix} 20 & 30 \\ 25 & 15 \end{pmatrix}, \quad Q = \begin{pmatrix} 1.4 & 1.3 \\ 1.4 & 1.2 \end{pmatrix}$$

라고 할 때, 다음 중 행렬 PQ의 $(2, 2)$ 성분이 나타내는 것은?

① '갑' 공장에서 올해 계획한 제품 B의 생산량
② '갑' 공장에서 올해 계획한 제품 A와 B의 생산량의 합
③ '을' 공장에서 올해 계획한 제품 B의 생산량
④ '을' 공장에서 올해 계획한 제품 A와 B의 생산량의 합
⑤ '갑', '을' 공장에서 올해 계획한 제품 B의 생산량의 합

문제 718

두 행렬 $A = \begin{pmatrix} 3 & 0 \\ 0 & a+2 \end{pmatrix}$, $B = \begin{pmatrix} 0 & b \\ 1 & 2 \end{pmatrix}$ 에 대하여 $(A-B)^2 = 7E$ 일 때, 실수 a, b의 값을 구하시오. (단, E는 단위행렬이다.)

문제 719

다음 등식을 만족시키는 실수 k의 값을 구하시오. (단, x, y는 실수이다.)

$$\begin{pmatrix} x & y \\ 1 & 1 \end{pmatrix} \begin{pmatrix} x^2 & 1 \\ y^2 & 1 \end{pmatrix} = \begin{pmatrix} k & 4 \\ 12 & 2 \end{pmatrix}$$

문제 720

2×3 행렬 A의 (i, j) 성분 a_{ij}가

$$a_{ij} = \begin{cases} 2i + 3j - 1 & (i \geq j) \\ ij + 2 & (i < j) \end{cases}$$

일 때, 행렬 A의 모든 성분의 합을 구하시오.

문제 721

세 행렬 $A = \begin{pmatrix} 1 \\ 0 \end{pmatrix}$, $B = (-2 \quad 3)$, $C = \begin{pmatrix} 1 & 2 \\ -1 & 4 \end{pmatrix}$에 대하여 다음 중 행렬의 곱셈이 정의되지 않는 것을 모두 고르면?

① AB　　　② AC　　　③ BC　　　④ CA　　　⑤ CB

문제 722

2×3 행렬 A의 (i, j) 성분 a_{ij}가

$$a_{ij} = i - j + p$$

일 때, 행렬 A의 모든 성분의 합이 57이다. 이때, 실수 p의 값을 구하시오.

문제 723

이차 정사각행렬 A가

$$A \begin{pmatrix} 1 \\ 0 \end{pmatrix} = \begin{pmatrix} 3 \\ 2 \end{pmatrix}, \quad A \begin{pmatrix} 0 \\ 1 \end{pmatrix} = \begin{pmatrix} 2 \\ 1 \end{pmatrix}$$

을 만족시킬 때, 행렬 $A \begin{pmatrix} 3 & 1 \\ -1 & 2 \end{pmatrix}$을 구하시오.

문제
724

행렬 $A = \begin{pmatrix} -1 & 0 \\ -2 & 1 \end{pmatrix}$에 대하여 행렬 $A + A^2 + A^3 + \cdots + A^{50}$의 모든 성분의 합을 구하시오.

문제
725

두 행렬 $X = \begin{pmatrix} 1 & -4 \\ -4 & 5 \end{pmatrix}$, $Y = \begin{pmatrix} -1 & 2 \\ 2 & -3 \end{pmatrix}$에 대하여 등식 $X^2 = kY + lE$를 만족시키는 실수 k, l의 값을 구하시오.

문제
726

이차방정식 $x^2 - 2x - 1 = 0$의 두 실근을 α, β라고 할 때,
행렬 $A = \begin{pmatrix} \alpha & -2 \\ -2 & \beta \end{pmatrix}$에 대하여 행렬 A^2의 모든 성분의 합을 구하시오.

문제 727

이차 정사각행렬 A에 대하여

$$A\begin{pmatrix} m \\ 0 \end{pmatrix} = \begin{pmatrix} -1 \\ 0 \end{pmatrix}, \quad A\begin{pmatrix} m \\ 2n \end{pmatrix} = \begin{pmatrix} 3 \\ 4 \end{pmatrix}$$

가 성립할 때, 행렬 $A\begin{pmatrix} m \\ n \end{pmatrix}$을 구하시오. (단, m, n은 실수)

문제 728

이차 정사각행렬 A의 (i, j) 성분 a_{ij}가

$$a_{ij} = i - j$$

일 때, 행렬 $A + A^2 + A^3 + \cdots + A^{82}$의 모든 성분의 합을 구하시오.

문제 729

행렬 $A = \begin{pmatrix} 1 & -2 \\ 1 & -1 \end{pmatrix}$에 대하여 $A^n = E$를 만족시키는 100 이하의 자연수 n의 개수를 구하시오. (단, E는 단위행렬이다.)

문제 730

행렬 $A = \begin{pmatrix} 1 & 2 \\ 0 & 1 \end{pmatrix}$에 대하여 $A^n = \begin{pmatrix} 1 & 20 \\ 0 & 1 \end{pmatrix}$을 만족시키는 자연수 n의 값을 구하시오.

문제 731

행렬 $\begin{pmatrix} x & x+3 \\ 1 & x^2 \\ 2x+5 & -2 \end{pmatrix}$의 제1행의 모든 성분의 합과 제2열의 모든 성분의 합이 같을 때, 양수 x의 값을 구하시오.

문제 732

두 행렬 $A = \begin{pmatrix} 1 & 1 \\ 0 & -2 \end{pmatrix}$, $B = \begin{pmatrix} 3 & 1 \\ -4 & -1 \end{pmatrix}$에 대하여 $BA + B^2$의 제1행의 모든 성분의 합을 구하시오.

문제 733

행렬 $A = \begin{pmatrix} a & 1 \\ 2 & 1 \end{pmatrix}$, $B = \begin{pmatrix} x \\ y \end{pmatrix}$, $X = \begin{pmatrix} -1 \\ 4 \end{pmatrix}$에 대하여

$AB = X$를 만족시키는 실수 x, y가 존재하지 않을 때, 상수 a의 값을 구하시오.

문제 734

어느 온라인 쇼핑몰에서 두 택배 회사 A, B를 이용하여 옷과 가방을 배송하려고 한다.
다음 [표1]은 배송 유형에 따른 두 회사의 택배 비용이고, [표2]는 주문받은 옷과 가방의 배송 유형별 수량이라 할 때,

[표 1] 택배 비용
(단위: 천 원)

회사 \ 배송 유형	일반	당일
A	3	4
B	2	5

[표 2] 주문 수량
(단위: 개)

배송 유형 \ 물품	옷	가방
일반	35	10
당일	30	5

행렬 $P = \begin{pmatrix} 3 & 4 \\ 2 & 5 \end{pmatrix}$, 행렬 $Q = \begin{pmatrix} 35 & 10 \\ 30 & 5 \end{pmatrix}$이라 하자. 다음 중 주문받은 옷 전부를

회사 B를 이용하여 배송하는 경우 지불해야 할 비용을 나타낸 것은?

① 행렬 PQ의 $(1, 1)$ 성분   ② 행렬 PQ의 $(2, 1)$ 성분
③ 행렬 PQ의 $(2, 2)$ 성분   ④ 행렬 QP의 $(1, 1)$ 성분
⑤ 행렬 QP의 $(2, 2)$ 성분

다음 표는 단체 소풍을 간 1반과 2반에서 주문한 간식의 개수를 표로 나타낸 것이다.

(단위: 개)

	햄버거	샌드위치
1반	20	15
2반	18	17

햄버거 1개의 가격은 5000원, 샌드위치 1개의 가격은 2500원이고,

행렬 $A = \begin{pmatrix} 20 & 15 \\ 18 & 17 \end{pmatrix}$, $B = \begin{pmatrix} 20 & 18 \\ 15 & 17 \end{pmatrix}$, $C = \begin{pmatrix} 5000 \\ 2500 \end{pmatrix}$, $D = (5000 \quad 2500)$일 때,

다음 중 두 반이 지불해야 할 금액을 계산하는 행렬의 곱을 고르면?

① AC ② BA ③ BC ④ DA ⑤ DC

문제 736

2008
고2 나형 9월 29번

양의 실수 a, b, c에 대하여 행렬 $A = \begin{pmatrix} a & b \\ b & c \end{pmatrix}$가 다음 조건을 만족한다.

(가) $A^2 - 2aA = O$

(나) 함수 $f(x) = ax^2 + bx + c$의 최솟값이 3이다.

$a + b + c$의 값을 구하시오. (단, O는 영행렬이다.)

문제 737

2009
고2 나형 11월 10번

두 이차 정사각행렬 A_n, $B = \begin{pmatrix} 0 & 1 \\ -1 & 0 \end{pmatrix}$에 대하여

$$A_{n+1} = A_n B \ (n = 1, 2, 3, \cdots)$$

으로 정의하자. 행렬 $A_1 = \begin{pmatrix} 1 & 2 \\ 3 & 4 \end{pmatrix}$일 때, 행렬 A_{100}의 $(1, 1)$ 성분과 $(2, 2)$ 성분의 합은?

① -5 ② -3 ③ -1 ④ 1 ⑤ 3

두 행렬 $A = \begin{pmatrix} 1 & a \\ b & -1 \end{pmatrix}$, $B = \begin{pmatrix} -1 & b-10 \\ a-10 & 1 \end{pmatrix}$에 대하여

$A + B = O$가 성립한다. 이때, $A^2 = kE$를 만족하는 실수 k의 최댓값을 구하시오.

(단, a와 b는 실수, E는 단위행렬, O는 영행렬이다.)

이차 정사각행렬 $A = \begin{pmatrix} 2 & 0 \\ 1 & 1 \end{pmatrix}$, $B = \dfrac{1}{2} \begin{pmatrix} -1 & 0 \\ 1 & -2 \end{pmatrix}$에 대하여

행렬 $B^4 A^8$의 모든 성분의 합을 구하시오.

제1문구점의 공책과 연필의 판매단가는 각각 250원, 150원이고,
제2문구점의 공책과 연필의 판매단가는 각각 300원, 100원이다. 다음 표는 두 문구점의 공책과
연필에 대한 이틀 동안의 판매실적을 나타낸 것이다.

〈표1〉 제1문구점의 판매실적

종류 판매일	공책(권)	연필(자루)
제1일	6	7
제2일	9	4

〈표2〉 제2문구점의 판매실적

종류 판매일	공책(권)	연필(자루)
제1일	7	$x(x-2)$
제2일	x	3

〈표1〉과 〈표2〉의 자료로 두 문구점의 매출액을 행렬을 이용하여 비교하려고 한다.
제1문구점과 제2문구점의 이틀 동안의 매출액이 서로 같게 되는 x에 대하여
제2문구점의 제2일의 매출액은?

① 1200원　　　② 1800원　　　③ 2400원　　　④ 3000원　　　⑤ 3600원

생각을 / 명쾌하게 해 줄 / 수학 개념서

생명수

공통수학 I

해설편

목차

1 다항식

| 1-1. 다항식의 계산

1.

조건 정리 다항식 $x^3 + y^3 - 2x^2y + xy^3 + 2x + 3y - 6$

ㄱ) 주어진 다항식에서 항은

x^3, y^3, $-2x^2y$, xy^3, $2x$, $3y$, -6의 7개이다.

∴ ㄱ은 참이다.

ㄴ) 주어진 다항식을 x에 대한 식으로 보면

x^3 ➜ x에 대한 최고차항의 차수가 3이므로

주어진 다항식은 x에 대한 삼차식이다.

∴ ㄴ은 참이다.

ㄷ) 주어진 다항식을 y에 대한 식으로 보면

y^3, xy^3 ➜ y에 대한 최고차항의 차수가 3이므로

주어진 다항식은 y에 대한 삼차식이다.

∴ ㄷ은 참이다.

ㄹ) 주어진 다항식을 x에 대한 식으로 보면

$xy^3 + 2x = (y^3 + 2)x$ ➜ x의 계수는 $y^3 + 2$이다.

∴ ㄹ은 거짓이다.

ㅁ) 주어진 다항식을 x, y에 대한 식으로 보면

xy^3 ➜ 이 항은 x, y에 대한 최고차항이고,

x, y가 총 4번 곱해져 있으므로

주어진 다항식은 x, y에 대한 사차식이다.

∴ ㅁ은 참이다.

ㅂ) 주어진 다항식을 x에 대한 식으로 본다는 것은 x를 제외한

나머지 문자들은 모두 상수 취급한다는 의미이므로, 문자

x가 포함되지 않은 부분인 $y^3 + 3y - 6$은 상수항이다.

∴ ㅂ은 참이다.

ㅅ) 주어진 다항식을 y에 대한 식으로 본다는 것은 y를 제외한

나머지 문자들은 모두 상수 취급한다는 의미이므로, 문자

y가 포함되지 않은 부분인 $x^3 + 2x - 6$이 상수항이다.

∴ ㅅ은 거짓이다.

ㅇ) 참이다.

ㅈ) 참이다.

답 ㄱ, ㄴ, ㄷ, ㅁ, ㅂ, ㅇ, ㅈ

2.

구하는 값 $4A - 3(A+B) = 4A - 3A - 3B = A - 3B$

조건 정리 $A = 2x^2 - xy + y^2$, $B = x^2 - 3xy + 3y^2$

$$A - 3B = (2x^2 - xy + y^2) - 3(x^2 - 3xy + 3y^2)$$
$$= (2x^2 - xy + y^2) - 3x^2 + 9xy - 9y^2$$
$$= -x^2 + 8xy - 8y^2$$

답 $-x^2 + 8xy - 8y^2$

3.

구하는 값 다항식 X

조건 정리 ① $A = 2x^2 - 2x - 1$, $B = 5x + 1$

② $X - 2A = B$ ➜ $X = 2A + B$

$$= 2(2x^2 - 2x - 1) + (5x + 1)$$
$$= (4x^2 - 4x - 2) + (5x + 1)$$
$$= 4x^2 + x - 1$$

답 $4x^2 + x - 1$

4.

구하는 값 다항식 X

조건 정리 ① $A = 2x^3 + x^2 - 2x - 1$, $B = -x^2 + 4x + 1$

② $A + 2X = B$ ➜ $X = \dfrac{B-A}{2}$

설계 $\dfrac{B-A}{2}$의 값을 구할 때, $B-A$의 값을 먼저 구하고,

그 결과에 $\dfrac{1}{2}$을 곱하자.

생각 1 | $B-A$의 값을 먼저 구하자.

$$B - A = (-x^2 + 4x + 1) - (2x^3 + x^2 - 2x - 1)$$
$$= (-x^2 + 4x + 1) + (-2x^3 - x^2 + 2x + 1)$$
$$= -2x^3 - 2x^2 + 6x + 2$$

생각 2 | 구한 결과에 $\dfrac{1}{2}$을 곱하자.

$$(-2x^3 - 2x^2 + 6x + 2) \times \dfrac{1}{2} = -x^3 - x^2 + 3x + 1$$

답 $-x^3 - x^2 + 3x + 1$

5.

구하는 값 다항식 $(2x^3-x^2+x+2)(x^2-2x+5)$의
전개식에서 x^2의 계수

설계 다항식을 모두 전개하지 말고, x^2이 만들어질 수 있는
부분들만 전개하자.

$$(2x^3-x^2+x+2) \quad \times \quad (x^2-2x+5)$$

$-x^2$	$\times$	$+5$	$=-5x^2$
$+x$	$\times$	$-2x$	$=-2x^2$
$+2$	$\times$	x^2	$=2x^2$

$$\therefore\ -5-2+2=-5$$

답 -5

6.

구하는 값 양수 a의 값

조건 정리 ① 다항식 $(x^3+3ax^2+3a^2x)(x^2-x-1)$의
전개식에서 x^2의 계수가 -6
② a는 양수

설계 다항식을 모두 전개하지 말고, x^2이 만들어질 수 있는
부분들만 전개하자.

$$(x^3+3ax^2+3a^2x) \quad \times \quad (x^2-x-1)$$

| $3ax^2$ | $\times$ | -1 | $=-3ax^2$ |
| $3a^2x$ | $\times$ | $-x$ | $=-3a^2x^2$ |

➜ (x^2의 계수)$=-3a-3a^2=-6$
➜ 양변을 -3으로 나누면
$$a+a^2=2$$
➜ $a^2+a-2=0$
➜ $(a+2)(a-1)=0$
➜ $a=-2$ 또는 $a=1$
이때, a는 양수이므로

$$\therefore\ a=1$$

답 1

7.

구하는 값 x^4의 계수

조건 정리 다항식
$$(x-2x^2+3x^3-4x^4+\cdots+99x^{99}-100x^{100})^2$$

설계 다항식을 모두 전개하지 말고, x^4이 만들어질 수 있는
부분들만 전개하자.

$$(x-2x^2+3x^3-4x^4+\cdots+99x^{99}-100x^{100})^2$$
$$=(x-2x^2+3x^3-4x^4+\cdots+99x^{99}-100x^{100})\times$$
$$(x-2x^2+3x^3-4x^4+\cdots+99x^{99}-100x^{100})$$

여기서 x^4이 만들어질 수 있는 부분들만 전개하여 더하면,

$$x\times 3x^3+(-2x^2)\times(-2x^2)+3x^3\times x=10x^4$$

$$\therefore\ x^4\text{의 계수는 }10$$

답 10

8.

(1) $(x+1)(x+2)(x+3)$
$$=x^3+(1+2+3)x^2+(1\times 2+2\times 3+3\times 1)x+1\times 2\times 3$$
$$=x^3+6x^2+11x+6$$
$$\therefore\ x^3+6x^2+11x+6$$

(2) $(x-2)(x-4)(x-5)$
$$=x^3-(2+4+5)x^2+(2\times 4+4\times 5+5\times 2)x$$
$$-2\times 4\times 5$$
$$=x^3-11x^2+38x-40$$
$$\therefore\ x^3-11x^2+38x-40$$

(3) $(x+1)(x-2)(x-5)$
$$=(x+1)\{x+(-2)\}\{x+(-5)\}$$
$$=x^3+(1-2-5)x^2+$$
$$\{1(-2)+(-2)(-5)+(-5)1\}x+1(-2)(-5)$$
$$=x^3-6x^2+3x+10$$
$$\therefore\ x^3-6x^2+3x+10$$

(4) $(x+2y+z)^2$
$$=x^2+(2y)^2+z^2+2(x\times 2y+2y\times z+z\times x)$$
$$=x^2+4y^2+z^2+4xy+4yz+2zx$$
$$\therefore\ x^2+4y^2+z^2+4xy+4yz+2zx$$

(5) $(x-2y-2z)^2$
$$=\{x+(-2y)+(-2z)\}^2$$
$$=x^2+(-2y)^2+(-2z)^2$$
$$+2\{x\times(-2y)+(-2y)\times(-2z)+(-2z)\times x\}$$
$$=x^2+4y^2+4z^2-4xy+8yz-4zx$$
$$\therefore\ x^2+4y^2+4z^2-4xy+8yz-4zx$$

(6) $(x-2y+3z)^2$
$= \{x+(-2y)+3z\}^2$
$= x^2+(-2y)^2+(3z)^2$
$\quad +2\{x\times(-2y)+(-2y)\times 3z+3z\times x\}$
$= x^2+4y^2+9z^2-4xy-12yz+6zx$

$\therefore\ x^2+4y^2+9z^2-4xy-12yz+6zx$

(7) $(x-1)^3$
$= x^3-3x^2+3x-1$

$\therefore\ x^3-3x^2+3x-1$

(8) $(3x+1)^3$
$= (3x)^3+3(3x)^2 1+3(3x)1^2+1^3$
$= 27x^3+27x^2+9x+1$

$\therefore\ 27x^3+27x^2+9x+1$

(9) $(2x-1)^3$
$= (2x)^3-3(2x)^2 1+3(2x)1^2-1^3$
$= 8x^3-12x^2+6x-1$

$\therefore\ 8x^3-12x^2+6x-1$

(10) $(2x+3y)^3$
$= (2x)^3+3(2x)^2 3y+3(2x)(3y)^2+(3y)^3$
$= 8x^3+36x^2y+54xy^2+27y^3$

$\therefore\ 8x^3+36x^2y+54xy^2+27y^3$

(11) $(x-2y)^3$
$= x^3-3x^2(2y)+3x(2y)^2-(2y)^3$
$= x^3-6x^2y+12xy^2-8y^3$

$\therefore\ x^3-6x^2y+12xy^2-8y^3$

(12) $(x+1)(x^2-x+1)$
$= x^3+1$

$\therefore\ x^3+1$

(13) $(3x-2)(9x^2+6x+4)$
$= (3x)^3-2^3 = 27x^3-8$

$\therefore\ 27x^3-8$

(14) $(x-2)(x^2+2x+4)$
$= x^3-2^3 = x^3-8$

$\therefore\ x^3-8$

(15) $(a-2b)(a^2+2ab+4b^2)$
$= a^3-(2b)^3 = a^3-8b^3$

$\therefore\ a^3-8b^3$

(16) $(x-2y+3)(x^2+4y^2+9+2xy+6y-3x)$
$= x^3+(-2y)^3+3^3-3x(-2y)3$
$= x^3-8y^3+27+18xy$

$\therefore\ x^3-8y^3+27+18xy$

(17) $(x+y-z)(x^2+y^2+z^2-xy+yz+zx)$
$= x^3+y^3+(-z)^3-3xy(-z)$
$= x^3+y^3-z^3+3xyz$

$\therefore\ x^3+y^3-z^3+3xyz$

(18) $(x-2y+3z)(x^2+4y^2+9z^2+2xy+6yz-3zx)$
$= x^3+(-2y)^3+(3z)^3-3x(-2y)(3z)$
$= x^3-8y^3+27z^3+18xyz$

$\therefore\ x^3-8y^3+27z^3+18xyz$

(19) $(a^2-a+1)(a^2+a+1)$
$= a^4+a^2+1$

$\therefore\ a^4+a^2+1$

(20) $(a^2+4ab+16b^2)(a^2-4ab+16b^2)$
$= \{a^2+a(4b)+(4b)^2\}\{a^2-a(4b)+(4b)^2\}$
$= a^4+16a^2b^2+256b^4$

$\therefore\ a^4+16a^2b^2+256b^4$

(21) $(x^2-1)(x^2+x+1)(x^2-x+1)$
$= (x-1)(x+1)(x^2+x+1)(x^2-x+1)$
$= \{(x-1)(x^2+x+1)\}\{(x+1)(x^2-x+1)\}$
$= (x^3-1)(x^3+1) = x^6-1$

$\therefore\ x^6-1$

(22) $(x-y)(x+y)(x^2+y^2)(x^4+y^4)$
$= (x^2-y^2)(x^2+y^2)(x^4+y^4)$
$= (x^4-y^4)(x^4+y^4)$
$= x^8-y^8$

$\therefore\ x^8-y^8$

(23) $(x+1)(x-1)(x^4+x^2+1)$
$= (x^2-1)(x^4+x^2+1)$
$= (x^2)^3-1^3 = x^6-1$

$\therefore\ x^6-1$

(24) $(x-y)^3(x+y)^3$
$= \{(x-y)(x+y)\}^3$
$= (x^2-y^2)^3$
$= (x^2)^3-3(x^2)^2(y^2)+3(x^2)(y^2)^2-(y^2)^3$
$= x^6-3x^4y^2+3x^2y^4-y^6$

$\therefore\ x^6-3x^4y^2+3x^2y^4-y^6$

9.

구하는 값 다항식 $(2a-b)^3(2a+b)^3$의 전개식에서 a^2b^4의 계수

설계 주어진 다항식을 다음과 같이 변형하고,
$$(2a-b)^3(2a+b)^3 = \{(2a-b)(2a+b)\}^3$$
$$= (4a^2-b^2)^3$$
a^2b^4이 만들어질 수 있는 부분만 전개하자.

$(4a^2-b^2)^3$에서 a^2b^4이 만들어질 수 있는 부분만 전개하면
$$\rightarrow +3(4a^2)(b^2)^2 = 12a^2b^4$$

답 12

10.

구하는 값 $x^2+4y^2+4xy-4x-8y$의 값

조건 정리 $(x+2y-2)^2 = 10$

$\rightarrow$ 전개하면,
$$x^2+(2y)^2+(-2)^2+2(2xy-4y-2x)$$
$$= x^2+4y^2+4+4xy-8y-4x = 10$$

$\rightarrow$ (구하는 값)$= x^2+4y^2+4xy-4x-8y = 6$

답 6

11.

구하는 값 $(3+1)(3^2+1)(3^4+1)(3^8+1)$을 간단히 한 값

설계 주어진 식에 $(3-1)$을 곱하고 계산을 완료한 후, 임의로 곱한 $(3-1)=2$를 상쇄시키기 위해 구한 값을 다시 2로 나누자.

생각 1 | 주어진 식에 $(3-1)$을 곱하자.

주어진 식에 $(3-1)$을 곱하면
$$(3-1)(3+1)(3^2+1)(3^4+1)(3^8+1)$$
$$= (3^2-1)(3^2+1)(3^4+1)(3^8+1)$$
$$= (3^4-1)(3^4+1)(3^8+1)$$
$$= (3^8-1)(3^8+1) = 3^{16}-1$$

생각 2 | 임의로 곱한 $(3-1)=2$를 상쇄시키기 위해 구한 값을 다시 2로 나누자.

$3^{16}-1$을 2로 나누면 $\rightarrow \therefore \dfrac{3^{16}-1}{2}$

답 $\dfrac{3^{16}-1}{2}$

12.

(1) $(2x^2-x+1)(2x^2-x-2)$

$\rightarrow$ 반복되는 $2x^2-x$를 X로 치환하면,
$$(X+1)(X-2)$$
$$= X^2-X-2$$
$$= (2x^2-x)^2-(2x^2-x)-2$$
$$= 4x^4-4x^3-x^2+x-2$$

$$\therefore \ 4x^4-4x^3-x^2+x-2$$

(2) $(x^2-3x+1)(x^2-x+1)$

$\rightarrow$ 반복되는 x^2+1을 a로 치환하면,
$$(a-3x)(a-x)$$
$$= a^2-4ax+3x^2$$
$$= (x^2+1)^2-4(x^2+1)x+3x^2$$
$$= x^4-4x^3+5x^2-4x+1$$

$$\therefore \ x^4-4x^3+5x^2-4x+1$$

(3) $(x+y-z)(x-y+z)$
$$= \{x+(y-z)\}\{x-(y-z)\}$$

$\rightarrow$ 반복되는 $y-z$를 A로 치환하면,
$$(x+A)(x-A)$$
$$= x^2-A^2$$
$$= x^2-(y-z)^2$$
$$= x^2-y^2-z^2+2yz$$

$$\therefore \ x^2-y^2-z^2+2yz$$

(4) $(x^2+2x-1)(2x^2-2x+1)$
$$= \{x^2+(2x-1)\}\{2x^2-(2x-1)\}$$

$\rightarrow$ 반복되는 $2x-1$을 a로 치환하면,
$$(x^2+a)(2x^2-a)$$
$$= 2x^4+ax^2-a^2$$
$$= 2x^4+(2x-1)x^2-(2x-1)^2$$
$$= 2x^4+(2x^3-x^2)-(4x^2-4x+1)$$
$$= 2x^4+2x^3-5x^2+4x-1$$

$$\therefore \ 2x^4+2x^3-5x^2+4x-1$$

(5) $(x-2)(x-3)(x+4)(x+5)$

$\rightarrow$ 반복되는 부분이 나오도록
$(x-2)(x+4)$, $(x-3)(x+5)$끼리 따로 전개해보면,
$$(x^2+2x-8)(x^2+2x-15)$$

$\rightarrow$ 반복되는 x^2+2x를 t로 치환하면,
$$(t-8)(t-15)$$
$$= t^2-23t+120$$
$$= (x^2+2x)^2-23(x^2+2x)+120$$
$$= x^4+4x^3-19x^2-46x+120$$

$$\therefore \ x^4+4x^3-19x^2-46x+120$$

(6) $(x-1)(x-2)(x-3)(x-4)$

$\rightarrow$ 반복되는 부분이 나오도록
$(x-1)(x-4)$, $(x-2)(x-3)$끼리 따로 전개해보면,
$$(x^2-5x+4)(x^2-5x+6)$$

➜ 반복되는 x^2-5x를 t로 치환하면,

$(t+4)(t+6)$
$= t^2+10t+24$
$= (x^2-5x)^2+10(x^2-5x)+24$
$= x^4-10x^3+35x^2-50x+24$

$$\therefore\ x^4-10x^3+35x^2-50x+24$$

(7) $x(x-1)(x-2)(x-3)$

➜ 반복되는 부분이 나오도록

$x(x-3),\ (x-1)(x-2)$ 끼리 따로 전개해보면,

$(x^2-3x)(x^2-3x+2)$

➜ 반복되는 x^2-3x를 t로 치환하면,

$t(t+2)$
$= t^2+2t$
$= (x^2-3x)^2+2(x^2-3x)$
$= x^4-6x^3+11x^2-6x$

$$\therefore\ x^4-6x^3+11x^2-6x$$

13.

구하는 값 a의 값

조건 정리 $2016\times2019\times2022=2019^3-9a$

설계 2019가 가장 많이 반복되니, $2019=x$로 치환하자.

$2019=x$라 치환하면,

$2016\times2019\times2022=2019^3-9a$

➜ $(x-3)x(x+3)=x^3-9a$

얻은 식을 전개하면,

$(x-3)x(x+3)=x^3-9a$

➜ $x^3-9x=x^3-9a$ ➜ $x=a$

$$\therefore\ a=2019$$

답 2019

14.

구하는 값 $\dfrac{2022\times(2023^2+2024)}{2024\times2023+1}$

설계 가장 많이 반복되는 2023을 x로 치환하자.

$2023=x$라 하면

$\dfrac{2022\times(2023^2+2024)}{2024\times2023+1}=\dfrac{(x-1)\{x^2+(x+1)\}}{(x+1)x+1}$

$=\dfrac{(x-1)(x^2+x+1)}{x^2+x+1}=x-1$

x를 다시 2023으로 바꾸면

$x-1=2023-1=2022$

답 2022

15.

조건 정리 ① $a+b=4$

② $a^2+b^2=12$

구하는 값 (1) a^3+b^3

$a^3+b^3=(a+b)^3-3ab(a+b)$
$\qquad\quad=4^3-3ab\times4=64-12ab$

이므로 ab의 값을 구하자.

$a^2+b^2=(a+b)^2-2ab$

➜ $12=4^2-2ab$

➜ $\therefore\ ab=2$

즉, $a^3+b^3=64-12ab=64-24=40$

구하는 값 (2) $|a-b|$

구하는 값인 $|a-b|$와 비슷한 모양이 포함되어 있는 공식을 떠올리려 노력하다보면

$(a-b)^2=(a+b)^2-4ab$

정도를 떠올릴 수 있다.

$a+b=4,\ ab=2$이므로

$(a-b)^2=(a+b)^2-4ab$

➜ $(a-b)^2=4^2-4\times2=8$

➜ $\therefore\ |a-b|=2\sqrt{2}$

구하는 값 (3) a^4+b^4

$a^2=A,\ b^2=B$로 치환해보면

$a^4+b^4=A^2+B^2=(A+B)^2-2AB$로 변형할 수 있다.

A와 B를 각각 a^2과 b^2으로 다시 바꾸어보면

$(A+B)^2-2AB=(a^2+b^2)^2-2a^2b^2$
$\qquad\qquad\qquad\quad=12^2-2(ab)^2$
$\qquad\qquad\qquad\quad=144-8=136$

답 (1) 40　　(2) $2\sqrt{2}$　　(3) 136

16.

조건 정리 ① $x-y=4$, $xy=3$
② $x>0$, $y>0$

(1) x^2+y^2
$=(x-y)^2+2xy$
$=4^2+2\times3=22$

(2) $(x+y)^2$
$=(x-y)^2+4xy$
$=4^2+4\times3=28$

(3) x^3-y^3
$=(x-y)^3+3xy(x-y)$
$=4^3+3\times3\times4=100$

(4) x^3+y^3
$=(x+y)^3-3xy(x+y)$
$=(x+y)^3-9(x+y)$
➔ $x+y$의 값을 구하자.

소문항 (2)에서 $(x+y)^2=28$임을 구했었다.
즉, $x+y=2\sqrt{7}$ 또는 $-2\sqrt{7}$인데, $x>0$, $y>0$이므로
$x+y=2\sqrt{7}$
➔ (구하는 값)
$=(x+y)^3-9(x+y)=(2\sqrt{7})^3-9\times2\sqrt{7}=38\sqrt{7}$

답 (1) 22 (2) 28 (3) 100 (4) $38\sqrt{7}$

17.

구하는 값 $x^2+4y^2+4z^2$의 값
조건 정리 $x+2y+2z=8$, $xy+2yz+zx=10$

설계 구하는 값인 $x^2+4y^2+4z^2$을 다음과 같이 변형할 수 있다.
$x^2+4y^2+4z^2$
$=(x)^2+(2y)^2+(2z)^2$
$=(x+2y+2z)^2-2(2xy+4yz+2zx)$
$=(x+2y+2z)^2-4(xy+2yz+zx)=8^2-4\times10=24$

답 24

18.

구하는 값 $a^2+b^2+c^2-ab-bc-ca$의 값
조건 정리 $a-b=4$, $a-c=3$

설계 구하는 값을 다음과 같이 변형할 수 있다.
$a^2+b^2+c^2-ab-bc-ca$
$=\frac{1}{2}\{(a-b)^2+(b-c)^2+(c-a)^2\}$
$=\frac{1}{2}\{4^2+(b-c)^2+(-3)^2\}$
$=\frac{1}{2}\{25+(b-c)^2\}$
➔ $b-c$의 값을 구하자.

$a-c=3$의 양변에서 $a-b=4$의 양변을 빼면, $b-c=-1$
즉, (구하는 값)$=\frac{1}{2}\{25+(b-c)^2\}=\frac{1}{2}\{25+(-1)^2\}=13$

답 13

19.

구하는 값 $\dfrac{x^2}{y}+\dfrac{y^2}{x}$의 값
조건 정리 ① $x+y=\sqrt{2}$
② $xy=-2$

설계 통분하자.

$\dfrac{x^2}{y}+\dfrac{y^2}{x}=\dfrac{x^3+y^3}{xy}$이고,
$x^3+y^3=(x+y)^3-3xy(x+y)$
$=(\sqrt{2})^3-3(-2)\sqrt{2}$
$=2\sqrt{2}+6\sqrt{2}$
$=8\sqrt{2}$
이므로, $\dfrac{x^3+y^3}{xy}=\dfrac{8\sqrt{2}}{-2}=-4\sqrt{2}$

답 $-4\sqrt{2}$

20.

구하는 값 $(x+y)^2+(y+z)^2+(z+x)^2$의 값
조건 정리 $x+y+z=6$, $xy+yz+zx=12$

설계 $(x+y)^2+(y+z)^2+(z+x)^2$가 포함된 공식으로
$x^2+y^2+z^2+xy+yz+zx$
$=\frac{1}{2}\{(x+y)^2+(y+z)^2+(z+x)^2\}$
을 떠올릴 수 있다.
➔ $x^2+y^2+z^2+xy+yz+zx$으 값을 구하자.

$$(x^2+y^2+z^2)+xy+yz+zx$$
$$=\{(x+y+z)^2-2(xy+yz+zx)\}+(xy+yz+zx)$$
$$=(x+y+z)^2-(xy+yz+zx)$$
$$=6^2-12=24$$

즉, (구하는 값)
$$=2(x^2+y^2+z^2+xy+yz+zx)=2\times24=48$$

답   48

21.

구하는 값 $a^2+b^2+c^2$의 값

조건 정리   ① a, b, c는 모두 양수

          ② $a^3+b^3+c^3=3abc$, $ab+bc+ca=10$

설계   구하는 값과 조건식들의 모양을 보고

    공식 $a^3+b^3+c^3$
$$=(a+b+c)(a^2+b^2+c^2-ab-bc-ca)+3abc$$
을 떠올릴 수 있다.

위 등식에 $a^3+b^3+c^3=3abc$, $ab+bc+ca=10$을
대입하면,
$$0=(a+b+c)(a^2+b^2+c^2-10)$$
이때, a, b, c는 모두 양수이므로 $a+b+c\neq0$이다.
따라서
$$0=(a+b+c)(a^2+b^2+c^2-10)$$
$$\Rightarrow 0=a^2+b^2+c^2-10$$
$$\Rightarrow a^2+b^2+c^2=10$$

답   10

22.

조건 정리   ① $x+\dfrac{1}{x}=4$

          ② $x>1$

(1) $x^2+\dfrac{1}{x^2}$
$$=\left(x+\frac{1}{x}\right)^2-2x\frac{1}{x}=\left(x+\frac{1}{x}\right)^2-2=4^2-2=14$$

(2) $x^3+\dfrac{1}{x^3}$
$$=\left(x+\frac{1}{x}\right)^3-3x\frac{1}{x}\left(x+\frac{1}{x}\right)$$
$$=\left(x+\frac{1}{x}\right)^3-3\left(x+\frac{1}{x}\right)=4^3-3\times4=52$$

(3) $x-\dfrac{1}{x}$

   $\Rightarrow$ $\left(x-\dfrac{1}{x}\right)^2$의 값을 먼저 구한 후, 루트를 씌우자.

$$\left(x-\frac{1}{x}\right)^2=\left(x+\frac{1}{x}\right)^2-4x\frac{1}{x}$$
$$=\left(x+\frac{1}{x}\right)^2-4=4^2-4=12$$

즉, $\left(x-\dfrac{1}{x}\right)^2=12$ $\Rightarrow$ $x-\dfrac{1}{x}=2\sqrt{3}$ 또는 $-2\sqrt{3}$

이때, $x>1$이므로, $x-\dfrac{1}{x}>0$ $\Rightarrow$ $x-\dfrac{1}{x}=2\sqrt{3}$

답   (1) 14   (2) 52   (3) $2\sqrt{3}$

23.

구하는 값 $x^3+\dfrac{1}{x^3}$의 값

조건 정리 $x^2-5x+1=0$

설계 $x^2-5x+1=0$의 양변을 x로 나누어보자.

생각 1 | $x^2-5x+1=0$**의 양변을 x로 나누자.**
$$x^2-5x+1=0 \Rightarrow x-5+\frac{1}{x}=0 \Rightarrow x+\frac{1}{x}=5$$

생각 2 | $x^3+\dfrac{1}{x^3}$**의 값을 구하자.**
$$x^3+\frac{1}{x^3}=\left(x+\frac{1}{x}\right)^3-3\left(x+\frac{1}{x}\right)=5^3-3\times5=110$$

답   110

24.

구하는 값 $x^3+\dfrac{1}{x^3}$의 값

조건 정리   ① $x^2+\dfrac{1}{x^2}=2$

          ② $x>0$

설계   구하는 값을 변형해보면,
$$x^3+\frac{1}{x^3}=\left(x+\frac{1}{x}\right)^3-3x\frac{1}{x}\left(x+\frac{1}{x}\right)$$이다.
$$=\left(x+\frac{1}{x}\right)^3-3\left(x+\frac{1}{x}\right)$$

➡ $x+\dfrac{1}{x}$ 의 값을 구하자.

$x^2+\dfrac{1}{x^2}=\left(x+\dfrac{1}{x}\right)^2-2x\dfrac{1}{x}=\left(x+\dfrac{1}{x}\right)^2-2$ 이므로

조건 ① : $x^2+\dfrac{1}{x^2}=2$

➡ $\left(x+\dfrac{1}{x}\right)^2-2=2$

➡ $\left(x+\dfrac{1}{x}\right)^2=4$ ➡ $x+\dfrac{1}{x}=\pm 2$

이때, $x>0$ 이므로 $x+\dfrac{1}{x}=2$

즉, (구하는 값) $=\left(x+\dfrac{1}{x}\right)^3-3\left(x+\dfrac{1}{x}\right)$
$=2^3-3\times 2=2$

답 2

25.

구하는 값 $x^3-4x^2+3-\dfrac{4}{x^2}+\dfrac{1}{x^3}$ 의 값

조건 정리 $x^2-4x+1=0$

설계 $x^2-4x+1=0$ 의 양변을 x로 나누면

$x-4+\dfrac{1}{x}=0$ ➡ $x+\dfrac{1}{x}=4$ 임을 알 수 있다.

조건 $x+\dfrac{1}{x}=4$ 을 최대한 활용하기 위하여

구하는 값에서 $x+\dfrac{1}{x}$ 가 최대한 드러나도록 식을

변형하자.

$x^3-4x^2+3-\dfrac{4}{x^2}+\dfrac{1}{x^3}=\left(x^3+\dfrac{1}{x^3}\right)-4\left(x^2+\dfrac{1}{x^2}\right)+3$

이때,

① $x^3+\dfrac{1}{x^3}=\left(x+\dfrac{1}{x}\right)^3-3x\dfrac{1}{x}\left(x+\dfrac{1}{x}\right)$
$=\left(x+\dfrac{1}{x}\right)^3-3\left(x+\dfrac{1}{x}\right)=4^3-3\times 4=52$

② $x^2+\dfrac{1}{x^2}=\left(x+\dfrac{1}{x}\right)^2-2x\dfrac{1}{x}$
$=\left(x+\dfrac{1}{x}\right)^2-2=4^2-2=14$

이므로

$\left(x^3+\dfrac{1}{x^3}\right)-4\left(x^2+\dfrac{1}{x^2}\right)+3=52-(4\times 14)+3=-1$

답 -1

26.

(1) $2xy^2-4xy$
$=2xy(y-2)$

$\therefore\ 2xy(y-2)$

(2) $(2x+y)^2-4x-2y$
$=(2x+y)^2-2(2x+y)=(2x+y)(2x+y-2)$

$\therefore\ (2x+y)(2x+y-2)$

(3) $x^2+4xy+4y^2$
$=(x+2y)^2$

$\therefore\ (x+2y)^2$

(4) x^2-2x+1
$=(x-1)^2$

$\therefore\ (x-1)^2$

(5) $ax+ay+3x+3y$
$=a(x+y)+3(x+y)$
$=(x+y)(a+3)$

$\therefore\ (x+y)(a+3)$

(6) $4x^2+4xy+y^2$
$=(2x+y)^2$

$\therefore\ (2x+y)^2$

(7) x^2+x-2
$=(x+2)(x-1)$

$\therefore\ (x+2)(x-1)$

(8) x^2+3x+2
$=(x+1)(x+2)$

$\therefore\ (x+1)(x+2)$

(9) $2x^2+x-1$
$=(2x-1)(x+1)$

$\therefore\ (2x-1)(x+1)$

(10) $4x^2+12xy+9y^2$
$=(2x+3y)^2$

$\therefore\ (2x+3y)^2$

(11) x^2-4x+4
$=(x-2)^2$

$\therefore\ (x-2)^2$

(12) $4a^2-9b^2$
$=(2a-3b)(2a+3b)$

$\therefore\ (2a-3b)(2a+3b)$

(13) $9x^2 - 12xy + 4y^2$
$= (3x - 2y)^2$

$\therefore \ (3x - 2y)^2$

(14) $2x^2 + 16x + 32$
$= 2(x^2 + 8x + 16) = 2(x + 4)^2$

$\therefore \ 2(x + 4)^2$

(15) $(2x - 1)^2 - 9y^4$
$= (2x - 1)^2 - (3y^2)^2$
$= (2x - 1 - 3y^2)(2x - 1 + 3y^2)$

$\therefore \ (2x - 3y^2 - 1)(2x + 3y^2 - 1)$

(16) $3ax^3 + 12ax^2 + 12ax$
$= 3ax(x^2 + 4x + 4) = 3ax(x + 2)^2$

$\therefore \ 3ax(x + 2)^2$

(17) $x^2 - (2n+1)x + n^2 + n$
$= x^2 - (2n+1)x + n(n+1)$

➔ 상수항을 인수분해한 2개의 식을 더한 값이 x의 계수에
포함되어 있으므로, n과 $n+1$을 각각 한 덩어리로
간주하면,
$(x-n)\{x-(n+1)\} = (x-n)(x-n-1)$
$\therefore \ (x-n)(x-n-1)$

(18) $x^2 - (2k+1)x + k^2 + k - 2$
$= x^2 - (2k+1)x + (k-1)(k+2)$

➔ 상수항을 인수분해한 2개의 식을 더한 값이 x의 계수에
포함되어 있으므로, $k-1$과 $k+2$를 각각 한 덩어리로
간주하면,
$\{x-(k-1)\}\{x-(k+2)\} = (x-k+1)(x-k-2)$
$\therefore \ (x-k+1)(x-k-2)$

(19) $x^2 + ax + 3x + 3a$
$= x^2 + (a+3)x + 3a$

➔ 상수항을 인수분해한 2개의 식을 더한 값이 x의 계수에
포함되어 있으므로,

$\therefore \ (x+3)(x+a)$

(20) $x^2 - mx - x + m$
$= x^2 - (m+1)x + (1)(m)$

➔ 상수항을 인수분해한 2개의 식을 더한 값이 x의 계수에
포함되어 있으므로,

$\therefore \ (x-1)(x-m)$

(21) $(2x-1)^2 - (x+1)^2$
$= \{(2x-1) - (x+1)\}\{(2x-1) + (x+1)\}$
$= (x-2)3x$

$\therefore \ 3x(x-2)$

(22) $x^2 - 6xy + 9y^2 - a^2$
$= (x^2 - 6xy + 9y^2) - a^2$
$= (x - 3y)^2 - a^2$
$= (x - 3y - a)(x - 3y + a)$

$\therefore \ (x - 3y - a)(x - 3y + a)$

(23) $2x(2x+y) + y(2x+y) - 4$
$= (2x+y)(2x+y) - 4$
$= (2x+y)^2 - 2^2$
$= (2x+y-2)(2x+y+2)$

$\therefore \ (2x+y-2)(2x+y+2)$

(24) $a^4 - b^4$
$= (a^2 - b^2)(a^2 + b^2)$
$= (a-b)(a+b)(a^2 + b^2)$

$\therefore \ (a-b)(a+b)(a^2 + b^2)$

27.

(1) $x^3 - 8y^3$
$= x^3 - (2y)^3$
$= (x - 2y)(x^2 + 2xy + 4y^2)$

$\therefore \ (x - 2y)(x^2 + 2xy + 4y^2)$

(2) $8a^3 - 8b^3$
$= 8(a^3 - b^3)$
$= 8(a-b)(a^2 + ab + b^2)$

$\therefore \ 8(a-b)(a^2 + ab + b^2)$

(3) $x^3 + 9x^2 + 27x + 27$
$= (x+3)^3$

$\therefore \ (x+3)^3$

(4) $8a^3 - 12a^2b + 6ab^2 - b^3$
$= (2a - b)^3$

$\therefore \ (2a - b)^3$

(5) $4x^2 + y^2 + z^2 + 4xy + 2yz + 4zx$
$= (2x + y + z)^2$

$\therefore \ (2x + y + z)^2$

(6) $x^2 + y^2 + 4z^2 - 2xy - 4yz + 4zx$
$= (x - y + 2z)^2$

$\therefore \ (x - y + 2z)^2$

(7) $x^4 + x^2 + 1$
$= (x^2 - x + 1)(x^2 + x + 1)$

$\therefore \ (x^2 - x + 1)(x^2 + x + 1)$

(8) $16x^4 + 4x^2y^2 + y^4$
$= (2x)^4 + (2x)^2y^2 + y^4$
$= (4x^2 - 2xy + y^2)(4x^2 + 2xy + y^2)$
$$\therefore \ (4x^2 - 2xy + y^2)(4x^2 + 2xy + y^2)$$

(9) $a^3 + b^3 + 1 - 3ab$
$= a^3 + b^3 + 1^3 - 3ab(1)$
$= (a+b+1)(a^2+b^2+1-ab-b-a)$
또는 $\dfrac{1}{2}(a+b+1)\{(a-b)^2 + (b-1)^2 + (1-a)^2\}$
$$\therefore \ (a+b+1)(a^2+b^2+1-ab-b-a)$$
$$\text{또는 } \dfrac{1}{2}(a+b+1)\{(a-b)^2 + (b-1)^2 + (1-a)^2\}$$

(10) $x^3 + y^3 - 8z^3 + 6xyz$
$= x^3 + y^3 + (-2z)^3 - 3xy(-2z)$
$= (x+y-2z)(x^2+y^2+4z^2-xy+2yz+2zx)$
또는
$\dfrac{1}{2}(x+y-2z)\{(x-y)^2 + (y+2z)^2 + (-2z-x)^2\}$

$$\therefore \ (x+y-2z)(x^2+y^2+4z^2-xy+2yz+2zx)$$
$$\text{또는 } \dfrac{1}{2}(x+y-2z)\{(x-y)^2 + (y+2z)^2 + (-2z-x)^2\}$$

(11) $(a+1)^3 - 8$
$= (a+1)^3 - 2^3$
$= \{(a+1)-2\}\{(a+1)^2 + (a+1)2 + 2^2\}$
$= (a-1)\{(a+1)(a+3)+4\}$
$= (a-1)(a^2+4a+7)$
$$\therefore \ (a-1)(a^2+4a+7)$$

(12) $2ax^4 - 2ax$
$= 2ax(x^3-1)$
$= 2ax(x-1)(x^2+x+1)$
$$\therefore \ 2ax(x-1)(x^2+x+1)$$

(13) $(x+y)^3 + (x-y)^3$
$= \{(x+y)+(x-y)\}\left\{ \begin{array}{l} (x+y)^2 \\ -(x+y)(x-y)+(x-y)^2 \end{array} \right\}$
$= 2x\{(x^2+2xy+y^2) - (x^2-y^2) + (x^2-2xy+y^2)\}$
$= 2x(x^2+3y^2)$
$$\therefore \ 2x(x^2+3y^2)$$

(14) $a^4 - a^3$
$= a^3(a-1)$
$$\therefore \ a^3(a-1)$$

(15) $x^6 - y^6$
$= (x^3)^2 - (y^3)^2$
$= (x^3-y^3)(x^3+y^3)$
$= (x-y)(x^2+xy+y^2)(x+y)(x^2-xy+y^2)$
$$\therefore \ (x-y)(x^2+xy+y^2)(x+y)(x^2-xy+y^2)$$

28.

(1) $(x^2+x-1)(x^2+x+2) - 4$은 x^2+x가 반복되므로
$x^2+x = A$로 치환하면
$(x^2+x-1)(x^2+x+2)-4 = (A-1)(A+2)-4$
$\qquad\qquad\qquad\qquad\qquad = A^2+A-6$
$\qquad\qquad\qquad\qquad\qquad = (A+3)(A-2)$
이제 A를 다시 x^2+x로 바꾸면
$(A+3)(A-2) = (x^2+x+3)(x^2+x-2)$
$\qquad\qquad\qquad = (x^2+x+3)(x+2)(x-1)$
$$\therefore \ (x^2+x+3)(x+2)(x-1)$$

(2) $(x^2+2x)^2 - 2x^2 - 4x + 1$
$= (x^2+2x)^2 - 2(x^2+2x) + 1$
➔ $x^2+2x = t$로 치환해보면,
$t^2 - 2t + 1 = (t-1)^2$
이제 t를 다시 x^2+2x로 바꾸면,
$$\therefore \ (x^2+2x-1)^2$$

(3) $(x+1)(x-2)(x+3)(x-4) + 16$
➔ 반복되는 부분이 나오도록
$(x+1)(x-2), (x+3)(x-4)$끼리 따로 전개해보면,
$(x^2-x-2)(x^2-x-12)+16$
➔ x^2-x가 반복되므로 $x^2-x = A$로 치환해보면,
$(A-2)(A-12)+16$
$= A^2 - 14A + 40 = (A-10)(A-4)$
이제 A를 다시 x^2-x로 바꾸면,
$$\therefore \ (x^2-x-10)(x^2-x-4)$$

(4) $(x^2+x)^2 - 13(x^2+x) + 36$
➔ $x^2+x = t$로 치환해보면,
$t^2 - 13t + 36 = (t-4)(t-9)$
이제 t를 다시 x^2+x로 바꾸면,
$$\therefore \ (x^2+x-4)(x^2+x-9)$$

(5) $4x^4 + (1-3x+x^2)(1-3x-3x^2)$
➔ $1-3x = t$로 치환해보면,
$4x^4 + (t+x^2)(t-3x^2) = x^4 - 2tx^2 + t^2 = (x^2-t)^2$
이제 t를 다시 $1-3x$로 바꾸면,
$$\therefore \ (x^2+3x-1)^2$$

(6) $x(x+2)(x+4)(x+6) - 9$
➔ 반복되는 부분이 나오도록
$x(x+6), (x+2)(x+4)$끼리 따로 전개해보면,
$(x^2+6x)(x^2+6x+8)-9$

➜ x^2+6x가 반복되므로 $x^2+6x=t$로 치환해보면,

$t(t+8)-9=t^2+8t-9=(t+9)(t-1)$

이제 t를 다시 x^2+6x로 바꾸면,

$(x^2+6x+9)(x^2+6x-1)=(x+3)^2(x^2+6x-1)$

$$\therefore \ (x+3)^2(x^2+6x-1)$$

(7) x^4-7x^2+6에서 $x^2=A$로 치환해보면,

$x^4-7x^2+6=A^2-7A+6=(A-6)(A-1)$

이제 A를 다시 x^2으로 바꾸면,

$(A-6)(A-1)=(x^2-6)(x^2-1)$
$=(x^2-6)(x-1)(x+1)$

$$\therefore \ (x^2-6)(x-1)(x+1)$$

(8) x^4+5x^2+9

➜ $x^2=A$로 치환해보면 A^2+5A+9이고, 이는 더 이상 인수분해가 되지 않으므로, 다음과 같이 치환 전의 식으로 돌아왔을 때

x^4+5x^2+9

x^4과 $+9$를 포함하는 완전제곱식을 만들면 합차제곱차 공식으로 인수분해가 가능할 것이다.

x^4과 $+9$를 포함하는 완전제곱식으로
$x^4+6x^2+9=(x^2+3)^2$

을 떠올릴 수 있다. 이를 중심으로 식을 조작하면,

$x^4+5x^2+9=(x^4+6x^2+9)-x^2$
$=(x^2+3)^2-x^2$
$=(x^2+3-x)(x^2+3+x)$

$$\therefore \ (x^2-x+3)(x^2+x+3)$$

(9) x^4-11x^2+1

➜ $x^2=A$로 치환해보면 $A^2-11A+1$이고, 이는 더 이상 인수분해가 되지 않으므로, 다음과 같이 치환 전의 식으로 돌아왔을 때

x^4-11x^2+1

x^4과 $+1$을 포함하는 완전제곱식을 만들면 합차제곱차 공식으로 인수분해가 가능할 것이다.

x^4과 $+1$을 포함하는 완전제곱식으로
$x^4-2x^2+1=(x^2-1)^2$

을 떠올릴 수 있다. 이를 중심으로 식을 조작하면,

$x^4-11x^2+1=(x^4-2x^2+1)-9x^2$
$=(x^2-1)^2-(3x)^2$
$=(x^2-1-3x)(x^2-1+3x)$

$$\therefore \ (x^2-3x-1)(x^2+3x-1)$$

(10) $2x^4+x^2-1$

➜ $x^2=A$로 치환해보면 $2A^2+A-1$이고, 이는 다음과 같이 인수분해 가능하다.

$(2A-1)(A+1)$

이제 A를 다시 x^2으로 바꾸면,

$$\therefore \ (2x^2-1)(x^2+1)$$

(11) x^4+4

➜ $x^2=A$로 치환해보면 A^2+4이고, 이는 더 이상 인수분해가 되지 않으므로, 다음과 같이 치환 전의 식으로 돌아왔을 때

x^4+4

x^4과 $+4$를 포함하는 완전제곱식을 만들면 합차제곱차 공식으로 인수분해가 가능할 것이다.

x^4과 $+4$를 포함하는 완전제곱식으로
$x^4+4x^2+4=(x^2+2)^2$

을 떠올릴 수 있다. 이를 중심으로 식을 조작하면,

$x^4+4=(x^4+4x^2+4)-4x^2$
$=(x^2+2)^2-(2x)^2$
$=(x^2+2-2x)(x^2+2+2x)$

$$\therefore \ (x^2-2x+2)(x^2+2x+2)$$

(12) $x^4-8x^2y^2+4y^4$

➜ $x^2=A$, $y^2=B$로 치환해보면 $A^2-8AB+4B^2$이고, 이는 더 이상 인수분해가 되지 않으므로, 다음과 같이 치환 전의 식으로 돌아왔을 때

$x^4-8x^2y^2+4y^4$

x^4과 $+4y^2$을 포함하는 완전제곱식을 만들면 합차제곱차 공식으로 인수분해가 가능할 것이다.

x^4과 $+4y^2$를 포함하는 완전제곱식으로
$x^4-4x^2y^2+4y^4=(x^2-2y^2)^2$

을 떠올릴 수 있다. 이를 중심으로 식을 조작하면,

$x^4-8x^2y^2+4y^4=(x^4-4x^2y^2+4y^4)-4x^2y^2$
$=(x^2-2y^2)^2-(2xy)^2$
$=(x^2-2y^2-2xy)(x^2-2y^2+2xy)$

$$\therefore \ (x^2-2xy-2y^2)(x^2+2xy-2y^2)$$

29.

(1) $a^4-b^2c^2+a^2c^2-b^4$
$=(a^4-b^4)+c^2(a^2-b^2)$
$=(a^2-b^2)(a^2+b^2)+c^2(a^2-b^2)$
$=(a^2-b^2)(a^2+b^2+c^2)$
$=(a-b)(a+b)(a^2+b^2+c^2)$

$$\therefore \ (a-b)(a+b)(a^2+b^2+c^2)$$

(2) $x^2 + y^2 - 4z^2 - 2xy$
$= (x^2 - 2xy + y^2) - 4z^2$
$= (x-y)^2 - (2z)^2$
$= (x-y-2z)(x-y+2z)$

$\therefore \ (x-y-2z)(x-y+2z)$

(3) $4ab + c^2 - a^2 - 4b^2$
$= (-a^2 + 4ab - 4b^2) + c^2$
$= -(a^2 - 4ab + 4b^2) + c^2$
$= -(a-2b)^2 + c^2$
$= c^2 - (a-2b)^2$
$= \{c - (a-2b)\}\{c + (a-2b)\}$
$= (c-a+2b)(c+a-2b)$

$\therefore \ (-a+2b+c)(a-2b+c)$

(4) $x^3 - 2x^2y + 2x - 4y$
$= (x^3 - 2x^2y) + (2x - 4y)$
$= x^2(x-2y) + 2(x-2y)$
$= (x-2y)(x^2+2)$

$\therefore \ (x-2y)(x^2+2)$

(5) $x^2 + y^2 + 2xy - 1$
$= (x^2 + 2xy + y^2) - 1$
$= (x+y)^2 - 1^2$
$= (x+y-1)(x+y+1)$

$\therefore \ (x+y-1)(x+y+1)$

(6) $9x^2 - y^2 - 6x + 1$
$= (9x^2 - 6x + 1) - y^2$
$= (3x-1)^2 - y^2$
$= (3x-1-y)(3x-1+y)$

$\therefore \ (3x-y-1)(3x+y-1)$

(7) $x^2 + y^2 - 2xy - 3x + 3y - 4$
$= x^2 - (2y+3)x + (y^2 + 3y - 4)$
$= x^2 - (2y+3)x + (y+4)(y-1)$
$= \{x - (y+4)\}\{x - (y-1)\}$
$= (x-y-4)(x-y+1)$

$\therefore \ (x-y-4)(x-y+1)$

(8) $x^2 - 3y^2 - 2xy + 4x - 4y + 4$
$= x^2 + (-2y+4)x - (3y^2 + 4y - 4)$
$= x^2 + (-2y+4)x - (3y-2)(y+2)$
$= x^2 + (-2y+4)x + (-3y+2)(y+2)$
$= \{x + (-3y+2)\}\{x + (y+2)\}$
$= (x-3y+2)(x+y+2)$

$\therefore \ (x-3y+2)(x+y+2)$

(9) $4xy + 9 - 4x^2 - y^2$
$= 9 - (4x^2 - 4xy + y^2)$
$= 3^2 - (2x-y)^2$
$= \{3 - (2x-y)\}\{3 + (2x-y)\}$
$= (-2x+y+3)(2x-y+3)$

$\therefore \ (-2x+y+3)(2x-y+3)$

(10) $x^2 + y^2 - 2xy - x + y$
$= (x^2 - 2xy + y^2) - (x-y)$
$= (x-y)^2 - (x-y)$
$= (x-y)(x-y-1)$

$\therefore \ (x-y)(x-y-1)$

30.

구하는 값 $\dfrac{2025^3 + 1}{2025^2 - 2025 + 1}$ 의 값

설계 반복되는 2025를 x로 치환하자.

$2025 = x$로 치환하면,

$$\frac{2025^3 + 1}{2025^2 - 2025 + 1} = \frac{x^3 + 1}{x^2 - x + 1}$$

$$= \frac{(x+1)(x^2 - x + 1)}{x^2 - x + 1}$$

$$= x + 1 = 2025 + 1 = 2026$$

답 2026

31.

구하는 값 $a+b$의 값

조건 정리
① a, b는 1이 아닌 자연수
② $a < b$
③ $11^4 - 6^4 = a \times b \times 157$

설계 합차제곱차 공식을 활용하여 $11^4 - 6^4$을 인수분해하자.

$11^4 - 6^4 = (11^2 + 6^2)(11^2 - 6^2)$
$\qquad = (11^2 + 6^2)(11+6)(11-6)$
$\qquad = (121 + 36)(17)(5) = 157 \times 17 \times 5 \ \cdots (\bigstar)$

$(\bigstar) = a \times b \times 157$이므로
$a = 5$, $b = 17$ $(\because \ a < b)$ ➔ $a + b = 22$

답 22

32.

구하는 값 $a+b+c+d$의 값

조건 정리 ① a, b, c, d는 모두 2 이상의 자연수

② $(8^2+2\times8)^2-18\times(8^2+2\times8)+45$
$=a\times b\times c\times d$

설계 반복되는 $8^2+2\times8$를 X로 치환해보자.

생각 1 | $8^2+2\times8$을 X로 치환하자.

$8^2+2\times8=X$라 치환하면,

$(8^2+2\times8)^2-18\times(8^2+2\times8)+45$
$=X^2-18X+45$
$=(X-15)(X-3)$

이제 X를 다시 $8^2+2\times8$로 바꾸면,

$(8^2+2\times8-15)(8^2+2\times8-3)$

생각 2 | 반복되는 8을 t로 치환하자.

$8=t$라 치환하면,

$(8^2+2\times8-15)(8^2+2\times8-3)$

➜ $(t^2+2t-15)(t^2+2t-3)$
$=(t+5)(t-3)(t+3)(t-1)$

이제 t를 다시 8로 바꾸면,

$13\times5\times11\times7$

즉, $13\times5\times11\times7=a\times b\times c\times d$이므로
$a+b+c+d=13+5+11+7=36$

답 36

33.

구하는 값 $Q(2)+R(1)$의 값 ➜ $Q(x)$, $R(x)$를 구하자.

설계

다항식 x^4+2x^3-x-3을 x^2+2x-1로 나누었을 때의 몫과
나머지를 직접 구하자.

$$
\begin{array}{r}
x^2 \qquad\quad +1 \\
x^2+2x-1 \,{\overline{\smash{\big)}\,x^4+2x^3\qquad -x-3}} \\
\underline{x^4+2x^3-x^2} \\
x^2-x-3 \\
\underline{x^2+2x-1} \\
-3x-2
\end{array}
$$

➜ 몫 $Q(x)=x^2+1$, 나머지 $R(x)=-3x-2$이다.

$$\therefore\ Q(2)=5,\ R(1)=-5 ➜ Q(2)+R(1)=0$$

답 0

34.

구하는 값 $P(x)+4x$를 $Q(x)$로 나눈 나머지

조건 정리 $P(x)=2x^3-x+10$, $Q(x)=x^2+x-1$

설계 $P(x)+4x$를 $Q(x)$로 직접 나누자.

$P(x)+4x=(2x^3-x+10)+4x=2x^3+3x+10$ 이므로
다항식 $2x^3+3x+10$을 $Q(x)=x^2+x-1$로 나누면,

$$
\begin{array}{r}
2x-2 \\
x^2+x-1\,{\overline{\smash{\big)}\,2x^3\qquad +3x+10}} \\
\underline{2x^3+2x^2-2x} \\
-2x^2+5x+10 \\
\underline{-2x^2-2x+2} \\
7x+8
\end{array}
$$

➜ 구하는 나머지는 $7x+8$

답 $7x+8$

35.

구하는 값 $Q(1)$의 값

➜ $Q(x)$를 직접 구한 후, $x=1$을 대입하자.

조건 정리 $2x^3+x^2-x-7$을 $x-1$로 나눈 몫이 $Q(x)$이다.

설계 $2x^3+x^2-x-7$을 $x-1$로 직접 나누자.

$$
\begin{array}{r}
2x^2+3x+2 \\
x-1\,{\overline{\smash{\big)}\,2x^3+x^2-x-7}} \\
\underline{2x^3-2x^2} \\
3x^2-x-7 \\
\underline{3x^2-3x} \\
2x-7 \\
\underline{2x-2} \\
-5
\end{array}
$$

➜ $Q(x)=2x^2+3x+2$ ➜ $Q(1)=7$

답 7

36.

구하는 값 $a+b$의 값

조건 정리 $2x^3+ax+b$를 x^2-x+2로 나눈 나머지가 $x+1$

설계 $2x^3+ax+b$를 x^2-x+2로 직접 나눈 나머지가
$x+1$임을 이용하자.

$$
\begin{array}{r}
2x+2 \\
x^2-x+2\,{\overline{\smash{\big)}\,2x^3\qquad +ax+b}} \\
\underline{2x^3-2x^2\qquad +4x} \\
2x^2+(a-4)x+b \\
\underline{2x^2\qquad -2x+4} \\
(a-2)x+(b-4)
\end{array}
$$

➜ 즉, $(a-2)x+(b-4)=x+1$이므로 $a=3$, $b=5$
➜ $a+b=8$

답 8

37.

구하는 값 $3(b-a)$의 값

➜ a, b의 값을 구하자.

조건 정리 $x^3-x^2+ax^2+b$가 x^2-3x-2로 나누어떨어진다.

➜ $x^3-x^2+ax^2+b$를 x^2-3x+2로 나누었을
때의 나머지가 0이다.

설계 $x^3 - x^2 + ax^2 + b$를 $x^2 - 3x + 2$로 나누었을 때의 몫을 $Q(x)$로 두면,

$$x^3 - x^2 + ax^2 + b = (x^2 - 3x + 2)\,Q(x)$$
$$= (x-1)(x-2)\,Q(x) \text{ 이다.}$$

즉, $x^3 - x^2 + ax^2 + b = (x-1)(x-2)\,Q(x)$

이 등식의 양변에
$x = 1$을 대입하면 ➔ $a + b = 0$ ⋯ ㉠
$x = 2$를 대입하면 ➔ $4a + b + 4 = 0$
➔ $4a + b = -4$ ⋯ ㉡
㉠과 ㉡을 연립하면

$$\therefore a = -\frac{4}{3},\ b = \frac{4}{3} \text{ ➔ } 3(b-a) = 3 \times \frac{8}{3} = 8$$

답 8

38.

구하는 값 다항식 A

조건 정리 $x^4 + x^3 - 2x^2 + 2x + 2$를 다항식 A로 나눈 몫 :
$x^2 - 3$, 나머지 : $5x + 5$
➔ $x^4 + x^3 - 2x^2 + 2x + 2 = (x^2 - 3)A + (5x + 5)$
➔ $x^4 + x^3 - 2x^2 - 3x - 3 = (x^2 - 3)A$
➔ $x^4 + x^3 - 2x^2 - 3x - 3$을 $x^2 - 3$으로 나눈 몫이 A이다.

설계 $x^4 + x^3 - 2x^2 - 3x - 3$을 $x^2 - 3$으로 직접 나누자.

$$
\begin{array}{r}
x^2 + x + 1 \\
x^2 - 3 \overline{\smash{)}\ x^4 + x^3 - 2x^2 - 3x - 3} \\
\underline{x^4 \qquad\ - 3x^2 \qquad\qquad} \\
x^3 + x^2 - 3x - 3 \\
\underline{x^3 \qquad\ - 3x \qquad} \\
x^2 \qquad\ - 3 \\
\underline{x^2 \qquad\ - 3} \\
0
\end{array}
$$

➔ $A = x^2 + x + 1$

답 $x^2 + x + 1$

39.

구하는 값 $f(x)$를 $2x + 3$으로 나누었을 때의 몫과 나머지

조건 정리 $f(x)$를 $2x - 1$로 나누었을 때의 몫 : $x + 1$,
나머지 : -1
➔ $f(x) = (2x-1)(x+1) - 1$
➔ $f(x) = 2x^2 + x - 2$

설계 $f(x) = 2x^2 + x - 2$를 $2x + 3$으로 직접 나누자.

$$
\begin{array}{r}
x - 1 \\
2x + 3 \overline{\smash{)}\ 2x^2 + x - 2} \\
\underline{2x^2 + 3x} \\
-2x - 2 \\
\underline{-2x - 3} \\
1
\end{array}
$$

➔ 몫 : $x - 1$, 나머지 : 1

답 몫 : $x - 1$, 나머지 : 1

40.

구하는 값 a의 값

조건 정리 ① $P(x)$를 $x - 2$로 나누었을 때의 나머지가 11
➔ $P(x) = (x-2)Q(x) + 11$
➔ $P(2) = 11$
($Q(x)$는 $P(x)$를 $x - 2$로 나누었을 때의 몫)

② $P(x)$를 $(x-2)^2$으로 나누었을 때의 나머지가 $9x + a$
➔ $P(x) = (x-2)^2 B(x) + (9x+a)$ ⋯ (★)
($B(x)$는 $P(x)$를 $(x-2)^2$으로 나눈 몫)

설계 $P(2) = 11$임을 이용하자.
(★) : $P(x) = (x-2)^2 B(x) + (9x+a)$의 양변에 $x = 2$를 대입하면
$$P(2) = 18 + a$$
이때 $P(2) = 11$이므로 $11 = 18 + a$ ➔ $\therefore a = -7$

답 -7

41.

구하는 값 $(x+1)P(x)$를 $x + 3$으로 나누었을 때의 몫과 나머지

조건 정리 $P(x)$를 $x + 3$으로 나누었을 때의 몫 : $Q(x)$,
나머지 : R
➔ $P(x) = (x+3)Q(x) + R$ ⋯ (★)

설계 $(x+1)P(x)$를 만들기 위하여 (★)의 양변에 $(x+1)$을 곱하자.

생각 1 | (★)의 양변에 $(x+1)$을 곱하자.
(★) : $P(x) = (x+3)Q(x) + R$의 양변에 $(x+1)$을 곱하면,
$$(x+1)P(x) = (x+1)(x+3)Q(x) + (x+1)R$$

생각 2 | $(x+1)P(x)$를 $x+3$으로 나누는 것으로 간주하자.

나누는 식을 파란색으로 표시하면 다음과 같다.

$$(x+1)P(x) = (x+3)(x+1)Q(x) + (x+1)R$$
$$\cdots (\bigstar\bigstar)$$

그런데, 이 등식에서 $(x+1)R$은 $R \neq 0$이면 나누는 식인 $x+3$보다 차수가 낮지 않으므로, $(x+1)P(x)$를 $x+3$으로 나눈 나머지가 아니다.

➔ $(x+1)R$을 $x+3$으로 마저 나누어야 한다.

생각 3 | $(x+1)R$을 $x+3$으로 마저 나누자.

$(x+1)R$을 $x+3$으로 마저 나누면,

$$(x+1)R = (x+3)R + (-2R)$$

(몫이 R, 나머지가 $-2R$)

생각 4 | 방금 얻은 등식을 $(\bigstar\bigstar)$에 대입하자.

$$(x+1)P(x) = (x+3)(x+1)Q(x) + \boxed{(x+1)R}$$
$$= (x+3)(x+1)Q(x) + \boxed{(x+3)R + (-2R)}$$
$$= (x+3)\{(x+1)Q(x) + R\} + (-2R)$$

➔ $(x+1)P(x)$를 $x+3$으로 나누었을 때의
몫 : $(x+1)Q(x)+R$, 나머지 : $-2R$

답 ④

42.

구하는 값 $xf(x)$를 $2x-1$로 나누었을 때의 몫과 나머지

조건 정리 $f(x)$를 $x-\dfrac{1}{2}$으로 나누었을 때의 몫 : $g(x)$,

나머지 : R

➔ $f(x) = \left(x-\dfrac{1}{2}\right)g(x) + R \cdots (\bigstar)$

설계 $xf(x)$를 만들기 위하여 $(\bigstar)$의 양변에 x를 곱하자.

생각 1 | $(\bigstar)$의 양변에 x를 곱하자.

$(\bigstar)$: $f(x) = \left(x-\dfrac{1}{2}\right)g(x) + R$의 양변에 x를 곱하면,

$$xf(x) = x\left(x-\dfrac{1}{2}\right)g(x) + Rx$$
$$= x\dfrac{1}{2}(2x-1)g(x) + Rx$$

생각 2 | $xf(x)$를 $2x-1$로 나누는 것으로 간주하자.

나누는 식을 파란색으로 표시하면 다음과 같다.

$$xf(x) = (2x-1)\dfrac{1}{2}xg(x) + Rx \cdots (\bigstar\bigstar)$$

그런데, 이 등식에서 Rx는 $R \neq 0$이면 나누는 식인 $2x-1$보다 차수가 낮지 않으므로, $xf(x)$를 $2x-1$로 나눈 나머지가 아니다.

➔ Rx를 $2x-1$로 마저 나누어야 한다.

생각 3 | Rx를 $2x-1$로 마저 나누자.

Rx를 $2x-1$로 마저 나누면,

$$Rx = (2x-1)\dfrac{1}{2}R + \left(\dfrac{1}{2}R\right)$$

(몫이 $\dfrac{1}{2}R$, 나머지가 $\dfrac{1}{2}R$)

생각 4 | 방금 얻은 등식을 $(\bigstar\bigstar)$에 대입하자.

$$xf(x) = (2x-1)\dfrac{1}{2}xg(x) + \boxed{Rx}$$
$$= (2x-1)\dfrac{1}{2}xg(x) + \boxed{(2x-1)\dfrac{1}{2}R + \left(\dfrac{1}{2}R\right)}$$
$$= (2x-1)\left\{\dfrac{1}{2}xg(x) + \dfrac{1}{2}R\right\} + \left(\dfrac{1}{2}R\right)$$

➔ $xf(x)$를 $2x-1$로 나누었을 때의 몫 :

$$\dfrac{1}{2}xg(x) + \dfrac{1}{2}R, \text{ 나머지} : \dfrac{1}{2}R$$

답 ⑤

43.

구하는 값 $\{f(x)\}^2$을 x^2+1로 나누었을 때의 나머지

➔ $\{f(x)\}^2 = (x^2+1)(몫) + (나머지)$의 꼴로
표현하자. 이때, 나머지는 나누는 식인 x^2+1의
차수보다 낮아야 함에 유의하자.

조건 정리 $f(x)$를 x^2+1로 나누었을 때의 나머지가 $2x+1$이다.

➔ $f(x) = (x^2+1)Q(x) + (2x+1) \cdots (\bigstar)$
로 표현할 수 있다.

($Q(x)$는 $f(x)$를 x^2+1로 나누었을 때의 몫)

설계 $(\bigstar)$의 양변을 제곱하여 $\{f(x)\}^2$의 식을 쓰고,
$\{f(x)\}^2 = (x^2+1)(몫) + (나머지)$의 꼴로 표현하자.
이때, 나머지는 나누는 식인 x^2+1의 차수보다 낮아야
함에 유의하자.

생각 1 | $(\bigstar)$의 양변을 제곱하자.

$(\bigstar)$: $f(x) = (x^2+1)Q(x) + (2x+1)$의 양변 제곱

➔ $\{f(x)\}^2 = \left\{\boxed{(x^2+1)Q(x)} + \boxed{(2x+1)}\right\}^2$

여기서 $(x^2+1)Q(x)$와 $(2x+1)$을 각각의 덩어리로
보고 식을 전개하자.

$$\{f(x)\}^2 = \{(x^2+1)Q(x) + (2x+1)\}^2$$
$$= (x^2+1)^2\{Q(x)\}^2$$
$$+ 2(x^2+1)Q(x)(2x+1) + (2x+1)^2$$

생각 2 | $\{f(x)\}^2 = (x^2+1)(몫) + (나머지)$ **의 꼴로 표현하자.**

$\{f(x)\}^2$

$= (x^2+1)^2\{Q(x)\}^2$
$\quad + 2(x^2+1)Q(x)(2x+1) + (2x+1)^2$

$= (x^2+1)\big[(x^2+1)\{Q(x)\}^2 + 2Q(x)(2x+1)\big]$
$\quad + (2x+1)^2$

$= (x^2+1)[\cdots] + (4x^2+4x+1)$

➜ $\{f(x)\}^2 = (x^2+1)[\cdots] + (4x^2+4x+1)$

$\qquad\qquad\qquad\qquad\qquad\qquad \cdots (\bigstar\bigstar)$

이때, $4x^2+4x+1$은 나누는 식인 x^2+1보다 차수가 낮지 않으므로, $\{f(x)\}^2$은 아직 x^2+1으로 완전히 나누어지지 않았다.

➜ $4x^2+4x+1$을 x^2+1로 마저 나누자.

➜ $4x^2+4x+1$을 x^2+1로 나누면

$\quad 4x^2+4x+1 = (x^2+1)4 + (4x-3)$

$\quad$ (몫이 4, 나머지가 $4x-3$)

즉,

$(\bigstar\bigstar) : \{f(x)\}^2 = (x^2+1)[\cdots] + \boxed{(4x^2+4x+1)}$

$\qquad\qquad = (x^2+1)[\cdots] + \boxed{(x^2+1)4 + (4x-3)}$

$\qquad\qquad = (x^2+1)[\cdots + 4] + (4x-3)$

$\qquad\qquad\qquad \therefore$ 구하는 나머지는 $4x-3$

$\qquad\qquad\qquad\qquad\qquad\qquad$ **답** $4x-3$

44.

(1) $(x^4+4x^3+x-5) \div (x-1)$

➜ 일차식으로 나누는 것이므로, 조립제법을 이용하자.

$$
\begin{array}{c|ccccc}
1 & 1 & 4 & 0 & 1 & -5 \\
  &   & 1 & 5 & 5 & 6 \\
\hline
  & 1 & 5 & 5 & 6 & \;\big|\; 1
\end{array}
$$

➜ $\therefore$ 몫 : x^3+5x^2+5x+6, 나머지 : 1

(2) $(-2x^3+3x^2+x-1) \div (-x+1)$

➜ 일차식으로 나누는 것이므로, 조립제법을 이용하자.
이때, 나누는 식의 일차항의 계수가 1이 아님에 유의한다.

$$
\begin{array}{c|cccc}
1 & -2 & 3 & 1 & -1 \\
  &   & -2 & 1 & 2 \\
\hline
  & -2 & 1 & 2 & \;\big|\; 1
\end{array}
$$

➜ 나누는 식의 일차항의 계수가 1이 아니었다. 따라서 나누는 식이 $-x+1$이 되도록 식을 변형하는 과정을 거쳐야 한다.

$-2x^3+3x^2+x-1 = (x-1)(-2x^2+x+2)+1$
$\qquad\qquad\qquad = (x-1)(-1)(2x^2-x-2)+1$
$\qquad\qquad\qquad = (-x+1)(2x^2-x-2)+1$

➜ $\therefore$ 몫 : $2x^2-x-2$, 나머지 : 1

(3) $(3x^3-x^2+x+1) \div (2x+1)$

➜ 일차식으로 나누는 것이므로, 조립제법을 이용하자.
이때, 나누는 식의 일차항의 계수가 1이 아님에 유의한다.

$$
\begin{array}{c|cccc}
-\dfrac{1}{2} & 3 & -1 & 1 & 1 \\[2mm]
  & & -\dfrac{3}{2} & \dfrac{5}{4} & -\dfrac{9}{8} \\[2mm]
\hline
  & 3 & -\dfrac{5}{2} & \dfrac{9}{4} & \;\Big|\; -\dfrac{1}{8}
\end{array}
$$

➜ 나누는 식의 일차항의 계수가 1이 아니었다. 따라서 나누는 식이 $2x+1$이 되도록 식을 변형하는 과정을 거쳐야 한다.

$3x^3-x^2+x+1 = \left(x+\dfrac{1}{2}\right)\left(3x^2-\dfrac{5}{2}x+\dfrac{9}{4}\right)-\dfrac{1}{8}$

$\qquad\qquad = \left(x+\dfrac{1}{2}\right)2\left(\dfrac{3}{2}x^2-\dfrac{5}{4}x+\dfrac{9}{8}\right)-\dfrac{1}{8}$

$\qquad\qquad = (2x+1)\left(\dfrac{3}{2}x^2-\dfrac{5}{4}x+\dfrac{9}{8}\right)-\dfrac{1}{8}$

➜ $\therefore$ 몫 : $\dfrac{3}{2}x^2-\dfrac{5}{4}x+\dfrac{9}{8}$, 나머지 : $-\dfrac{1}{8}$

(4) $(x^3+x+1) \div (x^2+1)$

➜ 나누는 식이 일차식이 아니므로 조립제법을 사용할 수 없다. 직접 나누자.

$$
\begin{array}{r}
x \\
x^2+1\,\overline{\big)\,x^3 +x+1} \\
\underline{x^3 +x} \\
1
\end{array}
$$

➜ $\therefore$ 몫 : x, 나머지 : 1

45.

구하는 값 $Q(1)$의 값

조건 정리 x^3+2x^2+ax-5가 $x-1$로 나누어떨어질 때의 몫 : $Q(x)$

➜ $x^3+2x^2+ax-5 = (x-1)Q(x)+0$

➜ 양변에 $x=1$을 대입하면,

$a-2=0$ ➜ $a=2$

즉, $x^3+2x^2\boxed{+ax}-5$ ➜ $x^3+2x^2\boxed{+2x}-5$

설계 x^3+2x^2+2x-5을 $x-1$로 나누었을 때의 몫을 구해야 한다.

→ 나누는 식이 일차식이므로 조립제법을 이용하자.

$$
\begin{array}{r|rrrr}
1 & 1 & 2 & 2 & -5 \\
  &   & 1 & 3 & 5 \\
\hline
  & 1 & 3 & 5 & \underline{0} \\
\end{array}
$$

→ 몫 : x^2+3x+5

→ $Q(x)=x^2+3x+5$

→ $Q(1)=9$

답 9

46.

ㄹ, ㅁ, ㅂ는 좌변과 우변을 각각 간단히 정리했을 때 양변의 식의 모양이 같다. 따라서 x의 자리에 임의의 값을 대입해도 등식이 항상 성립하므로,

$\therefore$ x에 대한 항등식이다.

반면, ㄱ, ㄴ, ㄷ는 좌변과 우변을 각각 간단히 정리했을 때 양변의 식의 모양이 다르다. 따라서 x의 자리에 특정 값을 대입했을 때만 성립할 수 있으므로,

$\therefore$ x에 대한 방정식이다.

답 ㄹ, ㅁ, ㅂ

47.

구하는 값 a, b, c의 값

조건 정리 제시된 등식이 모두 x에 대한 항등식이다.

→ ① 주어진 등식을 (x에 대한 식)$=0$꼴로 정리했을 때, $x^{\square}$꼴을 포함한 항들의 계수가 모두 0이 되어야 함을 이용할 수 있다.
② 양변의 동류항의 계수를 비교할 수 있다.
③ x의 자리에 적당한 값을 대입할 수 있다.

(1) $(a+1)x^2+(b-2)x+2c=3x^2-4x+4$

양변에 $x=0$을 대입하면, $2c=4$ → $c=2$

이번에는 양변의 동류항의 계수를 비교하자.
x^2의 계수를 비교하면, $a+1=3$ → $a=2$
x의 계수를 비교하면, $b-2=-4$ → $b=-2$

$\therefore$ $a=2$, $b=-2$, $c=2$

(2) $(x-1)(x^2+ax+b)=x^3+cx^2+3x+1$

양변에 $x=1$을 대입하면, $0=c+5$ → $c=-5$
이번에는 양변의 동류항의 계수를 비교하자.
x^2의 계수를 비교하면,
$a-1=c$ → $a-1=-5$ → $a=-4$
상수항을 비교하면,
$-b=1$ → $b=-1$

$\therefore$ $a=-4$, $b=-1$, $c=-5$

(3) $3x^2-5x-1$
$=a(x+1)(x-2)+b(x+1)+c(x-2)$

양변의 최고차항의 계수를 비교하면, $3=a$
이번에는 x의 자리에 적당한 값을 대입하자.

$x=-1$을 대입하면, $7=-3c$ → $c=-\dfrac{7}{3}$

$x=2$를 대입하면, $1=3b$ → $b=\dfrac{1}{3}$

$\therefore$ $a=3$, $b=\dfrac{1}{3}$, $c=-\dfrac{7}{3}$

(4) $ax^2+2x^2+ax-bx+c+1=0$

주어진 등식을 (x에 대한 식)$=0$꼴로 정리했을 때, $x^{\square}$꼴을 포함한 항들의 계수가 모두 0이 되어야 함을 이용하자.
주어진 등식을 (x에 대한 식)$=0$꼴로 정리하면,
$(a+2)x^2+(a-b)x+(c+1)=0$

$x^{\square}$꼴을 포함한 항들의 계수가 모두 0이 되도록 만들면,
$a+2=0$, $a=b$, $c=-1$
→ $a=-2$, $b=-2$, $c=-1$

$\therefore$ $a=-2$, $b=-2$, $c=-1$

(5) x^2-5x-2
$=ax(x-1)+bx(x+2)+c(x+2)(x-1)$

양변에 $x=0$을 대입하면, $-2=-2c$ → $c=1$
양변에 $x=1$을 대입하면, $-6=3b$ → $b=-2$
양변에 $x=-2$를 대입하면, $12=6a$ → $a=2$

$\therefore$ $a=2$, $b=-2$, $c=1$

48.

구하는 값 $b-a$의 값

조건 정리 등식 $x(x^2-2)f(x)=x^4+ax^2+b-2$가 x의 값에 관계없이 항상 성립한다.

→ 이 등식은 x에 대한 항등식이다.

설계 주어진 등식이 x에 대한 항등식이므로 등식의 좌변 또는 우변이 간단해지는 값을 찾아 x의 자리에 대입하자.

$x = 0$을 대입하면 양변이 간단해지므로
등식의 양변에 $x = 0$을 대입하면,
$0 = b - 2$ ➜ $\therefore\ b = 2$

$x^2 = 2$를 대입하면 좌변이 간단해지므로
등식의 양변에 $x^2 = 2$를 대입하면,
$0 = 4 + 2a + b - 2$ ➜ $\therefore\ a = -2$

$$\therefore\ b - a = 2 - (-2) = 4$$

답 4

49.

구하는 값 $x + y$의 값

조건 정리 등식 $(2k-1)x - (k+1)y + 5k - 1 = 0 \ \cdots$ (★)이
k의 값에 관계없이 항상 성립한다.
➜ (★)은 k에 대한 항등식이다.

설계 주어진 등식이 k에 대한 항등식이 되려면 주어진 등식을
$(k$에 대한 식$) = 0$ 꼴로 정리했을 때, $k^\square$꼴을 포함한
항들의 계수가 모두 0이 되어야 함을 이용하자.

생각 1 | (★)을 $(k$에 대한 식$) = 0$ 꼴로 정리하자.
(★) : $(2k-1)x - (k+1)y + 5k - 1 = 0$
➜ $k(2x - y + 5) + (-x - y - 1) = 0$

생각 2 | $k^\square$꼴을 포함한 항의 계수를 0으로 만들자.
정리한 $k\boxed{(2x - y + 5)} + (-x - y - 1) = 0$에서
$\boxed{2x - y + 5} = 0 \ \cdots$ ㉠
이때, $2x - y + 5 = 0$이면, 자연스레
$-x - y - 1 = 0 \ \cdots$ ㉡
이다.

㉠과 ㉡을 연립하면,
$x = -2,\ y = 1$ ➜ $\therefore\ x + y = -1$

답 -1

50.

구하는 값 a, b의 값

조건 정리 모든 실수 x, y에 대하여
$(x - 2y)a + (2x + y)b + 3x - y = 0 \ \cdots$ (★)이
성립한다.
➜ (★)은 x, y에 대한 항등식이다.

설계 주어진 등식이 x, y에 대한 항등식이 되려면 주어진
등식을 $(x, y$에 대한 식$) = 0$ 꼴로 정리했을 때, $x^\square$꼴과
$y^\square$꼴을 포함한 항들의 계수가 모두 0이 되어야 함을
이용하자.

생각 1 | (★)을 $(x, y$에 대한 식$) = 0$ 꼴로 정리하자.
(★) : $(x - 2y)a + (2x + y)b + 3x - y = 0$
➜ $x(a + 2b + 3) + y(-2a + b - 1) = 0$

생각 2 | $x^\square$꼴과 $y^\square$꼴을 포함한 항의 계수를 모두 0으로
만들자.
정리한 $x\boxed{(a + 2b + 3)} + y\boxed{(-2a + b - 1)} = 0$에서
$\boxed{a + 2b + 3} = 0$ ➜ $a + 2b = -3 \ \cdots$ ㉠
$\boxed{-2a + b - 1} = 0$ ➜ $2a - b = -1 \ \cdots$ ㉡

㉠과 ㉡을 연립하면 $a = -1$, $b = -1$임을 알 수 있다.

답 $a = -1$, $b = -1$

51.

구하는 값 $abcd$의 값

조건 정리 $2x^3 - x + 1 = a(x-1)^3 + b(x-1)^2 + c(x-1) + d$
$\cdots$ (★)가 x에 대한 항등식이다.
➜ ① 주어진 등식을 $(x$에 대한 식$) = 0$꼴로
정리했을 때, $x^\square$꼴을 포함한 항들의 계수가
모두 0이 되어야 함을 이용할 수 있다.
② 양변의 동류항의 계수를 비교할 수 있다.
③ x의 자리에 적당한 값을 대입할 수 있다.

생각 1 | 양변의 최고차항의 계수를 비교하자.
양변의 최고차항의 계수를 비교하면, $2 = a$

생각 2 | x의 자리에 적당한 값을 대입하자.
$x = 1$을 대입하면, $2 = d$
$x = 0$을 대입하면, $1 = -a + b - c + d$
➜ $1 = -2 + b - c + 2$
➜ $b - c = 1 \ \cdots$ ㉠
$x = 2$를 대입하면, $15 = a + b + c + d$
➜ $15 = 2 + b + c + 2$
➜ $b + c = 11 \ \cdots$ ㉡
이제 ㉠과 ㉡을 연립하면 $b = 6$, $c = 5$임을 알 수 있다.

$$\therefore\ abcd = 2 \times 6 \times 5 \times 2 = 120$$

답 120

52.

구하는 값 ab의 값

조건 정리 x^3+ax^2+b를 x^2+x-1로 나누었을 때의 나머지가 2

Sol 1 x^3+ax^2+b를 x^2+x-1로 **직접 나누어보자.**

$$
\begin{array}{r}
x+(a-1) \\
x^2+x-1\overline{\big)\ x^3+ax^2\qquad\quad +b} \\
\underline{x^3+x^2\qquad -x} \\
(a-1)x^2\quad +x\quad +b \\
\underline{(a-1)x^2+(a-1)x-(a-1)} \\
(2-a)x+(b+a-1)
\end{array}
$$

➔ $(2-a)x+(b+a-1)=2$

➔ $a=2,\ b=1$

$$\therefore\ ab=2\times1=2$$

Sol 2 $x^3+ax^2+b=(x^2+x-1)Q(x)+2$임을 **이용하자.**

위 등식은 항등식이므로, 양변의 최고차항의 계수를 비교하면

$$Q(x)=x+p$$

와 같이 나타낼 수 있다. 즉,

$$x^3+ax^2+b=(x^2+x-1)(x+p)+2$$

여기서 양변의 일차항의 계수를 비교하면,

$$0=p-1\ \rightarrow\ p=1$$

상수항의 계수를 비교하면,

$$b=-p+2\ \rightarrow\ b=1$$

이차항의 계수를 비교하면,

$$a=p+1\ \rightarrow\ a=2$$

$$\therefore\ ab=2\times1=2$$

답 2

53.

구하는 값 $a+b$의 값

조건 정리 x^3+ax+b가 x^2+2x-1로 나누어떨어진다.

➔ $x^3+ax+b=(x^2+2x-1)Q(x)+0$

$(Q(x)$는 x^3+ax+b를 x^2+2x-1로 나누었을 때의 몫)

설계 양변의 최고차항의 계수를 비교하여

$$Q(x)=x+p$$

와 같이 나타내고, 나머지 계수들도 비교하며 미지수의 값들을 구하자.

$Q(x)=x+p$와 같이 나타낼 수 있으므로

$$x^3+ax+b=(x^2+2x-1)(x+p)$$

여기서 양변의 이차항의 계수를 비교하면,

$$0=p+2\ \rightarrow\ p=-2$$

일차항의 계수를 비교하면,

$$a=2p-1\ \rightarrow\ a=-5$$

상수항의 계수를 비교하면,

$$b=-p\ \rightarrow\ b=2$$

$$\therefore\ a+b=(-5)+2=-3$$

답 -3

54.

구하는 값 $a+b+c$의 값

조건 정리 ① $x-y=1$

② 모든 실수 $x,\ y$에 대하여 등식

$$ax^2+bx+xy+c-2=0\ \cdots(\bigstar)$$

이 항상 성립한다.

➔ $(\bigstar)$은 $x,\ y$에 대한 항등식이다.

➔ $(\bigstar)$을 $(x,\ y$에 대한 식$)=0$ 꼴로 정리했을 때, $x^\square$꼴과 $y^\square$꼴을 포함한 항들의 계수가 모두 0이 되어야 한다.

설계 $x-y=1$임을 이용하여 등식 $(\bigstar)$을 $x,\ y$ 중 하나의 문자로 통일하자. $(\bigstar)$에서 y가 포함된 항의 개수가 x가 포함된 항의 개수보다 적으므로 $(\bigstar)$을 x로 통일하는 것이 좋겠다. ➔ $y=x-1$을 $(\bigstar)$에 대입하자.

생각 1 | $y=x-1$을 $(\bigstar)$에 대입하여 쿤자를 x로 통일하자.

$y=x-1$을 $(\bigstar)$에 대입하면,

$$ax^2+bx+x(x-1)+c-2=0$$

생각 2 | 방금 작성한 등식을 $(x$에 대한 식$)=0$ 꼴로 정리하자.

$$ax^2+bx+x(x-1)+c-2=0$$

➔ $(a+1)x^2+(b-1)x+(c-2)=0$

생각 3 | $x^\square$꼴을 포함한 항들의 계수를 모두 0으로 만들자.

$(a+1)x^2+(b-1)x+(c-2)=0$에서

$(a+1)x^2$ ➔ $a+1=0$ ➔ $a=-1$

$(b-1)x$ ➔ $b-1=0$ ➔ $b=1$

$c-2$ ➔ $c=2$

$$\therefore\ a+b+c=(-1)+1+2=2$$

답 2

55.

(1)

$P(x)$를 $x-1$로 나누었을 때의 몫을 $Q(x)$,
나머지를 상수 R이라 하면,

$$P(x)=(x-1)Q(x)+R$$

이라 둘 수 있다.
위 등식에 $x=1$을 대입하면 몫 $Q(x)$가 소거되므로
위 등식에 $x=1$을 대입 ➜ $P(1)=R$
이때 $P(x)=2x^3-x^2+2x+3$이므로 $P(1)=6$이다.

$$\therefore\ R=6$$

(2)

$P(x)$를 $x+2$로 나누었을 때의 몫을 $Q(x)$,
나머지를 상수 R이라 하면,

$$P(x)=(x+2)Q(x)+R$$

이라 둘 수 있다.
위 등식에 $x=-2$를 대입하면 몫 $Q(x)$가 소거되므로
위 등식에 $x=-2$를 대입 ➜ $P(-2)=R$
이때 $P(x)=2x^3-x^2+2x+3$이므로 $P(-2)=-21$이다.

$$\therefore\ R=-21$$

(3)

$P(x)$를 $2x-1$로 나누었을 때의 몫을 $Q(x)$,
나머지를 상수 R이라 하면,

$$P(x)=(2x-1)Q(x)+R$$

이라 둘 수 있다.
위 등식에 $x=\dfrac{1}{2}$를 대입하면 몫 $Q(x)$가 소거되므로

위 등식에 $x=\dfrac{1}{2}$를 대입 ➜ $P\left(\dfrac{1}{2}\right)=R$

이때 $P(x)=2x^3-x^2+2x+3$이므로 $P\left(\dfrac{1}{2}\right)=4$이다.

$$\therefore\ R=4$$

답 (1) 6　　(2) -21　　(3) 4

56.

구하는 값 a의 값

조건 정리

$P(x)=2x^3-x^2+ax+1$이 다음 일차식으로 나누어떨어진다.

(1) $x+1$

$P(x)=2x^3-x^2+ax+1=(x+1)Q(x)+0$이므로
$x=-1$을 대입하면, $P(-1)=-a-2=0$
➜ $a=-2$

(2) $x-2$

$P(x)=2x^3-x^2+ax+1=(x-2)Q(x)+0$이므로
$x=2$를 대입하면, $P(2)=13+2a=0$

➜ $a=-\dfrac{13}{2}$

(3) $2x+1$

$P(x)=2x^3-x^2+ax+1=(2x+1)Q(x)+0$이므로

$x=-\dfrac{1}{2}$를 대입하면, $P\left(-\dfrac{1}{2}\right)=-\dfrac{1}{2}a+\dfrac{1}{2}=0$

➜ $a=1$

답 (1) -2　　(2) $-\dfrac{13}{2}$　　(3) 1

57.

구하는 값 $P(x)-Q(x)$를 $x-1$로 나누었을 때의 나머지
　　➜ 나머지 정리에 의해, $P(1)-Q(1)$

조건 정리 ① $P(x)$를 $x-1$로 나누었을 때의 나머지가 2
　　➜ 나머지 정리에 의해, $P(1)=2$
　　② $Q(x)$를 $x-1$로 나누었을 때의 나머지가 -3
　　➜ 나머지 정리에 의해, $Q(1)=-3$

$$\therefore\ P(1)-Q(1)=2-(-3)=5$$

답 5

58.

구하는 값 $f(x)$를 $x+1$로 나누었을 때의 나머지
　　➜ 나머지 정리에 의해, $f(-1)$

조건 정리 ① $f(x)$를 $x-2$로 나누었을 때의 몫 : $g(x)$,
　　　　나머지 : 3
　　➜ $f(x)=(x-2)g(x)+3$
　　② $g(x)$를 $x+1$로 나누었을 때의 나머지가 -1
　　➜ 나머지 정리에 의해, $g(-1)=-1$

$g(-1)=-1$임을 활용하기 위하여
$f(x)=(x-2)g(x)+3$에 $x=-1$을 대입하면,
$f(-1)=(-3)g(-1)+3=(-3)(-1)+3=6$

답 6

59.

구하는 값 $a+b$의 값

조건 정리 ① x^3+ax^2-x+b을 $x-1$로 나누었을 때의 나머지가 2

➔ 나머지 정리에 의해, $1+a-1+b=2$

➔ $a+b=2$ ··· ㉠

② x^3+ax^2-x+b을 $x+2$로 나누었을 때의 나머지가 5

➔ 나머지 정리에 의해, $-8+4a+2+b=5$

➔ $4a+b=11$ ··· ㉡

㉠과 ㉡을 연립하면 $a=3$, $b=-1$임을 알 수 있다.

$$\therefore\ a+b=3+(-1)=2$$

답 2

60.

구하는 값 a의 값

조건 정리 (x^4+ax^3+3x-1을 $x-1$로 나누었을 때의 나머지)

$=(x^4+ax^3+3x-1$을 $x+1$로 나누었을 때의 나머지)

나머지 정리에 의해
x^4+ax^3+3x-1을 $x-1$로 나누었을 때의 나머지는
x^4+ax^3+3x-1에 $x=1$을 대입한
$1+a+3-1=a+3$이고,
x^4+ax^3+3x-1을 $x+1$로 나누었을 때의 나머지는
x^4+ax^3+3x-1에 $x=-1$을 대입한
$1-a-3-1=-a-3$이다.

즉, 조건에 따라 $a+3=-a-3$ ➔ $a=-3$

답 -3

61.

구하는 값 $(x+1)P(6x-2)$를 $2x-1$로 나누었을 때의 나머지

➔ 나머지 정리에 의해

$(x+1)P(6x-2)$에 $x=\dfrac{1}{2}$을 대입하면, $\dfrac{3}{2}P(1)$

➔ $P(1)$의 값을 구하자.

조건 정리 $P(x)$를 x^2-6x+5로 나누었을 때의 나머지가 $5x-2$

➔ $x^2-6x+5=(x-1)(x-5)$이므로

$$P(x)=(x-1)(x-5)Q(x)+(5x-2)\ \cdots\ (\bigstar)$$
($Q(x)$는 $P(x)$를 x^2-6x+5로 나누었을 때의 몫)

이때, $(\bigstar)$에 $x=1$을 대입하면 우변이 간단해지므로

$(\bigstar)$에 $x=1$을 대입하면,
$$P(1)=3$$

즉, (구하는 값)$=\dfrac{3}{2}P(1)=\dfrac{3}{2}\times3=\dfrac{9}{2}$

답 $\dfrac{9}{2}$

62.

구하는 값 $a-b$의 값

조건 정리 ① $f(x)=x^3+ax+b$

② $f(x+2026)$을 $x+2025$로 나누었을 때의 나머지가 2

➔ $f(x+2026)$에 $x=-2025$를 대입했을 때의 값이 2이다.

➔ $f(1)=2$ (나머지 정리에 의해)

③ $f(x+2025)$을 $x+2025$로 나누었을 때의 나머지가 -3

➔ $f(x+2025)$에 $x=-2025$를 대입했을 때의 값이 -3이다.

➔ $f(0)=-3$ (나머지 정리에 의해)

$f(1)=2$임을 활용하면,
$$f(1)=1+a+b=2\ ➔\ a+b=1$$
$f(0)=-3$임을 활용하면,
$$f(0)=b=-3\ ➔\ b=-3$$

즉, $a=4$, $b=-3$ ➔ $\therefore\ a-b=4-(-3)=7$

답 7

63.

구하는 값 $Q(x)$를 $x+1$로 나누었을 때의 나머지

➔ $Q(x)$에 $x=-1$을 대입한 값인 $Q(-1)$
(나머지 정리에 의해)

조건 정리 $x^{20}-x^{15}+1$을 $x-1$로 나누었을 때의 몫 : $Q(x)$

➔ 나누는 식이 일차식이므로, 나머지는 상수이다.
따라서 나머지를 상수 R로 두면,
$$x^{20}-x^{15}+1=(x-1)Q(x)+R\ \cdots\ (\bigstar)$$

설계 (★)에 $x=1$을 대입하면 R의 값을 구할 수 있을 듯하다. ($x=1$ 대입 시 $(x-1)Q(x)$가 소거되고, 미지수가 R뿐이므로) 이렇게 R의 값을 구한 뒤, 구하는 값이 $Q(-1)$이므로 (★)에 $x=-1$을 대입하자.

생각 1 | (★)에 $x=1$을 대입하여 R의 값을 구하자.

(★) : $x^{20}-x^{15}+1=(x-1)Q(x)+R$에 $x=1$을 대입하면,

$1=R$

즉, (★) ➜ $x^{20}-x^{15}+1=(x-1)Q(x)+1$

생각 2 | 구한 등식에 $x=-1$을 대입하자.

$x^{20}-x^{15}+1=(x-1)Q(x)+1$에 $x=-1$을 대입하면,

$3=-2Q(-1)+1$ ➜ $\therefore Q(-1)=-1$

답 -1

64.

구하는 값 $f(x)g(x)$를 $x-2$로 나누었을 때의 나머지
➜ $f(x)g(x)$에 $x=2$를 대입한 $f(2)g(2)$의 값
(나머지 정리에 의해)

조건 정리

① $f(x)+g(x)$를 $x-2$로 나누었을 때의 나머지가 1
➜ $f(2)+g(2)=1$ … ㉠ (나머지 정리에 의해)
② $2f(x)-g(x)$를 $x-2$로 나누었을 때의 나머지가 5
➜ $2f(2)-g(2)=5$ … ㉡ (나머지 정리에 의해)

설계 $f(2)$와 $g(2)$를 각각 한 덩어리로 보고 ㉠과 ㉡을 연립하자.

㉠ : $f(2)+g(2)=1$
㉡ : $2f(2)-g(2)=5$ 의 양변을 더하면,
$3f(2)=6$ ➜ $f(2)=2$

$f(2)=2$를 ㉠에 대입하면 $g(2)=-1$

$\therefore f(2)g(2)=2\times(-1)=-2$

답 -2

65.

구하는 값 ab의 값

조건 정리 $2x^3+ax^2+bx-6$이 $x-2$와 $x+1$을 인수로 가진다.

➜ $2x^3+ax^2+bx-6=(x-2)(x+1)(\ ★\ )$
… ㉠

으로 표현된다.

Sol 1 ㉠의 양변을 계수비교하여 (★) 자리에 들어갈 식 구하기

㉠ : $2x^3+ax^2+bx-6=(x-2)(x+1)(\ ★\ )$에서

좌변의 최고차항이 $2x^3$이므로
$(\ ★\ )=2x+\cdots$
좌변의 상수항이 -6이므로
$(\ ★\ )=2x+3$

즉, $2x^3+ax^2+bx-6=(x-2)(x+1)(2x+3)$

이 등식에서 좌변의 이차항이 ax^2, 우변의 이차항이 x^2이므로

$ax^2=x^2$ ➜ $a=1$

또한 좌변의 일차항이 bx, 우변의 일차항이 $-7x$이므로
$bx=-7x$ ➜ $b=-7$

Sol 2 ㉠의 양변에 적당한 값 대입하기

㉠ : $2x^3+ax^2+bx-6=(x-2)(x+1)(\ ★\ )$의 양변에

$x=2$ 대입 ➜ $4a+2b+10=0$ ➜ $2a+b=-5$
$x=-1$ 대입 ➜ $a-b-8=0$ ➜ $a-b=8$
얻은 두 식을 연립하면,

$\therefore a=1,\ b=-7$ ➜ $ab=-7$

답 -7

66.

구하는 값 $a+b$의 값

조건 정리 x^4-3x^3+ax+b가 x^3-1을 인수로 가진다.

➜ $x^4-3x^3+ax+b=(x^3-1)(\ ★\ )$ … ㉠
으로 표현된다.

설계 ㉠의 양변을 계수비교하여 (★)에 들어갈 식을 구하자.

$\bigcirc$: $x^4 - 3x^3 + ax + b = (x^3 - 1)(\ \bigstar\ )$에서

좌변의 최고차항이 x^4이므로

$$(\ \bigstar\ ) = x + \cdots$$

좌변의 삼차항이 $-3x^3$이므로

$$(\ \bigstar\ ) = x - 3$$

즉, $x^4 - 3x^3 + ax + b = (x^3 - 1)(x - 3)$

이 등식에서 좌변의 일차항이 ax, 우변의 일차항이 $-x$이므로

$$ax = -x \ \Rightarrow\ a = -1$$

또한 좌변의 상수항이 b, 우변의 상수항이 3이므로

$$b = 3$$

$$\therefore\ a + b = (-1) + 3 = 2$$

답   2

67.

구하는 값 $x^3 + ax + b$를 $x + 1$로 나누었을 때의 나머지

➔ $x^3 + ax + b$에 $x = -1$을 대입한 $-1 - a + b$

(나머지 정리에 의해)

조건 정리 $x^3 + ax + b$가 $x^2 + x - 2$로 나누어떨어진다.

➔ $x^2 + x - 2 = (x + 2)(x - 1)$이므로

$$x^3 + ax + b = (x + 2)(x - 1)Q(x) + 0 \cdots (\bigstar)$$

($Q(x)$는 $x^3 + ax + b$를 $(x + 2)(x - 1)$로 나누었을 때의 몫)

$(\bigstar)$: $x^3 + ax + b = (x + 2)(x - 1)Q(x)$이므로

$x = -2$를 대입하면,

$$-8 - 2a + b = 0 \ \Rightarrow\ 2a - b = -8 \cdots \bigcirc$$

$x = 1$을 대입하면,

$$1 + a + b = 0 \ \Rightarrow\ a + b = -1 \cdots \bigcirc$$

$\bigcirc$, $\bigcirc$을 연립하면,

$$a = -3,\ b = 2$$

즉, (구하는 값) $= -1 - a + b = -1 + 3 + 2 = 4$

답   4

68.

구하는 값 $P(4)$의 값

조건 정리   ① $P(x)$는 이차식

② $P(x + 2)$를 $2x + 4$로 나누었을 때의 나머지가 -4

➔ $P(x + 2)$에 $x = -2$를 대입한 값이 -4

➔ $P(0) = -4$ (나머지 정리에 의해)

③ $P(x) - x^2$은 $x^2 - 3x + 2$로 나누어떨어진다.

➔ $x^2 - 3x + 2 = (x - 1)(x - 2)$이므로

$$P(x) - x^2 = (x - 1)(x - 2)Q(x)$$

($Q(x)$는 $P(x) - x^2$을 $(x - 1)(x - 2)$로 나누었을 때의 몫)

➔ 이 등식에 $x = 1$, $x = 2$를 각각 대입하면,

$$P(1) - 1 = 0 \ \Rightarrow\ P(1) = 1$$
$$P(2) - 4 = 0 \ \Rightarrow\ P(2) = 4$$

설계 $P(x)$는 이차식임을 알고 있고, 조건을 정리하며

$$P(0) = -4,\ P(1) = 1,\ P(2) = 4$$

임을 알았다.

이때, $P(x) = ax^2 + bx + c$로 두면, 미지수가 a, b, c의 3개, 아는 조건식도 3개이므로, 위 조건식들을 모두 이용하면 a, b, c의 값을 모두 결정할 수 있다.

$P(0) = -4$임을 이용하면,

$$P(0) = c = -4 \ \Rightarrow\ c = -4$$

$P(1) = 1$임을 이용하면,

$$P(1) = a + b + c = 1 \ \Rightarrow\ a + b = 5 \cdots \bigcirc$$

$P(2) = 4$임을 이용하면,

$$P(2) = 4a + 2b + c = 4 \ \Rightarrow\ 4a + 2b = 8$$
$$\Rightarrow\ 2a + b = 4 \cdots \bigcirc$$

$\bigcirc$과 $\bigcirc$을 연립하면,

$a = -1$, $b = 6$임을 알 수 있다.

즉, $P(x) = ax^2 + bx + c = -x^2 + 6x - 4$

➔ $P(4) = -16 + 24 - 4 = 4$

답   4

69.

구하는 값 $R(-3)$의 값 ➔ $R(x)$를 구하자.

조건 정리   ① $f(x)$를 $x + 1$로 나누었을 때의 나머지가 1

➔ 나머지 정리에 의해 $f(-1) = 1$

② $f(x)$를 $x - 3$으로 나누었을 때의 나머지가 -7

➔ 나머지 정리에 의해 $f(3) = -7$

③ $f(x)$를 $x^2 - 2x - 3$으로 나누었을 때의 나머지가 $R(x)$

➔ 나누는 식이 이차식이므로 나머지 $R(x)$는 일차식 또는 상수이다.

➔ $R(x) = ax + b$로 둘 수 있다

즉, $f(x) = (x^2 - 2x - 3)B(x) + (ax + b)$
$$= (x - 3)(x + 1)B(x) + (ax + b) \cdots (\bigstar)$$

($B(x)$는 $f(x)$를 $(x - 3)(x + 1)$로 나누었을 때의 몫)

생각 1 | $f(-1)=1$, $f(3)=-7$임을 이용하자.

($\bigstar$) : $f(x)=(x-3)(x+1)B(x)+(ax+b)$의
양변에 $x=-1$ 대입

➜ $f(-1)=-a+b=1$

➜ $-a+b=1$ $\cdots$ ㉠

$x=3$ 대입

➜ $f(3)=3a+b=-7$ ➜ $3a+b=-7$ $\cdots$ ㉡

㉠, ㉡을 연립하면 $a=-2$, $b=-1$

$\therefore$ $R(x)=-2x-1$ ➜ $R(-3)=5$

답 5

70.

[구하는 값] $(x^2+2x-2)f(x)$를 x^2-4로 나누었을 때의 나머지

➜ 나누는 식이 이차식이므로 나머지는 일차식 또는
상수이다.

➜ 나머지를 $ax+b$로 둘 수 있다.

$x^2-4=(x-2)(x+2)$이므로

$(x^2+2x-2)f(x)=(x-2)(x+2)Q(x)+(ax+b)$ $\cdots$ ($\bigstar$)

($Q(x)$는 $(x^2+2x-2)f(x)$를 $(x-2)(x+2)$로 나누었을
때의 몫)

[조건 정리] ① $f(x)$를 $x-2$로 나누었을 때의 나머지가 1

➜ 나머지 정리에 의해 $f(2)=1$

② $f(x)$를 $x+2$로 나누었을 때의 나머지가 -2

➜ 나머지 정리에 의해 $f(-2)=-2$

생각 1 | $f(2)=1$, $f(-2)=-2$임을 이용하자.

($\bigstar$) : $(x^2+2x-2)f(x)$
$=(x-2)(x+2)Q(x)+(ax+b)$의 양변에

$x=2$ 대입

➜ $6f(2)=2a+b$ ➜ $2a+b=6$ $\cdots$ ㉠

$x=-2$ 대입

➜ $-2f(-2)=-2a+b$

➜ $-2a+b=4$ $\cdots$ ㉡

㉠, ㉡을 연립하면 $a=\dfrac{1}{2}$, $b=5$

$\therefore$ (구하는 나머지)$=ax+b=\dfrac{1}{2}x+5$

답 $\dfrac{1}{2}x+5$

71.

[구하는 값] $f(2x+5)$를 x^2+3x+2로 나누었을 때의 나머지

➜ 나누는 식이 이차식이므로 나머지는 일차식 또는
상수이다.

➜ 나머지를 $ax+b$로 둘 수 있다.

$x^2+3x+2=(x+1)(x+2)$이므로

$f(2x+5)=(x+1)(x+2)Q(x)+(ax+b)$ $\cdots$ ($\bigstar$)

($Q(x)$는 $f(2x+5)$를 $(x+1)(x+2)$로 나누었을 때의 몫)

[조건 정리] $f(x)-2$가 x^2-4x+3으로 나누어떨어진다.

➜ $x^2-4x+3=(x-1)(x-3)$이므로

$f(x)-2=(x-1)(x-3)A(x)+0$

($A(x)$는 $f(x)-2$를 $(x-1)(x-3)$으로
나누었을 때의 몫)

➜ 이 등식에 $x=1$, $x=3$을 각각 대입하면,

$f(1)-2=0$ ➜ $f(1)=2$

$f(3)-2=0$ ➜ $f(3)=2$

생각 1 | $f(1)=2$, $f(3)=2$임을 이용하자.

($\bigstar$) : $f(2x+5)=(x+1)(x+2)Q(x)+(ax+b)$의
양변에

$x=-1$ 대입

➜ $f(3)=-a+b=2$ ➜ $-a+b=2$ $\qquad$ $\cdots$ ㉠

$x=-2$ 대입

➜ $f(1)=-2a+b=2$ ➜ $-2a+b=2$ $\qquad$ $\cdots$ ㉡

㉠, ㉡을 연립하면 $a=0$, $b=2$

$\therefore$ (구하는 나머지)$=ax+b=2$

답 2

72.

[구하는 값] $f(x)$를 $(x-1)^2(x+2)$로 나누었을 때의 나머지

➜ 나머지의 차수는 나누는 식의 차수보다 낮아야 한다.

➜ 따라서 $f(x)$를 삼차식 $(x-1)^2(x+2)$으로
나누었을 때의 나머지는 ax^2+bx+c로 둘 수 있다.

➜ $f(x)=(x-1)^2(x+2)Q(x)+(ax^2+bx+c)$
$\cdots$ ($\bigstar$)

($Q(x)$는 $f(x)$를 $(x-1)^2(x+2)$로 나누었을 때의 몫)

[조건 정리] ① $f(x)$를 $(x-1)^2$으로 나누었을 때의 나머지가
$3x+4$

② $f(x)$를 $x+2$로 나누었을 때의 나머지가 16

➜ $f(-2)=16$ (나머지 정리에 의해)

$3x+4$임[조건①]을 이용하기 위해 (★)에서 $(x-1)^2$을 나누는 식으로 간주하자.

생각 1 | $(x-1)^2$을 나누는 식으로 간주하자.

(★) :

$f(x) = (x-1)^2(x+2)Q(x) + (ax^2+bx+c)$에서 나누는 식을 $(x-1)^2(x+2)$이 아닌, $(x-1)^2$으로 간주하자.

$f(x) = (x-1)^2(x+2)Q(x) + (ax^2+bx+c)$

$a \neq 0$이면 ax^2+bx+c는 나누는 식인 $(x-1)^2$보다 차수가 낮지 않으므로 $f(x)$를 $(x-1)^2$으로 나누었을 때의 나머지가 아니다.

➜ $f(x)$는 $(x-1)^2$으로 완전히 나누어지지 않았다.

➜ ax^2+bx+c를 $(x-1)^2$으로 마저 나누어야 한다.

생각 2 | ax^2+bx+c를 $(x-1)^2$으로 마저 나누자.

조건① : $f(x)$를 $(x-1)^2$으로 나누었을 때의 나머지가 $3x+4$임을 이용하자.

$f(x)$를 $(x-1)^2$으로 나누었을 때의 나머지가 $3x+4$가 되려면, ax^2+bx+c를 $(x-1)^2$으로 마저 나누었을 때의 나머지가 $3x+4$가 되어야 한다.

➜ $ax^2+bx+c = (x-1)^2(몫) + (3x+4)$ ··· (★★)

이때, 이 등식에서 양변의 x^2의 계수가 같아야 하므로 (몫)$=a$일 수밖에 없다.

즉, (★★) ➜ $ax^2+bx+c = (x-1)^2a + (3x+4)$

생각 3 | 쓰지 않은 조건인 $f(-2) = 16$[조건②]을 이용하자.

$ax^2+bx+c = (x-1)^2a + (3x+4)$이므로

$f(x) = (x-1)^2(x+2)Q(x) + (x-1)^2a + (3x+4)$

이 등식의 양변에 $x = -2$를 대입하고 $f(-2) = 16$임을 이용하면 $a = 2$임을 알 수 있다.

즉, 구하는 나머지는

$(x-1)^2 \cdot 2 + (3x+4) = 2x^2 - x + 6$

답 $2x^2 - x + 6$

73.

구하는 값 $f(x)$를 $(x^2-1)(x-2)$로 나누었을 때의 나머지

➜ 나머지의 차수는 나누는 식의 차수보다 낮아야 한다.

➜ 따라서 $f(x)$를 삼차식 $(x^2-1)(x-2)$로 나누었을 때의 나머지는 ax^2+bx+c로 둘 수 있다.

➜ $f(x) = (x^2-1)(x-2)Q(x) + (ax^2+bx+c)$
··· (★)

($Q(x)$는 $f(x)$를 $(x^2-1)(x-2)$로 나누었을 때의 몫)

조건 정리 ① $f(x)$를 x^2-1로 나누었을 때의 나머지가 5

② $f(x)$를 $x-2$로 나누었을 대의 나머지가 -1

➜ $f(2) = -1$ (나머지 정리에 의해)

설계 $f(x)$를 x^2-1로 나누었을 때의 나머지가 5임[조건①]을 이용하기 위해 (★)에서 x^2-1을 나누는 식으로 간주하자.

생각 1 | x^2-1을 나누는 식으로 간주하자.

(★) : $f(x) = (x^2-1)(x-2)Q(x) + (ax^2+bx+c)$

에서 나누는 식을 $(x^2-1)(x-2)$가 아닌, x^2-1로 간주하자.

$f(x) = (x^2-1)(x-2)Q(x) + (ax^2+bx+c)$

$a \neq 0$이면 ax^2+bx+c는 나누는 식인 x^2-1보다 차수가 낮지 않으므로 $f(x)$를 x^2-1로 나누었을 때의 나머지가 아니다.

➜ $f(x)$는 x^2-1로 완전히 나누어지지 않았다.

➜ ax^2+bx+c를 x^2-1로 마저 나누어야 한다.

생각 2 | ax^2+bx+c를 x^2-1로 마저 나누자.

조건① : $f(x)$를 x^2-1로 나누었을 때의 나머지가 5임을 이용하자. $f(x)$를 x^2-1로 나누었을 때의 나머지가 5가 되려면, ax^2+bx+c를 x^2-1로 마저 나누었을 때의 나머지가 5여야 한다.

➜ $ax^2+bx+c = (x^2-1)(몫) + 5$ ··· (★★)

이때, 이 등식에서 양변의 x^2의 계수가 같아야 하므로 (몫)$=a$일 수밖에 없다.

즉, (★★) ➜ $ax^2+bx+c = (x^2-1)a + 5$

생각 3 | 쓰지 않은 조건인 $f(2) = -1$[조건②]을 이용하자.

$ax^2+bx+c = (x^2-1)a + 5$이므로

$f(x) = (x^2-1)(x-2)Q(x) + (x^2-1)a + 5$

이 등식의 양변에 $x = 2$를 대입하고 $f(2) = -1$임을 이용하면 $a = -2$임을 알 수 있다.

즉, 구하는 나머지는 $(x^2-1)(-2) + 5 = -2x^2 + 7$

답 $-2x^2 + 7$

74.

구하는 값 $R(-1)$의 값 ➔ $R(x)$를 구하자.

조건 정리 ① $f(x)$를 x^2으로 나누었을 때의 나머지가 $2x+1$

② $f(x)$를 $x-1$로 나누었을 때의 나머지가 6

➔ $f(1)=6$ (나머지 정리에 의해)

③ $f(x)$를 $x^2(x-1)$로 나누었을 때의 나머지가 $R(x)$

➔ 나머지의 차수는 나누는 식의 차수보다 낮아야 한다.

➔ 따라서 $f(x)$를 삼차식 $x^2(x-1)$로 나누었을 때의 나머지 $R(x)$를 ax^2+bx+c로 둘 수 있다.

➔ $f(x)=x^2(x-1)Q(x)+(ax^2+bx+c)$ ⋯ (★)

($Q(x)$는 $f(x)$를 $x^2(x-1)$로 나누었을 때의 몫)

설계 $f(x)$를 x^2으로 나누었을 때의 나머지가 $2x+1$임[조건①]을 이용하기 위해 (★)에서 x^2을 나누는 식으로 간주하자.

생각 1 | x^2을 나누는 식으로 간주하자.

(★): $f(x)=x^2(x-1)Q(x)+(ax^2+bx+c)$에서 나누는 식을 $x^2(x-1)$이 아닌, x^2으로 간주하자.

$f(x)=\boldsymbol{x^2}(x-1)Q(x)+(ax^2+bx+c)$

$a\neq0$이면 ax^2+bx+c는 나누는 식인 x^2보다 차수가 낮지 않으므로 $f(x)$를 x^2으로 나누었을 때의 나머지가 아니다.

➔ $f(x)$는 x^2으로 완전히 나누어지지 않았다.

➔ ax^2+bx+c를 x^2으로 마저 나누어야 한다.

생각 2 | ax^2+bx+c를 x^2으로 마저 나누자.

조건① : $f(x)$를 x^2으로 나누었을 때의 나머지가 $2x+1$임을 이용하자.

$f(x)$를 x^2로 나누었을 때의 나머지가 $2x+1$이 되려면, ax^2+bx+c를 x^2로 마저 나누었을 때의 나머지가 $2x+1$이어야 한다.

➔ $ax^2+bx+c=x^2(몫)+(2x+1)$ ⋯ (★★)

이때, 이 등식에서 양변의 x^2의 계수가 같아야 하므로 (몫)$=a$일 수밖에 없다.

즉, (★★) ➔ $ax^2+bx+c=x^2a+(2x+1)$

생각 3 | 쓰지 않은 조건인 $f(1)=6$[조건②]을 이용하자.

$ax^2+bx+c=x^2a+(2x+1)$이므로

$f(x)=x^2(x-1)Q(x)+(\boldsymbol{x^2a+2x+1})$

양변에 $x=1$을 대입하고 $f(1)=6$임을 이용하면 $a=3$임을 알 수 있다.

즉, $R(x)=x^2a+2x+1=3x^2+2x+1$

➔ $R(-1)=2$

답 2

75.

구하는 값 30^{30}을 29로 나누었을 때의 나머지

설계 30을 x로 치환하여 나머지를 구하자. 이때, 나머지가 음수로 나오면 몫 부분에서 1을 빼내어 나머지를 양수로 보정하자.

생각 1 | 30을 x로 치환하자.

$30=x$라 두면,

30^{30}을 29로 나누었을 때의 나머지

➔ x^{30}을 $x-1$로 나누었을 때의 나머지이고, 이 나머지를 R로 두면

$x^{30}=(x-1)Q(x)+R$로 표현할 수 있다.

($Q(x)$는 x^{30}을 $x-1$로 나누었을 때의 몫)

이 등식의 양변에 $x=1$을 대입하면 ∴ $R=1$

답 1

76.

구하는 값 55^{97}을 56으로 나누었을 때의 나머지

설계 55를 x로 치환하여 나머지를 구하자. 이때, 나머지가 음수로 나오면 몫 부분에서 1을 빼내어 나머지를 양수로 보정하자.

생각 1 | 55를 x로 치환하자.

$55=x$라 두면,

55^{97}을 56으로 나누었을 때의 나머지

➔ x^{97}을 $x+1$로 나누었을 때의 나머지이고, 이 나머지를 R로 두면

$x^{97}=(x+1)Q(x)+R$로 표현할 수 있다.

($Q(x)$는 x^{97}을 $x+1$로 나누었을 때의 몫)

이 등식의 양변에 $x=-1$을 대입하면,

$R=-1$

➔ 나머지가 음수이므로, 몫 부분에서 1을 빼내어 나머지를 양수로 보정하자.

$$55^{97} = 56\,Q(55) - 1$$
$$= 56\{Q(55) - 1 + 1\} - 1$$
$$= 56\{Q(55) - 1\} + 56 - 1$$
$$= 56\{Q(55) - 1\} + 55$$

즉, 구하는 나머지는 55

답 55

77.

구하는 값 $19^{19} + 19^{17} - 1$을 20으로 나누었을 때의 나머지

설계 19를 x로 치환하여 나머지를 구하자. 이때, 나머지가 음수로 나오면 몫 부분에서 1을 빼내어 나머지를 양수로 보정하자.

생각 1 | 19를 x로 치환하자.

$19 = x$라 두면,

$19^{19} + 19^{17} - 1$을 20으로 나누었을 때의 나머지

➜ $x^{19} + x^{17} - 1$을 $x + 1$로 나누었을 때의 나머지

이고,

이 나머지를 R로 두면

$x^{19} + x^{17} - 1 = (x+1)Q(x) + R$로 표현할 수 있다.

($Q(x)$는 $x^{19} + x^{17} - 1$을 $x + 1$로 나누었을 때의 몫)

이 등식의 양변에 $x = -1$을 대입하면,

$R = -3$

➜ 나머지가 음수이므로, 몫 부분에서 1을 빼내어 나머지를 양수로 보정하자.

생각 2 | 몫 부분에서 1을 빼내어 나머지를 양수로 보정하자.

$$19^{19} + 19^{17} - 1 = 20\,Q(19) - 3$$
$$= 20\{Q(19) - 1 + 1\} - 3$$
$$= 20\{Q(19) - 1\} + 20 - 3$$
$$= 20\{Q(19) - 1\} + 17$$

즉, 구하는 나머지는 17

답 17

78.

(1) $x^3 - 6x^2 + 11x - 6$

$x = 2$를 대입하면 이 식의 값이 0이 된다.

$x = 2$를 바탕으로 조립제법을 이용하면,

```
2 |  1   -6   11   -6
  |       2   -8    6
  ---------------------
     1   -4    3  | 0
```

➜ $(x-2)(x^2 - 4x + 3)$
$= (x-2)(x-1)(x-3)$

(2) $x^3 + 2x^2 - 5x - 6$

$x = -1$을 대입하면 이 식의 값이 0이 된다.

$x = -1$을 바탕으로 조립제법을 이용하면,

```
-1 |  1    2   -5   -6
   |      -1   -1    6
   ---------------------
      1    1   -6  | 0
```

➜ $(x+1)(x^2 + x - 6)$
$= (x+1)(x+3)(x-2)$

(3) $2x^3 + x^2 - 5x + 2$

$x = 1$을 대입하면 이 식의 값이 0이 된다.

$x = 1$을 바탕으로 조립제법을 이용하면,

```
1 |  2    1   -5    2
  |       2    3   -2
  ---------------------
     2    3   -2  | 0
```

➜ $(x-1)(2x^2 + 3x - 2)$
$= (x-1)(2x-1)(x+2)$

(4) $2x^3 + x^2 + x - 1$

$x = \dfrac{1}{2}$을 대입하면 이 식의 값이 0이 된다.

$x = \dfrac{1}{2}$을 바탕으로 조립제법을 이용하면,

```
1/2 |  2    1    1   -1
    |       1    1    1
    ---------------------
       2    2    2  | 0
```

➜ $\left(x - \dfrac{1}{2}\right)(2x^2 + 2x + 2)$
$= (2x-1)(x^2 + x + 1)$

(5) $x^4 - 3x^3 + x^2 + 3x - 2$

$x = 1$을 대입하면 이 식의 값이 0이 된다.

$x = 1$을 바탕으로 조립제법을 이용하면,

$$
\begin{array}{r|rrrrr}
1 & 1 & -3 & 1 & 3 & -2 \\
  &   & 1 & -2 & -1 & 2 \\
\hline
  & 1 & -2 & -1 & 2 & \boxed{0}
\end{array}
$$

→ $(x-1)(x^3 - 2x^2 - x + 2)$

$x^3 - 2x^2 - x + 2$을 조립제법을 한 번 더 이용하여 인수분해하자. $x^3 - 2x^2 - x + 2$에 $x = 1$을 대입하면 값이 0이 된다. $x = 1$을 바탕으로 조립제법을 이용하면,

$$
\begin{array}{r|rrrr}
1 & 1 & -2 & -1 & 2 \\
  &   & 1 & -1 & -2 \\
\hline
  & 1 & -1 & -2 & \boxed{0}
\end{array}
$$

→ $(x-1)(x^2 - x - 2)$
$\quad = (x-1)(x-2)(x+1)$

즉, $x^4 - 3x^3 + x^2 + 3x - 2 = (x-1)^2(x-2)(x+1)$

(6) $2x^4 + x^3 + 4x^2 - 4x - 3$

$x = 1$을 대입하면 이 식의 값이 0이 된다.
$x = 1$을 바탕으로 조립제법을 이용하면,

$$
\begin{array}{r|rrrrr}
1 & 2 & 1 & 4 & -4 & -3 \\
  &   & 2 & 3 & 7 & 3 \\
\hline
  & 2 & 3 & 7 & 3 & \boxed{0}
\end{array}
$$

→ $(x-1)(2x^3 + 3x^2 + 7x + 3)$

$2x^3 + 3x^2 + 7x + 3$을 조립제법을 한 번 더 이용해 인수분해하자.

$2x^3 + 3x^2 + 7x + 3$에 $x = -\dfrac{1}{2}$를 대입하면 값이 0이 된다.

$x = -\dfrac{1}{2}$을 바탕으로 조립제법을 이용하면,

$$
\begin{array}{r|rrrr}
-\frac{1}{2} & 2 & 3 & 7 & 3 \\
  &   & -1 & -1 & -3 \\
\hline
  & 2 & 2 & 6 & \boxed{0}
\end{array}
$$

→ $\left(x + \dfrac{1}{2}\right)(2x^2 + 2x + 6)$
$\quad = (2x+1)(x^2 + x + 3)$

즉, $2x^4 + x^3 + 4x^2 - 4x - 3 = (x-1)(2x+1)(x^2 + x + 3)$

79.

구하는 값 $a + b + c$의 값

조건 정리 $x^3 + ax + 3 = (x+1)(x^2 + bx + c)$가 x에 대한 항등식

설계 $x^3 + ax + 3 = (x+1)(x^2 + bx + c)$에 $x = -1$을 대입하면 a의 값을 구할 수 있겠다. 이후 $x = -1$을 바탕으로 조립제법을 이용하여 좌변을 인수분해한 식이 우변과 같음을 이용하자.

생각 1 | $x = -1$을 대입하여 a의 값을 구하자.

$x^3 + ax + 3 = (x+1)(x^2 + bx + c)$에 $x = -1$을 대입하면,

$-a + 2 = 0$ → $a = 2$

즉, (주어진 등식)

→ $x^3 + 2x + 3 = (x+1)(x^2 + bx + c)$

생각 2 | 조립제법을 이용하여 좌변을 인수분해하자.

$x = -1$을 바탕으로 $x^3 + 2x + 3$을 인수분해하면,

$$
\begin{array}{r|rrrr}
-1 & 1 & 0 & 2 & 3 \\
  &   & -1 & 1 & -3 \\
\hline
  & 1 & -1 & 3 & \boxed{0}
\end{array}
$$

→ $(x+1)(x^2 - x + 3)$

즉, $(x+1)(x^2 + bx + c) = (x+1)(x^2 - x + 3)$이므로

$\therefore\ b = -1,\ c = 3$

(구하는 값) $= a + b + c = 2 + (-1) + 3 = 4$

답 4

80.

(구하는 값) $= A(C - B) + 2AB = (AC - AB) + 2AB$
$\qquad\qquad\qquad\qquad\qquad = AC + AB = A(C + B)$

이므로

$A(C + B) = (2x^2 + 3x - 3)\{(-x^2 + 2x - 5) + (x^2 + 3)\}$
$\qquad\quad = (2x^2 + 3x - 3)(2x - 2)$
$\qquad\quad = 4x^3 + 2x^2 - 12x + 6$

답 $4x^3 + 2x^2 - 12x + 6$

81.

$(x-1)$과 $(y-1)$을 각각 한 덩어리로 보면,

$(x-1)^3+(y-1)^3$
$=\{(x-1)+(y-1)\}^3-3(x-1)(y-1)\{(x-1)+(y-1)\}$
$=(x+y-2)^3-3\{xy-(x+y)+1\}(x+y-2)$
$=(3-2)^3-3(-2-3+1)(3-2)=13$

답 13

82.

$a^2+b^2+c^2-2ab+2bc-2ca$
$=(a-b-c)^2=\{a-(b+c)\}^2=(31-17)^2=14^2=196$

답 196

83.

구하는 값 a, b의 값

조건 정리 $x^3+ax^2-4x+b=x(x^2-4)-1 \cdots (\bigstar)$
이 x에 대한 항등식이다.

$(\bigstar) \to x^3+ax^2-4x+b=x(x-2)(x+2)-1$이므로
$x=0$을 대입하면,
$$b=-1$$
$x=2$를 대입하면,
$$4a+b=-1 \Rightarrow a=0 \ (b=-1이므로)$$

답 $a=0$, $b=-1$

84.

구하는 값 $Q(-1)$의 값 $\Rightarrow Q(x)$의 식을 구하자.

조건 정리 $P(x)=x^3-3x^2+ax-1$이 $x+1$과 $Q(x)$의
곱으로 인수분해된다.
$$\to x^3-3x^2+ax-1=(x+1)Q(x) \cdots (\bigstar)$$

설계 $(\bigstar)$에 $x=-1$을 대입하여 a의 값을 구하고, 양변의
동류항의 계수를 비교하여 $Q(x)$의 식을 구하자.

생각 1 | $(\bigstar)$에 $x=-1$을 대입하여 a의 값을 구하자.
$(\bigstar)$에 $x=-1$을 대입하면,
$$-a-5=0 \to a=-5$$
즉, $(\bigstar) \to x^3-3x^2-5x-1=(x+1)Q(x)$

생각 2 | 양변의 동류항의 계수를 비교하여 $Q(x)$의 식을 구하자.

좌변의 최고차항 계수가 1이고, 상수항이 -1이므로
$$x^3-3x^2-5x-1=(x+1)\boxed{Q(x)}$$
$$\to x^3-3x^2-5x-1=(x+1)\boxed{(x^2+px-1)}$$
또, 좌변의 이차항의 계수가 -3이므로
$$-3=p+1 \to p=-4$$

즉, $x^3-3x^2-5x-1=(x+1)(x^2-4x-1)$
$$\to \therefore Q(x)=x^2-4x-1$$
$$\to Q(-1)=4$$

답 4

85.

구하는 값 $(x-2)(x^2+5x-4)(x+2)$의 전개식에서
$(x^3$의 계수$)+(x^2$의 계수$)$

$\to x^3$과 x^2이 나올 수 있는 부분만 전개하자.

$(x-2)(x^2+5x-4)(x+2)$
$=(x-2)(x+2)(x^2+5x-4)$
$=(x^2-4)(x^2+5x-4)$

$\to x^3$이 나올 수 있는 부분만 전개하면, $5x^3$

$\to (x^3$의 계수$)=5$ x^2이 나올 수 있는 부분만
전개하면,
$$-4x^2-4x^2=-8x^2$$
$$\to (x^3$의 계수$)=-8$$
$$\therefore (구하는 값)=5+(-8)=-3$$

답 -3

86.

구하는 값 a, b의 값

조건 정리 $f(x)=x^4-2x^3+ax+b$를 $(x-1)^2$으로 나눈
나머지가 3
$$\to x^4-2x^3+ax+b=(x+1)^2\mathcal{Q}(x)+3 \cdots (\bigstar)$$

설계 우선 $(\bigstar)$에 $x=-1$을 대입하여 a와 b의 관계식을 하나
구하고, 이를 원래 식에 대입하여 문자의 개수를 하나
줄이자. 그다음, $f(x)$를 $(x+1)^2$으로 나누고 나머지가
3임을 이용하자.

생각 1 | **(★)에 $x=-1$을 대입하여 a와 b의 관계식을 구하자.**

(★)에 $x=-1$을 대입하면,

$3-a+b=3$ ➔ $a=b$

즉, (★)의 좌변 ➔ x^4-2x^3+ax+a

생각 2 | x^4-2x^3+ax+a을 $(x+1)^2$로 **직접 나누자.**

$(x+1)^2=x^2+2x+1$이므로

$$
\begin{array}{r}
x^2-4x+7 \\
x^2+2x+1 \overline{\smash{\big)}\ x^4-2x^3\quad\ +ax+a} \\
\underline{x^4+2x^3+x^2} \\
-4x^3-x^2\ \ +ax+a \\
\underline{-4x^3-8x^2\ -4x} \\
7x^2+(a+4)x+a \\
\underline{7x^2\quad\ +14x+7} \\
(a-10)x+(a-7)
\end{array}
$$

➔ $(a-10)x+(a-7)=3$이므로 ∴ $a=10$

이때 $a=b$이므로 ∴ $b=10$

답 $a=10,\ b=10$

87.

구하는 값 $a+b$의 값

조건 정리 ① x^3-3x^2+ax+b를 $x+1$로 나누었을 때의 나머지가 -5

➔ x^3-3x^2+ax+b에 $x=-1$을 대입하면 그 값이 -5이다.

➔ $-4-a+b=-5$ ➔ $-a+b=-1$ … ㉠
(나머지 정리에 의해)

② x^3-3x^2+ax+b는 $x-4$로 나누어떨어진다.

➔ x^3-3x^2+ax+b에 $x=4$를 대입하면 그 값이 0이다.

➔ $16+4a+b=0$ ➔ $4a+b=-16$ … ㉡
(나머지 정리에 의해)

㉠과 ㉡을 연립하면 $a=-3$, $b=-4$임을 알 수 있다.

➔ ∴ $a+b=(-3)+(-4)=-7$

답 -7

88.

구하는 값 x^3+y^3의 값

➔ $x^3+y^3=(x+y)^3-3xy(x+y)$임을 이용할 수 있다.

➔ $x+y$와 xy의 값을 구해보자.

조건 정리 $x=5-\sqrt{3}$, $y=5+\sqrt{3}$

$x+y=(5-\sqrt{3})+(5+\sqrt{3})=10$

$xy=(5-\sqrt{3})(5+\sqrt{3})=25-3=22$

➔ (구하는 값) $=(x+y)^3-3xy(x+y)$
$=10^3-3(22)(10)$
$=1000-660=340$

답 340

89.

구하는 값 직육면체의 모든 모서리의 길이의 합

조건 정리 ① 직육면체의 대각선 AB의 길이가 $2\sqrt{3}$

② 직육면체의 겉넓이가 24

설계 직육면체의 가로, 세로, 높이를 각각 a, b, c라 하고, 구하는 값과 주어진 조건을 a, b, c에 대한 식으로 표현하자.

생각 1 | **구하는 값을 a, b, c에 대한 식으로 표현하자.**

(구하는 값) $=$(직육면체의 모든 모서리의 길이의 합)
$=4(a+b+c)$

➔ $a+b+c$의 값을 구하자.

생각 2 | **주어진 조건을 a, b, c에 대한 식으로 표현하자.**

조건① : 직육면체의 대각선 AB의 길이가 $2\sqrt{3}$

➔ 대각선 AB의 길이는 피타고라스 정리를 두 번 적용하여 다음과 같이 구할 수 있으므로,

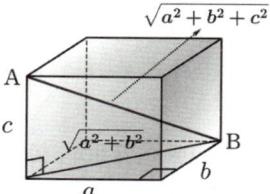

$\sqrt{a^2+b^2+c^2}=2\sqrt{3}$ ➔ $a^2+b^2+c^2=12$

조건 ② : 직육면체의 겉넓이가 24

➔ $2(ab+bc+ca)=24$

➔ $ab+bc+ca=12$

생각 3 │ 얻은 관계식을 이용하여 $a+b+c$의 값을 구하자.

$$(a+b+c)^2 = (a^2+b^2+c^2)+2(ab+bc+ca)$$
$$= 12+2(12)=36$$

➔ $a+b+c=6$

➔ (구하는 값) $= 4(a+b+c)=4(6)=24$

답 24

90.

구하는 값 99^3을 98로 나누었을 때의 몫과 나머지

설계 99를 x로 치환하여 몫과 나머지를 구하자. 이때, 나머지가 음수로 나오면 몫 부분에서 1을 빼내어 나머지를 양수로 보정하자.

생각 1 │ 99를 x로 치환하자.

$99=x$라 두면,

99^3을 98으로 나누었을 때의 나머지

➔ x^3을 $x-1$로 나누었을 때의 나머지

이고,

이 나머지를 R로 두면

$x^3 = (x-1)Q(x)+R$로 표현할 수 있다.

($Q(x)$는 x^3을 $x-1$로 나누었을 때의 몫)

이 등식의 양변에 $x=1$을 대입하면,

$R=1$

생각 2 │ 몫 $Q(x)$를 구하자.

$R=1$이므로

$x^3 = (x-1)Q(x)+1$

➔ $x^3-1 = (x-1)Q(x)$

➔ $(x-1)(x^2+x+1) = (x-1)Q(x)$

➔ $Q(x) = x^2+x+1$

이때, x를 다시 99로 바꾸면,

(구하는 몫) $= Q(99) = 99^2+99+1$

생각 3 │ 곱셈공식을 이용하여 몫을 계산하자.

99^2+99+1
$= (100-1)^2+100$
$= \{100^2-2(100)(1)+1^2\}+100$
$= (10000-200+1)+100$
$= 9901$

답 (몫)$=9901$, (나머지)$=1$

91.

구하는 값 $x^3-x-\dfrac{1}{x}+\dfrac{1}{x^3}$의 값

➔ 구하는 값에 $\square + \dfrac{1}{\square}$의 꼴이 포함되어 있다.

조건 정리 $x^2-3x+1=0$

설계 $x^2-3x+1=0$의 양변을 x로 나누어 $x+\dfrac{1}{x}$의 값을 얻자.

그다음, 구하는 값에서 $x+\dfrac{1}{x}$이 드러나도록 식을 변형하자.

생각 1 │ $x^2-3x+1=0$의 양변을 x로 나누어 $x+\dfrac{1}{x}$의 값을 얻자.

$x^2-3x+1=0$의 양변을 x로 나누면,

$x-3+\dfrac{1}{x}=0$ ➔ $x+\dfrac{1}{x}=3$

생각 2 │ 구하는 값에서 $x+\dfrac{1}{x}$이 드러나도록 식을 변형하자.

(구하는 값) ➔ $x^3-x-\dfrac{1}{x}+\dfrac{1}{x^3}$

$= \left(x^3+\dfrac{1}{x^3}\right)-\left(x+\dfrac{1}{x}\right)$

$= \left(x+\dfrac{1}{x}\right)^3 -3\left(x+\dfrac{1}{x}\right)-\left(x+\dfrac{1}{x}\right)$

$= \left(x+\dfrac{1}{x}\right)^3 -4\left(x+\dfrac{1}{x}\right)$

$= 3^3-4(3)=15$

답 15

92.

구하는 값 $\dfrac{\sqrt{98\times(10200+4)(10^6+8)+64}}{10^4}$의 값

설계 $100=x$로 치환하자. $100=x$로 치환하면,

$\dfrac{\sqrt{98\times(10200+4)(10^6+8)+64}}{10^4}$

$= \dfrac{\sqrt{(x-2)(x^2+2x+4)(x^3+8)+64}}{x^2}$

$= \dfrac{\sqrt{(x^3-8)(x^3+8)+64}}{x^2}$

$= \dfrac{\sqrt{(x^6-64)+64}}{x^2}$

$= \dfrac{\sqrt{x^6}}{x^2} = \dfrac{|x^3|}{x^2} = \dfrac{x^3}{x^2} = x = 100$

($x=100$이므로 x^3은 양수이다. 따라서 $|x^3|=x^3$)

답 100

93.

구하는 값 $f(x)$를 x^2-2x-3으로 나누었을 때의 나머지

➜ 나누는 식이 이차식이므로 나머지는 일차식이거나 상수이다.

➜ 구하는 나머지를 $ax+b$로 둘 수 있다.

➜ $f(x)=(x^2-2x-3)Q(x)+(ax+b)$
$\qquad =(x-3)(x+1)Q(x)+(ax+b)$

($Q(x)$는 $f(x)$를 x^2-2x-3으로 나누었을 때의 몫)

➜ $f(3)=3a+b,\ f(-1)=-a+b$

➜ $f(3)$과 $f(-1)$의 값을 구하자.

조건 정리 ① $f(x)$를 x^2-1로 나누었을 때의 나머지가 $-x+5$

➜ $f(x)=(x^2-1)A(x)+(-x+5)$
$\qquad =(x-1)(x+1)A(x)+(-x+5)$

($A(x)$는 $f(x)$를 x^2-1로 나누었을 때의 몫)

➜ $f(-1)=6$

② $f(x)$를 x^2-9로 나누었을 때의 나머지가 $3x$

➜ $f(x)=(x^2-9)B(x)+(3x)$
$\qquad =(x-3)(x+3)B(x)+(3x)$

($B(x)$는 $f(x)$를 x^2-9로 나누었을 때의 몫)

➜ $f(3)=9$

$f(3)=9$이므로 $f(3)=3a+b=9$

$f(-1)=6$이므로 $f(-1)=-a+b=6$

얻은 두 식을 연립하면,

$\therefore\ a=\dfrac{3}{4},\ b=\dfrac{27}{4}$

➜ (구하는 나머지)$=ax+b=\dfrac{3}{4}x+\dfrac{27}{4}$

답 $\dfrac{3}{4}x+\dfrac{27}{4}$

94.

구하는 값 $A(1)+C(1)+B+D$의 값

조건 정리 ① $8x^3-2x^2+x+3$을 $2x-1$로 나누었을 때의 몫 : $A(x)$, 나머지 : B

➜ 나누는 식이 일차식이므로 조립제법을 이용하여 몫과 나머지를 구하자. 이때, 나누는 식의 일차항의 계수가 1이 아님에 주의하자.

➜
$\dfrac{1}{2}$	8	-2	1	3
		4	1	1
	8	2	2	$\boxed{4}$

➜ $\left(x-\dfrac{1}{2}\right)(8x^2+2x+2)+4$
$=\left(x-\dfrac{1}{2}\right)2(4x^2+x+1)+4$
$=(2x-1)(4x^2+x+1)+4$

➜ 몫 $A(x)=4x^2+x+1$, 나머지 $B=4$

➜ $A(1)=6$

② $8x^3-2x^2+x+3$을 $x-\dfrac{1}{2}$로 나누었을 때의 몫 : $C(x)$, 나머지 : D

➜ 나누는 식이 일차식이므로 조립제법을 이용하여 몫과 나머지를 구하자.

$\dfrac{1}{2}$	8	-2	1	3
		4	1	1
	8	2	2	$\boxed{4}$

➜ $\left(x-\dfrac{1}{2}\right)(8x^2+2x+2)+4$

➜ 몫 $C(x)=8x^2+2x+2$, 나머지 $D=4$

➜ $C(1)=12$

$\therefore\ A(1)+C(1)+B+D=6+12+4+4=26$

답 26

95.

구하는 값 $Q(x)$를 $x-2$로 나누었을 때의 나머지

➜ $Q(2)$의 값 (나머지 정리에 의해)

조건 정리 $P(x)=3x^3+2x^2+ax-1$을 $x-1$로 나누었을 때의 몫 : $Q(x)$, 나머지 : 6

➜ 나누는 식이 일차식이므로 조립제법을 이용하여 몫과 나머지를 구하자.

➜
1	3	2	a	-1
		3	5	$a+5$
	3	5	$a+5$	$\boxed{a+4}$

➜ 몫 $Q(x)=3x^2+5x+(a+5)$,
$\quad$ 나머지 : $\underset{a=2}{\underline{a+4=6}}$

➜ $Q(x)=3x^2+5x+7$

➜ $Q(2)=29$

답 29

96.

구하는 값 $P(12)$의 값

조건 정리 $P(x) = \dfrac{1}{41}(x^3 - 4x^2 + 7x - 6)$

설계 $P(x)$의 식을 보니, $x = 12$를 바로 대입하여 계산하기 복잡하다.

➜ $(x^3 - 4x^2 + 7x - 6)$을 인수분해 해보자.

생각 1 ┃ $(x^3 - 4x^2 + 7x - 6)$을 인수분해 해보자.

이 삼차식에 $x = 2$를 대입하면 그 값이 0이 되므로
$x = 2$를 바탕으로 조립제법을 이용하면,

$$
\begin{array}{r|rrrr}
2 & 1 & -4 & 7 & -6 \\
  &   & 2 & -4 & 6 \\
\hline
  & 1 & -2 & 3 & \,\lfloor\, 0
\end{array}
$$

➜ $(x-2)(x^2 - 2x + 3)$

즉, $P(x) = \dfrac{1}{41}(x^3 - 4x^2 + 7x - 6)$

$\qquad\qquad = \dfrac{1}{41}(x-2)(x^2 - 2x + 3)$

생각 2 ┃ $x = 12$를 대입하자.

$P(x) = \dfrac{1}{41}(x-2)(x^2 - 2x + 3)$에 $x = 12$를

대입하면, $P(12) = \dfrac{1}{41}(10)(123) = 30$

답 30

97.

구하는 값 $a+b+c$의 값

조건 정리 ① $2x - y = 1$

② 모든 실수 x, y에 대하여 등식
$ax^2 + y^2 - 2x + by + c = 0 \cdots$ (★)이 성립한다.

➜ (★)은 x, y에 대한 항등식이다.

➜ (★)을 $(x, y$에 대한 식$) = 0$ 꼴로 정리했을 때,
$x^\square$꼴과 $y^\square$꼴을 포함한 항들의 계수가 모두 0이
되어야 한다.

설계 $2x - y = 1$임을 이용하여 등식 (★)을 하나의 문자로 통일하자. (★)에서 y를 x에 대한 식으로 나타내는 것이 편하므로, (★)을 문자 x로 통일하는 것이 좋겠다.

➜ $y = 2x - 1$을 (★)에 대입하자.

생각 1 ┃ $y = 2x - 1$을 (★)에 대입하여 문자를 x로 통일하자.

$y = 2x - 1$을 (★)에 대입하면,
$ax^2 + (2x-1)^2 - 2x + b(2x-1) + c = 0$

생각 2 ┃ 방금 작성한 등식을 $(x$에 대한 식$) = 0$ 꼴로 정리하자.

$ax^2 + (2x-1)^2 - 2x + b(2x-1) + c = 0$

➜ $(a+4)x^2 + (2b-6)x + (-b+c+1) = 0$

생각 3 ┃ $x^\square$꼴을 포함한 항들의 계수를 모두 0으로 만들자.

$(a+4)x^2$ ➜ $a = -4$

$(2b-6)x$ ➜ $b = 3$

$(-b+c+1)$ ➜ $c = 2$

$\qquad\qquad \therefore\ a+b+c = (-4) + 3 + 2 = 1$

답 1

98.

구하는 값 $f(x)$를 $x + \dfrac{1}{2}$로 나누었을 때의 몫과 나머지

조건 정리 $f(x)$를 $2x + 1$로 나누었을 때의 몫 : $Q(x)$,
나머지 : R

➜ $f(x) = (2x+1)Q(x) + R$로 표현할 수 있다.

설계 $f(x) = (2x+1)Q(x) + R$에서 나누는 식이 $x + \dfrac{1}{2}$가

되도록 식을 변형하자.

$f(x) = (2x+1)Q(x) + R$

➜ $f(x) = 2\left(x + \dfrac{1}{2}\right)Q(x) + R$

➜ $f(x) = \left(x + \dfrac{1}{2}\right)2Q(x) + R$

➜ $f(x)$를 $x + \dfrac{1}{2}$로 나누었을 때의 몫 : $2Q(x)$,

나머지 : R

답 ④

99.

구하는 값 $\dfrac{x^6+1}{x^3}$ 의 값 → $x^3+\dfrac{1}{x^3}$ 의 값

→ 구하는 값에 $\square + \dfrac{1}{\square}$ 꼴이 포함되어 있다.

조건 정리 $x^2-4x+1=0$

설계 $x^2-4x+1=0$의 양변을 x로 나누어 $x+\dfrac{1}{x}$ 의 값을 얻자.

$x^2-4x+1=0$의 양변을 x로 나누면,

$$x-4+\dfrac{1}{x}=0 \rightarrow x+\dfrac{1}{x}=4$$

$$(구하는\ 값)=x^3+\dfrac{1}{x^3}=\left(x+\dfrac{1}{x}\right)^3-3\left(x+\dfrac{1}{x}\right)$$
$$=4^3-3(4)=52$$

답 52

100.

구하는 값 $P(x)$를 $x^2-x-2=(x-2)(x+1)$로 나누었을 때의 나머지

→ 나누는 식이 이차식이므로 나머지는 일차식이거나 상수이다.

→ 구하는 나머지를 $ax+b$로 둘 수 있다.

→ $P(x)=(x-2)(x+1)Q(x)+(ax+b)$
  ($Q(x)$는 $P(x)$를 $(x-2)(x+1)$로 나누었을 때의 몫)

→ $P(2)=2a+b,\ P(-1)=-a+b$

→ $P(2)$와 $P(-1)$의 값을 구하자.

조건 정리 ① $P(x)$는 $x-2$로 나누어떨어진다.

→ $P(2)=0$ (나머지 정리에 의해)

② $P(x)$를 $(x+1)^2$으로 나누었을 때의 나머지가 $3x-4$

→ $P(x)=(x+1)^2A(x)+(3x-4)$
  ($A(x)$는 $P(x)$를 $(x+1)^2$로 나누었을 때의 몫)

→ $P(-1)=-7$

$P(2)=0$이므로 $P(2)=2a+b=0$
$P(-1)=-7$이므로 $P(-1)=-a+b=-7$

얻은 두 식을 연립하면, $\therefore\ a=\dfrac{7}{3},\ b=-\dfrac{14}{3}$

→ 구하는 나머지는 $ax+b=\dfrac{7}{3}x-\dfrac{14}{3}$

답 $\dfrac{7}{3}x-\dfrac{14}{3}$

101.

구하는 값 삼각형 ABC 는 어떤 삼각형인가?

조건 정리 ① a, b, c는 삼각형 ABC의 세 변의 길이

→ a, b, c는 길이이므로 모두 양수이다.

② $a^3+a^2c-ac^2-ab^2+b^2c-c^3=0$

설계 조건②의 식의 좌변을 인수분해하는 것에 집중하자.

$a^3+\boxed{a^2c-ac^2}-ab^2+b^2c-c^3$
$=(a^3-c^3)+ac(a-c)-b^2(a-c)$
$=(a-c)(a^2+ac+c^2)+ac(a-c)-b^2(a-c)$
$=(a-c)(a^2+ac+c^2+ac-b^2)$
$=(a-c)\boxed{(a^2+2ac+c^2-b^2)}$

$\boxed{(a^2+2ac+c^2-b^2)}$
$=(a+c)^2-b^2$
$=(a+c-b)(a+c+b)$

즉, 조건②
→ $(a-c)(a+c-b)(a+c+b)=0$
→ $a=c$ 또는 $a+c=b$ 또는 $a+b+c=0$

이때, a, b, c는 모두 양수이므로 $a+b+c=0$일 수 없다. 또한, **삼각형의 두 변의 길이의 합은 나머지 한 변보다 반드시 크므로,** 삼각형의 두 변의 길이의 합이 나머지 한 변과 **같을 수는 없다.**
→ $a+c=b$일 수 없다.

즉, $a=c$이므로 주어진 삼각형은 $a=c$인 이등변삼각형이다.

답 $a=c$인 이등변삼각형

102.

구하는 값 a, b의 값

조건 정리 $x^{15}(x^2+ax+b)$를 $(x-2)^2$으로 나누었을 때의 나머지 : $2^{15}(x-2)$

→ $x^{15}(x^2+ax+b)=(x-2)^2Q(x)+2^{15}(x-2)$ $\cdots$ (★)
  $=(x-2)\{(x-2)Q(x)+2^{15}\}$
  ($Q(x)$는 $x^{15}(x^2+ax+b)$를 $(x-2)^2$으로 나누었을 때의 몫)

설계 (★)에 $x=2$를 대입하여 식 하나를 얻자.
그다음, 얻은 식을 다시 (★)에 대입하여 a와 b를 둘 중 하나의 문자로 통일하자.

생각 1 | (★)에 $x=2$를 대입하여 식 하나를 얻자.

(★)에 $x=2$를 대입하면,

$$2^{15}(4+2a+b)=0 \ \Rightarrow\ b=-2a-4$$

생각 2 | $b=-2a-4$를 다시 (★)에 대입하자.

(★)의 좌변 $\Rightarrow x^{15}(x^2+ax-2a-4)$
$$= x^{15}\{x^2+ax-2(a+2)\}$$
$$= x^{15}(x-2)\{x+(a+2)\}$$

즉, (★)

$\Rightarrow x^{15}(x-2)\{x+(a+2)\}$
$$=(x-2)\{(x-2)Q(x)+2^{15}\}$$

$\Rightarrow x^{15}(x+a+2)=(x-2)Q(x)+2^{15}$

$\Rightarrow x=2$를 대입하면, $2^{15}(a+4)=2^{15}$

$\Rightarrow a+4=1$

$\Rightarrow a=-3$

이때, $b=-2a-4$였으므로 $b=2$

답 $a=-3,\ b=2$

103.

구하는 값 x^5+y^5의 값

조건 정리   ① $x^2+y^2=10,\ xy=4$

$\Rightarrow x^2+y^2=(x+y)^2-2xy$이므로
$$10=(x+y)^2-2(4)$$

$\Rightarrow (x+y)^2=18$

$\Rightarrow x+y=3\sqrt{2}$ ($\because$ 조건② : $x+y>0$)

② $x+y>0$

설계 x^5+y^5와 관련된 곱셈공식은 배우지 않았다.

$\Rightarrow x^5+y^5$와 비슷한 모양이 나오도록 식을 만들어보자.

생각 1 | x^5+y^5와 비슷한 모양이 나오도록 식을 만들어보자.

$(x^2+y^2)(x^3+y^3)$를 계산하면 x^5+y^5와 비슷한 모양이 나온다. 실제로 계산해보면,
$$(x^2+y^2)(x^3+y^3)=\boxed{(x^5+y^5)}+x^2y^2(x+y)$$

이 등식에 $x^2+y^2=10,\ xy=4,\ x+y=3\sqrt{2}$을 대입하면,
$$10(x^3+y^3)=\boxed{(x^5+y^5)}+48\sqrt{2}$$

즉, x^3+y^3의 값을 알면, x^5+y^5의 값을 알 수 있다.

생각 2 | x^3+y^3의 값을 계산하자.

$x^3+y^3=(x+y)^3-3xy(x+y)$
$$=(3\sqrt{2})^3-3(4)(3\sqrt{2})=18\sqrt{2}$$

즉, $10\underline{(x^3+y^3)}=\boxed{(x^5+y^5)}+48\sqrt{2}$

$\Rightarrow 180\sqrt{2}=\boxed{(x^5+y^5)}+48\sqrt{2}$

$\Rightarrow \therefore \boxed{x^5+y^5}=132\sqrt{2}$

답 $132\sqrt{2}$

104.

구하는 값 $(x^3-2x^2+5x+2)^3(3x-2)^2$을 전개했을 때, 상수항을 포함한 모든 계수들의 합

설계   예를 들어, $f(x)=x^2+2x-1$을 생각해보자.

x^2+2x-1의 상수항을 포함한 모든 계수들의 합은 $1+2-1$인데, 이는 $f(1)$의 값과 같다.

$\Rightarrow$ **상수항을 포함한 모든 계수들의 합은 주어진 다항식에 $x=1$을 대입하면 얻을 수 있다.**

$(x^3-2x^2+5x+2)^3(3x-2)^2$에 $x=1$을 대입하면,
$$\therefore 6^3 1^2=216$$

답   216

105.

구하는 값 $x^4-2x^3-2x^2-3x+5$의 값

$\Rightarrow$ 구하는 값을 최대한 간단히 변형하자.

조건 정리 $x^2+x+1=0$

설계   삼차방정식 $x^3-1=0$을 인수분해 했을 때, 조건 $x^2+x+1=0$과 비슷한 모양이 등장함을 인식하는 것이 핵심이다.

$x^3-1=0 \ \Rightarrow\ (x-1)\boxed{(x^2+x+1)}=0$

$\Rightarrow x=1$ 또는 $\boxed{x^2+x+1=0}$

즉, 방정식 $x^2+x+1=0$의 근은 방정식 $x^3-1=0$의 근이다.

$\Rightarrow x^2+x+1=0$을 만족시키는 x는 $x^3-1=0$도 만족시킨다.

$\Rightarrow x^3=1$임을 활용하여 구하는 값을 간단히 할 수 있다.

생각 1 | $x^3=1$임을 활용하여 구하는 값을 간단히 변형하자.

$x^3=1$이므로,

(구하는 값) $\Rightarrow x^4-2x^3-2x^2-3x+5$
$$=\boxed{x-2}-2x^2-\boxed{3x}+5$$
$$=-2x^2-2x+3$$

생각 2 | $x^2+x+1=0$임을 활용하여 값을 더 간단히
변형하자.

$x^2+x+1=0$이므로,

(구하는 값) ➡ $-2x^2-2x+3$
$=-2\boxed{(x^2+x+1)}+5$
$=5$

답 5

106.

구하는 값 $a-b+c-d$의 값

조건 정리 모든 실수 x에 대하여 등식
$(5x^2+7x-15)^2=ax^4+bx^3+cx^2+dx+e$이
성립한다.
➡ 이 등식은 x에 대한 항등식이다.
➡ x에 아무 값이나 대입해도 항상 성립한다.

설계 주어진 항등식에 $x=-1$을 대입하면 구하는 값인
$a-b+c-d$와 비슷한 모양이 나옴을 짐작해 볼 수 있다.
➡ 주어진 항등식에 $x=-1$을 대입하면,
$(5-7-15)^2=a-b+c-d+e$
➡ $a-b+c-d+e=289$
➡ e의 값만 알면, 구하는 값을 얻을 수 있다.

생각 1 | e의 값을 구하자.

e의 값은 주어진 항등식에 $x=0$을 대입하면 얻을 수
있다.
$x=0$을 대입하면,
$(-15)^2=e$ ➡ $e=225$
즉, $a-b+c-d+e=289$, $e=225$이므로

∴ $a-b+c-d=64$

답 64

107.

구하는 값 $a_1+a_3+a_5+a_7+a_9$의 값

조건 정리 등식$(2x^2+x+1)^5=a_0+a_1x+a_2x^2+\cdots+a_{10}x^{10}$이
x에 대한 항등식이다.
➡ x에 아무 값이나 대입해도 항상 성립한다.

설계 구하는 값과 비슷한 모양을 만들기 위해, 주어진
항등식에 $x=1$, $x=-1$을 대입해보자.

생각 1 | $x=1$, $x=-1$을 대입해보자.

$x=1$을 대입하면,
$4^5=a_0+a_1+a_2+\cdots+a_{10}$ $\cdots$ ㉠

$x=-1$을 대입하면,
$2^5=a_0-a_1+a_2-a_3+\cdots-a_9+a_{10}$ $\cdots$ ㉡
이때, ㉠의 양변에서 ㉡의 양변을 빼면 구하는 값과
비슷한 모양이 나온다.

생각 2 | ㉠의 양변에서 ㉡의 양변을 빼보자.

㉠의 양변에서 ㉡의 양변을 빼보면,
$4^5-2^5=2\boxed{(a_1+a_3+a_5+a_7+a_9)}$
➡ $\boxed{(a_1+a_3+a_5+a_7+a_9)}=496$

답 496

108.

구하는 값 수조의 물을 모두 빼기 위한 용기의 최소 개수

조건 정리 ① 수조의 (가로)$=n+1$, (세로)$=n+3$,
(높이)$=n-1$
➡ 이 수조의 부피는 $(n+1)(n+3)(n-1)$

② 이 수조에 물이 가득 차 있다.
➡ 가득차 있는 물의 부피 또한
$(n+1)(n+3)(n-1)$

③ 물을 담으려는 용기의 (밑면의 넓이)$=1$,
(높이)$=n+2$
➡ 이 용기의 부피는 $1\times(n+2)=n+2$
➡ 이 용기에 부피 $n+2$만큼의 물을 가득 담을 수 있다.

설계 최소 몇 개의 용기가 있어야
부피 $(n+1)(n+3)(n-1)$만큼의 물을 전부 옮길 수
있는지 알아야 한다. 이때, 용기에 부피 $n+2$만큼의 물을
가득 담을 수 있으므로,
➡ $(n+1)(n+3)(n-1)$
$=(n-1)(n+1)(n+3)$
$=(n^2-1)(n+3)$
$=n^3+3n^2-n-3$
을 $n+2$로 나누자.

생각 1 | n^3+3n^2-n-3을 $n+2$로 나누자.

일차식으로 나누는 것이므로, 조립제법을 이용하면,

$$
\begin{array}{r|rrrr}
-2 & 1 & 3 & -1 & -3 \\
  &   & -2 & -2 & 6 \\
\hline
  & 1 & 1 & -3 & \boxed{3}
\end{array}
$$

➡ $n^3+3n^2-n-3=(n+2)\boxed{(n^2+n-3)}+3$

➔ 부피 n^3+3n^2-n-3만큼의 물을 부피 $n+2$의 용기 n^2+n-3개에 최대한 담으면, 부피 3만큼의 물이 남는다.

➔ 부피 3만큼의 물을 담을 용기 하나만 더 있으면 된다.

➔ 필요한 용기의 최소 개수는
$$(n^2+n-3)+1=n^2+n-2$$

답 n^2+n-2 (개)

109.

구하는 값 $f(x)$의 식

조건 정리 ① $f(x)$는 최고차항의 계수가 음수
② $\{f(x)\}^2=4f(x)+x^4-4x^3+4x^2-4$

설계 우선 조건②의 등식을 간단히 정리해보자.

생각 1 | 조건②의 등식을 간단히 정리해보자.

조건② : $\{f(x)\}^2=4f(x)+x^4-4x^3+4x^2-4$

➔ $f(x)^2-4f(x)+4=x^4-4x^3+4x^2$

➔ $\{f(x)-2\}^2=x^2(x-2)^2$

➔ $\{f(x)-2\}^2=\{x(x-2)\}^2$

➔ $f(x)-2=x(x-2)$ 이거나
$\qquad f(x)-2=-x(x-2)$

➔ $f(x)=x^2-2x+2$ 이거나
$\qquad f(x)=-x^2+2x+2$

이때, 조건①에 따라 $f(x)$는 최고차항의 계수가 음수이므로,
$$\therefore f(x)=-x^2+2x+2$$

답 $f(x)=-x^2+2x+2$

110.

조건 정리 ① 두 다항식 $f(x)$, $g(x)$는 상수가 아니다.
② $f(x)$를 $g(x)$로 나눈 몫 : $Q(x)$,
나머지 : $R(x)$

➔ $f(x)=\boxed{g(x)}Q(x)+R(x)$ … (★)
이때, 나누는 식이 $g(x)$이므로,
나머지 $R(x)$의 차수는 $g(x)$의 차수보다 낮다.

③ $f(x)$의 차수는 $g(x)$의 차수보다 작지 않다.

➔ $f(x)$의 차수는 $g(x)$의 차수보다 크거나 $g(x)$의 차수와 같다.

생각 1 | ㄱ의 참/거짓을 판단하자.

ㄱ. $f(x)-R(x)$는 $g(x)$로 나누어떨어진다.

(★)에서 $f(x)-R(x)=g(x)Q(x)$임을 알 수 있다.

➔ 이는 $f(x)-R(x)$가 $g(x)$르 나누어떨어짐을 의미한다.

➔ ㄱ은 참이다.

생각 2 | ㄴ의 참/거짓을 판단하자.

ㄴ. $f(x)+g(x)$를 $g(x)$로 나눈 나머지는 $R(x)$이다.

(★)의 양변에 $g(x)$를 더하면,
$$f(x)+g(x)=g(x)Q(x)+R(x)+g(x)$$

➔ $f(x)+g(x)=g(x)\{Q(x)+1\}+R(x)$
여기서, $R(x)$가 $f(x)+g(x)$를 $g(x)$로 나눈 나머지가 되려면 $R(x)$의 차수가 나누는 식인 $g(x)$의 차수보다 낮아야 한다.

그런데, 조건②에서 $R(x)$는 $g(x)$의 차수보다 낮음을 알 수 있으므로, ㄴ은 참이다.

생각 3 | ㄷ의 참/거짓을 판단하자.

ㄷ. $f(x)$를 $Q(x)$로 나눈 나머지는 $R(x)$이다.

(★) : $f(x)=\boxed{g(x)}Q(x)+R(x)$에서
$f(x)=\boxed{Q(x)}g(x)+R(x)$이다.
이때, $R(x)$가 $f(x)$를 $Q(x)$로 나눈 나머지가 되려면 $R(x)$의 차수가 나누는 식인 $Q(x)$의 차수보다 낮아야 한다.

그런데, 주어진 조건만으로는 $R(x)$의 차수가 $Q(x)$의 차수보다 낮다는 보장을 할 수 없으므로, ㄷ은 거짓이다.

[반례]
예를 들어, (★) : $f(x)=\boxed{g(x)}Q(x)+R(x)$에서
$f(x)$가 삼차식, 나누는 식인 $g(x)$가 이차식이면
$\qquad Q(x)$는 반드시 일차식이고,
$R(x)$는 나누는 식인 $g(x)$보다 차수가 낮아야 하므로
$\qquad R(x)$는 일차식 또는 상수이다.
만약 $R(x)$가 일차식이면,
$\qquad (Q(x)$의 차수)$=(R(x)$의 차수) 이므로
$R(x)$의 차수가 $Q(x)$의 차수보다 낮지 않다.

➔ 이때의 $R(x)$는 $f(x)$를 $Q(x)$로 나눈 나머지라고 할 수 없다.

답 ㄱ, ㄴ

111.

구하는 값 $\{f(x)\}^2 + \{g(x)\}^2$을 $x-3$으로 나누었을 때의
나머지
➜ $\{f(3)\}^2 + \{g(3)\}^2$의 값 (나머지 정리에 의해)

조건 정리 ① $f(x) + g(x)$를 $x-3$으로 나누었을 때의 나머지
: 8
➜ $f(3) + g(3) = 8$ (나머지 정리에 의해)

② $f(x)g(x)$를 $x-3$으로 나누었을 때의 나머지 : 6
➜ $f(3)g(3) = 6$ (나머지 정리에 의해)

설계 $f(3)$, $g(3)$을 각각 한 덩어리로 보자.
$f(3)$, $g(3)$을 각각 한 덩어리로 보면,
(구하는 값) ➜ $\{f(3)\}^2 + \{g(3)\}^2$
$= \{f(3) + g(3)\}^2 - 2f(3)g(3)$
$= 8^2 - 2(6)$
$= 52$

답 52

112.

구하는 값 $g(x)$를 $x-4$로 나눈 나머지
➜ $g(4)$의 값 (나머지 정리에 의해)

조건 정리 모든 실수 x에 대하여 아래의 두 조건이 성립한다.
➜ 아래의 두 조건은 x에 대한 항등식이다.
➜ x의 자리에 적당한 값을 대입할 수 있다.
(가) $\boxed{g(x)} = x^2 f(x)$
(나) $\boxed{g(x)} + (3x^2 + 4x)f(x) = x^3 + ax^2 + 2x + b$

설계 (가) 조건을 (나) 조건에 대입하고, 간단히 정리하자.

생각 1 | (가) 조건을 (나) 조건에 대입하고, 간단히 정리하자.
(가) 조건을 (나) 조건에 대입하면,
$\boxed{x^2 f(x)} + (3x^2 + 4x)f(x) = x^3 + ax^2 + 2x + b$
➜ $(4x^2 + 4x)f(x) = x^3 + ax^2 + 2x + b$
➜ $4x(x+1)f(x) = x^3 + ax^2 + 2x + b$

생각 2 | 정리한 등식에 $x=0$, $x=-1$을 대입하자.
정리한 등식 $4x(x+1)f(x) = x^3 + ax^2 + 2x + b$에
$x = 0$을 대입하면,
$0 = b$

$x = -1$을 대입하면,
$0 = -1 + a - 2 + b$ ➜ $a + b = 3$ ➜ $a = 3$

즉, $4x(x+1)f(x) = x^3 + ax^2 + 2x + b$
➜ $4x(x+1)f(x) = x^3 + 3x^2 + 2x$
$= x(x+1)(x+2)$
➜ $4f(x) = x + 2$
➜ $f(x) = \dfrac{x+2}{4}$

이때, (가) 조건에 따라
$g(x) = x^2 f(x) = x^2\left(\dfrac{x+2}{4}\right)$
➜ (구하는 값) $= g(4) = 16 \times \dfrac{6}{4} = 24$

답 24

113.

구하는 값 k의 값

조건 정리 ① $x^2 + kxy - 3y^2 + x + 11y - 6$이 x, y에 대한
두 일차식의 곱으로 인수분해 되어야 한다.
➜ $x^2 + kxy - 3y^2 + x + 11y - 6 =$ (일차식)(일차식)
꼴이어야 한다.
② k는 자연수

설계 주어진 등식을 $(\ )x^2 + (\ )x + (\ )$의 꼴로 정리해보자.

생각 1 | 주어진 등식을 $(\ )x^2 + (\ )x + (\ )$의 꼴로 정리하자.
$x^2 + kxy - 3y^2 + x + 11y - 6$
➜ $x^2 + (ky+1)x + (-3y^2 + 11y - 6)$
➜ $x^2 + (ky+1)x + \boxed{(-3y+2)(y-3)}$
이때, 이 식이 (일차식)(일차식) 꼴로 인수분해 되려면,
$x^2 + (\square + \triangle)x + \square\triangle$ 꼴이거나
$x^2 - (\square + \triangle)x + \square\triangle$ 꼴이어야 한다.

즉, (상수항 부분의 두 인수의 합)
$= (x$의 계수) 또는 $-(x$의 계수) 이어야 한다.

➜ $(-3y+2) + (y-3) = ky+1$
또는 $(-3y+2) + (y-3) = -(ky+1)$
➜ $\underline{-2y - 1 = ky + 1}$ 또는 $\underline{-2y - 1 = -ky - 1}$
$\quad$ _{y에 대한 항등식이 될 수 없다.}
➜ $k = 2$

생각 2 | (상수항 부분의 두 인수의 합)이 다른 값이 될 수 있는 경우도 있다.

$x^2+(ky+1)x+\boxed{(-3y+2)(y-3)}$ 을 다음과 같이 표현해도 된다.

$x^2+(ky+1)x+\boxed{(3y-2)(-y+3)}$

이 경우,

(상수항 부분의 두 인수의 합)

$=(3y-2)+(-y+3)=2y+1$ 이므로

(상수항 부분의 두 인수의 합)=(x의 계수)
또는 $-$(x의 계수)

➔ $\underline{2y+1=ky+1}$ 또는 $\underline{2y+1=-ky-1}$
 y에 대한 항등식이 될 수 없다.

➔ $k=2$

따라서 가능한 k의 값은 2뿐이다.

답 2

114.

구하는 값 $R(3)$의 값 ➔ $R(x)$의 식을 구하자.

조건 정리 ① $f(x)$를 x^2+1로 나눈 나머지 : $x+1$

➔ $f(x)=(x^2+1)Q(x)+(x+1)$ ··· (★)
($Q(x)$는 $f(x)$를 x^2+1로 나눈 몫)

② $\{f(x)\}^2$을 x^2+1로 나눈 나머지 : $R(x)$

➔ $\{f(x)\}^2$의 식을 얻자.

설계 등식 (★)의 양변을 제곱하여 $\{f(x)\}^2$의 식을 얻자.
그다음, $\{f(x)\}^2$을 x^2+1로 나눈 나머지가 $R(x)$임을 이용하자.

생각 1 | 등식 (★)의 양변을 제곱하여 $\{f(x)\}^2$의 식을 얻자.

등식 (★)의 양변을 제곱하면,

$\{f(x)\}^2=\{\boxed{(x^2+1)Q(x)}+\boxed{(x+1)}\}^2$

우변을 전개할 때, $\boxed{(x^2+1)Q(x)}$과 $\boxed{(x+1)}$을 각각 한 덩어리로 간주하자. 우변을 전개하면,

$\{\boxed{(x^2+1)Q(x)}+\boxed{(x+1)}\}^2$
$=\{(x^2+1)Q(x)\}^2+2\boxed{(x^2+1)Q(x)(x+1)}+\boxed{(x+1)}^2$
$=(x^2+1)^2\{Q(x)\}^2+2(x^2+1)(x+1)Q(x)$
$\quad +(x^2+2x+1)$

즉,

$\{f(x)\}^2=(x^2+1)^2\{Q(x)\}^2+2(x^2+1)(x+1)Q(x)$
$\qquad\qquad +(x^2+2x+1)$

생각 2 | $\{f(x)\}^2=(x^2+1)$(몫)+(나머지) 꼴로 표현하자.

$\{f(x)\}^2=(x^2+1)$(몫)+(나머지) 꼴로 표현하기 위해 우변을 x^2+1로 최대한 묶으면,

$\{f(x)\}^2=(x^2+1)^2\{Q(x)\}^2+2(x^2+1)(x+1)Q(x)$
$\qquad\qquad +(x^2+1+2x)$
$\qquad =(x^2+1)\boxed{\begin{array}{l}\{(x^2+1)\{Q(x)\}^2\\ +2(x+1)Q(x)+1\}\end{array}}+2x$

이때, 나머지 부분에 있는 $2x$는 나누는 식인 x^2+1보다 차수가 낮으므로, $\{f(x)\}^2$을 x^2+1로 나눈 나머지이다.

➔ $R(x)=2x$

➔ $R(3)=6$

답 6

 **2 복소수**

115.

ㄱ ➜ $1+2i$는 순허수가 아닌 허수이다. ➜ ㄱ은 거짓

ㄴ ➜ 0의 켤레복소수는 0이다. ➜ ㄴ은 참

ㄷ ➜ $3-2i$의 실수부분은 3이고, 허수부분은 -2이다.
➜ ㄷ은 거짓

ㄹ ➜ 허수와 실수의 대소는 정의하지 않는다. ➜ ㄹ은 거짓

ㅁ ➜ $\overline{-3}=-3$이다. ➜ ㅁ은 거짓

ㅂ ➜ $\overline{3i}=-3i$이다. ➜ ㅂ은 참

ㅅ ➜ $\overline{2+i}=2-i$이다. ➜ ㅅ은 거짓

ㅇ ➜ -1의 실수부분은 -1이고, 허수부분은 0이다.
➜ ㅇ은 거짓

답 ㄴ, ㅂ

116.

$z=2-3i$이므로 $\overline{z}=2+3i$

➜ ∴ $z+\overline{z}=(2-3i)+(2+3i)=4$

답 4

117.

구하는 값 $a+b$의 값

조건 정리 $(3+ai)(2-i)=10+bi$ ⋯ (★)

설계 (★)의 양변의 실수부분과 허수부분을 비교하자.
(★)의 좌변을 전개하면,
$(3+ai)(2-i)=6-3i+2ai-ai^2=(6+a)+(2a-3)i$
(★)의 양변의 실수부분과 허수부분을 비교하면,
실수부분 비교 ➜ $6+a=10$ ➜ $a=4$
허수부분 비교 ➜ $2a-3=b$ ➜ $b=5$
∴ $a+b=4+5=9$

답 9

118.

구하는 값 $a+b$의 값

조건 정리 $a=\dfrac{1-i}{1+i}$, $b=\dfrac{1+i}{1-i}$

설계 분모를 실수화하자.

$a=\dfrac{1-i}{1+i}$의 분모와 분자에

분모의 켤레인 $1-i$를 곱하면

➜ $a=\dfrac{1-i}{1+i}=\dfrac{(1-i)^2}{(1+i)(1-i)}=\dfrac{-2i}{2}=-i$

$b=\dfrac{1+i}{1-i}$의 분모와 분자에

분모의 켤레인 $1+i$를 곱하면

➜ $b=\dfrac{1+i}{1-i}=\dfrac{(1+i)^2}{(1-i)(1+i)}=\dfrac{2i}{2}=i$

∴ $a+b=(-i)+i=0$

답 0

119.

구하는 값 z^2-4z의 값
➜ $z(z-4)$의 값

조건 정리 $z=2+\sqrt{2}\,i$

설계 구하는 값에 주어진 z의 값을 대입하자.
$z(z-4)$에 $z=2+\sqrt{2}\,i$를 대입하면
$z(z-4)=(2+\sqrt{2}\,i)(-2+\sqrt{2}\,i)$
$=(\sqrt{2}\,i+2)(\sqrt{2}\,i-2)=(\sqrt{2}\,i)^2-2^2=-2-4=-6$

답 -6

120.

구하는 값 $x^3+x^2y-xy^2-y^3$의 값
$x^3+x^2y-xy^2-y^3$을 인수분해하여 간단히
나타내면,
$x^3+x^2y-xy^2-y^3$
$=(x^3+x^2y)+(-xy^2-y^3)$
$=x^2(x+y)-y^2(x+y)$
$=(x^2-y^2)(x+y)=(x-y)(x+y)^2$
➜ $x-y$와 $x+y$의 값을 구하자.

조건 정리 $x=2+3i$, $y=2-3i$

생각 1 | $x-y$와 $x+y$의 값을 구하자.
$x-y=(2+3i)-(2-3i)=6i$
$x+y=(2+3i)+(2-3i)=4$ 이므로
$(x-y)(x+y)^2=(6i)\times 4^2=96i$

답 $96i$

121.

$\boxed{\text{구하는 값}}$ $a^4 + a^2 b^2 + b^4$의 값

$a^4 + a^2 b^2 + b^4$을 인수분해하여 간단히 나타내면,

$a^4 + a^2 b^2 + b^4$

$= (a^2 + ab + b^2)(a^2 - ab + b^2)$

$= \{(a^2 + b^2) + ab\}\{(a^2 + b^2) - ab\}$

$= (a^2 + b^2)^2 - (ab)^2$

$\boxed{\text{조건 정리}}$ $a = 2 + i$, $b = 2 - i$

$\boxed{\text{설계}}$ $a^2 + b^2$과 ab의 값을 구하여 대입하자.

생각 1 | ab의 값을 구하자.

$ab = (2 + i)(2 - i) = 2^2 - i^2 = 5$

생각 2 | $a^2 + b^2$의 값을 구하자.

$a^2 + b^2 = (a + b)^2 - 2ab$이다.

ab의 값은 이미 구했으므로

$a + b$의 값만 구하면 $a^2 + b^2$의 값을 구할 수 있다.

$a + b = (2 + i) + (2 - i) = 4$

즉, $a^2 + b^2 = 4^2 - 2 \times 5 = 6$

생각 3 | 구하는 값에 대입하자.

$a^2 + b^2 = 6$, $ab = 5$이므로

$(\text{구하는 값}) = (a^2 + b^2)^2 - (ab)^2$

$= 6^2 - 5^2 = 11$

$\boxed{\text{답}}$ 11

122.

$\boxed{\text{구하는 값}}$ 복소수 z

$\boxed{\text{조건 정리}}$ ① 0이 아닌 복소수 z ➔ $z \neq 0$

② $\dfrac{2z - \bar{z}}{z\bar{z}} = \dfrac{1 - i}{3}$ ··· (★)

$\boxed{\text{설계}}$

$z = a + bi$로 두고 (★)에 대입하자.

생각 1 | $z = a + bi$을 (★)에 대입하자.

(★)의 좌변 $= \dfrac{2z - \bar{z}}{z\bar{z}} = \dfrac{2(a + bi) - (a - bi)}{(a + bi)(a - bi)}$

$= \dfrac{a + 3bi}{a^2 + b^2} = \left(\dfrac{a}{a^2 + b^2}\right) + \left(\dfrac{3b}{a^2 + b^2}\right)i$

(★)의 우변 $= \dfrac{1 - i}{3} = \dfrac{1}{3} - \dfrac{1}{3}i$

생각 2 | (★)의 좌변과 우변의 실수부분과 허수부분을 비교하자.

실수부분 비교 ➔ $\dfrac{a}{a^2 + b^2} = \dfrac{1}{3}$

➔ $a^2 + b^2 = 3a$ ··· ㉠

허수부분 비교 ➔ $\dfrac{3b}{a^2 + b^2} = -\dfrac{1}{3}$

➔ $a^2 + b^2 = -9b$ ··· ㉡

㉠에서 ㉡을 빼면,

$0 = 3a + 9b$ ➔ $a = -3b$임을 얻는다.

$a = -3b$를 다시 ㉡에 대입하면,

$10b^2 = -9b$ ➔ $10b\left(b + \dfrac{9}{10}\right) = 0$

➔ $b = 0$ 또는 $b = -\dfrac{9}{10}$

이때 $a = -3b$이므로

$b = 0$이면 $a = 0$이다.

➔ 조건① : $z \neq 0$에 모순이다.

따라서 $b = -\dfrac{9}{10}$이고, 이를 $a = -3b$에 대입하면,

$a = \dfrac{27}{10}$ ➔ $\therefore\ z = \dfrac{27}{10} - \dfrac{9}{10}i$

$\boxed{\text{답}}$ $\dfrac{27}{10} - \dfrac{9}{10}i$

123.

$\boxed{\text{구하는 값}}$ 모든 실수 x의 값의 합

$\boxed{\text{조건 정리}}$ ① $z = x^2 - (5 - i)x + 4 - 2i$

② $\bar{z} = -z$ ··· (★)

$\boxed{\text{설계}}$

$z = a + bi$로 두고 (★)에 대입하자.

생각 1 | $z = a + bi$을 (★)에 대입하자.

$\bar{z} = -z$

➔ $a - bi = -(a + bi)$

➔ $a = 0$

➔ z의 실수부분이 0이다.

이때, $z = x^2 - (5 - i)x + 4 - 2i$ 이므로

$= (x^2 - 5x + 4) + (x - 2)i$

z의 실수부분은 $x^2 - 5x + 4$이다.

즉, $x^2 - 5x + 4 = 0$

➜ $(x-1)(x-4) = 0$

➜ $x = 1$ 또는 $x = 4$

∴ $1 + 4 = 5$

답 5

124.

구하는 값 모든 실수 x의 곱

조건 정리 $(2+3i)(2-xi)$를 제곱하면 순허수이다.

설계 $z = a + bi$로 두고, $z^2 = ($순허수$)$이기 위한 조건을 도출하자.

생각 1 | $z^2 = ($순허수$)$임을 이용하자.

$z^2 = ($순허수$)$

➜ z^2의 실수부분은 0이고, 허수부분은 0이 아니어야 한다.

$z^2 = (a+bi)^2 = (a^2 - b^2) + 2abi$

➜ ・ $(z^2$의 실수부분$) = a^2 - b^2 = 0$ ➜ $a^2 = b^2$

∴ 제곱해서 순허수가 되려면,

실수부분의 제곱과 허수부분의 제곱이 같아야 한다.

… ㉠

・ $(z^2$의 허수부분$) = 2ab \neq 0$ ➜ $ab \neq 0$

∴ 제곱해서 순허수가 되려면,

실수부분과 허수부분 중 0이 있으면 안 된다. … ㉡

생각 2 | $(2+3i)(2-xi)$의 실수부분과 허수부분을 구하자.

$(2+3i)(2-xi) = (4+3x) + (-2x+6)i$

➜ (실수부분)$= 4+3x$, (허수부분)$= -2x+6$

생각 3 | ㉠과 ㉡의 해석을 적용하자.

㉠에 따라 $(4+3x)^2 = (-2x+6)^2$

➜ $5x^2 + 48x - 20 = 0$

➜ $(5x-2)(x+10) = 0$

➜ $x = \dfrac{2}{5}$ 또는 $x = -10$

추가로 $x = \dfrac{2}{5}$ 또는 $x = -10$일 때 ㉡까지

만족시키는지 확인해야 한다.

만약 $x = \dfrac{2}{5}$이면,

(실수부분)$= 4 + 3x = \dfrac{26}{5}$,

(허수부분)$= -2x + 6 = \dfrac{26}{5}$

➜ ㉡ 만족

만약 $x = -10$이면,

(실수부분)$= 4 + 3x = -26$,

(허수부분)$= -2x + 6 = 26$

➜ ㉡ 만족

∴ (모든 실수 x의 곱)$= (-10) \times \dfrac{2}{5} = -4$

답 -4

125.

구하는 값 x의 값

조건 정리 $2(-6+i) + (1-i)x$를 제곱하면 음의 실수이다.

설계 제곱했을 때 음의 실수가 되려면, 제곱하기 전의 식이 순허수여야 한다.

생각 1 | $2(-6+i) + (1-i)x$의 실수부분과 허수부분을 구하자.

$2(-6+i) + (1-i)x = (-12+x) + (2-x)i$

➜ (실수부분)$= -12 + x$, (허수부분)$= 2 - x$

생각 2 | 주어진 복소수가 순허수가 되도록 만들자.

주어진 복소수가 순허수가 되려면

(실수부분)$= 0$이어야 한다. 즉, $-12 + x = 0$

➜ $x = 12$

또, 순허수가 되려면 (허수부분)$\neq 0$이어야 한다.

$x = 12$일 때, (허수부분)$= 2 - x = -10$

➜ (허수부분)$\neq 0$

➜ ∴ $x = 12$

답 12

126.

[구하는 값] 복소수 z

[조건 정리] ① $z = a + bi$

② $z^2 + \overline{z} = 0$

③ $a > 0$, $b > 0$

[설계] $z = a + bi$를 $z^2 + \overline{z} = 0$에 대입하자.

$z = a + bi$를 $z^2 + \overline{z} = 0$에 대입하고 정리하면,

$(a + bi)^2 + (a - bi) = 0$

➔ $(a^2 - b^2 + a) + (2ab - b)i = 0$

➔ $a^2 - b^2 + a = 0$, $2ab - b = 0$

이때, $2ab - b = 0$에서 조건③에 따라 $b \neq 0$이므로,

$a = \dfrac{1}{2}$

$a = \dfrac{1}{2}$을 $a^2 - b^2 + a = 0$에 대입하면,

$\dfrac{1}{4} - b^2 + \dfrac{1}{2} = 0$ ➔ $b^2 = \dfrac{3}{4}$ ➔ $b = \pm \dfrac{\sqrt{3}}{2}$

이때, 조건③에 따라 $b > 0$이므로 $b = \dfrac{\sqrt{3}}{2}$

즉, $z = a + bi = \dfrac{1}{2} + \dfrac{\sqrt{3}}{2}i$

답 $\dfrac{1}{2} + \dfrac{\sqrt{3}}{2}i$

127.

[구하는 값] 모든 순서쌍 (m, n)의 개수

[조건 정리] ① m, n은 5 이하의 두 자연수

② $z = (m - n) + (m + n - 4)i$

③ z^2이 실수가 되어야 한다.

[설계] $z = a + bi$로 두고, 양변을 제곱하여 z^2이 실수가 되기 위한 조건을 파악하자.

생각 1 | $z = a + bi$의 양변을 제곱하자.

$z = a + bi$의 양변을 제곱하면,

$z^2 = (a + bi)^2 = (a^2 - b^2) + 2abi$

➔ 이것이 실수가 되려면 (허수부분)$= 0$이어야 한다.

➔ $2ab = 0$

➔ $a = 0$ 또는 $b = 0$

➔ z의 실수부분 또는 허수부분이 0이어야 한다.

➔ $m - n = 0$ 또는 $m + n - 4 = 0$

➔ $m = n$ 또는 $m + n = 4$

생각 2 | m, n은 5 이하의 자연수임에 주의하며 가능한 순서쌍 (m, n)을 구하자.

(i) $m = n$인 경우

가능한 순서쌍 (m, n)은 $(1, 1)$, $(2, 2)$, $(3, 3)$, $(4, 4)$, $(5, 5)$의 5개이다.

(ii) $m + n = 4$인 경우

m, n은 더해서 4가 되는 두 자연수이므로, 가능한 순서쌍 (m, n)은 $(1, 3)$, $(2, 2)$, $(3, 1)$의 3개이다.

여기서 중복되는 $(2, 2)$를 제외하면 가능한 순서쌍 (m, n)은 모두 $5 + 3 - 1 = 7$(개)이다.

답 7

128.

[조건 정리] ① $z = a + bi$

② $a \neq 0$, $b \neq 0$

③ $z^2 - z$가 실수이다.

➔ $z^2 - z = (a + bi)^2 - (a + bi)$
$= (a^2 - a - b^2) + (2ab - b)i$

➔ (허수부분)$= 0$이어야 하므로, $2ab - b = 0$

➔ 조건②에 따라 $b \neq 0$이므로 $a = \dfrac{1}{2}$

생각 1 | ㄱ의 참/거짓을 판단하자.

ㄱ. $\overline{z^2 - z}$는 실수이다.

조건③에 따라 $z^2 - z$가 실수이므로, $\overline{z^2 - z}$도 실수이다.

➔ ㄱ은 참이다.

생각 2 | ㄴ의 참/거짓을 판단하자.

ㄴ. $z + \overline{z} = 1$

(좌변)$= z + \overline{z} = (a + bi) + (a - bi) = 2a$

이때, $a = \dfrac{1}{2}$이므로,

(좌변)$= 2a = 1$

➔ ㄴ은 참이다.

생각 3 | ㄷ의 참/거짓을 판단하자.

ㄷ. $z\overline{z} > \dfrac{1}{4}$

(좌변)$= z\overline{z} = (a + bi)(a - bi) = a^2 + b^2$

이때, $a = \dfrac{1}{2}$이므로, (좌변)$= a^2 + b^2 = \dfrac{1}{4} + b^2$

$(실수)^2 \geq 0$이므로 $b^2 \geq 0$인데, 조건②에 따라 $b \neq 0$이므로, $b^2 > 0$이다.

➜ (좌변)$= \dfrac{1}{4} + b^2 > \dfrac{1}{4}$

즉, ㄷ은 참이다.

답 ㄱ, ㄴ, ㄷ

129.

구하는 값 $z\bar{z}$의 값

조건 정리 $\overline{2(z-\bar{z}) - 4z\bar{z}} = -20 - 4i$

➜ 좌변을 간단히 해보자.

설계 조건식의 좌변을 간단히 할 때, 덩어리에 씌워진 바($\overline{}$)는 덩어리 안에 있는 각각에 모두 분배할 수 있음을 이용하자. 이후, $z = a + bi$로 두고, a, b와 관련된 정보를 얻자.

$\overline{2(z-\bar{z}) - 4z\bar{z}} = -20 - 4i$

➜ $2(\bar{z} - z) - 4\bar{z}z = -20 - 4i$

여기서 $z = a + bi$라 하면,

$2\{(a-bi) - (a+bi)\} - 4(a-bi)(a+bi) = -20 - 4i$

➜ $-4bi - 4(a^2 + b^2) = -20 - 4i$

➜ $-4b = -4$, $-4(a^2 + b^2) = -20$

➜ $b = 1$, $a^2 = 4$

즉, $z\bar{z} = a^2 + b^2 = 4 + 1 = 5$

답 5

130.

구하는 값 $\alpha\bar{\alpha} + \bar{\alpha}\beta + \alpha\bar{\beta} + \beta\bar{\beta}$의 값

➜ $\bar{\alpha}(\alpha+\beta) + \bar{\beta}(\alpha+\beta)$
$= (\alpha+\beta)(\bar{\alpha} + \bar{\beta})$
$= (\alpha+\beta)(\overline{\alpha + \beta})$

➜ $\alpha + \beta$의 값을 구하자.

조건 정리 $\alpha = 1 + 2i$, $\beta = 3 - 4i$

$\alpha + \beta = (1+2i) + (3-4i) = 4 - 2i$이므로

(구하는 값)$= (\alpha+\beta)(\overline{\alpha+\beta})$
$= (4-2i)(4+2i) = 16 + 4 = 20$

답 20

131.

구하는 값 $\dfrac{1}{\alpha} + \dfrac{1}{\beta}$의 값

➜ 통분하면, $\dfrac{\bar{\alpha} + \beta}{\bar{\alpha}\beta}$

➜ $\bar{\alpha} + \beta$, $\bar{\alpha}\beta$의 값을 구하자.

조건 정리 ① $\overline{\alpha} + \overline{\beta} = 4$

➜ 양변에 동시에 바($\overline{}$)를 씌우면,
$\overline{\overline{\alpha} + \overline{\beta}} = \overline{4}$ ➜ $\bar{\alpha} + \beta = 4$

② $\overline{\alpha}\overline{\beta} = -2i$

➜ 양변에 동시에 바($\overline{}$)를 씌우면,
$\overline{\overline{\alpha}\overline{\beta}} = \overline{-2i}$ ➜ $\bar{\alpha}\beta = 2i$

즉, (구하는 값)$= \dfrac{\bar{\alpha}+\beta}{\bar{\alpha}\beta} = \dfrac{4}{2i} = \dfrac{2}{i} = \dfrac{2i}{i^2} = -2i$

답 $-2i$

132.

구하는 값 $\alpha\bar{\alpha}\beta\bar{\beta}$
$= \alpha\beta \times \overline{\alpha\beta}$

➜ $\alpha\beta$ 또는 $\overline{\alpha\beta}$의 값을 구하면 어떨까?

조건 정리 ① $\overline{\alpha + \beta} = 2 - i$

➜ $\alpha + \beta = 2 + i$ (양변에 바($\overline{}$)를 취한 것)⋯ ㉠

② $\overline{\alpha^2 - \beta^2} = -5 + 10i$

➜ $\overline{\alpha^2 - \beta^2} = -5 + 10i \Rightarrow \alpha^2 - \beta^2 = -5 - 10i$
(양변에 바($\overline{}$)를 취한 것)

➜ $(\alpha+\beta)(\alpha-\beta) = -5 - 10i$ ⋯ ㉡

생각 1 | ㉠, ㉡을 연립하자.

㉠: $\alpha + \beta = 2 + i$

㉡: $(\alpha+\beta)(\alpha-\beta) = -5 - 10i$

㉠을 ㉡에 대입하면,

$(2+i)(\alpha-\beta) = -5 - 10i$

➜ $\alpha - \beta = \dfrac{-5-10i}{2+i} = \dfrac{(-5-10i)(2-i)}{(2+i)(2-i)}$
$= -4 - 3i$

∴ $\alpha - \beta = -4 - 3i$ ⋯ ㉢

㉠과 ㉢을 연립하면,

$\alpha = -1 - i$, $\beta = 3 + 2i$

생각 2 | $\alpha\beta$의 값을 구하자.

$$\alpha\beta = (-1-i)(3+2i) = -1-5i \;\Rightarrow\; \overline{\alpha\beta} = -1+5i$$

$$\begin{aligned}(\text{구하는 값}) &= \alpha\beta \times \overline{\alpha\beta} \\ &= (-1-5i)(-1+5i) \\ &= (-1)^2 - (5i)^2 = 26\end{aligned}$$

답 26

133.

조건 정리 $i + i^2 + i^3 + \cdots + i^{2025}$을 간단히 하기

생각 1 | $i^4 = 1$임을 활용하여 반복되는 부분을 찾자.

더하는 값들을 차례대로 간단히 해보면 다음과 같다.

$i,\ i^2 = -1,\ i^3 = -i,\ i^4 = 1,\ i^5 = i^4 i = i,\ \cdots$

즉, 차례대로 4개씩을 더하면

"$i - 1 - i + 1 = 0$이 계속 반복되어 더해질 것임"

을 예상할 수 있다.

생각 2 | 차례대로 4개씩을 더한 부분이 몇 번 반복될지 구하자.

더하는 값이 2025개 있다.

이때 2025개 $= 4$개 $\times 506 + 1$개 이므로

차례대로 4개씩을 더한 부분이 506번 반복되고,

제일 끝 1개가 남는다는 사실을 알 수 있다.

즉, (구하는 값) $= 506 \times 0 + i^{2025} = i^{2025} = (i^4)^{506} i = i$

답 ⑤ i

134.

구하는 값 $1 - \dfrac{1}{i} + \dfrac{1}{i^2} - \dfrac{1}{i^3} + \cdots - \dfrac{1}{i^{99}} + \dfrac{1}{i^{100}}$

생각 1 | $i^4 = 1$임을 활용하여 반복되는 부분을 찾자.

더하는 값들을 차례대로 간단히 해보면 다음과 같다.

$1,\ -\dfrac{1}{i} = -\dfrac{i}{i^2} = i,\ \dfrac{1}{i^2} = -1,$

$-\dfrac{1}{i^3} = -\dfrac{1}{-i} = \dfrac{1}{i} = -i,\ \dfrac{1}{i^4} = 1,\ \cdots$

즉, 차례대로 4개씩을 더하면

"$1 + i - 1 - i = 0$이 계속 반복되어 더해질 것임"

을 예상할 수 있다.

생각 2 | 차례대로 4개씩을 더한 부분이 몇 번 반복될지 구하자.

더하는 값이 101개 있다.

이때, 101개 $= 4$개 $\times 25 + 1$개 이므로

차례대로 4개씩을 더한 부분이 25번 반복되고,

제일 끝 1개가 남는다는 사실을 알 수 있다.

즉, (구하는 값) $= 25 \times 0 + \dfrac{1}{i^{100}} = \dfrac{1}{i^{100}} = \dfrac{1}{(i^4)^{25}} = 1$

답 1

135.

구하는 값 $(1+i)^6 + (1-i)^6$을 간단히 하기

설계 $(1+i)^6 + \boxed{(1-i)^6}$에서 $\boxed{(1-i)^6}$는 다음과 같이 표현된다.

$$(1-i)^6 = \overline{(1+i)}^6 = \overline{(1+i)^6}$$

(거듭제곱의 바($\overline{}$)는 바($\overline{}$)의 거듭제곱과 같으므로)

→ $(1+i)^6$만 간단히 하자.

생각 1 | $(1+i)^6$을 간단히 하자.

$$(1+i)^1 = 1+i$$
$$(1+i)^2 = 2i$$

→ 순허수가 나왔으므로, 이를 중심으로 계산하자.

$$(1+i)^6 = \{(1+i)^2\}^3 = (2i)^3 = -8i$$

즉,

$$(\text{구하는 값}) = (1+i)^6 + \overline{(1+i)^6} = (-8i) + 8i = 0$$

답 ③ 0

136.

구하는 값 $\left(\dfrac{1+i}{1-i}\right)^{50} + \left(\dfrac{1-i}{1+i}\right)^{50}$을 간단히 하기

설계 $\left(\dfrac{1+i}{1-i}\right)^{50} + \boxed{\left(\dfrac{1-i}{1+i}\right)^{50}}$에서 $\boxed{\left(\dfrac{1-i}{1+i}\right)^{50}}$는 다음과 같이 표현된다.

$$\left(\dfrac{1-i}{1+i}\right)^{50} = \left(\overline{\dfrac{1+i}{1-i}}\right)^{50} = \overline{\left(\dfrac{1+i}{1-i}\right)^{50}}$$

(거듭제곱의 바($\overline{}$)는 바($\overline{}$)의 거듭제곱과 같으므로)

→ $\left(\dfrac{1+i}{1-i}\right)^{50}$만 간단히 하자.

생각 1 | $\left(\dfrac{1+i}{1-i}\right)^{50}$ 을 간단히 하자.

$$\dfrac{1+i}{1-i} = \dfrac{(1+i)^2}{(1-i)(1+i)} = \dfrac{2i}{2} = i$$

➜ 순허수가 나왔으므로, 이를 중심으로 계산하자.

$$\left(\dfrac{1+i}{1-i}\right)^{50} = i^{50} = (i^4)^{12}i^2 = -1$$

즉,

$$(\text{구하는 값}) = \left(\dfrac{1+i}{1-i}\right)^{50} + \overline{\left(\dfrac{1+i}{1-i}\right)^{50}} = -1-1 = -2$$

답 ① -2

137.

구하는 값 $z^{99} + z^{101}$의 값

조건 정리 $z = \dfrac{-1+\sqrt{3}\,i}{2}$

설계 z^{99}와 z^{101}을 일일이 계산하는 것은 너무 힘드니, 순허수 혹은 실수가 나올 때까지 z의 거듭제곱을 차례대로 계산해보자.

생각 1 | z의 거듭제곱을 차례대로 계산해보자.

$$z^1 = \dfrac{-1+\sqrt{3}\,i}{2}$$

$$z^2 = \left(\dfrac{-1+\sqrt{3}\,i}{2}\right)^2 = \dfrac{-2-2\sqrt{3}\,i}{4} = \dfrac{-1-\sqrt{3}\,i}{2}$$

$$z^3 = z^2 z = \left(\dfrac{-1-\sqrt{3}\,i}{2}\right)\left(\dfrac{-1+\sqrt{3}\,i}{2}\right) = 1$$

➜ $z^3 = 1$ ➜ 실수가 나왔다.

생각 2 | $z^3 = 1$을 기준으로 구하는 값을 간단히 하자.

$$z^{99} + z^{101} = (z^3)^{33} + (z^3)^{33}z^2$$

$$= 1 + z^2 = 1 + \left(\dfrac{-1-\sqrt{3}\,i}{2}\right) = \dfrac{1-\sqrt{3}\,i}{2}$$

답 ⑤ $\dfrac{1-\sqrt{3}\,i}{2}$

138.

구하는 값 n의 최솟값

조건 정리 ① $z = \dfrac{1+i}{\sqrt{2}\,i}$

② $z^n = 1$

③ n은 자연수

설계 순허수 혹은 실수가 나올 때까지 z의 거듭제곱을 차례대로 계산해보자.

생각 1 | z의 거듭제곱을 차례대로 계산해보자.

$$z^1 = \dfrac{1+i}{\sqrt{2}\,i}$$

$$z^2 = \left(\dfrac{1+i}{\sqrt{2}\,i}\right)^2 = \dfrac{2i}{-2} = -i$$

➜ 순허수가 나왔다.

생각 2 | $z^2 = -i$를 중심으로 계속 거듭제곱하자.

$$z^4 = (z^2)^2 = (-i)^2 = -1$$

➜ $z^8 = (z^4)^2 = (-1)^2 = 1$

즉, 구하는 자연수 n의 최솟값은 8이다.

답 8

139.

구하는 값 자연수 n의 최솟값

조건 정리 ① $\alpha = \dfrac{\sqrt{2}}{1+i}$, $\beta = \dfrac{-1+\sqrt{3}\,i}{2}$

② $\alpha^n = \beta^n$

③ n은 자연수

설계 α의 거듭제곱과 β의 거듭제곱을 직접 계산해보면서 규칙성을 파악하자.

생각 1 | α의 거듭제곱을 계산해보자.

$$\alpha^2 = \left(\dfrac{\sqrt{2}}{1+i}\right)^2 = \dfrac{2}{2i} = -i$$

➜ 순허수가 나왔으므로, 이를 중심으로 계산하자.

$$\alpha^4 = (\alpha^2)^2 = (-i)^2 = -1$$

$$\alpha^8 = (\alpha^4)^2 = (-1)^2 = \boxed{1}$$

생각 2 | β의 거듭제곱을 계산해보자.

$$\beta^2 = \left(\frac{-1+\sqrt{3}\,i}{2}\right)^2 = \frac{-2-2\sqrt{3}\,i}{4} = \frac{-1-\sqrt{3}\,i}{2}$$

$$\beta^3 = \beta^2\beta = \left(\frac{-1-\sqrt{3}\,i}{2}\right)\left(\frac{-1+\sqrt{3}\,i}{2}\right) = \frac{4}{4} = \boxed{1}$$

➔ 실수가 나왔으므로, 이를 중심으로 계산하자.

생각 3 | α와 β의 거듭제곱이 1로 같아질 수 있음을 이용하자.

$\alpha^8 = 1$이므로 $\alpha^{\square} = 1$이 되려면 $\square$가 8의 배수여야 한다.

$\beta^3 = 1$이므로 $\beta^{\square} = 1$이 되려면 $\square$가 3의 배수여야 한다.

즉, $\alpha^n = \beta^n$이 되도록 하는 자연수 n은 8과 3의 공배수이면 된다.

➔ n이 24의 배수이면 된다.

➔ 즉, n의 최솟값은 24

답 24

140.

구하는 값 모든 n의 개수

조건 정리 ① n은 100 이하의 자연수

② $(1-i)^{2n} = 2^n i$

설계 조건②의 관계식을 간단히 한 후, n에 자연수를 하나씩 대입하면서 규칙성을 파악하자.

생각 1 | 조건②의 관계식을 간단히 하자.

조건② : $(1-i)^{2n} = 2^n i$

➔ 좌변 $(1-i)^{2n}$을 간단히 하면,

$(1-i)^{2n} = \{(1-i)^2\}^n = (-2i)^n = (-1)^n 2^n i^n$

즉, $\underline{(1-i)^{2n}} = 2^n i$ ➔ $\underline{(-1)^n 2^n i^n} = 2^n i$

➔ $\boxed{(-1)^n i^n = i}$

생각 2 | 간단히 한 관계식에서 n에 자연수를 하나씩 대입하며 규칙성을 찾자.

$\boxed{(-1)^n i^n = i}$의 좌변에

$n=1$ 대입 ➔ $-i \neq i$

$n=2$ 대입 ➔ $i^2 = -1 \neq i$

$\boxed{n=3}$ 대입 ➔ $-i^3 = i$ ➔ 조건 만족

$n=4$ 대입 ➔ $i^4 = 1 \neq i$

$n=5$ 대입 ➔ $-i^5 = -i \neq i$

$n=6$ 대입 ➔ $i^6 = -1 \neq i$

$\boxed{n=7}$ 대입 ➔ $-i^7 = i$

➔ $n=3$, $n=7$이 가능하다면, $n=11$도 되지 않을까?

$n=11$ 대입

➔ n이 3에서 4씩 더한 숫자이면 조건을 만족한다.

생각 3 | 100 이하의 자연수 n의 개수를 구하자.

$n = 3,\ 7,\ 11,\ 15,\ 19,\ 23,\ \cdots,\ \underset{3+4\times 24}{\underline{99}}$

➔ $n = 3+4\times\boxed{0},\ 3+4\times\boxed{1},\ \cdots,\ 3+4\times\boxed{24}$

➔ 가능한 n의 개수는 0부터 24까지의 정수의 개수와 같다.

➔ ∴ 가능한 n은 25개

답 25

141.

①의 좌변 : $\sqrt{-3}\,\sqrt{-7}$

➔ 루트 안이 모두 음수이므로,

$\sqrt{-3}\,\sqrt{-7} = -\sqrt{(-3)\times(-7)} = -\sqrt{21}$

$$\therefore\ \sqrt{-3}\,\sqrt{-7} \neq \sqrt{21}$$

②의 좌변 : $\dfrac{\sqrt{3}}{\sqrt{-7}}$

➔ 분모의 루트 안은 음수이고, 분자의 루트 안은 양수이므로,

$\dfrac{\sqrt{3}}{\sqrt{-7}} = -\sqrt{\dfrac{3}{-7}} = -\sqrt{-\dfrac{3}{7}}$

$$\therefore\ \frac{\sqrt{3}}{\sqrt{-7}} \neq \sqrt{-\frac{3}{7}}$$

③의 좌변 : $\dfrac{\sqrt{-3}}{\sqrt{-7}}$

➔ 분모, 분자의 루트 안이 모두 음수이므로,

$\dfrac{\sqrt{-3}}{\sqrt{-7}} = \sqrt{\dfrac{-3}{-7}} = \sqrt{\dfrac{3}{7}}$

$$\therefore\ \frac{\sqrt{-3}}{\sqrt{-7}} \neq -\sqrt{\frac{3}{7}}$$

④의 좌변 : $\dfrac{\sqrt{-3}}{\sqrt{7}}$

➔ 분모의 루트 안은 양수이고, 분자의 루트 안은 음수이므로,

$\dfrac{\sqrt{-3}}{\sqrt{7}} = \sqrt{\dfrac{-3}{7}}$

$$\therefore\ \frac{\sqrt{-3}}{\sqrt{7}} \neq -\sqrt{\frac{3}{7}}$$

⑤의 좌변 : $\sqrt{3}\,\sqrt{-7}$

➔ 루트의 안이 모두 음수인 경우가 아니므로

$\sqrt{3}\,\sqrt{-7} = \sqrt{3\times(-7)} = \sqrt{-21}$

답 ⑤

142.

구하는 값 $a+b$의 값

조건 정리

$$\sqrt{-4}\,\sqrt{9}+\sqrt{-3}\,\sqrt{-12}+\frac{\sqrt{-12}}{\sqrt{-3}}+\frac{\sqrt{20}}{\sqrt{-5}}=a+bi$$

➜ 좌변을 간단히 하자.

$\sqrt{-4}\,\sqrt{9}$

➜ 루트의 안이 모두 음수인 경우가 아니므로,

$$\sqrt{-4}\,\sqrt{9}=\sqrt{(-4)\times 9}=6i$$

$\sqrt{-3}\,\sqrt{-12}$

➜ 루트 안이 모두 음수이므로,

$$\sqrt{-3}\,\sqrt{-12}=-\sqrt{(-3)(-12)}=-6$$

$\dfrac{\sqrt{-12}}{\sqrt{-3}}$

➜ 분모, 분자의 루트 안이 모두 음수이므로,

$$\frac{\sqrt{-12}}{\sqrt{-3}}=\sqrt{\frac{-12}{-3}}=\sqrt{4}=2$$

$\dfrac{\sqrt{20}}{\sqrt{-5}}$

➜ 분모의 루트 안은 음수이고, 분자의 루트 안은 양수이므로,

$$\frac{\sqrt{20}}{\sqrt{-5}}=-\sqrt{\frac{20}{-5}}=-\sqrt{-4}=-2i$$

즉, 주어진 조건의 좌변 $=6i-6+2-2i=-4+4i$

➜ $a=-4$, $b=4$

➜ $a+b=0$

답 0

143.

구하는 값 $(\sqrt{a}-\sqrt{b})^2$의 값

➜ $(\sqrt{a})^2-2\sqrt{a}\,\sqrt{b}+(\sqrt{b})^2$
  $=(a+b)-2\boxed{\sqrt{a}\,\sqrt{b}}$

➜ $\boxed{\sqrt{a}\,\sqrt{b}}$는 $\sqrt{ab}$ 가 아닐 수도 있음에 주의하자.

$a<0$, $b<0$이면 $\boxed{\sqrt{a}\,\sqrt{b}}$는 $-\sqrt{ab}$ 이다.

조건 정리 $a+b=-3$, $ab=9$

➜ 두 실수의 합이 음수이고, 곱이 양수이므로,
  $\boxed{a<0}$, $\boxed{b<0}$이다.

➜ 즉, $\sqrt{a}\,\sqrt{b}=-\sqrt{ab}$임을 이용해야 한다.

(구하는 값)$=(a+b)-2\boxed{\sqrt{a}\,\sqrt{b}}$
  $=(a+b)-2\boxed{(-\sqrt{ab})}$
  $=(a+b)+2\sqrt{ab}$
  $=(-3)+2\sqrt{9}=3$

답 3

144.

구하는 값 $\dfrac{\sqrt{-y}}{\sqrt{x}}$ 와 같은 것

조건 정리 ① 0이 아닌 두 실수 x, y ➜ $x\neq 0$, $y\neq 0$

② $\sqrt{x}\,\sqrt{y}=-\sqrt{xy}$ ➜ $x\leq 0$, $y\leq 0$

이때, 조건①에서 $x\neq 0$, $y\neq 0$이므로,

$\therefore\ x<0$, $y<0$

$x<0$, $y<0$이므로 $\dfrac{\sqrt{-y}}{\sqrt{x}}=\dfrac{\sqrt{양수}}{\sqrt{음수}}$ 이다.

따라서 $\dfrac{\sqrt{-y}}{\sqrt{x}}=-\sqrt{\dfrac{-y}{x}}=-\sqrt{-\dfrac{y}{x}}$

답 ④ $-\sqrt{-\dfrac{y}{x}}$

145.

구하는 값 $x+y$의 값

조건 정리 ① $\dfrac{\sqrt{y}}{\sqrt{x}}=-\sqrt{\dfrac{y}{x}}$

➜ $x<0$, $y\geq 0$

② $x^2+x+(y+3)i=2+15i$

➜ $x^2+x=2$, $y+3=15$

➜ $(x+2)(x-1)=0$, $y=12$

➜ 조건①에서 $x<0$이므로,

$x=-2$, $y=12$

$\therefore\ x+y=(-2)+12=10$

답 10

146.

구하는 값 정수 x의 값의 합

조건 정리 ① $\sqrt{1-x}\,\sqrt{x-5}=-\sqrt{(1-x)(x-5)}$

➜ $1-x \leq 0,\ x-5 \leq 0$

➜ $1 \leq x \leq 5 \cdots$ ㉠

② $\dfrac{\sqrt{x-1}}{\sqrt{x-7}}=-\sqrt{\dfrac{x-1}{x-7}}$

➜ $x-7 < 0,\ x-1 \geq 0$

➜ $1 \leq x < 7 \cdots$ ㉡

③ x는 정수

조건①을 만족시키려면 ㉠ : $1 \leq x \leq 5$이어야 하고
조건②를 만족시키려면 ㉡ : $1 \leq x < 7$이어야
하므로, 조건①과 조건②를 동시에 만족시키는
범위는 ㉠과 ㉡의 공통범위이다.

➜ ㉠과 ㉡의 공통범위를 구하면 $1 \leq x \leq 5$

➜ 가능한 정수 x는 1, 2, 3, 4, 5

➜ 가능한 정수 x의 합은 15

답 15

147.

구하는 값 $\alpha\overline{\alpha}-\overline{\alpha}\beta-\alpha\overline{\beta}+\beta\overline{\beta}$
$=\overline{\alpha}(\alpha-\beta)-\overline{\beta}(\alpha-\beta)$
$=(\overline{\alpha}-\overline{\beta})(\alpha-\beta)=\overline{(\alpha-\beta)}(\alpha-\beta)$

조건 정리 $\alpha=5-2i,\ \beta=3+i$
$\alpha-\beta=(5-2i)-(3+i)=2-3i$이므로,
(구하는 값)
$=\overline{(\alpha-\beta)}(\alpha-\beta)=(2+3i)(2-3i)=13$

답 13

148.

구하는 값 $z\overline{z}$의 값

조건 정리 $2iz+\overline{z}=-2+2i \cdots$ ㉠

설계 $z=a+bi$로 두고 ㉠에 대입하자.

$2iz+\overline{z}=-2+2i$

➜ $2i(a+bi)+(a-bi)=-2+2i$

➜ $(a-2b)+(2a-b)i=-2+2i$

➜ $a-2b=-2,\ 2a-b=2$

얻은 두 식을 연립하면, $a=2,\ b=2$

즉, $z=2+2i$

$z\overline{z}=(2+2i)(2-2i)=8$

답 8

149.

구하는 값 $i+2i^2+3i^3+4i^4+\cdots+10i^{10}$을 간단히 한 값

생각 1 $i^4=1$임을 활용하여 반복되는 부분을 찾자.

더하는 값들을 차례대로 간단히 해보면 다음과 같다.

$i,\ 2i^2=-2,\ 3i^3=-3i,\ 4i^4=4,\ 5i^5=5i^4i=5i \cdots$

즉, 차례대로 4개씩을 더하면 $i-2-3i+4=2-2i$가
계속 반복되어 더해질 것임을 예상할 수 있다.

생각 2 차례대로 4개씩을 더한 부분이 몇 번 반복될지 구하자.

더하는 값이 10개 있다.

이때, 10개 $=4$개 $\times 2+2$개 이므로
차례대로 4개씩을 더한 부분이 2번 반복되고,
제일 끝 2개가 남는다는 사실을 알 수 있다.

즉, (구하는 값)$=(2-2i)\times 2+9i^9+10i^{10}$
$=(4-4i)+9i-10=-6+5i$

답 $-6+5i$

150.

구하는 값 a^2+b^2의 값

조건 정리 $\sqrt{-5}\,\sqrt{-20}+\dfrac{2\sqrt{5}}{\sqrt{-10}}+\sqrt{-8}=a+bi$

$\sqrt{-5}\,\sqrt{-20}=-\sqrt{(-5)\times(-20)}=-10$

$\dfrac{2\sqrt{5}}{\sqrt{-10}}=\dfrac{\sqrt{20}}{\sqrt{-10}}=-\sqrt{\dfrac{20}{-10}}=-\sqrt{-2}=-\sqrt{2}\,i$

$\sqrt{-8}=2\sqrt{2}\,i$

➜ $\sqrt{-5}\,\sqrt{-20}+\dfrac{2\sqrt{5}}{\sqrt{-10}}+\sqrt{-8}$
$=(-10)-\sqrt{2}\,i+2\sqrt{2}\,i$
$=-10+\sqrt{2}\,i$

➜ $a=-10,\ b=\sqrt{2}$

➜ $a^2+b^2=100+2=102$

답 102

151.

구하는 값 $\alpha^2 + \alpha\beta + \beta^2$의 값

➔ $\boxed{(\alpha^2 + \beta^2)} + \alpha\beta$
$= \boxed{(\alpha+\beta)^2 - 2\alpha\beta} + \alpha\beta$
$= (\alpha+\beta)^2 - \alpha\beta$

➔ $\alpha+\beta$와 $\alpha\beta$의 값을 구하자.

조건 정리 $\alpha = \dfrac{2+3i}{\sqrt{3}\,i}$, $\beta = \dfrac{2-3i}{\sqrt{3}\,i}$

$\alpha+\beta = \dfrac{4}{\sqrt{3}\,i}$, $\alpha\beta = \left(\dfrac{2+3i}{\sqrt{3}\,i}\right)\left(\dfrac{2-3i}{\sqrt{3}\,i}\right) = \dfrac{13}{-3}$

즉, (구하는 값) $= (\alpha+\beta)^2 - \alpha\beta$
$= \left(\dfrac{4}{\sqrt{3}\,i}\right)^2 - \left(-\dfrac{13}{3}\right)$
$= -\dfrac{16}{3} + \dfrac{13}{3} = -1$

답 -1

152.

구하는 값 a의 값

조건 정리 $a^2 i + (1-i)a - 6i - 1$이 양의 실수이다.

➔ ① $a^2 i + (1-i)a - 6i - 1$이 실수이고,
② 그 값이 양수이다.

설계 $a^2 i + (1-i)a - 6i - 1$이 실수임을 이용한 후, 그 값이 양수임을 이용하자.

생각 1 ┃ $a^2 i + (1-i)a - 6i - 1$**이 실수임을 이용하자.**

$a^2 i + (1-i)a - 6i - 1$을 실수부분과 허수부분으로 나누어보면, $(a-1) + (a^2 - a - 6)i$

➔ (실수부분) $= a-1$, (허수부분) $= a^2 - a - 6$

이때, 복소수가 실수가 되려면, (허수부분) $= 0$이어야 하므로,

$a^2 - a - 6 = 0$

➔ $(a-3)(a+2) = 0$

➔ $a = 3$ 또는 -2

생각 2 ┃ $(a-1) + (a^2 - a - 6)i$**이 양수임을 이용하자.**

$a = 3$ 또는 -2이면, $a^2 - a - 6 = 0$이므로

$(a-1) + (a^2 - a - 6)i \Rightarrow a-1$

이때, 이 값이 양수여야 하므로,

$a - 1 > 0$ ➔ $a > 1$

즉, $a = 3$

답 3

153.

구하는 값 $\left(\dfrac{1}{z} - \dfrac{1}{\bar{z}}\right)^4 = \left(\dfrac{\bar{z} - z}{z\bar{z}}\right)^4$

➔ $\bar{z} - z$와 $z\bar{z}$의 값을 구하자.

조건 정리 $z = 1 + i$

$z = 1+i$이므로 $\bar{z} = 1 - i$

➔ $\bar{z} - z = (1-i) - (1+i) = -2i$,
$z\bar{z} = (1+i)(1-i) = 2$

즉, (구하는 값) $= \left(\dfrac{\bar{z} - z}{z\bar{z}}\right)^4$
$= \left(\dfrac{-2i}{2}\right)^4 = (-i)^4 = 1$

답 1

154.

구하는 값 $\dfrac{1}{z\bar{z}}$의 값

조건 정리 $\underbrace{(2+i)^2 z}_{= (3+4i)z} + (z - \bar{z} + 3)i - 6 = 0$

설계 $z = a + bi$로 두고, 주어진 조건식에 대입하자.

$(3+4i)z + (z - \bar{z} + 3)i - 6 = 0$

➔ $\boxed{(3+4i)(a+bi)} + \boxed{\{(a+bi) - (a-bi) + 3\}i} - 6 = 0$

➔ $\boxed{(3a - 4b)} + \boxed{(4a + 3b)i} + \boxed{(-2b + 3i)} - 6 = 0$

➔ $(3a - 6b - 6) + (4a + 3b + 3)i = 0$

➔ $3a - 6b - 6 = 0$, $4a + 3b + 3 = 0$

➔ $a - 2b = 2$, $4a + 3b = -3$

얻은 두 식을 연립하면,

$a = 0$, $b = -1$ ➔ $z = -i$

즉, (구하는 값) $= \dfrac{1}{z\bar{z}} = \dfrac{1}{(-i)i} = 1$

답 1

155.

구하는 값 $1 + 2z^3 + 4z^6 + 6z^9 + 8z^{12}$

조건 정리 $2z - \sqrt{3} + i = 0$ ➔ $z = \dfrac{\sqrt{3} - i}{2}$

설계 구하는 값의 z^3, z^6, z^9, z^{12}은 모두 z^3으로 표현할 수 있다. ➔ z^3의 값을 계산하여 구하는 값을 간단히 하자.

생각 1 | z^3의 값을 계산하자.

$$z^2 = \left(\frac{\sqrt{3}-i}{2}\right)^2 = \frac{2-2\sqrt{3}i}{4} = \frac{1-\sqrt{3}i}{2}$$

$$z^3 = z^2 z = \left(\frac{1-\sqrt{3}i}{2}\right)\left(\frac{\sqrt{3}-i}{2}\right) = \frac{-4i}{4} = -i$$

➡ $z^3 = -i$

생각 2 | $z^3 = -i$를 기준으로 z^6, z^9, z^{12}의 값을 계산하자.

$$z^6 = (z^3)^2 = (-i)^2 = -1$$
$$z^9 = (z^3)^3 = (-i)^3 = i$$
$$z^{12} = (z^3)^4 = (-i)^4 = 1$$

즉, (구하는 값)$= 1 - 2i - 4 + 6i + 8 = 5 + 4i$

답 $5 + 4i$

156.

구하는 값 $z + z^2 + z^3 + \cdots + z^{49} + z^{50} + z^{51} + z^{52}$을 간단히 하기

조건 정리 $z = \dfrac{1+i}{\sqrt{2}}$

설계 z의 거듭제곱을 차례대로 계산해보며 규칙성을 파악하자.

생각 1 | z의 거듭제곱을 차례대로 계산해보자.

$$z^1 = \frac{1+i}{\sqrt{2}}$$

$$z^2 = \left(\frac{1+i}{\sqrt{2}}\right)^2 = i$$

➡ 순허수가 나왔다.

$$z^3 = z^1 z^2 = \left(\frac{1+i}{\sqrt{2}}\right)i = \frac{i-1}{\sqrt{2}}$$

$$z^4 = (z^2)^2 = i^2 = -1$$

➡ 실수가 나왔다.

$$z^5 = z^1 z^4 = -z^1,\ z^6 = z^2 z^4 = -z^2,\ z^7 = z^3 z^4 = -z^3,$$
$$z^8 = (z^4)^2 = 1$$
$$z^9 = z^1 z^8 = z^1$$

➡ 차례대로 8개씩을 더한 값이 반복될 것이다.

이때, $z^5 + z^6 + z^7 + z^8 = -(z^1 + z^2 + z^3 + z^4)$이므로,
$(z^1 + z^2 + z^3 + z^4) + (z^5 + z^6 + z^7 + z^8) = 0$

➡ 차례대로 8개씩을 더한 값이 0이다.

생각 2 | 차례대로 8개씩을 더한 부분이 몇 번 반복될지 구하자.

더하는 값이 52개 있다.

이때, 52개 $= 8$개$\times 6 + 4$개 이므로

차례대로 8개씩을 더한 부분이 6번 반복되고,
제일 끝 4개가 남는다는 사실을 알 수 있다.

즉, (구하는 값)
$= 6(z^1 + z^2 + z^3 + \cdots + z^7 + z^8) + z^{49} + z^{50} + z^{51} + z^{52}$
$= 6(0) + z^{49} + z^{50} + z^{51} + z^{52}$
$= z^{49} + z^{50} + z^{51} + z^{52}$

이때, $z^8 = 1$임을 이용하면,
$z^{49} = (z^8)^6 z = z$이므로,
$z^{49} + z^{50} + z^{51} + z^{52}$
$= z + z^2 + z^3 + z^4$
$= \dfrac{1+i}{\sqrt{2}} + i + \dfrac{i-1}{\sqrt{2}} + (-1)$
$= -1 + (\sqrt{2}+1)i$

답 $-1 + (\sqrt{2}+1)i$

157.

구하는 값 a의 값

조건 정리 ① $z = (a^2 - a - 12) + (a^2 + 3a)i$

➡ $z = (a+3)(a-4) + a(a+3)i$

② z^2이 음의 실수

➡ 어떤 수를 제곱해서 음의 실수가 되려면,
제곱하기 전의 수는 순허수가 되어야 한다.

➡ (실수부분)$= 0$, (허수부분)$\neq 0$이어야 한다.

생각 1 | z의 실수부분이 0이 되어야 함을 이용하자.

(z의 실수부분)$= (a+3)(a-4) = 0$

➡ $a = -3$ 또는 4

생각 2 | $a = -3$ 또는 4 중 조건에 모순인 값을 찾자.

만약 $a = -3$이면 (허수부분)$= 0$이므로
(허수부분)$\neq 0$이어야 한다는 조건에 모순이다.

$\therefore a = 4$

답 4

158.

구하는 값 복소수 z의 개수

조건 정리 ① a, b는 5 이하의 자연수

② $z = a + bi$

③ $\dfrac{z}{\overline{z}}$의 실수부분이 0이다.

➡

$$\frac{z}{\overline{z}} = \frac{a + bi}{a - bi} = \frac{(a + bi)^2}{(a - bi)(a + bi)} = \frac{(a^2 - b^2) + 2abi}{a^2 + b^2}$$

➡ $\dfrac{z}{\overline{z}}$의 실수부분은 $\dfrac{a^2 - b^2}{a^2 + b^2}$이므로,

$$\frac{a^2 - b^2}{a^2 + b^2} = 0$$

➡ $a^2 = b^2$

➡ $a = b$ 또는 $a = -b$

➡ 이때 a, b는 자연수이므로, $a = -b$일 수 없다.

∴ $a = b$

➡ 해석 : $a = b$이면 $\dfrac{z}{\overline{z}}$의 실수부분이 0이다.

이때, a, b는 5 이하의 자연수이므로,

$a = b = 1$ ➡ $z = 1 + i$

$a = b = 2$ ➡ $z = 2 + 2i$

$a = b = 3$ ➡ $z = 3 + 3i$

$a = b = 4$ ➡ $z = 4 + 4i$

$a = b = 5$ ➡ $z = 5 + 5i$

∴ 가능한 복소수 z는 5개

답 ⑤ 5

159.

구하는 값 $\beta + \dfrac{1}{\beta}$의 값

조건 정리 ① $\alpha \overline{\beta} = 1$

② $\alpha + \dfrac{1}{\alpha} = 2i$

설계 구하는 값이 복소수 β와 관련되어 있다.

➡ 주어진 조건들을 β에 관련된 식으로 변형해야 한다.

➡ $\alpha \overline{\beta} = 1$을 사용하자.

생각 1 | $\alpha \overline{\beta} = 1$임을 이용하여 조건식들의 α를 β로 표현하자.

조건① : $\alpha \overline{\beta} = 1$ ➡ $\alpha = \dfrac{1}{\overline{\beta}}$ ⋯ ㉠

㉠의 양변에 바($^-$)를 취하면,

$\alpha = \dfrac{1}{\overline{\beta}}$ ➡ $\overline{\alpha} = \dfrac{1}{\beta}$ ⋯ ㉡

㉠, ㉡에 따라

조건② : $\alpha + \dfrac{1}{\alpha} = 2i$ ➡ $\dfrac{1}{\beta} + \beta = 2i$

답 ⑤ $2i$

160.

조건 정리 $z = \dfrac{-1 + \sqrt{3} i}{2}$

생각 1 | ㄱ의 참/거짓을 판단하자.

ㄱ. $z^3 = 1$

➡ z^3을 직접 구해보자.

$$z^2 = \left(\frac{-1 + \sqrt{3} i}{2} \right)^2 = \frac{-2 - 2\sqrt{3} i}{4} = \frac{-1 - \sqrt{3} i}{2}$$

$$z^3 = z^2 z = \left(\frac{-1 - \sqrt{3} i}{2} \right)\left(\frac{-1 + \sqrt{3} i}{2} \right) = \frac{4}{4} = 1$$

➡ $z^3 = 1$

∴ ㄱ은 참이다.

추가로, $z^3 = 1$임을 통해,

z가 방정식 $x^3 = 1$의 한 허근임을 알 수 있다.

이때, $x^3 = 1$ ➡ $(x - 1)(x^2 + x + 1) = 0$이고,

$x^2 + x + 1 = 0$에서 $x^3 = 1$의 허근이 도출되므로,

z는 방정식 $x^2 + x + 1 = 0$의 근임을 알 수 있다.

➡ $z^2 + z + 1 = 0$이라는 사실까지 알 수 있다.

생각 2 | ㄴ의 참/거짓을 판단하자.

ㄴ. $z^4 + z^5 = -1$

➡ ㄱ에서 $z^3 = 1$임을 알았으므로, 이를 이용하자.

ㄴ의 좌변을 계산해보면,

$z^4 + z^5 = (z^3)z + (z^3)z^2$
$\qquad = z + z^2$

이때, ㄱ에서 $z^2 + z + 1 = 0$이라는 사실도 알았으므로,

$z^2 + z = -1$

즉, $z^4 + z^5 = z + z^2 = -1$

∴ ㄴ은 참이다.

생각 3 | ㄷ의 참/거짓을 판단하자.

ㄷ. $z^n + z^{2n} + z^{3n} + z^{4n} + z^{5n} = -1$을 만족시키는 100 이하의 모든 자연수 n의 개수는 66이다.

$z^3 = 1$, $z^2 + z + 1 = 0$임을 이용하여 ㄷ의 등식을 간단히 해보자.

$z^{3n} = (z^3)^n = 1^n = 1$이므로,

$z^{4n} = (z^{3n})z^n = z^n$, $z^{5n} = (z^{3n})z^{2n} = z^{2n}$

임을 알 수 있다.

따라서,

$z^n + z^{2n} + \boxed{z^{3n} + z^{4n} + z^{5n}} = -1$

➔ $z^n + z^{2n} + \boxed{1 + z^n + z^{2n}} = -1$

➔ $2(z^{2n} + z^n + 1) = 0$

➔ $z^{2n} + z^n + 1 = 0$

즉, ㄷ을 다음과 같이 간단히 바꾸어 다룰 수 있다.

ㄷ. $z^{2n} + z^n + 1 = 0$을 만족시키는 100 이하의 모든 자연수 n의 개수는 66이다.

➔ $z^{2n} + z^n + 1 = 0$을 만족시키는 100 이하의 자연수 n의 개수를 구해보자.

$z^{2n} + z^n + 1$에

$n = 1$ 대입

➔ $z^2 + z + 1 \boxed{= 0}$

$n = 2$ 대입

➔ $z^4 + z^2 + 1 = (z^3)z + z^2 + 1 = z^2 + z + 1 \boxed{= 0}$

$\boxed{n = 3}$ 대입

➔ $z^6 + z^3 + 1 = (z^3)^2 + z^3 + 1 \boxed{= 3 \neq 0}$

$n = 4$ 대입

➔ $z^8 + z^4 + 1 = (z^3)^2 z^2 + z^3 z + 1 = z^2 + z + 1 \boxed{= 0}$

$n = 5$ 대입

➔ $z^{10} + z^5 + 1 = (z^3)^3 z + z^3 z^2 + 1 = z^2 + z + 1 \boxed{= 0}$

$\boxed{n = 6}$ 대입

➔ $z^{12} + z^6 + 1 = (z^3)^4 + (z^3)^2 + 1 \boxed{= 3 \neq 0}$

대입한 값들을 관찰해보면,

n이 3의 배수일 때, $z^{2n} + z^n + 1 \neq 0$임을 알 수 있다.

➔ 즉, n은 3의 배수를 제외한 100 이하의 자연수여야 한다.

➔ 100 이하의 자연수 중 3의 배수는 33개 있으므로, 구하는 n의 개수는 $100 - 33 = 67$

∴ ㄷ은 거짓이다.

답 ③ ㄱ, ㄴ

161.

구하는 값 $m + n$의 최솟값

조건 정리 ① 두 조건

(가) $z^2 + mz + n = 0$

➔ 해석 : 이 조건을 만족하는 허수 z는 방정식 $x^2 + mx + n = 0$의 한 허근이다.

➔ 방정식의 계수가 모두 실수이므로, 이 방정식의 나머지 한 근은 $\bar{z}$이다.

➔ 근과 계수의 관계를 통해 $z + \bar{z} = -m$임을 알 수 있다.

(나) $z + \bar{z} = 8$

➔ (가)를 만족하는 허수 z에 대하여 $z + \bar{z} = -m$이므로

$-m = 8$ ➔ $m = -8$

② (가), (나)를 모두 만족시키는 허수 z가 존재해야 한다.

③ m, n은 모두 정수

➔ 추후에 m, n에 적당한 정수를 대입해볼 수도 있겠다.

생각 1 | (가), (나) 조건을 만족하는 허수 z가 존재하려면?

방정식 $x^2 - 8x + n = 0$이 허근을 가져야 한다.

즉, 방정식 $x^2 - 8x + n = 0$이 허근을 가지기만 하면, 그 허근이 (가), (나) 조건을 만족하는 허수 z가 된다.

➔ 방정식 $x^2 - 8x + n = 0$의 (판별식) < 0이면 된다.

➔ $\dfrac{D}{4} = 16 - n < 0$ ➔ $\boxed{n > 16}$

생각 2 | $m + n$의 최솟값을 구하자.

$m = -8$이므로,

$m + n = -8 + n$

이때, $-8 + n$이 최소가 되려면, n이 최소의 정수여야 한다.

$\boxed{n > 16}$이므로, 가능한 최소의 정수 n은 17이다.

즉,

$(m + n$의 최소$) = (-8 + n$의 최소$) = -8 + 17 = 9$

답 ④ 9

162.

구하는 값 자연수 n의 개수

조건 정리 ① $z = \dfrac{i-1}{\sqrt{2}}$

② $\boxed{z^n} + \boxed{(z+\sqrt{2})^n} = 0$

➔ $z + \sqrt{2} = \dfrac{i-1}{\sqrt{2}} + \dfrac{2}{\sqrt{2}} = \dfrac{i+1}{\sqrt{2}}$

③ n은 25 이하의 자연수

설계 z의 거듭제곱과 $z+\sqrt{2}$ 의 거듭제곱을 하나씩
계산하면서 규칙성을 파악하자.

생각 1 | z의 거듭제곱을 하나씩 계산해보자.

$z^1 = \dfrac{i-1}{\sqrt{2}}$

$\boxed{z^2} = \left(\dfrac{i-1}{\sqrt{2}}\right)^2 = \dfrac{-2i}{2} = \boxed{-i}$

➔ 순허수가 나왔다. 이를 중심으로 계산하자.

$z^3 = z^2 z = (-i)\left(\dfrac{i-1}{\sqrt{2}}\right) = \dfrac{i+1}{\sqrt{2}}$

$\boxed{z^4} = (z^2)^2 = (-i)^2 = \boxed{-1}$

➔ 실수가 나왔다.

$z^5 = z^4 z = -z = \dfrac{1-i}{\sqrt{2}}$

$z^6 = z^4 z^2 = i$

$z^7 = z^4 z^3 = \dfrac{-i-1}{\sqrt{2}}$

$\boxed{z^8} = (z^4)^2 = \boxed{1}$

$z^9 = z^8 z = z$

➔ z의 거듭제곱은 8번을 주기로 값이 반복된다.

생각 2 | $z + \sqrt{2}$ 의 거듭제곱을 하나씩 계산해보자.

$z + \sqrt{2} = \dfrac{i-1}{\sqrt{2}} + \dfrac{2}{\sqrt{2}} = \dfrac{i+1}{\sqrt{2}}$ 이므로

$\boxed{(z+\sqrt{2})^2} = \left(\dfrac{i+1}{\sqrt{2}}\right)^2 = \dfrac{2i}{2} = \boxed{i}$

➔ 순허수가 나왔다. 이를 중심으로 계산하자.

$(z+\sqrt{2})^3 = (z+\sqrt{2})^2(z+\sqrt{2}) = i\left(\dfrac{i+1}{\sqrt{2}}\right) = \dfrac{i-1}{\sqrt{2}}$

$\boxed{(z+\sqrt{2})^4} = \{(z+\sqrt{2})^2\}^2 = i^2 = \boxed{-1}$

➔ 실수가 나왔다.

$(z+\sqrt{2})^5 = (z+\sqrt{2})^4(z+\sqrt{2})$

$= (-1)\left(\dfrac{i+1}{\sqrt{2}}\right) = \dfrac{-i-1}{\sqrt{2}}$

$(z+\sqrt{2})^6 = (z+\sqrt{2})^4(z+\sqrt{2})^2 = -i$

$(z+\sqrt{2})^7 = (z+\sqrt{2})^4(z+\sqrt{2})^3 = \dfrac{1-i}{\sqrt{2}}$

$\boxed{(z+\sqrt{2})^8} = \{(z+\sqrt{2})^4\}^2 = \boxed{1}$

$(z+\sqrt{2})^9 = (z+\sqrt{2})^8(z+\sqrt{2}) = z+\sqrt{2}$

➔ $z+\sqrt{2}$ 의 거듭제곱도 8번을 주기로 값이
반복된다.

생각 3 | $\boxed{z^n} + \boxed{(z+\sqrt{2})^n} = 0$을 만족시키는 n의 조건을
생각하자.

$n = 2$, 6이면 $\boxed{z^n} + \boxed{(z+\sqrt{2})^n} = 0$이고, z의
거듭제곱과 $z+\sqrt{2}$ 의 거듭제곱은 모두 8번을 주기로
값이 반복되므로,

$n = 2$, 6 / 10, 14 / 18, 22 일 때 조건을 만족시킨다.

답 6

163.

구하는 값 자연수 n의 최솟값

조건 정리 $\left(\dfrac{\sqrt{2}}{1+i}\right)^n + \left(\dfrac{\sqrt{3}+i}{2}\right)^n = 2$

설계 $\dfrac{\sqrt{2}}{1+i}$ 의 거듭제곱과 $\dfrac{\sqrt{3}+i}{2}$ 의 거듭제곱을 하나씩
계산하면서 규칙성을 파악하자.

생각 1 | $\dfrac{\sqrt{2}}{1+i}$ 의 거듭제곱을 하나씩 계산해보자.

$\dfrac{\sqrt{2}}{1+i} = \dfrac{\sqrt{2}(1-i)}{(1+i)(1-i)} = \dfrac{1-i}{\sqrt{2}}$

➔ $\dfrac{1-i}{\sqrt{2}}$ 의 거듭제곱을 계산하자.

$\boxed{\left(\dfrac{1-i}{\sqrt{2}}\right)^2} = \dfrac{-2i}{2} = \boxed{-i}$

➔ 순허수가 나왔다. 이를 중심으로 계산하자.

$\left(\dfrac{1-i}{\sqrt{2}}\right)^3 = \left(\dfrac{1-i}{\sqrt{2}}\right)^2\left(\dfrac{1-i}{\sqrt{2}}\right) = \dfrac{-i-1}{2}$

$\boxed{\left(\dfrac{1-i}{\sqrt{2}}\right)^4} = \left\{\left(\dfrac{1-i}{\sqrt{2}}\right)^2\right\}^2 = (-i)^2 = \boxed{-1}$

➔ 실수가 나왔다.

$$\left(\frac{1-i}{\sqrt{2}}\right)^5 = \left(\frac{1-i}{\sqrt{2}}\right)^4 \left(\frac{1-i}{\sqrt{2}}\right) = \frac{i-1}{\sqrt{2}}$$

$$\left(\frac{1-i}{\sqrt{2}}\right)^6 = \left(\frac{1-i}{\sqrt{2}}\right)^4 \left(\frac{1-i}{\sqrt{2}}\right)^2 = i$$

$$\left(\frac{1-i}{\sqrt{2}}\right)^7 = \left(\frac{1-i}{\sqrt{2}}\right)^4 \left(\frac{1-i}{\sqrt{2}}\right)^3 = \frac{i+1}{2}$$

$$\boxed{\left(\frac{1-i}{\sqrt{2}}\right)^8} = \left\{\left(\frac{1-i}{\sqrt{2}}\right)^4\right\}^2 = \boxed{1}$$

$$\left(\frac{1-i}{\sqrt{2}}\right)^9 = \left(\frac{1-i}{\sqrt{2}}\right)^8 \left(\frac{1-i}{\sqrt{2}}\right)^1 = \frac{1-i}{\sqrt{2}}$$

➜ $\dfrac{1-i}{\sqrt{2}}$ 의 거듭제곱은 8번을 주기로 값이 반복된다.

생각 2 | $\dfrac{\sqrt{3}+i}{2}$ 의 거듭제곱을 하나씩 계산해보자.

$$\left(\frac{\sqrt{3}+i}{2}\right)^2 = \frac{2+2\sqrt{3}i}{4} = \frac{1+\sqrt{3}i}{2}$$

$$\boxed{\left(\frac{\sqrt{3}+i}{2}\right)^3} = \left(\frac{\sqrt{3}+i}{2}\right)^2 \left(\frac{\sqrt{3}+i}{2}\right)$$
$$= \left(\frac{1+\sqrt{3}i}{2}\right)\left(\frac{\sqrt{3}+i}{2}\right) = \boxed{i}$$

➜ 순허수가 나왔다. 이를 중심으로 계산하자.

$$\left(\frac{\sqrt{3}+i}{2}\right)^4$$
$$= \left(\frac{\sqrt{3}+i}{2}\right)^3 \left(\frac{\sqrt{3}+i}{2}\right) = i\left(\frac{\sqrt{3}+i}{2}\right) = \frac{-1+\sqrt{3}i}{2}$$

$$\left(\frac{\sqrt{3}+i}{2}\right)^5$$
$$= \left(\frac{\sqrt{3}+i}{2}\right)^3 \left(\frac{\sqrt{3}+i}{2}\right)^2 = i\left(\frac{1+\sqrt{3}i}{2}\right) = \frac{-\sqrt{3}+i}{2}$$

$$\boxed{\left(\frac{\sqrt{3}+i}{2}\right)^6} = \left\{\left(\frac{\sqrt{3}+i}{2}\right)^3\right\}^2 = i^2 = \boxed{-1}$$

➜ 실수가 나왔다.

$$\boxed{\left(\frac{\sqrt{3}+i}{2}\right)^{12}} = \left\{\left(\frac{\sqrt{3}+i}{2}\right)^6\right\}^2 = (-1)^2 = \boxed{1}$$

➜ $\dfrac{\sqrt{3}+i}{2}$ 의 거듭제곱은 12번을 주기로 값이 반복된다.

이때, $\left(\dfrac{1-i}{\sqrt{2}}\right)^n = 1$, $\left(\dfrac{\sqrt{3}+i}{2}\right)^n = 1$인 경우만
문제의 조건을 만족시킬 수 있으므로,

$$\left(\frac{1-i}{\sqrt{2}}\right)^8 = \left(\frac{1-i}{\sqrt{2}}\right)^{16} = \left(\frac{1-i}{\sqrt{2}}\right)^{\boxed{24}} = 1$$

$$\left(\frac{\sqrt{3}+i}{2}\right)^{12} = \left(\frac{\sqrt{3}+i}{2}\right)^{\boxed{24}} = 1$$

➜ $n = 24$일 때 최초로 문제의 조건을 만족시킨다.

답 24

3 이차방정식

164.

■ ㄱ : $x^2 - 2x + 1 = 0$은 서로 같은 2개의 근을 가진다.
➡ ㄱ은 거짓

■ ㄴ : $x^2 - 8x + 7 = 0$ ➡ $(x-1)(x-7) = 0$
➡ $x = 1$ 또는 $x = 7$
➡ $x^2 - 8x + 7 = 0$은 서로 다른 두 실근을 가진다.
➡ ㄴ은 참

■ ㄷ : $x^2 - 4x + 5 = 0$ ➡ 근의 공식을 사용하면 $x = 2 \pm i$
➡ $x^2 - 4x + 5 = 0$은 서로 다른 두 허근을 가진다.
➡ ㄷ은 참

■ ㄹ : 이차방정식 $(x-1)^2 = 0$을 생각해보자.
➡ ㄹ은 참

■ ㅁ : 계수가 모두 실수인 이차방정식의 두 근이 허근이면 그 두 허근은 반드시 서로 다르다.
➡ ㅁ은 거짓

■ ㅂ, ㅅ : 계수가 모두 실수인 이차방정식의 두 근이 실근 하나와 허근 하나인 경우는 없으므로
➡ ㅂ, ㅅ은 참

■ ㅇ : 방정식이 근을 가질 때, 그 근은 허근일 수도 있다.
➡ ㅇ은 거짓

■ ㅈ : $f(x)$의 최고차항의 계수를 알 수 없으므로
$f(x) = m(x-1)(x+1)$과 같이 표현해야 한다.
(단, $m \neq 0$)
➡ ㅈ은 거짓

답 ㄴ, ㄷ, ㄹ, ㅂ, ㅅ

165.

구하는 값 ak의 값

조건 정리 ① $x^2 + (a-1)x - 5a = 0$의 한 근이 -5
➡ $x = -5$를 $x^2 + (a-1)x - 5a = 0$에 대입할 수 있다.
➡ 대입하고 계산하면 ∴ $a = 3$
② $kx^2 - 7x + k + 1 = 0$의 한 근이 a
➡ $a = 3$이므로
$x = 3$을 $kx^2 - 7x + k + 1 = 0$에 대입할 수 있다.
➡ 대입하고 계산하면 ∴ $k = 2$

즉, $ak = 3 \times 2 = 6$

답 6

166.

구하는 값 ab의 값

조건 정리 ① a, b는 유리수
② $x^2 + ax + b = 0$의 한 근이 $1 - \sqrt{2}$
➡ 이차방정식의 계수가 모두 유리수이므로 한 근이 $1 - \sqrt{2}$이면 다른 한 근은 $1 + \sqrt{2}$이다.
➡ $x^2 + ax + b = \{x - (1 - \sqrt{2})\}\{x - (1 + \sqrt{2})\}$
$= x^2 - 2x - 1$
➡ ∴ $a = -2$, $b = -1$
즉, $ab = (-2) \times (-1) = 2$

답 2

167.

구하는 값 $(a^2 + 3a)(a^2 + 2a + 2)$
➡ 구하는 값을 간단히 하자.

조건 정리 이차방정식 $x^2 + 2x - 1 = 0$의 양수인 근이 a이다.
➡ a를 이차방정식에 대입할 수 있다.
➡ $a^2 + 2a - 1 = 0$, $a > 0$

설계 $a^2 + 2a - 1 = 0$임을 이용하여 구하는 값을 간단히 변형하자.

(구하는 값) $= (a^2 + 3a)(a^2 + 2a + 2)$에서
$a^2 + 3a = \boxed{(a^2 + 2a - 1)} + a + 1 = a + 1$
$a^2 + 2a + 2 = \boxed{(a^2 + 2a - 1)} + 3 = 3$
($\boxed{a^2 + 2a - 1} = 0$이므로)
즉, (구하는 값) $= 3(a+1)$ ➡ a의 값을 구하자.

a는 이차방정식 $x^2 + 2x - 1 = 0$의 근 중 양수인 값이다.
$x^2 + 2x - 1 = 0$의 근을 구하면,
$x = -1 \pm \sqrt{2}$

이때, a는 양수이므로,
$a = -1 + \sqrt{2}$
즉, (구하는 값) $= 3(a+1) = 3\sqrt{2}$

답 $3\sqrt{2}$

168.

구하는 값 $\alpha^2 + \dfrac{1}{\alpha^2}$ 의 값 ➜ 구하는 값이 $\square + \dfrac{1}{\square}$ 꼴이다.

조건 정리 이차방정식 $x^2 + 3x - 1 = 0$의 한 근이 α

설계 구하는 값이 $\square + \dfrac{1}{\square}$ 꼴이므로, α를 $x^2 + 3x - 1 = 0$에 대입한 후, 양변을 α로 나누어보자.

생각 1 | α를 $x^2 + 3x - 1 = 0$에 대입한 후, 양변을 α로 나누어보자.

■ α를 $x^2 + 3x - 1 = 0$에 대입 ➜ $\alpha^2 + 3\alpha - 1 = 0$

■ $\alpha^2 + 3\alpha - 1 = 0$의 양변을 α로 나누면,

$$\alpha + 3 - \frac{1}{\alpha} = 0 \;\rightarrow\; \alpha - \frac{1}{\alpha} = 3$$

생각 2 | $\alpha - \dfrac{1}{\alpha} = 3$을 사용할 수 있도록 구하는 값을 변형하자.

$$(\text{구하는 값}) = \alpha^2 + \frac{1}{\alpha^2} = \left(\alpha - \frac{1}{\alpha}\right)^2 + 2 = 3^2 + 2 = 11$$

답 11

169.

구하는 값 $\alpha^3 + \dfrac{1}{\alpha^3}$ 의 값 ➜ 구하는 값이 $\square + \dfrac{1}{\square}$ 꼴이다.

조건 정리 이차방정식 $x^2 - 4x + 1 = 0$의 한 근이 α

설계 구하는 값이 $\square + \dfrac{1}{\square}$ 꼴이므로, α를 $x^2 - 4x + 1 = 0$에 대입한 후, 양변을 α로 나누어보자.

생각 1 | α를 $x^2 - 4x + 1 = 0$에 대입한 후, 양변을 α로 나누어보자.

■ α를 $x^2 - 4x + 1 = 0$에 대입 ➜ $\alpha^2 - 4\alpha + 1 = 0$

■ $\alpha^2 - 4\alpha + 1 = 0$의 양변을 α로 나누면,

$$\alpha - 4 + \frac{1}{\alpha} = 0 \;\rightarrow\; \alpha + \frac{1}{\alpha} = 4$$

생각 2 | $\alpha + \dfrac{1}{\alpha} = 4$를 사용할 수 있도록 구하는 값을 변형하자.

$$\begin{aligned}(\text{구하는 값}) &= \alpha^3 + \frac{1}{\alpha^3} \\ &= \left(\alpha + \frac{1}{\alpha}\right)^3 - 3\left(\alpha + \frac{1}{\alpha}\right) \\ &= 4^3 - 3(4) = 52\end{aligned}$$

답 52

170.

구하는 값 $\alpha^2 - \dfrac{1}{\alpha^2}$ 의 값

➜ 구하는 값이 $\square + \dfrac{1}{\square}$ 꼴이다.

➜ $\alpha^2 - \dfrac{1}{\alpha^2} = \left(\alpha + \dfrac{1}{\alpha}\right)\left(\alpha - \dfrac{1}{\alpha}\right)$

➜ $\alpha + \dfrac{1}{\alpha}$ 와 $\alpha - \dfrac{1}{\alpha}$ 의 값을 구하자.

조건 정리 ① $x^2 - \sqrt{5}\,x - 1 = 0$의 한 근이 α
② $\alpha > 0$

설계 구하는 값이 $\square + \dfrac{1}{\square}$ 꼴이므로, α를 $x^2 - \sqrt{5}\,x - 1 = 0$에 대입한 후, 양변을 α로 나누어보자.

생각 1 | α를 $x^2 - \sqrt{5}\,x - 1 = 0$에 대입한 후, 양변을 α로 나누어보자.

■ α를 $x^2 - \sqrt{5}\,x - 1 = 0$에 대입
➜ $\alpha^2 - \sqrt{5}\,\alpha - 1 = 0$

■ $\alpha^2 - \sqrt{5}\,\alpha - 1 = 0$의 양변을 α로 나누면,

$$\alpha - \sqrt{5} - \frac{1}{\alpha} = 0$$

➜ $\alpha - \dfrac{1}{\alpha} = \sqrt{5}$ ➜ $\alpha - \dfrac{1}{\alpha}$ 의 값을 구했다.

생각 2 | 이제 $\alpha + \dfrac{1}{\alpha}$의 값을 구하자.

$\alpha - \dfrac{1}{\alpha} = \sqrt{5}$ 를 이용하여 $\alpha + \dfrac{1}{\alpha}$ 을 구하기 위한 공식으로

$$\left(\alpha + \frac{1}{\alpha}\right)^2 = \left(\alpha - \frac{1}{\alpha}\right)^2 + 4$$

을 떠올릴 수 있다.

$$\begin{aligned}\left(\alpha + \frac{1}{\alpha}\right)^2 &= \left(\alpha - \frac{1}{\alpha}\right)^2 + 4 \\ &= 5 + 4 = 9\end{aligned}$$

➜ $\alpha + \dfrac{1}{\alpha} = \pm 3$

이때, 조건②에 따라 $\alpha > 0$이므로, $\alpha + \dfrac{1}{\alpha} = 3$

즉, $(\text{구하는 값}) = \left(\alpha + \dfrac{1}{\alpha}\right)\left(\alpha - \dfrac{1}{\alpha}\right)$
$$= 3\sqrt{5}$$

답 $3\sqrt{5}$

171.

구하는 값 $f(1)$의 값

➔ $f(x)$의 식을 구하자.

조건 정리 ① $x^2-2x-1=0$의 두 근이 α, β이다.

➔ $x^2-2x-1=x^2-(\alpha+\beta)x+\alpha\beta$

➔ $\alpha+\beta=2$, $\alpha\beta=-1$

② 이차방정식이 $f(x)=0$은

$\dfrac{1}{\alpha}$, $\dfrac{1}{\beta}$를 두 근으로 하고, 최고차항의 계수가 1

➔ $f(x)=x^2-\left(\dfrac{1}{\alpha}+\dfrac{1}{\beta}\right)x+\dfrac{1}{\alpha\beta}$ $\cdots$ (★)

이때, 조건①에서 $\alpha+\beta=2$, $\alpha\beta=-1$임을 구했으므로

■ $\dfrac{1}{\alpha}+\dfrac{1}{\beta}=\dfrac{\alpha+\beta}{\alpha\beta}=\dfrac{2}{-1}=-2$

■ $\dfrac{1}{\alpha\beta}=-1$

즉, (★) : $f(x)=x^2-\left(\dfrac{1}{\alpha}+\dfrac{1}{\beta}\right)x+\dfrac{1}{\alpha\beta}$

$\qquad\qquad\quad=x^2+2x-1$

➔ $\therefore\ f(1)=2$

답 2

172.

구하는 값 $f(-1)$의 값 ➔ $f(x)$의 식을 구하자.

조건 정리 ① 이차방정식 $2x^2+4x-3=0$의 두 근이 α, β

➔ α, β를 두 근으로 하고, 이차항의 계수가 2인
이차방정식은 $2\{x^2-(\alpha+\beta)x+\alpha\beta\}=0$이므로,
$2\{x^2-(\alpha+\beta)x+\alpha\beta\}=2x^2+4x-3$

➔ $\alpha+\beta=-2$, $\alpha\beta=-\dfrac{3}{2}$

② $f(x)=0$은 두 수 α^2-1, β^2-1을 근으로 하고,
이차항의 계수가 4인 이차방정식

➔ $f(x)$
$=4\{x^2-(\alpha^2+\beta^2-2)x+(\alpha^2-1)(\beta^2-1)\}$

➔ $\alpha^2+\beta^2$, $(\alpha^2-1)(\beta^2-1)$의 값을 구하자.

$\alpha+\beta=-2$, $\alpha\beta=-\dfrac{3}{2}$이므로,

■ $\alpha^2+\beta^2=(\alpha+\beta)^2-2\alpha\beta$
$\qquad\quad\ =4+3=7$

■ $(\alpha^2-1)(\beta^2-1)$
$\quad=(\alpha\beta)^2-(\alpha^2+\beta^2)+1$
$\quad=\dfrac{9}{4}-7+1=-\dfrac{15}{4}$

즉,
$f(x)=4\{x^2-(\alpha^2+\beta^2-2)x+(\alpha^2-1)(\beta^2-1)\}$
$\qquad=4\left(x^2-5x-\dfrac{15}{4}\right)$
$\qquad=4x^2-20x-15$

➔ $f(-1)=4+20-15=9$

답 9

173.

구하는 값 가능한 복소수 z를 모두 구하기

조건 정리 $z+\overline{z}=2$, $z\overline{z}=50$

설계 두 수 z, $\overline{z}$를 근으로 하는 이차방정식을 이용하자.

생각 1 | **두 수 z, $\overline{z}$를 근으로 하는 이차방정식을 만들자.**

두 수 z, $\overline{z}$를 근으로 하고, 최고차항의 계수가 1인
이차방정식

➔ $x^2-(z+\overline{z})x+z\overline{z}=0$

➔ $x^2-2x+50=0$

생각 2 | **만든 이차방정식의 근이 z임을 이용하자.**

만든 이차방정식의 근이 z이므로,
이차방정식의 모든 근이 복소수 z가 될 수 있다.
이차방정식 $x^2-2x+50=0$의 근을 구하면,
$x=1\pm7i$ ➔ $z=1+7i$ 또는 $1-7i$

답 가능한 모든 복소수 $z=1+7i$ 또는 $1-7i$

174.

구하는 값 $\dfrac{\overline{z}}{z^5} + \dfrac{(\overline{z})^2}{z^4} + \dfrac{(\overline{z})^3}{z^3} + \dfrac{(\overline{z})^4}{z^2} + \dfrac{(\overline{z})^5}{z}$ 의 값

➜ 구하는 값을 간단히 할 수는 없을까?

조건 정리 $z + \overline{z} = -1$, $z\overline{z} = 1$

설계 구하는 값을 간단히 하기 위하여 두 수 z, $\overline{z}$를 근으로 하는 이차방정식을 이용하자.

생각 1 | 두 수 z, $\overline{z}$를 근으로 하는 이차방정식을 만들자.

두 수 z, $\overline{z}$를 근으로 하고, 최고차항의 계수가 1인 이차방정식

➜ $x^2 - (z+\overline{z})x + z\overline{z} = 0$

➜ $x^2 + x + 1 = 0$

그런데, $x^2 + x + 1 = 0$은 삼차방정식 $x^3 - 1 = 0$의 두 허근을 담고 있는 이차방정식이므로,

$x^2 + x + 1 = 0$**의 두 허근은** $x^3 - 1 = 0$**의 두 허근이다.**

➜ $x^2 + x + 1 = 0$의 두 허근이 z, $\overline{z}$이므로,

$z^3 = 1$, $\overline{z}^3 = 1$

생각 2 | $z^3 = 1$, $\overline{z}^3 = 1$임을 이용하여 구하는 값을 간단히 하자.

$z^3 = 1$, $\overline{z}^3 = 1$이므로,

$$(\text{구하는 값}) = \dfrac{\overline{z}}{z^5} + \dfrac{(\overline{z})^2}{z^4} + \dfrac{(\overline{z})^3}{z^3} + \dfrac{(\overline{z})^4}{z^2} + \dfrac{(\overline{z})^5}{z}$$

$$= \dfrac{\overline{z}}{z^2} + \dfrac{\overline{z}^2}{z} + 1 + \dfrac{\overline{z}}{z^2} + \dfrac{\overline{z}^2}{z}$$

이때, $z\overline{z} = 1$ ➜ $\dfrac{1}{z} = \overline{z}$이므로,

$$\dfrac{\overline{z}}{z^2} + \dfrac{\overline{z}^2}{z} + 1 + \dfrac{\overline{z}}{z^2} + \dfrac{\overline{z}^2}{z}$$

$$= 4\overline{z}^3 + 1 = 4 + 1 = 5$$

답 5

175.

구하는 값 k의 범위

조건 정리 $x^2 - 2(k+2)x + k^2 + k + 7 = 0$이 허근을 갖는다.

➜ (판별식) < 0 이다.

➜ 일차항의 계수가 짝수이므로, 판별식을 $\dfrac{D}{4}$로 쓰자.

➜ $\dfrac{D}{4} = (k+2)^2 - (1)(k^2+k+7) < 0$

➜ $3k - 3 < 0$ ➜ $\therefore\ k < 1$

답 $k < 1$

176.

구하는 값 모든 자연수 k의 개수

조건 정리 ① $x^2 + 2(k-2)x + k^2 - 24 = 0$이 서로 다른 두 실근을 갖는다.

➜ (판별식) > 0 이다.

➜ 일차항의 계수가 짝수이므로, 판별식을 $\dfrac{D}{4}$로 쓰자.

➜ $\dfrac{D}{4} = (k-2)^2 - (1)(k^2-24) > 0$

➜ $-4k + 28 > 0$ ➜ $k < 7$

② k는 자연수

➜ k가 자연수이므로,
얻은 부등식 $k < 7$을 만족시키는 적당한 자연수 k를 **대입하여** 찾을 수 있다.

➜ 가능한 자연수 k는 $1, 2, \cdots, 6$ ➜ 6개

답 6

177.

구하는 값 $a + b$의 값

조건 정리 ① 이차방정식
$x^2 - 2(m+a)x + m^2 - 2m + 2b - 11 = 0$이 중근을 갖는다. ➜ (판별식) $= 0$이다.

② "실수 m의 값에 관계없이"

➜ 작성한 등식이 m에 대한 항등식이다.

➜ 작성한 등식을 (m에 대한 식) $= 0$ 꼴로 정리했을 때,
$m^{\square}$꼴을 포함한 항들의 계수가 모두 0이다.

생각 1 ┃ (판별식)= 0임을 이용하자.

$$x^2 - 2(m+a)x + m^2 - 2m + 2b - 11 = 0 의$$

(판별식)$= 0$

➜ $\dfrac{D}{4} = (m+a)^2 - (m^2 - 2m + 2b - 11) = 0$

➜ $2am + a^2 + 2m - 2b + 11 = 0 \ \cdots \ (★)$

생각 2 ┃ (★)을 m에 대한 항등식으로 만들자.

$(★) : 2am + a^2 + 2m - 2b + 11 = 0$을 m에 대한 식으로 정리하면,

$$m(2a+2) + (a^2 - 2b + 11) = 0$$

이때 m의 계수가 0이어야 하므로,

$2a + 2 = 0$ ➜ $\therefore \ a = -1$

또, $a^2 - 2b + 11 = 0$이어야 하므로,

$\therefore \ b = 6$

따라서 $a + b = -1 + 6 = 5$

답 5

178.

구하는 값 k의 값

조건 정리 $x^2 + 2(k-3)x + k^2 - k - 1$이 완전제곱식이 된다.

➜ 주어진 이차식이 완전제곱식으로 인수분해되려면 (판별식)$= 0$이면 된다.

즉, $\dfrac{D}{4} = (k-3)^2 - (k^2 - k - 1) = 0$

➜ $-5k + 10 = 0$ ➜ $\therefore \ k = 2$

답 2

179.

구하는 값 순서쌍 (a, b)의 개수

조건 정리 ① $x^2 + 2(a+2)x + a^2 - b + 15 = 0$이 완전제곱식이 된다.

➜ 주어진 이차식이 완전제곱식으로 인수분해되려면 (판별식)$= 0$이면 된다.

➜ $\dfrac{D}{4} = (a+2)^2 - (a^2 - b + 15) = 0$

➜ $4a + b = 11$

② a, b는 자연수

➜ a, b가 자연수이므로,
관계식을 만족시키는 적당한 자연수 a, b를 **대입하여** 찾을 수 있다.

➜ 가능한 순서쌍 (a, b)는 $(1, 7)$, $(2, 3)$ ➜ 2개

180.

구하는 값 모든 $P(1)$의 값의 합

➜ 조건을 만족시키는 $P(x)$가 여럿일 것이다.

조건 정리 모든 실수 x에 대하여

$$\{P(x) + 2\}^2 = (x-a)(x-2a) + 4$$

➜ ① 이 등식은 x에 대한 항등식이다.

② 좌변이 완전제곱식이다. ★

➜ **우변도 완전제곱식이 되어야 한다.**

➜ $(x-a)(x-2a) + 4 = 0$의 (판별식)$= 0$

생각 1 ┃ $(x-a)(x-2a) + 4 = 0$의 **(판별식)**$= 0$이다.

즉, $x^2 - 3ax + (2a^2 + 4) = 0$의 (판별식)$= 0$

➜ $D = 9a^2 - 4(2a^2 + 4) = 0$

➜ $a^2 = 16$

➜ $a = \pm 4$

생각 2 ┃ 결국 $P(1)$의 값을 알아야 하므로,

$\{P(x) + 2\}^2 = (x-a)(x-2a) + 4$에 $x = 1$을 **대입하자.**

➜ $\{P(1) + 2\}^2 = (1-a)(1-2a) + 4$

• $a = -4$일 때

$\{P(1) + 2\}^2 = (1+4)(1+8) + 4 = 49$

➜ $P(1) + 2 = \pm 7$ ➜ $P(1) = 5$ 또는 -9

• $a = 4$일 때

$\{P(1) + 2\}^2 = (1-4)(1-8) + 4 = 25$

➜ $P(1) + 2 = \pm 5$ ➜ $P(1) = 3$ 또는 -7

즉, 가능한 모든 $P(1)$의 값은 5, -9 / 3, -7

➜ $\therefore$ (구하는 값)$= 5 + (-9) + 3 + (-7) = -8$

답 ② -8

181.

구하는 값 k의 최댓값

조건 정리 $x^2 - 2x + 2k - 5 = 0$이 실근을 갖는다.

➜ (판별식) ≥ 0이다.

$x^2 - 2x + 2k - 5 = 0$의 (판별식) ≥ 0

➜ $\dfrac{D}{4} = (-1)^2 - (2k-5) \geq 0$

➜ $k \leq 3$

즉, k의 최댓값은 3

답 3

182.

구하는 값 모든 자연수 k의 값의 합

조건 정리 ① $x^2 + 4x + k = 0$이 서로 다른 두 실근을 가진다.

➜ (판별식) > 0이다.

② k는 자연수

$x^2 + 4x + k = 0$의 (판별식) > 0

➜ $\dfrac{D}{4} = 2^2 - k > 0$ ➜ $k < 4$

이때 k는 자연수이므로, $k = 1, 2, 3$

답 6

183.

구하는 값 $\alpha^3 + \beta^3$

$= (\alpha + \beta)^3 - 3\alpha\beta(\alpha + \beta)$

조건 정리 $3x^2 - 6x + 1 = 0$의 두 근이 α, β이다.

➜ 이 이차방정식은 인수분해가 어려우므로, 근과 계수의 관계를 적용하자.

근과 계수의 관계를 적용하면,

(두 근의 합) $= \alpha + \beta = -\dfrac{-6}{3} = 2$

(두 근의 곱) $= \alpha\beta = \dfrac{1}{3}$

따라서 (구하는 값) $= (\alpha + \beta)^3 - 3\alpha\beta(\alpha + \beta)$

$= 2^3 - 3 \times \dfrac{1}{3} \times 2 = 6$

답 6

184.

구하는 값 $a - b$의 값

조건 정리 $x^2 + ax - 4 = 0$의 두 근이 -4, b

➜ 이 이차방정식은 인수분해가 어려우므로, 근과 계수의 관계를 적용하자.

근과 계수의 관계를 적용하면,

(두 근의 합) $= (-4) + b = -\dfrac{a}{1} = -a$

➜ $a + b = 4$

(두 근의 곱) $= -4b = -4$

➜ $b = 1$

따라서 $a = 3$이므로 $a - b = 3 - 1 = 2$

답 2

185.

구하는 값 $30k$의 값

➜ k의 값을 구하자.

조건 정리 ① $2x^2 - 4x + k = 0$의 두 근0 α, β이다.

➜ 이 이차방정식은 인수분해가 어려우므로, 근과 계수의 관계를 적용하자.

➜ (두 근의 합) $= \alpha + \beta = -\dfrac{-4}{2} = 2$

(두 근의 곱) $= \alpha\beta = \dfrac{k}{2}$

② $\alpha \neq \beta$

③ $\alpha^3 + \beta^3 = 7$

➜ 조건①에서 $\alpha + \beta = 2$, $\alpha\beta = \dfrac{k}{2}$임을 구했으므로

$\alpha^3 + \beta^3 = (\alpha + \beta)^3 - 3\alpha\beta(\alpha + \beta)$

$= 2^3 - 3 \times \dfrac{k}{2} \times 2 = 8 - 3k = 7$

➜ $\therefore k = \dfrac{1}{3}$

따라서 $30k = 30 \times \dfrac{1}{3} = 10$

답 10

186.

구하는 값 모든 실수 k의 값의 합
→ 근과 계수의 관계를 이용할 수 있지 않을까?

조건 정리 $x^2 - (k+1)x + k + 4 = 0$의 두 근의 차가 1
→ 이 이차방정식은 인수분해가 어려우므로,
근과 계수의 관계를 적용하자.

설계 근과 계수의 관계를 적용하기 위해 두 근을 α, β라 두자.

생각 1 | 두 근을 α, β라 두자.

그러면, 조건에 따라
$\alpha - \beta = 1$ ($\alpha > \beta$라 하자.)
또, $x^2 - (k+1)x + k + 4 = 0$에서 근과 계수의 관계를
적용하면,
(두 근의 합)$= \alpha + \beta = k + 1$
(두 근의 곱)$= \alpha\beta = k + 4$
임을 알 수 있다.

생각 2 | 공식을 이용하여 구한 관계식들을 엮자.

공식 $(\alpha - \beta)^2 = (\alpha + \beta)^2 - 4\alpha\beta$를 이용하면, 구한
관계식들을 하나로 엮을 수 있다.
$\alpha - \beta = 1$, $\alpha + \beta = k + 1$, $\alpha\beta = k + 4$이므로,
$(\alpha - \beta)^2 = (\alpha + \beta)^2 - 4\alpha\beta$
→ $1 = (k+1)^2 - 4(k+4)$
→ $k^2 - 2k - 16 = 0$

이때, 구하는 값이 k의 "합"과 관련되어 있음을
상기해보면, $k^2 - 2k - 16 = 0$에서 근과 계수의
관계를 적용하여 k 값의 합을 바로 구할 수 있다.
→ (두 근의 합)$= 2$

답 2

187.

구하는 값 $11\left(\dfrac{\overline{\alpha}}{\alpha} + \dfrac{\overline{\beta}}{\beta}\right)$의 값

→ 통분하면, $11\left(\dfrac{\overline{\alpha}\beta + \alpha\overline{\beta}}{\alpha\beta}\right)$

조건 정리 $x^2 - 6x + 11 = 0$의 서로 다른 두 허근이 α, β이다.

→ ① $\alpha = \overline{\beta}$, $\overline{\alpha} = \beta$이다. (계수가 실수인
이차방정식의 두 허근은 켤레로 존재하므로)
② 이 이차방정식은 인수분해가 어려우므로, 근과
계수의 관계를 적용하자.
→ (두 근의 합)$= \alpha + \beta = 6$,
(두 근의 곱)$= \alpha\beta = 11$

생각 1 | 얻은 정보를 바탕으로 구하는 값을 간단히 해보자.

$\alpha = \overline{\beta}$, $\overline{\alpha} = \beta$임을 이용하면,

(구하는 값)$= 11\left(\dfrac{\overline{\alpha}\beta + \alpha\overline{\beta}}{\alpha\beta}\right)$
$= 11\left(\dfrac{\beta^2 + \alpha^2}{\alpha\beta}\right)$

이고,
$\alpha + \beta = 6$, $\alpha\beta = 11$임을 이용하면
$\alpha^2 + \beta^2 = (\alpha + \beta)^2 - 2\alpha\beta = 36 - 22 = 14$이므로
(구하는 값)$= 11\left(\dfrac{\beta^2 + \alpha^2}{\alpha\beta}\right) = 11\left(\dfrac{14}{11}\right) = 14$

답 14

188.

구하는 값 a의 값

조건 정리 $x^2 - 12x + a = 0$의 두 근의 비가 $1 : 2$
→ 이 이차방정식은 인수분해가 어려우므로, 근과
계수의 관계를 적용하자.

설계 두 근의 비가 $1 : 2$임을 이용하면 두 근을 α, 2α라 둘 수
있다. 이를 바탕으로 근과 계수의 관계를 이용하자.

생각 1 | 근과 계수의 관계를 이용하자.

$x^2 - 12x + a = 0$에서 근과 계수의 관계를 적용하면,
(두 근의 합)$= \alpha + 2\alpha = 12$ → $\alpha = 4$
(두 근의 곱)$= \alpha(2\alpha) = 2\alpha^2 = a$ → $a = 32$

답 32

189.

구하는 값 $\beta P(\alpha) + \alpha P(\beta)$의 값

조건 정리 ① $x^2 + x - 1 = 0$의 서로 다른 두 근이 α, β
→ 이 이차방정식은 인수분해가 어려우므로, 근과
계수의 관계를 적용하자.
→ (두 근의 합)$= \alpha + \beta = -1$
(두 근의 곱)$= \alpha\beta = -1$
② $P(x) = 2x^2 - 3x$

설계 $P(x) = 2x^2 - 3x$임을 이용하여 구하는 값을 구체화하자.
그다음, $\alpha + \beta = -1$, $\alpha\beta = -1$임을 이용하자.

생각 1 ┃ 구하는 값을 구체화하자.

$P(x) = 2x^2 - 3x$ 이므로,

$$
\begin{aligned}
\text{(구하는 값)} &= \beta P(\alpha) + \alpha P(\beta) \\
&= \beta(2\alpha^2 - 3\alpha) + \alpha(2\beta^2 - 3\beta) \\
&= \alpha\beta(2\alpha - 3) + \alpha\beta(2\beta - 3) \\
&= \alpha\beta(2\alpha + 2\beta - 6) \\
&= \alpha\beta\{2(\alpha + \beta) - 6\}
\end{aligned}
$$

이때, $\alpha + \beta = -1$, $\alpha\beta = -1$ 이므로,

$$
\begin{aligned}
\text{(구하는 값)} &= \alpha\beta\{2(\alpha + \beta) - 6\} \\
&= (-1)\{2(-1) - 6\} \\
&= 8
\end{aligned}
$$

답   8

190.

구하는 값 $\left| \sqrt{\alpha} - \sqrt{\beta} \right|$의 값

$\left(\sqrt{\alpha} - \sqrt{\beta} \right)^2$을 구한 뒤, 루트를 취하여 구할 수 있다.

조건 정리 $x^2 - 5x + 1 = 0$의 두 실근이 α, β

이 이차방정식은 인수분해가 어려우므로, 근과 계수의 관계를 적용하자.

➜ (두 근의 합)$= \alpha + \beta = -\dfrac{-5}{1} = 5$

   (두 근의 곱)$= \alpha\beta = \dfrac{1}{1} = 1$

설계 $\left(\sqrt{\alpha} - \sqrt{\beta} \right)^2$을 구한 뒤, 루트를 취하자.

생각 1 ┃ $\left(\sqrt{\alpha} - \sqrt{\beta} \right)^2$을 구하자.

$$\left(\sqrt{\alpha} - \sqrt{\beta} \right)^2 = (\alpha + \beta) - 2\sqrt{\alpha}\sqrt{\beta}$$

이때, $\alpha < 0$, $\beta < 0$이면 $\sqrt{\alpha}\sqrt{\beta} = -\sqrt{\alpha\beta}$일 수도 있다.

➜ α, β의 부호를 알아야 한다.

생각 2 ┃ α, β의 부호를 판단하자.

$\alpha + \beta = 5$, $\alpha\beta = 1$

➜ α, β는 둘의 합도 양수, 둘의 곱도 양수이다.

➜ 두 실수의 합/곱이 모두 양수이면 그 두 실수는 모두 양수일 수밖에 없다.

➜ $\alpha > 0$, $\beta > 0$이다.

따라서 $\left(\sqrt{\alpha} - \sqrt{\beta} \right)^2 = (\alpha + \beta) - 2\sqrt{\alpha}\sqrt{\beta}$
$$= (\alpha + \beta) - 2\sqrt{\alpha\beta}$$
$$= 5 - 2 = 3$$

➜ 루트를 취하면 $\left| \sqrt{\alpha} - \sqrt{\beta} \right| = \sqrt{3}$

답 $\sqrt{3}$

191.

구하는 값 k의 값

조건 정리 ① $x^2 - 3x + k = 0$의 두 근이 α, β이다.

➜ 이 이차방정식은 인수분해가 어려우므로, 근과 계수의 관계를 적용하자.

➜ (두 근의 합)$= \alpha + \beta = -\dfrac{-3}{1} = 3$

   (두 근의 곱)$= \alpha\beta = \dfrac{k}{1} = k$

② $\dfrac{1}{\alpha^2 - \alpha + k} + \dfrac{1}{\beta^2 - \beta + k} = \dfrac{1}{4}$

➜ 조건식이 복잡하므로 주어진 이차방정식에 α와 β를 대입하여 얻은 식으로 이 조건식을 간단히 변형하자.

➜ $x^2 - 3x + k = 0$에 α, β를 각각 대입하면,

$\alpha^2 - 3\alpha + k = 0$ ··· ㉠
$\beta^2 - 3\beta + k = 0$ ··· ㉡

임을 알 수 있다.

설계 ㉠, ㉡을 이용하여

조건② : $\dfrac{1}{\alpha^2 - \alpha + k} + \dfrac{1}{\beta^2 - \beta + k} = \dfrac{1}{4}$ 을 간단히

변형하자.

생각 1 ┃ 조건②의 분모 부분을 간단히 변형할 수 있다.

㉠ : $\alpha^2 - 3\alpha + k = 0$의 양변에 $+2\alpha$

➜ $\alpha^2 - \alpha + k = 2\alpha$

㉡ : $\beta^2 - 3\beta + k = 0$의 양변에 $+2\beta$

➜ $\beta^2 - \beta + k = 2\beta$

이므로

$$\dfrac{1}{\alpha^2 - \alpha + k} + \dfrac{1}{\beta^2 - \beta + k} = \dfrac{1}{4}$$

➜ $\dfrac{1}{2\alpha} + \dfrac{1}{2\beta} = \dfrac{1}{4}$ ➜ $\dfrac{1}{\alpha} + \dfrac{1}{\beta} = \dfrac{1}{2}$

➜ $\dfrac{\alpha + \beta}{\alpha\beta} = \dfrac{1}{2}$ ➜ $\dfrac{3}{k} = \dfrac{1}{2}$

$$\therefore k = 6$$

답   6

192.

구하는 값 $\alpha^2 + 4\beta$의 값
→ 구하는 값을 조금 더 간단히 할 수는 없을까?

조건 정리 $x^2 - 4x + 7 = 0$의 두 근이 α, β
→ 이 이차방정식은 인수분해가 어려우므로, 근과 계수의 관계를 적용하자.
→ (두 근의 합)$= \alpha + \beta = 4$
 (두 근의 곱)$= \alpha\beta = 7$

설계 주어진 이차방정식에 α를 대입하여 얻은 식으로 구하는 값을 간단히 변형해보자.
→ $x^2 - 4x + 7 = 0$에 α를 대입하면, $\alpha^2 - 4\alpha + 7 = 0$
→ $\alpha^2 = 4\alpha - 7$이므로,
(구하는 값)$= \alpha^2 + 4\beta = (4\alpha - 7) + 4\beta = 4(\alpha + \beta) - 7$

이때, $\alpha + \beta = 4$임을 알고 있으므로,
(구하는 값)$= 4(4) - 7 = 9$

답 9

193.

구하는 값 이차방정식 $f(3x - 2) = 0$의 두 근의 곱

조건 정리 ① 이차방정식 $f(x) = 0$의 두 근이 α, β이다.
→ $f(\alpha) = 0$, $f(\beta) = 0$
→ $f(\ )= 0$이 되도록 하려면 괄호 $(\ )$ 안이 α 또는 β가 되어야 한다.
② $\alpha + \beta = 4$, $\alpha\beta = 6$

설계 $f(\ ) = 0$이 되도록 하려면
괄호 $(\ )$ 안이 α 또는 β가 되어야 함에 주목하자.

생각 1 | 방정식 $f(3x - 2) = 0$이 성립하려면, 괄호 안의 $3x - 2$가 α 또는 β가 되어야 한다.
즉, $3x - 2 = \alpha$ 또는 $3x - 2 = \beta$
→ $x = \dfrac{\alpha + 2}{3}$ 또는 $x = \dfrac{\beta + 2}{3}$이어야 한다.
→ 이 x값들이 이차방정식 $f(3x - 2) = 0$의 두 근이다.
→ 따라서 이차방정식 $f(3x - 2) = 0$의 두 근의 곱은
$$\left(\dfrac{\alpha + 2}{3}\right)\left(\dfrac{\beta + 2}{3}\right) = \dfrac{\alpha\beta + 2(\alpha + \beta) + 4}{9}$$
$$= \dfrac{6 + 2 \times 4 + 4}{9} = 2$$

답 2

194.

구하는 값 이차방정식 $f(2020 - 8x) = 0$의 두 근의 합

조건 정리 이차방정식 $f(x) = 0$의 두 근의 합이 16이다.
→ 두 근을 α, β라 하면
→ ■ $\alpha + \beta = 16$
 ■ $f(\alpha) = 0$, $f(\beta) = 0$
→ $f(\ )= 0$이 되도록 하려면 괄호 $(\ )$ 안이 α 또는 β가 되어야 한다.

설계 $f(\ ) = 0$이 되도록 하려면 괄호 $(\ )$ 안이 α 또는 β가 되어야 함에 집중하자.

생각 1 | 방정식 $f(2020 - 8x) = 0$이 성립하려면 괄호 안의 $2020 - 8x$가 α 또는 β가 되여야 한다.
즉, $2020 - 8x = \alpha$ 또는 $2020 - 8x = \beta$
→ $x = \dfrac{2020 - \alpha}{8}$ 또는 $x = \dfrac{2020 - \beta}{8}$이어야 한다.
→ 이 x값들이 이차방정식 $f(2020 - 8x) = 0$의 두 근이다.
→ 따라서 이차방정식 $f(2020 - 8x) = 0$의 두 근의 합은
$$\left(\dfrac{2020 - \alpha}{8}\right) + \left(\dfrac{2020 - \beta}{8}\right)$$
$$= \dfrac{4040 - (\alpha + \beta)}{8} = \dfrac{4040 - 16}{8} = 503$$

답 503

195.

구하는 값 $f(-2)$의 값 → $f(x)$의 식을 구하자.

조건 정리 ① $f(x)$는 최고차항의 계수가 1인 이차식
② $f(-3) = f(5)$
→ $f(-3) = f(5) = k \cdots (\bigstar)$ 이라 두자.
③ $f(-4) = 10$

설계 $(\bigstar)$에 주목하여 풀이를 시작하자.

생각 1 | $(\bigstar)$을 (좌변)$= 0$ 꼴로 바꾸자.
$(\bigstar) : f(-3) = f(5) = k$
→ $f(-3) - k = 0$, $f(5) - k = 0$

생각 2 | 두 식 $f(-3) - k = 0$, $f(5) - k = 0$의 의미를 해석하자.
$f(-3) - k = 0$, $f(5) - k = 0$
→ 방정식 $f(x) - k = 0$의 두 근이 -3, 5이다.

이때, $f(x)$는 최고차항의 계수가 1인 이차식이므로
$f(x)-k$도 최고차항의 계수가 1인 이차식이다.
따라서 다음과 같이 인수분해할 수 있다.

최고차항의 계수가 1인 이차방정식 $f(x)-k=0$의
두 근이 -3, 5이다.
→ $f(x)-k=(x+3)(x-5)$
→ $f(x)=(x+3)(x-5)+k$

생각 3 | $f(-4)=10$**임을 이용하여 k의 값을 구하자.**
$f(-4)=10$이므로
$f(-4)=(-1)\times(-9)+k=10$ → $\therefore\ k=1$

즉, $f(x)=(x+3)(x-5)+1$
→ $f(-2)=1\times(-7)+1=-6$

답 -6

196.

구하는 값 $f(-1)$의 값 → $f(x)$의 식을 구하자.

조건 정리 ① $x^2+x-4=0$의 두 근이 α, β
→ 이 이차방정식은 인수분해가 어려우므로,
근과 계수의 관계를 적용하자.
→ (두 근의 합)$=\alpha+\beta=-\dfrac{1}{1}=-1$
(두 근의 곱)$=\alpha\beta=\dfrac{-4}{1}=-4$
② $f(\alpha)=f(\beta)=\alpha\beta$
→ $f(\alpha)=f(\beta)=-4\ \cdots\ (\bigstar)$
③ $f(0)=8$
④ $f(x)$는 이차식
→ 최고차항의 계수가 주어져 있지 않음에 주의하자.

설계 $(\bigstar)$에 주목하여 풀이를 시작하자.

생각 1 | $(\bigstar)$**을 (좌변)$=0$ 꼴로 바꾸자.**
$(\bigstar):f(\alpha)=f(\beta)=-4$
→ $f(\alpha)+4=0$, $f(\beta)+4=0$

생각 2 | 두 식 $f(\alpha)+4=0$, $f(\beta)+4=0$의 의미를
해석하자.
$f(\alpha)+4=0$, $f(\beta)+4=0$
→ 방정식 $f(x)+4=0$의 두 근이 α, β이다.

이때, $f(x)$의 최고차항의 계수를 모르므로 m이라
하자. 그러면 $f(x)+4$은 최고차항의 계수가 m인
이차식이므로 다음과 같이 인수분해할 수 있다.

최고차항의 계수가 m인 이차방정식 $f(x)+4=0$의
두 근이 α, β이다.
→ $f(x)+4=m(x-\alpha)(x-\beta)$
→ $f(x)+4=m\{x^2-(\alpha+\beta)x+\alpha\beta\}$
→ $\therefore\ f(x)=m(x^2+x-4)-4$

생각 3 | $f(0)=8$**임을 이용하여 m의 값을 구하자.**
$f(0)=8$이므로,
$f(0)=m(-4)-4=8$ → $\therefore\ m=-3$
즉, $f(x)=\boxed{-3}(x^2+x-4)-4$
→ $f(-1)=(-3)(-4)-4=8$

답 8

197.

구하는 값 $f(1)$의 값 → $f(x)$의 식을 구하자.

조건 정리 ① $x^2-x+3=0$의 두 근이 α, β
→ 이 이차방정식은 인수분해가 어려우므로 근과
계수의 관계를 적용하자.
→ (두 근의 합)$=\alpha+\beta=-\dfrac{-1}{1}=1$
(두 근의 곱)$=\alpha\beta=\dfrac{3}{1}=3$
② $f(x)$는 최고차항의 계수가 1인 이차식
③ $f(\alpha)=\beta$, $f(\beta)=\alpha\ \cdots\ (\bigstar)$

설계 $(\bigstar)$에 주목하여 풀이를 시작하자. 이때,
$\alpha+\beta=1$이므로
$\alpha=1-\beta$, $\beta=1-\alpha$로 나타낼 수 있다.
따라서 조건 $(\bigstar)$을 다음과 같이 변형할 수 있다.
$(\bigstar):f(\alpha)=\beta$, $f(\beta)=\alpha$
→ $f(\alpha)=1-\alpha$, $f(\beta)=1-\beta$

생각 1 | $f(\alpha)=1-\alpha$, $f(\beta)=1-\beta$**을 (좌변)$=0$ 꼴로**
바꾸자.
$f(\alpha)=1-\alpha$, $f(\beta)=1-\beta$
→ $f(\alpha)+\alpha-1=0$, $f(\beta)+\beta-1=0$

생각 2 | $f(\alpha)+\alpha-1=0$, $f(\beta)+\beta-1=0$**의 의미를**
해석하자.
$f(\alpha)+\alpha-1=0$, $f(\beta)+\beta-1=0$
→ 방정식 $f(x)+x-1=0$의 두 근이 α, β이다.
이때, $f(x)$는 최고차항의 계수가 1인 이차식이므로
$f(x)+x-1$도 최고차항의 계수가 1인 이차식이다.
따라서 다음과 같이 인수분해할 수 있다.

최고차항의 계수가 1인 이차방정식

$f(x)+x-1=0$의

두 근이 α, β이다.

➜ $f(x)+x-1=(x-\alpha)(x-\beta)$

➜ $f(x)+x-1=x^2-(\alpha+\beta)x+\alpha\beta$

➜ $f(x)+x-1=x^2-x+3$

➜ $\therefore$ $f(x)=x^2-2x+4$

즉, $f(1)=3$

답 3

198.

설계 "이차방정식이 실근을 갖도록"

➜ (판별식) ≥ 0이어야 한다.

즉, $\dfrac{D}{4}=2^2-(a-2)\geq 0$ ➜ $\therefore$ $a\leq 6$

답 $a\leq 6$

199.

구하는 값 정수 a의 최댓값

조건 정리 ① $ax^2-2(a+1)x+a+1=0$은 이차방정식

➜ 최고차항의 계수 $a\neq 0$이어야 한다.

② "실근을 갖지 않도록"

➜ "허근을 갖도록"

➜ (판별식) < 0

③ a는 정수

설계 (판별식) < 0임을 이용하자.

$\dfrac{D}{4}=(a+1)^2-a(a+1)<0$

➜ $(a+1)\{(a+1)-a\}<0$

➜ $a+1<0$ ➜ $\therefore$ $a<-1$

즉, 정수 a의 최댓값은 -2이다.

답 -2

200.

구하는 값 k의 값

조건 정리 $2x^2-11x+k=0$의 두 실근의 차가 $\dfrac{5}{2}$

➜ 두 근을 α, $\beta(\alpha>\beta)$라 하자.

그러면 $\alpha-\beta=\dfrac{5}{2}$이다.

➜ 또한 이 이차방정식은 인수분해가 어려우므로,

근과 계수의 관계를 적용하자.

➜ (두 근의 합)$=\alpha+\beta=\dfrac{11}{2}$

(두 근의 곱)$=\alpha\beta=\dfrac{k}{2}$

설계 공식 $(\alpha-\beta)^2=(\alpha+\beta)^2-4\alpha\beta$를 이용하자.

$(\alpha-\beta)^2=(\alpha+\beta)^2-4\alpha\beta$

➜ $\left(\dfrac{5}{2}\right)^2=\left(\dfrac{11}{2}\right)^2-4\times\dfrac{k}{2}$

➜ $\dfrac{25}{4}=\dfrac{121}{4}-2k$ ➜ $\therefore$ $k=12$

답 12

201.

구하는 값 m, n의 값

조건 정리 ① 이차방정식 $x^2-3x+m=0$의 두 근이 α, β

➜ 이 이차방정식은 인수분해가 어려우므로, 근과 계수의 관계를 적용하자.

➜ (두 근의 합)$=\alpha+\beta=3$

(두 근의 곱)$=\alpha\beta=m$

② 이차방정식 $x^2-nx+6=0$의 두 근이 $\alpha+\beta$, $\alpha\beta$

➜ 이 이차방정식은 인수분해가 어려우므로, 근과 계수의 관계를 적용하자.

➜ (두 근의 합)$=(\alpha+\beta)+\alpha\beta=n$

(두 근의 곱)$=\alpha\beta(\alpha+\beta)=6$

➜ 이때, 조건①에서 $\alpha+\beta=3$,

$\alpha\beta=m$이었으므로,

$3+m=n$, $3m=6$

➜ $m=2$, $n=5$

답 $m=2$, $n=5$

202.

구하는 값 $(a+b)^2$의 값

조건 정리 이차방정식 $x^2+abx+a-b=0$의 한 근이 $2+i$

➜ 계수가 모두 실수인 이차방정식의 두 허근은 켤레로 존재하므로, 다른 한 근은 $2-i$이다.

➜ 근과 계수의 관계를 이용하면,

(두 근의 합)$=(2+i)+(2-i)=-ab$

➜ $ab=-4$

(두 근의 곱)$=(2+i)(2-i)=a-b$

➡ $a-b=5$

설계 $a-b$와 ab의 값을 알고, 구하는 값이 $(a+b)^2$이니, 공식 $(a+b)^2=(a-b)^2+4ab$를 이용하자.

$a-b=5$, $ab=-4$이므로,

(구하는 값)$=(a+b)^2=(a-b)^2+4ab$
$=25-16=9$

답 9

203.

구하는 값 조건을 만족시키는 이차방정식

조건 정리 ① 이차방정식 $x^2-3x+4=0$의 두 근이 α, β

➡ 이 이차방정식은 인수분해가 어려우므로, 근과 계수의 관계를 적용하자.

➡ (두 근의 합)$=\alpha+\beta=3$, (두 근의 곱)$=\alpha\beta=4$

② 두 수 $\dfrac{1}{\alpha^2-\alpha+2}$, $\dfrac{1}{\beta^2-\beta+2}$을 근으로 하고 x^2의 계수가 8

➡ $\dfrac{1}{\alpha^2-\alpha+2}$, $\dfrac{1}{\beta^2-\beta+2}$을 간단히 하자.

설계 먼저 두 수 $\dfrac{1}{\alpha^2-\alpha+2}$, $\dfrac{1}{\beta^2-\beta+2}$을 간단히 하기 위해,

조건 ① ➡ $x^2-3x+4=0$의 두 근이 α, β 이므로,
$\alpha^2-3\alpha+4=0$, $\beta^2-3\beta+4=0$ 임을 이용하자.

그다음, 두 수 □, △를 근으로 하고 최고차항의 계수가 8인 이차방정식은 $8\{x^2-(□+△)x+□△\}=0$임을 이용하자.

생각 1 | 두 수 $\dfrac{1}{\alpha^2-\alpha+2}$, $\dfrac{1}{\beta^2-\beta+2}$을 간단히 하자.

$\dfrac{1}{\alpha^2-\alpha+2}$의 분모와 똑같은 모양을 만들기 위해서는 $\alpha^2-3\alpha+4=0$의 양변에 $2\alpha-2$를 더하면 된다.

➡ $(\alpha^2-3\alpha+4)+\boxed{2\alpha-2}=\boxed{2\alpha-2}$

➡ $\alpha^2-\alpha+2=2\alpha-2$

즉, $\dfrac{1}{\alpha^2-\alpha+2}=\dfrac{1}{2\alpha-2}$

$\dfrac{1}{\beta^2-\beta+2}$도 마찬가지 방법으로 계산하면,

$\dfrac{1}{\beta^2-\beta+2}=\dfrac{1}{2\beta-2}$

생각 2 | 간단히 한 두 수의 합과 곱을 구하자.

두 수 $\dfrac{1}{2\alpha-2}$, $\dfrac{1}{2\beta-2}$의

합을 구하면 ➡ $\dfrac{1}{2\alpha-2}+\dfrac{1}{2\beta-2}$

$=\dfrac{(2\beta-2)+(2\alpha-2)}{(2\alpha-2)(2\beta-2)}$

$=\dfrac{2(\alpha+\beta)-4}{4\alpha\beta-4(\alpha+\beta)+4}$

$=\dfrac{2(3)-4}{4(4)-4(3)+4}=\dfrac{1}{4}$

곱을 구하면 ➡ $\left(\dfrac{1}{2\alpha-2}\right)\left(\dfrac{1}{2\beta-2}\right)$

$=\dfrac{1}{(2\alpha-2)(2\beta-2)}$

$=\dfrac{1}{4\alpha\beta-4(\alpha+\beta)+4}$

$=\dfrac{1}{4(4)-4(3)+4}=\dfrac{1}{8}$

생각 3 | 두 수 $\dfrac{1}{2\alpha-2}$, $\dfrac{1}{2\beta-2}$를 근으로 하고, 최고차항의 계수가 8인 이차방정식을 구하자.

$8\{x^2-($두 수의 합$)x+($두 수의 곱$)\}=0$

➡ $8\left(x^2-\dfrac{1}{4}x+\dfrac{1}{8}\right)=0$ ➡ $8x^2-2x+1=0$

답 $8x^2-2x+1=0$

204.

구하는 값 a, b의 값

조건 정리 $x^2-2(a-k)x+k^2-4k+b=0$이 실수 k의 값에 관계없이 항상 중근을 갖는다.

➡ (판별식)$=0$임을 통해 얻은 등식이 k에 대한 항등식이면 된다.

➡ (판별식)$=0$임을 통해 얻은 등식을 $(k$에 대한 식$)=0$ 꼴로 정리했을 때, $k^□$ 꼴을 포함한 항들의 계수가 모두 0이 되도록 만들자.

생각 1 | (판별식)$=0$임을 이용하자.

$x^2-2(a-k)x+k^2-4k+b=0$의 (판별식)$=0$

➡ $\dfrac{D}{4}=(a-k)^2-(k^2-4k+b)=0$

➡ $a^2-2ak+4k-b=0$

생각 2 | 얻은 등식을 k에 대한 식으로 정리하자.

$a^2-2ak+4k-b=0$ ➡ $k(-2a+4)+(a^2-b)=0$

생각 3 | $k^\square$꼴을 포함한 항들의 계수가 모두 0이 되도록 만들자.

$$\boxed{k}(-2a+4)+(a^2-b)=0$$

➜ $-2a+4=0$, $a^2-b=0$ ➜ $a=2$, $b=4$

답 $a=2$, $b=4$

205.

구하는 값 k의 값

조건 정리 ① 이차방정식 $x^2-4x-k=0$의 두 근이 α, β

➜ 이 이차방정식은 인수분해가 어려우므로, 근과 계수의 관계를 적용하자.

➜ (두 근의 합)$=\alpha+\beta=4$,
(두 근의 곱)$=\alpha\beta=-k$

② $\alpha^2+\beta^2=20$

➜ 공식 $\alpha^2+\beta^2=(\alpha+\beta)^2-2\alpha\beta$을 이용하여 조건①에서 구한 $\alpha+\beta$, $\alpha\beta$의 값과 조건②를 엮자.

➜ $20=16+2k$ ➜ $k=2$

답 2

206.

구하는 값 조건을 만족시키는 이차방정식

조건 정리 ① 이차방정식 $2x^2-x+5=0$의 두 근이 α, β

➜ 이 이차방정식은 인수분해가 어려우므로, 근과 계수의 관계를 적용하자.

➜ (두 근의 합)$=\alpha+\beta=\dfrac{1}{2}$,

(두 근의 곱)$=\alpha\beta=\dfrac{5}{2}$

② 두 수 $\alpha+\beta$, $\alpha\beta$를 근으로 하고, x^2의 계수가 4

➜ 두 수 $\dfrac{1}{2}$, $\dfrac{5}{2}$를 근으로 하고, x^2의 계수가 4

따라서, 구하는 이차방정식은
$$4\left\{x^2-\left(\frac{1}{2}+\frac{5}{2}\right)x+\left(\frac{1}{2}\right)\left(\frac{5}{2}\right)\right\}=0$$

➜ $4x^2-12x+5=0$

답 $4x^2-12x+5=0$

207.

구하는 값 a, b, c를 세 변으로 하는 삼각형은 어떤 삼각형인가?

조건 정리 ① a, b, c는 양수

② $(c-a)x^2-2bx+a+c=0$이 완전제곱식으로 인수분해된다.

➜ (판별식)$=0$이다.

➜ $\dfrac{D}{4}=b^2-(c-a)(c+a)=0$

➜ $b^2-(c^2-a^2)=0$ ➜ $a^2+b^2=c^2$

➜ 빗변의 길이가 c인 직각삼각형

답 빗변의 길이가 c인 직각삼각형

208.

구하는 값 모든 m의 값의 합

➜ 근과 계수의 관계를 이용할 수 있지 않을까 ?

조건 정리 이차방정식 $x^2-6mx+3m=0$의 두 근의 차가 2

➜ 두 근을 α, $\beta(\alpha>\beta)$라 하자. 그러면 $\alpha-\beta=2$이다.

➜ 또한 이 이차방정식은 인수분해가 어려우므로, 근과 계수의 관계를 적용하자.

➜ (두 근의 합)$=\alpha+\beta=6m$
(두 근의 곱)$=\alpha\beta=3m$

설계 공식 $(\alpha-\beta)^2=(\alpha+\beta)^2-4\alpha\beta$를 이용하자.

$(\alpha-\beta)^2=(\alpha+\beta)^2-4\alpha\beta$

➜ $2^2=(6m)^2-4(3m)$

➜ $36m^2-12m-4=0$

➜ $9m^2-3m-1=0$

➜ 구하는 값이 모든 m의 값의 합이므로 근과 계수의 관계를 이용하면, (가능한 모든 m의 값의 합)$=-\dfrac{-3}{9}=\dfrac{1}{3}$

답 $\dfrac{1}{3}$

209.

구하는 값 이차방정식 $x^2+ax+b=0$의 근

조건 정리 ① x의 계수를 잘못 보면 두 근이 $2-i$, $2+i$가 나온다.

➜ 상수항 b는 올바르게 봤다는 말이다. 즉, 두 근을 $2-i$, $2+i$라 하면 b를 알 수 있다.

➜ 근과 계수의 관계를 이용하면, (두 근의 곱)$=(2-i)(2+i)=b$ ➜ $b=5$

② 상수항을 잘못 보면 두 근이 $3-2\sqrt{2}$,

$3+2\sqrt{2}$ 가 나온다.

➔ x의 계수 a는 올바르게 봤다는 말이다.

즉, 두 근을 $3-2\sqrt{2}$, $3+2\sqrt{2}$ 라 하면 a를

알 수 있다.

➔ 근과 계수의 관계를 이용하면,

(두 근의 합)$=(3-2\sqrt{2})+(3+2\sqrt{2})=-a$

➔ $a=-6$

즉, $x^2+ax+b=0$ ➔ $x^2-6x+5=0$

➔ $(x-1)(x-5)=0$ ➔ $x=1$ 또는 5

답 $x=1$ 또는 5

210.

조건 정리 ① 색종이의 둘레의 길이는 12이다.

➔ 색종이의 가로를 a, 세로를 b라 하면,

$2(a+b)=12$ ➔ $a+b=6$

② 색종이의 넓이는 10이다.

➔ $ab=10$ (단위는 생략하겠다.)

생각 1 | **ㄱ의 참/거짓을 판단하자.**

ㄱ. 가로의 길이를 a, 세로의 길이를 b라고 할 때,

$a+b=6$, $ab=10$이어야 한다.

➔ 조건을 정리하며 참임을 알았다. ∴ ㄱ은 참이다.

생각 2 | **ㄴ의 참/거짓을 판단하자.**

ㄴ. 조건을 만족시키는 직사각형 모양으로 색종이를

자를 수 없다.

➔ 만약 a, b가 허수이거나 둘 중 적어도 하나가

음수라면 조건을 만족시키는 직사각형 모양으로

색종이를 자를 수 없다.

➔ $a+b=6$, $ab=10$ [두 수 a, b의 합과 곱]을 알고

있으므로, 두 수 a, b를 근으로 하는 이차방정식

$x^2-6x+10=0$

을 생각해보자.

이 이차방정식의 판별식을 계산해보면,

$\dfrac{D}{4}=9-10<0$

➔ $x^2-6x+10=0$은 두 허근을 갖는다.

➔ a, b는 허수이다.

➔ ∴ ㄴ은 참이다.

생각 3 | **ㄷ의 참/거짓을 판단하자.**

ㄷ. 색종이의 넓이를 9보다 크도록 하면 조건을

만족하는 직사각형 모양으로 색종이를 자를 수 있는

경우가 존재한다.

➔ $a+b=6$, $ab=k$ 라 하고,

두 수 a, b를 근으로 하는 이차방정식

$x^2-6x+k=0$

을 생각해보자.

판별식을 적용해보면,

$\dfrac{D}{4}=9-k$

이때, $k>9$이면 $9-k$가 음수가 되므로,

(판별식)<0이 된다.

➔ 조건을 만족시키는 직사각형 도양으로 색종이를

자를 수 없다.

➔ ∴ ㄷ은 거짓이다.

답 ㄱ, ㄴ

211.

구하는 값 양의 실수 p의 값

조건 정리 ① $x^2-px+p+19=0$이 서로 다른 두 허근을 가진다.

② 한 허근의 허수부분이 2

➔ $x^2-px+p+19=0$의 계수가 모두 실수이므로,

두 허근은 켤레로 존재한다.

따라서 다른 한 허근의 허수부분은 -2이다.

➔ $x^2-px+p+19=0$의 두 근을

$a+2i$, $a-2i$ 로 둘 수 있다.

③ p는 양수

설계 $x^2-px+p+19=0$의 두 근이 $a+2i$, $a-2i$임을

이용하여 근과 계수의 관계를 이용하자.

(두 근의 합)$=(a+2i)+(a-2i)=p$ ➔ $a=\dfrac{p}{2}$ … ㉠

(두 근의 곱)$=(a+2i)(a-2i)=p+19$ ➔ $a^2-p=15$

… ㉡

㉠을 ㉡에 대입하면,

$\dfrac{p^2}{4}-p=15$ ➔ $p^2-4p-60=0$

➔ $(p-10)(p+6)=0$

➔ $p=10$ 또는 $p=-6$

이때, 조건③에 따라 $p>0$이므로, $p=10$

답 10

212.

구하는 값 a^2+b^2의 값

조건 정리 ① $(p+2qi)^2=-16i$

➔ $(p^2-4q^2)+(4pq+16)i=0$

➔ $p^2-4q^2=0$, $4pq+16=0$

➔ $p^2=4q^2$, $pq=-4$

➔ 이때, $p^2=4q^2$ ➔ $p=2q$ 또는 $p=-2q$

만약, $p=2q$이면 $pq=-4$일 수 없으므로

$p=-2q$이다.

∴ $p=2q$를 $pq=-4$에 대입하면 q가 허수가 된다.

➔ $p=-2q$를 $pq=-4$에 대입하면,

$-2q^2=-4$ ➔ $q^2=2$

또, $p^2=4q^2$이므로, $p^2=8$

∴ $p^2=8$, $q^2=2$, $pq=-4$

② 이차방정식 $x^2+ax+b=0$의 두 실근이 p, q

➔ 이 이차방정식은 인수분해가 어려우므로, 근과
계수의 관계를 적용하자.

➔ (두 근의 합)$=p+q=-a$, (두 근의 곱)$=pq=b$

➔ $p+q=-a$, $b=-4$

설계 a^2의 값을 구해야하므로, $p+q=-a$의 양변을 제곱하자.

$p+q=-a$의 양변을 제곱하면,

$$(p+q)^2=a^2$$

이때, 조건①에서 $p^2=8$, $q^2=2$, $pq=-4$임을 구했으므로,

$$(p+q)^2=p^2+2pq+q^2=8-8+2=2 \ ➔ \ 2=a^2$$

즉, $a^2+b^2=2+(-4)^2=18$

답 18

213.

구하는 값 모든 순서쌍 (a, b)의 개수

조건 정리 ① $x^2+2ax-b=0$의 두 근이 α, β

➔ 이 이차방정식은 인수분해가 어려우므로, 근과
계수의 관계를 적용하자.

➔ (두 근의 합)$=\alpha+\beta=-2a$,

(두 근의 곱)$=\alpha\beta=-b$

② $|\alpha-\beta|<12$

➔ 부등식의 양변을 제곱하면, 다음과 같이
$\alpha+\beta=-2a$, $\alpha\beta=-b$임을 활용할 수 있다.

$|\alpha-\beta|^2<12^2$ ➔ $(\alpha-\beta)^2<144$

➔ $(\alpha+\beta)^2-4\alpha\beta<144$

➔ $4a^2+4b<144$ ➔ $a^2+b<36$

③ a, b는 모두 자연수

➔ 얻은 부등식 $a^2+b<36$을 만족시키는
자연수 a, b의 값을 대입하여 찾을 수 있다.

설계 부등식 $a^2+b<36$을 만족시키는 자연수 a, b의 값을
대입하여 찾자. 이때, a에 자연수를 대입했을 때 그 값이
큰 폭으로 변하므로, a에 적당한 자연수를 대입하자.

$a=1$ 대입 ➔ $1+b<36$ ➔ $b<35$

➔ $a=1$일 때, 가능한 자연수 b는 34개

➔ 순서쌍 (a, b)도 34개

$a=2$ 대입 ➔ $4+b<36$ ➔ $b<32$

➔ $a=2$일 때, 가능한 자연수 b는 31개

➔ 순서쌍 (a, b)도 31개

$a=3$ 대입 ➔ $9+b<36$ ➔ $b<27$

➔ $a=3$일 때, 가능한 자연수 b는 26개

➔ 순서쌍 (a, b)도 26개

$a=4$ 대입 ➔ $16+b<36$ ➔ $b<20$

➔ $a=4$일 때, 가능한 자연수 b는 19개

➔ 순서쌍 (a, b)도 19개

$a=5$ 대입 ➔ $25+b<36$ ➔ $b<11$

➔ $a=5$일 때, 가능한 자연수 b는 10개

➔ 순서쌍 (a, b)도 10개

$a=6$ 대입 ➔ $36+b<36$ ➔ $b<0$

➔ $a=6$일 때, 가능한 자연수 b는 존재하지 않음.

구한 순서쌍의 개수를 모두 더하면,

$$34+31+26+19+10=120$$

답 120

214.

구하는 값 모든 실수 p의 값의 곱

➔ 근과 계수의 관계를 이용할 수 있지 않을까?

조건 정리 ① $x^2-px+p+3=0$이 허근 α를 가진다.

➔ $x^2-px+p+3=0$의 계수가 모두 실수이므로,
두 허근은 켤레로 존재한다. 따라서 다른 허근은
$\overline{\alpha}$이다.

➔ $x^2-px+p+3=0$은 인수분해가 어려우므로,
근과 계수의 관계를 적용하자.

➔ (두 근의 합)$=\alpha+\overline{\alpha}=p$,

(두 근의 곱)$=\alpha\overline{\alpha}=p+3$

② α^3이 실수가 되어야 한다.

설계 $\alpha = m + ni$로 두고, 조건②를 이용하여 α의 정보를 얻자. 그다음, $\alpha + \overline{\alpha} = p$, $\alpha\overline{\alpha} = p + 3$임을 이용하자.

생각 1 | $\alpha = m + ni$로 두고, 조건②를 이용하자.

조건②에 따라 α^3이 실수가 되어야 하므로 α^3을 계산해보면,

$$\begin{aligned} \alpha^3 &= (m + ni)^3 \\ &= m^3 + 3m^2(ni) + 3m(ni)^2 + (ni)^3 \\ &= (m^3 - 3mn^2) + (3m^2n - n^3)i \end{aligned}$$

➜ α^3이 실수가 되려면, 허수부분이 0이어야 하므로,

$$3m^2n - n^3 = 0 \ \rightarrow\ n(3m^2 - n^2) = 0$$

이때, α는 허수이므로, $n \neq 0$이다. 따라서

$$3m^2 - n^2 = 0 \ \rightarrow\ n^2 = 3m^2$$

생각 2 | $\alpha + \overline{\alpha} = p$, $\alpha\overline{\alpha} = p + 3$임을 이용하자.

$\alpha + \overline{\alpha} = p \ \rightarrow\ (m + ni) + (m - ni) = p \ \rightarrow\ p = 2m$

$\alpha\overline{\alpha} = p + 3 \ \rightarrow\ (m + ni)(m - ni) = p + 3$

➜ $m^2 + n^2 = p + 3$

이때, $p = 2m$, $n^2 = 3m^2$이므로,

$m^2 + n^2 = p + 3 \ \rightarrow\ m^2 + 3m^2 = 2m + 3$

➜ $4m^2 - 2m - 3 = 0$

생각 3 | 근과 계수의 관계를 이용하여 모든 p의 곱을 구하자.

$4m^2 - 2m - 3 = 0$을 풀어서 나온 두 근을 $m = \square$, $\triangle$라 해보자.

그러면, 근과 계수의 관계에 의하여

$$\square\triangle = -\frac{3}{4}$$

또, $p = 2m$였으므로, $p = 2\square$ 또는 $p = 2\triangle$이다.

즉, 구하는 모든 p의 곱은

$$2\square \times 2\triangle = 4\square\triangle = 4\left(-\frac{3}{4}\right) = -3$$

답 ② -3

215.

구하는 값 $f(7)$의 값

조건 정리 ① $f(x)$는 이차항의 계수가 1인 이차식

➜ $f(x) = x^2 + \cdots$

② 이차방정식 $f(x) = 0$의 두 근의 곱은 7

➜ $f(x)$는 이차항의 계수가 1이므로, 근과 계수의 관계에 의해

$$(\text{두 근의 곱}) = \frac{(\text{상수항})}{1} = 7\text{이다.}$$

➜ $f(x)$의 상수항이 7이다.

➜ 유일하게 모르는 일차항의 계수를 미지수 k로 두면, $f(x) = x^2 + kx + 7$

③ 이차방정식 $x^2 - 3x + 1 = 0$의 두 근 α, β에 대하여

$$f(\alpha) + f(\beta) = 3$$

➜ 근과 계수의 관계에 의해,

$\alpha + \beta = 3$, $\alpha\beta = 1$ 임을 알 수 있고,

$f(x) = x^2 + kx + 7$에서

$f(\alpha) = \alpha^2 + k\alpha + 7$, $f(\beta) = \beta^2 + k\beta + 7$이므로,

$f(\alpha) + f(\beta) = 3$

➜ $\boxed{(\alpha^2 + \beta^2)} + k(\alpha + \beta) + 14 = 3$

➜ $\boxed{(\alpha + \beta)^2 - 2\alpha\beta} + k(\alpha + \beta) + 11 = 0$

➜ $(9 - 2) + 3k + 11 = 0 \ \rightarrow\ k = -6$

즉, $f(x) = x^2 - 6x + 7$

➜ $\therefore\ f(7) = 49 - 42 + 7 = 14$

답 14

4 이차함수

216.

(1) $y = x^2 + 3x + 2$

➔ $y = (x+2)(x+1)$ ➔ x절편이 -2, -1임을 바탕으로 그래프를 다음과 같이 그릴 수 있다.

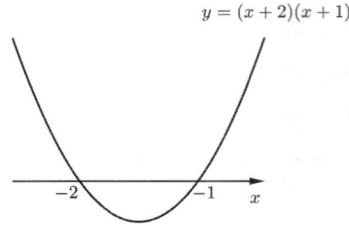

(2) $y = x^2 + 6x + 8$

➔ $y = (x+4)(x+2)$ ➔ x절편이 -4, -2임을 바탕으로 그래프를 다음과 같이 그릴 수 있다.

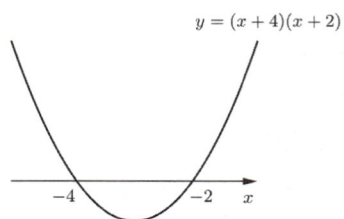

(3) $y = x^2 - 4x + 4$

➔ $y = (x-2)^2$ ➔ x절편이 2임을 바탕으로 그래프를 다음과 같이 그릴 수 있다.

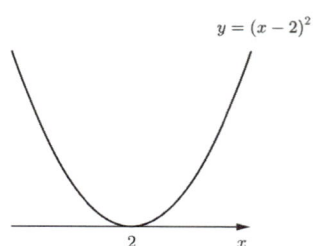

(4) $y = x^2 + 5x + 7$

➔ 인수분해가 되지 않는다.

➔ 최고차항의 부호가 양수이므로 그래프는 아래로 볼록한 모양으로 그려지고, 공식을 통해 대칭축을 구해주면 대칭축은 $x = -\dfrac{5}{2 \times 1} = -\dfrac{5}{2}$ 이므로, 그래프를 다음과 같이 그릴 수 있다.

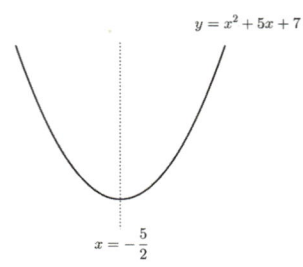

(5) $y = \dfrac{5}{2}x^2 + x + 1$

➔ 인수분해가 되지 않는다.

➔ 최고차항의 부호가 양수이므로 그래프는 아래로 볼록한 모양으로 그려지고, 공식을 통해 대칭축을 구해주면 대칭축은 $x = -\dfrac{1}{2 \times \dfrac{5}{2}} = -\dfrac{1}{5}$ 이므로, 그래프를 다음과 같이 그릴 수 있다.

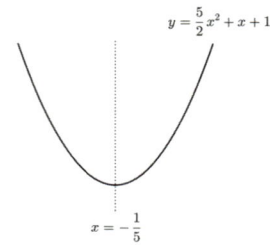

(6) $y = -x^2 - 2x - 1$

➔ $y = -(x+1)^2$ ➔ x절편이 -1임을 바탕으로 그래프를 다음과 같이 그릴 수 있다.

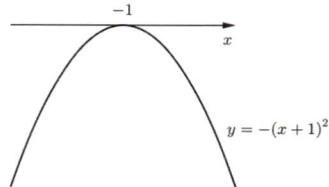

(7) $y = -3x^2 + x$

➔ $y = -3x\left(x - \dfrac{1}{3}\right)$ ➔ x절편이 0, $\dfrac{1}{3}$임을 바탕으로 그래프를 다음과 같이 그릴 수 있다.

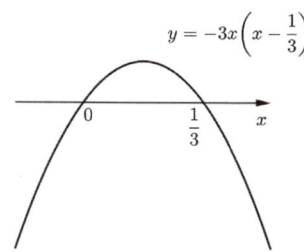

(8) $y = -x^2 - x + 1$

➡ 인수분해가 되지 않는다.

➡ 최고차항의 부호가 음수이므로 그래프는 위로 볼록한 모양으로 그려지고, 공식을 통해 대칭축을 구해주면

대칭축은 $x = -\dfrac{-1}{2 \times (-1)} = -\dfrac{1}{2}$ 이므로, 그래프를 다음과 같이 그릴 수 있다.

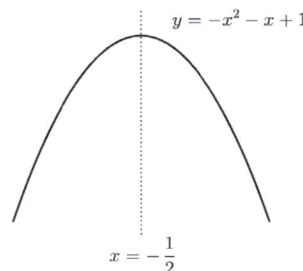

217.

구하는 값 k의 값

조건 정리 $f(x) = 2x^2 - 4x + 1$이 $y = 1$과 $(0, 1)$, $(k, 1)$에서 만난다.

➡ 이 상황을 그래프로 그려보자.

$f(x) = 2x^2 - 4x + 1$의 대칭축은

$x = -\dfrac{-4}{2 \times 2} = 1$이므로, 주어진 상황을 그래프로 그려보면 다음과 같다.

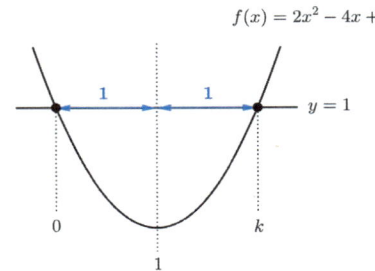

이차함수의 대칭성을 활용하면 $k = 2$임을 알 수 있다.

답 2

218.

구하는 값 a의 값

조건 정리 ① $f(x)$는 최고차항의 계수가 3인 이차함수

➡ $f(x) = 3x^2 + \cdots$

② $f(x)$의 꼭짓점 : $(1, a)$

③ $f(x)$의 그래프가 x축과 만나는 두 점 사이의 거리가 4

설계 $f(x)$의 꼭짓점의 좌표가 $(1, a)$이고, $f(x)$의 그래프가 x축과 만나는 두 점 사이의 거리가 4인 상황을 그래프로 그려보자.

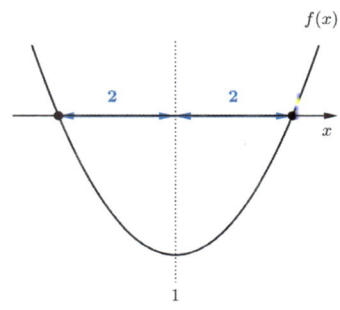

그러면 이차함수의 대칭성에 의해 $f(x)$의 두 x절편이 각각 -1, 3임을 알 수 있다.

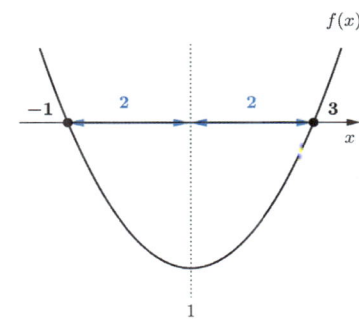

➡ $f(x) = 3(x + 1)(x - 3)$
➡ $f(1) = 3(2)(-2) = -12 = a$
➡ $a = -12$

답 -12

219.

구하는 값 양수 a의 값

조건 정리 ① $y = x^2 - 2ax + 8$

➡ 대칭축은 $x = -\dfrac{-2a}{2 \times 1} = a$이다.

② $y = x^2 - 2ax + 8$이 x축과 두 점 A, B에서 만날 때, $\overline{AB} = 2$

➡ 이차함수가 x축과 만나는 두 점 사이의 거리가 2이다.

③ a는 양수

설계 이차함수의 그래프가 x축과 만나는 두 점 사이의 거리가 2인 상황을 그래프로 그려보자.

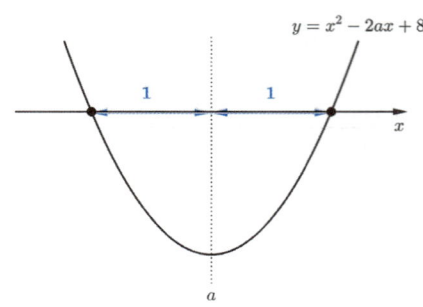

그러면 이차함수의 대칭성에 의해 이 이차함수의 두 x절편이 각각 $a-1$, $a+1$임을 알 수 있으므로,

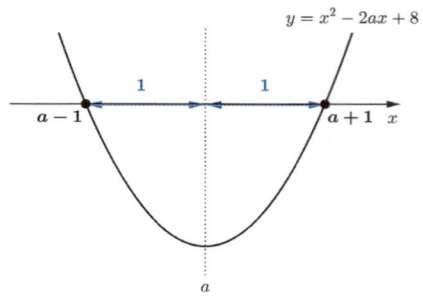

이차함수의 식을
$$y = \{x-(a-1)\}\{x-(a+1)\}$$
와 같이 작성할 수 있다.
이때, $\{x-(a-1)\}\{x-(a+1)\} = x^2 - 2ax + 8$이므로 양변의 상수항의 계수를 비교해보면,
$$(a-1)(a+1) = 8 \ ➔ \ a^2 - 1 = 8$$
$$➔ \ a = 3 \ 또는 \ -3$$
조건③에 따라 a는 양수이므로,
$$\therefore \ a = 3$$

답 3

220.

구하는 값 양수 k의 값

조건 정리 ① $y = x^2 - 2kx$
➔ $y = x(x - 2k)$
➔ x절편이 0, $2k$
② $y = x^2 - 2kx$의 최솟값이 -4
③ k는 양수

설계 x절편이 0, $2k$임을 바탕으로 $y = x(x-2k)$를 그려보자.

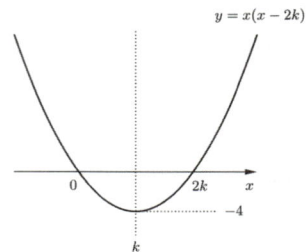

그림을 통해 이차함수가 $(k, -4)$를 지남을 알 수 있다.
➔ 이 좌표를 $y = x(x-2k)$에 대입하면,
$$k(-k) = -4 \ ➔ \ k = \pm 2$$
이때, 조건③에 따라 k는 양수이므로, $\therefore \ k = 2$

답 2

221.

구하는 값 $a+b+c$의 값
➔ $f(1)$의 값과 같다.

조건 정리 ① $f(x) = ax^2 + bx + c$
② $f(-2) = f(4) = 0$
➔ 함수 $f(x)$의 x절편이 -2, 4이다.
➔ $f(x) = a(x+2)(x-4)$
③ $f(x)$의 최솟값은 -3
➔ $f(x)$가 최솟값을 가지고, 그 값이 -3이다.
➔ $f(x)$가 최솟값을 가지므로, $f(x)$는 아래로 볼록한 모양이다. ➔ $\boxed{a > 0}$임을 알 수 있다.

설계 $f(x)$의 그래프를 그려서 $f(x)$가 최소가 될 때의 x좌표를 구해보자.

함수 $f(x)$의 x절편이 -2, 4이고, 조건③에 따라 이차함수가 아래로 볼록한 모양이어야 하므로, $f(x)$는 다음과 같이 그려지고

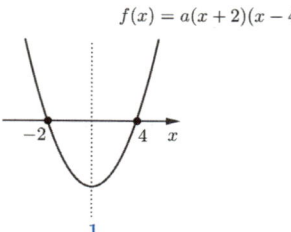

이차함수의 대칭성에 의해 최솟값 -3은 대칭축인 $x=1$에서 도출됨을 알 수 있다.
즉, $f(1) = -3$ ➔ $\therefore \ a+b+c = -3$

답 -3

222.

구하는 값 $f(4)$의 값

조건 정리 ① $f(x) = a(x+1)(x-b)$

➡ x절편이 -1과 b이다.

② $b > -1$

➡ 좌표평면에서 b는 -1보다 오른쪽에 위치한다.

③ $f(x)$는 $x=1$일 때, 최솟값 -8을 가진다.

➡ $f(x)$가 최솟값을 가지므로, $f(x)$는 아래로 볼록한 모양이다. ➡ $a > 0$임을 알 수 있다.

설계 정리한 조건들을 그래프로 나타내자.

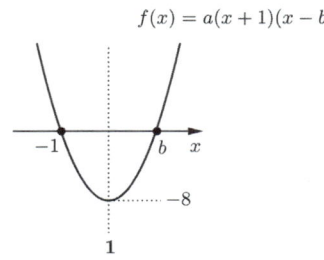

$$f(x) = a(x+1)(x-b)$$

여기서, 다음과 같이 이차함수의 대칭성을 이용하면,

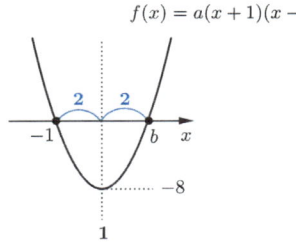

$$f(x) = a(x+1)(x-b)$$

$b = 3$임을 계산 없이 알 수 있다.

또, $f(1) = -8$임을 알 수 있다.

➡ $f(x) = a(x+1)(x-3)$이고, $f(1) = -8$이므로,

$f(1) = a(2)(-2) = -8$ ➡ $a = 2$

즉, $f(x) = 2(x+1)(x-3)$

$\Rightarrow f(4) = 2(5)(1) = 10$

답 10

223.

(1) $y = \boxed{2x+1}$, $y = \boxed{x+7}$

➡ $\boxed{2x+1} = \boxed{x+7}$

➡ $x = 6$

➡ $x = 6$을 두 함수 중 하나에 대입하면, $y = 13$

➡ 교점 : $(6,\ 13)$

(2) $y = \boxed{x^2+3x+2}$, x축($y = \boxed{0}$)

➡ $\boxed{x^2+3x+2} = \boxed{0}$

➡ $(x+2)(x+1) = 0$ ➡ $x = -2$ 또는 -1

➡ 교점 : $(-2,\ 0)$, $(-1,\ 0)$

(3) $y = \boxed{x^2+4x}$, $y = \boxed{-4}$

➡ $\boxed{x^2+4x} = \boxed{-4}$

➡ $x^2+4x+4 = 0$ ➡ $(x+2)^2 = 0$ ➡ $x = -2$

➡ 교점 : $(-2,\ -4)$

(4) $y = \boxed{x^2-2x+1}$, $y = \boxed{-x^2+8x-11}$

➡ $\boxed{x^2-2x+1} = \boxed{-x^2+8x-11}$

➡ $2x^2-10x+12 = 0$ ➡ $2(x-2)(x-3) = 0$

➡ $x = 2$ 또는 3

➡ $x = 2$를 두 함수 중 하나에 대입하면, $y = 1$

➡ $x = 3$을 두 함수 중 하나에 대입하면, $y = 4$

➡ 교점 : $(2,\ 1)$, $(3,\ 4)$

224.

구하는 값 m의 값

조건 정리 $y = \boxed{mx-6}$, $y = \boxed{3mx-2}$의 교점의 x좌표 : 1

➡ $\boxed{mx-6} = \boxed{3mx-2}$의 실근이 $x = 1$

➡ $m-6 = 3m-2$

➡ $m = -2$

답 -2

225.

구하는 값 방정식 $f(x) - g(x) = 0$의 모든 실근의 합

➡ 방정식 $f(x) = g(x)$의 모든 실근의 합

조건 정리 주어진 그림을 활용하자.

설계 [방정식 $f(x) = g(x)$의 실근]

= [두 함수 $f(x)$와 $g(x)$의 교점의 x좌표]

임을 이용하자.

주어진 그림에서 $f(x)$와 $g(x)$의 교점의 x좌표는

-6과 2 이므로,

(구하는 값) $= (-6) + 2 = -4$

답 -4

226.

구하는 값 방정식 $ax^2+(b-m)x+c-n=0$의 모든 실근의 곱

조건 정리

$y=\boxed{ax^2+bx+c}$와 $y=\boxed{mx+n}$의 두 교점의 x좌표가 -1, 2

➔ 방정식 $\boxed{ax^2+bx+c}=\boxed{mx+n}$의 두 실근이 $x=-1$, 2

➔ 방정식 $ax^2+(b-m)x+c-n=0$의 두 실근이 $x=-1$, 2

즉, (구하는 값)$=(-1)\times 2=-2$

답 -2

227.

구하는 값 양수 m의 값

조건 정리 ① $y=\boxed{x^2-2}$와 $y=\boxed{mx}$의 두 교점의 x좌표의
차가 4

➔ 방정식 $\boxed{x^2-2}=\boxed{mx}$의 두 실근의 차가 4

➔ 방정식 $x^2-mx-2=0$의 두 실근의 차가 4

② m은 양수

설계 방정식 $x^2-mx-2=0$의 두 실근의 차가 4임을
이용하기 위해 두 실근을 α, β로 두자. ($\alpha > \beta$라 하자.)

생각 1 | $x^2-mx-2=0$의 두 실근의 차가 4임을
이용하자.

➔ $\alpha - \beta = 4$

생각 2 | $x^2-mx-2=0$은 인수분해가 힘드니, 근과
계수의 관계를 이용하자.

➔ $\alpha+\beta=m$, $\alpha\beta=-2$

생각 3 | 구한 관계식들을 엮을 수 있는 방법을 생각하자.

공식 $(\alpha-\beta)^2=(\alpha+\beta)^2-4\alpha\beta$를 이용하면 구한
관계식 $\alpha-\beta=4$, $\alpha+\beta=m$, $\alpha\beta=-2$를 모두 엮을
수 있다.

$4^2=m^2-4(-2)$ ➔ $16=m^2+8$ ➔ $m^2=8$
➔ $m=\pm 2\sqrt{2}$

이때, 조건②에 따라 m은 양수이므로, $\therefore\ m=2\sqrt{2}$

답 $2\sqrt{2}$

228.

구하는 값 $a+b$의 값

조건 정리

$y=2x^2-3x+1$과 $y=\boxed{ax+b}$의 두 교점의 x좌표가 -2, 3

➔ 방정식 $\boxed{2x^2-3x+1}=\boxed{ax+b}$의 두 실근이 $x=-2$, 3

➔ 방정식 $2x^2-(3+a)x+(1-b)=0$의 두 실근이 $x=-2$, 3

설계 $2x^2-(3+a)x+(1-b)=0$은 인수분해가 힘드니,
근과 계수의 관계를 이용하자.

➔ (두 근의 합)$=(-2)+3=\dfrac{3+a}{2}$ ➔ $a=-1$

(두 근의 곱)$=(-2)\times 3=\dfrac{1-b}{2}$ ➔ $b=13$

즉, $a+b=(-1)+13=12$

답 12

229.

구하는 값 k의 값

조건 정리 ① a는 양수

② $f(x)=x^2$, $g(x)=ax+2a^2$

③ $S_2=kS_1$ ➔ $\dfrac{S_2}{S_1}=k$

④ 나머지 조건들을 그래프에 표시하면 다음과 같다.

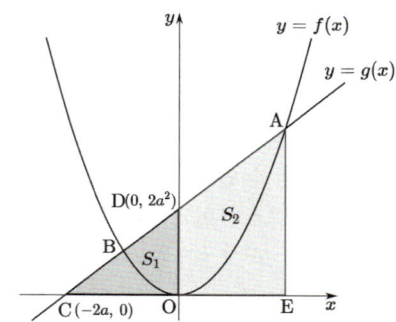

이때, S_1은 삼각형 COD의 넓이이므로,

$S_1=\dfrac{1}{2}(2a)(2a^2)=2a^3$

설계 S_2도 S_1과 비슷하게 a와 관련된 식으로 표현해보자.
이때, S_2를 a와 관련된 식으로 표현하려면 AE의 길이와
OE의 길이를 표현해야 하므로, 점 A의 좌표를 구해보자.

➔ 점 A는 $f(x)$와 $g(x)$의 교점 중, x좌표가 양수인
점이다.

생각 1 | 점 A의 좌표를 구해보자.

점 A는 $f(x)$와 $g(x)$의 교점 중 x좌표가 양수인
점이므로, (점 A의 x좌표)=(방정식 $f(x) = g(x)$의
실근 중 양수인 것) 이다. 따라서,

$f(x) = g(x)$

➜ $x^2 = ax + 2a^2$

➜ $(x - 2a)(x + a) = 0$

➜ $x = 2a$ 또는 $-a$

이때, 조건①에 따라 a는 양수이므로,
구하는 점 A의 x좌표는 $2a$이다. ➜ A$(2a, \square)$

이제 점 A의 y좌표를 구하자. $f(2a)$를 계산하면,

$f(2a) = 4a^2$ ➜ A$(2a, 4a^2)$

생각 2 | $\overline{AE}$의 길이와 $\overline{OE}$의 길이를 표현하자.

$\overline{AE}$의 길이는 점 A의 y좌표와 같으므로,
($\overline{AE}$의 길이)$= 4a^2$
$\overline{OE}$의 길이는 점 A의 x좌표와 같으므로,
($\overline{OE}$의 길이)$= 2a$

생각 3 | S_2를 a와 관련된 식으로 표현하자.

S_2는 사다리꼴 OEAD의 넓이이므로,

$S_2 = \dfrac{1}{2}(\overline{DO} + \overline{AE}) \times \overline{OE}$

$\quad = \dfrac{1}{2}(2a^2 + 4a^2) \times 2a$

$\quad = 6a^3$

즉, (구하는 값)$= \dfrac{S_2}{S_1} = \dfrac{6a^3}{2a^3} = \dfrac{6}{2} = 3$

답 3

230.

설계 (두 함수의 교점 개수)
=(두 함수가 포함된 방정식의 서로 다른 실근의 개수)
임을 이용하자.

(1) $y = \boxed{x^2 + 5x - 1}$, x축($y = \boxed{0}$)

➜ $\boxed{x^2 + 5x - 1} = \boxed{0}$

➜ 판별식 $D = 25 + 4 > 0$

➜ 서로 다른 실근의 개수 : 2

➜ 두 함수의 교점의 개수 : 2

구한 교점의 개수를 바탕으로 그래프를 그리면,

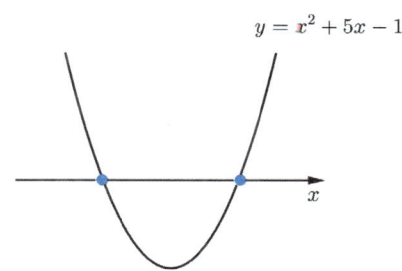

$y = x^2 + 5x - 1$

(2) $y = \boxed{-3x^2 - 2x + 5}$, x축($y = \boxed{0}$)

➜ $\boxed{-3x^2 - 2x + 5} = \boxed{0}$

➜ 판별식 $\dfrac{D}{4} = 1 + 15 > 0$

➜ 서로 다른 실근의 개수 : 2

➜ 두 함수의 교점의 개수 : 2

구한 교점의 개수를 바탕으로 그래프를 그리면,

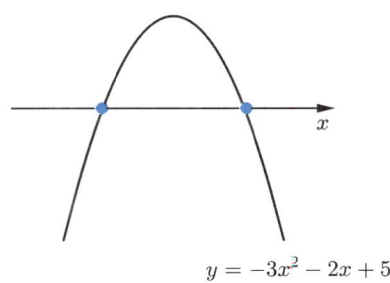

$y = -3x^2 - 2x + 5$

(3) $y = \boxed{x^2 - 3x + 1}$, $y = \boxed{x - 3}$

➜ $\boxed{x^2 - 3x + 1} = \boxed{x - 3}$

➜ $x^2 - 4x + 4 = 0$

➜ $(x - 2)^2 = 0$ ➜ $x = 2$

➜ 서로 다른 실근의 개수 : 1

➜ 두 함수의 교점의 개수 : 1

구한 교점의 개수를 바탕으로 그래프를 그리면,

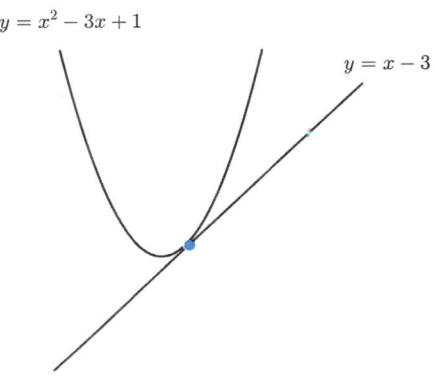

$y = x^2 - 3x + 1$

$y = x - 3$

(4) $y = \boxed{-x^2 + 3x}$, $y = \boxed{x+5}$

➡ $\boxed{-x^2+3x} = \boxed{x+5}$

➡ $x^2 - 2x + 5 = 0$

➡ 판별식 $D = 1 - 5 < 0$

➡ 서로 다른 실근의 개수 : 0

➡ 두 함수의 교점의 개수 : 0

구한 교점의 개수를 바탕으로 그래프를 그리면,

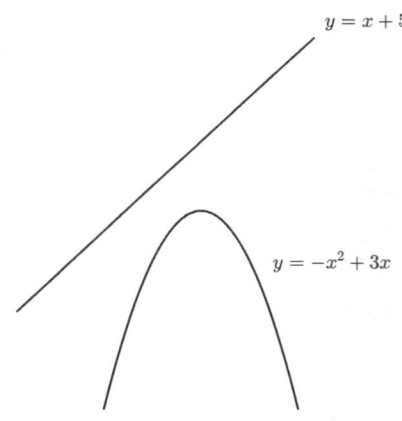

231.

[구하는 값] k의 값의 범위

[조건 정리] $y = \boxed{x^2 - 3x + k}$와 x축($y = \boxed{0}$)이 서로 다른 두 점에서 만난다.

➡ 방정식 $\boxed{x^2 - 3x + k} = \boxed{0}$의 서로 다른 실근의 개수가 2이다.

➡ (판별식) > 0이다.

➡ $D = 9 - 4k > 0$ ➡ $\therefore k < \dfrac{9}{4}$

답 $k < \dfrac{9}{4}$

232.

[구하는 값] a의 값의 합

➡ 근과 계수의 관계를 이용할 수 있지 않을까 ?

[조건 정리] $y = \boxed{-2x^2 + ax + 1}$과 $y = \boxed{2x+3}$이 한 점에서 만난다.

➡ 방정식 $\boxed{-2x^2 + ax + 1} = \boxed{2x+3}$의 서로 다른 실근의 개수가 1이다.

➡ 방정식 $2x^2 + (2-a)x + 2 = 0$의 (판별식) = 0이다.

➡ $D = (2-a)^2 - 16 = 0$

➡ $a^2 - 4a + \cdots = 0$

➡ 근과 계수의 관계를 이용하면,
(구하는 값) = (a의 값의 합) = 4

답 4

233.

[구하는 값] 순서쌍 (a, b)의 개수

[조건 정리] ① $x^2 + 2(a+2)x + a^2 - b + 15$이 완전제곱식이 된다.

➡ $x^2 + 2(a+2)x + a^2 - b + 15 = \boxed{0}$의 (판별식) = 0이다.

➡ $\dfrac{D}{4} = (a+2)^2 - (a^2 - b + 15) = 0$

➡ $4a + b = 11$

② a, b는 자연수

➡ $4a + b = 11$에 적당한 자연수를 대입할 수 있다.

$a = 1$ 대입 ➡ $b = 7$
$a = 2$ 대입 ➡ $b = 3$
$a = 3$ 대입 ➡ $b = -1$ ➡ 조건 만족 X

즉, 가능한 순서쌍 (a, b)는 $(1, 7)$, $(2, 3)$의 2개

답 2

234.

[구하는 값] 자연수 k의 개수

[조건 정리] ① $x^2 + 2(k-2)x + k^2 - 24 = 0$이 서로 다른 두 실근을 가진다.

➡ (판별식) > 0이다.

➡ $\dfrac{D}{4} = (k-2)^2 - (k^2 - 24) > 0$ ➡ $k < 7$

② k는 자연수

➡ $k < 7$을 만족시키는 자연수 k는 6개

답 6

235.

[구하는 값] k의 최댓값

[조건 정리] $y = x^2 - (2k+1)x + k^2 + 2k - 1$과 x축이 적어도 한 점에서 만난다.

➡ $y = \boxed{x^2 - (2k+1)x + k^2 + 2k - 1}$과 x축($y = \boxed{0}$)이 한 점에서 만나거나 두 점에서 만난다.

➡ 방정식 $x^2-(2k+1)x+k^2+2k-1=\boxed{0}$의
실근의 개수가 1 또는 2이다.
➡ (판별식) ≥ 0이다.
➡ $\dfrac{D}{4}=(2k+1)^2-4(k^2+2k-1)\geq 0$
➡ $k\leq\dfrac{5}{4}$

즉, 실수 k의 최댓값은 $\dfrac{5}{4}$

답 $\dfrac{5}{4}$

236.

구하는 값 모든 정수 k의 개수

조건 정리 ① $y=x+k$가 $y=x^2-2x+4$와 만난다.
➡ $y=\boxed{x+k}$와 $y=\boxed{x^2-2x+4}$의 교점이
1개이거나 2개다.
➡ 방정식 $\boxed{x+k}=\boxed{x^2-2x+4}$의 서로 다른 실근의
개수가 1 또는 2이다.
➡ 방정식 $x^2-3x+4-k=0$의 (판별식) ≥ 0
➡ $D=9-4(4-k)\geq 0$ ➡ $k\geq\dfrac{7}{4}$ ⋯ ㉠

② $y=x+k$가 $y=x^2-5x+15$와 만나지 않는다.
➡ $y=\boxed{x+k}$와 $y=\boxed{x^2-5x+15}$의 교점이 0개다.
➡ 방정식 $\boxed{x+k}=\boxed{x^2-5x+15}$의 서로 다른 실근의
개수가 0이다.
➡ 방정식 $x^2-6x+15-k=0$의 (판별식) < 0
➡ $\dfrac{D}{4}=9-(15-k)<0$ ➡ $k<6$ ⋯ ㉡

③ k는 정수

조건①과 조건②를 동시에 만족시키도록 하려면
㉠과 ㉡의 공통범위를 구하면 된다.
➡ ㉠과 ㉡의 공통범위는 $\dfrac{7}{4}\leq k<6$
➡ 이 범위 내의 정수 k는 2, 3, 4, 5
➡ (모든 정수 k의 개수) $=4$

답 4

237.

구하는 값 ab의 값

조건 정리 ① $y=x^2+2(a+k)x+k^2+6k+b$가 x축에 접한다.
➡ $y=\boxed{x^2+2(a+k)x+k^2+6k+b}$와 x축($y=\boxed{0}$)의
교점이 1개
➡ 방정식 $\boxed{x^2+2(a+k)x+k^2+6k+b=0}$의 서로
다른 실근이 1개
➡ (판별식) $=0$
➡ $\dfrac{D}{4}=(a+k)^2-(k^2+6k+b)=0$
➡ $a^2+2ak-6k-b=0$

② "실수 k의 값에 관계없이"
➡ 조건①에서 구한 등식 $a^2+2ak-6k-b=0$이
k에 대한 항등식이다.
➡ 이 등식을 (k에 대한 식) $=0$ 꼴로 정리했을 때,
$k^\square$ 꼴을 포함한 항들의 계수가 모두 0이어야 한다.

생각 1 | $a^2+2ak-6k-b=0$을 (k에 대한 식) $=0$ 꼴으로
정리하자.
$(2a-6)\boxed{k}+(a^2-b)=0$

생각 2 | $k^\square$ 꼴을 포함한 항들의 계수를 모두 0으로 만들자.
$(2a-6)\boxed{k}$에서
$2a-6=0$ ➡ $a=3$
또, $a^2-b=0$ ➡ $b=9$
∴ $ab=3\times 9=27$

답 27

238.

구하는 값 순서쌍 (a,b)의 개수

조건 정리 ① a, b는 5 이하의 자연수
➡ 추후에 a, b에 적당한 자연수를 대입할 수 있겠다.

② $y=x^2+2ax+5b$가 x축($y=0$)과 서로 다른 두
점에서 만난다.
➡ $y=\boxed{x^2+2ax+5b}$와 x축($y=0$)의 교점이 2개다.
➡ 방정식 $\boxed{x^2+2ax+5b=0}$의 서로 다른 실근의
개수가 2 ➡ (판별식) > 0
➡ $\dfrac{D}{4}=a^2-5b>0$ ➡ $a^2>5b$

설계 조건 ②에서 구한 부등식 $5b < a^2$의 a 또는 b에 적당한
자연수를 대입하면서 부등식을 만족시키는 순서쌍
(a, b)의 개수를 구하자.

부등식 $5b < a^2$에

$a = 1$ 대입 ➜ $5b < 1$ ➜ 자연수 b는 존재 X

$a = 2$ 대입 ➜ $5b < 4$ ➜ 자연수 b는 존재 X

$a = 3$ 대입 ➜ $5b < 9$ ➜ 가능한 b는 1 ➜ 순서쌍 (a, b)는 1개

$a = 4$ 대입 ➜ $5b < 16$ ➜ 가능한 b는 1, 2, 3
                              ➜ 순서쌍 (a, b)는 3개

$a = 5$ 대입 ➜ $5b < 25$ ➜ 가능한 b는 1, 2, 3, 4
                              ➜ 순서쌍 (a, b)는 4개

즉, 가능한 모든 순서쌍 (a, b)의 개수는 $1 + 3 + 4 = 8$

답 8

239.

(1)

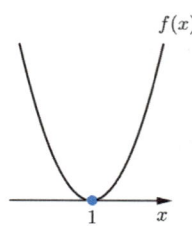

➜ $f(x) = (x-1)^2$

(2)

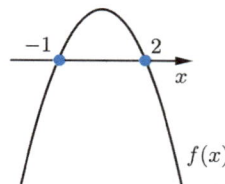

➜ $f(x) = -2(x+1)(x-2)$

(3)

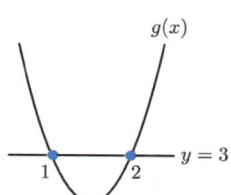

➜ $g(x) - 3 = (x-1)(x-2)$

➜ $g(x) = (x-1)(x-2) + 3$

(4)

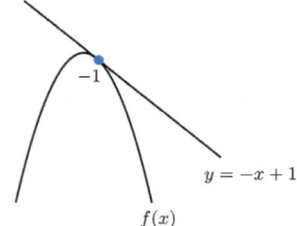

➜ $f(x) - (-x+1) = -\dfrac{1}{2}(x+1)^2$

➜ $f(x) = -\dfrac{1}{2}(x+1)^2 - x + 1$

(5)

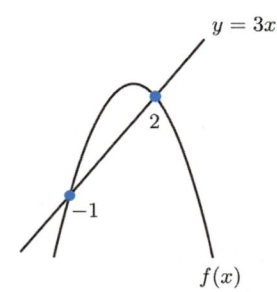

➜ $f(x) - 3x = -2(x+1)(x-2)$

➜ $f(x) = -2(x+1)(x-2) + 3x$

240.

구하는 값 a, b의 값

조건 정리 $y = x^2 + ax + b$가 x축과 두 점 $(-3, 0)$, $(2, 0)$에서
만난다.

설계 제시된 조건을 그래프로 표현하자.

$f(x) = x^2 + ax + b$라 하자.

제시된 조건을 그래프로 표현하면 다음과 같다.

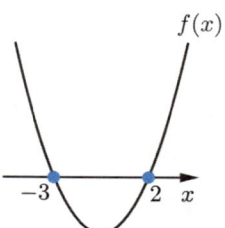

➜ $f(x) = (x+3)(x-2)$

이때, $f(x) = x^2 + ax + b$이므로,

$x^2 + ax + b = (x+3)(x-2)$

➜ $a = 1$, $b = -6$

답 $a = 1$, $b = -6$

241.

구하는 값 a, b의 값

조건 정리 $y = x^2 + (a+1)x + b - 1$가 $y = 2x - 1$과

점 $(1, 1)$에서 접한다.

설계 제시된 조건을 그래프로 표현하자.

제시된 조건을 그래프로 표현하면 다음과 같다.

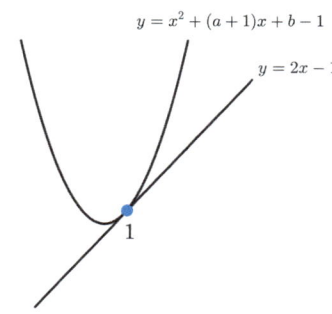

$y = x^2 + (a+1)x + b - 1$

$y = 2x - 1$

1

➔ $\boxed{x^2 + (a+1)x + b - 1} - \boxed{(2x-1)} = (x-1)^2$

➔ $x^2 + (a-1)x + b = x^2 - 2x + 1$

➔ $a - 1 = -2$, $b = 1$

➔ $a = -1$, $b = 1$

답 $a = -1$, $b = 1$

242.

구하는 값 $f(1)$의 값 ➔ $f(x)$의 식을 구하자.

조건 정리 ① $x^2 - 2x - 1 = 0$의 두 근이 α, β

➔ 인수분해가 힘드니, 근과 계수의 관계를

이용하면, $\alpha + \beta = 2$, $\alpha\beta = -1$

② 이차함수 $f(x)$의 최고차항의 계수가 1

➔ $f(x) = x^2 + \cdots$

③ 이차함수 $f(x)$가 두 점 $(\alpha, \boxed{3})$, $(\beta, \boxed{3})$을 지난다.

➔ 지나는 두 점의 y좌표가 3으로 동일하다.

➔ 직선 $y = 3$을 도입하여 이 조건을 그래프로

표현해보자.

설계 제시된 조건을 그래프로 표현하자.

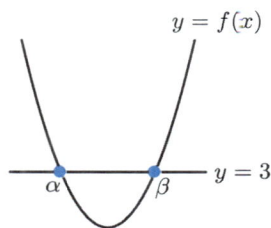

$y = f(x)$

α β $y = 3$

➔ $f(x) - 3 = (x - \alpha)(x - \beta)$

➔ $f(x) = (x - \alpha)(x - \beta) + 3$

➔ $f(x) = x^2 - (\alpha + \beta)x + \alpha\beta + 3$

이때, 조건①에서 $\alpha + \beta = 2$, $\alpha\beta = -1$임을 알았으므로,

$f(x) = x^2 - 2x + 2$

➔ $f(1) = 1 - 2 + 2 = 1$

답 1

243.

구하는 값 a의 값의 범위

조건 정리 $y = -x^2 + x$와 $y = 3x + a$가 적어도 한 점에서

만나야 한다.

➔ $y = \boxed{-x^2 + x}$와 $y = \boxed{3x + a}$의 교점의 개수가 1

또는 2이다.

➔ 방정식 $\boxed{-x^2 + x} = \boxed{3x + a}$의 서로 다른 실근의

개수가 1 또는 2이다.

➔ 방정식 $x^2 + 2x + a = 0$의 (판별식) ≥ 0

➔ $\dfrac{D}{4} = 1 - a \geq 0$

➔ $a \leq 1$

답 $a \leq 1$

244.

구하는 값 $f(1)+f(3)$의 값

조건 정리 ① a는 자연수

② $f(a)$: $y=x^2-4ax+5a^2$와 $y=-2x+k+1$이 만나지 않도록 하는 모든 자연수 k의 개수

설계 $f(1)$과 $f(3)$의 값을 알아야 한다. 따라서 다음을 구하자.

조건②에 $a=1$ 대입
➔ $f(1)$: $y=x^2-4x+5$와 $y=-2x+k+1$이 만나지 않도록 하는 자연수 k의 개수

조건②에 $a=3$ 대입
➔ $f(3)$: $y=x^2-12x+45$와 $y=-2x+k+1$이 만나지 않도록 하는 자연수 k의 개수

생각 1 | $f(1)$을 구하자.

$y=x^2-4x+5$와 $y=-2x+k+1$이 만나지 않도록 하는 자연수 k의 개수
➔ $y=\boxed{x^2-4x+5}$와 $y=\boxed{-2x+k+1}$의 교점이 0개여야 한다.
➔ 방정식 $\boxed{x^2-4x+5}=\boxed{-2x+k+1}$의 서로 다른 실근의 개수가 0이어야 한다.
➔ 방정식 $x^2-2x+4-k=0$의 (판별식)<0
➔ $\dfrac{D_1}{4}=1-(4-k)<0$ ➔ $k<3$

➔ 자연수 k는 $\boxed{2}$개
➔ $f(1)=\boxed{2}$

생각 2 | $f(3)$을 구하자.

$f(3)$: $y=x^2-12x+45$와 $y=-2x+k+1$이 만나지 않도록 하는 자연수 k의 개수
➔ $y=\boxed{x^2-12x+45}$와 $y=\boxed{-2x+k+1}$의 교점이 0개여야 한다.
➔ 방정식 $\boxed{x^2-12x+45}=\boxed{-2x+k+1}$의 서로 다른 실근의 개수가 0이어야 한다.
➔ 방정식 $x^2-10x+44-k=0$의 (판별식)<0
➔ $\dfrac{D_2}{4}=25-(44-k)<0$ ➔ $k<19$

➔ 자연수 k는 $\boxed{18}$개
➔ $f(3)=\boxed{18}$

즉, $f(1)+f(3)=2+18=20$

답 20

245.

구하는 값 $y=f(x)-g(x)$의 그래프 그리기, $f(1)-g(1)$의 값

조건 정리 ① $f(x)$의 최고차항의 계수는 -1, $g(x)$의 최고차항의 계수는 1
➔ $f(x)=-x^2+\cdots$, $g(x)=x^2+\cdots$
② $f(x)$와 $g(x)$의 두 교점의 x좌표가 각각 -1, 2

생각 1 | 주어진 조건을 그래프에 나타내자.

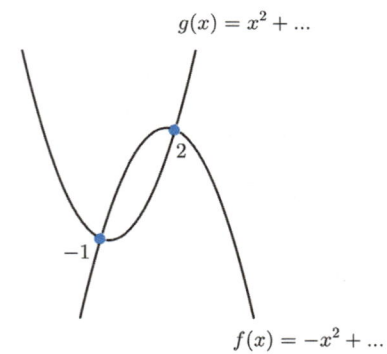

생각 2 | $y=f(x)-g(x)$의 그래프를 그리자.

이때, $f(x)=\boxed{-x^2}+\cdots$, $g(x)=\boxed{x^2}+\cdots$이므로,
$f(x)-g(x)=\boxed{-2x^2}+\cdots$ 임에 주의하자.

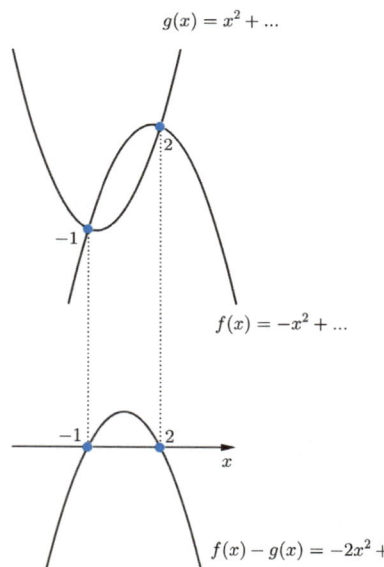

➔ $f(x)-g(x)=-2(x+1)(x-2)$
➔ $f(1)-g(1)=-2(2)(-1)=4$

답 4

246.

구하는 값 $f(-1)-g(-1)$의 값 ⇨ $f(x)-g(x)$의 식을 구하자.

조건 정리 ① $f(x)$는 이차함수, $g(x)$는 일차함수
② 이차함수 $f(x)$와 일차함수 $g(x)$는 x좌표가 1인
점에서 접한다.
➔ 이 상황을 그래프로 대략 나타내면 다음과 같다.

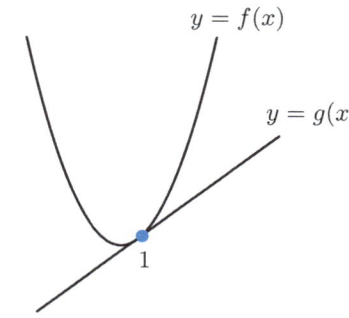

➔ $f(x)-g(x)=a(x-1)^2$
(이차함수 $f(x)$의 최고차항의 계수를 모르니 a라
하였다.)
③ $f(x)$를 $x-2$로 나누었을 때의 나머지 : 5
➔ $f(2)=5$ (나머지 정리에 의해)
④ $g(x)$를 $x-2$로 나누었을 때의 나머지 : 2
➔ $g(2)=2$ (나머지 정리에 의해)

설계 $f(2)=5$, $g(2)=2$이므로, $f(2)-g(2)=3$임을
이용하자.

조건②에서 $f(x)-g(x)=a(x-1)^2$임을 알았으므로,
$f(2)-g(2)=a=3$
➔ $f(x)-g(x)=3(x-1)^2$
➔ $f(-1)-g(-1)=3(-2)^2=12$

답 12

247.

구하는 값 $a+b$의 값

조건 정리 $y=2x^2+4x+a$가 $x=b$에서 최솟값 5를 가진다.

설계 x의 범위에 제한이 없으므로, 이차함수의 최솟값은
꼭짓점에서 도출될 것이다.

$y=2x^2+4x+a$의 꼭짓점의 x좌표를 구하면,
$$x=-\frac{4}{2\times 2}=-1$$
즉, $x=-1$일 때, 최솟값을 가지므로,
$$b=-1$$

또, $y=2x^2+4x+a$는 $(-1, 5)$를 지나므로,
$$2-4+a=5 \ ➔ \ a=7$$
$$\therefore \ a+b=7+(-1)=6$$

답 6

248.

구하는 값 a의 값

조건 정리 $-2 \leq x \leq 3$에서 $y=-2x^2+8x+a$의 최솟값이
3이다.

설계 x의 범위에 제한이 있음을 인식하자.

생각 1 | 대칭축의 방정식을 이용하여 대칭축을 찾자.
$$y=-2x^2+8x+a의 \ 대칭축은 \ x=-\frac{8}{2\times(-2)}=2$$

생각 2 | **주어진 범위의 양 끝이 각각 대칭축으로부터 얼마나 멀리**
떨어져 있는지 비교하면서 그래프를 그리자.
대칭축 $x=2$가 $x=-2$와 떨어진 거리는 4이고, $x=3$과
떨어진 거리는 1이므로 $x=-2$를 $x=3$보다 대칭축에서
멀리 떨어지도록 그려야 한다.

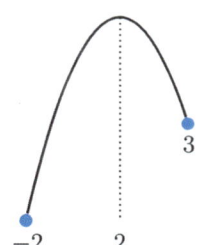

➔ $y=-2x^2+8x+a$는 $x=-2$에서 최솟값을 가진다.
➔ $y=-2x^2+8x+a$가 $(-2, 3)$을 지난다.
➔ $3=-8-16+a \ ➔ \ a=27$

답 27

249.

구하는 값 $M+m$의 값

조건 정리 $-1 \leq x \leq 2$에서
$$y=(x^2-2x)^2-4(x^2-2x)+2의$$
최댓값 : M, 최솟값 : m

설계 반복되는 부분인 $x^2 - 2x = t$로 치환하자. 이때, x의 범위에 제한이 있으므로, 치환한 문자인 t의 범위에도 제한이 생김에 주의하자.

생각 1 | $x^2 - 2x = t$**로 치환하고, 치환한 문자** t**의 범위를 구하자.**

$y = (x^2 - 2x)^2 - 4(x^2 - 2x) + 2$에서 $x^2 - 2x = t$로 치환하면,

$y = t^2 - 4t + 2$

이제 치환한 문자 t의 범위를 구하자.

치환의 대상이 되는 식은 $x^2 - 2x \atop = x(x-2)$ 이므로,

제한된 범위 $\boxed{-1 \leq x \leq 2}$에서 $x(x-2)$의 그래프를 그리면 다음과 같다.

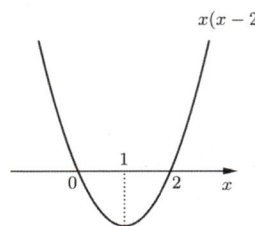

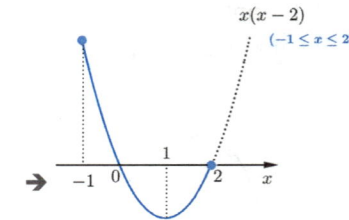

➜ 최솟값은 $x = 1$일 때 $\boxed{-1}$이고, 최댓값은 $x = -1$일 때 $\boxed{3}$이다.

➜ 그래프의 y값이 정의되는 범위가 $-1 \leq y \leq \boxed{3}$이다.

➜ t의 범위도 $\boxed{-1 \leq t \leq 3}$이다.

생각 2 | $\boxed{-1 \leq t \leq 3}$**에서** $y = t^2 - 4t + 2$**의 최대, 최소를 구하자.**

$\boxed{-1 \leq t \leq 3}$에서 $y = t^2 - 4t + 2$를 그리면 다음과 같으므로,

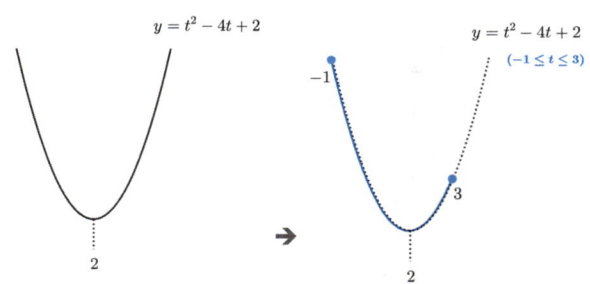

$t = -1$일 때 최댓값을, $t = 2$일 때 최솟값을 가짐을 알 수 있다.

즉, $y = t^2 - 4t + 2$에

$t = -1$ 대입 ➜ $y = 1 + 4 + 2 = 7$ ➜ $M = 7$

$t = 2$ 대입 ➜ $y = 4 - 8 + 2 = -2$ ➜ $m = -2$

$\therefore M + m = 7 + (-2) = 5$

답 5

250.

구하는 값 a의 최댓값

조건 정리 $y = \boxed{-x+a}$가 $y = \boxed{x^2 + bx + 3}$에 접해야 한다.

➜ 교점이 1개여야 한다.

➜ 방정식 $\boxed{-x+a} = \boxed{x^2 + bx + 3}$의 서로 다른 실근이 1개여야 한다.

➜ 방정식 $x^2 + (b+1)x + 3 - a = 0$의 (판별식)$= 0$

➜ $D = (b+1)^2 - 4(3-a) = 0$

➜ $4a + b^2 + 2b - 11 = 0$

설계 $\boxed{a}$의 최댓값을 구해야 하므로,

$4a + b^2 + 2b - 11 = 0$을 다음과 같이 변형해보자.

$\boxed{a} = \dfrac{1}{4}(-b^2 - 2b + 11)$

이때, $\dfrac{1}{4}$과 11은 상수이므로,

$-b^2 - 2b$가 최대가 될 때, a도 최대가 된다.

➜ $-b^2 - 2b$의 최댓값을 구하자.

생각 1 | $-b^2 - 2b$**의 그래프를 그려보자.**

$-b^2 - 2b = -b(b+2)$이므로, 그래프를 그리면 다음과 같다.

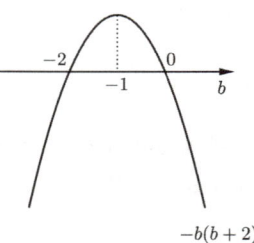

➜ $b = -1$일 때, 최대가 됨을 알 수 있다.

➜ $b = -1$을 $-b(b+2)$에 대입하여 최댓값을 구하면

➜ 1

즉, (a의 최댓값)$=\dfrac{1}{4}[(-b^2-2b$의 최댓값)$+11]$

$\qquad\qquad\qquad\quad=\dfrac{1}{4}(1+11)=3$

답 3

251.

구하는 값 양수 a의 값

조건 정리 ① $-a\le x\le a$에서 $f(x)=-2x^2+ax+5$의
(최댓값)$+$(최솟값)$=-13$

➔ 최댓값과 최솟값을 a에 대한 식으로 표현하자.

② a는 양수

설계 제한된 경계의 양 끝 값인 $-a$, a와 $f(x)$의 대칭축 $\dfrac{a}{4}$는
a가 양수이므로, 다음과 같이 대소 관계가 명확하다.

$$-a<\dfrac{a}{4}<a$$

또한, 대칭축 $\dfrac{a}{4}$에서 a까지의 거리$\left(\dfrac{3}{4}a\right)$보다 대칭축
$\dfrac{a}{4}$에서 $-a$까지의 거리$\left(\dfrac{5}{4}a\right)$가 더 멀다는 사실을 알 수
있다.

➔ 제한된 x의 범위와 대칭축에 모두 미지수가 포함되어
있지만, 제한된 범위에서 $f(x)$의 그래프를 그리면
$f(x)$가 언제 최대/최소가 되는지 알 수 있다.

생각 1 | $-a\le x\le a$에서 $f(x)$의 그래프를 그리자.

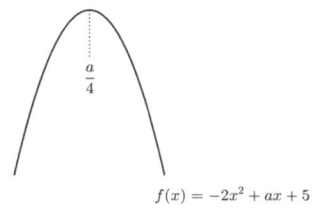

➔

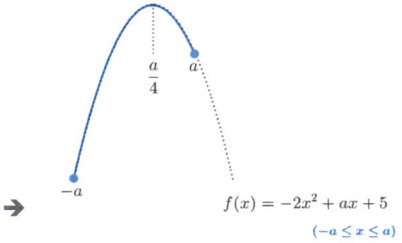

➔ $f(x)$는 $x=-a$에서 최솟값을, $x=\dfrac{a}{4}$에서
최댓값을 가진다.

➔ $f(x)=-2x^2+ax+5$에
$x=-a$ 대입 ➔ $f(-a)=-3a^2+5$ (최솟값)
$x=\dfrac{a}{4}$ 대입 ➔ $f\left(\dfrac{a}{4}\right)=\dfrac{a^2}{8}+5$ (최댓값)

생각 2 | (최댓값)$+$(최솟값)$=-13$임을 이용하자.

(최댓값)$+$(최솟값)$=-13$

➔ $(-3a^2+5)+\left(\dfrac{a^2}{8}+5\right)=-13$

➔ $-\dfrac{23}{8}a^2+10=-13$

➔ $\dfrac{23}{8}a^2=23$ ➔ $a^2=8$

➔ $a=2\sqrt{2}$ (a는 양수이므로)

답 $2\sqrt{2}$

252.

구하는 값 $M-m$의 값

조건 정리 ① $1\le y\le 6$
② $x-y=-2$
③ x^2+y^2-8y의 최댓값 : M, 최솟값 : m

설계 조건②의 $x-y=-2$를 이용하여 x^2+y^2-8y을 하나의
문자로 통일하자.

생각 1 | x와 y 중 어떤 문자로 통일할지 결정하자.

x^2+y^2-8y에서 y의 자리에 값을 대입하는 것보다,
x의 자리에 값을 대입하는 것이 계산량이 더 적을
것이므로, y를 중심으로 통일하자.

생각 2 | y를 중심으로 통일하자.

$x-y=-2$ ➔ $x=y-2$이므로,
$\boxed{x^2}+y^2-8y=\boxed{(y-2)^2}+y^2-8y$
$\qquad\qquad\qquad=2y^2-12y+4$

생각 3 | $1\le y\le 6$에서 $2y^2-12y+4$의 최대, 최소를
구하자.

이때, $2y^2-12y+4=2y(y-6)+4$에서 2와 $+4$는
상수이므로, $y(y-6)$가 최대/최소가 될 때,
$2y(y-6)+4$도 최대/최소가 된다

➔ $1\le y\le 6$에서 $y(y-6)$의 최대/최소를 구하자.

$1 \leq y \leq 6$에서 $y(y-6)$의 그래프를 그리면 다음과 같다.

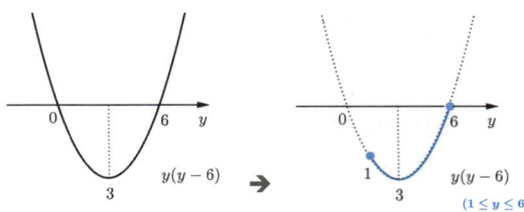

➜ $y(y-6)$은 $y=3$에서 최소, $y=6$에서 최대이다.

➜ $2y(y-6)+4$도 $y=3$에서 최소, $y=6$에서 최대이다.

즉, $m=2(3)(-3)+4=-14$,

$M=2(6)(0)+4=4$

∴ $M-m=4-(-14)=18$

답 18

253.

[구하는 값] $6a+12b^2+11$의 최솟값

[조건 정리] ① $z=a+2bi$

② $z^2+(\overline{z})^2=0$

➜ $z=a+2bi$를 대입하면,

$$(a+2bi)^2+(a-2bi)^2=0$$

➜ $2a^2-8b^2=0$ ➜ $\boxed{a^2=4b^2}$

[설계] $a^2=4b^2$을 이용하여 $6a+12b^2+11$을 하나의 문자 a로 통일하면 $3a^2+6a+11$이다.

➜ $3a^2+6a+11$의 최솟값을 구하자.

$3a^2+6a+11$의 그래프를 그리면 다음과 같다.

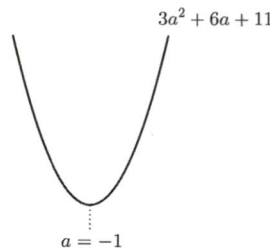

➜ $a=-1$일 때 최소가 된다.

➜ $3a^2+6a+11$에 $a=-1$을 대입하면 8 (최솟값)

답 8

254.

[구하는 값] a^2+8b의 최솟값

[조건 정리] ① $y=-\dfrac{1}{4}x+1$의 y절편 : A, x절편 : B

➜ A$(0, 1)$, B$(4, 0)$

② P(a, b)는 A에서 $y=-\dfrac{1}{4}x+1$을 따라 B까지 움직인다.

➜ P(a, b)는 $y=-\dfrac{1}{4}x+1$ 위의 점이므로,

$$\boxed{b=-\dfrac{1}{4}a+1}$$

또한, P(a, b)가 $y=-\dfrac{1}{4}x+1$을 따라 A에서 B까지 움직일 때, P의 x좌표는 0에서 4까지 변하므로,

$$\boxed{0 \leq a \leq 4}$$

[설계] $\boxed{b=-\dfrac{1}{4}a+1}$을 이용하여 a^2+8b를 하나의 문자로 b로 통일하면 a^2-2a+8이다.

➜ $\boxed{0 \leq a \leq 4}$에서 a^2-2a+8의 최솟값을 구하자.

생각 1 | $\boxed{0 \leq a \leq 4}$**에서** a^2-2a+8**의 그래프를 그리자.**

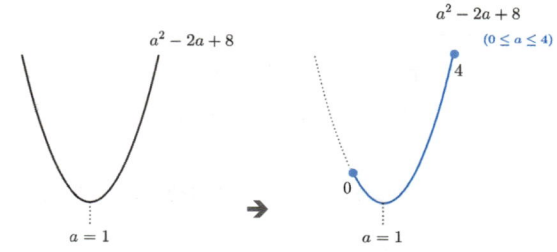

➜ $a=1$일 때 최솟값을 갖는다.

➜ a^2-2a+8에 $a=1$을 대입하면 7 (최솟값)

답 7

255.

[구하는 값] abc의 값

[조건 정리] ① x, y는 실수

② $x=a$, $y=b$일 때, $x^2+y^2-6x-2y+15$가 최솟값 c를 가진다.

[설계] $x^2+y^2-6x-2y+15$을 하나의 문자로 통일하려고 보니 얻을 수 있는 두 문자 사이의 관계식이 없다.

➜ (실수)$^2 \geq 0$임을 이용하자.

생각 1 | (실수)$^2 \geq 0$임을 이용하기 위해 구하는 값을
(실수)^{2}의 꼴로 최대한 정리하자.

$$x^2+y^2-6x-2y+15$$
$$=(x^2-6x+9)+(y^2-2y+1)+5$$
$$=(x-3)^2+(y-1)^2+5$$

여기서 (실수)$^2 \geq 0$이므로 $(x-3)^2 \geq 0$이고
$(y-1)^2 \geq 0$이다.
즉, $(x-3)^2$과 $(y-1)^2$의 최솟값이 모두 0이므로
$(x-3)^2+(y-1)^2+5$의 최솟값은 5이다.
➔ $c=5$

또, $(x-3)^2$과 $(y-1)^2$이 각각 최솟값 0을 가지려면
$x-3=0$이고, $y-1=0$이어야 한다.
➔ $a=3$, $b=1$
$\therefore abc=(3)(1)(5)=15$

답 15

256.

구하는 값 k의 값

조건 정리 ① a, b는 실수
② $a^2-2ab+2b^2-8b+k+5$의 최솟값이 10

설계 $a^2-2ab+2b^2-8b+k+5$를 하나의 문자로 통일하려고
보니 얻을 수 있는 두 문자 사이의 관계식이 없다.
➔ (실수)$^2 \geq 0$임을 이용하자.

생각 1 | (실수)$^2 \geq 0$임을 이용하기 위해 구하는 값을
(실수)^{2}의 꼴로 최대한 정리하자.

$$a^2-2ab+2b^2-8b+k+5$$
$$=(a^2-2ab+b^2)+(b^2-8b+16)-16+k+5$$
$$=(a-b)^2+(b-4)^2+k-11$$

여기서 (실수)$^2 \geq 0$이므로 $(a-b)^2 \geq 0$이고
$(b-4)^2 \geq 0$이다.
즉, $(a-b)^2$과 $(b-4)^2$의 최솟값이 모두 0이므로
$(a-b)^2+(b-4)^2+k-11$의 최솟값은 $k-11$이다.
➔ 이때, 조건②에 따라, $k-11=10$
➔ $k=21$

답 21

257.

구하는 값 실수 a, b의 값

조건 정리 $y=-x^2+ax+6$과 x축이 서로 다른 두 점
A$(3, 0)$, B$(b, 0)$에서 만난다.

설계 주어진 조건을 그래프로 표현해보자.

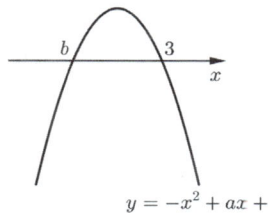

$y=-x^2+ax+6$

➔ $-x^2+ax+6=-(x-b)(x-3)$
➔ $a=b+3$, $6=-3b$
➔ $a=1$, $b=-2$

답 $a=1$, $b=-2$

258.

구하는 값 나머지 한 교점의 x좌표

조건 정리 $y=\boxed{-\dfrac{1}{2}x^2-2x+a}$, $y=\boxed{\dfrac{1}{2}x^2-6x+3}$이

서로 다른 두 점에서 만나고, 한 교점의 x좌표가 -1

➔ 방정식 $\boxed{-\dfrac{1}{2}x^2-2x+a}=\boxed{\dfrac{1}{2}x^2-6x+3}$의 한

실근이 $x=-1$

➔ $x=-1$을 대입하면, $-\dfrac{1}{2}+2+a=\dfrac{1}{2}+6+3$

➔ $a=8$

즉, 주어진 두 함수 : $y=-\dfrac{1}{2}x^2-2x+\boxed{a}$,

$y=\dfrac{1}{2}x^2-6x+3$

➔ $y=-\dfrac{1}{2}x^2-2x+\boxed{8}$, $y=\dfrac{1}{2}x^2-6x+3$

생각 1 | 두 함수의 교점의 x좌표를 모두 구해보자.

두 함수 $y=\boxed{-\dfrac{1}{2}x^2-2x+8}$, $y=\boxed{\dfrac{1}{2}x^2-6x+3}$가

포함된 방정식 ➔ $\boxed{-\dfrac{1}{2}x^2-2x+8}=\boxed{\dfrac{1}{2}x^2-6x+3}$

➔ $x^2-4x-5=0$ ➔ $(x+1)(x-5)=0$
➔ $x=-1$ 또는 5
즉, 구하는 나머지 한 교점의 x좌표는 5이다.

답 5

259.

구하는 값 a, b의 값

조건 정리 $y = x^2 - 3x$와 $y = -x^2 - 5x + b$의 그래프가

$y = x + a$에 동시에 접한다. 즉,

① $y = \boxed{x^2 - 3x}$와 $y = \boxed{x + a}$가 한 점에서 만난다.

➜ 방정식 $\boxed{x^2 - 3x} = \boxed{x + a}$의 서로 다른 실근이 1개다.

➜ 방정식 $x^2 - 4x - a = 0$의 (판별식)$= 0$

➜ $\dfrac{D}{4} = 4 + a = 0$ ➜ $a = -4$

② $y = \boxed{-x^2 - 5x + b}$와 $y = x + a = \boxed{x - 4}$가 한 점에서 만난다.

➜ 방정식 $\boxed{-x^2 - 5x + b} = \boxed{x - 4}$의 서로 다른 실근이 1개다.

➜ 방정식 $x^2 + 6x - 4 - b = 0$의 (판별식)$= 0$

➜ $\dfrac{D}{4} = 9 - (-4 - b) = 0$ ➜ $b = -13$

답 $a = -4$, $b = -13$

260.

구하는 값 k의 값

조건 정리 $y = x^2 - 4x - 2k + 2$와 x축이 만나는 두 점 사이의 거리가 $4\sqrt{2}$

설계 이차함수의 그래프가 x축과 만나는 두 점 사이의 거리가 $4\sqrt{2}$인 상황을 그래프로 그려보자.

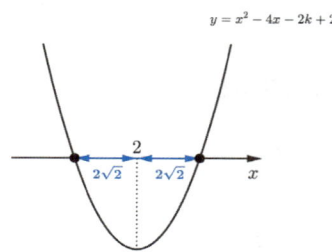

이때, 다음과 같이 이차함수의 대칭성에 의해 이 이차함수의 두 x절편이 각각 $2 - 2\sqrt{2}$, $2 + 2\sqrt{2}$임을 알 수 있으므로,

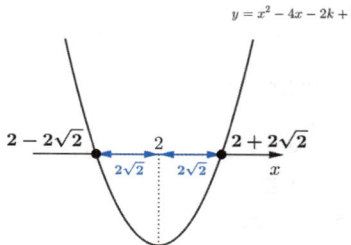

이차함수의 식을

$y = \{x - (2 - 2\sqrt{2})\}\{x - (2 + 2\sqrt{2})\}$

와 같이 작성할 수 있다.

이때,

$\{x - (2 - 2\sqrt{2})\}\{x - (2 + 2\sqrt{2})\} = x^2 - 4x - 2k + 2$이므로 양변의 상수항의 계수를 비교해보면,

$(2 - 2\sqrt{2})(2 + 2\sqrt{2}) = -2k + 2$ ➜ $-4 = -2k + 2$ ➜ $k = 3$

답 3

261.

구하는 값 두 함수의 교점의 좌표

조건 정리 ① m은 음수

② $y = \boxed{x^2 + 2x - 1}$과 $y = \boxed{mx - 5}$가 한 점에서 만난다.

➜ 방정식 $\boxed{x^2 + 2x - 1} = \boxed{mx - 5}$의 서로 다른 실근이 1개다.

➜ 방정식 $x^2 + (2 - m)x + 4 = 0$의 (판별식)$= 0$

➜ $D = (2 - m)^2 - 16 = 0$ ➜ $(2 - m)^2 = 16$

➜ $2 - m = \pm 4$

➜ $m = -2$ 또는 6

이때, m은 음수이므로,

∴ $m = -2$

답 -2

262.

구하는 값 a, b, m의 값

조건 정리 ① $y = -\dfrac{1}{3}x^2 + ax + b$가 $(0, 0)$과 $(3, 0)$을 지난다.

➜ 조건을 그림으로 표현하면,

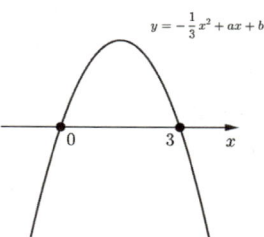

➜ $-\dfrac{1}{3}x^2 + ax + b = -\dfrac{1}{3}x(x - 3)$

➜ $a = 1$, $b = 0$

② $y = -\dfrac{1}{3}x^2 + ax + b$가 $y = mx$와 $(0, 0)$에서 접한다.

➜ $y = -\dfrac{1}{3}x^2 + ax + b$와 $y = \boxed{mx}$가 한 점에서 만난다.

$\qquad = \boxed{-\dfrac{1}{3}x^2 + x}$

➜ 방정식 $\boxed{-\dfrac{1}{3}x^2 + x} = \boxed{mx}$의 서로 다른 실근이 1개다.

➜ 방정식 $x^2 + (3m - 3)x = 0$의 (판별식)$= 0$

➜ $D = (3m - 3)^2 = 0$ ➜ $m = 1$

답 $a = 1$, $b = 0$, $m = 1$

263.

구하는 값 유리수 a, b의 값

조건 정리 ① $y = \boxed{x^2 + ax + 2}$와 $y = \boxed{-3x + b}$가 서로 다른 두 점에서 만난다.

② 두 교점 중 한 교점의 x좌표가 $3 + \sqrt{2}$ 이다.

➜ [방정식 $\boxed{x^2 + ax + 2} = \boxed{-3x + b}$의 실근]
$\quad =$ [두 교점의 x좌표]이므로,

➜ 방정식 $\boxed{x^2 + ax + 2} = \boxed{-3x + b}$의 한 실근이 $3 + \sqrt{2}$

➜ 이때, 조건③에 따라 이 이차방정식의 계수가 모두 유리수이므로, 다른 한 근은 $3 - \sqrt{2}$

➜ 방정식 $x^2 + (a + 3)x + 2 - b = 0$의 두 실근이 $3 + \sqrt{2}$, $3 - \sqrt{2}$ 이다.

③ a, b는 유리수

설계 조건②에서 얻은 정보를 바탕으로 근과 계수의 관계를 이용하자.

$x^2 + (a + 3)x + 2 - b = 0$의 두 실근이 $3 + \sqrt{2}$, $3 - \sqrt{2}$ 이므로 근과 계수의 관계를 적용하면,

(두 근의 합)$= (3 + \sqrt{2}) + (3 - \sqrt{2}) = -(a + 3)$

➜ $a = -9$

(두 근의 곱)$= (3 + \sqrt{2})(3 - \sqrt{2}) = 2 - b$ ➜ $b = -5$

답 $a = -9$, $b = -5$

264.

구하는 값 k의 값

조건 정리 $-1 \le x \le 3$일 때,

$(y = 2x^2 - 4x + 1$의 최솟값$)$
$= (y = x^2 - 8x + k$의 최솟값$)$

설계 조건을 이용하기 위하여 $-1 \le x \le 3$일 때
① $y = 2x^2 - 4x + 1$의 최솟값, ② $y = x^2 - 8x + k$의 최솟값을 각각 구하고, 두 값이 같음을 이용하자.

생각 1 ┃ $-1 \le x \le 3$일 때, $y = 2x^2 - 4x + 1$의 그래프를 그리자.

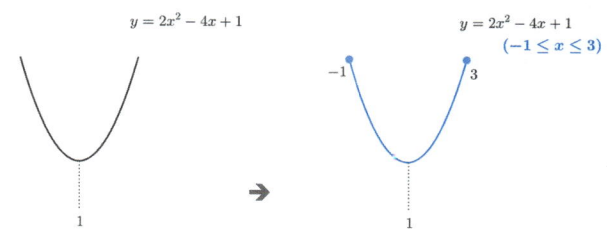

➜ $x = 1$일 때 최솟값을 가진다.

➜ $y = 2x^2 - 4x + 1$에 $x = 1$을 대입하면,
$y = 2 - 4 + 1 = \boxed{-1}$ ($-1 \le x \le 3$에서의 최솟값)

생각 2 ┃ $-1 \le x \le 3$일 때, $y = x^2 - 8x + k$의 그래프를 그리자.

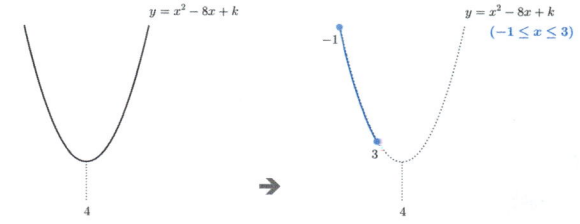

➜ $x = 3$일 때 최솟값을 가진다.

➜ $y = x^2 - 8x + k$에 $x = 3$을 대입하면,
$y = 9 - 24 + k = \boxed{k - 15}$ ($-1 \le x \le 3$에서의 최솟값)

생각 3 ┃ 구한 두 최솟값이 같음을 이용하자.

$-1 = k - 15$ ➜ $k = 14$

답 14

265.

구하는 값 a, b의 값

조건 정리 ① $y = \boxed{x^2 - 2kx + 8a}$와 $y = \boxed{4bx - k^2 - 8k}$가 한 점에서 만난다.

➜ 방정식 $\boxed{x^2 - 2kx + 8a} = \boxed{4bx - k^2 - 8k}$의 서로 다른 실근이 1개다.

➜ 방정식 $x^2 - 2(k + 2b)x + (8a + k^2 + 8k) = 0$의 (판별식)$= 0$

➜ $\dfrac{D}{4} = (k + 2b)^2 - (8a + k^2 + 8k) = 0$

➜ $\boxed{4bk + 4b^2 - 8a - 8k = 0}$

② "k의 값에 관계없이 항상"

➔ 작성한 등식이 k에 대한 항등식이 되어야 한다.

➔ 작성한 등식을 (k에 대한 식)$=0$ 꼴로 정리했을 때, $k^\square$ 꼴을 포함한 항들의 계수가 모두 0이 되어야 한다.

설계 조건①에서 구한 다음의 등식 $\boxed{4bk+4b^2-8a-8k=0}$이 조건②에 따라, k에 대한 항등식이 되어야 함을 이용하자.

생각 1 | 위 등식을 (k에 대한 식)$=0$ 꼴로 정리하자.

$$4bk+4b^2-8a-8k=0$$

➔ $(4b-8)\boxed{k}+(4b^2-8a)=0$

생각 2 | $k^\square$ 꼴을 포함한 항들의 계수를 모두 0으로 만들자.

$(4b-8)\boxed{k}$에서

$4b-8=0$ ➔ $b=2$

또, $4b^2-8a$에서

$4b^2-8a=0$ ➔ $a=2$

답 $a=2$, $b=2$

266.

구하는 값 a의 최댓값

조건 정리 $y=\boxed{-2x^2+3x+5}$와 $y=\boxed{-x+a}$가 만나야 한다.

➔ 교점이 1개 또는 2개여야 한다.

➔ 방정식 $\boxed{-2x^2+3x+5}=\boxed{-x+a}$의 서로 다른 실근이 1개 또는 2개여야 한다.

➔ 방정식 $2x^2-4x+a-5=0$의 (판별식)≥ 0

➔ $\dfrac{D}{4}=4-2(a-5)\geq 0$ ➔ $a\leq 7$

➔ a의 최댓값은 7

답   7

267.

구하는 값 양수 a의 값

조건 정리 ① $0\leq x\leq a$에서 $y=x^2+2x-5$의 (최댓값)$+$(최솟값)$=5$
② a는 양수

설계 $0\leq x\leq a$에서 $y=x^2+2x-5$의 최댓값과 최솟값을 a와 관련된 식으로 표현한 후, 조건①을 이용하는 것을 목표로 하자.

생각 1 | $0\leq x\leq a$에서 $y=x^2+2x-5$의 그래프를 그려보자.

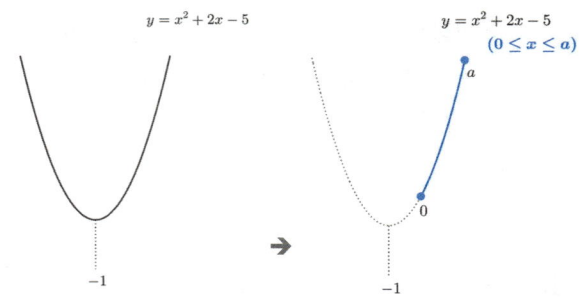

➔ $x=0$에서 최소, $x=a$에서 최대이다.

➔ $y=x^2+2x-5$에

$x=0$ 대입 ➔ $y=\boxed{-5}$ ($0\leq x\leq a$에서의 최솟값)

$x=a$ 대입 ➔ $y=\boxed{a^2+2a-5}$ ($0\leq x\leq a$에서의 최댓값)

생각 2 | 조건①을 이용하자.

조건① : $0\leq x\leq a$에서 $y=x^2+2x-5$의 (최댓값)$+$(최솟값)$=5$ 이므로,

$\boxed{(a^2+2a-5)}+\boxed{(-5)}=5$

➔ $a^2+2a-15=0$

➔ $(a+5)(a-3)=0$

➔ 조건②에 따라 $a>0$이므로, $a=3$

답   3

268.

구하는 값 직선의 y절편 ➔ 직선의 식을 구하자.

조건 정리 ① 기울기 : 3

➔ $y=3x+a$

② 구하는 직선은 $y=x^2-3x+4$에 접한다.

➔ $y=\boxed{3x+a}$이 $y=\boxed{x^2-3x+4}$에 접한다.

➔ 방정식 $\boxed{3x+a}=\boxed{x^2-3x+4}$의 서로 다른 실근이 1개다.

➔ 방정식 $x^2-6x+4-a=0$의 (판별식)$=0$

➔ $\dfrac{D}{4}=9-(4-a)=0$ ➔ $a=-5$

즉, 구하는 직선 : $y=3x-5$ ➔ y절편은 -5

답 -5

269.

구하는 값 조건을 만족하는 알사탕 1개의 가격

조건 정리 (단위는 생략하겠다.)

① 알사탕 1개의 가격이 50일 때의 판매량 : 270

② 알사탕 1개의 가격이 $+x$이면 판매량은 $-3x$

➔ 알사탕 1개의 가격이 $50+x$이면 판매량은 $270-3x$이다.

③ 알사탕의 하루 총 판매 금액이 최대가 되어야 한다.

설계 (알사탕의 하루 총 판매 금액)=(가격)×(판매량)이다.

즉, (알사탕의 하루 총 판매 금액)=$(50+x)(270-3x)$

➔ $(50+x)(270-3x)$의 최댓값을 구하자.

$(50+x)(270-3x)$의 그래프를 그려보면 다음과 같고,

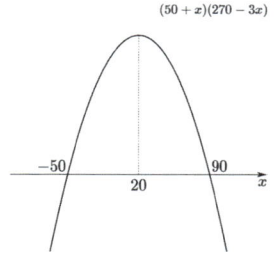

$x=20$일 때 최댓값을 가짐을 알 수 있다.

➔ 하루 판매 금액이 최대가 되도록 하는 알사탕 1개의 가격
: $50+20=70$

답 70

270.

구하는 값 a, b의 값

조건 정리 ① $0 \leq x \leq 3$일 때, $y=ax^2-4ax+b-3$의
최댓값 : 3, 최솟값 : -1

➔ 대칭축은 $x=-\dfrac{-4a}{2a}=2$

② $a < 0$

➔ $y=ax^2-4ax+b-3$가 위로 볼록하게 그려진다.

설계 $0 \leq x \leq 3$일 때, $y=ax^2-4ax+b-3$의 그래프를 그리자.

그래프를 그리면 다음과 같고,

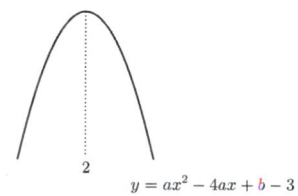

$y=ax^2-4ax+b-3$

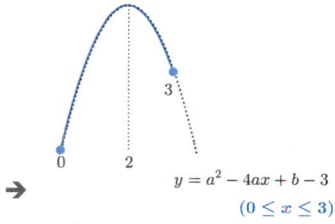

$y=a^2-4ax+b-3$
$(0 \leq x \leq 3)$

$x=2$일 때 최댓값을, $x=0$일 때 최솟값을 가짐을 알 수 있다.

$y=ax^2-4ax+b-3$에
$x=2$ 대입 ➔ $y=-4a+b-3$ (최댓값)
$x=0$ 대입 ➔ $y=b-3$ (최솟값)

이때, 조건①에 따라
(최댓값)=$-4a+b-3=3$
(최솟값)=$b-3=-1$
➔ $a=-1$, $b=2$

답 $a=-1$, $b=2$

271.

구하는 값 m, n의 값

조건 정리 $y=x^2+2x+m$과 $y=nx-5$의 두 교점의
x좌표의 합 : 4, 곱 : 2

➔ 방정식 $x^2+2x+m=nx-5$의 두 실근의
$x^2+(2-n)x+m+5=0$

합 : 4, 곱 : 2

설계 $x^2+(2-n)x+m+5=0$에서 근과 계수의 관계를
이용하자.

(두 근의 합)=$-(2-n)=4$, (두 근의 곱)=$m+5=2$
➔ $n=6$, $m=-3$

답 $m=-3$, $n=6$

272.

구하는 값 직사각형 ABCD의 둘레의 최댓값

조건 정리 ① 주어진 그림

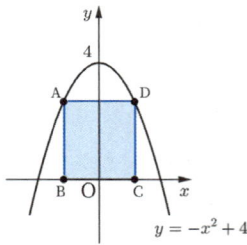

② $0 <$ (점 D의 x좌표) < 2

설계 점 D가 $y=-x^2+4$ 위의 점이니, $D(a, -a^2+4)$로 두고, 직사각형의 둘레를 a와 관련된 식으로 표현하자. 이때, 다음과 같은 사실도 함께 파악해두자.

㉠ $y=-x^2+4$가 y축에 대하여 대칭이므로, 직사각형도 y축에 대하여 대칭이다.

㉡ 직사각형의 변의 길이는 양수여야 한다.

생각 1 | 직사각형의 밑변과 높이를 a와 관련된 식으로 표현하자.

점 D의 좌표를 $D(a, -a^2+4)$로 두고, 직사각형이 y축에 대해 대칭임을 이용하면, 주어진 그림에 다음과 같이 표시할 수 있다.

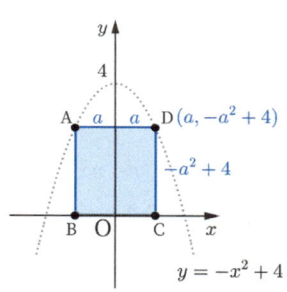

➡ 직사각형의 (가로) $=2a$, (세로) $=-a^2+4$

➡ (직사각형의 둘레)
$= 2[(가로)+(세로)]=2(-a^2+2a+4)$

생각 2 | 직사각형의 변의 길이는 양수여야 함을 생각하자.

즉, 직사각형의 가로와 세로가 모두 양수여야 한다.

➡ (가로) $=2a > 0$, (세로) $=-a^2+4 > 0$이어야 한다.

➡ $a > 0$이고, $a^2 < 4$이어야 한다.

이때, 조건②에 따라 $0 < a < 2$이므로,

$a > 0$이고, $a^2 < 4$임을 만족시킨다.

생각 3 | 직사각형의 둘레의 최댓값을 구하자.

(직사각형의 둘레) $=2(-a^2+2a+4)$이므로,

$0 < a < 2$에서 $2(-a^2+2a+4)$의 그래프를 그려 최댓값을 구하자.

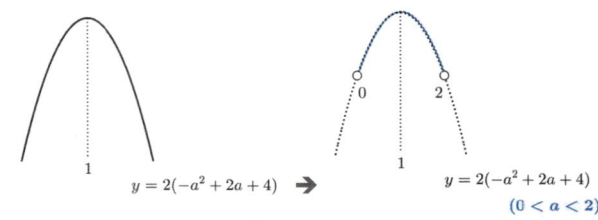

➡ $a=1$일 때 최댓값을 가진다.

➡ $2(-a^2+2a+4)$에 $a=1$을 대입하면, $2(-1+2+4)=10$

답 10

273.

구하는 값 직사각형 EBFD의 넓이의 최댓값

조건 정리 주어진 그림

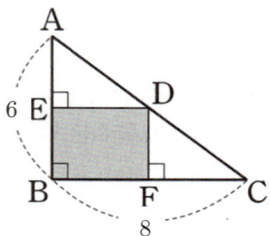

설계 닮은 삼각형을 찾아 닮음비를 이용하여 직사각형 EBFD의 넓이를 식으로 표현하자. 이때, 직사각형의 변의 길이는 양수여야 함에 특히 신경쓰자.

생각 1 | 닮은 삼각형을 찾아보자.

작은 삼각형 AED와 큰 삼각형 ABC는 각 A, 직각을 공통으로 가지므로, AA닮음 관계에 있다.

이때, 큰 삼각형 ABC의
(높이) : (밑변) $= 6 : 8 = 3 : 4$이므로, 작은 삼각형 AED의 (높이) : (밑변) $= 3 : 4$이다.

➡ $\overline{AE}=3x$, $\overline{ED}=4x$로 둘 수 있다.

생각 2 | 직사각형 EBFD의 넓이를 식으로 표현하자.

직사각형 EBFD의
(가로) $=\overline{ED}=4x$, (세로) $=6-\overline{AE}=6-3x$

➡ (넓이) $=4x(6-3x)=12x(2-x)$

생각 3 | 직사각형의 변의 길이는 양수여야 한다.

즉, (가로) $=4x > 0$, (세로) $=6-3x > 0$

➡ $0 < x < 2$여야 한다.

생각 4 │ 직사각형 EBFD의 넓이의 최댓값을 구하자.

(넓이)$= 12x(2-x)$ (단, $0 < x < 2$)이므로,
$0 < x < 2$에서 $12x(2-x)$의 그래프를 그려보면
다음과 같다.

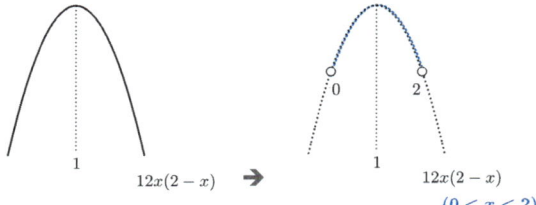

➔ $x = 1$일 때 최댓값을 가진다.

➔ $12x(2-x)$에 $x = 1$을 대입하면, 12 (최댓값)

답 12

274.

구하는 값 $a - b$의 값

조건 정리 $-2 \leq x \leq \boxed{a}$에서 $y = -x^2 + 4x + 2$의 최댓값 : 5,
최솟값 : b

설계 아는 정보 먼저 이용하자. 최솟값은 아직 모르지만,
최댓값이 5임은 알고 있으므로,
① 최댓값이 5임을 먼저 이용하여 a의 값을 구한 다음,
② 최솟값 b를 구하자.

이때, 최댓값이 5임을 이용하기 위해 $-2 \leq x \leq \boxed{a}$에서
$y = -x^2 + 4x + 2$의 그래프를 그리려고 보니, a값에 따라
이 함수의 최댓값이 달라짐을 예상할 수 있다. $x = -2$와
대칭축 $x = 2$만 고려하여 $y = -x^2 + 4x + 2$의 그래프를
그려보고, a를 -2로부터 점점 오른쪽으로 움직여보면,
이 함수의 최댓값이 달라지도록 하는 a값을 중심으로,
다음과 같이 Case를 분류할 수 있다.

Case 1 최댓값이 $\boxed{x = a}$에서 나타나는 경우

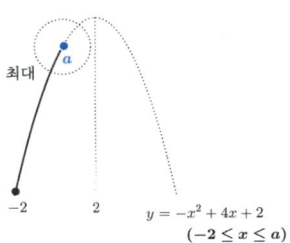

➔ $-2 < \boxed{a} < 2$인 경우

➔ $y = -x^2 + 4x + 2$에 $x = a$를 대입하면,
$y = -a^2 + 4a + 2$ (최댓값)

➔ 조건에 따라 최댓값이 5여야 하므로,
$-a^2 + 4a + 2 = 5$ ➔ $a = 1$ 또는 3
이때, $-2 < \boxed{a} < 2$이므로, ∴ $a = 1$

Case 2 최댓값이 $\boxed{x = 2}$에서 나타나는 경우

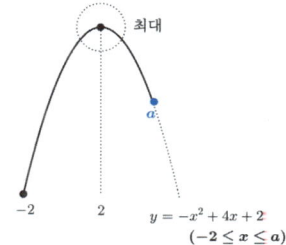

➔ $\boxed{a} \geq 2$인 경우

➔ $y = -x^2 + 4x + 2$에 $x = 2$를 대입하면,
$y = -4 + 8 + 2 = 6$ (최댓값)

➔ 조건에 따라 최댓값이 5여야 하므로,
이 경우는 조건에 모순이다.

위의 두 가지 Case에서 가능한 a의 값은 1이므로,
$-2 \leq x \leq \boxed{1}$에서 $y = -x^2 + 4x + 2$의 최솟값을 구하면 된다.

Case 1에서 그린 그래프를 참고하면 이 함수는 $x = -2$에서
최솟값을 가짐을 알 수 있다.

➔ $y = -4 - 8 + 2 = -10$ (최솟값)

➔ $b = -10$

∴ $a - b = 1 - (-10) = 11$

답 11

275.

구하는 값 a, b의 값

조건 정리 ① $y = -x^2 + ax - 2a + 1$은 "a의 값에 관계없이"
점 P를 지난다.

➔ 점 P를 구하기 위해 $a^{\square}$ 꼴을 포함한 항들의
계수를 모두 0으로 만들자.

➔ $y = -x^2 + (x-2)\boxed{a} + 1$ ➔ $x = 2$

➔ $x = 2$일 때, $y = -4 + 1 = -3$이므로,
P$(2, -3)$

② 점 P에서 $y = -x^2 + ax - 2a + 1$와 $y = 2x + b$는
접한다.

➔ $y = 2x + b$는 P$(2, -3)$을 지난다. 따라서
$-3 = 4 + b$ ➔ $b = -7$

또, $y=-x^2+ax-2a+1$와 $y=2x-7$은 접한다.

➔ 방정식 $-x^2+ax-2a+1=2x-7$의 서로 다른 실근이 1개다.

➔ 방정식 $x^2+(2-a)x+2a-8=0$의 (판별식)$=0$

➔ $D=(2-a)^2-4(2a-8)=0$

➔ $a^2-12a+36=0$ ➔ $a=6$

답 $a=6,\ b=-7$

276.

구하는 값 모든 정수 k의 개수

조건 정리 ① ($f(x)=x^2+4x-3k^2-12k+40$와 x축($y=0$)의 교점의 개수) $=$ ($g(x)=x^2-12x+3k^2-36k+96$와 x축($y=0$)의 교점의 개수)

➔ 방정식 $f(x)=0$과 방정식 $g(x)=0$의 판별식의 부호가 동일하면 된다.

➔ • $f(x)=0$의 판별식 : $4-(-3k^2-12k+40)$
$\qquad = 3k^2+12k-36$
$\qquad = 3(k^2+4k-12)$
$\qquad = 3(k+6)(k-2)$

 • $g(x)=0$의 판별식 : $36-(3k^2-36k+96)$
$\qquad =-3k^2+36k-60$
$\qquad =-3(k^2-12k+20)$
$\qquad =-3(k-2)(k-10)$

② k는 정수

설계 $f(x)=0$의 판별식과 $g(x)=0$의 판별식의 부호가
• 모두 양수일 때
• 모두 0일 때
• 모두 음수일 때
로 나누어 각 경우를 만족시키는 정수 k를 찾아보자.

생각 1 | **두 판별식이 모두 양수일 때를 생각하자.**

즉, $3(k+6)(k-2)>0$이고,
$-3(k-2)(k-10)>0$이어야 한다.

➔ $(k+6)(k-2)>0$이고,
$(k-2)(k-10)<0$이어야 한다.

 • $(k+6)(k-2)>0$이려면,
(i) $k+6>0$이고, $k-2>0$ 이거나
(ii) $k+6<0$이고, $k-2<0$
이어야 한다.

각 부등식을 정리하면,
(i) 의 경우 ➔ $k>2$
(ii) 의 경우 ➔ $k<-6$
즉, $k>2$이거나 $k<-6$이면 $(k+6)(k-2)>0$이다.

 • $(k-2)(k-10)<0$이려면,
(i) $k-2>0$이고, $k-10<0$ 이거나
(ii) $k-2<0$이고, $k-10>0$ 이어야 한다.

각 부등식을 정리하면,
(i)의 경우 ➔ $2<k<10$
(ii)의 경우 ➔ $k<2$와 $k>10$을 동시에 만족시키는 k는 존재 X
즉, $2<k<10$이면 $(k-2)(k-10)<0$이다.

이제, 얻은 두 부등식 [$k>2$이거나 $k<-6$]과 [$2<k<10$]의 공통범위를 구하면, $2<k<10$이다.
➔ 정수 k는 7개

생각 2 | **두 판별식이 모두 0일 때를 생각하자.**

이제부터는 앞에서 작성한 부등식에서 부등호만 바꾸어 계산을 최대한 줄이자.
두 판별식이 모두 0이려면, $(k+6)(k-2)=0$이고, $(k-2)(k-10)=0$이어야 한다.

➔ 이를 만족시키는 k의 값은 2뿐이다.
➔ 정수 k는 1개

생각 3 | **두 판별식이 모두 음수일 때를 생각하자.**

➔ $(k+6)(k-2)<0$이고,
$(k-2)(k-10)>0$이어야 한다.

 • $(k+6)(k-2)<0$이려면,
(i) $k+6<0$이고, $k-2>0$ 이거나
(ii) $k+6>0$이고, $k-2<0$ 이어야 한다.

각 부등식을 정리하면,
(i)의 경우
➔ $k<-6$과 $k>2$를 동시에 만족시키는 k는 존재 X
(ii)의 경우
➔ $-6<k<2$
즉, $-6<k<2$이면 $(k+6)(k-2)<0$이다.

 • $(k-2)(k-10)>0$이려면,
(i) $k-2>0$이고, $k-10>0$ 이거나
(ii) $k-2<0$이고, $k-10<0$ 이어야 한다.

각 부등식을 정리하면,

(i)의 경우 ➔ $k > 10$

(ii)의 경우 ➔ $k < 2$

즉, $k > 10$이거나 $k < 2$이면 $(k-2)(k-10) \boxed{>} 0$이다.

이제, 얻은 두 부등식 $[-6 < k < 2]$와 $[k > 10$이거나 $k < 2]$의 공통범위를 구하면, $-6 < k < 2$이다.

➔ 정수 k는 7개

구한 정수 k 중 중복되는 것은 없으므로,

(모든 정수 k의 개수)$= 7 + 1 + 7 = 15$

답　15

277.

구하는 값 $f(-2)$의 값 ➔ $f(x)$의 식을 구하자.

조건 정리 ① 이차함수 $f(x) = ax^2 + bx + 5$

② a, b는 음의 정수

➔ a, b가 음수이므로,

・이차함수 $f(x)$는 위로 볼록한 모양이고,

・대칭축 $x = -\dfrac{b}{2a}$은 음수이다.

③ $\boxed{1} \le x \le \boxed{2}$일 때, 이차함수 $f(x)$의 최댓값은 3

➔ 대칭축 $x = -\dfrac{b}{2a}$가 음수이므로,

그래프를 그리면 대칭축이 $\boxed{1}$, $\boxed{2}$보다 왼쪽에 있다.

설계 얻은 정보들을 바탕으로, $1 \le x \le 2$일 때 $f(x)$의 그래프를 그려서 $f(x)$가 언제 최댓값을 가지는지 파악하자.

생각 1 | 얻은 정보들을 바탕으로 그래프를 그리자.

얻은 정보들을 바탕으로 그래프를 그려보면 다음과 같다.

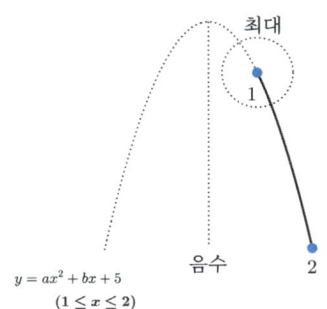

$$y = ax^2 + bx + 5$$
$$(1 \le x \le 2)$$

➔ $x = 1$에서 최댓값을 가진다.

➔ 조건③에 따라, $f(1) = a + b + 5 = 3$

➔ $\boxed{a + b = -2}$

생각 2 | a, b는 음의 정수임을 잊지 말자.

$\boxed{a + b = -2}$을 만족시키는 음의 정수 a, b는 $a = -1$, $b = -1$뿐이다.

즉, $f(x) = -x^2 - x + 5$

➔ $f(-2) = -4 + 2 + 5 = 3$

답　3

278.

구하는 값 모든 a의 합

조건 정리 ① a는 양수

② $0 \le x \le a$에서 $f(x) = x^2 - 8x + a + 6$의 최솟값이 0

설계 최솟값이 0임을 이용하기 위해 $0 \le x \le \boxed{a}$에서 $f(x) = x^2 - 8x + a + 6$를 그리려고 보니, a값이 무엇인지에 따라 $f(x)$의 최솟값이 달라짐을 예상할 수 있다.

$x = 0$과 대칭축 $x = 4$만을 고려하여 이차함수 $f(x)$의 그래프를 그려보고, a를 0으로부터 점점 오른쪽으로 움직여보면, $f(x)$의 최솟값이 달라지도록 하는 a값을 중심으로, 다음과 같이 Case를 분류할 수 있다.

Case 1 최솟값이 $x = a$에서 나타나는 경우

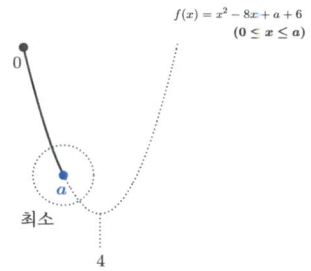

$$f(x) = x^2 - 8x + a + 6$$
$$(0 \le x \le a)$$

➔ $0 < \boxed{a} < 4$인 경우

➔ $f(x) = x^2 - 8x + a + 6$에 $x = a$를 대입하면,

$f(a) = a^2 - 7a + 6$ (최솟값)

➔ 조건에 따라 최솟값이 0이어야 하므로,

$a^2 - 7a + 6 = 0$ ➔ $a = 1$ 또는 6

이때, $0 < \boxed{a} < 4$이므로, $\therefore a = 1$

Case 2 최솟값이 $x=4$에서 나타나는 경우

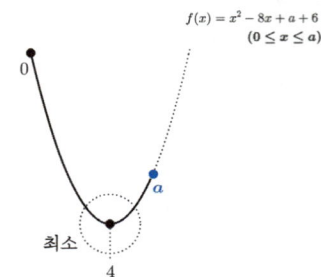

$$f(x)=x^2-8x+a+6$$
$$(0\le x\le a)$$

➜ $a\ge 4$인 경우

➜ $f(x)=x^2-8x+a+6$에 $x=4$를 대입하면,

  $f(4)=a-10$ (최솟값)

➜ 조건에 따라 최솟값이 0이어야 하므로,

  $a-10=0$ ➜ $a=10$

이때, $a=10$은 $a\ge 4$를 만족하므로, **Case 2**의 답이다.

즉, 가능한 모든 a의 값은

Case 1에서 $a=1$, **Case 2**에서 $a=10$

➜ (모든 a의 합)$=1+10=11$

답 11

279.

구하는 값 모든 실수 t의 합

조건 정리 $y=t$가 두 이차함수 $y=\dfrac{1}{2}x^2+3$,

$y=-\dfrac{1}{2}x^2+x+5$와 3개의 교점을 가져야 한다.

설계 먼저 $y=\dfrac{1}{2}x^2+3$, $y=-\dfrac{1}{2}x^2+x+5$의 그래프를 모두

그려두고, $y=t$를 움직여가며 상황을 관찰하자.

생각 1 | $y=\dfrac{1}{2}x^2+3$, $y=-\dfrac{1}{2}x^2+x+5$를 모두 그리자.

$y=\dfrac{1}{2}x^2+3$ ➜ ・대칭축 : $x=0$, ・y절편 : 3

$y=-\dfrac{1}{2}x^2+x+5$ ➜ ・대칭축 : $x=1$, ・y절편 : 5

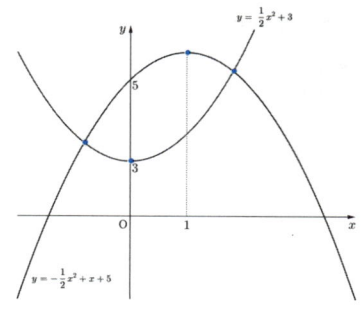

생각 2 | $y=t$를 움직여가며 상황을 관찰하자.

$y=t$를 움직여가며 상황을 관찰하다보면 다음 그림과 같이 $y=t$가 이차함수의 꼭짓점 또는 두 이차함수의 교점을 지날 때 $y=t$가 두 이차함수와 3개의 교점을 가짐을 확인할 수 있다.

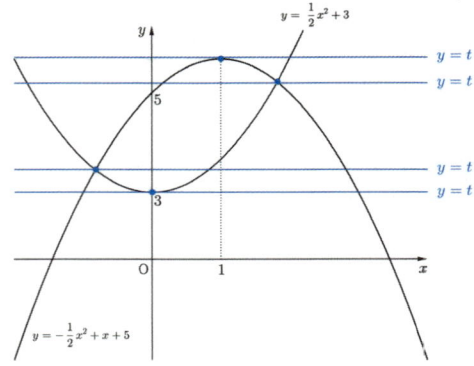

・ $y=\dfrac{1}{2}x^2+3$의 꼭짓점의 y좌표 ➜ 3

・ $y=-\dfrac{1}{2}x^2+x+5$의 꼭짓점의 y좌표

➜ $x=1$을 대입하면, $y=-\dfrac{1}{2}+1+5=\dfrac{11}{2}$

・ $y=\boxed{\dfrac{1}{2}x^2+3}$와 $y=\boxed{-\dfrac{1}{2}x^2+x+5}$의 교점의 y좌표

➜ 방정식 $\boxed{\dfrac{1}{2}x^2+3}=\boxed{-\dfrac{1}{2}x^2+x+5}$를 풀면,

$x^2-x-2=0$ ➜ $(x-2)(x+1)=0$

➜ $x=-1$ 또는 2

$y=\dfrac{1}{2}x^2+3$에 $x=-1$을 대입하면 ➜ $y=\dfrac{7}{2}$

  $x=2$를 대입하면 ➜ $y=5$

즉, 가능한 모든 t의 값은 3, $\dfrac{11}{2}$, $\dfrac{7}{2}$, 5

➜ (구하는 값)$=17$

답 17

280.

구하는 값 p^2+q^2의 값

조건 정리 ① p, q는 양수

② $f(x)=-x^2+px-q$

➜ 대칭축은 $x=\dfrac{p}{2}$이고, p가 양수이므로, $\dfrac{p}{2}$도 양수이다.

③ $y=\boxed{f(x)}$의 그래프는 x축($y=\boxed{0}$)과 접한다.

➜ 방정식 $\boxed{f(x)}=\boxed{0}$의 서로 다른 실근이 1개다.

➜ 방정식 $-x^2+px-q=0$의 (판별식)$=0$이다.

➜ $D=p^2-4q=0$ ➜ $p^2=4q$

④ $-\boxed{p} \le x \le \boxed{p}$에서 $f(x)$의 최솟값은 -54

→ $f(x)$의 대칭축인 $x = \dfrac{p}{2}$와 $\boxed{-p}$가 떨어진

거리$\left(\dfrac{3}{2}p\right)$가 $x = \dfrac{p}{2}$와 $\boxed{p}$가 떨어진 거리$\left(\dfrac{p}{2}\right)$보다

멀다.

설계 얻은 정보들을 바탕으로 그래프를 그리자.

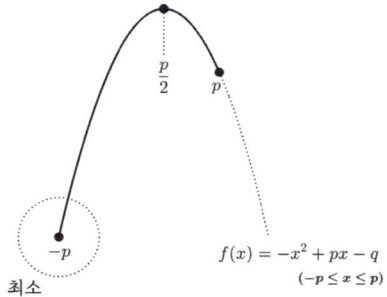

→ $x = -p$에서 최솟값을 가진다.

→ 조건④에 따라 최솟값은 -54이므로,

$f(-p) = -2p^2 - q = -54$ → $2p^2 + q = 54$

이제 얻은 두 관계식

· $p^2 = 4q$

· $2p^2 + q = 54$

을 연립하면, $p^2 = 24$, $q = 6$임을 얻는다.

즉, (구하는 값)$= p^2 + q^2 = 24 + 36 = 60$

답 60

5 **부등식**

| **5-1. 일차부등식**

281.

조건 정리 ① $1 \le x < 4$ ② $4 \le y \le 10$

(1)

구하는 값 $\dfrac{1}{x}$ 과 $\dfrac{1}{y}$ 의 대소 비교

설계 $\dfrac{1}{x}$, $\dfrac{1}{y}$ 의 범위를 각각 구해서 대소를 비교하자.

생각 1 | $\dfrac{1}{x}$**의 범위를 구하자.**

$1 \le x < 4$: 부등식의 양 경계의 부호가 같으므로

$1 \le x < 4$의 전체에 역수를 취하면 ➔ $\dfrac{1}{4} < \dfrac{1}{x} \le 1$

생각 2 | $\dfrac{1}{y}$**의 범위를 구하자.**

$4 \le y \le 10$: 부등식의 양 경계의 부호가 같으므로

$4 \le y \le 10$의 전체에 역수를 취하면

➔ $\dfrac{1}{10} \le \dfrac{1}{y} \le \dfrac{1}{4}$

생각 3 | 구한 범위를 바탕으로 $\dfrac{1}{x}$, $\dfrac{1}{y}$ **의 대소를 비교하자.**

$\dfrac{1}{10} \le \dfrac{1}{y} \le \dfrac{1}{4}$ 이고 $\dfrac{1}{4} < \dfrac{1}{x} \le 1$ 이므로

$\therefore \ \dfrac{1}{x} > \dfrac{1}{y}$

답 $\dfrac{1}{x} > \dfrac{1}{y}$

(2)

구하는 값 $2x - 3y$의 범위

설계 $2x - 3y = 2x + (-3y)$이므로 $2x$와 $-3y$의 범위를 구한 후, 두 범위를 더하면 되겠다.

생각 1 | $2x$**의 범위를 구하자.**

$1 \le x < 4$의 전체에 $\times 2$ ➔ $2 \le 2x < 8$

생각 2 | $-3y$**의 범위를 구하자.**

$4 \le y \le 10$의 전체에 $\times (-3)$

➔ $-30 \le -3y \le -12$

생각 3 | 구한 두 범위를 더하자.

$2 \le 2x < 8$이고 $-30 \le -3y \le -12$이므로 두 범위를 더했을 때 나올 수 있는 가장 작은 값은

$2 + (-30) = -28$

이고, 두 범위를 더했을 때 나올 수 있는 가장 큰 값은

(거의) $8 + (-12) = -4$

이다.

이때, -28은 실제로 나올 수 있는 값이고, -4는 실제로는 나올 수 없는 값이므로

$\therefore \ -28 \le 2x + (-3y) < -4$

답 $-28 \le 2x - 3y < -4$

(3)

구하는 값 $x + y$의 범위

설계 주어진 x의 범위와 y의 범위를 더하면 되겠다.

생각 1 | $x + y$**의 범위를 구하자.**

$1 \le x < 4$이고 $4 \le y \le 10$이므로 두 범위를 더했을 때 나올 수 있는 가장 작은 값은

$1 + 4 = 5$

이고, 두 범위를 더했을 때 나올 수 있는 가장 큰 값은

(거의) $4 + 10 = 14$

이다.

이때, 5는 실제로 나올 수 있는 값이고, 14는 실제로는 나올 수 없는 값이므로

$\therefore \ 5 \le x + y < 14$

답 $5 \le x + y < 14$

(4)

구하는 값 $(x - 2)(y - 6)$의 범위

설계 $x - 2$와 $y - 6$의 범위를 구한 후, 두 범위를 곱하면 되겠다.

생각 1 | $x - 2$**의 범위를 구하자.**

$1 \le x < 4$의 전체에 -2 ➔ $-1 \le x - 2 < 2$

생각 2 | $y - 6$**의 범위를 구하자.**

$4 \le y \le 10$의 전체에 -6 ➔ $-2 \le y - 6 \le 4$

생각 3 | 구한 두 범위를 곱하자.

$-1 \leq x-2 < 2$이고 $-2 \leq y-6 \leq 4$이므로

두 범위를 곱했을 때 나올 수 있는 가장 작은 값은

$(-1) \times 4 = -4$

이고, 두 범위를 곱했을 때 나올 수 있는 가장 큰 값은

(거의) $2 \times 4 = 8$

이다.

이때, -4는 실제로 나올 수 있는 값이고,

8은 실제로는 나올 수 없는 값이므로

$$\therefore \ -4 \leq (x-2)(y-6) < 8$$

답 $-4 \leq (x-2)(y-6) < 8$

282.

구하는 값 $\dfrac{x-4}{6} - \dfrac{x-1}{4} > x+1$의 해

설계 분수가 보기 불편하니, 부등식의 양변에 12를 곱하자.

$\dfrac{x-4}{6} - \dfrac{x-1}{4} > x+1$의 양변에 $\times 12$

$\Rightarrow 2(x-4) - 3(x-1) > 12(x+1)$

동류항끼리 계산하고 정리하면,

$$\therefore \ x < -\frac{17}{13}$$

답 $x < -\dfrac{17}{13}$

283.

구하는 값 $ax < 9$의 해

조건 정리 $(1+a)x < 2a$의 해가 $x > 3$

설계 $(1+a)x < 2a$의 해가 $x > 3$임을 이용하여 먼저 a의 값을 구한 후, $ax < 9$의 해를 구하자.

생각 1 | $(1+a)x < 2a$의 해가 $x > 3$임을 이용하자.

$(1+a)x < 2a$과 $x > 3$의 부등호의 방향이 반대이므로

$1+a < 0 \Rightarrow a < -1$

임을 알 수 있다.

따라서 $(1+a)x < 2a$의 양변을 $1+a$(음수)로 나누면

$\Rightarrow x > \dfrac{2a}{1+a}$

이때 $\boxed{x > \dfrac{2a}{1+a}} = \boxed{x > 3}$이어야 하므로,

$\dfrac{2a}{1+a} = 3 \Rightarrow \ \therefore \ a = -3$

생각 2 | $ax < 9$의 해를 구하자.

$a = -3$이므로

$ax < 9 \Rightarrow -3x < 9$

$-3x < 9$의 양변을 -3으로 나누면

$$\therefore \ x > -3$$

답 $x > -3$

284.

구하는 값 $-2\left(\dfrac{x-2a}{6} + 3\right) \leq \dfrac{6a-x}{9} - 8$의 해

설계 미지수 a가 신경쓰이지만, 우선 부등식을 정리해보자.

생각 1 | 주어진 부등식을 정리하자.

분수가 보기 불편하니, 부등식의 양변에 9를 곱하자.

$-2\left(\dfrac{x-2a}{6} + 3\right) \leq \dfrac{6a-x}{9} - 8$의 양변에 $\times 9$

$\Rightarrow -18\left(\dfrac{x-2a}{6} + 3\right) \leq (6a-x) - 72$

$\Rightarrow -3(x-2a) - 54 \leq 6a - x - 72$

$\Rightarrow -3x + 6a - 54 \leq 6a - x - 72$

여기서, 거슬렸던 미지수 a가 소거됨을 알 수 있다.

동류항끼리 정리하고 계산하면

$$\therefore \ x \geq 9$$

답 $x \geq 9$

285.

구하는 값 $2ax + 3b > bx + 3a$의 해

$\Rightarrow$ (좌변)$= \square x$, (우변)$= \triangle$ 꼴로 정리하면

$\Rightarrow (2a-b)x > 3a - 3b$

조건 정리 $ax + 2 \leq bx - a - b$의 해가 모든 실수

$\Rightarrow$ (좌변)$= \square x$, (우변)$= \triangle$ 꼴로 정리하면

$\Rightarrow (b-a)x \geq a + b + 2$

설계 $(b-a)x \geq a + b + 2$의 해가 모든 실수임을 이용하여 먼저 a와 b에 대한 정보를 파악한 후, $(2a-b)x > 3a - 3b$의 해를 구하자.

생각 1 | $(b-a)x \geq a+b+2$의 해가 모든 실수임을 이용하자.

① $(b-a)x \geq a+b+2$의 해가 모든 실수라는 표현의 의미를 해석해보자.

$(b-a)x \geq a+b+2$의 해가 모든 실수이다.

$\Rightarrow x$에 아무 값이나 대입해도, 좌변이 우변보다 크거나 같다.

② x에 아무 값이나 대입해도 좌변이 우변보다 크거나 같기 위한 조건을 생각하자.

• (x의 계수)$=0$이어서 좌변이 항상 0이 되어야 한다.

➜ $b-a=0$ ➜ $\therefore\ b=a$

• 항상 0인 좌변이 우변보다 크거나 같아야 한다.

➜ 그러기 위해서는 우변이 0 또는 음수이면 된다.

➜ 우변 $a+b+2\le 0$이어야 한다.

이때, $b=a$이므로 $a+b+2\le 0$ ➜ $\therefore\ a\le -1$

생각 2 | $(2a-b)x>3a-3b$의 해를 구하자.

$b=a$이므로 $(2a-b)x>3a-3b$ ➜ $ax>0$

이때 $a\le -1$ ➜ a는 음수이므로

$ax>0$의 양변을 음수인 a로 나누면 $\therefore\ x<0$

답 $\ x<0$

286.

구하는 값 ab의 값

조건 정리 ① 음의 정수 a, b

② $(3a-b)x+2a<b+2$의 해가 모든 실수

➜ (좌변)$=\square x$, (우변)$=\triangle$ 꼴로 정리하면

➜ $(3a-b)x<-2a+b+2$

설계 $(3a-b)x<-2a+b+2$의 해가 모든 실수임을 이용하여 a와 b의 값을 구하자. 이때, a와 b는 음의 정수임을 잊지 말자.

생각 1 | $(3a-b)x<-2a+b+2$**의 해가 모든 실수임을 이용하자.**

① $(3a-b)x<-2a+b+2$의 해가 모든 실수라는 표현의 의미를 해석해보자.

$(3a-b)x<-2a+b+2$의 해가 모든 실수이다.

➜ x에 아무 값이나 대입해도, 좌변이 우변보다 작다.

② x에 아무 값이나 대입해도 좌변이 우변보다 작기 위한 조건을 생각하자.

• (x의 계수)$=0$이어서 좌변이 항상 0이 되도록 만들어야 한다. ➜ $3a-b=0$ ➜ $\therefore\ b=3a$

• 항상 0인 좌변이 우변보다 작아야 한다.

➜ 그러기 위해서는 우변이 양수이면 된다.

➜ 우변 $-2a+b+2>0$이어야 한다.

이때 $b=3a$이므로 $-2a+b+2>0$ ➜ $\therefore\ a>-2$

생각 2 | a**와** b**는 음의 정수임을 잊지 말자.**

$a>-2$를 만족시키는 음의 정수 a의 값은 -1뿐이다.

즉, $\therefore\ a=-1$

이때 $b=3a$이므로 $\therefore\ b=-3$ $\therefore\ ab=3$

답 3

287.

구하는 값 $(a-3b)x+a>5b$의 해

➜ (좌변)$=\square x$, (우변)$=\triangle$ 꼴로 정리하면

➜ $(a-3b)x>5b-a$

조건 정리 $ax-2b\le bx-a$의 해가 존재하지 않음

➜ (좌변)$=\square x$, (우변)$=\triangle$ 꼴로 정리하면

➜ $(a-b)x\le 2b-a$

설계 $(a-b)x\le 2b-a$의 해가 존재하지 않음을 이용하여 a와 b의 값을 구한 후, $(a-3b)x>5b-a$의 해를 구하자.

생각 1 | $(a-b)x\le 2b-a$**의 해가 존재하지 않음을 이용하자.**

① $(a-b)x\le 2b-a$의 해가 없다는 표현의 의미를 해석해보자.

$(a-b)x\le 2b-a$의 해가 없다.

➜ x에 아무 값이나 대입해도, 좌변이 우변보다 작거나 같지 않다.

➜ x에 아무 값이나 대입해도, 좌변이 우변보다 크다.

② x에 아무 값이나 대입해도 좌변이 우변보다 크기 위한 조건을 생각하자.

• (x의 계수)$=0$이어서 좌변이 항상 0이 되도록 만들어야 한다. ➜ $a-b=0$ ➜ $\therefore\ b=a$

• 항상 0인 좌변이 우변보다 커야 한다.

➜ 그러기 위해서는 우변이 음수이면 된다.

➜ 우변 $2b-a<0$이어야 한다.

이때 $b=a$이므로

$2b-a<0$ ➜ $\therefore\ a<0$

생각 2 | $(a-3b)x>5b-a$**의 해를 구하자.**

$b=a$이므로

$(a-3b)x>5b-a$ ➜ $-2ax>4a$

이때 $a<0$ ➜ a는 음수이므로 $-2a$는 양수이다.

$-2ax>4a$의 양변을 양수인 $-2a$로 나누면

$\therefore\ x>-2$

답 $\ x>-2$

288.

구하는 값 $(b-a)x+1 < a-bx$ 의 해

➜ (좌변)$=\square x$, (우변)$=\triangle$ 꼴로 정리하면

➜ $(2b-a)x < a-1$

조건 정리 $a(x+6)-5 \le 2bx+a$ 의 해가 없음

➜ (좌변)$=\square x$, (우변)$=\triangle$ 꼴로 정리하면

➜ $(a-2b)x \le 5-5a$

설계 $(a-2b)x \le 5-5a$ 의 해가 존재하지 않음을 이용하여 a 와 b 의 값을 구한 후, $(2b-a)x < a-1$ 의 해를 구하자.

생각 1 | $(a-2b)x \le 5-5a$ **의 해가 없음을 이용하자.**

① $(a-2b)x \le 5-5a$ 의 해가 없다는 표현의 의미를 해석해보자.

$(a-2b)x \le 5-5a$ 의 해가 없다.

➜ x 에 아무 값이나 대입해도 좌변이 우변보다 작거나 같지 않다.

➜ x 에 아무 값이나 대입해도 좌변이 우변보다 크다.

② x 에 아무 값이나 대입해도 좌변이 우변보다 크기 위한 조건을 생각하자.

• (x 의 계수)$=0$ 이어서 좌변이 항상 0 이 되도록 만들어야 한다. ➜ $a-2b=0$ ➜ $\therefore\ a=2b$

• 항상 0 인 좌변이 우변보다 커야 한다.

➜ 그러기 위해서는 우변이 음수이면 된다.

➜ 우변 $5-5a < 0$ 이어야 한다. ➜ $\therefore\ a > 1$

생각 2 | $(2b-a)x < a-1$ **의 해를 구하자.**

$a=2b$ 이므로

$(2b-a)x < a-1$ ➜ $0 \times x < a-1$

이때 $a > 1$ ➜ $a-1 > 0$ 이므로 우변인 $a-1$ 은 양수이다.

즉, $0 \times x < a-1$ ➜ $0 \times x <$ (양수)이므로 x 에 아무 값이나 대입해도 이 부등식은 성립한다. 즉, 모든 실수 x 가 이 부등식의 해가 될 수 있다.

답 해는 모든 실수

289.

구하는 값 $7x-3 < 2x+2 \le 10x+18$ 의 해

설계 주어진 부등식을

$7x-3 < 2x+2$ 와 $2x+2 \le 10x+18$ 로 나누어 연립부등식을 풀자.

생각 1 | 연립부등식 $\begin{cases} 7x-3 < 2x+2 \\ 2x+2 \le 10x+18 \end{cases}$ 을 풀자.

$7x-3 < 2x+2$ ➜ $x < 1$

$2x+2 \le 10x+18$ ➜ $x \ge -2$

$x < 1$ 과 $x \ge -2$ 의 공통범위를 구하면

$$\therefore\ -2 \le x < 1$$

답 $-2 \le x < 1$

290.

구하는 값 $a+b$ 의 값

조건 정리 $\begin{cases} x-1 > 8 \\ 2x-16 \le x+a \end{cases}$ 의 해가 $b < x \le 28$

➜ $\begin{cases} x-1 > 8 & \to x > 9 \\ 2x-16 \le x+a & \to x \le a+16 \end{cases}$

➜ $x > 9$ 와 $x \le a+16$ 의 공통범위를 구하면

$9 < x \le a+16$

이때 $\boxed{9 < x \le a+16} = \boxed{b < x \le 28}$ 이므로

$\therefore\ a=12,\ b=9$ ➜ $a+b=21$

답 21

291.

구하는 값 $(a-4)x-a < 2x+3c \le (b+1)x+abc$ 의 해

조건 정리 $x+2a < 3x-5b \le 2x-3c$ 의 해가 $a < x \le 6$

설계 조건을 정리하여 a, b, c 의 값을 구한 후, 구하는 부등식의 해를 구하자.

생각 1 | 조건을 정리하여 a, b, c 의 값을 구하자.

$x+2a < 3x-5b \le 2x-3c$

➜ $\begin{cases} x+2a < 3x-5b & \to x > \dfrac{2a+5b}{2} \\ 3x-5b \le 2x-3c & \to x \le 5b-3c \end{cases}$

$x > \dfrac{2a+5b}{2}$ 와 $x \le 5b-3c$ 의 공통범위를 구하면

$\dfrac{2a+5b}{2} < x \le 5b-3c$

이때 $\boxed{\dfrac{2a+5b}{2} < x \le 5b-3c} = \boxed{c < x \le 6}$ 이므로

$\dfrac{2a+5b}{2} = a$ 이고 $5b-3c=6$

➜ $\therefore\ b=0,\ c=-2$

사용할 수 있는 조건을 모두 활용했음에도 a 의 값은 구하지 못했다. 당황하지 말고 구하는 값과 관련된 부등식을 우선 정리해보자.

생각 2 | $(a-4)x-a < 2x+3c \le (b+1)x+abc$를 정리해보자.

$(a-4)x-a < 2x+3c \le (b+1)x+abc$

➡

$\begin{cases} (a-4)x-a < 2x+3c & \rightarrow (a-6)x < a+3c \\ 2x+3c \le (b+1)x+abc & \rightarrow (1-b)x \le abc-3c \end{cases}$

이때 $b=0$, $c=-2$이므로

- $(a-6)x < a+3c$ ➡ $(a-6)x < a-6$
- $(1-b)x \le abc-3c$ ➡ $x \le 6$

여기서 $a < x \le 6$임을 떠올려보면,

$\boxed{a < x \le 6}$이므로, $\boxed{a < 6}$임을 알 수 있다.

즉, $a < 6$ ➡ $a-6 < 0$이므로
$(a-6)x < a-6$의 양변을 음수인 $a-6$으로 나누면

➡ $x > 1$

$x > 1$과 $x \le 6$의 공통범위를 구하면

$\therefore\ 1 < x \le 6$

답 $1 < x \le 6$

292.

구하는 값 $7x+5 \le 6x-5 \le 8x+15$의 해

설계 주어진 부등식을

$7x+5 \le 6x-5$과 $6x-5 \le 8x+15$로 나누어
연립부등식을 풀자.

생각 1 | 연립부등식 $\begin{cases} 7x+5 \le 6x-5 \\ 6x-5 \le 8x+15 \end{cases}$ 을 풀자.

$7x+5 \le 6x-5$ ➡ $x \le -10$

$6x-5 \le 8x+15$ ➡ $x \ge -10$

$x \le -10$과 $x \ge -10$의 공통범위는
$-10 \le x \le -10$이고, $-10 \le x \le -10$을
만족시키는 x의 값은 -10뿐이다.

답 $x = -10$

293.

구하는 값 연립부등식 $\begin{cases} 3(x-1) < 2x-2 \\ x+1 > \dfrac{2}{3}x+4 \end{cases}$ 의 해

생각 1 | 주어진 연립부등식을 풀자.

$3(x-1) < 2x-2$ ➡ $x < 1$

$x+1 > \dfrac{2}{3}x+4$ ➡ $x > 9$

이때 $x < 1$과 $x > 9$를 동시에 만족시키는 x의 값은
존재하지 않는다.

따라서 주어진 부등식의 해는 존재하지 않는다.

답 해가 없다.

294.

구하는 값 연립부등식 $\begin{cases} \dfrac{x}{4} \ge 1+\dfrac{x-1}{2} \\ x > 0.8x-0.4 \end{cases}$ 의 해

생각 1 | 주어진 연립부등식을 풀자.

$\dfrac{x}{4} \ge 1+\dfrac{x-1}{2}$ 에서 분수를 없애기 위해

양변에 4를 곱하면

$x \ge 4+2(x-1)$ ➡ $x \le -2$

$x > 0.8x-0.4$에서 소수를 없애기 위해

양변에 10을 곱하면

$10x > 8x-4$ ➡ $x > -2$

이때 $x \le -2$와 $x > -2$를 동시에 만족시키는 x의
값은 존재하지 않는다.

따라서 주어진 부등식의 해는 존재하지 않는다.

답 해가 없다.

295.

구하는 값 $2ax-b < (2b+a)x+b-a \le ax-3$의 해

조건 정리 ① $a < b$
② $a-2b = 3$

설계 조건 $a-2b=3$을 이용하여 주어진 부등식을 모두 하나의
문자로 정리해보자.

생각 1 | $a-2b=3$으로 부등식을 모두 한 문자로 정리하자.

$a-2b=3$ ➡ $a=2b+3$이므로

- $a < b$ ➡ $2b+3 < b$ ➡ $\therefore\ b < -3$
- $2ax-b < (2b+a)x+b-a \le ax-3$

➡

$(4b+6)x-b < (4b+3)x-b-3 \le (2b+3)x-3$

생각 2 | $(4b+6)x-b < (4b+3)x-b-3$
$$\leq (2b+3)x-3$$

을 풀자.

$(4b+6)x-b < (4b+3)x-b-3 \leq (2b+3)x-3$

$$\rightarrow \begin{cases} (4b+6)x-b < (4b+3)x-b-3 \rightarrow x < -1 \\ (4b+3)x-b-3 \leq (2b+3)x-3 \rightarrow 2bx \leq b \end{cases}$$

이때 $b < -3 \rightarrow b$는 음수이므로 $2b$도 음수이다.

$2bx \leq b$의 양변을 음수인 $2b$로 나누면

$$x \geq \frac{1}{2}$$

이때 $x < -1$과 $x \geq \frac{1}{2}$을 동시에 만족시키는 x의

값은 존재하지 않는다.

따라서 주어진 부등식의 해는 존재하지 않는다.

답 해가 없다.

296.

구하는 값 $x-y$의 값

조건 정리 ① $x+y=1$: 두 문자에 관한 일차식이 제시되었다.

→ 이를 이용하여 주어진 조건과 구하는 값을 하나의 문자로 간단히 표현할 수 있다.

② x, y가 연립부등식 $\begin{cases} 5x-1 \geq 3x+3 \\ x+5 \geq 5x+3y \end{cases}$ 을

만족한다.

→ x, y는 이 연립부등식의 해이다.

설계 $x+y=1$임을 이용하여 주어진 연립부등식을 하나의 문자로 표현하고 간단히 정리하자.

생각 1 | **주어진 연립부등식을 한 문자로 표현하자.**

$x+y=1 \rightarrow y=1-x$이므로

$$\begin{cases} 5x-1 \geq 3x+3 \\ x+5 \geq 5x+3y \end{cases} \text{에서}$$

• $5x-1 \geq 3x+3 \rightarrow x \geq 2$

• $x+5 \geq 5x+3y \rightarrow x+5 \geq 5x+3(1-x)$

$\rightarrow x \leq 2$

$x \geq 2$와 $x \leq 2$의 공통범위는 $2 \leq x \leq 2$이고,

$2 \leq x \leq 2$를 만족시키는 x의 값은 2뿐이다.

$\rightarrow \therefore x=2$

이때 $y=1-x$이므로 $\therefore y=-1$

즉, $x-y=2-(-1)=3$

답 3

297.

구하는 값 k의 최댓값

조건 정리 $\begin{cases} \dfrac{3x-2}{2} \leq x+1 \\ \dfrac{4x-k}{5} < \dfrac{3x+k}{3}-2 \end{cases}$ 의 해가 없다.

설계 주어진 연립부등식의 해가 없음을 이용하여 k와 관련된 정보를 얻자.

생각 1 | **주어진 연립부등식의 해가 없기 위한 조건을 생각해보자.**

• 연립부등식의 해가 없다는 표현의 의미를 해석해보자.

연립부등식의 해가 없다.

→ 연립된 두 부등식의 해의 공통범위가 없다.

즉, 연립된 두 부등식을 각각 정리했을 때, 해의 공통범위가 없어야 한다.

생각 2 | **주어진 연립부등식을 정리하자.**

$$\begin{cases} \dfrac{3x-2}{2} \leq x+1 & \rightarrow x \leq 4 \\ \dfrac{4x-k}{5} < \dfrac{3x+k}{3}-2 & \rightarrow x > \dfrac{30-8k}{3} \end{cases}$$

즉, $x \leq 4$와 $x > \dfrac{30-8k}{3}$의 공통범위가 없도록

만들어야 한다.

생각 3 | $x \leq 4$와 $x > \dfrac{30-8k}{3}$의 공통범위가 없도록 만들자.

우선 확실한 $x \leq 4$를 수직선 위에 표시한 후, 표시된

영역과 겹치지 않도록 $x > \dfrac{30-8k}{3}$를 표시해보자.

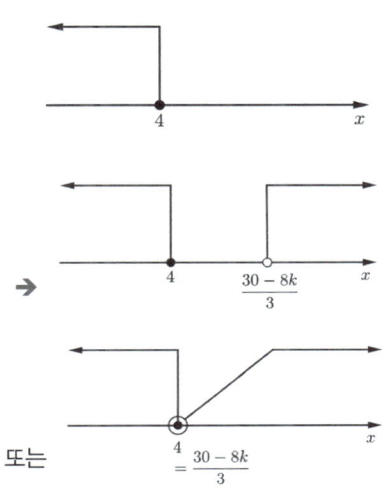

또는

그림을 통해 $4 \leq \dfrac{30-8k}{3}$ 이어야

$x \leq 4$와 $x > \dfrac{30-8k}{3}$ 를 나타내는 영역이 서로 겹치지 않음을 알 수 있다.

즉, $4 \leq \dfrac{30-8k}{3}$ ➔ $k \leq \dfrac{9}{4}$ ➔ k의 최댓값은 $\dfrac{9}{4}$

답 $\dfrac{9}{4}$

298.

구하는 값 원하는 농도의 소금물을 만들기 위해 넣어야 하는 16%의 소금물의 양의 범위

조건 정리 ① 6%의 소금물 300 g

➔ 300 g 중 6%는 소금이다.

➔ 소금의 양 $= 300 \times \dfrac{6}{100} = 18(g)$

② 16%의 소금물 (?) g을 넣는다.

➔ 16%의 소금물이 몇 g인지 주어지지 않았으므로 16%의 소금물이 x g 있다고 하자.

➔ x g 중 16%는 소금이다.

➔ 소금의 양 $= x \times \dfrac{16}{100} = \dfrac{16}{100}x(g)$

설계 조건을 정리한 내용을 바탕으로 부등식을 작성하자.

생각 1 | 6%의 소금물 300 g에 16%의 소금물 x g을 넣은 결과를 식으로 나타내자.

6%의 소금물 300 g에 16%의 소금물 x g을 넣으면

총 소금의 양은 $18 + \dfrac{16}{100}x$ (g)이 되고,

총 소금물의 양은 $300 + x$ (g)이 된다.

생각 2 | 섞은 소금물의 농도가 9% 이상 11% 이하가 되는 상황을 부등식으로 나타내자.

• 섞은 소금물의 농도가 9%가 되려면

소금물의 양 $300 + x$ (g) 중 9%가 소금이어야 한다.

즉, 소금의 양이 $(300+x) \times \dfrac{9}{100}$ (g)이어야 한다.

• 섞은 소금물의 농도가 11%가 되려면

소금물의 양 $300 + x$ (g) 중 11%가 소금이어야 한다.

즉, 소금의 양이 $(300+x) \times \dfrac{11}{100}$ (g)이어야 한다.

• 따라서 섞은 소금물의 농도가 9% 이상 11% 이하가 되려면 소금의 양인 $18 + \dfrac{16}{100}x$ (g)이

$(300+x) \times \dfrac{9}{100}$ (g) 이상,

$(300+x) \times \dfrac{11}{100}$ (g) 이하가 되어야 한다.

➔

$(300+x) \times \dfrac{9}{100} \leq 18 + \dfrac{16}{100}x \leq (300+x) \times \dfrac{11}{100}$

➔ 분수가 거슬리므로 부등식 전체에 100을 곱하면

$2700 + 9x \leq 1800 + 16x \leq 3300 + 11x$

➔ 부등식 전체에 1800을 빼면

$900 + 9x \leq 16x \leq 1500 + 11x$

➔ $\begin{cases} 900 + 9x \leq 16x & \to x \geq \dfrac{900}{7} \\ 16x \leq 1500 + 11x & \to x \leq 300 \end{cases}$

➔ $\therefore \dfrac{900}{7} \leq x \leq 300$

답 $\dfrac{900}{7}$ g 이상 300 g 이하

299.

구하는 값 세 짝수 중 가장 작은 짝수

조건 정리 $30 <$ 연속하는 세 짝수의 합 < 42

설계 연속하는 세 짝수를 $2n$, $2n+2$, $2n+4$(n은 자연수)로 두고 부등식을 작성하자.

$30 <$ 연속하는 세 짝수의 합 < 42

➔ $30 < 2n + (2n+2) + (2n+4) < 42$

➔ $30 < 6n + 6 < 42$

➔ 부등식 전체에 6을 빼면 $24 < 6n < 36$

➔ 부등식 전체를 6으로 나누면 $4 < n < 6$

이때, n은 자연수이므로 $4 < n < 6$ ➔ $\therefore n = 5$

즉, 구하는 가장 작은 짝수는 $2n = 10$

답 10

300.

구하는 값 뽑은 수 중 가장 작은 수

조건 정리 ① 1부터 100까지의 자연수 중 3으로 나누었을 때의
나머지가 1인 수들을 크기가 작은 것부터 일렬로
나열한 것에서 연속한 3개의 수를 뽑는다.
② 57 <뽑은 3개의 수의 합< 75

설계 3으로 나누었을 때의 나머지가 1인 자연수는 $3n-2$ (n은
자연수)로 둘 수 있으므로 뽑은 3개의 수를
$3n-2$, $3n+1$, $3n+4$ 로 두자.

57 <뽑은 3개의 수의 합< 75

➜ $57 < (3n-2)+(3n+1)+(3n+4) < 75$

➜ $57 < 9n+3 < 75$

➜ 부등식 전체에 3을 빼면 $54 < 9n < 72$

➜ 부등식 전체를 9로 나누면 $6 < n < 8$

이때, n은 자연수이므로 $6 < n < 8$ ➜ ∴ $n=7$

즉, 뽑은 수 중 가장 작은 수는 $3n-2 = 19$

답 19

301.

구하는 값 가능한 의자의 개수를 모두 구하기

조건 정리 의자가 몇 개 있는지 모르니, 의자의 개수를 x 라 하면
① 한 의자에 6명씩 앉으면 4명이 못 앉는다.
➜ 한 의자에 6명씩 앉으면 의자는 꽉 차고, 4명은 서
있다. (머릿속으로 상상해보자.)
➜ 아이들은 $(6x+4)$명 있다.

② 한 의자에 8명씩 앉으면 의자가 1개 남는다.
➜ 남게 될 의자를 제외한 마지막 의자에
8명이 앉아서 의자가 1개 남을 수도 있고,
7명이 앉아서 의자가 1개 남을 수도 있고,
6명이 앉아서 의자가 1개 남을 수도 있고,
…
1명이 앉아서 의자가 1개 남을 수도 있다.
(머릿속으로 상상해보자.)
➜ $8(x-2)+1 \leq$ 아이들의 수 $\leq 8(x-2)+8$

설계 정리한 조건을 바탕으로 부등식을 작성하자.

$8(x-2)+1 \leq$ 아이들의 수 $\leq 8(x-2)+8$이고, 아이들의 수는
$(6x+4)$명이므로,

$8(x-2)+1 \leq (6x+4) \leq 8(x-2)+8$

➜ 부등식 전체에 4를 빼면

$8(x-2)-3 \leq 6x \leq 8(x-2)+4$

➜ $8x-19 \leq 6x \leq 8x-12$

➜ $\begin{cases} 8x-19 \leq 6x \rightarrow x \leq 9.5 \\ 6x \leq 8x-12 \rightarrow x \geq 6 \end{cases}$

$x \leq 9.5$와 $x \geq 6$의 공통범위를 구하면

$6 \leq x \leq 9.5$

이때, x는 의자의 개수이므로 자연수이다.

따라서 가능한 의자의 개수는

$6 \leq x \leq 9.5$ ➜ 6, 7, 8, 9이다.

답 6개, 7개, 8개, 9개

302.

조건 정리 주어진 그래프를 활용하자

설계 주어진 부등식을 그래프의 관점에서 해석하자.

(1)

구하는 값 $f(x) > g(x)$의 해

$f(x) > g(x)$의 해

➔ $f(x)$가 $g(x)$보다 위쪽에 있도록 하는 x의 범위

➔ $a < x < c$ 또는 $x > d$

(2)

구하는 값 $f(x) \leq g(x)$의 해

$f(x) \leq g(x)$의 해

➔ $f(x)$가 $g(x)$보다 아래쪽에 있거나 $g(x)$와 만나도록 하는 x의 범위

➔ $x \leq a$ 또는 $c \leq x \leq d$

(3)

구하는 값 $g(x) > 0$의 해

$g(x) > 0$의 해

➔ $g(x)$가 x축보다 위쪽에 있도록 하는 x의 범위

➔ $x > b$

답 (1) $a < x < c$ 또는 $x > d$
(2) $x \leq a$ 또는 $c \leq x \leq d$
(3) $x > b$

303.

구하는 값 $ax^2 + bx + c \geq mx + n$의 해

조건 정리 $ax^2 + bx + c$와 $mx + n$의 그래프

설계 주어진 부등식을 그래프의 관점에서 해석하자.

$ax^2 + bx + c \geq mx + n$의 해

➔ $ax^2 + bx + c$가 $mx + n$보다 위쪽에 있거나 $mx + n$과 만나도록 하는 x의 범위

➔ $-2 \leq x \leq 3$

답 $-2 \leq x \leq 3$

304.

설계 주어진 부등식을 그래프의 관점에서 해석하자.

(1)

구하는 값 $3x^2 - x - 2 > 0$의 해

생각 1 | 부등식을 그래프의 관점에서 해석하자.

$3x^2 - x - 2 > 0$의 해

➔ $3x^2 - x - 2$가 x축보다 위쪽에 있도록 하는 x의 범위

생각 2 | 그래프를 그리자.

$y = 3x^2 - x - 2$와 x축을 그리면 다음과 같다.

$y = 3x^2 - x - 2 = (3x + 2)(x - 1)$이므로

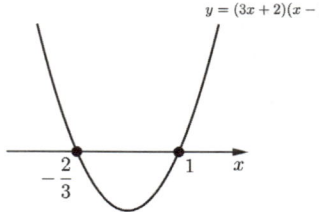

이때 $y = (3x + 2)(x - 1)$이 x축보다 위쪽에 있도록 하는 부분은 아래의 파란색 부분과 같으므로

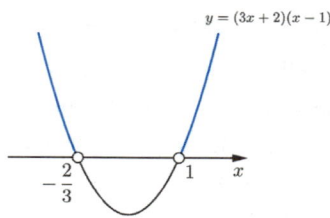

구하는 부등식의 해는 $\therefore x < -\dfrac{2}{3}$ 또는 $x > 1$

(2)

구하는 값 $x^2 + 5x - 6 \leq 0$의 해

생각 1 | 부등식을 그래프의 관점에서 해석하자.

$x^2 + 5x - 6 \leq 0$의 해

➔ $x^2 + 5x - 6$이 x축보다 아래쪽에 있거나 x축과 만나도록 하는 x의 범위

생각 2 | 그래프를 그리자.

$y = x^2 + 5x - 6$과 x축을 그리면 다음과 같다.

$x^2 + 5x - 6 = (x + 6)(x - 1)$이므로

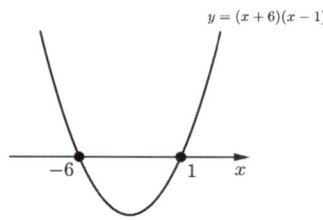

이때 $y = (x+6)(x-1)$이 x축보다 아래쪽에 있거나 x축과 만나도록 하는 부분은 아래의 파란색 부분과 같으므로

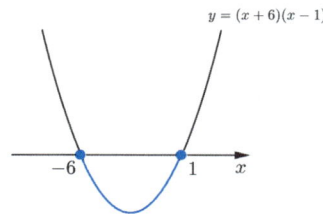

구하는 부등식의 해는 $\therefore \ -6 \le x \le 1$

(3)

구하는 값 $x^2 - 4x > -4$의 해

생각 1 | 주어진 부등식을 정리하자.

$x^2 - 4x > -4$ ➔ $x^2 - 4x + 4 > 0$ ➔ $(x-2)^2 > 0$

생각 2 | 부등식을 그래프의 관점에서 해석하자.

$(x-2)^2 > 0$의 해

➔ $(x-2)^2$이 x축보다 위쪽에 있도록 하는 x의 범위

생각 3 | 그래프를 그리자.

$y = (x-2)^2$과 x축을 그리면 다음과 같다.

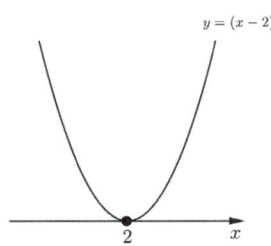

이때 $y = (x-2)^2$이 x축보다 위쪽에 있도록 하는 부분은 아래의 파란색 부분과 같으므로

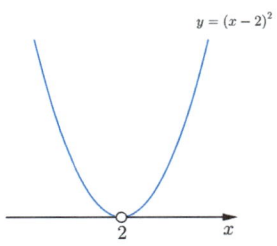

구하는 부등식의 해는 $\therefore \ x \ne 2$인 모든 실수

(4)

구하는 값 $2x - 1 \le x^2$의 해

생각 1 | 주어진 부등식을 정리하자.

$2x - 1 \le x^2$ ➔ $x^2 - 2x + 1 \ge 0$ ➔ $(x-1)^2 \ge 0$

생각 2 | 부등식을 그래프의 관점에서 해석하자.

$(x-1)^2 \ge 0$의 해

➔ $(x-1)^2$이 x축보다 위쪽에 있거나 x축과 만나도록 하는 x의 범위

생각 3 | 그래프를 그리자.

$y = (x-1)^2$과 x축을 그리면 다음과 같다.

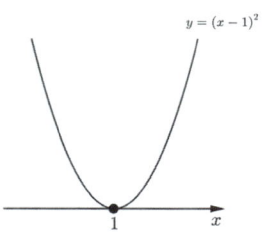

이때 $y = (x-1)^2$이 x축보다 위쪽에 있거나 x축과 만나도록 하는 부분은 아래의 파란색 부분과 같으므로

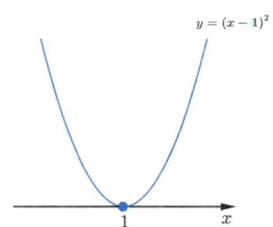

구하는 부등식의 해는 $\therefore$ 모든 실수이다.

(5)

구하는 값 $-9x^2 + 6x - 1 > 0$의 해

생각 1 | 주어진 부등식을 정리하자.

$-9x^2 + 6x - 1 > 0$

➔ $9x^2 - 6x + 1 < 0$

➔ $(3x-1)^2 < 0$

생각 2 | 부등식을 그래프의 관점에서 해석하자.

$(3x-1)^2 < 0$의 해

➔ $(3x-1)^2$이 x축보다 아래쪽에 있도록 하는 x의 범위

생각 3 | 그래프를 그리자.

$y = (3x-1)^2$과 x축을 그리면 다음과 같다.

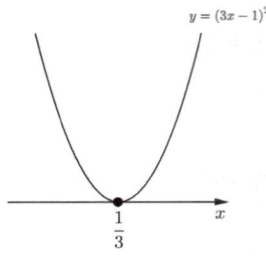

이때 $y = (3x-1)^2$이 x축보다 아래쪽에 있도록 하는
부분은 존재하지 않는다.
따라서 구하는 부등식의 해는 ∴ 존재하지 않는다.

(6)

구하는 값 $4x - 10 < x^2$의 해

생각 1 | 주어진 부등식을 정리하자.

$4x - 10 < x^2$ ➔ $x^2 - 4x + 10 > 0$

생각 2 | 부등식을 그래프의 관점에서 해석하자.

$x^2 - 4x + 10 > 0$의 해

➔ $x^2 - 4x + 10$이 x축보다 위쪽에 있도록 하는 x의 범위

생각 3 | 그래프를 그리자.

$y = x^2 - 4x + 10$과 x축을 그리면 다음과 같다.

$y = x^2 - 4x + 10$의 대칭축은 $x = 2$이고, 꼭짓점의
좌표는 $(2, 6)$이므로

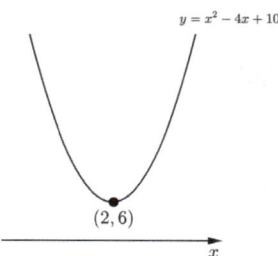

이때 $y = x^2 - 4x + 10$이 x축보다 위쪽에 있도록 하는
부분은 아래의 파란색 부분과 같으므로

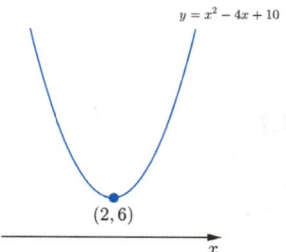

구하는 부등식의 해는 ∴ 모든 실수이다.

답 (1) $x < -\dfrac{2}{3}$ 또는 $x > 1$ (2) $-6 \le x \le 1$

(3) $x \ne 2$인 모든 실수   (4) 모든 실수

(5) 존재하지 않는다.   (6) 모든 실수

305.

구하는 값 k의 값의 범위

조건 정리 $x^2 + (k-1)x + k + 2 = 0$이 서로 다른 두 실근을
가져야 한다.

설계 판별식을 이용하자.

생각 1 | 판별식을 이용하자.

이차방정식이 서로 다른 두 실근을 가지려면
판별식 $D > 0$이어야 한다.

➔ $D = (k-1)^2 - 4(k+2) > 0$

➔ $k^2 - 6k - 7 > 0$

생각 2 | 도출된 이차부등식을 풀자.

• 이차부등식을 그래프의 관점에서 해석하자.

$k^2 - 6k - 7 > 0$의 해

➔ $k^2 - 6k - 7$이 k축보다 위쪽에 있도록 하는 k의 범위

• 해석을 적용하기 위해 그래프를 그리자.

$y = k^2 - 6k - 7$과 k축을 그려보면 다음과 같다.

$k^2 - 6k - 7 = (k+1)(k-7)$이므로

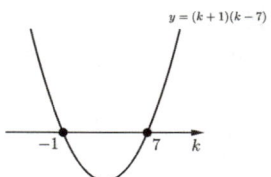

이때 $y = k^2 - 6k - 7$이 k축보다 위쪽에 있도록 하는
부분은 아래의 파란색 부분과 같으므로

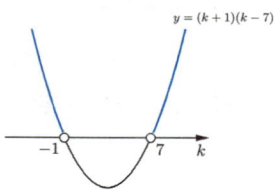

구하는 부등식의 해는 ∴ $k < -1$ 또는 $k > 7$

답 $k < -1$ 또는 $k > 7$

306.

구하는 값 $a+b$의 값

조건 정리 $x^2+ax+b<0$의 해가 $-1<x<4$

설계 주어진 조건을 그래프의 관점에서 해석하자.

생각 1 | 주어진 조건을 그래프의 관점에서 해석하자.

$x^2+ax+b<0$의 해가 $-1<x<4$이다.

➜ x^2+ax+b가 x축보다 아래쪽에 있도록 하는 x의 범위가 $-1<x<4$이다. $\cdots$ (★)

생각 2 | 해석의 결과를 그래프에 나타내자.

(★)이 성립하려면, $y=x^2+ax+b$와 x축이 다음과 같아야 한다.

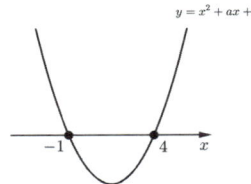

즉, $x^2+ax+b=(x+1)(x-4)=x^2-3x-4$이므로

$\therefore a=-3$, $b=-4$ ➜ $a+b=-7$

답 -7

307.

구하는 값 $\beta-\alpha$의 값

조건 정리 $x^2-7x+12 \geq 0$의 해가 $x \leq \alpha$ 또는 $x \geq \beta$

➜ $x^2-7x+12 \geq 0$의 해는 직접 구할 수 있다.

설계 $x^2-7x+12 \geq 0$의 해를 직접 구하여 α, β의 값을 구하자.

생각 1 | $x^2-7x+12 \geq 0$의 해를 구하자.

• 이차부등식을 그래프의 관점에서 해석하자.

$x^2-7x+12 \geq 0$의 해

➜ $x^2-7x+12$가 x축보다 위쪽에 있거나 x축과 만나도록 하는 x의 범위

• 해석을 적용하기 위해 그래프를 그리자.

$y=x^2-7x+12$와 x축을 그려보면 다음과 같다.

$x^2-7x+12=(x-3)(x-4)$이므로

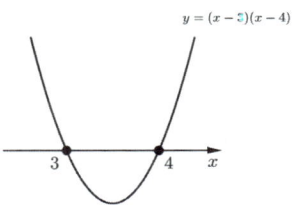

이때 $y=x^2-7x+12$가 x축보다 위쪽에 있거나 x축과 만나는 부분은 아래의 파란색 부분과 같으므로

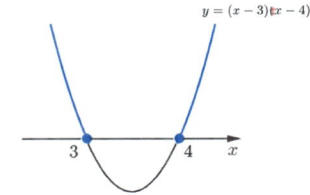

구하는 부등식의 해는 $\therefore x \leq 3$ 또는 $x \geq 4$

따라서, $\alpha=3$, $\beta=4$ ➜ $\beta-\alpha=4-3=1$

답 1

308.

구하는 값 $a+b$의 값

조건 정리 $x^2-8x+a \leq 0$의 해가 $b \leq x \leq 6$

➜ 부등식의 해의 경계가 b와 6임을 안다.

설계 부등식의 해의 경계를 알고 있으므로 부등식의 해의 경계는 방정식의 실근과 같음을 이용할 수 있겠다.

생각 1 | 부등식의 해의 경계를 방정식의 실근으로 해석하자.

부등식 $x^2-8x+a \leq 0$의 해가 $b \leq x \leq 6$

➜ 해석 : 방정식 $x^2-8x+a=0$의 실근이 b와 6

➜ 근과 계수의 관계를 이용할 수 있겠다.

생각 2 | 근과 계수의 관계를 이용하자.

(두 근의 합)$=b+6=8$ ➜ $b=2$

(두 근의 곱)$=a=6b$ ➜ $b=2$이므로, $a=12$

따라서 $a+b=12+2=14$

답 14

309.

구하는 값 $\alpha+\beta+\alpha\beta$의 값

조건 정리 ① $ax^2+bx+c>0$의 해가 $-1<x<2$

➜ 부등식의 해의 경계가 -1과 2임을 안다.

② $cx^2-ax-b<0$의 해가 $\alpha<x<\beta$

➜ 부등식의 해의 경계가 α와 β임을 안다.

설계 부등식의 해의 경계를 알고 있으므로 부등식의 해의
경계는 방정식의 실근과 같음을 이용할 수 있겠다.

생각 1 | **부등식의 해의 경계를 방정식의 실근으로 해석하자.**

- 부등식 $ax^2 + bx + c > 0$의 해가 $-1 < x < 2$

➔ 해석 : 방정식 $ax^2 + bx + c = 0$의 실근이 -1과 2

- 부등식 $cx^2 - ax - b < 0$의 해가 $\alpha < x < \beta$

➔ 해석 : 방정식 $cx^2 - ax - b = 0$의 실근이 α와 β

➔ 근과 계수의 관계를 이용할 수 있겠다.

생각 2 | **근과 계수의 관계를 이용하자.**

- 방정식 $ax^2 + bx + c = 0$의 실근이 -1과 2

➔ (두 근의 합)$= -1 + 2 = -\dfrac{b}{a}$ ➔ $-\dfrac{b}{a} = 1$

   (두 근의 곱)$= (-1) \times 2 = \dfrac{c}{a}$ ➔ $\dfrac{c}{a} = -2$

- 방정식 $cx^2 - ax - b = 0$의 실근이 α와 β

➔ (두 근의 합)$= \alpha + \beta = \dfrac{a}{c}$ ➔ $\dfrac{a}{c} = \alpha + \beta$

   (두 근의 곱)$= \alpha\beta = -\dfrac{b}{c}$ ➔ $-\dfrac{b}{c} = \alpha\beta$

여기서 $\dfrac{a}{c}$와 $-\dfrac{b}{c}$의 값을 구해야 한다.

생각 3 | $\dfrac{a}{c}$**와** $-\dfrac{b}{c}$**의 값을 구하자.**

이때, 알고 있는 두 조건 $-\dfrac{b}{a} = 1$, $\dfrac{c}{a} = -2$과 구하는

값인 $\dfrac{a}{c}$와 $-\dfrac{b}{c}$의 모양이 비슷해지도록 식을

조작하자.

- $\dfrac{c}{a} = -2$의 양변에 역수를 취하면 $\dfrac{a}{c}$와 모양이

같아진다.

$\dfrac{c}{a} = -2$ ➔ $\dfrac{a}{c} = -\dfrac{1}{2}$이므로 $\alpha + \beta = -\dfrac{1}{2}$

- 또한, $\dfrac{a}{c} = -\dfrac{1}{2}$과 $-\dfrac{b}{a} = 1$의 좌변끼리 곱하면 a가

약분되면서 $-\dfrac{b}{c}$와 똑같은 모양이 만들어진다.

$\dfrac{a}{c} \times \left(-\dfrac{b}{a}\right) = \left(-\dfrac{1}{2}\right) \times 1$ ➔ $-\dfrac{b}{c} = -\dfrac{1}{2}$이므로

$\alpha\beta = -\dfrac{1}{2}$

$\therefore \ \alpha + \beta + \alpha\beta = -\dfrac{1}{2} - \dfrac{1}{2} = -1$

답 -1

310.

구하는 값 $a + b$의 값

조건 정리 $y = ax^2 - bx + a^2 + 3a$가 $y = 5x - a$보다 위쪽에

있도록 하는 x의 값의 범위가 $-6 < x < 1$

➔ $\underset{ax^2 + (-b-5)x + (a^2 + 4a) > 0}{ax^2 - bx + a^2 + 3a > 5x - a}$의 해가 $-6 < x < 1$

➔ 부등식의 해의 경계가 -6과 1임을 안다.

설계 부등식의 해의 경계를 알고 있으므로 부등식의 해의
경계는 방정식의 실근과 같음을 이용할 수 있겠다.

생각 1 | **부등식의 해의 경계를 방정식의 실근으로 해석하자.**

부등식 $ax^2 + (-b-5)x + (a^2 + 4a) > 0$의 해가

$-6 < x < 1$

➔ 해석 : 방정식 $ax^2 + (-b-5)x + (a^2 + 4a) = 0$의

실근이 -6, 1

➔ 근과 계수의 관계를 이용할 수 있겠다.

생각 2 | **근과 계수의 관계를 이용하자.**

(두 근의 합)$= (-6) + 1 = \dfrac{b+5}{a}$ ➔ $5a + b = -5$

(두 근의 곱)$= (-6) \times 1 = \dfrac{a^2 + 4a}{a}$ ➔ $a = -10$

이때, $a = -10$이므로 $5a + b = -5$ ➔ $b = 45$

$\therefore \ a + b = -10 + 45 = 35$

답 35

311.

구하는 값 $P(-1)$ ➔ $P(x)$의 식을 구하자.

조건 정리 ① $P(x)$는 이차식

(가) $P(x) \geq -2x - 3$의 해가 $0 \leq x \leq 1$

➔ 부등식의 해의 경계가 0과 1임을 안다.

➔ 방정식 $\underset{P(x) + 2x + 3 = 0}{P(x) = -2x - 3}$의 실근이 0과 1

(나) 방정식 $\underset{P(x) + 3x + 2 = 0}{P(x) = -3x - 2}$가 중근을 가진다.

➔ $P(x)$는 이차식이므로 $P(x) + 3x + 2 = 0$은

이차방정식이다.

➔ 이차방정식 $P(x) + 3x + 2 = 0$이 중근을

가지려면 판별식 $D = 0$이면 된다.

설계 $P(x) + 2x + 3 = 0$의 근이 0과 1임을 이용하여 $P(x)$의
식을 어느 정도 작성한 후, $P(x) + 3x + 2 = 0$의
판별식 $D = 0$임을 이용하자.

생각 1 | $P(x) + 2x + 3 = 0$의 근이 0과 1임을 이용하자.

$P(x) + 2x + 3 = 0$의 근이 0과 1

➔ $\underline{P(x) + 2x + 3 = ax(x-1)}$
    $\therefore P(x) = ax(x-1) - 2x - 3$

생각 2 | $P(x) + 3x + 2 = 0$의 판별식 $D = 0$임을 이용하자.

$\underset{ax(x-1)-2x-3}{\underline{P(x)}} + 3x + 2 = 0$

➔ $\underset{판별식\ D=0}{\underline{ax^2 + (-a+1)x - 1 = 0}}$

➔ $D = (-a+1)^2 + 4a = 0$ ➔ $a = -1$

생각 3 | $P(x)$의 식을 구하자.

$P(x) = \underset{=-1}{\underline{\quad a \quad}} x(x-1) - 2x - 3$

➔ $P(x) = -x(x-1) - 2x - 3$

$\therefore P(-1) = -3$

답 -3

312.

(1)

구하는 값 $(x+2)(x+5) > 0$의 해

답 $x > -2$ 또는 $x < -5$
(큰 것보다는 크고, 작은 것보다는 작다.)

(2)

구하는 값 $(x-4)(x+1) < 0$의 해

답 $-1 < x < 4$

(3)

구하는 값 $(x-1)(-x-9) \geq 0$의 해

최고차항이 음수이니 양변에 -1을 곱하여 양수로 만들면

$(x-1)(-x-9) \geq 0$ ➔ $(x-1)(x+9) \leq 0$

답 $-9 \leq x \leq 1$

(4)

구하는 값 $-x^2 > -9$ ➔ $x^2 < 9$의 해

$x^2 < 9$ ➔ $x^2 < 3^2$이므로

답 $-3 < x < 3$

(5)

구하는 값 $x^2 \geq 5$의 해

$x^2 \geq 5$ ➔ $x^2 \geq (\sqrt{5})^2$이므로

답 $x \geq \sqrt{5}$ 또는 $x \leq -\sqrt{5}$
(큰 것보다는 크고, 작은 것보다는 작다.)

(6)

구하는 값 $x^2 > 4$의 해

$x^2 > 4$ ➔ $x^2 > 2^2$이므로

답 $x > 2$ 또는 $x < -2$
(큰 것보다는 크고, 작은 것보다는 작다.)

(7)

구하는 값 $x^2 > 0$의 해

부등식 $x^2 > 0$의 x의 자리에 0을 제외한 그 어떤 실수를 대입하더라도 항상 성립한다.

답 $x \neq 0$인 모든 실수

(8)

구하는 값 $(x+1)^2 \leq 0$의 해

부등식 $(x+1)^2 \leq 0$의 x의 자리에 -1을 다입하면 성립하지만, -1이 아닌 실수를 대입했을 때는 $(x+1)^2$이 양수가 되므로 성립하지 않는다. ➔ 부등식의 해는 $x = -1$뿐이다.

답 $x = -1$

(9)

구하는 값 $(2x-3)^2 < 0$의 해

$(2x-3)^2$은 항상 0 이상의 값을 가진다. 따라서 $(2x-3)^2$에서 x의 자리에 그 어떤 실수를 대입해도 $(2x-3)^2$은 음수가 될 수 없다.

➔ 부등식 $(2x-3)^2 < 0$을 만족시키는 x의 값은 존재하지 않는다.

답 해가 없다.

(10)

구하는 값 $(3x+3)^2 \geq 0$의 해

$(3x+3)^2$은 항상 0 이상의 값을 가진다. 따라서 부등식 $(3x+3)^2 \geq 0$의 x의 자리에 그 어떤 실수를 개입해도 항상 성립한다. ➔ 해가 모든 실수이다.

답 모든 실수

(11)

구하는 값 $9x^2 - 6x + 1 \le 0$의 해

$9x^2 - 6x + 1 \le 0$ ➔ $(3x-1)^2 \le 0$

부등식 $(3x-1)^2 \le 0$의 x의 자리에 $\frac{1}{3}$을 대입하면 성립하지만, $\frac{1}{3}$이 아닌 실수를 대입했을 때는 $(3x-1)^2$이 양수가 되므로 성립하지 않는다.

➔ 부등식의 해는 $x = \frac{1}{3}$ 뿐이다.

답 $x = \frac{1}{3}$

(12)

구하는 값 $(2x^2 - 5x + 1)^2 \ge 0$의 해

$(2x^2 - 5x + 1)^2$은 항상 0 이상의 값을 가진다. 따라서 부등식 $(2x^2 - 5x + 1)^2 \ge 0$의 x의 자리에 그 어떤 실수를 대입해도 항상 성립한다. ➔ 해가 모든 실수이다.

답 모든 실수

313.

구하는 값 k의 값의 범위 또는 값

조건 정리 $x^2 + (k+1)x + k > 0$이 항상 성립한다.

설계 주어진 이차부등식이 항상 성립하도록 만들자.

생각 1 | 문제에서 원하는 상황을 그래프로 표현하자.
$x^2 + (k+1)x + k \ge 0$이 항상 성립하기 위해서는 $y = x^2 + (k+1)x + k$가 x축과 만나거나 그보다 위쪽에만 있어야 한다.
즉, 그래프가 아래와 같이 그려져야 한다.

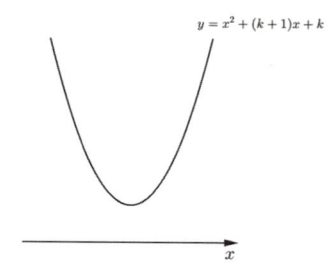

또는

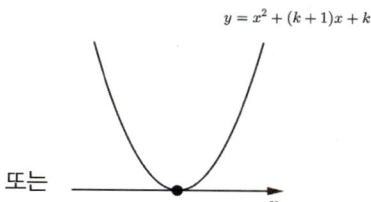

생각 2 | 최고차항의 부호를 결정하자.
➔ 최고차항의 계수가 1이므로, 최고차항의 부호는 양수임이 결정되어 있다.

생각 3 | 판별식을 이용하자.
이차함수와 x축의 교점이 0개 또는 1개여야 한다.
➔ 이차함수와 x축이 포함된 방정식인 $x^2 + (k+1)x + k = 0$의 서로 다른 실근이 0개 또는 1개 여야 한다.
➔ 판별식 $D \le 0$이어야 한다.
$$D \le 0 \Rightarrow \underbrace{(k+1)^2 - 4k}_{= k^2 - 2k + 1} \le 0 \Rightarrow (k-1)^2 \le 0$$
➔ $\therefore \ k = 1$

답 $k = 1$

314.

구하는 값 a의 값의 범위

조건 정리 ① 이차부등식 $ax^2 + ax - 1 < 0$이 항상 성립한다.
② $ax^2 + ax - 1 < 0$은 이차부등식이므로
$\underset{\ne 0}{\boxed{a}} \ x^2 + ax - 1 < 0$ ➔ $a \ne 0$

설계 주어진 이차부등식이 항상 성립하도록 만들자.

생각 1 | 문제에서 원하는 상황을 그래프로 표현하자.
$ax^2 + ax - 1 < 0$이 항상 성립하기 위해서는 $ax^2 + ax - 1$의 그래프가 x축보다 아래쪽에만 있어야 한다.
즉, 그래프가 아래와 같이 그려져야 한다.

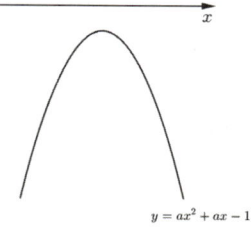

생각 2 | 최고차항의 부호를 결정하자.
➔ 이차함수의 그래프가 위로 볼록해야 하므로 최고차항의 계수는 음수여야 한다. ➔ $a < 0 \ \cdots \ (\bigstar)$

생각 3 | 판별식을 이용하자.

주어진 이차함수와 x축의 교점이 0개이어야 한다.

즉, 주어진 이차함수와 x축이 포함된 방정식인

$ax^2 + ax - 1 = 0$의 서로 다른 실근이 0개

이어야 하므로, 판별식 $D < 0$이어야 한다.

$$D < 0 \Rightarrow \underset{= a(a+4)}{\underline{a^2 + 4a}} < 0 \Rightarrow -4 < a < 0 \cdots (\bigstar\bigstar)$$

이제 $(\bigstar) : a < 0 \qquad (\bigstar\bigstar) : -4 < a < 0$

의 공통범위를 구하면 $\therefore -4 < a < 0$

답 $-4 < a < 0$

315.

구하는 값 정수 k의 개수

조건 정리 ① 모든 실수 x에 대하여

$\sqrt{k(x^2 + kx + k + 3)} = (실수)$

➔ 루트 안이 음수이면 그 값이 허수가 된다.

➔ 루트 안이 0 이상이어야 그 값이 실수가 된다.

➔ 모든 실수 x에 대하여

$\sqrt{\underset{\geq 0}{\underline{k(x^2 + kx + k + 3)}}}$ 이어야 한다.

② k는 정수

설계 모든 실수 x에 대하여 $k(x^2 + kx + k + 3) \geq 0$이 되도록
만들자. 이때, $k(x^2 + kx + k + 3) \geq 0$은 이차부등식이
아니어도 상관없으므로 $k = 0$인 경우도 고려해야 한다.

생각 1 | $k = 0$인 경우를 고려해보자.

$k = 0$이면 $k(x^2 + kx + k + 3) \geq 0$

➔ $0(x^2 + 0x + 3) \geq 0$

이고, x에 아무 값이나 대입해도 이 부등식은 성립한다.

➔ $k = 0$이면 문제의 조건을 만족한다.

생각 2 | 이제 $k \neq 0$인 경우를 고려하자.

$k \neq 0$이면 $k(x^2 + kx + k + 3) \geq 0$은 이차부등식이
된다.

➔ 이차부등식 $k(x^2 + kx + k + 3) \geq 0$이 항상
성립하도록 만들자.

• 원하는 상황을 그래프로 표현하자.

$k(x^2 + kx + k + 3) \geq 0$이 항상 성립하기 위해서는

$k(x^2 + kx + k + 3)$의 그래프가 x축과 만나거나

그보다 위쪽에만 있어야 한다.

즉, 그래프가 다음과 같이 그려져야 한다.

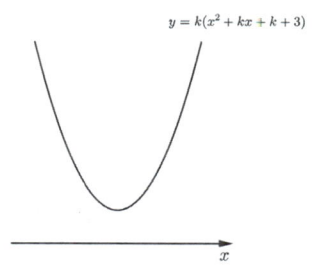

또는

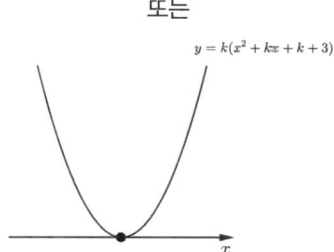

• 최고차항의 부호를 결정하자.

이차함수의 그래프가 아래로 볼록해야 하므로

최고차항의 계수는 양수여야 한다 ➔ $k > 0 \cdots (\bigstar)$

• 판별식을 이용하자.

이차함수와 x축의 교점이 0개 또는 1개여야 한다.

➔ 이차함수와 x축이 포함된 방정식인

$\underset{\neq 0}{\underline{k}}(x^2 + kx + k + 3) = 0 \Rightarrow x^2 + kx + k + 3 = 0$

의 서로 다른 실근이 0개 또는 1개여야 한다.

➔ 판별식 $D \leq 0$이어야 한다.

$$D \leq 0 \Rightarrow \underset{= (k+2)(k-6)}{\underline{k^2 - 4k - 12}} \leq 0 \Rightarrow -2 \leq k \leq 6$$

$$\cdots (\bigstar\bigstar)$$

이제

$(\bigstar) : k > 0$

$(\bigstar\bigstar) : -2 \leq k \leq 6$

의 공통범위를 구하면 $\therefore 0 < k \leq 6$

생각 3 | 정수 k의 개수를 구하자.

$0 < k \leq 6$인 정수 k는 1~6 ➔ 6개

이때 $k = 0$도 가능했음에 주의한다. ➔ 1개

$\therefore$ 7개

답 7개

316.

구하는 값 정수 k의 최솟값

조건 정리 ① $2 \leq x \leq 5$에서 $-x^2 + 2x + 2k \geq 0$이 항상 성립한다.

② k는 정수이다.

설계 제한된 범위에서 이차부등식이 항상 성립하도록 만들자.

생각 1 | 그리기 편한 2개의 식이 드러나도록 부등식을 조작하자.

$$-x^2 + 2x + 2k \geq 0 \rightarrow x^2 - 2x \leq 2k$$

생각 2 | 제시된 조건을 그래프의 관점에서 해석하자.

$2 \leq x \leq 5$에서 $x^2 - 2x \leq 2k$가 항상 성립해야 한다.

→ 해석 : $2 \leq x \leq 5$에서 $y = x^2 - 2x$가 $y = 2k$와 만나거나 그보다 아래쪽에만 있어야 한다.

생각 3 | 해석한 상황이 되도록 그래프를 그리자.

이때 확실한 그래프 먼저 그린다.

$y = 2k$보다 $y = \underset{=x(x-2)}{x^2 - 2x}$의 그래프가 더 확실하므로 먼저 그려두자. (일단 제한된 범위는 신경 쓰지 말고 그리자.)

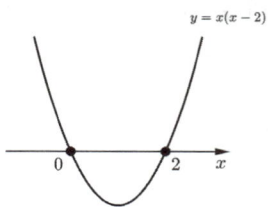

제한된 범위 $2 \leq x \leq 5$에서의 그래프가 $y = 2k$와 만나거나 그보다 아래쪽만 있으려면, 아래 그림과 같이,

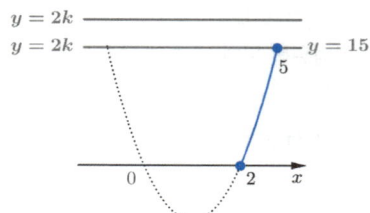

$y = 2k$가 $y = 15$와 겹치거나 그보다 위쪽에 있어야 하므로, $2k \geq 15$이어야 한다.

∴ $2k \geq 15$ → $k \geq \dfrac{15}{2}$ → 정수 k의 최솟값은 8

답 8

317.

구하는 값 k의 최솟값

조건 정리 $3 \leq x \leq 5$에서 $x^2 - 4x - 4k + 3 \leq 0$이 항상 성립한다.

설계 제한된 범위에서 이차부등식이 항상 성립하도록 만들자.

생각 1 | 그리기 편한 2개의 식이 드러나도록 부등식을 조작하자.

$$x^2 - 4x - 4k + 3 \leq 0 \rightarrow x^2 - 4x \leq 4k - 3$$

생각 2 | 제시된 조건을 그래프의 관점에서 해석하자.

$3 \leq x \leq 5$에서 $x^2 - 4x \leq 4k - 3$이 항상 성립해야 한다.

→ 해석 : $3 \leq x \leq 5$에서 $y = x^2 - 4x$가 $y = 4k - 3$과 만나거나 그보다 아래쪽에만 있어야 한다.

생각 3 | 해석한 상황이 되도록 그래프를 그리자.

이때 확실한 그래프 먼저 그린다. $y = 4k - 3$보다 $y = \underset{=x(x-4)}{x^2 - 4x}$의 그래프가 더 확실하므로 먼저 그려두자. (일단 제한된 범위는 신경 쓰지 말고 그리자.)

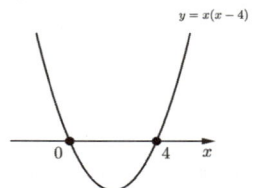

제한된 범위 $3 \leq x \leq 5$에서의 그래프가 $y = 4k - 3$과 만나거나 그보다 아래쪽에만 있으려면 아래 그림과 같이,

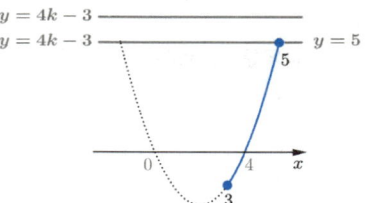

$y = 4k - 3$이 $y = 5$와 겹치거나 그보다 위쪽에 있어야 하므로, $4k - 3 \geq 5$이어야 한다.

∴ $4k - 3 \geq 5$ → $k \geq 2$ → k의 최솟값은 2

답 2

318.

구하는 값 k의 범위

조건 정리 $2x^2 - x - 1 \leq 0$을 만족시키는 모든 실수 x에 대하여

$\underbrace{\quad}_{-\frac{1}{2} \leq x \leq 1}$

$\underbrace{-x^2 + 2x - 3 \leq x^2 - 6x + k}_{2x^2 - 8x \geq -k - 3}$가 성립한다.

설계 제한된 범위에서 이차부등식이 항상 성립하도록 만들자.

생각 1 | 제시된 조건을 그래프의 관점에서 해석하자.

$-\frac{1}{2} \leq x \leq 1$에서 $2x^2 - 8x \geq -k - 3$가 항상

성립해야 한다.

➔ 해석 : $-\frac{1}{2} \leq x \leq 1$에서 $y = 2x^2 - 8x$가

$y = -k - 3$와 만나거나 그보다 위쪽에만 있어야 한다.

생각 2 | 해석한 상황이 되도록 그래프를 그리자.

$y = -k - 3$보다 $y = \underbrace{2x^2 - 8x}_{= 2x(x-4)}$의 그래프가 더

확실하다.

➔ $y = 2x(x - 4)$ 먼저 그려두자.
(일단 제한된 범위는 신경 쓰지 말고 그리자.)

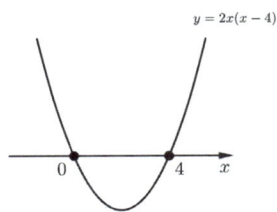

이제 제한된 범위 $-\frac{1}{2} \leq x \leq 1$에서의 그래프가

$y = -k - 3$과 만나거나 그보다 위쪽에만 있으려면

아래 그림과 같이,

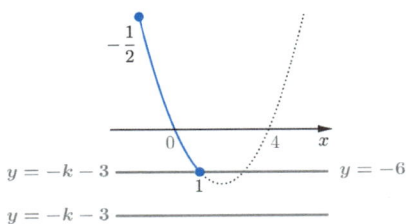

$y = -k - 3$이 $y = -6$과 겹치거나 그보다 아래에

있어야 하므로, $-k - 3 \leq -6$이어야 한다.

∴ $-k - 3 \leq -6$ ➔ $k \geq 3$

답 $k \geq 3$

319.

구하는 값 k의 최솟값

조건 정리 $-1 \leq x \leq 1$에서 $x^2 - 2x + 3 \leq -x^2 + k$가 항상

성립한다.

설계 제한된 범위에서 이차부등식이 항상 성립하도록 만들자.

생각 1 | 그리기 편한 2개의 식이 드러나도록 부등식을

조작하자.

$x^2 - 2x + 3 \leq -x^2 + k$ ➔ $2x^2 - 2x \leq k - 3$

생각 2 | 제시된 조건을 그래프의 관점에서 해석하자.

$-1 \leq x \leq 1$에서 $2x^2 - 2x \leq k - 3$이 항상 성립해야

한다.

➔ 해석 : $-1 \leq x \leq 1$에서 $y = 2x^2 - 2x$가

$y = k - 3$과 만나거나 그보다 아래쪽에만 있어야 한다.

생각 3 | 해석한 상황이 되도록 그래프를 그리자.

$y = k - 3$보다 $y = \underbrace{2x^2 - 2x}_{= 2x(x-1)}$의 그래프가 더 확실하다.

➔ $y = 2x(x - 1)$ 먼저 그려두자.
(일단 제한된 범위는 신경 쓰지 말고 그리자.)

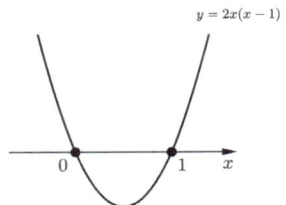

이제 제한된 범위 $-1 \leq x \leq 1$의 그래프가

$y = k - 3$과 만나거나 그보다 아래쪽에만 있으려면

아래 그림과 같이,

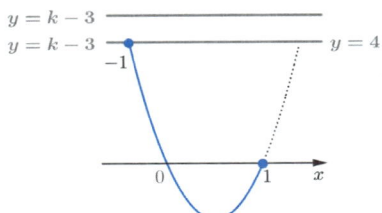

$y = k - 3$이 $y = 4$와 겹치거나 그보다 위쪽에 있어야

하므로, $k - 3 \geq 4$이어야 한다.

∴ $k - 3 \geq 4$ ➔ $k \geq 7$ ➔ k의 최솟값은 7

답 7

320.

구하는 값 k의 값의 범위

조건 정리 $4x^2 - 2(k+1)x + 1 \le 0$이 해를 갖는다.

설계 주어진 이차부등식이 해를 갖도록 만들자.

생각 1 | **문제의 상황을 그래프의 관점에서 해석하자.**

$4x^2 - 2(k+1)x + 1 \le 0$이 해를 갖는다.

➔ 해석 : $y = 4x^2 - 2(k+1)x + 1$은 x축과 만나거나 그보다 아래쪽에 있는 부분이 존재한다.

생각 2 | **해석한 상황을 그래프로 표현하자.**

$y = 4x^2 - 2(k+1)x + 1$이 x축과 만나거나 그보다 아래쪽에 있는 부분이 존재하려면, 그래프가 아래와 같이 그려져야 한다.

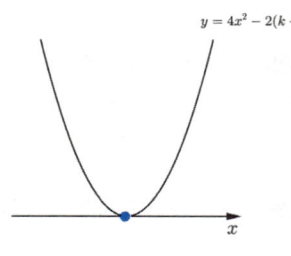

또는

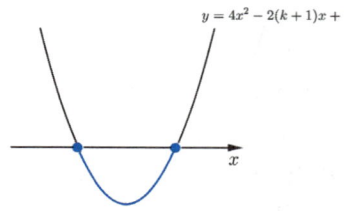

즉, 이차함수와 x축의 교점이 1개 또는 2개여야 한다.

➔ 이차방정식 $4x^2 - 2(k+1)x + 1 = 0$의 서로 다른 실근이 1개 또는 2개여야 한다.

➔ 판별식 $D \ge 0$이어야 한다.

➔ $\dfrac{D}{4} = \underset{(k+1)^2 \ge 4}{\underline{(k+1)^2 - 4 \ge 0}}$

➔ $\underset{k \ge 1}{\underline{k+1 \ge 2}}$ 또는 $\underset{k \le -3}{\underline{k+1 \le -2}}$

답 $k \ge 1$ 또는 $k \le -3$

321.

구하는 값 a의 값

조건 정리 ① 이차부등식 $(a+2)x^2 - 6x + a + 2 \ge 0$의 해가 1개

② $(a+2)x^2 - 6x + a + 2 \ge 0$은 이차부등식이므로

$\underset{\ne 0}{\underline{(a+2)}}x^2 - 6x + a + 2 \ge 0$ ➔ $a \ne -2$

설계 주어진 이차부등식의 해가 1개이도록 만들자.

생각 1 | **문제의 상황을 그래프의 관점에서 해석하자.**

$(a+2)x^2 - 6x + a + 2 \ge 0$의 해가 1개

➔ 해석 : $y = (a+2)x^2 - 6x + a + 2$가 x축과 만나거나 그보다 위쪽에 있는 부분이 한 점뿐이다.

생각 2 | **해석한 상황을 그래프로 표현하자.**

$y = (a+2)x^2 - 6x + a + 2$가 x축과 만나거나 그보다 위쪽에 있는 부분이 한 점뿐이려면 그래프가 아래와 같이 그려져야 한다.

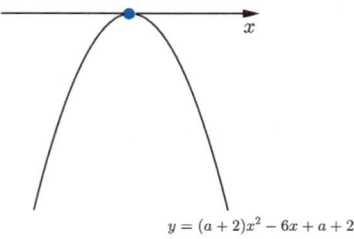

이로부터 다음과 같은 사실을 알 수 있다.

① 이차함수의 최고차항의 계수가 음수여야 한다.

$a + 2 < 0$ ➔ $a < -2$

② 이차함수와 x축의 교점이 1개여야 한다.

➔ 이차방정식 $(a+2)x^2 - 6x + a + 2 = 0$의 서로 다른 실근이 1개여야 한다.

➔ 판별식 $D = 0$이어야 한다.

➔ $\dfrac{D}{4} = \underset{(a+2)^2 = 9}{\underline{9 - (a+2)^2 = 0}}$

➔ $\underset{a=1}{\underline{a+2 = 3}}$ 또는 $\underset{a=-5}{\underline{a+2 = -3}}$

이때, $a < -2$이므로 $a = -5$

답 -5

322.

구하는 값 정수 a의 개수

조건 정리 ① $x^2 - 2ax + 9a < 0$의 해가 없다.

② a는 정수

설계 주어진 이차부등식의 해가 없도록 만들자.

생각 1 | 문제의 상황을 그래프의 관점에서 해석하자.

$x^2 - 2ax + 9a < 0$의 해가 없다.

➡ 해석 : $y = x^2 - 2ax + 9a$는 x축보다 아래쪽에 있는 부분이 없다.

생각 2 | 해석한 상황을 그래프로 표현하자.

$y = x^2 - 2ax + 9a$가 x축보다 아래쪽에 있는 부분이 없으려면 그래프가 아래와 같이 그려져야 한다.

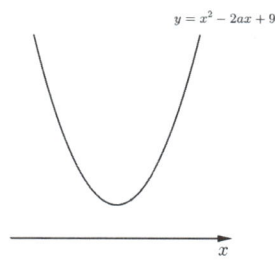

$y = x^2 - 2ax + 9a$

또는

$y = x^2 - 2ax + 9a$

즉, 이차함수와 x축의 교점이 0개 또는 1개여야 한다.

➡ 이차방정식 $x^2 - 2ax + 9a = 0$의 서로 다른 실근이 0개 또는 1개여야 한다.

➡ 판별식 $D \leq 0$이어야 한다.

➡ $\dfrac{D}{4} = \underbrace{a^2 - 9a}_{= a(a-9)} \leq 0$ ➡ $0 \leq a \leq 9$

따라서 조건을 만족시키는 정수 a의 개수는 10이다.

답 10

323.

구하는 값 a의 값의 범위

조건 정리 ① 이차부등식 $ax^2 + 2x + a > 0$이 해를 가진다.

② $ax^2 + 2x + a > 0$은 이차부등식이므로

$\underbrace{\boxed{a}}_{\neq 0}\, x^2 + 2x + a > 0$ ➡ $a \neq 0$

설계 $y = ax^2 + 2x + a$의 최고차항의 계수의 부호가 결정되지 않았다. ➡ $a > 0$인 경우와 $a < 0$인 경우로 케이스를 나눈 후, 주어진 이차부등식이 해를 갖도록 만들자.

생각 1 | 문제의 상황을 그래프의 관점에서 해석하자.

이차부등식 $ax^2 + 2x + a > 0$이 해를 가진다.

➡ 해석 : $y = ax^2 + 2x + a$는 x축보다 위쪽에 있는 부분이 존재한다.

생각 2 | $a > 0$인 경우와 $a < 0$인 경우로 케이스를 나누자.

Case 1 $a > 0$인 경우

$a > 0$이면 $y = ax^2 + 2x + a$는 아래로 볼록한 모양이다. 이때, $y = ax^2 + 2x + a$가 x축보다 위쪽에 있는 부분이 존재하려면 그래프가 아래와 같이 그려져야 한다.(파란색 부분에서 $y = ax^2 + 2x + a$는 x축보다 위쪽에 있다.)

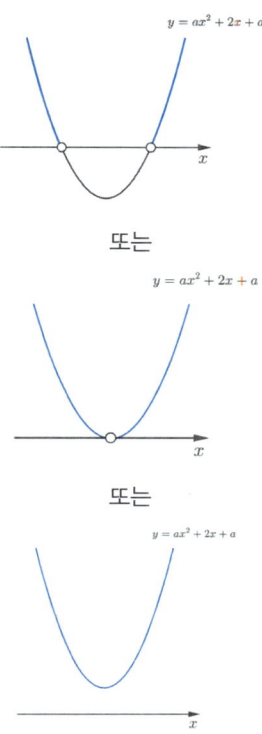

$y = ax^2 + 2x + a$

또는

$y = ax^2 + 2x + a$

또는

$y = ax^2 + 2x + a$

즉, 이차함수와 x축의 교점이 2개 또는 1개 또는 0개이면 된다.

그런데 $y = ax^2 + 2x + a$가 아래로 볼록한 모양이기만 하면 x축과의 교점이 반드시 2개 또는 1개 또는 0개이므로, $a > 0$이기만 하면 된다.

➡ $\therefore$ $\boxed{a > 0}$

Case 2 $a < 0$인 경우

$a < 0$이면 $y = ax^2 + 2x + a$는 위로 볼록한 모양이다. 이때, $y = ax^2 + 2x + a$가 x축보다 위쪽에 있는 부분이 존재하려면 그래프가 아래와 같이 그려져야 한다. (파란색 부분에서 $y = ax^2 + a$는 x축보다 위쪽에 있다.)

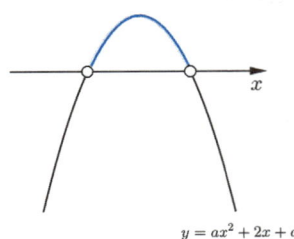

$$y = ax^2 + 2x + a$$

즉, 이차함수와 x축의 교점이 2개여야 한다.

→ 이차방정식 $ax^2 + 2x + a = 0$이 서로 다른 두 실근을 가져야 한다.

→ 판별식 $D > 0$이어야 한다.

→ $\dfrac{D}{4} = \underbrace{1 - a^2 > 0}_{a^2 < 1}$ → $-1 < a < 1$

이때 $a < 0$인 경우를 가정하였으므로

$-1 < a < 1$와 $a < 0$의 공통범위를 구해야 한다.

$-1 < a < 1$와 $a < 0$의 공통범위를 구하면,

∴ $\boxed{-1 < a < 0}$

답 $\boxed{a > 0}$ 또는 $\boxed{-1 < a < 0}$

324.

구하는 값 k의 값의 범위

조건 정리 ① 부등식 $kx^2 - 2kx - 4 > 0$이 해를 갖지 않는다.

② $kx^2 - 2kx - 4 > 0$은 이차부등식이 아니어도 된다.

→ $k = 0$이어도 상관없다.

설계 $kx^2 - 2kx - 4 > 0$이

• 이차부등식이 되는 경우($k \neq 0$인 경우)

• 이차부등식이 되지 않는 경우($k = 0$인 경우)

로 케이스를 나누자.

생각 1 | $k \neq 0$인 경우와 $k = 0$인 경우로 케이스를 나누자.

Case 1 $k = 0$인 경우

$k = 0$이면 $kx^2 - 2kx - 4 > 0$ → $0x^2 - 0x - 4 > 0$이 되고, 이 부등식의 x의 자리에 그 어떤 값을 대입하더라도 이 부등식은 성립하지 않으므로, $k = 0$이면 부등식 $kx^2 - 2kx - 4 > 0$의 해가 없다.

→ $\boxed{k = 0}$이면 문제의 조건을 만족시킨다.

Case 2 $k \neq 0$인 경우

$k \neq 0$이면 주어진 부등식이 이차부등식이 된다.

→ 이차부등식 $kx^2 - 2kx - 4 > 0$이 해를 갖지 않도록 만들자.

• 문제의 상황을 그래프의 관점에서 해석하자.

이차부등식 $kx^2 - 2kx - 4 > 0$이 해를 갖지 않는다.

→ 해석 : $y = kx^2 - 2kx - 4$는 x축보다 위쪽에 있는 부분이 존재하지 않는다.

이때, 이차함수 $y = kx^2 - 2kx - 4$는 최고차항 계수인 k의 부호에 따라 그 개형이 달라지므로, **$k > 0$인 경우와 $k < 0$인 경우로 케이스를 분류하자.**

(I) $k > 0$인 경우

$k > 0$이면 $y = kx^2 - 2kx - 4$는 아래로 볼록한 모양이다.

이때, 이차함수가 아래로 볼록한 모양으로 그려지면 x축보다 위쪽에 있는 부분이 반드시 존재하게 되므로 문제의 조건을 만족시킬 수 없다.

(II) $k < 0$인 경우

$k < 0$이면 $y = kx^2 - 2kx - 4$는 위로 볼록한 모양이다.

이때, $y = kx^2 - 2kx - 4$가 x축보다 위쪽에 있는 부분이 존재하지 않으려면 그래프가 아래와 같이 그려져야 한다.

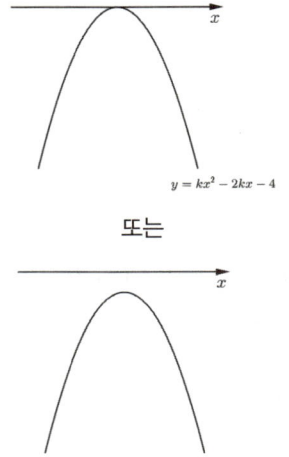

또는

즉, 이차함수와 x축의 교점이 1개 또는 0개여야 한다.

→ 이차방정식 $kx^2 - 2kx - 4 = 0$의 서로 다른 실근이 1개 또는 0개여야 한다.

→ 판별식 $D \leq 0$이어야 한다.

→ $\dfrac{D}{4} = \underbrace{k^2 + 4k \leq 0}_{= k(k+4)}$ → $-4 \leq k \leq 0$

이때 $k < 0$인 경우를 가정하였으므로

$-4 \leq k \leq 0$와 $k < 0$의 공통범위를 구해야 한다.

$-4 \leq k \leq 0$와 $k < 0$의 공통범위를 구하면,

∴ $\boxed{-4 \leq k < 0}$

답 $\boxed{k = 0}$ 또는 $\boxed{-4 \leq k < 0}$ $(= -4 \leq k \leq 0)$

325.

구하는 값 m의 값의 범위

조건 정리 이차방정식 $x^2 - 2mx + m + 6 = 0$이 허근을 갖지
않음.

➔ 이차방정식 $x^2 - 2mx + m + 6 = 0$이 실근을 가짐.

설계 이차방정식이 실근을 갖도록 하기 위해 판별식을 이용하자.

생각 1 | 판별식을 이용하자.

이차방정식 $x^2 - 2mx + m + 6 = 0$이 실근을
가지려면 판별식 $D \geq 0$이어야 한다.

$$\frac{D}{4} = \underbrace{m^2 - m - 6}_{=(m-3)(m+2)} \geq 0 \ ➔ \ \therefore \ m \geq 3 \ \text{또는} \ m \leq -2$$

답 $m \geq 3$ 또는 $m \leq -2$

326.

구하는 값 k의 범위

조건 정리 이차함수 $y = x^2 + 2kx - 3k$와 직선 $y = 4x - 6$이
교점을 갖지 않아야 한다.

➔ 이차방정식 $x^2 + 2kx - 3k = 4x - 6$의
서로 다른 실근이 0개여야 한다.

➔ 판별식 $D < 0$이어야 한다.

➔ $\frac{D}{4} = \underbrace{(k-2)^2 - (-3k+6)}_{= k^2 - k - 2} < 0$

➔ $(k+1)(k-2) < 0 \ ➔ \ \therefore \ -1 < k < 2$

답 $-1 < k < 2$

327.

구하는 값 정수 a의 개수

조건 정리 ① 이차부등식 $x^2 - 2ax + a + 6 > 0$이 항상
성립한다.
② a는 정수

설계 주어진 이차부등식이 항상 성립하도록 만들자.

생각 1 | 문제의 상황을 그래프의 관점에서 해석하자.

이차부등식 $x^2 - 2ax + a + 6 > 0$이 항상 성립한다.

➔ 해석 : $y = x^2 - 2ax + a + 6$이 x축보다 위쪽에만
있어야 한다.

생각 2 | 해석한 상황을 그래프로 표현하자.

$y = x^2 - 2ax + a + 6$ 전체가 x축보다 위쪽에만
있으려면 그래프가 아래와 같이 그려져야 한다.

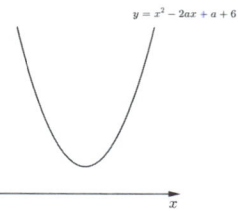

$$y = x^2 - 2ax + a + 6$$

즉, 이차함수와 x축의 교점이 0개여야 한다.

➔ 이차방정식 $x^2 - 2ax + a + 6 = 0$의 서로 다른
실근이 0개여야 한다.

➔ 판별식 $D < 0$이어야 한다.

➔ $\frac{D}{4} = \underbrace{a^2 - a - 6}_{=(a+2)(a-3)} < 0 \ ➔ \ \therefore \ -2 < a < 3$

➔ 정수 a의 개수는 4

답 4

328.

구하는 값 k의 값의 범위

조건 정리 이차부등식 $x^2 - 2kx - k^2 - 3k + 2 < 0$의 해가 없다.

설계 주어진 이차부등식의 해가 없도록 만들자.

생각 1 | 문제의 상황을 그래프의 관점에서 해석하자.

이차부등식 $x^2 - 2kx - k^2 - 3k + 2 < 0$의 해가 없다.

➔ 해석 : $y = x^2 - 2kx - k^2 - 3k + 2$는 x축보다
아래쪽에 있는 부분이 없다.

생각 2 | 해석한 상황을 그래프로 표현하자.

$y = x^2 - 2kx - k^2 - 3k + 2$가 x축보다 아래쪽에 있는
부분이 없으려면 그래프가 아래와 같이 그려져야 한다.

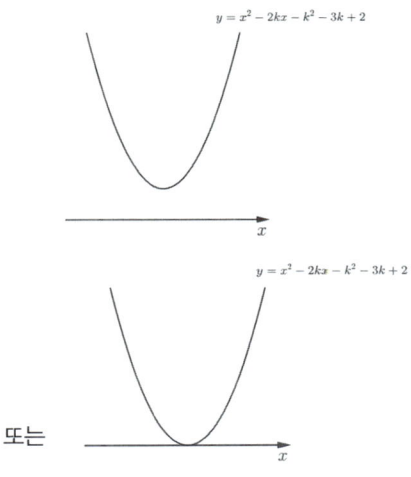

$$y = x^2 - 2kx - k^2 - 3k + 2$$

$$y = x^2 - 2kx - k^2 - 3k + 2$$

또는

즉, 이차함수와 x축의 교점이 0개 또는 1개여야 한다.

➔ 이차방정식 $x^2 - 2kx - k^2 - 3k + 2 = 0$의
   서로 다른 실근이 0개 또는 1개여야 한다.

➔ 판별식 $D \leq 0$이어야 한다.

➔ $\dfrac{D}{4} = \underbrace{k^2 - (-k^2 - 3k + 2)}_{= 2k^2 + 3k - 2} \leq 0$

➔ $(2k-1)(k+2) \leq 0$

∴ $-2 \leq k \leq \dfrac{1}{2}$

답 $-2 \leq k \leq \dfrac{1}{2}$

329.

구하는 값 연비가 20.3 이상이 되도록 하는 자동차의 최소 속력
➔ $b \geq 20.3$이 되도록 하는 a의 최솟값

조건 정리 속력과 연비의 단위는 편의상 생략하겠다.

① 속력 $= a$, 연비 $= b$

② $b = -0.003a^2 + 0.48a + 2.3$

③ 연비가 20.3 이상이 되어야 한다.

➔ $\underbrace{\boxed{b}}_{= -0.003a^2 + 0.48a + 2.3} \geq 20.3$이 되어야 한다.

설계 부등식 $-0.003a^2 + 0.48a + 2.3 \geq 20.3$을 풀자.

생각 1 | 부등식을 다루기 쉽게끔 정리하자.

$-0.003a^2 + 0.48a + 2.3 \geq 20.3$의 양변에 1000을 곱하면

➔ $\underbrace{-3a^2 + 480a + 2300 \geq 20300}_{-3a^2 + 480a - 18000 \geq 0}$

➔ 양변을 -3으로 나누면

$\underbrace{a^2 - 160a + 6000 \leq 0}_{= (a-60)(a-100)}$ ➔ ∴ $60 \leq a \leq 100$

따라서 a의 최솟값은 60

답 60 (km/h)

330.

구하는 값 a, b의 값

조건 정리 ① 이차부등식 $ax^2 + x + b > 0$의 해가 $-1 < x < 2$
➔ 부등식의 해의 경계가 -1과 2임을 안다.

② $ax^2 + x + b > 0$은 이차부등식이므로

$\underbrace{\boxed{a}}_{\neq 0} x^2 + x + b > 0$ ➔ $a \neq 0$

설계 부등식의 해의 경계를 알고 있으므로 부등식의 해의
경계는 방정식의 실근과 같음을 이용할 수 있겠다.

생각 1 | 부등식의 해의 경계를 방정식의 실근으로 해석하자.

이차부등식 $ax^2 + x + b > 0$의 해가 $-1 < x < 2$

➔ 해석 : 이차방정식 $ax^2 + x + b = 0$의 두 근이 -1, 2
➔ 근과 계수의 관계를 이용할 수 있겠다.

생각 2 | 근과 계수의 관계를 이용하자.

이차방정식 $ax^2 + x + b = 0$의 두 근이 -1, 2이므로

(두 근의 합) $= (-1) + 2 = -\dfrac{1}{a}$

➔ $a = -1$

(두 근의 곱) $= (-1) \times 2 = \dfrac{b}{a}$

➔ 이때 $a = -1$이므로, $b = 2$

답 $a = -1$, $b = 2$

331.

구하는 값 k의 값

조건 정리 $\underbrace{x^2 + 2kx \leq 16 - 8k}_{x^2 + 2kx + (8k-16) \leq 0}$의 해가 딱 1개 존재해야 한다.

설계 이차부등식이 단 하나의 해를 가지도록 만들자.

생각 1 | 문제의 상황을 그래프의 관점에서 해석하자.

$x^2 + 2kx + (8k-16) \leq 0$의 해가 딱 1개여야 한다.

➔ 해석 : $y = x^2 + 2kx + (8k-16)$은 x축과 만나거나
그보다 아래쪽에 있는 부분이 한 점뿐이어야 한다.

생각 2 | 해석한 상황을 그래프로 표현하자.

$y = x^2 + 2kx + (8k-16)$이 x축과 만나거나 그보다
아래쪽에 있는 부분이 한 점뿐이려면 그래프가 다음과
같이 그려져야 한다.

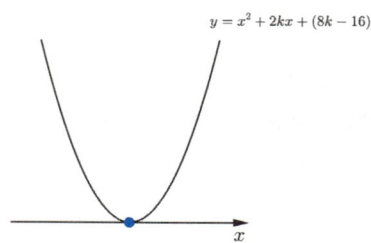

즉, 이차함수와 x축의 교점이 1개여야 한다.

➔ 이차방정식 $x^2 + 2kx + (8k-16) = 0$의
서로 다른 실근이 1개여야 한다.

➔ 판별식 $D=0$이어야 한다.

➔ $\dfrac{D}{4}=\underbrace{k^2-8k+16}_{=(k-4)^2}=0$ ➔ ∴ $k=4$

답 4

332.

구하는 값 가로의 길이

조건 정리 (편의상 단위는 생략하겠다.)

직육면체의
① 높이 $= 2$
② 한 밑면의 둘레 $= 20$
➔ 한 밑면의 둘레 $=$ 2(가로$+$세로)이므로
    가로$+$세로$=10$
③ 직육면체의 부피가 50 이상이 되어야 한다.

설계 가로의 길이를 x로 두고, 직육면체의 부피를 x가 포함된
식으로 표현하자.

생각 1 | 직육면체의 부피를 x가 포함된 식으로 표현하자.

(가로)$=x$라 하자. 그러면 (가로)$+$(세로)$=10$이므로,
(세로)$=10-x$
이다. 이때 가로와 세로의 길이는 모두 양수여야
하므로,
(가로)$=x>0$이고 (세로)$=10-x>0$
➔ $0<x<10$이어야 한다는 점까지 생각하자.

(가로)$=x$, (세로)$=10-x$, (높이)$=2$이므로,
(부피)$=2x(10-x)$로 표현할 수 있다.

생각 2 | 직육면체의 부피가 50 이상이 되어야 함을 이용하자.

(부피)$=2x(10-x) \boxed{\geq 50}$

➔ $x^2-10x+25\leq0$

➔ $(x-5)^2\leq0$

이때 이 부등식을 그래프의 관점에서 해석해보면
부등식 $(x-5)^2\leq0$를 만족시키는 x의 값은 5뿐임을
알 수 있다. 따라서

∴ $x=5$

답 5 cm

333.

구하는 값 a의 값의 범위

조건 정리 ① 세 변의 길이가 a, $a+2$, $a+4$
➔ 길이는 양수이므로 a, $a+2$, $a+4$는 모두
  양수여야 한다.
➔ $a>0$이어야 한다.
② 둔각삼각형이 되어야 한다.

설계 삼각형이 예각삼각형/둔각삼각형이 되도록 만들어야 할
때는 다음의 두 가지 사항을 고려해야 한다.

① 삼각형이 정의되어야 한다.
➔ 삼각형이 정의되려면
  (가장 긴 변)$<$(나머지 변의 합)
  을 만족시켜야 한다.

② 예각삼각형/둔각삼각형이 되도록 만들어야 한다.
➔ • 삼각형이 예각삼각형이 되려면
  (가장 긴 변)$^2<$(나머지 변)^{2}의 합
  을 만족시켜야 한다.
  • 삼각형이 둔각삼각형이 되려면
  (가장 긴 변)$^2>$(나머지 변)^{2}의 합
  을 만족시켜야 한다.

생각 1 | 삼각형이 정의되도록 만들자.

삼각형이 정의되려면
(가장 긴 변)$<$(나머지 변의 합)
이어야 한다. 가장 긴 변의 길이는 $a+4$이므로,
$a+4<a+(a+2)$ ➔ ∴ $a>2$

생각 2 | 둔각삼각형이 되도록 만들자.

삼각형이 둔각삼각형이 되려면
(가장 긴 변)$^2>$(나머지 변)^{2}의 합
이어야 한다. 즉, $(a+4)^2>a^2+(a+2)^2$

➔ $\underbrace{a^2-4a-12}_{=(a+2)(a-6)}<0$

➔ $-2<a<6$

이때 $\boxed{a>0}$이어야 하므로,
$\boxed{-2<a}<6$ ➔ ∴ $\boxed{0<a}<6$

생각 3 | $a>2$와 $0<a<6$의 공통범위를 구하자.

$a>2$와 $0<a<6$의 공통범위를 구하면
∴ $2<a<6$

답 $2<a<6$

334.

구하는 값 $bx^2 + ax + 1 \leq 0$의 해

➔ 우선 a, b의 값을 구해야겠다.

조건 정리 $x^2 + (1-a)x + b - 7 < 0$의 해가 $-3 < x < 3$

➔ 부등식의 해의 경계가 -3과 3임을 안다.

설계 부등식의 해의 경계를 알고 있으므로 부등식의 해의 경계는 방정식의 실근과 같음을 이용할 수 있겠다.

생각 1 | 부등식의 해의 경계를 방정식의 실근으로 해석하자.

부등식 $x^2 + (1-a)x + b - 7 < 0$의 해가 $-3 < x < 3$

➔ 해석 : 방정식 $x^2 + (1-a)x + b - 7 = 0$의 실근이 -3과 3

➔ 근과 계수의 관계를 이용할 수 있겠다.

생각 2 | 근과 계수의 관계를 이용하자.

방정식 $x^2 + (1-a)x + b - 7 = 0$의 실근이 -3과 3

(두 근의 합)$= -3 + 3 = -(1-a)$ ➔ $a = 1$

(두 근의 곱)$= (-3) \times 3 = b - 7$ ➔ $b = -2$

생각 3 | $bx^2 + ax + 1 \leq 0$의 해를 구하자.

$a = 1$, $b = -2$이므로,

$bx^2 + ax + 1 \leq 0$ ➔ $\underset{(2x+1)(x-1) \geq 0}{-2x^2 + x + 1 \leq 0}$

$\therefore$ $x \geq 1$ 또는 $x \leq -\dfrac{1}{2}$

답 $x \geq 1$ 또는 $x \leq -\dfrac{1}{2}$

335.

구하는 값 k의 값의 범위

조건 정리 $1 \leq x \leq 5$에서 이차부등식 $x^2 - 4x + 6 < 2k$가 항상 성립한다.

설계 제한된 범위에서 이차부등식이 항상 성립하도록 만들자.

생각 1 | 그리기 편한 2개의 식이 드러나도록 부등식을 조작하자.

$x^2 - 4x + 6 < 2k$ ➔ $x^2 - 4x < 2k - 6$

생각 2 | 제시된 조건을 그래프의 관점에서 해석하자.

$1 \leq x \leq 5$에서 $x^2 - 4x < 2k - 6$이 항상 성립해야 한다.

➔ 해석 : $1 \leq x \leq 5$에서 $y = x^2 - 4x$가 $y = 2k - 6$보다 아래쪽에만 있어야 한다.

생각 3 | 해석한 상황이 되도록 그래프를 그리자. 이때 확실한 그래프 먼저 그린다.

$y = 2k - 6$보다 $y = \underset{= x(x-4)}{x^2 - 4x}$가 더 확실하므로 먼저

그려두자. (일단 제한된 범위는 신경 쓰지 말고 그리자.)

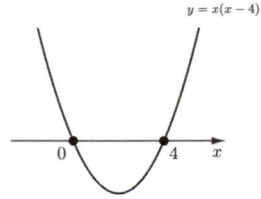

이제 제한된 범위 $1 \leq x \leq 5$에서의 그래프가 $y = 2k - 6$보다 아래쪽에만 있으려면 다음 그림과 같이,

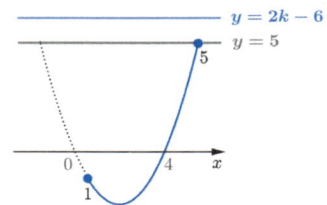

$y = 2k - 6$이 $y = 5$보다 위쪽에 있어야 하므로 $2k - 6 > 5$이어야 한다.

$\therefore$ $2k - 6 > 5$ ➔ $k > \dfrac{11}{2}$

답 $k > \dfrac{11}{2}$

336.

구하는 값 x의 최댓값

조건 정리 ① 커피의 가격을 x % 올리면 판매량은 $0.5x$ % 감소.

② 카페의 매출이 8 % 이상 늘어나야 함.

설계 (매출)$=$(가격)$\times$(판매량) 임을 이용하여 부등식을 작성하자.

생각 1 | 커피의 가격과 판매량을 미지수로 설정하자.

• 가격을 P라 하면 x % 증가한 가격을 $P\left(1 + \dfrac{x}{100}\right)$로 나타낼 수 있고,

• 판매량을 Q라 하면 $0.5x$ % 감소한 판매량을 $Q\left(1 - \dfrac{0.5x}{100}\right) = Q\left(1 - \dfrac{x}{200}\right)$로 나타낼 수 있다.

생각 2 | (매출)=(가격)×(판매량)임을 이용하자.

$x\%$ 오른 커피의 가격은 $P\left(1+\dfrac{x}{100}\right)$이고,

그때의 판매량은 $Q\left(1-\dfrac{x}{200}\right)$이므로

(커피 가격이 $x\%$ 올랐을 때의 매출)

$$=P\left(1+\dfrac{x}{100}\right)Q\left(1-\dfrac{x}{200}\right)$$

으로 나타낼 수 있고,

이 매출이 가격을 올리기 전 매출의 8% 이상이어야

하므로

$$P\left(1+\dfrac{x}{100}\right)Q\left(1-\dfrac{x}{200}\right)\geq \boxed{PQ\left(1+\dfrac{8}{100}\right)}$$

이어야 한다.

생각 3 | 작성한 부등식을 정리하자.

$$\underbrace{P\left(1+\dfrac{x}{100}\right)Q\left(1-\dfrac{x}{200}\right)\geq PQ\left(1+\dfrac{8}{100}\right)}_{\text{양변을 }PQ\text{로 나누자.}}$$

$$\rightarrow \underbrace{\left(1+\dfrac{x}{100}\right)\left(1-\dfrac{x}{200}\right)\geq\left(1+\dfrac{8}{100}\right)}_{\text{양변에 }20000\text{을 곱하자.}}$$

$$\rightarrow \underbrace{100\left(1+\dfrac{x}{100}\right)200\left(1-\dfrac{x}{200}\right)\geq 20000\left(1+\dfrac{8}{100}\right)}_{(100+x)(200-x)\,\geq\, 20000+1600}$$

$$\rightarrow \underbrace{x^2-100x+1600}_{=(x-20)(x-80)}\leq 0 \quad \therefore\ 20\leq x\leq 80$$

따라서 구하는 x의 최댓값은 80이다.

답 80

337.

구하는 값 a의 값의 범위

조건 정리 ① 이차방정식이 실근을 가져야 한다.

→ 판별식 $D\geq 0$이어야 한다.

② "실수 k의 값에 관계없이"

→ 작성한 등식 혹은 부등식이 모든 실수 k에 대하여

성립해야 한다.

설계 판별식 $D\geq 0$임을 이용하여 부등식을 하나 얻고, 얻은

부등식이 모든 실수 k에 대하여 성립하도록 만들자.

생각 1 | 판별식 $D\geq 0$임을 이용하자.

$x^2-2(a+k)x-a^2+2a+3=0$의 판별식 $D\geq 0$

$$\rightarrow \dfrac{D}{4}=\underbrace{(a+k)^2-(-a^2+2a+3)}_{=2a^2+2ak+k^2-2a-3}\geq 0$$

생각 2 | 부등식이 모든 실수 k에 대하여 성립하도록 만들자.

$2a^2+2ak+k^2-2a-3\geq 0$이 모든 실수 k에 대하여

성립해야 하므로 먼저 부등식의 좌변을 k에 대한

식으로 정리하자.

$$2a^2+2ak+k^2-2a-3\geq 0$$

→ k에 대한 식으로 정리하면

$$k^2+2ak+2a^2-2a-3\geq 0$$

즉, 모든 실수 k에 대하여

$k^2+2ak+2a^2-2a-3\geq 0$이 성립하도록 만들어야

한다.

여기서 k를 마치 x처럼 간주해보자. 그러면

모든 실수 $\underset{=x}{\underline{\quad k \quad}}$ 에 대하여

$\underset{x^2+2ax+2a^2-2a-3\,\geq\,0}{\underline{k^2+2ak+2a^2-2a-3\geq 0}}$이 성립해야 한다.

와 같이 바꾸어 해석할 수 있다.

생각 3 | 이차부등식이 항상 성립하도록 만들자.

• 주어진 부등식을 그래프의 관점에서 해석하자.

모든 실수 x에 대하여

$x^2+2ax+2a^2-2a-3\geq 0$이 성립한다.

→ 해석 : $y=x^2+2ax+2a^2-2a-3$이 x축과

만나거나 그보다 위쪽에만 있어야 한다.

• 원하는 상황을 그래프로 표현하자.

$y=x^2+2ax+2a^2-2a-3$이 x축과 만나거나

그보다 위쪽에만 있으려면 그래프가 다음과 같이

그려져야 한다.

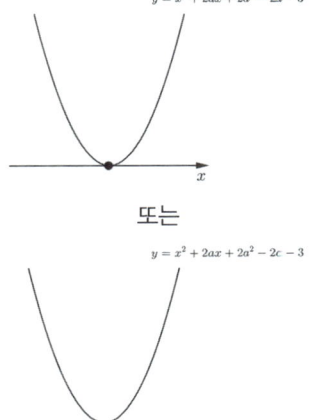

또는

즉, 이차함수와 x축의 교점이 1개 또는 0개여야 한다.

→ 이차방정식 $x^2+2ax+2a^2-2a-3=0$의

서로 다른 실근이 1개 또는 0개여야 한다.

→ 판별식 $D\leq 0$이어야 한다.

$$\rightarrow \dfrac{D}{4}=\underbrace{a^2-(2a^2-2a-3)}_{a^2-2a-3\,\geq\,0}\leq 0$$

$$\rightarrow (a-3)(a+1)\geq 0 \quad\rightarrow\quad \therefore\ a\geq 3 \text{ 또는 } a\leq -1$$

답 $a\geq 3$ 또는 $a\leq -1$

338.

구하는 값 부등식 $\underbrace{f(x) - x - 1 > 0}_{f(x) > x+1}$ 을 만족하는 모든 정수 x의 합

→ $y = f(x)$가 $y = x+1$보다 위쪽에 있도록 하는
x의 범위를 구하면 된다.

조건 정리 ① 이차항의 계수가 음수

→ $y = f(x)$는 위로 볼록한 모양으로 그려진다.

② $y = f(x)$와 $y = x+1$의 두 교점의 y좌표가 3과 8

→ 두 교점의 y좌표인 3과 8을 $y = x+1$에 대입하면
두 교점의 x좌표가 2와 7임을 알 수 있다.

③ x는 정수

설계 $y = f(x)$가 $y = x+1$보다 위쪽에 있도록 하는 x의
범위를 구하기 위해, 정리한 조건을 그림으로 나타내자.

생각 1 | 정리한 조건을 그림으로 나타내자.

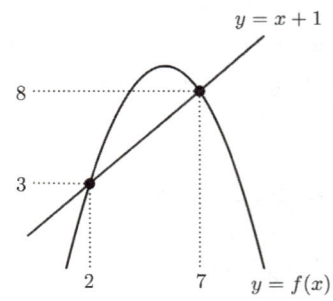

그래프를 통해 $y = f(x)$가 $y = x+1$보다 위쪽에
있도록 하는 x의 범위는 $2 < x < 7$임을 알 수 있다.

→ ∴ $3+4+5+6 = 18$

답 18

339.

구하는 값 $f(4)$의 값 → $f(x)$의 식을 구하자.

조건 정리 ① a, b는 자연수

→ a, b의 자리에 적당한 자연수를 대입할 수 있다.

② $f(x) = a(x-2)(x-b)$

→ a는 자연수이므로 양수이다.

따라서 $y = f(x)$는 아래로 볼록한 모양이다.

(가) $f(0) = 6$

→ $f(0) = \underbrace{2ab}_{ab=3} = 6$

→ a, b의 자리에 적당한 자연수를 대입해보면
$ab = 3$을 만족시키는 a, b의 값은

(i) $a = 1$, $b = 3$ 또는 (ii) $a = 3$, $b = 1$ 뿐이다.

(나) $x > 2$일 때, $f(x) > 0$이다.

→ x좌표가 2보다 큰 부분에서 항상
$f(x)$의 그래프가 x축보다 위쪽에 있다.

설계 (i) $a = 1$, $b = 3$ 또는 (ii) $a = 3$, $b = 1$ 중 x좌표가
2보다 큰 부분에서 항상 $y = f(x)$가 x축보다 위쪽에
있도록 하는 것은 무엇인지 확인하자.

생각 1 | $a = 1$, $b = 3$인 경우를 확인하자.

$a = 1$, $b = 3$이면 $f(x) = (x-2)(x-3)$이고,
$f(x)$의 그래프는 다음과 같으므로

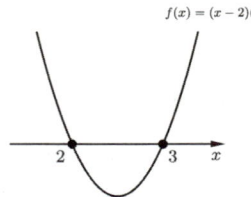

x좌표가 2보다 큰 부분에서 $f(x)$의 그래프가
x축보다 항상 위쪽에 있지 않다. 따라서 조건에
모순이다.

생각 2 | $a = 3$, $b = 1$인 경우를 확인하자.

$a = 3$, $b = 1$이면 $f(x) = 3(x-2)(x-1)$이고,
$f(x)$의 그래프는 다음과 같으므로

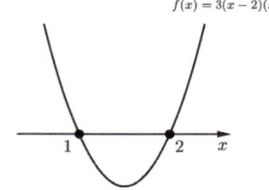

x좌표가 2보다 큰 부분에서 항상 $f(x)$의 그래프가
x축보다 위쪽에 있다. 따라서 조건을 만족시킨다.

∴ $f(x) = 3(x-2)(x-1)$

→ $f(4) = 3 \times 2 \times 3 = 18$

답 18

340.

조건 정리 이차부등식 $ax^2 + bx + c \geq 0$의 해가 $x = 2$뿐이다.

→ $ax^2 + bx + c = f(x)$라 하면 $\underbrace{ax^2 + bx + c \geq 0}_{f(x) \geq 0}$

→ 해석 : $y = f(x)$가 x축과 만나거나 그보다
위쪽에 있도록 하는 x의 값이 2뿐이다.

이 해석을 만족하려면 $y=f(x)$는 다음과 같이 그려져야 하므로

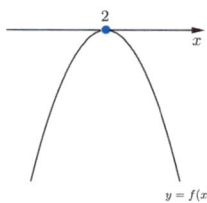

- 이차함수 $f(x)$가 위로 볼록하게 그려져야 한다.
➔ $f(x)$의 최고차항의 계수가 음수여야 한다.
➔ $a<0$

- 이차함수 $f(x)$가 x축과 $x=2$에서 접해야 한다.
➔ $f(x)=\boxed{ax^2+bx+c=a(x-2)^2}$이다.
➔ $b=-4a,\ c=4a$임을 알 수 있다.

생각 1 | ㄱ. $a<0$의 참/거짓을 판단하자.
조건을 정리하면서 $a<0$임을 구했으므로 참이다.

생각 2 | ㄴ. $b^2-4ac=0$의 참/거짓을 판단하자.
b^2-4ac는 이차방정식 $\underbrace{ax^2+bx+c}_{=a(x-2)^2}=0$의

판별식이다.
이차방정식 $\underbrace{ax^2+bx+c}_{=a(x-2)^2}=0$은 중근을 가진다.

➔ 판별식 $D=b^2-4ac=0$이다. 즉, ㄴ은 참이다.

생각 3 | ㄷ. $a+b+c<0$의 참/거짓을 판단하자.

[Sol 1] **부등식의 좌변 $a+b+c$을 문자 a로 통일하자.**
$b=-4a,\ c=4a$이므로 $a+b+c=\boxed{a}$이고,
$a<0$이므로 $\boxed{a+b+c=a}<0$이다. 즉, ㄷ은 참이다.

[Sol 2] $f(x)=ax^2+bx+c$임을 이용하자.
$a+b+c=f(1)$이므로 $f(1)$의 값이 음수인지 아닌지 판단하면 된다.
앞서 그려두었던 $y=f(x)$의 그래프를 활용하면 $f(1)$이 음수임을 알 수 있다.

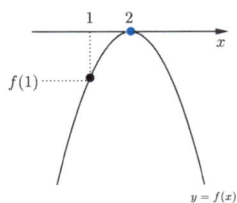

즉, $\boxed{a+b+c=f(1)}<0$이므로 ㄷ은 참이다.

답 ⑤ ㄱ, ㄴ, ㄷ

341.

구하는 값 $\alpha+\beta$의 값

조건 정리 ① x^2의 계수가 1인 이차함수 $f(x)$
➔ • $f(x)=x^2+\ldots$
• $y=f(x)$의 그래프는 아래로 볼록하다.
② x^2의 계수가 -1인 이차함수 $g(x)$
➔ • $g(x)=-x^2+\ldots$
• $y=g(x)$의 그래프는 위로 볼록하다.
③ $f(x),\ g(x)$의 교점의 좌표가 $(-1,\ \boxed{k})$,
$(5,\ \boxed{k})$이다. ★ ➔ 두 교점의 y좌표가 같다.
➔ 교점의 좌표를 그림에 표현할 때 직선 $y=k$를 활용할 수 있다.
④ 부등식 $f(x)<g(0)+2$의 해가 $\alpha<x<\beta$
➔ $f(x)$와 $g(0)$을 최대한 구체적인 식으로 표현하자.
➔ $f(x)$와 $g(x)$의 식을 어느 정도 구해보자.

설계 정리한 조건을 그림으로 나타내어 보자.

생각 1 | 정리한 조건을 그림으로 나타내자.

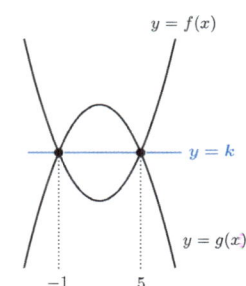

그림에서
• $y=f(x)$와 $y=k$의 교점의 x좌표가 $-1,\ 5$이므로
➔ $\underset{f(x)=(x+1)(x-5)+k}{\underline{f(x)-k=(x+1)(x-5)}}$ 임을 알 수 있고,
• $y=g(x)$와 $y=k$의 교점의 x좌표가 $-1,\ 5$이므로
➔ $\underset{g(x)=-(x+1)(x-5)+k}{\underline{g(x)-k=-(x+1)(x-5)}}$ 임을 알 수 있다.

생각 2 | $f(x),\ g(x)$의 식을 바탕으로 부등식을 간단히 하자.
$f(x)=(x+1)(x-5)+k$이고,
$g(x)=-(x+1)(x-5)+k$ ➔ $g(0)=k+5$이므로
$\underset{(x+1)(x-5)+k<k+7}{\underline{f(x)<g(0)+2}}$ ➔ $\underset{x^2-4x-12<0}{\underline{(x+1)(x-5)<7}}$

➔ $\therefore\ -2<x<6$
즉, $\alpha=-2,\ \beta=6$이므로

$$\therefore\ \alpha+\beta=4$$

답 4

342.

구하는 값 k의 값

조건 정리 ① $y=f(x)$가 두 점 $(-1,\,0)$, $(2,\,0)$을 지난다.

➔ $f(-1)=0$, $f(2)=0$

② 부등식 $f\!\left(\dfrac{x+k}{2}\right)\leq 0$의 해가 $-3\leq x\leq 3$이다.

➔ 방정식 $f\!\left(\dfrac{x+k}{2}\right)=0$의 두 실근이 -3, 3이다.

➔ $x=-3$과 $x=3$을 $f\!\left(\dfrac{x+k}{2}\right)=0$에 대입할 수 있다.

➔ $f\!\left(\dfrac{k-3}{2}\right)=0$, $f\!\left(\dfrac{k+3}{2}\right)=0$이다.

설계 $[f(-1)=0,\ f(2)=0]=[f\!\left(\dfrac{k-3}{2}\right)=0,$

$f\!\left(\dfrac{k+3}{2}\right)=0]$ 이어야 함을 이용하자.

생각 1 ┃ 설계한 방향대로 생각해보자.

$[f(-1)=0,\ f(2)=0]=[f\!\left(\dfrac{k-3}{2}\right)=0,$

$f\!\left(\dfrac{k+3}{2}\right)=0]$ 이므로

$\dfrac{k-3}{2}$와 $\dfrac{k+3}{2}$ 중 더 작은 값이 -1, 더 큰 값이

2여야 한다. 이때, 명백히 $\dfrac{k-3}{2}<\dfrac{k+3}{2}$이므로

$\dfrac{k-3}{2}=-1$, $\dfrac{k+3}{2}=2$

➔ $\therefore\ k=1$

답 1

343.

구하는 값 $M-m$의 값

➔ $f(3)$의 최댓값과 최솟값을 구하자.

조건 정리 ① 이차함수 $f(x)$

② $f(3)$의 최댓값 : M, 최솟값 : m

(가) 부등식 $f\!\left(\dfrac{1-x}{4}\right)\leq 0$의 해가 $-7\leq x\leq 9$

➔ 방정식 $f\!\left(\dfrac{1-x}{4}\right)=0$의 실근이 -7, 9이다.

➔ $x=-7$과 $x=9$를 $f\!\left(\dfrac{1-x}{4}\right)=0$에 대입할 수 있다.

➔ $f(-2)=0$, $f(2)=0$

(나) 모든 실수 x에 대하여 부등식

$f(x)\geq 2x-\dfrac{13}{3}$이 성립한다.

➔ 이 조건을 활용하려면 $f(x)$의 정보를 더 알아야 한다.

설계 (나) 조건을 해석하기 위해 $f(x)$의 식을 최대한

구체적으로 구하여 부등식 $f(x)\geq 2x-\dfrac{13}{3}$을 간단히

하자.

생각 1 ┃ $f(x)$의 식을 최대한 구체적으로 구하자.

$f(-2)=0$, $f(2)=0$이고, $f(x)$의 최고차항의

계수를 m이라 하면

$f(x)=m(x+2)(x-2)$

생각 2 ┃ 부등식 $f(x)\geq 2x-\dfrac{13}{3}$을 간단히 하자.

$f(x)=m(x+2)(x-2)$이므로

$\underbrace{f(x)\geq 2x-\dfrac{13}{3}}_{m(x+2)(x-2)\,\geq\, 2x-\frac{13}{3}}$

➔ $3mx^2-6x+(-12m+13)\geq 0$

생각 3 ┃ (나) 조건을 해석하고 활용하자.

(나) ➔ 모든 실수 x에 대하여 부등식

$\underbrace{f(x)\geq 2x-\dfrac{13}{3}}_{3mx^2-6x+(-12m+13)\,\geq\, 0}$ 이 성립한다.

➔ $y=3mx^2-6x+(-12m+13)$의 그래프 전체가

x축과 만나거나 그보다 위쪽에만 있어야 한다.

즉, 그래프가 다음과 같이 그려져야 한다.

$$y = 3mx^2 - 6x + (-12m + 13)$$

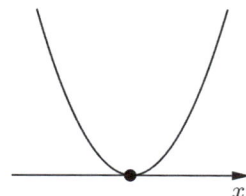

또는

$$y = 3mx^2 - 6x + (-12m + 13)$$

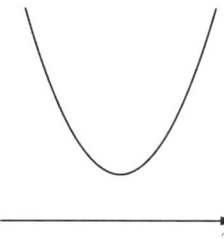

➜ 이차함수와 x축의 교점이 1개 또는 0개여야 한다.

➜ 이차방정식 $3mx^2 - 6x + (-12m + 13) = 0$의
서로 다른 실근이 1개 또는 0개여야 한다.

➜ 판별식 $D \leq 0$이어야 한다.

➜ $\dfrac{D}{4} = 9 - 3m(-12m + 13) \leq 0$

➜ $\therefore \dfrac{1}{3} \leq m \leq \dfrac{3}{4}$

생각 4 ┃ $f(3)$의 최댓값과 최솟값을 구하자.

$f(x) = m(x+2)(x-2)$이므로 $f(3) = 5m$
즉, $5m$의 최댓값과 최솟값을 구하면 된다.

이때

$\underset{\text{부등식 전체에 }\times 5}{\dfrac{1}{3} \leq m \leq \dfrac{3}{4}}$ ➜ $\dfrac{5}{3} \leq 5m \leq \dfrac{15}{4}$

즉, $5m$의 최댓값은 $\dfrac{15}{4}$, 최솟값은 $\dfrac{5}{3}$이므로

$\therefore M = \dfrac{15}{4}$, $m = \dfrac{5}{3}$ ➜ $M - m = \dfrac{15}{4} - \dfrac{5}{3} = \dfrac{25}{12}$

답 ⑤ $\dfrac{25}{12}$

344.

생각 1 | ㄱ의 좌변과 우변이 항상 같은지 확인하자.

(좌변)
$= \sqrt{(x-1)^2} - (x-1) = |x-1| - (x-1)$ 이다.
여기서 $x-1 < 0$일 때,
(좌변)$= |x-1| - (x-1) = -(x-1) - (x-1) \neq 0$
따라서 ㄱ은 $x-1 < 0$일 때 성립하지 않으므로
거짓이다.

생각 2 | ㄴ의 좌변과 우변이 항상 같은지 확인하자.

(좌변)$= \left(\sqrt{x^2 - 4x + 4} \right)^2 = x^2 - 4x + 4 = (x-2)^2$
이고, 이는 우변인 $|x-2|$와 항상 같지 않다.
따라서 ㄴ은 거짓이다.

생각 3 | ㄷ의 좌변과 우변이 항상 같은지 확인하자.

(좌변)$= (|a| + |b|)^2 = |a|^2 + 2|a||b| + |b|^2$
$= a^2 + 2|ab| + b^2$
이고, $ab < 0$이므로, $|ab| = -ab$이다.
따라서 (좌변)$= a^2 + 2|ab| + b^2 = a^2 - 2ab + b^2$이고,
이는 우변과 항상 같으므로 ㄷ은 참이다.

생각 4 | ㄹ의 좌변과 우변이 항상 같은지 확인하자.

(우변)$= |(x-1)f(x)| = |x-1||f(x)|$이고,
$x > 1$ ➔ $x - 1 > 0$이므로 $|x-1| = x-1$이다.
따라서 (우변)$= |x-1||f(x)| = (x-1)|f(x)|$이고,
이는 좌변과 항상 같으므로 ㄹ은 참이다.

생각 5 | ㅁ의 좌변과 우변이 항상 같은지 확인하자.

절댓값의 계산 성질에 의하여
(좌변)$= |2-a| = |a-2|$이고, 이는 우변과 항상
같으므로 ㅁ은 참이다.

생각 6 | ㅂ의 참/거짓을 판단하자.

실수 x, y의 값에 관계없이 $|x| \geq 0$, $|y| \geq 0$이고,
0 이상인 두 값을 더해서 0이 되려면
그 두 값이 모두 0일 수밖에 없다.
따라서 $|x| + |y| = 0$ ➔ $|x| = |y| = 0$ ➔ $x = y = 0$
즉, 가능한 순서쌍 (x, y)은 (0, 0) 하나 뿐이므로 ㅂ은
참이다.

생각 7 | ㅅ의 참/거짓을 판단하자.

실수 x의 값에 관계없이 $x^2 \geq 0$이고, $|x| \geq 0$이므로
$x^2 + |x| \geq 0$이 성립한다. 따라서 ㅅ은 참이다.

답 ㄷ, ㄹ, ㅁ, ㅂ, ㅅ

345.

생각 1 | 방정식의 근의 역할을 하는 문자 x가 절댓값
외부에도 있으므로 Case를 분류하자.

Case 1 $x \geq 0$일 때
$x^2 + 2|x| - 3 = 0$ ➔ $\underset{=(x+3)(x-1)}{x^2 + 2x - 3 = 0}$

➔ $\underset{x \geq 0\text{에 포함 X}}{x = -3}$ 또는 $x = 1$

이때 $x = -3$은 가정한 범위에 포함되지 않으므로
제외하자.

Case 2 $x < 0$일 때
$x^2 + 2|x| - 3 = 0$ ➔ $\underset{=(x-3)(x+1)}{x^2 - 2x - 3 = 0}$

➔ $\underset{x < 0\text{에 포함 X}}{x = 3}$ 또는 $x = -1$

이때 $x = 3$은 가정한 범위에 포함되지 않으므로
제외하자.

답 $x = 1$ 또는 $x = -1$

346.

생각 1 | $|\square|^2 = \square^2$임을 이용하자.

$\underset{=(x+1)^2}{|x+1|^2} - 2|x+1| - 3 = 0$

➔ $(x+1)^2 - 2|x+1| - 3 = 0$

생각 2 | 방정식의 근의 역할을 하는 문자 x가 절댓값
외부에도 있으므로 Case를 분류하자.

Case 1 $\underset{x \geq -1}{x + 1 \geq 0}$일 때

$(x+1)^2 - 2\underset{=(x+1)}{|x+1|} - 3 = 0$

➔ $(x+1)^2 - 2(x+1) - 3 = 0$

이때 $x+1$이 반복되므로, $x+1 = X$로 치환하면
$(x+1)^2 - 2(x+1) - 3 = 0$ ➔ $\underset{=(X-3)(X+1)}{X^2 - 2X - 3 = 0}$

$\therefore X = 3$ 또는 $X = -1$

여기서 X를 다시 $x+1$로 바꾸어주면

$x=2$ 또는 $\underset{\substack{\\ x\geq -1 \text{에 포함 X}}}{x=-2}$ 임을 알 수 있다.

이때 $x=-2$는 가정한 범위에 포함되지 않으므로 제외하자.

Case 2 $\underset{\substack{\\ x<-1}}{x+1<0}$ 일 때

$(x+1)^2-2\underset{\substack{\\ =-(x+1)}}{|x+1|}-3=0$

➔ $(x+1)^2+2(x+1)-3=0$

이때 $x+1$이 반복되므로, $x+1=X$로 치환하면

$(x+1)^2+2(x+1)-3=0$ ➔ $\underset{\substack{\\ =(X+3)(X-1)}}{X^2+2X-3=0}$

∴ $X=-3$ 또는 $X=1$

여기서 X를 다시 $x+1$로 바꾸어주면

$x=-4$ 또는 $\underset{\substack{\\ x<-1 \text{에 포함 X}}}{x=0}$ 임을 알 수 있다.

이때 $x=0$은 가정한 범위인에 포함되지 않으므로 제외하자.

∴ 구하는 해는 $x=2$ 또는 $x=-4$

➔ $2+(-4)=-2$

답 -2

347.

생각 1 | 방정식의 근은 대입할 수 있다.

방정식 $|x^2+ax-1|=4$에 $x=-1$을 대입하면

$|-a|=4$ ➔ $|a|=4$ ➔ $a=4$ 또는 $a=-4$

생각 2 | 구한 a의 값을 다시 방정식에 대입하자.

Case 1 $a=4$일 때

$\underset{\substack{\\ =|x^2+4x-1|}}{|x^2+ax-1|}=4$

➔ $x^2+4x-1=4$ 또는 $x^2+4x-1=-4$

➔ $\underset{\substack{\\ =(x+5)(x-1)}}{x^2+4x-5=0}$ 또는 $\underset{\substack{\\ =(x+1)(x+3)}}{x^2+4x+3=0}$

➔ $x=-5$ 또는 $x=1$ 또는 $x=-1$ 또는 $x=-3$

∴ -1을 제외한 모든 근의 곱은 15

Case 2 $a=-4$일 때

$\underset{\substack{\\ =|x^2-4x-1|}}{|x^2+ax-1|}=4$

➔ $x^2-4x-1=4$ 또는 $x^2-4x-1=-4$

➔ $\underset{\substack{\\ =(x-5)(x+1)}}{x^2-4x-5=0}$ 또는 $\underset{\substack{\\ =(x-1)(x-3)}}{x^2-4x+3=0}$

➔ $x=5$ 또는 $x=-1$ 또는 $x=1$ 또는 $x=3$

∴ -1을 제외한 모든 근의 곱은 15

즉, $a=4$일 때와 $a=-4$일 때 모두 -1을 제외한 모든 근의 곱은 15이다.

답 15

348.

생각 1 | 방정식의 근은 대입할 수 있다.

방정식 $|2x^2-(a+1)x-1|=1$에 $x=a$를 대입하면

➔ $|a^2-a-1|=1$

➔ $a^2-a-1=1$ 또는 $a^2-a-1=-1$

➔ $\underset{\substack{\\ =(a-2)(a+1)}}{a^2-a-2=0}$ 또는 $\underset{\substack{\\ =a(a-1)}}{a^2-a=0}$

➔ $a=2$ 또는 $a=-1$ 또는 $a=0$ 또는 $a=1$

∴ $2+(-1)+0+1=2$

답 2

349.

생각 1 | $\sqrt{\square^2}=|\square|$ 임을 이용하자.

$\underset{\substack{\\ =|x-1|}}{\sqrt{(x-1)^2}}=x^2-3$ ➔ $|x-1|=x^2-3$

생각 2 | 방정식의 근의 역할을 하는 문자 x가 절댓값 외부에도 있으므로 Case를 분류하자.

Case 1 $\underset{\substack{\\ x\geq 1}}{x-1\geq 0}$ 일 때

$\underset{\substack{\\ =(x-1)}}{|x-1|}=x^2-3$ ➔ $\underset{\substack{\\ =(x-2)(x+1)}}{x^2-x-2=0}$

➔ $x=2$ 또는 $\underset{\substack{\\ x\geq 1 \text{에 포함 X}}}{x=-1}$

이때 $x=-1$은 가정한 범위에 포함되지 않으므로 제외하자.

Case 2 $\underset{\substack{\\ x<1}}{x-1<0}$ 일 때

$\underset{\substack{\\ =-(x-1)}}{|x-1|}=x^2-3$

➔ $x^2+x-4=0$ ➔ $x=\dfrac{-1\pm\sqrt{17}}{2}$

이때 $\dfrac{-1+\sqrt{17}}{2}$ 은 가정한 범위에 포함되지 않으므로

제외하자.

$$\therefore \text{ 구하는 해는 } x=2 \text{ 또는 } x=\dfrac{-1-\sqrt{17}}{2}$$

$$\text{답} \quad x=2 \text{ 또는 } x=\dfrac{-1-\sqrt{17}}{2}$$

350.

$|x^2-2|>4$

➔ $x^2-2>4$ 또는 $x^2-2<-4$

➔ $x^2>6$ 또는 $x^2<-2$

이때 부등식 $x^2<-2$의 해는 존재하지 않으므로

부등식 $x^2>6$만 풀면 된다.

$x^2>6$ ➔ $\therefore x>\sqrt{6}$ 또는 $x<-\sqrt{6}$

$$\text{답} \quad x>\sqrt{6} \text{ 또는 } x<-\sqrt{6}$$

351.

$|x^2-13x|\leq 30$

➔ $-30\leq x^2-13x\leq 30$

➔ $\begin{cases} -30\leq x^2-13x \\ x^2-13x\leq 30 \end{cases}$

➔ $\begin{cases} x^2-13x+30\geq 0 \\ x^2-13x-30\leq 0 \end{cases}$

➔ $\begin{cases} (x-10)(x-3)\geq 0 \\ (x-15)(x+2)\leq 0 \end{cases}$

➔ $\begin{cases} x\geq 10 \text{ 또는 } x\leq 3 \cdots (\text{ㄱ}) \\ -2\leq x\leq 15 \qquad \cdots (\text{ㄴ}) \end{cases}$

(ㄱ)과 (ㄴ)의 공통범위를 구하면

$-2\leq x\leq 3$ 또는 $10\leq x\leq 15$

$$\therefore \text{ 정수 } x\text{의 개수는 } 12$$

$$\text{답} \quad 12$$

352.

설계 부등식 $|3x-1|\leq x+5$의 해를 구하자.

생각 1 | 부등식의 근의 역할을 하는 문자 x가 절댓값
외부에도 있으므로 Case를 분류하자.

Case 1 $\underset{x\geq\frac{1}{3}}{\underline{3x-1\geq 0}}$일 때

$\underset{=3x-1}{\underline{|3x-1|}}\leq x+5$ ➔ $x\leq 3$

이때 $x\leq 3$과 가정한 범위인 $x\geq\dfrac{1}{3}$의 공통범위를

구하면

$\dfrac{1}{3}\leq x\leq 3$

Case 2 $\underset{x<\frac{1}{3}}{\underline{3x-1< 0}}$일 때

$\underset{=-(3x-1)}{\underline{|3x-1|}}\leq x+5$ ➔ $x\geq -1$

이때 $x\geq -1$과 가정한 범위인 $x<\dfrac{1}{3}$의 공통범위를

구하면

$-1\leq x<\dfrac{1}{3}$

$$\therefore \text{ 구하는 해는 } -1\leq x\boxed{<\dfrac{1}{3}} \text{ 또는 } \boxed{\dfrac{1}{3}\leq} x\leq 3$$

➔ $-1\leq x\leq 3$

따라서 $\alpha=-1$, $\beta=3$이므로

$\beta-\alpha=3-(-1)=4$

$$\text{답} \quad 4$$

353.

생각 1 | 부등식의 근의 역할을 하는 문자 x가 절댓값
외부에도 있으므로 Case를 분류하자.

Case 1 $\underset{x\geq-\frac{1}{3}}{\underline{3x+1\geq 0}}$일 때

$x>\underset{=3x+1}{\underline{|3x+1|}}-7$ ➔ $x<3$

이때 $x<3$과 가정한 범위인 $x\geq-\dfrac{1}{3}$의 공통범위를

구하면

$-\dfrac{1}{3}\leq x<3$

Case 2 $\underset{x<-\frac{1}{3}}{\underline{3x+1<0}}$일 때

$x>\underset{=-(3x+1)}{\underline{|3x+1|}}-7$ ➔ $x>-2$

이때 $x>-2$와 가정한 범위인 $x<-\dfrac{1}{3}$의 공통범위를

구하면

$-2<x<-\dfrac{1}{3}$

$$\therefore \text{ 부등식의 해는 } -2 < x < -\frac{1}{3}$$

$$\text{또는 } -\frac{1}{3} \le x < 3 \ \Rightarrow \ -2 < x < 3$$

즉, 모든 정수 x의 합은 $-1+0+1+2=2$

답 2

354.

생각 1 | 바깥쪽 절댓값부터 풀어보자.

$$||x+1|-3| \le 5 \ \Rightarrow \ \underbrace{-5 \le |x+1|-3 \le 5}_{\text{부등식 전체에 } +3}$$

$$\Rightarrow \ -2 \le |x+1| \le 8$$

생각 2 | 정리한 부등식을 연립부등식으로 바꾸자.

$$-2 \le |x+1| \le 8 \ \Rightarrow \ \begin{cases} -2 \le |x+1| & \cdots \text{(ㄱ)} \\ |x+1| \le 8 & \cdots \text{(ㄴ)} \end{cases}$$

이때, 절댓값을 취한 값은 항상 0 이상이므로,
$\therefore$ (ㄱ)의 해는 모든 실수이다.

이제 (ㄴ)의 해를 구하자.

$$|x+1| \le 8 \ \Rightarrow \ \underbrace{-8 \le x+1 \le 8}_{\text{부등식 전체에 } -1}$$

$$\Rightarrow \ \therefore \ -9 \le x \le 7$$

생각 3 | (ㄱ)과 (ㄴ)의 공통범위를 구하자.

(ㄱ)의 해는 모든 실수이고, (ㄴ)의 해는
$-9 \le x \le 7$이므로
이 둘의 공통범위는 $-9 \le x \le 7$이다.
$\Rightarrow$ 정수 x의 개수는 17

답 17

355.

구하는 값 k의 값의 범위

조건 정리 x에 대한 부등식 $\underbrace{|3x-2|-2 \ge k^2-3k}_{|3x-2| \ge k^2-3k+2}$ 가 항상

성립.

설계 부등식이 항상 성립한다는 표현의 의미를 해석하여
부등식이 항상 성립하기 위한 조건을 생각하자.

생각 1 | 부등식이 항상 성립한다는 표현의 의미를 해석하자.

$|3x-2| \ge k^2-3k+2$가 항상 성립한다.
$\Rightarrow$ x의 자리에 그 어떤 값을 대입해도 부등식의
좌변이 우변보다 크거나 같다.

이때, 부등식의 좌변 $|3x-2|$는 절댓값을 취한
값이므로
$|3x-2|$의 x에 그 어떤 값을 대입해도 항상 0
이상이다.

따라서 부등식의 우변이 0 또는 음수여야 x에 그 어떤
값을 대입해도 항상 좌변 $|3x-2|$가 우변보다 크거나
같을 수 있다.
$\Rightarrow$ 우변 $k^2-3k+2 \le 0$이어야 한다.
즉, $\underbrace{k^2-3k+2 \le 0}_{=(k-1)(k-2)} \ \Rightarrow \ \therefore \ 1 \le k \le 2$

답 $1 \le k \le 2$

356.

구하는 값 k의 값

조건 정리 ① x에 대한 부등식 $|x+k| \le k^2-3k$의 해가
1개이다.
② $k \ne 0$

생각 1 | 절댓값을 취한 값은 항상 0 이상임을 이용하자.

절댓값을 취한 값은 항상 0 이상이므로
$|x+k| \ge 0$이다. 즉,
$|x+k| \le k^2-3k$의 해가 1개이다.
$\Rightarrow 0 \le |x+k| \le k^2-3k$의 해가 1개이다.
이를 만족시키려면 $0 \le |x+k| \le \underbrace{k^2-3k}_{=0}$이어야 한다.

$$\therefore \ k=3 \ (k \ne 0)$$

답 3

357.

구하는 값 정수 a의 최댓값

조건 정리 ① 부등식 $|x+1| \le a-5$의 해가 없다.
② a는 정수

설계 부등식의 해가 없다는 표현의 의미를 해석하여 부등식의
해가 없기 위한 조건을 생각하자.

생각 1 | 부등식의 해가 없다는 표현의 의미를 해석하자.

$|x+1| \le a-5$의 해가 없다.
$\Rightarrow$ x에 그 어떤 값을 대입해도 좌변이 우변보다
작거나 같지 않다.(=크다.)

orbibooks.com 135

이때, 부등식의 좌변 $|x+1|$ 이 절댓값을 취한 값이므로 $|x+1|$ 의 x 에 그 어떤 값을 대입해도 항상 0 이상이다.

따라서 부등식의 우변이 음수여야 x 에 그 어떤 값을 대입해도 항상 좌변 $|x+1|$ 이 우변보다 클 수 있다.
➡ 우변 $a-5<0$ 이어야 한다.
즉, $a<5$
➡ ∴ 정수 a 의 최댓값은 4

답 4

358.

Sol 1 식으로 풀기

생각 1 | 부등식에 절댓값이 2개 포함되어 있다. Case를 분류하자.

Case 1 절댓값 내부가 모두 0 이상일 때
➡ $x+1 \geq 0$ 이고 $x-2 \geq 0$ 일 때
➡ $\underline{x \geq 2}$ 일 때 $\underbrace{|x+1|+|x-2|}_{=(x+1)+(x-2)}<5$
➡ $x<3$
이때 $x<3$ 과 가정한 범위인 $x \geq 2$ 의 공통범위를 구하면 ∴ $\boxed{2 \leq x<3}$

Case 2 절댓값 내부가 모두 음수일 때
➡ $x+1<0$ 이고 $x-2<0$ 일 때
➡ $\underline{x<-1}$ 일 때 $\underbrace{|x+1|+|x-2|}_{=-(x+1)-(x-2)}<5$
➡ $x>-2$
이때 $x>-2$ 와 가정한 범위인 $x<-1$ 의 공통범위를 구하면 ∴ $\boxed{-2<x<-1}$

Case 3 절댓값의 내부가, 하나는 0 이상, 나머지는 음수일 때
➡ $x \geq 2$ 와 $x<-1$ 의 사이 범위일 때
➡ $-1 \leq x<2$ 일 때
$\underbrace{|x+1|+|x-2|}_{=(x+1)-(x-2)}<5$ ➡ $0 \times x+3<5$
이 부등식은 x 의 자리에 그 어떤 값을 대입해도 항상 성립한다.
➡ ∴ 가정한 범위인 $\boxed{-1 \leq x<2}$ 에서는 $|x+1|+|x-2|<5$ 이 항상 성립한다.

따라서 구하는 해는 Case 1 , Case 2 , Case 3에서
$-2<x\boxed{<-1}$ 또는 $\boxed{-1 \leq}x<2$ 또는 $\boxed{2 \leq}x<3$
➡ $-2<x<3$
∴ 정수 x 의 개수는 4

Sol 2 그래프로 풀기

설계 $y=|x+1|+|x-2|$ 와 $y=5$ 를 그리고, 전자가 후자보다 아래쪽에 있도록 하는 x 의 범위를 구하자.

생각 1 | $y=|x+1|+|x-2|$ 를 그리자.

Case 1 절댓값 내부가 모두 0 이상일 때
➡ $x+1 \geq 0$ 이고 $x-2 \geq 0$ 일 때 ➡ $\underline{x \geq 2}$ 일 때
$y=\underbrace{|x+1|+|x-2|}_{=(x+1)+(x-2)}=2x-1$ ➡ $x \geq 2$ 에서는
$y=2x-1$ 을 그린다.

Case 2 절댓값 내부가 모두 음수일 때
➡ $x+1<0$ 이고 $x-2<0$ 일 때 ➡ $\underline{x<-1}$ 일 때
$y=\underbrace{|x+1|+|x-2|}_{=-(x+1)-(x-2)}$ ➡ $x<-1$ 에서는
$=-2x+1$
$y=-2x+1$ 을 그린다.

Case 3 절댓값의 내부가, 하나는 0 이상, 나머지는 음수일 때
➡ $x \geq 2$ 와 $x<-1$ 의 사이 범위일 때
➡ $-1 \leq x<2$ 일 때
$y=\underbrace{|x+1|+|x-2|}_{=(x+1)-(x-2)}=3$ ➡ $-1 \leq x<2$ 에서는
$y=3$ 을 그린다.

이를 바탕으로 $y=|x+1|+|x-2|$ 를 그려보면 다음과 같다.

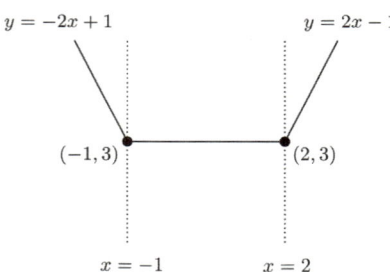

생각 2 | 이 그래프가 $y=5$ 보다 아래에 있도록 하는 x 의 범위를 구하자.

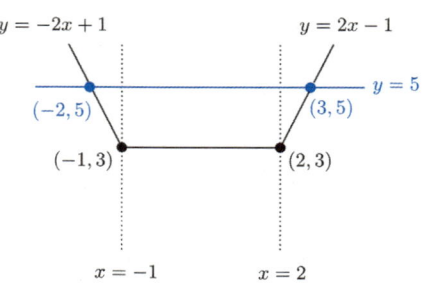

이와 같이 $y=5$를 그렸을 때
$-2<x<3$에서 $y=|x+1|+|x-2|$ 가
$y=5$보다 아래에 있는 것을 알 수 있다.

$$\therefore\ -2<x<3 \ \rightarrow\ \text{정수 } x\text{의 개수는 } 4$$

답 4

359.

구하는 값 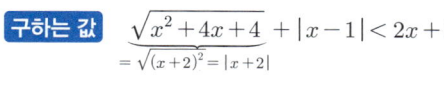 $\underbrace{\sqrt{x^2+4x+4}}_{=\sqrt{(x+2)^2}=|x+2|}+|x-1|<2x+3$

$\rightarrow\ |x+2|+|x-1|<2x+3$의 해

Sol 1 식으로 풀기

생각 1 | 부등식에 절댓값이 2개 포함되어 있다. Case를
분류하자.

Case 1 **절댓값 내부가 모두 0 이상일 때**

$\rightarrow$ $x+2\geq 0$이고 $x-1\geq 0$일 때 $\rightarrow$ $\underline{x\geq 1}$일 때

$\underbrace{|x+2|+|x-1|}_{=(x+2)+(x-1)}<2x+3 \ \rightarrow\ 2x+1<2x+3$

이 부등식은 x의 자리에 그 어떤 값을 대입해도 항상
성립한다.

$\rightarrow$ $\therefore$ 가정한 범위인 $\boxed{x\geq 1}$에서는
$|x+2|+|x-1|<2x+3$이 항상 성립한다.

Case 2 **절댓값 내부가 모두 음수일 때**

$\rightarrow$ $x+2<0$이고 $x-1<0$일 때 $\rightarrow$ $\underline{x<-2}$일 때

$\underbrace{|x+2|+|x-1|}_{=-(x+2)-(x-1)}<2x+3 \ \rightarrow\ x>-1$

이때 $x>-1$과 가정한 범위인 $x<-2$는 공통범위가
없다.

$\rightarrow$ $\therefore$ 가정한 범위인 $x<-2$에서는 부등식의 해가
없다.

Case 3 **절댓값의 내부가, 하나는 0 이상, 나머지는 음수일 때**

$\rightarrow$ $x\geq 1$과 $x<-2$의 사이 범위일 때

$\rightarrow$ $\underline{-2\leq x<1}$일 때

$\underbrace{|x+2|+|x-1|}_{=(x+2)-(x-1)}<2x+3 \ \rightarrow\ x>0$

이때 $x>0$과 가정한 범위인 $-2\leq x<1$의
공통범위를 구하면

$\therefore$ $\boxed{0<x<1}$

따라서 구하는 해는 Case 1 , Case 2 , Case 3에서
$0<x\boxed{<1}$ 또는 $\boxed{x\geq 1}$ $\rightarrow$ $\therefore$ $x>0$

Sol 2 그래프로 풀기

설계 $y=|x+2|+|x-1|$과 $y=2x+3$을 그리고, 전자가
후자보다 아래쪽에 있도록 하는 x의 범위를 구하자.

생각 1 | $y=|x+2|+|x-1|$을 그리자.

Case 1 **절댓값 내부가 모두 0 이상일 때**

$\rightarrow$ $x+2\geq 0$이고 $x-1\geq 0$일 때 $\rightarrow$ $\underline{x\geq 1}$일 때

$y=\underbrace{|x+2|+|x-1|}_{=(x+2)+(x-1)}=2x+1 \ \rightarrow\ x\geq 1$에서는

$y=2x+1$을 그린다.

Case 2 **절댓값 내부가 모두 음수일 때**

$\rightarrow$ $x+2<0$이고 $x-1<0$일 때 $\rightarrow$ $\underline{x<-2}$일 때

$y=\underbrace{|x+2|+|x-1|}_{=-(x+2)-(x-1)}$
$\quad =-2x-1$

$\rightarrow$ $x<-2$에서는 $y=-2x-1$을 그린다.

Case 3 **절댓값의 내부가, 하나는 0 이상, 나머지는 음수일 때**

$\rightarrow$ $x\geq 1$과 $x<-2$의 사이 범위일 때

$\rightarrow$ $\underline{-2\leq x<1}$일 때 $y=\underbrace{|x+2|+|x-1|}_{=(x+2)-(x-1)}=3$

$\rightarrow$ $-2\leq x<1$에서는 $y=3$을 그린다.

이를 바탕으로 $y=|x+2|+|x-1|$을 그려보면
다음과 같다.

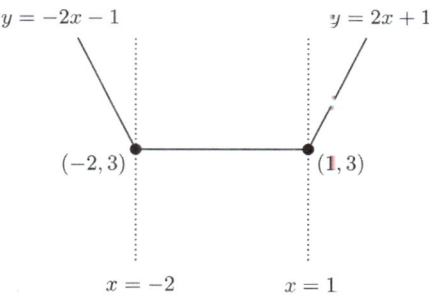

생각 2 | 이 그래프가 $y=2x+3$보다 아래에 있도록 하는
x의 범위를 구하자.

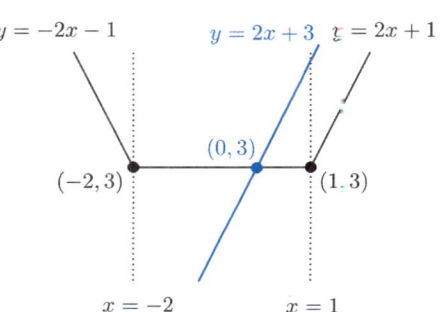

이와 같이 $y=2x+3$을 그렸을 때

$x>0$에서 $y=|x+2|+|x-1|$이 $y=2x+3$보다

아래쪽에 있는 것을 알 수 있다.

$$\therefore \ x>0$$

답 $x>0$

360.

[구하는 값] x의 최댓값과 최솟값의 곱

[조건 정리] $|x+3|-|2x-4|\geq -5$

[Sol 1] 식으로 풀기

생각 1 | 부등식에 절댓값이 2개 포함되어 있다. Case를
분류하자.

Case 1 절댓값 내부가 모두 0 이상일 때

➔ $x+3\geq 0$이고 $2x-4\geq 0$일 때 ➔ $\underline{x\geq 2}$일 때

$\underbrace{|x+3|-|2x-4|}_{=(x+3)-(2x-4)}\geq -5$ ➔ $x\leq 12$

이때 $x\leq 12$와 가정한 범위인 $x\geq 2$의 공통범위를
구하면 $\therefore \boxed{2\leq x\leq 12}$

Case 2 절댓값 내부가 모두 음수일 때

➔ $x+3<0$이고 $2x-4<0$일 때 ➔ $\underline{x<-3}$일 때

$\underbrace{|x+3|-|2x-4|}_{=-(x+3)+(2x-4)}\geq -5$ ➔ $x\geq 2$

이때 $x\geq 2$와 가정한 범위인 $x<-3$은 공통범위가
없다.

➔ $\therefore$ 가정한 범위인 $x<-3$에서는 부등식의 해가
없다.

Case 3 절댓값의 내부가, 하나는 0 이상, 나머지는 음수일 때

➔ $x\geq 2$와 $x<-3$의 사이 범위일 때

➔ $-3\leq x<2$일 때

$\underbrace{|x+3|-|2x-4|}_{=(x+3)+(2x-4)}\geq -5$ ➔ $x\geq -\dfrac{4}{3}$

이때 $x\geq -\dfrac{4}{3}$와 가정한 범위 $-3\leq x<2$의

공통범위를 구하면

$$\therefore \boxed{-\dfrac{4}{3}\leq x<2}$$

따라서 구하는 해는 Case 1, Case 2, Case 3 에서

$-\dfrac{4}{3}\leq x\boxed{<2}$ 또는 $\boxed{2\leq}x\leq 12$ ➔ $\therefore -\dfrac{4}{3}\leq x\leq 12$

따라서 x의 최솟값은 $-\dfrac{4}{3}$, 최댓값은 12이므로,

$$(구하는 값)=\left(-\dfrac{4}{3}\right)\times 12=-16$$

[Sol 2] 그래프로 풀기

[설계] $y=|x+3|-|2x-4|$과 $y=-5$를 그리고, 전자가
후자와 만나거나 그보다 위쪽에 있도록 하는 x의 범위를
구하자.

생각 1 | $y=|x+3|+|2x-4|$ 을 그리자.

Case 1 절댓값 내부가 모두 0 이상일 때

➔ $x+3\geq 0$이고 $2x-4\geq 0$일 때 ➔ $\underline{x\geq 2}$일 때

$y=\underbrace{|x+3|-|2x-4|}_{=(x+3)-(2x-4)}$
$\quad =-x+7$

➔ $x\geq 2$에서는 $y=-x+7$을 그린다.

Case 2 절댓값 내부가 모두 음수일 때

➔ $x+3<0$이고 $2x-4<0$일 때 ➔ $\underline{x<-3}$일 때

$y=\underbrace{|x+3|-|2x-4|}_{=-(x+3)+(2x-4)}$
$\quad =x-7$

➔ $x<-3$에서는 $y=x-7$을 그린다.

Case 3 절댓값의 내부가, 하나는 0 이상, 나머지는 음수일 때

➔ $x\geq 2$와 $x<-3$의 사이 범위일 때

➔ $\underline{-3\leq x<2}$일 때

$y=\underbrace{|x+3|-|2x-4|}_{=(x+3)+(2x-4)}$
$\quad =3x-1$

➔ $-3\leq x<2$에서는 $y=3x-1$을 그린다.

이를 바탕으로 $y=|x+3|-|2x-4|$를 그려보면
다음과 같다.

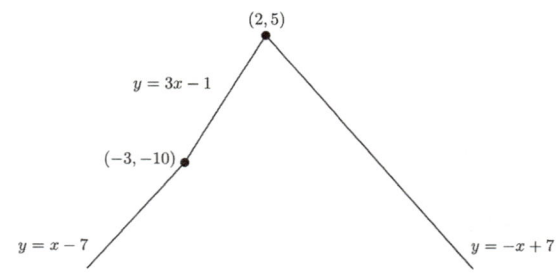

생각 2 | 이 그래프가 $y = -5$와 만나거나 그보다 위쪽에 있도록 하는 x의 범위를 구하자.

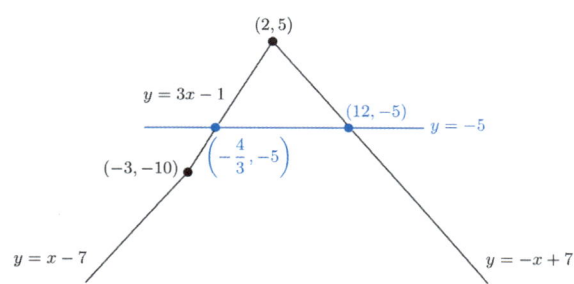

위와 같이 $y = -5$를 그렸을 때

$-\dfrac{4}{3} \leq x \leq 12$에서 $y = |x+3| - |2x-4|$가

$y = -5$와 만나거나 그보다 위쪽에 있음을 알 수 있다.

$$\therefore -\dfrac{4}{3} \leq x \leq 12$$

➔ (구하는 값)$= \left(-\dfrac{4}{3}\right) \times 12 = -16$

답 -16

361.

구하는 값 선분 OP 길이의 최댓값과 최솟값의 합

➔ $\overline{\text{OP}} = |x - 0| = |x|$ 이다.

조건 정리 ① 수직선 위의 세 점 A(3), B(7), P(x)
② $\overline{\text{AP}} + \overline{\text{BP}} \leq 8$

설계 $\overline{\text{AP}} + \overline{\text{BP}} \leq 8$을 x에 대한 부등식으로 표현하자.

➔ $\overline{\text{AP}}$와 $\overline{\text{BP}}$를 x에 대한 식으로 표현하자.

생각 1 | $\overline{\text{AP}}$는 두 점 A와 P 사이의 거리를 의미한다.

따라서 $\overline{\text{AP}} = |x-3|$, $\overline{\text{BP}} = |x-7|$ 이므로
$\overline{\text{AP}} + \overline{\text{BP}} \leq 8$ ➔ $|x-3| + |x-7| \leq 8$

생각 2 | 부등식 $|x-3| + |x-7| \leq 8$을 풀자.

Sol 1 식으로 풀기

Case 1 절댓값 내부가 모두 0 이상일 때

➔ $x-3 \geq 0$이고 $x-7 \geq 0$일 때 ➔ $\underline{x \geq 7}$일 때

$\underbrace{|x-3| + |x-7|}_{=(x-3)+(x-7)} \leq 8$ ➔ $x \leq 9$

이때 $x \leq 9$와 가정한 범위인 $x \geq 7$의 공통범위를 구하면

$$\therefore \boxed{7 \leq x \leq 9}$$

Case 2 절댓값 내부가 모두 음수일 때

➔ $x-3 < 0$이고 $x-7 < 0$일 때 ➔ $\underline{x < 3}$일 때

$\underbrace{|x-3| + |x-7|}_{=-(x-3)-(x-7)} \leq 8$ ➔ $x \geq 1$

이때 $x \geq 1$과 가정한 범위인 $x < 3$의 공통범위를 구하면

$$\therefore \boxed{1 \leq x < 3}$$

Case 3 절댓값의 내부가, 하나는 0 이상, 나머지는 음수일 때

➔ $x \geq 7$와 $x < 3$의 사이 범위일 때

➔ $\underline{3 \leq x < 7}$일 때

$\underbrace{|x-3| + |x-7|}_{=(x-3)-(x-7)} \leq 8$ ➔ $0x + 4 \leq 8$

이 부등식은 x의 자리에 그 어떤 값을 대입해도 항상 성립한다.

➔ $\therefore$ 가정한 범위인 $\boxed{3 \leq x < 7}$에서는
$|x-3| + |x-7| \leq 8$이 항상 성립한다.

따라서 구하는 해는 Case 1, Case 2, Case 3에서
$\boxed{1 \leq x < 3}$ 또는 $\boxed{3 \leq x < 7}$ 또는 $\boxed{7 \leq x \leq 9}$

➔ $\therefore 1 \leq x \leq 9$

Sol 2 그래프로 풀기

설계 $y = |x-3| + |x-7|$과 $y = 8$을 그리고, 전자가 후자와 만나거나 그보다 아래에 있도록 하는 x의 범위를 구하자.

생각 1 | $y = |x-3| + |x-7|$을 그리자.

Case 1 절댓값 내부가 모두 0 이상일 때

➔ $x-3 \geq 0$이고 $x-7 \geq 0$일 때 ➔ $\underline{x \geq 7}$일 때

$y = \underbrace{|x-3| + |x-7|}_{=(x-3)+(x-7)}$
$= 2x - 10$

➔ $x \geq 7$에서는 $y = 2x - 10$을 그린다.

Case 2 절댓값 내부가 모두 음수일 때

➔ $x-3 < 0$이고 $x-7 < 0$일 때 ➔ $\underline{x < 3}$일 때

$y = \underbrace{|x-3| + |x-7|}_{=-(x-3)-(x-7)}$
$= -2x + 10$

➔ $x < 3$에서는 $y = -2x + 10$을 그린다.

Case 3 절댓값의 내부가, 하나는 0 이상, 나머지는 음수일 때

➔ $x \geq 7$와 $x < 3$의 사이 범위일 때

➔ $\underline{3 \leq x < 7}$일 때

$y = \underbrace{|x-3| + |x-7|}_{=(x-3)-(x-7)} = 4$

➔ $3 \leq x < 7$에서는 $y = 4$를 그린다.

이를 바탕으로 $y = |x-3| + |x-7|$을 그려보면 다음과 같다.

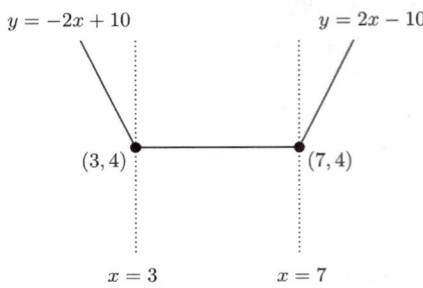

생각 2 | **이 그래프가 $y = 8$과 만나거나 그보다 아래에 있도록 하는 x의 범위를 구하자.**

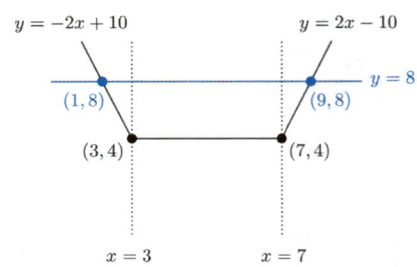

위와 같이 $y = 8$을 그렸을 때 $1 \leq x \leq 9$에서 $y = |x-3| + |x-7|$이 $y = 8$과 만나거나 그보다 아래에 있는 것을 알 수 있다.

$\therefore\ 1 \leq x \leq 9$ ➔ $\overline{\mathrm{OP}}$의 최솟값 1, 최댓값 9
➔ $1 + 9 = 10$

답 10

5 부등식

5-4. 연립이차부등식

362.

구하는 값 $\alpha^2 + \beta^2$ 의 값

생각 1 | 연립부등식 $\begin{cases} x^2 - 5x \leq 0 \\ x - 1 \geq 2 \end{cases}$ 을 풀자.

■ $x^2 - 5x \leq 0$ ➔ $x(x-5) \leq 0$ ➔ $0 \leq x \leq 5$ $\cdots$ ㉠
■ $x - 1 \geq 2$ ➔ $x \geq 3$ $\cdots$ ㉡

㉠과 ㉡을 수직선 위에 나타내면 다음과 같으므로

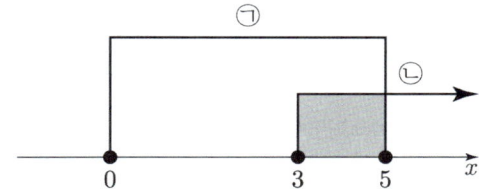

㉠, ㉡의 공통범위가 $3 \leq x \leq 5$ 이다.

따라서 연립부등식의 해가 $3 \leq x \leq 5$ 이므로

$$\therefore \ \alpha = 3 , \beta = 5 \ ➔ \ \alpha^2 + \beta^2 = 34$$

답 34

363.

생각 1 | 연립부등식 $\begin{cases} 2x^2 + 15x - 50 \leq 0 \\ -x^2 + x + 56 < 0 \end{cases}$ 을 풀자.

■ $2x^2 + 15x - 50 \leq 0$ ➔ $(2x-5)(x+10) \leq 0$

$$➔ \ -10 \leq x \leq \frac{5}{2} \ \cdots ㉠$$

■ $-x^2 + x + 56 < 0$ ➔ $x^2 - x - 56 > 0$

$$➔ \ (x-8)(x+7) > 0$$

$$➔ \ x < -7 \ \text{또는} \ x > 8 \ \cdots ㉡$$

㉠과 ㉡을 수직선 위에 나타내면 다음과 같으므로

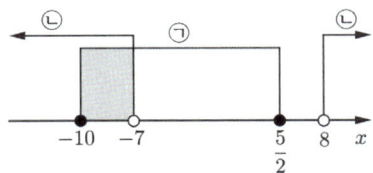

㉠, ㉡의 공통범위가 $-10 \leq x < -7$ 이다.

따라서 연립부등식의 해는 $-10 \leq x < -7$ 이다.

답 $-10 \leq x < -7$

364.

구하는 값 $\alpha + \beta$ 의 값

생각 1 | 주어진 연립부등식을 풀자.

■ $|x-1| \leq 2$ ➔ $-2 \leq x - 1 \leq 2$

$$➔ \ -1 \leq x \leq 3 \ \cdots ㉠$$

■ $x^2 - 10x + 16 < 0$ ➔ $(x-2)(x-8) < 0$

$$➔ \ 2 < x < 8 \ \cdots ㉡$$

㉠과 ㉡을 수직선 위에 나타내면 다음과 같으므로

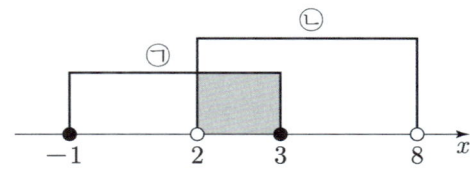

㉠과 ㉡의 공통범위는 $2 < x \leq 3$ 이다.

따라서 연립부등식의 해가 $2 < x \leq 3$ 이므로

$$\therefore \ \alpha = 2 , \beta = 3 \ ➔ \ \alpha + \beta = 5$$

답 5

365.

구하는 값 정수 x 의 개수

생각 1 | 연립부등식 $\begin{cases} |2x+1| > 5 \\ x^2 - 9 \leq 0 \end{cases}$ 을 풀자.

■ $|2x+1| > 5$ ➔ $2x+1 > 5$ 또는 $2x+1 < -5$

$$➔ \ x > 2 \ \text{또는} \ x < -3 \ \cdots ㉠$$

■ $x^2 - 9 \leq 0$ ➔ $(x+3)(x-3) \leq 0$

$$➔ \ -3 \leq x \leq 3 \ \cdots ㉡$$

㉠과 ㉡을 수직선 위에 나타내면 다음과 같으므로

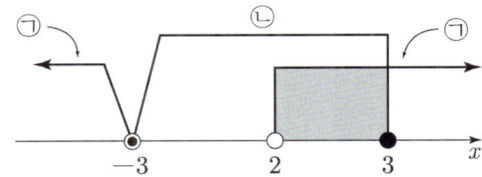

㉠, ㉡의 공통범위가 $2 < x \leq 3$ 이다.

따라서 연립부등식의 해는 $2 < x \leq 3$ 이므로

(가능한 정수 x) = 3 ➔ (가능한 정수 x 의 개수) = 1

답 1

366.

구하는 값 모든 자연수 x 의 값의 합

조건 정리 $2x^2 - 3x - 8 \leq x^2 + 5x + 1 < 3x^2 - 9x + 21$

설계 주어진 부등식이 $A < B < C$ 꼴이므로

연립부등식 $\begin{cases} A < B \\ B < C \end{cases}$ 을 풀면 되겠다.

생각 1 | 부등식 $2x^2 - 3x - 8 \leq x^2 + 5x + 1$ 을 풀자.

■ $2x^2 - 3x - 8 \leq x^2 + 5x + 1$ ➜ $x^2 - 8x - 9 \leq 0$

➜ $(x+1)(x-9) \leq 0$

➜ $-1 \leq x \leq 9$ $\cdots$ ㉠

생각 2 | 부등식 $x^2 + 5x + 1 < 3x^2 - 9x + 21$ 을 풀자.

■ $x^2 + 5x + 1 < 3x^2 - 9x + 21$ ➜ $2x^2 - 14x + 20 > 0$

➜ $x^2 - 7x + 10 > 0$

➜ $(x-2)(x-5) > 0$

➜ $x > 5$ 또는 $x < 2$ $\cdots$ ㉡

생각 3 | 공통범위를 구하자.

㉠과 ㉡을 수직선 위에 나타내면 다음과 같으므로

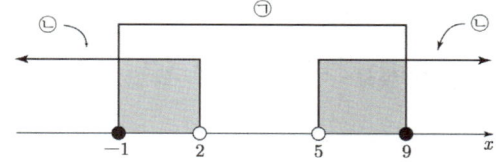

연립부등식의 해는 $-1 \leq x < 2$
또는 $5 < x \leq 9$ 이다.

이때,
(가능한 자연수 x)$= 1, 6, 7, 8, 9$ 이므로
➜ (모든 자연수 x 의 값의 합)$= 1 + 6 + 7 + 8 + 9 = 31$

답 31

367.

구하는 값 ab 의 값

조건 정리 연립부등식 $\begin{cases} -x^2 + 5 > 4x \\ x^2 + x - 6 < 0 \end{cases}$ 의 해가

이차부등식 $ax^2 + bx + 9 > 0$의 해와 같다.

생각 1 | 연립부등식 $\begin{cases} -x^2 + 5 > 4x \\ x^2 + x - 6 < 0 \end{cases}$ 을 풀자.

■ $-x^2 + 5 > 4x$ ➜ $x^2 + 4x - 5 < 0$

➜ $(x+5)(x-1) < 0$

➜ $-5 < x < 1$ $\cdots$ ㉠

■ $x^2 + x - 6 < 0$ ➜ $(x+3)(x-2) < 0$

➜ $-3 < x < 2$ $\cdots$ ㉡

㉠과 ㉡을 수직선 위에 나타내면 다음과 같으므로

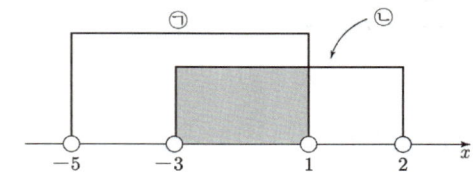

㉠과 ㉡의 공통범위는 $-3 < x < 1$이다.
따라서 연립부등식의 해는 $-3 < x < 1$이다.

생각 2 | 부등식의 해의 경계는 방정식의 실근과 같음을
이용하자.

이차부등식 $ax^2 + bx + 9 > 0$의 해가 $-3 < x < 1$
➜ 이차방정식 $ax^2 + bx + 9 = 0$의 실근이 $-3, 1$

생각 3 | 근과 계수의 관계를 사용하자.

이차방정식 $ax^2 + bx + 9 = 0$의 실근이 $-3, 1$이므로

(두 근의 합)$= -\dfrac{b}{a} = (-3) + 1 = -2$ ➜ $b = 2a$

(두 근의 곱)$= \dfrac{9}{a} = (-3) \times 1 = -3$ ➜ $a = -3$

이때 $b = 2a$이므로 $b = -6$

$\therefore ab = (-3) \times (-6) = 18$

답 18

368.

구하는 값 모든 정수 x 의 값의 합

조건 정리 연립부등식 $\begin{cases} x^2 - 2|x| - 3 \leq 0 \\ x^2 + 5x + 6 > 0 \end{cases}$

설계 절댓값이 있으므로 부등식을 풀 때 범위를 나눠야 한다.

생각 1 | 부등식 $x^2 - 2|x| - 3 \leq 0$ 을 풀자.

$|x|$ 가 있으므로
① $x \geq 0$, ② $x < 0$로 경우를 나누면

① $x \geq 0$인 경우

■ $x^2 - 2|x| - 3 \leq 0$ ➜ $x^2 - 2x - 3 \leq 0$

➜ $(x+1)(x-3) \leq 0$

➜ $-1 \leq x \leq 3$

이고, 가정한 범위 $x \geq 0$과 공통범위를 구하면
$\boxed{0 \leq x \leq 3}$이다.

② $x < 0$인 경우

■ $x^2 - 2|x| - 3 \le 0$ ➜ $x^2 + 2x - 3 \le 0$

                              ➜ $(x-1)(x+3) \le 0$

                                ➜ $-3 \le x \le 1$

이고, 가정한 범위 $x < 0$과 공통범위를 구하면
$\boxed{-3 \le x < 0}$이다.

①과 ②에 의해 부등식 $x^2 - 2|x| - 3 \le 0$의 해는
$-3 \le x \boxed{< 0}$ 또는 $\boxed{0 \le} x \le 3$ ➜ $-3 \le x \le 3$ $\cdots$ ㉠

생각 2 | 부등식 $x^2 + 5x + 6 > 0$ 을 풀자.

■ $x^2 + 5x + 6 > 0$ ➜ $(x+2)(x+3) > 0$

                         ➜ $x > -2$ 또는 $x < -3$ $\cdots$ ㉡

생각 3 | 공통범위를 구하자.

㉠과 ㉡을 수직선 위에 나타내면 다음과 같으므로

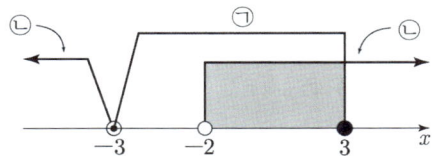

주어진 연립부등식의 해는 $-2 < x \le 3$ 이다.
따라서 (가능한 정수 x)$= -1, 0, 1, 2, 3$이므로
             ∴ (모든 정수 x의 값의 합)$= 5$

답 5

369.

구하는 값 정수 x의 개수

조건 정리 연립부등식 $\begin{cases} x^2 - 4x - 12 \le 0 \\ x^2 - 4x + 4 > 0 \end{cases}$

생각 1 | 주어진 연립부등식을 풀자.

■ $x^2 - 4x - 12 \le 0$ ➜ $(x-6)(x+2) \le 0$

                            ➜ $-2 \le x \le 6$ $\cdots$ ㉠

■ $x^2 - 4x + 4 > 0$ ➜ $(x-2)^2 > 0$

                        ➜ $x \ne 2$인 모든 실수

                        ➜ $x < 2$ 또는 $x > 2$ $\cdots$ ㉡

㉠과 ㉡을 수직선 위에 나타내면 다음과 같으므로

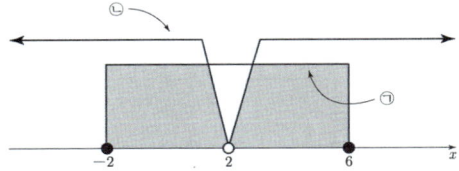

㉠과 ㉡의 공통범위는 $-2 \le x < 2$ 또는 $2 < x \le 6$이다.

따라서 (가능한 정수 x)$= -2, -1, 0, 1, 3, 4, 5, 6$
➜ (가능한 정수 x의 개수)$= 8$개

답 8

370.

생각 1 | 주어진 부등식 $\begin{cases} x^2 - 8x + 16 \le 0 \\ x^2 - 2x + 8 \ge 0 \end{cases}$ 을 풀자.

■ $x^2 - 8x + 16 \le 0$ ➜ $(x-4)^2 \le 0$

                            ➜ $x = 4$ $\cdots$ ㉠

■ $x^2 - 2x + 8 \ge 0$ ➜ $(x-1)^2 + 7 \ge 0$

                        ➜ 모든 실수 x에 대허서 성립 $\cdots$ ㉡

㉠과 ㉡의 공통범위를 구하면 $x = 4$이므로
연립부등식의 해는 $x = 4$이다.

답 $x = 4$

371.

생각 1 | 부등식 $\begin{cases} x^2 - 4x + 3 < 0 \\ x^2 - 2x + 1 \le 0 \end{cases}$ 을 풀자.

■ $x^2 - 4x + 3 \le 0$ ➜ $(x-1)(x-3) \le 0$

                            ➜ $1 \le x \le 3$ $\cdots$ ㉠

■ $x^2 - 2x + 1 \le 0$ ➜ $(x-1)^2 \le 0$

                            ➜ $x = 1$ $\cdots$ ㉡

㉠과 ㉡의 공통범위를 구하면 $x = 1$이므로
주어진 연립부등식의 해는 $x = 1$이다.

답 $x = 1$

372.

생각 1 | 부등식 $\begin{cases} x^2 - 2x + 1 \le 0 \\ x^2 - 10x + 25 > 0 \end{cases}$ 을 풀자.

■ $x^2 - 2x + 1 \le 0$ ➜ $(x-1)^2 \le 0$

                            ➜ $x = 1$ $\cdots$ ㉠

■ $x^2 - 10x + 25 > 0$ ➜ $(x-5)^2 > 0$

                         ➜ $x \ne 5$인 모든 실수

                        ➜ $x < 5$ 또는 $x > 5$ $\cdots$ ㉡

㉠과 ㉡의 공통범위를 구하면 $x = 1$이므로
주어진 연립부등식의 해는 $x = 1$이다.

답 $x = 1$

373.

구하는 값 정수 k의 개수

조건 정리 연립부등식 $\begin{cases} x^2 - 8x - 9 > 0 \\ x^2 - 2kx + k^2 - 1 \leq 0 \end{cases}$ 이 해를 갖지 않는다.

설계 연립부등식의 해가 없으려면, 연립된 두 부등식의 해를 수직선 위에 표시했을 때 공통된 부분이 없어야 함을 이용하자.

생각 1 | 연립된 두 부등식의 해를 각각 구하자.

■ $x^2 - 8x - 9 > 0$ ➔ $(x-9)(x+1) > 0$

➔ $x > 9$ 또는 $x < -1$ ⋯ ㉠

■ $x^2 - 2kx + k^2 - 1 \leq 0$ ➔ $x^2 - 2kx + (k-1)(k+1) \leq 0$

➔ $\{x - (k-1)\}\{x - (k+1)\} \leq 0$

➔ $k - 1 \leq x \leq k + 1$ ⋯ ㉡

여기서 확실한 해인 ㉠ : $x > 9$ 또는 $x < -1$을 수직선 위에 먼저 표시하자.

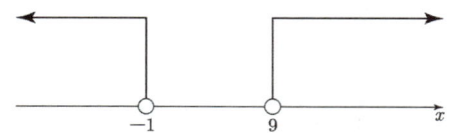

생각 2 | ㉠이 나타내는 영역과 공통된 영역이 없도록 하는 일반적인 상황을 생각하자.

㉠이 나타내는 영역과 공통된 영역이 없도록 하려면 ㉡ : $k - 1 \leq x \leq k + 1$이 나타내는 범위는 일반적으로 다음과 같이 표현되어야 한다.

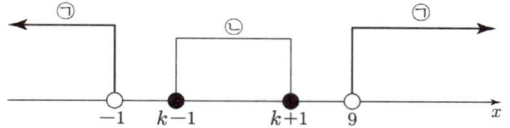

이로부터 일반적으로 $k - 1 > -1$이고 $k + 1 < 9$ ⋯ ㉢ 이어야 한다는 점을 알 수 있다.

생각 3 | ㉠이 나타내는 영역과 공통된 영역이 없도록 하는 특수한 상황을 생각하자.

다음과 같은 특수한 상황에서도 ㉠이 나타내는 영역과 ㉡이 나타내는 영역의 공통된 범위가 없으므로

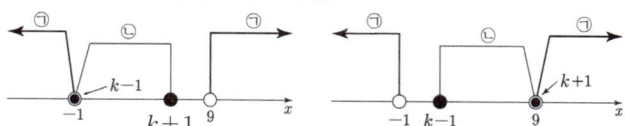

$k - 1 = -1$ 또는 $k + 1 = 9$여도 된다 는 점을 알 수 있다. 따라서

㉢ : $k - 1 \geq -1$이고 $k + 1 \leq 9$

➔ $k - 1 \boxed{\geq} -1$이고 $k + 1 \boxed{\leq} 9$

➔ $\therefore \ 0 \leq k \leq 8$

➔ 정수 k는 9개

답 9

374.

구하는 값 자연수 k의 개수

조건 정리 연립부등식 $\begin{cases} 3|x - 1| \leq k \\ x^2 + 7x + 10 \leq 0 \end{cases}$ 이 해를 갖지 않는다.

설계 연립부등식의 해가 없으려면, 연립된 두 부등식의 해를 수직선 위에 표시했을 때 공통된 부분이 없어야 함을 이용하자.

생각 1 | 연립된 두 부등식의 해를 각각 구하자.

■ $3|x - 1| \leq k$ ➔ $|x - 1| \leq \dfrac{k}{3}$

➔ $-\dfrac{k}{3} \leq x - 1 \leq \dfrac{k}{3}$ ($\because$ k는 자연수)

➔ $1 - \dfrac{k}{3} \leq x \leq 1 + \dfrac{k}{3}$ ⋯ ㉠

■ $x^2 + 7x + 10 \leq 0$ ➔ $(x+2)(x+5) \leq 0$

➔ $-5 \leq x \leq -2$ ⋯ ㉡

여기서 확실한 해인 ㉡을 수직선 위에 먼저 표시해보자.

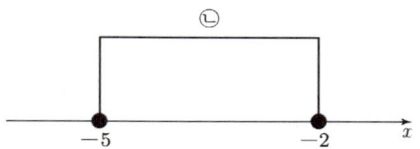

생각 2 | ㉡이 나타내는 영역과 공통된 영역이 없도록 하는 일반적인 상황을 생각하자.

㉡이 나타내는 영역과 공통된 영역이 없도록 하려면 ㉠: $1 - \dfrac{k}{3} \leq x \leq 1 + \dfrac{k}{3}$이 나타내는 범위는 일반적으로 다음과 같이 표현되어야 한다.

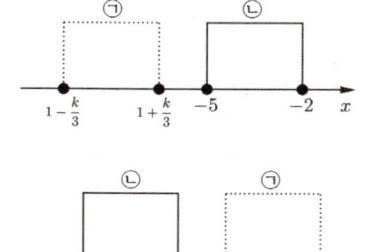

또는

이로부터 일반적으로 ㉠의 양 끝값의 범위는

$$1 + \frac{k}{3} < -5 \text{ 또는 } 1 - \frac{k}{3} > -2 \cdots (\bigstar)$$

이어야 함을 알 수 있다.

생각 3 | ㉡이 나타내는 영역과 공통된 영역이 없도록 하는 특수한 상황을 생각하자.

아래 그림과 같은 특수한 상황에서는 ㉠이 나타내는 영역과 ㉡이 나타내는 영역의 공통된 범위가 $x = -5$ 또는 $x = -2$로 존재하므로 조건을 만족시키지 않는다.

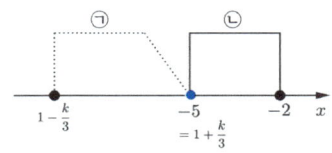

또는

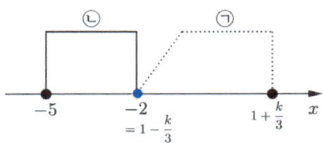

따라서 $(\bigstar)$

➡ $1 + \dfrac{k}{3} < -5$ 또는 $1 - \dfrac{k}{3} > -2$ ➡ $k < -18$ 또는 $k < 9$

이때, k는 자연수이므로 $1 \le k < 9$이다.

∴ (자연수 k의 개수)$=8$

답 8

375.

[구하는 값] 양의 정수($=$자연수) k의 개수

[조건 정리] 연립이차부등식 $\begin{cases} x^2 + 4x - 21 \le 0 \\ x^2 - 5kx - 6k^2 > 0 \end{cases}$ 의 해가 존재한다.

[설계] 연립부등식의 해가 존재하려면, 연립된 두 부등식의 해를 수직선 위에 표시했을 때 공통된 부분이 있어야 함을 이용하면 되겠다.

생각 1 | 연립된 두 부등식의 해를 각각 구하자.

■ $x^2 + 4x - 21 \le 0$ ➡ $(x-3)(x+7) \le 0$
　　　　　　　　　　　➡ $-7 \le x \le 3 \cdots$ ㉠

■ $x^2 - 5kx - 6k^2 > 0$ ➡ $(x+k)(x-6k) > 0$
　　　　　　　　　　　➡ $x > 6k$ 또는 $x < -k \cdots$ ㉡
　　　　　　　　　　　　　　　　($\because k$는 양의 정수)

여기서 확실한 해인 ㉠을 수직선 위에 먼저 표시해보자.

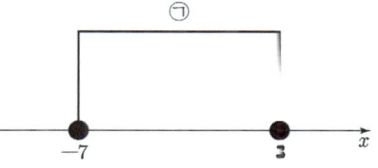

생각 2 | ㉠이 나타내는 영역과 공통된 영역이 있도록 하는 일반적인 상황을 생각하자.

㉠이 나타내는 영역과 공통된 영역이 있도록 하려면 ㉡: $x < -k$ 또는 $x > 6k$ 가 나타내는 범위는 일반적으로 다음과 같이 표현되어야 한다.

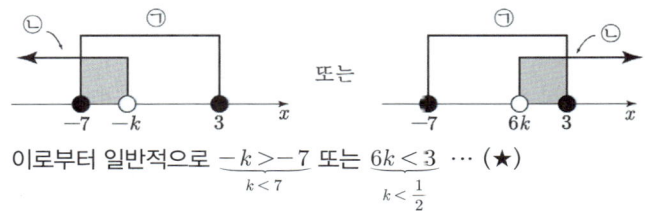

이로부터 일반적으로 $\underbrace{-k > -7}_{k < 7}$ 또는 $\underbrace{6k < 3}_{k < \frac{1}{2}} \cdots (\bigstar)$

이어야 함을 알 수 있다.

생각 3 | ㉠이 나타내는 영역과 공통된 영역이 있도록 하는 특수한 상황을 생각하자.

검토해야 할 특수한 상황은
(i) $-k = -7$　(ii) $6k = 3$
인 두 경우인데, k는 양의 정수이므로
$-k = -7$ ➡ $k = 7$인 경우만 검토하면 된다.
$k = 7$일 때, $6k = 42$이므로 ㉠과 ㉡이 나타내는 영역은 다음과 같다.

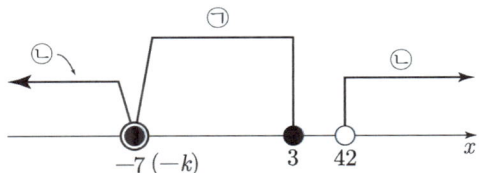

따라서 $k = 7$인 경우, ㉠과 ㉡의 공통범위가 존재하지 않는다.
➡ $k = 7$은 조건을 만족시키지 않는다.

∴ (가능한 k의 범위) ➡ $k < 7$ ➡ (양의 정수 k의 개수)$=6$

답 6

376.

[구하는 값] 모든 정수 a의 값의 합

[조건 정리] ① 모든 실수 x에 대하여 부등식

$-x^2 + 1 \le 2x + a < x^2 + 4x + 7$이 항상 성립.

➡ 모든 실수 x에 대하여 연립부등식

$\begin{cases} -x^2 + 1 \le 2x + a & \cdots (\text{ㄱ}) \\ 2x + a < x^2 + 4x + 7 & \cdots (\text{ㄴ}) \end{cases}$ 이 항상 성립.

② a는 정수

설계 모든 실수 x에 대하여 연립부등식

$$\begin{cases} -x^2+1 \le 2x+a & \cdots (\text{ㄱ}) \\ 2x+a < x^2+4x+7 & \cdots (\text{ㄴ}) \end{cases}$$ 이 항상 성립하려면,

부등식 (ㄱ), (ㄴ)이 동시에 모든 실수 x에 대하여 성립해야 한다.

따라서 부등식 (ㄱ), (ㄴ)이 동시에 모든 실수 x에 대하여 성립해야 하도록 만들면 된다.

생각 1 | (ㄱ) : $-x^2+1 \le 2x+a$가 모든 실수 x에 대하여 성립하도록 만들자.

(ㄱ) : $-x^2+1 \le 2x+a$

→ $x^2+2x+a-1 \ge 0$이므로

모든 실수 x에 대하여 $x^2+2x+a-1 \ge 0$이 성립해야 한다.

→ $y=x^2+2x+a-1$의 그래프는 x축과 만나거나 그보다 위쪽에만 있어야 한다.

→ $y=x^2+2x+a-1$과 x축의 교점이 1개 또는 0개여야 한다.

→ 방정식 $x^2+2x+a-1=0$의 (판별식) ≤ 0이어야 한다.

→ $\dfrac{D_1}{4}=1^2-1\times(a-1)\le 0$

→ $\boxed{a \ge 2}$

생각 2 | (ㄴ) : $2x+a < x^2+4x+7$이 모든 실수 x에 대하여 성립하도록 만들자.

(ㄴ) : $2x+a < x^2+4x+7$

→ $x^2+2x+7-a > 0$이므로 모든 실수 x에 대하여 $x^2+2x+7-a > 0$이 성립해야 한다.

→ $y=x^2+2x+7-a$의 그래프는 x축보다 위쪽에만 있어야 한다.

→ $y=x^2+2x+7-a$와 x축의 교점이 0개여야 한다.

→ 방정식 $x^2+2x+7-a=0$의 (판별식) < 0이어야 한다.

→ $\dfrac{D_2}{4}=1^2-1\times(7-a)<0$ → $\boxed{a<6}$

생각 3 | 구한 부등식들의 공통범위를 구하자.

$a \ge 2$와 $a < 6$의 공통범위를 구하면

∴ $2 \le a < 6$

따라서 (가능한 정수 a)$=2, 3, 4, 5$

→ (가능한 정수 a의 값의 합)$=2+3+4+5=14$

답 14

377.

구하는 값 $\beta-\alpha$의 값

조건 정리 ① $f(x)=2x^2+5x+2$, $g(x)=(a-1)x+b$

② 모든 실수 x에 대하여

부등식 $x-2 \le g(x) \le f(x)$가 항상 성립한다.

→ $\begin{cases} x-2 \le g(x) \\ g(x) \le f(x) \end{cases}$

③ 그때의 b의 값의 범위는 $\alpha \le b \le \beta$

설계 모든 실수 x에서 다음 연립부등식이 항상 성립하려면

$$\begin{cases} x-2 \le g(x) & \cdots \text{㉠} \\ g(x) \le f(x) & \cdots \text{㉡} \end{cases}$$

부등식 ㉠, ㉡이 동시에 모든 실수 x에 대해서 항상 성립해야 함을 이용하자.

생각 1 | 부등식 ㉠이 모든 실수 x에 대하여 항상 성립하도록 하는 b의 범위를 구하자.

㉠ : $x-2 \le \underset{=(a-1)x+b}{g(x)}$ → $(a-2)x \ge -b-2$

이때, 부등식 $(a-2)x \ge -b-2$이 항상 성립하려면

- $\underset{(x\text{의 계수})=0}{a=2}$

- $\underset{(\text{우변}) \le 0}{-b-2 \le 0}$ → $\boxed{b \ge -2}$ $\quad \cdots (\bigstar)$

이어야 한다.

생각 2 | 부등식 ㉡이 모든 실수 x에 대하여 항상 성립하도록 하는 b의 범위를 구하자.

㉡ : $\underset{(a-1)x+b \le 2x^2+5x+2}{g(x) \le f(x)}$

→ $2x^2+(6-a)x+2-b \ge 0$이고,

($\bigstar$)에 의해 $a=2$이므로 모든 실수 x에서 $2x^2+4x+2-b \ge 0$이 항상 성립해야 한다.

→ $y=2x^2+4x+2-b$가 x축과 만나거나 그보다 위쪽에만 있어야 한다.

→ $y=2x^2+4x+2-b$와 x축의 교점이 1개 또는 0개여야 한다.

→ 방정식 $2x^2+4x+2-b=0$의 (판별식) ≤ 0이어야 한다.

→ $\dfrac{D}{4}=2^2-2\times(2-b)\le 0$ → $\boxed{b \le 0}$

생각 3 | b의 공통범위를 구하자.

b의 공통범위는 $-2 \le b \le 0$이므로 $\alpha=-2$, $\beta=0$이다. ∴ $\beta-\alpha=0-(-2)=2$

답 2

378.

구하는 값 k의 최댓값

조건 정리 연립부등식 $\begin{cases} x^2 - 3x - 4 < 0 \\ x^2 - (k+3)x + 3k < 0 \end{cases}$ 의 해가

$-1 < x < 3$

설계 연립부등식의 해가 $-1 < x < 3$임이 주어져 있다. 이를 꼼꼼히 활용하자.

생각 1 | 확실한 정보부터 모두 파악하고, 수직선에 표시 가능한 것들은 모두 표시하자.

우선, 구할 수 있는 부등식의 해는 모두 구해야 한다.

■ $x^2 - 3x - 4 < 0$ ➔ $(x-4)(x+1) < 0$
➔ $-1 < x < 4 \cdots$ ㉠

■ $x^2 - (k+3)x + 3k < 0$ ➔ $(x-k)(x-3) < 0 \cdots$ ㉡
➔ k의 값을 몰라서 해를 확실히 구할 수 없다.

하지만, 부등식 $(x-k)(x-3) < 0$을 통해 다음의 두 가지 사실은 확실히 알 수 있다.

(i) 일반적으로 ㉡을 수직선 위에 나타냈을 때의 모양이 다음과 같을 것이다.

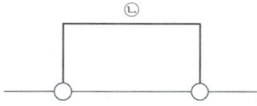

(ii) ㉡의 경계 중 하나가 3이다. 따라서 수직선 위에 다음과 같이 나타낼 수 있다.

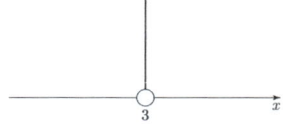

추가로, 주어진 연립부등식의 해 $-1 < x < 3 \cdots$ (★)도 수직선에 표시해야 한다.

얻은 정보들을 수직선 위에 모두 표시해보면 다음과 같다.

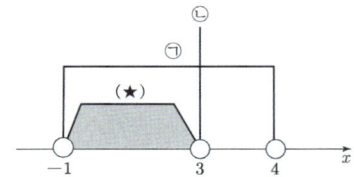

생각 2 | 연립부등식의 해 (★)는 ㉠, ㉡의 공통범위임을 이용하자.

㉠, ㉡의 영역은 각각 연립부등식의 해 (★)를 포함해야 한다. 일반적으로 ㉡이 나타내는 영역이 다음과 같아야 ㉡의 영역이 (★)의 영역을 포함할 수 있다.

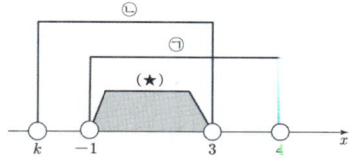

이로부터 일반적인 상황에서 $k < -1$이어야 함을 알 수 있다.

마지막으로, 특수한 상황인 $k = -1$일 때도 조건을 만족시키는지 살펴보자.

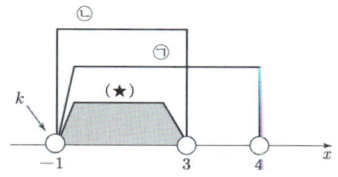

그림을 통해 $k = -1$일 때 ㉠, ㉡의 공통 영역이 연립부등식의 해 (★)와 같음을 알 수 있으므로 가능한 k의 범위는 $k < -1$ 또는 $k = -1$

➔ $k \leq -1$ ➔ k의 최댓값은 -1

답 -1

379.

구하는 값 실수 a의 최솟값

조건 정리 부등식 $2x^2 + x < 4x - 1 \leq 2x + a - 1$ 의 해가

$\begin{cases} 2x^2 + x < 4x - 1 \\ 4x - 1 \leq 2x + a - 1 \end{cases}$

$\dfrac{1}{2} < x < 1$

설계 연립부등식의 해가 $\dfrac{1}{2} < x < 1$임이 주어져 있다. 이를 꼼꼼히 활용하자.

생각 1 | 확실한 정보부터 모두 파악하고, 수직선에 표시 가능한 것들은 모두 표시하자.

우선, 구할 수 있는 부등식의 해는 모두 구해야 한다.

■ $2x^2 + x < 4x - 1$ ➔ $2x^2 - 3x + 1 < 0$
➔ $(2x-1)(x-1) < 0$
➔ $\dfrac{1}{2} < x < 1 \cdots$ ㉠

■ $4x - 1 \leq 2x + a - 1$ ➔ $x \leq \dfrac{a}{2} \cdots$ ㉡

일반적으로 ㉡을 수직선 위에 나타내면 다음과 같을 것이다.

추가로, ㉠과 문제에 주어진 해 $\dfrac{1}{2} < x < 1$가 같으므로

㉠과 ㉡의 공통범위가 ㉠이어야 한다. 따라서
㉡이 ㉠을 모두 포함해야 함을 알 수 있다.

생각 2 | **㉡이 ㉠을 포함하는 일반적인 상황과 특수한 상황을 살펴보자.**

일반적으로 ㉡이 나타내는 영역이 다음과 같아야 ㉡의 영역이 ㉠의 영역을 포함할 수 있다.

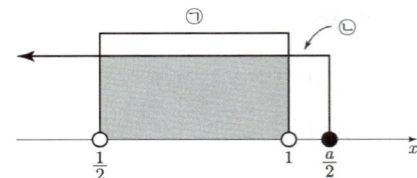

이로부터 일반적인 상황에서 $\underbrace{\dfrac{a}{2} > 1}_{a > 2}$ 이어야 함을 알

수 있다.
또한, 특수한 상황인 $a = 2$ 일 때도 조건을 만족시키는지 살펴보자.

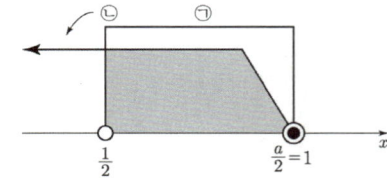

그림을 통해 $a = 2$ 일 때에도 ㉡의 영역이 ㉠을 포함한다. 따라서 가능한 a 의 범위는

$a < 2$ 또는 $a = 2$ ➔ $a \leq 2$
➔ (a 의 최솟값)$= 2$

답 2

380.

구하는 값 abc의 값

조건 정리 연립부등식 $\begin{cases} x^2 + ax - b \geq 0 \\ x^2 + bx + c \leq 0 \end{cases}$ 의 해가

$-4 \leq x \leq -1$ 또는 $x = 2$

설계 연립부등식의 해가 $-4 \leq x \leq -1$ 또는 $x = 2$임이 주어져 있다. 이를 꼼꼼히 활용하고, 특수한 해인 $x = 2$에 주목해보자.

■ $x^2 + ax - b \geq 0$의 해를 ㉠이라 하자.
■ $x^2 + bx + c \leq 0$의 해를 ㉡이라 하자.

$x = 2$는 수직선 위에서 다음의 둘 중 하나로 표현될 수 있다.

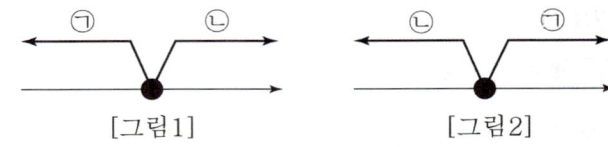

[그림1]   [그림2]

Case를 분류하여 이 두 가지 경우 중 조건을 만족시키는 경우를 찾는 것을 목표로 하자.

생각 1 | **확실한 정보부터 모두 파악하고, 수직선에 표시 가능한 것들은 모두 표시하자.**

$x^2 + ax - b \geq 0$의 해인 ㉠은 일반적으로 수직선 위에 다음과 같이 표현될 것임은 확실하다.

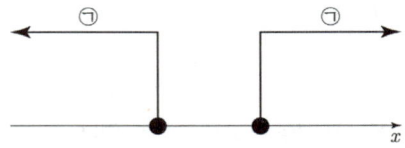

또한, $x^2 + bx + c \leq 0$의 해인 ㉡은 일반적으로 수직선 위에 다음과 같이 표현될 것임은 확실하다.

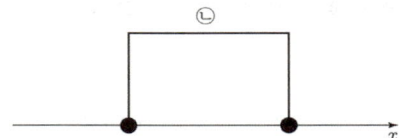

추가로, 주어진 연립부등식의 해
$-4 \leq x \leq -1$ 또는 $x = 2$를 수직선 위에 표시하자.

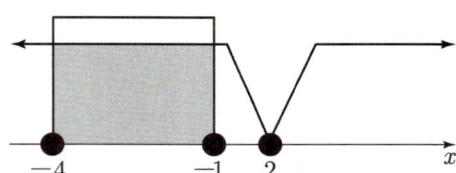

생각 2 | **설계했던 대로 Case를 분류하자.**

Case 1 $x = 2$가 [그림 1]처럼 표현되는 경우

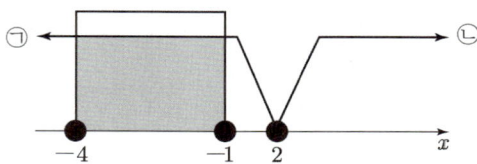

$x^2 + bx + c \leq 0$의 해인 ㉡이 수직선 위에 다음과 같이 표현될 수 없으므로 조건에 모순이다.

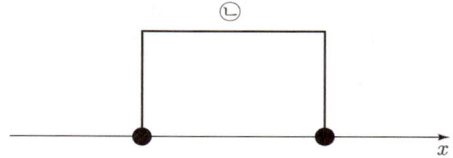

Case 2 $x = 2$가 [그림 2]처럼 표현되는 경우

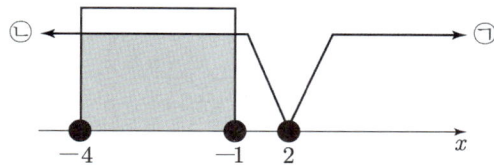

여기서 $x^2 + ax - b \geq 0$의 해인 ㉠과
$x^2 + bx + c \leq 0$의 해인 ㉡이 나타내는 영역을 다음과
같이 정하면 조건을 만족시킨다.

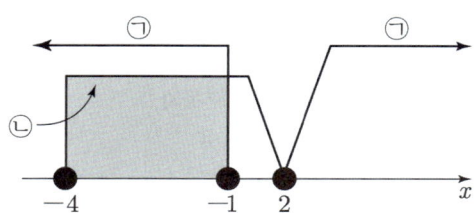

그림에 의해
　㉠ : $x \leq -1$ 또는 $x \geq 2$
　㉡ : $-4 \leq x \leq 2$
임을 알 수 있다. 따라서
$x^2 + ax - b \geq 0$의 해 ➔ $x \leq -1$ 또는 $x \geq 2$
$x^2 + bx + c \leq 0$의 해 ➔ $-4 \leq x \leq 2$이다.

생각 3 | 부등식의 해의 경계를 방정식의 실근으로 해석하자.

　• $x^2 + ax - b \geq 0$의 해가 $x \leq -1$ 또는 $x \geq 2$
　➔ 방정식 $x^2 + ax - b = 0$의 실근이 $-1, 2$
　➔ 근과 계수의 관계를 적용하면
　(두 근의 합)$= -a = (-1) + 2$ ➔ $a = -1$
　(두 근의 곱)$= -b = (-1) \times 2$ ➔ $b = 2$

　• $x^2 + bx + c \leq 0$의 해가 $-4 \leq x \leq 2$
　➔ 방정식 $x^2 + bx + c = 0$의 실근이 $-4, 2$
　➔ 근과 계수의 관계를 적용하면
　(두 근의 곱)$= c = (-4) \times 2$ ➔ $c = -8$

　$\therefore\ a = -1,\ b = 2,\ c = -8$
　➔ $abc = (-1) \times 2 \times (-8) = 16$

답 16

381.

구하는 값 a의 값의 범위

조건 정리 연립부등식 $\begin{cases} x^2 + x - 6 > 0 \\ |x - a| \leq 1 \end{cases}$ 이 해를 갖는다.

설계 연립부등식이 해를 가지려면 연립된 두 부등식의
공통범위가 있어야 한다는 점을 생각하자.

생각 1 | 부등식의 해를 구하고, 확실한 정보는 수직선에
표시해보며 알 수 있는 정보를 최대한 파악해보자.

　■ $x^2 + x - 6 > 0$ ➔ $(x - 2)(x + 3) > 0$
　　　　　　　 ➔ $x > 2$ 또는 $x < -3$ … ㉠
　■ $|x - a| \leq 1$ ➔ $a - 1 \leq x \leq a + 1$ … ㉡

이때, ㉡의 해를 수직선 위에 나타내면 다음과 같다.

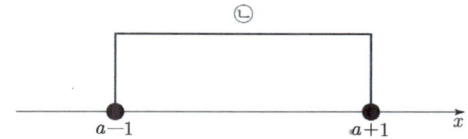

"해를 가진다" ➔ ㉠과 ㉡의 공통범위가 존재한다.
는 점에 주목하여 가능한 경우를 살펴보자.

생각 2 | 일반적인 상황에서 연립부등식이 해를 가지려면
어떻게 되어야 하는지 살펴보자.

연립부등식이 해를 가지려면 연립된 두 부등식의
공통범위가 있어야 한다는 점을 고려하면, ㉠은 다음과
같이 그려질 수 있다.

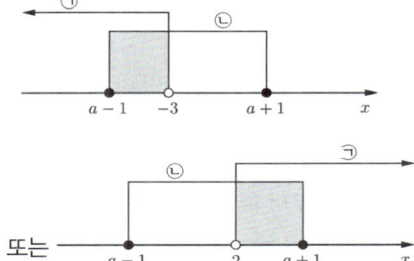

또는

그림에 의해 일반적인 상황에서 a의 값의 범위는
　$a - 1 < -3$ 또는 $a + 1 > 2$
➔ $\boxed{a < -2}$ 또는 $\boxed{a > 1}$이다. … ㉮

이제 ㉠과 ㉡의 경계가 만나는 특수한 상황의 경우를
살펴보자.

(I) $\underset{a = -2}{a - 1 = -3}$인 경우

　$\underset{= -2}{\underline{a}}\ +1 = -1$이므로, ㉠과 ㉡이 다음과 같이
그려진다.

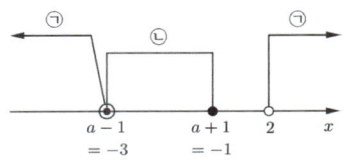

이때, ㉠과 ㉡의 공통범위가 없으므로, $a = -2$인
경우는 조건을 만족시키지 않는다.

(I) $a+1=2$인 경우

$\underset{a=1}{\underline{a+1=2}}$

$\underset{=1}{\boxed{a}}-1=0$이므로, ㉠과 ㉡이 다음과 같이

그려진다.

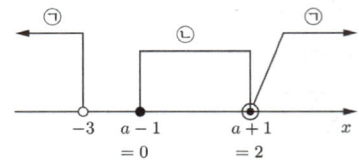

이때, ㉠과 ㉡의 공통범위가 없으므로, $a=1$인 경우는
조건을 만족시키지 않는다.
따라서 조건을 만족시키는 a의 값의 범위는
$\therefore$ ① : $a<-2$ 또는 $a>1$

답 $a<-2$ 또는 $a>1$

382.

[구하는 값] 모든 k의 값의 합

[조건 정리] ① 연립부등식 $\begin{cases} x^2-11x+24<0 \\ x^2-2kx+k^2-9>0 \end{cases}$ 의 해가

$\alpha<x<\beta$

② $\beta-\alpha=2$

[설계] 연립부등식의 해가 $\alpha<x<\beta$이고, $\beta-\alpha=2$임에
주목하여 연립부등식을 풀자.

생각 1 | 확실한 정보부터 파악해보자.

■ $x^2-11x+24<0$ ➡ $(x-3)(x-8)<0$
  ➡ $3<x<8$ ⋯ ㉠

■ $x^2-2kx+\underset{=(k-3)(k+3)}{\underline{k^2-9}}>0$
  ➡ $\{x-(k-3)\}\{x-(k+3)\}>0$
  ➡ $x>k+3$ 또는 $x<k-3$ ⋯ ㉡

생각 2 | 부등식의 해를 수직선에 표시해보며 가능한 경우를 찾자.

만약 ㉡이 ㉠을 모두 포함하여 공통범위가 ㉠이면
$\alpha=3$, $\beta=8$ ➡ $\beta-\alpha=5$이므로 조건에 모순이다.

또한, 연립부등식의 해가 $\alpha<x<\beta$의 꼴이므로
아래 그림과 같은 경우는 될 수 없다.

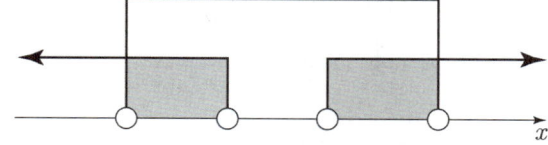

따라서 다음의 두 경우만 가능하다.

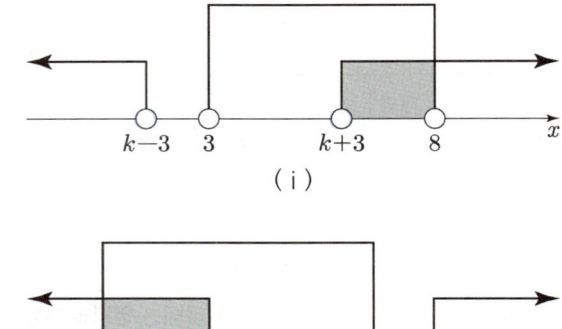

(i)

(ii)

생각 3 | 각 경우에서 k의 값을 구하자.

(i)의 경우 부등식의 해가
$k+3<x<8$이므로 $\beta-\alpha=2$가 되려면
$k=3$이어야 한다.

(ii)의 경우 부등식의 해가
$3<x<k-3$이므로 $\beta-\alpha=2$가 되려면
$k=8$이어야 한다.

(모든 실수 k의 값의 합)$=3+8=11$

답 11

383.

[구하는 값] $a+b$의 값

[조건 정리] ① $a<0$

② 연립부등식 $\begin{cases} (x-a)^2<a^2 \\ x^2+a<(a+1)x \end{cases}$ 의 해가

$b<x<b+1$

[설계] 연립부등식 $\begin{cases} (x-a)^2<a^2 \\ x^2+a<(a+1)x \end{cases}$ 을 정리하고, 해가
$b<x<b+1$이 되어야 함에 주목하여 문제를 풀자.

생각 1 | 연립부등식을 풀며, 확실한 정보부터 파악하자.

■ $(x-a)^2<a^2$ ➡ $a<x-a<-a$ ($\because a<0$ ★)
  ➡ $2a<x<0$ ⋯ ㉠
■ $x^2+a<(a+1)x$ ➡ $x^2-(a+1)x+a<0$
  ➡ $(x-1)(x-a)<0$
  ➡ $a<x<1$ ($\because a<0$ ★) ⋯ ㉡

이므로 ㉠, ㉡을 수직선 위에 표시하면 다음과 같다.

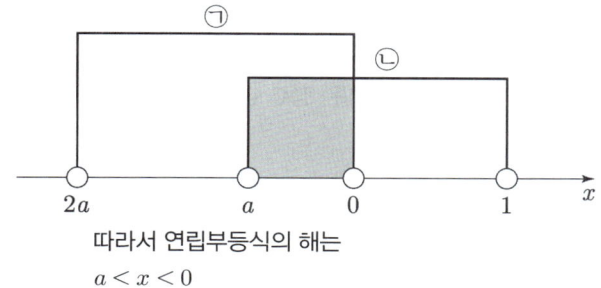

따라서 연립부등식의 해는
$a < x < 0$

생각 2 | 조건으로 주어진 해 $b < x < b+1$ 와 직접 구한 해를
비교해보자.

직접 구한 해는 $a < x < 0$ 이고,
이 해가 $b < x < b+1$ 와 같아야 하므로
$a = b$, $0 = b+1$
임을 알 수 있다. 이를 정리하면
$0 = b+1$ ➡ $b = -1$
$a = b$ ➡ $a = -1$
$\therefore a+b = -1-1 = -2$

답 -2

384.

구하는 값 a의 값의 범위

조건 정리 연립부등식 $\begin{cases} 4x-8 < 2x \\ x > a \end{cases}$ 을 만족시키는 정수 x가
$\rightarrow \begin{cases} x < 4 \\ x > a \end{cases}$

1개.

생각 1 | 확실한 것부터 모두 수직선에 표시하자.

$x < 4$가 확실하므로 수직선 위에 표시하자.

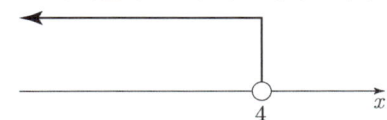

생각 2 | 마지막으로 포함될 수 있는 정수와 처음으로
포함되면 안 되는 정수를 찾자.

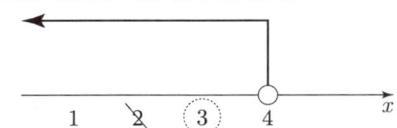

위 그림에서 알 수 있듯이 마지막으로 포함될 수 있는
정수는 3, 처음으로 포함되면 안 되는 정수는 2이다.

생각 3 | 방금 찾은 두 정수 사이에 a가 위치하면 문제의 조건을
만족시킨다.

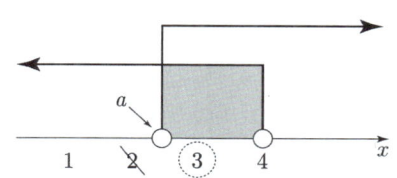

이를 바탕으로 a의 범위를 대략 작성하면
$2 < a < 3$

생각 4 | 작성한 부등식의 등호 포함 여부를 판단하자.

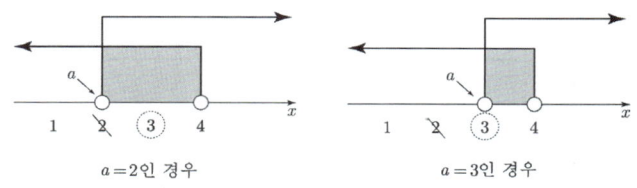

$a=2$인 경우　　　　　　　　$a=3$인 경우

$a = 2$인 경우, 가능한 정수의 개수가 1이므로 조건을
만족하고
$a = 3$인 경우, 가능한 정수의 개수가 0이므로 조건에
모순이다.
따라서 구하는 a의 값의 범위는 $\therefore 2 \leq a < 3$

답 $2 \leq a < 3$

385.

구하는 값 실수 k의 값의 범위

조건 정리 부등식 $3x-7 < x+1 \leq 2x+k$를 만족하는
$\rightarrow \begin{cases} x < 4 \\ x \geq 1-k \end{cases}$

정수 x가 3개

생각 1 | 확실한 것부터 모두 수직선에 표시하자.

$x < 4$가 확실하므로 수직선 위에 표시하자.

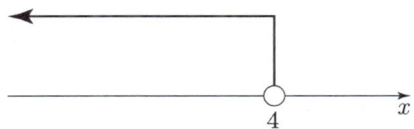

생각 2 | 마지막으로 포함될 수 있는 정수와 처음으로
포함되면 안 되는 정수를 찾자.

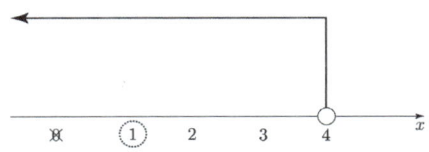

위 그림을 통해 마지막으로 포함될 수 있는 정수는 1,
처음으로 포함되면 안 되는 정수는 0이다.

생각 3 | 방금 찾은 두 정수 사이에 $1-k$ 가 위치하면 문제의 조건을 만족시킨다.

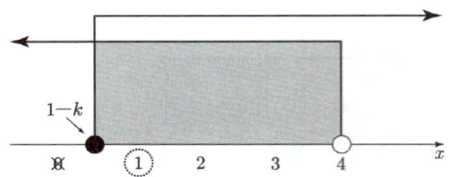

이를 통해 k의 값의 범위를 대략 작성하면

$0 < 1-k < 1$ ➡ $0 < k < 1$ ⋯ ㉠

생각 4 | k의 값에 대한 부등식의 등호 포함 여부를 판단하자.

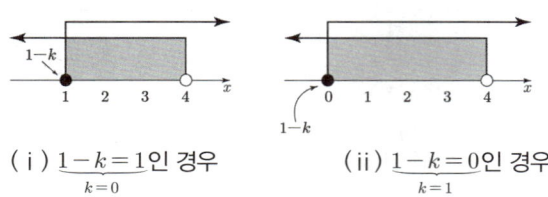

(i) $\underbrace{1-k=1}_{k=0}$인 경우   (ii) $\underbrace{1-k=0}_{k=1}$인 경우

위의 그림을 통해

$\begin{cases} (\,i\,)\ k=0\text{인 경우} ➡ \text{정수의 개수가 }3 ➡ \text{조건 만족} \\ (ii)\ k=1\text{인 경우} ➡ \text{정수의 개수가 }4 ➡ \text{조건에 모순} \end{cases}$

이므로 ㉠을 참고하면, 구하는 k의 값의 범위는

$$\therefore\ 0 \le k < 1$$

답 $0 \le k < 1$

386.

구하는 값 실수 a의 값의 범위

조건 정리 연립부등식 $\begin{cases} x^2-8x+12 \le 0 \\ x^2-(a+1)x+a \le 0 \end{cases}$ 을 만족시키는

정수 x가 3개

■ $x^2-8x+12 \le 0$ ➡ $(x-2)(x-6) \le 0$
➡ $2 \le x \le 6$ ⋯ ㉠

■ $x^2-(a+1)x+a \le 0$ ➡ $(x-1)(x-a) \le 0$ ⋯ ㉡

생각 1 | 확실한 것부터 모두 수직선에 표시하자.
㉠은 확실하므로 수직선 위에 먼저 표시해보자.

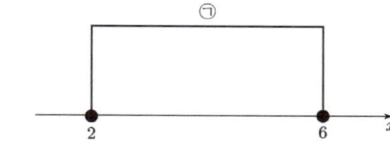

㉠이 포함하는 정수 x의 개수는 5이므로
여기서 2개를 줄여야 한다.

생각 2 | 마지막으로 포함될 수 있는 정수와 처음으로 포함되면 안 되는 정수를 찾자.

부등식을 만족시키는 정수 x의 개수가 3인 일반적인 상황을 그려보자.

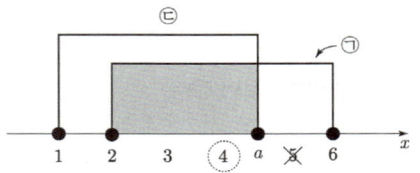

따라서

마지막으로 포함될 수 있는 정수가 4
처음으로 포함되면 안 되는 정수가 5
임을 알 수 있다.

생각 3 | 방금 찾은 두 정수 사이에 a가 위치하면 문제의 조건을 만족시킨다.

이를 통해 a의 값의 범위를 대략 작성하면

$4 < a < 5$

생각 4 | a의 값에 대한 부등식의 등호 포함 여부를 판단하자.

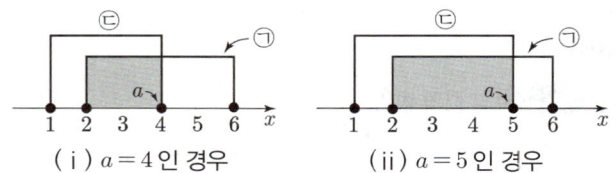

(i) $a=4$인 경우   (ii) $a=5$인 경우

위의 그림을 통해

(i) $a=4$인 경우 ➡ 정수의 개수가 3개 ➡ 조건 만족
(ii) $a=5$인 경우 ➡ 정수의 개수가 4개 ➡ 조건에 모순
이므로 실수 a의 값의 범위는 $4 \le a < 5$ 이다.

답 $4 \le a < 5$

387.

구하는 값 실수 a의 값의 범위

조건 정리 연립부등식 $\begin{cases} x^2-5x+4 > 0 \\ x^2-(a+3)x+3a < 0 \end{cases}$ 을 만족시키는

정수 x의 값이 5와 6뿐

■ $x^2-5x+4 > 0$ ➡ $(x-1)(x-4) > 0$
➡ $x > 4$ 또는 $x < 1$ ⋯ ㉠

■ $x^2-(a+3)x+3a < 0$ ➡ $(x-a)(x-3) < 0$ 이므로
$a > 3$인 경우 $3 < x < a$ ⋯ ㉡
$a < 3$인 경우 $a < x < 3$ ⋯ ㉢

생각 1 | **확실한 것부터 먼저 수직선 위에 표시하자.**

㉠은 확실하므로 이를 먼저 수직선 위에 표시하면 다음과 같다.

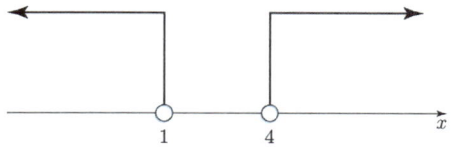

생각 2 | **마지막으로 포함될 수 있는 정수와 처음으로 포함되면 안 되는 정수를 찾자.**

우선 $a > 3$ 인 경우와 $a < 3$ 인 경우를 수직선 위에 대략적으로 나타내면 다음과 같다.

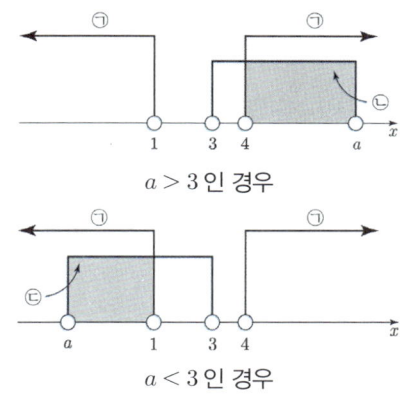

$a > 3$ 인 경우

$a < 3$ 인 경우

$a < 3$ 인 경우 연립부등식은 두 정수 5, 6 을 해로 가질 수 없다. 따라서 가능한 경우는 $a > 3$ 인 경우임을 알 수 있다.

연립부등식을 만족시키는 정수가 오직 5 와 6 만 가능한 일반적인 상황을 그려보면 다음과 같다.

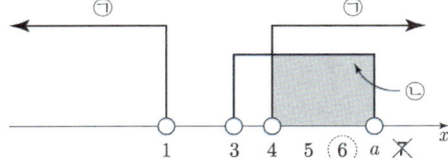

따라서 마지막으로 포함될 수 있는 정수가 6 처음으로 포함되면 안되는 정수가 7 임을 알 수 있다.

생각 3 | **방금 찾은 두 정수 사이에 a 가 위치하면 조건을 만족시킨다.**

이를 통해 a 의 값의 범위를 대략 작성하면
➜ $6 < a < 7$

생각 4 | **a 값에 대한 등호 포함 여부를 판단하자.**

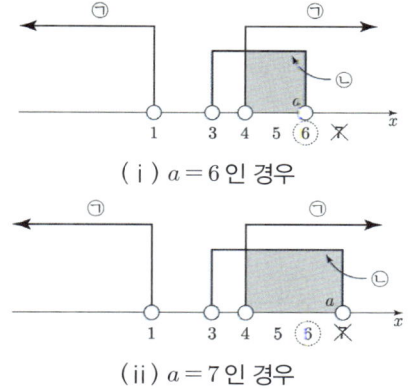

(ⅰ) $a = 6$ 인 경우

(ⅱ) $a = 7$ 인 경우

위의 그림을 통해

(ⅰ) $a = 6$ 인 경우
➜ 가능한 정수가 5 뿐 ➜ 조건에 모순
(ⅱ) $a = 7$ 인 경우
➜ 가능한 정수가 5 와 6 뿐 ➜ 조건을 만족함
을 알 수 있으므로, 구하는 a 의 값의 범위는
$6 < a \leq 7$ 이다.

답 $6 < a \leq 7$

388.

구하는 값 정수 k 의 값

조건 정리 ① 연립부등식 $\begin{cases} |x-k| \leq 5 \\ x^2 - x - 12 > 0 \end{cases}$ 을 만족시키는

모든 정수 x 의 값의 합이 7 이다.
② k 는 정수

■ $\underset{-5 \leq x-k \leq 5}{\underline{|x-k| \leq 5}}$ ➜ $-5 + k \leq x \leq 5 + k$ ··· ㉠

■ $\underset{=(x+3)(x-4)}{\underline{x^2 - x - 12 > 0}}$ ➜ $x > 4$ 또는 $x < -3$ ··· ㉡

생각 1 | **확실한 것부터 수직선 위에 먼저 표시하자.**

㉡이 확실하므로 수직선 위에 표시하면 다음과 같다.

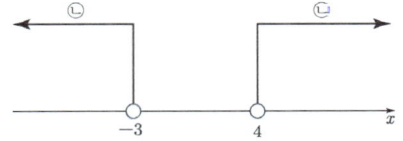

생각 2 | **㉠을 수직선 위에 표시하기 전에, 그 특징을 파악해보자.**

㉠을 수직선 위에 표시하기 전에, ㉠의 특징을 파악해보자.

$\bigcirc : \boxed{-5+k} \le x \le \boxed{5+k}$ 에서

특징 1 | $-5+k$와 $5+k$ 사이의 간격이 10이다. ★

특징 2 | k가 정수이므로, $-5+k$와 $5+k$도 모두 정수이다.

이 두 가지 특징을 고려하면서 ㉠을 수직선 위에 표시하다보면 ㉡과의 공통영역에 포함된 정수의 합이 7인 상황은 다음과 같음을 알 수 있다.

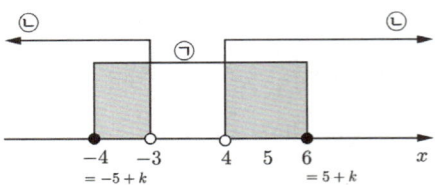

$$\therefore 5+k=6 \rightarrow k=1$$

답 1

389.

[구하는 값] 모든 자연수 n의 값의 합

[조건 정리] 연립부등식 $\begin{cases} x^2-10x+21 \le 0 \\ x^2-2(n-1)x+n^2-2n \ge 0 \end{cases}$ 을

만족시키는 정수 x의 개수가 4가 되어야 한다.

■ $x^2-10x+21 \le 0 \rightarrow (x-3)(x-7) \le 0$
$$\rightarrow 3 \le x \le 7 \cdots \text{㉠}$$

■ $x^2-\underset{=-[n+(n-2)]}{\underline{2(n-1)}}x+\underset{=n(n-2)}{\underline{n^2-2n}} \ge 0 \rightarrow (x-n)\{x-(n-2)\} \ge 0$
$$\rightarrow x \ge n \ \text{또는} \ x \le n-2$$
$$\cdots \text{㉡}$$

생각 1 | 확실한 것부터 수직선 위에 표시하자.

㉠은 확실하므로 수직선 위에 표시하면 다음과 같다.

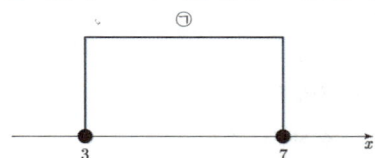

생각 2 | ㉡을 수직선 위에 표시하기 전에, 그 특징을 파악해보자.

㉡을 수직선 위에 표시하기 전에, ㉡의 특징을 파악해보자.

㉡ : $x \ge \boxed{n}$ 또는 $x \le \boxed{n-2}$ 에서

특징 1 | $n-2$와 n 사이의 간격이 2이다. ★

특징 2 | n이 자연수이므로, $n-2$는 정수이다.

이 두 가지 특징을 고려하면서 ㉡을 수직선 위에 표시하다보면 ㉠과의 공통영역에 포함된 정수가 4개인 상황은 다음과 같음을 알 수 있다.

〈기준〉

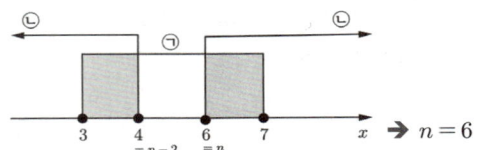
$$\rightarrow n=6$$

〈기준에서 ㉡을 오른쪽으로 한 칸씩 움직인 것〉

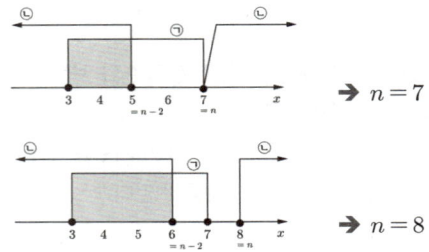

〈기준에서 ㉡을 왼쪽으로 한 칸씩 움직인 것〉

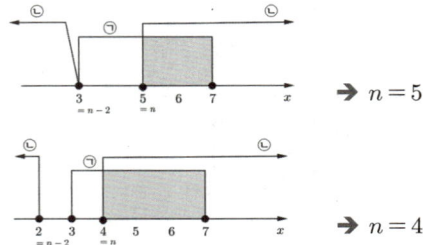

$$\therefore (\text{모든 자연수} \ n \text{의 합}) = 4+5+6+7+8=30$$

답 30

390.

■ $x^2-3x+2>0 \rightarrow (x-1)(x-2)>0$
$$\rightarrow x>2 \ \text{또는} \ x<1 \cdots \text{㉠}$$

■ $|x-1| \le 2 \rightarrow -2 \le x-1 \le 2$
$$\rightarrow -1 \le x \le 3 \cdots \text{㉡}$$

㉠과 ㉡의 공통범위를 구하면

$$\therefore -1 \le x < 1 \ \text{또는} \ 2 < x \le 3$$

답 $-1 \le x < 1$ 또는 $2 < x \le 3$

391.

$2x+1 \le x^2-2x+5 \le 2x^2-8x+14$

$\rightarrow \begin{cases} 2x+1 \le x^2-2x+5 \\ x^2-2x+5 \le 2x^2-8x+14 \end{cases}$

$\rightarrow \begin{cases} x^2-4x+4 \ge 0 \\ x^2-6x+9 \ge 0 \end{cases} \rightarrow \begin{cases} (x-2)^2 \ge 0 \\ (x-3)^2 \ge 0 \end{cases}$

이때
- $(x-2)^2 \geq 0$ ➔ 해는 모든 실수
- $(x-3)^2 \geq 0$ ➔ 해는 모든 실수

이므로, 주어진 연립부등식의 해는 모든 실수이다.

답 모든 실수

392.

구하는 값 $|2x| + 2|x-2| \leq 8$의 해

설계 $|2x| = 2|x|$ 임을 이용하면

$$\underset{=2|x|}{|2x|} + 2|x-2| \leq 8 \rightarrow |x| + |x-2| \leq 4$$

Sol 1 식으로 풀기

Case 1 절댓값 내부가 모두 0 이상일 때 ➔ $x \geq 2$일 때

$$\underset{=x+(x-2)}{|x| + |x-2|} \leq 4 \rightarrow x \leq 3$$

이고, 가정한 범위 $x \geq 2$와의 공통범위를 구하면

$$\boxed{2 \leq x \leq 3}$$

Case 2 절댓값 내부가 모두 음수일 때 ➔ $x < 0$일 때

$$\underset{=-x-(x-2)}{|x| + |x-2|} \leq 4 \rightarrow x \geq -1$$

이고, 가정한 범위인 $x < 0$과의 공통범위를 구하면

$$\boxed{-1 \leq x < 0}$$

Case 3 절댓값 내부가 하나는 0 이상, 나머지는 음수일 때
➔ $x \geq 2$와 $x < 0$의 사이 범위일 때
➔ $0 \leq x < 2$일 때

$$\underset{=x-(x-2)}{|x| + |x-2|} \leq 4 \rightarrow 0 \times x \leq 2$$

이 부등식은 x의 자리에 그 어떤 값을 대입해도 항상 성립한다.

따라서, 가정한 범위인 $\boxed{0 \leq x < 2}$일 때는 부등식 $|x| + |x-2| \leq 4$가 항상 성립한다.

따라서 구하는 해는 Case 1 , Case 2 , Case 3 에서
$-1 \leq x < 0$ 또는 $0 \leq x < 2$ 또는 $2 \leq x \leq 3$이므로
$\therefore -1 \leq x \leq 3$

Sol 2 그래프로 풀기

설계 $y = |x| + |x-2|$와 $y = 4$를 그리고, 전자가 후자와 만나거나 그보다 아래에 있도록 하는 x의 범위를 구하자.

Case 1 절댓값 내부가 모두 0 이상일 때 ➔ $x \geq 2$일 때
$$y = \underset{=x+(x-2)}{|x| + |x-2|} = 2x-2$$이므로
$x \geq 2$에서는 $y = 2x-2$를 그리면 된다.

Case 2 절댓값 내부가 모두 음수일 때 ➔ $x < 0$일 때
$$y = \underset{=-x-(x-2)}{|x| + |x-2|} = -2x+2$$이므로
$x < 0$에서는 $y = -2x+2$를 그리면 된다.

Case 3 절댓값 내부가 하나는 0 이상, 나머지는 음수일 때
➔ $x \geq 2$와 $x < 0$의 사이 범위일 때
➔ $0 \leq x < 2$일 때
$$y = \underset{=x-(x-2)}{|x| + |x-2|} = 2$$이므로
$0 \leq x < 2$에서는 $y = 2$를 그리면 된다.

구한 함수의 식을 바탕으로 $y = |x| + |x-2|$의 그래프를 그려보면 다음과 같다.

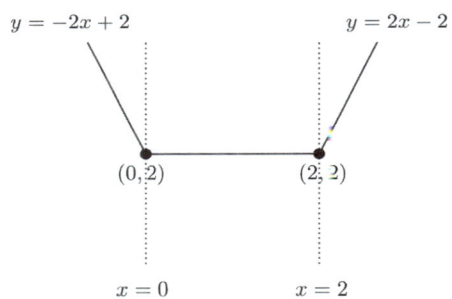

이제 이 그래프가 $y = 4$와 만나거나 그보다 아래쪽에 있도록 하는 x의 범위를 구하자.

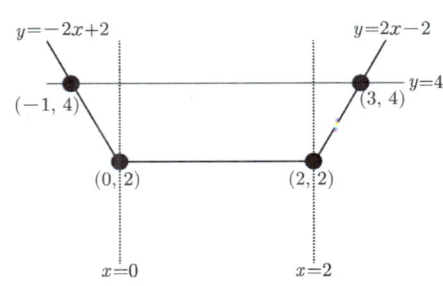

$\therefore -1 \leq x \leq 3$

답 $-1 \leq x \leq 3$

393.

구하는 값 a의 값의 범위

조건 정리 (가) (A의 가로)=(B의 세로)

(나) (A의 세로)=$2\times$(A의 가로)

(B의 가로)=(B의 세로)$+2$

(다) A, B의 둘레의 길이의 합은 54 m 이하이고, 넓이의 합은 $16\,\mathrm{m}^2$ 이상이다.

생각 1 ┃ 두 창문의 가로, 세로 길이를 미지수로 표현해보자.

먼저 (가) 조건에 의해

(A의 가로)=(B의 세로)=a

로 놓을 수 있다.

또한 (나) 조건에 의해

(A의 세로)=$2\times$(A의 가로)=$2a$

이고,

(B의 가로)=(B의 세로)$+2=a+2$

임을 알 수 있다.

따라서

• 창문 A: (가로)=a, (세로)=$2a$

• 창문 B: (가로)=$a+2$, (세로)=a

이다.

생각 2 ┃ (다) 조건을 활용하여 연립부등식을 작성하자.

(다) 조건에 의해

① 두 창문 A, B의 둘레의 길이의 합은 54 m 이하

② 두 창문 A, B의 넓이의 합은 $16\,\mathrm{m}^2$ 이상

이므로

①

➜ (A의 둘레)$+$(B의 둘레)≥ 54

➜ $(6a)+(4a+4)\leq 54$

➜ $a\leq 5$ ⋯ ㉠

이고

②

➜ (A의 넓이)$+$(B의 넓이)≥ 16

➜ $(2a^2)+a(a+2)\geq 16$

➜ $3a^2+2a-16\geq 0$

➜ $(3a+8)(a-2)\geq 0$

➜ $a\geq 2$ 또는 $a\leq -\dfrac{8}{3}$ ⋯ ㉡

이다.

㉠과 ㉡을 연립하면 실수 a의 값의 범위는

$2\leq a\leq 5$ 이다.

답 $2\leq a\leq 5$

394.

구하는 값 상수 a, b, c, d의 값

조건 정리 연립부등식 $\begin{cases} x^2+ax+b<0 & \cdots ① \\ x^2+cx+d\geq 0 & \cdots ② \end{cases}$ 의 해가

$-1<x\leq 2$ 또는 $3\leq x<5$

생각 1 ┃ 각 부등식의 해의 형태를 생각해보자.

①의 해는 $\boxed{}<x<\boxed{}$ 의 형태,

②의 해는 $x\geq\boxed{}$ 또는 $x\leq\boxed{}$ 의 형태이다.

따라서 문제의 조건 상 연립부등식의 해가

$-1<x\leq 2$ 또는 $3\leq x<5$

이므로 등호의 여부를 고려하면

①의 해 : $-1<x<5$,

②의 해 : $x\leq 2$ 또는 $x\geq 3$

임을 알 수 있다.

생각 2 ┃ 해의 경계로부터 부등식을 작성하자.

①의 해가 $-1<x<5$ 이므로

$\underset{=(x+1)(x-5)}{x^2+ax+b}<0 \;\blacktriangleright\; x^2-4x-5<0$

이고 ②의 해가 $x\leq 2$ 또는 $x\geq 3$ 이므로

$\underset{=(x-2)(x-3)}{x^2+cx+d}\geq 0 \;\blacktriangleright\; x^2-5x+6\geq 0$

임을 알 수 있다.

따라서

$a=-4$, $b=-5$, $c=-5$, $d=6$

이다.

답 $a=-4$, $b=-5$, $c=-5$, $d=6$

395.

구하는 값 실수 a의 값의 범위

조건 정리 연립부등식 $\begin{cases} 0.3(x+2)>0.2x+0.7 \\ \dfrac{x}{3}<\dfrac{a-1}{6} \end{cases}$ 을

만족시키는 정수 x의 개수가 3이다.

■ $0.3(x+2)>0.2x+0.7 \;\blacktriangleright\; 3(x+2)>2x+7$

$\blacktriangleright\; x>1$ ⋯ ㉠

■ $\dfrac{x}{3}<\dfrac{a-1}{6} \;\blacktriangleright\; x<\dfrac{a-1}{2}$ ⋯ ㉡

생각 1 | 확실한 것부터 수직선 위에 표시하자.

㉠은 확실하므로 먼저 수직선 위에 나타내면 다음과
같다.

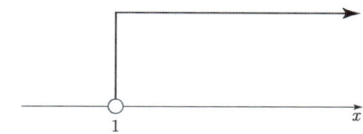

이때, 연립부등식을 만족시키는 x 가 존재하므로 ㉠과
㉡은 공통범위를 가져야 한다. 따라서 ㉡을
대략적으로 수직선 위에 아래와 같이 나타낼 수 있다.

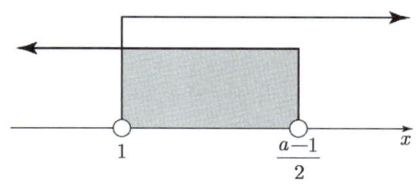

**생각 2 | 마지막으로 포함될 수 있는 정수와 처음으로 포함되면
안 되는 정수를 찾자.**

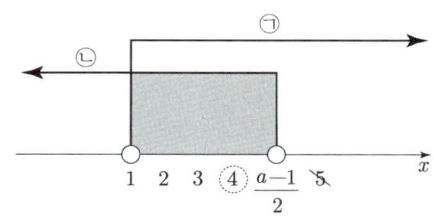

그림을 통해 마지막으로 포함될 수 있는 정수는 4
처음으로 포함되면 안되는 정수는 5 임을 알 수 있다.

따라서 대략적인 a의 범위는

$4 < \dfrac{a-1}{2} < 5$ ➔ $9 < a < 11$

이다.

생각 3 | 작성한 부등식에서 등호 포함 여부를 판단하자.

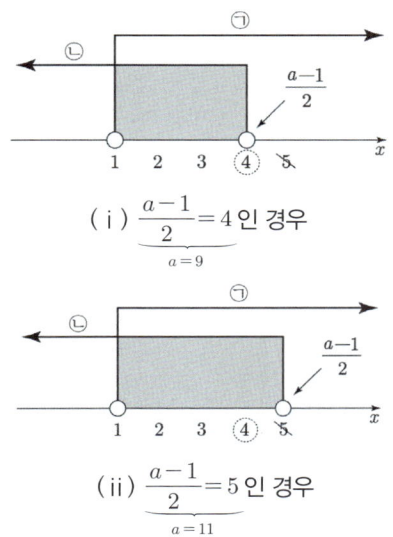

(i) $\underbrace{\dfrac{a-1}{2} = 4}_{a=9}$ 인 경우

(ii) $\underbrace{\dfrac{a-1}{2} = 5}_{a=11}$ 인 경우

(i)의 경우
➔ 가능한 정수 x 의 개수가 2 ➔ 조건에 모순

(ii)의 경우
➔ 가능한 정수 x 의 개수가 3 ➔ 조건 만족

따라서 최종적인 a의 범위는 $9 < a \leq 11$ 이다.

답 $9 < a \leq 11$

396.

구하는 값 자연수 a 의 최솟값

조건 정리 ① 연립부등식 $\begin{cases} x^2 + (a+6)x + 6a < 0 \\ x^2 - (a-2)x - 2a < 0 \end{cases}$ 의 해가

존재하지 않는다.
② a는 자연수

■ $x^2 + (a+6)x + 6a < 0$ ➔ $(x+a)(x+6) < 0$

➔ $\begin{cases} \bullet\ a > 6 \text{이면} -a < x < -6 \cdots ㉠ \\ \bullet\ a < 6 \text{이면} -6 < x < -a \cdots ㉡ \\ \bullet\ a = 6 \text{이면 해가 존재하지 않음} \end{cases}$

$(\because\ a \text{는 자연수})$

■ $x^2 - (a-2)x - 2a < 0$ ➔ $(x-a)(x+2) < 0$
➔ $-2 < x < a \cdots ㉢$ $\qquad (\because\ a \text{는 자연수})$

생각 1 | 확실한 것부터 수직선 위에 표시하자.

㉢을 수직선 위에 표시하면 다음과 같다.

이때, $a > 6$ 인 경우 다음의 그림과 같이 공통범위가
없으므로 $a > 6$ 이면 항상 해가 존재하지 않음을 알 수
있다.

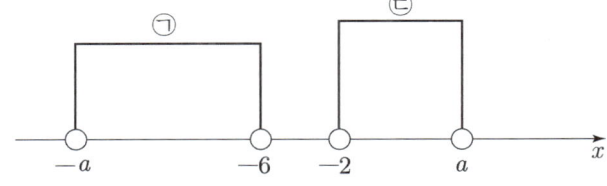

또한, $a = 6$ 인 경우는 부등식
$x^2 + (a+6)x + 6a < 0$ 의 해가 존재하지 않으므로
공통범위 역시 존재하지 않음을 알 수 있다.

따라서 남은 $a < 6$ 인 경우만 살펴보면 된다.

생각 2 | $a < 6$ 인 일반적인 상황에 대해서 살펴보자.

$a < 6$ 인 경우 공통범위가 없게 하려면, 일반적으로 다음과 같이 수직선 위에 나타낼 수 있다.

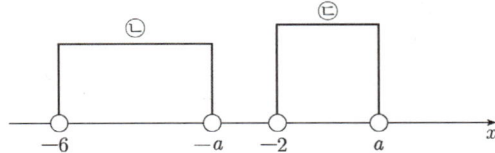

그림을 통해,
일반적인 상황에서 $\underset{a > 2}{\underline{-a < -2}}$ 이어야 함을 알 수 있다.

생각 3 | 작성한 부등식에서 등호 포함 여부를 판단하자.

$a = 2$ 인 경우 ㉡, ㉢이 나타내는 영역이 다음과 같이 그려지고,

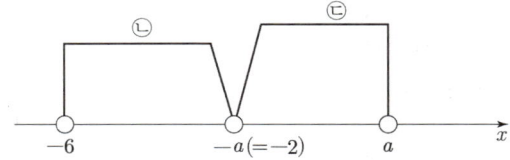

이 경우에도 공통범위가 존재하지 않으므로
$a = 2$ 도 가능함
을 알 수 있다. 따라서 a 의 범위는 $a \geq 2$ 여야 한다.

➡ ∴ 자연수 a 의 최솟값은 2

답 2

397.

구하는 값 a의 범위

조건 정리 부등식 $\underset{\to \begin{cases} x < a-5 \cdots ㉠ \\ x > \frac{a+1}{2} \cdots ㉡ \end{cases}}{3x+5 < 2x+a < 4x-1}$ 의 해가 존재한다.

설계 연립된 두 부등식

㉠ $x < a-5$, ㉡ $x > \dfrac{a+1}{2}$ 의 공통범위가 존재해야

함을 이용하자.
즉, 수직선에 다음과 같이 나타낼 수 있어야 하므로

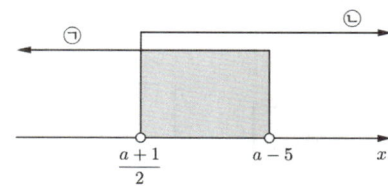

$\underset{a > 11}{\underline{\dfrac{a+1}{2} < a-5}}$ 이어야 한다. ➡ ∴ $a > 11$

(만약 특수하게 $\underset{a=11}{\underline{\dfrac{a+1}{2} = a-5}}$ 이면 공통범위가 생길 수 없다.)

답 $a > 11$

398.

구하는 값 정수 k의 개수

조건 정리 ① $y = 2x-1$, $y = x^2+3x+k-2$가 서로 다른 두

점에서 만난다.

➡ 교점이 2개이다.

➡ 방정식 $\underset{x^2+x+k-1=0}{\underline{x^2+3x+k-2 = 2x-1}}$의 서로 다른

실근이 2개이다.

➡ (판별식) > 0

➡ $D = 1^2 - 4(k-1) > 0$

➡ ∴ $\boxed{k < \dfrac{5}{4}}$

② $y = 2x-1$이 $y = x^2+x+3k+10$과는 만나지

않는다.

➡ 교점이 0개이다.

➡ 방정식 $\underset{x^2-x+3k+11=0}{\underline{x^2+x+3k+10 = 2x-1}}$

서로 다른 실근이 0개이다.

➡ (판별식) < 0

➡ $D = (-1)^2 - 4(3k+11) < 0$

➡ ∴ $\boxed{k > -\dfrac{43}{12}}$

③ k는 정수

생각 1 | 구한 두 부등식의 공통범위를 구하자.

① $k < \dfrac{5}{4}$

② $k > -\dfrac{43}{12}$ 에서 공통범위를 구하면 $-\dfrac{43}{12} < k < \dfrac{5}{4}$

➡ (정수 k) $= -3, -2, -1, 0, 1$ ➡ ∴ 5개

답 5

399.

구하는 값 k의 범위

조건 정리 $\begin{cases} x^2 + (2-k)x - 2k \leq 0 \\ x^2 - 6x + 5 > 0 \end{cases}$ 의 해가 $-2 \leq x < 1$

$\cdots (\star)$

설계 연립부등식의 해가 $-2 \leq x < 1$임이 주어져 있다. 이를 꼼꼼히 활용하자.

생각 1 | 확실한 정보부터 모두 파악하고, 수직선에 표시 가능한 것들은 모두 표시하자.

우선, 구할 수 있는 부등식의 해는 모두 구해야 한다.

■ $\underset{=(x+2)(x-k)}{\underline{x^2 + (2-k)x - 2k}} \leq 0 \cdots ㉠$

➔ k의 값을 모르므로, 이 부등식의 해를 확실하게 구하지는 못한다. 하지만, 다음의 두 가지 사실은 알 수 있다.

(i) 일반적으로 ㉠의 해를 수직선에 표시하면 다음과 같다.

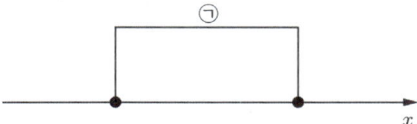

(ii) 해의 경계 중 하나가 -2이다.
따라서, 수직선에 다음과 같이 표시할 수 있다.

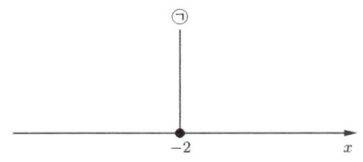

■ $\underset{=(x-1)(x-5)}{x^2-6x+5}>0$ ➔ $x>5$ 또는 $x<1$ … ㉡

주어진 연립부등식의 해 $-2\leq x<1$ … (★)까지 포함하여 지금까지 얻은 확실한 정보들을 모두 수직선에 표시하자.

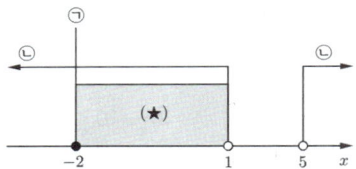

생각 2 | **㉠이 나타내는 영역은 (★)을 포함해야 하고, (★) 외에는 ㉡과 공통된 영역이 없어야 한다.**
따라서, ㉠이 나타내는 영역은 일반적으로 다음과 같아야 한다.

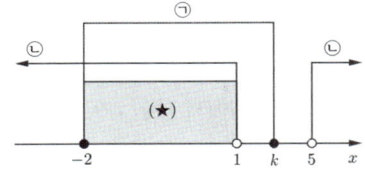

➔ 일반적인 상황에서 $1<k<5$이다.

이때, 특수하게 $k=1$ 또는 $k=5$인 경우에도 ㉠, ㉡의 공통범위가 (★)로 유지되므로, 조건을 만족한다.

즉, 구하는 k의 범위는 ∴ $1\leq k\leq 5$

답 $1\leq k\leq 5$

400.

구하는 값 양의 정수(=자연수) k의 개수

조건 정리 ① 연립부등식 $\begin{cases} x^2+4x-21\leq 0 \\ x^2-5kx-6k^2>0 \end{cases}$ 의 해가 존재한다.
     ② k는 자연수

설계 먼저 조건으로부터 얻을 수 있는 확실한 정보들을 모두 수직선 위에 표시한 후, 연립부등식의 해가 존재하기 위한 조건을 생각하자.

생각 1 | **확실한 정보부터 모두 파악하고, 수직선에 표시 가능한 것들은 모두 표시하자.**

연립부등식 $\begin{cases} x^2+4x-21\leq 0 \\ x^2-5kx-6k^2>0 \end{cases}$ 에서

■ $x^2+4x-21\leq 0$ ➔ $(x+7)(x-3)\leq 0$
                 ➔ $-7\leq x\leq 3$ … ㉠

■ $x^2-5kx-6k^2>0$ ➔ $(x-6k)(x+k)>0$
                 ➔ $x>6k$ 또는 $x<-k$ … ㉡
(k가 자연수이므로, $-k<6k$임은 자명하다.)

㉠ : $-7\leq x\leq 3$을 수직선에 표시해보면 다음과 같다.

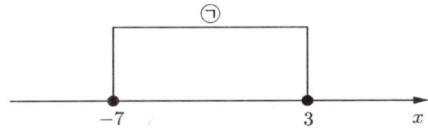

이때, k가 자연수이므로 $3<6k$이다.
따라서 ㉡의 $x>6k$는 반드시 다음과 같이 표시된다.

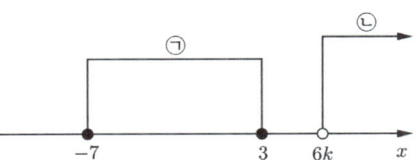

생각 1 | **연립부등식의 해가 존재하려면 ㉠과 ㉡의 공통범위가 존재해야 한다.**
따라서 ㉡의 $x<-k$는 다음과 같이 표시되어야 한다.

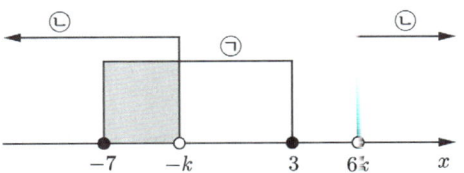

이로부터 $\underset{-3<k<7}{-7<-k<3}$이어야 함을 알 수 있다.

➔ (자연수 k)$=1, 2, 3, 4, 5, 6$
➔ ∴ 자연수 k는 6개
(만약 특수하게 $-k=-7$이면 ㉠, ㉡의 공통범위가 존재하지 않으므로, 문제의 조건에 모순이다.)

답 6

401.

구하는 값 k의 값의 범위

조건 정리 ① 양의 실수 k ➔ $k > 0$

② $f(x) = x^2 + kx + k$의 꼭짓점이 A

➔ 대칭축이 $x = -\dfrac{k}{2}$이므로, 꼭짓점의 y좌표는

$f\left(-\dfrac{k}{2}\right) = -\dfrac{k^2}{4} + k$ ➔ $\text{A}\left(-\dfrac{k}{2}, -\dfrac{k^2}{4} + k\right)$

③ $f(x) = x^2 + kx + k$의 y절편이 B

➔ $f(0) = k$이므로, $\text{B}(0, k)$

④ 직선 $y = g(x)$가 두 점 A, B를 지난다.

⑤ $\underset{f(x) < g(x)}{f(x) - g(x) < 0}$을 만족하는 정수 x가 3개가

되어야 한다. ★

➔ **설계** 부등식 $f(x) < g(x)$의 해를 먼저
구해보자.

부등식 $f(x) < g(x)$의 해

➔ 해석 : $y = f(x)$가 $y = g(x)$보다 아래쪽에
있도록 하는 x의 범위

생각 1 | 구한 정보들을 바탕으로 $f(x)$, $g(x)$를 그려보자.

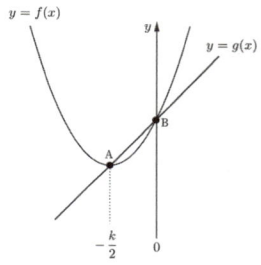

그림을 통해
$y = f(x)$가 $y = g(x)$보다 아래쪽에 있도록 하는 x의
범위는
$-\dfrac{k}{2} < x < 0$
임을 알 수 있으므로, 부등식 $f(x) < g(x)$의 해는
$-\dfrac{k}{2} < x < 0$

생각 2 | $-\dfrac{k}{2} < x < 0$을 만족하는 정수 x가 3개이도록
만들자.

확실한 $x < 0$부터 수직선에 표시해보면 다음과 같다.

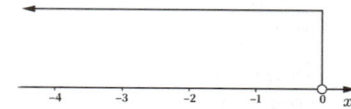

이때, 다음 그림과 같이

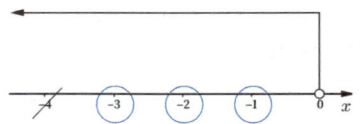

- 마지막으로 포함될 수 있는 정수는 -3
- 처음으로 포함되면 안 되는 정수는 -4

이므로, $-\dfrac{k}{2}$는 대략 -4와 -3 사이에 있으면 된다.

따라서 $-4 < -\dfrac{k}{2} < -3$이다.

이때 특수하게

- $-\dfrac{k}{2} = -4$이면 $-4 < x < 0$ ➔ 정수 x는 3개

➔ 조건 만족

- $-\dfrac{k}{2} = -3$이면 $-3 < x < 0$ ➔ 정수 x는 2개

➔ 조건 만족 X

이므로, 구하는 k의 범위는 $-4 \le -\dfrac{k}{2} < -3$

➔ $\therefore 6 < k \le 8$

답 $6 < k \le 8$

402.

구하는 값 a의 값

조건 정리 ① 연립부등식 $\begin{cases} x^2 + 3x - 10 < 0 \\ ax \ge a^2 \end{cases}$ 을 만족시키는

정수 x의 개수가 4가 되어야 한다.

➔ · $\underset{= (x+5)(x-2)}{x^2 + 3x - 10 < 0}$ ➔ $-5 < x < 2$ ⋯ ㉠

· $\boxed{ax} \ge a^2$의 경우,

(I) $a > 0$인지, (II) $a = 0$인지, (III) $a < 0$인지에
따라 결과가 달라지므로,

설계 이 세 경우로 Case를 나누어 ㉠ : $-5 < x < 2$와
$\boxed{ax} \ge a^2$의 공통범위에서 정수 x가 4개가 되는지
검토하자.

② a는 정수 ➔ 정수 조건은 특히나 잊지 않도록 주의하자.

생각 1 | $a > 0$인 경우를 살펴보자.

$a > 0$이면,
$\boxed{ax} \ge a^2$ ➔ $x \ge a$
이고, ㉠ : $-5 < x < 2$와 $x \ge a$의 공통범위는
$a = 1$인 경우에만 $1 \le x < 2$로 존재한다.
그런데, $1 \le x < 2$를 만족시키는 정수 x는
1개이므로, 조건①에 모순이다.

생각 2 | $a=0$인 경우를 살펴보자.

$a=0$이면,

$\underset{0\times x\,\geq\,0}{\boxed{ax}\geq a^2}$ ➜ 해는 모든 실수

이므로, ㉠ : $-5<x<2$와의 공통범위는

$-5<x<2$

이다. 그런데 이는 조건①을 만족시키지 못한다.

생각 3 | $a<0$인 경우를 살펴보자.

$a<0$이면,

$\boxed{ax}\geq a^2$ ➜ $x\leq a$

이고, ㉠ : $-5<x<2$와 $x\leq a$의 공통범위는

$a=-1,\,-2,\,-3,\,-4$일 때만 존재한다.

이때, $a=-1$인 경우에만

$-5<x<2$와 $x\leq -1$의 공통범위

➜ $-5<x\leq -1$ ➜ 정수 x는 4개

이므로 조건①을 만족하고,

나머지 $a=-2,\,-3,\,-4$인 경우에는 조건①에

모순이다.

$$\therefore\ a=-1$$

답 ② -1

403.

구하는 값 이차부등식 $bx^2+ax+1\leq 0$의 해

➜ $a,\,b$의 값을 알아야 한다.

조건 정리 $(ax^2+bx+3\geq 0$의 해$)$

$=(\,|2x+2|+\underset{=\,|2x-3|}{\boxed{|3-2x|}}\leq 5$의 해$)$

설계 부등식 $|2x+2|+|2x-3|\leq 5$를 풀어 $a,\,b$의 값을 구한 후, 이차부등식 $bx^2+ax+1\leq 0$의 해를 구하자.

생각 1 | $|2x+2|+|2x-3|\leq 5$**의 해를 구하자.**

$y=|2x+2|+|2x-3|$이 $y=5$와 만나거나 그보다 아래쪽에 있도록 하는 x의 범위를 구하면 된다.

이를 위해 먼저

• $y=|2x+2|+|2x-3|$의 그래프를 그리자.

Case 1 절댓값의 내부가 모두 양수일 때 ➜ $x\geq \dfrac{3}{2}$일 때

$y=\underset{=\,(2x+2)+(2x-3)}{|2x+2|+|2x-3|}=4x-1$

➜ $x\geq \dfrac{3}{2}$에서는 $y=4x-1$을 그리면 된다.

Case 2 절댓값의 내부가 모두 음수일 때 ➜ $x<-1$일 때

$y=\underset{=-(2x+2)-(2x-3)}{|2x+2|+|2x-3|}=-4x-1$

➜ $x<-1$에서는 $y=-4x+1$을 그리면 된다.

Case 3 절댓값의 내부가 하나는 0 이상, 나머지는 음수일 때

➜ $x\geq \dfrac{3}{2}$과 $x<-1$의 사이 범위일 때

➜ $-1\leq x<\dfrac{3}{2}$일 때 $y=\underset{=\,(2x+2)-(2x-3)}{|2x+2|+|2x-3|}=5$

➜ $-1\leq x<\dfrac{3}{2}$에서는 $y=5$를 그리면 된다.

구한 정보들을 바탕으로 $y=|2x+2|+|2x-3|$를 그리자.

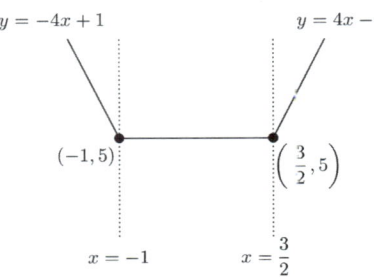

여기에 $y=5$를 그리면 다음과 같으므로,

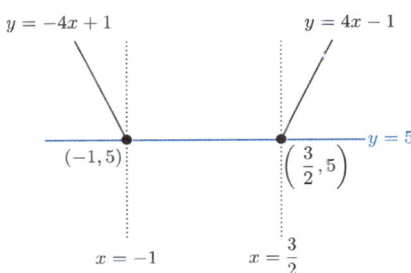

$-1\leq x\leq \dfrac{3}{2}$일 때 $y=|2x+2|+|2x-3|$이 $y=5$와 만나는 경우만이 존재한다.

➜ 구하는 부등식의 해는 $-1\leq x\leq \dfrac{3}{2}$임을 알 수 있다.

즉, 이차부등식 $ax^2+bx+3\geq 0$의 해는 $-1\leq x\leq \dfrac{3}{2}$

생각 2 | **부등식의 해의 경계를 방정식의 실근으로 해석하자.**

이차부등식 $ax^2+bx+3\geq 0$의 해는 $-1\leq x\leq \dfrac{3}{2}$

➜ 이차방정식 $ax^2+bx+3=0$의 실근이 $-1,\ \dfrac{3}{2}$

➜ 근과 계수의 관계를 적용하면

(두 근의 곱)$=\dfrac{3}{a}=(-1)\times \dfrac{3}{2}$ ➜ $\therefore\ a=-2$

(두 근의 합)$=-\dfrac{b}{a}=(-1)+\dfrac{3}{2}$ ➜ $\therefore\ b=1$

생각 3 | 이차부등식 $bx^2 + ax + 1 \le 0$의 해를 구하자.

$a = -2$, $b = 1$이므로

$$bx^2 + ax + 1 \le 0 \;\blacktriangleright\; \underbrace{x^2 - 2x + 1}_{= (x-1)^2} \le 0 \;\blacktriangleright\; \therefore\; x = 1$$

답 $x = 1$

404.

구하는 값 $m^2 + n^2$의 값

조건 정리 모든 실수 x에 대하여 부등식

$$\underbrace{-x^2 + 3x + 2 \le mx + n \le x^2 - x + 4}_{\to \begin{cases} x^2 + (m-3)x + (n-2) \ge 0 \cdots \text{㉠} \\ x^2 - (m+1)x + (4-n) \ge 0 \cdots \text{㉡} \end{cases}}$$ 가 성립한다.

설계 연립된 두 부등식이 모두 모든 실수 x에 대하여 항상 성립하도록 만들자.

생각 1 | ㉠과 ㉡이 모두 항상 성립하도록 만들자.

- ㉠ : $x^2 + (m-3)x + (n-2) \ge 0$이 항상 성립하려면,

$y = x^2 + (m-3)x + (n-2)$가 x축과 만나거나 그보다 위쪽에만 있어야 한다.

$\blacktriangleright$ $y = x^2 + (m-3)x + (n-2)$와 x축의 교점의 개수가 0 또는 1이어야 한다.

$\blacktriangleright$ 방정식 $x^2 + (m-3)x + (n-2) = 0$의 (판별식) ≤ 0이어야 한다.

$\blacktriangleright$ $D_1 = \underline{(m-3)^2 - 4(n-2) \le 0}$

- ㉡ : $x^2 - (m+1)x + (4-n) \ge 0$이 항상 성립하려면,

$y = x^2 - (m+1)x + (4-n)$이 x축과 만나거나 그보다 위쪽에만 있어야 한다.

$\blacktriangleright$ $y = x^2 - (m+1)x + (4-n)$과 x축의 교점의 개수가 0 또는 1이어야 한다.

$\blacktriangleright$ 방정식 $x^2 - (m+1)x + (4-n) = 0$의 (판별식) ≤ 0이어야 한다.

$\blacktriangleright$ $D_2 = \underline{(m+1)^2 - 4(4-n) \le 0}$

생각 2 | 구한 두 부등식을 $\boxed{4n}$을 중심으로 정리해보자.

- $(m-3)^2 - 4(n-2) \le 0 \;\blacktriangleright\; \boxed{4n} \ge m^2 - 6m + 17$
- $(m+1)^2 - 4(4-n) \le 0 \;\blacktriangleright\; \boxed{4n} \le -m^2 - 2m + 15$

정리한 두 부등식의 공통범위를 구해보면,

$$\underbrace{m^2 - 6m + 17 \le \boxed{4n} \le -m^2 - 2m + 15}_{m^2 - 6m + 17 \le -m^2 - 2m + 15}$$

이고, 이로부터 다음의 m에 관한 이차부등식을 얻을 수 있다.

$$m^2 - 6m + 17 \le -m^2 - 2m + 15$$

이를 정리하면,

$$\underbrace{m^2 - 2m + 1 \le 0}_{= (m-1)^2} \;\blacktriangleright\; \therefore\; m = 1$$

구한 $m = 1$을 다시

$m^2 - 6m + 17 \le \boxed{4n} \le -m^2 - 2m + 15$에 대입하면,

$$12 \le \boxed{4n} \le 12 \;\blacktriangleright\; \therefore\; n = 3$$

따라서,

$$\therefore\; m^2 + n^2 = 1^2 + 3^2 = 10$$

답 10

6 이차방정식과 이차함수의 추론

405.

구하는 값 실수 k의 최댓값

조건 정리 이차방정식 $x^2+(k+3)x+(k+6)=0$ 의
두 근이 모두 양수이다.

설계 이차방정식의 두 근의 부호에 관한 조건이 있으므로
① 판별식
② 근과 계수의 관계
를 이용하면 되겠다.

생각 1 | 판별식을 활용하자.

＊ 이차방정식의 두 근의 부호를 결정할 수 있으려면,
➔ 두 근이 모두 실수여야 한다.

＊ 이차방정식의 두 근이 서로 다르다는 조건이 없다.
➔ 이차방정식이 서로 같은 두 실근을 가져도 된다.

따라서 판별식 $D \geq 0$임을 알 수 있고, 이때 판별식
D를 구하면
$$D=(k+3)^2-4(k+6)=k^2+2k-15$$
이므로
$$D \geq 0 \ ➔ \ k^2+2k-15 \geq 0$$
$$➔ \ (k-3)(k+5) \geq 0$$
$$➔ \ k \geq 3 \ 또는 \ k \leq -5 \ \cdots \ ㉠$$

생각 2 | 근과 계수의 관계를 활용하여 두 실근의 합과 곱의 부호를 결정하자.

두 근이 모두 양수임에 따라
＊ (두 근의 합)$>0 \ ➔ \ -(k+3)>0 \ ➔ \ k<-3$
＊ (두 근의 곱)$>0 \ ➔ \ (k+6)>0 \ ➔ \ k>-6$
이므로 공통범위를 구하면
$$\therefore \ -6<k<-3 \ \cdots \ ㉡$$

생각 3 | 앞서 구한 부등식들의 공통범위를 구하자.

앞의 과정에서 구한 부등식들을 정리하면
㉠ $k \geq 3$ 또는 $k \leq -5$, ㉡ $-6<k<-3$
이므로 이들의 공통범위를 구하면
$$\therefore \ -6<k \leq -5$$
따라서 (k의 최댓값)$=-5$이다.

답 -5

406.

구하는 값 k의 값의 범위

조건 정리 이차방정식 $x^2-2(k-3)x+(k+3)=0$ 의
두 근의 부호가 서로 다르다.

설계 이차방정식의 두 근의 부호가 서로 다르므로
(두 실근의 곱)<0임을 이용하자. 그러면 판별식
$D>0$임이 자동으로 보장된다.

생각 1 | (두 실근의 곱)<0이 되도록 하는 k의 범위를 찾자.

이차방정식 $x^2-2(k-3)x+(k+3)=0$에 대하여
근과 계수의 관계를 활용하면
(두 실근의 곱)$=(k+3)<0 \ ➔ \ k<-3$

$$\therefore \ k<-3$$

답 $k<-3$

407.

구하는 값 k의 값의 범위

조건 정리 이차방정식 $x^2-(k^2-4k+3)x-3k+5=0$ 의 두
근의 부호가 서로 다르고, 음수인 근의 절댓값이
양수인 근보다 크다.

설계 ＊ 이차방정식의 두 근의 부호가 서로 다르다.
➔ (두 근의 곱)<0 ➔ (판별식)>0임이 보장됨.
＊ (음수인 근의 절댓값)$>$(양수인 근의 절댓값)
➔ (두 근의 합)<0
이 두 가지를 이용하자.

생각 1 | (두 근의 곱)<0임을 이용하자.

이차방정식 $x^2-(k^2-4k+3)x-3k+5=0$에
대하여 근과 계수의 관계를 활용하면
$$(두 근의 곱)=-3k+5<0 \ ➔ \ k>\frac{5}{3} \ \cdots \ ①$$

생각 2 | (두 근의 합)<0임을 이용하자.

이차방정식 $x^2-(k^2-4k+3)x-3k+5=0$에
대하여 근과 계수의 관계를 활용하면
$$(두 근의 합) \ ➔ \ (k^2-4k+3)<0$$
$$➔ \ (k-1)(k-3)<0$$
$$➔ \ 1<k<3 \ \cdots \ ②$$

생각 3 | 앞서 구한 부등식들의 공통범위를 구하자.

① $k > \dfrac{5}{3}$

② $1 < k < 3$

이므로 공통범위를 구하면,

$$\therefore \ \dfrac{5}{3} < k < 3$$

답 $\dfrac{5}{3} < k < 3$

408.

조건 정리 ① 이차함수 $f(x) = x^2 + ax + b$ 가 x 축에 접한다.

➡ $f(x)$ 가 x 축에 접하므로 방정식 $f(x) = 0$의 판별식 $D_1 = 0$ 이다.

➡ $D_1 = a^2 - 4b = 0 \ \cdots \ \text{㉠}$

② 두 함수 $y = f(x)$ 와 $y = g(x)$ 의 그래프가 제1사분면과 제2사분면에서 만나려면 두 교점의 x 좌표의 부호가 서로 반대여야 한다.

➡ 방정식 $f(x) - g(x) = 0$ 의 두 근의 부호가 다르다.

➡ 방정식 $2x^2 + (a-c)x + (b-d) = 0$ 의 두 근의 부호가 다르다. $\cdots \ \text{㉡}$

생각 1 | ㄱ. $a^2 - 4b = 0$의 참/거짓을 판단하자.

조건을 정리하며 $a^2 - 4b = 0$ 임을 구했으므로 ㄱ은 참이다.

생각 2 | ㄴ. $a^2 - 4d < 0$의 참/거짓을 판단하자.

㉡에 의해서, (두 근의 곱) < 0이므로 이차방정식 $2x^2 + (a-c)x + (b-d) = 0$ 에서

(두 근의 곱) ➡ $\dfrac{(b-d)}{2} < 0$ 이다.

따라서 $b < d$ 임을 알 수 있다. 또한

㉠ ➡ $a^2 = 4b$

이므로

$\underbrace{a^2 - 4d}_{= 4b - 4d} < 0 \ (\because \ b < d)$

이다. 따라서 ㄴ은 참이다.

생각 3 | ㄷ. $(a-c)^2 - 8(b-d) > 0$의 참/거짓을 판단하자.

이차방정식 $2x^2 + (a-c)x + (b-d) = 0$ 의 판별식을 구하면

$D_2 = (a-c)^2 - 8(b-d)$ 이므로

$D_2 > 0$ 의 참/거짓을 판단하면 되겠다.

이때, ㉡에 의해 이차방정식

$2x^2 + (a-c)x + (b-d) = 0$ 의

(두 근의 곱) < 0이므로 이 이차방정식에서 판별식 $D_2 > 0$ 임은 자동으로 보장된다.

따라서 ㄷ은 참임을 알 수 있다.

답 ⑤ ㄱ, ㄴ, ㄷ

409.

구하는 값 실수 a 의 값의 범위

조건 정리 이차방정식 $x^2 + 2ax + 3a + 4 = 0$ 의 두 근이 모두 -1 보다 작다.

설계 $f(x) = x^2 + 2ax + 3a + 4$ 라 하고, 그래프의 관점에서 조건을 해석하면

＊ 이차함수 $f(x)$ 의 x 절편이 모두 -1 보다 작다.

＊ 이차방정식 $f(x) = 0$ 의 두 근이 다르다는 조건이 없다.

➡ 이차함수 $f(x)$ 가 x 축과 1개의 교점을 가져도 된다.

따라서 '목표 그래프'는 다음의 2가지가 되어야 한다.

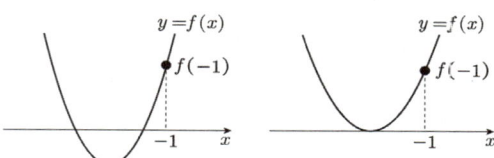

'목표 그래프'가 반드시 그려지도록 조건식을 작성하고 조건들을 만족하는 a 의 값의 공통범위를 찾아보자.

생각 1 | 경계의 함숫값인 $f(-1)$ 에 주목하자.

'목표 그래프'가 그려지려면, $f(x)$ 의 $x = -1$에서의 함숫값이 x 축보다 위에 있어야 하므로 $f(-1) > 0$ 이어야 한다.

$f(-1) = 1 - 2a + 3a + 4 > 0 \ \Rightarrow \ a > -5 \ \cdots \ \text{①}$

이때, $f(-1) > 0$ 이지만 아래와 같이 이차함수 $f(x)$ 와 x 축의 교점이 없어서 '목표 그래프'가 아닌 상황이 나올 수 있다.

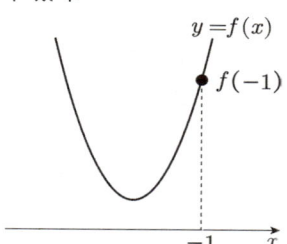

따라서 판별식을 통해서 이러한 상황이 나오지 않도록 해야 한다.

생각 2 | **판별식을 고려하자.**

'목표 그래프'를 살펴보면, 이차함수 $f(x)$ 가 x 축과 두 점 또는 한 점에서 만나야 한다. 따라서 방정식 $f(x)=0$ 의 판별식 $D \geq 0$ 이어야 한다.

$(f(x)=x^2+2ax+3a+4=0$ 의 판별식$) \geq 0$

➜ $\dfrac{D}{4}=a^2-(3a+4) \geq 0$

➜ $a^2-3a-4 \geq 0$

➜ $(a-4)(a+1) \geq 0$

➜ $a \leq -1$ 또는 $a \geq 4$ ··· ②

이때, $f(-1)>0$ 이고 $D \geq 0$ 이면서 '목표 그래프'가 아닌 다음과 같은 상황이 나올 수 있다.

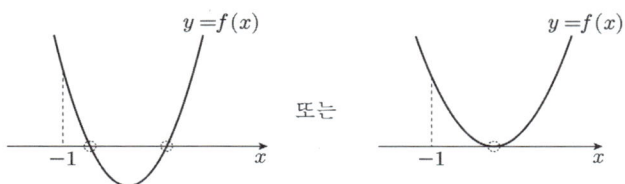

따라서 이러한 상황을 배제시키기 위해 대칭축의 위치까지 고려해야 한다.

생각 3 | **대칭축의 위치를 고려하자.**

대칭축이 -1 보다 작으면 '목표 그래프'가 만들어진다.

(함수 $y=f(x)$ 의 대칭축)$=-\dfrac{2a}{2}=-a$

이므로

$-a < -1$ ➜ $a > 1$ ··· ③

생각 4 | **구한 부등식들의 공통범위를 구하자.**

앞에서 구한 부등식을 정리하면,

① $a > -5$

② $a \leq -1$ 또는 $a \geq 4$

③ $a > 1$

이고, 이 부등식들의 공통범위를 구하면 $a \geq 4$ 이다.

답 $a \geq 4$

410.

구하는 값 실수 a 의 값의 범위

조건 정리 이차방정식 $x^2+2ax-a^2+7=0$ 의 두 근 사이에 -1 이 있다.

설계 $f(x)=x^2+2ax-a^2+7$ 이라 하고, 주어진 조건을 그래프의 관점에서 해석하면 다음과 같은 사실을 알 수 있다.

＊ 이차함수 $f(x)$ 의 두 x 절편 사이에 -1 이 있다. 따라서 목표 그래프는 다음의 경우이다.

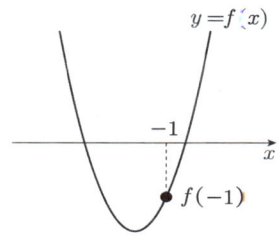

이제 '목표 그래프'가 반드시 그려지도록 조건식을 작성하고, 조건식들을 만족하는 a 의 값의 공통범위를 찾아보자.

생각 1 | **경계의 함숫값인 $f(-1)$ 에 주목하자.**

'목표 그래프'가 그려지려면, $f(x)$ 의 $x=-1$ 에서의 함숫값이 x 축보다 아래에 있어야 하므로 $f(-1)<0$ 이어야 한다.

즉, $f(-1)=1-2a-a^2+7<0$

➜ $a^2+2a-8>0$

➜ $(a-2)(a+4)>0$

➜ $a<-4$ 또는 $a>2$

이어야 함을 알 수 있다.

이때, $f(-1)<0$ 이기만 하면 반드시 목표 그래프가 그려진다.

$\therefore$ (a 의 값의 범위) ➜ $a<-4$ 또는 $a>2$

답 $a<-4$ 또는 $a>2$

411.

구하는 값 실수 k 의 값의 범위

조건 정리 $x^2+2(k-1)x-k+3=0$ 의 두 근이 모두 이차방정식 $x^2-3x=0$ 의 두 근 사이에 있다.

설계 이차방정식 $x^2-3x=0$ 의 근을 먼저 구하면

$x(x-3)=0$ ➜ $x=0$ 또는 $x=3$ 이다.

$f(x)=x^2+2(k-1)x-k+3$ 이라 하고, 주어진 조건을 그래프의 관점에서 해석하면 다음과 같은 사실을 알 수 있다.

• 이차방정식 $f(x)=0$ 의 두 근이 모두 0과 3 사이에 있다.

➜ 이차함수 $y=f(x)$ 의 두 x 절편이 모두 0과 3 사이에 있다.

• 이차방정식 $f(x)=0$ 의 두 근이 서로 다르다는 조건이 없으므로 중근을 가져도 상관없다.

이를 고려한 목표 그래프는 다음과 같다.

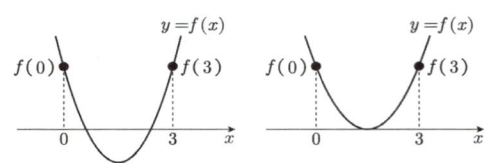

이제 '목표 그래프'가 반드시 그려지도록
① 경계에서의 함숫값
② 판별식
③ 대칭축의 위치
를 차례대로 고려해보자.

생각 1 | **경계에서의 함숫값인 $f(0)$ 와 $f(3)$ 에 주목하자.**

그림을 통해 $f(0) > 0$ 이고 $f(3) > 0$ 이어야 함을 알 수 있다.
따라서

$f(0) = -k + 3 > 0$ ➜ $k < 3$

$f(3) = 9 + 6(k-1) - k + 3 > 0$

➜ $5k + 6 > 0$ ➜ $k > -\dfrac{6}{5}$

이므로 공통범위는 $-\dfrac{6}{5} < k < 3$ ⋯ ①

이때, 아래와 같이 $f(0) > 0$, $f(3) > 0$ 이지만,
이차함수 $f(x)$ 와 x 축의 교점이 없는 경우, '목표
그래프'가 도출되지 않을 수 있으므로 판별식도
고려해야겠다.

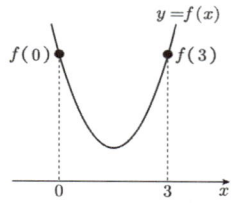

생각 2 | **판별식을 고려하자.**

'목표 그래프'를 살펴보면, 이차함수 $f(x)$ 가
x 축과 두 점 또는 한 점에서 만나야 한다.

따라서 방정식 $f(x) = 0$ 의 판별식 $D \geq 0$ 이어야
한다. 즉,

($f(x) = x^2 + 2(k-1)x - k + 3 = 0$ 의 판별식) ≥ 0

➜ $\dfrac{D}{4} = (k-1)^2 - (-k+3) \geq 0$

➜ $k^2 - k - 2 \geq 0$

➜ $(k+1)(k-2) \geq 0$ ➜ $k \leq -1$ 또는 $k \geq 2$ ⋯ ②

이때, $f(0) > 0$, $f(3) > 0$ 이고 $D \geq 0$ 이지만
'목표 그래프'가 아닌 다음과 같은 상황이 나올 수 있다.

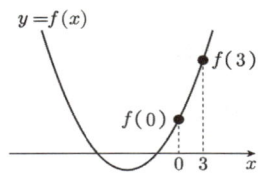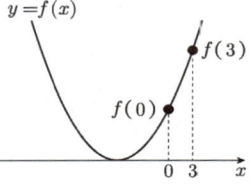

따라서 이러한 상황을 배제하기 위해 대칭축의
위치까지 고려해야 한다.

생각 3 | **대칭축의 위치를 고려하자.**

대칭축이 0 과 3 사이에 위치하면 '목표 그래프'가
만들어진다. 따라서
(함수 $y = f(x)$ 의 대칭축)

$= \dfrac{-2(k-1)}{2} = 1 - k$

이므로
$0 < 1 - k < 3$ ➜ $-2 < k < 1$ ⋯ ③

생각 4 | **구한 부등식들의 공통범위를 구하자.**

앞에서 구한 부등식을 정리하면,

① $-\dfrac{6}{5} < k < 3$

② $k \leq -1$ 또는 $k \geq 2$

③ $-2 < k < 1$

이므로 이들의 공통범위를 구하면 ∴ $-\dfrac{6}{5} < k \leq -1$

답 $-\dfrac{6}{5} < k \leq -1$

412.

구하는 값 실수 a 의 값의 범위

조건 정리 $f(x) = x^2 + ax - 8$ 라 하면,
이차방정식 $f(x) = 0$ 의 두 근 중에서 한 근만
이차방정식 $x^2 - 5x + 6 = 0$ 의 두 근 사이에 있다.

설계 이차방정식 $x^2 - 5x + 6 = 0$

➜ $(x-2)(x-3) = 0$

➜ 두 근은 $x = 2$ 또는 $x = 3$

이를 바탕으로 조건을 정리하고, 그래프의 관점에서
해석하면 다음과 같다.

* 이차방정식 $f(x) = 0$ 의 한 근만이 2 와 3 사이에 있다.

➜ 이차함수 $y = f(x)$ 의 한 x 절편만이 2 와 3 사이에 있다.

이를 고려한 목표 그래프는 다음과 같다.

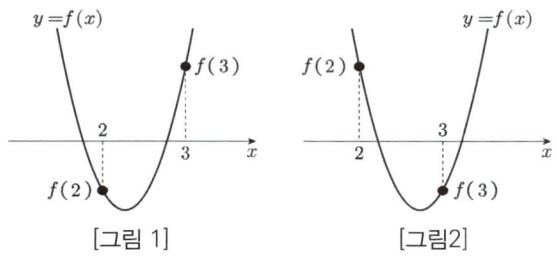

[그림 1]　　　　[그림2]

이때, 방정식 $f(x)=0$ 에서 근과 계수의 관계를 사용하면,
두 근의 곱은 -8 (음수) $\cdots$ ($\bigstar$)
이므로 방정식 $f(x)=0$ 의 두 근이 모두 양수임을 나타내는
[그림2]는 조건에 모순이다.
($\because$ 양수와 양수를 곱해서 음수가 될 수 없다.)

따라서 [그림1]과 같은 '목표 그래프'가 반드시 그려지도록
① 경계에서의 함숫값
② 판별식
③ 대칭축의 위치
를 고려해보자.

생각 1 | **경계에서의 함숫값인 $f(2)$ 와 $f(3)$ 에 주목하자.**

'목표 그래프'를 통해 $f(2)<0$ 이고 $f(3)>0$ 이어야
함을 알 수 있으므로
$$f(2)=4+2a-8<0 \rightarrow a<2$$
$$f(3)=9+3a-8>0 \rightarrow a>-\frac{1}{3}$$

이고, 이 둘의 공통범위는 $-\frac{1}{3}<a<2$ 이다.

이때, ($\bigstar$) $\rightarrow$ (두 근의 곱) <0 에서 $D>0$ 임이
보장되므로 판별식은 고려하지 않아도 된다.

또한, $f(2)<0$ 이고 $f(3)>0$ 이기만 하면 '목표
그래프'가 반드시 그려지므로 대칭축의 위치도
고려하지 않아도 된다.

$\therefore$ (실수 a 의 값의 범위) $\rightarrow -\frac{1}{3}<a<2$

답 $-\frac{1}{3}<a<2$

413.

구하는 값 실수 a 의 값의 범위

조건 정리 $x \geq 0$ 인 모든 실수 x 에 대하여 $f(x) \geq 0$

$\rightarrow x \geq 0$ 에서 $x^2+2ax-2a+1 \geq 0$ 이 항상
성립한다.

설계 x 의 범위가 제한되었으므로 판별식은 적용할 수 없다.
따라서
① 경계에서의 함숫값
② 대칭축의 위치
를 고려하여 조건식을 작성하자.

이때, a 의 부호에 따라 $f(x)$ 의 대칭축($x=-a$)이 y축의 오른쪽에
있을지, 왼쪽에 있을지가 달라지므로

(i) $a \geq 0$ 인 경우, (ii) $a<0$ 인 경우
로 나누어 각 경우에서 $x \geq 0$ 에서 $f(x)$ 의 그래프가 어떻게
그려져야 하는지 살펴보자.

생각 1 | **(i) $a \geq 0$ 인 경우**

$a \geq 0$ 인 경우 대칭축은 y 축의 왼쪽에 위치한다.

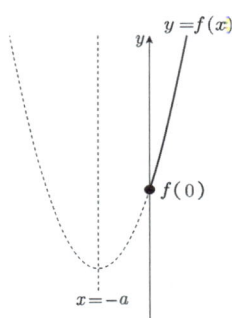

이 경우, $x=0$ 에서의 함숫값 $f(0)$ 이 x 축과 만나거나
그보다 위쪽에 있는 경우, 즉, $f(0) \geq 0$ 이면 $x \geq 0$ 인
모든 x 에 대해서 $f(x) \geq 0$ 이다.
따라서
$$f(0)=-2a+1 \geq 0 \rightarrow a \leq \frac{1}{2}$$

이고, $a \leq \frac{1}{2}$ 과 가정한 범위인 $a \geq 0$ 과의
공통범위를 구하면,
$$0 \leq a \leq \frac{1}{2} \cdots ①$$

$a < 0$ 인 경우 대칭축은 y 축 오른쪽에 위치한다.

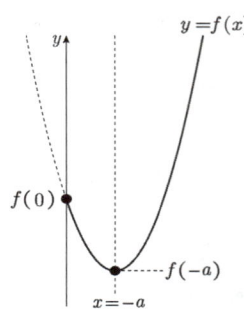

이때, $x \geq 0$ 에서 $f(x) \geq 0$ 이도록 만들기 위해서는 최솟값인 $f(-a)$ 의 값을 고려해야 한다.

$f(-a) \geq 0$ 이면 $x \geq 0$ 에서 $f(x) \geq 0$ 이므로

$f(-a) = a^2 - 2a^2 - 2a + 1 \geq 0$

➜ $a^2 + 2a - 1 \leq 0$

➜ $-1 - \sqrt{2} \leq a \leq -1 + \sqrt{2}$

이고, $-1 - \sqrt{2} \leq a \leq -1 + \sqrt{2}$ 와 가정한 범위인 $a < 0$ 과의 공통범위를 구하면

$-1 - \sqrt{2} \leq a < 0$ 이다. ⋯ ②

생각 3 | 서로 다른 Case인 (i), (ii)에서 구한 a의 값의 범위는 모두 최종적인 정답으로 인정한다.

① $0 \leq a \leq \dfrac{1}{2}$

② $-1 - \sqrt{2} \leq a < 0$

이므로, 이 둘을 하나의 범위로 합치면

$$\therefore \ -1 - \sqrt{2} \leq a \leq \dfrac{1}{2}$$

답 $-1 - \sqrt{2} \leq a \leq \dfrac{1}{2}$

414.

구하는 값 a 의 범위

조건 정리 ① $f(x) = -x^2 - 2ax - b$

(가): $f(-1) = 0$

➜ $f(-1) = -1 + 2a - b = 0$ ➜ $2a - b = 1$ ⋯ ㉠

(나): $-1 \leq x \leq 0$ 인 모든 실수 x 에 대하여

$f(x) \geq 0$

설계 x 의 범위가 제한되었으므로 판별식을 적용할 수 없다.

따라서

① 경계에서의 함숫값

② 대칭축의 위치

를 고려하여 조건식을 작성하자.

이때, a 의 부호에 따라 $f(x)$ 의 대칭축($x = -a$)이 y축의 오른쪽에 있을지, 왼쪽에 있을지가 결정된다. 따라서

(i) $a \geq 0$ 인 경우

(ii) $a < 0$ 인 경우

로 나누어, 각 경우 (나) 조건을 만족하려면 $-1 \leq x \leq 0$ 에서 $f(x)$ 의 그래프가 어떻게 그려져야 하는지 살펴보자.

생각 1 | (i) $a \geq 0$ 인 경우

대칭축 $x = -a$ 가 y 축 왼쪽에 위치하고, (가), (나) 조건을 만족하려면 $f(x)$ 의 그래프는 다음과 같이 그려져야 한다.

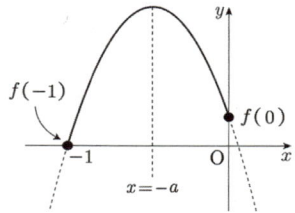

즉, $f(0) \geq 0$ 이어야 한다. 따라서

$f(0) \geq 0$ ➜ $f(0) = -b \geq 0$ ➜ $b \leq 0$

또한, ㉠에 의해

$2a - 1 = b \leq 0$ ➜ $a \leq \dfrac{1}{2}$

이므로 $a \geq 0$ 인 경우 a 의 값의 범위는

$0 \leq a \leq \dfrac{1}{2}$ 이다.

$$\therefore \ 0 \leq a \leq \dfrac{1}{2} \ \cdots \ ①$$

생각 2 | (ii) $a < 0$ 인 경우

$a < 0$ 인 경우, 대칭축이 y 축의 오른쪽에 있고, (가), (나) 조건을 만족하려면 그래프가 다음과 같이 그려져야 한다.

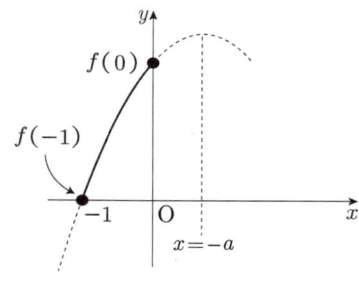

이때, 대칭축이 y 축의 오른쪽에 있기만 하면 그래프가 반드시 위와 같이 그려질 수밖에 없으므로, $a < 0$ 인 경우, $a < 0$ 인 모든 실수 a 가 조건을 만족한다.

$$\therefore \ a < 0 \ \cdots \ ②$$

생각 3 | 서로 다른 Case인 (i), (ii)에서 구한 a의 범위는 모두
최종적인 정답으로 인정한다.

① $\boxed{0 \le a \le \dfrac{1}{2}}$

② $a \boxed{< 0}$

이 두 a의 범위 모두 조건을 만족시키므로, 두 범위를
합치면

$$\therefore\ a \le \frac{1}{2}$$

답 $a \le \dfrac{1}{2}$

7 여러가지 방정식

| 7-1. 고차방정식

415.

(1) $x^3+8=0$ ➡ $(x+2)(x^2-2x+4)=0$

➡ $x+2=0$ 또는 $x^2-2x+4=0$

➡ $\therefore\ x=-2$ 또는 $x=1\pm\sqrt{3}\,i$

(2) $x^3+5x^2+4x=0$ ➡ $x(x^2+5x+4)=0$

➡ $x(x+1)(x+4)=0$

➡ $\therefore\ x=0$ 또는 $x=-1$ 또는 $x=-4$

(3) $x^2-3x^2+3x-1=0$

➡ 인수분해 공식을 이용하면

$$(x-1)^3=0$$

➡ $\therefore\ x=1$

(4) $x^3+6x^2+12x+8=0$

➡ 인수분해 공식을 이용하면

$$(x+2)^3=0$$

➡ $\therefore\ x=-2$

(5) $2x^3-x^2+2x-1=0$

➡ $x=\dfrac{1}{2}$ 을 대입하면 성립하므로, 조립제법을 이용하여

인수분해하면

➡ $\left(x-\dfrac{1}{2}\right)(2x^2+2)=0$

➡ $x-\dfrac{1}{2}=0$ 또는 $2x^2+2=0$

➡ $\therefore\ x=\dfrac{1}{2}$ 또는 $x=\pm i$

(6) $x^3-2x^2-2x+1=0$

➡ $x=-1$을 대입하면 성립하므로, 조립제법을 이용하여

인수분해하면

➡ $(x+1)(x^2-3x+1)=0$

➡ $x+1=0$ 또는 $x^2-3x+1=0$

➡ $\therefore\ x=-1$ 또는 $x=\dfrac{3\pm\sqrt{5}}{2}$

(7) $x^3-2x^2-5x+6=0$

➡ $x=1$을 대입하면 성립하므로, 조립제법을 이용하여

인수분해하면

➡ $(x-1)(x^2-x-6)=0$

➡ $(x-1)(x-3)(x+2)=0$

➡ $\therefore\ x=1$ 또는 $x=3$ 또는 $x=-2$

(8) $x^4-6x^3+9x^2+4x-12=0$

➡ $x=3$을 대입하면 성립하므로, 조립제법을 이용하여

인수분해하면

➡ $(x-3)(x^3-3x^2+4)=0\ \cdots\ (\bigstar)$

이때, x^3-3x^2+4에 $x=2$를 대입하면 그 값이 0이 되므로

조립제법을 한 번 더 사용하여 x^3-3x^2+4를 인수분해하면

$$x^3-3x^2+4=(x-2)(x^2-x-2)=(x-2)^2(x+1)$$

따라서, $(\bigstar):(x-3)\underbrace{(x^3-3x^2+4)}_{(x-2)^2(x+1)}=0$

➡ $\therefore\ x=3$ 또는 $x=2$ 또는 $x=-1$

(9) $x^4-x^3-x^2-x-2=0$

➡ $x=-1$을 대입하면 성립하므로, 조립제법을 이용하여

인수분해하면

➡ $(x+1)(x^3-2x^2+x-2)=0\ \cdots\ (\bigstar)$

이때, x^3-2x^2+x-2에 $x=2$를 대입하면 그 값이 0이

되므로 조립제법을 한 번 더 사용하여 x^3-2x^2+x-2를

인수분해하면

$$x^3-2x^2+x-2=(x-2)(x^2+1)$$

따라서, $(\bigstar):(x+1)(x^3-2x^2+x-2)=0$

➡ $(x+1)(x-2)(x^2+1)=0$

➡ $\therefore\ x=-1$ 또는 $x=2$ 또는 $x=\pm i$

(10) $x^4+x^3-x^2-7x-6=0$

➡ $x=-1$을 대입하면 성립하므로,

조립제법을 이용하여 인수분해하면

➡ $(x+1)(x^3-x-6)=0\ \cdots\ (\bigstar)$

이때, x^3-x-6에 $x=2$를 대입하면 그 값이 0이 되므로

조립제법을 한 번 더 사용하여 x^3-x-6을 인수분해하면

$$x^3-x-6=(x-2)(x^2+2x+3)$$

따라서, $(\bigstar):(x+1)(x^3-x-6)=0$

➡ $(x+1)(x-2)(x^2+2x+3)=0$

➡ $x+1=0$ 또는 $x-2=0$ 또는 $x^2+2x+3=0$

➡ $\therefore\ x=-1$ 또는 $x=2$ 또는 $x=-1\pm\sqrt{2}\,i$

416.

$(x^2+2x)^2-(x^2+2x)=0$

➜ 공통인수 x^2+2x로 식을 묶으면

➜ $(x^2+2x)(x^2+2x-1)=0$

➜ $x(x+2)(x^2+2x-1)=0$

➜ $\therefore x=0$ 또는 $x=-2$ 또는 $x=-1\pm\sqrt{2}$

답 $x=0$ 또는 $x=-2$ 또는 $x=-1\pm\sqrt{2}$

417.

설계 근은 방정식에 대입할 수 있다.

$x=-1$을 방정식 $x^3+x^2+kx-3=0$에 대입하면

➜ $k=-3$임을 알 수 있다.

즉, $x^3+x^2+kx-3=x^3+x^2-3x-3$이므로
방정식 $x^3+x^2-3x-3=0$의 근을 구하자.

방정식 $x^3+x^2-3x-3=0$에 $x=-1$을 대입하면 성립하므로,
조립제법을 이용하여 인수분해하면

➜ $(x+1)(x^2-3)=0$ ➜ $x=-1$ 또는 $x=\pm\sqrt{3}$

답 $x=\pm\sqrt{3}$

418.

구하는 값 방정식 $x^4-6x^2+1=0$ 의 모든 근의 곱
➜ 근과 계수의 관계를 이용할 수도 있겠다.

설계 $x^4-6x^2+1=0$ 은 $x^2=X$로 치환해도 인수분해가
되지 않는다.
➜ x^4과 $+1$을 포함하는 완전제곱식을 만들면 합차
제곱차 공식을 이용하여 인수분해 가능할 것이다.

생각 1 | x^4과 $+1$을 포함하는 완전제곱식을 떠올리자.

x^4과 $+1$을 포함하는 완전제곱식으로
$x^4-2x^2+1=(x^2-1)^2$
정도를 떠올릴 수 있다. 이를 중심으로 식을 조작하자.

$x^4-6x^2+1=0$

➜ $(x^4-2x^2+1)-4x^2=0$

➜ $(x^2-1)^2-(2x)^2=0$

➜ 합차제곱차 공식을 이용하면

➜ $(x^2-1-2x)(x^2-1+2x)=0$

➜ $x^2-2x-1=0$ 또는 $x^2+2x-1=0$

생각 2 | 구하는 값이 모든 근의 곱이다.

➜ 근과 계수의 관계를 이용하자.
근과 계수의 관계를 이용하면
$x^2-2x-1=0$의 두 근의 곱 ➜ -1
$x^2+2x-1=0$의 두 근의 곱 ➜ -1

$\therefore$ 모든 근의 곱을 구하면 $(-1)\times(-1)=1$

답 1

419.

구하는 값 방정식 $x^4+6x^3-5x^2+6x+1=0$의 모든 근의 합
➜ 근과 계수의 관계를 이용할 수도 있겠다.

설계 계수가 대칭인 사차방정식이므로
① 양변을 x^2으로 나누고,
② $x+\dfrac{1}{x}=X$로 치환하자.

생각 1 | 양변을 x^2으로 나누자.

$x^4+6x^3-5x^2+6x+1=0$

➜ $x^2+6x-5+\dfrac{6}{x}+\dfrac{1}{x^2}=0$

생각 2 | $x+\dfrac{1}{x}=X$로 치환하자.

$x+\dfrac{1}{x}=X$로 치환하기 위하여

$x+\dfrac{1}{x}$가 최대한 드러나도록 식을 조작하자.

$x^2+6x-5+\dfrac{6}{x}+\dfrac{1}{x^2}=0$

➜ $\left(x^2+\dfrac{1}{x^2}\right)+6\left(x+\dfrac{1}{x}\right)-5=0$

➜ $\left(x+\dfrac{1}{x}\right)^2+6\left(x+\dfrac{1}{x}\right)-7=0$

여기서 $x+\dfrac{1}{x}=X$로 치환하면,

$X^2+6X-7=0$

➜ $(X+7)(X-1)=0$ ➜ $X=-7$ 또는 $X=1$

다시 X를 $x+\dfrac{1}{x}$로 바꾸면,

$x+\dfrac{1}{x}=-7$ 또는 $x+\dfrac{1}{x}=1$

➜ $x^2+7x+1=0$ 또는 $x^2-x+1=0$

생각 3 | 구하는 값이 모든 근의 합이다.

→ 근과 계수의 관계를 이용하자.
근과 계수의 관계를 이용하면

$x^2+7x+1=0$의 두 근의 합 → -7

$x^2-x+1=0$의 두 근의 합 → 1

∴ 모든 근의 합을 구하면 $(-7)+1=-6$

답 -6

420.

구하는 값 $|\alpha-\beta|$의 값

→ α, β의 값을 각각 구하거나,
$(\alpha-\beta)^2=(\alpha+\beta)^2-4\alpha\beta$임을 이용할 수도 있겠다.

조건 정리 ① 1, α, β는
$x^3+(k+1)x^2+(4k-3)x+k+7=0$의 근이다.
→ 대입해도 성립한다.
② 1, α, β는 서로 다르다.

설계 우선 $x=1$을 주어진 방정식에 대입하여 k의 값을 구하고, 조립제법을 사용하여 인수분해하자.

생각 1 | $x=1$을 주어진 방정식에 대입하여 k의 값을 구하자.

$x=1$을 방정식
$x^3+(k+1)x^2+(4k-3)x+k+7=0$에 대입하면
$k=-1$임을 알 수 있다.
$x^3+(k+1)x^2+(4k-3)x+k+7=0$
→ $x^3-7x+6=0$

생각 2 | 조립제법을 사용하여 인수분해하자.

$x=1$이 $x^3-7x+6=0$의 근임을 알고 있으므로,
$x=1$을 기준으로 조립제법을 사용하여 인수분해하면
$x^3-7x+6=0$
→ $(x-1)(x^2+x-6)=0$
→ $(x-1)(x+3)(x-2)=0$
→ $x=1$ 또는 $x=-3$ 또는 $x=2$
즉, $\alpha=-3$, $\beta=2$ 또는 $\alpha=2$, $\beta=-3$이고,
두 경우 모두 $|\alpha-\beta|=5$이다.

답 5

421.

구하는 값 $a+b$의 값

조건 정리 ① $x^4-x^3+ax^2+x+6=0$의 한 근이 -2
→ $x=-2$를 대입해도 성립한다.
→ $x=-2$를 대입하면 $a=-7$임을 알 수 있다.
$x^4-x^3+ax^2+x+6=0$
→ $x^4-x^3-7x^2+x+6=0$
② 네 실근 중 가장 큰 것이 b이다.

설계 $x^4-x^3-7x^2+x+6=0$을 인수분해하여 b를 구하자.

$x=-2$가 $x^4-x^3-7x^2+x+6=0$의 근임을 알고 있으므로,
$x=-2$를 기준으로 조립제법을 사용하여 인수분해하면
$x^4-x^3-7x^2+x+6=0$
→ $(x+2)(x^3-3x^2-x+3)=0$ ⋯ (★)
이때, x^3-3x^2-x+3에 $x=1$을 대입하면 그 값이 0이 되므로
조립제법을 한 번 더 사용하여 x^3-3x^2-x+3을 인수분해하면
x^3-3x^2-x+3
$=(x-1)(x^2-2x-3)$
$=(x-1)(x-3)(x+1)$

따라서, (★) : $(x+2)(x^3-3x^2-x+3)=0$
→ $(x+2)(x-1)(x-3)(x+1)=0$
→ ∴ 가장 큰 근은 3이므로 $b=3$
즉, $a+b=(-7)+3=-4$

답 -4

422.

구하는 값 $x^4+ax^2+b=0$의 네 근의 곱
→ 근과 계수의 관계를 이용할 수도 있겠다.

조건 정리 x^4+ax^2+b가 $(x-1)(x+\sqrt{2})$로 나누어떨어진다.
→ $x^4+ax^2+b=(x-1)(x+\sqrt{2})$ [ ] 꼴로 표현된다.
→ $x=1$을 대입하면 $a+b=-1$임을 알 수 있고,
$x=-\sqrt{2}$를 대입하면 $2a+b=-4$임을 알 수 있다.
→ 얻은 두 식을 연립하면 $a=-3$, $b=2$임을 알 수 있다.
즉, $x^4+ax^2+b=0$ → $x^4-3x^2+2=0$

설계 $x^4 - 3x^2 + 2 = 0$에서 $x^2 = X$로 치환하자.

$x^4 - 3x^2 + 2 = 0$ ➔ $X^2 - 3X + 2 = 0$
➔ $(X-1)(X-2) = 0$
➔ $X = 1$ 또는 $X = 2$
➔ $x^2 = 1$ 또는 $x^2 = 2$
➔ $x = \pm 1$ 또는 $x = \pm \sqrt{2}$

∴ 네 근의 곱을 구하면 $1 \times (-1) \times \sqrt{2} \times (-\sqrt{2}) = 2$

답 2

423.

조건 정리 $x^3 - 2x^2 - 6x + 4 = 0$의 세 근이 α, β, γ

➔ ① 근과 계수의 관계를 적용하면
$\alpha + \beta + \gamma = 2$, $\alpha\beta + \beta\gamma + \gamma\alpha = -6$, $\alpha\beta\gamma = -4$
임을 알 수 있다.
② $x^3 - 2x^2 - 6x + 4 = (x-\alpha)(x-\beta)(x-\gamma)$로
표현할 수 있다.

(1)

$\dfrac{1}{\alpha} + \dfrac{1}{\beta} + \dfrac{1}{\gamma}$ ➔ 분모를 $\alpha\beta\gamma$로 통분하자.

$\dfrac{1}{\alpha} + \dfrac{1}{\beta} + \dfrac{1}{\gamma} = \dfrac{\alpha\beta + \beta\gamma + \gamma\alpha}{\alpha\beta\gamma} = \dfrac{-6}{-4} = \dfrac{3}{2}$

(2)

$\dfrac{1}{\alpha\beta} + \dfrac{1}{\beta\gamma} + \dfrac{1}{\gamma\alpha}$

➔ $\alpha\beta\gamma = -4$이므로 $\dfrac{1}{\alpha\beta} = -\dfrac{\gamma}{4}$와 같이 표현할 수 있다.

따라서 $\dfrac{1}{\alpha\beta} + \dfrac{1}{\beta\gamma} + \dfrac{1}{\gamma\alpha}$

$= -\dfrac{\gamma}{4} - \dfrac{\alpha}{4} - \dfrac{\beta}{4} = -\dfrac{(\alpha+\beta+\gamma)}{4} = -\dfrac{2}{4} = -\dfrac{1}{2}$

(3)

$\alpha^2 + \beta^2 + \gamma^2$ ➔ 공식을 이용하자.

$\alpha^2 + \beta^2 + \gamma^2$
$= (\alpha+\beta+\gamma)^2 - 2(\alpha\beta + \beta\gamma + \gamma\alpha) = 2^2 - 2 \times (-6) = 16$

(4)

$\alpha^3 + \beta^3 + \gamma^3$ ➔ 공식을 이용하자.

$\alpha^3 + \beta^3 + \gamma^3$
$= (\alpha+\beta+\gamma)\{\alpha^2 + \beta^2 + \gamma^2 - (\alpha\beta + \beta\gamma + \gamma\alpha)\} + 3\alpha\beta\gamma$
$= (\alpha+\beta+\gamma)\{(\alpha+\beta+\gamma)^2 - 3(\alpha\beta + \beta\gamma + \gamma\alpha)\} + 3\alpha\beta\gamma$
$= 2 \times \{2^2 - 3 \times (-6)\} + 3 \times (-4) = 32$

(5)

$(\alpha+1)(\beta+1)(\gamma+1)$ ➔ Sol 1 공식을 이용하여 전개하자.
$(\alpha+1)(\beta+1)(\gamma+1)$
$= \alpha\beta\gamma + (\alpha\beta + \beta\gamma + \gamma\alpha)1 + (\alpha + \beta + \gamma)1^2 + 1^3$
$= (-4) + (-6) + 2 + 1 = -7$

Sol 2 $x^3 - 2x^2 - 6x + 4 = (x-\alpha)(x-\beta)(x-\gamma)$ 임을
이용하자.

구하는 값인 $(\alpha+1)(\beta+1)(\gamma+1)$와 비슷한 모양을
만들기 위해 위 식의 양변에 $x = -1$을 대입하면
$7 = (-1-\alpha)(-1-\beta)(-1-\gamma)$
$= (-1)(1+\alpha)(-1)(1+\beta)(-1)(1+\gamma)$
$= -(\alpha+1)(\beta+1)(\gamma+1)$
➔ ∴ $(\alpha+1)(\beta+1)(\gamma+1) = -7$

(6)

$(\alpha+\beta)(\beta+\gamma)(\gamma+\alpha)$ ➔ $\alpha + \beta + \gamma = 2$임을 이용하면
$\alpha + \beta = 2 - \gamma$와 같이 표현할 수 있다.
$\alpha + \beta = 2 - \gamma$, $\beta + \gamma = 2 - \alpha$, $\gamma + \alpha = 2 - \beta$이므로
$(\alpha+\beta)(\beta+\gamma)(\gamma+\alpha) = (2-\gamma)(2-\alpha)(2-\beta)$

Sol 1 공식을 이용하여 전개하자.
$(2-\gamma)(2-\alpha)(2-\beta)$
$= 2^3 - (\alpha+\beta+\gamma)2^2 + (\alpha\beta + \beta\gamma + \gamma\alpha)2 - \alpha\beta\gamma$
$= -8$

Sol 2 $x^3 - 2x^2 - 6x + 4 = (x-\alpha)(x-\beta)(x-\gamma)$ 임을
이용하자.

구하는 값인 $(2-\gamma)(2-\alpha)(2-\beta)$와 비슷한 모양을
만들기 위해 위 식의 양변에 $x = 2$를 대입하면
∴ $-8 = (2-\alpha)(2-\beta)(2-\gamma)$

답 (1) $\dfrac{3}{2}$ (2) $-\dfrac{1}{2}$ (3) 16 (4) 32 (5) -7 (6) -8

424.

구하는 값 $(1+\alpha)(1+\beta)(1+\gamma)$의 값

조건 정리 $x^3 + 7x^2 + 2x - 3 = 0$의 세 근이 α, β, γ이다.

➔ ① 근과 계수의 관계를 적용하면
$\alpha + \beta + \gamma = -7$, $\alpha\beta + \beta\gamma + \gamma\alpha = 2$,
$\alpha\beta\gamma = 3$임을 알 수 있다.
② $x^3 + 7x^2 + 2x - 3 = (x-\alpha)(x-\beta)(x-\gamma)$로
표현할 수 있다.

Sol 1 공식을 이용하여 전개하자.
$(1+\alpha)(1+\beta)(1+\gamma)$
$= 1^3 + (\alpha+\beta+\gamma)1^2 + (\alpha\beta + \beta\gamma + \gamma\alpha)1 + \alpha\beta\gamma$
$= -1$

Sol 2 $x^3 + 7x^2 + 2x - 3 = (x-\alpha)(x-\beta)(x-\gamma)$ **임을 이용하자.**

구하는 값인 $(1+\alpha)(1+\beta)(1+\gamma)$와 비슷한 모양을 만들기 위해 위 식의 양변에 $x = -1$을 대입하면

$$1 = (-1-\alpha)(-1-\beta)(-1-\gamma)$$
$$= (-1)(1+\alpha)(-1)(1+\beta)(-1)(1+\gamma)$$
$$= -(1+\alpha)(1+\beta)(1+\gamma)$$

➜ $\therefore$ $(1+\alpha)(1+\beta)(1+\gamma) = -1$

답 -1

425.

구하는 값 $a+b$의 값

조건 정리 ① $x^3 + ax^2 + bx - 8 = 0$의 계수가 모두 실수이다.

② $x^3 + ax^2 + bx - 8 = 0$의 한 근이 $1 - \sqrt{3}\,i$

➜ 계수가 모두 실수인 삼차방정식의 허근은 켤레로 존재하므로 다른 한 근은 $1 + \sqrt{3}\,i$이다.

설계 삼차방정식의 세 근 중 두 개를 이미 알고 있다.

➜ 모르는 근이 하나뿐이다.

따라서 근과 계수의 관계를 적용했을 때 (세 근의 곱) $= 8$ 임을 이용하여 나머지 하나의 근도 구할 수 있겠다.
마무리로, 근과 계수의 관계를 적용하여 a, b의 값을 구하자.

생각 1 | (세 근의 곱) $= 8$ 임을 이용하여 나머지 한 근을 구하자.

나머지 한 근을 k라 하면,
(세 근의 곱) $= (1 - \sqrt{3}\,i)(1 + \sqrt{3}\,i)k = 8$ ➜ $k = 2$

생각 2 | 근과 계수의 관계를 적용하여 a, b의 값을 구하자.

$(1 - \sqrt{3}\,i) + (1 + \sqrt{3}\,i) + 2 = -a$ ➜ $a = -4$
$(1 - \sqrt{3}\,i)(1 + \sqrt{3}\,i) + 2(1 - \sqrt{3}\,i) + 2(1 + \sqrt{3}\,i) = b$
➜ $b = 8$

$\therefore$ $a + b = (-4) + 8 = 4$

답 4

426.

구하는 값 $P(3)$의 값

➜ $P(x)$의 식을 구하자.

조건 정리 ① $x^3 + 2x^2 + x - 1 = 0$의 세 근이 α, β, γ

➜ 근과 계수의 관계를 적용하면 $\alpha + \beta + \gamma = -2$, $\alpha\beta + \beta\gamma + \gamma\alpha = 1$, $\alpha\beta\gamma = 1$임을 알 수 있다.

② $P(x) = 0$은 x^3의 계수가 1, 세 근이 $\dfrac{1}{\alpha}$, $\dfrac{1}{\beta}$, $\dfrac{1}{\gamma}$인 삼차방정식

➜ $P(x)$
$$= x^3 - \left(\frac{1}{\alpha} + \frac{1}{\beta} + \frac{1}{\gamma}\right)x^2 + \left(\frac{1}{\alpha\beta} + \frac{1}{\beta\gamma} + \frac{1}{\gamma\alpha}\right)x - \frac{1}{\alpha\beta\gamma}$$

설계 $\dfrac{1}{\alpha} + \dfrac{1}{\beta} + \dfrac{1}{\gamma}$, $\dfrac{1}{\alpha\beta} + \dfrac{1}{\beta\gamma} + \dfrac{1}{\gamma\alpha}$, $\dfrac{1}{\alpha\beta\gamma}$ 의 값을 각각 구하자.

• $\dfrac{1}{\alpha} + \dfrac{1}{\beta} + \dfrac{1}{\gamma}$

➜ 분모를 $\alpha\beta\gamma$로 통분하자.

$$\frac{1}{\alpha} + \frac{1}{\beta} + \frac{1}{\gamma} = \frac{\alpha\beta + \beta\gamma + \gamma\alpha}{\alpha\beta\gamma} = 1$$

• $\dfrac{1}{\alpha\beta} + \dfrac{1}{\beta\gamma} + \dfrac{1}{\gamma\alpha}$

➜ $\alpha\beta\gamma = 1$이므로 $\dfrac{1}{\alpha\beta} = \gamma$와 같이 표현하자.

$$\frac{1}{\alpha\beta} + \frac{1}{\beta\gamma} + \frac{1}{\gamma\alpha} = \gamma + \alpha + \beta = -2$$

• $\dfrac{1}{\alpha\beta\gamma} = 1$

즉, $P(x) = x^3 - x^2 - 2x - 1$ ➜ $\therefore$ $P(3) = 11$

답 11

427.

구하는 값 $P(2)$의 값

➜ $P(x)$의 식을 구하자.

조건 정리 ① $P(x)$는 x^3의 계수가 1인 삼차식

② $P(1) = P(3) = P(5) = -2$

➜ $P(1) + 2 = 0$, $P(3) + 2 = 0$, $P(5) + 2 = 0$

➜ 방정식 $P(x) + 2 = 0$의 세 근이 1, 3, 5이다.

➜ $P(x) + 2 = (x-1)(x-3)(x-5)$

➜ $P(x) = (x-1)(x-3)(x-5) - 2$

➜ $\therefore$ $P(2) = 1$

답 1

428.

구하는 값 모든 실수 a의 값의 합

➔ 근과 계수의 관계를 이용할 수도 있겠다.

조건 정리 $x^3+5x^2+(a-6)x-a=0$의 서로 다른 실근의 개수가 2

먼저 삼차방정식을 (일차식)(이차식)$=0$의 꼴로 인수분해하자.

$x^3+5x^2+(a-6)x-a=0$의 좌변에 $x=1$을 대입하면 0이 된다. 조립제법을 써서 인수분해하면,

$x^3+5x^2+(a-6)x-a=(x-1)(x^2+6x+a)=0$

➔ $x=1$ 또는 $x^2+6x+a=0$

따라서 $x=1$과 이차방정식 $x^2+6x+a=0$의 두 근이 주어진 삼차방정식의 세 근이다.

이때, 삼차방정식의 서로 다른 실근의 개수가 2가 되려면
① 세 실근이 $x=1$ 또는 $x=1$ 또는 $x=\square$ 꼴이거나
② 세 실근이 $x=1$ 또는 $x=\square$ 또는 $x=\square$ 꼴이어야 한다.
이때, $\square=1$이면 삼차방정식의 서로 다른 실근의 개수가 1이 되므로 $\square \neq 1$이어야 한다는 조건까지 생각해야 함을 잊지 말자.

Case 1 세 실근이 $x=1$ 또는 $x=1$ 또는 $x=\square$ 꼴인 경우

$x^2+6x+a=0$의 두 근이 $x=1$ 또는 $x=\square$이어야 한다.

➔ $x=1$을 대입했을 때 이차방정식이 성립해야한다.

$1+6+a=0$ ➔ $a=-7$

$a=-7$을 이차방정식에 대입하면

$x^2+6x-7=0$ ➔ $x=1$ 또는 $x=-7$

즉, $a=-7$일 때 $\square=-7$이므로 $\square \neq 1$이어야 한다는 조건도 만족시킨다.

Case 2 세 실근이 $x=1$ 또는 $x=\square$ 또는 $x=\square$ 꼴인 경우

$x^2+6x+a=0$의 두 근이 $x=\square$ 또는 $x=\square$이어야 한다.

➔ $x^2+6x+a=0$이 중근을 가져야 한다.

➔ (판별식)$=0$

즉, $\dfrac{D}{4}=3^2-a=0$ ➔ $a=9$

$a=9$를 이차방정식에 대입하면

$x^2+6x+9=0$ ➔ $x=-3$ 또는 $x=-3$

즉, $a=9$일 때 $\square=-3$이므로 $\square \neq 1$이어야 한다는 조건도 만족시킨다.

∴ 구하는 모든 a의 값은 -7과 9이다.

➔ $(-7)+9=2$

429.

구하는 값 정수 a의 개수

조건 정리 ① $x^3+(8-a)x^2+(a^2-8a)x-a^3=0$이 서로 다른 세 실근을 가진다.
② a는 정수

먼저 삼차방정식을 (일차식)(이차식)$=0$의 꼴로 인수분해하자.

$x^3+(8-a)x^2+(a^2-8a)x-a^3=0$의 좌변에 $x=a$를 대입하면 0이 된다. 조립제법을 써서 인수분해하면,

$x^3+(8-a)x^2+(a^2-8a)x-a^3$
$=(x-a)(x^2+8x+a^2)=0$

➔ $x=a$ 또는 $x^2+8x+a^2=0$

따라서 $x=a$와 이차방정식 $x^2+8x+a^2=0$의 두 근이 주어진 삼차방정식의 세 근이다.

이때, 삼차방정식이 서로 다른 세 실근을 가지려면
세 실근이 $x=a$ 또는 $x=\square$ 또는 $x=\triangle$ 꼴이어야 한다.
(이때, a, $\square$, $\triangle$는 서로 다른 실수여야 한다는 점도 잊지 말자.)

생각 1 $x^2+8x+a^2=0$의 두 근을 $x=\square$ 또는 $\triangle$ 꼴로 만들자.

$x^2+8x+a^2=0$의 두 근이 $x=\square$ 또는 $\triangle$ 꼴이 되려면

➔ $x^2+8x+a^2=0$이 서로 다른 두 실근을 가져야 한다.

➔ (판별식)>0 ➔ $\dfrac{D}{4}=4^2-a^2>0$ ➔ $-4<a<4$

∴ $-4<a<4$이면 $x^2+8x+a^2=0$이 서로 다른 두 실근을 갖는다.

생각 2 a, $\square$, $\triangle$는 서로 다른 수여야 한다는 점을 고려하자.

즉, $x^2+8x+a^2=0$이 a를 근으로 가지는 경우는 제외해야 한다.

➔ $x^2+8x+a^2=0$에 $x=a$를 대입하면

$2a^2+8a=0$ ➔ $a=0$ 또는 $a=-4$

∴ $a=0$ 또는 $a=-4$이면 $x^2+8x+a^2=0$이 a를 근으로 가진다.

➔ $a \neq 0$, $a \neq -4$이어야 한다.

따라서 $-4<a<4$인 정수 a 중에서 $a=0$인 경우는 제외해야 한다.

➔ 가능한 정수 a의 값은 -3, -2, -1, 1, 2, 3

➔ 6개

430.

구하는 값 $\alpha\beta$의 값

조건 정리 ① $(x-a)\{x^2+(1-3a)x+4\}=0$의 세 실근이 1, α, β이다.

② 1, α, β는 서로 다르다.

설계 $(x-a)\{x^2+(1-3a)x+4\}=0$의 한 근이 $x=a$임은 확실하다.

➜ $a=1$인 경우와 $a\neq1$인 경우로 나누어 생각해보자.

Case 1 $a=1$인 경우

$a=1$이면

$(x-a)\{x^2+(1-3a)x+4\}=0$

➜ $(x-1)(x^2-2x+4)=0$

➜ $x=1$ 또는 $\underset{\text{근}:\alpha,\beta}{x^2-2x+4=0}$

여기서 조건에 따라 α, β는 서로 다른 실수여야 하므로,

$x^2-2x+4=0$이 서로 다른 두 실근을 가져야 한다.

➜ (판별식)>0이어야 한다.

하지만, $x^2-2x+4=0$의 판별식을 계산해보면

$\dfrac{D}{4}=1^2-4<0$이므로 조건에 모순이다.

Case 2 $a\neq1$인 경우

$a\neq1$이면 이차방정식 $x^2+(1-3a)x+4=0$의 한 근이 1이다.

➜ $x^2+(1-3a)x+4=0$에 $x=1$을 대입하면

$a=2$임을 알 수 있다. 따라서

$(x-a)\{x^2+(1-3a)x+4\}=0$

➜ $(x-2)(x^2-5x+4)=0$

➜ $x=2$ 또는 $x=1$ 또는 $x=4$

∴ $a=2$이면, 삼차방정식은 서로 다른 세 실근 $1,2,4$ 를 가진다 ➜ $\alpha\beta=8$

답 8

431.

구하는 값 정수 a의 개수

조건 정리 ① $x^4-(2a-3)x^2+a^2-3a-10=0$이 실근과 허근을 모두 갖는다.

② a는 정수

설계 사차방정식이 실근과 허근을 모두 갖도록 해야 한다.

➜ 사차방정식을 2개의 이차방정식으로 나누었을 때 하나의 이차방정식은 실근을 갖도록 만들고, 다른 하나의 이차방정식은 허근을 갖도록 만들면 된다.

$x^4-(2a-3)x^2+a^2-3a-10=0$

➜ $x^4-(2a-3)x^2+(a-5)(a+2)=0$

➜ $\{x^2-(a-5)\}\{x^2-(a+2)\}=0$

➜ $x^2=a-5$ 또는 $x^2=a+2$

이때, $a-5$와 $a+2$ 중 하나는 음수, 다른 하나는 0 이상이면 $x^2=a-5$ 또는 $x^2=a+2$에서 실근과 허근이 모두 도출된다. $a-5<a+2$임은 자명하므로, $a-5$가 음수, $a+2$가 0 이상이다.

➜ $a-5<0$이고 $a+2\geq0$

➜ $-2\leq a<5$

➜ 정수 a는 7개

답 7

432.

구하는 값 자연수 k의 값

조건 정리 ① $(x^2+kx+2)(x^2+kx+6)+3=0$이 실근과 허근을 모두 가짐.

② k는 자연수

설계 사차방정식이 실근과 허근을 모두 갖도록 해야 한다.

➜ 사차방정식을 2개의 이차방정식으로 나누었을 때 하나의 이차방정식은 실근을 갖도록 만들고, 다른 하나의 이차방정식은 허근을 갖도록 만들면 된다.

$(x^2+kx+2)(x^2+kx+6)+3=0$에서 x^2+kx가 반복되므로 $x^2+kx=X$로 치환하면

$(x^2+kx+2)(x^2+kx+6)+3=0$

➜ $(X+2)(X+6)+3=0$

➜ $X^2+8X+15=0$

➜ $X=-3$ 또는 -5

➜ $x^2+kx=-3$ 또는 $x^2+kx=-5$

➜ $x^2+kx+3=0$ 또는 $x^2+kx+5=0$

이때,

$x^2+kx+3=0$이 허근을, $x^2+kx+5=0$이 실근을 갖거나,

$x^2+kx+3=0$이 실근을, $x^2+kx+5=0$이 허근을 가지면 된다.

이 두 가지 경우로 Case를 나누자.

Case 1 $x^2 + kx + 3 = 0$이 허근, $x^2 + kx + 5 = 0$이 실근을 가질 때

$x^2 + kx + 3 = 0$에서 (판별식)< 0이고,

$x^2 + kx + 5 = 0$에서 (판별식)≥ 0이어야 한다.

➔ $k^2 - 12 < 0$이고 $k^2 - 20 \geq 0$ ➔ 모순.

Case 2 $x^2 + kx + 3 = 0$이 실근, $x^2 + kx + 5 = 0$이 허근을 가질 때

$x^2 + kx + 3 = 0$에서 (판별식)≥ 0이고,

$x^2 + kx + 5 = 0$에서 (판별식)< 0이어야 한다.

➔ $k^2 - 12 \geq 0$이고 $k^2 - 20 < 0$ ➔ $12 \leq k^2 < 20$

이때, $12 \leq k^2 < 20$을 만족시키는 자연수 k는 4뿐이다.

답 4

433.

구하는 값 모든 실수 a의 값의 곱

➔ 근과 계수의 관계를 이용할 수도 있겠다.

조건 정리 $x^4 + (2a+1)x^3 + (3a+2)x^2 + (a+2)x = 0$의 서로 다른 실근의 개수가 3이다.

설계 사차방정식의 서로 다른 실근의 개수가 3이 되어야 한다.

➔ 사차방정식의 네 실근이 $x = \square$ 또는 $\square$ 또는 $\triangle$ 또는 $\star$이 되도록 만들면 된다.

이때, $\square$, $\triangle$, $\star$ 중 같은 것이 있으면 사차방정식의 서로 다른 실근의 개수가 3이 될 수 없으므로 $\square$, $\triangle$, $\star$가 모두 다른 값이어야 한다는 조건까지 생각하자.

생각 1 | 인수분해하자.

$x^4 + (2a+1)x^3 + (3a+2)x^2 + (a+2)x = 0$

➔ $x\{x^3 + (2a+1)x^2 + (3a+2)x + (a+2)\} = 0$

➔ $x = 0$

또는 $x^3 + (2a+1)x^2 + (3a+2)x + (a+2) = 0$

이때, $x^3 + (2a+1)x^2 + (3a+2)x + (a+2) = 0$에 $x = -1$을 대입하면 성립하므로, 조립제법을 이용하면

$x^3 + (2a+1)x^2 + (3a+2)x + (a+2) = 0$

➔ $(x+1)(x^2 + 2ax + a + 2) = 0$

➔ $x = -1$ 또는 $x^2 + 2ax + a + 2 = 0$

∴ 0, -1, 방정식 $x^2 + 2ax + a + 2 = 0$의 두 근이 사차방정식의 네 근이다.

생각 2 | 0, -1, 방정식 $x^2 + 2ax + a + 2 = 0$의 두 근이 서로 다른 3개의 값이 되도록 만들자.

Case 1 $x^2 + 2ax + a + 2 = 0$이 중근을 가지고, 그 값이 0 또는 -1이 아니면 된다.

➔ 우선 $x^2 + 2ax + a + 2 = 0$의 (판별식)$= 0$이어야 한다.

➔ $\dfrac{D}{4} = a^2 - (a+2) = 0$

➔ $a = -1$ 또는 $a = 2$

$a = -1$이면,

$x^2 + 2ax + a + 2 = 0$

➔ $x^2 - 2x + 1 = 0$ ➔ $x = 1$ ➔ 조건 만족.

$a = 2$이면,

$x^2 + 2ax + a + 2 = 0$

➔ $x^2 + 4x + 4 = 0$ ➔ $x = -2$ ➔ 조건 만족.

∴ $a = -1, 2$일 때 조건을 만족시킨다.

Case 2 $x^2 + 2ax + a + 2 = 0$이 서로 다른 두 실근을 가지되, 두 값 중 오직 하나만 0 또는 -1이면 된다.

만약, $x^2 + 2ax + a + 2 = 0$이 0을 근으로 가지면

➔ $a = -2$이다.

$a = -2$이면,

$x^2 + 2ax + a + 2 = 0$

➔ $x^2 - 4x = 0$ ➔ $x = 0$ 또는 4 ➔ 조건 만족.

만약, $x^2 + 2ax + a + 2 = 0$이 -1을 근으로 가지면

➔ $a = 3$이다.

$a = 3$이면,

$x^2 + 2ax + a + 2 = 0$

➔ $x^2 + 6x + 5 = 0$ ➔ $x = -5$ 또는 -1 ➔ 조건 만족.

∴ $a = -2, 3$일 때 조건을 만족시킨다.

따라서, 가능한 모든 실수 a의 값은 $-1, 2 / -2, 3$이다.

➔ 곱하면 12

답 12

434.

구하는 값 $\dfrac{\beta}{\alpha}+\dfrac{\alpha}{\beta}$의 값

➜ 통분하면 $\dfrac{\alpha^2+\beta^2}{\alpha\beta}=\dfrac{(\alpha+\beta)^2-2\alpha\beta}{\alpha\beta}$

➜ $\alpha+\beta$와 $\alpha\beta$의 값을 구해서 대입하자.

조건 정리 $x^3+x-2=0$의 서로 다른 두 허근이 α, β
➜ 두 허근을 갖는 이차방정식을 활용하자.

생각 1 | **인수분해하자.**

$x^3+x-2=0$에 $x=1$을 대입하면 성립한다.
조립제법을 이용하여 인수분해하면,
$(x-1)(x^2+x+2)=0$

➜ $x=1$ 또는 $x^2+x+2=0$

$\therefore$ $x^2+x+2=0$이 서로 다른 두 허근 α, β를 가진다.

생각 2 | **근과 계수의 관계를 이용하자.**

$x^2+x+2=0$의 두 근이 α, β이므로, 근과 계수의
관계에 의해
$\alpha+\beta=-1$, $\alpha\beta=2$

따라서
(구하는 값)
$=\dfrac{(\alpha+\beta)^2-2\alpha\beta}{\alpha\beta}=\dfrac{(-1)^2-2\times 2}{2}=-\dfrac{3}{2}$

답 $-\dfrac{3}{2}$

435.

구하는 값 $z_1\overline{z_1}+z_2\overline{z_2}$의 값

➜ z_1, z_2는 어떤 이차방정식의 두 허근일 것이다.
이때, 이차방정식의 계수가 모두 실수이면 z_1, z_2는
서로 켤레 관계이다. ➜ $\overline{z_1}=z_2$, $z_1=\overline{z_2}$이다.
(계수가 모두 실수인 이차방정식의 두 허근은 켤레로
존재하므로)

조건 정리 $x^3+x^2+x-3=0$의 두 허근이 z_1, z_2
➜ 두 허근을 갖는 이차방정식을 활용하자.

생각 1 | **인수분해하자.**

$x^3+x^2+x-3=0$에 $x=1$을 대입하면 성립한다.
조립제법을 이용하여 인수분해하면,
$(x-1)(x^2+2x+3)=0$

➜ $x=1$ 또는 $x^2+2x+3=0$

$\therefore$ $x^2+2x+3=0$이 두 허근 z_1, z_2를 가진다.

이때, 이차방정식의 계수가 모두 실수이므로
$\overline{z_1}=z_2$, $z_1=\overline{z_2}$
즉, (구하는 값)$=z_1\overline{z_1}+z_2\overline{z_2}=z_1 z_2+z_2 z_1=2z_1 z_2$

➜ $z_1 z_2$의 값을 구하자.

생각 2 | $z_1 z_2$의 **값을 구하기 위해 근과 계수의 관계를 이용하자.**

$x^2+2x+3=0$의 두 근이 z_1, z_2이므로 근과 계수의
관계에 의해
$z_1 z_2=3$
따라서 (구하는 값)$=2z_1 z_2=2\times 3=6$

답 6

436.

구하는 값 $4\alpha^2-2\alpha+7$의 값

➜ α를 구해서 대입하고 계산하기에는 복잡해
보인다.
➜ 구하는 값을 간단히 할 수는 없을까?

조건 정리 $2x^3+x^2+2x+3=0$의 한 허근이 α이다.
➜ 허근을 갖는 이차방정식을 활용하자.

생각 1 | **인수분해하자.**

$2x^3+x^2+2x+3=0$에 $x=-1$을 대입하면
성립한다.
조립제법을 이용하여 인수분해하면,
$(x+1)(2x^2-x+3)=0$

➜ $x=-1$ 또는 $2x^2-x+3=0$

$\therefore$ $2x^2-x+3=0$이 두 허근을 가진다.

➜ $2x^2-x+3=0$의 한 허근이 α이다.

생각 2 | **구하는 값을 간단히 하자.**

$2x^2-x+3=0$의 한 허근이 α이므로
$2\alpha^2-\alpha+3=0$이다.

➜ 이를 이용하면
(구하는 값)$=4\alpha^2-2\alpha+7=2(2\alpha^2-\alpha+3)+1$
$=2\times 0+1=1$

답 1

437.

구하는 값 $\alpha\beta$의 값

➜ 근과 계수의 관계를 이용할 수도 있겠다.

조건 정리 ① $x^3 - (2a+1)x^2 + (a+1)^2 x - (a^2+1) = 0$의
서로 다른 두 허근이 α, β이다.

➜ 두 허근 α, β를 근으로 갖는 이차방정식을
이용하자.

② $\alpha + \beta = 8$

➜ α, β를 근으로 갖는 이차방정식의 (두 근의
합)$=8$

생각 1 | 인수분해하자.

$x^3 - (2a+1)x^2 + (a+1)^2 x - (a^2+1) = 0$에
$x=1$을 대입하면 성립.

➜ 조립제법을 이용하여 인수분해하면,
$(x-1)(x^2 - 2ax + a^2 + 1) = 0$

➜ $x=1$ 또는 $x^2 - 2ax + a^2 + 1 = 0$

$\therefore$ $x^2 - 2ax + a^2 + 1 = 0$이 두 허근을 가진다.

➜ $x^2 - 2ax + a^2 + 1 = 0$의 두 근이 α, β이다.

생각 2 | $\alpha + \beta = 8$임을 이용하자.

$x^2 - 2ax + a^2 + 1 = 0$의 두 근이 α, β이므로
근과 계수의 관계를 적용하면, $\alpha + \beta = 2a = 8$

➜ $a = 4$

즉, $x^2 - 2ax + a^2 + 1 = 0$ ➜ $x^2 - 8x + 17 = 0$

이때, 구하는 값이 $\alpha\beta$(두 근의 곱)이므로 근과 계수의
관계를 적용하면 ➜ (구하는 값)$=\alpha\beta = 17$

답 17

438.

구하는 값 $\alpha\bar{\alpha} + \beta\bar{\beta}$의 값

➜ α, β는 어떤 이차방정식의 두 허근일 것이다.
이때, 이차방정식의 계수가 모두 실수이면 α, β는
서로 켤레 관계이다. ➜ $\bar{\alpha} = \beta$, $\alpha = \bar{\beta}$이다. (계수가
모두 실수인 이차방정식의 두 허근은 켤레로
존재하므로)

조건 정리 $(x^2+x-1)(x^2+x+3) - 5 = 0$의 서로 다른 두
허근이 α, β

➜ 두 허근을 갖는 이차방정식을 활용하자.

생각 1 | 인수분해하자.

$(x^2+x-1)(x^2+x+3) - 5 = 0$에서 x^2+x가
반복되므로 $x^2 + x = X$라 두면,

$(x^2+x-1)(x^2+x+3) - 5 = 0$

➜ $(X-1)(X+3) - 5 = 0$

➜ $X^2 + 2X - 8 = 0$

➜ $(X+4)(X-2) = 0$

➜ $X = -4$ 또는 $X = 2$

➜ $x^2 + x = -4$ 또는 $x^2 + x = 2$

➜ $x^2 + x + 4 = 0$ 또는 $x^2 + x - 2 = 0$

이때, $x^2 + x - 2 = 0$은 서로 다른 두 실근 -2, 1을
가지므로

$\therefore$ $x^2 + x + 4 = 0$이 두 허근을 가진다.

➜ $x^2 + x + 4 = 0$의 두 근이 α, β이다.

또, $x^2 + x + 4 = 0$의 계수가 모두 실수이므로
$\bar{\alpha} = \beta$, $\alpha = \bar{\beta}$

즉, (구하는 값)$= \alpha\bar{\alpha} + \beta\bar{\beta} = \alpha\beta + \beta\alpha = 2\alpha\beta$

➜ $\alpha\beta$의 값을 구하자.

생각 2 | $\alpha\beta$의 값을 구하기 위해 근과 계수의 관계를 이용하자.

$x^2 + x + 4 = 0$의 두 근이 α, β이므로 $\alpha\beta = 4$

따라서 (구하는 값)$= 2\alpha\beta = 2 \times 4 = 8$

답 8

439.

조건 정리 $x^3 = -1$의 한 허근이 w이다.

➜ ① 다른 한 근은 $\bar{w}$이다.

② w, $\bar{w}$를 각각 대입하면, $w^3 = -1$, $\bar{w}^3 = -1$

③ $x^3 = -1$

➜ $x^3 + 1 = 0$

➜ $(x+1)(x^2-x+1) = 0$

➜ $x^2 - x + 1 = 0$의 두 허근이 w, $\bar{w}$

➜ $w + \bar{w} = 1$, $w\bar{w} = 1$

(근과 계수의 관계를 적용한 것)

$w^2 - w + 1 = 0$, $\bar{w}^2 - \bar{w} + 1 = 0$

($x^2 - x + 1 = 0$에 w, $\bar{w}$를 대입)

생각 1 | ㄱ. $w^2 - w + 1 = 0$의 참/거짓을 판단하자.

$w^2 - w + 1 = 0$임을 구했으므로 ㄱ은 참임을 알 수
있다.

생각 2 | ㄴ. $w + \bar{w} = w\bar{w} = 1$의 참/거짓을 판단하자.

$w + \bar{w} = 1$, $w\bar{w} = 1$임을 구했으므로 ㄴ은 참임을 알
수 있다.

생각 3 | ㄷ. $w^3 + (\overline{w})^3 = w^2 + (\overline{w})^2$의 참/거짓을 판단하자.

$w^3 = -1$, $\overline{w}^3 = -1$임을 구했으므로

(좌변)$= w^3 + (\overline{w})^3 = (-1) + (-1) = -2$

우변의 경우, 곱셈공식의 변형 공식을 이용하면

$w^2 + (\overline{w})^2 = (w + \overline{w})^2 - 2w\overline{w}$와 같이 변형할 수 있고,

$w + \overline{w} = 1$, $w\overline{w} = 1$임을 구했으므로,

$(w + \overline{w})^2 - 2w\overline{w} = 1^2 - 2 \times 1 = -1$

즉, (좌변)$= -2$, (우변)$= -1$이므로 ㄷ은 거짓이다.

답 ㄱ, ㄴ

440.

구하는 값 $w^{2026} + \dfrac{1}{w^{2026}}$의 값 ➔ 구하는 값을 간단히 하자.

조건 정리 $x^3 = -1$의 한 허근이 w이다.

➔ ① 다른 한 근은 $\overline{w}$이다.

② w, $\overline{w}$를 각각 대입하면, $w^3 = -1$, $\overline{w}^3 = -1$

③ $x^3 = -1$ ➔ $x^3 + 1 = 0$

➔ $(x+1)(x^2 - x + 1) = 0$

➔ $x^2 - x + 1 = 0$의 두 허근이 w, $\overline{w}$

➔ $w + \overline{w} = 1$, $w\overline{w} = 1$

(근과 계수의 관계를 적용한 것)

$w^2 - w + 1 = 0$, $\overline{w}^2 - \overline{w} + 1 = 0$

($x^2 - x + 1 = 0$에 w, $\overline{w}$를 대입)

생각 1 | $w^3 = -1$임을 이용하여 구하는 값을 간단히 하자.

$w^{2026} = (w^3)^{675}w = (-1)^{675}w = -w$이므로

(구하는 값)$= w^{2026} + \dfrac{1}{w^{2026}} = -\left(w + \dfrac{1}{w}\right)$

생각 2 | $w + \dfrac{1}{w}$의 값을 구하자.

$w^2 - w + 1 = 0$의 양변을 w로 나누면 ➔ $w + \dfrac{1}{w} = 1$

즉, (구하는 값)$= -\left(w + \dfrac{1}{w}\right) = -1$

답 -1

441.

구하는 값 $\dfrac{1}{w+1} + \dfrac{1}{w^2+1} + \dfrac{1}{w^3+1} + \cdots + \dfrac{1}{w^{30}+1}$의 값

➔ 분모를 하나씩 구해보며 규칙성을 파악하자.

조건 정리 $x^3 = 1$의 한 허근이 w이다.

➔ ① 다른 한 근은 $\overline{w}$이다.

② w, $\overline{w}$를 각각 대입하면, $w^3 = 1$, $\overline{w}^3 = 1$

③ $x^3 = 1$ ➔ $x^3 - 1 = 0$

➔ $(x-1)(x^2 + x + 1) = 0$

➔ $x^2 + x + 1 = 0$의 두 허근이 w, $\overline{w}$

➔ $w + \overline{w} = -1$, $w\overline{w} = 1$

(근과 계수의 관계를 적용한 것)

$w^2 + w + 1 = 0$, $\overline{w}^2 + \overline{w} + 1 = 0$

($x^2 + x + 1 = 0$에 w, $\overline{w}$를 대입)

생각 1 | 구하는 값의 분모의 값을 하나씩 계산해보자.

첫 번째 분모 ➔ $w + 1$

두 번째 분모 ➔ $w^2 + w + 1 = 0$임을 이용하면

$w^2 + 1 = -w$

세 번째 분모 ➔ $w^3 = 1$이므로 $w^3 + 1 = 2$

네 번째 분모 ➔ $w^3 = 1$이므로

$w^4 + 1 = (w^3)w + 1 = w + 1$

즉, (네 번째 분모)$=$(첫 번째 분모)이므로

$\dfrac{1}{w+1} + \dfrac{1}{w^2+1} + \dfrac{1}{w^3+1} = \dfrac{1}{w+1} - \dfrac{1}{w} + \dfrac{1}{2}$이

계속 반복될 것이다.

➔ 더하는 값이 총 30개이므로

$\dfrac{1}{w+1} - \dfrac{1}{w} + \dfrac{1}{2}$은 10번 더해진다.

이때,

$\left(\dfrac{1}{w+1} - \dfrac{1}{w}\right) + \dfrac{1}{2} = \left(\dfrac{-1}{w^2+w}\right) + \dfrac{1}{2} = \dfrac{-1}{-1} + \dfrac{1}{2} = \dfrac{3}{2}$

($w^2 + w + 1 = 0$이므로 $w^2 + w = -1$)

∴ (구하는 값)

$= 10 \times \left(\dfrac{1}{w+1} - \dfrac{1}{w} + \dfrac{1}{2}\right) = 10 \times \dfrac{3}{2} = 15$

답 15

442.

$\boxed{\text{구하는 값}}$ $\dfrac{w^2}{w-1}+\dfrac{w-1}{w^2}$ 의 값

$\boxed{\text{조건 정리}}$ $x^3+1=0$의 한 허근이 w이다.

➔ ① 다른 한 근은 $\overline{w}$이다.

② w, $\overline{w}$를 각각 대입하면, $w^3=-1$, $\overline{w}^3=-1$

③ $x^3+1=0$

➔ $(x+1)(x^2-x+1)=0$

➔ $x^2-x+1=0$의 두 허근이 w, $\overline{w}$

➔ $w+\overline{w}=1$, $w\overline{w}=1$

(근과 계수의 관계를 적용한 것)

$w^2-w+1=0$, $\overline{w}^2-\overline{w}+1=0$

($x^2-x+1=0$에 w, $\overline{w}$를 대입)

생각 1 | 얻은 관계식들을 이용하여 구하는 값을 간단히 하자.

$w^2-w+1=0$에서 $w^2=w-1$이므로

(구하는 값)

$=\dfrac{\boxed{w^2}}{w-1}+\dfrac{w-1}{\boxed{w^2}}=\dfrac{\boxed{w-1}}{w-1}+\dfrac{w-1}{\boxed{w-1}}=2$

답 ⑤ 2

443.

$\boxed{\text{구하는 값}}$ 100 이하의 자연수 n의 개수

$\boxed{\text{조건 정리}}$ ① $x^3-1=0$의 한 허근이 w이다.

➔ ㉠ 다른 한 근은 $\overline{w}$이다.

㉡ w, $\overline{w}$를 각각 대입하면, $w^3=1$, $\overline{w}^3=1$

㉢ $x^3-1=0$

➔ $(x-1)(x^2+x+1)=0$

➔ $x^2+x+1=0$의 두 허근이 w, $\overline{w}$

➔ $w+\overline{w}=-1$, $w\overline{w}=1$

(근과 계수의 관계를 적용한 것)

$w^2+w+1=0$, $\overline{w}^2+\overline{w}+1=0$

($x^2+x+1=0$에 w, $\overline{w}$를 대입)

② $(w+1)^n=\left(-\dfrac{\overline{w}}{w+\overline{w}}\right)^n$

➔ 이 등식을 간단히 변형하자.

③ n은 100 이하의 자연수

생각 1 | 등식 $(w+1)^n=\left(-\dfrac{\overline{w}}{w+\overline{w}}\right)^n$을 간단히 변형하자.

• 좌변 $(w+1)^n$을 간단히 변형해보자.

$w+\overline{w}=-1$ ➔ $\boxed{w+1}=-\overline{w}$이므로

(좌변)$=\left(\boxed{w+1}\right)^n=(-\overline{w})^n$

• 우변 $\left(-\dfrac{\overline{w}}{w+\overline{w}}\right)^n$을 간단히 변형해보자.

$\boxed{w+\overline{w}}=-1$이므로

(우변)$=\left(-\dfrac{\overline{w}}{\boxed{w+\overline{w}}}\right)^n=(\overline{w})^n$

즉, $(w+1)^n=\left(-\dfrac{\overline{w}}{w+\overline{w}}\right)^n$

➔ $(-\overline{w})^n=(\overline{w})^n$

으로 간단히 변형할 수 있다.

생각 2 | $(-\overline{w})^n=(\overline{w})^n$이도록 하는 자연수 n의 특징을 파악하자.

$(-\overline{w})^n=(\overline{w})^n$이려면, $\underline{n\text{이 짝수이면 된다.}}$

∴ (구하는 자연수 n의 개수)

=(100 이하의 짝수의 개수)=50

답 50

444.

(1)

$x^3=-1$

➔ $x^3+1=0$

➔ $(x+1)(x^2-x+1)=0$

➔ ∴ $x=-1$ 또는 $\dfrac{1\pm\sqrt{3}i}{2}$

(2) $x^4-4x^2-5=0$

➔ $(x^2-5)(x^2+1)=0$

➔ $x^2=5$ 또는 $x^2=-1$

➔ ∴ $x=\pm\sqrt{5}$ 또는 $\pm i$

(3) $x^3-9x=0$

➔ $x(x^2-9)=0$

➔ $x(x-3)(x+3)=0$

➔ ∴ $x=0$ 또는 3 또는 -3

(4) $(x^2-2x)(x^2-2x-1)=2$

➜ $x^2-2x=X$로 치환하면,
$X(X-1)=2$

➜ $X^2-X-2=0$

➜ $(X-2)(X+1)=0$

➜ $X=2$ 또는 $X=-1$

➜ $x^2-2x=2$ 또는 $x^2-2x=-1$

➜ $x^2-2x-2=0$ 또는 $x^2-2x+1=0$

➜ $\therefore x=1\pm\sqrt{3}$ 또는 1

답 (1) $x=-1$ 또는 $\dfrac{1\pm\sqrt{3}\,i}{2}$

(2) $x=\pm\sqrt{5}$ 또는 $\pm i$

(3) $x=0$ 또는 3 또는 -3

(4) $x=1\pm\sqrt{3}$ 또는 1

445.

구하는 값 나머지 두 근의 합

➜ 나머지 두 근의 합을 구할 때는 근과 계수의 관계를 이용할 수도 있겠다.

조건 정리 $x^3-5x^2+ax-6=0$의 한 근이 2

➜ $x=2$를 대입하면 $8-20+2a-6=0$

➜ $\therefore a=9$

$a=9$이므로
$x^3-5x^2+ax-6=0$ ➜ $x^3-5x^2+9x-6=0$

이때, $x^3-5x^2+9x-6=0$의 한 근이 2임을 알고 있으므로 조립제법을 이용하여 인수분해하면,
$x^3-5x^2+9x-6=0$ ➜ $(x-2)(x^2-3x+3)=0$

$\therefore$ 구하는 나머지 두 근은 $x^2-3x+3=0$의 두 근이다.

➜ 근과 계수의 관계를 적용하면, 나머지 두 근의 합은 3

답 3

446.

구하는 값 $\alpha^2+\beta^2$의 값

➜ $\alpha^2+\beta^2=(\alpha+\beta)^2-2\alpha\beta$임을 이용할 수도 있겠다.

➜ $\alpha+\beta$, $\alpha\beta$의 값을 구하여 답을 구할 수도 있겠다.

조건 정리 $x^3+x^2+2x-4=0$의 두 허근이 α, β

➜ 두 허근 α, β를 갖는 이차방정식을 이용하자.

생각 1 | 인수분해하자.

$x^3+x^2+2x-4=0$에 $x=1$을 대입하면 성립하므로 조립제법을 이용하여 인수분해하면,
$x^3+x^2+2x-4=0$ ➜ $(x-1)(x^2+2x+4)=0$

$\therefore$ $x^2+2x+4=0$의 두 허근이 α, β이다.

생각 2 | 근과 계수의 관계를 이용하자.

$x^2+2x+4=0$의 두 허근이 α, β이므로
$\alpha+\beta=-2$, $\alpha\beta=4$
(근과 계수의 관계를 적용하였다.)

즉, (구하는 값)
$=(\alpha+\beta)^2-2\alpha\beta=(-2)^2-2\times4=-4$

답 -4

447.

구하는 값 p, q의 값

조건 정리 $x^3+px^2+qx-4=0$의 한 근이 $-i$이다.

➜ 삼차방정식의 계수가 모두 실수이므로 다른 한 근은 i이다.

Sol 1 삼차방정식에 i를 대입해보자.

$x^3+px^2+qx-4=0$에 i를 대입하면
$-i-p+qi-4=0$ ➜ $-p+qi=4+i$

➜ $p=-4$, $q=1$

Sol 2 $x^3+px^2+qx-4=0$의 두 근이 i, $-i$이므로
$x^3+px^2+qx-4=(x-i)(x+i)(x-a)=(x^2+1)(x-a)$

➜ $x^3+px^2+qx-4=(x^2+1)(x-a)$

이때, 좌변과 우변의 상수항을 비교하면, $a=4$임을 알 수 있고, x^2의 계수와 x의 계수를 비교하면 p, q의 값도 구할 수 있다.

답 $p=-4$, $q=1$

448.

$x^4 - 9x^2 + 16 = 0$

➔ $(x^4 - 8x^2 + 16) - x^2 = 0$

➔ $(x^2 - 4)^2 - (x)^2 = 0$

➔ $(x^2 - 4 - x)(x^2 - 4 + x) = 0$

➔ $x^2 - x - 4 = 0$ 또는 $x^2 + x - 4 = 0$

두 이차방정식에 판별식을 써보면 두 이차방정식 모두
실근을 가짐을 알 수 있다. 따라서
$x^2 - x - 4 = 0$의 두 실근의 곱은 ➔ -4
$x^2 + x - 4 = 0$의 두 실근의 곱은 ➔ -4
(근과 계수의 관계를 적용하였다.)

즉, 구하는 모든 실근의 곱은 $(-4) \times (-4) = 16$

답 16

449.

구하는 값 $\dfrac{\overline{w}^2}{w+1} + \dfrac{w^2}{\overline{w}+1}$ 의 값

조건 정리 $x^3 = 1$의 한 허근이 w이다.

➔ ① 다른 한 근은 $\overline{w}$이다.

　② w, $\overline{w}$를 각각 대입하면, $w^3 = 1$, $\overline{w}^3 = 1$

　③ $x^3 = 1$

➔ $x^3 - 1 = 0$

➔ $(x-1)(x^2 + x + 1) = 0$

➔ $x^2 + x + 1 = 0$의 두 허근이 w, $\overline{w}$

➔ $w + \overline{w} = -1$, $w\overline{w} = 1$
　(근과 계수의 관계를 적용한 것)
　$w^2 + w + 1 = 0$, $\overline{w}^2 + \overline{w} + 1 = 0$
　$(x^2 + x + 1 = 0$에 w, $\overline{w}$를 대입)

$w^2 + w + 1 = 0$에서 $w + 1 = -w^2$이고,
$\overline{w}^2 + \overline{w} + 1 = 0$에서 $\overline{w} + 1 = -\overline{w}^2$

➔ $\overline{w} + 1 = -\overline{w}^2$이므로

(구하는 값)

$= \dfrac{\overline{w}^2}{w+1} + \dfrac{w^2}{\overline{w}+1} = \dfrac{\overline{w}^2}{-w^2} + \dfrac{w^2}{-\overline{w}^2} = -\left(\dfrac{\overline{w}^4 + w^4}{w^2\overline{w}^2} \right)$

이때, $w^3 = 1$, $\overline{w}^3 = 1$이고, $w\overline{w} = 1$이므로

$-\left(\dfrac{\overline{w}^4 + w^4}{w^2\overline{w}^2} \right) = -(\overline{w} + w) = 1$

답 1

450.

구하는 값 $w^{100} + \dfrac{1}{w^{100}} + \dfrac{1}{1-\overline{w}} + \dfrac{1}{1-w}$ 의 값

조건 정리 $x^3 = 1$의 한 허근이 w이다.

➔ ① 다른 한 근은 $\overline{w}$이다.

　② w, $\overline{w}$를 각각 대입하면, $w^3 = 1$, $\overline{w}^3 = 1$

　③ $x^3 = 1$

➔ $x^3 - 1 = 0$

➔ $(x-1)(x^2 + x + 1) = 0$

➔ $x^2 + x + 1 = 0$의 두 허근이 w, $\overline{w}$

➔ $w + \overline{w} = -1$, $w\overline{w} = 1$
　(근과 계수의 관계를 적용한 것)
　$w^2 + w + 1 = 0$, $\overline{w}^2 + \overline{w} + 1 = 0$
　$(x^2 + x + 1 = 0$에 w, $\overline{w}$를 대입)

생각 1 | $w^3 = 1$임을 이용하여 $w^{100} + \dfrac{1}{w^{100}}$을 간단히 하자.

$w^{100} = (w^3)^{33}w = w$이므로

$w^{100} + \dfrac{1}{w^{100}} = w + \dfrac{1}{w}$

$w^2 + w + 1 = 0$의 양변을 w로 나누면

$w + 1 + \dfrac{1}{w} = 0$ ➔ $w + \dfrac{1}{w} = -1$ 이므로

$$\therefore\ w^{100} + \dfrac{1}{w^{100}} = -1$$

생각 2 | $\dfrac{1}{1-\overline{w}} + \dfrac{1}{1-w}$을 간단히 하자.

통분하면

$\dfrac{1}{1-\overline{w}} + \dfrac{1}{1-w}$

$= \dfrac{(1-w) + (1-\overline{w})}{(1-\overline{w})(1-w)} = \dfrac{2 - (w + \overline{w})}{1 - (w + \overline{w}) + w\overline{w}} = \dfrac{3}{3} = 1$

즉, (구하는 값)

$= \left(w^{100} + \dfrac{1}{w^{100}} \right) + \left(\dfrac{1}{1-\overline{w}} + \dfrac{1}{1-w} \right) = -1 + 1 = 0$

답 0

451.

[구하는 값] 밑면의 넓이

[조건 정리] 밑면의 반지름의 길이를 r, 원기둥의 높이를 h라 하자.

① 밑면의 반지름의 길이와 높이가 같다.

➔ $r = h$ ⋯ ㉠

② 그릇에 50π m^{3}의 물을 부었더니 그릇의 위에서부터 3 m 떨어진 수면까지 물이 채워졌다.

➔ 50π m^{3}의 물을 부으면 수면의 높이가 $h-3$이 된다.

➔ 밑면의 반지름의 길이가 r이고, 높이가 $h-3$인 원기둥의 부피가 50π이다.

➔ $r^2\pi \times (h-3) = 50\pi$ ➔ $r^2(h-3) = 50$ ⋯ ㉡

㉠을 ㉡에 대입하면

➔ $r^2(r-3) = 50$

➔ $r = 5$

즉, 밑면의 넓이는 $r^2\pi = 25\pi$ (m^2)

[답] 25π (m^2)

452.

[구하는 값] pq의 값

[조건 정리] ① $x^3 + px^2 + qx - 4 = 0$의 한 근이 -1

➔ $x=-1$을 대입하면 $-1+p-q-4=0$

➔ $q = p-5$

즉, $x^3 + px^2 + qx - 4 = 0$

➔ $x^3 + px^2 + (p-5)x - 4 = 0$

② 나머지 두 근의 제곱의 합이 12

③ p, q는 음수

[설계] $x^3 + px^2 + (p-5)x - 4 = 0$을 인수분해한 후, 조건 ②를 이용하자.

생각 1 | 인수분해하자.

$x^3 + px^2 + (p-5)x - 4 = 0$의 한 근이 -1임을 알고 있으므로 조립제법을 이용하여 인수분해하면,

$x^3 + px^2 + (p-5)x - 4 = 0$

➔ $(x+1)\{x^2 + (p-1)x - 4\} = 0$

∴ 나머지 두 근은 $x^2 + (p-1)x - 4 = 0$의 두 근이다.

생각 2 | 조건②를 이용하기 위해 근과 계수의 관계를 이용하자.

$x^2 + (p-1)x - 4 = 0$의 두 근을 α, β라 하면

$\alpha + \beta = 1-p$, $\alpha\beta = -4$

(근과 계수의 관계를 적용하였다.)

이때, 조건②에 따라 $\alpha^2 + \beta^2 = 12$이므로

$\alpha^2 + \beta^2 = (\alpha+\beta)^2 - 2\alpha\beta = (1-p)^2 - 2 \times (-4) = 12$

➔ $(1-p)^2 = 4$

즉, $1-p = 2$ 또는 -2 ➔ $p = -1$ 또는 3

이때, 조건③에 따라 p는 음수이므로, $p = -1$

$q = p-5$이므로 $q = -6$

∴ $pq = (-1) \times (-6) = 6$

[답] 6

453.

[구하는 값] $\dfrac{1}{1-w^{13}} + \dfrac{1}{1+w^{14}} + \dfrac{1}{1-w^{15}}$ 의 값

[조건 정리] $x^3 + 1 = 0$의 한 허근이 w이다.

➔ ① 다른 한 근은 $\overline{w}$이다.

② w, $\overline{w}$를 각각 대입하면, $w^3 = -1$, $\overline{w}^3 = -1$

③ $x^3 + 1 = 0$

➔ $(x+1)(x^2 - x + 1) = 0$

➔ $x^2 - x + 1 = 0$의 두 허근이 w, $\overline{w}$

➔ $w + \overline{w} = 1$, $w\overline{w} = 1$

(근과 계수의 관계를 적용한 것)

$w^2 - w + 1 = 0$, $\overline{w}^2 - \overline{w} + 1 = 0$

($x^2 - x + 1 = 0$에 w, $\overline{w}$를 대입)

생각 1 | $w^3 = -1$임을 이용하여 구하는 값을 간단히 하자.

$w^{13} = (w^3)^4 w = (-1)^4 w = w$

$w^{14} = w^{13} w = w^2$

$w^{15} = w^{14} w = w^3 = -1$ 이므로

(구하는 값)=

$\dfrac{1}{1-w^{13}} + \dfrac{1}{1+w^{14}} + \dfrac{1}{1-w^{15}} = \dfrac{1}{1-w} + \dfrac{1}{1+w^2} + \dfrac{1}{2}$

생각 2 | $\dfrac{1}{1-w} + \dfrac{1}{1+w^2}$ 의 값을 간단히 하자.

$w^2 - w + 1 = 0$이므로 $1-w = -w^2$, $1+w^2 = w$이다.

따라서

$\dfrac{1}{1-w} + \dfrac{1}{1+w^2} = \dfrac{1}{-w^2} + \dfrac{1}{w}$

여기서 분모를 w^3으로 통분하면,

$\dfrac{1}{-w^2} + \dfrac{1}{w} = \dfrac{w^2 - w}{w^3} = \dfrac{-1}{-1} = 1$

($w^2 - w + 1 = 0$ 이므로 $w^2 - w = -1$)

즉, (구하는 값)

$$= \left(\frac{1}{1-w} + \frac{1}{1+w^2} \right) + \frac{1}{2} = 1 + \frac{1}{2} = \frac{3}{2}$$

답 $\dfrac{3}{2}$

454.

구하는 값 정수 k의 개수

조건 정리 ① $2x^3 + (k+2)x^2 + 2kx + k = 0$이 한 실근과 두 허근을 가져야 한다.

➜ 이차방정식이 두 허근을 갖도록 만들자.

② k는 정수

생각 1 | 인수분해하자.

$2x^3 + (k+2)x^2 + 2kx + k = 0$에 $x = -1$을 대입하면 성립하므로 조립제법을 이용하여 인수분해하면,

$2x^3 + (k+2)x^2 + 2kx + k = 0$

➜ $(x+1)(2x^2 + kx + k) = 0$

∴ $2x^2 + kx + k = 0$이 두 허근을 가져야 한다.

➜ (판별식) < 0이어야 한다.

➜ $D = k^2 - 8k < 0$

➜ $0 < k < 8$

➜ 정수 k의 개수는 $8 - 0 - 1 = 7$

답 7

455.

구하는 값 ab의 값

조건 정리 ① $x^3 - 1 = 0$의 한 허근이 w이다.

➜ ㉠ 다른 한 근은 $\overline{w}$이다.

㉡ w, $\overline{w}$를 각각 대입하면, $w^3 = 1$, $\overline{w}^3 = 1$

㉢ $x^3 - 1 = 0$

➜ $(x-1)(x^2 + x + 1) = 0$

➜ $x^2 + x + 1 = 0$의 두 허근이 w, $\overline{w}$

➜ $w + \overline{w} = -1$, $w\overline{w} = 1$
(근과 계수의 관계를 적용한 것)

$w^2 + w + 1 = 0$, $\overline{w}^2 + \overline{w} + 1 = 0$
($x^2 + x + 1 = 0$에 w, $\overline{w}$를 대입)

② $x^2 - ax + b = 0$의 한 허근이 $3w$가 되어야 한다.

➜ 계수가 모두 실수이므로 다른 한 허근은 $3\overline{w}$이다.
(계수가 모두 실수인 이차방정식의 허근은 켤레로 존재하므로)

설계 이차방정식 $x^2 - ax + b = 0$에 근과 계수의 관계를 적용하고 $w + \overline{w} = -1$, $w\overline{w} = 1$임을 이용하면 a, b의 값을 구할 수 있겠다.

생각 1 | $x^2 - ax + b = 0$에 근과 계수의 관계를 적용하자.

$x^2 - ax + b = 0$의 두 근이 $3w$, $3\overline{w}$이므로

(두 근의 합) $= 3(w + \overline{w}) = a$ ➜ $a = -3$

(두 근의 곱) $= 9w\overline{w} = b$ ➜ $b = 9$

∴ $ab = (-3) \times 9 = -27$

답 -27

456.

구하는 값 $\alpha^2 + \beta^2$의 값

➜ $\alpha^2 + \beta^2 = (\alpha + \beta)^2 - 2\alpha\beta$임을 이용할 수도 있겠다.

조건 정리 ① 뚜껑이 없는 직육면체 모양의 상자의 부피가 128

➜ 뚜껑이 없는 직육면체 모양의 상자의
(가로) $= 16 - 2x$, (세로) $= a - 2x$, (높이) $= x$이므로
(부피) $= (16 - 2x)(a - 2x)x = 128$

② 부피가 128이 되도록 하는 모든 x의 값이 4, α, β

➜ 방정식 $(16 - 2x)(a - 2x)x = 128$의 세 근이 4, α, β

➜ $x = 4$를 대입하면
$8 \times (a - 8) \times 4 = 128$ ➜ $a = 12$

$a = 12$이므로
$(16 - 2x)(a - 2x)x = 128$

➜ $(16 - 2x)(12 - 2x)x = 128$

➜ $(8 - x)(6 - x)x = 32$

➜ $x^3 - 14x^2 + 48x - 32 = 0$

이때, $x = 4$가 이 방정식의 한 근임을 알고 있으므로 조립제법을 이용하여 인수분해하면,

$x^3 - 14x^2 + 48x - 32 = 0$

➜ $(x-4)(x^2 - 10x + 8) = 0$

∴ $x^2 - 10x + 8 = 0$의 두 근이 α, β이다.

➜ $\alpha + \beta = 10$, $\alpha\beta = 8$ (근과 계수의 관계 적용)

즉,
(구하는 값) $= (\alpha + \beta)^2 - 2\alpha\beta = 10^2 - 2 \times 8 = 84$

답 84

457.

구하는 값 $\dfrac{1}{a}+\dfrac{1}{b}+\dfrac{1}{c}+\dfrac{1}{d}$ 의 값

조건 정리 $x^4-3x^2+9=0$의 네 근이 a, b, c, d

생각 1 | 인수분해하자.

$x^4-3x^2+9=0$은 $x^2=X$로 치환했을 때 인수분해가 힘들다.

➡ x^4, $+9$를 포함하는 완전제곱식으로 $x^4+6x^2+9=(x^2+3)^2$을 떠올릴 수 있고, 이를 중심으로 식을 정리하자.

$x^4-3x^2+9=0$

➡ $(x^4+6x^2+9)-9x^2=0$

➡ $(x^2+3)^2-(3x)^2=0$

➡ $(x^2-3x+3)(x^2+3x+3)=0$

$\therefore$ $x^2-3x+3=0$ 또는 $x^2+3x+3=0$의 네 근이 a, b, c, d이다.

➡ $x^2-3x+3=0$의 두 근을 a, b라 하고, $x^2+3x+3=0$의 두 근을 c, d라 하자.

생각 2 | 두 이차방정식이 인수분해가 힘들다.

➡ 근과 계수의 관계를 적용하자.

$x^2-3x+3=0$의 두 근이 a, b이므로
$a+b=3$, $ab=3$

$x^2+3x+3=0$의 두 근이 c, d이므로
$c+d=-3$, $cd=3$

얻은 관계식들을 이용하기 위하여, 구하는 값을 다음과 같이 통분해보면

(구하는 값)

$=\dfrac{1}{a}+\dfrac{1}{b}+\dfrac{1}{c}+\dfrac{1}{d}=\dfrac{a+b}{ab}+\dfrac{c+d}{cd}=\dfrac{3}{3}+\dfrac{-3}{3}=0$

답 0

458.

구하는 값 x^7+5x+2를 x^2+x+1로 나누었을 때의 나머지

➡ 나누는 식이 이차식이므로, 나머지는 일차 이하의 식이다. 따라서 나머지를 $ax+b$라 둘 수 있다.

➡ $x^7+5x+2=(x^2+x+1)Q(x)+(ax+b)$ $\cdots$ (★)

($Q(x)$는 x^7+5x+2를 x^2+x+1로 나누었을 때의 몫)

조건 정리 $x^3=1$의 한 허근을 w라 하면 $w^2+w+1=0$이다.

설계 나누는 값인 x^2+x+1에 $x=w$를 대입하면 w^2+w+1이 됨에 주목해보자.

생각 1 | $w^2+w+1=0$임을 이용하기 위하여 (★)에 $x=w$를 대입하자.

(★) : $x^7+5x+2=(x^2+x+1)Q(x)+(ax+b)$에 $x=w$를 대입

➡ $w^7+5w+2=\underbrace{(w^2+w+1)}_{=0}Q(w)+(aw+b)$

➡ $w^7+5w+2=aw+b$

생각 2 | $x^3=1$의 한 허근이 w임을 이용하자.

$x^3=1$의 한 허근이 w ➡ $w^3=1$

즉, $w^7+5w+2=aw+b$

➡ $6w+2=aw+b$

➡ $a=6$, $b=2$

답 $6x+2$

459.

구하는 값 $\alpha^2+\beta^2$의 (최댓값)+(최솟값)

➡ $\alpha^2+\beta^2=(\alpha+\beta)^2-2\alpha\beta$임을 이용할 수 있겠다.

조건 정리 ① $x^3-ax^2+ax-1=0$이 서로 다른 두 허근 α, β를 가진다.

➡ 이차방정식이 서로 다른 두 허근 α, β를 가져야 한다.

② a는 정수

생각 1 | 인수분해하자.

$x^3-ax^2+ax-1=0$에 $x=1$을 대입하면 성립하므로

조립제법을 이용하여 인수분해하면,

$x^3-ax^2+ax-1=0$

➡ $(x-1)\{x^2+(1-a)x+1\}=0$

이로부터 다음과 같은 사실을 알 수 있다.

㉠ $x^2+(1-a)x+1=0$이 서로 다른 두 허근을 가져야 한다.

➡ (판별식) <0이어야 한다.

➡ $D=(1-a)^2-4<0$

➡ $(a-1)^2<4$

➡ $-2<a-1<2$

➡ $-1<a<3$

$\therefore$ a는 $-1<a<3$인 정수이다.

㉡ 그 두 허근이 α, β이다.

➡ $x^2+(1-a)x+1=0$의 두 근이 α, β이다.

생각 2 | **근과 계수의 관계를 이용하자.**

$x^2+(1-a)x+1=0$의 두 근이 α, β이므로
$\alpha+\beta=a-1$, $\alpha\beta=1$

즉, (구하는 값)$=(\alpha+\beta)^2-2\alpha\beta=(a-1)^2-2$
이때, a는 $-1<a<3$인 정수이므로
$(a-1)^2-2$은 $a=1$일 때 최솟값 -2를,
$a=0$ 또는 2일 때 최댓값 -1을 갖는다.

$$\therefore\ (-1)+(-2)=-3$$

답 -3

460.

구하는 값 w^2-5w의 값

➜ 구하는 값을 간단히 할 수는 없을까?

조건 정리 $(x^2-4x+3)(x^2-6x+8)=120$의 한 허근이
w이다. ➜ 허근을 갖는 이차방정식을 찾아 이용하자.

설계 우선 $(x^2-4x+3)(x^2-6x+8)=120$을 인수분해하여
허근을 갖는 이차방정식을 찾자.

생각 1 | **인수분해하자.**

$(x^2-4x+3)(x^2-6x+8)=120$
➜ $(x-1)(x-3)(x-2)(x-4)-120=0$

여기서 반복되는 부분을 만들기 위해
$(x-1)(x-4)$와 $(x-3)(x-2)$를 각각 전개해보면,
$(x-1)(x-3)(x-2)(x-4)-120=0$
➜ $(\underline{x^2-5x}+4)(\underline{x^2-5x}+6)-120=0$

$x^2-5x=X$로 치환하면,
$(X+4)(X+6)-120=0$
➜ $X^2+10X-96=0$
➜ $(X+16)(X-6)=0$
➜ $X+16=0$ 또는 $X-6=0$
➜ $x^2-5x+16=0$ 또는 $x^2-5x-6=0$

생각 2 | **허근을 갖는 이차방정식을 찾자.**

이를 위해 판별식을 써보면,
$x^2-5x+16=0$ ➜ $D=25-64<0$
$x^2-5x-6=0$ ➜ $D=25+24>0$
$\therefore\ x^2-5x+16=0$이 두 허근을 갖는다.
➜ $x^2-5x+16=0$의 한 허근이 w이다.

생각 3 | $x^2-5x+16=0$**의 한 허근이** w **임을 이용하자.**

$x=w$를 대입해보면, $w^2-5w+16=0$임을 알 수
있으므로 구하는 값을 다음과 같이 간단히 할 수 있다.
(구하는 값)$=w^2-5w=-16$

답 -16

461.

구하는 값 $a^2+b^2+c^2$의 값

조건 정리 ① $x^3+ax^2+bx+c=0$의 세 근이 α, β, γ이다.

② $x^3-2x^2+3x-1=0$의 세 근이 $\dfrac{1}{\alpha\beta}$, $\dfrac{1}{\beta\gamma}$,

$\dfrac{1}{\gamma\alpha}$ 이다.

설계 근과 계수의 관계를 이용하여 얻은 조건식들을 조작하자.

생각 1 | **근과 계수의 관계를 이용하자.**

$x^3+ax^2+bx+c=0$의 세 근이 α, β, γ이므로
$\alpha+\beta+\gamma=-a$, $\alpha\beta+\beta\gamma+\gamma\alpha=b$, $\alpha\beta\gamma=-c$

생각 2 | $\alpha\beta\gamma=-c$**임을 이용하여** $\dfrac{1}{\alpha\beta}$, $\dfrac{1}{\beta\gamma}$, $\dfrac{1}{\gamma\alpha}$**을 간단히**

하자.

여기서 $\alpha\beta\gamma=-c$임을 이용하면 $\dfrac{1}{\alpha\beta}$, $\dfrac{1}{\beta\gamma}$, $\dfrac{1}{\gamma\alpha}$을
각각 다음과 같이 간단히 할 수 있다.

$$\frac{1}{\alpha\beta}=-\frac{\gamma}{c},\ \frac{1}{\beta\gamma}=-\frac{\alpha}{c},\ \frac{1}{\gamma\alpha}=-\frac{\beta}{c}$$

즉, $x^3-2x^2+3x-1=0$의 세 근이 $\dfrac{1}{\alpha\beta}$, $\dfrac{1}{\beta\gamma}$,

$\dfrac{1}{\gamma\alpha}$이다.

➜ $x^3-2x^2+3x-1=0$의 세 근이 $-\dfrac{\gamma}{c}$, $-\dfrac{\alpha}{c}$,

$-\dfrac{\beta}{c}$이다.

이를 바탕으로 $x^3 - 2x^2 + 3x - 1 = 0$에서
근과 계수의 관계를 이용하면,

(세 근의 곱) $= -\dfrac{\alpha\beta\gamma}{c^3} = 1$

$\Rightarrow \dfrac{1}{c^2} = 1 \Rightarrow c^2 = 1$

(세 근의 합) $= -\dfrac{\alpha + \beta + \gamma}{c} = 2$

$\Rightarrow \dfrac{a}{c} = 2 \Rightarrow \dfrac{a^2}{c^2} = 4$이므로 $a^2 = 4$

(두 근의 곱의 합) $= \dfrac{\alpha\beta}{c^2} + \dfrac{\beta\gamma}{c^2} + \dfrac{\gamma\alpha}{c^2} = 3$

$\Rightarrow b = 3$이므로 $b^2 = 9$

즉, $a^2 + b^2 + c^2 = 4 + 9 + 1 = 14$

답 14

462.

구하는 값 자연수 n의 값

조건 정리 ① $x^3 - 3x^2 + 4x - 2 = 0$의 한 허근이 w이다.
→ 허근을 갖는 이차방정식을 찾아 이용하자.
② $\{w(\overline{w} - 1)\}^n = 256$
③ n은 자연수

설계 허근을 갖는 이차방정식을 찾고, 조건식
$\{w(\overline{w} - 1)\}^n = 256$을 간단히 한 후, n에 자연수를
대입해보며 규칙성을 파악하자.

생각 1 | 허근을 갖는 이차방정식을 찾자.

$x^3 - 3x^2 + 4x - 2 = 0$에 $x = 1$을 대입하면
성립하므로
조립제법을 이용하여 인수분해하면,
$(x-1)(x^2 - 2x + 2) = 0$
$\therefore \ x^2 - 2x + 2 = 0$이 두 허근을 갖는다.
→ $x^2 - 2x + 2 = 0$의 한 허근이 w이다.

생각 2 | $\{w(\overline{w} - 1)\}^n$을 간단히 하자.

$\{w(\overline{w} - 1)\}^n = (w\overline{w} - w)^n$
이때, $w\overline{w}$의 값은 다음과 같이 구할 수 있다.

$x^2 - 2x + 2 = 0$의 한 허근이 w이므로 다른 한 허근은
$\overline{w}$이다.
→ 근과 계수의 관계를 적용하면 $w\overline{w} = 2$

즉, $(w\overline{w} - w)^n = (2 - w)^n$
또, $2 - w$의 값은 다음과 같이 간단히 할 수 있다.

$x^2 - 2x + 2 = 0$의 두 근이 w, $\overline{w}$
→ 근과 계수의 관계를 이용하면
(두 근의 합) $= w + \overline{w} = 2$
$\Rightarrow 2 - w = \overline{w}$

즉, $(2 - w)^n = (\overline{w})^n$
여기서 근의 공식을 통해 $x^2 - 2x + 2 = 0$의 근을
구해보면
$x = 1 \pm i \Rightarrow \overline{w} = 1 + i$라고 해보자.
($\overline{w} = 1 - i$라 해도 상관없다.)
$\therefore \ \{w(\overline{w} - 1)\}^n = (1 + i)^n$

생각 3 | $(1 + i)^n$에서 n의 자리에 자연수를 하나씩
대입해보자.

$n = 2$ 대입 $\Rightarrow (1 + i)^2 = 2i$
$n = 4$ 대입 $\Rightarrow (1 + i)^4 = \{(1 + i)^2\}^2 = (2i)^2 = -2^2$
$n = 8$ 대입 $\Rightarrow (1 + i)^8 = \{(1 + i)^4\}^2 = (-2^2)^2 = 2^4$
$n = 16$ 대입
$\Rightarrow (1 + i)^{16} = \{(1 + i)^8\}^2 = (2^4)^2 = 2^8 = 256$

답 16

463.

구하는 값 $a + b + c$의 값

조건 정리 ① $P(x) = x^3 + ax^2 + bx + c$
(가) $P(x) = 0$은 한 실근과 서로 다른 두 허근을
갖고, 서로 다른 두 허근의 곱은 5
→ 두 허근을 갖는 이차방정식을 찾아 이용하자.

(나) $P(3x - 1) = 0$은 한 근 0과 서로 다른 두
허근을 갖고, 서로 다른 두 허근의 합은 2이다.
→ $x = 0$을 대입하면, $P(-1) = 0$

생각 1 | 두 허근을 갖는 이차방정식을 찾아 이용하자.

$P(-1) = 0$이므로
$P(x) = (x+1)(x^2 + px + q)$라 표현할 수 있다.
→ $x^2 + px + q = 0$이 두 허근을 갖는다.
이때, 조건 (가)에서 두 허근의 곱이 5라 했으므로
(두 근의 곱) $= q = 5$ (근과 계수의 관계 적용)
즉, $x^2 + px + q = 0 \Rightarrow x^2 + px + 5 = 0$

생각 2 | $P(3x-1)=0$의 두 허근의 합이 2임을 이용하자.

먼저 $x^2+px+5=0$의 두 허근을 α, β라 하면,
$P(\alpha)=0$, $P(\beta)=0$이다.
즉,
방정식 $P(\quad)=0$은 괄호 $(\quad)$ 안에
α 또는 β가 들어가면 성립한다.

이를 이용하면 $P(3x-1)=0$의 괄호 $(\quad)$ 안이 α
또는 β이도록 하는 x의 값이 $P(3x-1)=0$의
허근임을 알 수 있으므로,
$3x-1=\alpha$ 또는 $3x-1=\beta$

➜ $x=\dfrac{\alpha+1}{3}$ 또는 $\dfrac{\beta+1}{3}$

∴ $x=\dfrac{\alpha+1}{3}$ 또는 $\dfrac{\beta+1}{3}$이 $P(3x-1)=0$의 두
허근이다.

따라서
$P(3x-1)=0$의 두 허근의 합이 2

➜ $\dfrac{\alpha+1}{3}+\dfrac{\beta+1}{3}=2$

➜ $\alpha+\beta=4$

이때, $x^2+px+5=0$의 두 허근이 α, β였으므로
$\alpha+\beta=-p=4$(근과 계수의 관계 적용) ➜ $p=-4$
즉,
$x^2+px+5=0$ ➜ $x^2-4x+5=0$
∴ $P(x)=(x+1)(x^2-4x+5)$

생각 3 | $P(x)$의 식을 이용하여 $a+b+c$의 값을 구하자.

$P(x)=(x+1)(x^2-4x+5)=x^3+ax^2+bx+c$
이므로
$x=1$을 대입하면 $a+b+c$가 바로 등장한다.
➜ $P(1)=2\times2=1+a+b+c$
➜ ∴ $a+b+c=3$

답 3

464.

구하는 값 자연수 k의 개수

조건 정리 $x^4-9x^2+k-10=0$의 모든 근이 실수가 되어야 한다.

설계 $x^2=X$로 치환하여 사차방정식을 이차방정식으로 바꿔
다루자.

$x^2=X$로 치환하면,
$x^4-9x^2+k-10=0$ ➜ $X^2-9X+k-10=0$

이때, $X^2-9X+k-10=0$의 두 근을 $X=a$ 또는 b라
해보자.
그러면 $x^2=a$ 또는 b를 만족시키는 모든 x의 값들이
$x^4-9x^2+k-10=0$의 모든 근이 된다.

만약 a, b 중에서 음수인 것이 있으면
$x^2=(-)$ ➜ 허근이 도출된다.
➜ a, b는 음수이면 안 된다.

만약 a, b 중에서 0 또는 양수인 것이 있으면
$x^2=0$ 또는 $x^2=(+)$ ➜ 실근이 도출된다.
➜ a, b는 0 이상이어야 한다.

∴ $a\geq0$, $b\geq0$이어야 한다.
(이때 당연히 a, b는 실수여야 한다.)

정리하면, X에 대한 방정식
$X^2-9X+k-10=0$의 두 실근이 모두 0 이상이어야 한다.

➜ 이차방정식의 실근의 부호를 따지는 문항으로 바뀌었다.

따라서 우선,
① (판별식) ≥0이고, (a, b는 실수여야 하므로)
② (두 근의 합) >0, (두 근의 곱) >0이어야 한다.

이때, 조건 ①, ②를 동시에 만족하면 X에 대한 방정식
$X^2-9X+k-10=0$의 두 실근이 모두 양수
인 것만이 보장되므로 두 실근 중 0인 것이 있는 경우
($=a$, b 중 0인 것이 있는 경우)는 따로 살펴야 한다.

생각 1 | 방정식 $X^2-9X+k-10=0$의 두 실근이 모두
양수인 상황을 먼저 살피자.

① (판별식) ≥0 ➜ $D=81-4(k-10)\geq0$
➜ $k\leq\dfrac{121}{4}$
② (두 근의 합) >0, (두 근의 곱) >0
➜ $a+b=9>0$, $ab=k-10>0$ ➜ $k>10$
∴ $10<k\leq\dfrac{121}{4}$이면, X에 대한 방정식
$X^2-9X+k-10=0$의 두 실근이 모두 양수가 된다.

생각 2 | 두 실근 중 0인 것이 있는 경우는 따로 살피자.

$X^2 - 9X + k - 10 = 0$의 한 실근이 0이라고 가정하자.

➜ $X = 0$을 대입하면, $k = 10$

즉, $X^2 - 9X + k - 10 = 0$ ➜ $X^2 - 9X = 0$

➜ $X = 0$ 또는 9

➜ $x^2 = 0$ 또는 $x^2 = 9$

➜ $x = 0$ 또는 ± 3

(모두 실근)

∴ $k = 10$인 경우도 조건을 만족시킨다.

즉, 가능한 자연수 k는 $10 \leq k \leq \dfrac{121}{4}$ 을 만족해야 한다.

➜ $10 \leq k \leq 30$ ➜ $30 - 10 + 1 = 21$ (개)

답 21

465.

구하는 값 $\begin{cases} x+2y=6 \\ x^2+y^2=8 \end{cases}$ 의 해

➔ $x=6-2y$ 를 $x^2+y^2=8$ 에 대입하자.

➔ $(6-2y)^2+y^2=8$

➔ $5y^2-24y+28=0$

➔ $(5y-14)(y-2)=0$ ➔ $y=\dfrac{14}{5}$ 또는 2

• $y=\dfrac{14}{5}$ 를 다시 $x=6-2y$ 에 대입하면 ➔ $x=\dfrac{2}{5}$

• $y=2$ 를 다시 $x=6-2y$ 에 대입하면 ➔ $x=2$

즉, 구하는 해는 $\begin{cases} x=\dfrac{2}{5} \\ y=\dfrac{14}{5} \end{cases}$ 또는 $\begin{cases} x=2 \\ y=2 \end{cases}$

답 $\begin{cases} x=\dfrac{2}{5} \\ y=\dfrac{14}{5} \end{cases}$ 또는 $\begin{cases} x=2 \\ y=2 \end{cases}$

466.

구하는 값 $\begin{cases} x+4y=15 \\ x^2+2xy+y=-3 \end{cases}$ 의 해

➔ $y=\dfrac{15-x}{4}$ 를 $x^2+2xy+y=-3$ 에 대입하자.

➔ $x^2+2x\left(\dfrac{15-x}{4}\right)+\left(\dfrac{15-x}{4}\right)+3=0$

➔ 양변에 4를 곱하면,
$4x^2+2x(15-x)+(15-x)+12=0$

➔ $2x^2+29x+27=0$

➔ $(2x+27)(x+1)=0$

➔ $x=-\dfrac{27}{2}$ 또는 -1

• $x=-\dfrac{27}{2}$ 을 다시 $y=\dfrac{15-x}{4}$ 에 대입하면

➔ $y=\dfrac{57}{8}$

• $x=-1$ 을 다시 $y=\dfrac{15-x}{4}$ 에 대입하면

➔ $y=4$

즉, 구하는 해는 $\begin{cases} x=-\dfrac{27}{2} \\ y=\dfrac{57}{8} \end{cases}$ 또는 $\begin{cases} x=-1 \\ y=4 \end{cases}$

답 $\begin{cases} x=-\dfrac{27}{2} \\ y=\dfrac{57}{8} \end{cases}$ 또는 $\begin{cases} x=-1 \\ y=4 \end{cases}$

467.

구하는 값 $\begin{cases} x^2-y^2+4x-3y=8 \\ x^2-y^2=3 \end{cases}$ 의 해

➔ x^2-y^2 가 반복되므로, $x^2-y^2=3$ 을 $x^2-y^2+4x-3y=8$ 에 대입하자.

➔ $4x-3y=5$

➔ $y=\dfrac{4x-5}{3}$ 을 $x^2-y^2=3$ 에 대입하자.

➔ $x^2-\left(\dfrac{4x-5}{3}\right)^2-3=0$

➔ 양변에 9를 곱하면,
$9x^2-(4x-5)^2-27=0$

➔ $-7x^2+40x-52=0$

➔ $7x^2-40x+52=0$ ➔ $(7x-26)(x-2)=0$

➔ $x=\dfrac{26}{7}$ 또는 2

• $x=\dfrac{26}{7}$ 을 다시 $y=\dfrac{4x-5}{3}$ 에 대입하면

➔ $y=\dfrac{69}{21}$

• $x=2$ 를 다시 $y=\dfrac{4x-5}{3}$ 에 대입하면

➔ $y=1$

즉, 구하는 해는 $\begin{cases} x=\dfrac{26}{7} \\ y=\dfrac{69}{21} \end{cases}$ 또는 $\begin{cases} x=2 \\ y=1 \end{cases}$

답 $\begin{cases} x=\dfrac{26}{7} \\ y=\dfrac{69}{21} \end{cases}$ 또는 $\begin{cases} x=2 \\ y=1 \end{cases}$

468.

구하는 값 ab의 값

조건 정리 $\begin{cases} 4x^2 - 4xy + y^2 = 0 \\ x^2 + y^2 = 40 \end{cases}$ 의 해 : $x = a$, $y = b$

→ $4x^2 - 4xy + y^2 = 0$은 인수분해 가능하다.

→ $(2x - y)^2 = 0$ → $2x = y$ → $2a = b$

→ $2x = y$를 $x^2 + y^2 = 40$에 대입하면,

$5x^2 = 40$ → $x^2 = 8$ → $a^2 = 8$

이때, $2a = b$, $a^2 = 8$이므로

(구하는 값)$= ab = 2a^2 = 16$

답 16

469.

구하는 값 $\begin{cases} x^2 + xy - y^2 + x + y = 8 \\ 2x^2 + 2xy - 2y^2 + x + y = 13 \end{cases}$ 의 해

설계 공통부분을 치환하자.

$x^2 + xy - y^2 = a$, $x + y = b$로 치환하면,

$\begin{cases} x^2 + xy - y^2 + x + y = 8 \\ 2x^2 + 2xy - 2y^2 + x + y = 13 \end{cases}$ → $\begin{cases} a + b = 8 \\ 2a + b = 13 \end{cases}$

얻은 부등식을 연립하면 $a = 5$, $b = 3$임을 알 수 있다.

즉, $x^2 + xy - y^2 = 5$, $x + y = 3$이다.

이때, $x^2 + xy - y^2 = 5$ → $x(x + y) - y^2 = 5$ →

$3x - y^2 = 5$이고,

$3x - y^2 = 5$에 $x + y = 3$를 대입하면,
$\hookrightarrow x = 3 - y$

$3(3 - y) - y^2 = 5$ → $y^2 + 3y - 4 = 0$ → $(y + 4)(y - 1) = 0$

→ $y = -4$ 또는 1

• $y = -4$를 다시 $x = 3 - y$에 대입하면 → $x = 7$

• $y = 1$을 다시 $x = 3 - y$에 대입하면 → $x = 2$

즉, 구하는 해는 $\begin{cases} x = 7 \\ y = -4 \end{cases}$ 또는 $\begin{cases} x = 2 \\ y = 1 \end{cases}$

답 $\begin{cases} x = 7 \\ y = -4 \end{cases}$ 또는 $\begin{cases} x = 2 \\ y = 1 \end{cases}$

470.

구하는 값 $|x - y|$의 값

조건 정리 x, y는 연립방정식 $\begin{cases} x + y + 4xy = 3 \\ -(x + y) + x^2y^2 = -7 \end{cases}$의 해

→ 공통부분을 치환하자.

공통부분인 $x + y$와 xy를 각각 a, b로 치환하면,

$\begin{cases} x + y + 4xy = 3 \\ -(x + y) + (xy)^2 = -7 \end{cases}$ → $\begin{cases} a + 4b = 3 \cdots ㉠ \\ -a + b^2 = -7 \cdots ㉡ \end{cases}$

㉠, ㉡의 양변을 더하면

$b^2 + 4b = -4$ → $b^2 + 4b + 4 = 0$ → $(b + 2)^2 = 0$

→ $b = -2$

$b = -2$를 다시 ㉠ : $a + 4b = 3$에 대입하면

→ $a = 11$

• $a = 11$ → $x + y = 11$

• $b = -2$ → $xy = -2$

이때, 구하는 값이 $|x - y|$이고, 현재 $x + y$와 xy의
값을 알고 있으므로, 공식
$(x - y)^2 = (x + y)^2 - 4xy$
을 사용하여 답을 구하자.

$(x - y)^2 = 121 + 8 = 129$

→ $x - y = \pm\sqrt{129}$

→ $|x - y| = \sqrt{129}$

답 $\sqrt{129}$

471.

구하는 값 $20xy$의 값

조건 정리 ① x, y는 양수

② x, y는 연립방정식

$\begin{cases} x^2 - y^2 = 6 \\ (x + y)^2 - 2(x + y) = 3 \end{cases}$ 의 해

→ $(x + y)^2 - 2(x + y) = 3$에서 반복되는 $x + y$를
a로 치환하자.

→ $a^2 - 2a - 3 = 0$

→ $(a - 3)(a + 1) = 0$

→ $a = 3$ 또는 -1

즉, $x + y = 3$ 이다. (x, y는 양수이므로)

$x + y = 3$ 이므로

$x^2 - y^2 = 6$

➜ $\boxed{(x+y)}(x-y) = 6$

➜ $\boxed{3}(x-y) = 6$

➜ $x - y = 2$

두 관계식 $x + y = 3$, $x - y = 2$를 연립하면,

$x = \dfrac{5}{2}$, $y = \dfrac{1}{2}$임을 알 수 있다.

즉, (구하는 값)$= 20xy = 20\left(\dfrac{5}{2}\right)\left(\dfrac{1}{2}\right) = 25$

답 25

472.

구하는 값 $\begin{cases} 2x^2 + y^2 = \boxed{9} & \cdots \,\text{㉠} \\ x^2 + 7xy - 3y^2 = \boxed{15} & \cdots \,\text{㉡} \end{cases}$ 의 해

➜ 우변의 상수항 9, 15를 소거해보자.

㉠, ㉡에서 우변의 상수항을 소거하기 위해,
㉠의 양변에 5를 곱하고, ㉡의 양변에 3을 곱하면,

$\begin{cases} 10x^2 + 5y^2 = \boxed{45} \\ 3x^2 + 21xy - 9y^2 = \boxed{45} \end{cases}$

두 방정식의 양변을 빼면,

$7x^2 - 21xy + 14y^2 = 0$ ➜ $x^2 - 3xy + 2y^2 = 0$

➜ $(x - 2y)(x - y) = 0$

➜ $x = 2y$ 또는 $x = y$

- $x = 2y$를 ㉠ : $2x^2 + y^2 = 9$에 대입하면,

  $y^2 = 1$ ➜ $y = 1$ 또는 -1

  이때, $y = 1$이면 ➜ $x = 2$

  $y = -1$이면 ➜ $x = -2$

- $x = y$를 ㉠ : $2x^2 + y^2 = 9$에 대입하면,

  $y^2 = 3$ ➜ $y = \sqrt{3}$ 또는 $-\sqrt{3}$

  이때, $y = \sqrt{3}$이면 ➜ $x = \sqrt{3}$

  $y = -\sqrt{3}$이면 ➜ $x = -\sqrt{3}$

따라서 구하는 연립방정식의 해는

$\begin{cases} x = 2 \\ y = 1 \end{cases}$ 또는 $\begin{cases} x = -2 \\ y = -1 \end{cases}$

또는 $\begin{cases} x = \sqrt{3} \\ y = \sqrt{3} \end{cases}$ 또는 $\begin{cases} x = -\sqrt{3} \\ y = -\sqrt{3} \end{cases}$

답 $\begin{cases} x = 2 \\ y = 1 \end{cases}$ 또는 $\begin{cases} x = -2 \\ y = -1 \end{cases}$

또는 $\begin{cases} x = \sqrt{3} \\ y = \sqrt{3} \end{cases}$ 또는 $\begin{cases} x = -\sqrt{3} \\ y = -\sqrt{3} \end{cases}$

473.

구하는 값 $\beta_1 - \beta_2$의 값

조건 정리 ① $\begin{cases} x^2 - 3xy + 2y^2 = 0 \\ x^2 - y^2 = 9 \end{cases}$ 의 해가

$\begin{cases} x = \alpha_1 \\ y = \beta_1 \end{cases}$ 또는 $\begin{cases} x = \alpha_2 \\ y = \beta_2 \end{cases}$

➜ $x^2 - 3xy + 2y^2 = 0$은 인수분해가 가능하다.

인수분해하면

➜ $(x - 2y)(x - y) = 0$ ➜ $x = 2y$ 또는 y

- $x = 2y$를 $x^2 - y^2 = 9$에 대입하면

  $y^2 = 3$ ➜ $y = \sqrt{3}$ 또는 $-\sqrt{3}$

  이때, $y = \sqrt{3}$이면 ➜ $x = 2\sqrt{3}$

  $y = -\sqrt{3}$이면 ➜ $x = -2\sqrt{3}$

- $x = y$를 $x^2 - y^2 = 9$에 대입하면,

  $0 = 9$ ➜ 모순

즉, 이 연립방정식의 해는

$\begin{cases} x = 2\sqrt{3} \\ y = \sqrt{3} \end{cases}$ 또는 $\begin{cases} x = -2\sqrt{3} \\ y = -\sqrt{3} \end{cases}$

② $\alpha_1 < \alpha_2$

➜ 이 조건에 따라 $\alpha_1 = -2\sqrt{3}$, $\alpha_2 = 2\sqrt{3}$이므로,

$\beta_1 = -\sqrt{3}$, $\beta_2 = \sqrt{3}$

➜ (구하는 값)$= \beta_1 - \beta_2 = -\sqrt{3} - \sqrt{3} = -2\sqrt{3}$

답 ① $-2\sqrt{3}$

474.

구하는 값 양수 k의 값

조건 정리 ① 연립방정식 $\begin{cases} 2x + y = 1 \\ x^2 - ky = -6 \end{cases}$ 이 오직 한 쌍의 해를

갖는다.

➜ 한 문자로 정리된 이차방정식이 서로 다른 1개의
실근을 가지면 된다.

➜ **설계** $y = 1 - 2x$를 $x^2 - ky = -6$에 대입하여,
문자를 x로 통일한 이차방정식을 만들고,
(판별식)$= 0$임을 이용하자.

② k는 양수

생각 1 | **한 문자로 통일된 이차방정식을 만들자.**

$y = 1 - 2x$를 $x^2 - ky = -6$에 대입하면,

$x^2 - k(1 - 2x) = -6$ ➜ $x^2 + 2kx + (6 - k) = 0$

생각 2 | (판별식)= 0임을 이용하자.

$x^2 + 2kx + (6-k) = 0$의 (판별식)$= 0$

➔ $\dfrac{D}{4} = k^2 - (6-k) = 0$

➔ $k^2 + k - 6 = 0$

➔ $(k+3)(k-2) = 0$

즉, $k = -3$ 또는 2

이때, 조건②에 따라 k는 양수이므로, $k = 2$

답 2

475.

구하는 값 $\alpha + \beta + k$의 값

조건 정리 ① 연립방정식 $\begin{cases} 2x - y = 5 \\ x^2 - 2y = k \end{cases}$ 가 오직 한 쌍의 해를 가진다.

➔ 한 문자로 정리된 이차방정식이 서로 다른 1개의 실근을 가지면 된다.

➔ **설계** $y = 2x - 5$를 $x^2 - 2y = k$에 대입하여, 문자를 x로 통일한 이차방정식을 만들고, (판별식)$= 0$임을 이용하자.

② 그 해가 $x = \alpha$, $y = \beta$이다.

생각 1 | 한 문자로 통일된 이차방정식을 만들자.

$y = 2x - 5$를 $x^2 - 2y = k$에 대입하면,

$x^2 - 2(2x-5) = k$ ➔ $x^2 - 4x + 10 - k = 0$

생각 2 | (판별식)= 0임을 이용하자.

$x^2 - 4x + 10 - k = 0$의 (판별식)$= 0$

➔ $\dfrac{D}{4} = 4 - (10 - k) = 0$ ➔ $k = 6$

즉, $k = 6$이면 주어진 연립방정식이 한 쌍의 해를 가지게 된다.

생각 3 | 주어진 연립방정식의 해를 구하자.

• $k = 6$을 아까 구해두었던 $x^2 - 4x + 10 - k = 0$에 대입하면,

$x^2 - 4x + 4 = 0$

➔ $(x-2)^2 = 0$ ➔ $x = 2$ ➔ $\alpha = 2$

• $x = 2$를 $y = 2x - 5$에 대입하면

➔ $y = -1$ ➔ $\beta = -1$

즉, (구하는 값)$= \alpha + \beta + k = 2 + (-1) + 6 = 7$

답 7

476.

구하는 값 자연수 k의 최댓값

조건 정리 ① 연립방정식 $\begin{cases} x - y = 3 \\ x^2 - xy - y^2 = k \end{cases}$ 의 해가

$\begin{cases} x = \boxed{\alpha} \\ y = \alpha - 3 \end{cases}$ 또는 $\begin{cases} x = \boxed{\beta} \\ y = \beta - 3 \end{cases}$

➔ α, β는 각각 연립방정식의 해의 일부이다.

② α, β는 서로 다른 두 실수가 되어야 한다.

➔ 한 문자로 정리된 이차방정식이 서로 다른 2개의 실근을 가지면 된다.

➔ **설계** $y = x - 3$을 $x^2 - xy - y^2 = k$에 대입하여, 문자를 x로 통일한 이차방정식을 만들고, (판별식)> 0임을 이용하자.

③ k는 자연수

생각 1 | 한 문자로 통일된 이차방정식을 만들자.

$\underset{x-y=3}{y = x-3}$을 $x^2 - xy - y^2 = k$에 대입하면,

$\underset{\text{대입하기 전에, 식을 간단히 정리하자.}}{x^2 - xy - y^2 = k}$

➔ $\underset{\text{이제 } y = x-3\text{을 대입하자.}}{x(x-y) - y^2 = k}$

➔ $3x - (x-3)^2 = k$

➔ $x^2 - 9x + 9 + k = 0$

생각 2 | (판별식)> 0임을 이용하자.

$x^2 - 9x + 9 + k = 0$의 (판별식)> 0

➔ $D = 81 - 4(9+k) > 0$ ➔ $k < \dfrac{45}{4}$

$k < \dfrac{45}{4}$ 를 만족시키는 자연수 k의 최댓값은 11이다.

답 11

477.

구하는 값 정수 k의 최솟값

조건 정리 ① 연립방정식 $\begin{cases} x - y = 4 \\ x^2 + xy = -k \end{cases}$ 가 허근을 가져야 한다.

➔ 한 문자로 정리된 이차방정식이 허근을 가지면 된다.

➔ **설계** $y = x - 4$를 $x^2 + xy = -k$에 대입하여, 문자를 x로 통일한 이차방정식을 만들고, (판별식)< 0임을 이용하자.

② k는 정수

생각 1 | 한 문자로 통일된 이차방정식을 만들자.

$y = x - 4$ 를 $x^2 + xy = -k$ 에 대입하면,

$$x^2 + x(x-4) = -k \rightarrow 2x^2 - 4x + k = 0$$

생각 2 | (판별식)< 0임을 이용하자.

$2x^2 - 4x + k = 0$의 (판별식)< 0

$$\rightarrow \frac{D}{4} = 4 - 2k < 0 \rightarrow k > 2$$

$k > 2$를 만족시키는 정수 k의 최솟값은 3이다.

답 3

478.

구하는 값 자연수 a의 개수

조건 정리 ① 연립방정식 $\begin{cases} xy = a^2 - 12 \\ x + y = 2a - 4 \end{cases}$ 가 실근을 가져야 한다.

② a는 자연수

Sol 1 한 문자로 정리된 이차방정식이 실근을 가지면 된다.

설계 $\begin{cases} xy = a^2 - 12 \\ x + y = 2a - 4 \end{cases}$ 에서 $y = -x + (2a-4)$ 를

$xy = a^2 - 12$에 대입하여, 문자를 x로 통일한
이차방정식을 만들고, (판별식)≥ 0임을 이용하자.

생각 1 | 한 문자로 통일된 이차방정식을 만들자.

$y = -x + (2a-4)$ 을 $xy = a^2 - 12$에 대입하면,

$$x\{-x + (2a-4)\} = a^2 - 12$$
$$\rightarrow x^2 - (2a-4)x + a^2 - 12 = 0$$

생각 2 | (판별식)≥ 0임을 이용하자.

$x^2 - (2a-4)x + a^2 - 12 = 0$의 (판별식)$\geq 0$

$$\rightarrow \frac{D}{4} = (a-2)^2 - (a^2 - 12) \geq 0$$

$$\rightarrow -4a + 16 \geq 0 \rightarrow a \leq 4$$

$a \leq 4$를 만족시키는 자연수 a의 개수는 4이다.

Sol 2 두 수 x, y를 근으로 하는 이차방정식을 제작하자.

설계 $\begin{cases} xy = a^2 - 12 \\ x + y = 2a - 4 \end{cases}$ 에서 두 수 x, y의 합과 곱이

등장했으니, x, y를 근으로 하는 이차방정식을 제작할 수
있다. (x, y를 근으로 하는 이차방정식)

$$\rightarrow X^2 - (x+y)X + xy = 0$$
$$\rightarrow X^2 - (2a-4)X + (a^2 - 12) = 0$$

이때, 주어진 연립방정식이 실근을 가지려면 x, y가 모두
실수이면 되므로,

$X^2 - (2a-4)X + (a^2 - 12) = 0$의 두 근 x, y가 실수이면 된다.

$\rightarrow$ 이 이차방정식이 실근을 가지면 된다.

$\rightarrow$ (판별식)≥ 0이면 된다.

$$\rightarrow \frac{D}{4} = (a-2)^2 - (a^2 - 12) \geq 0$$

$$\rightarrow -4a + 16 \geq 0 \rightarrow a \leq 4$$

답 4

479.

구하는 값 ab의 값

조건 정리 두 연립방정식 $\begin{cases} 3x + y = a \\ 2x + 2y = 1 \end{cases}$, $\begin{cases} x^2 - y^2 = -1 \\ x - y = b \end{cases}$ 의

해가 일치한다.

설계 제시된 방정식들 중 아무런 방정식 2개를 연립하여 구한
해에 반드시 공통해가 포함되므로, 미지수가 없어서
계산하기 편한 두 방정식 $2x + 2y = 1$과 $x^2 - y^2 = -1$을
연립하여 공통해가 될 수 있는 후보를 찾는 것이
우선이다.

생각 1 | 두 방정식 $2x + 2y = 1$과 $x^2 - y^2 = -1$을 연립하자.

- $x^2 - y^2 = -1 \rightarrow (x+y)(x-y) = -1$이고,
- $2x + 2y = 1 \rightarrow 2(x+y) = 1$

$\rightarrow x + y = \dfrac{1}{2}$이므로,

$(x+y)(x-y) = -1 \rightarrow \dfrac{1}{2}(x-y) = -1$

$\rightarrow x - y = -2$

얻은 $x + y = \dfrac{1}{2}$와 $x - y = -2$를 연립하면,

$$x = -\frac{3}{4}, \ y = \frac{5}{4}$$

$\rightarrow x = -\dfrac{3}{4}, \ y = \dfrac{5}{4}$가 공통해이다.

생각 2 | a, b의 값을 구하자.

$x = -\dfrac{3}{4}, \ y = \dfrac{5}{4}$를

- $3x + y = a$에 대입하면 $\rightarrow -\dfrac{9}{4} + \dfrac{5}{4} = a \rightarrow a = -1$
- $x - y = b$에 대입하면 $\rightarrow -\dfrac{3}{4} - \dfrac{5}{4} = b \rightarrow b = -2$

즉, $ab = (-1)(-2) = 2$

답 2

480.

구하는 값 ab의 값

조건 정리 ① 두 연립방정식

$$\begin{cases} 2x + ay = 8 \\ x^2 - 3y^2 + 11 = 0 \end{cases}, \quad \begin{cases} y = x + 1 \\ x^2 + by^2 - 9 = 0 \end{cases}$$

이 공통해를 가진다.

② a, b는 정수

설계 제시된 방정식들 중 아무런 방정식 2개를 연립하여 구한 해에 반드시 공통해가 포함되므로, 미지수가 없어서 계산하기 편한 두 방정식 $x^2 - 3y^2 + 11 = 0$과 $y = x + 1$을 연립하여 공통해가 될 수 있는 후보를 찾는 것이 우선이다.

생각 1 | 두 방정식 $x^2 - 3y^2 + 11 = 0$과 $y = x + 1$을 연립하자.

$x^2 - 3y^2 + 11 = 0$에 $y = x + 1$을 대입하면,

$x^2 - 3(x+1)^2 + 11 = 0$ ➜ $2x^2 + 6x - 8 = 0$

➜ $2(x+4)(x-1) = 0$

➜ $x = -4$ 또는 1

$y = x + 1$에

• $x = -4$를 대입하면 ➜ $y = -3$

• $x = 1$을 대입하면 ➜ $y = 2$

즉, $\begin{cases} x = -4 \\ y = -3 \end{cases}$ 또는 $\begin{cases} x = 1 \\ y = -2 \end{cases}$ 중 하나가 공통해이다.

생각 2 | 조건②를 만족시키는 공통해를 찾자.

(i) $\begin{cases} x = -4 \\ y = -3 \end{cases}$ 이 공통해인 경우

$\begin{cases} x = -4 \\ y = -3 \end{cases}$ 을 $2x + ay = 8$에 대입하면 ➜ $a = -\dfrac{16}{3}$

이때, 조건②에 따라 a는 정수여야 하므로

$\begin{cases} x = -4 \\ y = -3 \end{cases}$ 는 공통해가 될 수 없다.

(ii) $\begin{cases} x = 1 \\ y = -2 \end{cases}$ 이 공통해인 경우

$\begin{cases} x = 1 \\ y = -2 \end{cases}$ 을 • $2x + ay = 8$에 대입하면 ➜ $a = -3$

• $x^2 + by^2 - 9 = 0$에 대입하면 ➜ $b = 2$

이때, a, b 둘 모두 정수이므로 조건②를 만족시킨다.

즉, (구하는 값) $= ab = (-3)(2) = -6$

답 -6

7 여러가지 방정식

| **7-3. 부정방정식**

481.

구하는 값 a^2의 값

조건 정리 ① 네 변의 길이는 서로 다른 자연수

➔ x, y, 7, 9는 서로 다른 자연수이다.

② 주어진 그림

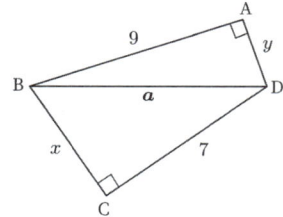

이때, 두 직각삼각형 BAD와 BCD에서 피타고라스 정리를 적용하면,

· $y^2 + 81 = \boxed{a^2}$

· $x^2 + 49 = \boxed{a^2}$

두 식에서 우변이 공통으로 a^2이므로,

$y^2 + 81 = x^2 + 49$

➔ $x^2 - y^2 = 32$

➔ $(x+y)(x-y) = 32$

이때, 조건①에 따라 x, y가 모두 자연수이므로,

$x+y$와 $x-y$는 모두 정수이다.

따라서, $(x+y)(x-y) = 32$을 만족시키는 $x+y$, $x-y$의 값을 나열하면 다음과 같다.

$x+y$	$x-y$
32	1
16	2
8	4
4	8
2	16
1	32

➔

x	y
$\dfrac{33}{2}$	$\dfrac{31}{2}$
9	7
6	2
6	-2
9	-7
$\dfrac{33}{2}$	$-\dfrac{31}{2}$

이 중에서 조건①을 만족시키는 경우는 $x=6$, $y=2$ 뿐이다.

$x=6$을 $x^2 + 49 = \boxed{a^2}$에 대입하면 ➔ $a^2 = 85$

답 85

482.

구하는 값 모든 상수 k의 합

조건 정리 ① a, b는 모두 자연수

② $a < b$

③ 모든 실수 x에 대하여 등식

$(x^2 - x)(x^2 - x + 3) + k(x^2 - x) + 8$
$= (x^2 - x + a)(x^2 - x + b)$

가 성립해야 한다.

➔ 이 등식이 x에 대한 항등식이 되어야 한다.

➔ · 이 등식의 x의 자리에 적당한 값을 대입할 수 있다.

· 좌변과 우변의 계수를 비교할 수 있다.

설계 주어진 등식의 양변에 $x=0$을 대입하고, 반복되는 $x^2 - x$를 X로 치환하자.

주어진 등식의 양변에 $x=0$을 대입하면 ➔ $8 = ab$

이때, 조건①에 따라 a, b는 모두 자연수이므로, $a < b$와 $ab = 8$을 만족시키는 모든 자연수 a, b의 조합은 다음과 같다.

a	b
1	3
2	4

이제 조건③의 등식에서 $x^2 - x$를 X로 치환해보면,

$X(X+3) + kX + 8 = (X+a)(X+b)$

➔ $X^2 + (k+3)X + 8 = X^2 + (a+b)X + ab$

➔ $k+3 = a+b$

➔ $k = (a+b) - 3$

이때, 위의 표에서 가능한 $a+b$의 값은 9 또는 6 이므로,

$k = (a+b) - 3$

➔ $k = 9 - 3$ 또는 $6 - 3$ ➔ $k = 6$ 또는 3

∴ (모든 k의 합) $= 6 + 3 = 9$

답 9

483.

구하는 값 모든 순서쌍 (x, y)

조건 정리 ① $xy+x+y-1=0$

② x, y는 모두 정수

설계 방정식 $xy+x+y-1=0$을 먼저
(일차식)×(일차식)=(상수)꼴로 변형하자.

Step 1) 두 미지수의 곱을 이용하여 식을 묶기
두 미지수의 곱 xy를 이용하여 식을 묶으면,
$$\boxed{xy+x}+y-1=0 \;\blacktriangleright\; \boxed{x(y+1)}+y-1=0$$

Step 2) 드러난 일차식 덩어리를 그대로 한 번 더 적기
$$x\boxed{(y+1)}\;\boxed{(y+1)}\;=0$$

Step 3) 원래의 식과 계수 비교하기
이때, ㉠ 문자의 계수를 먼저 맞추고,
㉡ 상수항을 맞춘다.

$$x(y+1)+y-1=0 \underset{\text{계수비교}}{\Longleftrightarrow} x(y+1)\;(y+1)\;=0$$

$$x(y+1)\boxed{+y}-1=0 \underset{y\text{의 계수}}{\Longleftrightarrow} x(y+1)\boxed{+1}(y+1)=0$$

$$x(y+1)+y\boxed{-1}=0 \underset{\text{상수항}}{\Longleftrightarrow} x(y+1)+(y+1)\boxed{-2}=0$$

이제 얻은 식 $x(y+1)+(y+1)-2=0$을 정리하면,
$$x(y+1)+(y+1)-2=0 \;\blacktriangleright\; (x+1)(y+1)=2$$

이때, 조건②에 따라 x, y는 모두 정수이므로,
$x+1$, $y+1$도 정수이다.
따라서, $(x+1)(y+1)=2$를 만족시키는
모든 정수 x, y의 조합은 다음과 같다.

$x+1$	$y+1$
1	2
2	1
-1	-2
-2	-1

x	y
0	1
1	0
-2	-3
-3	-2

즉, 구하는 모든 순서쌍 (x, y)는
$(0, 1), (1, 0), (-2, -3), (-3, -2)$이다.

답 $(0, 1), (1, 0), (-2, -3), (-3, -2)$

484.

구하는 값 $x+y$의 최댓값

조건 정리 ① x, y는 모두 정수

② $xy+y+2x-2=0$

설계 부정방정식 $xy+y+2x-2=0$을 먼저
(일차식)×(일차식)=(상수)꼴로 변형하자.

Step 1) 두 미지수의 곱을 이용하여 식을 묶기
두 미지수의 곱 xy를 이용하여 식을 묶으면,
$$\boxed{xy+y}+2x-2=0 \;\blacktriangleright\; \boxed{y(x+1)}+2x-2=0$$

Step 2) 드러난 일차식 덩어리를 그대로 한 번 더 적기
$$y\boxed{(x+1)}\;\boxed{(x+1)}\;=0$$

Step 3) 원래의 식과 계수 비교하기
이때, ㉠ 문자의 계수를 먼저 맞추고,
㉡ 상수항을 맞춘다.

$$y(x+1)+2x-2=0 \underset{\text{계수비교}}{\Longleftrightarrow} y(x+1)\;(x+1)=0$$

$$y(x+1)+\boxed{2x}-2=0 \underset{x\text{의 계수}}{\Longleftrightarrow} y(x+1)\boxed{+2}(x+1)=0$$

$$y(x+1)+2x\boxed{-2}=0 \underset{\text{상수항}}{\Longleftrightarrow} y(x+1)+2(x+1)\boxed{-4}=0$$

이제 얻은 식 $y(x+1)+2(x+1)-4=0$을 정리하면,
$$y(x+1)+2(x+1)-4=0 \;\blacktriangleright\; (x+1)(y+2)=4$$

이때, 조건①에 따라 x, y는 모두 정수이므로,
$x+1$, $y+2$도 정수이다.
따라서, $(x+1)(y+2)=4$를 만족시키는 모든 정수 x, y의
조합은 다음과 같다.

$x+1$	$y+2$
1	4
2	2
4	1
-1	-4
-2	-2
-4	-1

x	y
0	2
1	0
3	-1
-2	-6
-3	-4
-5	-3

표에서 파란색 부분일 때, $x+y$의 값이 최대가 된다.
∴ ($x+y$의 최댓값)$=2$

답 2

485.

구하는 값 $f(1)+f(4)$

➔ $n=1$, $n=4$를 각각 대입하자.

조건 정리 ① n은 자연수 / x, y는 정수

② $3x-xy-y+3+\boxed{n}=0$을 만족시키는

순서쌍 (x, y)의 개수 : $f(\boxed{n})$

설계 부정방정식 $3x-xy-y+3+\boxed{n}=0$을 먼저

(일차식)×(일차식)=(상수)꼴로 변형하자.

그다음, $n=1$일 때의 순서쌍 (x, y)의 개수와

$n=4$일 때의 순서쌍 (x, y)의 개수를 구하자.

생각 1 │ 부정방정식 $3x-xy-y+3+n=0$을 먼저
(일차식)×(일차식)=(상수)꼴로 변형하자.

Step 1) 두 미지수의 곱을 이용하여 식을 묶기

두 미지수의 곱 xy를 이용하여 식을 묶으면,

$\boxed{3x-xy}-y+3+n=0$ ➔ $\boxed{x(3-y)}-y+3+n=0$

Step 2) 드러난 일차식 덩어리를 그대로 한 번 더 적기

$\boxed{x(3-y)}\ \boxed{(3-y)}=0$

Step 3) 원래의 식과 계수 비교하기

이때, ㉠ 문자의 계수를 먼저 맞추고,

㉡ 상수항을 맞춘다.

$x(3-y)-y+3+n=0 \xLeftrightarrow[\text{계수비교}]{} x(3-y)\ (3-y)=0$

$x(3-y)\boxed{-y}+3+n=0 \xLeftrightarrow[\text{y의 계수}]{} x(3-y)\boxed{+1}(3-y)=0$

$x(3-y)-y+\boxed{3+n}=0 \xLeftrightarrow[\text{상수항}]{} x(3-y)+(3-y)\boxed{+n}=0$

이제, 얻은 식 $x(3-y)+(3-y)+n=0$을 정리하면,

$x(3-y)+(3-y)+n=0$ ➔ $(x+1)(3-y)=-n$

생각 2 │ 정리한 식에 $n=1$, $n=4$를 대입하자.

$(x+1)(3-y)=-n$에

• $n=1$ 대입 ➔ $(x+1)(3-y)=-1$

이때, 조건①에 따라 x, y는 모두 정수이므로,

$x+1$, $3-y$도 정수이다.

따라서, $(x+1)(3-y)=-1$을 만족시키는 모든 정수 x, y의

조합은 다음과 같다.

$x+1$	$3-y$		x	y
1	-1	➔	0	4
-1	1		-2	2

➔ $n=1$일 때, 순서쌍 (x, y)의 개수는 2이므로, $f(1)=2$

• $n=4$ 대입 ➔ $(x+1)(3-y)=-4$

$(x+1)(3-y)=-4$을 만족시키는 모든 정수 x, y의

조합은 다음과 같다.

$x+1$	$3-y$
-1	4
1	-4
-4	1
4	-1
-2	2
2	-2

➔ $n=4$일 때, 순서쌍 (x, y)의 개수는 6이므로, $f(4)=6$

답 8

486.

구하는 값 모든 m의 값의 곱

조건 정리 $x^2-(m+5)x-m-1=0$의 두 근이 정수이다.

설계 이차방정식의 두 근이 모두 정수라는 조건이

제시되었으므로, 근과 계수의 관계를 적용하고

➔ 얻은 두 식을 연립하여 부정방정식을 제작하자.

생각 1 │ 근과 계수의 관계를 사용하자.

이차방정식 $x^2-(m+5)x-m-1=0$의 두 근을 α,

β라 하자.

근과 계수의 관계를 적용하면

➔ $\boxed{\alpha+\beta=m+5}$, $\alpha\beta=-m-1$

생각 2 │ 얻은 두 식을 연립하여 부정방정식을 제작하자.

두 등식 $\alpha+\beta=m+5$, $\alpha\beta=-m-1$을 더하면 m을

소거할 수 있으므로 두 식을 더하자.

$$(+)\ \begin{array}{l} \alpha+\beta=m+5 \\ \alpha\beta=-m-1 \\ \hline \alpha+\beta+\alpha\beta=4 \end{array}$$

➔ $\alpha+\beta+\alpha\beta-4=0$

생각 3 | 부정방정식 $\alpha + \beta + \alpha\beta - 4 = 0$을
(일차식)×(일차식)=(상수)꼴로 변형하자.

Step 1) 두 미지수의 곱을 이용하여 식을 묶기
두 미지수의 곱 $\alpha\beta$를 이용하여 식을 묶으면,
$\alpha + \boxed{\beta + \alpha\beta} - 4 = 0$ ➔ $\alpha + \boxed{\beta(1+\alpha)} - 4 = 0$

Step 2) 드러난 일차식 덩어리를 그대로 한 번 더 적기
$\boxed{\beta(1+\alpha)}\ \boxed{(1+\alpha)} = 0$

Step 3) 원래의 식과 계수 비교하기
이때, ① 문자의 계수를 먼저 맞추고,
② 상수항을 맞춘다.

$\alpha + \beta(1+\alpha) - 4 = 0 \underset{\text{계수비교}}{\Leftrightarrow} \beta(1+\alpha)\ (1+\alpha) = 0$

$\boxed{\alpha} + \beta(1+\alpha) - 4 = 0 \underset{\alpha\text{의 계수}}{\Leftrightarrow} \beta(1+\alpha)\boxed{+1}(1+\boxed{\alpha}) = 0$

$\alpha + \beta(1+\alpha)\boxed{-4} = 0 \underset{\text{상수항}}{\Leftrightarrow} \beta(1+\alpha)+1(1+\alpha)\boxed{-5} = 0$

이제, 얻은 식 $\beta(1+\alpha) + (1+\alpha) - 5 = 0$을 정리하면,
$\beta(1+\alpha) + (1+\alpha) - 5 = 0$ ➔ $(\beta+1)(1+\alpha) = 5$

생각 4 | α, β에 적당한 정수를 대입하여 답을 낼 수 있다.
이때, 조건에 따라 α, β는 모두 정수이므로,
$\beta+1$, $1+\alpha$도 정수이다.
따라서, $(\beta+1)(1+\alpha) = 5$를 만족시키는 모든 정수 α, β의
조합은 다음과 같다.

$\beta+1$	$1+\alpha$		β	α
1	5		0	4
5	1		4	0
-1	-5		-2	-6
-5	-1	➔	-6	-2

이때, $\boxed{\alpha+\beta = m+5}$이었으므로, 표를 참고하면 가능한 m은
$m+5 = 4$ 또는 $m+5 = -8$ ➔ $m = -1$ 또는 $m = -13$
∴ (구하는 값)=(모든 m의 값의 곱)=$(-1) \times (-13) = 13$

답 13

487.

구하는 값 $2(a-b)$의 값 ➔ a, b의 값을 구하자.

조건 정리 ① a, b는 실수
② $4a^2 + 2b^2 - 4a + 4b + 3 = 0$

설계 구해야 하는 미지수가 2개이지만 관계식이 1개인
상황이므로 주어진 방정식은 부정방정식이다. 여기서 a,
b에 실수 조건이 있다는 사실에 집중하여 먼저 주어진
방정식을 $\square^2 + \triangle^2 = 0$ 꼴로 변형할 수 있는지
판단해보자.

생각 1 | 주어진 방정식을 $\square^2 + \triangle^2 = 0$꼴로 변형할 수 있는지
판단해보자.

일차항으로 만들 수 있는 완전제곱식을 떠올려보자.

주어진 방정식 $4a^2 + 2b^2 \boxed{-4a + 4b} + 3 = 0$에 포함된
일차항은
$-4a$, $+4b$이다.
• $-4a$로 만들 수 있는 완전제곱식을 떠올려보면,
$4a^2 \boxed{-4a} + 1 = (2a-1)^2$ 또는 $a^2 \boxed{-4a} + 4 = (a-2)^2$
• $+4b$로 만들 수 있는 완전제곱식을 떠올려보면,
$2b^2 \boxed{+4b} + 2 = 2(b+1)^2$ 또는 $b^2 \boxed{+4b} + 4 = (b+2)^2$

이를 바탕으로 생각해보면,
$4a^2 + 2b^2 - 4a + 4b + 3$
$= (4a^2 - 4a + 1) + (2b^2 + 4b + 2)$
$= (2a-1)^2 + 2(b+1)^2$
로 변형할 수 있음을 파악할 수 있다.

즉, $4a^2 + 2b^2 - 4a + 4b + 3 = 0$
➔ $(\boxed{2a-1})^2 + 2(\boxed{b+1})^2 = 0$
➔ $\boxed{2a-1} = 0$, $\boxed{b+1} = 0$
➔ $a = \dfrac{1}{2}$, $b = -1$
∴ $\begin{cases} a = \dfrac{1}{2} \\ b = -1 \end{cases}$ 이 주어진 방정식의 해임을 알 수 있다.

➔ (구하는 값)$= 2(a-b) = 2\left(\dfrac{1}{2} + 1\right) = 3$

답 3

488.

구하는 값 x, y의 값

조건 정리 ① x, y는 실수

② $2x^2+5y^2+4xy+4x-2y+5=0$

설계 구해야 하는 미지수가 2개이지만 관계식이 1개인 상황이므로 주어진 방정식은 부정방정식이다. 여기서 x, y에 실수 조건이 있다는 사실에 집중하여 먼저 주어진 방정식을 $\Box^2+\triangle^2=0$ 꼴로 변형할 수 있는지 판단해보자.

생각 1 | 주어진 방정식을 $\Box^2+\triangle^2=0$꼴로 변형할 수 있는지 판단해보자.

일차항으로 만들 수 있는 완전제곱식을 떠올려보자.

방정식 $2x^2+5y^2+\boxed{4xy}+\boxed{4x}-2y+5=0$에 포함된 일차항은

$+4xy$, $+4x$, $-2y$이다.

• $+4xy$로 만들 수 있는 완전제곱식을 떠올려보면,

$x^2+\boxed{4xy}+4y^2=(x+2y)^2$ 또는

$2x^2+4xy+2y^2=2(x+y)^2$

• $+4x$로 만들 수 있는 완전제곱식을 떠올려보면,

$x^2+\boxed{4x}+4=(x+2)^2$ 또는 $2x^2+\boxed{4x}+2=2(x+1)^2$

• $-2y$로 만들 수 있는 완전제곱식을 떠올려보면,

$y^2-\boxed{2y}+1=(y-1)^2$

이를 바탕으로 생각해보면,

$2x^2+5y^2+4xy+4x-2y+5$
$=(x^2+4xy+4y^2)+(x^2+4x+4)+(y^2-2y+1)$
$=(x+2y)^2+(x+2)^2+(y-1)^2$

로 변형할 수 있음을 파악할 수 있다.

즉, $2x^2+5y^2+4xy+4x-2y+5=0$

➔ $\boxed{(x+2y)}^2+\boxed{(x+2)}^2+\boxed{(y-1)}^2=0$

➔ $\boxed{x+2y}=0$, $\boxed{x+2}=0$, $\boxed{y-1}=0$ ➔ $x=-2$, $y=1$

답 $x=-2$, $y=1$

489.

구하는 값 $x+y$의 값 ➔ x, y의 값을 구하자.

조건 정리 ① x, y는 실수

② $x^2+xy+y^2+2x-2y+4=0$

설계 구해야 하는 미지수가 2개이지만 관계식이 1개인 상황이므로 주어진 방정식은 부정방정식이다. 여기서 x, y에 실수 조건이 있다는 사실에 집중하여 먼저 주어진 방정식을 $\Box^2+\triangle^2=0$ 꼴로 변형할 수 있는지 판단해보자.

생각 1 | 주어진 방정식을 $\Box^2+\triangle^2=0$꼴로 변형할 수 있는지 판단해보자.

일차항으로 만들 수 있는 완전제곱식을 떠올려보자.

방정식 $x^2+\boxed{xy}+y^2+\boxed{2x}-2y+\boxed{4}=0$에 포함된 일차항은

$+xy$, $+2x$, $-2y$이다.

• $+xy$로 만들 수 있는 완전제곱식은 떠올리기 쉽지 않다.

• $+2x$로 만들 수 있는 완전제곱식을 떠올려보면,

$x^2+\boxed{2x}+1=(x+1)^2$

• $-2y$로 만들 수 있는 완전제곱식을 떠올려보면,

$y^2-\boxed{2y}+1=(y-1)^2$

여기서 주어진 방정식의 $\boxed{x^2+2x+1}$을 $(x+1)^2$로 변형한다면,

$x^2+xy+y^2+2x-2y+4=0$ ➔

$\boxed{(x^2+2x+1)}+(y^2+xy-2y+3)=0$

이 되어, $\Box^2+\triangle^2=0$꼴로 만들 수 없다.

➔ [방법 2]를 이용하자.

[방법 2] $\Box^2+\triangle^2=0$꼴로 변형할 수 없을 때는 x에 대한 이차방정식 $\bigcirc x^2+\Box x+\triangle=0$꼴로 변형 후, 판별식 $D\geq0$임을 이용한다.

생각 2 | 주어진 방정식을 x에 대한 이차방정식으로 변형하자.

이때, y는 상수 취급하면 된다.

$x^2+xy+y^2+2x-2y+4=0$

➔ $\boxed{x^2}+(y+2)\boxed{x}+(y^2-2y+4)=0$

$$D=(y+2)^2-4(y^2-2y+4) \geq 0$$

이제 $y=2$를 원래의

$x^2+(y+2)x+(y^2-2y+4)=0$에 대입하고

계산하면 $x=-2$뿐임을 알 수 있다.

➡ (구하는 값)$=x+y=(-2)+2=0$

답 0

490.

구하는 값 $x+y$의 값 ➡ x, y의 값을 구하자.

조건 정리 ① $4x^2+4xy+3y^2-4x-6y+3=0$

② x, y는 실수

설계 구해야 하는 미지수가 2개이지만 관계식이 1개인 상황이므로 주어진 방정식은 부정방정식이다. 여기서 x, y에 실수 조건이 있다는 사실에 집중하여 먼저 주어진 방정식을 $\square^2+\triangle^2=0$ 꼴로 변형할 수 있는지 판단해보자.

생각 1 | 주어진 방정식을 $\square^2+\triangle^2=0$ 꼴로 변형할 수 있는지 판단해보자.

일차항으로 만들 수 있는 완전제곱식을 떠올려보자.
방정식 $4x^2+4xy+3y^2-4x-6y+3=0$에 포함된
일차항은 $+4xy$, $-4x$, $-6y$이다.

• $+4xy$로 만들 수 있는 완전제곱식을 떠올려보면,
$4x^2+4xy+y^2=(2x+y)^2$ 또는
$x^2+4xy+4y^2=(x+2y)^2$

• $-4x$로 만들 수 있는 완전제곱식을 떠올려보면,
$x^2-4x+4=(x-2)^2$ 또는 $4x^2-4x+1=(2x-1)^2$

• $-6y$로 만들 수 있는 완전제곱식을 떠올려보면,
$3y^2-6y+3=3(y-1)^2$ 또는 $y^2-6y+9=(y-3)^2$

그런데, 이들을 적절히 조합하여도 주어진 방정식을
$\square^2+\triangle^2=0$ 꼴로 변형하기 힘들다.

➡ [방법 2]를 이용하자.

[방법 2] $\square^2+\triangle^2=0$ 꼴로 변형할 수 없을 때는
x에 대한 이차방정식 $\bigcirc x^2+\square x+\triangle=0$ 꼴로 변형
후, 판별식 $D \geq 0$임을 이용한다.

생각 2 | 주어진 방정식을 x에 대한 이차방정식으로 변형하자.

이때, y는 상수 취급하면 된다.

$4x^2+4xy+3y^2-4x-6y+3=0$

➡ $4x^2+(4y-4)x+(3y^2-6y+3)=0$

생각 3 | 판별식이 0 이상임을 이용하자.

$$\frac{D}{4}=(2y-2)^2-4(3y^2-6y+3) \geq 0$$

➡ $8y^2-16y+8 \leq 0$ ➡ $y^2-2y+1 \leq 0$

➡ $(y-1)^2 \leq 0$ ➡ $y=1$

이제 $y=1$을 원래의

$4x^2+(4y-4)x+(3y^2-6y+3)=0$에 대입하고

계산하면 $x=0$뿐임을 알 수 있다.

➡ (구하는 값)$=x+y=0+1=1$

답 1

491.

구하는 값 $\alpha\beta$의 최솟값

조건 정리 연립방정식 $\begin{cases} x+y=2 \\ x^2+3xy-4y^2=-24 \end{cases}$ 의 해가

$x=\alpha$, $y=\beta$

설계 주어진 연립방정식을 풀자.

$x=2-y$ 를 $x^2+3xy-4y^2=-24$에 대입하면,

($y=2-x$를 대입해도 되지만, $y=2-x$를 대입한다고 하면
$-4y^2$의 계산이 복잡해진다.)

$x^2+3xy-4y^2=-24$

➡ $(2-y)^2+3(2-y)y-4y^2=-24$

➡ $(2-y)\underbrace{\{(2-y)+3y\}}_{=2y+2}-4y^2+24=0$

➡ $-6y^2+2y+28=0$

➡ $\underbrace{3y^2-y-14}_{(3y-7)(y+2)}=0$

➡ $y=\dfrac{7}{3}$ 또는 -2

• $y=\dfrac{7}{3}$을 다시 $x=2-y$에 대입하면 ➡ $x=-\dfrac{1}{3}$

• $y=-2$를 다시 $x=2-y$에 대입하면 ➡ $x=4$

즉, 주어진 연립방정식의 해는

$\begin{cases} x=-\dfrac{1}{3} \\ y=\dfrac{7}{3} \end{cases}$ 또는 $\begin{cases} x=4 \\ y=-2 \end{cases}$ ➡ $\begin{cases} \alpha=-\dfrac{1}{3} \\ \beta=\dfrac{7}{3} \end{cases}$ 또는 $\begin{cases} \alpha=4 \\ \beta=-2 \end{cases}$

즉, ($\alpha\beta$의 최솟값)$=4 \times (-2)=-8$

답 -8

492.

구하는 값 나머지 한 근

조건 정리 연립방정식 $\begin{cases} x-y=a \\ x^2+xy+y^2=b \end{cases}$ 의 한 근이 $\begin{cases} x=2 \\ y=-4 \end{cases}$

설계 $\begin{cases} x=2 \\ y=-4 \end{cases}$ 를 연립방정식에 대입하여 a, b의 값을 구한 후, 연립방정식을 직접 풀어 나머지 한 근을 구하자.

생각 1 | $\begin{cases} x=2 \\ y=-4 \end{cases}$ 를 연립방정식에 대입하자.

$\begin{cases} x=2 \\ y=-4 \end{cases}$ 를

- $x-y=a$에 대입하면 ➔ $2-(-4)=a$ ➔ $a=6$
- $x^2+xy+y^2=b$에 대입하면 ➔ $4-8+16=b$
  ➔ $b=12$

즉, (주어진 연립방정식) ➔ $\begin{cases} x-y=\boxed{6} \\ x^2+xy+y^2=\boxed{12} \end{cases}$

생각 2 | $\begin{cases} x-y=6 \\ x^2+xy+y^2=12 \end{cases}$ 을 풀자.

$\boxed{y=x-6}$ 를 $x^2+xy+y^2=12$에 대입하면,

$x^2+x(x-6)+(x-6)^2=12$

➔ $3x^2-18x+24=0$

➔ $\underbrace{x^2-6x+8=0}_{(x-2)(x-4)}$

➔ $x=2$ 또는 4

$\boxed{y=x-6}$에

- $x=2$를 대입하면 ➔ $y=-4$
- $x=4$를 대입하면 ➔ $y=-2$

즉, 구하는 나머지 근은 $\begin{cases} x=4 \\ y=-2 \end{cases}$

답 $\begin{cases} x=4 \\ y=-2 \end{cases}$

493.

구하는 값 x의 값

조건 정리 ① 두 정사각형은 길이가 160인 나무 막대기를 잘라 만든 것

➔ 두 정사각형의 둘레의 길이의 합은 160

➔ 각각의 정사각형의 변의 길이는 x, y이므로,

$4x+4y=160$ ➔ $x+y=40$

② $x<y$

③ 두 정사각형의 넓이의 합이 850

➔ 각각의 정사각형의 넓이는 x^2, y^2이므로,

$x^2+y^2=850$

설계 두 식 $x+y=40$, $x^2+y^2=850$을 동시에 만족시키는 x, y의 값을 구하자.

➔ 연립방정식 $\begin{cases} x+y=40 \\ x^2+y^2=850 \end{cases}$ 을 풀자.

$\boxed{y=40-x}$를 $x^2+y^2=850$에 대입하면,

$x^2+(40-x)^2=850$ ➔ $2x^2-80x+750=0$

➔ $\underbrace{x^2-40x+375=0}_{(x-25)(x-15)}$

➔ $x=25$ 또는 15

- $x=25$를 $\boxed{y=40-x}$에 대입하면 ➔ $y=15$
- $x=15$를 $\boxed{y=40-x}$에 대입하면 ➔ $y=25$

이때, 조건②에 의해 $x<y$이므로 ➔ $x=15$, $y=25$

답 15

494.

구하는 값 k의 값

조건 정리 연립방정식 $\begin{cases} x-y=4 \\ 3x^2+y^2=k \end{cases}$ 가 오직 한 쌍의 해를 가진다.

➔ 한 문자로 정리된 이차방정식이 서로 다른 1개의 실근을 가지면 된다.

➔ **설계** $\boxed{y=x-4}$를 $3x^2+y^2=k$에 대입하여, 문자를 x로 통일한 이차방정식을 만들고, (판별식)$=0$임을 이용하자.

생각 1 | 한 문자로 통일된 이차방정식을 만들자.

$\boxed{y=x-4}$를 $3x^2+y^2=k$에 대입하면,

$3x^2+(x-4)^2=k$ ➔ $4x^2-8x+16-k=0$

생각 2 | (판별식)$=0$임을 이용하자.

$4x^2-8x+16-k=0$의 (판별식)$=0$

➔ $\dfrac{D}{4}=16-4(16-k)=0$ ➔ $k=12$

답 12

495.

구하는 값 큰 원의 반지름의 길이

조건 정리 ① 두 원의 둘레의 길이의 합이 16π

➜ 작은 원의 반지름을 a, 큰 원의 반지름을 b라 하면,

(두 원의 둘레의 길이의 합)$=2\pi a+2\pi b$이므로,

$2\pi a+2\pi b=16\pi$ ➜ $a+b=8$

② 두 원의 넓이의 차가 16π

➜ 큰 원의 넓이는 $b^2\pi$, 작은 원의 넓이는 $a^2\pi$이므로,

$b^2\pi-a^2\pi=16\pi$ ➜ $b^2-a^2=16$

이때, $a+b=8$이므로,

$b^2-a^2=16$ ➜ $(b-a)\boxed{(b+a)}=16$

➜ $b-a=2$

얻은 두 식 $a+b=8$, $b-a=2$을 연립하면,

$a=3$, $b=5$임을 알 수 있다.

따라서, (구하는 값)$=$(큰 원의 반지름의 길이)$=b=5$

답 5

496.

구하는 값 a, b의 값

조건 정리 ① 두 연립방정식

$\begin{cases} x-y=-2 \\ 3x^2-y^2=a \end{cases}$, $\begin{cases} 2x-y=b \\ 3x+y^2=12 \end{cases}$ 의 해가 같다.

➜ 두 연립방정식의 해는 공통해이다.

② $x>0$, $y>0$

설계 미지수가 없어서 계산하기 편한 두 방정식 $\boxed{x-y=-2}$와 $\boxed{3x+y^2=12}$를 연립하여 공통해를 찾자.

생각 1 | 두 방정식 $\boxed{x-y=-2}$과 $\boxed{3x+y^2=12}$를 연립하자.

$\boxed{x=y-2}$를 $3x+y^2=12$에 대입하면,

($y=x+2$를 대입해도 되지만, $y=x+2$를 대입한다고 하면 y^2의 계산이 복잡해진다.)

$3(y-2)+y^2=12$ ➜ $y^2+3y-18=0$

➜ $(y+6)(y-3)=0$

이때, 조건②에 따라 $y>0$이므로, $\therefore\ y=3$

$y=3$을 다시 $\boxed{x=y-2}$에 대입하면 ➜ $x=1$

즉, $\begin{cases} x=1 \\ y=3 \end{cases}$ 이 공통해이다.

생각 2 | a, b의 값을 구하자.

$\begin{cases} x=1 \\ y=3 \end{cases}$ 을

• $3x^2-y^2=a$에 대입하면 ➜ $a=-6$

• $2x-y=b$에 대입하면 ➜ $b=-1$

답 $a=-6$, $b=-1$

497.

구하는 값 모든 순서쌍 (a, b)

조건 정리 ① 연립방정식 $\begin{cases} \boxed{a+b}-\boxed{ab}=1 \\ \boxed{a+b}+\boxed{ab}=9 \end{cases}$

➜ $a+b$와 ab가 반복되므로, 각각을 한 덩어리처럼 인식하자.

② a, b는 정수

➜ 추후에 a, b에 적당한 정수를 대입할 수 있다.

생각 1 | $a+b$와 ab을 각각 한 덩어리로 인식하고, 연립방정식을 풀자.

$\begin{cases} \boxed{a+b}-\boxed{ab}=1 \\ \boxed{a+b}+\boxed{ab}=9 \end{cases}$ 에서, 위/아래의 두 방정식을 더하면,

$2(a+b)=10$ ➜ $a+b=5$

$a+b=5$를 $\boxed{a+b}-\boxed{ab}=1$에 대입하면 ➜ $ab=4$

이제 $a+b=5$와 $ab=4$를 동시에 만족시키는 정수 a, b를 찾아야 한다.

생각 2 | $ab=4$를 만족시키는 정수 a, b 중에서 $a+b=5$까지 만족시키는 것을 찾자.

$ab=4$를 만족시키는 정수 a, b의 순서쌍은 모두

$(1, 4)$, $(2, 2)$, $(4, 1)$, $(-1, -4)$, $(-2, -2)$, $(-4, -1)$

이고, 이들 중 $a+b=5$까지 만족시키는 것들은

$(1, 4)$, $(4, 1)$이다.

답 $(1, 4)$, $(4, 1)$

498.

구하는 값 가능한 직사각형의 가로, 세로의 길이를 모두 구하기

조건 정리 ① 가로, 세로의 길이가 모두 자연수

➔ 가로를 a, 세로를 b라 하면, a와 b는 모두 자연수이다.

➔ 추후에 a, b에 적당한 자연수를 대입할 수 있다.

② 직사각형 둘레 : A / 넓이 : B

➔ $A = 2a + 2b$, $B = ab$

③ $B - A = 4$

➔ $B = ab$, $A = 2a + 2b$이므로, $ab - 2a - 2b = 4$

설계 구해야 하는 미지수가 2개이지만 관계식이 1개인 상황이므로 주어진 방정식은 부정방정식이다. 여기서 a, b에 자연수 조건이 있다는 사실에 집중하여 먼저 부정방정식 $ab - 2a - 2b = 4$를 (일차식)×(일차식)=(상수)꼴로 변형하자.

Step 1) 두 미지수의 곱을 이용하여 식을 묶기

두 미지수의 곱 ab를 이용하여 식을 묶으면,

$ab - 2a - 2b = 4$ ➔ $\boxed{a(b-2)} - 2b - 4 = 0$

Step 2) 드러난 일차식 덩어리를 그대로 한 번 더 적기

$\boxed{a(b-2)}\ \boxed{(b-2)}\ = 0$

Step 3) 원래의 식과 계수 비교하기

이때, ㉠ 문자의 계수를 먼저 맞추고,

㉡ 상수항을 맞춘다.

$a(b-2) - 2b - 4 = 0 \underset{\text{계수비교}}{\Longleftrightarrow} a(b-2)\ (b-2) = 0$

$a(b-2)\boxed{-2b} - 4 = 0 \underset{b\text{의 계수}}{\Longleftrightarrow} a(b-2)\boxed{-2}(b-2) = 0$

$a(b-2) - 2b\boxed{-4} = 0 \underset{\text{상수항}}{\Longleftrightarrow} a(b-2) - 2(b-2)\boxed{-8} = 0$

이제 얻은 식 $a(b-2) - 2(b-2) - 8 = 0$을 정리하면,

$(a-2)(b-2) = 8$

이때, 조건①에 따라 a, b는 모두 자연수이므로,

$a-2$, $b-2$는 모두 정수이다.

따라서, $(a-2)(b-2) = 8$을 만족시키는 모든 자연수 a, b의 조합은 다음과 같다.

$a-2$	$b-2$
1	8
2	4
4	2
8	1

➔

a	b
3	10
4	6
6	4
10	3

가능한 모든 직사각형의 가로, 세로의 길이를 (가로, 세로)로 표시하면 $(3, 10)$, $(4, 6)$, $(6, 4)$, $(10, 3)$

답 (가로, 세로)로 표시하면

➔ $(3, 10)$, $(4, 6)$, $(6, 4)$, $(10, 3)$

499.

구하는 값 b의 값

조건 정리 ① 주어진 조건을 통해 표시 가능한 길이들을 그림에 모두 표시하면 다음과 같다.

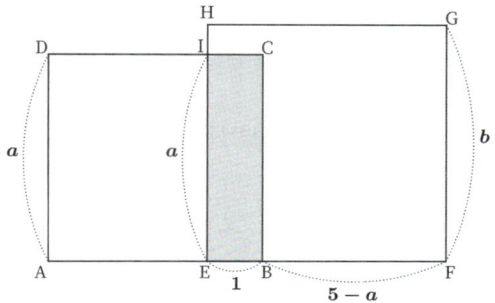

➔ EFGH는 정사각형이므로, $6 - a = b$

② (직사각형 EBCI의 넓이)$= \dfrac{1}{4}$(정사각형 EFGH의 넓이)

➔ • (직사각형 EBCI의 넓이)$= 1 \times a = a = 6 - b$

• (정사각형 EFGH의 넓이)$= b^2$이므로,

$6 - b = \dfrac{1}{4}b^2$

➔ $b^2 + 4b - 24 = 0$

➔ $b = -2 \pm 2\sqrt{7}$

이때, b는 정사각형의 한 변의 길이이므로, 양수이다.

따라서, $b = -2 + 2\sqrt{7}$

③ $1 < a < b < 5$

➔ 유의미한 조건은 아니었다.

답 ③ $-2 + 2\sqrt{7}$

500.

구하는 값 k의 개수

조건 정리 ① 연립방정식 $\begin{cases} xy+3(x+y)=0 \\ xy-3(x+y)=k-9 \end{cases}$ 를

만족시키는 실수 x, y가 존재해야 한다.

→ xy, $x+y$가 반복되므로, 각각을 하나의
덩어리로 보자.

아래의 두 방정식을 더하면,

$2xy = k-9$ → $xy = \dfrac{k-9}{2}$

$xy = \dfrac{k-9}{2}$ 를 $xy+3(x+y)=0$에 대입하면,

$x+y = \dfrac{9-k}{6}$

② k는 100 이하의 자연수

설계 연립방정식을 풀어 두 수 x, y의 합과 곱을 알게
되었으므로, 두 수 x, y를 근으로 하는 이차방정식을
생각해보자.

(x, y를 근으로 하는 이차방정식)

→ $X^2 - (x+y)X + xy = 0$

→ $X^2 - \left(\dfrac{9-k}{6}\right)X + \left(\dfrac{k-9}{2}\right) = 0$

→ $6X^2 + (k-9)X + 3(k-9) = 0$

이때, 조건①을 만족시키려면, 즉 x, y가 실수이려면,
이차방정식 $6X^2 + (k-9)X + 3(k-9) = 0$이 실근을 가지면
된다.

생각 1 | 즉, (판별식) ≥ 0이면 된다.

$6X^2 + (k-9)X + 3(k-9) = 0$의 (판별식) ≥ 0

→ $D = (k-9)^2 - 72(k-9) \geq 0$

→ $(k-9)\{(k-9) - 72\} \geq 0$ →
$(k-9)(k-81) \geq 0$

∴ $k \geq 81$ 또는 $k \leq 9$

생각 2 | k는 100 이하의 자연수이다.

즉, $k \geq 81$ 또는 $k \leq 9$

→ k는 $81 \leq k \leq 100$ 또는 $1 \leq k \leq 9$인 자연수

• $81 \leq k \leq 100$인 자연수 k의 개수는
$100 - 81 + 1 = 20$

• $1 \leq k \leq 9$인 자연수 k의 개수는 9

→ 구하는 모든 자연수 k의 개수는 $20 + 9 = 29$

답 29

8 경우의 수

8-1. 합과 곱의 법칙

501.

[구하는 값] 조건을 만족시키는 경우의 수

[조건 정리] ① 1, 2, 3을 전부 또는 일부 사용

② 네 자리 자연수를 만든다.

→ 빈칸을 4개 그리자.

③ 같은 숫자끼리 이웃하면 안 된다.

④ (천의 자리 숫자)=(일의 자리 숫자) ★

[설계] 조건④를 이용하면, 조건을 만족시키는 네 자리 자연수는 다음과 같은 모양일 것임을 알 수 있다.

Case 1
1			1

Case 2
2			2

Case 3
3			3

이때, 위의 3가지 Case는 경우의 수를 세는 구조가 모두 같을 것이므로,

Case 1 의 경우의 수만 구한 후, 3을 곱하자.

생각 1 | Case 1 의 경우의 수를 구하자.

이때, 같은 숫자끼리 이웃하면 안 된다는 조건③을 잊지 말자.

조건③에 따라, 중간의 두 빈칸에는 1이 올 수 없다.

따라서, Case 1 을 만족시키는 경우들은 다음과 같다.

1	2	3	1

1	3	2	1

→ Case 1 의 경우의 수는 2

생각 2 | 구한 경우의 수에 3을 곱하자.

Case 1 처럼 경우의 수를 세는 구조가 3번 반복될 것이므로,

구하는 경우의 수는

[Case 1 의 경우의 수]×(구조 반복 횟수)

$=2 \times 3 = 6$

답 6

502.

[구하는 값] 조건을 만족시키는 경우의 수

[조건 정리] ① 네 자리 자연수를 만든다.

② 각 자리의 숫자는 1 또는 2

③ 같은 숫자는 연속해서 2번까지 나올 수 있다.

[설계] 수형도를 그려서 경우의 수를 세자.

이때, 1로 시작하는 수형도와 2로 시작하는 수형도는 이후에 수형도가 전개되는 방식이 완전 동일할 것이므로, 1로 시작하는 수형도에서 구한 경우의 수에 2를 곱하자.

생각 1 | 1로 시작하는 수형도만 그리자.

이때, 같은 숫자는 연속 2번까지만 나올 수 있다는 조건③을 잊지 말자.

→ 5가지

생각 2 | 구한 경우의 수에 2를 곱하자.

방금 그린 수형도의 구조가 2번 반복될 것이므로, 구하는 경우의 수는

[방금 그린 수형도에서 구한 경우의 수]×(구조 반복 횟수)

$=5 \times 2 = 10$

답 10

503.

[구하는 값] 조건을 만족시키는 경우의 수

[조건 정리] ① 서로 다른 두 개의 주사위를 동시에 던진다.

→ 첫 번째 주사위를 던져 나온 눈의 수를 a, 두 번째 주사위를 던져 나온 수를 b라 하자.

② (두 눈의 수의 합)=(3의 배수) 또는 (4의 배수)

→ $a+b$=(3의 배수) 또는 (4의 배수)

이때, 두 주사위의 눈의 합의 최댓값은 12이므로,

두 주사위의 눈의 합 중

가능한 3의 배수는 모두 3, 6, 9, $\boxed{12}$이고,

가능한 4의 배수는 모두 4, 8, $\boxed{12}$이다.

➔ 12가 중복

즉, $a+b=3, 4, 6, 8, 9, 12$이어야 한다.

설계 조건을 만족시키는 순서쌍 (a, b)의 개수를 구하자.

$a+b=3$ ➔ $(1, 2), (2, 1)$

$a+b=4$ ➔ $(1, 3), (2, 2), (3, 1)$

$a+b=6$ ➔ $(1, 5), (2, 4), (3, 3), (4, 2), (5, 1)$

$a+b=8$ ➔ $(2, 6), (3, 5), (4, 4), (5, 3), (6, 2)$

$a+b=9$ ➔ $(3, 6), (4, 5), (5, 4), (6, 3)$

$a+b=12$ ➔ $(6, 6)$

∴ 모든 순서쌍 (a, b)의 개수는 20

답 20

504.

구하는 값 조건을 만족시키는 경우의 수

조건 정리 ① 주머니에 1~4가 하나씩 들어있다.

② 이 주머니에서 숫자를 하나씩 2번 꺼낸다.

➔ 처음 꺼낸 숫자를 a, 그 다음 꺼낸 숫자를 b라

하고, 순서쌍 (a, b)로 표시해보면, $(1, 2)$인 경우와

$(2, 1)$인 경우는 서로 다른 경우이다.

③ 꺼낸 숫자는 다시 넣는다.

④ (꺼낸 두 숫자의 곱)$=2$ 또는 4 ★

➔ • 두 숫자의 곱이 2가 되려면,

꺼낸 두 숫자의 구성이 1, 2여야 하고,

• 두 숫자의 곱이 4가 되려면, 꺼낸 두 숫자의 구성이

1, 4이거나 2, 2여야 한다.

설계 꺼낸 두 숫자의 구성이

Case 1 1, 2인 경우 (곱이 2인 경우)

Case 2 1, 4인 경우 (곱이 4인 경우$_1$)

Case 3 2, 2인 경우 (곱이 4인 경우$_2$)

로 Case를 분류하자.

꺼낸 두 숫자의 구성이

Case 1 1, 2인 경우 (곱이 2인 경우)

$(1, 2), (2, 1)$ ➔ 2가지

Case 2 1, 4인 경우 (곱이 4인 경우$_1$)

$(1, 4), (4, 1)$ ➔ 2가지

Case 3 2, 2인 경우 (곱이 4인 경우$_2$)

$(2, 2)$ ➔ 1가지

∴ 구하는 경우의 수는 $2+2+1=5$

답 5

505.

구하는 값 순서쌍 (x, y)의 개수

조건 정리 ① x, y는 음이 아닌 정수

➔ x, y는 0, 1, 2, … 와 같은 수

② $2x+y < 7$

➔ x, y는 정수이므로 사실상 $2x+y \le 6$과 같다.

설계 x에 0, 1, 2, …를 차례로 대입해보자.

부등식 $2x+y \le 6$에

$x=0$ 대입 ➔ $y \le 6$ ➔ $y=0{\sim}6$ ➔ 7개

$x=1$ 대입 ➔ $y \le 4$ ➔ $y=0{\sim}4$ ➔ 5개

$x=2$ 대입 ➔ $y \le 2$ ➔ $y=0{\sim}2$ ➔ 3개

$x=3$ 대입 ➔ $y \le 0$ ➔ $y=0$ ➔ 1개

∴ 즉, 구하는 순서쌍 (x, y)의 개수는 $7+5+3+1=16$

답 16

506.

구하는 값 모든 순서쌍 (a, b)의 개수

조건 정리 ① 주사위 A의 눈의 수 : a /

주사위 B의 눈의 수 : b

② $-2 < a-b < 2$

➔ a, b는 자연수이므로, 사실상 $-1 \le a-b \le 1$과

같다.

➔ 따라서 $a-b=-1, 0, 1$인 경우를 각각 관찰하면

된다.

설계 $a-b=-1, 0, 1$인 경우로 Case를 분류하자.

Case 1 $a-b=-1$인 경우

$a-b=-1$를 만족시키는 a, b의 값을 순서쌍 (a, b)로

표시하면,

$(1, 2), (2, 3), (3, 4), (4, 5), (5, 6)$의 5가지이다.

Case 2 $a-b=0$인 경우 ➔ $a=b$인 경우

$a=b$를 만족시키는 순서쌍 (a, b)의 개수는 6이다.

Case 3 $a - b = 1$인 경우

이 경우는, Case 1과 경우의 수를 세는 구조가 동일할 것이다. ➔ Case 1의 경우의 수와 동일한 5가지.

$$\therefore \text{구하는 경우의 수는 } 5 + 6 + 5 = 16$$

답 16

507.

구하는 값 조건을 만족시키는 경우의 수

조건 정리
① 십의 자리 숫자가 6의 양의 약수이고,
➔ 십의 자리 숫자가 1, 2, 3, 6 중 하나이면 된다.
② 홀수인
➔ 일의 자리 숫자가 홀수이면 된다.
③ 두 자리 자연수
➔ 빈칸 두 개를 만들자.

설계 조건을 정리하면 다음과 같은 사실을 알 수 있다.
① 첫 번째 빈칸에는 1, 2, 3, 6 중 하나가 들어올 수 있다.
② 두 번째 빈칸에는 홀수가 들어올 수 있다.

첫 번째 빈칸을 구성하는 경우의 수는 4
(1, 2, 3, 6 중 첫 번째 빈칸에 들어갈 하나를 택하면 된다.)
➔ $\boxed{4}$

잇달아, 두 번째 빈칸을 구성하는 경우의 수는 5
(1, 3, 5, 7, 9 중 두 번째 빈칸에 들어갈 하나를 택하면 된다.)
➔ $\boxed{4} \times 5$

$$\therefore \text{구하는 경우의 수는 } 20$$

답 20

508.

구하는 값 조건을 만족시키는 경우의 수

조건 정리
① 수학 수업 : 4개 / 국어 수업 : 3개 /
　　영어 수업 : 2개
② 서로 다른 과목 2개의 수업을 신청해야 한다.
➔ 신청할 수업의 구성이 (i) 수학, 국어 / (ii) 수학, 영어 / (iii) 국어, 영어 중 하나여야 한다.

설계 신청할 수업의 구성에 따라 Case를 분류하자.
신청할 수업의 구성이

Case 1 **수학, 국어인 경우**

수학 수업을 택하는 경우의 수는 4 ➔ $\boxed{4}$

잇달아, 국어 수업을 택하는 경우의 수는 3 ➔ 4×3

$$\therefore \text{Case 1의 경우의 수는 } 12$$

Case 2 **수학, 영어인 경우**

수학 수업을 택하는 경우의 수는 4 ➔ $\boxed{4}$

잇달아, 영어 수업을 택하는 경우의 수는 2 ➔ 4×2

$$\therefore \text{Case 2의 경우의 수는 } 8$$

Case 3 **국어, 영어인 경우**

국어 수업을 택하는 경우의 수는 3 ➔ $\boxed{3}$

잇달아, 영어 수업을 택하는 경우의 수는 2 ➔ 3×2

$$\therefore \text{Case 3의 경우의 수는 } 6$$

즉, 구하는 경우의 수는 $12 + 8 + 6 = 26$

답 26

509.

구하는 값 $(x+y+z)(p+q)(a+b)^2$의 전개식의 항의 개수

설계 $(x+y+z)(p+q)\boxed{(a+b)^2}$
$= (x+y+z)(p+q)\boxed{(a^2+2ab+b^2)}$
이므로,
$(x+y+z)$에서 항 1개, $(p+q)$에서 항 1개,
$(a^2+2ab+b^2)$에서 항 1개를 선택하여 곱하면
전개식에서의 항 1개가 만들어지고,
그렇게 만들어진 항들을 서로 중복되지 않는다.

따라서
$(x+y+z)$에서 항 1개를 택하는 경우의 수는 3
➔ $\boxed{3}$

잇달아, $(p+q)$에서 항 1개를 택하는 경우의 수는 2
➔ 3×2

잇달아, $(a^2+2ab+b^2)$에서 항 1개를 택하는 경우의 수는 3
➔ $3 \times 2 \times 3$

즉, 구하는 경우의 수는 18

답 18

510.

구하는 값 조건을 만족시키는 경우의 수

조건 정리 ① 네 자리 자연수
→ 빈칸 4개를 만들자.

② 0, 1, 2, 3, 4, 5를 한 번씩만 사용할 수 있다.
→ 0은 첫 번째 빈칸에 들어올 수 없음에 주의하자.
(0이 첫 번째 빈칸에 들어가면, 세 자리 자연수가
된다.)

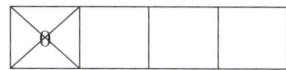

③ 일의 자리 수, 백의 자리 수가 모두 홀수이다.
→ 두 번째 빈칸, 네 번째 빈칸에는 홀수만 들어올 수
있다.

	홀		홀

설계 두 번째, 네 번째 빈칸에 홀수를 채운 후, 남은 숫자를 첫
번째, 세 빈칸에 채우는 경우의 수를 구하자.
이때, 0은 첫 번째 빈칸에 들어올 수 없음에 주의하자.

두 번째 빈칸에 홀수를 채우는 경우의 수는 3 → 3
예를 들어, 1을 넣었다 하자.

	1		

→ 남은 숫자 : 0, 2, 3, 4, 5

잇달아, 네 번째 빈칸에 홀수를 채우는 경우의 수는 2
→ 3×2
예를 들어, 3을 넣었다 하자.

	1		3

→ 남은 숫자 : 0, 2, 4, 5

잇달아, 첫 번째 빈칸에 숫자를 넣는 경우의 수는 3
→ $3 \times 2 \times 3$
예를 들어, 4를 넣었다 하자.

4	1		3

→ 남은 숫자 : 0, 2, 5

잇달아, 세 번째 빈칸에 숫자를 넣는 경우의 수는 3
→ $3 \times 2 \times 3 \times 3$

즉, 구하는 경우의 수는 54

답 54

511.

구하는 값 조건을 만족시키는 경우의 수

조건 정리 ① A에서 출발하여 → C와 D를 모두 지나
→ B까지 간다.
② 한 번 지난 도로는 다시 지날 수 없다.

설계 경우의 수를 편리하게 계산하기 위해, 다음과 같이 중간
지점 X, Y를 설정하고,

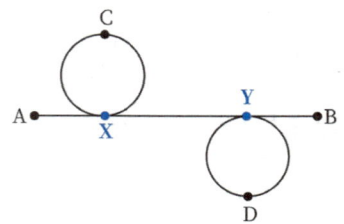

(i) A → X로 가는 경우의 수,
(ii) X → C로 가는 경우의 수,
(iii) C → Y로 가는 경우의 수,
(iv) Y → D로 가는 경우의 수,
(v) D → B로 가는 경우의 수
를 각각 따로 구한 후, 마지막에 모두 곱하자.

(i) A → X로 가는 경우의 수는 1가지이다. → 1

잇달아, (ii) X → C로 가는 경우의 수는 X에서 왼쪽 길로 가는
경우와 X에서 오른쪽 길로 가는 경우의 2가지이다. → 1×2

잇달아, (iii) C → Y로 가는 경우의 수는 1가지이다.
→ $1 \times 2 \times 1$

잇달아, (iv) Y → D로 가는 경우의 수는
Y에서 왼쪽 길로 가는 경우와 Y에서 오른쪽 길로 가는 경우의
2가지이다. → $1 \times 2 \times 1 \times 2$

잇달아, (v) D → B로 가는 경우의 수는 1가지이다.
→ $1 \times 2 \times 1 \times 2 \times 1$

즉, 구하는 경우의 수는 4

답 4

512.

구하는 값 $a+b$의 값

조건 정리 ① 84의 양의 약수의 개수 : a

② 242의 양의 약수의 개수 : b

84의 양의 약수의 개수부터 구해보자.

단계 1) 84를 소인수분해하자.

$84 = \boxed{2^2} \times \boxed{3} \times \boxed{7}$

단계 2) 각 소인수 거듭제곱의 약수 중 하나씩을 택하자.

2^2의 약수$(1, 2^1, 2^2)$ 중 하나를 택하는 경우의 수는 3

잇달아, 3의 약수$(1, 3)$ 중 하나를 택하는 경우의 수는 2

➔ 3×2

잇달아, 7의 약수$(1, 7)$ 중 하나를 택하는 경우의 수는 2

➔ $3 \times 2 \times 2$

즉, 84의 양의 약수의 개수는 12 ➔ $a = 12$

242의 양의 약수의 개수도 마찬가지 방식으로 구하자.

단계 1) 242를 소인수분해하자.

$242 = \boxed{2} \times \boxed{11^2}$

단계 2) 각 소인수 거듭제곱의 약수 중 하나씩을 택하자.

2의 약수$(1, 2)$ 중 하나를 택하는 경우의 수는 2

잇달아, 11^2의 약수$(1, 11^1, 11^2)$ 중 하나를 택하는 경우의 수는 3

➔ 2×3

즉, 242의 양의 약수의 개수는 6 ➔ $b = 6$

$\therefore a+b = 12+6 = 18$

답 18

513.

구하는 값 540과 720의 공약수의 개수

설계 어떤 두 수의 공약수는, 그 두 수의 최대공약수의 약수임을 이용하자.

➔ 즉, 540과 720의 공약수의 개수를 구하기 위해서는 540과 720의 최대공약수의 약수의 개수를 구하면 된다.

생각 1 | 540과 720의 최대공약수를 구하자.

540과 720를 각각 소인수분해하면 다음과 같으므로,

$540 = 2^2 \times 3^3 \times 5$ $720 = 2^4 \times 3^2 \times 5$

(540과 720의 최대공약수)$= 2^2 \times 3^2 \times 5$

생각 2 | $\boxed{2^2} \times \boxed{3^2} \times \boxed{5}$의 약수의 개수를 구하자.

각 소인수 거듭제곱의 약수 중에서 하나씩을 택하자.

2^2의 약수$(1, 2^1, 2^2)$ 중 하나를 택하는 경우의 수는 3

잇달아, 3^2의 약수$(1, 3^1, 3^2)$ 중 하나를 택하는 경우의 수는 3 ➔ 3×3

잇달아, 5의 약수$(1, 5)$ 중 하나를 택하는 경우의 수는 2

➔ $3 \times 3 \times 2$

즉, (구하는 값)$= 18$

답 18

514.

구하는 값 $m+n$의 값

조건 정리 ① 360의 양의 약수 중 짝수의 개수 : m

➔ 360을 소인수분해 후, 각 소인수 거듭제곱의 약수 중 하나씩을 택할 때, 짝수가 적어도 하나는 포함되어야 한다.

② 360의 양의 약수 중 5의 배수의 개수 : n

➔ 360을 소인수분해 후, 각 소인수 거듭제곱의 약수 중 하나씩을 택할 때, 5의 배수가 적어도 하나는 포함되어야 한다.

생각 1 | 360의 양의 약수 중 짝수의 개수를 구하자.

360을 소인수분해하면 ➔ $360 = \boxed{2^3} \times \boxed{3^2} \times \boxed{5}$

여기서 2^3의 약수, 3^2의 약수, 5의 약수 중 하나씩을 택할 때,

짝수가 적어도 하나는 포함되도록 하려면,

2^3의 약수$(1, 2^1, 2^2, 2^3)$를 택할 때, 1을 제외하고 택하면 된다.

즉, 2^3의 약수 중 1을 제외하고 택하는 경우의 수는 3

잇달아, 3^2의 약수$(1, 3^1, 3^2)$ 중 하나를 택하는 경우의 수는 3

➔ 3×3

잇달아, 5의 약수$(1, 5)$ 중 하나를 택하는 경우의 수는 2

➔ $3 \times 3 \times 2$

$\therefore m = 18$

생각 2 ┃ 360의 양의 약수 중 5의 배수의 개수를 구하자.

2^3의 약수, 3^2의 약수, 5의 약수 중 하나씩을 택할 때,

5의 배수가 적어도 하나는 포함되도록 하려면,

5의 약수(1, 5)를 택할 때, 1을 제외하고 택하면 된다.

즉, 5의 약수 중 1을 제외하고 택하는 경우의 수는 1

잇달아, 2^3의 약수 중 하나를 택하는 경우의 수는 4

➔ $1 \boxed{\times} 4$

잇달아, 3^2의 약수 중 하나를 택하는 경우의 수는 3

➔ $1 \times 4 \boxed{\times} 3$ ∴ $n = 12$

➔ $m + n = 18 + 12 = 30$

답   30

515.

구하는 값 자연수 n의 값

조건 정리 18^n의 양의 약수의 개수가 45

단계 1) 18^n을 소인수분해하자.

$$18^n = (2 \times 3^2)^n = \boxed{2^n} \times \boxed{3^{2n}}$$

단계 2) 각 소인수 거듭제곱의 약수 중 하나씩을 택하자.

2^n의 약수 중 하나를 택하는 경우의 수는 $\boxed{n+1}$

잇달아, 3^{2n}의 약수 중 하나를 택하는 경우의 수는 $\boxed{2n+1}$

➔ $(n+1) \boxed{\times} (2n+1)$

즉, 18^n의 양의 약수의 개수는 $(n+1)(2n+1)$

➔ $(n+1)(2n+1) = 45$ ➔ $n = 4$

답   4

516.

구하는 값 조건을 만족시키는 경우의 수

조건 정리

① 100원 2개 / 500원 2개 / 1000원 3장

② 이들을 일부 또는 전부 사용하여 지불해야 한다.

③ 0원을 지불하는 경우는 제외한다.

④ 같은 금액을 지불해도, 지불한 화폐가 다르면 다른 경우이다.

설계

(i) 100원을 몇 개 지불할 지

(ii) 500원을 몇 개 지불할 지

(iii) 1000원을 몇 개 지불할 지

를 선택하는 경우의 수를 세면 된다.

(i) 100원을 몇 개 지불할까?

100원을 지불하는 경우의 수는 100원을

0개 지불 or 1개 지불 or 2개 지불하는 3가지이다.

잇달아, (ii) 500원을 몇 개 지불할까?

잇달아, 500원을 지불하는 경우의 수는 500원을

0개 지불 or 1개 지불 or 2개 지불하는 3가지이다.

➔ 3×3

잇달아, (iii) 1000원을 몇 장 지불할까?

잇달아, 1000원을 지불하는 경우의 수는 1000원을

0장 지불 or 1장 지불 or 2장 지불 or 3장 지불하는 4가지이다.

➔ $3 \times 3 \times 4$

이때, 조건③에 따라, 0원을 지불하는 경우는 제외해야 하므로,

(= 100원, 500원, 1000원 모두 0개 지불하는 경우)

구하는 경우의 수는 $(3 \times 3 \times 4) \boxed{-} 1 = 35$

답   35

517.

구하는 값 360의 양의 약수의 총합

단계 1) 360을 소인수분해하면 ➔ $360 = 2^3 \times 3^2 \times 5$

단계 2) 각 소인수 거듭제곱의 약수의 합을 곱하면,

$$(1 + 2^1 + 2^2 + 2^3)(1 + 3^1 + 3^2)(1 + 5)$$
$$= (15)(13)(6) = 1170$$

답   1170

518.

구하는 값 m의 값

조건 정리 $(1 + 2 + 2^2 + \cdots + 2^6)(1 + 3)(1 + 5)$는 자연수 m의 양의 약수의 총합

➔ $(1 + 2 + 2^2 + \cdots + 2^6)(1 + 3)(1 + 5)$는 m을 소인수분해 후, 각 소인수 거듭제곱의 약수의 합을 곱한 결과이다. 즉, $m = 2^6 \times 3 \times 5 = 960$

답   960

519.

(1)
$_nP_2 = 12$

➔ $n(n-1) = 12$ ➔ $n = 4$

(2)
$_nP_5 = 30\,_nP_3$

➔ $n(n-1)(n-2)(n-3)(n-4) = 30\,n(n-1)(n-2)$

➔ $(n-3)(n-4) = 30$ ➔ $n = 9$

답 (1) 4 (2) 9

520.

[구하는 값] 조건을 만족시키는 경우의 수

[조건 정리] N U M B E R 에서 4개를 택하여 일렬로 나열한다.
➔ 4개의 빈칸을 만들자.

(왼쪽부터 빈칸 1~4라 하자.)

빈칸 1에는 6개의 문자 중 하나가 들어올 수 있다. ➔ $\boxed{6}$

예를 들어, M이 들어왔다고 가정하자.

M			

남은 문자 : N U B E R

잇달아, 빈칸 2에는 5개의 문자 중 하나가 들어올 수 있다.
➔ 6×5

예를 들어, N이 들어왔다고 가정하자.

남은 문자 : U B E R

잇달아, 빈칸 3에는 4개의 문자 중 하나가 들어올 수 있다.
➔ $6 \times 5 \times 4$

예를 들어, E가 들어왔다고 가정하자.

M	N	E	

남은 문자 : U B R

잇달아, 빈칸 4에는 3개의 문자 중 하나가 들어올 수 있다.
➔ $6 \times 5 \times 4 \boxed{\times 3}$

즉, 구하는 경우의 수는 360

답 360

521.

[구하는 값] 상담 순서를 정하는 경우의 수

[조건 정리] ① 학생 6명
➔ 편의상 학생 1~6으로 나타내자.

② 1교시 : 2명 / 2교시 : 4명
으로 나누어 한 사람씩 순서대로 상담한다.
➔ 1교시에 대한 빈칸 2개와 2교시에 대한 빈칸 4개를 만들자.

(각각 왼쪽부터 빈칸 1~2 / 빈칸 1~4라 하자.)

〈1교시〉

〈2교시〉

[설계] 제작한 빈칸에 학생 6명을 배치하는 경우의 수를 구하면 된다.

〈1교시〉의 빈칸 1에는 학생 6명 중 한 명이 들어갈 수 있다. ➔ $\boxed{6}$

예를 들어, 학생 2가 들어왔다고 하자.

학2	

남은 학생 : 5명

잇달아, 〈1교시〉의 빈칸 2에는
남은 학생 5명 중 한 명이 들어올 수 있다.
➔ $6 \boxed{\times 5}$

예를 들어, 학생 1이 들어왔다고 하자.

학2	학1

남은 학생 : 4명

잇달아, 〈2교시〉의 빈칸 1~4도 같은 방식으로 채우면,

➜ $(6 \times 5) \times (4 \times 3 \times 2 \times 1)$

즉, 구하는 경우의 수는 720

답 720

522.

구하는 값 조건을 만족시키는 경우의 수

조건 정리

① 남자 3명 / 여자 4명이 한 줄로 선다.
➜ 빈칸 7개를 만들자.

(왼쪽부터 빈칸 1~7이라 하자.)

② 남자가 양 끝에 서야 한다.

➜

남						남

설계 들어갈 수 있는 빈칸에 제한이 걸린 남자를 먼저 배치하고, 그 다음 여자를 배치하자.

빈칸 1에는 남자 3명 중 한 명이 들어올 수 있다. ➜ 3
예를 들어, 남자 2가 들어왔다고 하자.

남2						

➜ 남은 남자 : 2명 / 남은 여자 : 4명

잇달아, 빈칸 7에는 남은 남자 2명 중 한 명이 들어올 수 있다.
➜ 3 × 2
예를 들어, 남자 1이 들어왔다고 하자.

남2						남1

➜ 남은 남자 : 1명 / 남은 여자 : 4명

이제 남은 빈칸들에 남은 사람들을 배치하면 된다.
남은 빈칸 5개에 남은 5명의 사람을 배치하는 경우의 수는 5!
➜ $(3 \times 2) \times 5!$
즉, 구하는 경우의 수는 720

답 720

523.

구하는 값 달리는 순서를 정하는 방법의 수

조건 정리

① 남학생 2명 / 여학생 3명
➜ 빈칸 5개를 만들자.

② 여 → 남 → 여 → 남 → 여 순서로 달려야 한다.
➜ 남자는 파란 빈칸에만, 여자는 흰 빈칸에만 들어갈 수 있다.

설계

여자를 흰 빈칸에 먼저 배치하고, 남자를 파란 빈칸에 배치하자.
여자 3명을 흰 빈칸 3개에 배치하는 경우의 수는 3!
잇달아, 남자 2명을 파란 빈칸 2개에 배치하는 경우의 수는 2!
➜ 3! × 2!
즉, 구하는 경우의 수는 3! × 2! = 6 × 2 = 12

답 12

524.

구하는 값 조건을 만족시키는 경우의 수

조건 정리

① 1, 2, 3, 4, 5를 한 번씩만 사용할 수 있다.
② 다섯 자리 자연수를 만든다.
➜ 빈칸 5개를 만들자.

(왼쪽부터 빈칸 1~5라 하자.)

③ 일의 자리 수, 백의 자리 수가 모두 짝수이다.
➜ 빈칸 3, 5에는 짝수만 들어갈 수 있다.

		짝		짝

짝수 : 2, 4 / 홀수 : 1, 3, 5

설계 들어갈 수 있는 숫자에 제한이 걸린 빈칸 3, 5에 숫자를 먼저 배치하자.

2개의 빈칸 3, 5에 짝수 2개를 배치하는 경우의 수는 2!

예를 들어, 다음과 같이 배치했다고 하자.

		4		2

➜ 남은 숫자 : 1, 3, 5

잇달아, 남은 빈칸 3개에 남은 숫자 3개를 배치하는
경우의 수는 3!
➜ 2!×3!
즉, 구하는 경우의 수는 2!×3! = 2×6 = 12

답 12

525.

조건 정리 0, 1, 2, 3, 4를 한 번씩만 사용한다.
➜ 0에 특히 주의하자.

(1)
5개의 숫자를 모두 사용하여 만든 다섯 자리의 자연수
빈칸 5개를 만들자.
(왼쪽부터 빈칸 1~5라 하자.)

이때, 빈칸 1에는 0이 들어갈 수 없음에 주의하자.
➜ 빈칸 1에 0이 들어갈 수 없다는 제한이 있으므로,
먼저 빈칸 1을 채우자.

빈칸 1에 숫자를 채우는 경우의 수는 0을 제외한 4가지. ➜ 4
예를 들어, 2를 채웠다고 하자.

2				

➜ 남은 숫자 : 0, 1, 3, 4

남은 빈칸 4개에 남은 숫자 4개를 배치하는 경우의 수는 4!
➜ 4×4!
즉, 구하는 경우의 수는 96

(2)
4개의 숫자를 택하여 만든 네 자리의 자연수
빈칸 4개를 만들자.
(왼쪽부터 빈칸 1~4라 하자.)

이때, 빈칸 1에는 0이 들어갈 수 없음에 주의하자.
➜ 빈칸 1에 0이 들어갈 수 없다는 제한이 있으므로, 먼저 빈칸
1을 채우자.
빈칸 1에 숫자를 채우는 경우의 수는 0을 제외한 4가지. ➜ 4
예를 들어, 3을 채웠다고 하자.

3			

➜ 남은 숫자 : 0, 1, 2, 4

잇달아, 빈칸 2에 숫자를 채우는 경우의 수는 4 ➜ 4×4
예를 들어, 0을 채웠다고 하자.

3	0		

➜ 남은 숫자 : 1, 2, 4

잇달아,
빈칸 3과 4에 차례로 숫자를 채우는 경우의 수는 각각 3과 2.
➜ 4×4×3×2
즉, 구하는 경우의 수는 96

(3)
4개의 숫자를 택하여 만든 3100보다 큰 자연수
빈칸 4개를 만들자.
(왼쪽부터 빈칸 1~4라 하자.)

이때, 만든 자연수가 3100보다 크려면,
(i) 빈칸 1에 숫자 3이 들어가거나
(ii) 빈칸 1에 숫자 4가 들어가야 한다.

(i) 빈칸 1에 숫자 3이 들어가는 경우

3			

빈칸 2에 숫자 1, 2, 4가 들어가면 반드시 3100보다 크다.
즉, 빈칸 2에 숫자를 채우는 경우의 수는 3
예를 들어, 1을 채웠다 하자.

3	1		

➜ 남은 숫자 : 0, 2, 4

잇달아,
빈칸 3과 4에 차례로 숫자를 채우는 경우의 수는 각각 3, 2.
➜ 3×3×2
즉, (i)의 경우의 수는 18

(ii) 빈칸 1에 숫자 4가 들어가는 경우

4			

→ 남은 숫자 : 0, 1, 2, 3

빈칸 2, 3, 4에 차례로 숫자를 채우는 경우의 수는 각각 4, 3, 2

→ 4×3×2

즉, (ii)의 경우의 수는 24

구하는 경우의 수는

((i)의 경우의 수)+((ii)의 경우의 수)= 18+24 = 42

(4)

3개의 숫자를 택하여 만든 자연수 중 5의 배수

빈칸 3개를 만들자.

(왼쪽부터 빈칸 1~3이라 하자.)

자연수가 5의 배수가 되려면,

빈칸 3에 0이 들어와야 한다.

		0

→ 남은 숫자 : 1, 2, 3, 4

빈칸 1, 2에 차례로 숫자를 채우는 경우의 수는 각각 4, 3.

→ 4×3

즉, 구하는 경우의 수는 12

(5)

3개의 숫자를 택하여 만든 자연수 중 짝수

빈칸 3개를 만들자.

(왼쪽부터 빈칸 1~3이라 하자.)

자연수가 짝수가 되려면, 빈칸 3에 짝수가 들어와야 한다.

이때, 빈칸 3에

(i) 0이 들어오는 경우와

(ii) 2 또는 4가 들어오는 경우는

이후에 빈칸 1을 채우는 상황이 다르므로, Case를 분류하자.

Case 1 빈칸 3에 0이 들어오는 경우

		0

→ 남은 숫자 : 1, 2, 3, 4

빈칸 1, 2에 차례로 숫자를 채우는 경우의 수는

각각 4, 3. → 4×3

즉, Case 1의 경우의 수는 12

Case 2 빈칸 3에 2 또는 4가 들어오는 경우

빈칸 3에 2 또는 4를 채우는 경우의 수는 2.

예를 들어, 4를 채웠다 하자.

		4

→ 남은 숫자 : 0, 1, 2, 3

잇달아, 빈칸 1을 채울 수 있는 숫자는 0을 제외한

3개이므로,

빈칸 1을 채우는 경우의 수는 3

→ 2×3

예를 들어, 1을 채웠다 하자.

1		4

→ 남은 숫자 : 0, 2, 3

잇달아, 빈칸 2를 채우는 경우의 수는 3.

→ 2×3×3

즉, Case 2의 경우의 수는 18

구하는 경우의 수는

(Case 1의 경우의 수)+(Case 2의 경우의 수)

= 12+18 = 30

(6)

4개의 숫자를 택하여 만든 자연수 중 4의 배수

빈칸 4개를 만들자.

(왼쪽부터 빈칸 1~4라 하자.)

자연수가 4의 배수가 되려면,

제일 끝 두 숫자가 4의 배수이면 된다.

즉, 빈칸 3, 4에 다음과 같은 숫자가 들어가면 된다.

		0	4
		1	2
		2	0
		2	4
		3	2
		4	0

이때, 빈칸 3 또는 4에 0이 포함된 경우와 그렇지 않은 경우는

이후에 빈칸 1을 채우는 상황이 다르므로, Case를 분류하자.

Case 1 빈칸 3 또는 4에 0이 포함된 경우

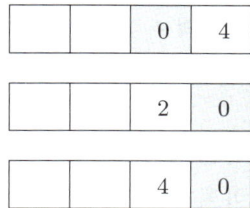

이 세 가지 경우는 경우의 수를 세는 구조가 동일할
것이므로,

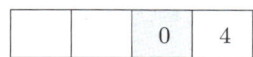

➔ 이 경우의 수만 세고, 3을 곱하자.
(남은 숫자 : 1, 2, 3)

빈칸 1에 숫자를 채우는 경우의 수는 3

잇달아, 빈칸 2에 숫자를 채우는 경우의 수는 2

➔ $3 \times 2 = 6$

즉, Case 1의 경우의 수는 $6 \times 3 = 18$

Case 2 빈칸 3 또는 4에 0이 포함되지 않은 경우

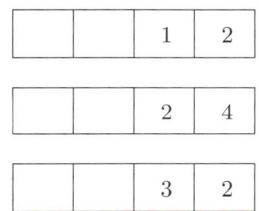

이 세 가지 경우는 경우의 수를 세는 구조가 동일할
것이므로,

➔ 이 경우의 수만 세고, 3을 곱하자.
(남은 숫자 : 0, 3, 4)

빈칸 1에 숫자를 채우는 경우의 수는 0을 제외한
2가지
잇달아, 빈칸 2에 숫자를 채우는 경우의 수는 0을
포함한 2가지
➔ $2 \times 2 = 4$

즉, Case 2의 경우의 수는 $4 \times 3 = 12$

구하는 경우의 수는
(Case 1의 경우의 수)+(Case 2의 경우의 수)
$= 18 + 12 = 30$

---

(7)
3개의 숫자를 택하여 만든 자연수 중 3의 배수
빈칸 3개를 만들자. (왼쪽부터 빈칸 1~3이라 하자.)

자연수가 3의 배수가 되려면, 각 자리의 숫자의 합이 3의 배수가
되면 된다. 즉, 빈칸 1, 2, 3에 들어가는 숫자들은 합이 3의
배수여야 한다.

0, 1, 2, 3, 4에서 합이 3의 배수가 되는 세 숫자를 구성하면,
0, 1, 2 / 0, 2, 4 / 1, 2, 3 / 2, 3, 4

이때, 0이 포함된 구성과, 그렇지 않은 구성은
이후에 빈칸 1을 채우는 상황이 다르므로, Case를 분류하자.

Case 1 0이 포함된 구성

0, 1, 2 / 0, 2, 4
이 두 구성은 경우의 수를 세는 구조가 동일할
것이므로, 0, 1, 2로 빈칸을 채우는 경우의 수만 구한
후, 2를 곱하자.

빈칸 1에 숫자를 채우는 경우의 수는 0을 제외한 2가지.
예를 들어, 1을 채웠다 하자.

➔ 남은 숫자 : 0, 2

잇달아,
빈칸 2, 3에 차례로 숫자를 채우는 경우의 수는 각각 2, 1
➔ $2 \times 2 \times 1 = 4$
즉, Case 1의 경우의 수는 $4 \times 2 = 8$

Case 2 0이 포함되지 않은 구성

1, 2, 3 / 2, 3, 4
이 두 구성은 경우의 수를 세는 구조가 동일할 것이므로,
1, 2, 3으로 빈칸을 채우는 경우의 수만 구한 후, 2를
곱하자.

3개의 빈칸에 3개의 숫자를 채우는 경우의 수는 $3! = 6$
즉, Case 2의 경우의 수는 $6 \times 2 = 12$

구하는 경우의 수는
(Case 1의 경우의 수)+(Case 2의 경우의 수)
$= 8 + 12 = 20$

답 (1) 96 (2) 96 (3) 42 (4) 12
(5) 30 (6) 30 (7) 20

526.

구하는 값 조건을 만족시키는 경우의 수

조건 정리 ① 서로 다른 주사위 3개를 동시에 던진다.

→ 빈칸 3개를 만들자.

(왼쪽 빈칸부터 주사위 1~3을 나타낸다.)

② 세 눈의 수의 합이 홀수여야 한다.

→ 더해서 홀수이려면 홀수가 [홀수]개 있어야 한다.

즉, 나온 주사위 눈의 구성이 홀, 짝, 짝 이거나 홀,

홀, 홀이어야 한다.

설계 나온 주사위 눈의 구성이 홀, 짝, 짝 이거나 홀, 홀, 홀인

경우로 Case를 분류하자.

Case 1 **나온 주사위 눈의 구성 : 홀, 짝, 짝**

나온 주사위의 눈의 구성이 홀, 짝, 짝인 경우는 다음과

같이 크게 3가지 경우로 다시 나눌 수 있다.

홀	짝	짝

짝	홀	짝

짝	짝	홀

이때, 이 셋은 경우의 수를 세는 구조가 동일할

것이므로,

홀	짝	짝

인 경우의 수만 구한 후, 3을

곱하자.

빈칸 1에 홀수를 채우는 경우의 수는 1, 3, 5의 $\boxed{3}$가지.

잇달아, 빈칸 2와 3에 차례로 짝수를 채우는 경우의

수는 각각 3, 3.

→ $3 \times 3 \times 3 = \boxed{27}$

즉, Case 1의 경우의 수는 $\boxed{27} \times 3 = 81$

Case 2 **나온 주사위 눈의 구성 : 홀, 홀, 홀**

홀	홀	홀

빈칸 1, 2, 3에 홀수를 채우는 경우의 수는

각각 3, 3, 3. → $\boxed{3 \times 3 \times 3}$

즉, Case 2의 경우의 수는 27

구하는 경우의 수는

(Case 1의 경우의 수)+(Case 2의 경우의 수)

$= 81 + 27 = 108$

답 108

527.

구하는 값 조건을 만족시키는 경우의 수

조건 정리 ① 서로 다른 주사위 3개를 던져 나온 눈의 수

: 각각 a, b, c

② $\boxed{a} + \boxed{bc}$의 값이 짝수가 되어야 한다.

→ a와 bc의 구성이 짝, 짝 이거나 홀, 홀 이어야

한다.

설계 a와 bc의 구성이 짝, 짝 / 홀, 홀인 경우로 Case를

나누자.

Case 1 a**와** bc**의 구성 : 짝, 짝**

즉, a : 짝수 / bc : 짝수

• a가 짝수가 되는 경우의 수는 $\boxed{3}$

• 잇달아, bc가 짝수가 되어야 한다.

이때, bc가 짝수이려면, b, c 중 적어도 하나가

짝수이면 된다.

→ 여사건을 생각하자.

→ 전체 경우의 수에서 b, c가 모두 홀수인 경우의 수를

빼자.

전체 경우의 수는 $6 \times 6 = 36$,

b, c가 모두 홀수인 경우의 수는 $3 \times 3 = 9$이므로,

(bc가 짝수인 경우의 수)$= 36 - 9 = \boxed{27}$

즉, Case 1의 경우의 수는 $3 \times \boxed{27} = 81$

Case 2 a**와** bc**의 구성 : 홀, 홀**

즉, a : 홀수 / bc : 홀수

a가 홀수가 되는 경우의 수는 $\boxed{3}$

잇달아, bc가 홀수가 되는 경우의 수는 9(위에서

구했었다.) → 3×9

즉, Case 2의 경우의 수는 27

구하는 경우의 수는

(Case 1의 경우의 수)+(Case 2의 경우의 수)

$= 81 + 27 = 108$

답 108

528.

구하는 값 조건을 만족시키는 경우의 수

조건 정리 ① 주머니 : 1~10이 들어있다.

② 주머니에서 카드를 한 장씩, 총 세 번 뽑는다.

③ 뽑은 숫자를 순서대로 a, b, c라 한다.

④ $ab+ac$ 의 값이 짝수가 되어야 한다. ★
　 $=a(b+c)$

➔ 여사건을 생각하자. 즉,
전체 경우의 수에서
a와 $b+c$의 곱이 홀수인 경우의 수를 빼자.
➔ a와 $b+c$가 모두 홀수인 경우의 수를 구하자.
⑤ 뽑은 숫자는 다시 넣지 않는다.

설계 (전체 경우의 수)와
(a와 $b+c$가 모두 홀수인 경우의 수)를 구하자.

생각 1 | **전체 경우의 수를 구하자.**

(전체 경우의 수) =(주머니에서 카드를 한 장씩, 총 세
번 뽑는 경우의 수) $=10\times9\times8=720$

생각 2 | **a와 $b+c$가 모두 홀수인 경우의 수를 구하자.**

• a가 홀수인 경우의 수는 1, 3, 5, 7, 9의 ⑤가지.
예를 들어, $a=3$이라 하자. 그러면,
주머니 속 남은 숫자 : 짝수는 5개, 홀수는 4개

• 잇달아, $b+c$가 홀수가 되어야 한다.
➔ [b : 짝, c : 홀] 이거나 [b : 홀, c : 짝]이면 된다.

$a=3$에 잇달아,
[b : 짝, c : 홀]인 경우의 수를 구해보면,
b가 짝수인 경우의 수는 ⑤가지. ➔ $5\times($⑤
잇달아, c가 홀수인 경우의 수는 이미 뽑은 3을 제외한
4가지.
➔ $5\times($⑤$\times$④)

[b : 홀, c : 짝]인 경우의 수는 [b : 짝, c : 홀]인
경우의 수와 같을 것이다. (경우의 수를 세는 구조가
동일하므로)
➔ $5\times($⑤$\times$④$\times$②)

계산하면, a와 $b+c$가 모두 홀수인 경우의 수는 200

따라서, 구하는 경우의 수는
(전체 경우의 수)
$-(a$와 $b+c$가 모두 홀수인 경우의 수)
$=720-200=520$

답 520

529.

구하는 값 조건을 만족시키는 경우의 수
조건 정리 ① 여학생 2명, 남학생 4명이 일렬로 줄을 선다.
② 여학생 2명이 이웃한다. ★
➔ 여학생 2명을 한 덩어리로 생각하자.

설계 만든 덩어리와 남학생 4명을 줄 세우는 경우의 수를
구하고, 덩어리 내에서 여학생끼리 자리를 바꾸는 경우의
수를 곱하자.

• 만든 덩어리와 남학생 4명을 줄 세우는 경우의 수는 5!
• 잇달아,
덩어리 내에서 여학생끼리 자리를 바꾸는 경우의 수는 2!
➔ $5!\times2!$
즉, 구하는 경우의 수는 $5!\times2!=120\times2=240$

답 240

530.

구하는 값 조건을 만족시키는 경우의 수
조건 정리 ① 1학년 2명 / 2학년 3명 / 3학년 2명이 줄을 선다.
② 1학년끼리 이웃하고, 2학년끼리 이웃한다. ★
➔ 2명의 1학년을 한 덩어리로, 3명의 2학년을 또 다른
한 덩어리로 간주하자.

설계 만든 두 덩어리와 3학년 2명을 줄 세우는 경우의 수를
구하고, 각각의 덩어리 내에서 1학년끼리 자리를 바꾸는
경우의 수와 2학년끼리 자리를 바꾸는 경우의 수를
곱하자.

• 만든 두 덩어리와 3학년 2명을 줄 세우는 경우의 수는 4!
• 잇달아, 1학년으로 구성된 덩어리 내에서
2명이 자리를 바꾸는 경우의 수는 2! ➔ $4!\times2!$
• 잇달아, 2학년으로 구성된 덩어리 내에서
3명이 자리를 바꾸는 경우의 수는 3! ➔ $4!\times2!\times3!$

즉, 구하는 경우의 수는 $4!\times2!\times3!=24\times2\times6=288$

답 288

531.

구하는 값 조건을 만족시키는 경우의 수

조건 정리 ① f, r, i, e, n, d를 일렬로 나열한다.

② 모음끼리 이웃해야 한다. ★

→ i, e는 이웃해야 한다.

→ i, e를 한 덩어리로 간주하자.

설계 만든 덩어리와 나머지 문자 f, r, n, d를 일렬로
나열하는 경우의 수를 구하고, 덩어리 내에서 i, e끼리
자리를 바꾸는 경우의 수를 곱하자.

• 만든 덩어리와 f, r, n, d를 일렬로 나열하는 경우의 수는 $\boxed{5!}$

• 잇달아, 덩어리 내에서 i, e끼리 자리를 바꾸는 경우의 수는 2!

→ $\boxed{5!} \times 2!$

즉, 구하는 경우의 수는 $5! \times 2! = 120 \times 2 = 240$

답 240

532.

구하는 값 조건을 만족시키는 경우의 수

조건 정리 ① A, B, C, D, E를 일렬로 나열한다.

② B와 C가 이웃하거나 C와 D가 이웃한다.

→ (i) B와 C가 이웃하는 경우와

(ii) C와 D가 이웃하는 경우로 Case를 분류하자.

이때, 마지막에 (i), (ii)에서 중복되는 경우인
B, C / C, D가 동시에 이웃하는 경우를 제외해야 한다.

Case 1 B와 C가 이웃하는 경우

설계 B와 C를 한 덩어리로 간주하자.

• 만든 덩어리와 나머지 학생 A, D, E를 일렬로
나열하는 경우의 수는 $\boxed{4!}$

• 잇달아, 만든 덩어리 내에서 B와 C가 자리를 바꾸는
경우의 수는 2! → $\boxed{4!} \times 2!$

즉, Case 1의 경우의 수는 $4! \times 2! = 24 \times 2 = 48$

Case 2 C와 D가 이웃하는 경우

이 경우는, Case 1과 경우의 수를 세는 구조가
동일하므로, Case 1과 같은 48가지이다.

★ 중복되는 경우인 B, C / C, D가 동시에 이웃하는
경우를 제외하자.

B, C / C, D가 동시에 이웃하는 경우를 구하자.

설계 B, C / C, D가 동시에 이웃하는 경우는 이 셋이
B, C, D로 이웃하거나 D, C, B로 이웃하는 두 경우뿐이다.

• B, C, D를 한 덩어리로 만드는 경우의 수는 $\boxed{2}$

• 잇달아, 만든 덩어리와 나머지 학생 A, E를 일렬로 나열하는
경우의 수는 3! → $\boxed{2 \times 3!}$

즉, B, C / C, D가 동시에 이웃하는 경우의 수는
$2 \times 3! = 2 \times 6 = 12$

∴ 구하는 경우의 수는 $48 + 48 - \boxed{12} = 84$

답 84

533.

구하는 값 조건을 만족시키는 경우의 수

조건 정리 ① 다음 그림의 빈칸에 A, B, C, D, E, F를
하나씩 배치한다.

② A, B가 이웃해야 한다. ★

③ 옆으로 이웃하는 경우만 이웃하는 것으로 본다.

설계 먼저 A, B를 이웃하도록 배치하고, 나머지 문자 C, D,
E, F를 배치하자.

A, B가 들어갈 수 있는 곳은 다음의 $\boxed{3}$가지

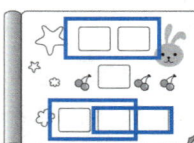

예를 들어, A, B가 다음 위치에 들어갈 것이라고 하자.

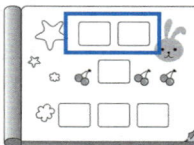

2개의 빈칸에 2개의 문자 A, B를 배치하는 경우의 수는 2!

→ $\boxed{3} \times 2!$

예를 들어, A, B를 다음과 같이 배치했다고 하자.

잇달아, 나머지 4개의 빈칸에 남은 4개의 문자 C, D, E, F를 배치하는 경우의 수는 4! ➜ $3 \times 2! \times 4!$

즉, 구하는 경우의 수는 $3 \times 2! \times 4! = 3 \times 2 \times 24 = 144$

답 144

534.

구하는 값 조건을 만족시키는 경우의 수

조건 정리 ① A, B, C, D, E 5명이 3인용 소파에 3명, 2인용 소파에 2명으로 나누어 앉는다.
② A, B가 같은 소파에 이웃하여 앉는다. ★

설계 먼저 A, B를 같은 소파에 이웃하도록 배치하고, 나머지 사람 C, D, E를 배치하자.

A, B가 들어갈 수 있는 곳은 다음의 3가지

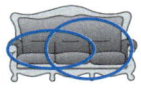

예를 들어, A, B가 다음 위치에 들어갈 것이라고 하자.

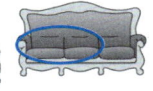

2개의 자리에 2명의 사람 A, B를 배치하는 경우의 수는 2!
➜ $3 \times 2!$
예를 들어, A, B를 다음과 같이 배치했다고 하자.

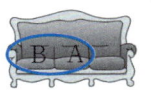

잇달아, 나머지 3개의 자리에 남은 3명의 사람 C, D, E를 배치하는 경우의 수는 3! ➜ $3 \times 2! \times 3!$

즉, 구하는 경우의 수는 $3 \times 2! \times 3! = 3 \times 2 \times 6 = 36$

답 36

535.

구하는 값 조건을 만족시키는 경우의 수

조건 정리 ① 할아버지, 할머니, 아버지, 어머니, 아들, 딸이 주어진 그림의 6개의 좌석에 모두 앉는다.
② 할아버지, 할머니가 같은 열에 이웃하여 앉는다.
③ 아버지, 어머니도 같은 열에 이웃하여 앉는다.

설계 먼저 할아버지, 할머니를 같은 열에 이웃하도록 앉히고, 그다음 아버지, 어머니를 같은 열에 이웃하도록 앉히자. 끝으로, 남은 자리에 남은 사람을 앉히자.

할아버지, 할머니가 앉을 수 있는 곳은 다음의 4가지

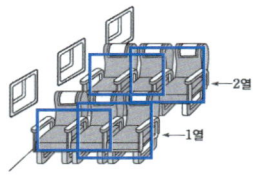

예를 들어, 할아버지, 할머니가 다음의 위치에 앉는다고 하자.

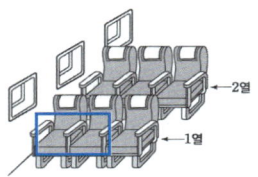

2개의 자리에 2명의 사람(할아버지, 할머니)를 배치하는 경우의 수는 2! ➜ $4 \times 2!$

예를 들어, 할아버지, 할머니를 다음과 같이 배치했다고 하자.

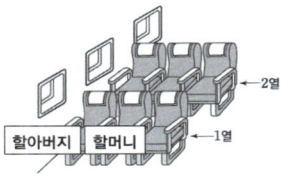

잇달아, 아버지, 어머니가 앉을 수 있는 곳은 다음의 2가지

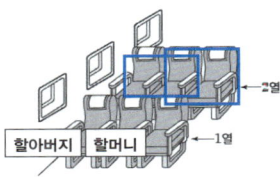

➜ $4 \times 2! \times 2$
예를 들어, 아버지, 어머니가 다음의 위치에 앉는다고 하자.

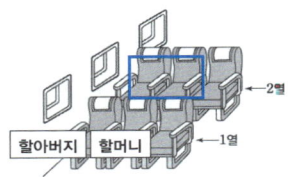

orbibooks.com　221

2개의 자리에 2명의 사람(어머니, 아버지)를 배치하는

경우의 수는 2! ➔ $4 \times 2! \times 2 \times$ 2!

예를 들어, 아버지, 어머니를 다음과 같이 배치했다고 하자.

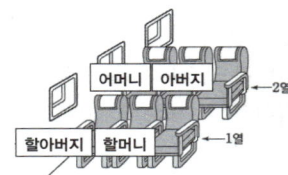

잇달아, 남은 2명의 사람(아들, 딸)을 남은 2개의 자리에

앉히는 경우의 수는 2! ➔ $4 \times 2! \times 2 \times 2! \boxed{\times 2!}$

즉, 구하는 경우의 수는 $4 \times 2! \times 2 \times 2! \times 2! = 64$

답 64

536.

구하는 값 조건을 만족시키는 경우의 수

조건 정리

① 남학생 2명 / 여학생 3명을 일렬로 세운다.

② 남학생끼리 이웃하지 않는다. ★

단계 1) 여학생들을 우선 나열하자.

3명의 여학생을 일렬로 나열하는 경우의 수는 $\boxed{3!}$

예를 들어, 다음과 같이 나열했다고 하자.

여2	여1	여3

단계 2) 여학생들의 양 끝, 사이사이에 남학생들을 배치하자.

∨ | 여2 | ∨ | 여1 | ∨ | 여3 | ∨

잇달아, 남학생 1이 4개의 ∨ 중 하나에 들어가는

경우의 수는 4 ➔ $3! \boxed{\times 4}$

예를 들어, 다음 위치에 들어갔다고 하자.

∨ | 여2 | ∨ | 여1 | 남1 | 여3 | ∨

잇달아, 남학생 2가 남은 3개의 ∨ 중 하나에 들어가는

경우의 수는 3 ➔ $3! \times 4 \boxed{\times 3}$

즉, 구하는 경우의 수는 $3! \times 4 \times 3 = 6 \times 4 \times 3 = 72$

답 72

537.

구하는 값 조건을 만족시키는 경우의 수

조건 정리 ① f, r, i, e, n, d를 일렬로 나열한다.

② 모음끼리 이웃하지 않아야 한다. ★

➔ i, e는 이웃하면 안 된다.

단계 1) 자음 f, r, n, d를 먼저 나열하자.

4개의 자음을 일렬로 나열하는 경우의 수는 $\boxed{4!}$

예를 들어, 다음과 같이 나열했다고 하자.

r	d	f	n

단계 2) 자음들의 양 끝, 사이사이에 모음 i, e를 배치하자.

∨ | r | ∨ | d | ∨ | f | ∨ | n | ∨

잇달아, i가 5개의 ∨ 중 하나에 들어가는

경우의 수는 5 ➔ $4! \boxed{\times 5}$

예를 들어, 다음 위치에 들어갔다고 하자.

∨ | r | i | d | ∨ | f | ∨ | n | ∨

잇달아, e가 남은 4개의 ∨ 중 하나에 들어가는

경우의 수는 4 ➔ $4! \times 5 \boxed{\times 4}$

즉, 구하는 경우의 수는 $4! \times 5 \times 4 = 24 \times 5 \times 4 = 480$

답 480

538.

구하는 값 조건을 만족시키는 경우의 수

조건 정리 ① 5장의 카드 : 1, 2, 3, 4, 5를 일렬로 나열한다.

② 짝수는 서로 이웃하면 안 된다. ★

➔ 2, 4는 이웃하면 안 된다.

단계 1) 홀수 1, 3, 5를 먼저 나열하자.

3개의 홀수를 일렬로 나열하는 경우의 수는 $\boxed{3!}$

예를 들어, 다음과 같이 나열했다고 하자.

3	1	5

단계 2) 홀수의 양 끝, 사이사이에 짝수 2, 4를 배치하자.

∨ | 3 | ∨ | 1 | ∨ | 5 | ∨

잇달아, 2가 4개의 ∨ 중 하나에 들어가는 경우의 수는
4 ➡ 3! $\times$ 4

예를 들어, 다음 위치에 들어갔다고 하자.

| ∨ | 3 | ∨ | 1 | ∨ | 5 | 2 |

잇달아, 4가 남은 3개의 ∨ 중 하나에 들어가는 경우의
수는 3 ➡ 3! $\times$ 4 $\times$ 3

즉, 구하는 경우의 수는 3! $\times$ 4 $\times$ 3 = 6 $\times$ 4 $\times$ 3 = 72

답 72

539.

구하는 값 조건을 만족시키는 경우의 수

조건 정리 ① 6명의 학생 A, B, C, D, E, F를 일렬로 세운다.
➡ 빈칸 6개를 만들자.
(왼쪽부터 차례로 빈칸 1~6이라 하자.)

② A를 맨 앞에 세운다.
➡

A					

③ B는 A와 이웃하면 안 된다.
➡ B는 빈칸 2에 들어갈 수 없다.

설계 제한이 걸린 B를 먼저 배치하고, 나머지 학생들을
배치하자.

• B를 배치하는 경우의 수는 빈칸 2를 제외한 4
예를 들어, 다음과 같이 배치했다고 하자.

A			B		

• 잇달아, 남은 4개의 빈칸에 남은 4명의 학생을 배치하는
경우의 수는 4! ➡ 4 $\times$ 4!

즉, 구하는 경우의 수는 4 $\times$ 4! = 4 $\times$ 24 = 96

답 96

540.

구하는 값 조건을 만족시키는 경우의 수

조건 정리 ① 1~7을 일렬로 나열한다.
② 1, 2는 이웃하고,
➡ 1, 2를 한 덩어리로 간주하자.
③ 3, 4, 5는 이웃하면 안 된다.

설계 만든 덩어리와 6, 7을 먼저 배치한 뒤, 3, 4, 5를 그 양
끝과 사이사이에 배치하자.

단계 1) 만든 덩어리와 6, 7을 먼저 배치하자.
만든 덩어리와 6, 7을 일렬로 나열하는 경우의 수는 3!
잇달아, 덩어리 내에서 1, 2끼리 자리를 바꾸는 경우의
수는 2! ➡ 3! $\times$ 2!
예를 들어, 다음과 같이 배치했다고 하자.

2	1		6		7

단계 2) 3, 4, 5를 양 끝과 사이사이에 배치하자.

| ∨ | 2 | 1 | ∨ | 6 | ∨ | 7 | ∨ |

잇달아, 3이 4개의 ∨ 중 하나에 들어가는 경우의 수는
4 ➡ 3! $\times$ 2! $\times$ 4

예를 들어, 다음 위치에 들어갔다고 하자.

| 3 | 2 | 1 | ∨ | 6 | ∨ | 7 | ∨ |

잇달아, 4가 남은 3개의 ∨ 중 하나에 들어가는 경우의
수는 3 ➡ 3! $\times$ 2! $\times$ 4 $\times$ 3

예를 들어, 다음 위치에 들어갔다고 하자.

| 3 | 2 | 1 | ∨ | 6 | 4 | 7 | ∨ |

잇달아, 5가 남은 2개의 ∨ 중 하나에 들어가는 경우의
수는 2 ➡ 3! $\times$ 2! $\times$ 4 $\times$ 3 $\times$ 2

즉, 구하는 경우의 수는
3! $\times$ 2! $\times$ 4 $\times$ 3 $\times$ 2 = 6 $\times$ 2 $\times$ 4 $\times$ 3 $\times$ 2 = 288

답 288

541.

조건 정리 남학생 3명, 여학생 5명 중 회장 1명, 부회장 1명을 뽑는다.

→ 빈칸 2개를 만들자.

(왼쪽 빈칸은 회장, 오른쪽 빈칸은 부회장의 자리라고 하자.)

(1) 모든 경우의 수

회장의 자리에 사람이 들어오는 경우의 수는 $\boxed{8}$

예를 들어, 남학생 2가 들어왔다고 하자.

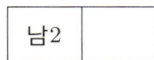

남은 사람 : 7명

잇달아, 부회장의 자리에 사람이 들어오는 경우의 수는 7

→ 8×7

즉, 구하는 경우의 수는 56

(2) 회장, 부회장 모두 남학생을 뽑는 경우의 수

→ 회장, 부회장의 자리에 모두 남학생만 들어올 수 있다.

회장의 자리에 남학생이 들어오는 경우의 수는 $\boxed{3}$

예를 들어, 남학생 1이 들어왔다고 하자.

남은 남학생 : 2명

잇달아, 부회장의 자리에 남학생이 들어오는 경우의 수는 2

→ 3×2

즉, 구하는 경우의 수는 6

(3) 회장, 부회장 중에서 적어도 한 명의 여학생을 뽑는 경우의 수

→ 여사건을 생각하자. 즉,

(전체 경우의 수)−[회장, 부회장 모두 남학생을 뽑는 경우의 수]

로 계산하자.

전체 경우의 수는 문항 (1)에서 구했던 56이다.

회장, 부회장 모두 남학생을 뽑는 경우의 수는 문항 (2)에서 구했던 6이다.

즉, 구하는 경우의 수는 $56 - 6 = 50$

답 (1) 56   (2) 6   (3) 50

542.

구하는 값 조건을 만족시키는 경우의 수

조건 정리 ① 1, 2, 3, 4, 5를 일렬로 나열한다.

② 1, 2, 3 중 적어도 2개가 이웃해야 한다.

→ 여사건을 생각하자. 즉,

(전체 경우의 수)

−(1, 2, 3이 모두 이웃하지 않는 경우의 수)

로 계산하자.

생각 1 | 전체 경우의 수를 구하자.

전체 경우의 수는 1, 2, 3, 4, 5를 일렬로 나열하는 경우의 수이므로, $5! = 120$이다.

생각 2 | 1, 2, 3이 모두 이웃하지 않는 경우의 수를 구하자.

단계 1) 먼저 4, 5를 나열하자.

4, 5를 일렬로 나열하는 경우의 수는 $\boxed{2!}$

예를 들어, 다음과 같이 나열했다고 하자.

5	4

단계 2) 나열한 것의 양 끝과 사이사이에 1, 2, 3을 배치하자.

잇달아, 3개의 ∨에 3개의 숫자 1, 2, 3을 배치하는 경우의 수는 $3!$ → $2! \boxed{\times 3!}$

즉, (1, 2, 3이 모두 이웃하지 않는 경우의 수)$= 12$

∴ (전체 경우의 수)−(1, 2, 3이 모두 이웃하지 않는 경우의 수) $= 120 - 12 = 108$

답 108

543.

구하는 값 조건을 만족시키는 경우의 수

조건 정리 ① 6명의 가족 : 부모님, 자녀 4명이 일렬로 배치된 6개의 의자에 앉는다.

→ 사실상, 6명의 사람을 일렬로 나열하는 상황과 같다.

② 부모님의 사이에 자녀 4명 중 적어도 한 명이 앉는다.

→ 여사건을 생각하자. 즉,

(전체 경우의 수)−(부모님 사이에 앉은 자녀가 없는 경우의 수) 로 계산하자.

생각 1 | **전체 경우의 수를 계산하자.**

전체 경우의 수는 6명의 가족을 일렬로 나열하는
경우의 수이므로, $6! = 720$이다.

생각 2 | **부모님 사이에 앉은 자녀가 없는 경우의 수를 구하자.**

즉, 어머니, 아버지가 이웃하여 앉는 경우의 수를 구하자.

➜ 어머니, 아버지를 한 덩어리로 간주하자.

- 만든 덩어리와 자녀 4명을 일렬로 나열하는 경우의 수는
  $5!$

- 잇달아, 덩어리 내에서 어머니와 아버지가 자리를
  바꾸는 경우의 수는 $2!$ ➜ $5! \times 2!$

즉, 어머니, 아버지가 이웃하여 앉는 경우의 수는 240

$\therefore$ (전체 경우의 수)
$-$(부모님 사이에 앉은 자녀가 없는 경우의 수)
$= 720 - 240 = 480$

답 480

544.

구하는 값 IECLPN이 몇 번째에 오는지

➜ IECLPN 에 도달하는 것이 목표

조건 정리 PENCIL의 6개 문자를 사전식으로 배열한다.

➜ 빈칸 6개를 만들자.

생각 1 | **C로 시작하는 배열이 몇 개인지 생각해보자.**

C					

C로 시작하는 배열은 나머지 5개의 빈칸에 남은 5개의
문자 E, I, L, N, P를 배치하는 경우의 수와 같으므로,
$5! = 120$개

생각 2 | **I로 시작하는 배열이 몇 번째부터 나타날까?**

C로 시작하는 배열 ➜ 120개
E로 시작하는 배열 ➜ 120개

이고, 바로 다음에 I로 시작하는 배열이 시작되므로,
241번째부터 I로 시작하는 배열(IC□□□□)이다.

생각 3 | **IC로 시작하는 배열이 몇 개인지 생각해보자.**

I	C			

IC로 시작하는 배열은 나머지 4개의 빈칸에 남은 4개의
문자 E, L, N, P를 배치하는 경우의 수와 같으므로,
$4! = 24$개

생각 4 | **IE로 시작하는 배열이 몇 번째부터 나타날까?**

C로 시작하는 배열 ➜ 120개
E로 시작하는 배열 ➜ 120개
IC로 시작하는 배열 ➜ 24개
이므로,
265번째부터 IE로 시작하는 배열(IEC□□)이다.

생각 5 | **IECLPN이 몇 번째로 오는지 구하자.**

265번째 ➜ IECLNP / 266번째 ➜ IECLPN

답 266번째

545.

구하는 값 조건을 만족시키는 경우의 수

조건 정리 ① 0, 1, 2, 3, 4를 한 번씩만 사용하여
② 다섯 자리 자연수를 만든다.
➜ 빈칸 5개를 만들자.
(왼쪽부터 빈칸 1~5라 하자.)

③ 31000보다 커야 한다.
➜ 자연수가 31□□□ 또는 32□□□ 또는
34□□□ 또는 4□□□□꼴이면 반드시
31000보다 크다.

설계 빈칸 1이 (I) 3인 경우와 (II) 4인 경우로 Case를
분류하자.

Case 1 **빈칸 1이 3인 경우**

즉, 31□□□ 또는 32□□□ 또는 34□□□꼴인
경우
➜ 이 세 경우는 경우의 수를 세는 구조가 같을
것이므로,
31□□□꼴인 경우의 수만 구하고, 3을 곱하자.

▶ 31□□□꼴인 경우의 수를 구하자.

3	1			

남은 3개의 빈칸에 남은 3개의 숫자를 채우는 경우의

수는 3! = 6 ➔ 31□□□꼴의 자연수의 개수는 6

즉, Case 1의 경우의 수는 6 × 3 = 18

Case 2 빈칸 1이 4인 경우

즉, 4□□□□꼴인 경우

▶ 4□□□□꼴인 경우의 수를 구하자.

4				

남은 4개의 빈칸에 남은 4개의 숫자를 채우는 경우의

수는 4! = 24 ➔ 4□□□□꼴의 자연수의 개수는 24

즉, Case 2의 경우의 수는 24

구하는 경우의 수는

(Case 1의 경우의 수) + (Case 2 의 경우의 수)

= 18 + 24 = 42

답 42

546.

구하는 값 75번째에 오는 수

조건 정리 ① 1, 2, 3, 4, 5를 한 번씩만 사용하여

② 다섯 자리 자연수를 만들고, 큰 수부터 차례대로

나열한다. ➔ 빈칸 5개를 만들자.

(왼쪽부터 빈칸 1~5라 하자.)

생각 1 | **5로 시작하는 자연수의 개수를 구해보자.**

5				

5로 시작하는 자연수의 개수는

남은 4개의 빈칸에 남은 4개의 숫자 1, 2, 3, 4를

배치하는

경우의 수와 같으므로, 4! = 24

➔ 4로 시작하는 자연수의 개수도 24,

3으로 시작하는 자연수의 개수도 24이다.

➔ 73번째에서 처음으로 2로 시작하는 자연수가

나타난다.

➔ 73번째 : 25431 / 74번째 : 25413 /

75번째 : 25341

답 25341

547.

구하는 값 50번째에 오는 수

조건 정리 ① 0, 1, 2, 3, 4, 5를 한 번씩만 사용하여 만든

자연수를

② 크기가 작은 순서대로 나열한다.

설계 몇 자리 자연수를 만드는지 정해지지 않았다.

➔ 만든 자연수가

(I) 한 자리인 경우

(II) 두 자리인 경우

(III) 세 자리인 경우

로 Case를 분류하여 개수를 세자.

Case 1 한 자리 자연수를 만드는 경우

만들 수 있는 한 자리 자연수의 개수는 1, 2, 3, 4, 5의

5개이다.

Case 2 두 자리 자연수를 만드는 경우

빈칸 2개를 만들자.

(왼쪽부터 빈칸 1, 2라 하자.)

빈칸 1에 자연수를 채우는 경우의 수는 0을 제외한

5가지.

예를 들어, 5를 채웠다 하자.

잇달아, 빈칸 2에 자연수를 채우는 경우의 수는 이미 쓴

5를 제외한 0, 1, 2, 3, 4의 5가지. ➔ 5 × 5 = 25

즉, 두 자리 자연수의 개수는 25

➔ 만들 수 있는 한 자리 자연수는 5개였으므로,

31번째부터 세 자리 자연수가 등장한다.

Case 3 세 자리 자연수를 만드는 경우

빈칸 3개를 만들자.

(왼쪽부터 빈칸 1~3이라 하자.)

▶ 1□□꼴인 자연수의 개수를 먼저 구해보자.

빈칸 1에 1을 채웠다고 하자.

1		

빈칸 2에는 이미 쓴 1을 제외한 5가지 숫자를 채울 수

있고, 빈칸 3에는 이미 쓴 1과 빈칸 2에서 쓴 숫자를

제외한 4가지 숫자를 채울 수 있으므로,

1□□꼴인 자연수의 개수는 $5 \times 4 = 20$

→ 만들 수 있는 한 자리 자연수가 5개,

두 자리 자연수가 25개였으므로,

51번째 자연수 : 201

→ 즉, 50번째 자연수 : 154

답 154

548.

구하는 값 조건을 만족시키는 경우의 수

조건 정리 ① 6개의 숫자 1, 2, 3, 4, 5, 6에서

② 서로 다른 네 개를 사용하여 만든 네 자리 자연수
중 → 빈칸 4개를 만들자.

(왼쪽부터 빈칸 1~4라 하자.)

③ 4400보다 커야 한다.

→ 자연수가 45□□ 또는 46□□ 또는 5□□□

또는 6□□□꼴이어야 한다.

설계 빈칸 1이 (I) 4인 경우와 (II) 5인 경우와 (III) 6인 경우로
Case를 분류하자.

Case 1 빈칸 1이 4인 경우

즉, 45□□ 또는 46□□꼴인 경우

→ 이 두 경우는 경우의 수를 세는 구조가 같을
것이므로,

45□□꼴인 경우의 수만 구하고, 2를 곱하자.

▶ 45□□꼴인 경우의 수를 구하자.

4	5		

→ 남은 숫자 : 1, 2, 3, 6

남은 2개의 빈칸에 숫자를 채우는 경우의 수는 4×3

→ 45□□꼴의 자연수의 개수는 $\boxed{12}$

즉, Case 1 의 경우의 수는 $\boxed{12} \times 2 = 24$

Case 2 빈칸 1이 5인 경우

▶ 5□□□꼴인 경우의 수를 구하자.

5			

→ 남은 숫자 : 1, 2, 3, 4, 6

남은 3개의 빈칸에 숫자를 채우는 경우의 수는 $5 \times 4 \times 3$

→ 5□□□꼴의 자연수의 개수는 60

즉, Case 2의 경우의 수는 60

Case 3 빈칸 1이 6인 경우

이 경우의 수는 Case 2와 경우의 수를 세는 구조가
동일하므로, Case 2의 경우의 수와 동일한 60.

구하는 경우의 수는

(Case 1의 경우의 수)+(Case 2의 경우의 수)

+(Case 3의 경우의 수)

$= 24 + 60 + 60 = 144$

답 144

549.

구하는 값 영역을 칠하는 경우의 수

조건 정리 ① 빨, 주, 노, 파 4가지의 색을 사용할 수 있다.

② 같은 색을 중복하여 사용해도 좋으나,
인접한 영역은 서로 다른 색으로 칠한다.

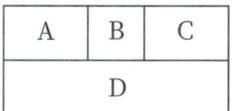

설계 인접한 영역이 가장 많은 B(혹은 D)부터 칠하자.

• B에 색을 칠하는 경우의 수는 $\boxed{4}$

예를 들어, 빨간색을 칠했다고 하자.

• 잇달아, 인접한 영역이 많은 D를 칠하자.

D를 칠하는 경우의 수는

인접한 B에 칠한 색(Ex. 빨간색)을 제외한 3가지.

→ 4×3

예를 들어, 노란색을 칠했다고 하자.

• 잇달아, A를 칠하는 경우의 수는

인접한 B, D에 칠한 색들(Ex. 빨간색, 노란색)을 제외한
2가지.

→ $4 \times 3 \times 2$

• 잇달아, C를 칠하는 경우의 수는

인접한 B, D에 칠한 색들(Ex. 빨간색, 노란색)을 제외한
2가지.

→ $4 \times 3 \times 2 \times 2$

즉, 구하는 경우의 수는 48

답 48

550.

구하는 값 영역을 칠하는 경우의 수

조건 정리 ① 4개의 영역을 서로 다른 5가지 색으로 칠한다.
    ➡ 사용할 색을 색 1~5라 하자.
    ② 같은 색을 여러 번 사용해도 좋으나, 인접한
    영역은 서로 다른 색으로 칠한다.

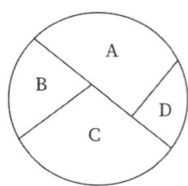

설계 인접한 영역의 개수가 모두 동일하므로, 아무 영역부터
칠해도 상관없다. ➡ A부터 칠하자.

• A에 색을 칠하는 경우의 수는 $\boxed{5}$
예를 들어, 색 3을 칠했다고 하자.

• 잇달아, 인접한 영역이 많은 C를 칠하는 경우의 수는 인접한
A에 칠한 색(Ex. 색 3)을 제외한 4가지.
    ➡ 5×4
예를 들어, 색 1을 칠했다고 하자.

• 잇달아, B를 칠하는 경우의 수는
인접한 영역 A, C에 칠한 색(EX. 색 3, 1)을 제외한 3가지.
    ➡ $5 \times 4 \times \boxed{3}$

• 잇달아, D를 칠하는 경우의 수는
인접한 영역 A, C에 칠한 색(EX. 색 3, 1)을 제외한 3가지.
    ➡ $5 \times 4 \times 3 \times \boxed{3}$

즉, 구하는 경우의 수는 180

답 180

551.

구하는 값 영역을 칠하는 경우의 수

조건 정리 ① 아래 4개의 영역을 서로 다른 5가지 색으로
칠한다. ➡ 사용할 색을 색1~5라 하자.

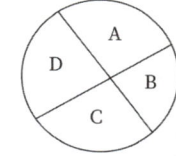

② 같은 색을 중복하여 사용해도 되나, 인접한
영역은 다른 색으로 칠해야 한다.

③ 한 점만 공유하는 두 영역은 인접한 것이 아니다.
    ➡ 예를 들어, A, C는 이웃한 것이 아니다.

설계 ★
(I) A, C에 같은 색을 칠하는지, (II) 다른 색을 칠하는지에 따라
잇달아 B, D를 칠하는 상황이 달라진다.
➡ 이 두 경우로 Case를 분류해야 한다.

Case 1 A, C에 같은 색을 칠하는 경우
• A, C에 같은 색을 칠하는 경우의 수는
A, C에 모두 색1~5 중 하나를 칠하는 $\boxed{5}$가지.
예를 들어, A, C에 모두 색2를 칠했다고 하자.

• 잇달아, B를 칠하는 경우의 수는
A, C에 쓴 색(Ex. 색2)를 제외한 4가지.
    ➡ 5×4

• 잇달아, D를 칠하는 경우의 수도
A, C에 쓴 색(Ex. 색2)를 제외한 4가지.
    ➡ $5 \times 4 \times 4$
즉, Case 1의 경우의 수는 80

Case 2 A, C에 다른 색을 칠하는 경우
• A를 칠하는 경우의 수는
색1~5 중 하나를 칠하는 $\boxed{5}$가지.
예를 들어, A에 색1을 칠했다고 하자.

• 잇달아, C를 칠하는 경우의 수는
A에 쓴 색(Ex. 색1)을 제외한 4가지.
    ➡ $5 \times \boxed{4}$
예를 들어, C에 색3을 칠했다고 하자.

• 잇달아, B를 칠하는 경우의 수는
A, C에 쓴 색(Ex. 색1, 3)을 제외한 3가지.
    ➡ $5 \times 4 \times 3$

• 잇달아, D를 칠하는 경우의 수도
A, C에 쓴 색(Ex. 색1, 3)을 제외한 3가지.
    ➡ $5 \times 4 \times 3 \times \boxed{3}$
즉, Case 2의 경우의 수는 180

구하는 경우의 수는
(Case 1의 경우의 수)+(Case 2의 경우의 수)
$= 80 + 180 = 260$

답 260

552.

구하는 값 영역을 칠하는 경우의 수

조건 정리 ① 아래 5개의 영역을 서로 다른 4가지 색으로
칠한다. ➔ 사용할 색을 색1~4라 하자.

② 같은 색을 중복하여 사용해도 되나, 인접한
영역은 다른 색으로 칠해야 한다.

설계 ★

(I) C, D에 같은 색을 칠하는지, (II) 다른 색을 칠하는지에 따라
잇달아 B, E를 칠하는 상황이 달라진다.
➔ 이 두 경우로 Case를 분류해야 한다.

Case 1 C, D에 같은 색을 칠하는 경우

- C, D에 같은 색을 칠하는 경우의 수는
  C, D에 모두 색1~4 중 하나를 칠하는 4가지.
  예를 들어, C, D에 모두 색2를 칠했다고 하자.

- 잇달아, E를 칠하는 경우의 수는
  C, D에 쓴 색(Ex. 색2)를 제외한 3가지. ➔ 4×3
- 잇달아, B를 칠하는 경우의 수도
  C, D에 쓴 색(Ex. 색2)를 제외한 3가지.
  ➔ 4×3×3
  예를 들어, B에 색4를 칠했다고 하자.

- 잇달아, 남은 A를 칠하는 경우의 수는
  B에 쓴 색(Ex. 색4)를 제외한 3가지.
  ➔ 4×3×3×3
  즉, Case 1의 경우의 수는 108

Case 2 C, D에 다른색을 칠하는 경우

- C를 칠하는 경우의 수는
  색1~4 중 하나를 칠하는 4가지.
  예를 들어, C에 색2를 칠했다고 하자.

- D를 칠하는 경우의 수는
  C에 쓴 색(Ex. 색2)를 제외한 3가지. ➔ 4×3
  예를 들어, D에 색1을 칠했다고 하자.

- 잇달아, E를 칠하는 경우의 수는
  C, D에 쓴 색(Ex. 색2, 색1)을 제외한 2가지.
  ➔ 4×3×2

- 잇달아, B를 칠하는 경우의 수도
  C, D에 쓴 색(Ex. 색2, 색1)을 제외한 2가지.
  ➔ 4×3×2×2
  예를 들어, B에 색4를 칠했다고 하자.

- 잇달아, 남은 A를 칠하는 경우의 수는
  B에 쓴 색(Ex. 색4)를 제외한 3가지.
  ➔ 4×3×2×2×3
  즉, Case 2의 경우의 수는 144

구하는 경우의 수는
(Case 1의 경우의 수)+(Case 2의 경우의 수)
=108+144=252

답 252

553.

구하는 값 조건을 만족시키는 경우의 수

조건 정리 ① 서로 다른 두 개의 주사위를 동시에 던진다.
② 나온 두 수의 차가 0이거나 4의 약수이다.
➔ **설계** 이 두 경우로 Case를 분류하자.

Case 1 나온 두 수의 차가 0

나온 두 수의 차가 0이려면, 나온 두 수가 같아야 한다.
즉, 가능한 주사위 눈을 순서쌍으로 나타내보면,
(1, 1)~(6, 6) ➔ 6가지
따라서, Case 1의 경우의 수는 6

Case 2 나온 두 수의 차가 4의 약수(1, 2, 4)

- 나온 두 수의 차가 1인 경우
  ➔ 가능한 주사위 눈을 순서쌍으로 나타내보면,
  (1, 2), (2, 3), …, (5, 6),
  (2, 1), (3, 2), …, (6, 5) ➔ 10가지.

- 나온 두 수의 차가 2인 경우
  ➔ 가능한 주사위 눈을 순서쌍으로 나타내보면,
  (1, 3), (2, 4), …, (4, 6),
  (3, 1), (4, 2), …, (6, 4) ➔ 8가지.

- 나온 두 수의 차가 4인 경우
  ➔ 가능한 주사위 눈을 순서쌍으로 나타내보면,
  (1, 5), (2, 6)
  (5, 1), (6, 2) ➔ 4가지.

따라서, Case 2의 경우의 수는 10−8+4=22

구하는 경우의 수는

(Case 1의 경우의 수)+(Case 2의 경우의 수)

$=6+22=28$

답 28

554.

구하는 값 순서쌍 (a, b)의 개수

조건 정리 ① a, b는 자연수

② $3 \leq a+b \leq 4$

➔ a, b는 자연수이므로, 사실상 $a+b=3$ 또는 4이다.

➔ 두 경우로 Case를 분류하자.

Case 1 $a+b=3$인 경우

가능한 순서쌍 (a, b)는 $(1, 2)$, $(2, 1)$ ➔ 2가지.

Case 2 $a+b=4$인 경우

가능한 순서쌍 (a, b)는 $(1, 3)$, $(2, 2)$, $(3, 1)$
➔ 3가지.

즉, 구하는 경우의 수는 $2+3=5$

답 5

555.

구하는 값 조건을 만족시키는 경우의 수

조건 정리 ① 1~6까지의 숫자를 일렬로 나열한다.

② 3의 배수(3, 6)끼리 이웃하고,

➔ 3, 6을 한 덩어리로 간주하자.

③ 5의 약수(1, 5)끼리 이웃한다.

➔ 1, 5를 또 다른 한 덩어리로 간주하자.

설계 만든 두 덩어리와 나머지 숫자 2, 4를 나열하고, 두
덩어리 각각의 내부에서 자리를 바꿀 수 있음을 고려하자.

• 두 덩어리와 숫자 2, 4를 나열하는 경우의 수는 $\boxed{4!}$

• 3, 6으로 이루어진 덩어리 내에서 두 숫자의 자리를 바꾸는
경우의 수는 2! ➔ $4! \boxed{\times 2!}$

• 1, 5로 이루어진 덩어리 내에서 두 숫자의 자리를 바꾸는
경우의 수는 2! ➔ $4! \times 2! \boxed{\times 2!}$

즉, 구하는 경우의 수는 $4! \times 2! \times 2! = 24 \times 2 \times 2 = 96$

답 96

556.

구하는 값 $m+n$의 값

조건 정리 ① bakery에 있는 6개의 문자를 일렬로 나열한다.

➔ 모음 : a, e / 자음 : b, k, r, y

② m : 모음이 양 끝에 오는 경우의 수

③ n : 모음끼리 서로 이웃하는 경우의 수

생각 1 | 모음이 양 끝에 오는 경우의 수를 구하자.

• 모음 : a, e ➔ 모음을 양 끝에 배치하는 경우의 수는
$\boxed{2}$ ($a{\sim}e$로 배치하거나 $e{\sim}a$로 배치)

• 나머지 문자를 배치하는 경우의 수는 4!

➔ $2 \times 4! = 48$

즉, $m=48$

생각 2 | 모음끼리 서로 이웃하는 경우의 수를 구하자.

모음 a, e를 한 덩어리로 간주하자.

• 만든 덩어리와 남은 4개의 자음을 나열하는 경우의 수는
$\boxed{5!}$

• 덩어리 내에서 순서를 바꾸는 경우의 수는 2!

➔ $5! \boxed{\times 2!} = 240$

즉, $n=240$

$\therefore m+n=48+240=288$

답 288

557.

구하는 값 조건을 만족시키는 경우의 수

조건 정리 ① 부모님, 자녀 3명이 일렬로 출렁다리를 건넌다.

② 부모님과 자녀가 교대로(번갈아가며) 선다.

➔ 예를 들어, 자녀1 | 모 | 자녀2 | 부 | 자녀3와
같은 순서여야 한다.

➔ 빈칸 5개를 만들어보자.

(왼쪽부터 빈칸 1~5라고 하자.)

이때, 빈칸 2, 4에는 반드시 부모님이 들어가고,
나머지 빈칸에는 자녀가 들어가야 한다.

설계 빈칸 2, 4에 부모님을 배치하고, 그다음 남은 빈칸에
자녀들을 배치하자.

- 빈칸 2, 4에 부모님을 배치하는 경우의 수는 $2!$
- 잇달아, 나머지 빈칸에 자녀들을 배치하는 경우의 수는 $3!$
  ➔ $2! \times 3!$

즉, 구하는 경우의 수는 12

답 12

558.

구하는 값 조건을 만족시키는 경우의 수

조건 정리 ① 0, 1, 2, 3, 4 중에서 서로 다른 4개를 사용하여
② 네 자리 자연수를 만든다.
  ➔ 빈칸 4개를 만들자.
  (왼쪽부터 빈칸 1~4라고 하자.)

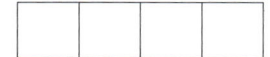

③ 4의 배수여야 한다.
  ➔ 빈칸 3, 4가 00 또는 4의 배수이면 된다.
  ➔ 빈칸 3, 4가 04, 12, 20, 24, 32, 40 중 하나이면 된다.

설계 빈칸 3, 4를 먼저 채우고, 나머지 빈칸을 채우자.
이때, 빈칸 3, 4를 0이 포함된 것으로 채우는지,
0이 포함되지 않은 것으로 채우는지에 따라 빈칸 1을
채우는 상황이 달라지므로, Case를 분류해야 한다.

Case 1 빈칸 3, 4를 0이 포함된 것으로 채우는 경우
빈칸 3, 4를 채우는 경우의 수는 3
(04, 20, 40 중 하나로 채울 수 있다.)
예를 들어, 빈칸 3, 4를 04로 채웠다 하자.

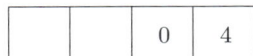

  ➔ 남은 숫자 : 1, 2, 3
잇달아, 빈칸 1을 채우는 경우의 수는 3 ➔ 3×3
예를 들어, 빈칸 1에 2를 채웠다 하자. ➔ 남은 숫자 :
1, 3
잇달아, 빈칸 2를 채우는 경우의 수는 2 ➔ $3 \times 3 \times 2$
즉, Case 1의 경우의 수는 18

Case 2 빈칸 3, 4를 0이 포함되지 않은 것으로 채우는 경우
빈칸 3, 4를 채우는 경우의 수는 3
(12, 24, 32 중 하나로 채울 수 있다.)
예를 들어, 빈칸 3, 4를 32로 채웠다 하자.

  ➔ 남은 숫자 : 0, 1, 4
잇달아, 빈칸 1을 채우는 경우의 수는 2(0 제외)
  ➔ 3×2
예를 들어, 빈칸 1에 4를 채웠다 하자.
  ➔ 남은 숫자 : 0, 1

잇달아, 빈칸 2를 채우는 경우의 수는 2 ➔ $3 \times 2 \times 2$
즉, Case 2의 경우의 수는 12

구하는 경우의 수는
(Case 1의 경우의 수)+(Case 2의 경우의 수)
$= 18 + 12 = 30$

답 30

559.

구하는 값 순서쌍 (a, b, c)의 개수

조건 정리 ① a, b, c는 자연수
② $3a + 2b + c = 11$

설계 $3a + 2b + c = 11$에서 a의 계수가 가장 크다.
  ➔ a의 변화량이 가장 크므로, a에 적당한 자연수를 대입하자.

- $a = 1$ 대입 ➔ $2b + c = 8$
  이때, $2b + c = 8$을 만족하는 b, c의 쌍들을 구하면 다음과 같다.

b	c
1	6
2	4
3	2

➔ 3가지.

- $a = 2$ 대입 ➔ $2b + c = 5$
이때, $2b + c = 5$를 만족하는 b, c의 쌍들을 구하면 다음과 같다.

b	c
1	3
2	1

➔ 2가지.

- $a = 3$ 대입 ➔ $2b + c = 2$
  이를 만족하는 b, c의 쌍은 존재하지 않는다

즉, 구하는 순서쌍 (a, b, c)의 개수는 $3 + 2 = 5$

답 5

560.

구하는 값 A에서 D로 가는 경우의 수

조건 정리 각 지점은 한 번만 지날 수 있다.

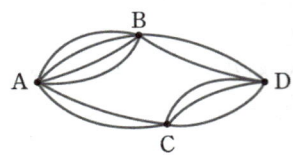

설계 A → B → D인 경로, A → C → D인 경로로 Case를 나누자.

Case 1 A → B → D

A → B인 경우의 수는 $\boxed{4}$

잇달아, B → D인 경우의 수는 2 ➔ 4×2

즉, Case 1의 경우의 수는 8

Case 2 A → C → D

A → C인 경우의 수는 $\boxed{2}$

잇달아, C → D인 경우의 수는 3 ➔ 2×3

즉, Case 2의 경우의 수는 6

따라서, 구하는 경우의 수는 $8 + 6 = 14$

답 14

561.

구하는 값 모든 자연수 n의 곱

조건 정리 $_n\mathrm{P}_4 + 32 \times {}_{n-1}\mathrm{P}_2 = 9 \times {}_n\mathrm{P}_3$

➔ $n(n-1)(n-2)(n-3) + 32\boxed{(n-1)(n-2)}$
$= 9n(n-1)(n-2)$

➔ $n(n-3) + 32 = 9n$

➔ $\underset{(n-4)(n-8)}{n^2 - 12n + 32 = 0}$

➔ 모든 n의 곱은 32

답 32

562.

구하는 값 지불하는 경우의 수

조건 정리 ① 100원 : 2개 / 500원 : 3개 / 1000원 : 3개

② 이들을 일부 또는 전부를 사용하여 지불한다.

③ 0원을 지불하는 경우는 제외한다.

➔ 100원 / 500원 / 1000원을 모두 0개 지불하는 경우는 제외해야 한다.

④ 같은 금액을 지불하더라도 사용한 지폐가 다르면 서로 다른 경우이다.

설계 100원 / 500원 / 1000원을 각각 몇 개씩 지불할지 결정하자.

• 100원을 지불하는 경우의 수는 0개, 1개, 2개 지불하는 $\boxed{3}$
• 잇달아, 500원을 지불하는 경우의 수는
0개, 1개, 2개, 3개 지불하는 4
➔ 3×4
• 잇달아, 1000원을 지불하는 경우의 수는
0개, 1개, 2개, 3개 지불하는 4
➔ $3 \times 4 \boxed{\times 4}$

이때, 100원 / 500원 / 1000원을 모두 0개 지불하는 경우는 제외하면 ➔ $(3 \times 4 \times 4) \boxed{-1} = 47$

답 47

563.

구하는 값 조건을 만족시키는 경우의 수

조건 정리 ① 6개의 문자 L, O, V, E, I, N을 모두 일렬로 나열한다.

② 모음끼리 이웃하고,

➔ 모음 O, E, I는 서로 이웃해야 한다.

➔ 설계 모음 O, E, I를 한 덩어리로 간주하고, 덩어리 내에서 자리를 바꾸는 경우를 고려하자.

③ L, V는 이웃하지 않는다.

➔ 설계 O, E, I로 만든 덩어리와 N을 먼저 나열하고, 그 양 끝과 사이사이에 L, V를 배치하자.

생각 1 | O, E, I로 만든 덩어리와 N을 먼저 나열하자.

만든 덩어리와 N을 나열하는 경우의 수는 $\boxed{2!}$

잇달아, 덩어리 내에서 O, E, I끼리 자리를 바꾸는 경우의 수는 3!

➔ $2! \boxed{\times 3!}$

예를 들어, 다음과 같이 나열했다고 하자.

I	O	E		N

생각 2 | 양 끝과 사이사이에 L, V를 배치하자.

| ∨ | I | O | E | ∨ | N | ∨ |

잇달아, L을 3개의 ∨ 중 하나에 배치하는 경우의
수는 3

➔ $(2! \times 3!) \boxed{\times 3}$

잇달아, V를 남은 2개의 ∨ 중 하나에 배치하는
경우의 수는 2

➔ $(2! \times 3!) \times \boxed{(3 \times 2)}$

즉, 구하는 경우의 수는
$(2! \times 3!) \times (3 \times 2) = 12 \times 6 = 72$

답 72

564.

구하는 값 720과 1008의 공약수의 개수

설계 공약수의 개수를 구하려면, 최대공약수의 약수의 개수를
구하면 된다.

생각 1 | 720과 1008의 최대공약수를 구하자.

720을 소인수분해하면, $720 = 2^4 \times 3^2 \times 5$

1008을 소인수분해하면, $1008 = 2^4 \times 3^2 \times 7$

즉, 720과 1008의 최대공약수는 $2^4 \times 3^2$

생각 2 | $2^4 \times 3^2$의 약수의 개수를 구하자.

2^4의 약수($1, 2^1, 2^2, 2^3, 2^4$) 중 하나를 택하는 경우의
수는 $\boxed{5}$

잇달아, 3^2의 약수($1, 3^1, 3^2$) 중 하나를 택하는 경우의
수는 3

➔ $5 \boxed{\times} 3 = 15$

답 15

565.

조건 정리 ① 앞좌석이 2개, 뒷자석이 4개 있다.

➔ 빈칸을 그리자.

② 부모님을 포함한 5명이 탄다.

➔ 편의상, 부 / 모 / 자녀 1~3이라 하자.

구하는 값 (1) 부모님이 앞좌석, 나머지 가족은 뒷자석에 앉는
경우의 수

부모님을 앞좌석에 앉히는 경우의 수는 $\boxed{2!}$

예를 들어, 다음과 같이 앉았다고 하자.

모			부

잇달아, 자녀 1~3을 뒷자석에 앉히자.

자녀 1이 4개의 뒷자리 중 하나에 앉는 경우의 수는 4

➔ $2! \boxed{\times 4}$

잇달아, 자녀 2가 남은 3개의 뒷자리 중 하나에 앉는
경우의 수는 3 ➔ $2! \times 4 \boxed{\times 3}$

잇달아, 자녀 3이 남은 2개의 뒷자리 중 하나에 앉는
경우의 수는 2 ➔ $2! \times 4 \times 3 \boxed{\times 2}$

즉, 구하는 경우의 수는 $2! \times 4 \times 3 \times 2 = 48$

구하는 값 (2) 부모님 중 한 사람은 운전석에, 나머지는 모두
뒷좌석에 앉는 경우의 수

부모님 중 운전석에 앉힐 한 사람을 정하는 경우의
수는 $\boxed{2}$

예를 들어, 부(아버지)를 앉혔다그 하자.

부			

잇달아, 나머지 4명을 4개의 뒷자석에 배치하는
경우의 수는 4!

➔ $2 \boxed{\times} 4!$

즉, 구하는 경우의 수는 $2 \times 4! = 48$

답 (1) 48   (2) 48

566.

구하는 값 35번째 수

조건 정리 ① 0, 2, 4, 6, 8 중 서로 다른 4개를 택하여

② 네 자리 자연수를 만들고, 작은 것부터 나열한다.

➔ 빈칸 4개를 만들자.

(왼쪽부터 빈칸 1~4라 하자.)

생각 1 | 2□□□꼴의 자연수는 몇 개인지 생각하자.

2			

남은 숫자 : 0, 4, 6, 8

빈칸 2에 숫자를 채우는 경우의 수는 0, 4, 6, 8의 4가지.

예를 들어, 0을 채웠다 하자.

2	0		

남은 숫자 : 4, 6, 8

잇달아, 빈칸 3에 숫자를 채우는 경우의 수는 4, 6, 8의 3가지. ➔ 4×3

예를 들어, 6을 채웠다 하자.

2	0	6	

남은 숫자 : 4, 8

잇달아, 빈칸 4에 숫자를 채우는 경우의 수는 4, 8의 2가지. ➔ $4 \times 3 \times 2$

즉, 2□□□꼴의 자연수는 $4 \times 3 \times 2 = 24$개이다.

생각 2 | 40□□꼴의 자연수는 몇 개인지 생각하자.

4	0		

남은 숫자 : 2, 6, 8

빈칸 3에 숫자를 채우고, 잇달아 빈칸 4에 숫자를 채우는 경우의 수는 $3 \times 2 = 6$

➔ 40□□꼴의 자연수는 6개이다.

이때, 2□□□꼴의 자연수 : 24개,

40□□꼴의 자연수 : 6개

이므로, 31번째 자연수는 4206이다.

생각 3 | 35번째 자연수까지 직접 나열하자.

31번째 자연수 : 4206 / 32번째 자연수 : 4208

33번째 자연수 : 4260 / 34번째 자연수 : 4268

35번째 자연수 : 4280

답 4280

567.

구하는 값 이어달리기 순서를 정하는 경우의 수

조건 정리 ① 다영, 아현을 포함한 6명 중에서 4명을 뽑아 순서를 정한다.

➔ 빈칸 4개를 만들자.

(왼쪽부터 빈칸 1~4라 하자.)

또, 나머지 4명을 학생 1~4라 하자.

② 다영, 아현 중에서는 한 사람만 선발해야 한다.

➔ **설계** (I) 다영을 선발한 경우와 (II) 아현을 선발한 경우로 Case를 나누자.

Case 1 다영, 아현 중에서 다영을 선발한 경우

다영이가 빈칸에 들어가는 경우의 수는 4

(빈칸 1~4 중 하나에 들어갈 수 있으므로)

예를 들어, 빈칸 2에 들어갔다고 하자.

	다		

이제 빈칸의 입장에서 사람을 택한다고 생각하면,

빈칸 1이 들어올 사람을 택하는 경우의 수는 4

(남은 사람이 5명인데, 아현은 제외해야 하므로)

➔ 4×4

예를 들어, 빈칸 1이 학생 3을 택했다고 하자.

학3	다		

잇달아, 빈칸 3이 들어올 사람을 택하는 경우의 수는 3

➔ $4 \times 4 \times 3$

예를 들어, 빈칸 3이 학생 2를 택했다고 하자.

학3	다	학2	

잇달아, 빈칸 4가 들어올 사람을 택하는 경우의 수는 2

➔ $4 \times 4 \times 3 \times 2$

즉, Case 1의 경우의 수는 96

Case 2 다영, 아현 중에서 아현을 선발한 경우

→ Case 1과 경우의 수를 세는 구조가 동일할
것이므로, Case 2의 경우의 수는 Case 1과 같은 96

즉, 구하는 경우의 수는 96 + 96 = 192

답 192

568.

구하는 값 승차권을 발행하는 경우의 수

조건 정리 ① 주어진 그림(7개의 역이 있다.)

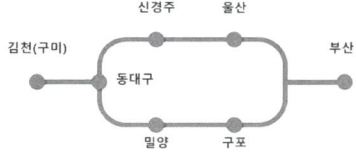

② 승차권에는 출발역과 도착역이 표기된다.
→ 출발역과 도착역이 표시될 빈칸 2개를 만들자.
(왼쪽에는 출발역, 오른쪽에는 도착역을 표시하자.)

③ 출발역과 도착역은 서로 달라야 한다.

• 출발역을 표시하는 경우의 수는 $\boxed{7}$
예를 들어, 출발역을 울산으로 정했다고 하자.

울산	

• 잇달아, 도착역을 표시하는 경우의 수는 6
(출발역에 표시된 역(Ex. 울산)을 제외해야 하므로)
→ 7×6
즉, 구하는 경우의 수는 42

답 42

569.

구하는 값 조건을 만족시키는 경우의 수

조건 정리 ① 1~6을 일렬로 나열한다.
→ 홀수 : 1, 3, 5 / 짝수 : 2, 4, 6
② 서로 이웃하는 두 숫자의 곱이 모두 짝수여야
한다. ★
→ 홀수가 연속으로 나오는 경우만 없으면 된다.
→ 즉, 홀수끼리 이웃하지 않기만 하면 된다.
→ 설계 짝수를 먼저 나열하고, 그 양 끝과
사이사이에 홀수를 배치하자.

생각 1 | 짝수를 먼저 나열하자.

3개의 짝수 2, 4, 6을 일렬로 나열하는 경우의 수는 $\boxed{3!}$
예를 들어, 다음과 같이 나열했다고 하자.

6	4	2

생각 2 | 양 끝과 사이사이에 홀수를 배치하자.

∨	6	∨	4	∨	2	∨

홀수 1을 4개의 ∨ 중 하나에 배치하는 경우의 수는 4
→ $3! \times 4$
예를 들어, 1을 다음과 같이 배치했다고 하자.

∨	6	∨	4	1	2	∨

잇달아, 3을 남은 3개의 ∨ 중 하나에 배치하는
경우의 수는 3 → $3! \times 4 \times 3$
잇달아, 5를 남은 2개의 ∨ 중 하나에 배치하는
경우의 수는 2 → $3! \times 4 \times 3 \times 2$
즉, 구하는 경우의 수는 144

답 144

570.

구하는 값 조건을 만족시키는 경우의 수

조건 정리 ① 다음 그림의 각 칸에 1, 2, 4 6, 8, 9를 한 개씩 써
넣는다.

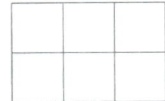

② 각 가로줄에 있는 세 수의 합이 서로 같아야 한다. ★
→ 각 칸에 숫자를 배치하기 전에 먼저, 주어진 6개의
숫자를 세 숫자의 합이 서로 같도록 분류해보자.
→ 주어진 숫자를 모두 더하면 30이므로,
합이 15가 되도록 분류해야 한다.
→ 이때, 극단적인 값 9가 포함될 구성을 먼저
고려해보자.
→ 9를 포함한 세 숫자의 합이 15가 되려면, 숫자의
구성이 9, 2, 4일 수밖에 없다.
→ 나머지 구성은 자동으로 1, 6, 8이 된다.

설계 위쪽 가로줄과 아래쪽 가로줄에 넣을 숫자의 구성을
정리하면,

	Case 1	Case 2
위쪽 가로줄	1, 6, 8	9, 2, 4
아래쪽 가로줄	9, 2, 4	1, 6, 8

이때, Case 1과 Case 2는 경우의 수를 계산하는 구조가
동일할 것이므로,
Case 1의 경우의 수만 구한 후, 2를 곱하자.

생각 1 | Case 1의 경우의 수를 구하자.

위쪽 가로줄의 빈칸 3개에 1, 6, 8을 배치하는 경우의
수는 $\boxed{3!}$
잇달아, 아래쪽 가로줄의 빈칸 3개에 9, 2, 4를
배치하는 경우의 수도 마찬가지로 3!이다. ➔ $3! \boxed{\times 3!}$
즉, Case 1의 경우의 수는 36

∴ 구하는 경우의 수는 $36 \times 2 = 72$

답 72

571.

구하는 값 조건을 만족시키는 경우의 수

조건 정리 ① 의자 7개가 있다.
② 두 사람이 서로 다른 의자에 앉을 때, (사람 1,
2라 하자.)
이웃한 의자에 앉지 않아야 한다.
③ 의자끼리는 서로 구별되지 않는다.

설계 이미 배치된 7개의 의자에 사람을 앉힌다고 생각하지
말고, 사람 1, 2를 의자에 먼저 앉히고, 그 의자를 뒤로
빼두자. 그러면 다음과 같이 남은 의자 5개가 배치되어
있을 것이다.

이 남은 의자 5개의 양 끝과 사이사이에 사람 1, 2가
앉은 의자를 배치하면 문제의 조건을 만족시킬 수 있다.

생각 1 | 6개의 ∨ 중 두 곳에 사람 1, 2를 배치하자.

사람 1을 6개의 ∨ 중 한 곳에 배치하는 경우의 수는 $\boxed{6}$
잇달아, 사람 2를 남은 5개의 ∨ 중 한 곳에 배치하는
경우의 수는 5 ➔ 6×5
즉, 구하는 경우의 수는 30

답 30

572.

구하는 값 조건을 만족시키는 경우의 수

조건 정리 ① 운전 기사는 이미 정해져 있다.
➔ 감독과 선수들이 운전석에는 앉지 못한다.
② 감독 1명은 조수석에 앉는다.
➔ 감독을 먼저 조수석에 앉혀두자.

		감독
A	B	C
D	E	F

③ 4명의 선수는 A, B, C, D, E, F의 6개의 좌석 중
임의로 한 좌석씩 앉는다.
➔ 사실상 이 선수들만 배치하면 된다.
(4명의 선수를 선수 1~4라 하자.)

설계 4명의 선수들만 6개의 좌석에 배치하자.

• 선수 1을 6개의 좌석 중 하나에 배치하는 경우의 수는 $\boxed{6}$
예를 들어, 선수 1을 E에 배치했다고 하자.

• 잇달아,
선수 2를 남은 5개의 좌석 중 하나에 배치하는 경우의 수는 5
➔ 6×5

• 잇달아,
선수 3을 남은 4개의 좌석 중 하나에 배치하는 경우의 수는 4
➔ $6 \times 5 \times 4$

• 잇달아,
선수 4를 남은 3개의 좌석 중 하나에 배치하는 경우의 수는 3
➔ $6 \times 5 \times 4 \times 3$
즉, 구하는 경우의 수는 360

답 360

573.

구하는 값 말하지 않아야 하는 수의 개수

조건 정리 ① '3.6.9게임'을 한다.
② 1~999까지의 수를 고려한다.

설계 여사건을 생각하여
(전체 경우의 수) − (말해도 되는 수의 개수)로 계산하자.
이때, 말해도 되는 수로는
3, 6, 9 모두가 포함되지 않은 것을 생각하면 된다.

생각 1 | **(말해도 되는 수의 개수)를 구하자.**

한 자리 수를 생각해보자.
말해도 되는 한 자리 수는 1~9 중 3, 6, 9를 제외한
6개. 두 자리 수를 생각해보자.
빈칸 2개를 그리자.
(왼쪽부터 빈칸 1, 2라 하자.)

두 빈칸에 모두 3, 6, 9가 들어갈 수 없다.
따라서, 빈칸 1을 채우는 경우의 수는 1~9 중 3, 6,
9를 제외한 $\boxed{6}$가지.
잇달아, 빈칸 2를 채우는 경우의 수는 0~9 중 3, 6,
9를 제외한 7가지. ➔ $6 \times \boxed{7}$

즉, 말해도 되는 두 자리 수는 42개.

세 자리 수를 생각해보자.
빈칸 3개를 그리자.
(왼쪽부터 빈칸 1~3이라 하자.)

세 빈칸에 모두 3, 6, 9가 들어갈 수 없다.
따라서, 빈칸 1을 채우는 경우의 수는 1~9 중 3, 6,
9를 제외한 $\boxed{6}$가지.
잇달아, 빈칸 2를 채우는 경우의 수는 0~9 중 3, 6,
9를 제외한 7가지. ➔ $6 \times \boxed{7}$
잇달아, 빈칸 3을 채우는 경우의 수는 0~9 중 3, 6,
9를 제외한 7가지. ➔ $6 \times 7 \times \boxed{7}$

즉, 말해도 되는 세 자리 수는 294개.
따라서, 말해도 되는 수는 $6 + 42 + 294 = 342$개.

생각 2 | **(전체 경우의 수)－(말해도 되는 수의 개수)를 계산하자.**

(전체 경우의 수)$= 999$ 이므로,
말하지 않아야 하는 수의 개수는
$999 - 342 = 657$개.

답 657

574.

구하는 값 5개의 사다리꼴에 색을 칠하는 방법의 수

조건 정리 ① 그림과 같은 5개의 사다리꼴에 색을 칠한다.

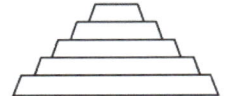

② 서로 다른 3가지 색을 사용한다.
➔ 색1~3이라 하자.
③ 이웃한 사다리꼴에는 서로 다른 색을 칠하고,
④ 맨 위와 맨 아래의 사다리꼴에는 서로 다른 색을
칠한다.
➔ 이 두 사다리꼴에 색을 먼저 칠하자.

설계 맨 위와 맨 아래에 색을 먼저 칠하자.
➔ 맨 위에 색을 칠하는 경우의 수는 $\boxed{3}$
예를 들어, 맨 위에 색2를 칠했다 하자.

잇달아, 맨 아래에 색을 칠하는 경우의 수는 2
➔ 3×2
(맨 위에 칠한 색(Ex. 색2)은 제외해야 하므로)
예를 들어, 맨 아래에 색1을 칠했다 하자.

그다음, 색칠되지 않은 인접한 영역이 가장 많은
정중앙을 칠하는 상황을 생각해보자.
만약, 정중앙을 맨 위에 사용한 색(Ex. 색2)으로 칠한다면,
위에서 두 번째 영역은 색1, 3 중 하나를 칠할 수 있으나,
위에서 네 번째 영역은 색3만을 칠할 수 있다.
이는 정중앙을 맨 아래에 사용한 색으로 칠하는 경우도
마찬가지이다.

만약, 정중앙을 맨 위와 맨 아래 모두에 사용하지 않은 색
(Ex. 색3)으로 칠한다면,
위에서 두 번째 영역은 색1만을 칠할 수 있고,
위에서 네 번째 영역도 색2만을 칠할 수 있다.

즉, 정중앙을 맨 위 또는 맨 아래에 사용한 색으로 칠하느냐,
그렇지 않느냐에 따라 잇다를 상황이 달라지므로, 이에 따라
Case를 분류하자.

Case 1 **정중앙을 맨 위 또는 맨 아래의 색으로 칠하는 경우**

정중앙을 맨 위 또는 맨 아래의 색으로 칠하는
경우의 수는 2

가령, 정중앙을 맨 위에 사용한 색(Ex. 색2)로 칠했다고
하자.
잇달아, 위에서 두 번째 영역을 칠하는 경우의 수는 2
(Ex. 색1, 3)

가령, 위에서 두 번째 영역을 색1로 칠했다고 하자.
잇달아, 위에서 네 번째 영역을 칠하는 경우의 수는 1
(Ex. 색3)
➔ $3 \times 2 \times (2 \times 2 \times 1)$

Case 2 정중앙을 맨 위와 맨 아래의 색으로 칠하지 않는 경우
정중앙을 맨 위, 맨 아래의 색으로 칠하지 않는 경우의
수는 1 **(Ex. 색3)**

잇달아, 위에서 두 번째 영역을 칠하는 경우의 수는 1
(Ex. 색1)

잇달아, 위에서 네 번째 영역을 칠하는 경우의 수는 1
(Ex. 색2)

➔ $3 \times 2 \times (2 \times 2 \times 1 \boxed{+1 \times 1 \times 1})$

즉, 구하는 경우의 수는 $6 \times 5 = 30$

답 30

575.

구하는 값 조건을 만족시키는 경우의 수

조건 정리 ① 의자 6개가 배치되어 있다.

② 여학생 2명, 남학생 3명이 모두 의자에 앉는다.

➔ 사람을 모두 배치해도 빈 의자 1개가 남는다. ★

③ 여학생이 이웃하지 않아야 한다.

설계 남학생과 빈 의자를 먼저 배치하고,

➔ 빈 의자를 한 명의 사람으로 간주하는 것이다.
배치한 것의 양 끝과 사이사이에 여학생을 배치하자.

생각 1 | 남학생과 빈 의자를 먼저 배치하자.

남학생 3명과 빈 의자를 배치하는 경우의 수는 $\boxed{4!}$
예를 들어, 다음과 같이 배치했다고 하자.

남2	빈 의자	남3	남1

생각 2 | 양 끝과 사이사이에 여학생을 배치하자.

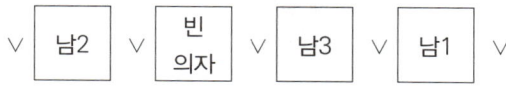

잇달아, 여학생 1을 5개의 ∨ 중 하나에 배치하는
경우의 수는 5

➔ $4! \times 5$

잇달아, 여학생 2를 남은 4개의 ∨ 중 하나에 배치하는
경우의 수는 4

➔ $4! \times 5 \times \boxed{4}$

즉, 구하는 경우의 수는 $4! \times 5 \times 4 = 480$

답 480

576.

구하는 값 조건을 만족시키는 경우의 수

조건 정리 ① 1학년 : 2명 / 2학년 : 4명

② 이 6명이 6개의 의자에 앉는다.

(가) 1학년 학생끼리는 이웃하지 않는다.

➔ 2학년부터 배치하자.

(나) 양 끝에 있는 의자에는 모두 2학년 학생이 앉는다.

➔ **설계** 2학년부터 배치하고,

그 사이사이에만 1학년을 배치하면 된다.

(양 끝에는 배치하면 안 된다.)

생각 1 | 2학년부터 배치하자.

2학년 4명을 배치하는 경우의 수는 $\boxed{4!}$
예를 들어, 다음과 같이 배치했다고 하자.

2학년$_1$	2학년$_3$	2학년$_2$	2학년$_4$

생각 2 | 사이사이에만 1학년을 배치하자.

2학년$_1$	∨	2학년$_3$	∨	2학년$_2$	∨	2학년$_4$

잇달아, 1학년$_1$을 3개의 ∨ 중 하나에 배치하는
경우의 수는 3
잇달아,
1학년$_2$를 남은 2개의 ∨ 중 하나에 배치하는 경우의
수는 2

➔ $4! \times 3 \times 2 = 144$

답 144

577.

구하는 값 조건을 만족시키는 경우의 수

조건 정리 ① A, B, C, D, E, F, G 7명이 마차를 탄다.

② 주어진 그림을 단순화하면 다음과 같다.

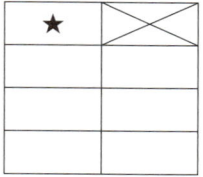

(가) A와 B는 같은 2인용 의자에 이웃하여 앉는다.

➔ A, B를 먼저 앉히자.

(나) C와 D는 같은 2인용 의자에 이웃하여 앉지 않는다.

➔ C 또는 D가 ★에 앉는 경우와 그렇지 않은 경우에,
잇달아 나머지 사람을 배치하는 상황이 달라진다.

➔ 이에 따라 Case를 분류하자.

생각 1 ┃ A, B를 먼저 앉히자.

A, B가 앉을 줄을 택하는 경우의 수는 ③

예를 들어, 다음과 같은 줄에 A, B가 앉을 것이라 하자.

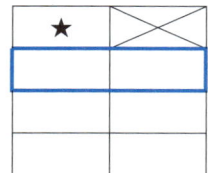

잇달아, A, B를 배치하는 경우의 수는 2! ➔ $3 \times \boxed{2!}$

예를 들어, 다음과 같이 배치했다고 하자.

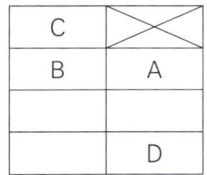

생각 2 ┃ 설계한 대로 Case를 분류하자.

Case 1 C 또는 D가 ★에 앉는 경우

C 또는 D 중 ★에 앉을 한 명을 정하는 경우의 수는 2

➔ $3 \times 2! \times \boxed{(2}$

예를 들어, ★에 C를 앉혔다고 하자.

잇달아, D를 배치하는 경우의 수는 4 ➔

$3 \times 2! \times (2 \times \boxed{4}$

예를 들어, 다음과 같이 배치했다고 하자.

C	✕
B	A
	D

잇달아, 남은 3명을 남은 3개의 자리에 배치하는
경우의 수는 3!

➔ $3 \times 2! \times (2 \times 4 \times \boxed{3!}$

Case 2 C와 D가 모두 ★에 앉지 않는 경우

C를 배치하는 경우의 수는 4,

잇달아 D를 배치하는 경우의 수는 2,

잇달아 남은 3명을 남은 3개의 자리에 배치하는 경우의
수는 3! ➔ $3 \times 2! \times (2 \times 4 \times 3! + \boxed{4 \times 2 \times 3!})$

즉, 구하는 경우의 수는

$3 \times 2! \times (2 \times 4 \times 3! + 4 \times 2 \times 3!) = 6 \times (48 + 48) = 576$

답 576

8 **경우의 수**

| 8-3. 조합

578.

구하는 값 조건을 만족시키는 경우의 수

조건 정리 서로 다른 6개의 과목 중 서로 다른 3개를 택한다.

➔ 조합을 이용하여 계산하면,

$$_6C_3 = \frac{6 \times 5 \times 4}{3!} = 20$$

답 20

579.

구하는 값 n의 값

조건 정리 서로 다른 연필 n자루와 서로 다른 지우개 5개 중 연필 2자루, 지우개 2개를 택하는 경우의 수가 280

조합을 이용하여 계산하면,

• (서로 다른 연필 n자루 중 2자루를 택하는 경우의 수)

$$= {_nC_2} = \frac{n(n-1)}{2!} = \boxed{\frac{n(n-1)}{2}}$$

잇달아,

• (서로 다른 지우개 5개 중 2개를 택하는 경우의 수)

$$= {_5C_2} = \frac{5 \times 4}{2!} = 10$$

➔ $\dfrac{n(n-1)}{2} \boxed{\times 10}$

따라서 조건에 따라,

$$\frac{n(n-1)}{2} \times 10 = 280 \;➔\; n(n-1) = 56 \;➔\; \therefore\; n = 8$$

답 8

580.

구하는 값 조건을 만족시키는 경우의 수

조건 정리 ① 1학년 : 6명 / 2학년 : 4명

➔ 1학년 6명과 2학년 4명은 모두 서로 다른 사람이다.

② 이 중에서 1학년 4명, 2학년 3명을 뽑는다.

➔ 조합을 이용하여 계산하자.

• (1학년 6명 중 4명을 뽑는 경우의 수)

$$= {_6C_4} = \frac{6 \times 5 \times 4 \times 3}{4!} = \boxed{15}$$

잇달아,

• (2학년 4명 중 3명을 뽑는 경우의 수)

$$= {_4C_3} = \frac{4 \times 3 \times 2}{3!} = 4$$

➔ $15 \boxed{\times 4}$

즉, 구하는 경우의 수는 $15 \times 4 = 60$

답 60

581.

구하는 값 조건을 만족시키는 경우의 수

조건 정리 ① 1~10 중 서로 다른 두 수를 선택한다.

➔ 짝수 : 5개 / 홀수 : 5개

② 선택한 두 수의 합이 홀수가 되어야 한다.

➔ 선택한 두 수의 구성이 짝수, 홀수여야 한다.

➔ 짝수 하나, 홀수 하나를 뽑으면 된다.

• 짝수 5개 중 하나를 택하는 경우의 수는 $\boxed{_5C_1}$

• 잇달아, 홀수 5개 중 하나를 택하는 경우의 수는 $_5C_1$

➔ $\boxed{_5C_1 \times _5C_1}$

즉, 구하는 경우의 수는 $_5C_1 \times _5C_1 = 5 \times 5 = 25$

답 25

582.

구하는 값 조건을 만족시키는 경우의 수

조건 정리 ① 1~8 중 동시에 5개의 숫자를 택한다.

➔ 짝수 : 4개 / 홀수 : 4개

② 선택한 수의 합이 짝수여야 한다. ★

➔ 홀수가 짝수개 있으면 된다.

➔ 선택한 5개의 숫자의 구성이

(I) 홀수 0개 또는

(II) 홀수 2개 또는

(III) 홀수 4개이면 된다.

설계 Case를 분류하자.

Case 1 **홀수가 0개인 경우**

즉, 홀수는 0개, 짝수는 5개 선택하는 경우이다.
하지만, 선택할 수 있는 짝수는 총 4개뿐이므로,
이 경우는 불가능하다.

Case 2 **홀수가 2개인 경우**

즉, 홀수는 2개, 짝수는 3개 선택하는 경우이다.
- 홀수 4개 중 2개를 선택하는 경우의 수는 $_4C_2$
- 잇달아, 짝수 4개 중 3개를 선택하는 경우의 수는 $_4C_3$
  ➔ $_4C_2 \times _4C_3$

즉, Case 2의 경우의 수는 $_4C_2 \times _4C_3 = 6 \times 4 = 24$

Case 3 **홀수가 4개인 경우**

즉, 홀수는 4개, 짝수는 1개 선택하는 경우이다.
- 홀수 4개 중 4개를 선택하는 경우의 수는 $_4C_4$
- 잇달아, 짝수 4개 중 1개를 선택하는 경우의 수는 $_4C_1$
  ➔ $_4C_4 \times _4C_1$

즉, Case 3의 경우의 수는 $_4C_4 \times _4C_1 = 1 \times 4 = 4$

따라서 구하는 경우의 수는 $24 + 4 = 28$

답 28

583.

구하는 값 조건을 만족시키는 경우의 수

조건 정리 ① 1~9 중 3개의 숫자를 택한다.
  ➔ 짝수 : 4개 / 홀수 : 5개
  ② 택한 세 수의 곱이 짝수가 되어야 한다.
  ➔ **설계** 여사건을 생각하자. 즉,
  (전체 경우의 수)−(세 수의 곱이 홀수인 경우의 수)
  를 계산하자.

생각 1 | **전체 경우의 수를 계산하자.**

전체 경우의 수는 1~9 중 3개의 숫자를 택하는 경우의
수이다. ➔ $_9C_3 = \dfrac{9 \times 8 \times 7}{3!} = 84$

생각 2 | **세 수의 곱이 홀수인 경우의 수를 구하자.**

즉, 택한 수가 모두 홀수인 경우의 수를 구하면 된다.
  ➔ 홀수 5개 중 3개를 택하는 경우의 수는 $_5C_3 = 10$

따라서, 구하는 경우의 수는 $84 - 10 = 74$

답 74

584.

구하는 값 조건을 만족시키는 경우의 수

조건 정리 ① 서로 다른 5개의 교실에 학생이 각각 3명씩 있다.
  ➔ 이 교실들을 교실1~5라 하자.
  ② 이 15명의 학생들 중 3명을 뽑는다.
  ③ 뽑힌 3명은 모두 다른 교실의 학생이어야 한다.

설계 • 어느 교실에서 학생을 뽑을지 먼저 정하고,
  • 정한 교실에서 학생을 한 명씩 뽑자.

생각 1 | **어느 교실에서 학생을 뽑을지 먼저 정하자.**

서로 다른 5개의 교실 중
학생을 뽑을 3개를 선택하는 경우의 수는 $_5C_3$
예를 들어, 교실1, 3, 4에서 학생을 뽑는다고 하자.

생각 2 | **잇달아, 정한 교실에서 학생을 한 명씩 뽑자.**

택한 3개의 교실(Ex. 교실1, 3, 4)에서 학생을 한 명씩 뽑자.
잇달아, 교실1의 학생 3명 중 한 명을 뽑는 경우의 수는 $_3C_1$
잇달아, 교실3의 학생 3명 중 한 명을 뽑는 경우의 수도 $_3C_1$
잇달아, 교실4의 학생 3명 중 한 명을 뽑는 경우의 수도 $_3C_1$
  ➔ $_5C_3 \times _3C_1 \times _3C_1 \times _3C_1$

즉, 구하는 경우의 수는 $_5C_3 \times _3C_1 \times _3C_1 \times _3C_1 = 10 \times 3^3 = 270$

답 270

585.

구하는 값 조건을 만족시키는 경우의 수

조건 정리 ① 주머니 속에 1, 1, 2, 3, 4가 있다.
  ➔ 서로 같은 것이 있다는 사실에 주의하자.
  ➔ **설계** 따라서, 택할 숫자에 1이 몇 개
  포함되느냐에 따라 Case를 분류해야 한다.
  ② 주머니에서 카드 3장을 뽑는다.

Case 1 **택할 숫자에 1이 0개 포함된 경우**

즉, 2, 3, 4 중 3개를 뽑으면 된다.
  ➔ 이 경우의 수는 1.

Case 2 **택할 숫자에 1이 1개 포함된 경우**

즉, 1 하나는 이미 뽑았다고 하자.
  ➔ 잇달아, 2, 3, 4 중 2개를 더 뽑으면 된다.
  ➔ 2, 3, 4 중 2개를 뽑는 경우의 수는 $_3C_2 = 3$

Case 3 택할 숫자에 1이 2개 포함된 경우

즉, 1 두 개는 이미 뽑았다고 하자.

➔ 잇달아, 2, 3, 4 중 1개를 더 뽑으면 된다.

➔ 2, 3, 4 중 1개를 뽑는 경우의 수는 $_3C_1 = 3$

즉, 구하는 경우의 수는 $1 + 3 + 3 = 7$

답 7

586.

구하는 값 조건을 만족시키는 경우의 수

조건 정리 ① 주머니 A : 흰 공 3개 / 검은 공 1개 / 노란 공
1개 / 파란 공 1개

➔ 서로 같은 것이 있다는 사실에 주의하자.

➔ 흰 공을 몇 개 뽑을 것인지에 따라 Case를
분류하자.

② 주머니 B : 1 : 3개 / 2 : 1개 / 3 : 1개

➔ 서로 같은 것이 있다는 사실에 주의하자.

③ 주머니 A에서 3개의 공을 뽑고,
주머니 B에서 3개의 숫자를 뽑는다.

④ 주머니 B에서 뽑은 수의 합이 3의 배수여야
한다. ★

➔ 세 숫자 각각을 3으로 나눈 나머지의 합이
0 또는 3의 배수여야 한다.

주어진 숫자	1	2	3
3으로 나눈 나머지	1	2	0

➔ 나머지의 합이 $1 + 1 + 1 = \boxed{3}$ 또는

$1 + 2 + 0 = \boxed{3}$이면 된다.

➔ 주머니 B에서 1, 1, 1을 뽑거나 1, 2, 3을
뽑으면 된다.

➔ 이 경우의 수는 $\boxed{2}$

설계 주머니 A에서 흰 공을 몇 개 뽑을 것인지에 따라 Case를
분류하여 주머니 A에서 공 3개를 뽑는 경우의 수를 구한
뒤, 주머니 B와 관련된 경우의 수를 곱하자.

생각 1 | 주머니 A에서 공 3개를 뽑는 경우의 수를 구하자.

Case 1 흰 공을 0개 뽑는 경우

즉, 검은 공 1개 / 노란 공 1개 / 파란 공 1개 중에서
3개를 뽑으면 된다. ➔ 이 경우의 수는 1

Case 2 흰 공을 1개 뽑는 경우

흰 공 1개를 이미 뽑았으니,
검은 공 1개 / 노란 공 1개 / 파란 공 1개 중에서
2개를 더 뽑으면 된다. ➔ 이 경우의 수는 $_3C_2 = 3$

Case 3 흰 공을 2개 뽑는 경우

흰 공 2개를 이미 뽑았으니,
검은 공 1개 / 노란 공 1개 / 파란 공 1개 중에서
1개를 더 뽑으면 된다. ➔ 이 경우의 수는 $_3C_1 = 3$

Case 4 흰 공을 3개 뽑는 경우 ➔ 이 경우의 수는 1

즉, 주머니 A에서 공 3개를 뽑는 경우의 수는
$1 + 3 + 3 + 1 = 8$

생각 2 | 주머니 B와 관련된 경우의 수를 곱하자.

주머니 A에서 공 3개를 뽑는 경우의 수는 8,
주머니 B와 관련된 경우의 수는 2이므로,

$$\therefore 8 \times 2 = 16$$

답 16

587.

구하는 값 조건을 만족시키는 경우의 수

조건 정리 ① 1~15까지의 홀수 중에서 서로 다른 두 수를 택한다.

➔ 홀수 : 1, 3, 5, 7, 9, 11, 13, 15

② 택한 두 수의 합이 4의 배수가 되어야 한다.

➔ 두 수 각각을 4로 나누었을 때의 나머지의 합이
0 또는 4의 배수여야 한다.

➔ 4로 나누었을 때의

• 나머지가 0인 홀수 : 없음.

• 나머지가 1인 홀수 : 1, 5, 9, 13

• 나머지가 2인 홀수 : 없음.

• 나머지가 3인 홀수 : 3, 7, 11, 15

➔ 나머지의 합이 $1 + 3 = \boxed{4}$여야 한다.

➔ **설계** 4로 나누었을 때의 나머지가 1인 홀수
1개와 나머지가 3인 홀수 1개를 뽑자.

• 4로 나누었을 때의 나머지가 1인 홀수 1개를 뽑는
경우의 수는 $\boxed{_4C_1}$

• 잇달아, 4로 나누었을 때의 나머지가 3인 홀수
1개를 뽑는 경우의 수도 $_4C_1$ ➔ $\boxed{_4C_1 \times _4C_1}$

즉, 구하는 경우의 수는 $_4C_1 \times _4C_1 = 16$

답 16

588.

구하는 값 조건을 만족시키는 경우의 수

조건 정리 ① 11~30의 홀수 중에서 서로 다른 두 수를 택한다.

➜ 홀수 : 11, 13, 15, 17, 19, 21, 23, 25, 27, 29

② 택한 두 수의 합이 3의 배수가 되어야 한다.

➜ 두 수 각각을 3으로 나누었을 때의 나머지의 합이 0 또는 3의 배수여야 한다.

➜ 3으로 나누었을 때의

• 나머지가 0인 홀수 : 15, 21, 27

• 나머지가 1인 홀수 : 13, 19, 25

• 나머지가 2인 홀수 : 11, 17, 23, 29

➜ 나머지의 합이 $0+0=\boxed{0}$ 또는 $1+2=\boxed{3}$ 이어야 한다.

➜ **설계** 3으로 나누었을 때의 나머지가 0인 홀수 2개를 뽑거나, 3으로 나누었을 때의 나머지가 1인 홀수 1개와 나머지가 2인 홀수 1개를 뽑으면 된다.

3으로 나누었을 때의

Case 1 **나머지가 0인 홀수 2개를 뽑는 경우**

15, 21, 27 중 2개를 뽑으면 되므로, 이 경우의 수는

$_3C_2 = 3$

Case 2 **나머지가 1인 홀수 1개와 나머지가 2인 홀수 1개를 뽑는 경우**

• 13, 19, 25 중 하나를 뽑는 경우의 수는 $\boxed{_3C_1}$

• 잇달아, 11, 17, 23, 29 중 하나를 뽑는 경우의 수는 $_4C_1$

➜ $\boxed{_3C_1} \times \boxed{_4C_1}$

즉, Case 2의 경우의 수는 $_3C_1 \times _4C_1 = 12$

따라서, 구하는 경우의 수는 $3+12=15$

답 15

589.

구하는 값 조건을 만족시키는 경우의 수

조건 정리 ① 1~20의 짝수 중 서로 다른 세 숫자를 택한다.

➜ 짝수 : 2, 4, 6, 8, 10, 12, 14, 16, 18, 20

③ 택한 수들의 합이 3의 배수가 되어야 한다.

➜ 세 수 각각을 3으로 나누었을 때의 나머지의 합이 0 또는 3의 배수여야 한다.

➜ 3으로 나누었을 때의

• 나머지가 0인 수 : 6, 12, 18

• 나머지가 1인 수 : 4, 10, 16

• 나머지가 2인 수 : 2, 8, 14, 20

➜ 나머지의 합이 $0+0+0=\boxed{0}$ 또는 $1+1+1=\boxed{3}$ 또는 $2+2+2=\boxed{6}$ 또는 $0+1+2=\boxed{3}$ 이어야 한다.

➜ **설계** 3으로 나누었을 때의 나머지가 0인 수 3개를 뽑거나, 나머지가 1인 수 3개를 뽑거나, 나머지가 2인 수 3개를 뽑거나, 나머지가 0, 1, 2인 수를 각각 하나씩 뽑으면 된다.

3으로 나누었을 때의

Case 1 **나머지가 0인 수 3개를 뽑는 경우**

➜ 6, 12, 18 모두를 뽑는 경우의 수이므로, 1

Case 2 **나머지가 1인 수 3개를 뽑는 경우**

➜ 4, 10, 16 모두를 뽑는 경우의 수이므로, 1

Case 3 **나머지가 2인 수 3개를 뽑는 경우**

➜ 2, 8, 14, 20 중 3개를 뽑는 경우의 수이므로, $_4C_3 = 4$

Case 4 **나머지가 0, 1, 2인 수를 각각 하나씩 뽑는 경우**

• 6, 12, 18 중 하나를 뽑는 경우의 수는 $\boxed{_3C_1}$

• 잇달아, 4, 10, 16 중 하나를 뽑는 경우의 수는 $_3C_1$

➜ $_3C_1 \times _3C_1$

• 잇달아, 2, 8, 14, 20 중 하나를 뽑는 경우의 수는 $_4C_1$

➜ $_3C_1 \times _3C_1 \times _4C_1$

즉, Case 4의 경우의 수는 $_3C_1 \times _3C_1 \times _4C_1 = 36$

따라서, 구하는 경우의 수는 $1+1+4+36=42$

답 42

590.

구하는 값 자연수 n의 값

조건 정리 $_{10}C_8 + _{10}C_1 = _{n+2}C_n$

➜ $_{10}C_2 + 10 = _{n+2}C_2$

➜ $55 = \dfrac{(n+2)(n+1)}{2!}$

➜ $(n+2)(n+1) = 110$ ➜ $n = 9$

답 9

591.

구하는 값 조건을 만족시키는 경우의 수

조건 정리 서로 다른 10개의 연필 중 6개를 고른다.

구하는 경우의 수는 $_{10}C_6 = _{10}C_4 = \dfrac{10 \times 9 \times 8 \times 7}{4!} = 210$

답 210

592.

구하는 값 조건을 만족시키는 경우의 수

조건 정리 6명의 사람 중 4명을 뽑아 일렬로 세운다.

Sol 1 빈칸을 만들어 구하기

4명을 일렬로 세우는 것이므로, 4개의 빈칸을 만들자.
(왼쪽부터 빈칸1~4라 하자.)

빈칸의 개수가 사람의 수보다 적으므로,
빈칸이 사람을 택한다고 생각하자.
· 빈칸1이 들어올 사람을 택하는 경우의 수는 6
· 잇달아, 빈칸2가 들어올 사람을 택하는 경우의 수는 5
· 잇달아, 빈칸3이 들어올 사람을 택하는 경우의 수는 4
· 잇달아, 빈칸4가 들어올 사람을 택하는 경우의 수는 3
➜ $6 \times 5 \times 4 \times 3$
즉, 구하는 경우의 수는 360

Sol 2 선택 후 나열하기

6명 중 일렬로 세울 4명을 택하는 경우의 수는 $_6C_4$
잇달아, 택한 4명을 일렬로 나열하는 경우의 수는 4!
➜ $_6C_4 \times 4!$
즉, 구하는 경우의 수는
$_6C_4 \times 4! = _6C_2 \times 4! = 15 \times 24 = 360$

답 360

593.

구하는 값 조건을 만족시키는 경우의 수

조건 정리 1~9 중 서로 다른 세 숫자를 뽑아 세 자리 자연수를
만든다.

Sol 1 빈칸을 만들어 구하기

3개의 빈칸을 만들자.
(왼쪽부터 빈칸1~3이라 하자.)

빈칸의 개수가 숫자의 개수보다 적으므로,
빈칸이 숫자를 택한다고 생각하자.
· 빈칸1이 들어올 숫자를 택하는 경우의 수는 9
· 잇달아, 빈칸2가 들어올 숫자를 택하는 경우의 수는 8
· 잇달아, 빈칸3이 들어올 숫자를 택하는 경우의 수는 7
➜ $9 \times 8 \times 7$
즉, 구하는 경우의 수는 504

Sol 2 선택 후 나열하기

9개의 숫자 중 3개를 택하는 경우의 수는 $_9C_3$
잇달아, 택한 3개의 숫자를 일렬로 나열하는 경우의
수는 3!
➜ $_9C_3 \times 3!$
즉, 구하는 경우의 수는 $_9C_3 \times 3! = 84 \times 6 = 504$

답 504

594.

구하는 값 조건을 만족시키는 경우의 수

조건 정리 ① 여학생 5명 / 남학생 3명 중
여학생 3명, 남학생 2명을 뽑는다.
② 여, 여, 여, 남, 남 순으로 줄을 선다.

Sol 1 빈칸을 만들어 구하기

5명을 일렬로 세우는 것이므로, 5개의 빈칸을 만들자.
(왼쪽부터 빈칸1~5라 하자.)

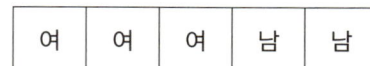

빈칸의 개수가 사람의 수보다 적으므로,
빈칸이 사람을 택한다고 생각하자.
· 빈칸1이 들어올 여학생을 택하는 경우의 수는 5
· 잇달아, 빈칸2가 들어올 여학생을 택하는 경우의 수는 4
· 잇달아, 빈칸3이 들어올 여학생을 택하는 경우의 수는 3
· 잇달아, 빈칸4가 들어올 남학생을 택하는 경우의 수는 3
· 잇달아, 빈칸5가 들어올 남학생을 택하는 경우의 수는 2
➜ $(5 \times 4 \times 3) \times (3 \times 2)$
즉, 구하는 경우의 수는 360

Sol 2 **선택 후 나열하기**

우선, 줄 세울 여학생과 남학생을 뽑자.

5명의 여학생 중 줄 세울 3명을 뽑는 경우의 수는 $\boxed{_5C_3}$

잇달아, 3명의 남학생 중 줄 세울 2명을 뽑는 경우의 수는 $_3C_2$

➜ $\boxed{_5C_3 \times {}_3C_2}$

잇달아, 뽑은 남학생과 여학생을 나열하자.

앞의 세 자리에 뽑은 여학생을 나열하는 경우의 수는 3!

잇달아, 뒤의 두 자리에 뽑은 남학생을 나열하는 경우의 수는 2! ➜ $\left(_5C_3 \times {}_3C_2\right) \times \boxed{(3! \times 2!)}$

즉, 구하는 경우의 수는

$$\left(_5C_3 \times {}_3C_2\right) \times (3! \times 2!) = 30 \times 12 = 360$$

답 360

595.

구하는 값 조건을 만족시키는 경우의 수

조건 정리 남자 9명과 여자 5명 중

남자 3명, 여자 3명을 뽑는다.

➜ 남자 9명 중 3명을 뽑고, 여자 5명 중 3명을 뽑으면 된다. 이때, 서로 다른 집단에서 잇달아 택하는 상황이므로, 중복되는 경우는 발생하지 않을 것이다.

• 남자 9명 중 3명을 뽑는 경우의 수는 $_9C_3$

• 잇달아, 여자 5명 중 3명을 뽑는 경우의 수는 $_5C_3$

➜ $\boxed{_9C_3 \times {}_5C_3}$

즉, 구하는 경우의 수는 $_9C_3 \times {}_5C_3 = 84 \times 10 = 840$

답 840

596.

구하는 값 $m+n$의 값

조건 정리 ① m : 서로 다른 6개의 연필을 3개, 3개로 나누는 경우의 수

➜ 같은 집단에서 같은 개수로 잇달아 택하는 상황이다.

➜ 잇달아 택하면 중복되는 경우가 발생할 것이므로, 중복을 제거해야 한다.

② n : 서로 다른 6개의 연필을 2개, 4개로 나누는 경우의 수

➜ 같은 집단에서 다른 개수로 잇달아 택하는 상황이다.

➜ 잇달아 택해도 중복되는 경우는 발생하지 않을 것이므로, 중복을 제거할 필요가 없다.

생각 1 | m의 값을 구하자.

• 서로 다른 6개의 연필 중 3개를 택하여 덩어리로 만드는

경우의 수는 $_6C_3$

• 잇달아, 남은 3개의 연필 중 3개를 택하여 덩어리로 만드는 경우의 수는 $_3C_3$ ➜ $_6C_3 \times {}_3C_3$

이때, $_6C_3 \times {}_3C_3$는 두 덩어리에 순서가 부여된 경우의 수이므로, $\times \frac{1}{2!}$을 하여 두 덩어리에 부여된 순서를 무시하자.

➜ $_6C_3 \times {}_3C_3 \times \frac{1}{2!}$

즉, $m = {}_6C_3 \times {}_3C_3 \times \frac{1}{2!} = 20 \times \frac{1}{2} = 10$

생각 2 | n의 값을 구하자.

• 서로 다른 6개의 연필 중 2개를 택하여 덩어리로 만드는 경우의 수는 $_6C_2$

• 잇달아, 남은 4개의 연필 중 4개를 택하여 덩어리로 만드는 경우의 수는 $_4C_4$ ➜ $_6C_2 \times {}_4C_4$

즉, $n = {}_6C_2 \times {}_4C_4 = 15$

$$\therefore m + n = 10 + 15 = 25$$

답 25

597.

구하는 값 조건을 만족시키는 경우의 수

조건 정리 ① 남학생 6명을 3명, 3명으로 나누고,

➜ 같은 집단에서 같은 개수로 잇달아 택하는 상황이다.

➜ 잇달아 택하면 중복되는 경우가 발생할 것이므로, 중복을 제거해야 한다.

② 여학생 7명을 2명, 2명, 3명으로 나눈다.

➜ 같은 집단에서 같은 개수로 잇달아 택하는 상황이 포함되어 있다.

➜ 잇달아 택하면 중복되는 경우가 발생할 것이므로, 중복을 제거해야 한다.

생각 1 | 남학생을 먼저 나누자.

• 남학생 6명 중 3명을 택하여 덩어리로 만드는 경우의 수는 $_6C_3$

• 잇달아, 남은 3명 중 3명을 택하여 덩어리로 만드는 경우의 수는 $_3C_3$ ➜ $_6C_3 \times {}_3C_3$

이때, $_6C_3 \times _3C_3$는 두 덩어리에 순서가 부여된 경우의
수이므로, $\times \dfrac{1}{2!}$을 하여 두 덩어리에 부여된 순서를
무시하자.

→ $_6C_3 \times _3C_3 \times \dfrac{1}{2!}$

생각 2 | 잇달아, 여학생을 나누자.

- 여학생 7명 중 2명을 택하여 덩어리로 만드는
  경우의 수는 $\boxed{_7C_2}$ → $\left(_6C_3 \times _3C_3 \times \dfrac{1}{2!} \right) \boxed{\times _7C_2}$

- 잇달아, 남은 5명 중 2명을 택하여 덩어리로 만드는
  경우의 수는 $_5C_2$ → $\left(_6C_3 \times _3C_3 \times \dfrac{1}{2!} \right) \times _7C_2 \boxed{\times _5C_2}$

이때, 이렇게 만든 두 덩어리에 순서가 부여되었을
것이므로,

$\times \dfrac{1}{2!}$을 하여 두 덩어리에 부여된 순서를 무시하자.

→ $\left(_6C_3 \times _3C_3 \times \dfrac{1}{2!} \right) \times _7C_2 \times _5C_2 \times \dfrac{1}{2!}$

- 잇달아, 남은 3명 중 3명을 택하여 덩어리로 만드는
  경우의 수는 $_3C_3$ →

$\left(_6C_3 \times _3C_3 \times \dfrac{1}{2!} \right) \times \left(_7C_2 \times _5C_2 \times \dfrac{1}{2!} \boxed{\times _3C_3} \right)$

즉, 구하는 경우의 수는

$\left(_6C_3 \times _3C_3 \times \dfrac{1}{2!} \right) \times \left(_7C_2 \times _5C_2 \times \dfrac{1}{2!} \times _3C_3 \right)$
$= 10 \times 105 = 1050$

답 1050

598.

[구하는 값] 조건을 만족시키는 경우의 수

[조건 정리] ① 서로 다른 수학책 7권과 서로 다른 국어책 3권을
5권, 5권으로 나눈다.
② 각 묶음에 적어도 한 권의 국어책이 포함되어야
한다.
→ 국어책이 반드시 1권, 2권으로 나누어져야 한다.
→ 자연스레, 두 묶음의 구성이 다음과 같아야 한다.
묶음 1 : 수학책 4권, 국어책 1권
묶음 2 : 수학책 3권, 국어책 2권

[설계] 먼저 국어책을 1권과 2권으로 나누고, 수학책을 4권과
3권으로 나눈 뒤, 조건을 만족시키도록 각각의 묶음에
포함시키자.

생각 1 | 먼저 국어책을 나누자.

서로 다른 국어책 3권 중 2개를 택하여 하나로 묶으면
나머지 1권은 자동으로 다른 묶음이 된다.
국어책 3권 중 2개를 한 덩어리로 만드는 경우의 수는 $\boxed{_3C_2}$
예를 들어, 다음과 같은 두 묶음으로 나누었다고 하자.

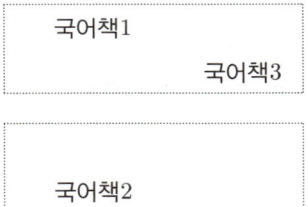

생각 2 | 잇달아, 수학책을 나누자.

서로 다른 수학책 7권 중 3개를 택하여 하나로 묶으면
나머지 4권은 자동으로 다른 묶음이 된다.
수학책 7권 중 3개를 한 덩어리로 만드는 경우의 수는 $_7C_3$

→ $_3C_2 \boxed{\times _7C_3}$

예를 들어, 다음과 같은 두 묶음으로 나누었다고 하자.

생각 3 | 조건을 만족시키도록 각각의 묶음에 포함시키자.

5권, 5권으로 나누어야 하므로, 수학책 두 묶음을
국어책
두 묶음에 다음과 같이 포함시켜야만 한다.

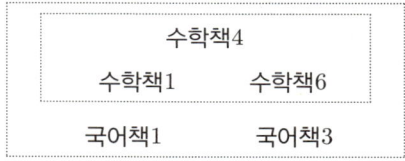

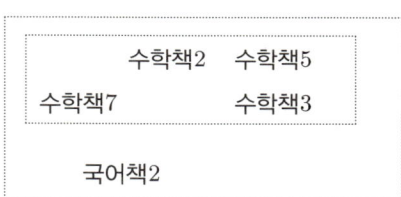

즉, 수학책 두 묶음을 국어책 두 묶음에 포함시키는
경우의 수는 1이다. → $_3C_2 \times _7C_3 \boxed{\times 1}$

∴ 구하는 경우의 수는 $_3C_2 \times _7C_3 \times 1 = 105$

답 105

599.

구하는 값 조건을 만족시키는 경우의 수

조건 정리 ① 사원 5명을 3개의 팀으로 나눈다.

② 각각의 팀에는 사원이 적어도 1명 포함되어야 한다.

→ 3개의 팀에 들어갈 사람 수가

1 / 1 / 3 또는 1 / 2 / 2 여야 한다.

→ 같은 집단에서 같은 개수로 잇달아 택하는 상황이 포함되어 있다.

→ 잇달아 택하면 중복되는 경우가 발생할 것이므로, 중복을 제거해야 한다.

설계 3개의 팀에 들어갈 사람 수에 따라 Case를 분류하자.

Case 1 1 / 1 / 3으로 나누는 경우

- 사원 5명 중 1명을 뽑아 한 팀으로 만드는 경우의 수는 $_5C_1$

- 잇달아, 남은 4명 중 1명을 뽑아 또 다른 팀으로 만드는 경우의 수는 $_4C_1$ → $_5C_1 \times _4C_1$

이때, 이렇게 만든 두 팀에 순서가 부여되었을 것이므로, $\times \dfrac{1}{2!}$ 을 하여 두 팀에 부여된 순서를 무시하자. → $_5C_1 \times _4C_1 \times \dfrac{1}{2!}$

- 잇달아, 남은 3명 중 3명을 뽑아 또 다른 팀으로 만드는 경우의 수는 $_3C_3$ → $_5C_1 \times _4C_1 \times \dfrac{1}{2!} \times _3C_3$

즉, Case 1의 경우의 수는 $_5C_1 \times _4C_1 \times \dfrac{1}{2!} \times _3C_3 = 10$

Case 2 1 / 2 / 2로 나누는 경우

- 사원 5명 중 1명을 뽑아 한 팀으로 만드는 경우의 수는 $_5C_1$

- 잇달아, 남은 4명 중 2명을 뽑아 또 다른 팀으로 만드는 경우의 수는 $_4C_2$ → $_5C_1 \times _4C_2$

- 잇달아, 남은 2명 중 2명을 뽑아 또 다른 팀으로 만드는 경우의 수는 $_2C_2$ → $_5C_1 \times _4C_2 \times _2C_2$

이때, 이렇게 만든 두 팀(2명으로 이루어진 두 팀)에 순서가 부여되었을 것이므로, $\times \dfrac{1}{2!}$ 을 하여 두 팀에 부여된 순서를 무시하자.

→ $_5C_1 \times _4C_2 \times _2C_2 \times \dfrac{1}{2!}$

즉, Case 2의 경우의 수는 $_5C_1 \times _4C_2 \times _2C_2 \times \dfrac{1}{2!} = 15$

∴ 구하는 경우의 수는 $10 + 15 = 25$

답 25

600.

구하는 값 조건을 만족시키는 경우의 수

조건 정리 6명의 학생이 2명, 2명, 2명으로 나뉘어 서로 다른 3종류의 게임을 한다.

→ 같은 집단에서 같은 개수로 잇달아 택하는 상황이 포함되어 있다.

→ 잇달아 택하면 중복되는 경우가 발생할 것이므로, 중복을 제거해야 한다.

설계 6명의 학생을 2명, 2명, 2명으로 먼저 나누고, 만든 3개의 덩어리를 서로 다른 3종류의 게임에 배치하자.

생각 1 | 먼저 학생을 나누자.

- 6명 중 2명을 뽑아 한 덩어리로 만드는 경우의 수는 $_6C_2$

- 잇달아, 남은 4명 중 2명을 뽑아 한 덩어리로 만드는 경우의 수는 $_4C_2$ → $_6C_2 \times _4C_2$

- 잇달아, 남은 2명 중 2명을 뽑아 한 덩어리로 만드는 경우의 수는 $_2C_2$ → $_6C_2 \times _4C_2 \times _2C_2$

이때, 이렇게 만든 세 덩어리에 순서가 부여되었을 것이므로,

$\times \dfrac{1}{3!}$ 을 하여 세 덩어리에 부여된 순서를 무시하자.

→ $_6C_2 \times _4C_2 \times _2C_2 \times \dfrac{1}{3!}$

예를 들어, 학생을 다음과 같이 나누었다고 하자.

학생1	학생2
학생3	학생5

학생6
학생4

생각 2 | **만든 세 덩어리를 서로 다른 세 종류의 게임에 배치하자.**

게임1	게임2	게임3

만든 세 덩어리를 위의 세 자리에 배치하는 경우의 수는 3!

➜ $\left({}_6C_2 \times {}_4C_2 \times {}_2C_2 \times \dfrac{1}{3!} \right) \boxed{\times 3!}$

예를 들어, 다음과 같이 배치할 수 있다.

학생2 학생5	학생6 학생4	학생1 학생3
게임1	게임2	게임3

즉, 구하는 경우의 수는 $\left({}_6C_2 \times {}_4C_2 \times {}_2C_2 \times \dfrac{1}{3!} \right) \times 3! = 90$

답 90

601.

구하는 값 조건을 만족시키는 경우의 수

조건 정리 ① 7명의 관광객이 2명, 2명, 3명으로 팀을 나눈다.
➜ 같은 집단에서 같은 개수로 잇달아 택하는 상황이 포함되어 있다.
➜ 잇달아 택하면 중복되는 경우가 발생할 것이므로, 중복을 제거해야 한다.
② 나눈 세 팀이 서로 다른 네 곳의 관광지 중 세 곳을 택하여 관광한다.

설계 7명의 관광객을 2명, 2명, 3명으로 먼저 나누고, 만든 3개의 덩어리를 서로 다른 네 곳의 관광지 중 세 곳에 배치하자.
이때, 배치할 덩어리의 개수(3)가 관광지의 개수(4)보다 적으므로, 덩어리가 관광지를 택한다고 생각하자.

생각 1 | **먼저 관광객을 나누자.**

• 7명 중 2명을 뽑아 한 덩어리로 만드는 경우의 수는 $\boxed{{}_7C_2}$

• 잇달아, 남은 5명 중 2명을 뽑아 한 덩어리로 만드는 경우의 수는 ${}_5C_2$ ➜ ${}_7C_2 \boxed{\times {}_5C_2}$

이때, 이렇게 만든 두 덩어리에 순서가 부여되었을 것이므로,

$\times \dfrac{1}{2!}$ 을 하여 두 덩어리에 부여된 순서를 무시하자.

➜ ${}_7C_2 \times {}_5C_2 \times \dfrac{1}{2!}$

• 잇달아, 남은 3명 중 3명을 뽑아 한 덩어리로 만드는

경우의 수는 ${}_3C_3$ ➜ ${}_7C_2 \times {}_5C_2 \times \dfrac{1}{2!} \boxed{\times {}_3C_3}$

예를 들어, 관광객을 다음과 같이 나누었다고 하자.
(7명의 관광객을 관1~7이라 하자.)

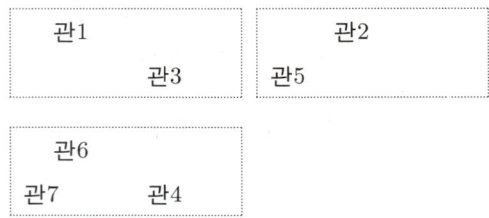

생각 2 | **덩어리가 관광지를 택한다고 생각하자.**

방금 만든 덩어리를 왼쪽부터 덩어리1~3이라 하면,

• 덩어리1이 네 곳의 관광지 중 하나를 택하는 경우의 수는 4

• 잇달아, 덩어리2가 남은 세 곳의 관광지 중 하나를 택하는 경우의 수는 3

• 잇달아, 덩어리3이 남은 두 곳의 관광지 중 하나를 택하는 경우의 수는 2

➜ $\left({}_7C_2 \times {}_5C_2 \times \dfrac{1}{2!} \times {}_3C_3 \right) \boxed{\times (4 \times 3 \times 2)}$

즉, 구하는 경우의 수는

$\left({}_7C_2 \times {}_5C_2 \times \dfrac{1}{2!} \times {}_3C_3 \right) \times (4 \times 3 \times 2) = 105 \times 24 = 2520$

답 2520

602.

구하는 값 조건을 만족시키는 경우의 수

조건 정리 ① 서로 다른 초콜릿 9개를 3개, 3개, 3개로 나누어
➜ 같은 집단에서 같은 개수로 잇달아 택하는 상황이 포함되어 있다.
➜ 잇달아 택하면 중복되는 경우가 발생할 것이므로, 중복을 제거해야 한다.
② 3명의 아이에게 나누어 준다.

설계 9개의 초콜릿을 3개, 3개, 3개로 먼저 나누고, 만든 3개의 덩어리를 3명의 아이에게 분배하자.

생각 1 | **먼저 초콜릿을 나누자.**

• 9개 중 3개를 뽑아 한 덩어리로 만드는 경우의 수는 $\boxed{{}_9C_3}$

• 잇달아, 남은 6개 중 3개를 뽑아 한 덩어리로 만드는 경우의 수는 ${}_6C_3$ ➜ ${}_9C_3 \boxed{\times {}_6C_3}$

- 잇달아, 남은 3개 중 3개를 뽑아 한 덩어리로 만드는

  경우의 수는 $_3C_3$ ➡ $_9C_3 \times _6C_3 \boxed{\times _3C_3}$

이때, 이렇게 만든 세 덩어리에 순서가 부여되었을

것이므로,

$\times \dfrac{1}{3!}$ 을 하여 세 덩어리에 부여된 순서를 무시하자.

➡ $_9C_3 \times _6C_3 \times _3C_3 \times \dfrac{1}{3!}$

예를 들어, 초콜릿을 다음과 같이 나누었다고 하자.

초코1		초코2	
초코7	초코3	초코5	초코8

초코6	초코9
	초코4

생각 2 | 만든 세 덩어리를 3명의 아이에게 분배하자.

아이1	아이2	아이3

만든 세 덩어리를 위의 세 자리에 배치하는 경우의 수는 3!

➡ $\left(_9C_3 \times _6C_3 \times _3C_3 \times \dfrac{1}{3!} \right) \boxed{\times 3!}$

예를 들어, 다음과 같이 배치할 수 있다.

초코1		초코6	초코9	초코2	
초코7	초코3		초코4	초코5	초코8
아이1		아이2		아이3	

즉, 구하는 경우의 수는 $\left(_9C_3 \times _6C_3 \times _3C_3 \times \dfrac{1}{3!} \right) \times 3! = 1680$

답 1680

603.

구하는 값 조건을 만족시키는 경우의 수

조건 정리 ① 1층에서 7명이 승강기를 탄 후, 5층까지 올라간다.

② 그동안, 3개의 층에서 각각 2명, 2명, 3명이 내린다.

➡ 7명을 2명, 2명, 3명으로 나누어야 하고,

2명, 2명, 3명이 내릴 세 개의 층도 정해야 한다.

➡ 또한, 같은 집단에서 같은 개수로 잇달아 택하는

상황이 포함되어 있다.

➡ 잇달아 택하면 중복되는 경우가 발생할 것이므로,

중복을 제거해야 한다.

설계 7명을 2명, 2명, 3명으로 나누고

2~5층 중 세 개의 층을 택한 뒤,

만든 세 덩어리를, 택한 세 개의 층에 배치하자.

생각 1 | 7명을 2명, 2명, 3명으로 나누자.

- 7명 중 2명을 뽑아 한 덩어리로 만드는 경우의 수는 $\boxed{_7C_2}$

- 잇달아, 남은 5명 중 2명을 뽑아 한 덩어리로 만드는

  경우의 수는 $_5C_2$ ➡ $_7C_2 \times _5C_2$

이때, 이렇게 만든 두 덩어리에 순서가 부여되었을

것이므로,

$\times \dfrac{1}{2!}$ 을 하여 두 덩어리에 부여된 순서를 무시하자.

➡ $_7C_2 \times _5C_2 \times \dfrac{1}{2!}$

- 잇달아, 남은 3명 중 3명을 뽑아 한 덩어리로 만드는

  경우의 수는 $_3C_3$ ➡ $_7C_2 \times _5C_2 \times \dfrac{1}{2!} \boxed{\times _3C_3}$

예를 들어, 다음과 같이 나누었다고 하자.

(7명의 사람을 사람1~7이라 하자.)

사람1		사람2	
	사람3	사람5	

사람6	
사람7	사람4

생각 2 | 만든 세 덩어리를 배치할 세 개의 층을 택하자.

2~5층 중 세 개의 층을 택하는 경우의 수는 $_4C_3$

➡ $\left(_7C_2 \times _5C_2 \times \dfrac{1}{2!} \times _3C_3 \right) \boxed{\times (_4C_3}$

예를 들어, 2층, 3층, 5층을 택했다고 하자.

생각 3 | 만든 세 덩어리를, 택한 3개의 층에 배치하자.

2층	3층	5층

만든 세 덩어리를 위의 세 자리에 배치하는 경우의 수는 3!

➡ $\left(_7C_2 \times _5C_2 \times \dfrac{1}{2!} \times _3C_3 \right) \times \left(_4C_3 \boxed{\times 3!} \right)$

예를 들어, 다음과 같이 배치할 수 있다.

사람2		사람1		사람6	
사람5			사람3	사람7	사람4
2층		3층		5층	

즉, 구하는 경우의 수는

$$\left({}_7C_2 \times {}_5C_2 \times \frac{1}{2!} \times {}_3C_3\right) \times \left({}_4C_3 \times 3!\right) = 2520$$

답 2520

604.

[구하는 값] 조건을 만족시키는 경우의 수

[조건 정리] ① 5명을 3개의 팀으로 나누어

➔ 1명 / 1명 / 3명으로 나누거나
2명 / 2명 / 1명으로 나누어야 한다.

➔ 같은 집단에서 같은 개수로 잇달아 택하는 상황이 포함되어 있다.

➔ 잇달아 택하면 중복되는 경우가 발생할 것이므로, 중복을 제거해야 한다.

② 5개의 지사 중 3개에 파견한다.

[설계] 5명을 세 팀으로 나누고, 5개의 지사 중 3개를 택한 뒤, 만든 세 덩어리를, 택한 3개의 지사에 배치하자.

생각 1 | 5명을 세 팀으로 나누자.

Case 1 1명 / 1명 / 3명으로 나누는 경우

• 5명 중 1명을 뽑아 한 덩어리로 만드는 경우의 수는 ${}_5C_1$

• 잇달아, 남은 4명 중 1명을 뽑아 한 덩어리로 만드는
경우의 수는 ${}_4C_1$ ➔ ${}_5C_1 \times {}_4C_1$

이때, 이렇게 만든 두 덩어리에 순서가 부여되었을 것이므로,

$\times \dfrac{1}{2!}$ 을 하여 이 두 덩어리에 부여된 순서를 무시하자.

➔ ${}_5C_1 \times {}_4C_1 \times \dfrac{1}{2!}$

• 잇달아, 남은 3명 중 3명을 뽑아 한 덩어리로 만드는
경우의 수는 ${}_3C_3$ ➔ ${}_5C_1 \times {}_4C_1 \times \dfrac{1}{2!} \times {}_3C_3 = 10$

Case 2 2명 / 2명 / 1명으로 나누는 경우

• 5명 중 2명을 뽑아 한 덩어리로 만드는 경우의 수는
${}_5C_2$

• 잇달아, 남은 3명 중 2명을 뽑아 한 덩어리로 만드는
경우의 수는 ${}_3C_2$ ➔ ${}_5C_2 \times {}_3C_2$

이때, 이렇게 만든 두 덩어리에 순서가 부여되었을 것이므로,

$\times \dfrac{1}{2!}$ 을 하여 이 두 덩어리에 부여된 순서를 무시하자.

➔ ${}_5C_2 \times {}_3C_2 \times \dfrac{1}{2!}$

• 잇달아, 남은 1명 중 1명을 뽑아 한 덩어리로 만드는
경우의 수는 ${}_1C_1$ ➔ ${}_5C_2 \times {}_3C_2 \times \dfrac{1}{2!} \times {}_1C_1 = 15$

생각 2 | 만든 세 덩어리를 배치할 3개의 지사를 택하자.

5개의 지사 중 3개를 택하는 경우의 수는 ${}_5C_3$

➔ $(10 + 15) \times \left({}_5C_3\right)$

예를 들어, 지사2, 지사3, 지사5를 택했다고 하자.

생각 3 | 만든 세 덩어리를 택한 3개의 지사에 배치하자.

만든 세 덩어리를, 택한 3개의 지사에 배치하는 경우의
수는 3!

➔ $(10 + 15) \times \left({}_5C_3 \times 3!\right)$

즉, 구하는 경우의 수는 $(10 + 15) \times \left({}_5C_3 \times 3!\right) = 1500$

답 1500

605.

[구하는 값] 대진표를 작성하는 경우의 수

[조건 정리] 4개의 팀이 아래의 토너먼트 방식으로 시합을 한다.

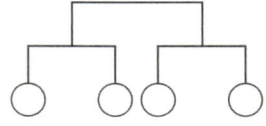

➔ 4개의 팀을 2개, 2개의 두 덩어리로 나누자.

➔ 같은 집단에서 같은 개수로 잇달아 택하는 상황이 포함되어 있다.

➔ 잇달아 택하면 중복되는 경우가 발생할 것이므로, 중복을 제거해야 한다.

• 4개의 팀 중 2개를 택하여 한 덩어리로 만드는
경우의 수는 ${}_4C_2$

• 잇달아, 남은 2개의 팀 중 2개를 택하여 한
덩어리로 만드는 경우의 수는 ${}_2C_2$ ➔ ${}_4C_2 \times {}_2C_2$

이때, 이렇게 만든 두 덩어리에 순서가 부여되었을

것이므로, $\times \dfrac{1}{2!}$ 을 하여 이 두 덩어리에 부여된

순서를 무시하자.

➔ ${}_4C_2 \times {}_2C_2 \times \dfrac{1}{2!}$

즉, 구하는 경우의 수는 ${}_4C_2 \times {}_2C_2 \times \dfrac{1}{2!} = 3$

답 2

606.

구하는 값 대진표를 작성하는 경우의 수

조건 정리 8명의 선수가 참가한 대회의 대진표가 다음과 같다.

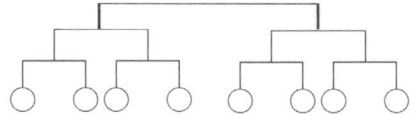

➡ 우선 8명을 2명, 2명, 2명, 2명의 네 덩어리로 나누자. 이때, 같은 집단에서 같은 개수로 잇달아 택하는 상황이 포함되어 있음에 유의하자.

➡ 그다음, 만든 4개의 덩어리를 2개, 2개로 나누어 큰 덩어리 2개로 만들자. 이때, 같은 집단에서 같은 개수로 잇달아 택하는 상황이 포함되어 있음에 유의하자.

생각 1 | 8명을 2명, 2명, 2명, 2명의 네 덩어리로 나누자.

• 8명 중 2명을 택하여 한 덩어리로 만드는 경우의 수는
$_8C_2$

• 잇달아, 남은 6명 중 2명을 택하여 한 덩어리로 만드는 경우의 수는 $_6C_2$ ➡ $_8C_2 \times _6C_2$

• 잇달아, 남은 4명 중 2명을 택하여 한 덩어리로 만드는 경우의 수는 $_4C_2$ ➡ $_8C_2 \times _6C_2 \times _4C_2$

• 잇달아, 남은 2명 중 2명을 택하여 한 덩어리로 만드는 경우의 수는 $_2C_2$ ➡ $_8C_2 \times _6C_2 \times _4C_2 \times _2C_2$

이때, 이렇게 만든 네 덩어리에 순서가 부여되었을 것이므로, $\times \frac{1}{4!}$ 을 하여 이 네 덩어리에 부여된 순서를 무시하자. ➡ $_8C_2 \times _6C_2 \times _4C_2 \times _2C_2 \times \frac{1}{4!}$

생각 2 | 만든 네 덩어리를 2개, 2개로 나누자.

• 만든 4개의 덩어리 중 2개를 택하여 큰 덩어리로 만드는 경우의 수는 $_4C_2$ ➡

$$\left(_8C_2 \times _6C_2 \times _4C_2 \times _2C_2 \times \frac{1}{4!}\right) \times (_4C_2$$

• 잇달아, 남은 2개의 덩어리 중 2개를 택하여 큰 덩어리로 만드는 경우의 수는 $_2C_2$

➡ $\left(_8C_2 \times _6C_2 \times _4C_2 \times _2C_2 \times \frac{1}{4!}\right) \times (_4C_2 \times _2C_2$

이때, 이렇게 만든 2개의 큰 덩어리에 순서가 부여되었을 것이므로, $\times \frac{1}{2!}$ 을 하자.

➡ $\left(_8C_2 \times _6C_2 \times _4C_2 \times _2C_2 \times \frac{1}{4!}\right) \times \left(_4C_2 \times _2C_2 \times \frac{1}{2!}\right)$

계산하면, 구하는 경우의 수는 315

답 315

607.

구하는 값 대진표를 작성하는 경우의 수

조건 정리 6명이 아래의 토너먼트 방식으로 대결을 한다.

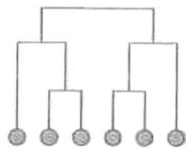

➡ 우선, 6명을 3명, 3명의 두 덩어리로 나누자. 이때, 같은 집단에서 같은 개수로 잇달아 택하는 상황이 함되어 있음에 유의하자. 그다음, 각각의 덩어리에서 부전승을 할 1명씩을 택하자.

생각 1 | 6명을 3명, 3명의 두 덩어리로 나누자.

• 6명 중 3명을 택하여 한 덩어리로 만드는 경우의 수는
$_6C_3$

• 잇달아, 남은 3명 중 3명을 택히여 한 덩어리로 만드는 경우의 수는 $_3C_3$ ➡ $_6C_3 \times _3C_3$

이때, 이렇게 만든 두 덩어리에 순서가 부여되었을 것이므로,

$\times \frac{1}{2!}$ 을 하여 이 두 덩어리에 부여된 순서를 무시하자.

➡ $_6C_3 \times _3C_3 \times \frac{1}{2!}$

예를 들어, 다음과 같은 두 덩어리를 만들었다고 하자. (왼쪽부터 덩어리1, 2라 하자.)

사람2		사람6	사람3
사람5	사람1		사람4

생각 2 | 각각의 덩어리에서 부전승을 할 1명씩을 택하자.

• 덩어리1에서 부전승을 할 1명을 택하는 경우의 수는 $_3C_1$

➡ $\left(_6C_3 \times _3C_3 \times \frac{1}{2!}\right) \times (_3C_1$

• 잇달아, 덩어리2에서 부전승을 할 1명을 택하는 경우의 수는 $_3C_1$ ➡

$\left(_6C_3 \times _3C_3 \times \frac{1}{2!}\right) \times (_3C_1 \times _3C_1)$

즉, 구하는 경우의 수는

$\left(_6C_3 \times _3C_3 \times \frac{1}{2!}\right) \times (_3C_1 \times _3C_1) = 90$

답 90

608.

구하는 값 대진표를 작성하는 경우의 수

조건 정리 7명의 선수가 참가한 대회의 대진표가 다음과 같다.

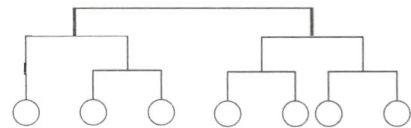

➜ 먼저 7명을 3명, 4명의 두 덩어리로 나누자.
그다음, 3명으로 이루어진 덩어리에서는 부전승
1명을 뽑고, 4명으로 이루어진 덩어리에서는
4명을 2명, 2명으로 또 나누면 된다.
이때, 같은 집단에서 같은 개수로 잇달아 택하는
상황이 포함되어 있음에 유의하자.

생각 1 | 먼저 7명을 3명, 4명의 두 덩어리로 나누자.

- 7명 중 3명을 택하여 덩어리로 만드는 경우의 수는 $_7C_3$

- 잇달아, 남은 4명 중 4명을 택하여 덩어리로 만드는 경우의 수는 $_4C_4$ ➜ $_7C_3 \times _4C_4$

생각 2 | 3명으로 이루어진 덩어리에서 부전승 1명을 뽑자.

3명 중 부전승 1명을 택하면 되므로, 이 경우의 수는 $_3C_1$ ➜ $(_7C_3 \times _4C_4) \times _3C_1$

생각 3 | 4명으로 이루어진 덩어리를 2명, 2명으로 나누자.

- 덩어리 내의 4명 중 2명을 택하여 작은 덩어리로 만드는 경우의 수는 $_4C_2$
  ➜ $(_7C_3 \times _4C_4) \times _3C_1 \times (_4C_2$

- 잇달아, 남은 2명 중 2명을 택하여 작은 덩어리로 만드는 경우의 수는 $_2C_2$
  ➜ $(_7C_3 \times _4C_4) \times _3C_1 \times (_4C_2 \times _2C_2$

이때, 이렇게 만든 두 덩어리에 순서가 부여되었을 것이므로,

$\times \dfrac{1}{2!}$ 을 하여 이 두 덩어리에 부여된 순서를 무시하자.

➜ $(_7C_3 \times _4C_4) \times _3C_1 \times \left(_4C_2 \times _2C_2 \times \dfrac{1}{2!}\right)$

즉, 구하는 경우의 수는 $(_7C_3 \times _4C_4) \times _3C_1 \times \left(_4C_2 \times _2C_2 \times \dfrac{1}{2!}\right)$
$= 315$

답 315

609.

구하는 값 조건을 만족시키는 경우의 수

조건 정리 ① MYIDEA에 있는 6개의 알파벳 중 4개를 뽑는다.
② D, E, A가 반드시 포함되어야 한다.

설계 D, E, A를 이미 뽑았다고 간주하고 M, Y, I 중 하나를 더 뽑자.

M, Y, I 중 하나를 뽑는 경우의 수는 $_3C_1 = 3$

답 3

610.

구하는 값 조건을 만족시키는 경우의 수

조건 정리 ① 빨간 꽃 3송이 / 파란 꽃 5송이 중 3송이를 고른다.
② 빨간 꽃이 적어도 1송이 포함되어야 한다.
  ➜ 설계 여사건을 생각하자. 즉,
  (전체 경우의 수) − (빨간 꽃이 포함되지 않는 경우의 수)
  로 계산하자.
③ 모든 꽃의 종류는 서로 다르다.

생각 1 | 전체 경우의 수를 구하자.

전체 경우의 수는 빨간 꽃 3송이와 파란 꽃 5송이 중 3송이를 고르는 경우의 수 이므로, $_8C_3$이다.

생각 2 | 빨간 꽃이 포함되지 않는 경우의 수를 구하자.

빨간 꽃이 애초에 없었다고 생각하자.
그러면, 파란 꽃 5송이 중 3송이를 고르면 된다.
➜ 이 경우의 수는 $_5C_3$
즉, 구하는 경우의 수는 $_8C_3 - _5C_3 = 56 - 10 = 46$

답 46

611.

구하는 값 조건을 만족시키는 경우의 수

조건 정리 ① A, B를 포함한 7명 중 4명을 뽑아 일렬로 세운다.
② A는 포함되고, B는 포함되지 않도록 뽑아야 한다.
  ➜ 설계 A는 이미 뽑았고, B는 애초에 없었다고 생각하자.
  ➜ A, B를 제외한 5명 중 3명을 더 뽑고, A와 뽑은 3명을 일렬로 나열하자.

- A, B를 제외한 5명 중 3명을 더 뽑는 경우의 수는 $_5C_3$
- 잇달아, A와 뽑은 3명을 일렬로 나열하는 경우의 수는 4!
→ $_5C_3 \times 4!$

즉, 구하는 경우의 수는 $_5C_3 \times 4! = 240$

답 240

612.

구하는 값 조건을 만족시키는 경우의 수

조건 정리 ① 선생님 4명 / 학생 8명 중 3명을 뽑는다.
② 선생님과 학생이 적어도 1명씩 포함되어야 한다.
→ 뽑을 3명이
(I) 선생님 2명, 학생 1명
이거나
(II) 선생님 1명, 학생 2명
이어야 한다.
→ 이 두 경우로 Case를 분류하자.

Case 1 선생님 2명, 학생 1명을 뽑는 경우
- 선생님 4명 중 2명을 뽑는 경우의 수는 $_4C_2$
- 잇달아, 학생 8명 중 1명을 뽑는 경우의 수는 $_8C_1$
→ $_4C_2 \times _8C_1$

즉, Case 1의 경우의 수는 $_4C_2 \times _8C_1 = 48$

Case 2 선생님 1명, 학생 2명을 뽑는 경우
- 선생님 4명 중 1명을 뽑는 경우의 수는 $_4C_1$
- 잇달아, 학생 8명 중 2명을 뽑는 경우의 수는 $_8C_2$
→ $_4C_1 \times _8C_2$

즉, Case 2의 경우의 수는 $_4C_1 \times _8C_2 = 112$

∴ 구하는 경우의 수는 $48 + 112 = 160$

답 160

613.

구하는 값 조건을 만족시키는 경우의 수

조건 정리 ① 현우와 정무를 포함한 6명 중 5명을 뽑아 일렬로 세운다.
→ 현우, 정무를 제외한 4명을 사람1~4라 하자.

② 현우와 정무가 모두 포함되고,
→ 현우와 정무는 이미 뽑았다고 생각하자.
그러면 남은 사람들 중 3명을 더 뽑으면 된다.

③ 현우와 정무는 서로 이웃하여 서야 한다.
→ 현우와 정무를 한 덩어리로 간주하자.

설계 이미 뽑은 현우와 정무를 제외한 3경을 더 뽑고, 만든 덩어리(현우, 정무)와 3명의 사람을 나열한 뒤, 덩어리 내에서 현우, 정무가 자리를 바꾸는 것을 고려하자.

생각 1 | 현우와 정무를 제외한 4명 중 3명을 더 뽑자.
이 경우의 수는 $_4C_3$

예를 들어, 다음과 같이 뽑았다고 하고
현우 / 정무 / 사람1 / 사람2 / 사람4
현우와 정무를 한 덩어리로 간주하자.
[현우, 정무] / 사람1 / 사람2 / 사람4

생각 2 | 만든 덩어리와 3명의 사람을 나열하자.
이 경우의 수는 4! → $_4C_3 \times 4!$
예를 들어, 다음과 같이 나열했다고 하자.
사람2 → [현우, 정무] → 사람 4 → 사람1

생각 3 | 현우, 정무가 자리를 바꾸는 것을 고려하자.
덩어리 내에서 현우, 정무가 자리를 바꾸는 경우의 수는 2!
→ $_4C_3 \times 4! \times 2! = 192$

답 192

614.

구하는 값 조건을 만족시키는 경우의 수

조건 정리 1~10 중 서로 다른 3개를 뽑아 크기가 큰 것부터 차례로 나열한다.
→ 나열하는 순서가 이미 정해져 있다. 뽑은 3개의 수를 크기가 큰 것부터 나열하는 경우의 수는 1이므로, 3개의 수를 뽑기만 해도 된다.

1~10 중 서로 다른 3개를 뽑는 경우의 수는
$_{10}C_3 = \dfrac{10 \times 9 \times 8}{3!} = 120$

답 120

615.

구하는 값 조건을 만족시키는 경우의 수

조건 정리 ① 6명 중 3명을 뽑아 키가 큰 학생부터 차례로 줄
세운다.

➔ 나열하는 순서가 이미 정해져 있다.

이때, 뽑은 3명을 키가 큰 학생부터 차례로 나열하는
경우의 수는 1이므로, 3명을 뽑기만 해도 된다.

② 6명의 키는 모두 다르다.

6명 중 3명을 뽑는 경우의 수는 $_6C_3 = 20$

답 20

616.

구하는 값 조건을 만족시키는 경우의 수

조건 정리 ① $a < b < c < 10$인 자연수 a, b. c

➔ a, b. c의 대소가 정해져 있다.

② • 백의 자리의 수 : a

   • 십의 자리의 수 : b

   • 일의 자리의 수 : c 인 세 자리 자연수를 만든다.

설계 a, b. c의 대소가 이미 정해져 있으므로, 1~9 중 서로
다른 3개를 뽑기만 하면, a, b. c의 값이 자동으로
결정된다.

예를 들어, 1, 3, 8을 뽑았다면,
$$a = 1, b = 3, c = 8$$
일 수밖에 없다.

즉, 1~9 중 서로 다른 3개를 뽑을 때마다 조건②를
만족시키는 세 자리 자연수 1개를 만들 수 있으므로,
조건을 만족시키는 세 자리 자연수의 개수는
1~9 중 서로 다른 3개를 뽑는 경우의 수와 같다.

1~9 중 서로 다른 3개를 뽑는 경우의 수는
$$_9C_3 = \frac{9 \times 8 \times 7}{3!} = 84$$

답 84

617.

구하는 값 모든 순서쌍 (a, b, c)의 개수

조건 정리 $c \le b < a < 7$을 만족시키는 자연수 a, b, c

➔ 이 부등식은

   • $c = b < a < 7$인 경우와

   • $c < b < a < 7$인 경우로

나누어 생각할 수 있다.

➔ **설계** 이 두 경우로 Case를 분류하자.

Case 1 $c = b < a < 7$인 **경우**

a에 자연수를 대입하면서 순서쌍 (a, b, c)의 개수를
세보자.

• $a = 6$이면 ➔ $c = b < 6$ ➔ 5가지.

• $a = 5$이면 ➔ $c = b < 5$ ➔ 4가지.

• $a = 4$이면 ➔ $c = b < 4$ ➔ 3가지.

• $a = 3$이면 ➔ $c = b < 3$ ➔ 2가지.

• $a = 2$이면 ➔ $c = b < 2$ ➔ 1가지.

즉, Case 1을 만족하는 순서쌍 (a, b, c)는 15개.

Case 2 $c < b < a < 7$인 **경우**

➔ a, b, c의 대소가 이미 정해져 있다.

따라서, 1~6 중 서로 다른 3개를 뽑을 때마다 순서쌍
(a, b, c)를 오직 하나만 만들 수 있다.

예를 들어, 1, 3, 4를 뽑았다고 할 때, 만들 수 있는
순서쌍은 $(1, 3, 4)$ 하나뿐이다.

➔ 만들 수 있는 순서쌍의 개수는
1~6 중 서로 다른 3개를 뽑는 경우의 수와 같다.

➔ 이 경우의 수는 $_6C_3 = 20$

즉, Case 2를 만족하는 순서쌍 (a, b, c)는 20개.

∴ 구하는 순서쌍의 개수는 $15 + 20 = 35$

답 35

618.

구하는 값 조건을 만족시키는 경우의 수

조건 정리 5명 중 3명에게 같은 종류의 샤프 3개를 1개씩 나누어
준다.

➔ 서로 같은 것을 서로 다른 것에 배치하는 상황이다.

➔ 조합을 활용하자.

설계 5명 중 샤프를 받을 3명을 택하기만 하면 된다.

(예를 들어, 학생1, 3, 4를 택했다고 할 때, 이 3명에게 샤프를 1개씩 나누어주는 경우의 수는 1이다.)

5명 중 샤프를 받을 3명을 택하는 경우의 수는 $_5C_3 = 10$

답 10

619.

구하는 값 조건을 만족시키는 자연수의 개수

조건 정리 ① 9개의 숫자 0, 0, 0 / 1, 1, 1, 1, 1, 1을 일렬로 나열하여

➔ 서로 같은 것들이 포함되어 있다.

➔ 조합을 활용하는 상황일 수 있겠다.

② 아홉 자리 자연수를 만든다.

➔ 가장 큰 자리의 수는 0이 될 수 없음에 유의하자.

③ 이때, 0끼리는 어느 것도 이웃하면 안 된다.

➔ 먼저 1을 배치하고, 오른쪽 끝과 사이사이에 0을 배치하자.

➔ ∵ 왼쪽 끝에 0을 배치하면 조건②에 모순이다.

생각 1 | 먼저 1을 배치하자.

6개의 1을 배치하는 경우의 수는 다음과 같은 1가지뿐이다.

생각 2 | 오른쪽 끝과 사이사이에 0을 배치하자.

6개의 ∨ 중에서 0이 들어갈 3개를 택하는 경우의 수는 $_6C_3$

➔ $1 \times {_6C_3}$

예를 들어, 다음과 같이 0을 배치할 수 있다.

| 1 | ∨ | 1 | ∨ | 1 | 0 | 1 | ∨ | 1 | 0 | 1 | 0 |

즉, 구하는 경우의 수는 $1 \times {_6C_3} = 20$

답 20

620.

구하는 값 만들 수 있는 서로 다른 직선의 개수

조건 정리 다음과 같은 9개의 점이 있다.

➔ 설계 5개의 점 또는 4개의 점이 한 직선 위에 있는 경우가 생기므로, 중복된 직선을 없애야 한다.

생각 1 | 9개의 점 중 2개를 택하자.

이 경우의 수는 $_9C_2$

생각 2 | 중복된 직선들을 제거하자.

위쪽 평행선의 5개의 점들 중 2개를 택하여 만든 직선들은 서로 중복된다.

➔ 위쪽 평행선에서 중복된 직선의 개수는 $_5C_2$

➔ $_9C_2 - {_5C_2}$

또한, 아래쪽 평행선의 4개의 점들 중 2개를 택하여 만든 직선들도 서로 중복된다.

➔ 아래쪽 평행선에서 중복된 직선의 개수는 $_4C_2$

➔ $_9C_2 - {_5C_2} - {_4C_2}$

생각 3 | 실제 만들 수 있는 직선의 개수만큼을 더하자.

위쪽, 아래쪽 평행선에서 만들 수 있는 서로 다른 직선은 2개

➔ $_9C_2 - {_5C_2} - {_4C_2} + 2$

즉, 구하는 직선의 개수는 $_9C_2 - {_5C_2} - {_4C_2} + 2 = 22$

답 22

621.

구하는 값 만들 수 있는 직선의 개수

조건 정리 아래 그림의 7개의 점 중 2개를 연결하여 직선을 만든다.

설계 동일한 변 위에 있는 2개의 점을 택하여 만든 직선들은 서로 중복되므로, 중복되는 직선들을 제거해야 한다.

생각 1 | **7개의 점 중 2개를 택하자.**

이 경우의 수는 $\boxed{{}_7C_2}$

생각 2 | **중복된 직선들을 제거하자.**

동일한 변 위에 있는 2개의 점을 택하여 만든 직선들은 서로 중복된다.

- 왼쪽 변에서 중복된 직선의 개수는 ${}_3C_2$ ➡ ${}_7C_2\boxed{-{}_3C_2}$
- 오른쪽 변에서 중복된 직선의 개수는 ${}_3C_2$ ➡

$${}_7C_2-{}_3C_2\boxed{-{}_3C_2}$$

- 밑변에서 중복된 직선의 개수는 ${}_4C_2$

➡ ${}_7C_2-{}_3C_2-{}_3C_2\boxed{-{}_4C_2}$

생각 3 | **실제 만들 수 있는 직선의 개수만큼을 더하자.**

각 변마다 직선을 하나씩 만들 수 있으므로,

➡ ${}_7C_2-{}_3C_2-{}_3C_2-{}_4C_2\boxed{+3}$

즉, 구하는 직선의 개수는

$${}_7C_2-{}_3C_2-{}_3C_2-{}_4C_2+3=12$$

답 12

622.

구하는 값 만들 수 있는 직선의 개수

조건 정리 아래의 10개의 점들 중에서 2개를 잇는다.

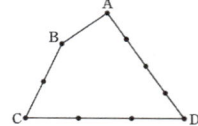

설계 동일한 변 위에 있는 2개의 점을 택하여 만든 직선들은 서로 중복되므로, 중복되는 직선들을 제거해야 한다.

생각 1 | **10개의 점 중 2개를 택하자.**

이 경우의 수는 $\boxed{{}_{10}C_2}$

생각 2 | **중복된 직선들을 제거하자.**

동일한 변 위에 있는 2개의 점을 택하여 만든 직선들은 서로 중복된다.

- 변 AB에서 중복된 직선은 없다.
- 변 BC에서 중복된 직선의 개수는 ${}_3C_2$

➡ ${}_{10}C_2\boxed{-{}_3C_2}$

- 변 CD에서 중복된 직선의 개수는 ${}_4C_2$

➡ ${}_{10}C_2-{}_3C_2\boxed{-{}_4C_2}$

- 변 DA에서 중복된 직선의 개수는 ${}_5C_2$

➡ ${}_{10}C_2-{}_3C_2-{}_4C_2\boxed{-{}_5C_2}$

생각 3 | **실제 만들 수 있는 직선의 개수만큼을 더하자.**

변 BC, CD, DA에서 실제로 직선을 한 개씩 만들 수 있으므로,

➡ ${}_{10}C_2-{}_3C_2-{}_4C_2-{}_5C_2\boxed{+3}$

즉, 구하는 직선의 개수는

$${}_{10}C_2-{}_3C_2-{}_4C_2-{}_5C_2+3=29$$

답 29

623.

구하는 값 대각선이 35개인 n각형의 꼭짓점의 개수

➡ 사실상 n의 값을 구하는 문제다.

설계 대각선이 35개이려면, 몇각형이어야 하는지 구하자.

- n각형의 꼭짓점 n개 중 2개를 택하는 경우의 수는 $\boxed{{}_nC_2}$
- 여기서 변의 개수인 n만큼을 빼면 대각선의 개수이므로,

$${}_nC_2\boxed{-n}=35 \quad ➡ \quad \frac{n(n-1)}{2}-n=35$$

➡ $n(n-3)=70$

∴ $n=10$

답 10

624.

[구하는 값] 만들 수 있는 삼각형의 개수

[조건 정리] 8개의 점이 다음과 같이 놓여 있다.

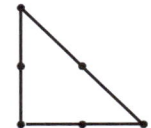

생각 1 | 서로 다른 3개의 점을 택하자.

이 경우의 수는 $_8C_3$

생각 2 | 삼각형이 될 수 없는 경우를 제외하자.

위쪽 4개의 점 중 3개를 택하고 연결하면 직선이 된다.
이는 아래쪽 4개의 점에 대해서도 마찬가지이다.
따라서 삼각형이 되지 않는 경우의 수는 $_4C_3 \times 2$

즉, 구하는 삼각형의 개수는
$_8C_3 - _4C_3 \times 2 = 48$

답 48

625.

[구하는 값] $m+n$의 값

[조건 정리] ① 아래와 같은 6개의 점이 있다.

② 만들 수 있는 직선의 개수 : m
② 만들 수 있는 삼각형의 개수 : n

생각 1 | 만들 수 있는 직선의 개수를 구해보자.

· 6개의 점 중 2개를 택하면 ➜ $_6C_2$

· 이제 중복되는 직선들을 제거하자.
동일한 변 위의 3개의 점 중 2개를 택하여 만든
직선들은 서로 중복되므로, 중복되는 직선들의
개수는 $_3C_2 \times 3$

· 그런데, 실제로 각 변마다 직선 1개씩을 만들 수
있으므로,
$m = _6C_2 - (_3C_2 \times 3) + 3 = 9$

생각 2 | 만들 수 있는 삼각형의 개수를 구해보자.

· 6개의 점 중 3개를 택하면 ➜ $_6C_3$

· 이제 삼각형을 만들 수 없는 경우를 제외하자.
동일한 변 위의 3개의 점을 택한 경우는 삼각형을
만들 수 없으므로,
$n = _6C_3 - 3 = 17$

∴ $m+n = 9+17 = 26$

답 26

626.

[구하는 값] 정사각형이 아닌 직사각형의 개수

[조건 정리] ① 다음 그림은 정사각형 12개를 이어붙인 것이다.

② 정사각형이 아닌 직사각형을 만들어야 한다.

➜ [설계] 여사건을 이용하자.

즉, (직사각형의 개수)−(정사각형 개수) 로 계산하자.

생각 1 | 만들 수 있는 직사각형의 개수를 구하자.

가로 선분 4개 중 2개를 택하고,
세로 선분 5개 중 2개를 택하면 즈사각형 하나를 만들
수 있다.
➜ 만들 수 있는 직사각형의 개수는
가로 선분 4개 중 2개를 택하고,
세로 선분 5개 중 2개를 택하는
경우의 수와 같으므로, $_4C_2 \times _5C_2 = 60$

생각 2 | 만들 수 있는 정사각형의 개수를 그하자.

정사각형의 개수는 직접 세자.
가장 작은 정사각형의 한 변의 길이를 1이라 하면,

· 넓이가 1인 정사각형은 12개
· 넓이가 4인 정사각형은 6개
· 넓이가 9인 정사각형은 2개 ➜ 즌사각형은 총 20개

즉, 정사각형이 아닌 직사각형의 개수는 $60-20 = 40$

답 40

627.

구하는 값 만들 수 있는 삼각형의 개수

조건 정리 다음 도형의 선들로 삼각형을 만든다.

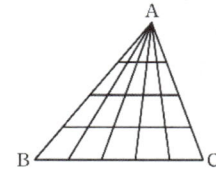

설계 가로 방향 선분 1개 / 세로 방향 선분 2개를 택하면 반드시 삼각형을 하나 만들 수 있음을 이용하자.

즉, 만들 수 있는 삼각형의 개수는 가로 방향 선분 1개와 세로 방향 선분 2개를 택하는 경우의 수와 같다.

• 가로 방향 선분 4개 중 1개를 택하는 경우의 수는 $\boxed{{}_4C_1}$
• 세로 방향 선분 6개 중 2개를 택하는 경우의 수는 ${}_6C_2$

➔ $\boxed{{}_4C_1 \times {}_6C_2}$

즉, 구하는 삼각형의 개수는 ${}_4C_1 \times {}_6C_2 = 60$

답 60

628.

구하는 값 만들 수 있는 예각삼각형의 개수

조건 정리 아래의 8개의 점 중 3개를 꼭짓점으로 한다.

설계 (모든 삼각형의 개수)−(직각삼각형의 개수) −(둔각삼각형의 개수) 로 구하자.

생각 1 | 모든 삼각형의 개수를 구하자.

이 경우의 수는 8개의 점 중 3개를 택하는 ${}_8C_3 = 56$ (이때, 이 경우들 중 삼각형을 만들 수 없는 경우는 없다.)

생각 2 | 직각삼각형의 개수를 구하자.

• 만들 수 있는 지름의 개수는 4이고,
• 각각의 지름마다, 택하지 않은 6개의 점 중 1개를 택하면 반드시 직각삼각형 하나를 만들 수 있으므로, 각 지름마다 만들 수 있는 직각삼각형의 개수는 6

따라서, 직각삼각형의 개수는 $4 \times 6 = 24$

생각 3 | 둔각삼각형의 개수를 구하자.

• 반원을 하나 택하여 그 반원의 지름 위에 있는 두 점 중 둔각삼각형의 꼭짓점이 될 하나를 택하고, 지름 위의 두 점을 제외한 남은 3개의 점 중 2개를 더 택하는 방식으로 둔각삼각형을 만들 수 있다.
• 반원을 시계방향으로 돌려가며 똑같은 과정을 8번 반복할 수 있으므로, 만들 수 있는 둔각삼각형의 개수는 ${}_3C_2 \times 8 = 24$

즉, 만들 수 있는 예각삼각형의 개수는 $56 - 24 - 24 = 8$

답 8

629.

구하는 값 (가), (나), (다)에 들어갈 식

조건 정리 제시된 증명 과정

〈증명〉

$$
{}_{n-1}C_r + {}_{n-1}C_{r-1}
$$
$$
= \frac{(n-1)!}{r!(n-r-1)!} + \frac{(n-1)!}{(r-1)! \times \boxed{(가)}}
$$
$$
= \frac{(n-1)! \times (n-r)}{r!\{(n-r-1)! \times (n-r)\}}
$$
$$
\quad + \frac{r \times (n-1)!}{\{r \times (r-1)!\} \times \boxed{(가)}}
$$
$$
= \frac{\boxed{(나)} \times (n-1)!}{r! \times \boxed{(가)}}
$$
$$
= \frac{\boxed{(다)}}{r! \times \boxed{(가)}} = {}_nC_r
$$
$$
\therefore \ {}_nC_r = {}_{n-1}C_r + {}_{n-1}C_{r-1}
$$

생각 1 | (가)에 들어갈 식을 구해보자.

$$
\boxed{{}_{n-1}C_r} + {}_{n-1}C_{r-1} = \boxed{\frac{(n-1)!}{r!(n-r-1)!}} + \frac{(n-1)!}{(r-1)! \times \boxed{(가)}}
$$

(첫 번째 줄)에서 박스 친 두 부분의 값이 동일하므로,

$$
{}_{n-1}C_{r-1} = \frac{(n-1)!}{(r-1)! \times \boxed{(가)}}
$$

이다. 이때, 공식을 통해

$$
{}_{n-1}C_{r-1} = \frac{(n-1)!}{(r-1)! \times \boxed{\{(n-1)-(r-1)\}!}}
$$

임을 알 수 있으므로,

$$
\therefore \ (가) = (n-r)!
$$

생각 2 | (나)에 들어갈 식을 구해보자.

빈칸 (가)에 모두 $(n-r)!$을 대입하자. 그리고

$$\frac{(n-1)!\times(n-r)}{r!\{(n-r-1)!\times(n-r)\}}+\frac{r\times(n-1)!}{\{r\times(r-1)!\}\times(n-r)!}$$

(두 번째 줄)의 식을 간단히 해보자.

- $\{(n-r-1)!\times(n-r)\}=(n-r)!$
- $\{r\times(r-1)!\}=r!$

이므로,

(두 번째 줄의 식)

$$=\frac{(n-1)!\times(n-r)}{r!\times(n-r)!}+\frac{r\times(n-1)!}{r!\times(n-r)!}$$
$$=\frac{(n-1)!\times\{(n-r)+r\}}{r!\times(n-r)!}$$
$$=\frac{(n-1)!\times n}{r!\times(n-r)!}$$

이므로,   ∴ (나)$=n$

생각 3 | (다)에 들어갈 식을 구해보자.

빈칸 (나)에 모두 n을 대입하자.

그러면 세 번째 줄과 네 번째 줄의 식은 다음과 같으므로,

$$\frac{n\times(n-1)!}{r!\times(n-r)!}=\frac{(다)}{r!\times(n-r)!}$$

∴ (다)$=n\times(n-1)!=n!$

답 (가)$=(n-r)!$ / (나)$=n$ / (다)$=n!$

630.

구하는 값 조건을 만족시키는 경우의 수

조건 정리 남학생 7명 / 여학생 5명 중

남학생 4명, 여학생 2명을 뽑는다.

➜ 남학생 7명 중 4명을 뽑고,

여학생 5명 중 2명을 뽑으면 된다.

➜ 이 경우의 수는 $_7C_4\times_5C_2=350$

답 350

631.

구하는 값 조건을 만족시키는 경우의 수

조건 정리 ① 1~20 중 서로 다른 세 수를 택한다.

➜ 짝수 : 10개 / 홀수 : 10개

② 세 수의 합이 짝수가 되어야 한다.

➜ 홀수를 짝수개 택하면 된다.

➜ 즉, 택한 세 숫자가

(I) 짝, 짝, 짝 이거나 (II) 홀, 홀, 짝이면 된다.

➜ **설계** 이 두 경우로 Case를 분류하자.

Case 1 짝, 짝, 짝을 택하는 경우

짝수 10개 중 3개를 택하면 되드로,

이 경우의 수는 $_{10}C_3=120$

Case 2 홀, 홀, 짝을 택하는 경우

- 홀수 10개 중 2개를 택하고,
- 짝수 10개 중 1개를 택하면 된다.

➜ 이 경우의 수는 $_{10}C_2\times_{10}C_1=450$

즉, 구하는 경우의 수는 $120+450=570$

답 570

632.

구하는 값 조건을 만족시키는 경우의 수

조건 정리 ① 과일 3종류 / 채소 5종류가 있다.

② 과일 또는 채소 중에서 3종류를 산다.

➜ 과일과 채소 전체에서 3종류를 사면 된다.

➜ 이 경우의 수는 $_8C_3=56$

답 56

633.

구하는 값 조건을 만족시키는 경우의 수

조건 정리 ① 사과, 포도, 망고를 포함한 고일 8종류 중

5종류를 택한다.

② 이때, 망고는 포함하지 않고, 사과와 포도는

포함해야 한다.

➜ 망고는 애초에 없었다고 생각하고,

사과와 포도는 미리 뽑아 두었다고 생각하자.

➜ 그러면 망고, 사과, 포도를 제외한 과일 5종류 중

아직 택하지 않은 3종류를 더 택하면 된다.

➜ 이 경우의 수는 $_5C_3=10$

답 10

634.

[구하는 값] 사각형의 개수

[조건 정리] 아래와 같은 9개의 점이 있다.

9개의 점 중 4개를 택하면 반드시 사각형 하나를 만들 수 있고, 이 중 중복되는 경우와 사각형이 만들어지지 않는 경우는 없으므로, 구하는 경우의 수는 $_9C_4 = \dfrac{9 \times 8 \times 7 \times 6}{4!} = 126$

답 126

635.

[구하는 값] 조건을 만족시키는 경우의 수

[조건 정리] ① 진우, 지민을 포함한 6명 중 3명을 선발하고,
② 이 3명의 계주 순서를 정한다.
➜ 사실상 3명을 나열하는 상황과 같다.
③ 진우, 지민 중에서는 한 사람만 선발한다.
➜ (I) 진우는 포함 O, 지민은 포함 X
(II) 진우는 포함 X, 지민은 포함 O
이 두 경우로 Case를 분류하자.

[설계] 계주 3명을 뽑고, 그 3명을 나열하자.

Case 1 **진우는 포함 O, 지민은 포함 X**

진우는 이미 뽑았다고 생각하고,
지민은 애초에 없었다고 생각하자.
그러면 진우, 지민을 제외한 4명 중 2명을 더 뽑으면 된다.
➜ 이 경우의 수는 $_4C_2$

잇달아, 뽑은 3명을 나열하는 경우의 수는 3!
➜ $_4C_2 \times 3!$
즉, Case 1의 경우의 수는 $_4C_2 \times 3! = 36$

Case 2 **진우는 포함 X, 지민은 포함 O**

이 경우는 Case 1과 경우의 수를 세는 구조가 같을 것이므로, Case 2의 경우의 수는 Case 1과 같은 36

즉, 구하는 경우의 수는 $36 + 36 = 72$

답 72

636.

[구하는 값] 조건을 만족시키는 경우의 수

[조건 정리] ① 남학생 6명 / 여학생 3명 중 3명을 뽑아 조를 구성한다.
② 조에 적어도 여학생 1명은 포함되어야 한다.
➜ [설계] 여사건을 이용하자. 즉,
(전체 경우의 수)−(남학생으로만 조를 구성하는 경우의 수)로 계산하자.

생각 1 | **전체 경우의 수를 구하자.**

전체 경우의 수는 남학생 6명 / 여학생 3명을 합한 9명 중 3명을 뽑아 조를 구성하는 경우의 수이므로,
$_9C_3$

생각 2 | **남학생으로만 조를 구성하는 경우의 수를 구하자.**

이는 남학생 6명 중 3명을 뽑는 경우의 수이므로, $_6C_3$

즉, 구하는 경우의 수는 $_9C_3 - _6C_3 = 84 - 20 = 64$

답 64

637.

[구하는 값] 직각삼각형의 개수

[조건 정리] 아래와 같은 8개의 점이 있다.

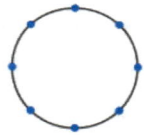

[설계] 만들 수 있는 지름의 개수를 구하고,
각 지름마다 만들 수 있는 직각삼각형의 개수를 구하자.

생각 1 | **만들 수 있는 지름의 개수를 구하자.**

지름은 총 4개 만들 수 있다.

생각 2 | **지름마다 만들 수 있는 직각삼각형의 개수를 구하자.**

각각의 지름마다, 택하지 않은 6개의 점 중 1개를 택하면 반드시 직각삼각형 하나를 만들 수 있으므로, 각 지름마다 만들 수 있는 직각삼각형의 개수는 6

따라서, 직각삼각형의 개수는 $4 \times 6 = 24$

답 24

638.

구하는 값 $a+b$의 값

조건 정리 ① 주머니에서 1~10 중 3개를 동시에 꺼낸다.
② 4를 포함하여 3개를 꺼내는 경우의 수 : a
➔ 4는 이미 뽑았다고 생각하자.
짝수 2개, 홀수 1개를 꺼내는 경우의 수 : b
➔ 짝수 5개 중 2개, 홀수 5개 중 1개를 뽑으면 된다.

생각 1 ┃ 4를 포함하여 3개를 꺼내는 경우의 수를 구하자.

4는 이미 뽑았다고 생각하면, 주머니 속 남은 9개의 수 중에서 2개를 더 뽑으면 되므로, 이 경우의 수는

$_9C_2 = 36$
즉, $a = 36$

생각 2 ┃ 짝수 2개, 홀수 1개를 꺼내는 경우의 수를 구하자.

짝수 5개 중 2개, 홀수 5개 중 1개를 뽑으면 되므로, 이 경우의 수는 $_5C_2 \times _5C_1 = 50$
즉, $b = 50$

따라서, $a + b = 36 + 50 = 86$

답 86

639.

구하는 값 직선의 개수

조건 정리 아래와 같은 10개의 점이 있다.

설계 동일한 변 위의 두 점을 택하여 만든 직선들은 서로 중복되므로, 마지막에 중복을 제거해야 한다.

생각 1 ┃ 10개의 점 중 2개를 택하자.

이 경우의 수는 $_{10}C_2 = \boxed{45}$

생각 2 ┃ 중복되는 직선들을 모두 제거하자.

• 한 가로변 위의 두 점을 택하는 경우의 수는 $_4C_2$
• 한 세로변 위의 두 점을 택하는 경우의 수는 $_3C_2$
• 동일한 가로변과 세로변이 각각 2개씩 있으므로, 중복되는 직선들은 모두 $2 \times _4C_2 + 2 \times _3C_2 = \boxed{18}$개
➔ $45 - \boxed{18}$

생각 3 ┃ 실제 만들 수 있는 직선의 개수만큼을 더하자.

실제로 네 변을 통해 서로 다른 직선 4개를 만들 수 있다.
➔ $45 - 18 + \boxed{4}$

즉, 구하는 경우의 수는 $45 - 18 + 4 = 31$

답 31

640.

구하는 값 조건을 만족시키는 경우의 수

조건 정리 ① 에너지드링크 5종류 / 커피 4종류 중 서로 다른 음료 3잔을 구매한다.
② 에너지드링크와 커피를 적어도 1종류씩 포함해야 한다.
➔ (I) 에너지드링크 2종류, 커피 1종류를 뽑거나
(II) 에너지드링크 1종류, 커피 2종류를 뽑으면 된다.

설계 이 두 경우로 Case를 분류하자.

Case 1 에너지드링크 2종류, 커피 1종류를 뽑는 경우

에너지드링크 5종류 중 2종류를 뽑고, 커피 4종류 중 1종류를 뽑으면 된다.
➔ 이 경우의 수는 $_5C_2 \times _4C_1 = 40$

Case 2 에너지드링크 1종류, 커피 2종류를 뽑는 경우

에너지드링크 5종류 중 1종류를 뽑고, 커피 4종류 중 2종류를 뽑으면 된다.
➔ 이 경우의 수는 $_5C_1 \times _4C_2 = 30$

따라서, 구하는 경우의 수는 $40 + 30 = 70$

답 70

641.

구하는 값 조건을 만족시키는 경우의 수

조건 정리

① 다음과 같은 서로 다른 3개의 주머니가 있다.

주머니1		주머니2		주머니3	
1	2	1	2	1	2
3	4	3	4	3	4
5		5		5	

② 각 주머니에서 숫자 1개씩을 꺼낼 때,
꺼낸 수의 합이 3 또는 5여야 한다.
➡ • 꺼낸 세 수의 합이 3이려면 반드시
　　　1, 1, 1을 꺼내야 하고,
　• 꺼낸 세 수의 합이 5이려면
　　　1, 2, 2 또는 1, 1, 3
을 꺼내야 한다.
➡ **설계** 이 세 경우로 Case를 분류하자.

Case 1 **1, 1, 1을 꺼내는 경우**
이는 각 주머니에서 모두 1을 꺼내는 경우
$\boxed{1}$가지뿐이다.

Case 2 **1, 2, 2를 꺼내는 경우**
이 경우의 수는 1을 꺼낼 주머니 하나를 택하는 경우의 수
와 같다.
[why?] 1을 꺼낼 주머니 하나를 택하면, 나머지
주머니에서는 반드시 2를 꺼내는 경우밖에 없다.

즉, Case 2의 경우의 수는 $_3C_1 = \boxed{3}$

Case 3 **1, 1, 3을 꺼내는 경우**
Case 2 와 경우의 수를 세는 구조가 동일하므로,
경우의 수는 $\boxed{3}$

즉, 구하는 경우의 수는 $1+3+3 = 7$

답 7

642.

구하는 값 조건을 만족시키는 경우의 수
조건 정리 ① 한식 체험 3가지 / 중식 체험 4가지가 있다.
② 이 중 한식 체험 2가지 / 중식 체험 2가지를 골라
순서를 정하여 체험한다.
➡ 빈칸 4개를 만들자.

고른 4가지 체험의 순서를 정하는 상황을 4개의
빈칸에 고른 4가지 체험을 배치하는 상황으로
바꾸어 생각하자.

설계 • 한식 체험 2가지, 중식 체험 2가지를 고르고,
• 4개의 빈칸에 배치하자.

생각 1 | **한식 체험 2가지, 중식 체험 2가지를 고르자.**
한식 체험 3가지 중 2개를 고르고,
중식 체험 4가지 중 2개를 고르는 경우의 수는
$\boxed{_3C_2 \times _4C_2}$

생각 2 | **4개의 빈칸에 고른 4개의 체험을 배치하자.**
이 경우의 수는 4! ➡ $_3C_2 \times _4C_2 \boxed{\times 4!}$

즉, 구하는 경우의 수는 $_3C_2 \times _4C_2 \times 4! = 432$

답 432

643.

구하는 값 n의 값
조건 정리 n개의 팀이 서로 다른 팀과 모두 한 번씩 경기를
하였더니, 총 28번 경기를 하였다.
➡ n개의 팀 중 임의의 두 팀을 택하여 경기하도록
하면, n개의 팀이 서로 다른 팀과 모두 한 번씩
경기할 수 있다.
➡ $\underbrace{_nC_2}_{=\frac{n(n-1)}{2!}} = 28$ ➡ $n(n-1) = 56$ ➡ $n = 8$

답 8

644.

구하는 값 조건을 만족시키는 경우의 수
조건 정리 ① 동하, 준민, 영석이 A, B, C 중 하나씩을 고른다.
② A를 고른 사람 : 1명 / B 또는 C를 고른 사람
: 2명
➡ **설계** A를 고를 1명을 택하고, B와 C를 남은
2명에게 분배하자.

• A를 고를 1명을 택하는 경우의 수는 $\boxed{_3C_1}$
예를 들어, 준민이 A를 골랐다고 하자.
• 잇달아, 남은 2명이 과자를 택하는 경우의 수는
동하, 영석이 모두 B를 택 or 모두 C를 택 or B, C
하나씩 택 ➡ 이 경우의 수는 2
하는 것과 같은 4이다. 즉, 구하는 경우의 수는
$_3C_1 \boxed{\times 4} = 12$

답 12

645.

[구하는 값] 조건을 만족시키는 경우의 수

[조건 정리] ① 똑같은 의자 8개가 일렬로 배치되어 있다.
② 학생 3명(학생1~3이라 하자.) 중 어느 2명도 이웃하지 않게 앉아야 한다.

[설계] 이미 배치된 8개의 의자에 사람을 앉힌다고 생각하지 말고, 학생 3명을 의자에 먼저 앉히고, 그 의자를 뒤로 빼두자.

그러면 다음과 같이 남은 의자 5개가 배치되어 있을 것이다.

∨ [의자] ∨ [의자] ∨ [의자] ∨ [의자] ∨ [의자] ∨

이 남은 의자 5개의 양 끝과 사이사이에 학생 3명이 앉은 의자를 배치하면 문제의 조건을 만족시킬 수 있다.

생각 1 | 6개의 ∨ 중 세 곳에 학생 3명을 배치하자.

학생1을 6개의 ∨ 중 한 곳에 배치하는 경우의 수는 6
잇달아, 학생2를 남은 5개의 ∨ 중 한 곳에 배치하는 경우의 수는 5
➜ 6×5
잇달아, 학생3을 남은 4개의 ∨ 중 한 곳에 배치하는 경우의 수는 4
➜ $6 \times 5 \times 4$

즉, 구하는 경우의 수는 120

[답] 120

646.

[구하는 값] 만들 수 있는 서로 다른 마디의 개수

[조건 정리] 도, 미, 솔, 시 중 서로 다른 3개를 택하여 4분음표 2개 / 2분음표 1개로 구성된 악보의 한 마디를 만든다.

[설계]

• 도, 미, 솔, 시 중 서로 다른 3개를 택했다고 생각해보자.
  예를 들어, 도, 솔, 시를 택했다 하자.
• 악보를 구성하려면, 도, 솔, 시를
  4분음표가 될 2개 / 2분음표가 될 1개
  로 나누어 음표를 배정하고,
• 음표를 배정한 도, 솔, 시 중 어떤 것부터 연주할지 순서까지 결정해야 한다.

생각 1 | 도, 미, 솔, 시 중 서로 다른 3개를 택하자.

이 경우의 수는 $_4C_3$이다. 예를 들어, 도, 솔, 시를 택했다 하자.

생각 2 | 잇달아, 4분음표가 될 2개 / 2분음표가 될 1개로 나누자.

• 택한 3개의 음(Ex. 도, 솔, 시) 중 4분음표가 될 2개를 택하는 경우의 수는 $_3C_2$ ➜ $_4C_3 \times _3C_2$
• 잇달아, 남은 1개의 음 중 2분음표가 될 1개를 택하는 경우의 수는 1 ➜ $_4C_3 \times _3C_2 \times 1$
  예를 들어, [4분음표 : 도, 솔 / 2분음표 : 시]로 나누었다 하자.

생각 3 | 음을 연주할 순서를 정하자.

이는 음표를 배정한 3개의 음을
(Ex. 4분음표 : 도, 솔 / 2분음표 : 시)
일렬로 나열하는 경우의 수인 3!과 같다.
➜ $_4C_3 \times _3C_2 \times 1 \times 3!$
즉, 구하는 경우의 수는 $_4C_3 \times _3C_2 \times 1 \times 3! = 72$

[답] 72

647.

[구하는 값] 조건을 만족시키는 경우의 수

[조건 정리] 합이 10이 되는 8개의 자연수를 일렬로 나열한다.

[설계] • 먼저 합이 10이 되는 8개의 자연수를 구성하고,
• 구성한 것들을 일렬로 나열해야 한다.
➜ 합이 10인 8개의 자연수를 구성하는 것이 주된 문제이다.

이때, 극단적으로 8개의 자연수가 모두 1인 경우를 생각해보자.
1, 1, 1, 1, 1, 1, 1, 1 ➜ 합 : 8

이 구성이 합이 10이 되려면 2만큼이 더 필요한데,
• 2만큼을 하나의 1에 추가하거나
• 2만큼을 두 개의 1에 1씩 나누어 추가하는 경우만이 존재함을 알 수 있다.

즉, 다음의 두 경우로 Case를 나누면 된다.
(I) 자연수의 구성이 3, 1, 1, 1, 1, 1, 1, 1인 경우
(II) 자연수의 구성이 2, 2, 1, 1, 1, 1, 1, **1**인 경우

Case 1 자연수의 구성이 $\boxed{3}$, 1, 1, 1, 1, 1, 1, 1인 경우

이 경우의 수는 다음과 같은 8개의 빈칸 중

$\boxed{3}$이 들어갈 빈칸 하나를 택하고, 나머지 빈칸은 모두 1로 채우는 경우의 수와 같다. ➔ 이 경우의 수는 $_8C_1 = \boxed{8}$

Case 2 자연수의 구성이 $\boxed{2}$, $\boxed{2}$, 1, 1, 1, 1, 1, 1인 경우

이 경우의 수는 다음과 같은 8개의 빈칸 중

$\boxed{2}$가 들어갈 빈칸 2개를 택하고, 나머지 빈칸은 모두 1로 채우는 경우의 수와 같다. ➔ 이 경우의 수는 $_8C_2 = \boxed{28}$

즉, 구하는 경우의 수는 $8 + 28 = 36$

답 36

648.

구하는 값 출발 지점에서 도착 지점까지 가는 방법의 수

조건 정리 ① 다음 그림과 같은 돌다리가 있다.

② 한 번에 1칸 또는 2칸을 건널 수 있다.

설계

출발 지점에서 도착 지점까지 가려면, 총 5칸을 건너야 한다.
➔ • 이 5칸을 1칸 또는 2칸으로 나누고,
   • 건너는 순서를 정하면 된다.

생각 1 | 5칸을 1칸 또는 2칸으로 나누자.

이때, 2칸을 몇 번 포함할지에 따라 나누어보자.

(I) 2칸을 0번 포함하는 경우 ➔ 1칸 5번
(II) 2칸을 1번 포함하는 경우 ➔ 2칸 1번 / 1칸 3번
(III) 2칸을 2번 포함하는 경우 ➔ 2칸 2번 / 1칸 1번

생각 2 | 각각의 구성에 따라 건너는 순서를 정하자.

• 1칸 5번으로 건너는 경우 ➔ $\boxed{1}$가지뿐이다.
• 2칸 1번 / 1칸 3번으로 건너는 경우
  이 경우의 수는 다음과 같은 4개의 자리 중

2칸이 들어갈 자리 하나를 택하고, 나머지 자리는 모두 1칸으로 채우는 경우의 수와 같다.
  ➔ 이 경우의 수는 $_4C_1 = \boxed{4}$

• 2칸 2번 / 1칸 1번으로 건너는 경우
  이 경우의 수는 다음과 같은 3개의 자리 중

2칸이 들어갈 자리 2개를 택하고, 나머지 자리는 1칸으로 채우는 경우의 수와 같다.
  ➔ 이 경우의 수는 $_3C_2 = \boxed{3}$

즉, 구하는 경우의 수는 $1 + 4 + 3 = 8$

답 8

649.

구하는 값 두 상자에 인형을 나누어 담는 방법의 수

조건 정리 ① 서로 다른 5개의 인형을 서로 다른 2개의 상자에 모두 나누어 담는다.
② 각 상자에는 인형을 최대 4개까지만 담을 수 있다.
  ➔ 각 상자에 담을 인형의 개수는 반드시
  (I) 1개 / 4개 이거나 (II) 2개 / 3개
  로 나누어져야 한다.

설계

• 인형을 (I) 1개 / 4개 또는 (II) 2개 / 3개로 나누는 경우로 Case를 분류하고,
• 각 Case에서
  먼저 인형을 나누고, 각 상자에 분배하자.

Case 1 인형을 1개 / 4개로 나누는 경우

• 5개의 인형 중 4개를 택하여 한 덩어리로 만들자.
  ➔ 이 경우의 수는 $_5C_4$
• 잇달아, 남은 인형 1개를 택해 한 덩어리로 만드는 경우의 수는 $_1C_1$ ➔ $_5C_4 \times _1C_1$
• 만든 두 덩어리를 서로 다른 2개의 상자에 분배하는 경우의 수는 $2!$ ➔ $_5C_4 \times _1C_1 \boxed{\times 2!}$

즉, Case 1의 경우의 수는 $_5C_4 \times _1C_1 \times 2! = \boxed{10}$

Case 2 인형을 2개 / 3개로 나누는 경우

- 5개의 인형 중 2개를 택하여 한 덩어리로 만들자.
  → 이 경우의 수는 $_5C_2$

- 잇달아, 남은 인형 3개 중 3개를 택해 한 덩어리로 만드는 경우의 수는 $_3C_3$ → $_5C_2 \times _3C_3$

- 만든 두 덩어리를 서로 다른 2개의 상자에 분배하는 경우의 수는 2! → $_5C_2 \times _3C_3 \boxed{\times 2!}$

  즉, Case 2의 경우의 수는 $_5C_2 \times _3C_3 \times 2! = \boxed{20}$

즉, 구하는 경우의 수는 $10 + 20 = 30$

답 30

650.

구하는 값 조건을 만족시키는 경우의 수

조건 정리 ① 여학생 5명 / 남학생 6명을 4개의 방에 배정한다.
② 여학생은 1호실에 3명, 2호실에 2명을 배정한다.
→ 여학생을 3명, 2명으로 나누기만 하면 된다.
[why ?] 3명으로 나누어진 여학생들은 반드시 1호실에, 2명으로 나누어진 여학생들은 반드시 2호실에 배정해야 하기 때문이다.
③ 남학생은 3호실에 3명, 4호실에 3명을 배정한다.
→ 같은 집단에서 같은 개수로 잇달아 택하는 상황이 포함되어 있다.
→ 순서를 무시하는 과정을 거쳐야 한다.
→ 또한 여학생의 경우와는 달리, 남학생의 경우 동일한 방에 들어갈 3명이 3호실을 배정받을 수도 있고, 4호실을 배정받을 수도 있으므로, 3명, 3명으로 나누어진 두 덩어리를 분배까지 해야 한다.

설계
- 여학생은 3명, 2명으로 나누기만 하고,
- 남학생은 3명, 3명으로 나누고, 분배까지 하자.
  이때, 남학생을 나누는 과정에서는 순서를 무시하는 과정을 거쳐야 함에 주의하자.

생각 1 | 여학생을 3명, 2명으로 나누자.

- 여학생 5명 중 3명을 택하여 한 덩어리로 만드는 경우의 수는 $_5C_3$

- 잇달아, 남은 여학생 2명 중 2명을 택하여 한 덩어리로 만드는 경우의 수는 $_2C_2$ → $_5C_3 \times _2C_2$

생각 2 | 남학생을 3명, 3명으로 나누자.

- 남학생 6명 중 3명을 택하여 한 덩어리로 만드는 경우의 수는 $_6C_3$ → $(_5C_3 \times _2C_2) \times \boxed{_6C_3}$

- 잇달아, 남은 남학생 3명 중 3명을 택하여 한 덩어리로 만드는 경우의 수는 $_3C_3$
  → $(_5C_3 \times _2C_2) \times (_6C_3 \times \boxed{_3C_3})$

- 이때, 방금 만든 두 덩어리에 부여된 순서를 무시하면

$$(_5C_3 \times _2C_2) \times \left(_6C_3 \times _3C_3 \times \frac{1}{2!}\right)$$

- 잇달아, 만든 두 덩어리를 3호실, 4호실에 배치하는 경우의 수는 2!

  → $(_5C_3 \times _2C_2) \times \left(_6C_3 \times _3C_3 \times \frac{1}{2!} \boxed{\times 2!}\right)$

즉, 구하는 경우의 수는

$$(_5C_3 \times _2C_2) \times \left(_6C_3 \times _3C_3 \times \frac{1}{2!} \times 2!\right)$$
$$= 10 \times 20 = 200$$

답 200

651.

구하는 값 놀이기구 의자에 앉는 방법의 수
① 남학생 2명 / 여학생 2명
② 놀이기구는 다음과 같은 모양이다.

→ 단순하게 다음과 같은 그림으로 바꾸어 생각하자.

줄1	줄2	줄3	줄4	줄5

③ 남학생 1명과 여학생 1명이 짝을 지어 같은 줄에 앉는다.
→ 남학생 2명을 배치함에 따라 여학생 2명이 앉을 자리가 결정된다. 따라서 남학생을 먼저 배치하자. (반대로 생각해도 상관없다.)

설계
- 남학생을 먼저 배치하고,
- 잇달아 여학생을 배치하자.

생각 1 | 남학생을 먼저 배치하자.

- 남학생1을 배치하는 경우의 수는 $\boxed{10}$
- 잇달아, 남학생2를 배치하는 경우의 수는 8
- ➜ 10×8

[why ?] 남학생2는 남학생1의 옆자리에 앉을 수 없다.
예를 들어, 다음과 같이 배치했다고 하자.

줄1	줄2	줄3	줄4	줄5
	남1			
			남2	

그러면 여학생 2명은 파란 자리에만 앉을 수 있다.

생각 2 | 잇달아, 여학생을 배치하자.

여학생 2명을 파란 2개의 자리에 배치하는 경우의
수는 2!
➜ $10 \times 8 \times 2!$
즉, 구하는 경우의 수는 $10 \times 8 \times 2! = 160$

답 160

652.

구하는 값 조건을 만족시키는 경우의 수

조건 정리 ① 서로 다른 네 종류의 인형이 각각 2개씩 있다.

② 이 8개의 인형들 중 5개를 선택한다.
➜ 택하는 인형의 구성은
(I) 인형 4종류를 모두 포함하거나,
(II) 인형 3종류만을 포함하는
두 가지 경우뿐이다.
➜ 이 두 경우로 Case를 분류하자.
③ 같은 종류의 인형끼리는 서로 구별하지 않는다.
➜ 단순히, 이 문제의 답을 $_8C_5$라고 답하면 안 된다.
[why ?] 서로 같은 것들이 포함되어 있기 때문이다.

설계 (I) 인형 4종류를 모두 포함하여 택하거나
(II) 인형 3종류만을 포함하여 택하는
두 경우로 Case를 분류하자.

Case 1 인형 4종류를 모두 포함하여 택하는 경우

인형 4종류를 모두 포함하여 5개를 택해야 한다면,
같은 종류의 인형 2개를 반드시 포함해야 한다.

따라서, 이 같은 종류의 인형이 어떤 종류의 인형이 될
것인지 먼저 정해야 한다.
➜ 4종류의 인형 중 같은 종류 2개를 뽑을 인형을
택하는 경우의 수는 $\boxed{_4C_1}$
예를 들어, 강아지 인형을 2개 택한다고 하자.

그러면, 5개의 인형을 다음과 같이 택할 수밖에 없다.
[why ?] 인형 4종류를 모두 포함하는 경우를 고려하고
있다.

따라서 Case 1의 경우의 수는 $\boxed{_4C_1 = 4}$

Case 2 인형 3종류만을 포함하여 택하는 경우

인형 3종류만을 포함하여 5개를 택해야 한다면,
- 우선, 4종류의 인형 중 포함할 3종류를 정해야 한다.
➜ 이 경우의 수는 $_4C_3$
예를 들어, 다음과 같은 인형 3종류만을 포함할 것이라
하자.

그러면, 이 3종류 안에서 같은 종류 2개씩을 뽑을
2종류를 더 정해야 한다. [why ?] 인형 5개를 택해야
한다.
➜ 이 경우의 수는 $_3C_2$ ➜ $_4C_3 \boxed{\times _3C_2}$

따라서 Case 2의 경우의 수는 $\boxed{_4C_3 \times _3C_2 = 12}$

즉, 구하는 경우의 수는 $4 + 12 = 16$

답 16

653.

구하는 값 꽃과 초콜릿을 나누어 주는 경우의 수

조건 정리 ① 서로 다른 꽃 4송이와 같은 종류의 초콜릿 2개를
➜ 서로 같은 것들이 포함되어 있다.
➜ 초콜릿 2개를 어떻게 분배할지에 따라 Case를
분류하자.
② 5명의 학생에게 남김없이 나누어 준다.
③ 이때, 아무것도 받지 못하는 학생은 없어야 한다.

설계 초콜릿 2개를 어떻게 분배할지에 따라 Case를 분류하자.

Case 1 **초콜릿 2개를 한 명에게 모두 주는 경우**

- 초콜릿 2개를 받을 학생을 정하는 경우의 수는 $_5C_1$

  예를 들어, 학생3이 초콜릿 2개를 받는다고 하자.

		초콜릿 초콜릿		
학생1	학생2	학생3	학생4	학생5

- 잇달아, 나머지 학생들은 반드시 꽃을 한 송이씩
  받아야 한다. [why ?] 조건③을 고려한 것이다.
  → 서로 다른 꽃 4송이를 4명의 학생에게 분배해야 한다.
  → 이 경우의 수는 $4!$ → $_5C_1 \boxed{\times 4!}$

즉, **Case 1**의 경우의 수는 $_5C_1 \times 4! = 120$

Case 2 **초콜릿 2개를 두 명에게 한 개씩 주는 경우**

- 초콜릿을 받을 학생 2명을 정하는 경우의 수는 $\boxed{_5C_2}$

  예를 들어, 학생1, 2가 초콜릿을 한 개씩 받는다고 하자.

초콜릿	초콜릿			
학생1	학생2	학생3	학생4	학생5

- 잇달아, 나머지 학생들은 반드시 꽃을 최소 한 송이씩은
  받아야 한다. 이때, 꽃을 분배하는 상황은 크게 다음의
  두 가지 상황으로 나누어 생각할 수 있다.

상황① 학생3, 4, 5에게 꽃 4송이를 모두 분배하는 상황
상황② 학생1 또는 2에게 꽃 1송이를 주고,
　　　학생3, 4, 5에게 남은 3송이를 분배하는 상황

▶ 상황①을 먼저 생각해보자.
그러면, 먼저 4개의 꽃을 1개 / 1개 / 2개로 나누어야 한다.
→ 같은 집단에서 같은 개수만큼을 잇달아 택하는 상황이
　포함되어 있음을 인식하자.

- 4개의 꽃 중 1개를 택하여 한 덩어리로 만드는
  경우의 수는 $_4C_1$ → $_5C_2 \boxed{\times \left(_4C_1\right.}$

- 잇달아, 남은 3개의 꽃 중 1개를 택하여 한 덩어리로 만드는
  경우의 수는 $_3C_1$ → $_5C_2 \times \left(_4C_1 \boxed{\times _3C_1}\right.$

- 이때, 만든 두 덩어리에 부여된 순서를 무시하자.
  → $_5C_2 \times \left(_4C_1 \times _3C_1 \times \dfrac{1}{2!}\right.$

- 잇달아, 남은 2개의 꽃 중 2개를 택하여 한 덩어리로 만드는
  경우의 수는 $_2C_2$
  → $_5C_2 \times \left(_4C_1 \times _3C_1 \times \dfrac{1}{2!} \boxed{\times _2C_2}\right.$

- 이제, 만든 3개의 덩어리를 학생3, 4, 5에게 1개씩 분배하자.
  → 이 경우의 수는 $3!$
  → $_5C_2 \times \left(_4C_1 \times _3C_1 \times \dfrac{1}{2!} \times _2C_2 \boxed{\times 3!}\right)$

즉, 상황①의 경우의 수는

$$_5C_2 \times \left(_4C_1 \times _3C_1 \times \dfrac{1}{2!} \times _2C_2 \boxed{\times 3!}\right) = \mathbf{360}$$

▶ 이제 상황②를 생각해보자.

- 먼저 학생1, 2 중 꽃 한 송이를 받을 1명을 택해야 한다.
  → 이 경우의 수는 $_2C_1$ → $_5C_2 \times \left(_2C_1\right.$

  예를 들어, 학생2를 택했다고 하자.

- 잇달아, 학생2가 받을 꽃을 정하는 경우의 수는 $_4C_1$
  → $_5C_2 \times \left(_2C_1 \boxed{\times _4C_1}\right.$

  예를 들어, 학생2가 꽃3을 받았다고 하자.

- 잇달아, 남은 3송이의 꽃을 학생3, 4, 5에게 1송이씩
  분배하는 경우의 수는 $3!$ → $_5C_2 \times \left(_2C_1 \times _4C_1 \boxed{\times 3!}\right)$

즉, 상황②의 경우의 수는 $_5C_2 \times \left(_2C_1 \times _4C_1 \times 3!\right) = \mathbf{480}$

따라서, **Case 2**의 경우의 수는 $360 + 480 = 840$

∴ **Case 1**의 경우의 수와 **Case 2**의 경우의 수를 더하면,
구하는 경우의 수는 $120 + 840 = 960$

답 960

654.

구하는 값 조건을 만족하는 평행사변형의 개수

① 다음과 같은 도형으로 평행사변형을 만든다.
→ 기본적으로, 가로선 2개와 세로선 2개를 택하면
평행사변형 하나를 만들 수 있다.

② 평행사변형은 색칠한 부분을 포함해야 한다.
→ **설계** 가로선 2개를 택할 때, 색칠된 부분을
　기준으로
- 위쪽 가로선 2개 중 1개와
- 아래쪽 가로선 3개 중 1개를 택하고,
　세로선 2개를 택할 때, 색칠된 부분을 기준으로
- 왼쪽 세로선 2개 중 1개와
- 오른쪽 세로선 3개 중 1개를 택하여
　평행사변형을 만들면,
　색칠한 평행사변형을 완전히 포함할 수 있다.
　→ 가로선 2개를 택하는 경우의 수는 $_2C_1 \times _3C_1$

잇달아, 세로선 2개를 택하는 경우의 수는

$_2C_1 \times _3C_1$

즉, 구하는 평행사변형의 개수는

$(_2C_1 \times _3C_1) \times (_2C_1 \times _3C_1) = 36$

답 36

655.

구하는 값 조건을 만족하는 자연수의 개수

조건 정리 ① a, b, c, d, e는 1~9의 서로 다른 자연수

② 다섯 자리의 자연수 $abcde$ 중

③ 5의 배수이고,

➜ 마지막 자리의 수가 5여야 한다. 즉, $e = 5$

④ $a > b > \boxed{c}$, $\boxed{c} < d < \underbrace{e}_{=5}$ 를 만족시켜야 한다.

➜ c에 걸린 제한이 가장 많다.

➜ 설계 c의 값에 따라 Case를 분류하자.

이때, c의 값은 1, 2, 3 중 하나이다.

($\because \boxed{c} < d < 5$임을 생각해보라.)

Case 1 $c = 1$인 경우

$c = 1$이면 $a > b > \boxed{1}$, $\underbrace{\boxed{1} < d < 5}_{d는 2, 3, 4 중 하나}$ 이다.

이때, 조건①에 따라 $9 \ge a > b > \boxed{1}$이다.

• $9 \ge a > b > 1$에 주목해보자.

이 부등식은 a, b의 대소가 이미 결정되어 있음을 나타낸다.

➜ 순서가 결정된 배열이므로, 조합을 이용하자.

$9 \ge a > b > 1$을 만족시키는 a, b를 택하는 경우의 수는 2~9 중 서로 다른 두 개를 택하는 경우의 수와 같다. ➜ 즉, $_8C_2$

정리하면, $c = 1$일 때

• d를 택하는 경우의 수는 3

• a, b를 택하는 경우의 수는 $_8C_2$이므로

Case 1 의 경우의 수는 $3 \times _8C_2 = 84$

Case 2 $c = 2$인 경우

$c = 2$이면 $9 \ge a > b > \boxed{2}$, $\underbrace{\boxed{2} < d < 5}_{d는 3, 4 중 하나}$ 이다.

$9 \ge a > b > 2$을 만족시키는 a, b를 택하는 경우의 수는 3~9 중 서로 다른 두 개를 택하는 경우의 수와 같다. ➜ 즉, $_7C_2$

정리하면, $c = 2$일 때

• d를 택하는 경우의 수는 2

• a, b를 택하는 경우의 수는 $_7C_2$이므로

Case 2 의 경우의 수는 $2 \times _7C_2 = 42$

Case 3 $c = 3$인 경우

$c = 3$이면 $9 \ge a > b > \boxed{3}$, $\underbrace{\boxed{3} < d < 5}_{d = 4}$이다.

$9 \ge a > b > 3$을 만족시키는 a, b를 택하는 경우의 수는 4~9 중 서로 다른 두 개를 택하는 경우의 수와 같다. ➜ 즉, $_6C_2$

정리하면, $c = 3$일 때

• d를 택하는 경우의 수는 1

• a, b를 택하는 경우의 수는 $_6C_2$이므로

Case 3의 경우의 수는 $1 \times _6C_2 = 15$

따라서, 구하는 자연수의 개수는 $84 + 42 + 15 = 141$

답 141

9 행렬

656.

구하는 값 행렬 A

조건 정리 ① 이차 정사각행렬 A

② $a_{ij} = 2i + 3j - 1$ ($i = 1, 2, j = 1, 2$)

➔ $a_{11} = 2 + 3 - 1 = 4$, $a_{12} = 2 + 6 - 1 = 7$

$a_{21} = 4 + 3 - 1 = 6$, $a_{22} = 4 + 6 - 1 = 9$

➔ $A = \begin{pmatrix} 4 & 7 \\ 6 & 9 \end{pmatrix}$

답 $A = \begin{pmatrix} 4 & 7 \\ 6 & 9 \end{pmatrix}$

657.

구하는 값 행렬 A의 모든 성분의 합

조건 정리 ① 이차 정사각행렬 A

② $a_{ij} = $ (다항식 $x^3 + 2x + 1$을 $x - (i - j)$로 나눈 나머지)

(단, $i = 1, 2, j = 1, 2$)

➔ 나머지정리에 의해,

($x^3 + 2x + 1$을 $x - (i - j)$로 나눈 나머지)

$= $ ($x^3 + 2x + 1$에 $x = i - j$를 대입한 것)

설계 A의 각 성분 $a_{11}, a_{12}, a_{21}, a_{22}$를 따로 구하자.

• a_{11}, a_{22}를 구하자.

두 경우 모두 $x = i - j = 0$이므로,

$a_{11}, a_{22} = $ ($x^3 + 2x + 1$에 $x = 0$을 대입한 것) $= 1$

• a_{12}를 구하자.

$a_{12} = $ ($x^3 + 2x + 1$에 $x = -1$을 대입한 것) $= -2$

• a_{21}을 구하자.

$a_{21} = $ ($x^3 + 2x + 1$에 $x = 1$을 대입한 것) $= 4$

따라서 행렬 A의 모든 성분의 합은

$a_{11} + a_{12} + a_{21} + a_{22} = 1 + (-2) + 4 + 1 = 4$

답 4

658.

구하는 값 $a + b$의 값

조건 정리 ① $A = \begin{pmatrix} -5 & 3 \\ -b & 10 \end{pmatrix}$, $B = \begin{pmatrix} -5 & 3 \\ a - 15 & 2a \end{pmatrix}$

② $A = B$

➔ $\begin{pmatrix} -5 & 3 \\ -b & 10 \end{pmatrix} = \begin{pmatrix} -5 & 3 \\ a - 15 & 2a \end{pmatrix}$

➔ $\underset{a = 5}{10 = 2a}$, $\underset{b = 10}{-b = a - 15}$

따라서, $a + b = 5 + 10 = 15$

답 15

659.

구하는 값 $\underset{= (a+b)^3 - 3ab(a+b)}{a^3 + b^3}$ 의 값

조건 정리 $\begin{pmatrix} a + b & -1 \\ 2 & 1 \end{pmatrix} = \begin{pmatrix} 4 & -1 \\ ab & 1 \end{pmatrix}$

➔ $a + b = 4$, $ab = 2$

➔ $(a + b)^3 - 3ab(a + b) = 64 - 24 = 40$

답 40

660.

조건 정리 $A = \begin{pmatrix} 3 & 1 \\ 1 & -2 \end{pmatrix}$, $B = \begin{pmatrix} -1 & -2 \\ 2 & -1 \end{pmatrix}$

(1) $2A + 2B$

$= 2\begin{pmatrix} 3 & 1 \\ 1 & -2 \end{pmatrix} + 2\begin{pmatrix} -1 & -2 \\ 2 & -1 \end{pmatrix}$

$= \begin{pmatrix} 6 & 2 \\ 2 & -4 \end{pmatrix} + \begin{pmatrix} -2 & -4 \\ 4 & -2 \end{pmatrix} = \begin{pmatrix} 4 & -2 \\ 6 & -6 \end{pmatrix}$

(2) $4A - 3B$

$= 4\begin{pmatrix} 3 & 1 \\ 1 & -2 \end{pmatrix} + (-3)\begin{pmatrix} -1 & -2 \\ 2 & -1 \end{pmatrix}$

$= \begin{pmatrix} 12 & 4 \\ 4 & -8 \end{pmatrix} + \begin{pmatrix} 3 & 6 \\ -6 & 3 \end{pmatrix} = \begin{pmatrix} 15 & 10 \\ -2 & -5 \end{pmatrix}$

(3) $3A + 5B$

$= 3\begin{pmatrix} 3 & 1 \\ 1 & -2 \end{pmatrix} + 5\begin{pmatrix} -1 & -2 \\ 2 & -1 \end{pmatrix}$

$= \begin{pmatrix} 9 & 3 \\ 3 & -6 \end{pmatrix} + \begin{pmatrix} -5 & -10 \\ 10 & -5 \end{pmatrix} = \begin{pmatrix} 4 & -7 \\ 13 & -11 \end{pmatrix}$

(4) $2(A - 2B) - (A - B)$

$= A - 3B$

$= \begin{pmatrix} 3 & 1 \\ 1 & -2 \end{pmatrix} + \underset{= \begin{pmatrix} 3 & 6 \\ -6 & 3 \end{pmatrix}}{(-3)\begin{pmatrix} -1 & -2 \\ 2 & -1 \end{pmatrix}} = \begin{pmatrix} 6 & 7 \\ -5 & 1 \end{pmatrix}$

661.

$\boxed{\text{구하는 값}}$ 행렬 $3A+2B$의 모든 성분의 합

→ $(3A$의 모든 성분의 합$)+(2B$의 모든 성분의 합$)$
   으로 계산하자.

$\boxed{\text{조건 정리}}$ $A=\begin{pmatrix} 1 & -1 \\ 1 & -2 \end{pmatrix}$, $B=\begin{pmatrix} 2 & 0 \\ 1 & 2 \end{pmatrix}$

- $(3A$의 모든 성분의 합$)$
  $=3\times(A$의 모든 성분의 합$)=3\times(-1)=-3$
- $(2B$의 모든 성분의 합$)$
  $=2\times(B$의 모든 성분의 합$)=2\times 5=10$
  $\therefore\ (-3)+10=7$

$\boxed{\text{답}}$ 7

662.

$\boxed{\text{구하는 값}}$ $a+b$의 값

$\boxed{\text{조건 정리}}$ $\underbrace{\begin{pmatrix} 1 & a \\ 3 & 6 \end{pmatrix}+\begin{pmatrix} 3 & 1 \\ 5 & 2b \end{pmatrix}}_{=\begin{pmatrix} 4 & a+1 \\ 8 & 2b+6 \end{pmatrix}}=\begin{pmatrix} 4 & 6 \\ 8 & -2 \end{pmatrix}$

→ $a+1=6$, $2b+6=-2$
→ $a=5$, $b=-4$
  $\therefore\ a+b=5+(-4)=1$

$\boxed{\text{답}}$ 1

663.

$\boxed{\text{구하는 값}}$ 행렬 $A-4B=A+(-4B)$의 모든 성분의 합

→ $(A$의 모든 성분의 합$)+(-4B$의 모든 성분의 합$)$
   으로 계산하자.

$\boxed{\text{조건 정리}}$ $A=\begin{pmatrix} 1 & 2 \\ -2 & 0 \end{pmatrix}$, $A-2B=\begin{pmatrix} -1 & 0 \\ 1 & 2 \end{pmatrix}$

→ 이때, $\underbrace{\boxed{A}}_{=\begin{pmatrix} 1 & 2 \\ -2 & 0 \end{pmatrix}}-2B=\begin{pmatrix} -1 & 0 \\ 1 & 2 \end{pmatrix}$

→ $-2B=\begin{pmatrix} -2 & -2 \\ 3 & 2 \end{pmatrix}$ → $-4B=\begin{pmatrix} -4 & -4 \\ 6 & 4 \end{pmatrix}$

- $(A$의 모든 성분의 합$)=1$
- $(-4B$의 모든 성분의 합$)=2$
- → $\therefore\ ($구하는 값$)=1+2=3$

$\boxed{\text{답}}$ 3

664.

$\boxed{\text{구하는 값}}$ 행렬 $A+B$의 모든 성분의 합

→ 조건으로 주어진 두 등식을 더하면
행렬 $3(A+B)$을 얻을 수 있다.

→ $\boxed{\text{설계}}$ 행렬 $3(A+B)$의 모든 성분의 합을 구한
후, 그 값을 3으로 나누자.

$\boxed{\text{조건 정리}}$ $A+2B=\begin{pmatrix} 5 & 13 \\ 2 & 10 \end{pmatrix}$, $2A+B=\begin{pmatrix} 4 & 11 \\ 1 & 11 \end{pmatrix}$

두 등식을 더하자.

두 등식 $A+2B=\begin{pmatrix} 5 & 13 \\ 2 & 10 \end{pmatrix}$과

$2A+B=\begin{pmatrix} 4 & 11 \\ 1 & 11 \end{pmatrix}$을 더하면,

$(A+2B)+(2A+B)=\begin{pmatrix} 5 & 13 \\ 2 & 10 \end{pmatrix}+\begin{pmatrix} 4 & 11 \\ 1 & 11 \end{pmatrix}$

→ $3(A+B)=\begin{pmatrix} 9 & 24 \\ 3 & 21 \end{pmatrix}$

→ 행렬 $3(A+B)$의 모든 성분의 합은 57
→ 57을 3으로 나누면 19

$\boxed{\text{답}}$ 19

665.

$\boxed{\text{구하는 값}}$ 행렬 $3A+B$의 모든 성분의 합

→ $(3A$의 모든 성분의 합$)+(B$의 모든 성분의 합$)$
   으로 계산하자.

$\boxed{\text{조건 정리}}$ $A+2B=\begin{pmatrix} -5 & 10 \\ 15 & 5 \end{pmatrix}$, $A-B=\begin{pmatrix} 25 & 10 \\ 0 & -10 \end{pmatrix}$

→ 왼쪽 등식에서 오른쪽 등식을 빼서 B를 하자.

$\boxed{\text{설계}}$ 두 등식을 연립하여 행렬 A, B를 구한 후,
$(3A$의 모든 성분의 합$)+(B$의 모든 성분의 합$)$을 구하자.

$\underbrace{(A+2B)-(A-B)}_{=3B}=\underbrace{\begin{pmatrix} -5 & 10 \\ 15 & 5 \end{pmatrix}-\begin{pmatrix} 25 & 10 \\ 0 & -10 \end{pmatrix}}_{=\begin{pmatrix} -30 & 0 \\ 15 & 15 \end{pmatrix}}$

→ $B=\begin{pmatrix} -10 & 0 \\ 5 & 5 \end{pmatrix}$

이때, $A-\underbrace{\boxed{B}}_{=\begin{pmatrix} -10 & 0 \\ 5 & 5 \end{pmatrix}}=\begin{pmatrix} 25 & 10 \\ 0 & -10 \end{pmatrix}$

→ $A=\begin{pmatrix} 15 & 10 \\ 5 & -5 \end{pmatrix}$

- $(3A$의 모든 성분의 합$)=3\times(A$의 모든 성분의 합$)=75$
- $(B$의 모든 성분의 합$)=0$

$\therefore\ ($구하는 값$)=75+0=75$

$\boxed{\text{답}}$ 75

666.

구하는 값 행렬 X의 2행 1열의 성분

➔ 행렬 X 전체가 필요한 것은 아니므로,

행렬 X의 2행 1열의 성분만 계산하자.

조건 정리 ① $A = \begin{pmatrix} 1 & -4 \\ -5 & 2 \end{pmatrix}$, $B = \begin{pmatrix} 1 & 2 \\ 3 & 4 \end{pmatrix}$

➔ 2행 1열의 성분만을 고려하자.

② $A + \dfrac{1}{2}X = 3B$

  (양변에 $\times 2$)

➔ $X = 6B - 2A$

➔ (X의 2행 1열 성분)=($6B-2A$의 2행 1열 성분)

➔ (X의 2행 1열 성분)$= 6 \times 3 - 2 \times (-5) = 28$

답 28

667.

구하는 값 $x+y$의 값

조건 정리

① $A = \begin{pmatrix} 2 & -1 \\ 5 & -4 \end{pmatrix}$, $B = \begin{pmatrix} 1 & 2 \\ 3 & -1 \end{pmatrix}$, $C = \begin{pmatrix} 3 & -4 \\ 7 & -7 \end{pmatrix}$

② $xA + yB = C$

➔ $x\begin{pmatrix} 2 & -1 \\ 5 & -4 \end{pmatrix} + y\begin{pmatrix} 1 & 2 \\ 3 & -1 \end{pmatrix} = \begin{pmatrix} 3 & -4 \\ 7 & -7 \end{pmatrix}$

$= \begin{pmatrix} 2x+y & -x+2y \\ 5x+3y & -4x-y \end{pmatrix}$

➔ $2x+y=3$, $-4x-y=-7$

➔ $x=2$, $y=-1$

$\therefore x+y = 2+(-1) = 1$

답 1

668.

(1) $\begin{pmatrix} 1 & 3 \end{pmatrix}\begin{pmatrix} -1 \\ 2 \end{pmatrix}$
$= 1 \times (-1) + 3 \times 2$
$= 5$

(2) $\begin{pmatrix} -3 & 2 \end{pmatrix}\begin{pmatrix} 2 \\ 1 \end{pmatrix}$
$= (-3) \times 2 + 2 \times 1$
$= -4$

(3) $\begin{pmatrix} 1 & -1 \end{pmatrix}\begin{pmatrix} 4 & 5 \\ 2 & -3 \end{pmatrix}$
$= \begin{pmatrix} 1 \times 4 + (-1) \times 2 & 1 \times 5 + (-1) \times (-3) \end{pmatrix}$
$= \begin{pmatrix} 2 & 8 \end{pmatrix}$

(4) $\begin{pmatrix} -2 & -1 \end{pmatrix}\begin{pmatrix} -1 & 2 \\ 5 & 1 \end{pmatrix}$
$= \begin{pmatrix} (-2) \times (-1) + (-1) \times 5 & (-2) \times 2 + (-1) \times 1 \end{pmatrix}$
$= \begin{pmatrix} -3 & -5 \end{pmatrix}$

(5) $\begin{pmatrix} 2 \\ -1 \end{pmatrix}\begin{pmatrix} -2 & 1 \end{pmatrix}$
$= \begin{pmatrix} 2 \times (-2) & 2 \times 1 \\ (-1) \times (-2) & (-1) \times 1 \end{pmatrix}$
$= \begin{pmatrix} -4 & 2 \\ 2 & -1 \end{pmatrix}$

(6) $\begin{pmatrix} 5 \\ -3 \end{pmatrix}\begin{pmatrix} -3 & 4 \end{pmatrix}$
$= \begin{pmatrix} 5 \times (-3) & 5 \times 4 \\ (-3) \times (-3) & (-3) \times 4 \end{pmatrix}$
$= \begin{pmatrix} -15 & 20 \\ 9 & -12 \end{pmatrix}$

(7) $\begin{pmatrix} 2 & 1 \\ 1 & -2 \end{pmatrix}\begin{pmatrix} 3 \\ -2 \end{pmatrix}$
$= \begin{pmatrix} 2 \times 3 + 1 \times (-2) \\ 1 \times 3 + (-2) \times (-2) \end{pmatrix}$
$= \begin{pmatrix} 4 \\ 7 \end{pmatrix}$

(8) $\begin{pmatrix} 0 & 3 \\ -1 & -2 \end{pmatrix}\begin{pmatrix} 4 \\ 5 \end{pmatrix}$
$= \begin{pmatrix} 0 \times 4 + 3 \times 5 \\ (-1) \times 4 + (-2) \times 5 \end{pmatrix}$
$= \begin{pmatrix} 15 \\ -14 \end{pmatrix}$

(9) $\begin{pmatrix} 2 & 1 \\ 4 & -2 \end{pmatrix}\begin{pmatrix} 3 & 0 \\ -1 & -2 \end{pmatrix}$
$= \begin{pmatrix} 2 \times 3 + 1 \times (-1) & 2 \times 0 + 1 \times (-2) \\ 4 \times 3 + (-2) \times (-1) & 4 \times 0 + (-2) \times (-2) \end{pmatrix}$
$= \begin{pmatrix} 5 & -2 \\ 14 & 4 \end{pmatrix}$

(10) $\begin{pmatrix} -1 & 1 \\ 0 & 2 \end{pmatrix}\begin{pmatrix} 3 & 2 \\ 1 & -2 \end{pmatrix}$
$= \begin{pmatrix} (-1) \times 3 + 1 \times 1 & (-1) \times 2 + 1 \times (-2) \\ 0 \times 3 + 2 \times 1 & 0 \times 2 + 2 \times (-2) \end{pmatrix}$
$= \begin{pmatrix} -2 & -4 \\ 2 & -4 \end{pmatrix}$

(11) $\begin{pmatrix} 3 & 3 \\ 1 & -1 \end{pmatrix}\begin{pmatrix} 0 & 0 \\ 5 & -2 \end{pmatrix}$
$= \begin{pmatrix} 3 \times 0 + 3 \times 5 & 3 \times 0 + 3 \times (-2) \\ 1 \times 0 + (-1) \times 5 & 1 \times 0 + (-1) \times (-2) \end{pmatrix}$
$= \begin{pmatrix} 15 & -6 \\ -5 & 2 \end{pmatrix}$

(12) $\begin{pmatrix} 2 & 3 \\ -1 & 0 \end{pmatrix}\begin{pmatrix} 2 & 1 \\ 1 & 0 \end{pmatrix}$
$= \begin{pmatrix} 2 \times 2 + 3 \times 1 & 2 \times 1 + 3 \times 0 \\ (-1) \times 2 + 0 \times 1 & (-1) \times 1 + 0 \times 0 \end{pmatrix}$
$= \begin{pmatrix} 7 & 2 \\ -2 & -1 \end{pmatrix}$

669.

구하는 값 $x^3+y^3=(x+y)^3-3xy(x+y)$ 의 값

조건 정리 $\underbrace{\begin{pmatrix} x & y \\ 1 & 1 \end{pmatrix}\begin{pmatrix} y \\ x \end{pmatrix}}_{=\begin{pmatrix} 2xy \\ x+y \end{pmatrix}}=\begin{pmatrix} 8 \\ 4 \end{pmatrix}$

➔ $\underbrace{2xy=8}_{xy=4}$, $x+y=4$

➔ $(x+y)^3-3xy(x+y)=64-48=16$

답 16

670.

구하는 값 행렬 $A\boxed{C}+B\boxed{C}$
$=\underbrace{(A+B)}_{\begin{pmatrix} 4 & 2 \\ 4 & -5 \end{pmatrix}}\underbrace{\boxed{C}}_{\begin{pmatrix} 2 \\ 1 \end{pmatrix}}$

➔ $\begin{pmatrix} 4 & 2 \\ 4 & -5 \end{pmatrix}\begin{pmatrix} 2 \\ 1 \end{pmatrix}=\begin{pmatrix} 10 \\ 3 \end{pmatrix}$

조건 정리 $A=\begin{pmatrix} 1 & 2 \\ 2 & -3 \end{pmatrix}$, $B=\begin{pmatrix} 3 & 0 \\ 2 & -2 \end{pmatrix}$, $C=\begin{pmatrix} 2 \\ 1 \end{pmatrix}$

답 $\begin{pmatrix} 10 \\ 3 \end{pmatrix}$

671.

구하는 값 행렬 $AB-BA$

➔ 행렬 AB, BA를 직접 계산하자.

조건 정리 $A=\begin{pmatrix} 2 & 1 \\ 6 & -3 \end{pmatrix}$, $B=\begin{pmatrix} 3 & -2 \\ -6 & 4 \end{pmatrix}$

- $AB=\begin{pmatrix} 2 & 1 \\ 6 & -3 \end{pmatrix}\begin{pmatrix} 3 & -2 \\ -6 & 4 \end{pmatrix}=\begin{pmatrix} 0 & 0 \\ 36 & -24 \end{pmatrix}$

- $BA=\begin{pmatrix} 3 & -2 \\ -6 & 4 \end{pmatrix}\begin{pmatrix} 2 & 1 \\ 6 & -3 \end{pmatrix}=\begin{pmatrix} -6 & 9 \\ 12 & -18 \end{pmatrix}$

➔ $AB-BA$
$=\begin{pmatrix} 0 & 0 \\ 36 & -24 \end{pmatrix}-\begin{pmatrix} -6 & 9 \\ 12 & -18 \end{pmatrix}=\begin{pmatrix} 6 & -9 \\ 24 & -6 \end{pmatrix}$

답 $\begin{pmatrix} 6 & -9 \\ 24 & -6 \end{pmatrix}$

672.

구하는 값 행렬 $C(A+B)-(A+C)B$
$=CA+CB-AB-CB$
$=CA-AB$
의 $(2, 1)$ 성분

➔ 행렬 $CA-AB$ 전체가 필요한 것은 아니므로, 행렬 $CA-AB$의 $(2, 1)$ 성분만 계산하자.

조건 정리 $A=\begin{pmatrix} 1 & 1 \\ 2 & -2 \end{pmatrix}$, $B=\begin{pmatrix} 1 & 0 \\ -1 & -2 \end{pmatrix}$, $C=\begin{pmatrix} 1 & 2 \\ 4 & -1 \end{pmatrix}$

- $CA=\begin{pmatrix} & \\ 4 & -1 \end{pmatrix}\begin{pmatrix} 1 & \\ 2 & \end{pmatrix}$
  ➔ CA의 $(2, 1)$ 성분은 2
- $AB=\begin{pmatrix} & \\ 2 & -2 \end{pmatrix}\begin{pmatrix} 1 & \\ -1 & \end{pmatrix}$
  ➔ AB의 $(2, 1)$ 성분은 4

따라서, $[CA-AB$의 $(2, 1)$ 성분$]=2-4=-2$

답 -2

673.

구하는 값 행렬 $A\boxed{C}-B\boxed{C}=(A-B)\boxed{C}$의 모든 성분의 합

조건 정리 $A=\begin{pmatrix} 1 & 4 \\ 2 & 1 \end{pmatrix}$, $B=\begin{pmatrix} 3 & 2 \\ 0 & 0 \end{pmatrix}$, $C=\begin{pmatrix} 2 \\ 2 \end{pmatrix}$

$\underbrace{(A-B)}_{=\begin{pmatrix} 1 & 4 \\ 2 & 1 \end{pmatrix}-\begin{pmatrix} 3 & 2 \\ 0 & 0 \end{pmatrix}}C=\begin{pmatrix} -2 & 2 \\ 2 & 1 \end{pmatrix}\begin{pmatrix} 2 \\ 2 \end{pmatrix}=\begin{pmatrix} 0 \\ 6 \end{pmatrix}$

➔ (구하는 값)$=0+6=6$

답 6

674.

구하는 값 행렬 $AB+A^2=\boxed{A}\boxed{(B+A)}$의 모든 성분의 합

조건 정리 $\boxed{A}=\begin{pmatrix} 1 & 1 \\ 0 & 2 \end{pmatrix}$, $\boxed{A+B}=\begin{pmatrix} 2 & 1 \\ 3 & 2 \end{pmatrix}$

$A(B+A)=\begin{pmatrix} 1 & 1 \\ 0 & 2 \end{pmatrix}\begin{pmatrix} 2 & 1 \\ 3 & 2 \end{pmatrix}=\begin{pmatrix} 5 & 3 \\ 6 & 4 \end{pmatrix}$

➔ 모든 성분의 합은 18

답 18

675.

구하는 값 행렬 $YX-X^2$
$=\boxed{(Y-X)}\boxed{X}$

조건 정리 $\boxed{X}=\begin{pmatrix} 1 & 2 \\ 3 & 1 \end{pmatrix}$, $\boxed{Y-X}=\begin{pmatrix} 3 & 1 \\ 0 & 0 \end{pmatrix}$

$(Y-X)X=\begin{pmatrix} 3 & 1 \\ 0 & 0 \end{pmatrix}\begin{pmatrix} 1 & 2 \\ 3 & 1 \end{pmatrix}=\begin{pmatrix} 6 & 7 \\ 0 & 0 \end{pmatrix}$

답 $\begin{pmatrix} 6 & 7 \\ 0 & 0 \end{pmatrix}$

676.

구하는 값 행렬 $A^2 - 2B$의 $(2, 2)$ 성분

→ 행렬 $A^2 - 2B$ 전체가 필요한 것은 아니므로,

행렬 $A^2 - 2B$의 $(2, 2)$ 성분만 계산하자.

조건 정리 $A = \begin{pmatrix} 1 & 2 \\ 3 & 4 \end{pmatrix}$, $B = \begin{pmatrix} 3 & -1 \\ 5 & 4 \end{pmatrix}$

• $A^2 = \begin{pmatrix} & \\ 3 & 4 \end{pmatrix}\begin{pmatrix} & 2 \\ & 4 \end{pmatrix}$ → A^2의 $(2, 2)$ 성분은 22

• $2B = 2\begin{pmatrix} & \\ & 4 \end{pmatrix}$ → $2B$의 $(2, 2)$ 성분은 8

따라서, $[A^2 - 2B$의 $(2, 2)$ 성분$] = 22 - 8 = 14$

답 14

677.

구하는 값 행렬 $(A - B)^2$의 모든 성분의 합

→ 설계 $A - B$를 구한 후, 제곱을 하자.

조건 정리 $A = \begin{pmatrix} 4 & 2 \\ 1 & 0 \end{pmatrix}$, $B = \begin{pmatrix} 0 & -1 \\ 2 & 3 \end{pmatrix}$

• $A - B = \begin{pmatrix} 4 & 2 \\ 1 & 0 \end{pmatrix} - \begin{pmatrix} 0 & -1 \\ 2 & 3 \end{pmatrix} = \begin{pmatrix} 4 & 3 \\ -1 & -3 \end{pmatrix}$

• $(A - B)^2 = \begin{pmatrix} 4 & 3 \\ -1 & -3 \end{pmatrix}\begin{pmatrix} 4 & 3 \\ -1 & -3 \end{pmatrix} = \begin{pmatrix} 13 & 3 \\ -1 & 6 \end{pmatrix}$

→ 모든 성분의 합은 21

답 21

678.

구하는 값 행렬 $A^2 - B^2$의 모든 성분의 합

→ 일반적으로,

$A^2 - B^2 = (A + B)(A - B)$

로 변형할 수 없음에 주의하자.

조건 정리 $A + B = \begin{pmatrix} -1 & 1 \\ -2 & 0 \end{pmatrix}$, $A - B = \begin{pmatrix} 3 & -1 \\ 2 & 2 \end{pmatrix}$

설계 주어진 두 등식을 연립하여 행렬 A, B를 직접 구하자.

생각 1 | 두 등식을 연립하여 행렬 A, B를 구하자.

두 등식을 더하면,

$\underbrace{(A + B) + (A - B)}_{= 2A} = \begin{pmatrix} -1 & 1 \\ -2 & 0 \end{pmatrix} + \begin{pmatrix} 3 & -1 \\ 2 & 2 \end{pmatrix}$

$= \begin{pmatrix} 2 & 0 \\ 0 & 2 \end{pmatrix}$

→ $\boxed{A = \begin{pmatrix} 1 & 0 \\ 0 & 1 \end{pmatrix}}$

또, 이를 $A + B = \begin{pmatrix} -1 & 1 \\ -2 & 0 \end{pmatrix}$에 대입하면,

$B = \begin{pmatrix} -2 & 1 \\ -2 & -1 \end{pmatrix}$

임을 알 수 있다.

생각 2 | $A^2 - B^2$의 모든 성분의 합을 구하자.

이때,

(A^2의 모든 성분의 합) $-$ (B^2의 모든 성분의 합)

으로 계산하자.

• $A^2 = \begin{pmatrix} 1 & 0 \\ 0 & 1 \end{pmatrix}\begin{pmatrix} 1 & 0 \\ 0 & 1 \end{pmatrix} = \begin{pmatrix} 1 & 0 \\ 0 & 1 \end{pmatrix}$

→ (A^2의 모든 성분의 합) $= 2$

• $B^2 = \begin{pmatrix} -2 & 1 \\ -2 & -1 \end{pmatrix}\begin{pmatrix} -2 & 1 \\ -2 & -1 \end{pmatrix} = \begin{pmatrix} 2 & -3 \\ 6 & -1 \end{pmatrix}$

→ (B^2의 모든 성분의 합) $= 4$

∴ (구하는 값) $= 2 - 4 = -2$

답 -2

679.

구하는 값 x^2의 값

조건 정리

① $A = \begin{pmatrix} -1 & x \\ x & 1 \end{pmatrix}$

→ $A^2 = \begin{pmatrix} -1 & x \\ x & 1 \end{pmatrix}\begin{pmatrix} -1 & x \\ x & 1 \end{pmatrix} = \underbrace{\begin{pmatrix} x^2+1 & 0 \\ 0 & x^2+1 \end{pmatrix}}_{= \begin{pmatrix} 5 & 0 \\ 0 & 5 \end{pmatrix}}$

→ $x^2 + 1 = 5$ → $x^2 = 4$

② $A^2 = \begin{pmatrix} 5 & 0 \\ 0 & 5 \end{pmatrix}$

답 4

680.

구하는 값 k의 값

조건 정리 ① $X = \begin{pmatrix} -1 & k \\ 0 & -1 \end{pmatrix}$

② X^3의 모든 성분의 합이 22

→ 설계 행렬 X^3을 직접 구하자.

$$X^2 = \begin{pmatrix} -1 & k \\ 0 & -1 \end{pmatrix}\begin{pmatrix} -1 & k \\ 0 & -1 \end{pmatrix} = \begin{pmatrix} 1 & -2k \\ 0 & 1 \end{pmatrix}$$

$$\underset{=X^2 X}{\underline{X^3}} = \begin{pmatrix} 1 & -2k \\ 0 & 1 \end{pmatrix}\begin{pmatrix} -1 & k \\ 0 & -1 \end{pmatrix} = \begin{pmatrix} -1 & 3k \\ 0 & -1 \end{pmatrix}$$

➜ X^3의 모든 성분의 합은 $3k-2$

∴ $3k-2=22$ ➜ $k=8$

답 8

681.

구하는 값 행렬 A^2의 모든 성분의 합

➜ **설계** A^2을 직접 구하자.

조건 정리 ① 이차방정식 $x^2+3x-2=0$의 두 근이 α, β

➜ 근과 계수의 관계를 적용하면,

$\alpha+\beta=-3$, $\alpha\beta=-2$

② $A=\begin{pmatrix} \alpha & 1 \\ -1 & \beta \end{pmatrix}$

$$A^2 = \begin{pmatrix} \alpha & 1 \\ -1 & \beta \end{pmatrix}\begin{pmatrix} \alpha & 1 \\ -1 & \beta \end{pmatrix} = \begin{pmatrix} \alpha^2-1 & \alpha+\beta \\ -(\alpha+\beta) & \beta^2-1 \end{pmatrix}$$

➜ A^2의 모든 성분의 합은 $\alpha^2+\beta^2-2$

➜ $\alpha^2+\beta^2-2$의 값을 구하면 된다.

$\underset{=(\alpha+\beta)^2-2\alpha\beta}{\underline{(\alpha^2+\beta^2)}} -2 = 9+4-2 = 11$

답 11

682.

구하는 값 행렬 $\underset{\substack{=AA-AE \\ =A(A-E)}}{\underline{A^2-A}}$ 의 모든 성분의 합

➜ **설계** A와 $A-E$를 구해서 곱하자.

조건 정리 $A=\begin{pmatrix} -2 & 0 \\ 1 & -1 \end{pmatrix}$

$\underset{=\begin{pmatrix} -2 & 0 \\ 1 & -1 \end{pmatrix}-\begin{pmatrix} 1 & 0 \\ 0 & 1 \end{pmatrix}}{\underline{A-E}} = \begin{pmatrix} -3 & 0 \\ 1 & -2 \end{pmatrix}$이므로,

$$A(A-E) = \begin{pmatrix} -2 & 0 \\ 1 & -1 \end{pmatrix}\begin{pmatrix} -3 & 0 \\ 1 & -2 \end{pmatrix} = \begin{pmatrix} 6 & 0 \\ -4 & 2 \end{pmatrix}$$

➜ 구하는 모든 성분의 합은 4

답 4

683.

구하는 값 $a+b$의 값

조건 정리 ① $X=\begin{pmatrix} 0 & a \\ 2b & -3 \end{pmatrix}$, $Y=\begin{pmatrix} 1 & 0 \\ 2 & 0 \end{pmatrix}$

② $(X-Y)^2 = X^2-2XY+Y^2$

➜ 행렬에 관한 식이 다항식처럼 전개되었다.

➜ $XY=YX$가 성립한다. ★

설계 $XY=YX$임을 이용하자.

• $XY = \begin{pmatrix} 0 & a \\ 2b & -3 \end{pmatrix}\begin{pmatrix} 1 & 0 \\ 2 & 0 \end{pmatrix} = \begin{pmatrix} \boxed{2a} & 0 \\ \boxed{2b-6} & 0 \end{pmatrix}$

• $YX = \begin{pmatrix} 1 & 0 \\ 2 & 0 \end{pmatrix}\begin{pmatrix} 0 & a \\ 2b & -3 \end{pmatrix} = \begin{pmatrix} \boxed{0} & a \\ \boxed{0} & 2a \end{pmatrix}$

이때, $XY=YX$이므로

$2a=0$, $2b-6=0$ ➜ $a=0$, $b=3$

∴ $a+b=0+3=3$

답 3

684.

구하는 값 $(x+y)^2$ 의 값

$= \underset{=5}{\underline{(x^2+y^2)}} + 2xy$

➜ 사실상 xy의 값만 구하면 된다.

조건 정리 ① $X=\begin{pmatrix} -1 & x \\ y & 2 \end{pmatrix}$

② $X^2=X$

➜ $\underset{\substack{=XX-XE \\ =X(X-E)}}{\underline{X^2-X}} = O$ ➜ $X(X-E)=O$

③ $x^2+y^2=5$

설계 $X(X-E)=O$임을 이용하기 위해 $X(X-E)$를 구하자.

$X-E = \begin{pmatrix} -1 & x \\ y & 2 \end{pmatrix} - \begin{pmatrix} 1 & 0 \\ 0 & 1 \end{pmatrix} = \begin{pmatrix} -2 & x \\ y & 1 \end{pmatrix}$이므로

$X(X-E) = \begin{pmatrix} -1 & x \\ y & 2 \end{pmatrix}\begin{pmatrix} -2 & x \\ y & 1 \end{pmatrix} = \underset{=\begin{pmatrix} 0 & 0 \\ 0 & 0 \end{pmatrix}}{\underline{\begin{pmatrix} xy+2 & 0 \\ 0 & xy+2 \end{pmatrix}}}$

➜ $xy+2=0$ ➜ $xy=-2$

∴ (구하는 값)$= \underset{=5}{\underline{(x^2+y^2)}} + 2\underset{=-2}{\underline{xy}} = 1$

답 1

685.

$\boxed{\text{구하는 값}}$ 행렬 $A^2 - AB$
$= A\underset{=\left(\begin{smallmatrix} -3 & 1 \\ 2 & -5 \end{smallmatrix}\right)}{(A-B)}$

➜ 사실상 행렬 A만 구하면 된다.

$\boxed{\text{조건 정리}}$ $A+B = \begin{pmatrix} 1 & -1 \\ -2 & 3 \end{pmatrix}$, $A-B = \begin{pmatrix} -3 & 1 \\ 2 & -5 \end{pmatrix}$

$\boxed{\text{설계}}$ 주어진 두 등식을 더하여 행렬 A를 구하자.

$\underset{=2A}{(A+B)+(A-B)} = \begin{pmatrix} 1 & -1 \\ -2 & 3 \end{pmatrix} + \begin{pmatrix} -3 & 1 \\ 2 & -5 \end{pmatrix}$
$= \begin{pmatrix} -2 & 0 \\ 0 & -2 \end{pmatrix} = -2E$

➜ $A = -E$

$\therefore \underset{=-E}{A}\ \underset{=\left(\begin{smallmatrix} -3 & 1 \\ 2 & -5 \end{smallmatrix}\right)}{(A-B)} = \begin{pmatrix} 3 & -1 \\ -2 & 5 \end{pmatrix}$

$\boxed{\text{답}}$ $\begin{pmatrix} 3 & -1 \\ -2 & 5 \end{pmatrix}$

686.

$\boxed{\text{구하는 값}}$ 행렬 $\underset{=X^2X+X^2E}{X^3 + X^2}$ 의 모든 성분의 합
$= X^2(X+E)$

➜ $\boxed{\text{설계}}$ X^2과 $X+E$를 구하여 곱하자.

$\boxed{\text{조건 정리}}$ $X = \begin{pmatrix} 2 & -1 \\ 3 & -2 \end{pmatrix}$

• $X^2 = \begin{pmatrix} 2 & -1 \\ 3 & -2 \end{pmatrix}\begin{pmatrix} 2 & -1 \\ 3 & -2 \end{pmatrix} = \begin{pmatrix} 1 & 0 \\ 0 & 1 \end{pmatrix} = E$

• $X+E = \begin{pmatrix} 2 & -1 \\ 3 & -2 \end{pmatrix} + \begin{pmatrix} 1 & 0 \\ 0 & 1 \end{pmatrix} = \begin{pmatrix} 3 & -1 \\ 3 & -1 \end{pmatrix}$

따라서, $\underset{=E}{X^2}(X+E) = X+E = \begin{pmatrix} 3 & -1 \\ 3 & -1 \end{pmatrix}$

➜ $\therefore$ 구하는 모든 성분의 합은 4

$\boxed{\text{답}}$ 4

687.

$\boxed{\text{구하는 값}}$ 행렬 $(A+B)^2$의 모든 성분의 합

➜ 행렬 $A+B$를 구한 뒤, 제곱하여 $(A+B)^2$을 구하자.

$\boxed{\text{조건 정리}}$ $A = \begin{pmatrix} 3 & 1 \\ -1 & -2 \end{pmatrix}$, $B = \begin{pmatrix} -2 & -1 \\ 1 & 3 \end{pmatrix}$

• $A+B = \begin{pmatrix} 3 & 1 \\ -1 & -2 \end{pmatrix} + \begin{pmatrix} -2 & -1 \\ 1 & 3 \end{pmatrix} = \begin{pmatrix} 1 & 0 \\ 0 & 1 \end{pmatrix} = E$

즉, $(A+B)^2 = E^2 = \underset{=\left(\begin{smallmatrix} 1 & 0 \\ 0 & 1 \end{smallmatrix}\right)}{E}$

➜ 구하는 모든 성분의 합은 2

$\boxed{\text{답}}$ 2

688.

$\boxed{\text{구하는 값}}$ 행렬 $A^2 + B^2$의 모든 성분의 합

➜ A^2과 B^2을 직접 구하기 힘들다.

➜ $\boxed{\text{설계}}$ 조건과 구하는 값을 비슷하게 만드는 방향으로 식을 조작해보자.

$\boxed{\text{조건 정리}}$ $A-B = \begin{pmatrix} -3 & -1 \\ -1 & 2 \end{pmatrix}$, $AB+BA = \begin{pmatrix} 2 & -1 \\ 3 & 1 \end{pmatrix}$

• $A-B$를 제곱하면 구하는 A^2+B^2이 드러난다.

➜ $A-B = \begin{pmatrix} -3 & -1 \\ -1 & 2 \end{pmatrix}$의 양변을 제곱해보자.

$(A-B)^2 = \begin{pmatrix} -3 & -1 \\ -1 & 2 \end{pmatrix}^2$
$= \begin{pmatrix} -3 & -1 \\ -1 & 2 \end{pmatrix}\begin{pmatrix} -3 & -1 \\ -1 & 2 \end{pmatrix}$

➜ $\underset{\text{구하는 행렬}}{(A^2+B^2)} - \underset{=\left(\begin{smallmatrix} 2 & -1 \\ 3 & 1 \end{smallmatrix}\right)}{(AB+BA)} = \begin{pmatrix} 10 & 1 \\ 1 & 5 \end{pmatrix}$

즉, $\underset{\text{구하는 행렬}}{(A^2+B^2)} = \begin{pmatrix} 12 & 0 \\ 4 & 6 \end{pmatrix}$ ➜ 모든 성분의 합은 22

$\boxed{\text{답}}$ 22

689.

$\boxed{\text{구하는 값}}$ k의 값

$\boxed{\text{조건 정리}}$ ① $A = \begin{pmatrix} 0 & -2 \\ -2 & 0 \end{pmatrix}$

② $A^3 = kA$

➜ $\boxed{\text{설계}}$ A^3과 kA를 구하자.

• A^3을 구하자.

$A^2 = \begin{pmatrix} 0 & -2 \\ -2 & 0 \end{pmatrix}\begin{pmatrix} 0 & -2 \\ -2 & 0 \end{pmatrix} = \begin{pmatrix} 4 & 0 \\ 0 & 4 \end{pmatrix} = 4E$

$\underset{=A^2A}{A^3} = 4EA = 4A = \begin{pmatrix} 0 & -8 \\ -8 & 0 \end{pmatrix}$

• kA를 구하자.

$kA = \begin{pmatrix} 0 & -2k \\ -2k & 0 \end{pmatrix}$

따라서,

$\underset{=\left(\begin{smallmatrix} 0 & -8 \\ -8 & 0 \end{smallmatrix}\right)}{A^3} = \underset{=\left(\begin{smallmatrix} 0 & -2k \\ -2k & 0 \end{smallmatrix}\right)}{kA}$ ➜ $-8 = -2k$ ➜ $k = 4$

$\boxed{\text{답}}$ 4

690.

구하는 값 X^{10}의 모든 성분의 합

➔ X^{10}을 직접 구하기 힘들다.

➔ **설계** X^2, X^3, $\cdots$ 을 계산하며 규칙성을 파악하자.

조건 정리 $X = \begin{pmatrix} 1 & 0 \\ 3 & 1 \end{pmatrix}$

• $X^1 = \begin{pmatrix} 1 & 0 \\ \boxed{3_{=3\times1}} & 1 \end{pmatrix}$

• $X^2 = \begin{pmatrix} 1 & 0 \\ 3 & 1 \end{pmatrix}\begin{pmatrix} 1 & 0 \\ 3 & 1 \end{pmatrix} = \begin{pmatrix} 1 & 0 \\ \boxed{6_{=3\times2}} & 1 \end{pmatrix}$

• $\underset{=X^2X}{X^3} = \begin{pmatrix} 1 & 0 \\ 6 & 1 \end{pmatrix}\begin{pmatrix} 1 & 0 \\ 3 & 1 \end{pmatrix} = \begin{pmatrix} 1 & 0 \\ \boxed{9_{=3\times3}} & 1 \end{pmatrix}$

➔ 규칙성을 고려하면 $X^{10} = \begin{pmatrix} 1 & 0 \\ \boxed{30_{=3\times10}} & 1 \end{pmatrix}$임을 알 수 있다.

∴ 구하는 모든 성분의 합은 32

답 32

691.

구하는 값 A^7의 모든 성분의 합

➔ A^7을 직접 구하기 힘들다.

➔ **설계** A^2, A^3, $\cdots$ 을 계산하며 규칙성을 파악하자.

조건 정리 $A = \begin{pmatrix} 1 & 2 \\ 1 & -1 \end{pmatrix}$

• $A^1 = \begin{pmatrix} 1 & 2 \\ 1 & -1 \end{pmatrix}$

• $A^2 = \begin{pmatrix} 1 & 2 \\ 1 & -1 \end{pmatrix}\begin{pmatrix} 1 & 2 \\ 1 & -1 \end{pmatrix} = \begin{pmatrix} 3 & 0 \\ 0 & 3 \end{pmatrix} = \boxed{3E}$

➔ $A^2 = 3E$를 이용하여 계산하자.

• $A^7 = (A^2)^3 A = (3E)^3 A = 27A$

따라서, 구하는 모든 성분의 합은

$27 \times (A$의 모든 성분의 합$) = 27 \times 3 = 81$

답 81

692.

구하는 값 행렬 A^{2025}

➔ A^{2025}는 직접 구하기 힘들다.

➔ **설계** A^2, A^3, $\cdots$ 을 계산하며 규칙성을 파악하자.

조건 정리 $A = \begin{pmatrix} 2 & -1 \\ 5 & -2 \end{pmatrix}$

• $A^1 = \begin{pmatrix} 2 & -1 \\ 5 & -2 \end{pmatrix}$

• $A^2 = \begin{pmatrix} 2 & -1 \\ 5 & -2 \end{pmatrix}\begin{pmatrix} 2 & -1 \\ 5 & -2 \end{pmatrix} = \begin{pmatrix} -1 & 0 \\ 0 & -1 \end{pmatrix} = \boxed{-E}$

➔ $A^2 = -E$를 이용하여 계산하자.
$\rightarrow A^4 = E$

• $A^{2025} = (A^4)^{506} A = (E)^{506} A = \underset{=\begin{pmatrix} 2 & -1 \\ 5 & -2 \end{pmatrix}}{A}$

답 $\begin{pmatrix} 2 & -1 \\ 5 & -2 \end{pmatrix}$

693.

구하는 값 $x+y$의 값

조건 정리 ① $A = \begin{pmatrix} -2 & 3 \\ -1 & 2 \end{pmatrix}$

② $\boxed{A^{1004}}\begin{pmatrix} x \\ y \end{pmatrix} = \begin{pmatrix} 2 \\ 5 \end{pmatrix}$

➔ A^{1004}는 직접 구하기 힘들다.

➔ **설계** A^2, A^3, $\cdots$ 을 계산하며 규칙성을 파악하자.

• $A^1 = \begin{pmatrix} -2 & 3 \\ -1 & 2 \end{pmatrix}$

• $A^2 = \begin{pmatrix} -2 & 3 \\ -1 & 2 \end{pmatrix}\begin{pmatrix} -2 & 3 \\ -1 & 2 \end{pmatrix} = \begin{pmatrix} 1 & 0 \\ 0 & 1 \end{pmatrix} = \boxed{E}$

➔ $A^2 = E$를 이용하여 계산하자.

• $A^{1004} = (A^2)^{502} = E^{502} = E$

따라서 조건②는 다음과 같이 변형할 수 있으므로

$\underset{=E}{A^{1004}}\begin{pmatrix} x \\ y \end{pmatrix} = \begin{pmatrix} 2 \\ 5 \end{pmatrix}$ ➔ $\begin{pmatrix} x \\ y \end{pmatrix} = \begin{pmatrix} 2 \\ 5 \end{pmatrix}$

∴ $x = 2$, $y = 5$ ➔ $x + y = 2 + 5 = 7$

답 7

694.

구하는 값 자연수 n의 값

조건 정리 ① $A = \begin{pmatrix} 0 & 1 \\ -1 & 2 \end{pmatrix}$

② 행렬 A^n의 제2행의 두 성분의 차가 27이다.

➔ A^n의 제2행에 집중하자.

설계 A^2, A^3, $\cdots$ 을 계산하며 제2행의 규칙성을 파악하자.

생각 1 | A^2, A^3, $\cdots$ 을 계산하며 제2행의 규칙성을 파악해보자.

- $A^1 = \begin{pmatrix} 0 & 1 \\ -1 & 2 \end{pmatrix}$ ➔ 제2행의 두 성분의 차 $= 3$

- $A^2 = \begin{pmatrix} 0 & 1 \\ -1 & 2 \end{pmatrix}\begin{pmatrix} 0 & 1 \\ -1 & 2 \end{pmatrix} = \begin{pmatrix} -1 & 2 \\ -2 & 3 \end{pmatrix}$

➔ 제2행의 두 성분의 차 $= 5$

- $\underset{=A^2A}{A^3} = \begin{pmatrix} -1 & 2 \\ -2 & 3 \end{pmatrix}\begin{pmatrix} 0 & 1 \\ -1 & 2 \end{pmatrix} = \begin{pmatrix} -2 & 3 \\ -3 & 4 \end{pmatrix}$

➔ 제2행의 두 성분의 차 $= 7$

따라서,
제2행의 두 성분의 차는 3부터 시작하여 2씩 증가한다는 규칙성이 있음을 파악할 수 있다.

생각 2 | 찾은 규칙성을 체계화하자.

	제2행의 두 성분 차
A^1	$2 \times \boxed{0} + 3$
A^2	$2 \times \boxed{1} + 3$
$\cdots$	
A^n	$2 \times \boxed{(n-1)} + 3$

➔ 조건②에 따라,
$2 \times \boxed{(n-1)} + 3 = 27$ ➔ $\therefore n = 13$

답 13

695.

구하는 값 $A + A^5 + A^9 + A^{13}$의 모든 성분의 합
➔ 설계 A^2, A^3, $\cdots$ 을 계산하며 규칙성을 파악하자.

조건 정리 $A = \begin{pmatrix} 2 & 5 \\ -1 & -2 \end{pmatrix}$

생각 1 | A^2, A^3, $\cdots$ 을 계산해보자.

- $A^1 = \begin{pmatrix} 2 & 5 \\ -1 & -2 \end{pmatrix}$

- $A^2 = \begin{pmatrix} 2 & 5 \\ -1 & -2 \end{pmatrix}\begin{pmatrix} 2 & 5 \\ -1 & -2 \end{pmatrix} = \begin{pmatrix} -1 & 0 \\ 0 & -1 \end{pmatrix} = \boxed{-E}$

➔ $\underset{A^4=E}{A^2 = -E}$를 이용하여 계산하자.

생각 2 | A, A^5, A^9, A^{13}을 계산하자.

- $A = \begin{pmatrix} 2 & 5 \\ -1 & -2 \end{pmatrix}$

- $A^5 = A^4 A = EA = A$

- $A^9 = (A^4)^2 A = E^2 A = A$

- $A^{13} = (A^4)^3 A = E^3 A = A$

➔ $A + \underset{=A+A+A}{\underline{A^5 + A^9 + A^{13}}} = 4A$

생각 3 | $4A$의 모든 성분의 합을 구하자.

($4A$의 모든 성분의 합)
$= 4 \times (A$의 모든 성분의 합$) = 16$

답 16

696.

구하는 값 자연수 n의 값

조건 정리 ① $A = \begin{pmatrix} 1 & 0 \\ 2 & 1 \end{pmatrix}$

② A^n의 모든 성분의 합이 52

설계 A^2, A^3, $\cdots$ 을 계산하며 규칙성을 다악하자.

- $A^1 = \begin{pmatrix} 1 & 0 \\ \boxed{2=2\times1} & 1 \end{pmatrix}$

- $A^2 = \begin{pmatrix} 1 & 0 \\ 2 & 1 \end{pmatrix}\begin{pmatrix} 1 & 0 \\ 2 & 1 \end{pmatrix} = \begin{pmatrix} 1 & 0 \\ \boxed{4=2\times2} & 1 \end{pmatrix}$

- $\underset{=A^2A}{A^3} = \begin{pmatrix} 1 & 0 \\ 4 & 1 \end{pmatrix}\begin{pmatrix} 1 & 0 \\ 2 & 1 \end{pmatrix} = \begin{pmatrix} 1 & 0 \\ \boxed{6=2\times3} & 1 \end{pmatrix}$

따라서, $A^n = \begin{pmatrix} 1 & 0 \\ \boxed{2\times n} & 1 \end{pmatrix}$ ➔ 모든 성분의 합은 $\underset{=52}{2n+2}$

$\therefore n = 25$

답 25

697.

구하는 값 행렬 $X + X^2 + X^3 + X^4 + X^5 + X^6$
➔ 설계 X^2, X^3, $\cdots$ 을 계산하며 규칙성을 파악하자.

조건 정리 $X = \begin{pmatrix} 3 & 5 \\ -2 & -3 \end{pmatrix}$

생각 1 | X^2, X^3, $\cdots$ 을 계산해보자.

- $X^1 = \begin{pmatrix} 3 & 5 \\ -2 & -3 \end{pmatrix}$

- $X^2 = \begin{pmatrix} 3 & 5 \\ -2 & -3 \end{pmatrix}\begin{pmatrix} 3 & 5 \\ -2 & -3 \end{pmatrix} = \begin{pmatrix} -1 & 0 \\ 0 & -1 \end{pmatrix} = \boxed{-E}$

➔ $\underset{X^4=E}{X^2 = -E}$를 이용하여 계산하자.

$$X + \underbrace{X^2 + X^3}_{= X^2(E+X) \atop = -E} + \underbrace{X^4 + X^5 + X^6}_{= X^4(E+X+X^2) \atop = E}$$
$$= X + (-E - X) + (E + X + X^2)$$
$$= \boxed{X + \underbrace{X^2}_{= -E}}$$
$$\to X + (-E)$$
$$= \begin{pmatrix} 3 & 5 \\ -2 & -3 \end{pmatrix} + \begin{pmatrix} -1 & 0 \\ 0 & -1 \end{pmatrix} = \underline{\begin{pmatrix} 2 & 5 \\ -2 & -4 \end{pmatrix}}$$

답 $\begin{pmatrix} 2 & 5 \\ -2 & -4 \end{pmatrix}$

698.

구하는 값 $A^{100}B$의 모든 성분의 합

→ 설계 A^2B, A^3B, $\cdots$ 을 계산해보자.

조건 정리 $A = \begin{pmatrix} 1 & -1 \\ 0 & 1 \end{pmatrix}$, $B = \begin{pmatrix} 1 & -7 \\ 0 & -1 \end{pmatrix}$

- $A^{\boxed{1}}B = \begin{pmatrix} 1 & -1 \\ 0 & 1 \end{pmatrix}\begin{pmatrix} 1 & -7 \\ 0 & -1 \end{pmatrix} = \begin{pmatrix} 1 & \boxed{-6}_{= -6+0} \\ 0 & -1 \end{pmatrix}$

- $\underbrace{A^{\boxed{2}}B}_{= A(A^1 B)} = \begin{pmatrix} 1 & -1 \\ 0 & 1 \end{pmatrix}\begin{pmatrix} 1 & -6 \\ 0 & -1 \end{pmatrix} = \begin{pmatrix} 1 & \boxed{-5}_{= -6+1} \\ 0 & -1 \end{pmatrix}$

- $\underbrace{A^{\boxed{3}}B}_{= A(A^2 B)} = \begin{pmatrix} 1 & -1 \\ 0 & 1 \end{pmatrix}\begin{pmatrix} 1 & -5 \\ 0 & -1 \end{pmatrix} = \begin{pmatrix} 1 & \boxed{-4}_{= -6+2} \\ 0 & -1 \end{pmatrix}$

따라서, $A^{\boxed{100}}B = \begin{pmatrix} 1 & \boxed{93}_{= -6+99} \\ 0 & -1 \end{pmatrix}$

→ 모든 성분의 합은 93

답 93

699.

구하는 값 행렬 $A + A^2 + A^3 + \cdots + A^{100}$

→ 설계 A^2, A^3, $\cdots$ 을 계산하며 규칙성을 파악하자.

조건 정리 $A = \begin{pmatrix} 2 & 3 \\ -1 & -1 \end{pmatrix}$

생각 1 | A^2, A^3, $\cdots$ 을 계산해보자.

- $A^1 = \begin{pmatrix} 2 & 3 \\ -1 & -1 \end{pmatrix}$

- $A^2 = \begin{pmatrix} 2 & 3 \\ -1 & -1 \end{pmatrix}\begin{pmatrix} 2 & 3 \\ -1 & -1 \end{pmatrix} = \begin{pmatrix} 1 & 3 \\ -1 & -2 \end{pmatrix}$

- $\underbrace{A^3}_{= A^2 A} = \begin{pmatrix} 1 & 3 \\ -1 & -2 \end{pmatrix}\begin{pmatrix} 2 & 3 \\ -1 & -1 \end{pmatrix} = \begin{pmatrix} -1 & 0 \\ 0 & -1 \end{pmatrix} = \boxed{-E}$

→ $\underbrace{A^3 = -E}_{A^6 = E}$를 이용하여 계산하자.

이때, $A^6 = E$이므로,

A의 거듭제곱을 차례대로 6개씩 더한 값이 반복될 것이다.

→ $A + A^2 + A^3 + \underbrace{A^4 + A^5 + A^6}_{= A^3(A+A^2+A^3) \atop = -E} = 0$이 반복될 것이다.

생각 2 | 차례대로 6개씩 더한 값이 몇 번 반복될지 생각하자.

$A + A^2 + A^3 + \cdots + A^{100}$에는 더하는 행렬이 총 100개 있다.

$100 = 6 \boxed{\times} 16 \boxed{+} 4$

이므로,

차례대로 6개씩 더한 값이 $\boxed{16}$번 반복되고, 제일 끝 $\boxed{4}$개가 남는다.

따라서,

$$A + A^2 + A^3 + \cdots + A^{100}$$
$$= \boxed{16}\underbrace{(A + A^2 + A^3 + A^4 + A^5 + A^6)}_{= 0}$$
$$+ \underbrace{(A^{97} + A^{98} + A^{99} + A^{100})}_{\text{제일 끝 4개}}$$
$$= \underbrace{(A^6)}_{= E}^{16}(A + A^2 + \underbrace{A^3}_{= -E} + \underbrace{A^4}_{= A^3 A = -A})$$
$$= A^2 - E$$
$$= \begin{pmatrix} 1 & 3 \\ -1 & -2 \end{pmatrix} - \begin{pmatrix} 1 & 0 \\ 0 & 1 \end{pmatrix} = \underline{\begin{pmatrix} 0 & 3 \\ -1 & -3 \end{pmatrix}}$$

답 $\begin{pmatrix} 0 & 3 \\ -1 & -3 \end{pmatrix}$

700.

구하는 값 k의 값

조건 정리 ① $A = \begin{pmatrix} 1 & -2 \\ -1 & 2 \end{pmatrix}$

② $A + A^2 + A^3 + A^4 + A^5 = kA$

→ 설계 좌변을 간단히 해보자.

생각 1 | A^2, A^3, $\cdots$ 을 계산해보자.

- $A^1 = \begin{pmatrix} 1 & -2 \\ -1 & 2 \end{pmatrix}$

- $A^2 = \begin{pmatrix} 1 & -2 \\ -1 & 2 \end{pmatrix}\begin{pmatrix} 1 & -2 \\ -1 & 2 \end{pmatrix} = \underbrace{\begin{pmatrix} 3 & -6 \\ -3 & 6 \end{pmatrix}}_{= 3A}$

→ $A^2 = 3A$

생각 2 | $A^2 = 3A$를 이용하자.

- $A^2 = 3A$

- $\underbrace{A^3}_{=\underbrace{A^2}_{=3A}A} = 3\underbrace{A^2}_{=3A} = 9A$

- $\underbrace{A^4}_{=(A^2)^2} = 9\underbrace{A^2}_{=3A} = 27A$

- $\underbrace{A^5}_{=A^4A} = 27\underbrace{A^2}_{=3A} = 81A$

➔ $A + A^2 + A^3 + A^4 + A^5 = \underbrace{(1+3+9+27+81)}_{=121}A$

➔ $\therefore\ k = 121$

답 121

701.

구하는 값 행렬 $A^{10} + B^{10}$을 간단히 한 것

➔ A^{10}, B^{10}을 각각 간단히 해보자.

조건 정리 ① $A + B = E$

② $AB = O$

설계

(1) $AB = BA$ 만들기

$A + B = E$이므로 $AB = BA$임을 알 수 있다.
이를 통해 A, B의 곱에 관한 식을 다항식처럼 전개하고
인수분해할 수 있음을 인식하자.

(2) 행렬에 관한 이차식 만들기

$A + B = E$ ➔ $B = E - A$로 변형 후 $AB = O$에 대입하면,

$A(E-A) = O$ ➔ $A^2 = A$

이다. 같은 과정을 거쳐 $B^2 = B$임도 알 수 있다.

생각 1 | A^{10}을 간단히 해보자.

이때, $A^2 = A$임을 이용하자.

- $A^2 = A$

- $\underbrace{A^4}_{=(A^2)^2} = A^2 = A$ ➔ $A^4 = A$

- $A^{10} = (\underbrace{A^4}_{=A})^2 A^2 = A^4 = A$

이때, B^{10}의 경우도 계산 과정이 동일할 것이므로,

$B^{10} = B$

$\therefore\ A^{10} + B^{10} = A + B = E$

답 E

702.

구하는 값 $A^{30} + B^{30}$의 모든 성분의 합

➔ A^{30}, B^{30}을 각각 간단히 해보자.

조건 정리 ① $A + B = E$

② $\underbrace{(A-E)(B-E)}_{=AB-\underbrace{(A+B)}_{=E}+E} = E$

➔ $AB = E$

설계

(1) $AB = BA$ 만들기

$A + B = E$이므로 $AB = BA$임을 알 수 있다.
이를 통해 A, B의 곱에 관한 식을 다항식처럼 전개하고
인수분해할 수 있음을 인식하자.

(2) 행렬에 관한 이차식 만들기

$A + B = E$ ➔ $B = E - A$로 변형 후 $AE = E$에 대입하면,

$$A(E-A) = E \ ➔\ A^2 = A - E$$

이다. 같은 과정을 거쳐 $B^2 = B - E$임도 알 수 있다.

생각 1 | A^{30}을 간단히 해보자.

이때, $A^2 = A - E$임을 이용하자.

- $A^2 = A - E$

- $A^4 = (\underbrace{A^2}_{=A-E})^2 = \underbrace{A^2}_{=A-E} - 2A + E = -A$

➔ $\underbrace{A^4 = -A}_{A^8 = A^2}$

- $A^{30} = (\underbrace{A^8}_{=A^2})^3 A^6 = \underbrace{A^{12}}_{=(A^4)^3} = \underbrace{-A^3}_{=-A^2A} = \underbrace{-(A-E)A}_{A-A^2} = E$

➔ $A^{30} = E$

이때, B^{30}의 경우도 계산 과정이 동일할 것이므로,

$B^{30} = E$

$\therefore\ A^{30} + B^{30} = 2E$

➔ 모든 성분의 합은 4

답 4

703.

구하는 값 $A^4 + A^5$의 모든 성분의 합

조건 정리 ① A는 모든 성분의 합이 10

② $A^2 + A^3 = -2A - 2E$

➔ 설계 양변에 A^2을 곱하면 좌변에

구하는 행렬 $A^4 + A^5$이 드러난다.

➔ 양변에 A^2을 곱해보자.

$$\underbrace{A^2 + A^3 = -2A - 2E}_{\text{양변에} \times A^2}$$

$$➔ \underbrace{A^4 + A^5}_{\text{구하는 행렬}} = \underbrace{-2A^3 - 2A^2}_{=-2(A^3 + A^2)}$$
$$_{=-2A-2E}$$
$$= 4A + 4E = \underline{4(A+E)}$$

즉, $4(A+E)$의 모든 성분의 합을 구하면 된다.
이때,

• A의 모든 성분의 합은 10

• E의 모든 성분의 합은 2이므로,

$(4(A+E)$의 모든 성분의 합$) = 4 \times (10+2) = 48$

답 48

704.

구하는 값 k의 값

조건 정리 ① A, B는 영행렬이 아니다.

② $A^2 - A = -E$, $B^2 = -2B$

➔ 행렬에 관한 이차식이 등장했다. 따라서,

$A^2 = A - E$, $B^2 = -2B$

과 같이 변형하여 거듭제곱을 간단히 할 때
사용하자.

③ $A^7 B^7 = kAB$

➔ 설계 좌변 $A^7 B^7$을 간단히 변형해보자.

➔ A^7, B^7을 각각 간단히 해보자.

생각 1 | A^7을 간단히 해보자.

이때, $A^2 = A - E$임을 이용하자.

• $A^2 = A - E$

• $A^4 = (\underbrace{A^2}_{=A-E})^2 = \underbrace{A^2}_{=A-E} - 2A + E = -A$

➔ $A^4 = -A$

• $A^7 = \underbrace{A^4}_{=-A} A^3 = -A^4 = A$

즉, $A^7 = A$

생각 2 | B^7을 간단히 해보자.

이때, $B^2 = -2B$임을 이용하자.

• $B^2 = -2B$

• $B^4 = (\underbrace{B^2}_{=-2B})^2 = 4B^2 = -8B$ ➔ $B^4 = -8B$

• $B^7 = \underbrace{B^4}_{=-8B} B^3 = -8B^4 = 64B$

따라서,

$A^7 B^7 = 64AB$ ➔ $k = 64$

답 64

705.

구하는 값 $a + b$의 값

조건 정리 ① X는 단위행렬의 실수배가 아니다.

② $\underbrace{(X+E)^2}_{=X^2+2X+E} = 3X + 2E$

➔ $X^2 = X + E$

③ $(E - X)^3 = aX + bE$

➔ 설계 좌변 $(E-X)^3$을 간단히 변형해보자.

이때, $X^2 = X + E$임을 이용하자.

• $(E-X)^2 = E - 2X + \underbrace{X^2}_{=X+E} = 2E - X$

➔ $(E-X)^2 = 2E - X$

• $(E-X)^3 = \underbrace{(E-X)^2}_{=(2E-X)}(E-X)$

$= 2E - 3X + \underbrace{X^2}_{=X+E} = -2X + 3E$

➔ $(E-X)^3 = -2X + 3E$ ➔ $a = -2$, $b = 3$

∴ $a + b = (-2) + 3 = 1$

답 1

706.

구하는 값 $10a + b$의 값

조건 정리 ① A, B는 영행렬이 아니다.

② $A + B = E$, $AB = O$

③ $X = 2A - B$

④ $X^3 = aA + bB$

➔ 좌변 $\underbrace{X^3}_{=(2A-B)^3}$을 변형해보자.

설계

(1) $AB = BA$ 만들기

$A + B = E$이므로 $AB = BA$임을 알 수 있다.

이를 통해 A, B의 곱에 관한 식을 다항식처럼 전개하고 인수분해할 수 있음을 인식하자.

(2) 행렬에 관한 이차식 만들기

$A + B = E$ → $B = E - A$로 변형 후 $AB = O$에 대입하면,

$A(E - A) = O$ → $A^2 = A$

이다. 같은 과정을 거쳐 $B^2 = B$임도 알 수 있다.

생각 1 | $(2A - B)^3$을 간단히 변형해보자.

이때, $A^2 = A$, $B^2 = B$임을 이용하자.

- $(2A - B)^2 = 4\underbrace{A^2}_{=A} - 4\underbrace{AB}_{=O} + \underbrace{B^2}_{=B}$
  $= 4A + B$

  → $(2A - B)^2 = 4A + B$

- $(2A - B)^3 = \underbrace{(2A - B)^2}_{=(4A+B)}(2A - B)$

  $= 8\underbrace{A^2}_{=A} - 2\underbrace{AB}_{=O} - \underbrace{B^2}_{=B} = 8A - B$

  → $a = 8$, $b = -1$ → $\therefore 10a + b = 80 + (-1) = 79$

답 79

707.

구하는 값 옳은 것 모두 고르기

생각 1 | ㄱ의 참/거짓을 판단하자.

ㄱ. $\underbrace{(A+B)^2 = (A-B)^2}_{A^2+AB+BA+B^2 = A^2-AB-BA+B^2}$ 이면 /

   → $\boxed{AB = -BA}$

$AB = O$이다.

→ $AB = -BA$일 때 반드시 $AB = O$인지 판단하면 된다.

→ 이는 명백히 거짓이다. 따라서

$\therefore$ ㄱ은 거짓이다.

[참고] ㄱ에 대한 반례

$A = \begin{pmatrix} 1 & 0 \\ 0 & -1 \end{pmatrix}$, $B = \begin{pmatrix} 0 & 1 \\ 1 & 0 \end{pmatrix}$이면

$(A + B)^2 = (A - B)^2 = 2E$이지만, $AB \neq O$이다.

생각 2 | ㄴ의 참/거짓을 판단하자.

ㄴ. $A^2 = E$, $B^2 = B$이면 $(ABA)^2 = ABA$이다.

→ 가정한 식으로 $(ABA)^2$을 ABA로 변형할 수 있는지 판단하면 된다.

$(ABA)^2 = (AB\underline{A})(\underline{A}B A)$

$= AB \underbrace{A^2}_{=E} BA = A\underbrace{B^2}_{=B}A = ABA$

→ 가정한 식으로 $(ABA)^2$을 ABA로 변형할 수 있다. 따라서

$\therefore$ ㄴ은 참이다.

생각 3 | ㄷ의 참/거짓을 판단하자.

ㄷ. $\underbrace{A(A+E) = E}_{A^2 = E-A}$, $AB = -E$이면

$B^2 = A + 2E$이다.

→ 가정한 식으로 B^2을 $A + 2E$로 변형할 수 있는지 판단하면 된다.

설계 가정한 식 $A^2 = E - A$를 활용하기 위해 $AB = -E$의 양변의 왼쪽에 A를 곱하자.

그러면,

$\underbrace{A^2}_{=(E-A)}B = -A$

→ $B - \underbrace{AB}_{=-E} = -A$

→ $\boxed{B = -A - E}$

가정한 식만을 이용하여 얻은 $B = -A - E$을 통해 B^2을 $A + 2E$로 변형할 수 있는지 판단하자. 그러기 위하여 $B = -A - E$의 양변을 제곱하자.

(그래야 좌변에 원하는 B^2이 드러난다.)

$\underbrace{B = -A - E}_{\text{양변 제곱}}$ → $B^2 = \underbrace{(-A-E)^2}_{=\underbrace{A^2}_{=E-A}+2A+E}$ → $\boxed{B^2 = A + 2E}$

따라서, 가정한 두 등식만으로 결론의 식을 얻을 수 있으므로,

$\therefore$ ㄷ은 참이다.

답 ㄴ, ㄷ

708.

구하는 값 행렬 $A\begin{pmatrix} a+2c \\ b+2d \end{pmatrix}$

조건 정리 $A\begin{pmatrix} a \\ b \end{pmatrix} = \begin{pmatrix} 2 \\ 1 \end{pmatrix}$, $A\begin{pmatrix} c \\ d \end{pmatrix} = \begin{pmatrix} -3 \\ -2 \end{pmatrix}$

설계 주어진 조건과 구하는 행렬을 비슷하게 만들어 보자.

(구하는 행렬)

$= A\underbrace{\begin{pmatrix} a+2c \\ b+2d \end{pmatrix}}_{\begin{pmatrix} a \\ b \end{pmatrix} + 2\begin{pmatrix} c \\ d \end{pmatrix}} = \underbrace{A\begin{pmatrix} a \\ b \end{pmatrix}}_{\text{주어진 조건}} + 2\underbrace{A\begin{pmatrix} c \\ d \end{pmatrix}}_{\text{주어진 조건}} = \begin{pmatrix} 2 \\ 1 \end{pmatrix} + 2\begin{pmatrix} -3 \\ -2 \end{pmatrix} = \begin{pmatrix} -4 \\ -3 \end{pmatrix}$

답 $\begin{pmatrix} -4 \\ -3 \end{pmatrix}$

709.

구하는 값 $p+q$의 값

조건 정리 ① $A\begin{pmatrix}1\\0\end{pmatrix}=\begin{pmatrix}2\\3\end{pmatrix}$, $A\begin{pmatrix}0\\1\end{pmatrix}=\begin{pmatrix}-1\\2\end{pmatrix}$

② $A\begin{pmatrix}1\\2\end{pmatrix}=\begin{pmatrix}p\\q\end{pmatrix}$

➜ 좌변 $A\begin{pmatrix}1\\2\end{pmatrix}$을 구해보자.

설계 주어진 조건과 $A\begin{pmatrix}1\\2\end{pmatrix}$을 비슷하게 만드는 방향으로 식을 조작하자.

이때,

$A\begin{pmatrix}1\\0\end{pmatrix}$과 $A\begin{pmatrix}0\\2\end{pmatrix}$를 더하면 $A\begin{pmatrix}1\\2\end{pmatrix}$이 도출되므로

$A\begin{pmatrix}0\\1\end{pmatrix}=\begin{pmatrix}-1\\2\end{pmatrix}$의 양변에 2를 곱하고, $A\begin{pmatrix}1\\0\end{pmatrix}=\begin{pmatrix}2\\3\end{pmatrix}$에 더하자.

- $\underset{\text{양변에 }\times 2}{A\begin{pmatrix}0\\1\end{pmatrix}=\begin{pmatrix}-1\\2\end{pmatrix}}$ ➜ $\boxed{A\begin{pmatrix}0\\2\end{pmatrix}}=\begin{pmatrix}-2\\4\end{pmatrix}$

- 이를 $\boxed{A\begin{pmatrix}1\\0\end{pmatrix}}=\begin{pmatrix}2\\3\end{pmatrix}$에 더하면,

$\underset{=A\begin{pmatrix}1\\2\end{pmatrix}\,:\,\text{구하는 행렬}}{\boxed{A\begin{pmatrix}1\\0\end{pmatrix}}+\boxed{A\begin{pmatrix}0\\2\end{pmatrix}}}=\begin{pmatrix}2\\3\end{pmatrix}+\begin{pmatrix}-2\\4\end{pmatrix}=\begin{pmatrix}0\\7\end{pmatrix}$

➜ $p=0$, $q=7$ ➜ $\therefore\ p+q=0+7=7$

답 7

710.

구하는 값 p, q의 값

조건 정리 ① $A^2-A+E=O$

➜ 행렬에 관한 이차식이므로, 다음과 같이 변형해두자.

$A^2=A-E$

② $A\begin{pmatrix}1\\2\end{pmatrix}=\boxed{\begin{pmatrix}2\\0\end{pmatrix}}$

③ $A\boxed{\begin{pmatrix}2\\0\end{pmatrix}}=\begin{pmatrix}p\\q\end{pmatrix}$

➜ 좌변 $A\begin{pmatrix}2\\0\end{pmatrix}$을 구해보자.

설계 주어진 조건과 $A\begin{pmatrix}2\\0\end{pmatrix}$을 비슷하게 만드는 방향으로 식을 조작하자. 이때,

$A\begin{pmatrix}1\\2\end{pmatrix}=\boxed{\begin{pmatrix}2\\0\end{pmatrix}}$의 양변의 왼쪽에 A를 곱하면 $A\boxed{\begin{pmatrix}2\\0\end{pmatrix}}$가

도출되므로, $A\begin{pmatrix}1\\2\end{pmatrix}=\boxed{\begin{pmatrix}2\\0\end{pmatrix}}$의 양변의 왼쪽에 A를 곱하자.

- $A\begin{pmatrix}1\\2\end{pmatrix}=\begin{pmatrix}2\\0\end{pmatrix}$

  $\xrightarrow{\text{양변의 왼쪽에 }\times A}$

- ➜ $\underset{=A-E}{A^2}\begin{pmatrix}1\\2\end{pmatrix}=\underset{=\begin{pmatrix}p\\q\end{pmatrix}}{A\begin{pmatrix}2\\0\end{pmatrix}}$

- ➜ $\underset{=\begin{pmatrix}2\\0\end{pmatrix}}{A\begin{pmatrix}1\\2\end{pmatrix}}-\begin{pmatrix}1\\2\end{pmatrix}=\begin{pmatrix}p\\q\end{pmatrix}$

$\therefore\ \begin{pmatrix}p\\q\end{pmatrix}=\begin{pmatrix}1\\-2\end{pmatrix}$ ➜ $p=1$, $q=-2$

답 $p=1$, $q=-2$

711.

구하는 값 행렬 $A\begin{pmatrix}a\\b\end{pmatrix}$

조건 정리 $A\begin{pmatrix}3a\\0\end{pmatrix}=\begin{pmatrix}-6\\3\end{pmatrix}$, $A\begin{pmatrix}0\\4b\end{pmatrix}=\begin{pmatrix}-4\\12\end{pmatrix}$

설계 주어진 조건과 $A\begin{pmatrix}a\\b\end{pmatrix}$를 비슷하게 만드는 방향으로 식을 조작하자. 이때,

- $\underset{\text{양변}\div3}{A\begin{pmatrix}3a\\0\end{pmatrix}=\begin{pmatrix}-6\\3\end{pmatrix}}$ ➜ $A\begin{pmatrix}a\\0\end{pmatrix}=\begin{pmatrix}-2\\1\end{pmatrix}$

- $\underset{\text{양변}\div4}{A\begin{pmatrix}0\\4b\end{pmatrix}=\begin{pmatrix}-4\\12\end{pmatrix}}$ ➜ $A\begin{pmatrix}0\\b\end{pmatrix}=\begin{pmatrix}-1\\3\end{pmatrix}$

이고, 이 두 등식을 더하면 구하는 행렬 $A\begin{pmatrix}a\\b\end{pmatrix}$이 드러난다.

$A\begin{pmatrix}a\\0\end{pmatrix}=\begin{pmatrix}-2\\1\end{pmatrix}$과 $A\begin{pmatrix}0\\b\end{pmatrix}=\begin{pmatrix}-1\\3\end{pmatrix}$의 양변을 더하면,

$\underset{=A\begin{pmatrix}a\\b\end{pmatrix}}{A\begin{pmatrix}a\\0\end{pmatrix}+A\begin{pmatrix}0\\b\end{pmatrix}}=\underset{=\begin{pmatrix}-3\\4\end{pmatrix}}{\begin{pmatrix}-2\\1\end{pmatrix}+\begin{pmatrix}-1\\3\end{pmatrix}}$

답 $\begin{pmatrix}-3\\4\end{pmatrix}$

712.

구하는 값 행렬 $A^2\begin{pmatrix}3\\2\end{pmatrix}$

조건 정리 ① $\underset{=A^2-2A+E}{(A-E)^2}=O$

➜ 행렬에 관한 이차식이므로, 다음과 같이 변형해두자.

$A^2=2A-E$

② $A\begin{pmatrix}3\\2\end{pmatrix}=\begin{pmatrix}2\\3\end{pmatrix}$

설계 주어진 조건과 $A^2 \begin{pmatrix} 3 \\ 2 \end{pmatrix}$을 비슷하게 만드는 방향으로 식을 조작하자.

우선,

$A^2 = 2A - E$를 이용하여 구하는 행렬 $A^2 \begin{pmatrix} 3 \\ 2 \end{pmatrix}$을 변형해보자.

- (구하는 행렬)$= \underbrace{A^2}_{=2A-E} \begin{pmatrix} 3 \\ 2 \end{pmatrix} = 2\underbrace{A \begin{pmatrix} 3 \\ 2 \end{pmatrix}}_{=\begin{pmatrix} 2 \\ 3 \end{pmatrix}} - \begin{pmatrix} 3 \\ 2 \end{pmatrix} = \begin{pmatrix} 1 \\ 4 \end{pmatrix}$

답 $\begin{pmatrix} 1 \\ 4 \end{pmatrix}$

713.

구하는 값 행렬 $A \begin{pmatrix} a \\ b \end{pmatrix}$

조건 정리 $A \begin{pmatrix} 3a \\ 2b \end{pmatrix} = \begin{pmatrix} 5 \\ 7 \end{pmatrix}$, $A \begin{pmatrix} a \\ 2b \end{pmatrix} = \begin{pmatrix} -1 \\ -3 \end{pmatrix}$

설계 주어진 조건과 $A \begin{pmatrix} a \\ b \end{pmatrix}$를 비슷하게 만드는 방향으로 식을 조작하자.

이때,

$A \begin{pmatrix} 3a \\ 2b \end{pmatrix}$과 $A \begin{pmatrix} a \\ 2b \end{pmatrix}$를 더하면, 구하는 행렬 $A \begin{pmatrix} a \\ b \end{pmatrix}$이 드러난다.

따라서, 조건으로 주어진 두 등식을 더하면,

$\underbrace{A \begin{pmatrix} 3a \\ 2b \end{pmatrix} + A \begin{pmatrix} a \\ 2b \end{pmatrix}}_{=4A\begin{pmatrix} a \\ b \end{pmatrix}\,:\,구하는\,행렬} = \begin{pmatrix} 5 \\ 7 \end{pmatrix} + \begin{pmatrix} -1 \\ -3 \end{pmatrix} = \begin{pmatrix} 4 \\ 4 \end{pmatrix}$

➔ $A \begin{pmatrix} a \\ b \end{pmatrix} = \begin{pmatrix} 1 \\ 1 \end{pmatrix}$

답 $\begin{pmatrix} 1 \\ 1 \end{pmatrix}$

714.

구하는 값 행렬 A의 모든 성분의 합

➔ 행렬 A를 직접 구하자.

조건 정리 $A \begin{pmatrix} 0 \\ 1 \end{pmatrix} = \begin{pmatrix} 2 \\ 1 \end{pmatrix}$, $A \begin{pmatrix} 2 \\ 1 \end{pmatrix} = \begin{pmatrix} 4 \\ 3 \end{pmatrix}$

설계 $A = \begin{pmatrix} a & b \\ c & d \end{pmatrix}$로 두고 주어진 두 등식에 대입하자.

- $A \begin{pmatrix} 0 \\ 1 \end{pmatrix} = \begin{pmatrix} 2 \\ 1 \end{pmatrix}$ ➔ $\begin{pmatrix} a & b \\ c & d \end{pmatrix} \begin{pmatrix} 0 \\ 1 \end{pmatrix} = \begin{pmatrix} 2 \\ 1 \end{pmatrix}$ ➔ $\begin{pmatrix} b \\ d \end{pmatrix} = \begin{pmatrix} 2 \\ 1 \end{pmatrix}$
  ➔ $b = 2$, $d = 1$
- $A \begin{pmatrix} 2 \\ 1 \end{pmatrix} = \begin{pmatrix} 4 \\ 3 \end{pmatrix}$ ➔ $\begin{pmatrix} a & 2 \\ c & 1 \end{pmatrix} \begin{pmatrix} 2 \\ 1 \end{pmatrix} = \begin{pmatrix} 4 \\ 3 \end{pmatrix}$ ➔ $\begin{pmatrix} 2a+2 \\ 2c+1 \end{pmatrix} = \begin{pmatrix} 4 \\ 3 \end{pmatrix}$
  ➔ $a = 1$, $c = 1$

따라서,
(행렬 A의 모든 성분의 합)$= a+b+c+d = 1+2+1+1 = 5$

답 5

715.

구하는 값 x, y의 값

조건 정리 ① $A^2 + 2A = E$

➔ 행렬에 관한 이차식이므로, 다음과 같이 변형해두자.
$$A^2 = E - 2A$$

② $A \begin{pmatrix} 2 \\ -2 \end{pmatrix} = \begin{pmatrix} 3 \\ 5 \end{pmatrix}$

③ $(A+2E) \begin{pmatrix} x \\ y \end{pmatrix} = \begin{pmatrix} 4 \\ -4 \end{pmatrix}$

설계 주어진 조건과 구하는 행렬을 비슷하게 만드는 방향으로 식을 조작하자.

이때, 위의 박스 표시된 두 행렬은 실수배 관계임에 주목하여 $(A+2E) \begin{pmatrix} x \\ y \end{pmatrix} = \begin{pmatrix} 4 \\ -4 \end{pmatrix}$의 양변 왼쪽에 A를 곱하자.

(그러면 조건②를 이용할 수 있다.)

- $\underbrace{(A+2E) \begin{pmatrix} x \\ y \end{pmatrix} = \begin{pmatrix} 4 \\ -4 \end{pmatrix}}_{양변의\,왼쪽에\,\times A}$

➔ $\underbrace{(A^2 + 2A)}_{=E} \begin{pmatrix} x \\ y \end{pmatrix} = \underbrace{A \begin{pmatrix} 4 \\ -4 \end{pmatrix}}_{=2\begin{pmatrix} 3 \\ 5 \end{pmatrix}}$이므로,

$\begin{pmatrix} x \\ y \end{pmatrix} = \begin{pmatrix} 6 \\ 10 \end{pmatrix}$

➔ ∴ $x = 6$, $y = 10$

답 $x = 6$, $y = 10$

716.

구하는 값 A 학교에서 배드민턴을 배우는 학생 수를 나타낸 것

조건 정리 ① 표

학교\학년	A	B		활동\학년	1학년	2학년
1학년	300	200		테니스	70	60
2학년	250	150		배드민턴	30	40

(단위 : 명) < 표1 > (단위 : %) < 표2 >

② $P=\begin{pmatrix} 300 & 200 \\ 250 & 150 \end{pmatrix}$, $Q=\begin{pmatrix} 0.7 & 0.6 \\ 0.3 & 0.4 \end{pmatrix}$

(두 표를 행렬로 나타낸 것)

생각 1 | A학교에서 배드민턴을 배우는 학생 수를 식으로 나타내자.

구하는 학생 수는 표의 아래와 같은 부분을 통해 알 수 있다.

학교\학년	A	B		활동\학년	1학년	2학년
1학년	300	200		테니스	70	60
2학년	250	150		배드민턴	30	40

(단위 : 명) < 표1 > (단위 : %) < 표2 >

따라서, A 학교에서 배드민턴을 배우는 학생 수는

$300 \times 30 + 250 \times 40$

생각 2 | $300 \times 30 + 250 \times 40$ 이 어떤 행렬의 어떤 성분인지 생각하자.

$300 \times 30 + 250 \times 40$은
〈표2〉의 2행과 〈표1〉의 1열을 바탕으로
만들어졌으므로, 행렬 QP의 제2행과 제1열이 만나는
(2, 1) 성분에서 도출된다.

답 ④ QP의 (2, 1) 성분

717.

구하는 값 행렬 PQ의 (2, 2) 성분이 나타내는 것

조건 정리 ① 표(작년도 생산량을 나타낸 것)

공장\제품	A	B
갑	20	30
을	25	15

② 갑 공장은 두 제품 모두 생산량을 40%
증가시키고, 을 공장은 생산량을 A는 30%, B는
20% 증가시킨다.

→ 이 조건도 행렬 Q를 참고하여 표로 정리하자.

	갑	을
A	1.4	1.3
B	1.4	1.2

③ $P=\begin{pmatrix} 20 & 30 \\ 25 & 15 \end{pmatrix}$, $Q=\begin{pmatrix} 1.4 & 1.3 \\ 1.4 & 1.2 \end{pmatrix}$

생각 1 | PQ의 (2, 2) 성분을 직접 구하자.

P의 제2행과 Q의 제2열을 바탕으로 PQ의 (2, 2)
성분만을 구하면 $25 \times 1.3 + 15 \times 1.20$이다.

생각 2 | $25 \times 1.3 + 15 \times 1.2$ 가 의미하는 내용을 파악하자.

$25 \times 1.3 + 15 \times 1.2$는 '을'공장에서 올해 계획한 제품
A와 B의 생산량의 합을 나타낸다.

답 ④ '을'공장에서 올해 계획한
제품 A와 B의 생산량의 합

718.

구하는 값 a, b의 값

조건 정리 ① $A=\begin{pmatrix} 3 & 0 \\ 0 & a+2 \end{pmatrix}$, $B=\begin{pmatrix} 0 & b \\ 1 & 2 \end{pmatrix}$

② $(A-B)^2 = 7E$

→ **설계** $A-B$를 구하고 제곱하자.

• $A-B=\begin{pmatrix} 3 & 0 \\ 0 & a+2 \end{pmatrix} - \begin{pmatrix} 0 & b \\ 1 & 2 \end{pmatrix} = \begin{pmatrix} 3 & -b \\ -1 & a \end{pmatrix}$

• $(A-B)^2$

$= \begin{pmatrix} 3 & -b \\ -1 & a \end{pmatrix}\begin{pmatrix} 3 & -b \\ -1 & a \end{pmatrix} = \underbrace{\begin{pmatrix} 9+b & -3b-ab \\ -3-a & b+a^2 \end{pmatrix}}_{=7E}$

→ $9+b=7$, $-3-a=0$ → $\therefore a=-3$, $b=-2$

답 $a=-3$, $b=-2$

719.

구하는 값 k의 값

조건 정리 $\begin{pmatrix} x & y \\ 1 & 1 \end{pmatrix}\begin{pmatrix} x^2 & 1 \\ y^2 & 1 \end{pmatrix} = \begin{pmatrix} k & 4 \\ 12 & 2 \end{pmatrix}$

$\underbrace{}_{=\begin{pmatrix} x^3+y^3 & x+y \\ x^2+y^2 & 2 \end{pmatrix}}$

➔ $x^3+y^3=k,\ x+y=4,\ x^2+y^2=12$

• xy를 구해보면, $\underbrace{x^2+y^2}_{=(\underbrace{x+y}_{=4})^2-2xy}=12$ ➔ $xy=2$

• $\underbrace{x^3+y^3}_{=(x+y)^3-3xy(x+y)}=k$ ➔ $\therefore\ k=40$

답 40

720.

구하는 값 행렬 A의 모든 성분의 합

➔ 행렬 A를 직접 구하자.

조건 정리 ① A는 2×3 행렬

② $a_{ij} = \begin{cases} 2i+3j-1 & (i \geq j) \\ ij+2 & (i < j) \end{cases}$

• $i \geq j$인 경우

이 경우, $a_{ij}=2i+3j-1$이다.

$a_{11}=2+3-1=4$, $a_{22}=4+6-1=9$,

$a_{21}=4+3-1=6$

• $i < j$인 경우

이 경우, $a_{ij}=ij+2$이다.

$a_{12}=2+2=4$, $a_{13}=3+2=5$, $a_{23}=6+2=8$

따라서, 행렬 A의 모든 성분의 합은

$4+9+6+4+5+8=36$

답 36

721.

구하는 값 행렬의 곱셈이 정의되지 않는 것 모두 고르기

➔ 행렬의 곱셈이 정의되려면,

• 왼쪽의 곱해진 행렬의 열 개수와

• 오른쪽에 곱해진 행렬의 행 개수가 같아야 한다.

➔ 이를 만족시키지 않는 것을 모두 고르면

② AC, ⑤ CB이다.

조건 정리 $A=\begin{pmatrix} 1 \\ 0 \end{pmatrix}$, $B=(-2\quad 3)$, $C=\begin{pmatrix} 1 & 2 \\ -1 & 4 \end{pmatrix}$

답 ② AC, ⑤ CB

722.

구하는 값 p의 값

조건 정리 ① A는 2×3 행렬

② $a_{ij}=i-j+p$

➔ **설계** 이를 통해 행렬 A의 각 성분을 직접 구하자.

③ A의 모든 성분의 합이 57

$a_{ij}=i-j+p$임을 통해 A의 각 성분을 구해보면,

• $a_{11}=a_{22}=p$

• $a_{12}=1-2+p=p-1$, $a_{13}=1-3+p=p-2$

• $a_{21}=2-1+p=p+1$, $a_{23}=2-3+p=p-1$

이므로, A의 모든 성분의 합은

$p+p+(p-1)+(p-2)+(p+1)+(p-1)$

$=\underbrace{6p-3}_{=57}$

➔ $\therefore\ p=10$

답 10

723.

구하는 값 $A\begin{pmatrix} 3 & 1 \\ -1 & 2 \end{pmatrix}$

조건 정리 $A\begin{pmatrix} 1 \\ 0 \end{pmatrix}=\begin{pmatrix} 3 \\ 2 \end{pmatrix}$, $A\begin{pmatrix} 0 \\ 1 \end{pmatrix}=\begin{pmatrix} 2 \\ 1 \end{pmatrix}$

➔ 이 두 등식을 통해 행렬 A를 직접 구하자.

➔ **설계** $A=\begin{pmatrix} a & b \\ c & d \end{pmatrix}$로 두고, 대입하자.

• $\underbrace{A\begin{pmatrix} 1 \\ 0 \end{pmatrix}=\begin{pmatrix} 3 \\ 2 \end{pmatrix}}_{A=\begin{pmatrix} a & b \\ c & d \end{pmatrix} \text{대입}}$ ➔ $\begin{pmatrix} a & b \\ c & d \end{pmatrix}\begin{pmatrix} 1 \\ 0 \end{pmatrix}\underbrace{=\begin{pmatrix} a \\ c \end{pmatrix}}=\begin{pmatrix} 3 \\ 2 \end{pmatrix}$

➔ $a=3$, $c=2$

• $\underbrace{A\begin{pmatrix} 0 \\ 1 \end{pmatrix}=\begin{pmatrix} 2 \\ 1 \end{pmatrix}}_{A=\begin{pmatrix} a & b \\ c & d \end{pmatrix} \text{대입}}$ ➔ $\begin{pmatrix} a & b \\ c & d \end{pmatrix}\begin{pmatrix} 0 \\ 1 \end{pmatrix}\underbrace{=\begin{pmatrix} b \\ d \end{pmatrix}}=\begin{pmatrix} 2 \\ 1 \end{pmatrix}$

➔ $b=2$, $d=1$

따라서,

$A=\begin{pmatrix} 3 & 2 \\ 2 & 1 \end{pmatrix}$

즉, (구하는 행렬)$=\underbrace{A}_{=\begin{pmatrix} 3 & 2 \\ 2 & 1 \end{pmatrix}}\begin{pmatrix} 3 & 1 \\ -1 & 2 \end{pmatrix}=\begin{pmatrix} 7 & 7 \\ 5 & 4 \end{pmatrix}$

답 $\begin{pmatrix} 7 & 7 \\ 5 & 4 \end{pmatrix}$

724.

구하는 값 $A+A^2+A^3+\cdots+A^{50}$의 모든 성분의 합

→ 설계 A^2, A^3, $\cdots$ 을 계산하며 규칙성을 파악하자.

조건 정리 $A=\begin{pmatrix} -1 & 0 \\ -2 & 1 \end{pmatrix}$

생각 1 | A^2, A^3, $\cdots$ 을 계산해보자.

- $A^1=\begin{pmatrix} -1 & 0 \\ -2 & 1 \end{pmatrix}$

- $A^2=\begin{pmatrix} -1 & 0 \\ -2 & 1 \end{pmatrix}\begin{pmatrix} -1 & 0 \\ -2 & 1 \end{pmatrix}=\begin{pmatrix} 1 & 0 \\ 0 & 1 \end{pmatrix}=\boxed{E}$

→ $A^2=E$를 이용하여 계산하자.

$A^2=E$이므로, A의 거듭제곱을 차례대로 2개씩 더한 값이 반복될 것이다.

→ $A+A^2=A+E$가 반복될 것이다.

생각 2 | 차례대로 2개씩 더한 값이 몇 번 반복될지 생각하자.

$A+A^2+A^3+\cdots+A^{50}$에는 더하는 행렬이 총 50개 있다.

$50=2\times\boxed{25}$

이므로, 차례대로 2개씩 더한 값이 $\boxed{25}$번 반복된다.

따라서,

$A+A^2+A^3+\cdots+A^{50}$
$=\boxed{25}\underbrace{(A+A^2)}_{=A+E}$
$=25(A+E)$

→ 구하는 모든 성분의 합은

$25\times(A+E$의 모든 성분의 합$)=0$

답 0

725.

구하는 값 k, l의 값

조건 정리

① $X=\begin{pmatrix} 1 & -4 \\ -4 & 5 \end{pmatrix}$, $Y=\begin{pmatrix} -1 & 2 \\ 2 & -3 \end{pmatrix}$

② $X^2=kY+lE$

→ 설계 좌변 X^2을 Y와 E로 최대한 표현하자.

- $\underbrace{X^2=\begin{pmatrix} 1 & -4 \\ -4 & 5 \end{pmatrix}\begin{pmatrix} 1 & -4 \\ -4 & 5 \end{pmatrix}=\begin{pmatrix} 17 & -24 \\ -24 & 41 \end{pmatrix}}_{X^2=\begin{pmatrix} 17 & -24 \\ -24 & 41 \end{pmatrix}}$이다.

생각 1 | 우선 구한 X^2에서 Y를 최대한 분리하자.

이때, 다음과 같은 성분에 주목하면,

$Y=\begin{pmatrix} -1 & \boxed{2} \\ \boxed{2} & -3 \end{pmatrix}$, $X^2=\begin{pmatrix} 17 & \boxed{-24} \\ \boxed{-24} & 41 \end{pmatrix}$

위 두 성분을 같게 만들기 위해 $-12Y$를 계산할 생각을 해 볼 수 있다.

$-12Y=\begin{pmatrix} 12 & \boxed{-24} \\ \boxed{-24} & 36 \end{pmatrix}$

이를 이용하여 X^2을 다음과 같이 변형할 수 있다.

$X^2=\begin{pmatrix} 17 & -24 \\ -24 & 41 \end{pmatrix}$
$=\underbrace{\begin{pmatrix} 12 & -24 \\ -24 & 36 \end{pmatrix}}_{=-12Y}+\underbrace{\begin{pmatrix} 5 & 0 \\ 0 & 5 \end{pmatrix}}_{=5E}$
$=-12Y+5E$

→ $\therefore k=-12$, $l=5$

답 $k=-12$, $l=5$

726.

구하는 값 행렬 A^2의 모든 성분의 합

→ 설계 A^2을 직접 구하자.

조건 정리 ① 이차방정식 $x^2-2x-1=0$의 두 실근이 α, β

→ 근과 계수의 관계를 적용하면,

$\alpha+\beta=2$, $\alpha\beta=-1$

② $A=\begin{pmatrix} \alpha & -2 \\ -2 & \beta \end{pmatrix}$

- $A^2=\begin{pmatrix} \alpha & -2 \\ -2 & \beta \end{pmatrix}\begin{pmatrix} \alpha & -2 \\ -2 & \beta \end{pmatrix}$
$=\begin{pmatrix} \alpha^2+4 & -2(\alpha+\beta) \\ -2(\alpha+\beta) & \beta^2+4 \end{pmatrix}$

→ A^2의 모든 성분의 합은

$\underbrace{(\alpha^2+\beta^2)}_{=(\alpha+\beta)^2-2\alpha\beta}-4(\alpha+\beta)+8=6$

답 6

727.

구하는 값 행렬 $A\begin{pmatrix} m \\ n \end{pmatrix}$

조건 정리 $A\begin{pmatrix} m \\ 0 \end{pmatrix}=\begin{pmatrix} -1 \\ 0 \end{pmatrix}$, $A\begin{pmatrix} m \\ 2n \end{pmatrix}=\begin{pmatrix} 3 \\ 4 \end{pmatrix}$

설계 주어진 조건과 $A\begin{pmatrix} m \\ n \end{pmatrix}$을 비슷하게 만드는 방향으로 식을 조작하자.

이때,

$A\begin{pmatrix} m \\ 0 \end{pmatrix}$ 과 $A\begin{pmatrix} m \\ 2n \end{pmatrix}$ 을 더하면, $\underbrace{A\begin{pmatrix} m \\ n \end{pmatrix}}_{=구하는\ 행렬}$ 이 드러난다.

따라서, 조건으로 주어진 두 등식을 더하면,

$\underbrace{A\begin{pmatrix} m \\ 0 \end{pmatrix} + A\begin{pmatrix} m \\ 2n \end{pmatrix}}_{=2A\binom{m}{n}} = \begin{pmatrix} -1 \\ 0 \end{pmatrix} + \begin{pmatrix} 3 \\ 4 \end{pmatrix} = \begin{pmatrix} 2 \\ 4 \end{pmatrix}$

➔ $A\begin{pmatrix} m \\ n \end{pmatrix} = \begin{pmatrix} 1 \\ 2 \end{pmatrix}$

답 $\begin{pmatrix} 1 \\ 2 \end{pmatrix}$

728.

구하는 값 $A + A^2 + A^3 + \cdots + A^{82}$의 모든 성분의 합

➔ **설계** A^2, A^3, $\cdots$ 을 계산하며 규칙성을 파악하자.

조건 정리 $a_{ij} = i - j$

➔ 이를 통해 행렬 A를 구해보면,

$a_{11} = a_{22} = 0$, $a_{12} = -1$, $a_{21} = 1$이므로,

$A = \begin{pmatrix} 0 & -1 \\ 1 & 0 \end{pmatrix}$

생각 1 | A^2, A^3, $\cdots$ 을 계산해보자.

• $A^1 = \begin{pmatrix} 0 & -1 \\ 1 & 0 \end{pmatrix}$

• $A^2 = \begin{pmatrix} 0 & -1 \\ 1 & 0 \end{pmatrix}\begin{pmatrix} 0 & -1 \\ 1 & 0 \end{pmatrix} = \begin{pmatrix} -1 & 0 \\ 0 & -1 \end{pmatrix} = \boxed{-E}$

➔ $A^2 = -E$

➔ $\underbrace{A^2 = -E}_{A^4 = E}$ 를 이용하여 계산하자.

$A^4 = E$이므로,

A의 거듭제곱을 차례대로 4개씩 더한 값이 반복될 것이다.

➔ $\underbrace{A + A^2 + A^3 + A^4}_{=A-E-A+E} = 0$이 반복될 것이다.

생각 2 | 차례대로 4개씩 더한 값이 총 몇 번 반복될지 생각하자.

$A + A^2 + A^3 + \cdots + A^{82}$에는 더하는 행렬이 총 82개 있다.

$82 = 4 \times \boxed{20} + \boxed{2}$

이므로,

차례대로 4개씩 더한 값이 $\boxed{20}$번 반복되고, 제일 끝 $\boxed{2}$개가 남는다. 따라서,

---

$A + A^2 + A^3 + \cdots + A^{82}$
$= \boxed{20}\underbrace{(A + A^2 + A^3 + A^4)}_{=0} + \underbrace{(A^{81} + A^{82})}_{제일\ 끝\ 2개}$
$= \underbrace{(A^4)^{20}}_{=E}\underbrace{(A + A^2)}_{=A-E} = A - E$

➔ ($A - E$의 모든 성분의 합)
=(A의 모든 성분의 합)$-$(E의 모든 성분의 합)$=-2$

답 : -2

729.

구하는 값 자연수 n의 개수

조건 정리 ① $A = \begin{pmatrix} 1 & -2 \\ 1 & -1 \end{pmatrix}$

② $A^n = E$

➔ A를 몇 제곱해야 E가 되는지를 확인하면 된다.

➔ **설계** A^2, A^3, $\cdots$ 을 계산하며 규칙성을 파악하자.

③ n은 100 이하의 자연수

• $A^1 = \begin{pmatrix} 1 & -2 \\ 1 & -1 \end{pmatrix}$

• $A^2 = \begin{pmatrix} 1 & -2 \\ 1 & -1 \end{pmatrix}\begin{pmatrix} 1 & -2 \\ 1 & -1 \end{pmatrix} = \begin{pmatrix} -1 & 0 \\ 0 & -1 \end{pmatrix} = \boxed{-E}$

➔ $A^2 = -E$

➔ $A^4 = E$이다.

따라서, $A^4 = E$, $\underbrace{A^8 = E}_{=(A^4)^2}$, $\underbrace{A^{12} = E}_{=(A^4)^3}$, $\cdots$

이므로,

$A^{(4의\ 배수)} = E$

가 성립한다. 즉, $n = (4의\ 배수)$여야 하고, 이를 만족시키는 100 이하의 자연수 n은 $\boxed{25}$개다.
($100 = 4 \times \boxed{25}$이므로)

답 25

730.

구하는 값 자연수 n의 값

조건 정리 ① $A = \begin{pmatrix} 1 & 2 \\ 0 & 1 \end{pmatrix}$

② $A^n = \begin{pmatrix} 1 & 20 \\ 0 & 1 \end{pmatrix}$

설계 A^2, A^3, $\cdots$ 을 계산하며 규칙성을 파악하자.

- $A^{\boxed{1}} = \begin{pmatrix} 1 & \boxed{2=2\times 1} \\ 0 & 1 \end{pmatrix}$

- $A^{\boxed{2}} = \begin{pmatrix} 1 & 2 \\ 0 & 1 \end{pmatrix}\begin{pmatrix} 1 & 2 \\ 0 & 1 \end{pmatrix} = \begin{pmatrix} 1 & \boxed{4=2\times 2} \\ 0 & 1 \end{pmatrix}$

- $\underset{=A^2 A}{\underline{A^{\boxed{3}}}} = \begin{pmatrix} 1 & 4 \\ 0 & 1 \end{pmatrix}\begin{pmatrix} 1 & 2 \\ 0 & 1 \end{pmatrix} = \begin{pmatrix} 1 & \boxed{6=2\times 3} \\ 0 & 1 \end{pmatrix}$ $\cdots$ 이므로,

$A^{\boxed{10}} = \begin{pmatrix} 1 & \boxed{20=2\times 10} \\ 0 & 1 \end{pmatrix}$ ➔ $\therefore\ n=10$

답 10

731.

구하는 값 x의 값

조건 정리 ① 행렬 $\begin{pmatrix} x & x+3 \\ 1 & x^2 \\ 2x+5 & -2 \end{pmatrix}$ 의

(제1행의 모든 성분의 합)=(제2열의 모든 성분의 합)

② x는 양수

- (제1행의 모든 성분의 합)$= x+(x+3) = 2x+3$
- (제2열의 모든 성분의 합)
  $= (x+3) + x^2 + (-2) = x^2+x+1$

이므로,

$2x+3 = x^2+x+1$ ➔ $\underset{=(x-2)(x+1)}{\underline{x^2-x-2=0}}$

➔ $x=2$ 또는 $\underset{\text{양수가 아님}}{\underline{x=-1}}$

즉, 구하는 양수 x의 값은 2

답 2

732.

구하는 값 $\underset{=B(A+B)}{\underline{BA+B^2}}$ 의 제1행의 모든 성분의 합

➔ **설계** $A+B$를 구한 후, B와 곱하자.

조건 정리 $A = \begin{pmatrix} 1 & 1 \\ 0 & -2 \end{pmatrix}$, $B = \begin{pmatrix} 3 & 1 \\ -4 & -1 \end{pmatrix}$

- $A+B = \begin{pmatrix} 1 & 1 \\ 0 & -2 \end{pmatrix} + \begin{pmatrix} 3 & 1 \\ -4 & -1 \end{pmatrix} = \begin{pmatrix} 4 & 2 \\ -4 & -3 \end{pmatrix}$

따라서,

$B(A+B) = \begin{pmatrix} 3 & 1 \\ -4 & -1 \end{pmatrix}\begin{pmatrix} 4 & 2 \\ -4 & -3 \end{pmatrix} = \begin{pmatrix} \boxed{8} & \boxed{3} \\ -12 & -5 \end{pmatrix}$

➔ 제1행의 모든 성분의 합은 11

답 11

733.

구하는 값 a의 값

조건 정리 ① $A = \begin{pmatrix} a & 1 \\ 2 & 1 \end{pmatrix}$, $B = \begin{pmatrix} x \\ y \end{pmatrix}$, $X = \begin{pmatrix} -1 \\ 4 \end{pmatrix}$

② $AB = X$를 만족시키는 실수 x, y가 존재하지 않는다.

➔ **설계** 우선 $AB = X$를 계산해보자.

생각 1 | 우선 $AB = X$를 계산해보자.

$AB = X$

➔ $\underset{=\left(\begin{smallmatrix} ax+y \\ 2x+y \end{smallmatrix}\right)}{\underline{\begin{pmatrix} a & 1 \\ 2 & 1 \end{pmatrix}\begin{pmatrix} x \\ y \end{pmatrix}}} = \begin{pmatrix} -1 \\ 4 \end{pmatrix}$

➔ $ax+y = -1$, $\underset{y=4-2x}{\underline{2x+y=4}}$

생각 2 | $y=4-2x$를 $ax+y=-1$에 대입하자.

대입하면, $ax+(4-2x) = -1$ ➔ $\underline{(a-2)x = -5}$

즉,

$\underline{(a-2)x = -5}$ 를 만족시키는 실수 x가 존재하지 않으면 된다.

➔ 그러기 위해서는 $\underset{=0}{\underline{(a-2)}}x = -5$이면 된다.

➔ $\therefore\ a=2$

답 2

734.

구하는 값 "옷 전부를 회사 B를 통해 배송할 때의 비용"을 나타낸 것

조건 정리 ① 표

[표 1] 택배 비용 (단위: 천 원)

배송 유형 회사	일반	당일
A	3	4
B	2	5

[표 2] 주문 수량 (단위: 개)

물품 배송 유형	옷	가방
일반	35	10
당일	30	5

② $P = \begin{pmatrix} 3 & 4 \\ 2 & 5 \end{pmatrix}$, $Q = \begin{pmatrix} 35 & 10 \\ 30 & 5 \end{pmatrix}$

(표를 행렬로 나타낸 것이다.)

생각 1 | 옷 전부를 회사 B를 통해 배송할 때의 비용을 식으로 나타내자.

이는 표의 아래와 같은 부분을 통해 구할 수 있다.

[표 1] 택배 비용 (단위: 천 원)		
배송 유형 \ 회사	일반	당일
A	3	4
B	2	5

[표 2] 주문 수량 (단위: 개)		
물품 \ 배송 유형	옷	가방
일반	35	10
당일	30	5

따라서, 구하는 비용은

$2 \times 35 + 5 \times 30$

생각 2 | $2 \times 35 + 5 \times 30$ 이 어떤 행렬의 어떤 성분인지 생각하자.

$2 \times 35 + 5 \times 30$은 〈표1〉의 2행과 〈표2〉의 1열을 바탕으로 만들어졌으므로, 행렬 PQ의 제2행과 제1열이 만나는 (2, 1) 성분에서 도출된다.

답 ② 행렬 PQ의 (2, 1) 성분

735.

구하는 값 두 반의 지불 금액을 계산하는 행렬의 곱을 고른 것

조건 정리 ① 표(주문한 햄버거, 샌드위치의 개수를 나타낸다.)

	햄버거	샌드위치 (단위: 개)
1반	20	15
2반	18	17

② 햄버거 가격 : 5000 / 샌드위치 가격 : 2500

③ $A = \begin{pmatrix} 20 & 15 \\ 18 & 17 \end{pmatrix}$, $B = \begin{pmatrix} 20 & 18 \\ 15 & 17 \end{pmatrix}$,

$C = \begin{pmatrix} 5000 \\ 2500 \end{pmatrix}$, $D = \begin{pmatrix} 5000 & 2500 \end{pmatrix}$

생각 1 | 구하는 지불 금액의 계산식을 적어보자.

$\underbrace{20 \times 5000 + 15 \times 2500}_{\text{1반의 지불 금액}}$ / $\underbrace{18 \times 5000 + 17 \times 2500}_{\text{2반의 지불 금액}}$

생각 2 | 이를 계산할 수 있는 행렬의 곱을 찾아보자.

$A = \begin{pmatrix} 20 & 15 \\ 18 & 17 \end{pmatrix}$, $C = \begin{pmatrix} 5000 \\ 2500 \end{pmatrix}$ 를 이용하여

$AC = \begin{pmatrix} 20 & 15 \\ 18 & 17 \end{pmatrix}\begin{pmatrix} 5000 \\ 2500 \end{pmatrix}$

를 계산하면 각 반의 지불 금액을 계산할 수 있다.
(DB로도 계산할 수 있으나, 선택지에 없다.)

답 ① AC

736.

구하는 값 $a+b+c$의 값

조건 정리 ① a, b, c는 모두 양수

② $A = \begin{pmatrix} a & b \\ b & c \end{pmatrix}$

(가) $\underset{=A(A-2aE)}{A^2 - 2aA = O}$

➔ $\boxed{A(A - 2aE) = O}$

(나) $f(x) = ax^2 + bx + c$의 최솟값이 3

➔ $a > 0$이므로, $f(x)$는 아래로 볼록한 이차함수이다.

➔ 따라서, 최솟값은 대칭축 $x = -\dfrac{b}{2a}$ 에서 도출된다.

➔ $f\left(-\dfrac{b}{2a}\right) = 3$ ➔ 정리하면, $\boxed{b^2 - 4ac + 12a = 0}$

설계 $\boxed{A(A - 2aE) = O}$ 에 $A = \begin{pmatrix} a & b \\ b & c \end{pmatrix}$ 를 대입하자.

생각 1 | $\boxed{A(A - 2aE) = O}$ 에 $A = \begin{pmatrix} a & b \\ b & c \end{pmatrix}$ 를 대입하자.

$\underset{A = \begin{pmatrix} a & b \\ b & c \end{pmatrix} \text{대입}}{A(A - 2aE) = O}$

➔ $\begin{pmatrix} a & b \\ b & c \end{pmatrix}\left[\begin{pmatrix} a & b \\ b & c \end{pmatrix} - \begin{pmatrix} 2a & 0 \\ 0 & 2a \end{pmatrix}\right] = O$

➔ $\underset{= \begin{pmatrix} b^2 - a^2 & b(c-a) \\ b(c-a) & b^2 - 2ac + c^2 \end{pmatrix}}{\begin{pmatrix} a & b \\ b & c \end{pmatrix}\begin{pmatrix} -a & b \\ b & c - 2a \end{pmatrix}} = O$

➔ $\underset{a = b \,(\because a, b > 0)}{a^2 = b^2}$, $\underset{c = a\,(\because b \neq 0)}{b(c - a) = 0}$, $b^2 - 2ac + c^2 = 0$

이때, $a = b = c$이므로,

$b^2 - 2ac + c^2 = 0$ ➔ $0 = 0$ ➔ 별 의미가 없는 식이다.

따라서 $\boxed{a = b = c}$ 인 것만 얻었다.

이제 아직 쓰지 않은 관계식을 생각하자.

생각 2 | 쓰지 않은 관계식 $\boxed{b^2 - 4ac + 12a = 0}$ 을 생각하자.

$\underset{a = b = c \text{ 대입}}{b^2 - 4ac + 12a = 0}$ ➔ $a = b = c = 1$

∴ $a + b + c = 4 + 4 + 4 = 12$

답 12

737.

구하는 값 A_{100}의 $(1, 1)$ 성분과 $(2, 2)$ 성분의 합

조건 정리 ① $A_1 = \begin{pmatrix} 1 & 2 \\ 3 & 4 \end{pmatrix}$, $B = \begin{pmatrix} 0 & 1 \\ -1 & 0 \end{pmatrix}$

② $A_{n+1} = A_n B$ ★

→ A_n에 행렬 B를 곱할 때마다 다음 행렬 A_{n+1}이 나온다.

→ A_1이 주어졌으므로, 여기에 행렬 B를 계속 곱하기만 하면 $A_2, A_3, \cdots, A_{100}$을 모두 알 수 있다.

설계 주어진 관계식으로 A_{100}을 간단히 해보자.

생각 1 | 주어진 관계식으로 A_{100}을 간단히 해보자.

• $A_2 = A_1 B$

• $A_3 = \underbrace{A_2}_{= A_1 B} B = A_1 B^{\boxed{2}}$

• $A_4 = \underbrace{A_3}_{= A_1 B^2} B = A_1 B^{\boxed{3}}$

→ $A_{\boxed{100}} = A_1 B^{\boxed{99}}$

생각 2 | B^{99}를 구하자.

이때, $B^2, B^3, \cdots$를 계산해보며 규칙성을 파악하자.

• $B^1 = \begin{pmatrix} 0 & 1 \\ -1 & 0 \end{pmatrix}$

• $B^2 = \begin{pmatrix} 0 & 1 \\ -1 & 0 \end{pmatrix}\begin{pmatrix} 0 & 1 \\ -1 & 0 \end{pmatrix} = \begin{pmatrix} -1 & 0 \\ 0 & -1 \end{pmatrix} = \boxed{-E}$

$\Rightarrow B^2 = -E$

→ $\underbrace{B^2 = -E}_{B^4 = E}$를 이용하여 계산하자.

• $B^{99} = \underbrace{(B^4)^{24}}_{= E} \underbrace{B^3}_{= -B} = -B = \begin{pmatrix} 0 & -1 \\ 1 & 0 \end{pmatrix}$

따라서,

$A_{100} = A_1 B^{99} = \begin{pmatrix} 1 & 2 \\ 3 & 4 \end{pmatrix}\begin{pmatrix} 0 & -1 \\ 1 & 0 \end{pmatrix} = \begin{pmatrix} \boxed{2} & -1 \\ 4 & \boxed{-3} \end{pmatrix}$

→ ∴ $(1, 2)$ 성분과 $(2, 2)$ 성분의 합은 $2 + (-3) = -1$

답 ③ -1

738.

구하는 값 실수 k의 최댓값

조건 정리 ① $A = \begin{pmatrix} 1 & a \\ b & -1 \end{pmatrix}$, $B = \begin{pmatrix} -1 & b-10 \\ a-10 & 1 \end{pmatrix}$

② $A + B = O$

→ $\underbrace{\begin{pmatrix} 1 & a \\ b & -1 \end{pmatrix} + \begin{pmatrix} -1 & b-10 \\ a-10 & 1 \end{pmatrix}}_{= \begin{pmatrix} 0 & a+b-10 \\ a+b-10 & 0 \end{pmatrix}} = \begin{pmatrix} 0 & 0 \\ 0 & 0 \end{pmatrix}$

→ $\boxed{a+b = 10}$

③ $A^2 = kE$

→ 설계 좌변 A^2을 최대한 E로 표현하자.

생각 1 | A^2을 최대한 E로 표현하자.

$A = \begin{pmatrix} 1 & a \\ \underset{=10-a}{b} & -1 \end{pmatrix}$이므로, $(\because \boxed{a+b=10})$

$A^2 = \begin{pmatrix} 1 & a \\ 10-a & -1 \end{pmatrix}\begin{pmatrix} 1 & a \\ 10-a & -1 \end{pmatrix}$

$= \begin{pmatrix} 1+10a-a^2 & 0 \\ 0 & 1+10a-a^2 \end{pmatrix}$

$= \underbrace{(1+10a-a^2)}_{= k}\boxed{E}$

→ $k = -a^2 + 10a + 1$이므로, $-a^2 + 10a + 1$의 최댓값을 구하면 된다.

생각 2 | $-a^2 + 10a + 1$의 최댓값을 구하자.

이때, $-a^2 + 10a + 1$을 이차함수로 간주하자. 그러면 이차함수 $-a^2 + 10a + 1$의 최댓값은 대칭축인 $a = 5$에서 도출된다. $-a^2 + 10a + 1$에 $a = 5$를 대입하면,

$-25 + 50 + 1 = \underset{\text{구하는 값}}{\boxed{26}}$

답 26

739.

구하는 값 행렬 $B^4 A^8$의 모든 성분의 합

조건 정리 $A = \begin{pmatrix} 2 & 0 \\ 1 & 1 \end{pmatrix}$, $B = \frac{1}{2}\begin{pmatrix} -1 & 0 \\ 1 & -2 \end{pmatrix}$

설계 A, B를 계속 거듭제곱해도 규칙성이 파악되지 않으므로, B^4와 A^8을 따로 구하여 곱하기 어렵다. (이는 직접 계산을 해보고 알게 된 결과이다.)

따라서 다른 방식을 생각해보자. 구하는 행렬 $B^4 A^8$을 다음과 같이 변형할 수 있으므로, $B^4 A^8 = B^3 \boxed{BA} A^7$ BA를 계산해보자.

생각 1 | BA를 계산해보자.

$$BA = \frac{1}{2}\underbrace{\begin{pmatrix} -1 & 0 \\ 1 & -2 \end{pmatrix}\begin{pmatrix} 2 & 0 \\ 1 & 1 \end{pmatrix}}_{=\begin{pmatrix} -2 & 0 \\ 0 & -2 \end{pmatrix}=-2E} = \boxed{-E} \;\rightarrow\; BA = -E$$

→ $BA = -E$를 중심으로 계산하자.

생각 2 | $BA = -E$를 중심으로 계산하자.

(구하는 행렬 $B^4 A^8$)

$$= B^3 \underbrace{BA}_{=-E} A^7 = -B^2 \underbrace{BA}_{=-E} A^6$$
$$= B \underbrace{BA}_{=-E} A^5 = -\underbrace{BA}_{=-E} A^4 = A^4$$

→ (구하는 행렬 $B^4 A^8$) $= A^4$

생각 3 | A^4를 계산하자.

• $A^1 = \begin{pmatrix} 2 & 0 \\ 1 & 1 \end{pmatrix}$

• $A^2 = \begin{pmatrix} 2 & 0 \\ 1 & 1 \end{pmatrix}\begin{pmatrix} 2 & 0 \\ 1 & 1 \end{pmatrix} = \begin{pmatrix} 4 & 0 \\ 3 & 1 \end{pmatrix}$

• $\underbrace{A^4}_{=(A^2)^2} = \begin{pmatrix} 4 & 0 \\ 3 & 1 \end{pmatrix}\begin{pmatrix} 4 & 0 \\ 3 & 1 \end{pmatrix} = \underline{\begin{pmatrix} 16 & 0 \\ 15 & 1 \end{pmatrix}}$

∴ (구하는 값) $= 16 + 15 + 1 = 32$

답 32

740.

구하는 값 조건을 만족하는 x일 때, 제2문구점의 제2일 매출액

조건 정리

① • 제1문구점의 판매단가 - 공책 : 250 / 연필 : 150
   • 제2문구점의 판매단가 - 공책 : 300 / 연필 : 100

② 두 문구점의 판매실적을 나타낸 표

〈표1〉 제1문구점의 판매실적

종류 / 판매일	공책(권)	연필(자루)
제1일	6	7
제2일	9	4

〈표2〉 제2문구점의 판매실적

종류 / 판매일	공책(권)	연필(자루)
제1일	7	$x(x-2)$
제2일	x	3

③ 이틀 동안의 (제1문구점 매출액)
   = (제2문구점 매출액) ★

→ 설계 이틀 동안의 두 문구점의 매출액을 각각 구해보자.

생각 1 | 이틀 동안의 두 문구점의 매출액을 각각 구해보자.

• 이틀 동안의 (제1문구점 매출액)을 구해보자.
〈표1〉을 참고하면,
(제1문구점 매출액)
$= (6+9) \times 250 + (7+4) \times 150 = 5400$

• 이틀 동안의 (제2문구점 매출액)을 구해보자.
〈표2〉를 참고하면,
(제2문구점 매출액)
$= (7+x) \times 300 + (x(x-2)+3) \times 100$
$= 100x^2 + 100x + 2400$
$= 100(x^2 + x + 24)$

생각 2 | 구한 두 매출액이 같아야 한다.

$$\underbrace{5400 = 100(x^2+x+24)}_{54 = x^2+x+24} \;\rightarrow\; \underbrace{x^2+x-30=0}_{=(x+6)(x-5)}$$

∴ $x = 5$

따라서 $x = 5$일 때, 제2문구점의 판매실적은 다음과
같다.

	공책	연필
제1일	7	15
제2일	5	3

→ 제2문구점의 제2일 매출액은
$5 \times 300 + 3 \times 100 = \underline{1800}$

답 ② 1800원